U0934283

样书
发行部

《固体废物特性分析和属性鉴别案例精选》

指导单位：环境保护部污染防治司

顾　　问：李蕾　李新民　钟斌

编写单位：中国环境科学研究院固体废物污染控制技术研究所

主　　编：周炳炎　王　琪

副 主 编：于泓锦　李　丽

编　　写：郝雅琼　黄启飞　黄泽春　朱雪梅　刘　锋

闫大海　刘志红　何　洁　杨子良　颜湘华

固体废物特性分析和属性鉴别案例精选

GUTI FEIWU TEXING FENXI HE SHUXING JIANBIE ANLI JINGXUAN

周炳炎 王 琪 主编

中国环境科学出版社 • 北京

图书在版编目（CIP）数据

固体废物特性分析和属性鉴别案例精选 / 周炳炎，王琪主编.
— 北京 : 中国环境科学出版社， 2012.12
ISBN 978-7-5111-1101-2

Ⅰ. ①固… Ⅱ. ①周… ②王… Ⅲ. ①固体废物—属性－鉴别
Ⅳ. ① X705
中国版本图书馆 CIP 数据核字（2012）第 202135 号

责任编辑 李卫民
责任校对 唐丽虹
装帧设计 金　喆

出版发行 中国环境科学出版社
（100062　北京市东城区广渠门内大街16号）
网　　址：http://www.cesp.com.cn
电子邮箱：bjgl@cesp.com.cn
联系电话：010-67112765（编辑管理部）
发行热线：010-67125803，010-67113405（传真）
印装质量热线：010-67113404
印　　刷 北京东海印刷有限公司
经　　销 各地新华书店
版　　次 2012年12月第1版
印　　次 2012年12月第1次印刷
开　　本 1/16
印　　张 35
字　　数 750千字
定　　价 130.00元

序

我国固体废物量大面广，污染防治工作历史欠帐多，基础薄弱，成为环境保护和污染防治工作的一块“短板”；固体废物非法倾倒、简易填埋、堆放已成为造成土壤和地下水污染的重要因素以及环境突发事件的突出诱因。加强固体废物污染防治是改善水、大气和土壤环境质量，防范环境风险，维护人体健康的重要保障，是深化环境保护工作的必然要求。

《国务院关于加强环境保护重点工作的意见》明确要求加强工业固体废物污染防治，强化危险废物和医疗废物管理，这标志着固体废物管理已提上了环境保护和污染防治工作的重要议事日程。“十二五”开局以来，环境保护部部署开展了“铬渣、电子废物和废塑料”三大战役，标志着固体废物管理已正式进入环境保护和污染防治工作的主战场、主阵地。

加强固体废物污染防治工作，需要由粗放管理向精细化管理转变，不断提高管理工作的专业化水平。长期以来，在固体废物管理中，既存在将固体废物鉴定为副产品，以逃避监管；也存在将副产品鉴定为固体废物，增加企业成本，浪费环保部门的监管力量等问题。固体废物属性鉴别已成为当前固体废物管理迫切需要加强的一项重要的基础性工作。

中国环境科学研究院固体废物污染控制技术研究所长期从事固体废物处理处置的技术研发、政策研究和标准规范编制工作，承担着固体废物属性鉴别和危险废物鉴别等重要基础工作，是我国固体废物管理的重要技术支撑力量。

此次，该所结合多年从事固体废物属性鉴别和特性分析的宝贵实践经验，继《固体废物属性鉴别案例手册》之后，编制了这本《固体废物特性分析和属性鉴别案例精选》。本书所选案例涉及大宗固体废物、有色金属类废物、化工类废物等，信息量大，代表性强，对于开阔固体废物管理人员的视野，提高固体废物属性鉴别的业务水平具有较高的参考价值。

希望本书的出版能够为推动我国固体废物污染防治工作，加强固体废物属性鉴别能力建设发挥重要而有益的作用；希望固体废物污染控制技术研究所继续努力，凝练总结，为我国固体废物环境管理作出新的、更大的贡献。

环境保护部副部长

2012 年 11 月 22 日

前言

10年前我国在口岸进口废物管理环节出现了需要鉴别进口商品是否属于固体废物的问题，查处违法进口固体废物成为口岸执法的重要方面，固体废物鉴别需求日益增多。固体废物属性鉴别的主要依据为《固体废物鉴别导则（试行）》，同时，《国家危险废物名录》《控制危险废物越境转移及其处置巴塞尔公约》《进口可用作原料的固体废物环境保护控制标准》以及进口废物目录等规范性文件也是固体废物属性判断的重要依据。固体废物鉴别较为复杂，应以分析物品产生来源为基础，不能简单地依据其物质或者材料的自然特征进行判断；固体废物具有资源可利用性和经济价值，固体废物作为再生资源是发展循环经济的重要方面。

中国环境科学研究院固体废物污染控制技术研究所（本书简称为“固体废物研究所”）在长期鉴别实践中积累了数百个各类物品的固体废物鉴别案例，从中精选有代表性的案例汇编成册，绝大部分鉴别样品来自各地海关的委托，也有少部分样品来自环保部门、检验机构和其他单位的委托。案例包括五个部分，第一部分是鉴别为有机物为主的废物案例，第二部分是鉴别为矿渣矿灰、残渣污泥的废物案例，第三部分是鉴别为金属为主的废物案例，第四部分是鉴别为产品类为主的废物案例。这四个部分的废物案例是大致分类，根据我国废物管理实践和相关法律法规，对不属于允许进口固体废物目录中的废物或者属于禁止进口固体废物目录中的废物均鉴别判断为禁止进口。第五部分是经鉴别判断为非废物的案例，情况较为复杂，个别案例为初步结论。最后编者对固体废物属性鉴别进行了简要总结，也作为本书的后记。

本书汇集了我们不同年份所做的案例，信息量较大，希望能对从事固体废物相关工作的人员提供有益借鉴。鉴别案例时间跨度较长，大多数鉴别样品属于未知来源和未知特性的物品，所以鉴别过程实际上是一个分析推导或比较研究的过程，鉴别判断是基于当时的特性分析、政策法规、标准规范以及鉴别认识做出的。在固体废物属性鉴别工作中我们不仅得到了环境保护部和海关总署等部门的大力支持和具体指导，还得到了各方面和各领域专家学者的大量帮助，在此表示衷心的感谢！书中引用了大量文献资料，有少数没有进行标注，在此说明。由于鉴别人员专业知识和水平有限，书中可能存在不足甚至错误，我们衷心希望得到广大读者的批评和指正！

编者

2012 年 8 月

目录

第一部分

鉴别为废物的案例

——有机废物类 1

第三部分

第四部分

第一部分

鉴别为废物的案例

——有机废物类

1. 绵羊毛皮碎块

1 背景

2008 年 3 月，固体废物研究所对某公司申报进口的“绵羊皮碎块”货物样品进行废物属性鉴别，需要确定是否属于国家禁止进口的固体废物。在查阅相关资料和咨询专家的基础上编写鉴别报告。

2 样品特征及物质特性分析

样品具有较浓的羊膻气味；外观呈黄褐色团状，毛色不均，毛短；团状展开后可见皮肉，腌制过；附带很多晶体颗粒，属于防腐用盐类物质；块状不规则，宽度不一，总体为 20cm 左右的长条状；毛上裹有粪球状杂物，样品外观形态和盐粒见图 1 ～图 3。

图 1 样品整体

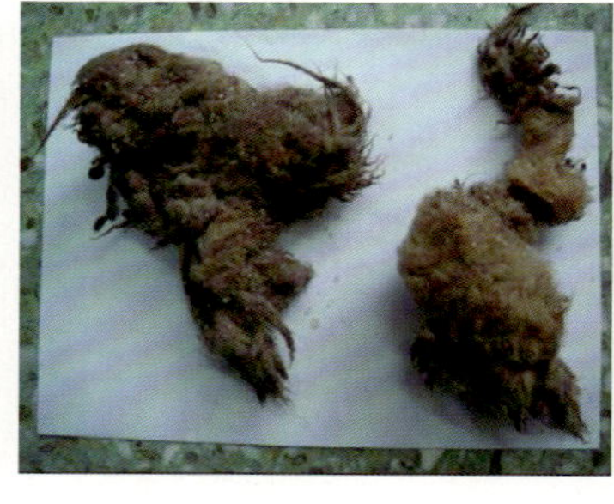

图 2 样品碎块

图 3 样品中的盐粒

3 样品物质属性鉴别分析

（1）产生来源分析

羊毛是纺织工业的重要原料，它具有弹性好、吸湿性强、保暖性好等优点。羊毛有不同的分类方法和名称。按组织学构造，毛纤维可分为有髓毛和无髓毛两类，有髓毛由鳞片、皮质和髓质三层细胞构成；无髓毛无髓质。髓质层愈发育，则纤维直径愈粗，工艺价值愈低。按毛纤维的生长特性、组织构造和工艺特性可分为绒毛、发毛、两型毛、刺毛等。其中刺毛是生长在颜面和四肢下端的短毛，无工艺价值。因此，可用做毛纺原料的只有绒毛、发毛和两型毛三种基本类型。绒毛分布在粗毛羊毛被的底层。细毛羊毛被全由绒毛组成，纤维细匀，平均直径不大于 25 μm，长度 5 ～ 10 cm，柔软多弯曲，弹性好，光泽柔和。发毛或称粗毛，分正常发毛、干毛和死毛三种，构成粗毛羊毛被的外层。正常发毛细度 40 ～ 120 μm，弯曲少，较缺乏柔软性。细发毛的髓质层较不发达，皮质层相对较厚，纤维弹性大，工艺价值较高。干毛的组织构造与正常发毛相同，但尖端干枯，缺乏光泽。死毛的髓质层特别发达，毛粗且硬，脆弱易断。两型毛又称中间型毛，其细度和其他工艺价值介于绒毛和发毛之间 [1]。

羊屠宰后剥皮首先要保持整张毛皮的完整性，在剥取毛皮时，往往因为不重视剥皮技术（如，反爪、漏裆、刀洞和描刀）造成皮毛的人为伤残，影响毛皮的使用面积、美观、加工利用、价值。剥取的新鲜毛皮如果不能立即加工鞣制毛皮，就要及时防腐处理，包括清理、晾晒和防腐。清理时首先割去蹄、耳、唇、骨等，用削肉机或铲皮刀除去皮上的残肉和脂肪，然后用清水洗去脏物及血迹；晾晒时也可能造成毛皮的人为伤残；防腐不当也可能损害毛皮质量[2,3]。

通过咨询动物专家和皮革专家，样品为绵羊毛皮碎块，属于绵羊屠宰过程中产生的下脚料；样品的气味、外观以及进口报关名称也说明是绵羊毛皮碎块。因此，判断样品属于绵羊毛皮碎块，是羊屠宰过程中的毛皮下脚料，最有可能为四肢踝关节周围的毛皮，并经过了腌制。

（2）固体废物属性分析

样品不是经过初步加工的完整绵羊毛皮，属于毛皮碎块，是屠宰过程中的毛皮下脚料，不能作为绵羊毛皮制品和制革原料；从毛皮碎块及毛的形态上，羊毛较短，羊毛纤维类型不一致，分离操作难度较大，羊毛工业利用价值不大；即便样品可回收一定的低档次羊毛，但回收过程不属于简单加工处理过程，不可避免地会产生大量的污染物质。如果作为饲料或肥料，一方面改变了毛皮的利用性质，不是正常的毛皮物质的循环；另一方面目前国际上不提倡用动物下脚料做饲料，作为肥料原料也没有现实意义。总之，样品是“生产过程中产生的废弃物质”，“不属于正常商业循环或使用链的一部分”，“利用价值很小，而且利用过程会产生大量的污染物”。依据《固体废物鉴别导则（试行）》的原则，判断样品属于固体废物。

原对外贸易经济合作部、原国家环境保护总局、海关总署、国家质检总局公布的《限制进口类可用作原料的废物目录（第一批）》（2001 年第 41 号公告），《关于调整废物进口环境保护管理有关问题的通知》（环发 [2002]7 号文）中的《自动进口许可管理类可用作原料的废物目录》，以及 2005 年原国家环境保护总局、海关总署、国家质检总局第 5 号公告附件一《自动进口许可管理类可用作原料的废物目录》和附件二《限制进口类可用作原料的废物目录》中均没有“毛皮废物或动物屠宰废物或类似的废物”。

原国家环境保护总局、商务部、国家发改委、海关总署、国家质检总局 2008 年第 11 号公告公布的《自动进口许可管理类可用作原料的废物目录》和《限制进口类可用作原料的废物目录》中均没有列出毛皮废物或动物屠宰废物或类似的废物。因此，样品属于我国禁止进口的固体废物。

4 结论

样品是来自绵羊屠宰或毛皮初步加工过程的绵羊毛皮碎块，属于我国禁止进口的固体废物。

参考文献

[1] http://www.pingtaobao.com.

[2] 魏怀方，葛文华．山羊及其产品加工 [M]. 北京：科学技术出版社，1990.

[3] 薛志勇．毛皮的初步加工及鞣制方法 [J]. 养殖与饲料，2003(5):40.

2. 用做土壤基质的经发酵的植物残骸

1 背景

2011 年 9 月，固体废物研究所对某公司申报进口的“农业用矿物（植物养料）”的样品进行废物属性鉴别，需要确定是否为国家禁止进口的固体废物。在实验分析、咨询专家和查阅相关资料的基础上编写鉴别报告。

2 样品特征及物质特性分析

（1）样品为黑色粉末和碎屑，含有枯枝碎叶、木屑（如木块状碎物）、秸秆、碎玻璃、石子、砂粒、废塑料，存在个别塑料小球、橡皮筋，具有霉味。测定样品含水率为 45%，样品干基 550℃灼烧后的烧失率为 48%。样品外观形态见图 1。

图 1　样品

（2）参照《有机肥》（NY 525—2002）分析样品干基中的 N、P、K、有机质等，结果见表 1。

表 1　样品肥效分析结果

单位：%（pH 值除外）

项目	全氮[①]（TN）	有效磷（P_2O_5）	钾（K_2O）	有机质	pH 值
结果	1.53	0.62	1.69	44.2	8.13

（3）采用 X 射线荧光光谱仪对样品 550℃灼烧后的残余物进行分析，结果表明主要含有 Si、Ca、Al、Fe、K、Mg，另有少量的 P、Na、Cl、S、Ti，以及微量的 Mn、Zn、Cu、Pb、Br 元素，结果见表 2。

表 2　主要成分及含量（除 Cl、Br 以外，其他元素均以氧化物计）

单位：%

成分	SiO_2	CaO	Al_2O_3	Fe_2O_3	K_2O	MgO	P_2O_5	Na_2O
含量	37.78	20.15	9.53	9.35	8.70	4.58	2.95	1.85
成分	Cl	SO_3	TiO_2	MnO	ZnO	CuO	PbO	Br
含量	1.82	1.73	1.06	0.21	0.15	0.05	0.04	0.01

①实指质量分数，为与标准一致，全书仅列出成分名称，下同。

3 样品物质属性鉴别分析

（1）产生来源分析

堆肥是利用自然界广泛存在的细菌、放线菌、真菌等微生物，有控制地促进固体废物中可生物降解的有机物向稳定的类腐殖质生化转化的微生物过程，在一定温度、湿度和 pH 值条件下，使有机物发生生物化学降解，形成一种类似腐殖质土壤的物质[1]。根据堆肥化过程中氧气（O_2）的供应情况将堆肥化过程分为好氧堆肥和厌氧堆肥两种[2]。以脱水污泥或含水量高的湿有机物为堆肥原料，一般情况下会在堆肥化物料中添加疏松有机物，如木屑、禾秆、泥煤、稻壳、粪便、树叶、垃圾等有机废料，以减少单位体积的重量，增加与空气的接触面积；或者在湿堆肥化物料中添加以有机物或无机物制成的三维固体颗粒，如木屑、团粒垃圾、破碎成颗粒状的轮胎、花生壳、树叶、岩石等物质，以保证物料与空气充分接触，并可以依靠粒子之间的接触起到支撑作用。堆肥化过程示意图见图 2[2]。

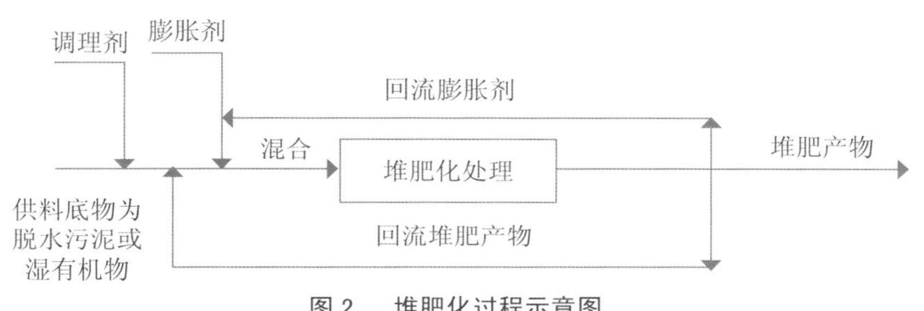

图 2　堆肥化过程示意图

垃圾堆肥中有效 N、P、K 的含量虽然明显高于土壤，但是总含量却小于 3%，尤其是 K 含量甚至低于土壤中的全钾含量，无法与无机化肥相比[3]，但堆肥中含有丰富的有机质，是普通土壤的 5 倍。堆肥增加了土壤有机质，可明显改善土壤的物理性质[4]。我国《城镇垃圾农用控制标准》（GB 8172—87）适用于供农田施用的各种腐熟的城镇生活垃圾和城镇垃圾堆肥工厂的产品，该标准设定了 15 项指标，见表 3。还规定，表 3 中第 1 ～ 9 项全部合格者方能施用于农田；在 10 ～ 15 项中，如有一项不合格，其他五项合格者，可适当放宽，如水分含量最高不超过 40%。

表 3　城镇垃圾农用控制标准值

编号	项目	标准限值
1	杂物 /%，⩽	3
2	粒度 /mm，⩽	12
3	蛔虫卵死亡率 /%	95~100
4	大肠菌值	10^{-1}~10^{-2}
5	总镉（以 Cd 计）/（mg/kg），⩽	3
6	总汞（以 Hg 计）/（mg/kg），⩽	5
7	总铅（以 Pb 计）/（mg/kg），⩽	100
8	总铬（以 Cr 计）/（mg/kg），⩽	300
9	总砷（以 As 计）/（mg/kg），⩽	30
10	有机质（以 C 计）/%，⩾	10
11	总氮（以 N 计）/%，⩾	0.5
12	总磷（以 P_2O_5 计）/%，⩾	0.3
13	总钾（以 K_2O 计）/%，⩾	1.0
14	pH 值	6.5~8.5
15	水分 / %	25~35

注：①表中除第 2、3、4 项外，其余各项均以干基计算；②杂物指塑料、玻璃、金属、橡胶等。

样品干基中 N、P、K 营养成分之和不超过 4%，有机质含量为 44.2%，pH 值为 8.13，与堆肥中氮磷钾含量低、有机质高的特点相符；样品以粉末物料为主，含有枯枝碎叶、木屑（如木块状碎物）、碎玻璃、石子、废塑料等；样品中有一定数量的已被碳化的物质和大量黑色细粉末 / 颗粒，说明样品经过了一定的粉碎筛分处理，也可能进行了烘干处理，也可能含有我们未知的无机粉末物质。据此判断样品是以回收的生活垃圾和植物残骸以及未知来源的无机物为原料经过堆存发酵、干燥、粉碎而形成的混合物。

样品含水率为 45%，含有一些大于 12 mm 的木屑、碎玻璃、石子、废塑料等物质，不满足《城镇垃圾农用控制标准》（GB 8172—87）的要求。我国《有机肥》（NY 525—2002）标准中规定养分（$N+P_2O_5+K_2O$）含量（以干基计）≥ 4%、水分（游离水）含量 ≤ 20%，而样品干基中养分低于 4%，湿基水分高于 40%，因此，样品不满足《有机肥》（NY 525—2002）标准的要求。通过咨询肥料专家以及查阅相关资料判断：样品不能作为肥料，但可以作为改良土壤结构（疏松土壤）的基质或作为花卉种植的基质。

（2）固体废物属性分析

样品是以回收的生活垃圾和植物残骸以及未知来源的无机物为原料经过堆存发酵、干燥、粉碎而形成的混合物，其原料主要为回收的废物，其生产过程没有严格的质量控制，不满足我国《城镇垃圾农用控制标准》（GB 8172—87）和《有机肥》（NY 525—2002）标准的要求，其用途是“有助于改善农业或生态环境的土地处理”。因此，根据我国《固体废物鉴别导则（试行）》的原则，样品应属于固体废物。

此外，美国的 RCRA 法规（40CFR261）规定：如果一种废弃材料是“以处置的方式施用于或放置在土地上”或者“用于生产被施用于或放置在土地上的产品，或被包含在一种被施用于或放置在土地上的产品中”，那么，在这种情况下，这种材料或产品本身也是固体废物。由此，在国际上，样品也属于固体废物。

根据 2009 年环境保护部、商务部、国家发展和改革委员会、海关总署、国家质量监督检验检疫总局公布的第 36 号公告，在该公告《限制进口类可用作原料的固体废物目录》和《自动许可进口类可用作原料的固体废物目录》中均没有包含样品类废物，而在《禁止进口固体废物目录》中包含“其他未列名的固体废物”。因此，样品属于我国禁止进口的固体废物。

4 结论

样品是以回收的生活垃圾和植物残骸以及未知来源的无机物为原料经过堆存发酵、干燥、粉碎而制得的混合物；样品属于我国禁止进口的固体废物。

参考文献

[1] 桂萌，熊建军，崔希龙，等．城市污泥堆肥化处理研究进展 [J]. 现代农业科技，2010(10):267-271.

[2] 王亮．城市垃圾好氧堆肥过程的动力学研究 [D]. 湖南大学，2006(4):13-16.

[3] 纪涛．城市生活垃圾堆肥处理现状及应用前景 [J]. 环保前线，2008(5):46-47.

[4] 徐升．城市垃圾堆肥在农业中的应用及发展 [J]. 现代农业科技，2006(12):168-169.

3. 含钙和有机质为主的混合废物

1 背景

2011年8月，固体废物研究所对某公司申报进口的“经过发酵处理的有机肥”样品进行废物属性鉴别，需要确定是否为国家禁止进口的固体废物。在实验分析、咨询专家和查阅资料的基础上编写鉴别报告。

2 样品特征及物质特性分析

（1）样品为浅灰色粉末，有类似干鸡粪的圆柱状颗粒或圆颗粒，有臭味并偶有羽毛。测定样品含水率为1.54%，经550℃灼烧后烧失率为4.47%。用20目方孔筛筛分样品，筛上物占样品重量的比例为17%，筛下物占83%。样品外观形态见图1。

图1 样品

（2）采用X射线荧光光谱仪对样品进行分析，其主要含有Ca、P、K，少量的Mg、S、Na、Si、Cl，以及微量的Fe、Mn、Al、Zn、Ti、Cu、Cr元素，分析结果见表1。

表1 样品主要成分及含量（除Cl以外，其他元素均以氧化物计）

单位：%

成分	CaO	P_2O_5	K_2O	MgO	SO_3	Na_2O	SiO_2	Cl
含量	72.05	9.28	8.97	2.72	1.81	1.28	1.11	1.03
成分	Fe_2O_3	MnO	Al_2O_3	ZnO	TiO_2	CuO	Cr_2O_3	—
含量	0.74	0.33	0.27	0.21	0.10	0.05	0.05	—

（3）采用X射线衍射仪分析样品的物相组成，主要为$(Mg_{0.03}Ca_{0.97})CO_3$、$Ca_3(PO_4)_2$、$Ca(OH)_2$、$Ca_{10}K_4(P_2O_7)_6(H_2O)_9$、$Ca_3(SO_3)_{2.12}(SO_4)_{0.88}$、$CaSO_4{\cdot}2H_2O$。衍射谱图见图2。

（4）对样品进行能谱分析，显示主要含有Ca、P、K、C和O，少量Mg、Si、S、Cl及微量Na、Fe。能谱图见图3。

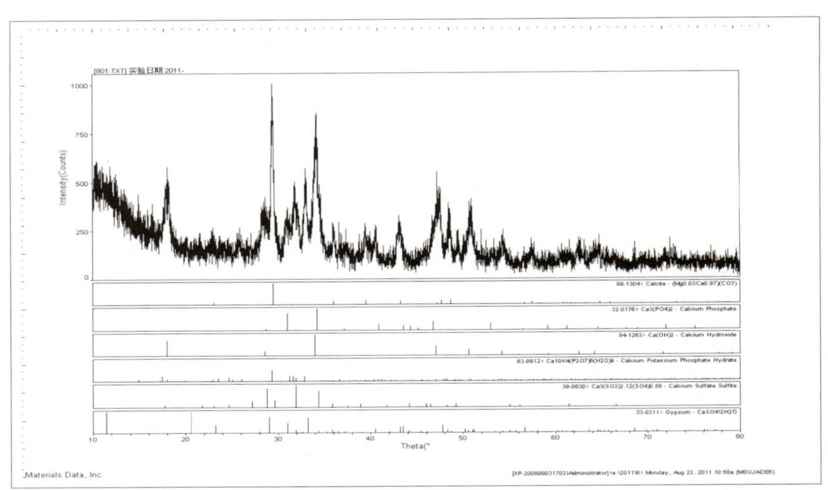

图 2 样品 X 射线衍射谱图

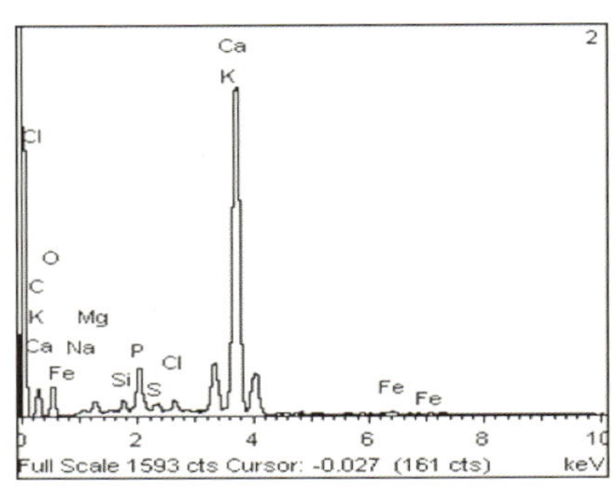

图 3 样品能谱图

（5）对样品粉末进行显微镜观察发现：其主要由极细粒的结晶体组成，粒度多在 10 μm 甚至 3 μm 以下，部分为极细颗粒的集合体，集合体粒度达 100 μm 左右，可压碎。难于辨别其光学性质。镜下特征见图 4。

在正交偏光下观察样品，由于粒细，多数显示一级灰干涉色，个别粒度为 30 ～ 40 μm 的显二～三级干涉色，可能是以碳酸盐为主。正交偏光下照片见图 5。

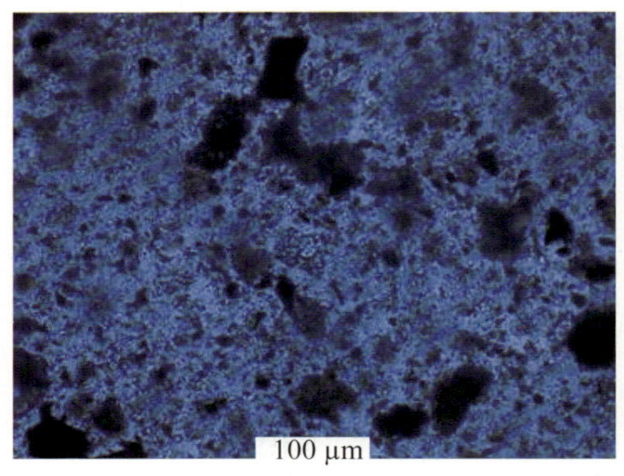

图 4 粉末的透光单偏光下照片

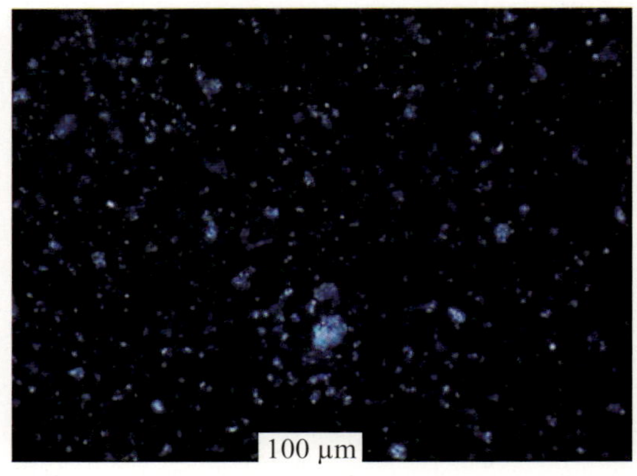

图 5 正交偏光下照片

（6）参照《复混肥料（复合肥料）》（GB 15063—2009）对样品中的 N、P、K 等营养成分进行分析，结果见表 2。同时测定样品 pH 值为 12.34，有机质含量为 24%。

表 2　样品检验项目及结果

单位：%（除总 Cr）

项目	全氮（TN）	有效磷（P_2O_5）	钾（K_2O）	氯离子（Cl^-）	总 Cr/（mg/kg）
结果	0.891	9.70	4.27	5.84	9.64

（7）测定样品中圆柱状颗粒或圆颗粒含 24% 有机质、1.62%N、5.36%P、3.86%K。

3 样品物质属性鉴别分析

（1）产生来源分析

①肥料

样品报关名称为“有机肥”，因此，首先分析样品的肥料特性。

a. 有机肥

有机肥是指农家肥，指就地取材、就地使用的各种有机肥料，它由大量生物物质、动植物残体、排泄物等生物废物积制而成[1]；也时也指天然有机质经微生物分解或发酵而成的一类肥料，如绿肥、人粪尿、厩肥、堆肥等[2]。我国《有机肥》（NY 525—2002）标准中定义有机肥是指主要来源于植物和（或）动物，施于土壤以提供植物营养为其主要功能的含碳物料；该标准规定有机肥料外观为褐色或灰褐色，粒状或粉状，无机械杂质，无恶臭，同时规定了有机肥的技术指标，见表 3。

表 3　有机肥料技术指标

单位：%(pH 值除外）

项目	指标
有机质含量（以干基计），≥	30
总养分（$N+P_2O_5+K_2O$) 含量（以干基计），≥	4.0
水分（游离水）含量，≤	20
酸碱度（pH 值）	5.5~8.0

样品外观为浅灰色粉末，有臭味并夹杂有羽毛；样品 550℃灼烧后烧失率为 4.47%，表明可烧失的有机组分较低，以无机钙为主；样品 pH 值为 12.34，呈较强碱性；样品中含有类似鸡粪的圆柱状颗粒或圆颗粒，其有机质含量也只有 24%。因此，样品外观、有机质含量和酸碱度明显不满足我国《有机肥》（NY 525—2002）标准的要求。

b. 钙镁磷肥和钙镁磷钾肥

钙镁磷肥是一种含有磷酸根（PO_4^{3-}）的硅铝酸盐，它是磷矿石与含 Mg、Si 的矿石，在高炉或电炉中经过高温熔融、水淬、干燥和磨细而成[3]。我国《钙镁磷肥》（GB 20412—2006）标准中规定钙镁磷肥外观呈灰色粉末，无机械杂质，同时规定了相关的指标要求，见表 4。

表 4　钙镁磷肥指标要求

单位：%

<table>
<tr><th>项目</th><th>优等品</th><th>一等品</th><th>合格品</th></tr>
<tr><td>有效五氧化二磷（P_2O_5）含量，⩾</td><td>18.0</td><td>15.0</td><td>12.0</td></tr>
<tr><td>水分含量，⩽</td><td>0.5</td><td>0.5</td><td>0.5</td></tr>
<tr><td>碱分（以 CaO 计）含量，⩾</td><td>45.0</td><td colspan="2" rowspan="3">—</td></tr>
<tr><td>可溶性硅（SiO_2）含量，⩾</td><td>20.0</td></tr>
<tr><td>有效镁（MgO）含量，⩾</td><td>12.0</td></tr>
<tr><td>细度：通过 250 μm 标准筛，⩾</td><td colspan="3">80</td></tr>
</table>

钙镁磷钾肥是一种微碱性的、玻璃质、枸溶性肥料，有效磷（P_2O_5）和有效钾（K_2O）总含量为 13% ～ 19%，无腐蚀性，属于可溶于弱酸的枸溶性肥料。枸溶性磷肥即肥料中含有的磷酸盐不溶于水，而能溶解于枸橼酸（柠檬酸）等弱酸。我国《钙镁磷钾肥》（HG2598—94）标准适用于矿石、钾长石、含镁和硅的矿石在高炉或电炉中熔融、水淬、干燥、细磨所制得的钙镁磷钾肥，标准规定肥料外观呈灰白色、灰绿色或灰黑色粉末，技术指标见表 5。

表 5　钙镁磷钾肥技术指标

单位：%

项目	一等品	合格品
总养分（P_2O_5+K_2O）含量，⩾	15.0	13.0
有效钾（K_2O）含量，⩾	2.0	1.0
水分 含量，⩽	0.5	0.5
细度：通过 250μm 标准筛，⩾	80	80

样品中 P_2O_5、SiO_2、MgO 含量以及粒度均不满足《钙镁磷肥》（GB 20412—2006）标准中的指标要求。样品含水率为 1.54%，过 20 目筛（相当于 850 μm）的筛下物占 83%，可以推测通过 250 μm 标准筛小于 80%，不符合《钙镁磷钾肥》（HG 2598—94）标准的要求，样品中氯离子含量较高并含有一定量的有机质，此外还含有 $Ca(OH)_2$，呈强碱性，与钙镁磷钾肥的特点不符。

c. 复混肥料（复合肥料）

在《复混肥料（复合肥料）》（GB15063—2009）标准中定义“复混肥料”为“氮、磷、钾三种养分中，至少有两种养分标明量的由化学方法和（或）掺混方法制成的肥料”；“复合肥料”为“氮、磷、钾三种养分中，至少有两种养分标明量的由化学方法制成的肥料，是复混肥料的一种”；“掺混肥料”为“氮、磷、钾三种养分中，至少有两种养分标明量的由干混方法制成的颗粒状肥料”；“有机—无机复混肥料”为“含有一定量有机质的复混肥料”。标准规定肥料外观为粒状、条状或片状产品，无机械杂质，并应符合表 6 的技术指标要求。

表 6　复混肥料（复合肥料）的技术指标

项目	高浓度	中浓度	低浓度
总养分（$N+P_2O_5+K_2O$）的质量分数 /%，≥	40.0	30.0	25.0
水溶性磷占有效磷的百分率 /%，≥	60	50	40
粒度（1.0 ～ 4.75 mm 或 3.35 ～ 5.60 mm）/%，≥	90	90	80
未标“含氯”产品，≤	3.0		
未标“含氯（低氯）”产品，≤	15.0		
未标“含氯（高氯）”产品，≤	30.0		

样品总养分为 13.97%，低于《复混肥料（复合肥料）》（GB15063—2009）的技术指标要求；样品中磷以 $Ca_3(PO_4)_2$ 为主，可推断样品中水溶性磷占有效磷的百分率也不符合该标准要求；样品以细粉末为主，过 20 目（0.85 mm）筛的筛上物重量比例为 17%，也远不能满足该标准的粒度要求。因此，样品不符合我国《复混肥料（复合肥料）》（GB15063—2009）标准的要求。

d. 磷矿粉肥

磷矿粉肥是磷矿石经机械磨细，不经任何化学处理而成的一种迟效性磷肥，我国几种磷矿粉的主要化学组成见表 7。

表 7　几种磷矿粉的主要化学成分及含量

单位：%

磷矿产地	全磷（P_2O_5）	枸溶性磷占全磷的百分数	F	CaO
贵州开阳	35.98	23.40	4.00	50.67
云南昆阳	38.10	20.90	3.85	53.77
湖北襄阳	32.14	16.10	2.08	—
湖南湘阴	33.59	15.60	2.64	45.41
四川什邡	40.92	12.64	3.55	53.39
安徽凤台	38.59	17.82	3.23	55.22
贵州遵义	40.50	11.40	3.37	55.07
湖北荆襄	40.72	11.17	3.62	55.75

样品成分与表 7 磷矿粉肥的成分相差较大，显微镜下观察部分为极细的粉末集合体，不是天然矿产物，而肉眼观察还有类似鸡粪的物质，因此，样品也不是磷矿粉肥。

综上所述，样品中含有 Ca、P、K、有机组分等成分，样品营养成分含量较低，均不满足我国有机肥、钙镁磷肥、钙镁磷钾肥、复混肥料（复合肥料）、磷矿粉肥等肥料标准要求。

②混合物

资料显示 [4~6]，日本将含磷较高的污水处理污泥、粉煤灰、过期食物等废物经过加工处理，或直接利用或掺混使用或再配入营养成分，然后作为肥料使用。此外，美国、德国、日本等国家还会利用转炉钢渣生产磷肥、硅钾肥等 [7]。

将样品过 20 目筛得到筛上物，为类似干鸡粪的圆柱状颗粒或圆颗粒物质，用水浸泡，浸泡液 pH 值仍为碱性，浸泡过的颗粒物表面的灰白色粉末被水洗掉，露出黄绿色纤维粪便状、具有臭味的物质，测定颗粒物含 24% 有机质、1.62%N、5.36%P、3.86%K，与鸡粪的 25.5% 有机质、1.63%N、1.54%P、0.82%K 具有可比性；同时，在样品中还发现有羽毛残片。外观和实验数据表明：样品中颗粒部分很可能是掺混的家禽粪便。

样品过20目筛得到筛下物，主要为细粉末，显微镜观察粒度多在10 μm甚至3 μm以下，灰白色，用水浸泡筛下物，测定溶液pH值为12.6，显碱性。样品烧失率较低、筛下物所占比例较高，表明筛下物主要为无机物。根据样品含有大量10 μm甚至3 μm以下的细粉末，大量细粉的出现不可能是冶金渣机械粉碎后的产物，以及物相分析中含有石膏成分（$CaSO_4 \cdot 2H_2O$），判断细粉末是来自某一生产工艺中除尘器回收的以钙、磷为主的粉尘。

物相分析表明，样品中含有$CaCO_3$和$Ca(OH)_2$，这表明样品形成过程中掺加了石灰成分。

目前为止没有查找到与样品成分和含量相一致的物质的相关资料。由样品理化特征综合判断样品应是某一生产工艺中回收的以含钙、磷的粉尘为主，掺加少量家禽粪便以及较多石灰的混合物。

（2）固体废物属性分析

样品是某一生产工艺中回收的以含钙、磷的粉尘为主，掺加少量家禽粪便以及较多石灰的混合物。由于回收粉尘“属于污染控制设施产生的残余渣”，样品进口的目的是用于土壤改良或用做农业肥料，是用于“有助于改善农业或生态环境的土地处理”。根据我国《固体废物鉴别导则（试行）》的原则，样品应属于固体废物。

此外，美国的RCRA法规（40CFR261）规定：如果一种废弃材料是“以处置的方式施用于或放置在土地上”或者“用于生产被施用于或放置在土地上的产品，或被包含在一种被施用于或放置在土地上的产品中”，那么，在这种情况下，该材料或产品本身也是固体废物。由此，在国际上，样品也属于固体废物。

根据2009年环境保护部、商务部、国家发展和改革委员会、海关总署、国家质量监督检验检疫总局公布的第36号公告，在该公告《限制进口类可用作原料的固体废物目录》和《自动许可进口类可用作原料的固体废物目录》中均没有包含样品类废物，而在《禁止进口固体废物目录》中包含“其他未列名的固体废物”。因此，样品属于我国禁止进口的固体废物。

4 结论

样品中含有钙、磷、钾、有机组分等成分，营养成分含量较低、碱性较强，不满足我国有关肥料的标准要求；样品是某一生产工艺中除尘设施收集的以含钙、磷的粉尘为主，掺加少量畜禽粪便和大量石灰的混合物；样品属于我国禁止进口的固体废物。

参考文献

[1] 郑元红，杨波，张光旭，等．广辟肥源促进农业节本增效——毕节地区有机肥施用情况调查[J]. 贵州农业科学,2004,32(2):78-79.

[2]http://www.hc360.com/chanpin/youjifeiliao.html.

[3]http://baike.baidu.com/view/1531936.htm.

[4] 青木正则，菅沼浩敏，王竟．日本煤灰用于农业的研究[J]. 国外农业环境保护,1993(4):32-34.

[5] 日本发现磷肥新资源[J]. 农工文摘,2001(1):39.

[6] 李珍．日本过期食物做成有机肥料[J]. 农产品市场周刊,2011(18):31.

[7] 杨华明，张广业．钢渣资源化的现状与前景[J]. 矿产综合利用,1999(3):35-37.

4. 聚乙烯颗粒破碎过程中产生的下脚料混合物

1 背景

2012年2月，固体废物研究所对某公司申报进口的“再生的已塑化聚氯乙烯粉”货物样品进行鉴别，需要确定样品货物是否属于固体废物。在实验分析、咨询专家和查阅相关资料的基础上编写鉴别报告。

2 样品特征及物质特性分析

（1）样品主要为黄灰色蓬松粉末，潮湿，并含有大量无色、白色、黄色的塑料颗粒，少量白色细粒和块状物质，还偶尔可见细植物残肢和砂粒等。测定样品的含水率为5.3%，550℃下灼烧样品后的烧失率为98%。样品自然晾干后进行分类，其中团絮状（实为粉末）物质约占总量的30%，塑料粒子约占66%，白色块状和条状物约占3%，其他占1%；将团絮状物质进行筛分，通过孔径0.9 mm（20目）的占80.7%，通过孔径0.43 mm（40目）的占37.6%。样品外观形态见图1。

（2）对样品中混杂组分进行分类取样，采用傅立叶变换红外光谱仪分别进行成分定性分析。①选取淡黄色团絮状物做红外光谱分析，确定其为硅酸盐等无机物及有机物的混合物（图2）；淡黄色团絮状物用二甲苯于130℃烘箱溶解，提取可溶物，去除溶剂后得到塑料膜，经红外光谱确定为聚乙烯（图3）；对少量不溶物进行红外光谱分析，确定其为黏土等无机物（图4）。②选取淡黄色团絮状物中的丝状物进行红外光谱分析，确定丝状物为聚乙烯；对丝状物进行热塑性分析确定其可以热塑成膜（图5）。③选取无色半透明颗粒进行红外光谱分析，确定其材质为聚乙烯（图6）。④选取淡黄色透明颗粒进行红外光谱分析，确定其材质为聚乙烯（含少量滑石粉）（图7）。⑤选取深黄色颗粒进行红外光谱分析，确定其材质为聚乙烯（图8）。⑥选取小圆白颗粒进行红外光谱分析，确定其材质为聚丙烯（图9）。⑦选取白色条状物及片状物，分别进行红外光谱分析，确定其材质均为聚乙烯蜡（图10）。化学成分见表1，红外光谱图见图2～图10。

表1　样品中不同外观形态组成部分的化学成分

序号	样品中组成部分	化学成分
1	淡黄色团絮（粉末）	聚乙烯、无机黏土（如硅酸盐、碳酸钙、二氧化硅等）
2	无色半透明颗粒	聚乙烯
3	淡黄色透明颗粒	聚乙烯（含少量滑石粉）
4	深黄色颗粒	聚乙烯
5	少量小圆白颗粒	聚丙烯
6	少量白色片状或条状物	聚乙烯蜡

图 1　样品

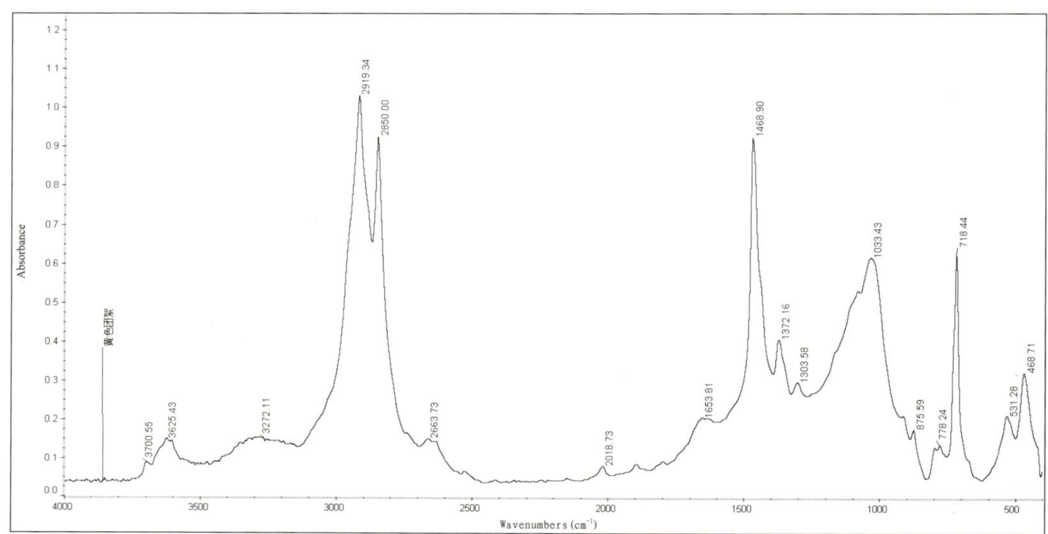

图 2　淡黄色团絮状物（粉末）红外光谱图

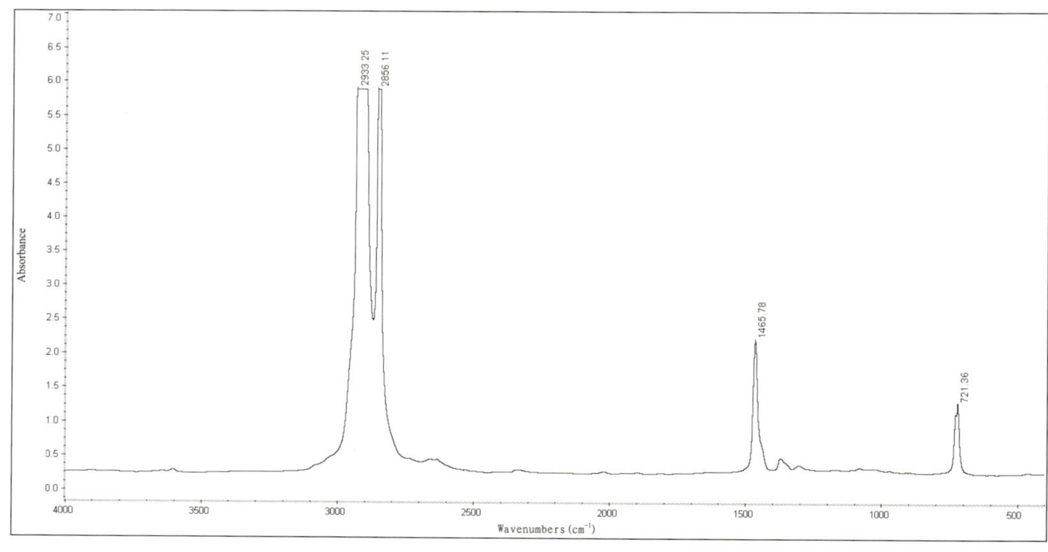

图 3　粉末二甲苯提取后可溶的塑料红外光谱图

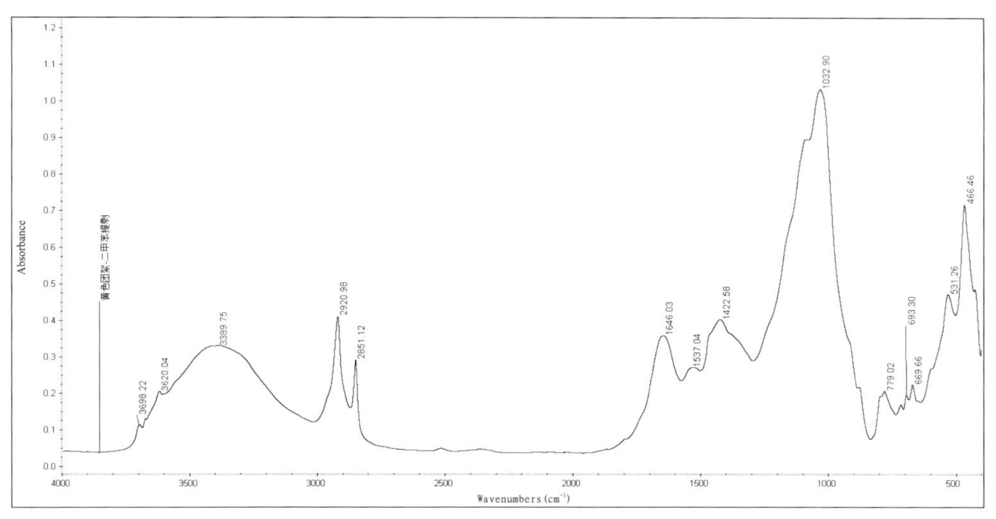

图 4 粉末二甲苯提取后的不溶物红外光谱图

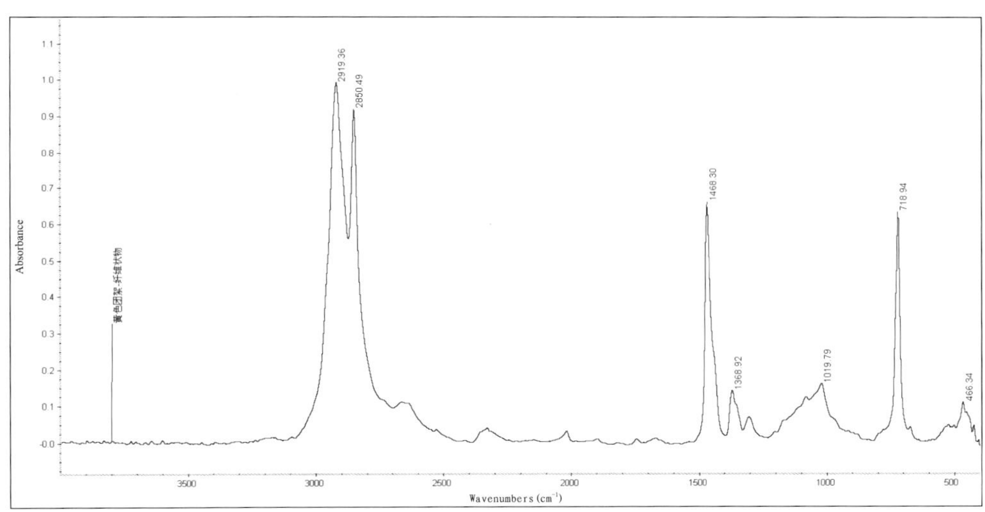

图 5 黄色团絮状中丝状物红外光谱图

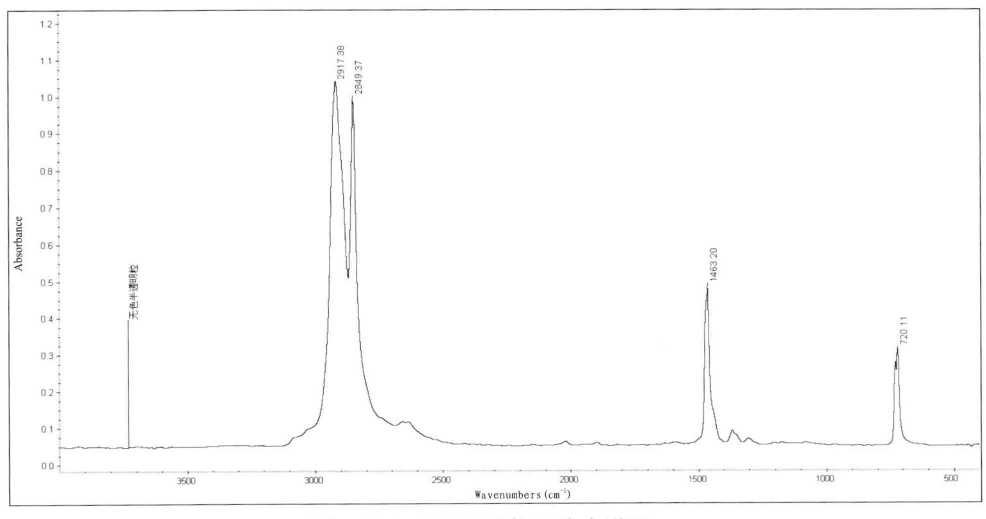

图 6 无色半透明颗粒红外光谱图

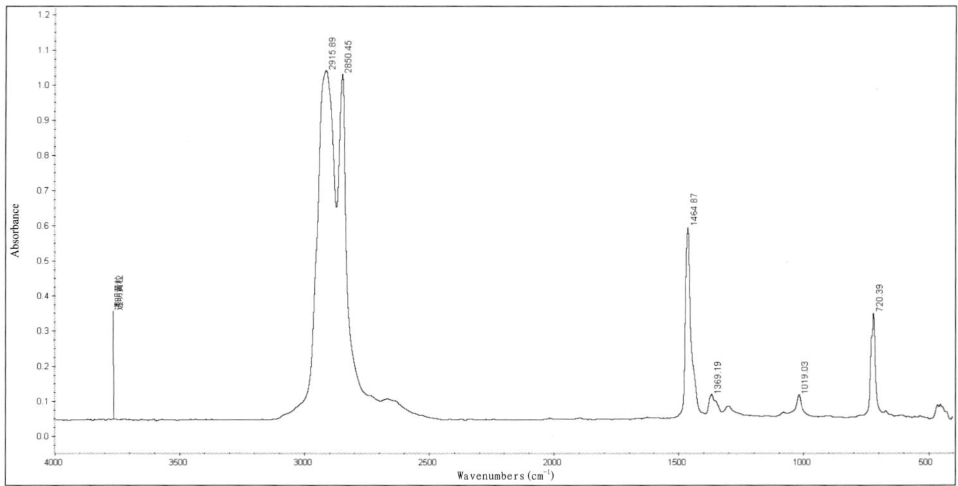

图 7 淡黄色透明颗粒红外光谱图

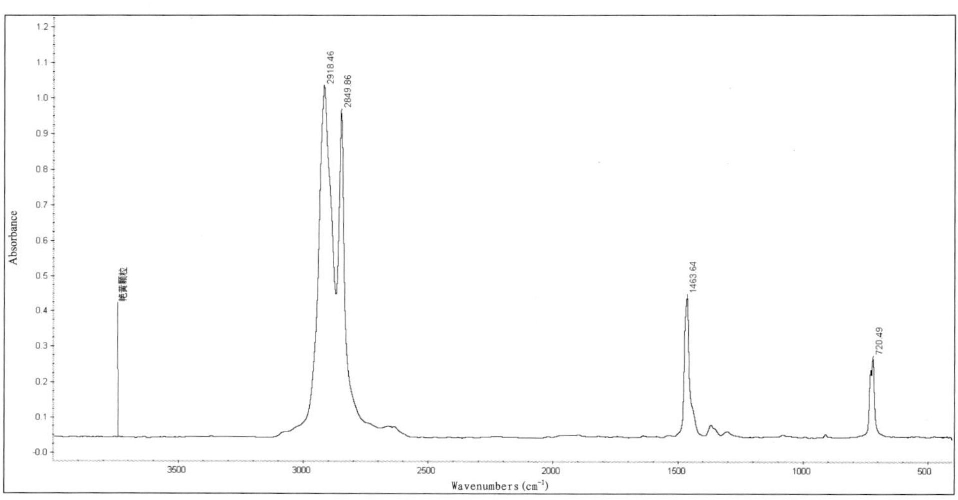

图 8 深黄色颗粒红外光谱图

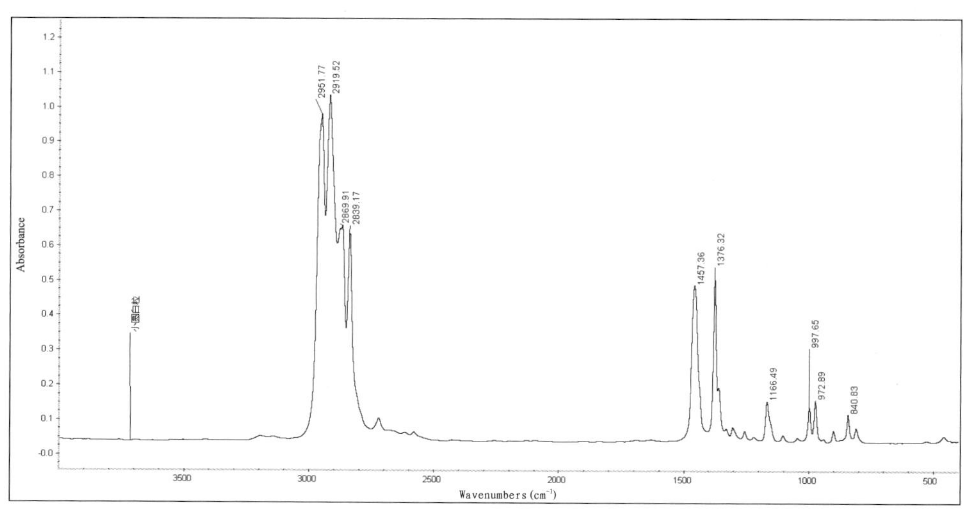

图 9 小圆白颗粒红外光谱图

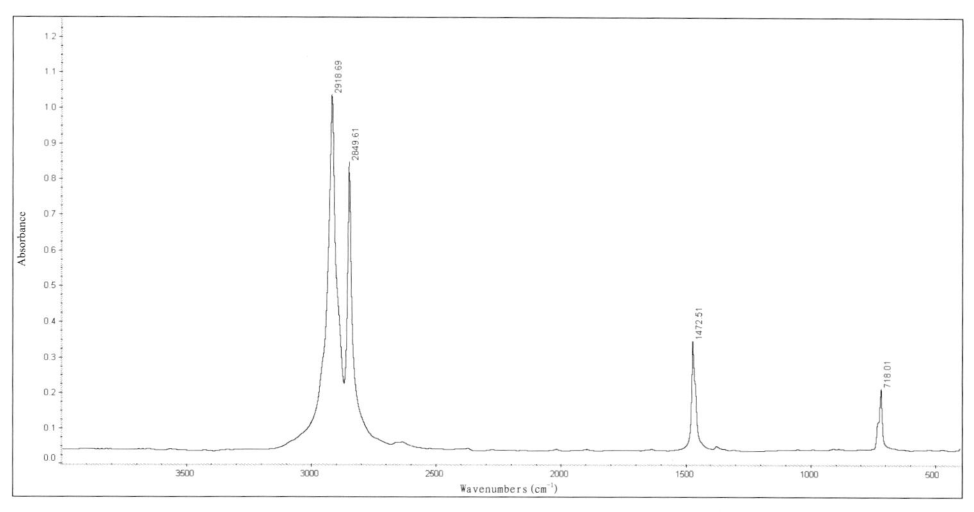

图 10 白色片状物红外光谱图

3 样品物质属性鉴别分析

（1）产生来源分析

①样品不是报关所称的“再生的已塑化聚氯乙烯粉”

样品外观上以蓬松的粉末为主，但通过分类，样品中粉末仅占总量的 30%，而塑料颗粒占到总量的 66%。外观和成分分析可知，样品是以聚乙烯塑料为主的混合物，没有发现聚氯乙烯成分。因此，样品不是报关所称的“再生的已塑化聚氯乙烯粉”。

②样品是以聚乙烯塑料为主的混合物

样品主要为黄灰色蓬松粉末，潮湿，并含有大量无色、白色、黄色塑料颗粒，少量白色细粒和块状物质，偶见细植物残肢和砂粒等，表明为混合物；样品主要含有聚乙烯，还含有聚丙烯、聚乙烯蜡和少量无机物等，也表明样品为混合物，很可能是聚乙烯塑料粒子低温冷冻粉碎或水冷式破碎生产塑料粉末过程中收集的各种下脚料和残次品，理由如下：

通过查询互联网相关塑料粉末信息[1]，绝大多数塑胶都可以利用粉碎工艺得到塑料粉末，有些塑料常温下通过粉碎得到 200 μm 的细粉，如玻璃化温度比较高的塑料。塑料在粉碎过程中产生的热量足以将其熔融，又重新黏结在一起，因而不利于塑料粉碎，因此，通过低温粉碎方法可以解决这个问题，即通过冷媒将塑料降到其脆化温度以下，同时保证在粉碎过程中有足够的冷媒带走其分裂过程中产生的热量，达到粉碎要求。塑料粉末分为粗粉、中粉、细粉、超细粉，粗粉泛指 5 ～ 60 目的粉末，中粉指 60 ～ 160 目的粉末，细粉为 160 ～ 300 目，超细粉为 300 目以上。粉末粒度分布范围越窄，越好使用。

样品中绝大部分粉末粒度小于 1mm，20 ～ 40 目（0.43 ～ 0.85 mm）的粒度占粉末部分的 43.1%，粒度分布范围较宽，属于粗粉；样品中含有 66% 的塑料粒子，粒子大小和颜色不均匀，粉末颜色也不均匀，表明塑料粒子可能为塑料粉末的原料；样品明显潮湿、结团，与塑料低温冷冻破碎或水冷式破碎作业过程的产物特点相符合；样品中含有少量丝状物和块状物，应是破碎原料中带入或在破碎中形成；聚乙烯蜡与聚乙烯、聚丙烯等相溶性好，能改善聚乙烯、聚丙烯的流动性等，样品中含有少量聚乙烯蜡，不排除是来自塑料粉碎过程中的添加剂；样品中含有很少量的无机物和杂物，应是来自物料的回收过程。

（2）固体废物属性分析

样品是以聚乙烯为主的混合物，属于“生产过程中产生的残余物”和“有机物质的回收 / 再生”，回收的这种混合物料不满足任何塑料树脂产品的质量要求。因此，依据《固体废物鉴别导则（试行）》的原则，判断样品属于固体废物。

样品中含有约 3% 的聚乙烯蜡，样品粉末中含有 2% 的无机组分，如黏土；样品潮湿，明显含水分。它们不是塑料，从样品的颜色混杂判断，不满足《聚乙烯树脂》（GB/T 11115—2009）中“为本色颗粒，无杂质，无黑粒”的要求，应该属于混入回收塑料中的夹杂物。因此，样品不满足《进口可用作原料的固体废物环境保护控制标准—废塑料》的要求。环境保护部等五部门于 2011 年颁发的《固体废物进口管理办法》第 14 条明确规定：“不符合进口可用作原料的固体废物环境保护控制标准或者相关技术规范等强制性要求的固体废物，不得进口。”因此，样品属于我国禁止进口的固体废物。

4 结论

样品不是“再生的已塑化聚氯乙烯粉”，很可能是聚乙烯塑料粒子低温冷冻粉碎生产塑料粉末过程中收集的各种下脚料和残次品；样品属于固体废物，是目前我国禁止进口的固体废物。

参考文献

[1] http://cache.baidu.com.

5. 聚酯（PET）废碎料

1 背景

2011 年 9 月，固体废物研究所对某公司申报进口的“聚对苯二甲酸乙二酯”货物样品进行鉴别，需要确定是否属于国家禁止进口的固体废物。在实验分析和查阅相关资料的基础上编写鉴别报告。

2 样品特征及物质特性分析

（1）三个样品颜色及形状均不同，将其分别编为 1 ～ 3 号，样品外观形态见图 1 ～图 3，特征描述见表 1。

图 1　1 号样品

图 2　2 号样品

图 3　3 号样品

表 1　样品基本特征

样品	特征描述	熔融温度 /℃	熔融后颜色	550℃灼烧后烧失率 / %
1 号	由无规则、大小不均、颜色不一的块状、片状物质组成，颜色以灰白色为主，其中夹带砖青色、咖啡色、砖青色和白色混杂的物质，有的有脏污痕迹	280	灰褐	99.7
2 号	主要由黄色和灰色、大小不均的颗粒组成，夹杂相当数量的柱状、条状、丝状、块状、粉状物质，有的带有气孔，明显夹杂灰褐色、黑色杂质	300	乳黄	98.8
3 号	主要由青白色无规则大块状物质组成，断面有大小不均的气孔，存在拉丝状物质	280	黄灰	99.4

（2）对样品进行红外光谱有机定性分析，1 号样品中白、黄和灰色部分的谱图与谱图库中 PET 的匹配度分别为 84%、95% 和 82%，样品中灰白色部分的红外光谱图见图 4；2 号样品中黄色和白色部分的谱图与谱图库中 PET 的匹配度分别为 95% 和 98%，样品中黄色部分的红外光谱图见图 5；3 号样品谱图与谱图库中 PET 的匹配度为 85%，红外光谱图见图 6。表明样品分子结构与聚对苯二甲酸乙二酯（PET）类似。

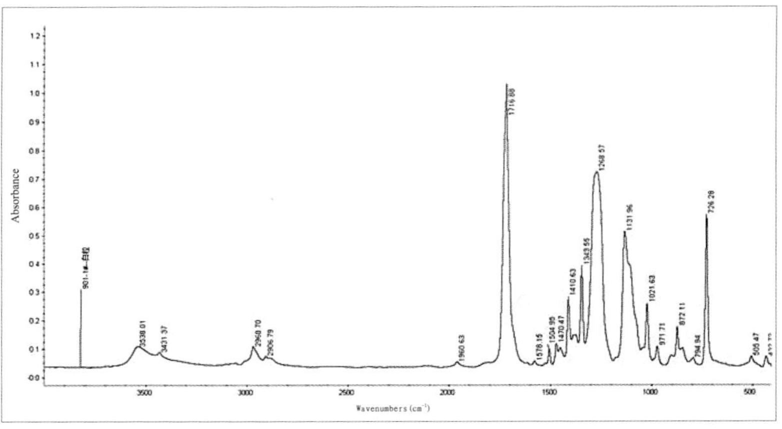

图 4　1 号样品红外光谱图

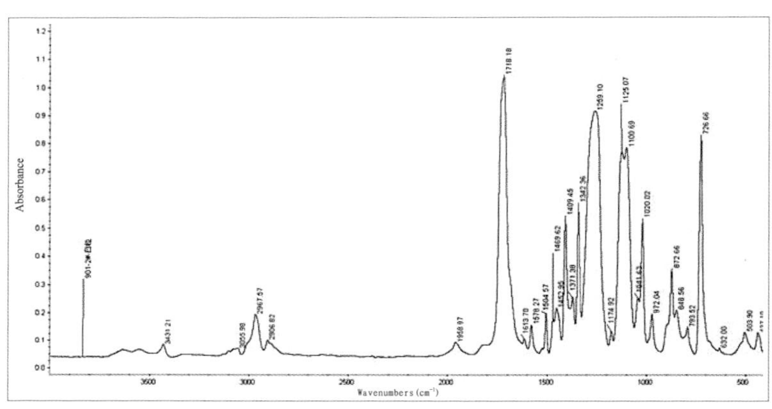

图 5　2 号样品黄色部分的红外光谱图

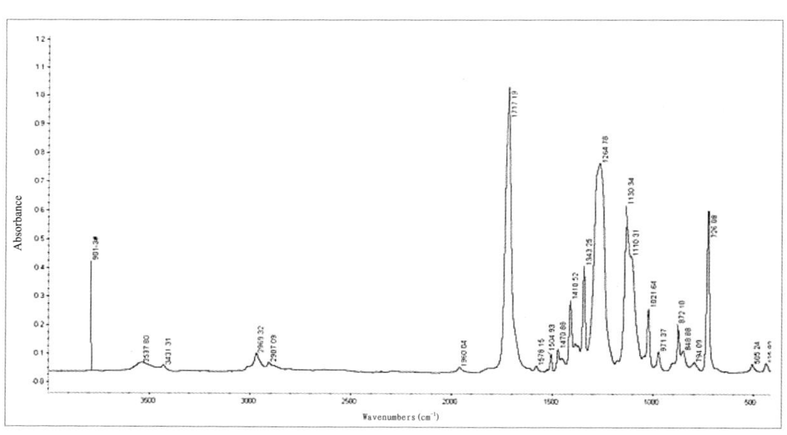

图 6　3 号样品红外光谱图

（3）取适量样品于载玻片上加热，叠合另一载玻片按压成膜后，冷却脱模制得大约 1mm 厚的片状试样；同时，用正常的 PET 做对比试验。对比实验现象见表 2，这种简单的直观力学实验结果表明，样品的分子量小于正常 PET 材质的分子量。

表 2　样品熔体的流动性、脱模样片韧性与正常 PET 的比较

样品	塑化熔体的流动性	脱模样片韧性
2 号	样品中黄色颗粒与正常 PET 熔体的流动性相当	黄色颗粒塑片弯折多次后断裂，样品塑片弯折容易断裂
	样品中白色颗粒与正常 PET 熔体的流动性相当	白色颗粒塑片弯折多次后没有开裂迹象，与正常 PET 样片的韧性相当
1 号、3 号	样品塑化熔体明显较正常 PET 熔体易流动	样品塑片弯折容易断裂

3 样品物质属性鉴别分析

（1）产生来源分析

红外光谱分析表明，样品分子结构与聚对苯二甲酸乙二酯（PET）类似，证明样品是来自 PET 合成生产或加工过程中的产物。

纯的 PET 熔点为 265℃，工业品熔点为 255 ～ 260℃。PET 熔点反映了副反应发生和进行的程度，也反映了工艺技术水平和生产操作的状况。生产 PET 过程中副反应包括二甘醇（DEG）的生成并共聚（无规、嵌段、接枝）到 PET 分子链中的反应；热降解并形成环状低聚体的反应；热氧化并形成乙醛、凝胶物的反应。摩尔质量、链结构和组成是影响熔点的主导因素[1]。由表 1 可知，样品的熔点均高于通常 PET 工业品熔点，可能是由于样品在 255 ～ 295℃的温度范围内被静置，发生了结晶过程。资料表明[1]：在此条件下形成的结晶拥有高于通常熔点的结晶熔点。

PET 为白色或淡黄色透明固体。生产 PET 过程中发生的 DEG、热降解等副反应，能够导致色相变差，黄色程度增加。聚合物首先变成奶油色，然后变黄，进一步成褐色，在深度热降解时变黑[3]。样品的色泽均较深，进一步表明样品在生产过程中发生了副反应。

由表 2 看出：①除了 2 号样品，其他样品的塑化熔体明显比正常 PET 熔体易流动；②除了 2 号样品中白色粒料塑片弯折多次没有出现开裂现象，其他样品的塑片弯折一两次即发生断裂现象，表明样品的分子量小于正常 PET 材质的分子量。导致样品没有韧性的原因可能是由于生产过程中发生了 DEG 副反应，因为醚键（DEG 链段）的键能较小[4]，造成样品塑片易断裂；也有可能是由于样品中含有微量水分，在熔融温度下促进了 PET 水解，使其分子量下降，分子链段缩短，致使薄膜的机械强度下降[5]。

样品具有大小不一的气孔，可能是由于发生热降解的结果，因为 PET 热降解能放出一氧化碳（CO）、二氧化碳（CO_2）、乙醛（C_2H_4O）和对苯二甲酸（$C_8H_6O_4$）等，CO 和 CO_2 的产生使片基上产生气泡，通常热稳定性差的树脂更容易发生[5]。

以上样品的熔点、颜色、表 2 直观力学性能、气孔等现象均表明，在样品生产时发生了副反应，判断样品不是正常生产过程的产品；结合样品外观差异较大、样品谱图与正常 PET 谱图匹配度差异明显的特征，进一步判断样品是来自不同批次 PET 生产中产生的非正常产物，可能包括：设备运转过程中出现故障而形成的不合格品、废品、半成品；设备检修之后开车时产生的报废品；生产不同品牌 PET 在切换过程中产生的一些头尾料；PET 原料加工（如注塑，生产纤维）过程中产生的废品以及下脚料等[6]；从样品的颜色差异也不排除是 PET 回收废料经熔化处理的混合物。

（2）固体废物属性分析

样品是来自 PET 生产过程中产生的非正常产物，样品的产生没有质量控制，也不满足相关标准和规范，属于“生产过程中产生的废弃物质”。因此，依据《固体废物鉴别导则（试行）》的原则，判断样品属于固体废物。

样品分子结构与 PET 具有较高的匹配度，表明样品仍属于聚酯（PET）范畴，聚酯本身属于合成树脂，廖明义、陈平主编的《高分子合成材料学》中“树脂和塑料之间定义很难严格的区分界限，树脂合成过程中也要加入一些添加剂，这与塑料加工过程中类似。某些树脂成型加工过程中没有加入任何添加剂，直接加工成型，也成为塑料制品。”海关商品综合分类表第 39 章“塑料及其制品”中，所称“塑料”是指“品目 39.01 ～ 39.14 的材料，这些材料能够在聚合时或聚合后在外力（一般是热力和压力，必要时加入溶剂或增塑剂）作用下通过模制、挤压、滚轧或其他工序制成一定的形状，形成后除去外力，其形状仍保持不变。”第 39 章中包括 PET 及其废碎料。样品可反复热熔，具有一定的塑料加工性能。因此，判断样品属于废塑料。

2009 年 8 月 1 日，环境保护部、商务部、国家发改委、海关总署、国家质检总局发布的第 36 号公告的《限制进口类可用作原料的固体废物目录》中列出了“3915901000 聚对苯二甲酸乙二酯（PET）的废碎料及下脚料”，建议样品归入这类废物，属于限制类进口固体废物。

4 结论

样品不是 PET 正常生产过程的产品，是来自不同批次 PET 生产中产生的非正常产物，可能包括设备运转过程中出现故障而形成的不合格品、废品、半成品；设备检修之后开车时产生的报废品；同一生产设备生产不同品质 PET，在切换过程中产生的一些头尾料；二次加工（如注塑，生产纤维）过程中产生的废品以及下脚料；PET 回收废料经熔化处理的混合物等。

样品属于固体废物，属于目前我国限制进口类可用做原料的固体废物。

参考文献

[1] 杨始 . 聚酯树脂质量指标述评 [J]. 聚酯工业 ,2001,14(4):59.

[2] 谷莘 , 李守成 . 聚对苯二甲酸乙二酯的测试方法探讨 [J]. 彭城大学学报 ,1998,13(3):23.

[3] 武荣瑞 , 董纪震 . 聚对苯二甲酸乙二酯合成过程中的副反应 (续)——聚合物的热裂解 [J]. 北京化工学院学报 ,1982(4):113.

[4] 武荣瑞 , 张大省 , 孙淑梅 . 聚对苯二甲酸乙二酯合成中醚键生成的研究 [J]. 合成纤维工业 ,1981(4):5.

[5] 傅鹏程 . 聚对苯二甲酸乙二酯熔体的物化性质与涤纶薄膜质量的关系 [J]. 塑料通讯 ,1995(4):40.

[6] 李绍英 , 赵北征 , 王连仲 . 聚酯废料的再生利用 [J]. 河北轻化工学院学报 ,1996,17(4):21.

6. 聚酯多元醇残渣

1 背景

2011 年 11 月，固体废物研究所对某公司申报进口的“聚对苯二甲酸乙二酯”货物样品进行鉴别，需要确定是否属于固体废物。在实验分析和查找相关资料的基础上编写鉴别报告。

2 样品特征与物质特性分析

（1）样品为无规则块状物质，少量粉末；潮湿状态下强度很低，可掰碎，晾干后强度增大；有的表面很细腻，有的表面有气孔，大块状表面呈龟裂状；样品呈灰白或灰黄色，有少许污物。将适量样品于 50℃干燥至恒重，测得易挥发物含量为 9%。样品外观特征见图 1。

（2）利用红外光谱分析仪对样品进行有机定性分析，图 2 为红外光谱图。样品谱图与对苯二甲酸多元醇酯和邻苯二甲酸多元醇酯混合物谱图的匹配度最高，表明样品主要成分为对苯二甲酸多元醇酯和邻苯二甲酸多元醇酯。

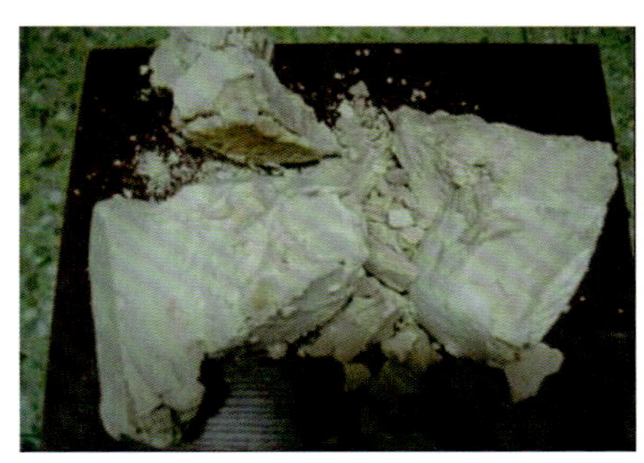

图 1　样品

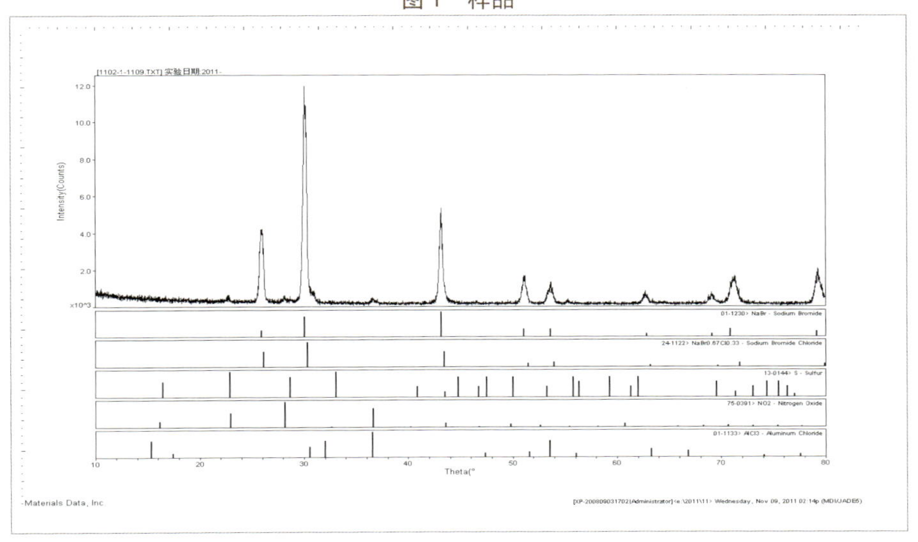

图 2　样品红外光谱图

（3）样品经四氢呋喃多步提取，利用凝胶渗透色谱（GPC）测定样品的峰位分子量，结果显示含有约为 370、547、578、380、726 的组分，谱图见图 3 和图 4。

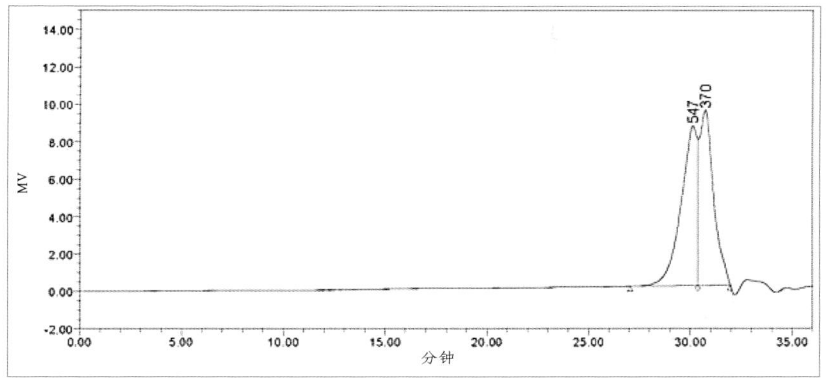

图 3　四氢呋喃多次提取累计约 60% 样品的凝胶渗透色谱

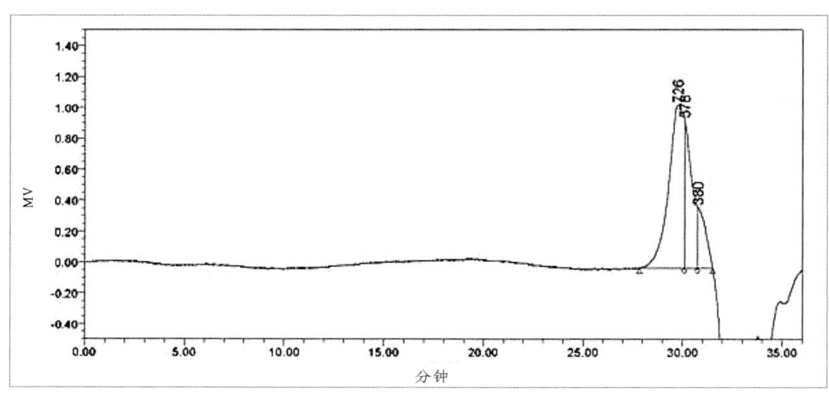

图 4　最后一次提取溶解液的凝胶渗透色谱

3 样品物质属性鉴别分析

（1）产生来源分析

①样品为苯二甲酸多元醇酯低聚物

红外光谱分析结果表明样品主要成分为对苯二甲酸多元醇酯和邻苯二甲酸多元醇酯，说明样品是来自苯二甲酸多元醇酯的生产或加工过程。

高分子材料的断裂与分子量有关，尤其与重均分子量的关系更为密切。聚酯分子间没有氢键，主要是范德华力，而酯基的偶极和苯环的大 π 键对分子间的作用有加强作用，聚酯的分子量为分子链节的化学式量与聚合度之积。对于相同多元羧酸和相同多元醇缩聚的聚酯，分子量愈高表明分子链愈长，分子间总的相互作用加强，甚至超过分子链断裂强度的许多倍，机械强度增强。因此，分子量应该达到最低要求，即“临界分子量”，高分子材料才具有一定的机械强度，如聚对苯二甲酸乙二醇酯（PET）的数均临界分子量为 13 000，而重均临界分子量为 25 000[1]。

表 1 列出了样品的峰位分子量、数均分子量和重均分子量。与上述资料数据对比看出，PET 的临界数均分子量是样品数均分子量的约 40 倍，临界重均分子量是样品重均分子量的 78 倍，表明样品的数均和重均分子量均远远小于 PET 的对应临界分子量，因此，样品不具有高分子材料所应有的机械强度。

表 1　样品的分子量

峰位分子量 (Da)	380	580	730
数均分子量 (Da)	320	480	790
重均分子量 (Da)	320	490	840

虽然没有确定样品具体为几元醇，但是聚苯二甲酸多元醇酯的分子链节化学式量大于 148，表明样品的聚合度小于 5，因此，样品为苯二甲酸多元醇酯低聚物。

②样品为多元醇聚酯的残渣

样品为苯二甲酸多元醇酯低聚物，表明不是正常生产苯二甲酸多元醇酯高聚物过程中产生的产品，而是发生严重副反应的产物，因为苯二甲酸多元醇酯高聚物加工是采用熔融成型工艺，苯二甲酸多元醇酯高聚物在高温下易发生热降解、热氧降解[2]、水解[3]等副反应，这些副反应能够致使摩尔质量发生下降，分子链段缩短，机械强度降低。发生如此严重副反应的产物，最后只能存在于生产苯二甲酸多元醇酯高聚物的残渣中。相关资料记载[4]，PET 生产中，过量的乙二醇需要进行回收，在乙二醇回收工段残渣罐排出的乙二醇残渣中，除含有少量未回收完全的乙二醇、部分着色物、无机异物外，其余绝大部分为 PET 的低聚物。资料表明[5]，所用乙二醇残渣中对苯二甲酸乙二醇酯类低聚物主要为三聚体。

样品颜色不均、有明显污物、为苯二甲酸多元醇酯低聚物、易挥发物含量为 9%，这些特征与 PET 生产过程中产生的废弃物乙二醇残渣具有相似性，表明样品为多元醇聚酯残渣。

（2）固体废物属性分析

样品来自对苯二甲酸多元醇酯和聚邻苯二甲酸多元醇酯高聚物的生产过程，为多元醇聚酯生产中的残渣。样品属于“生产过程中产生的废弃物质”。因此，依据《固体废物鉴别导则（试行）》，样品属于固体废物。

2009 年 8 月 1 日，环境保护部、商务部、国家发改委、海关总署、国家质检总局发布的第 36 号公告的《禁止进口固体废物目录》中列出了“3825610000 主要含有有机成分的化工废物（其他化学工业及相关工业的废物）”，样品应归入这一类废物，属于目前我国禁止类进口固体废物。

4 结论

样品为对苯二甲酸多元醇酯低聚物和邻苯二甲酸多元醇酯低聚物的混合物，是生产对苯二甲酸多元醇酯和聚邻苯二甲酸多元醇酯高聚物过程中的残渣。样品属于固体废物，属于目前我国禁止进口类固体废物。

参考文献

[1] 杨始 . 聚酯树脂质量指标述评 1[J]. 聚酯工业 ,2001,14(3):60.
[2] 武荣瑞 , 董纪震 . 聚对苯二甲酸乙二酯合成过程中的副反应 (续)——聚合物的热裂解 [J]. 北京化工学院学报 ,1982(4):113.
[3] 傅鹏程 . 聚对苯二甲酸乙二酯熔体的物化性质与涤纶薄膜质量的关系 [J]. 塑料通讯 ,1995(4):40.
[4] 刘运权 , 邓诗峰 . 由聚酯低聚物一步法合成 DOTP 研究 [J]. 河北化工 ,1993(1):9.
[5] 谈光琳 . 乙二醇残渣碱解法合成烟花啸声剂 [J]. 化学世界 ,1988(7):327.

7. 聚乙烯蜡废料

1 背景

2012 年 5 月，固体废物研究所对某公司申报进口的“聚乙烯蜡副牌”货物样品进行固体废物属性鉴别，需要确定是否为国家禁止进口的固体废物。在实验分析、查找资料和咨询专家的基础上编写鉴别报告。

2 样品特征与物质特性分析

（1）样品为浅黄色蜡质颗粒，但颜色和颗粒大小非常不均匀，并有明显脏污和含有杂物，具有刺激性异味，物理特征见表 1，样品外观特征见图 1 ～图 6。

表 1　样品部分物理特征

单位：%

样品组成部分	占样品重量的比例	含水率	550℃下烧失率
扁圆粗颗粒	37.0	1.2	99.92
细颗粒	17.5	2.4	100.00
粉末	8.6	12.8	99.18
块状物料	11.2	16.9	99.70
大小颗粒的混合物	25.6	2.0	99.97

图 1 样品包装

图 2　综合样品

图 3 样品中块状物

图 4 样品中粗颗粒

图 5 样品中细颗粒

图 6 样品中粉末

（2）对样品中粗颗粒、细颗粒、粉末、大块物料分别进行红外光谱有机组分定性分析，结果显示样品为氧化聚乙烯蜡、聚乙烯蜡、EVA 蜡的混合物，样品有机物组成见表 2，红外光谱图见图 7 ～图 11。

表 2　样品有机物定性分析结果

样品组成部分		有机物成分
扁圆粗颗粒		氧化聚乙烯蜡
细颗粒	半透明颗粒	EVA 蜡
	不透明颗粒	氧化聚乙烯蜡
粉末		可能是聚乙烯蜡、氧化聚乙烯蜡和 EVA 蜡的混合物
块状物料		聚乙烯蜡

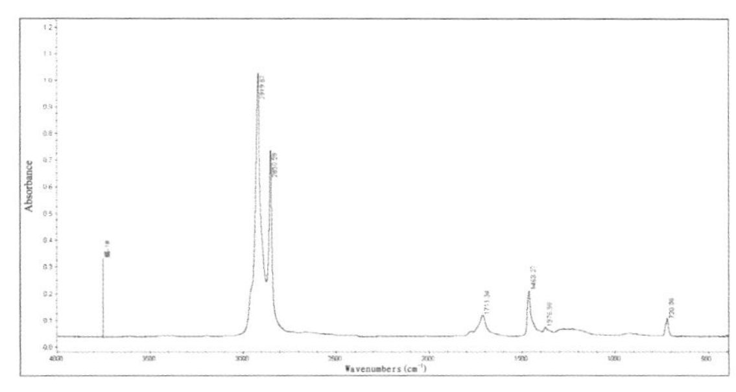

图 7　样品中扁圆粗颗粒的红外光谱图

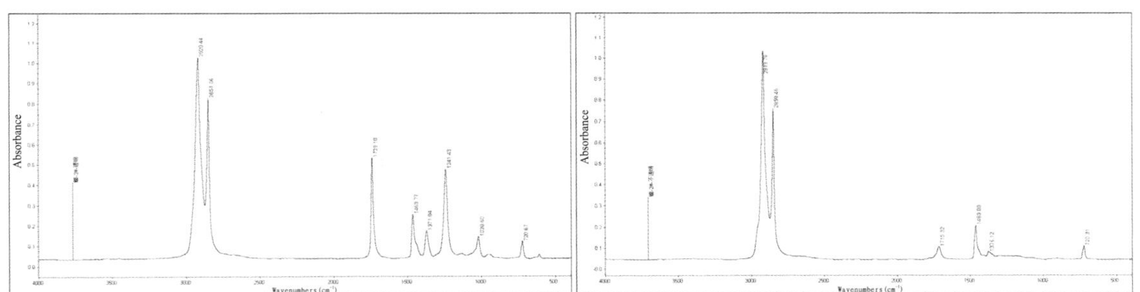

图 8 细颗粒样品中半透明颗粒的红外光谱图　　图 9　细颗粒样品中不透明颗粒的红外光谱图

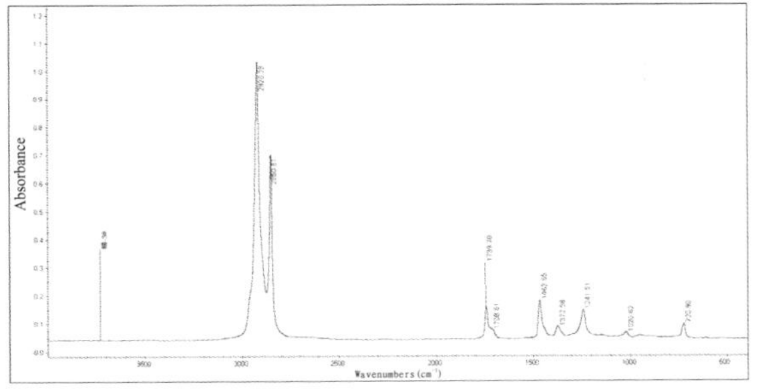

图 10　粉末样品的红外光谱图

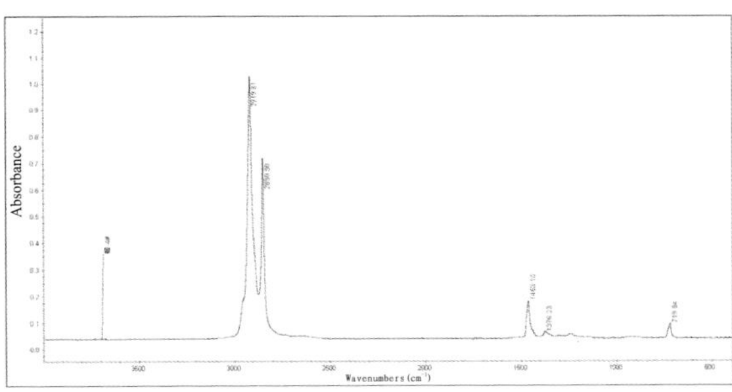

图 11　大块物料样品的红外光谱图

（3）对样品中有代表性的组成部分进行熔点、密度、分子量的分析，表明样品中不同部分同一指标存在明显差异，结果见表 3。

表 3　样品主要指标分析结果

样品组成部分	熔点 / ℃	密度 /（g/cm³）	相对分子量			
			M_n [#2]	M_w [#3]	M_p [#4]	M_w/M_n
扁圆粗颗粒	49.19, 102.7[#1]	0.934	5 431	10 450	8 423	1.92
细颗粒	99.79	0.933	7 542	12 430	11 570	1.65
粉末	97.30, 110.29, 114.4[#1]	0.933	2 879	7 149	6 611	2.48

注：#1—熔程不同时点的数据；#2—M_n 为数均分子量；#3—M_W 为重均分子量；#4—M_p 为峰位分子量。

3 样品物质属性鉴别分析

（1）产生来源分析

①样品是来自聚乙烯蜡的生产过程的物料

聚乙烯蜡（PEW）即低分子量聚乙烯，指相对分子量在 1 000 ～ 5 000 的聚乙烯，根据制作方法不同，聚乙烯蜡分为聚合型和裂解型两类，聚合型聚乙烯蜡一般由聚乙烯聚合时的副产物制得，裂解型可由纯净的聚乙烯树脂或者废旧塑料裂解得到，可根据不同需要制成块状、片状、粉末状，熔点 >95℃ [1，2]。氧化聚乙烯蜡是一种含有部分极性基团（如羧基、羟基）的改性蜡产品，不仅具有石蜡、聚乙烯蜡原有的可抛光性、自修复性、抗察痕性和耐用性，而且无毒、无腐蚀性、化学性能稳定，且与极性树脂具有更好的相容性，用途广泛 [3]。EVA 蜡是含羰基的低分子量乙烯 - 醋酸乙烯共聚物，分子链上带有一定的羰基和羟基，EVA 蜡属于氧化聚乙烯蜡的一种。总之，聚乙烯蜡、氧化聚乙烯蜡、EVA 蜡三者具有相关性。

PEW 的生产方法包括 [4]：乙烯单体聚合法，即在一定温度、压力和催化剂条件下，乙烯单体发生聚合反应，生成 PEW，该法工艺复杂，一次性投资高；高分子量聚乙烯（PE）降解法，即在高温条件下，由 PE 发生裂解反应，分子量降低而得；PE 聚合过程中的副产物——低分子量的 PE，由副产物分离精制而成。

样品中颗粒、粉末或块状物料等各组成部分外观上均具有蜡质材料特点，用指甲可刮碎、手指可揉捏，而且具有滑腻感，但不粘手；成分分析也表明样品中各组成部分为聚乙烯蜡、氧化聚乙烯蜡、EVA 蜡，样品各部分的数均分子量大多在 1 000 ～ 5 000。这些特点与上述资料中聚乙烯蜡的生产来源相符，因此，样品是来自聚乙烯蜡生产过程中的物料。

②样品是来源于不同聚乙烯蜡生产过程中产生的回收混合物料

PEW 成品制造常用方法包括 [4]：a. 微粉化法：采用喷射微粉机或微粉分级机生产工艺，利用粗蜡在高速状态下相互间激烈碰撞后逐渐碎裂成微粒状，然后再由离心力作用，在失重下被吹逸出来收集而得；b. 乳化法：适用于水性系统，但所加入的表面活性剂会对涂膜的耐水性造成影响，该法可得又细又圆的粒子；c. 分散法：将蜡加入树蜡溶液中，利用球磨机滚筒或其他分散设备进行分散而成；d. 熔融法：以溶剂在密闭、高压容器下加热熔融，然后在适当冷却条件下出料，获得成品。从这几个工艺方法可以产生不同物理形状的聚乙烯蜡产品。

样品外观上明显由不同物理形状的蜡质物质组成；均具有浓烈的刺激性气味可能是在聚乙烯裂解和聚乙烯蜡氧化改性过程中产生的少许羧酸、醇、醛、酮、酯等有机混合物所致；有机组分分析表明样品是非常不均匀的混合物；聚乙烯蜡的熔点实际上是一个熔程范围，聚合法生产的聚乙烯蜡的熔程比相应裂解法的熔程短[5]，熔点指标分析结果也表明样品熔点差异明显。样品的这些特点表明其是来源于不同原材料、不同生产工艺过程回收的混合物。

通过咨询行业专家，样品中粉料可能产生于管道传输过程中经旋风分离器收集的物料，块料可能产生于反应釜、管线、泵等设备检修时产生的清理产物，或者是落地后被污染的物料；粒料可能是产品造粒时经水冷却时，部分物料被带入循环水系统，从水池捞出的物料，或者是产品落地后被污染产生的回收料。

综上所述，样品是来源于不同聚乙烯蜡生产过程中产生的回收混合物料。

（2）固体废物属性分析

从产生来源分析可知，样品来源于不同聚乙烯蜡生产过程中产生的回收混合物料，属于生产过程中产生的“废弃物质”，虽然目前我国还没有聚乙烯蜡各项性能指标的规定[2]，但通过对国内聚乙烯蜡生产企业的调研可知，样品不能直接作为聚乙烯蜡产品进行利用，也很难精制成质量很高的聚乙烯蜡产品，是“不再好用的物质或物品”，回收利用是属于“有机物的回收 / 再生”。因此，根据《固体废物鉴别导则（试行）》的原则，判断样品属于固体废物，为聚乙烯蜡废物。

2009 年 8 月 1 日，环境保护部、商务部、国家发改委、海关总署、国家质检总局发布了第 36 号公告，在该公告《限制进口类可用作原料的固体废物目录》和《自动许可进口类可用作原料的固体废物目录》中均没有包含聚乙烯蜡废物及类似废物，而在《禁止进口固体废物目录》中列出了“3825610000 主要含有有机成分的化工废物（其他化学工业及相关工业的废物）”，样品应归入这一类废物，属于目前我国禁止进口的固体废物。

4 结论

样品是来源于不同聚乙烯蜡生产过程中产生的回收混合物料；样品属于固体废物；样品属于目前我国禁止进口的固体废物。

参考文献

[1] 陈作义 , 潘朝群 , 江涛 . 聚乙烯蜡的研究进展与工业生产方法探讨 [J]. 辽宁化工 ,2004,33(8):474.
[2] 王璇 , 冀星 , 李术元 . 聚乙烯类废塑料制聚乙烯蜡技术进展 [J]. 中国工程科学 ,2001,3(12):91.
[3] 文水平 . 氧化聚乙烯蜡微乳液的制备 [J]. 印染助剂 ,2007,24(6):24.
[4] 于硕 . 聚乙烯蜡的制备及其改性研究 [D]. 华东理工大学硕士学位论文 ,2011(1):2-4.
[5] 赵秀英 , 冯磊 , 胡伟康 , 等 . 低相对分子质量聚乙烯的热稳定性探讨 [J]. 中国塑料 ,2000,14(7):87.

8. 精萘生产中产生的粗萘精馏剩余物（精萘残油）

1 背景

2009 年 3 月，固体废物研究所对某精细化工有限公司生产过程中产生的“粗萘精馏剩余物（精萘残油）”进行废物属性鉴别。在现场调研和查阅资料的基础上，根据物质的产生工艺操作规程和《固体废物鉴别导则（试行）》《国家危险废物名录》等文件编写鉴别报告。

2 粗萘精馏剩余物的产生和利用特点

（1）粗萘（$C_{10}H_8$）精馏剩余物（精萘残油）的产生工艺和产生特点

粗萘精馏剩余物是该公司用粗萘（$C_{10}H_8$）原料经过多级结晶生产精萘后的剩余物，行业中称为精萘残油。

资料表明[1]，焦油萘产品（$C_{10}H_8$）中的主要杂质是硫茚，与 $C_{10}H_8$ 的沸点非常接近，采用精馏技术进行分离的设备投资费用和操作费用都很高。因此，通常利用常压下 $C_{10}H_8$ 和硫茚熔点相差较大的特点，采用分级结晶工艺对其进行分离。首先对熔融物料进行降温结晶，将未结晶部分作为母液排出，然后对已结晶物料进行升温发汗，排出包藏的杂质，最终达到结晶产品的目的，表 1 是熔融分级结晶各级工艺的操作数据。分级结晶法生产精萘是前一级的产物作为后一级的原料，使最终产品达到要求的纯度。由此可知，分级结晶法以生产精萘为目的，精萘残油是精萘生产的副产物。

表 1　熔融分级结晶各级工艺操作数据

项目	结晶级数				
	1	2	3	4	5
原料纯度 / %	80	87	92	97	99
产品收率 / %	40	45	50	55	60
产品纯度 / %	87	92	97	99	99.7
母液率 / %	28	32	25	18	21
发汗率 / %	32	23	25	27	19
结晶点 / ℃	65	70	73	77	79
结晶降温幅度 / ℃	20	18	22	22	22
发汗升温幅度 / ℃	9	7	9	8	7
熔融水温度 / ℃	95	95	95	95	95

该公司精萘生产工艺步骤如下：①将固态工业 $C_{10}H_8$ 投入到熔槽中，加热至 85℃左右，使之熔化（或将已熔化的工业 $C_{10}H_8$ 放入熔槽中），用液下泵打入工业萘槽，维持物料温度在 80 ～ 85℃。②将液态工业 $C_{10}H_8$ 从熔槽泵入结晶箱，在结晶箱中经升温、降温再升温过程，分离为低含量组分、中含量组分及高含量组分，分别进入下一级，再在本级进入上一级结晶箱中。③进入下一级结晶箱的物料经进一步处理得到含量更低的组分及萘油。进入上一级结晶箱的组分进一步结晶处理得到精萘，泵入车间精萘槽备用。整个生产过程中投入的是工业 $C_{10}H_8$，物料都是经管道转移，除 $C_{10}H_8$ 外，很少有挥发、升华损失，直到最

后一步才得到精萘和精萘残余物（精萘残油）。生产流程示意图见图 1，精萘残油的储槽见图 2 和图 3。

公司制定了《精萘工艺操作规程》，生产控制过程是为了得到精萘，并没有以控制精萘残油为目的的内容。根据产生工艺判断，精萘残油不属于有意生产或有质量控制的产物。

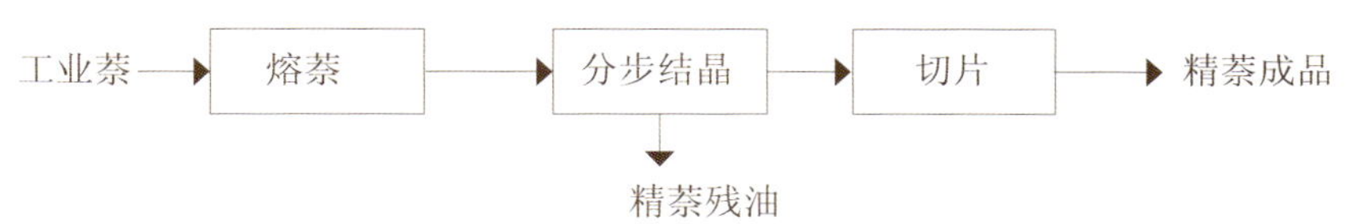

图 1 精萘和精萘残油的产生流程

图 2 精萘生产产生的精萘残油贮槽

图 3 精萘残油槽油泵（装车用）

（2）精萘残油的成分特点

精萘生产的分步结晶工艺中，所有反应都在反应罐和管道中运行，直到最后才得到精萘和精萘残油。精萘残油的准确成分目前尚不完全清楚，表 2 是工业萘的基本组成 [2]，根据工艺判断，精萘残油中除了 $C_{10}H_8$ 之外，还含有精萘产品之外的其他成分，如硫茚、酚类、喹啉类及不饱和化合物等 [3]。

表 2 工业萘的组成成分及含量范围

单位：%

组成	萘	硫茚	焦油碱类	焦油酸类	其他
攀钢	96	2 ～ 3	0.01	0.08	1 ～ 2
武钢	95	2 ～ 3	0.02	0.02	1 ～ 2
重钢	94	3 ～ 4	0.02	0.03	2 ～ 3

该公司使用的工业萘中 $C_{10}H_8$ 含量为 92% ～ 93%，说明使用的工业萘原料中杂质成分含量更高，所产生的精萘残油中除 $C_{10}H_8$ 之外的其他杂质含量也应该更高。

（3）精萘残油的利用特点

①公司介绍精萘残油外卖作为混凝土减水剂的生产原料。国内也有利用萘残油和精萘残油生产减水剂的研究报道 [4] 和专利申请 [5]。

②关于萘系减水剂 [3]。1962 年日本首先研制成功以 β - 萘磺酸甲醛缩合物钠盐为主要成分的减水剂，即萘系减水剂。我国 20 世纪 70 年代开始研制萘系减水剂，20 世纪 80 年

代后又陆续研制了以甲基萘、蒽油、洗油为原料的焦油系列的其他高效减水剂，以及其他如三聚氰胺类、环氧树脂类、胡敏酸、磺化焦油等品种。目前萘系减水剂是我国使用最广泛、使用量最大的一种减水剂，市场上占到 80% 以上。通常所称的萘系减水剂是指以工业萘为原料生产的减水剂，萘系减水剂 95% 以上都是以工业萘为原料来生产的。除 $C_{10}H_8$ 外其他还有浓 H_2SO_4、HCHO（甲醛）、NaOH、CaO 粉等辅助原料，规格和组成见表 3。萘系减水剂的工艺流程分为磺化、水解、缩合、中和、过滤和干燥等工序，工艺流程见图 4。

表 3　原料规格和组成

单位：%

原料	$C_{10}H_8$（工业萘）	H_2SO_4	HCHO	NaOH	CaO
规格	94 ～ 96	≥ 98	36.5 ～ 37.5	工业级片碱或液碱	工业级水溶后使用

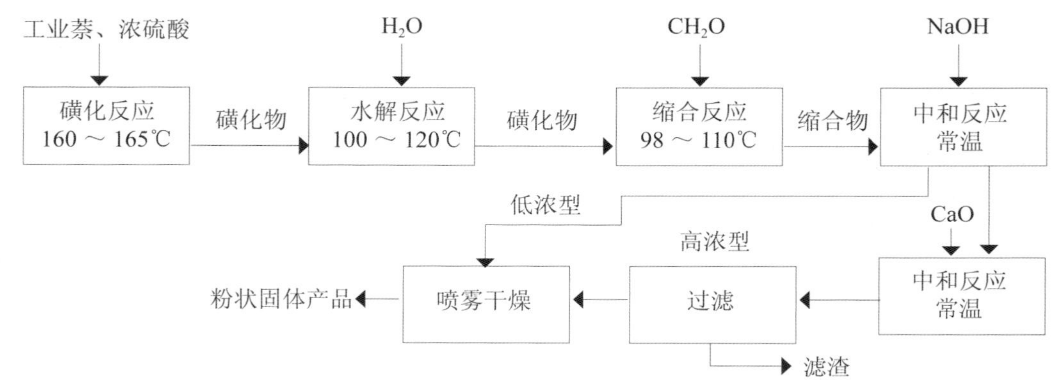

图 4　萘系减水剂的工艺流程示意图

③企业介绍精萘残油中萘的含量一般为 40% ～ 60%；企业环境影响评价材料中该物质中 $C_{10}H_8$ 的含量为 30%；公司制定了《精萘残油企业标准》，标准中 $C_{10}H_8$ 的质量指标为不小于 60%，水分不大于 1.0%；在江苏省固体有害废物登记和管理中心有关该公司的调查材料中认为精萘残油中 $C_{10}H_8$ 为 30% ～ 50%。这些情况表明：a. 精萘残油中的 $C_{10}H_8$ 含量实际上并不稳定，这与分步结晶工艺的实际生产目的相符，说明精萘残油并非有意控制的产物。b. 精萘残油中 $C_{10}H_8$ 的含量较低。通过咨询建材行业专家得知，目前萘系减水剂的原料通常为工业萘，含 $C_{10}H_8$90% 以上，比例越高越好，有的直接用精萘合成；用含 $C_{10}H_8$ 比例较低的残油生产减水剂与用精萘和粗萘生产的工艺相比，在配比、反应温度、磺化时间等方面要求不同。因此，在不改变减水剂生产工艺的情况下，并不能直接替代精萘和粗萘用于减水剂生产。c. 企业对精萘残油中的杂质没有控制要求，通过咨询建材行业专家得知：精萘残油中萘苯环上的烷基越多，生产的减水剂在使用时会导致“引气量越大、强度越低”，甚至会造成减少水用量的假象；精萘残油中如果含有更多苯环的物质，如蒽（$C_{14}H_{10}$），即使能用于生产减水剂，使用量也会增大。因此，精萘残油在不经过进一步加工的条件下，直接用于减水剂生产，会对减水剂的质量产生不利影响。目前没有查找到精萘残油作为减水剂原料的国家或国际承认的标准。

总之，精萘残油不是生产减水剂的主要原料。

3 精萘残油的废物属性

根据精萘残油的产生特点，精萘残油满足《固体废物鉴别导则（试行）》中“三、固体废物与非固体废物鉴定中（一）Q_1 和 R_{10} 的判断原则”，即回收利用该物质属于“利用操作产生的残余物质的使用”，其原因是“生产过程中产生的残余物”；也满足该导则中“三、固体废物与非固体废物鉴定中（二）的综合判断原则”，即“物质不是有意生产的，该物质使用前要经过复杂的加工，物质生产没有质量控制，物质没有国家或国际承认的规范或标准”，而且该物质用做减水剂原料同工业萘和精萘相比带入了更多的杂质。因此，判断精萘残油属于固体废物。

《国家危险废物名录》中 HW11 精（蒸）馏残渣中包括“废物代码为 252-003-11 的炼焦副产品回收过程中萘回收及再生产生的残渣”以及“非特定行业 900-013-11 其他精炼、蒸馏和任何热解处理中产生的废焦油状残留物”，据此，进一步判断精萘残油属于危险废物。

4 结论

委托鉴别的精萘残油属于固体废物，属于危险废物。

参考文献

[1] 李超群 , 马海洪 , 陶然 . 分级结晶工艺生产精萘过程的研究 [J]. 石油炼制与化工 ,2007,38(3):10-13.
[2] 李洋 . 苯酚改性萘系减水剂 [D]. 四川大学 ,2003.
[3] 赵刚山 , 孙虹 . 萘精制工艺的比较与选择 [J]. 燃料与化工 ,2003,34(1):38.
[4] 陈忠祥 , 胡政平 , 汪洋 . 利用萘残油合成 FDN 型高效混凝土减水剂的研究 [J]. 安徽化工 ,2001(4):5-6.
[5] 宝钢集团钢城企业总公司 . 利用精萘残油馏分生产萘系减水剂的方法：中国，200610022442.1[P].2007-10-17.

9. 多成分树脂类产物

1 背景

2009 年 3 月，固体废物研究所对某公司生产过程中产生的“多成分树脂类产物”进行废物属性鉴别。在现场调研和查阅资料的基础上，根据物质的产生工艺操作规程和《固体废物鉴别导则（试行）》《国家危险废物名录》等文件进行鉴别。

2 多成分树脂类产物的产生和利用特点

多成分树脂类产物在企业相关材料中又称为“多元萘酚”、“副产品树脂”、“树脂”或“树脂状物”，以下称为“多元萘酚”。

（1）多元萘酚的产生工艺及特点

多元萘酚的产生来自两个工艺过程：① 2- 萘酚产品生产过程；② 2,3- 酸产品生产过程中产生的滤饼中 2- 萘酚的回收过程。两个生产工艺的主要目的都不是为了得到多元萘酚，因此，多元萘酚应属于生产中的副产物。两个工艺中产生的多元奈酚形态见图 1 和图 2。

图 1 2- 萘酚生产

图 2 2, 3- 酸产品生产中的多元萘酚

① 2- 萘酚产品生产中的多元萘酚

2- 萘酚是由精萘生产而得，生产的 2- 萘酚又作为公司生产 2- 羟基 -3- 萘甲酸（简称 2,3- 酸）的原料，在该工艺中产生多元萘酚。2- 萘酚生产工艺流程见图 3。

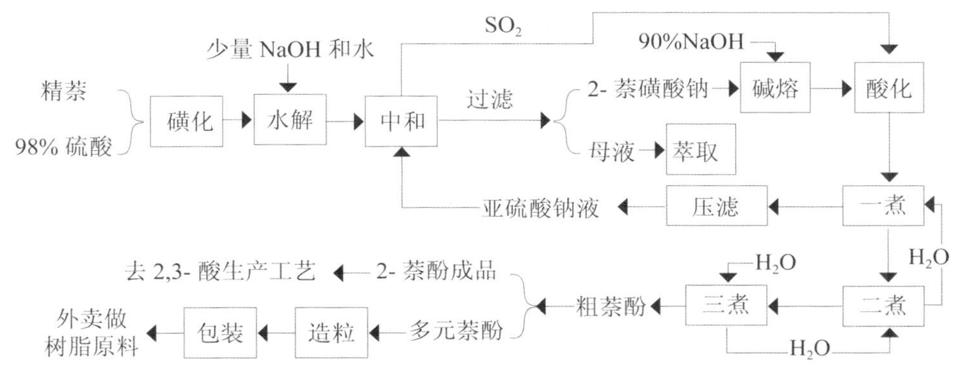

图 3 2- 萘酚产品生产中多元萘酚产生过程示意图

②利用 2,3- 酸产品生产过程中产生的滤饼回收 2- 萘酚过程中的多元萘酚

公司由粗萘生产精萘，精萘生产 2- 萘酚，再由 2- 萘酚生产 2,3- 酸。2,3- 酸生产工艺流程包括成盐、碳酸化、中和、压滤、酸析、过滤、洗涤、干燥、拼混步骤。该工艺流程中，多元萘酚产生于滤饼经减压蒸馏回收 2- 萘酚后的蒸馏残渣，见图 4。

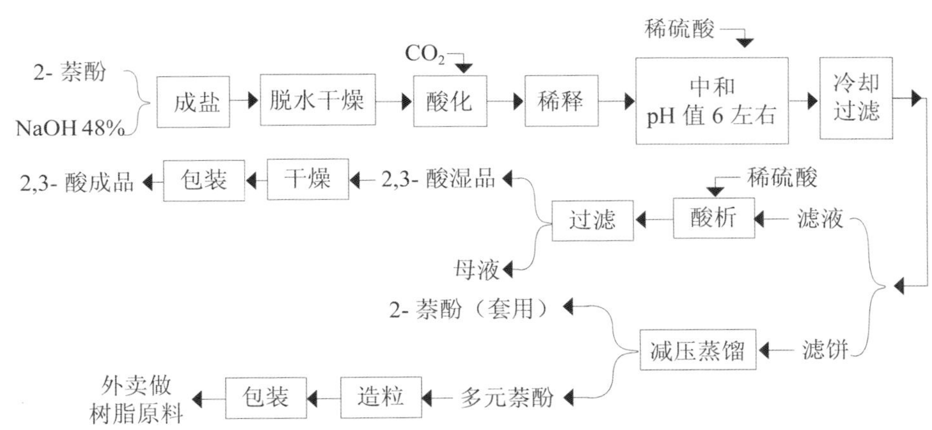

图 4 2, 3- 酸产品生产中多元萘酚产生工艺流程示意图

公司编制了《2- 萘酚工艺操作规程》，该规程“产品概述”中只有 2- 萘酚，而没有包括多元萘酚；在工艺流程图中将多元萘酚的产生归结为蒸馏工序产生的残渣，在该规程中的“干燥、蒸馏”岗位，操作目的为“将煮沸后的粗萘酚通过干燥、蒸馏精制成符合国家标准的 2- 萘酚工业产品”。由此表明，所有工艺控制和操作过程都以得到 2- 萘酚为目的，而没有对多元萘酚实施任何质量控制。

公司编制了《2- 羟基 -3- 萘甲酸工艺操作规程》，该规程“产品概述”中只有 2,3- 酸，没有多元萘酚；在工艺流程图中多元萘酚是来自中和冷却过滤后的滤饼再经过减压蒸馏回收 2- 萘酚后的部分。该规程中对多元萘酚的质量控制仅限于在出蒸馏锅的最后步骤对其产生形态进行控制，使其形成树脂颗粒，以便于包装和运输，并没有对多元萘酚的组成等其他质量进行控制。

总之，两个工艺产生的多元萘酚均属于生产中的精（蒸）馏残余物，属于无意产生的没有质量控制的副产物，不是为满足市场需求而制造的。

（2）多元萘酚的成分特点

来自 2- 萘酚生产中产生的多元萘酚成分可能包括：30% 以上的 2- 萘酚，10% 左右的联萘酚，20% 左右的萘二酚和大约 30% 的树脂混合物。公司制定了《多元萘酚》企业标准，但该标准并没有任何保证多元萘酚质量的措施。

《2- 萘酚工艺操作规程》中规定：“蒸馏岗位车间副产品树脂造粒冷却水循环套用，不够时加入适量清水或车间污水池的污水”；该规程还明确：“车间下水道清污分流，锅子漏等车间应急时的废水进入污水下水道，进入污水池，沉淀后用于树脂造粒的冷却水。”说明这一工艺产生的多元萘酚可能包含污水中的物质，也表明公司对多元萘酚的成分并没有实施质量控制。

总之，多元萘酚成分不确定，不是一个特定化学物质，是生产工艺中无意产生的或者是没有质量控制的成分复杂的副产混合物。

（3）多元萘酚的利用

公司介绍多元萘酚外销作为生产酚醛树脂的原料。在公司的《多元萘酚》标准中，规定多元萘酚用做生产“多元萘酚 - 甲醛树脂”的原料。公司提供的环评报告明确：“2- 萘酚生产蒸馏工序产生的树脂和 2,3- 酸生产压滤滤饼产生的树脂均出售给相关单位做生产胶木粉的原料。”从现有资料分析，多元萘酚作为胶木粉的生产原料可能是利用其中的酚类成分，酚类以外的成分所起的作用不得而知。公司介绍掺加量也只有 1% ～ 2%。

酚醛树脂有热固性酚醛树脂和线型热塑性酚醛树脂两类，以酚类化合物（苯酚、甲酚、二甲酚、间苯二酚等）与醛类化合物（HCHO、糠醛等）在催化剂作用下缩聚而得到的树脂，统称为酚醛树脂（PF）。通过控制酚与醛的比例及酚的官能度，以及催化剂的类型（酸性或碱性），可制得热塑性和热固性酚醛树脂。其中，以苯酚和甲醛（HCHO）缩聚制得的酚醛树脂最为重要，应用最广。酚醛树脂的最大量应用包括多层板、层压板、保温材料和模塑料等材料，这些材料中有的使用简单的苯酚 - 甲醛树脂就可以满足性能要求；另外，大约 5% 的酚醛树脂用于要求特殊性能的领域。酚醛树脂的生产需要使用改性的甲酚、辛基酚、丁基酚、间苯二酚等共反应产物，但鉴别过程中并没有查找到以多元萘酚为唯一或主要原料的酚醛树脂生产工艺。

总之，多元萘酚是一种混合物，不是生产酚醛树脂的主要原料，不是不可替代的原料。

3 多元萘酚的废物属性

根据多元萘酚的产生特点，多元萘酚满足《固体废物鉴别导则（试行）》中“三、固体废物与非固体废物鉴定中（一）Q1 和 R10 的判断原则”，即回收利用该物质属于“利用操作产生的残余物质的使用”，其原因是“生产过程中产生的残余物”；也满足该导则中“三、固体废物与非固体废物鉴定中（二）的综合判断原则”，即“物质不是有意生产的，该物质使用前要经过复杂的加工，物质生产没有质量控制”。因此，判断多元萘酚属于固体废物。

根据《国家危险废物名录》：“HW11 精（蒸）馏残渣中废物代码为 900-013-11 的其他精炼、蒸馏和任何热解处理中产生的废焦油状残留物”，判断多元奈酚属于危险废物。

4 结论

委托鉴别的多元萘酚属于固体废物，属于危险废物。

10. 含天然纤维帘布层的橡胶边角料、下脚料

1 背景

2008 年 6 月，固体废物研究所对某公司申报进口的“未硫化复合橡胶”货物样品进行固体废物属性鉴别，需要确认是否属于禁止进口的废物。在实验分析和查阅相关资料的基础上编写鉴别报告。

2 样品特征及物质特性分析

（1）样品是由 1 ～ 3cm 大小不等的碎块橡胶压实组成的整块，粘在一起的碎块用力可以分开；样品胶中含有大量纤维线，从切割断面可以看到帘子线大多在 6 ～ 10 层，有的不同层数的帘子线方向不同；样品外观形态见图 1 和图 2，从样品中剥离的胶和帘线外观形态见图 3。

图 1　整块样品

图 2 黏结在一起的较小碎块

图 3 从样品中剥离的胶和帘线

（2）样品溶胀指数分析：参照《硫化橡胶溶胀指数测定方法》（GB/T 7763—1987）中的方法，以苯为溶剂对样品进行溶解实验：取少量剥离的胶置于试管中，在试管中倒入适量苯，静置 24 小时。24 小时后，剥离胶完全溶解。

（3）按照《橡胶聚合物（单一及并用）的鉴定 裂解气相色谱法》（GB/T 6028—1994）的方法对样品中的橡胶进行定性分析，并采用红外光谱仪对样品中的纤维帘线进行定性分析，结果见表 1。

表 1　　样品组成

单位：%

	分析结果	含量
橡胶聚合物	天然橡胶 / 顺丁橡胶（少量）/ 丁苯橡胶（少量）	69
纤维帘线	纤维素纤维	31

3 样品物质属性鉴别分析

（1）产生来源分析 [1,2]

橡胶制品的原材料包括生胶和骨架材料。生胶有天然橡胶和合成橡胶两大类。合成橡胶的种类有丁苯橡胶、聚二丁烯橡胶、聚异戊二烯橡胶、乙丙橡胶、氯丁橡胶、丁腈橡胶、丁基橡胶、硅橡胶、氟橡胶、聚氨基甲酸酯橡胶、聚醇橡胶、聚硫橡胶等。

骨架材料主要用于增加橡胶制品的强度并限制其变形。纤维骨架材料有天然纤维和化学纤维两大类，其中天然纤维主要包括棉纤维、麻纤维、毛纤维、石棉纤维；化学纤维主要包括人造纤维、合成纤维。根据样品特点，判断可能来自以下两个方面：

①橡胶运输带的边角料

运输带一般由带芯和覆盖胶组成，表 2 是关于运输带所使用的生胶品种、 性能和应用的情况。

表 2　　运输带所使用的生胶品种性能和应用情况

生胶种类	性能	应用情况
天然胶	综合 物理机械性能、操作性能、黏着性能及耐旱性能等 较好	应用于普通型运输带中
丁苯胶	耐磨性、耐老化性，但黏性、弹性较差，操作较困难，与天然胶并用可以改善以上缺点	应用于普通型运输带中
氯丁胶	耐热、耐油、耐酸碱、耐天候老化等性能较好，但有生胶储存期短、耐寒性差、操作困难等缺点，使用时应加以注意	应用于耐寒、防燃、耐酸碱、耐油等特殊性的运输带中
丁基胶	很好的耐酸碱、耐热性能，但是混炼、成型、硫化操作困难	应用于耐热、耐酸碱的运输带中
丁腈胶	很好的耐油性能，并能导静电，但胶黏性差，操作困难	应用于耐油运输带和导静电的运输带中
顺丁胶	很好的耐旱性能与优越的弹性，但工艺性能较差，一般与天然胶并用	应用于耐寒运输带及普通运输带中

运输带带芯（运输带的骨架材料）的帆布层数是根据胶带的最大张力、胶带宽度、布层径向强力和安全系数来确定的。

样品帘布层数为 6 ～ 10 层，且橡胶聚合物以天然橡胶为主，含有少量的丁苯橡胶和顺丁橡胶，不能排除样品是运输带生产中的边角料。

②轮胎生产中的下脚料、边角料

表 3 是部分国产轮胎规格及技术标准中的帘布层数。

轮胎生产是橡胶的最大用途，根据表 3，判断样品很可能来自轮胎（非钢丝子午胎）生产产生的含天然纤维帘布层的边角料、下脚料，经切割挤压形成。

未硫化的橡胶溶解于苯等有机溶剂，而硫化的橡胶则发生溶胀现象。溶胀指数分析表明样品完全溶于苯溶剂，样品用手可剥离出胶和纤维（图 3），胶具有明显的黏结性和伸缩弹性，由此判断样品未经过硫化处理。

表 3　不同规格轮胎帘布层数

轮胎类型	规格	胎面花纹	帘布层数
载重车轮胎	21.00 ～ 24	越野	20
	17.00 ～ 32	越野	24
	14.00 ～ 24	越野	16
	14.00 ～ 20	普通混合	20
	12.00 ～ 20	普通混合	16
	11.00 ～ 20	普通混合	16
	10.00 ～ 20	普通混合	12
	9.75 ～ 18	越野	12
	9.00 ～ 20	越野	12
	9.00 ～ 20	普通混合	10
	8.25 ～ 20	混合	12
	8.25 ～ 20	越野普通	10
	7.50 ～ 20	越野	10
	7.50 ～ 20	普通	10
	7.00 ～ 20	普通	10/8
	34×7	普通混合	10
	32×6	普通	10
轻型载重车	9.00 ～ 16	越野	8
	7.50 ～ 16	普通	12/10/8
	7.00 ～ 16	普通	8
	6.50 ～ 6	越野	8/6
乘用车轮胎	7.60 ～ 15	越野	6
	7.10 ～ 15	普通	6
	6.70 ～ 15	普通	6
	6.40 ～ 13	普通	4
起重车和电瓶车	8.25 ～ 15	普通	14
	7.50 ～ 15	普通	12
	7.00 ～ 9	普通	10
工程机械用轮胎	17.00 ～ 32	越野	24
	14.00 ～ 24	越野	16
	21.00 ～ 24	越野	20
马车	32×6	普通	8
	4.50 ～ 19	普通	4
摩托车	4.00 ～ 19	普通	4
	3.00 ～ 19	普通	4

（2）固体废物属性分析

汽车轮胎生产工艺主要包括塑炼、混炼、压延、压出、硫化几个生产工序。

生胶经过塑炼、混炼后质地均一，对硫化胶的物理机械性能有所改善，此外可塑度增大，便于压延、压出，模压花纹清晰、形状稳定，增加了压型、注压胶料的流动性。混炼后，通过压延机辊筒对胶料的作用，制备一种厚薄均匀的胶片或织物涂胶层，完成压片、压型、贴胶、擦胶、贴合、薄通和滤胶等作用。

在压延前要进行热炼、帘布挂胶等准备工艺：①热炼：混炼胶料在进入压延机之前必须经过预热以达到一定的均匀可塑度，并起到补充混炼分散的作用，以便使胶料均匀顺利地通过辊筒间隙，获得无泡、无疙瘩的光滑胶片或涂层；②帘布挂胶：使胶料很好地包覆帘布，填满帘线间的空隙，并使胶料进入捻线有足够的深度，从而使胶料与帘布间具有良好的附着性能；棉帘布浸胶主要是可改善动态性能以及提高胶与帘线界面的结合强力，减缓帘线与胶的脱开。同时，由于帘线中短纤维之间浸入乳胶，可以使其更好地胶结在一起，从而提高了帘线的耐疲劳性。实践证明，棉帘布浸胶后，单根耐疲劳性能提高 30% ～ 40%。

挂胶帘布常见的缺陷及其原因为：①掉皮：压延帘布温度低或帘布表面有油污不洁或帘布水分干燥未达到要求；混炼胶温度低，热炼不均匀；压延辊温低；速度过快、压力不够，辊距不合适；垫布卷曲过紧，或垫布未经处理。②出兜：帘布密度本身不均；辊筒凹凸系数不符合要求；擦胶时存胶宽度小于布的宽度，使帘布中部受力大于边部。③压偏：辊距一边大，一边小；递布不正；辊筒轴承松紧不一致。④压坏：操作疏忽大意；底部速度一边快一边慢；存胶中有硬块或疙瘩；递布放置架两侧摩擦松紧不一致。⑤打折：垫布卷取过松；压延速度与冷却辊筒速度不一致。⑥跳线、罗股：帘布纬线松紧不一；胶料热炼不均或可塑性小；辊筒温度冷热不均或温度突然下降；出胶辊距太大，而出布辊距太小，二者不适应；递布放置架两侧摩擦轮太紧。⑦小疙瘩：停车时间太长。

胎面压出是橡胶加工中的一项基础工艺，其基本作用是在压出机中对胶料加热或塑化。胎面压出方法有胎面整体压出、分层压出、胎面两次压出。

在外胎成型前，挂胶帘布需要裁断，帘布裁断后有回缩现象，为保证达到规定宽度，裁断宽度机器公差应按一定规格进行裁断。裁断角度在新允许公差范围内要求准确，如裁断角差 1 度，则成品差 1.7 ～ 2 度，会直接影响轮胎质量，故需测量检查。

上述轮胎生产过程中，在硫化工序之前挂胶、胎面压出、外胎成型的各环节中不可避免会产生一些带有帘线的报废品、不合格料或者下脚料，它们是“生产过程中产生的废弃物质、报废产品”；是“不符合标准或规范的产品”，丧失了继续做轮胎的“原有用途”；由于样品切割碎块含有大量的纤维帘线，流动性不好，限制了加工利用范围，样品是“不再好用的物质或物品”。依据《固体废物鉴别导则（试行）》的原则，判断样品属于固体废物。

原国家环境保护总局等部门于 2008 年公布的第 11 号公告中的《限制进口类可用作原料的废物目录》中列出“4004000090 未硫化橡胶废碎料、下脚料及其粉、粒”，样品应归入这一类，属于我国限制进口类的固体废物。

4 结论

样品未经过硫化处理；样品可能是橡胶轮胎（非钢丝子午胎）或运输带生产中产生的下脚料、边角料；样品属于限制进口类固体废物。

参考文献

[1]《橡胶工业手册》编写小组 . 橡胶工业手册 : 第一分册——生胶与骨架材料 [M]. 北京 : 燃料化学工业出版社 ,1974.

[2]《橡胶工业手册》编写小组 . 橡胶工业手册 : 第四分册——轮胎、胶带与胶管 [M]. 北京 : 燃料化学工业出版社 ,1975.

11. 未硫化的橡胶制品碎块或碎料

1 背景

2008 年 7 月，固体废物研究所对某公司申报进口的“未硫化复合橡胶”货物样品进行废物属性鉴别，需要确定是否属于国家禁止进口的固体废物。在实验分析和查阅相关资料基础上编写鉴别报告。

2 样品特征及物质特性分析

样品由大小不一的团块组成，每个团块由 1 ～ 6cm 的碎块橡胶黏连而成，团块中所黏结的橡胶碎块用力可以分开；胶中有大量纤维帘线，从切割断面可知，帘线为 6 ～ 10 层，帘线排列方向有不同。样品外观形态见图 1，从样品中剥离出的帘线见图 2。

图 1 样品

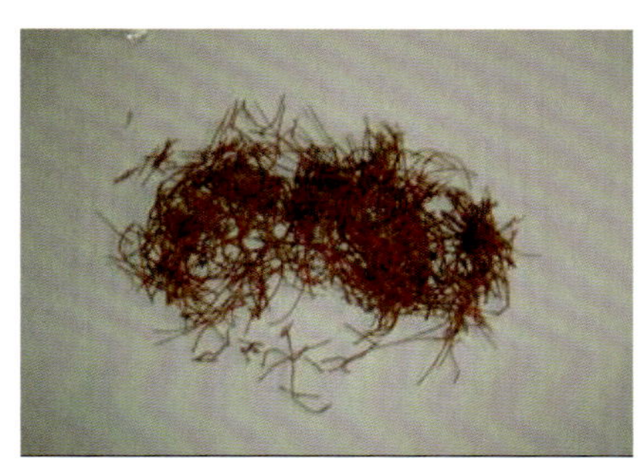

图 2 样品中剥离出的帘线

按照《硫化橡胶溶胀指数测定方法》（GB/T 7763—1987）中的方法对样品进行溶胀特性测定，样品中的橡胶聚合体完全溶解。

将样品表面的橡胶聚合物剥离，橡胶聚合物占 73%，纤维帘线占 27%，按照《橡胶聚合物（单一及并用）的鉴定 裂解气相色谱法》（GB/T 6028—1994）的方法对样品中的橡胶聚合物进行定性分析，并采用红外光谱仪分析样品中纤维帘线的材质定性，结果见表 1。

表 1　主要物质组成和含量

单位：%

	分析结果	含量
橡胶聚合物	天然橡胶 / 丁苯橡胶并用	73
纤维帘线	棉纤维	27

3 样品物质属性鉴别分析

（1）产生来源分析

从外观看，样品是碎块状橡胶与纤维帘线的混合体。从橡胶聚合体进行溶胀指数分析可知，样品中的橡胶聚合体完全溶解，且样品中剥离出的胶具有明显的黏结性，符合未硫化橡胶的特征。橡胶聚合物占 73%，主要是天然橡胶和丁苯橡胶并用。判断样品中的橡胶聚合物未经硫化处理。

丁苯橡胶是最大的通用合成橡胶品种，其物理机械性能、加工性能及制品的使用性能接近于天然橡胶，其耐磨、耐热、耐老化及硫化速度等性能甚至优于天然橡胶，可与天然橡胶及多种合成橡胶并用，广泛用于轮胎、胶带、胶管、电线电缆、医疗器具及各种橡胶制品的生产等领域[1]。橡胶制品通常采用棉、人造丝、锦纶、聚酯和芳纶等纤维作为增强材料。棉纤维是最早使用的纤维增强材料，虽然正在不断地被合成纤维所代替，但是，由于它与橡胶的黏合强度较高，至今仍然在许多方面使用[2]。

根据上述分析，判断样品是未硫化的橡胶碎块或碎料。

（2）固体废物属性分析

橡胶制品的原材料包括生胶和骨架材料。纤维是橡胶制品骨架材料的基本原料，其性能对骨架材料的性能有直接的影响。棉纤维是橡胶骨架材料的多种纤维原料之一，其用量曾在橡胶工业中占主要地位，后由于人造纤维的优势代替，目前棉纤维的用量仅占纤维总用量的 5% 左右。

轮胎用纤维骨架材料主要是帘布，此外还有一些小部件骨架材料，如胎圈芯包布、胎圈包布（又称子口布）和胎圈加强层用布等[3]。棉纤维最早用做轮胎胎体材料，但由于胎体发热高、散热慢，翻新次数低，又容易吸水，现已很少用做汽车轮胎帘线，多用做传送胶带[4]及胶管[5]等的骨架材料。但有些发展中国家轮胎生产中还没有完全淘汰棉纤维[6]。

输送带一般采用帆布或帘布做骨架材料；平行动力传动带以帆布为骨架材料。帆布材料有棉纤维、维尼纶、人造丝及聚酯纤维等[3]。

根据胶管的结构，一般可将胶管骨架材料分为帆布（适用于包布胶管）和胶管纱线（适用于编织、缠绕和针织胶管）[3]。织造包布胶管所用帆布材料多为棉纱，也有合成纤维或维尼纶短纤维。胶管纱很少用棉纤维。

根据上述分析与样品组成，样品应是生产汽车轮胎、传送胶带或胶管等橡胶制品的下脚料或边角料。由于样品切割成碎块，且含有大量的纤维帘线，流动性差，因此不能直接返回到原生产过程或其产生过程，必须经过进一步加工后才能使用。依据《固体废物鉴别导则（试行）》的原则，判断样品属于固体废物。

根据对橡胶企业的调查，这类样品在我国有较为广泛的利用市场，主要可作为实心轮胎的内层料。原国家环境保护总局等部门于 2008 年公布的第 11 号公告中的《限制进口类可用作原料的废物目录》中列出“4004000090 未硫化橡胶废碎料、下脚料及其粉、粒”，样品应归入这一类废物，属于我国限制进口类固体废物。

4 结论

样品是橡胶制品（如轮胎）生产中硫化工序之前的下脚料或边角料，属于限制进口管理类的固体废物。

参考文献

[1] 崔小明 . 国内外丁苯橡胶的供需现状及发展建议 [J]. 中国橡胶 ,2007.23(8):7-12.
[2] 刘呈坤 , 马建伟 . 橡胶制品基布及其预处理方法 [J]. 橡胶工业 ,2006(10):607-610.
[3] 高称意 . 纤维骨架材料技术讲座 (第 2 讲)—— 纤维骨架材料的分类和性能 [J]. 橡胶工业 ,2000(11):695-700.
[4] 李汉堂 . 轮胎帘线的现状及其发展前景 [J]. 世界橡胶工业 ,2006,33(12):36-41.
[5] 李汉堂 . 轮胎帘线的发展 [J]. 化工新型材料 ,1997(11):37-42.
[6] 高称意 . 纤维骨架材料的现状和新材料开发动向 [J]. 橡胶工业 ,2004(6):371-375.

12. 未硫化复合橡胶带

1 背景

2008 年 5 月，固体废物研究所对某公司申报进口的“未硫化复合橡胶”货物样品进行废物属性鉴别，需要确定是否属于国家禁止进口的固体废物。在实验分析和相关调研的基础上编写鉴别报告。

2 样品特征及物质特性分析

（1）样品为多层黑色橡胶片，粘在一起，橡胶片中有黄色帘线。样品外观形状见图 1。

图 1 样品

（2）将样品表面的橡胶聚合物剥离，按照《橡胶聚合物（单一及并用）的鉴定 裂解气相色谱法》(GB/T 6028—1994) 中的方法进行橡胶聚合物成分分析，结果表明为天然橡胶。

（3）采用《橡胶 用无转子硫化仪测定硫化特性》(GB/T16584—1996) 中的方法，对样品表面剥离的橡胶聚合物进行硫化特性测定，结果见表 1，样品的硫变曲线线形不是与 X 轴近似水平的直线，而是先下降再上升最后趋于水平的“杯型”曲线。

表 1 样品的硫化特性

硫化时间			转矩 /（N·m）	
t_{10}	t_{50}	t_{90}	F_L	F_{max}
3min35s	5min15s	10min20s	0.80	3.04

3 样品物质属性鉴别分析

（1）产生来源分析

①样品是生产轮胎的帘布层或缓冲帘布层的边角料

轮胎一般由外胎、内胎和垫带三部分组成，其中外胎是轮胎中最重要的部件，按材料、结构与作用，外胎由胎面、胎体和胎圈三大部件组成。胎面是外胎最外层橡胶层，是覆盖于胎体上的橡胶保护层；胎体是外胎的受力部件，包括帘布层和缓冲层，缓冲层由缓冲帘布和缓冲胶片组成，缓冲帘布可采用尼龙帘布、人造丝帘布或钢丝帘布，而缓冲胶片则加贴在缓冲帘布上下；胎圈是外胎与轮辋紧密固定的部位，包括帘布层、胎圈芯及胎圈包布三个部分，其中胎圈芯由钢丝圈、三角胶条及钢圈包布组成[1,2]。

轮胎生产工艺可分为配炼、压延挤出（压出）、成型、硫化四大工序。配炼包括生胶的烘胶、切胶等加工，配合剂和生胶加工、称量、塑炼、混炼等，主要是向下工序提供混炼胶；压延挤出（压出）是通过压延机和挤出（压出）机，将混炼胶制成具有一定形状和尺寸的胶片、胶条、胎面胶或在纺织物上挂胶制成帘布胶、胶帆布等，该工序主要是制造轮胎的各种半成品；成型是将轮胎的各种半成品部件在成型机上贴合成半成品胎坯的工艺；硫化工艺是轮胎生产的最后一道工序，是在一定的温度和压力下，通过一定时间使橡胶结构转变为网络结构，制得成品轮胎[1,2]。

综合上述信息，判断样品是多层带有帘线的橡胶片，是帘布层经压延后的边角料，是来自于轮胎加工过程中产生的边角废料，主要是帘布层或帘布缓冲层，不能再用于加工汽车轮胎。

②样品未经过硫化

轮胎生产工序中，硫化工序是配炼、压延挤出（压出）、成型之后的最后一道工序。样品是轮胎成型工序之前各工序产生的边角废料，从物理形态看没有经过最后的硫化工序。

橡胶经硫化后，其中的高分子聚合物会发生三维网状交联，若在硫变仪上对其测定硫变曲线，其线形应为近似与 x 轴平行的直线。从样品上剥离出橡胶聚合物并测定其硫变曲线，硫变曲线线形为先下降再上升最后趋于水平，为典型的混炼胶硫变曲线线形。因此，实验也证实样品未经过硫化工艺，为未硫化橡胶。

（2）固体废物属性分析

样品形状不规整，是轮胎生产过程中产生的废弃物质。由于样品粘连严重，帘线和橡胶分离并不容易，要通过特殊的方法（如高温水溶液中软化后）进行人工分离，橡胶中的挥发性物质、游离物质、助剂、表面黏附的杂质等在该过程中会释放出来，产生环境污染和健康危害。由于样品流动性差，不能直接返回到原生产过程或其产生过程，如果作为实心轮胎的原料还必须经过切碎加工、掺加配料后才能使用。因此，样品是“丧失原有利用价值的物质”；其回收利用属于“利用操作产生的残余物质的使用，其原因是生产过程中产生的残余物”，依据《固体废物鉴别导则（试行）》的原则，判断样品属于固体废物。

根据调查，这类样品在我国有广泛的利用市场，主要用做实心轮胎的内层料。由于橡胶质量好，也有分离其中纤维和橡胶的做法。原国家环境保护总局等部门于 2008 年公布的第 11 号公告中的《限制进口类可用作原料的废物目录》中列出“4004000090 未硫化橡胶废碎料、下脚料及其粉、粒”，样品应归入这类废物，属于我国限制进口类固体废物。

4 结论

样品是橡胶制品的下脚料或边角料，属于限制进口类固体废物。

参考文献

[1]《橡胶工业手册》编写小组 . 橡胶工业手册 : 第四分册——轮胎、胶带与胶管 [M]. 北京 : 燃料化学工业出版社 ,1975.

[2] 翁国文 . 轮胎加工技术 [M]. 北京 : 化学工业出版社 ,2006.

13. 橡胶制品的下脚料或边角料

1 背景

2009年1月，固体废物研究所对某公司申报进口的“与纤维炭黑混合的未硫化复合橡胶”货物样品进行废物属性鉴别，需要确定是否属于国家禁止进口的固体废物。在实验分析和查阅相关资料的基础上编写鉴别报告。

2 样品特征及物质特性分析

样品是由1～3cm大小不等的碎块橡胶压实组成的团块，粘在一起的碎块用力可以分开，胶中含有大量的纤维线，从切割断面可看出帘子线多在6～10层，不同层数的帘子线方向不同，样品外观形态见图1。

图1 样品

样品是碎块状橡胶与纤维帘线的压实混合体，按照《硫化橡胶溶胀指数测定方法》（GB/T 7763—2006）、《橡胶聚合物（单一及并用）的鉴定 裂解气相色谱法》（GB/T 6028—1994）对样品中的橡胶聚合体进行胶种定性分析，并利用红外光谱仪对样品中剥离出的纤维帘线进行定性分析，结果见表1。

表1 分析结果

项目	结果
橡胶聚合物胶种定性	天然橡胶、顺丁橡胶、丁苯橡胶并用
橡胶聚合物溶胀指数	0.75
纤维帘线定性	棉纤维、尼龙66纤维、涤纶纤维（聚对苯二甲酸乙二醇酯（PET）纤维）

3 样品物质属性鉴别分析

（1）产生来源分析

样品中橡胶聚合物主要由天然橡胶、顺丁橡胶和丁苯橡胶并用体系构成；纤维帘线主要是棉纤维、尼龙66纤维与涤纶纤维。

根据溶胀指数实验结果，样品中橡胶已部分发生交联，即发生硫化现象；而样品中剥离出的橡胶具有明显黏结性，具有未硫化橡胶的特征。据此判断样品是未硫化橡胶。

丁苯橡胶、顺丁橡胶等合成橡胶，可部分或全部代替天然橡胶使用，主要用于制造各种轮胎及一般工业橡胶制品。棉纤维、尼龙 66 纤维与涤纶纤维主要用做橡胶制品纤维增强材料[1]。

综合以上分析，该样品属于橡胶制品的碎块或碎料。

（2）固体废物属性分析

橡胶制品的原材料包括生胶和骨架材料。生胶有天然橡胶和合成橡胶两大类。骨架材料主要用于增加橡胶制品的强度并限制其变形。骨架材料有天然纤维和化学纤维两大类。主要包括棉纤维、人造丝、锦纶、聚酯和芳纶等纤维增强材料。棉纤维最早用做轮胎胎体材料，但由于胎体发热高、散热慢，翻新次数低，又容易吸水，现已很少用做汽车轮胎帘线，多用做传送带[2]与胶管[1]等的骨架材料；但在某些发展中国家还没有完全淘汰棉纤维[3]。尼龙 66 主要用于卡车轮胎、航空轮胎与输送带的生产；聚对苯二甲酸乙二醇酯或涤纶纤维是聚酯纤维的一种，而聚酯纤维主要用于轿车轮胎、带、输送带与胶管等的生产[1]。

根据以上分析和样品组成，判断样品可能是各种车用（如汽车、卡车或轿车）轮胎、运输带与胶管等生产过程中产生的下脚料或边角料。由于样品切割成碎块且含有大量的纤维帘线，流动性差，不能直接返回到原生产过程或其产生过程，所以必须经过进一步加工后才能使用。样品是“丧失原有利用价值的物质”；其回收利用属于“利用操作产生的残余物质的使用，其原因是生产过程中产生的残余物”。因此，依据《固体废物鉴别导则（试行）》的原则，判断样品属于固体废物。

根据对橡胶企业的调查，这类样品在我国有较广泛的应用市场，主要可作为实心轮胎的内层料，样品产生过程应该属于橡胶制品的未硫化工序过程，因为长时间存放可能发生了部分交联现象，但并不影响实心轮胎的生产。原国家环境保护总局等部门于 2008 年公布的第 11 号公告中的《限制进口类可用作原料的废物目录》中列出“4004000090 未硫化橡胶废碎料、下脚料及其粉、粒”，样品应归入这类废物，属于我国限制进口类固体废物。

4 结论

样品是橡胶制品的下脚料或边角料，属于限制进口类固体废物。

参考文献

[1] 李汉堂 . 轮胎帘线的现状及其发展前景 [J]. 世界橡胶工业 ,2006,33(12):36-41.
[2] 李汉堂 . 轮胎帘线的发展 [J]. 化工新型材料 ,1997(11):37-42.
[3] 高称意 . 纤维骨架材料的现状和新材料开发动向 [J]. 橡胶工业 ,2004(6):371-375.

14. 污染的橡胶混合物

1 背景

2008 年 2 月，固体废物研究所对某公司申报进口的“丁腈橡胶 (副品)”货物样品进行废物属性鉴别，需要确定是否属于国家禁止进口的固体废物。在实验分析、咨询专家和查阅相关资料的基础上编写鉴别报告。

2 样品特征及物质特性分析

（1）样品为 3 块形状不规则的块状样品，将其分别编号为 1 号～ 3 号。3 块样品颜色不均匀，主体呈深浅不一的焦黑色。其中，1 号和 3 号样品中间部位呈乳黄色，2 号样品中间部位呈乳白色。样品品质也不均一，主体部分有一定弹性，并有强烈的刺激性和焦煳气味。其中，2 号和 3 号样品表面有很厚的蜂窝状焦黑硬物，尤其是 3 号样品，其蜂窝状焦黑硬物体积占总体积的 40% 左右；1 号样品表面虽无蜂窝状焦黑硬物，但也镶嵌有少量砂土硬颗粒。总之，样品烧焦特征明显，外观形状见图 1 ～图 3。

图 1 1 号样品

图 2 2 号样品

图 3 3 号样品

（2）由于 3 号样品烧焦非常严重，将 1 号和 2 号样品中未被烧焦的具有弹性的聚合物采用《橡胶聚合物（单一及并用）的鉴定 裂解气相色谱法》（GB/T 6028—1994）中的方法进行分析，同时还采用涂膜红外光谱扫描法对其进行比对分析，两种分析方法结果一致，见表 1。

表 1 样品的组成

样品	1 号	2 号
聚合物	丁腈橡胶	乙烯 - 醋酸乙烯酯共聚物（EVA）

（3）按照《硫化橡胶溶胀指数测定方法》（GB/T 7763—1987）中的方法，对 1 号样品中未被烧焦的弹性聚合物进行溶胀特性测定，结果表明完全溶解。

（4）按照《橡胶 用无转子硫化仪测定硫化特性》（GB/T 16584—1996）中的方法，对 1 号样品中未被烧焦的弹性聚合物进行硫化特性测定，结果见表 2。硫变曲线线形均不是与 x 轴近似水平的直线，而是先下降后趋于水平的曲线。

表 2　样品的硫化特性

样品	硫化时间			转矩 /（N・m）	
	t_{10}	t_{50}	t_{90}	F_L	F_{max}
1 号	—	—	—	0.09	0.60

（5）对 1 号样品中未被烧焦的弹性聚合物进行橡胶牌号鉴别，丙烯腈含量为 31% ～ 36%，属于中高腈丁腈橡胶牌号。

3 样品物质属性鉴别分析

（1）产生来源分析

①样品是丁腈橡胶生胶和乙烯 - 乙酸乙烯酯热塑性树脂的混装物

橡胶独特的加工工艺是通过硫化将线形高分子交联成三维网状高分子量聚合物，即由所谓的原料橡胶转变为硫化橡胶，前者习惯上称为生胶，后者叫做橡胶或熟胶。

丁腈橡胶生胶是由 1,3- 丁二烯和丙烯腈共聚而成的，根据丙烯腈含量可将丁腈橡胶生胶分为不同的牌号 [1]。生胶由于未发生硫化交联，因此可完全溶解于一般的有机溶剂中。生胶主要成分为有机聚合物，未添加硫黄、炭黑等各种添加剂，因此，若直接在硫变仪上测定硫变曲线，其线形为先下降再趋于水平。

为了提高橡胶产品的使用性能，改进工艺和降低成本，必须在生胶中加入各种配合剂。在炼胶机上将各种配合剂加入生胶中制成的半成品称为混炼胶 [2]。混炼胶中已加入了硫黄、炭黑等各种配合剂，但因其未经过硫化工艺，其中的高分子仍为线形结构，因此混炼胶中的聚合物仍能溶于一般的有机溶剂。混炼胶正常的硫变曲线线形为先下降再上升最后趋于水平。

硫化橡胶成品中的高分子聚合物由于发生了三维网状交联，因此，不溶于有机溶剂；由于硫化橡胶成品已经过硫化处理，若在硫变仪上对其测定硫变曲线，其线形应近似为与 x 轴平行的直线。

再生胶是以废旧橡胶制品和橡胶工业生产的边角废料为原料，经过加工而获得一定生胶性能的弹性材料，外观为黑色或深褐色、块状、无机械杂质 [1]。再生又称为脱硫，再生胶经过脱硫，其高分子交联结构受到破坏，因此，其塑性增大，表面变得粗糙，抗拉伸、抗撕裂等使用性能降低，具有二次加工性。由于再生胶已经过脱硫，因此，若直接在硫变仪上测定硫变曲线，其线形为先下降再趋于水平。通常情况下，再生胶中高分子交联结构并没有受到彻底的破坏，因此，在有机溶剂中不能完全溶解而会发生溶胀现象，将其拉伸后还会看到一些交联结构未被破坏的硬质小颗粒。

1 号样品中未烧焦的聚合物鉴别结果是丁腈橡胶，在有机溶剂中完全溶解，硫变曲线线形为先下降再趋于水平，根据这些特性判断是丁腈橡胶生胶，再根据其丙烯腈含量，其牌号属于中高腈丁腈橡胶。

2 号样品中未被烧焦的聚合物鉴别结果是乙烯 - 乙酸乙烯酯（EVA），属于热塑性树脂类高分子有机聚合物。EVA 共聚物是由乙烯和乙酸乙烯酯两种单体共聚而得的一种热塑性树脂 [3]。

3 号样品中未被烧焦的聚合物虽然未进行聚合物组成鉴别实验，但从其颜色、质地等外观特征与 1 号样品极其相似推断：3 号样品也可能是丁腈橡胶生胶。

综上所述，1 号和 3 号样品是丁腈橡胶生胶，2 号样品是乙烯 - 乙酸乙烯酯热塑性树脂，样品整体是橡胶和树脂的混装物。

②样品来自烧焦后的回收物

三块样品主体均呈深浅不一的焦黑色，有强烈的刺激性和焦煳气味，表面不平整不均一。尤其是 2 号和 3 号样品表面有很厚的蜂窝状烧焦物，3 号样品的蜂窝状烧焦物体积占总体积的 40% 左右；1 号样品表面烧焦程度较轻，也镶嵌有少量硬颗粒。通过咨询橡胶行业专家，样品是事故（如火灾）的过火料或落地料。总之，综合判断样品是来自烧焦后的回收物，很可能是来自生产加工、储存、运输等过程中发生了事故（如火灾）后的回收物。

（2）固体废物属性分析

样品是来自烧焦后的回收物，属于被污染的材料。样品已丧失直接继续加工的原始用途，只能通过回收其中质量较好的聚合物进行利用。同时，样品组成也明显不均一，既包含丁腈橡胶类，又包含 EVA 树脂类，后者与通常的 EVA 白色颗粒产品不一样。两者性质不同，通过感官很难进行区分。总之，样品的产生过程没有质量控制，不满足产品规范或标准。因此，依据《固体废物鉴别导则（试行）》的原则，判断样品属于固体废物。

在《废物进口环境保护管理暂行规定》（环控 [1996]204 号）中公布的“国家限制进口的可用作原料的废物目录”及其增补的名录，原对外贸易经济合作部、原国家环境保护总局、海关总署、国家质检总局 2001 年第 41 号公告公布的《限制进口类可用作原料的废物目录》（第一批），《关于调整废物进口环境保护管理有关问题的通知》（环发 [2002]7 号文件）中《自动进口许可管理类可用作原料的废物目录》，以及 2005 年原国家环境保护总局、海关总署、国家质检总局第 5 号公告等文件中均没有废橡胶及类似的废物。但是，原国家环境保护总局、商务部、国家发展和改革委员会、海关总署、国家质检总局 2008 年第 11 号公告中将“40041000090 未硫化橡胶废碎料、下脚料及其粉、粒”列入了《限制进口类可用作原料的固体废物目录》中，该类废物允许进口。海关总署 2007 年 12 月 5 日发布了 2007 年第 71 号公告，对“未硫化复合橡胶”进行了归类解释。样品不属于两个公告中的废物，属于我国禁止进口的固体废物。

4 结论

样品是橡胶和树脂的混装物，是来自烧焦后的回收物，很可能是来自生产加工、储存、运输等过程中发生事故（如火灾）后的回收物，属于禁止进口的固体废物。

参考文献

[1]《橡胶工业手册》编写小组 . 橡胶工业手册：第一分册——生胶与骨架材料 [M]. 北京 : 燃料化学工业出版社 ,1974.

[2]《橡胶工业手册》编写小组 . 橡胶工业手册：第三分册——基本工艺 [M]. 北京 : 石油化学工业出版社 ,1976.

[3] 廖明义 . 高分子合成材料学 (下)[M]. 北京 : 化学工业出版社 ,2005.

15. 硫化橡胶废碎料

1 背景

2011 年 8 月，固体废物研究所对某公司申报进口的“再生橡胶颗粒”的货物样品进行固体废物属性鉴别，需要确定是否为国家禁止进口的固体废物。在实验分析、咨询专家和查阅相关资料的基础上编写鉴别报告。

2 样品特征及物质特性分析

（1）样品为黑色橡胶碎屑，为切碎形成，并有凹槽等形状，有的橡胶碎块较硬，有的如海绵状较软；混有少量金属碎片，有的金属片与橡胶粘连在一起，金属片无生锈痕迹，占样品重量的比例为 1.22%；还混有更少量的纤维和树脂状物质。对样品进行筛分，小于 2 mm 的占 10.5%，大于 4.75 mm 的占 22.3%，介于两者之间的占 67.2%。样品及其分拣物形态见图 1 ～图 4。

图 1 样品

图 2 分拣出的金属

图 3 分拣出的纤维

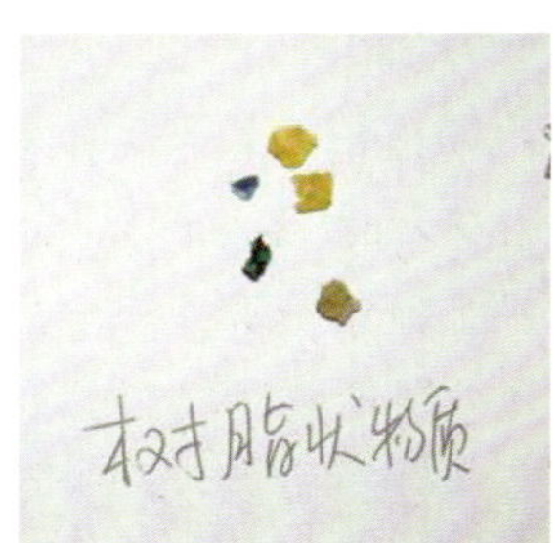

图 4 分拣出的树脂物质

（2）对样品橡胶聚合物进行胶种定性和溶胀实验发现：硬橡胶和海绵状软橡胶均为乙丙橡胶，硬的橡胶碎屑溶胀指数为 1.77，软的橡胶碎屑溶胀指数为 1.89。

3 样品属性鉴别分析

（1）产生来源分析

①乙丙橡胶密封材料

乙丙橡胶是以乙烯和丙烯为单体的共聚物，国内某公司乙丙橡胶牌号和用途见表 1[1]。乙丙橡胶广泛用做橡胶密封条制品，大量应用在汽车、机车齿轮箱、门窗、保温板等需要密封或保温的地方。互联网可搜索到许多专利设计，在密封条内增加金属骨架材料可以提高胶条的密封效果。

表 1　乙丙橡胶的牌号和用途

单位：%

牌号	乙烯含量	用途
J-3062E	68.5 ～ 74.5	汽车密封条、汽车胶管、减震制品、防水卷材、塑胶跑道、其他挤出及密封制品
J-3080	68.5 ～ 74.5	树脂改性、汽车密封条、汽车胶管、减震制品、防水卷材、塑胶跑道等体育用品、各种挤出及密封制品
J-3092E	57.5 ～ 62.5	汽车密封条、汽车胶管、食品及药品密封制品、耐寒橡胶制品（如桥梁支座、轨枕套等）
J-4050	53.0 ～ 59.0	电线电缆等绝缘橡胶制品、海绵橡胶制品，与二烯烃类橡胶并用生产汽车胎侧、透明橡胶制品、彩色橡胶制品及其他快速硫化的各种常用橡胶制品
J-4090	53.5 ～ 58.5	汽车海绵密封条及密实条，与二烯烃类橡胶并用生产汽车胎侧、耐低温橡胶制品、其他海绵橡胶制品及快速硫化橡胶制品

样品胶种为乙丙橡胶，有硬质部分和海绵态部分，而且明显含有亮色金属，胶碎屑断面具有凹槽等不规则形状，样品不发生溶解而是发生溶胀现象，这些特征与上述乙丙橡胶密封制品相符合；样品为切割碎屑，表明是橡胶密封制品回收料经机械切碎并分离出大部分金属骨架材料而成。

②再生橡胶和胶粉

样品报关名称为“再生橡胶颗粒”，因此，分析是否属于再生橡胶和胶粉。

《再生橡胶》（GB/T 13460—2008）中定义“再生橡胶”或“再生胶”为“经热、机械和 / 或化学作用塑化的硫化橡胶，主要用做橡胶稀释剂、增量剂或加工助剂”，该标准规定“再生橡胶应质地均匀，不得含有金属片、木片、砂粒及细小纤维等杂质。”张玉龙、孙敏主编的《橡胶品种与性能手册》对“再生胶”的解释为“再生胶是由废橡胶制品转化为塑性橡胶的再生材料，它可以单独作为生胶使用也可与其他橡胶并用。因此，再生胶是用废品或废胶制成的再生产品，如果废胶经过处理（脱硫），就比较容易转化为塑性橡胶。塑性橡胶像天然橡胶一样可以进行混炼、加工和硫化，在大多数情况下，它通常与其他生胶并用以补偿加工性能和物理性能。”再生胶的生产工艺大致可以分为粉碎、再生（脱硫）、精炼三个环节。很显然，样品没有经过脱硫处理，不具有塑性以及混炼、硫化等橡胶加工性能，因此，判断样品不是再生橡胶。

胶粉即硫化橡胶粉。《硫化橡胶粉》（GB/T 19208—2008）中定义“硫化橡胶粉”为：“硫化橡胶经各种不同粉碎方法、筛分并去除非橡胶组分所制取的不同粒径的颗粒物。”该标准规定“硫化橡胶粉应质地均匀，不得含有目测可见的木屑、金属、沙砾、玻璃等非橡胶组分的杂质。”该标准还规定了橡胶粉通过不同筛孔粒径的筛余物要求，最大筛孔粒径 2 mm 的筛余物不得超过 5%，见表 2。

表 2　硫化橡胶粉过筛筛余物

序号	筛孔粒径 /		筛余物 /%，⩽	序号	筛孔粒径 /		筛余物 /%，⩽
	μm	目			μm	目	
1	2 000	10	5	8	180	80	10
2	850	20	5	9	150	100	10
3	600	30	10	10	128	120	15
4	425	40	10	11	106	140	15
5	300	50	10	12	90	170	15
6	250	60	10	13	75	200	15
7	212	70	10	—	—	—	—

常温粉碎废橡胶生产工序主要为粗碎和细碎，首先将大块废橡胶破碎成 50 mm 大小的块状，然后在粗碎机上粉碎成 20 mm 的胶粒，分离出金属和纤维杂质后用细碎机进一步磨碎，形成粒径 40 ～ 200 μm 的胶粉 [2]。通常将粒径在 2 ～ 10 mm 的称为胶屑，粒径为 1 ～ 2 mm 的称为胶粒，粒径小于 1 mm 的称为胶粉 [3]。样品的粒度分布、杂质含量等完全没有达到胶粉的上述要求，因此，判断样品也不是硫化橡胶粉。

（2）固体废物属性分析

样品是乙丙橡胶密封制品回收料经机械切碎并分离出大部分金属骨架材料而成的碎屑，不满足胶粉和再生胶以及其他橡胶产品的质量标准要求。依据《固体废物鉴别导则（试行）》的原则，判断样品属于固体废物。

在乙丙橡胶密封制品生产中，已经加入了硫化剂等配合剂，并经过硫化工序而成为硫化橡胶制品，其回收的废碎料属于硫化橡胶废碎料。2009 年 8 月环境保护部、商务部、国家发改委、海关总署、国家质检总局发布的第 36 号公告中的《禁止进口固体废物目录》中明确列出“4004000020 硫化橡胶废碎料及下脚料及其粉粒”，样品应归入这类废物，属于目前我国禁止进口的固体废物。

4 结论

样品不是再生橡胶和胶粉，是乙丙橡胶密封制品回收料经机械切碎并分离出大部分金属骨架材料而成的碎屑，属于硫化橡胶废碎料，是目前我国禁止进口的固体废物。

参考文献

[1] 张玉龙，孙敏 . 橡胶品种与性能手册 [M]. 北京 : 化学工业出版社 ,2008.
[2] 涂芳，薛娜 . 胶粉的生产应用现状及发展 [J]. 中国资源综合利用 ,2006(4):22.
[3] 于清溪 . 橡胶原材料手册 [M].2 版 . 北京 : 化学工业出版社 ,2007.

16. 混炼胶边角料混合废物

1 背景

2007 年 7 月，固体废物研究所对某公司申报进口的“与炭黑混合的未硫化复合橡胶(等外品)”货物样品进行废物属性鉴别，需要确定是否属于国家禁止进口的固体废物。在实验分析、咨询专家和查阅相关资料的基础上编写鉴别报告。

2 样品特征及物质特性分析

（1）样品包括条带状、管状和团絮状三种形态，将其分别编号为 1 ～ 3 号。1 号样品呈条带状，长约 70cm，宽度和厚度不均匀，分别约为 10cm 和 1.5cm，具有一定的弹性，塑性较差，表面有较多白色粉状物质且不平整，有多处凸起和凹陷；2 号样品呈管状，长约 60cm，内外径不均匀，有缩头和断头，分别约为 1cm 和 1.5cm，具有一定的弹性、塑性和延展性，表面不平整，有较多处破损；3 号样品呈团絮状，形状不规则，具有一定的弹性，塑性和延展性在不同部位存在一定的差异。样品形态见图 1。

图 1　样品

（2）按照《橡胶聚合物（单一及并用）的鉴定 裂解气相色谱法》（GB/T 6028—1994）中的方法，对样品中的橡胶聚合物成分进行定性分析，1 号样品主要为氯丁橡胶，2 号样品为乙丙橡胶，3 号样品为乙丙橡胶。

（3）参照《硫化橡胶溶胀指数测定方法》（GB/T 7763—1987）中的方法，对样品的溶胀特性进行测定，结果见表 1，溶胀实验前后对比见图 2 ～图 4。

表 1　样品的溶胀特性

样品	1	2	3
溶胀特性	溶胀	溶解	未溶胀
溶胀指数	1.15	—	—

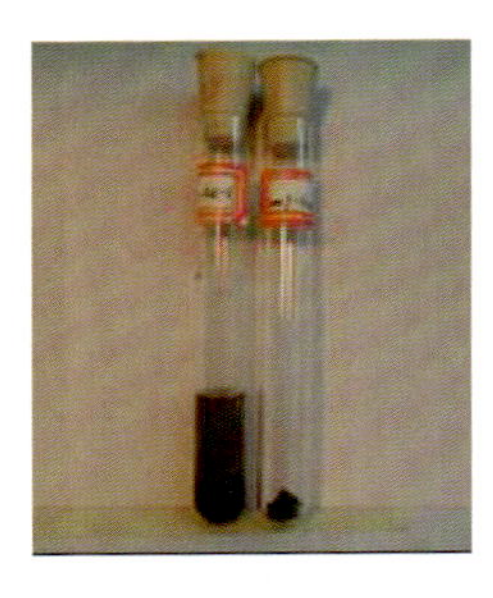
图 2　1 号样品溶胀实验对比

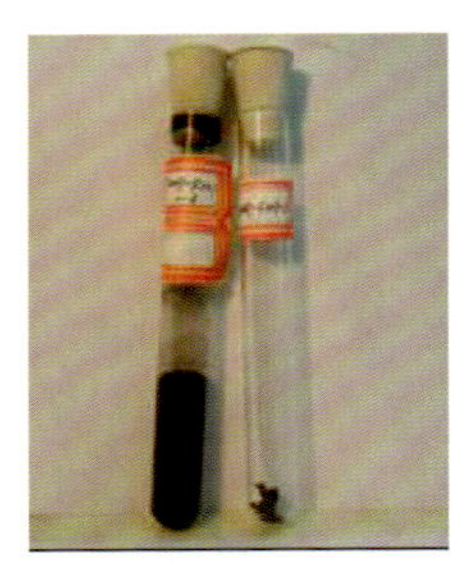
图 3　2 号样品溶胀实验对比

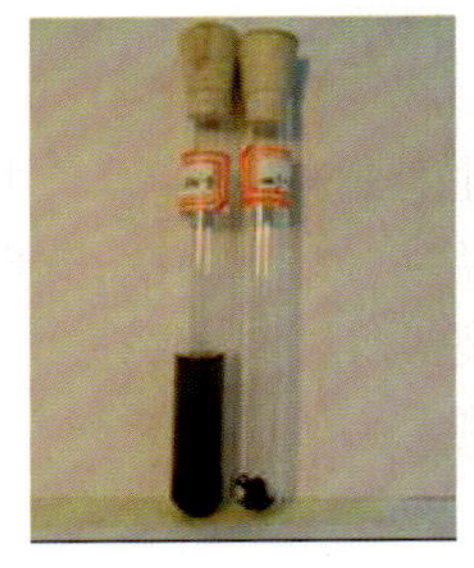
图 4　3 号样品溶胀实验对比

（4）采用《橡胶用无转子硫化仪测定硫化特性》（GB/T 16584—1996）中的方法对样品进行硫化特性测定，结果见表 2，三个样品的硫变曲线线形均不是与 x 轴近似水平的直线，为先下降后上升的曲线，但弯曲程度不一样。

表 2　样品的硫化特性

样品	硫化时间			转矩 /（N · m）	
	t_{10}	t_{50}	t_{90}	F_L	F_{max}
1	19s	1min26s	17min22s	1.82	3.28
2	1min57s	8min58s	28min50s	1.21	2.25
3	2min7s	9min4s	30min39s	1.34	2.75

3 样品物质属性鉴别分析

（1）产生来源分析

①生胶原料

橡胶独特的加工工艺是通过硫化将线形高分子交联成三维网状高分子量聚合物，即由所谓的原料橡胶转变为硫化橡胶，前者习惯上称为生胶，后者称为橡胶或熟胶。

氯丁橡胶生胶是由 2- 氯 -1,3- 丁二烯单体在乳液状态下聚合而成的；乙丙橡胶生胶是以 C_2H_4（乙烯）、C_3H_6（丙烯）为主要单体原料，采用 $C_4H_{10}AlCl$（一氯二乙基铝）与 $VOCl_3$（三氯氧钒）组成的一类有机金属催化剂，在溶液状态下共聚的无定形橡胶[1]。生胶由于未发生硫化交联，因此可完全溶解于一般的有机溶剂中。生胶主要成分为有机聚合物，未添加硫黄、炭黑等各种添加剂，因此，无法直接在硫变仪上测定硫变曲线。

1 号样品中的聚合物分析结果为氯丁橡胶，2 号和 3 号样品中的聚合物分析结果为乙丙橡胶，但由于样品均可直接用硫变仪测出硫变曲线，同时，1 号和 3 号样品不溶于有机溶剂，因此，判断三个样品均不是生胶原料。

②硫化橡胶成品

硫化橡胶成品中的高分子聚合物由于发生了三维网状交联，因此，不溶于有机溶剂；由于硫化橡胶成品已经过硫化处理，若在硫变仪上对其测定硫变曲线，其线形应近似为与 x 轴平行的直线。

依据 2 号样品的硫变曲线线形以及其溶于有机溶剂的特性，判断 2 号样品不是硫化橡胶成品；尽管 1 号和 3 号样品不溶于有机溶剂，但依据其硫变曲线线形，同样判断 1 号和 3 号样品也不是硫化橡胶成品。综上所述，三个样品均不是硫化橡胶成品。

③再生胶

再生胶是以废旧橡胶制品和橡胶工业生产的边角废料为原料，经过加工而获得一定生胶性能的弹性材料，外观为黑色或深褐色、块状、无机械杂质[1]。再生又称为脱硫，再生胶经过脱硫，其高分子交联结构得到破坏，因此其塑性增大，表面变得粗糙，抗拉伸、抗撕裂等使用性能降低，具有二次加工性。由于再生胶已经过脱硫，因此无法直接在硫变仪上测定硫变曲线。

由于样品均可直接在硫变仪上测出硫变曲线，同时其外观也与再生胶有明显差异，因此，判断样品不是再生胶。

④样品是来自混炼胶生产的边角料、残次品

为了提高橡胶产品的使用性能，改进工艺和降低成本，必须在生胶中加入各种配合剂。在炼胶机上将各种配合剂加入生胶中制成的半成品称为混炼胶[2]。混炼胶中已加入了硫黄、炭黑等各种配合剂，但因其未经过硫化工艺，其中的高分子仍为线形结构，因此混炼胶中的聚合物仍能溶于一般的有机溶剂。混炼胶经过后续的热炼、压延、压出和硫化等工艺后，成为硫化橡胶成品，因此，混炼胶是橡胶生产过程中的半成品。为确定使橡胶产品综合性能达到最佳的硫化温度和时间（正硫化条件），一般需要在硫变仪上测定混炼胶的硫变曲线，正常的硫变曲线线形为先下降再上升最后趋于水平。

混炼是橡胶生产过程中的重要工序，也是最容易产生质量波动的工序。焦烧是混炼工艺中比较主要的质量问题。焦烧又称“早期硫化”，即胶料在硫化前的操作中或停放中发生不应有的提前硫化的现象[2]。从本质上说，焦烧是橡胶在热历史的影响条件下与硫化的结合过程。引起混炼胶焦烧的原因包括硫化剂、配合剂配合不当，炼胶操作不当，以及胶料停放不当等。发生焦烧的混炼胶由于其中的高分子聚合物发生了部分三维交联，因此，不能完全溶于有机溶剂。

喷霜也是混炼胶的主要质量问题，指混炼胶中所含的配合剂迁移到表面并析出的现象，这种喷出物为霜状结晶物，主要原因是生胶混炼不足、混炼不均，称量不准，配合剂用量超过其常温下在橡胶中的溶解度或结团等。喷霜对橡胶的外观和性能均有一定的损害。

三种样品均可直接在硫变仪上测出硫变曲线，且线形均非与 x 轴近似水平的直线，判断样品均为混炼胶。然而，1 号和 3 号样品均不溶于有机溶剂，因此，判断均发生了焦烧现象，样品的不同部位交联程度不同。2 号样品尽管可溶于有机溶剂并未发生焦烧现象，但其硫变曲线相比典型的硫变曲线（倒杯型），其波谷过于尖锐，表明 2 号样品在后续硫化过程中的焦烧性和操作安全性较差。

从外观看，1 号样品表面有较多白色粉状物质，表明发生了喷霜现象，同时表面不平整，有多处突起和凹陷，宽度和厚度不均匀，这些现象均表明 1 号样品为存在焦烧、喷霜等严重质量问题的混炼胶残次品；2 号样品内外径不均匀，有缩头和断头，表面不平整并有较多处破损，结合其硫变曲线特性，为存在一定质量问题的混炼胶边角废料、残次品；3 号样品形状不规则，呈典型的边角废料外形特性，为存在焦烧质量问题的混炼胶边角废料、残次品。

综上所述，样品是来自混炼胶生产过程中产生的边角料、残次品。

（2）固体废物属性分析

橡胶生产工艺中对于出现焦烧质量问题的混炼胶，需要进行再加工才能进入下一步工序进行使用。对于焦烧程度较轻的胶料，可在开炼机上薄通处理后再掺入好料中使用；对于焦烧程度较重的胶料，在薄通后还需加入 1% ～ 1.5% 的硬脂酸，对其进行膨润，以促进交联结构的破坏，处理好后，其在好胶中的掺用量不大于 10%；对于焦烧程度严重的胶料，除加硬脂酸外，还应加 2% ～ 3% 的油类软化剂，处理好后降级使用；对于焦烧程度实在严重无法处理，只能作为废料 [2]。

1 号样品存在焦烧和喷霜等质量问题，从其硫化特性数据来看，其 10% 的硫化时间（焦烧时间）t_{10} 和 50% 的硫化时间 t_{50} 都非常小，因而在实际硫化工艺中根本无法进行正常操作，硫化曲线也不是正常混炼胶的曲线，这些表明 1 号样品焦烧程度严重，必须经过再加工后才能使用。通过咨询专家，1 号样品的交联程度较重，再加工较困难。2 号样品尽管未发生焦烧现象，但因其是存在一定质量问题的混炼胶边角废料，也必须经过再加工才能使用。3 号样品其外形为不规则的团絮状，属于生产过程中的边角废料，塑性和延展性在不同部位存在一定的差异；同时还存在焦烧质量问题，尽管其焦烧程度没有 1 号样品严重，但必须经过再加工后才能使用。

总之，1 号、2 号和 3 号样品混杂在一起，其橡胶聚合物种类不同，外形差异大，性质不同，品质不同，严重影响进入下一道工序进行使用。

因此，依据《固体废物鉴别导则（试行）》的原则，判断样品属于固体废物。

根据我国法律法规，未列入“可以用作原料进口的固体废物的目录”的固体废物禁止进口。在《废物进口环境保护管理暂行规定》（环控 [1996]204 号文）中公布的《国家限制进口的可用作原料的废物目录》及其增补名录，原对外贸易经济合作部、原国家环境保护总局、海关总署、国家质检总局 2001 年第 41 号公告公布的《限制进口类可用作原料的废物目录》（第一批），《关于调整废物进口环境保护管理有关问题的通知》（环发 [2002]7 号文）中的《自动进口许可管理类可用作原料的废物目录》，以及 2005 年原国家环境保护总局、海关总署、国家质检总局第 5 号公告等文件中均没有废橡胶及类似的废物。因此，样品属于我国禁止进口的固体废物。

4 结论

样品是来自混炼胶生产过程中的边角料、残次品，属于禁止进口的固体废物。

参考文献

[1]《橡胶工业手册》编写小组 . 橡胶工业手册：第一分册——生胶与骨架材料 [M]. 北京 : 燃料化学工业出版社 ,1974.

[2]《橡胶工业手册》编写小组 . 橡胶工业手册：第三分册——基本工艺 [M]. 北京 : 石油化学工业出版社 ,1976.

17. 丁苯橡胶废料

1 背景

2008 年 7 月，固体废物研究所对某公司申报进口的“合成橡胶”货物样品进行废物属性鉴别，需要确定是否属于国家禁止进口的固体废物。在实验分析、咨询专家和查阅相关资料基础上编写鉴别报告。

2 样品特征及物质特性分析

（1）样品为无固定形状、大小不一的块状固体，具有弹性，有一定的抗撕裂强度，为不均匀的黄色，胶体内部浅黄色，夹杂少许灰黑色，外表呈颗粒状，含水分。样品外观形态见图 1。

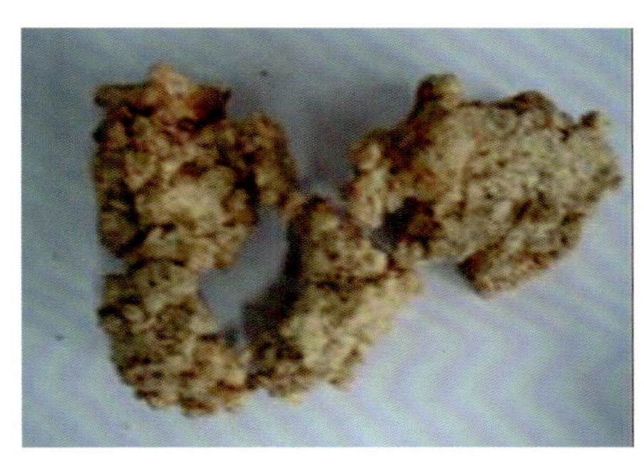

图 1　样品

（2）按照《橡胶聚合物（单一及并用）的鉴定 裂解气相色谱法》（GB/T 6028—1994）中的方法对样品中的橡胶聚合物成分进行定性分析，按照《橡胶　灰分的测定》（GB/T 4498—1997）测定样品灰分含量，按照《未硫化橡胶定性分析用圆盘剪切黏度计进行测定　第一部分：门尼黏度的测定》（GB/T 1232.1—2000）的方法测定样品门尼黏度，按照《生橡胶挥发分含量的测定》（GB/T 6737—1997）测定样品的挥发分，结果见表 1。

表 1　　橡胶特性分析

项目	橡胶聚合物鉴定	灰分 / %	挥发分 / %	门尼黏度 [$50ML_{(1+4)100℃}$]
结果	丁苯橡胶	2.95	23.57	46#1　73#2
方法标准	GB/T 6028—1994	GB/T 4498—1997	GB/T 6737—1997	GB/T 1232.1—2000

注：#1 和 #2 为样品的不同部位。

3 样品物质属性鉴别分析

（1）产生来源分析

丁苯橡胶 (SBR) 是丁二烯和苯乙烯经共聚制得的橡胶。按生产工艺可分为乳聚丁苯橡胶 (ESBR) 和溶聚丁苯橡胶 (SSBR) 两大类 [1]，填充改性后又分为充油、充炭黑、充树脂丁苯橡胶等。

乳聚丁苯橡胶是丁二烯和苯乙烯按一定配比，在水乳液介质中进行自由基共聚合反应生成的。乳化剂为歧化松香酸钾皂或其与合成脂肪酸皂的混合物，引发剂为过氧化氢二异丙苯或过氧化氢对孟烷，硫酸亚铁 - 乙二胺四乙酸钠 - 甲醛次硫酸氢钠为活化剂，十二碳硫醇为聚合物分子量和分子结构的调节剂。聚合转化率达到 63% ～ 72% 时，加入二乙基羟胺或二甲基二硫代氨基甲酸钠（福美钠）终止聚合，并加入防老剂，然后以高分子絮凝剂在酸性介质中凝聚。析出的含水胶粒经挤压脱水、膨胀干燥后制得橡胶，再经压块、包装、称重等工序后得到成品 [2]。

溶聚丁苯橡胶是以丁二烯、苯乙烯为单体原料，在有机溶剂中，以烷基锂作催化剂，热法共聚得到的产物。根据催化剂和聚合条件的不同，分为无规型、部分嵌段型和嵌段型三种。与乳聚丁苯橡胶相比，除聚合方法不同外，其余配料、凝聚、干燥、包装等工艺完全相同。

根据国际合成橡胶生产商协会和其他资料，丁苯橡胶的主要品种见表 2[3,4]。

表 2　丁苯橡胶的主要品种

聚合方法	丁苯橡胶的品种	
乳液聚合	高温乳聚	高温丁苯橡胶（1000 系列）、高温充炭黑丁苯橡胶（1100 系列）、高温充油丁苯橡胶（1200 系列）、高温充油充炭黑丁苯橡胶（1300 系列）、高温丁苯胶乳（2000 系列）
	低温乳聚	低温共聚丁苯橡胶（1500 系列）、低温充炭黑丁苯橡胶（1600 系列）、低温充油丁苯橡胶（1700 系列）、低温充油充炭黑丁苯橡胶（1800 系列）、低温丁苯胶乳
	其他品种	木质素丁苯橡胶
	特殊品种	高苯乙烯丁苯橡胶、液体丁苯橡胶 羟基丁苯橡胶
溶液聚合	烷基锂溶液共聚丁苯橡胶	无规共聚丁苯橡胶 嵌段共聚丁苯橡胶
	醇烯溶液共聚丁苯橡胶	醇烯溶聚丁苯橡胶、锡偶联溶聚丁苯橡胶、高反式 -1,4- 丁苯橡胶

在低温共聚系列产品中，1500 系列低温乳聚产品是在 5℃左右温度下聚合所得的软质胶，国内主要生产 1500 型和 1502 型。1600 系列、1700 系列、1800 系列以及木质素丁苯橡胶是充填型丁苯橡胶，是在丁苯橡胶聚合过程中加入一定量的芳烃油、环烷油、炭黑或木质素共同聚合而成；高苯乙烯橡胶是苯乙烯含量高达 70% ～ 90% 的丁苯橡胶，产品为易相互黏结的白色橡胶颗粒；羟基丁苯橡胶是在丁苯橡胶聚合过程中，加入少量丙烯酸类单体而制得。其中丁苯橡胶原料多为 1500 系列产品。

根据样品外观与主要特性判断，样品不是液体丁苯橡胶和胶乳。高温乳聚丁苯橡胶一般具有树脂特性，而样品弹性较好、较软；充炭黑的丁苯橡胶样品不透明，而样品为黄色或浅黄色颜色不均匀的透明胶体，因此，样品很可能来自于低温乳聚丁苯橡胶 1500 系列产品或以其为原料胶的低温乳聚充油丁苯橡胶 1700 系列产品的生产过程。由于溶液聚合系列产品种类比较多，除聚合方法与乳聚丁苯橡胶不同外，其余配料、凝聚、干燥、包装等工艺相同，因此样品也可能来源于溶液聚合丁苯橡胶的生产过程。

我国《苯乙烯-丁二烯橡胶（SBR）1500》（GB/T 8655—2006）和《苯乙烯—丁二烯橡胶（SBR）1502》（GB/T 12824—2002）中关于产品的技术指标要求，见表3和表4。

表3　SBR-1500技术标准和试验方法（GB/T 8655—2006）

指标名称	优等品	一等品	合格品	测试方法
生胶门尼黏度 [$ML_{(1+4)100℃}$]	46～58	46～58	44～60	GB/T1232
挥发分 / %，≤	0.60	0.80	1.00	GB/T6737
灰分 / %，≤	0.50			GB/T4498

表4　SBR-1502技术标准和试验方法（GB/T12824-2002）

指标名称	优等品	一等品	合格品	测试方法
生胶门尼黏度 [$ML_{(1+4)100℃}$]	45～55	44～56		GB/T1232
挥发分 / %，≤	0.60	0.75	0.90	GB/T6737
灰分 / %，≤	0.50			GB/T4498

《苯乙烯　丁二烯嵌段共聚物（SBS）》（SH/T 1610—2001）中关于丁苯橡胶的技术要求包括：外观为白色或浅色固体，不含机械杂质及油污，符合表5中的各项技术指标。

表5　我国溶聚丁苯橡胶的主要技术指标

单位：%

主要性能	SBS1401			SBS 4402			SBS 4452			SBR 4303		
	优	一等	合格	优	一等	合格	优	一等	合格	优	一等	合格
挥发分，≤	0.5	0.7	1	0.5	0.7	1	0.5	0.7	1	0.5	0.7	1
灰分，≤	0.2			0.2			0.2			0.1		

对比表1中的样品特性与表3、表4和表5中我国同类产品的性能可知，样品灰分与挥发分高于我国同类产品标准。因此，样品不适合直接作为丁苯橡胶产品使用。通过分析丁苯橡胶的生产工艺，样品可能来自于乳聚或溶聚丁苯橡胶生产过程的凝聚阶段，有可能是凝聚过程的落地料、开停车时或生产异常情况下在凝聚工段排出的中间料或回收的落地料。

（2）固体废物属性分析

虽然样品不适合直接作为丁苯橡胶产品使用，但通过咨询行业专家，样品可以掺混用于橡胶板、橡胶垫等质量要求不高的产品。另有资料显示[5]：普通胶板生产所用的胶种一般为天然橡胶、丁苯橡胶、顺丁橡胶等加入再生胶；内胎垫带的胶料生产中，生胶可使用低级的天然橡胶与包括丁苯橡胶在内的合成橡胶。因此，样品是生产中产生的残余物，不适合直接作为丁苯橡胶产品使用。依据《固体废物鉴别导则（试行）》的原则，判断样品属于固体废物。

4 结论

样品可能是丁苯橡胶生产过程的报废料或落地料，不适合直接作为丁苯橡胶产品使用，属于限制进口类的固体废物。

参考文献

[1] 郭义 , 赵玉中 . 丁苯橡胶市场现状及技术发展趋势 [J]. 弹性体 ,2008,18(1):74-78.

[2] 刘登祥 . 化工产品手册——橡胶及橡胶制品 [M].4 版 . 北京 : 化学工业出版社 ,2005.

[3]《橡胶工业手册》编写小组 . 橡胶工业手册：第一分册——生胶与骨架材料 [M]. 北京 : 燃料化学工业出版社 ,1974:29.

[4]http://www.adhol.net/App/2006/1207/35329.html.

[5] 张岩梅 , 邹一明 . 橡胶制品工艺 [M]. 北京 : 化学工业出版社 ,2009.

18. 丁苯橡胶生产中的过滤、管道清理的混合废物

1 背景

2011 年 8 月，固体废物研究所对某公司申报进口的“充油丁苯橡胶 (SBR1712)”的货物样品进行固体废物属性鉴别，需要确定是否为国家禁止进口的固体废物。在实验分析、查阅相关资料和咨询专家的基础上编写鉴别报告。

2 样品特征与物质特性分析

（1）样品为两袋，将其中黄色样品编为 1 号，黑色样品编为 2 号。1 号样品表面凹凸不平，土黄色，表面有污迹，切开后内部为乳白色，撕开时会有液体析出；550℃下灼烧后的烧失率为 99.74%。2 号样品为不规则黑色块状，由细小颗粒聚集而成，用力掰开出现黏结拉丝现象，表面会有细颗粒掉落；550℃下灼烧后的烧失率为 98.48%。样品外观形态见图 1 和图 2。

图 1　1 号样品

图 2　2 号样品

（2）分析样品的橡胶聚合物定性、抽出物定量和定性、硫化特性、挥发分、灰分、直接门尼黏度、混炼门尼黏度，并按照充油丁苯橡胶牌号 SBR1712 进行配合胶的物理性能测试，包括拉伸强度、扯断伸长率、300% 定伸应力，结果见表 1。

表 1　样品橡胶特性检测结果

序号	检测项目	1 号样品			2 号样品	检测方法标准
1	橡胶聚合物定性	丁苯橡胶			丁苯橡胶 / 顺丁橡胶	GB/T 6028—1994
2	橡胶抽出物定量	13.69%			—	GB/T 3516—2006
3	橡胶抽出物定性	无明显斑点显现			有次磺酰胺类或噻唑类促进剂、酚类防老剂、石油系软化剂	薄层色谱、红外光谱法
4	挥发分 / %	8.38			2.40	GB/T 24131—2009
5	灰分 / %	0.32			0.4	GB/T 4498—1997
6	生胶门尼黏度 [$50ML_{(1+4)100℃}$]	测试 1	测试 2	测试 3	—	GB/T 1232.1—2000
		70	42	47		
7	混炼胶门尼黏度 [$50ML_{(1+4)100℃}$]	>200			—	GB/T 1232.1—2000
8	溶胀指数	—			2.12	GB/T 7763—2006
9	硫化 145℃	25 min	35 min	50 min	—	GB/T 528—2009
	拉伸强度 / MPa	10.9	11.2	10.8		
	扯断伸长率 / %	86	94	82		
	300% 定伸应力 /MPa	—				

注：1 号样品不均匀，测试三个部位的结果偏差已超出 2 个门尼值；1 号样品混炼胶门尼黏度值已超出仪器量程（200 门尼值）；2 号样品中丁二烯含量高于通用丁苯橡胶，结合苯乙烯含量小于 23.5%。

（3）由于 2 号样品外观掉黑色渣，因此对其灼烧后的残留灰分测定主要成分含量，结果见表 2。

表 2　2 号样品灼烧后灰分的主要成分及含量

单位：%

成分	SO_3	SiO_2	Na_2O	Fe_2O_3	K_2O	Al_2O_3	CaO	P_2O_5	MgO	ZnO
含量	26.53	22.30	16.93	8.66	7.37	5.80	4.05	3.15	2.98	0.66
成分	PbO	TiO_2	CuO	Sb_2O_3	As_2O_3	La_2O_3	Cr_2O_3	NiO	MnO	—
含量	0.41	0.39	0.19	0.16	0.12	0.10	0.08	0.05	0.05	—

3 样品属性鉴别分析

（1）产生来源分析

样品报关名称为“充油丁苯橡胶（SBR1712）”。丁苯橡胶（SBR）是丁二烯和苯乙烯经共聚制得的橡胶。丁苯橡胶按生产工艺可分为乳聚丁苯橡胶（ESBR）和溶聚丁苯橡胶（SSBR）两大类[1]。充油丁苯橡胶母炼胶是为了改善丁苯橡胶的加工性能并降低成本，在聚合过程中在胶乳中加入矿物油（如环烷油、芳香油），胶乳凝聚时吸收大量矿物油而成为充油丁苯橡胶母炼胶；充油充炭黑丁苯橡胶母炼胶是在乳液聚合时，在胶乳中加入油和炭黑，经凝聚制得的丁苯橡胶，其特点是缩短混炼时间，便于连续混炼和后续加工[2]。

在低温共聚系列产品中，1500 系列低温乳聚产品是在 5℃左右温度下聚合所得的软质胶，国内主要生产 1500 型和 1502 型。1600 系列、1700 系列、1800 系列以及木质素丁苯橡胶是充填型丁苯橡胶，是在丁苯橡胶聚合过程中加入一定量的芳烃油、环烷油、炭黑或木质素共同聚合而成的；高苯乙烯橡胶是苯乙烯含量高达 70% ～ 90% 的丁苯橡胶，产品为易相互黏结的白色橡胶颗粒；羟基丁苯橡胶是在丁苯橡胶聚合过程中，加入少量丙烯酸类单体而制得。其中丁苯橡胶原料多为 1500 系列产品。

1 号样品外表呈黄色，内部为乳白色并有液体流出，胶种为丁苯橡胶，潮湿，薄层色谱法定性分析橡胶抽出物，其实验现象为无明显斑点显现，据此表明样品中没有添加硫化剂、促进剂、软化剂等；测定样品生胶门尼黏度，3 个数值分别为 70、42 和 47，超出橡胶样品门尼黏度“两个试样结果的差不得大于 2 个门尼黏度值”的实验要求；样品挥发分超出我国《苯乙烯 - 丁二烯橡胶（SBR）1712》（SH/T 1626—2005）标准中合格品小于或等于 1% 的要求，见表 3。这些实验现象说明样品极不均匀，是丁苯橡胶原胶生产过程中的非正常产物。

表 3　SBR1712 的技术指标（部分）

项目		优等品	一等品	合格品
挥发分的质量分数 /%，≤		0.6	0.8	1.0
灰分的质量分数 / %，≤		0.5		
生胶门尼黏度 [$50ML_{(1+4)100℃}$]		44 ～ 54	43 ～ 55	42 ～ 56
300% 定伸应力 (145℃)/ MPa	25 min	9.8 ～ 13.8	9.3 ～ 14.3	
	35 min	12.1 ～ 16.1	11.6 ～ 16.6	
	50 min	13.0 ～ 17.0	12.5 ～ 17.5	
拉伸强度 (145℃ ,35min)/ MPa，≥		19.4	18.4	
扯断伸长率 (145℃ ,35min)/ %，≥		380	370	

2 号样品呈黑色，胶种为丁苯橡胶 / 顺丁橡胶，可能为两种橡胶的并用体系；样品含有次磺酰胺类或噻唑类促进剂、酚类防老剂、石油系软化剂；样品溶解实验呈溶胀现象；表 2 样品灼烧后残渣含有 S、Zn、Si 等成分，主要是来自橡胶混炼前的添加助剂；样品挥发分超出我国《苯乙烯 - 丁二烯橡胶（SBR）1712》（SH/T 1626—2005）标准中合格品小于或等于 1% 的要求，见表 3；样品用力掰开出现黏结拉丝现象，表面有细颗粒掉落。这些现象说明样品不属于生胶，是来自丁苯橡胶混炼过程产生的非正常产物。

总之，两个样品是丁苯橡胶生产中的非正常产物，如从胶乳过滤料回收的杂质料、设备和管道的清理料、挤出过程的下脚料等。

（2）固体废物属性分析

两个样品是丁苯橡胶生产中的非正常产物，从样品的不均匀性判断是来自不同过程回收的混合物，其生产过程没有质量控制，不满足国家或国际承认的规范或标准，属于“生产过程中产生的残余物”。因此，依据《固体废物鉴别导则（试行）》中的原则，判断样品属于固体废物。

1 号样品是没有添加硫化剂等的丁苯橡胶原胶中的废物，2 号样品主要是橡胶混炼过程中产生的废料，两个样品的产生过程都不是橡胶制品硫化工序之后产生的废料，因此，样品应属于未硫化废橡胶。

2009 年 8 月 1 日，环境保护部、商务部、国家发改委、海关总署、国家质检总局发布的第 36 号公告的《限制进口类可用作原料的固体废物目录》中列出了“4004000090 未硫化橡胶废碎料、下脚料及其粉、粒”，样品应归入这类废物，属于目前我国限制进口类废物。

4 结论

样品是丁苯橡胶生产中的非正常产物，如胶乳过滤料回收的杂质料、设备和管道的清理料、挤出过程的下脚料等；样品是回收的混合物；样品不满足充油丁苯橡胶 (SBR1712) 的标准要求，属于未硫化废橡胶；样品属于目前我国限制进口类固体废物。

参考文献

[1] 郭义 , 赵玉中 . 丁苯橡胶市场现状及技术发展趋势 [J]. 弹性体 ,2008,18(1):74-78.

[2] 张玉龙 , 孙敏 . 橡胶品种与性能手册 [M]. 北京 : 化学工业出版社 ,2008:35-36.

19. 三元乙丙橡胶下脚料混合物

1 背景

2011 年 4 月，固体废物研究所对某公司进口的“三元乙丙橡胶（副牌）”货物样品进行了属性鉴别，需要确定是否属于国家禁止进口的固体废物。在实验分析、咨询专家、资料和现场调研的基础上编写鉴别报告。

2 样品特征及物质特性分析

（1）样品由无固定形状、大小不均的块状固体组成，并有碎颗粒；基本颜色为白色，混杂黄色、黑色、褐色、灰色等；粘有非橡胶杂物，污渍明显；散发出异味，潮湿，块状黏在一起不易掰碎。样品外观形态见图 1。

图 1　样品

图 2　国内某公司三元乙丙橡胶下脚料

（2）对样品进行基本物理性能测试，实验结果见表 1。

表 1　样品橡胶聚合物定性、硫化特性和橡胶基本性能测试结果

检验项目名称及单位		灰白颗粒状	黄色块状	白色块状	检验方法（标准）
橡胶聚合物定性		乙丙橡胶	乙丙橡胶	乙丙橡胶	GB/T 6028—1994
溶剂抽出物含量 / %		5.11	15.60	0.57	GB/T 3516—2006
溶剂抽出物定性		未见明显有机物	石蜡油	主要为酚类防老剂，极少量石蜡油	红外光谱
门尼黏度 [$50ML_{(1+4)100℃}$]		53	—	23	GB/T 1232.1—2000
挥发分质量分数 / %		1.62			GB/T 24131—2009
灰分的质量分数 / %		0.86			GB/T 4498—1997
生胶硫化仪（160℃）	t_{100} /min	0	—	—	
	t_{90} / min	—	—	—	
	F_L /（N·m）	0.313	—	—	
	F_{max} /（N·m）	0.313	—	—	
混炼胶硫化仪（160℃）	t_{10} / min	1.3			GB/T16584—1996
	t_{90} / min	11.48			
	F_L /（N·m）	0.758			
	F_{max} /（N·m）	3.365			
硫化条件（160 ℃）/ min		20	30	40	GB/T 6038—2006
邵尔 A 硬度 / 度		74	75	74	GB/T 531.1—2008
拉断伸长率 / %		264	241	236	GB/T 528—2009
拉伸强度 / MPa		15.0	14.2	15.7	
200% 定伸应力 / MPa		11.4	12.4	13.4	
拉断永久变形 / %		10	7	6	

（3）样品在 550℃灼烧之后的灰分占样品的比例为 4.18%，为白色粉末。采用 X 射线荧光光谱仪分析样品灰分的成分，结果见表 2。

表 2　样品灰分主要成分及含量（除 Cl 以外，其他元素均以氧化物计）

单位：%

成分	SiO_2	MgO	Al_2O_3	Fe_2O_3	CaO	Na_2O	ZnO	Cl	SO_3	V_2O_5	P_2O_5	K_2O	TiO_2	MnO
含量	59.95	31.10	3.59	2.89	0.86	0.46	0.43	0.23	0.22	0.14	0.19	0.02	0.03	0.03

3 样品物质属性鉴别分析

（1）产生来源分析

乙丙橡胶（EPR）是以 C_2H_4（乙烯）、C_3H_6（丙烯）为主要单体原料，采用 $C_4H_{10}AlCl$（一氯二乙基铝）与 $VOCl_3$（三氯氧钒）组成的一类有机金属催化剂，在溶液状态下共聚的无定形橡胶 [1]。EPR 的生胶为一种半透明的白色 - 琥珀色固体，可以分为二元乙丙橡胶（EPM）和三元乙丙橡胶（EPDM）两大类型。

工业上生产三元乙丙橡胶的方法有溶液聚合法、悬浮聚合法和气相聚合法三种 [2]：①溶液聚合工艺是在既可以溶解产品又可以溶解单体和催化剂体系的溶剂中进行的均相反应，通常以直链烷烃如正己烷为溶剂，采用 V-Al 催化剂体系，聚合温度为 30 ～ 50℃，聚合压力为 0.4 ～ 0.8MPa，反应产物中聚合物的质量分数一般为 8% ～ 10%。工艺过程由原材料准备、化学品配置、聚合、催化剂脱除、单体和溶剂回收精制以及凝聚、干燥和包装等工

序组成。②悬浮聚合工艺以 $V(C_5H_7O_2)_3$（乙酰丙酮钒）和 $AlEt_2Cl$ 为催化剂，二氯丙二酸二乙酯为活化剂，HNB 或双环戊二烯（DCPD）为第三单体，$Zn(C_2H_5)_2$（二乙基锌）和 H_2 为分子量调节剂。反应热借反应相的单体蒸发移除。反应相中悬浮聚合物的质量分数控制在 30% ～ 35%，整个聚合反应在高度自动控制下进行，生成的聚合物丙烯淤浆间歇地送入洗涤器，用聚丙二醇使催化剂失活，再用 NaOH 水溶液洗涤。胶粒——水浆液经振动筛脱水、挤压干燥、压块和包装即得成品胶。③气相聚合工艺包括聚合、分离净化和包装等工序。来自反应器的未反应单体经循环气冷却器除去反应热，与新鲜原料气一起循环回反应器。从反应器排出的 EPR 粉末经脱气降压后进入净化塔，用 N_2 脱除残留烃类。来自净化塔顶部的气体经冷凝回收乙叉降冰片烯（ENB）后用泵送回流化床反应器。生成的微粒状产品进入包装工序。

根据橡胶聚合物定性实验，样品主体成分为乙丙胶，并且明显含有水分等物理形态，判断样品来自乙丙橡胶溶液聚合工艺或悬浮聚合工艺生产过程。将样品请教国内某三元乙丙胶制品生产企业的人员，并将样品和现场原料（图 2）进行对比，发现非常类似，结合样品报关名称，样品应为三元乙丙胶。

对样品进行硫化特性测试，在一定温度下由硬变软，流动性增加，转矩下降，ML 最小转矩反映胶料在一定温度下的流动性，硫化仪曲线没有形成先下降后上升的“杯状”，并显示有降解现象，表明样品中没有添加硫化剂，而样品配合胶的硫化仪曲线呈“杯状”，据此判断样品属于生胶范畴。

根据表 1 样品溶剂抽出物的定性定量试验结果以及样品外观混杂和明显有沾污的特点，表明样品本身非常不均匀，不是来自同一牌号橡胶的生产过程；样品中的挥发分较高，可解释样品散发出刺鼻异味；样品挥发分和灰分含量远高于正常乙丙橡胶产品的质量要求（表 3）；样品配合胶的拉断伸长率远低于同类三元乙丙橡胶产品的指标[3]（表 4）。

表 3　双力牌润滑油改进类乙丙橡胶

单位：%

牌号	J-0010	J-0020	J-0030	J-0050	J-0080
挥发分，⩽	1.2	1.2	0.75	0.75	0.75
灰分，⩽	0.10	0.10	0.10	0.10	0.10

表 4　三元乙丙橡胶配合胶的部分性能参数和实验结果比较

配合胶参数		样品
拉伸强度 / MPa	9.0 ～ 20.8	14.2 ～ 15.7
扯断伸长率 / %	240 ～ 420	236 ～ 264
硬度 (JISA)	40 ～ 90	74 ～ 75（邵尔硬度）

通过咨询专家，形成样品胶的原因包括：①同一生产设备生产不同牌号的三元乙丙橡胶，如充油和不充油的，在切换过程中不可避免地在挤出管道产生一些头尾料；②设备在运转过程中出现故障，因温度、湿度、压力、电力等原因造成物料部分受热不均匀也会造成产品物性发生变化，如门尼黏度、拉伸强度等指标发生变化，形成不合格品；③设备检修或清洗管道之后，试车时产生的报废品、落地料；④利用滤胶机对三元乙丙橡胶进行滤胶，

过滤之后清洁的橡胶用于生产，而“混有较多杂质”的橡胶被废弃。

样品中有灰白色颗粒状凝胶并发生了降解现象，小颗粒凝胶是从长链支化分子的集聚和交联而产生的，长链支化与凝胶均对特征松弛时间及加工性能有明显影响；随着凝胶含量、支化度的增加，加工性能变劣[4]。凝胶颗粒必须进行再处理才能加以利用[5]。

综上所述，样品是三元乙丙橡胶生产中的下脚料、落地料、滤胶杂物等的混合物。

（2）固体废物属性分析

样品是三元乙丙橡胶生产中的下脚料、落地料、滤胶杂物等的混合物，外观形态、抽出物成分和含量、配合胶的性能指标等均不均匀，这种混合物不是有意生产的，没有任何质量控制，也不满足相关标准和规范，并且受到污染，属于“生产过程中产生的废弃物质”。因此，按照《固体废物鉴别导则（试行）》的原则，判断样品属于固体废物。鉴别样品可以掺加到正牌三元乙丙橡胶原料中生产低端橡胶制品。

样品成分为三元乙丙橡胶，未经过硫化工序处理。2009 年 8 月 1 日，环境保护部、商务部、国家发改委、海关总署、国家质检总局发布的第 36 号公告《限制进口类可用作原料的固体废物目录》中列出了“4004000090 未硫化橡胶废碎料、下脚料及其粉、粒”，样品应归入这类废物，样品属于目前我国限制进口的固体废物。

4 结论

样品属于三元乙丙橡胶的生胶范畴，未经过硫化处理；样品外观形态、抽出物成分和含量、配合胶的性能指标等均不均匀，是三元乙丙橡胶生产中的下脚料、落地料、滤胶杂物等的混合物；样品属于目前我国限制进口的固体废物。

参考文献

[1] 张玉龙，齐贵亮．橡胶改性技术 [M]. 北京：机械工业出版社，2006(1):207.
[2] 王强．三元乙丙橡胶的化工工艺 [J]. 今时科苑，2007,8(23):171.
[3] 于清溪．橡胶原材料手册 [M].2 版．北京：化学工业出版社，2007(1):138.
[4] 章婉君，金春山．合成橡胶的凝胶与长链支化的关系 [J]. 石油化工，1990(19):44.
[5] 赵志正．用合成橡胶生产中的废料制造胶粉 [J]. 世界橡胶工业，2010(11):30.

20. 回收的绒毛浆

1 背景

2010 年 3 月，固体废物研究所对某公司申报进口的“漂白木浆外包装用浆板”货物样品进行废物属性鉴别，需要确定是否属于国家禁止进口的固体废物。在实验分析、咨询专家和查阅相关资料的基础上编写鉴别报告。

2 样品特征及物质特性分析

（1）样品总体呈白色绒毛状，纤维短小，并含有大量的纤维粉末，部分绒毛结块成团；样品中夹杂大小不等、颜色不同的塑料薄膜和无纺布，明显为切割而成，占样品重量的 2% ～ 2.5%。样品外观形态见图 1 ～图 3。

图 1　样品

图 2　样品中的绒毛团块

图 3　样品中的无纺布和塑料

（2）依据《纸、纸板和纸浆纤维组成的分析》（GB/T 4688—2002）染色机理及显微镜分析，样品的纤维大部分为漂白针叶木浆（95% 左右），只有少量漂白草浆（5% 左右），还有极少量的化学纤维；样品中纤维碎片较多。样品纤维形态见图 4 ～图 7，样品中塑料和无纺布形态见图 8 和图 9。

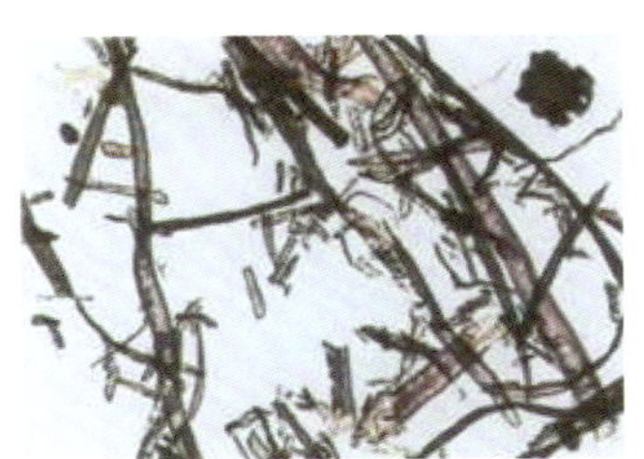

图 4　样品纤维形态图
（LM×200）

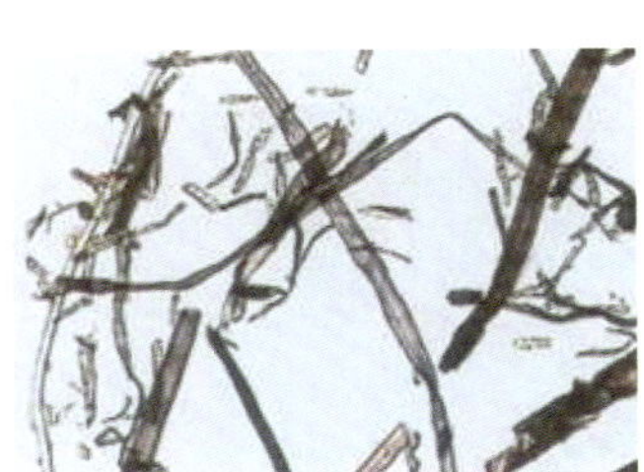

图 5　样品纤维形态图
（LM×200）

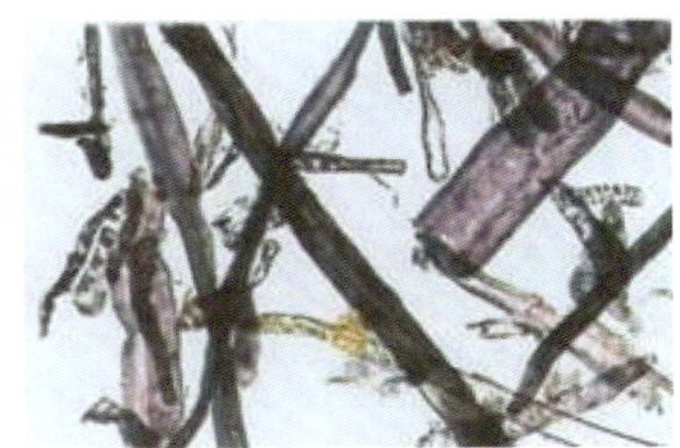

图 6　样品纤维形态图
（LM×500）

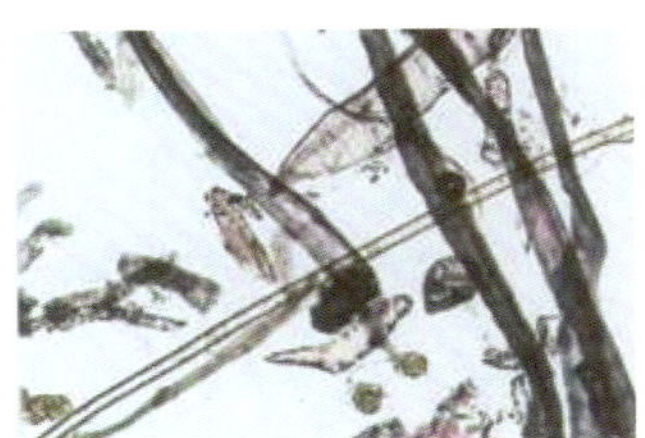

图 7　样品纤维形态图
（LM×500）

图 8　塑料类物质表面图
（LM×500）

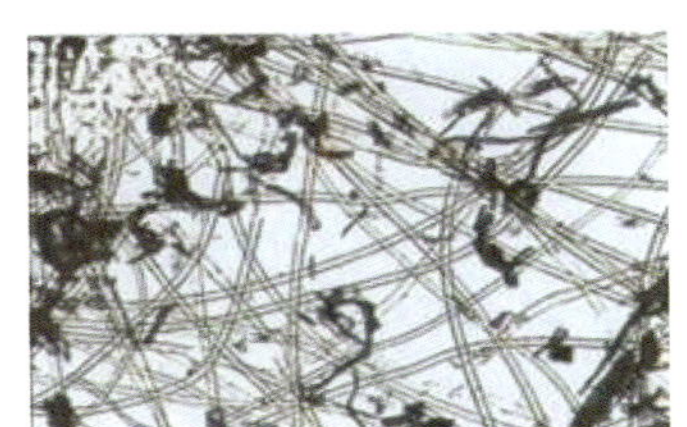

图 9　无纺布纤维形态图
（LM×500）

（3）在 550℃下灼烧样品，剩余灰分为 0.4%。

（4）参照《绒毛浆》（GB/T 21331—2008）标准对样品的部分指标进行分析，结果见表 1。使用纤维分析仪测定样品的纤维长度，结果见表 2。

表 1　样品分析测试结果

指标	结果
紧度 /（g/m^3）	0.51
耐破指数 /（$kPa•m^2/g$）	0.24
亮度（白度） / %	81.8

表 2　样品纤维长度测试结果

单位：mm

指标	数量平均长度	质量 - 重量平均长度	重量平均长度
样品	0.50	1.60	0.88

3 样品物质属性鉴别分析

（1）产生来源分析

纸浆是以植物纤维为原料，经不同加工方法制得的纤维状物质。根据加工方法分为机械纸浆、化学纸浆和化学机械纸浆；根据所用纤维原料分为木浆、草浆、麻浆、苇浆、蔗浆、竹浆、破布浆等；根据不同纯度分为精制纸浆、漂白纸浆、未漂白纸浆、高得率纸浆、半化学浆等。一般多用于制造纸张和纸板。精制纸浆除用于制造特种纸外常作为制造纤维素酯、纤维素醚等纤维素衍生物的原料，还用于人造纤维、塑料、涂料、胶片、火药等领域。

绒毛浆是一种用做生产卫生巾、纸尿裤、产妇褥垫、手术垫等生活卫生用品的专用纸浆板 [1] 和用做吸水介质的纸浆。它的白度高、树脂类成分含量低、纤维长度分布均一，多以针叶木化学浆为主，有时也掺用部分针叶木机械浆或化学机械浆，其纤维长度一般为 3 mm。《绒毛浆》（GB/T 21331—2008）规定绒毛浆板不应有肉眼可见的金属杂质、沙粒等异物，无明显的纤维束和尘埃，具体指标见表 3。

表 3　绒毛浆技术指标要求

指标名称	全处理浆		半处理浆		未处理浆	
	优等品	合格品	优等品	合格品	优等品	合格品
定量偏差 / %	±5		±5		±5	
紧度 /（g/cm^3），⩽	0.60		0.60		0.60	
耐破指数 /（$kPa \cdot m^2/g$），⩽	0.85		1.10		1.50	
亮度 /%，⩾	83.0	80.0	83.0	80.0	83.0	80.0
二氯甲烷抽出物 /%，⩽	0.20	0.30	0.12	0.18	0.02	0.08
干蓬松度 /（cm^3/g），⩾	19.0	17.0	20.0	18.0	22.0	20.0
吸水时间 / s，⩽	6.0	9.5	5.0	7.5	3.0	4.0
吸水量 /（g/g），⩾	9.0	6.0	10.0	7.0	11.0	8.0
0.3 ～ 1.0 mm^2 尘埃 /（mm^2/ 500 g），⩽	25					
1.0 ～ 5.0 mm^2 尘埃 /（mm^2/ 500 g），⩽	10					
大于 5.0 mm^2 尘埃 /（mm^2/ 500 g）	不应有					
水分 / %	6 ～ 10					

以某品牌婴儿纸尿裤为例，婴儿纸尿裤由许多层构成，材质包括内表面材料、吸收材料、防水材料、固定材料、伸缩材料、结合材料，其中内表面材料主要是聚烯烃、聚酯无纺布，吸收材料主要是吸水纸、绒毛浆、高分子吸水材料（微珠）。

因此，绒毛浆和无纺布是生产纸尿裤等卫生用品的主要原料。国内某企业卫生巾生产工艺流程示意图见图 10。

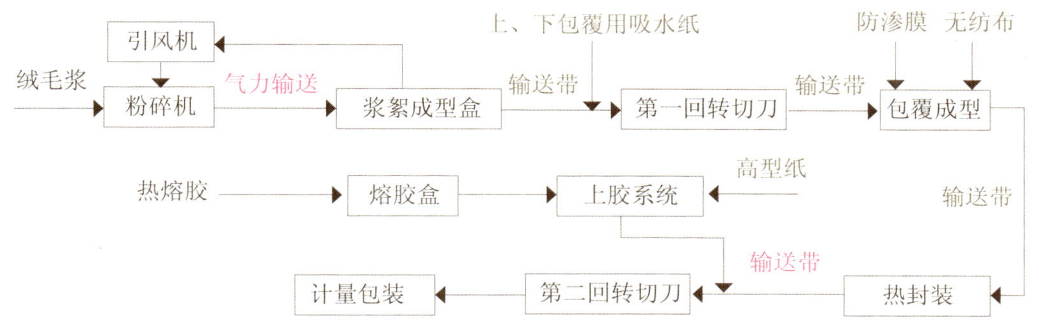

图 10　卫生巾生产工艺流程示意图

样品的绒毛外观形态与从国内某品牌纸尿裤中分离出的绒毛浆外观形态相似，两者对比见图 11；在样品中发现了类似于卫生用品所用的片状塑料物质和无纺布（图 3、图 8、图 9），占 2% ～ 2.5%；依据 GB/T 4688—2002 染色机理及显微镜分析，样品大部分为漂白针叶木浆纤维，与一次性卫生用品使用针叶木浆为主相符合。在一次性卫生用品的生产过程中，会有不合格品产生，企业除了最大限度地避免外，还应采取再回收利用绒毛浆的措施[2]。同时，澳大利亚、美国等发达国家一次性卫生用品的使用量非常大，澳大利亚每年使用纸尿裤超过 8 亿片，Knowaste 公司的处理装置可以对纸尿裤的主要成分（绒毛浆和塑料）进行消毒，并回收这些成分[3]；通过互联网搜索，发现美国在 20 世纪 90 年代初，年产生 160 亿～ 200 亿片一次性纸尿裤，占废物流的 2%，因为 99.55% 的父母使用它；也有回收一次性纸尿裤的工艺设备，分离消毒处理后的塑料和纸浆并作为再生原料出售[4]。通过咨询行业专家，样品是回收的绒毛浆，其经过了切割粉碎，纤维被再次破坏并受到污染，质量难以保证，品牌企业一般不会再用于一次性卫生用品的生产。总之，判断样品是来自一次性卫生用品生产过程或使用后的回收绒毛浆。

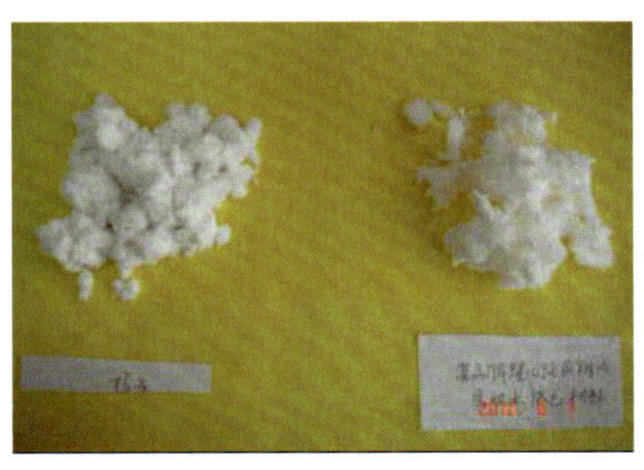

图 11　样品（左）与某品牌纸尿裤内填物（右）的对比

（2）固体废物属性分析

《绒毛浆》（GB/T 21331—2008）标准规定绒毛浆板不应有肉眼可见的金属杂质、沙粒等异物，并无明显的纤维束和尘埃。而样品中含有较多的杂质，并明显有纤维束或团块，不符合该标准要求。

将样品与有关木浆、竹浆、苇浆、废纸浆的标准进行比较后可知：样品中的杂质明显超过这些标准中规定的尘埃度或杂质的要求，其耐破指数也明显不符合这些标准，见表 4，表明样品不能直接用于生产造纸。

表 4　国内一些造纸纸浆质量标准中部分指标要求

序号	标准名称	指标		
		亮度 / %	耐破指数 / （kPa · m^2/g）	尘埃度 / （mm^2/500 g）
		不小于	不小于	不应有
1	《漂白苇浆》（GB/T 3148—2008）	74	—	>5.0 mm^2 的大尘埃，斑点，铁锈，塑料片等物
2	《漂白亚硫酸盐木浆》（GB/T 13506—2008）	82	1.50	>5.0 mm^2 的大尘埃，斑点、铁锈、树脂块
3	《漂白硫酸盐木浆》（QB/T 1678—2007）	72	2.50	>5.0 mm^2 的尘埃
4	《漂白硫酸盐竹浆》（QB/T 2608—2003）	75	3.5	>4.0 mm^2 尘埃
5	《未漂白硫酸盐针叶木浆》（QB/T 1679—1993）	—	4.5	>5.0 mm^2 的杂质
6	《废纸浆》（征求意见稿）	55	2.00	>5.0 mm^2 的杂质

注：亮度和耐破指数选取的是指标要求的最小值。

《卫生巾（含卫生护垫）》（GB/T 8939—2008）明确规定：“卫生巾（含卫生护垫）不应使用废弃回用的原材料，产品应洁净、无污物、无破损”，如果企业将这类物品用于纸尿裤、卫生巾等产品的生产，其卫生指标容易不满足《一次性使用卫生用品卫生标准》（GB 15979—2002）的要求。

样品属于回收的绒毛浆，在回收过程中经过了再次切割打碎，使纤维变得很短、很碎，且分布不均一，不能与绒毛浆原浆纤维相比，一次性卫生用品品牌企业不可能将其用做生产原料。

上述分析表明，样品是“不符合标准或规范的产品”，不能用于一次性卫生用品的原用途；样品不能“直接返回到原生产过程或返回到其产生过程”；样品不能直接用做造纸的原料，使用前必须经过分离处理。依据《固体废物鉴别导则（试行）》的原则，判断样品属于固体废物，为绒毛浆废物。

2009 年环境保护部、商务部、国家发展和改革委员会、海关总署、国家质检总局公布了第 36 号公告，该公告的《限制进口类可用作原料的固体废物目录》《自动许可进口类可用作原料的固体废物目录》中均没有包含样品类废物，因此，样品属于目前禁止进口的固体废物。

4 结论

样品为回收的绒毛浆，来自一次性卫生用品生产过程或使用后的回收过程，属于禁止进口的固体废物。

参考文献

[1] 周仕强 . 非木材纤维绒毛浆 [J]. 四川造纸 ,1994(3):107-114.

[2] 崔成乐 . 卫生巾生产过程若干问题的探讨 [J]. 北方造纸 ,1995(2):33.

[3] 纸尿裤在澳大利亚得到回收利用 [N]. 中国纺织报 ,2005-12-09.

[4]www.nickisdiapers.com.

21. 回收废喷涂粉

1 背景

2010 年 1 月，固体废物研究所对某公司申报进口的“再生喷涂粉”货物样品进行废物属性鉴别，需要确定是否属于国家禁止进口的固体废物。在实验分析、咨询专家和查阅相关资料的基础上编写鉴别报告。

2 样品特征及物质特性分析

（1）样品为 6 个，将其分别编为 1 ～ 6 号，其中 1 ～ 3 号为黑色粉末，4 号为深绿色粉末，5 号为浅土黄色粉末，6 号为浅灰色粉末。使用孔径为 0.03 mm 的标准筛，样品过筛率各不相同，表明样品粉末粒度有差别，数据见表 1；105℃烘干后样品熔化，烘干和灼烧后的情况见表 1，初步表明样品含有机树脂类物质和无机成分，样品外观形态见图 1 ～图 6。

图 1　1 号样品

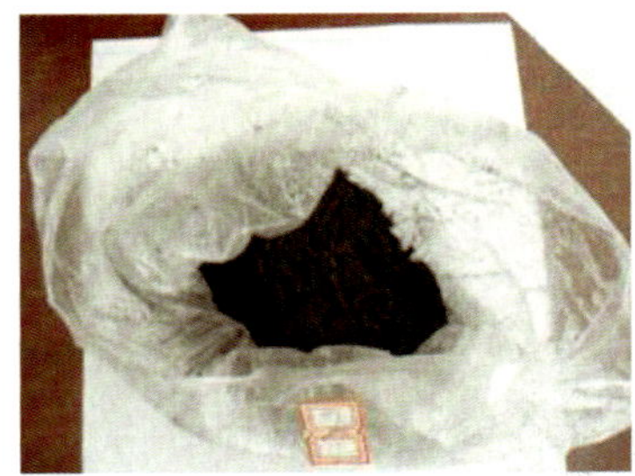
图 2　2 号样品

图 3　3 号样品

图 4　4 号样品

图 5　5 号样品

图 6　6 号样品

表 1　样品基本情况

单位：%

样品		1 号	2 号	3 号	4 号	5 号	6 号
通过孔径为 0.03 mm 的标准筛的过筛率		60	55	55	40	50	50
105℃烘干	含水率	0.32	0.36	0.32	0.36	0.36	0.44
	烘后状态	熔化，黑色亮块	熔化，黑色亮块	熔化，黑色亮块	熔化，绿色亮块	熔化，土黄色亮块	熔化，灰色亮块
550℃灼烧	烧失量	67.4	68.2	67.5	66.2	60.8	63.6
	烧后状态	浅灰色粉末	浅灰色粉末	浅灰色粉末	褐色粉末	橙红色粉末	乳黄色粉末

（2）对样品进行有机物红外光谱分析，从红外光谱图可看出有 C-H，-OH，C=O，C-O 和苯环特征吸收峰，六个样品谱图基本一致，符合聚酯和环氧树脂类的特征吸收。谱图见图 7 ～图 12。

样品在空气气氛下从室温以 20℃ /min 升温到 1 300℃，获得热失重谱图。结果表明在 400 ～ 550℃和 750℃分别出现两段失重，判断第一段为有机物失重，第二段为无机物失重，失重比例见表 2。表明六个粉末样品的有机物组成和含量都基本一致，属于聚酯和环氧树脂类。

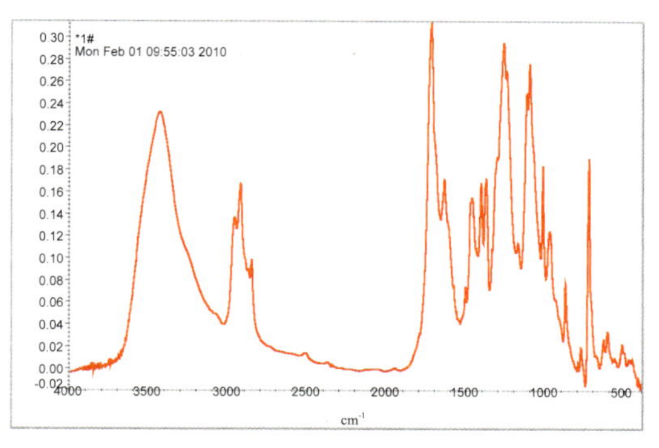

图 7　1 号样品红外光谱图

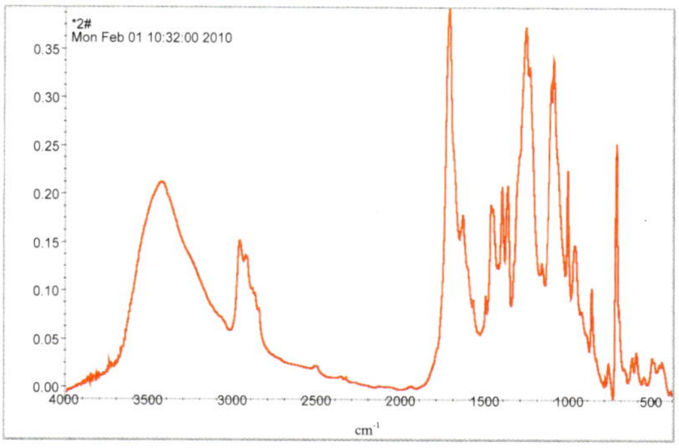

图 8　2 号样品红外光谱图

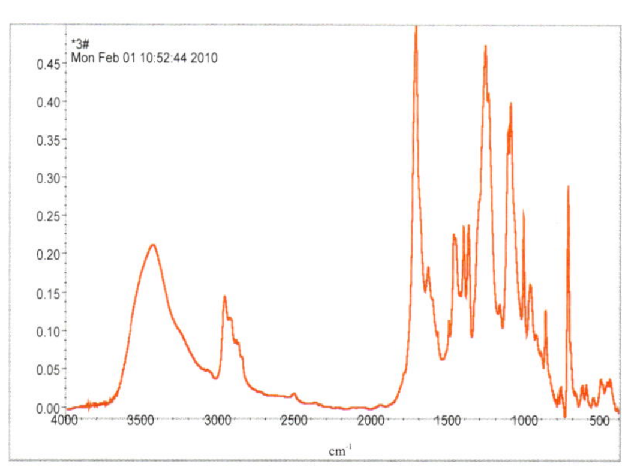

图 9　3 号样品红外光谱图

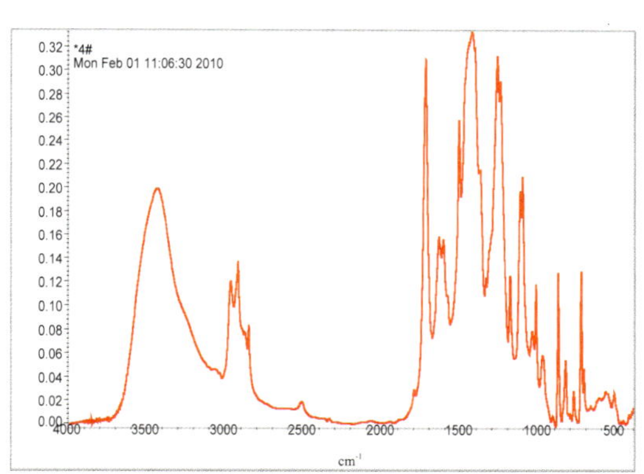

图 10　4 号样品红外光谱图

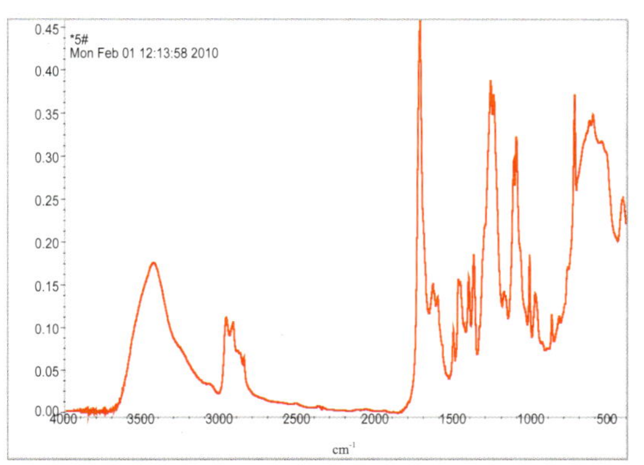

图 11　5 号样品红外光谱图

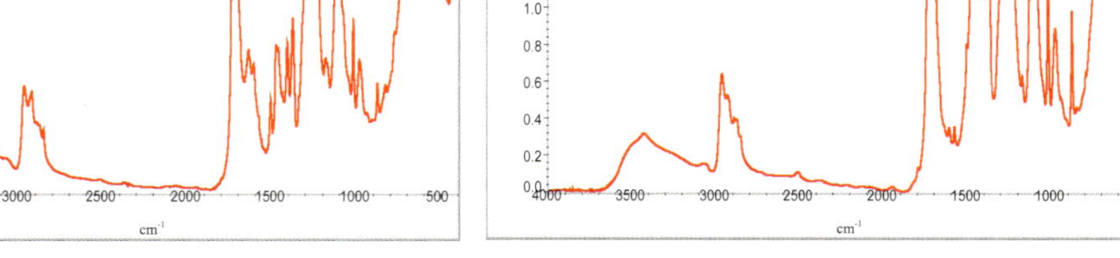

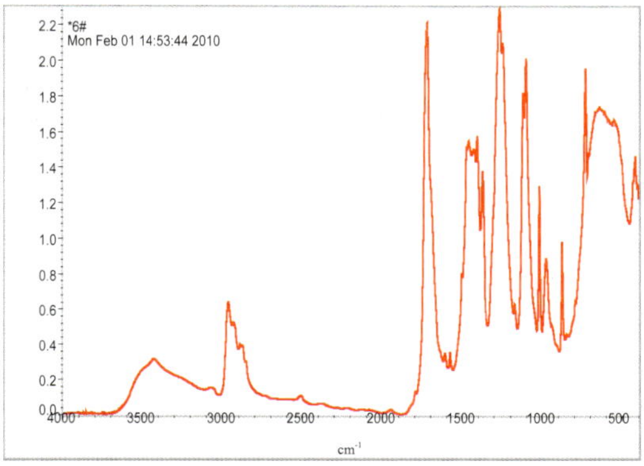

图 12　6 号样品红外光谱图

表 2　样品失重温度与失重比例

单位：%

样品	400 ～ 550℃失重	750℃失重	总失重
1 号	68.78	6.50	75.73
2 号	69.24	6.48	75.34
3 号	67.85	7.06	75.32
4 号	67.65	13.47	81.07
5 号	61.10	2.21	63.40
6 号	64.41	5.59	69.97

（3）采用 X 射线荧光光谱仪分析样品灼烧后的组成，结果表明样品中含有大量的 Ca、Ba、Si、Ti 等无机成分，见表 3。

表 3　主要成分及含量（除 Cl、Br 以外，其他元素均以氧化物计）

单位：%

样品	CaO	BaO	SiO_2	TiO_2	SO_3	Al_2O_3	Fe_2O_3	MgO	SrO	Na_2O
1 号	43.32	22.83	14.20	10.05	5.52	1.62	0.99	0.42	0.39	0.16
2 号	46.62	21.81	15.14	7.57	5.08	1.58	0.76	0.46	0.37	0.13
3 号	48.03	18.79	16.16	8.72	4.13	1.56	0.85	0.49	0.32	0.13
4 号	73.87	0.97	1.14	6.88	0.24	2.10	12.99	0.34	0.06	—
5 号	7.00	12.22	0.73	61.91	2.88	9.29	4.29	0.08	0.24	0.07
6 号	19.93	—	1.06	75.25	0.03	2.65	0.85	0.06	—	—
样品	K_2O	P_2O_5	SnO_2	ZnO	Cr_2O_3	CuO	Cl	Br	MnO	ZrO_2
1 号	0.10	0.09	0.09	0.07	0.07	0.04	0.03	0.01	—	—
2 号	0.10	0.10	0.07	0.07	0.04	0.04	0.04	0.01	—	—
3 号	0.10	0.10	0.43	0.05	—	0.03	0.03	0.01	0.07	—
4 号	0.11	0.01	0.05	—	—	0.40	0.76	0.05	0.04	—
5 号	—	0.16	0.65	0.08	0.10	—	0.03	—	—	0.22
6 号	0.02	0.03	0.06	—	—	—	0.05	—	—	—

（4）粉末涂料品质分析

将样品进行粉末涂料品质分析，结果表明样品不满足《热固性粉末涂料》(HG/T 2006—2006) 要求，见表 4。

表 4　粉末样品分析结果

单位：%

标准：HG/T 2006—2006			实验涂装设备：高压静电喷枪					
项目	检验方法	检验标准	1 号	2 号	3 号	4 号	5 号	6 号
漆膜外观	目测	外观正常	平滑	平滑	平滑	有杂色	有杂色	有杂色
固化条件 /（min/℃）	商定	15/180±2	15/180±2					
漆膜厚度 /μm	GB1746—79	60 ～ 80	51 ～ 58	52 ～ 57	71 ～ 73	24 ～ 25	36 ～ 38	40 ～ 52
光泽度 60°　/%	GB 9754—88	依样品	48	51	55	50	16	86
冲击强度 /（kg · cm）	GB/T 1732—93	≥ 40	40 未通过	40 未通过	40 未通过	40 未通过	50 通过	40 未通过
结论			不合格	不合格	不合格	不合格	不合格	不合格

3 样品物质属性鉴别分析

（1）产生来源分析

粉末涂料是一种新型的不含溶剂、100% 固体粉末状涂料。具有不用溶剂、无污染、节省能源和资源、减轻劳动强度和涂膜机械强度高等特点。涂料由特制树脂、颜填料、固化剂及其他助剂，以一定的比例混合，再通过热挤塑和粉碎过筛等工艺制备而成。它们在常温下，贮存稳定；经静电喷涂、摩擦喷涂（热固方法）或流化床浸涂（热塑方法），再加热烘烤熔融固化，使其形成平整光亮的永久性涂膜，达到装饰和防腐蚀的目的。

粉末喷涂施工工艺及要求：粉末静电喷涂是利用高压静电电晕电场的原理。在喷枪头部金属导流杆上接上高压负极，被喷涂工件接地形成正极，使喷枪和工件之间形成一个较强的静电电场。当作为运载气体的压缩空气，将粉末涂料从供粉桶经粉管送到喷枪的导流杆时，由于导流杆接上高压负极产生的电晕放电，在其附近产生了密集的负电荷，使粉末带上负电荷，并进入了电场强度很高的静电场，在静电力和运载气体的双重作用下，粉末均匀地飞向接地工件表面形成厚薄均匀的粉层，再加热固化转化为耐久的涂膜。

样品的形态为非常细的各色粉末，符合粉末涂料的特征；长期以来沉淀 $BaSO_4$ 一直作为涂料和塑料的填料使用，用于高固体粉末涂料、水性涂料、导电涂料、汽车涂料等 [1]，成分分析表明含有钡和硫，说明样品中可能含有 $BaSO_4$；105℃下烘干粉末样品成熔融态以及有机物分析表明样品含有聚酯和环氧树脂类，与粉末涂料含有特制树脂有关；通过咨询行业专家，样品应是从静电喷涂回收系统中回收的超细回收粉，判断样品属于粉末涂料的不合格品。

总之，判断样品均为来自喷涂粉末系统回收的不合格品。

（2）固体废物属性分析

样品均是“生产过程中产生的废弃物质、报废产品”，也是“生产过程中产生的残余物或原材料加工产生的残渣”；它们“不是有意产生的，因而没有质量控制，不满足相关的规范或标准”；进口这种粉末物质由于颜色很深以及品质不稳定等原因，其使用价值、范围、方式都受到了限制，不能直接用做粉末涂料，须经过筛选除去杂物后，按一定比例与新粉混合使用。因此，依据《固体废物鉴别导则（试行）》的原则，判断样品属于固体废物，属于废粉末涂料。

2009 年 8 月 1 日，环境保护部、商务部、国家发改委、海关总署、国家质检总局发布的第 36 号公告中的《限制进口类可用作原料的固体废物目录》和《自动许可进口类可用作原料的固体废物目录》中均没有列出粉末涂料废物及类似废物，而在《禁止进口固体废物目录》中序号 83 中明确列出了“废弃涂料”，样品应归入这类废物，属于目前我国禁止进口的固体废物。

4 结论

样品是粉末涂料废物，属于禁止进口的固体废物。

参考文献

[1] 不仅仅是填料的沉淀硫酸钡 [J]. 涂料技术与文摘 ,2005,26(5):6.

22. 浓缩糖蜜发酵液

1 背景

2011 年 10 月，固体废物研究所对某公司申报进口的“浓缩糖蜜发酵液”货物样品进行废物属性鉴别，需要确定是否为国家禁止进口的固体废物。在实验分析、咨询专家和查找相关资料的基础上编写鉴别报告。

2 样品特征及物质特性分析

（1）样品为棕褐色黏稠状液体，具有较浓的红糖气味，溶于水。测定样品含水率为 39%，烘干的样品 550℃灼烧后的烧失率为 75%，样品的比重约为 1.26。样品外观特征见图 1。

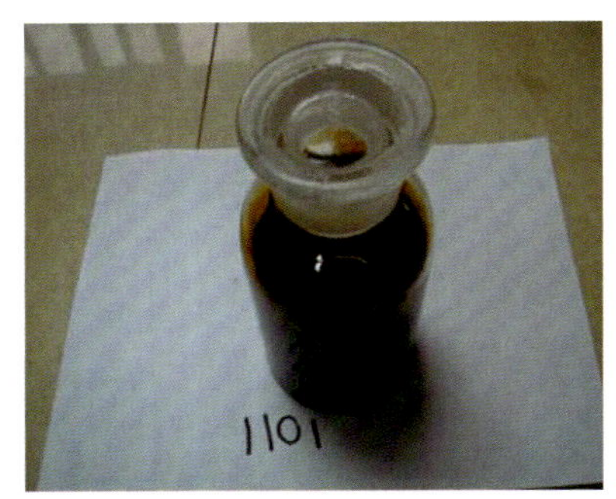

图 1 样品（玻璃瓶中液体）

图 2 糖蜜（玻璃杯中液体）

（2）样品明显为有机物含量较高的溶液，因此，采用化学需氧量速测仪测定样品的 COD 质量浓度，结果见表 1。

表 1 样品 COD 质量浓度

单位：mg/L

平行样	样品稀释 1 000 倍的测定 COD 质量浓度	样品 COD 质量浓度
1	338.9	338 900
2	346.7	346 700

（3）样品颜色和气味与糖蜜相似，因此，按照《甘蔗糖蜜》（QB/T 2684—2005）分析样品的糖分、纯度、酸度、总灰分等指标，结果见表 2。

表 2 样品指标分析与糖蜜标准指标对比

检测项目	实测值	QB/T 2684 标准限值
总糖分（蔗糖分 + 还原糖分）/ %	6.57	⩾ 48.0
纯度（总糖分 / 折射锤度） %	9.88	⩾ 60.0
酸度	24	⩽ 15
总灰分（硫酸灰）/ %	13.8	⩽ 12.0

（4）采用X射线荧光光谱仪对样品550℃灼烧后的残渣进行分析，结果表明主要含有Cl、K、Na、Ca、S、Si、P等，见表3。

表3 样品灼烧残渣的成分及含量（除Cl、Br以外，其他元素均以氧化物计）

单位：%

成分	Cl	K_2O	Na_2O	CaO	MgO	SO_3	SiO_2
含量	39.63	27.45	16.74	6.90	3.24	2.00	1.54
成分	P_2O_5	Fe_2O_3	Al_2O_3	TiO_2	MnO	Br	PbO
含量	1.24	0.78	0.18	0.15	0.06	0.05	0.03

3 样品物质属性鉴别分析

（1）产生来源分析

①糖蜜

委托鉴别样品报关名称为“浓缩糖蜜发酵液”，而且样品外观是浓稠的棕色液体，与糖蜜外观相似，图2是糖蜜的图片，显然样品与糖蜜有关。

糖蜜分为甘蔗糖蜜和其他糖蜜，甘蔗糖蜜是在制糖工业将压榨出的甘蔗汁液，经加热、中和、沉淀、过滤、浓缩、结晶等工序后分离出来的浓稠母液，俗称橘水，也称为废糖蜜。

按照《甘蔗糖蜜》（QB/T 2684—2005）标准测定样品的糖分、纯度、酸度、总灰分等指标，结果见表2，其中糖分和纯度远低于标准的要求，酸度和总灰分含量超过糖蜜标准规定限值要求。因此，判断样品不是糖蜜（废糖蜜）。

②浓缩糖蜜发酵液

糖蜜含糖量较高，因其本身就含有相当数量的可发酵性糖，是大规模工业生产酒精、味精和酵母的良好原料，也可作为肥料和饲料的原料。

糖蜜生产酒精过程中，经发酵后的废液在初馏塔蒸馏出酒精后产生废水，该废水COD质量浓度可达到80 000～120 000 mg/L，BOD_5质量浓度可达到40 000～60 000 mg/L，固形物含量较高，属于高浓度有机废水。这种废水不能直接排放也不宜直接进入污水处理设施处理，应采取综合治理的方法进行蒸发浓缩处理，立足于回收废水中的固形物。废水在蒸发器中浓缩，一方面形成可循环利用的或排放的冷凝水，另一方面形成浓浆，浓浆可制成饲料、肥料、水泥减水剂等[1]，该浓浆可称为浓缩糖蜜发酵液。

利用糖蜜生产酵母粉的过程中同样要产生大量的分离废液，图3是国内某企业利用糖蜜生产酵母的工艺原理示意图[2]。

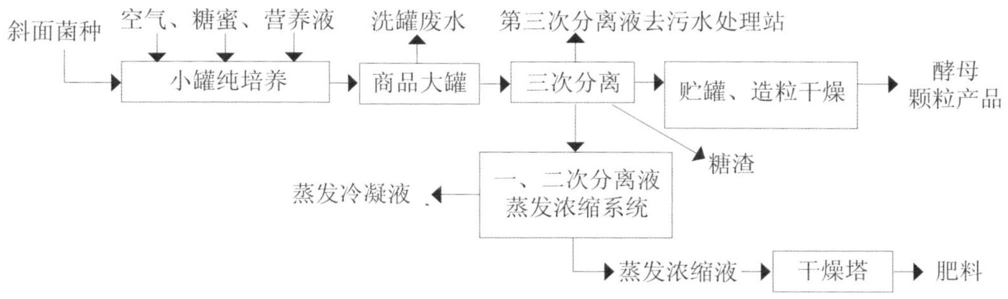

图3 国内某企业利用糖蜜生产酵母的工艺原理示意图

图 3 中第一次分离液 COD 质量浓度可达到 60 000 mg/L，第二次分离液 COD 质量浓度可达到 18 000 mg/L，第三次分离液 COD 质量浓度可显著降到 1 200 ～ 2 000 mg/L。流程图中的一、二次分离废水蒸发浓缩系统出来的浓浆为蒸发浓缩液，也可称为浓缩糖蜜发酵液，其 COD 质量浓度可达到 250 000 ～ 300 000 mg/L。浓缩糖蜜发酵液在该企业用做生产肥料，由于干燥后的颗粒含有较高的胶体物质，并不能直接用做肥料，但可作为肥料的为掺混原料。

资料表明[3]：浓缩糖蜜发酵液的比重为 1.25，流动性好、无黏性，总氮（TN）含量为 3.0%，总磷（TP）含量为 0.08%，K_2O 含量为 6.0%，氨基酸含量为 5.0%，粗蛋白含量为 10.0%，矿物质元素（Ca、Mg、Na、Cu、Mn、Zn、Se 等）含量为 19.84%，有机质含量为 30.0%。

样品具有红糖气味，为棕褐色，易流动，比重为 1.26，这些物理特征与浓缩糖蜜发酵液的特征相符合；通过对样品的实验数据换算得出：样品的有机物含量为 27% ～ 30%、K_2O 约为 4.2%、磷约为 0.09%，与浓缩糖蜜发酵液的物质组分特征相符合；样品灼烧后的灰分中含有较高的氯，可能与发酵生产中加入的氯盐有关，对国内糖蜜生产干酵母的企业调研可知，生产中需要加入 H_2SO_4、NaOH、NaCl、KCl 等组分；据委托单位提供的报关材料，样品来自台湾，资料表明台湾产生大量浓缩糖蜜发酵液[4]。因此，判断样品为浓缩糖蜜发酵液，来自于用糖蜜生产酵母、味素或酒精等产品中的高浓度有机废水经进一步浓缩处理的浓浆。

（2）固体废物属性分析

样品为浓缩糖蜜发酵液，来自于用糖蜜生产酵母、味素或酒精等产品过程中的高浓度有机废水经进一步浓缩处理的浓浆。浓缩处理高浓度废水的主要目的是为了环保要求，高浓度废水不能直接排放进入水体和污水处理设施，因此，需将这部分废水中的固形物进一步浓缩以利进一步处理利用。

样品是“污染控制设施产生的残余渣”，且国内外没有该产物作为产品的标准或规范可借鉴。依据《固体废物污染环境防治法》关于液态废物的适用原则以及《固体废物鉴别导则（试行）》的原则，判断样品属于固体废物。

根据 2009 年环境保护部、商务部等五部门发布的第 36 号公告，在该公告《限制进口类可用作原料的固体废物目录》和《自动许可进口类可用作原料的固体废物目录》中均没有包含样品类废物，而在《禁止进口固体废物目录》中则包含“其他未列名的固体废物”。因此，样品属于目前我国禁止进口的固体废物。

4 结论

样品不是糖蜜；样品是浓缩糖蜜发酵液，来自于用糖蜜生产酵母、味素或酒精等产品过程中的高浓度有机废水经进一步浓缩处理的浓浆；样品属于固体废物，属于目前我国禁止进口的固体废物。

参考文献

[1] 蒸发浓缩工艺在糖蜜酒精废水处理中的应用 .2009-12-25,www.goepo.com.

[2] 广西某有限公司年产 5 000 吨高活性酵母建设工程环境影响报告书 ,2010.

[3]http:www.topoyo.com/chemical-industry.

[4] 吴铭兴 , 吴春峰 . 新型液态饲料原料——浓缩糖蜜发酵液 (CMS) 的应用 [J]. 中国畜牧兽医文摘 ,2006(4):44.

23. 含溴化钠废水处理的浓缩液

1 背景

2011 年 10 月，固体废物研究所对某公司申报进口的“溴化钠溶液”货物样品进行固体废物属性鉴别，需要确定是否为国家禁止进口的固体废物。在实验分析和查阅相关资料的基础上编写鉴别报告。

2 样品特征及物质特性分析

（1）样品为淡黄色透明液体，具有刺鼻气味，测定密度为 1.42 g/cm^3，pH 值为 3.42，样品外观形态见图 1。

（2）采用气相色谱质谱仪全扫描的方法对样品中的有机组分进行定性分析，主要含有的物质有 *N,N*- 二甲基苄胺、1,3,5- 三噻烷、硫氰酸苄酯等成分复杂的有机物，结果见表 1。

表 1　样品中有机物组分定性分析

定性化合物名称	保留时间 /min	分子式	CAS 号
苯甲醇	4.039	C_7H_8O	100-51-6
N,N- 二甲基苄胺	4.245	$C_9H_{13}N$	103-83-3
1,2,4- 三硫环戊烷	4.954	$C_2H_4S_3$	289-16-7
六硫杂环庚烷	6.304	CH_2S_6	17233-71-5
二硫氰基甲烷	6.947	$C_3H_2N_2S_2$	6317-18-6
1,3,5- 三噻烷	7.764	$C_3H_6S_3$	291-21-4
硫氰酸苄酯	7.995	C_8H_7NS	3012-37-1
四硫杂环己烷	8.354	$C_2H_4S_4$	291-22-5
十四甲基环七硅氧烷	9.32	$C_{14}H_{42}O_7Si_7$	107-50-6
甲基甲烷硫代磺酸盐	9.614	$C_2H_6OS_2$	13882-12-7
3,4,5,6- 四甲基辛烷	9.844	$C_{12}H_{26}$	62185-21-1
1,2,4,6- 四硫杂环庚烷	10.476	$C_3H_6S_4$	292-45-5
1,3,5,7,9- 五硫杂环癸烷	11.141	$C_5H_{10}S_5$	2372-99-8
1,2,5- 噻二唑 -3,4- 二羧酸	11.216	$C_4H_2N_2O_4S$	3762-94-5
十六甲基环八硅氧烷	11.29	$C_{16}H_{48}O_8Si_8$	556-68-3
香菇素	11.899	$C_2H_4S_5$	292-46-6
1,3,4- 噁二唑	12.208	$C_2H_2N_2O$	288-99-3
甲基异戊基醚	13.377	$C_6H_{14}O$	626-91-5
D 型低聚木糖抗坏血酸	17.084	$C_6H_8O_6$	10504-35-5
十四甲基六硅氧烷	17.166	$C_{14}H_{42}O_5Si_6$	107-52-8
2-(4- 氯丁氧基) 四氢 -2H- 吡喃	18.132	$C_9H_{17}ClO_2$	41302-05-0
1- 戊醇 ,5- 环亚丙基	18.496	$C_8H_{14}O$	162377-97-1
苯丙醛	19.138	$C_9H_{10}O$	104-53-0

（3）样品蒸发结晶物的组分分析

取适量样品置于烧杯中，并置于电热板上蒸发结晶，所得固体样占原样的 41%。将蒸发得到的固体样称量后置于 550℃马弗炉中灼烧，测得烧失率为 5.5%。

采用 *x* 射线荧光光谱仪对样品蒸发结晶物的组分进行分析，结果见表 2。

表 2　样品蒸发结晶固体的组分（除 Br、Cl 以外，其他元素以氧化物计）

单位：%

成分	Br	Na_2O	SO_3	Cl	Al_2O_3	SiO_2	Fe_2O_3
蒸发结晶物	58.94	22.92	9.61	4.75	3.60	0.13	0.06

采用 X 射线衍射分析仪对蒸发结晶物进行物相结构分析，含有 NaBr、$NaBr_{0.67}Cl_{0.33}$、S、NO_2、$AlCl_3$，衍射谱图见图 2。

图 1　样品（瓶中液体）

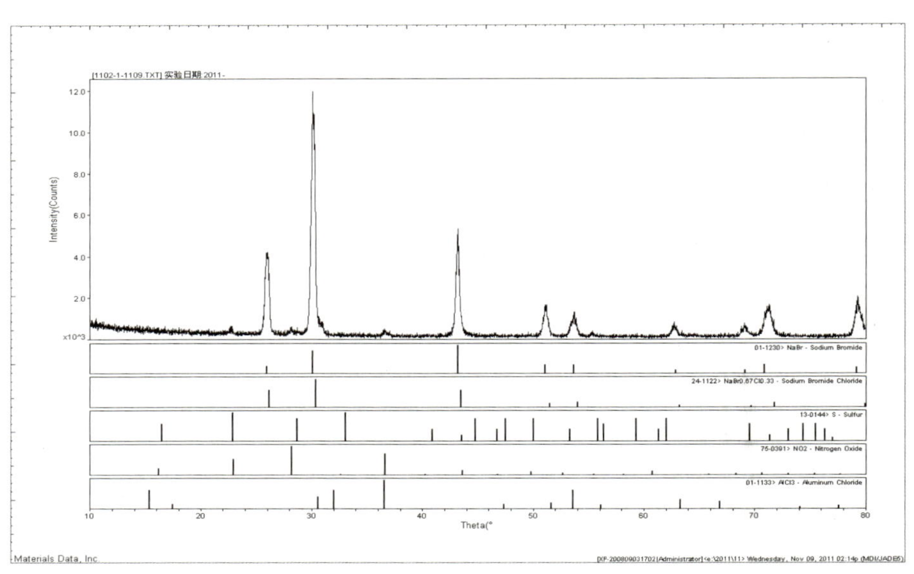

图 2　样品衍射谱图

3 样品物质属性鉴别分析

（1）产生来源分析

①工业溴化钠

NaBr 为无色立方晶体或白色颗粒粉末。相对密度 3.21，熔点 747℃，沸点 1 390℃。无臭味，味咸而稍苦，易吸收空气中水分。微溶于醇。水溶液呈中性，有导电性[1]。NaBr 主要用于医药镇静剂，感光胶片的乳剂材料和显影抑制剂、相纸等，亦可应用于石油工业，如完井液。

生产 NaBr 有三种方法：

a. 尿素还原法[2]，该法是以溴素、纯碱和尿素为原料，经溶解、化学反应、蒸发结晶及分离脱水过程制得 NaBr 产品，反应方程式如下：

$$3Br_2 + 3Na_2CO_3 + NH_2CONH_2 = 6NaBr + 4CO_2\uparrow + N_2\uparrow + 2H_2O$$

b. 酸碱中和法；

c. 从卤水中提取溴素再与纯碱反应生成 NaBr[3]。

目前国内和国外市场上销售的工业 NaBr 产品基本为固体粉末，通过互联网搜索，尚未发现有液态 NaBr 产品销售。样品是含有 NaBr 的液体并且具有明显刺鼻气味，表明含有挥发性或半挥发性有机物；样品成分分析表明其含有一定量的 S、Cl、Al 等无机元素，样品有机组分分析则表明其含有成分非常复杂的有机物。根据物料和工艺分析，这些有机组分不应该出现在上述几种生产工业 NaBr 的工艺过程中。因此，判断样品不是工业 NaBr 产品。

②有机化工生产产生的废水浓缩液

样品为含 NaBr 的淡黄色液体，具有刺鼻的异味。经实验分析，样品中含有 *N,N*- 二甲基苄胺、1,3,5- 三噻烷、硫氰酸苄酯等有机组分，这三种有机物基本上是医药或农药中间体，因此，样品可能与某种医药或农药生产中产生的废液有关。

目前有从合成香兰素（可作为医药的中间体）新工艺中回收 NaBr 的研究[4]，也有对除草剂嗪草铜废水进行处理从而得到副产物 NaBr 的研究[5]，这两种工艺产生的废水中 NaBr 的含量在 1% ～ 6%。

国内还有从含 NaBr 废水中提取 NaBr 的研究，如从 3,4,5- 三甲氧基苯甲醛（也是用于医药的一种中间体）生产废水中回收 NaBr 的研究[6]，该废水约含有 12% 的 NaBr，经减压浓缩后含 33%NaBr，然后使用氢溴酸 (HBr) 调节至酸性，去除上层有机胶体后，使用活性炭对下层溶液进行脱色，然后干燥以去除水分，再用甲醇脱色，最后干燥得到白色至微黄色 NaBr 结晶。其工艺流程见图 3。

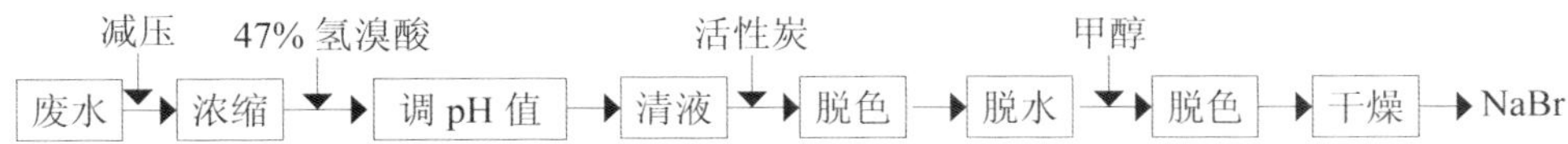

图 3　从废水中分离 NaBr 的流程示意图

根据样品中含有 41% 的固体物以及表 2 中的成分推算，样品含 NaBr 大约为 31%，因此，样品很可能是来自以医药或农药中间体为主的有机化工合成过程中产生的含 NaBr 废水处理的浓缩液，也不能排除与溴有关的其他化工产品（如十溴二苯乙烷）生产中的副产物液体。

（2）固体废物属性分析

前面分析样品不是工业 NaBr 产品，很可能是来自以医药或农药中间体为主的有机化工合成过程中产生的含 NaBr 废水处理的浓缩液，也不能排除与溴有关的其他化工产品 (如十溴二苯乙烷) 生产中的副产物液体，这些液体缺乏相关产品标准的支持依据，是生产中的废液，属于“污染控制设施产生的残余物”，其利用方式是回收其中的无机盐 NaBr。因此，依据《固体废物污染环境防治法》关于液态废物的适用原则以及《固体废物鉴别导则（试行）》的原则，判断样品属于固体废物。

根据 2009 年环境保护部、商务部、国家发展和改革委员会、海关总署、国家质量监督检验检疫总局公布的第 36 号公告，在该公告《限制进口类可用作原料的固体废物目录》和《自动许可进口类可用作原料的固体废物目录》中均没有包含样品类废物，而在《禁止进口固体废物目录》中包含“3825690000 其他化工废物”、“3825900090 其他编号未列明化工废物”，样品应归入这两类废物，属于目前我国禁止进口的固体废物。

4 结论

样品不是工业 NaBr 产品，是有机化工合成过程中产生的 NaBr 废液，属于固体废物，是目前我国禁止进口的固体废物。

参考文献

[1] 李英春 , 李祺 . 溴化合物制备手册 [M]. 北京 : 化学工业出版社 ,2008.

[2] 林军胜 . 溴化钠生产中工艺条件的控制 [J]. 海湖盐与化工 ,1994,23(3):38-39.

[3] 安莲英 , 闫树旺 , 唐明林 , 等 . 离子交换树脂法直接从卤水中制备溴化钠工艺研究 [J]. 离子交换与吸附 ,1996,12(1):73-79.

[4] 李梅 , 韩伟 , 闫光烈 . 合成香兰素新工艺中溴化钠的回收 [J]. 化学工程师 ,1998(5):53.

[5] 彭辉良 , 栾小兵 , 周斌 , 等 . 嗪草铜废水处理及副产溴化钠的回收 [J]. 医药工程设计 ,2009,30(6):17-19.

[6] 王兵 , 王红梅 , 于炳华 .3,4,5- 三甲氧基苯甲醛生产废水中回收溴化钠的工艺 [J]. 中国医药工业杂志 ,2003,34(8):377-378.

24. 废矿物油

1 背景

2010 年 9 月，固体废物研究所对某公司申报进口的“燃料油”货物样品进行固体废物属性鉴别，需要确定是否属于国家禁止进口的固体废物。在实验分析、咨询专家和查阅相关资料的基础上编写鉴别报告。

2 样品特征及物质特性分析

（1）样品外观和物理特征见图 1 和表 1。

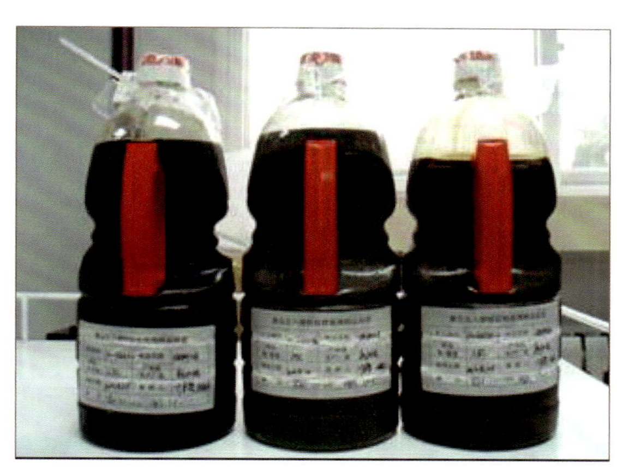

图 1　样品（塑料瓶中液体）

表 1　样品物理特征描述

<table>
<tr><th>样品</th><th>特征描述</th><th></th></tr>
<tr><td>1 号</td><td>为黑色液体，黏度小，取少量样品倒在滤纸上样品扩散速度慢，说明含水较少</td><td rowspan="3">样品气味特殊、混杂煤油味浓厚不一；用纸分别蘸取三个样品，点燃后皆有不同程度的黑烟产生</td></tr>
<tr><td>2 号</td><td>为墨绿色液体，黏度大，取少量样品倒在滤纸上样品扩散速度快且有很明显的分层现象，说明样品含水较多</td></tr>
<tr><td>3 号</td><td>为深棕色液体，黏度大，取少量样品倒在滤纸上样品扩散速度介于样品 1 和样品 2 之间，也有分层现象，说明样品也含有一定的水分</td></tr>
</table>

（2）对三个样品中的有机组分进行定性分析，分析结果见表 2。

表 2　样品有机组分的定性分析结果

样品	有机组分
1 号	1,2,3- 三甲基苯、1,2,5- 三甲基苯、戊酰胺、反(式)1,2- 二甲基环戊烷、1- 庚烯、顺(式)1,2- 二甲基环戊烷、乙二酸烯丙基十二烷酯、1,1,2,3- 四甲基环丙烷、2,3,4- 三甲基戊烷、环庚烷、2- 己烯、反(式)-1,3- 二乙基环戊烷、1- 壬醇、1- 己烯、三丁胺、m- 叔丁基苯酚、正十三烷烃、正十四烷烃、正十六烷烃、1,1- 亚乙基双苯、2,4- 双(1,1- 二甲乙基)苯酚、正二十烷烃、乙酰苯基甲苯、3,5- 二甲基十一烷烃、正十五烷烃、2,10- 二甲基十一烷烃、十六烷酸甲酯、正二十烷烃、12- 十八碳烯酸甲酯
2 号	正十烷烃、正十一烷烃、正十二烷烃、正十三烷烃、正十四烷烃、环十四烷烃、正十五烷烃、正十六烷烃、3,5- 二甲基十一烷烃、2,6- 二甲基十一烷烃、2- 甲基十六烷烃、二甲基癸烷、亚硫酸丙基十四烷酯、正二十烷烃、正十八烷烃、7- 丁基二十二烷烃、7- 己基二十烷烃
3 号	正十一烷烃、正十二烷烃、正十三烷烃、正十六烷烃、2,5- 二甲基十四烷烃、6- 甲基十五烷烃、正十五烷烃、正十八烷烃、正十四烷烃、正二十烷烃、正二十一烷烃

（3）对样品中部分化学元素进行定量分析，结果见表 3。

表 3　样品中 Ca、P、Zn 的含量

单位：mg/kg

样品	Ca	P	Zn
1 号	6	143	56
2 号	2 176	924	1 015
3 号	594	316	343

（4）对样品的物理指标进行分析，结果见表 4。

表 4　　样品物理指标分析结果

<table>
<tr><th>序号</th><th>项目</th><th>试验方法</th><th>1 号样品</th><th>2 号样品</th><th>3 号样品</th></tr>
<tr><td>1</td><td>运动黏度（40℃）/（mm^2/s）</td><td>GB/T 265</td><td>4.345</td><td>45.33</td><td>38.00</td></tr>
<tr><td>2</td><td>运动黏度（100℃）/（mm^2/s）</td><td>GB/T 265</td><td>—</td><td>7.651</td><td>8.092</td></tr>
<tr><td>3</td><td>灰分 / %</td><td>GB/T 508</td><td>0.464</td><td>0.814</td><td>0.353</td></tr>
<tr><td>4</td><td>水分 / %</td><td>GB/T 260</td><td>0.50</td><td>4.00</td><td>2.00</td></tr>
<tr><td>5</td><td>闪点（闭口）/℃</td><td>GB/T 261</td><td>32.5</td><td>＞ 90</td><td>＞ 90</td></tr>
<tr><td>6</td><td>S 含量 / %</td><td>GB/T 17040</td><td>0.1661</td><td>0.4552</td><td>0.681</td></tr>
<tr><td>7</td><td>机械杂质 /%</td><td>GB/T 511</td><td>0.0306</td><td>0.1130</td><td>0.1496</td></tr>
<tr><td>8</td><td>酸值</td><td>GB/T 264</td><td colspan="3">滴定仪找不到突跃点，改变样品量也如此，原因不详</td></tr>
<tr><td rowspan="5">9</td><td>馏程初馏点</td><td rowspan="5">GB/T 255</td><td>95.5</td><td rowspan="5">水分大，样品黏度大，馏程无法分析</td><td rowspan="5">水分大，样品黏度大，馏程无法分析</td></tr>
<tr><td>10% 馏出温度 / ℃</td><td>147.5</td></tr>
<tr><td>50% 馏出温度 / ℃</td><td>245.5</td></tr>
<tr><td>90% 馏出温度 / ℃</td><td>337.0</td></tr>
<tr><td>干点 / ℃</td><td>360.5</td></tr>
</table>

3 样品物质属性鉴别分析

（1）产生来源分析

①石油原油

石油通常是一种流动或半流动状的黏稠液体。大部分石油是黑色，也有暗绿或暗褐色，少数显赤褐、浅黄色，甚至无色。石油主要由C、H两种元素组成，其中C含量为83%～87%，H含量为11%～14%，两者合计为95%～99%。此外，石油中还含有S、N、O，这些非C、H元素含量一般为1%～4%，但也有例外。石油中除含有C、H、S、N、O几种元素外，还有微量的金属元素和其他非金属元素，如V、Ni、Fe、Cu、As、Cl、P、Si等，它们的含量非常少，常以百万分之几计（mg/kg）。石油主要由各种不同的烃类组成，主要是烷烃、环烷烃和芳香烃这三种。天然石油中一般不含烯烃、炔烃等不饱和烃，烯烃主要存在于石油的二次加工产物中[1]。

石油原油是一种成分复杂的混合物，它混杂着C_1～C_{40}所有的烃类物质。样品有机组分定性分析表明，1号样品中的有机物质较复杂，不仅含有各种烃类，还含有烯烃、酯类、醇类等物质，而天然石油中一般不含有烯烃、炔烃等不饱和烃类物质，因此，1号样品不是石油原油；2号样品中以烷烃（C_{10}～C_{20}）及烷烃异构体为主、少量酯类，3号样品为烷烃（C_{11}～C_{21}）和烷烃异构体，其中的有机物只是石油所含物质成分中的一小部分，所以2号和3号样品也不是原油。

②石油分馏产品

我国对汽油、柴油、煤油等石油产品均颁布了相应的产品标准，对产品的技术要求提出了明确的规定，具体内容见表5。

表5　车用汽油、车用柴油、煤油产品的技术要求

项目	车用汽油（Ⅱ）	车用柴油（5号～50号）	煤油
运动黏度（40℃）/（mm^2/s）	—	—	1.0～1.9
运动黏度（100℃）/（mm^2/s）	—	—	—
灰分/%，≤	—	0.01	—
水分/%	无	痕迹	无
闪点（闭口）/℃	—	不高于45	不低于38
S含量/%，≤	0.05	0.035	0.10
机械杂质	无	无	无
10%蒸发温度/℃，不高于	70	—	205
50%蒸发温度/℃，不高于	120	300	—
90%蒸发温度/℃，不高于	190	355	—
干点/℃	205	—	300
标准	GB 17930—2006	GB 19147—2009	GB 253—2008

根据表4的结果，三个样品的水分、硫含量、机械杂质均不满足《车用汽油》（GB 17930—2006）、《车用柴油》（GB 19147—2009）、《煤油》（GB 253—2008）产品标准的技术要求，其他实验指标也不同程度不满足标准要求。没有使用过的汽油、柴油是透明液体；纯品煤油是无色透明液体，含有杂质时呈淡黄色，略有臭味，燃烧完全，不冒黑烟。三个样品均

为深色不透明液体，燃烧后都冒黑烟。因此，样品不是单一的汽油、柴油、煤油产品。

燃料油（又称重油）主要用做船舶锅炉、冶金炉、加热炉和其他工业炉燃料，一般是由直馏渣油和裂化残油等制成，所以燃料油的组成特点是含有大量的非烃化合物，胶质、沥青质多，而且黏度大，表 6 是国产重油的质量指标[1]。重油呈暗黑色液体，主要是 C_{20} ~ C_{40} 的烃类物质，经减压分馏后会有多种产品多种用途，如重柴油、润滑油、凡士林、石蜡、沥青和石油焦等产品。三个样品所含烃类物质大都是含碳量低于 C_{20} 的有机物，样品灰分、水分等指标也不同程度地不满足表 6 的国产重油指标。因此，样品不是燃料油。

表 6　重油（燃料油）质量要求

项目	20 号	60 号	100 号	200 号
恩氏黏度 / ^{0}E	—	—	—	—
80℃，不大于	5.0	11.0	15.0	—
闪点（开口）/ ℃，不低于	80	100	120	130
凝点℃，不高于	15	20	25	36
灰分 / %，不大于	0.3	0.3	0.3	0.3
水分 /%，不大于	1.0	1.5	2.0	2.0
S 含量 /%，不大于	1.0	1.5	2.0	3.0
机械杂质 / %，不大于	1.5	2.0	2.5	2.5

③回收废油混合物

我国颁布的《废润滑油回收与再生利用技术导则》（GB/T 17145—1997）中规定了废油的分类，共分为四类：废内燃机油；废齿轮油；废液压油；废专用油（包括废变压器油、废压缩机油、废汽轮机油、该热处理油等）。表 7 列出了 10 个废油样品的理化性质[2]，表中样品编号 1465 ～ 1487 为废汽油机油，编号 1493 是工业润滑油。

表 3 和表 4 中有的实验结果与表 7 的废油样品部分分析指标相符合，判断 2 号和 3 号样品是废润滑油，而 1 号样品不是废润滑油，但通过咨询废油回收方面的专家，三个样品污染严重、水分和机械杂质超标，不应是从机器中排出的废油，很可能是污油池中撇出的回收油。

总之，由于油品和废油来源及种类非常复杂，在现有证据情况下，判断样品均是回收废油的混合物，品质较差。

表 7　10 个废油样品的理化性质

样品编号	运动黏度（99℃）/（mm^2/s）	水分 / %	灰分 / %	倾点 / ℃	S/ %	Ca/（mg/kg）	P/（mg/kg）	Zn/（mg/kg）
1465	9.78	2.8	1.47	-37	0.39	1 775	1 080	1 201
1469	9.38	4.0	0.95	-37	0.44	1 260	740	639
1471	8.97	5.3	1.18	-43	0.42	1 315	782	1 023
1473	11.04	3.7	1.71	-35	0.45	1 675	1 138	1 316
1474	13.42	13.7	1.51	-35	0.34	1 295	1 074	1 151
1480	10.86	15.5	0.99	-43	0.46	1 431	764	860
1481	10.32	4.2	1.38	-40	0.53	1 358	1 015	1 233
1485	10.62	8.3	1.39	-40	0.44	1 704	996	1 140
1487	26.54	7.0	1.66	-35	0.44	2 225	1 393	2 500
1493	10.00	8.8	0.70	-29	0.37	3 986	81	80

（2）固体废物属性分析

样品是回收废油的混合物，这种废油混合物属于“污染控制设施产生的残余物”、“不再好用的物质”，回收利用其中的有机物属于“有机物质的回收 / 再生”或“用过的油的再提炼”。依据《固体废物污染环境防治法》关于液态废物的适用原则以及《固体废物鉴别导则（试行）》的原则，判断样品属于固体废物。

2009 年 8 月 1 日，环境保护部、商务部、国家发改委、海关总署、国家质检总局发布的第 36 号公告中的《自动许可进口类可用作原料的固体废物目录》和《限制进口类可用作原料的固体废物目录》中均没有列出“回收的废油混合物”的物品；该公告《禁止进口固体废物目录》中包括“2710990000 其他废油”，样品应归入这类废物，属于目前我国禁止进口的固体废物。

4 结论

样品不是石油原油，不是单一的汽油、柴油、煤油产品，不是渣油，不符合重油（燃料油）的质量要求。样品是回收废油的混合物，属于“2710990000 其他废油”，是目前我国禁止进口的固体废物。

参考文献

[1] 张建芳 , 山红红 . 炼油工艺基础知识 [M]. 北京 : 中国石化出版社 ,1994.
[2] 戴钧樑 , 戴立新 . 废润滑油再生 [M].4 版 . 北京 : 中国石化出版社 ,2007.

25. 劣质煤焦油

1 背景

2008 年 7 月，固体废物研究所对某公司申报进口的“煤焦油”货物样品进行废物属性鉴别，需要确定是否属于国家禁止进口的固体废物。在实验分析、咨询专家和查阅相关资料的基础上编写鉴别报告。

2 样品特征及物质特性分析

（1）样品为黑色黏稠液体，有焦油特殊气味，外观形态见图 1。将样品进行蒸馏，不同沸点段馏分的含量见表 1。按照《煤焦油》（YB/T 5075—1993）进行物理特性分析，结果见表 2。

图 1 样品（玻璃瓶中液体）

表 1 样品在各温度段的馏分含量

温度段 / ℃	0 ～ 150	150 ～ 190	190 ～ 230	230 ～ 280	280 ～ 300	300 ～ 360
馏分产率 /%	0.47	0.71	8.81	7.14	3.29	14.40

表 2 样品特性指标

单位：%

分析指标	分析结果	YB/T5075—1993	
		1 号	2 号
密度（20℃）/（ g/cm^3 ）	1.184	1.15 ～ 1.21	1.13 ～ 1.22
甲苯不溶物（无水基）/%	5.96	3.5 ～ 7.0	⩽ 9
水分 / %	3.00	⩽ 4.0	⩽ 4.2
灰分 / %	0.26	⩽ 0.13	
黏度 / $^{o}E_{80}$	3.00	⩽ 4.0	
萘含量（无水基） / %	9.21	⩾ 7.0	

（2）对样品进行成分定性分析，其主要由芳香族类化合物组成，含量较多的为萘 ($C_{10}H_8$)、

菲 ($C_{14}H_{10}$)、荧蒽 ($C_{16}H_{10}$)、芴 ($C_{13}H_{10}$)、氧芴 ($C_{12}H_8O$)、芘 ($C_{16}H_{10}$) 等。

3 样品物质属性鉴别分析

（1）产生来源分析

芳香族类化合物主要产生于石油、煤炭、天然气的加工利用过程[1]。煤和石油是制取芳香烃类化工原料尤其是液态原料的主要来源。其中煤焦油萘来自煤焦化的副产煤焦油，一般 $C_{10}H_8$ 含量为 10%。在蒸馏煤焦油时所得到的不同温度范围的馏分中，200 ～ 250℃馏分称为萘油馏分，其中含 $C_{10}H_8$ 约 50%，经碱洗、酸洗，作为分离 $C_{10}H_8$ 的原料。石油萘来自催化重整、催化裂化和烃类裂解等过程的重芳烃馏分（沸程范围 205 ～ 295℃），其中含有的是甲基萘，质量分数分别约为 55%、35% 和 45%。需要将甲基萘进行萃取或吸附，从该馏分分离出 $C_{10}H_8$ 的各种同系物，然后采用催化反应脱去烷基。反应产物经冷却分离气相物质后，蒸馏除去轻组分如苯、甲苯、二甲苯，进一步精馏即得石油萘。

表 1 馏分结果表明，样品中高温段（280℃以上）的馏分含量远高于可提取 $C_{10}H_8$ 的温度段（190 ～ 280℃）。若样品是石油萘，含量多的应是温度低于可提取 $C_{10}H_8$ 的温度段的轻组分。因此，判断样品中的 $C_{10}H_8$ 不是石油萘，而是煤焦油萘。表 2 样品特性分析以及样品气味也说明其具有煤焦油的特征。因此，判断样品是煤焦油，来自煤炭高温热解生产焦炭产品过程中净化煤气后回收的副产物。

（2）固体废物属性分析

焦炭生产及其焦炉煤气的生产工艺流程图分别见图 2 和图 3[2]。

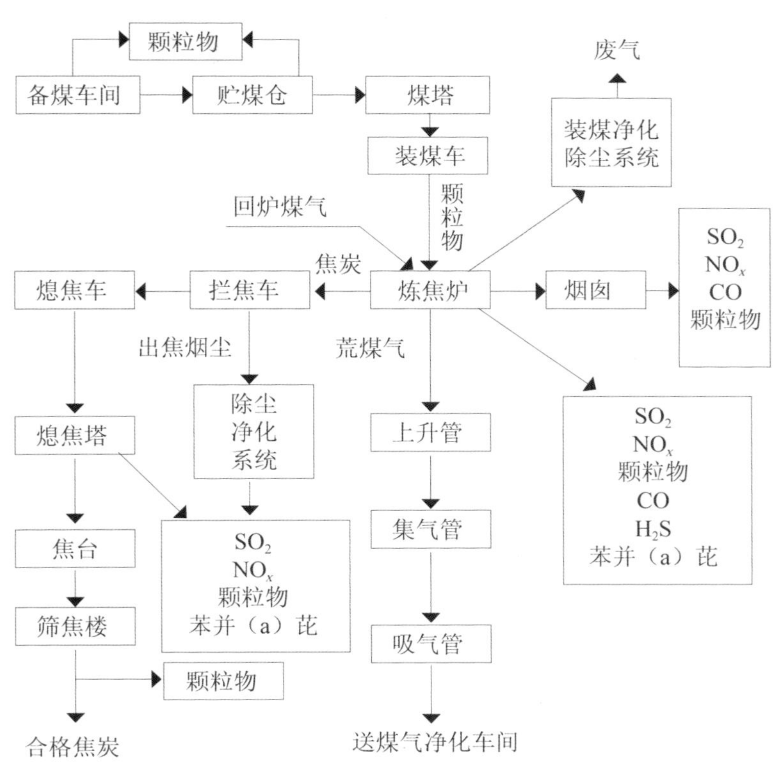

图 2　焦炭生产工艺流程示意图

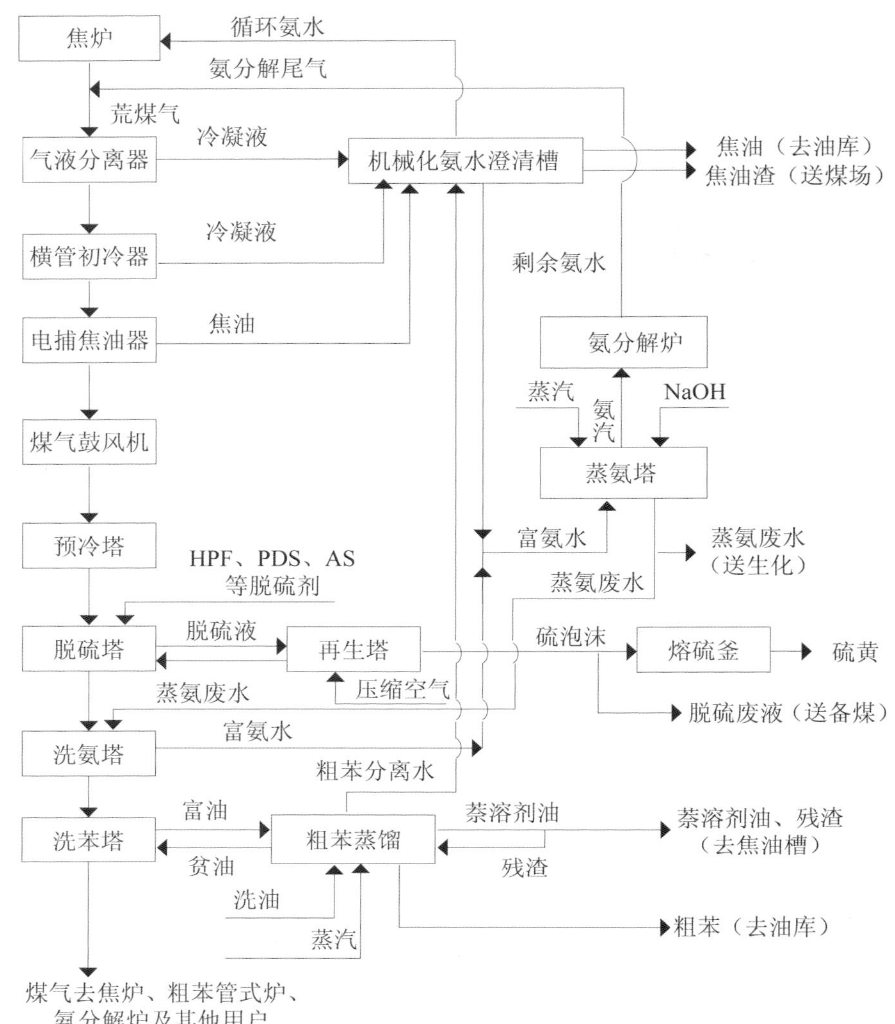

图 3　荒煤气净化工艺流程示意图（氨分解工艺）

图 2 中的荒煤气送净化车间处理会产生煤焦油，图 3 工艺流程中的焦油即煤焦油，由此看出煤焦油产生于焦炭生产过程中的气体净化环节，是无意生产的副产物。而且，由于煤焦油中各种化学成分的含量都很低，占 1% 以上的仅 13 种[3]，必须进一步加工才能回收其中的化工产品如萘（$C_{10}H_8$）、酚（C_6H_6O）、蒽（$C_{14}H_{10}$）、菲（$C_{14}H_{10}$）、沥青等[4]。依据《固体废物鉴别导则（试行）》的原则规定，在“污染控制设施中产生的垃圾、残余物、污泥”均是固体废物。

样品灰分含量超出煤焦油标准限值要求，而且高温段（360℃以上）的馏分含量达到了 65% 以上，说明样品本身品质并不好。

综上所述，判断样品属于固体废物。

原国家环境保护总局等部门于 2008 年公布的第 11 号公告中的《自动进口许可管理类可用作原料的废物目录》和《限制进口类可用作原料的废物目录》中均没有列出该类废物，因此，样品属于我国禁止进口的固体废物。

4 结论

样品为劣质煤焦油，属于我国禁止进口的固体废物。

参考文献

[1] 王淑红 , 王新红 , 陈荣 , 等 . 荧蒽、菲、芘对菲律宾蛤仔 (Ruditapes philippinarum) 超氧化物歧化酶的影响 [J]. 厦门大学学报 (自然科学版),2000,39(4):504-508.
[2] 环境保护部 . 炼焦行业清洁生产标准 (HJ/T126-2003)[S].2003.
[3] 何扣宝 . 我国煤焦油行业的发展方向 [J]. 上海化工 ,2007,32(6):22.
[4] 陈爱萍 , 彭建国 . 低品质煤焦油的加工利用 [J]. 燃料与化工 ,2007,38(6):41-43.

26. 对苯二甲酸黏稠废物

1 背景

2007年7月，固体废物研究所对某公司申报进口的“对苯二甲酸水溶液”货物样品进行废物属性鉴别，需要确定是否属于国家禁止进口的固体废物。在实验分析、咨询专家和查阅相关资料的基础上编写鉴别报告。

2 样品特征及物质特性分析

（1）三个样品用玻璃瓶盛装，1号样品为溶液、土黄色、不透明、较浓酸味，2号样品浆糊状、土黄色、不透明，3号样品为浓稠溶液、土黄色、不透明、有发酵酸味，见图1～图3。

图1　1号样品

图2　2号样品

图3　3号样品

（2）样品成分分析：单独测定1号样品水分为0.22%，酸值为166 mgKOH/g，乙二醇（醇类）为8.06%。通过液相色谱—质谱联用分析方法，确定样品中的苯二甲酸（邻、间、对位不能确定）含量均低于1%。通过气相色谱—质谱分析，确定样品中含有一些有机组分，结果见表1。

表1　样品可能组分

保留时间 / min	1号样品	2号样品	3号样品
6.97～7.81	二甘醇	二甘醇	二甘醇
11.10～11.19	三甘醇	—	三甘醇
14.48～14.51	四甘醇	—	四甘醇
21.95～22.15	—	对苯二甲酸二乙醇酯	对苯二甲酸乙二醇酯
23.04	—	—	结构未确定
23.49～23.50	亚麻酰氯	亚麻酰氯	亚麻酰氯
24.35～24.45	结构未确定	结构未确定	结构未确定
25.58～25.59	—	十八碳酸(2-羟甲基)甲酯	十八碳酸(2-羟甲基)甲酯
26.46～26.60	结构未确定	结构未确定	结构未确定

3 样品物质属性鉴别分析

（1）产生来源分析

精对苯二甲酸（PTA）是重要的大宗有机原料之一，主要用于生产聚酯纤维（涤纶）、聚酯瓶片和聚酯薄膜，广泛用于化学纤维、轻工、电子、建筑等领域。90%以上的PTA用于生产聚对苯二甲酸乙二醇酯（PET），其余部分是作为聚对苯二甲酸丙二醇酯（PTT）和聚对苯二甲酸丁二醇酯（PBT）及其他产品的原料。PTA生产工艺过程可分为氧化单元和加氢精制单元两部分。原料对二甲苯（PX）以醋酸（CH_3COOH）为溶剂，在催化剂作用下经空气氧化成粗对苯二甲酸（CTA），CTA 经加氢脱除杂质，再经结晶、离心分离、干燥为 PTA 成品。PTA 产品质量指标（部分）见表 2[1]。

表 2　PTA 产品质量指标（部分）

指标名称	低温法	高温法
外观	白色粉末	白色粉末
含量 / %	⩾ 99.5	⩾ 99.5
酸值 / （mgKOH/g）	675	675±2
对羧基苯甲酸含量 / %	⩽ 0.35	⩽ 0.002 5
对甲基苯甲酸（ρ -TA）含量 / %	⩽ 0.05	⩽ 0.015

低温氧化法[1]：PX 在 CH_3COOH 溶剂中，以醋酸钴（$C_4H_6CoO_4$•$4H_2O$）或醋酸锰（$C_4H_6MnO_4$•$4H_2O$）及溴化物为催化剂，以三聚乙醛为氧化促进剂，在一定温度和压力下用空气氧化，反应产物用 CH_3COOH 洗涤，然后干燥得到产品对苯二甲酸（TA）。高温氧化法[2]：PX 在 CH_3COOH 溶剂中，以 $C_4H_6CoO_4$•$4H_2O$、$C_4H_6MnO_4$•$4H_2O$ 为催化剂，在四溴乙烷（$C_2H_2Br_4$）存在下，在一定温度和压力下氧化。反应产物在 6.5 ～ 7.0MPa 溶解于水中形成 TA 水溶液。然后用钯 / 活性炭作催化剂加氢处理，除去微量对羧基苯甲醛（4-CBA），经结晶、洗涤、干燥得到成品 PTA。

无论是 TA 成品还是水溶液，其基本成分应该是 TA，而且其他有机成分应该非常少。但是样品的分析结果表明，样品中的苯二甲酸（邻、间、对位不能确定）含量均低于 1%，说明对苯二甲酸（TA）含量低于 1%；分析结果还表明样品中存在其他醇类和酯类物质；1 号样品的含水率 0.22% 表明，样品主要是以其他有机物为主；1 号样品的酸值分析表明，样品中存在酸性物质，应该是有机酸；只有 1 号样品呈溶液状。

因此，判断样品不是对苯二甲酸（TA）及其水溶液产品。

文献报道[2]：PTA 生产过程中，部分 TA 随着反应过程中生成的副产物外排，加上跑、冒、滴、漏或事故状态时外排的废料，使平均外排废料量占 PTA 总产量的 1% ～ 2%，这些外排的废料最终进入废水池内。其中 50% 经沉降分离后，得到白色固体回收料，因其 TA 含量较高，干基中达到 85% 以上，因此，可作为低档次的工业级 TA 直接销售给生产增塑剂、鞣革剂、防老化剂或其他相关产品的企业。

PTA 生产中工艺改进包括：①加大母液循环量，降低原料和能量消耗，国外某公司将母液循环量由原来的 50% 增大到超过 90%，显著减少了氧化残渣量，降低了原辅材料、催化剂和公用工程消耗，同时也节省了能源。② PTA 结晶离心分离的大量母液，经进一步分离后回收母液中对苯二甲酸（TA）、对甲基苯甲酸（ρ -TA）和对甲基苯甲醛等，送至氧化系统回收利用，提高了产品收率的同时降低了“三废”排放量。

资料表明：芳香族聚酯多元醇用于制造聚氨酯改性聚异氰脲酸酯泡沫，短短数年内获得迅猛发展，聚氨酯行业界人士中，有人认为这是聚氨酯工业的一次革命性变化。由于聚酯多元醇官能度较低，影响硬泡的尺寸稳定性，因而必须通过调整配方、增加泡沫的胶联密度加以解决。由于回收 PET、苯二甲酸二甲酯制成的芳族聚酯成本低，且应用于聚氨酯硬泡及聚异氰脲酸酯（PIR）硬泡制品中可进一步改善制品的耐燃性，在欧美已经被广泛应用于生产连续 PIR 泡沫板材。

样品的成分定性分析结果和委托单位提供的说明材料表明，样品中含有酸类、醇类和酯类物质，成分复杂。根据样品货物进口用做生产活动板房泡沫胶的情况，判断样品可能来源于上述过程，尤其是废物回收过程。

（2）固体废物属性分析

样品不均匀，成分、含水率、颜色等指标均不符合《工业用精对苯二甲酸》（SH/T1612.1—2005）标准的要求。因此，样品不是 PTA 合格产品及其中间产品。通过咨询行业专家，样品不是 PTA 生产过程或 PET 生产过程中的产品，而是来源于 PTA 或 PET 废物原料的回收过程，没有质量控制。依据《固体废物鉴别导则（试行）》的原则，判断样品属于固体废物。

根据法律规定，我国进口固体废物必须列入允许进口的固体废物名录并经环境保护主管部门批准。在《废物进口环境保护管理暂行规定》（环控 [1996]204 号文）中公布的《国家限制进口的可用作原料的废物目录》及其增补的名录中，原对外贸易经济合作部、原国家环境保护总局、海关总署、国家质检总局公布的《限制进口类可用作原料的废物目录（第一批）》（2001 年第 41 号公告），《关于调整废物进口环境保护管理有关问题的通知》（环发 [2002]7 号文）中《自动进口许可管理类可用作原料的废物目录》，以及 2005 年原国家环境保护总局、海关总署、国家质检总局第 5 号公告附件一《自动进口许可管理类可用作原料的废物目录》和附件二《限制进口类可用作原料的废物目录》中均没有“含对苯二甲酸的废物”及其相关有机物的废物。因此，样品属于我国禁止进口的固体废物。

4 结论

样品不是对苯二甲酸（TA）及其水溶液产品，而是来源于 PTA 或 PET 废物原料的回收过程，是成分较为复杂的有机物，样品属于我国禁止进口的固体废物。

参考文献

[1] 化学工业出版社 . 中国化工产品大全 [M].3 版 . 北京 : 化学工业出版社 ,2005.
[2] 汤卫平 , 朱定华 , 黄又明 . 精对苯二甲酸污泥废料的工业化处理 [J]. 现代化工 ,2004,24(S1):211.

27. 对苯二甲酸落地料

1 背景

2008 年 2 月，固体废物研究所对某公司申报进口的“对苯二甲酸次级品”货物样品进行废物属性鉴别，需要确定是否属于国家禁止进口的固体废物。在实验分析、咨询专家和查阅相关资料的基础上编写鉴别报告。

2 样品特征及物质特性分析

（1）样品外观为灰白色粉末，可见结团或颗粒，夹杂少量黑色细颗粒杂质和个别褐色纤维条，样品包装和外观形态分别见图 1 和图 2。

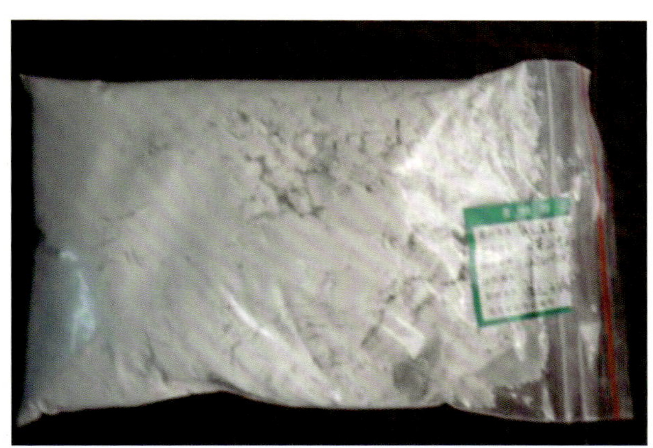

图 1　样品包装

图 2　样品形态

（2）对样品进行定性分析，样品红外光谱图与标准谱图对照，表明主要成分为对苯二甲酸（TA）。气相色谱法分析样品的杂质，表明样品中挥发性有机物含量很少。

（3）样品特征指标分析：按照《工业用精对苯二甲酸》（SH/T 1612.1—2005）标准对样品进行主要指标分析，结果表明：样品酸值 668 mgKOH/g，灰分 653 mg/kg，DMF 色相大于 30，水分含量为 0.33%，对甲基苯甲酸（ρ-TA）为 13 mg/kg，对羧基苯甲醛（4-CBA）为 47.5 mg/kg，Mn 为 22.0 mg/kg，Fe 为 57.8 mg/kg，Co 为 17.2 mg/kg。

3 样品物质属性鉴别分析

（1）产生来源分析

世界上 90% 以上的精对苯二甲酸（PTA）用于生产聚对苯二甲酸乙二醇酯（PET），其余部分是作为聚对苯二甲酸丙二醇酯（PTT）和聚对苯二甲酸丁二醇酯（PBT）及其他产品的原料。PTA 生产工艺过程可分为氧化单元和加氢精制单元两部分。原料对二甲苯（PX）以醋酸（CH_3COOH）为溶剂，在催化剂作用下经空气氧化成粗对苯二甲酸（CTA），CTA 经加氢脱除杂质，再经结晶、离心分离，干燥为 PTA 成品。PTA 产品质量指标（部分）见表 1。

表 1　PTA 质量指标（部分）

指标名称	低温法	高温法
外观	白色粉末	白色粉末
含量 / %	≥ 99.5	≥ 99.5
酸值 /（mgKOH/g）	675	675±2
对羧基苯甲酸含量 / %	≤ 0.35	≤ 0.002 5
对甲基苯甲酸（ρ -TA）含量 / %	≤ 0.05	≤ 0.015

对苯二甲酸（TA）生产过程中，部分 TA 随反应过程中生成的副产物外排，加上跑、冒、滴、漏或事故状态时外排的废料，平均外排废料量占到 PTA 总量的 1% ～ 2%，而这些外排的废料最终都进入废水池内。其中 50% 经沉降分离后，得到 TA 回收料，干基中 TA 含量可达到 85%。这种回收料不能作为 PET 的原料，可作为低档次原料销售给生产增塑剂、鞣革剂、防老化剂或其他相关产品的企业[1]。

样品主要成分为对苯二甲酸（TA），其他挥发性有机污染物含量较少，样品中含有 Mn、Fe、Co 等，这些物质是 TA 生产中常见的物质；样品颜色不纯和含有杂质以及结团等情况。通过咨询行业专家，综合判断样品是来自 TA 生产过程中的以 TA 为主的产物，很可能是生产中回收的落地料。

（2）固体废物属性分析

样品的酸值、含水率、颜色、灰分、金属等指标不符合《工业用精对苯二甲酸》（SH/T 1612.1—2005）的要求，明显含有杂质，判断样品不能直接作为生产 PET 的原料。

TA 生产中回收产物（如从水池中回收的脱水机料、管道输送收集过程中的落地料）虽然能用做其他化工原料（如增塑剂、鞣革剂、防老化剂、油漆料等），但由于回收产物中成分仍然复杂（含其他酸、酯、醇、无机物等），分离提纯处理复杂。回收物料能否直接满足增塑剂、鞣革剂、防老化剂、油漆料的原料要求，目前没有查到相关标准规范。

PTA 生产中的回收物料可以作为烟花爆竹的填料，但国内并不缺少这种回收产物，作为烟花爆竹的填料用量非常有限。这种目的的使用更多的属于处置，与国内外 PTA 生产厂家普遍采用焚烧法[2] 处理回收废料的性质类似。

TA 废渣是在对二甲苯（PX）催化氧化制取 TA 的生产过程中分离出的一部分不纯物，其主要成分为对甲基苯甲酸（ρ -TA）、对羧基苯甲醛（4-CBA）、对苯二甲酸（TA），还含有少量的低碳酸，Co、Mn 的有机酸盐等[3]。这种废渣为淡黄色粉末，以滤饼形式排出，含有一定量的水分，为干料的 20% ～ 30%。

综上所述，样品是TA生产中“跑、冒、滴、漏”的回收产物，是生产中的废弃物质，受到了污染，没有质量控制，不满足PTA产品的标准，不能直接作为生产聚酯（PET）的原料。依据《固体废物鉴别导则（试行）》的原则，判断样品属于固体废物。

在《废物进口环境保护管理暂行规定》（环控[1996]204号文）中公布的《国家限制进口的可用作原料的废物目录》及其增补的名录，原对外贸易经济合作部、原国家环境保护总局、海关总署、国家质检总局公布的《限制进口类可用作原料的废物目录（第一批）》（2001年第41号公告），《关于调整废物进口环境保护管理有关问题的通知》（环发[2002]7号文）中《自动进口许可管理类可用作原料的废物目录》，2005年原国家环境保护总局、海关总署、国家质检总局第5号公告附件一《自动进口许可管理类可用作原料的废物目录》和附件二《限制进口类可用作原料的废物目录》，原国家环境保护总局、商务部、国家发改委、海关总署、国家质检总局2008年第11号公告公布的《自动进口许可管理类可用作原料的废物目录》和《限制进口类可用作原料的废物目录》等文件中均没有“含对苯二甲酸的废物”及相关废物。因此，样品属于我国禁止进口的固体废物。

4 结论

样品是对苯二甲酸生产中回收的落地料，属于我国禁止进口的固体废物。

参考文献

[1] 汤卫平, 等. 精对苯二甲酸污泥废料的工业化处理[J]. 现代化工, 2004,24(S1):211.

[2] 阎观亮. 国外PTA生产技术考察总结[J]. 聚酯工业, 1995(3):6.

28. 对苯二甲酸水池料和污泥

1 背景

2006 年 12 月，固体废物研究所对某公司申报进口的“对苯二甲酸等外品水池料”货物样品进行废物属性鉴别，需要确定是否属于国家禁止进口的固体废物。在实验分析、查阅相关资料的基础上编写鉴别报告。

2 样品特征及物质特性分析

（1）样品物理特征以及外观描述见表 1，样品外观形态见图 1 ～图 4。

表 1　样品物理特征

单位：%

样品	含水率	烧失率	外观特征
1 号	1.4	99.4	灰白色粉末，有结块和颗粒，颗粒大小不一、疏松，气味浓烈刺鼻
2 号	21.8	92.4	样品颜色不均匀，有浅黄色粉末和块料，有灰黑色泥块，有石子，有铁丝，有片状物质等，明显含水，气味浓烈刺鼻
3 号	25.5	91.9	黑色泥状物质，气味浓烈刺鼻
4 号	25.6	99.9	浅黄色粉末，颜色和颗粒比较均匀，疏松，湿润，气味浓烈刺鼻

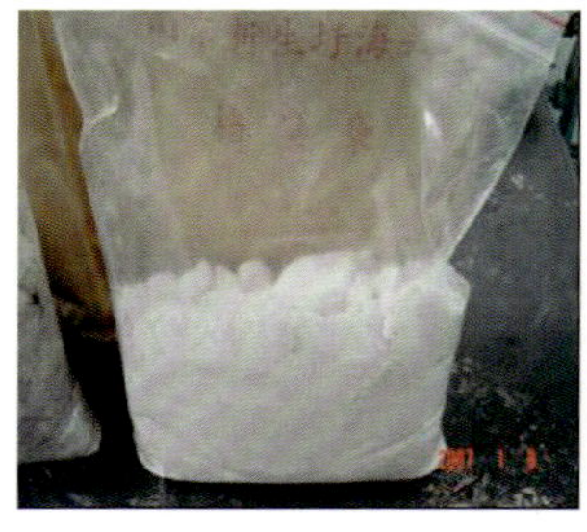

图 1　1 号样品

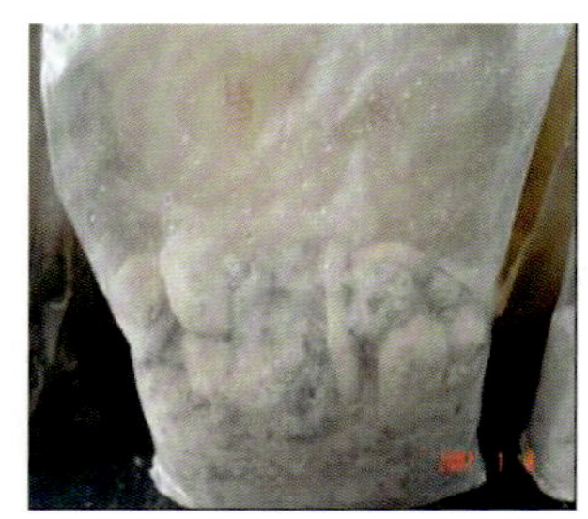

图 2　2 号样品

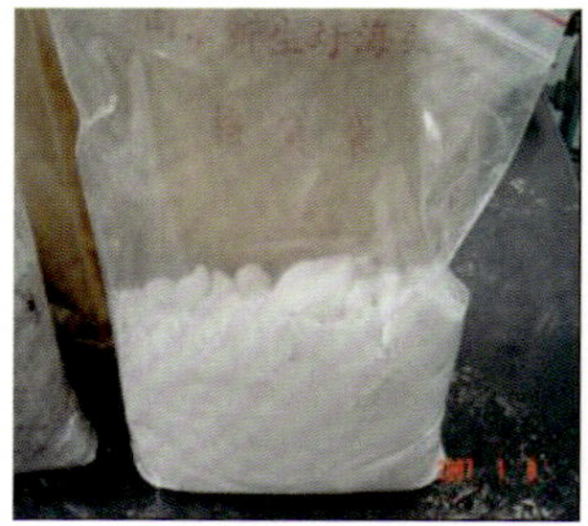

图 3　3 号样品

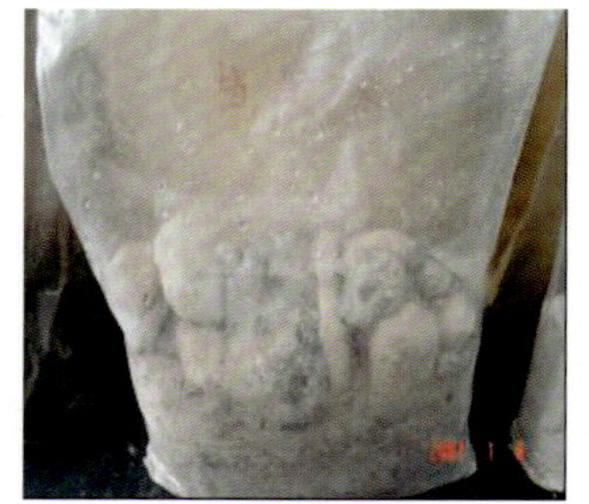

图 4　4 号样品

（2）采用液相色谱－质谱分析样品有机组分，样品中均含有苯二甲酸（没有准确定量），但从四个样品的苯二甲酸峰面积判断，1 号和 2 号样品的苯二甲酸含量接近，4 号样品的含量比 1 号和 2 号样品略低，3 号样品的含量最低，约为 1 号样品的 50%。

通过气相色谱—质谱分析，确定样品中含有一些有机组分，结果见表 2。

表 2 样品可能组分

保留时间 / min	1 号	2 号	3 号	4 号
8.77	苯甲酸甲酯	—	—	—
10.46	苯甲酸	—	苯甲酸	—
10.66	对甲基苯甲酸甲酯	—	—	—
12.07	对甲基苯甲酸	—	—	对甲基苯甲酸
14.01	—	琥珀酸二异丁酯	琥珀酸二异丁酯	琥珀酸二异丁酯
14.07	—	—	—	法呢烷（2,6,10- 三甲基十二烷）
14.52	对苯二甲酸二甲酯	—	—	—
15.26	—	甲基丁二酸二 (1- 甲基) 丙酯	甲基丁二酸二 (1- 甲基) 丙酯	甲基丁二酸二 (1- 甲基) 丙酯
18.48	—	邻苯二甲酸二丁酯	邻苯二甲酸二丁酯	邻苯二甲酸二丁酯
20.22	对甲基苯甲酸 , 对甲基苯甲基酯	—	—	—
22.82	4,4′ - 二苯基二羧基二甲酯	—	—	—
22.93	甲基（4- 甲苯基）对苯二酸酯	—	—	—
23.45	4- 甲基苯甲酸甲酯	—	—	—
24.48	[1,1′ - 二苯基]-2,4′ ,5- 三羧酸三甲酯	邻苯二甲酸二异辛酯	邻苯二甲酸二异辛酯	邻苯二甲酸二异辛酯

（3）样品灰分成分分析：由于样品以有机物为主，不能直接测定非碳杂质含量，选择感观上杂质含量比较高的 2 号和 3 号样品，在经过 620℃温度燃烧数小时后对烧后的残渣灰分进行定性分析。能谱定性结果见图 5 和图 6，两个样品灰分基本组成相似但相对含量不同，都含有 Co、Mn、Fe。采用 X 射线荧光光谱仪对 2 号样品灼烧后的残渣进行半定量分析，结果见表 3。

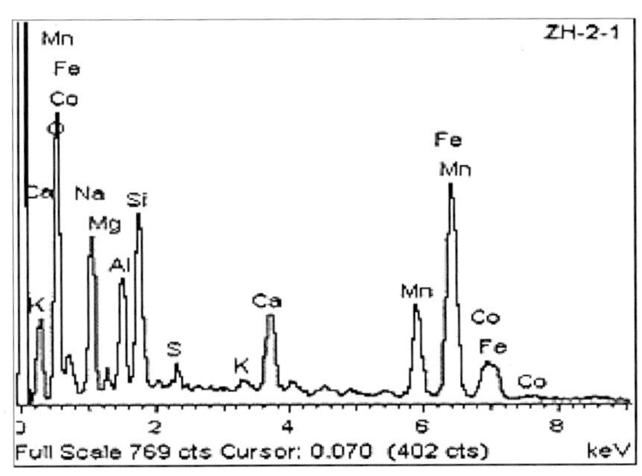

图 5 2 号样品灰分能谱图

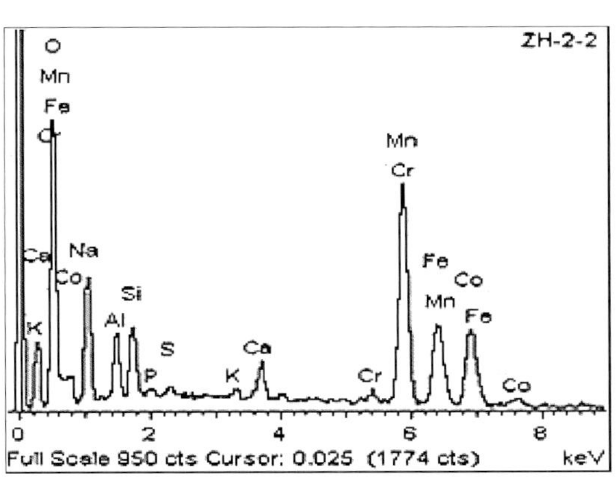

图 6 3 号样品灰分能谱图

表 3　2 号样品灼烧残渣的成分及含量

单位：%

成分	样品燃烧后灰分的成分及含量				换算成样品中含量
	细颗粒	中颗粒	粗颗粒	换算成灰分的含量	
Fe_2O_3	29.87	23.93	10.98	20.28	1.54
SiO_2	21.99	38.96	72.12	47.77	3.62
Na_2O	15.54	10.95	3.29	9.11	0.69
Al_2O_3	9.89	10.06	4.12	7.53	0.57
MnO	5.88	3.25	0.88	3.04	0.23
CaO	5.58	4.35	4.23	4.66	0.35
Co_2O_3	3.25	1.63	0.38	1.59	0.12
MgO	2.17	1.39	0.56	1.27	0.10
Cr_2O_3	1.03	0.81	0.38	0.70	0.05
TiO_2	1.00	0.78	0.74	0.83	0.06
K_2O	0.83	1.6	1.35	1.27	0.10
SO_3	0.82	0.68	0.33	0.58	0.04
ZnO	0.77	0.48	0.19	0.44	0.03
P_2O_5	0.55	0.35	0.12	0.31	0.02
NiO	0.22	0.14	0	0.11	0.01
Br	0.22	0.13	0.03	0.11	0.01
CuO	0.1	0.07	0	0.05	0.00
MoO_3	0.1	0.07	0	0.05	0.00
ZrO_2	0.09	0.08	0.06	0.07	0.01
Cl	0.05	0	0	0.01	0.00
BaO	0	0.26	0	0.07	0.01

3 样品物质属性鉴别分析

（1）产生来源分析

精对苯二甲酸（PTA）是大宗有机原料之一，主要用于生产聚酯纤维（涤纶）、聚酯瓶片和聚酯薄膜，广泛用于化学纤维、轻工、电子、建筑等领域。世界上 90% 以上的 PTA 用于生产聚对苯二甲酸乙二醇酯（PET），其余部分是作为聚对苯二甲酸丙二醇酯（PTT）和聚对苯二甲酸丁二醇酯（PBT）及其他产品的原料。

PTA 生产工艺过程可分为氧化单元和加氢精制单元两部分。原料对二甲苯（PX）以醋酸（CH_3COOH）为溶剂，在催化剂作用下经空气氧化成粗对苯二甲酸（CTA），CTA 经加氢脱除杂质，再经结晶、离心分离、干燥成为 PTA 成品。

有机组分分析表明，四个样品中均含有苯二甲酸以及其他与之相关的有机组分，结合委托单位提供的有关资料，判断样品来自对苯二甲酸（PTA）的生产过程。

以 PX 为原料、CH_3COOH 为溶剂，在催化剂 $C_4H_6CoO_4 \cdot 4H_2O$、$C_4H_6MnO_4 \cdot 4H_2O$ 和助催化剂氢溴酸（HBr）的作用下，PX 和空气中的 O_2 发生反应生成对苯二甲酸（TA）[1]。从成分分析看，样品中含有 Co 和 Mn 杂质，结合样品具有非常浓烈的刺鼻气味特征（具有醋酸气味，但比醋酸更难闻），判断样品也是来自 PTA 生产过程。

据文献报道[2]，PTA 生产过程中，部分 TA 随着反应过程中生成的副产物外排，加上跑、冒、滴、漏或事故状态时外排的废料，使平均外排废料量占 PTA 总产量的 1% ～ 2%，而这些外排的废料最终全部进入 PTA 废水池内。其中 50% 经沉降分离后，得到白色固体回收料，因其TA含量较高，干基中达到85%以上，因此，可作为低档原料销售给生产增塑剂、鞣革剂、防老化剂或其他相关产品的企业；另有约50%经活性污泥法处理后，以黑色污泥的形式沉淀下来，黑色污泥也含较高的TA，可作为生产烟花爆竹的原料。生产过程中还产生PTA的地沟料和落地料。从样品物理特征和成分分析的差异来看，四个样品是来自PTA生产工序的不同过程。

（2）固体废物属性分析

《工业用精对苯二甲酸》（SH/T 1612.1—2005）标准规定了工业用PTA的技术要求，四个样品的成分、杂质含量、含水率、颜色等指标均不符合该标准的要求，不同样品差异极大；由于成分构成的复杂性，难以做为同一产品的直接生产原料或直接用于同一生产工艺过程。样品不能作为PTA合格产品销售。

从特性分析、形态特征等方面看，样品与TA生产中回收的地槽料、水池料、落地料、污泥特征相符，它们均属于生产中的废弃物质，符合《固体废物污染环境防治法》中固体废物的定义以及《固体废物鉴别导则（试行）》的原则。因此，判断样品属于固体废物。

资料表明[3]：对苯二甲酸（TA）和邻苯二甲酸酐基本相同，具有低毒性，但生产过程中使用原料的其他杂质成分可使人体发生变态反应症状、喘息、溃疡等，对过敏症状者，接触TA可引起皮疹、支气管哮喘或支气管炎等。邻苯二甲酸对皮肤具有刺激作用，可引起过敏性皮炎。《国家危险废物名录》中HW13为“有机树脂类废物”，样品来自于PET、PTT等合成树脂的原料生产过程，是原料生产中产生的不合格产品或副产物，甚至是废水处理污泥；同时样品中含有不等的含苯酸类、酯类化合物（如苯甲酸甲酯、对苯二甲酸二甲酯、琥珀酸二异丁酯、邻苯二甲酸二丁酯、邻苯二甲酸二异辛酯等），其中邻苯二甲酸二丁酯、邻苯二甲酸二异辛酯等属于“含邻苯二甲酸酯类”物质，满足HW13类废物的特征。因此，样品属于危险废物。

在《废物进口环境保护管理暂行规定》（环控[1996]204号文）中公布的《国家限制进口的可用作原料的废物目录》及其增补的名录，原对外贸易经济合作部、原国家环境保护总局、海关总署、国家质检总局公布的《限制进口类可用作原料的废物目录（第一批）》（2001年第41号公告），《关于调整废物进口环境保护管理有关问题的通知》（环发[2002]7号文）中《自动进口许可管理类可用作原料的废物目录》，以及2005年原国家环境保护总局、海关总署、国家质检总局第5号公告公布的《自动进口许可管理类可用作原料的废物目录》和《限制进口类可用作原料的废物目录》等文件中均没有“含对苯二甲酸的废物”及相关废物。因此，样品属于我国禁止进口的固体废物。

4 结论

样品是PTA生产中产生的水池料和污泥，属于我国禁止进口的固体废物。

参考文献

[1] 卢晓飞．优化氧化工艺——降低PTA醋酸单耗[J]. 河南化工，2002(9):27.
[2] 汤卫平，朱定华，黄又明．精对苯二甲酸污泥废料的工业化处理[J]. 现代化工，2004,24(S1):211.
[3] H.B.拉扎列夫，Э.H.列维娜．工业生产中的有害物质手册（第二卷）[M]. 北京：化学工业出版社，1988.

29. 对苯二甲酸生产中的 TA 残渣

1 背景

2011 年 9 月，固体废物研究所对某公司申报进口的“苯甲酸”货物样品进行固体废物属性鉴别。在实验分析、咨询专家和查阅资料的基础上编写鉴别报告。

2 样品特征及物质特性分析

（1）样品呈土黄色，由粉末和松散球团组成，散发出强烈的刺鼻苦杏仁味；测定样品干基 550℃灼烧残渣含量为 0.9%。样品外观形态见图 1。

图 1　样品

（2）对样品进行有机物红外光谱定性分析，结果显示样品为含有苯甲酸的混合物；对样品经乙醚、水萃取后剩余的残渣进行红外光谱有机定性分析，剩余残渣占原样的 13%，为对苯二甲酸（TA）。谱图分别见图 2 和图 3。

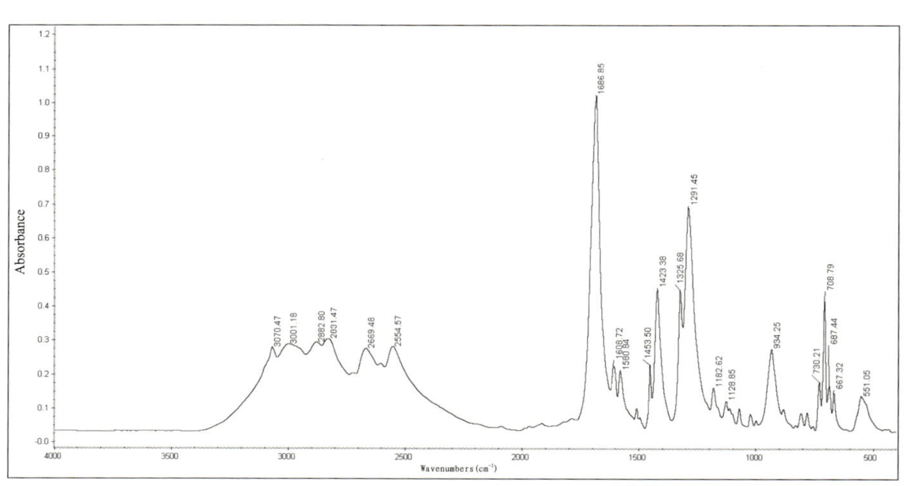

图 2　样品红外光谱图

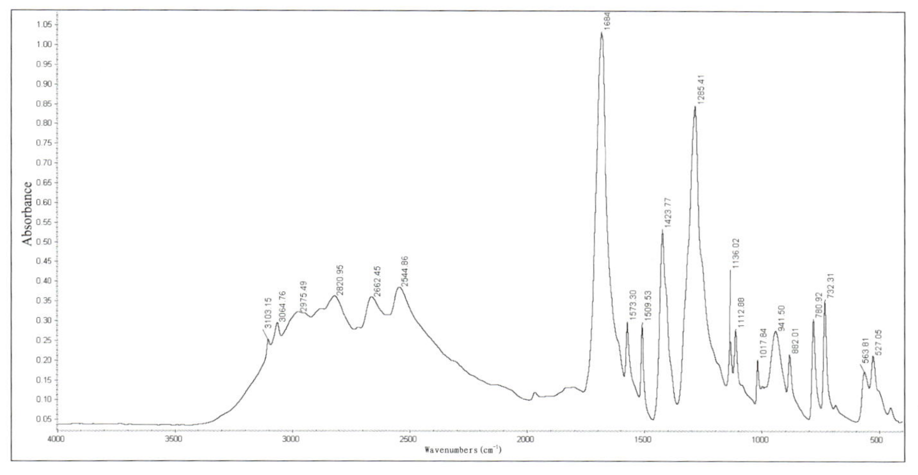

图 3　经乙醚、水萃取后剩余残渣的红外光谱图

（3）取适量样品室温晾干，测得固体含量为62%。将晾干的样品进行差示扫描量热(DSC)分析 (图 4)，参照分析纯苯甲酸熔融热测量值（图 5），确定干燥样品中苯甲酸含量约为40%，即原样中苯甲酸含量约为 25%。

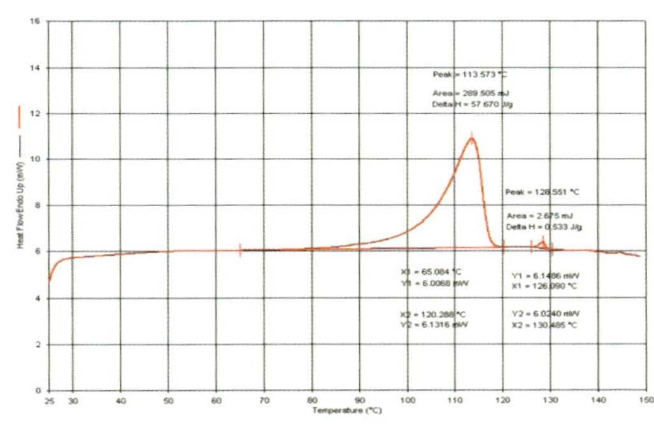

图 4　样品的 DSC 分析图

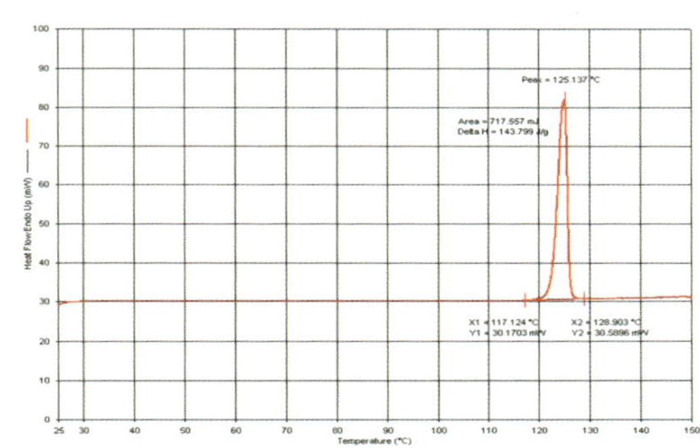

图 5　分析纯苯甲酸的 DSC 分析图

（4）利用电子能谱分析样品中不溶于四氢呋喃的物质，确定含有 Mn、Co、Na 等金属元素；利用 ICP-MS 实验进一步测得原样品中含有 0.1%Mn、0.2%Co、1.2%Na，谱图见图 6 和图 7。

图 6　四氢呋喃不溶物的电子能谱图

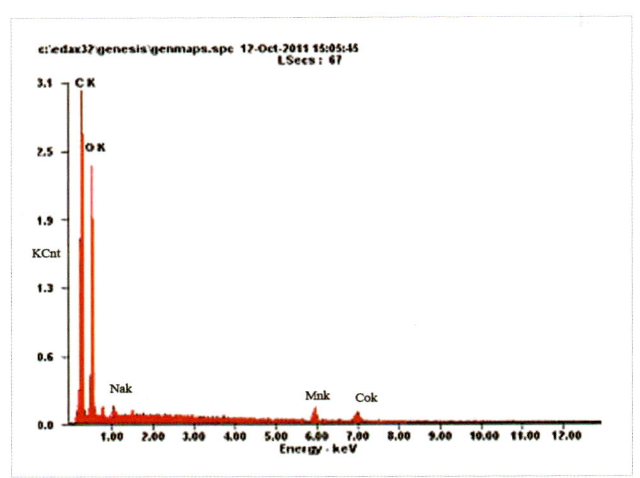

图 7　四氢呋喃不溶物的 ICP-MS 图

（5）凝胶色谱分析：取适量样品加入试管进行加热，利用红外光谱对试管口冷凝液体进行分析，确定为水，利用凝胶色谱进一步测定样品中水含量为 30%；凝胶色谱分析显示：苯甲酸及分子量更小的成分含量为 30%，类苯甲酸的成分含量为 19%，分子量大于 400 Da 的成分含量为 3%。

3 样品物质属性鉴别分析

（1）产生来源分析

①苯甲酸

委托鉴别样品名称为“苯甲酸”。利用红外光谱对样品进行有机定性分析，结果显示样品为含有苯甲酸的混合物（图 2）。

苯甲酸被广泛地应用于食品添加剂、医药中间体、化妆品以及化工产品（如苯酚、己内酰胺）的工业生产中。无论是用于生产食品级防腐剂、医药级中间体还是化学试剂，苯甲酸产品都需要达到一定的质量标准（表 1）。此外，要求苯甲酸为白色有丝光的鳞片或针状结晶，微有安息香或苯甲醛气味 [1]。

表 1　苯甲酸的质量标准

单位：%

		苯甲酸含量	熔点范围 /℃	氯化物（以 Cl 计）	重金属（以 Pb 计）	砷	灼烧残渣	干燥失重
食品添加剂 (GB 1901—2005)		≥ 99.5	121 ～ 123	≤ 0.014	≤ 0.001	≤ 0.0002	≤ 0.05	≤ 0.5
饲料添加剂 (NY/T 1447—2007)		≥ 99.5	121 ～ 123	≤ 0. 014	≤ 0.001	—	—	≤ 0.5
工作基准试剂 (GB 12597—2008)		99.95 ～ 100.05	121.5 ～ 123.5	≤ 0.003	≤ 0.000 5	—	≤ 0.01	—
化学试剂 (HG/T 3458—2000)	分析纯	≥ 99.5	121 ～ 123	≤ 0.01	≤ 0.001	—	≤ 0.01	—
	化学纯	≥ 99.0	121 ～ 123	≤ 0.02	≤ 0.001	—	≤ 0.02	—

为了确定样品是否满足苯甲酸的质量标准，利用差示扫描量热 (DSC) 分析检测样品中苯甲酸的含量（图 4），参照分析纯苯甲酸熔融热测量值（图 5），得到样品中苯甲酸含量约为 25%。显然，样品中苯甲酸含量明显低于表 1 中苯甲酸的含量要求。

此外，利用凝胶色谱测定样品中水含量为 30%；550℃灼烧残渣含量为 0.9%；样品颜色为土黄色，有强烈的刺鼻异味。样品的这些指标均未达到表 1 中各种用途苯甲酸产品的质量要求。因此，样品不是苯甲酸商品。

②生产苯甲酸产品过程中的副产物或者釜残液

全世界 90% 以上的苯甲酸生产使用的方法是甲苯液相氧化法，此方法生产的苯甲酸粗产物中含有大量的副产物杂质，需要进一步精制，杂质包括：比苯甲酸沸点低的轻副产物有乙酸、苯甲醛、苯甲醇、苯乙酮、甲酸苯甲酯、乙酸苯甲酯、联苯、苯甲酸甲酯及未参加反应的甲苯等；比苯甲酸沸点高的组分主要是甲基联苯、苯甲酸苄酯[2]。

甲苯液相氧化生产苯甲酸的工艺过程会产生大量苯甲酸釜残液，主要含有苯甲酸、苯甲酸苄酯、芴酮和氧杂蒽酮，此外还有上百种含量很小的未知高沸点物质。例如，河北化纤公司的苯甲酸釜残液中苯甲酸、苯甲酸苄酯和芴酮的质量分数分别约占 21%、10% 和 4%[3]；又如某工厂苯甲酸釜残液含有 34.4% 的苯甲酸、41.6% 的苯甲酸苄酯及其他杂质[4]。

样品主要含有苯甲酸、类苯甲酸、对苯二甲酸（TA）和水，与上述甲苯液相氧化法生产苯甲酸产品过程中产生的副产物、苯甲酸釜残液的成分明显不同，因此，初步认为样品不是来自于生产苯甲酸产品的过程。

③精对苯二甲酸（PTA）生产中的残渣

TA 残渣是 PTA 生产中为了维持系统内杂质的平衡而排出的一种含有少量醋酸钴（$C_4H_6CoO_4 \cdot 4H_2O$）、醋酸锰（$C_4H_6MnO_4 \cdot 4H_2O$）等催化剂的有机副产物，主要成分为苯甲酸（BA）、对甲基苯甲酸（ρ-TA）、对羧基苯甲醛（4-CBA）、邻苯二甲酸（OPA）、间苯二甲酸（PA）、TA 和其他杂质等，同时含有 20% ～ 50% 的水分，为土黄色或橙黄色粉末，含水较多时为泥状固体，成分比较复杂。表 2 是国内部分 PTA 装置的 TA 残渣典型组成[5]。由于各公司采用的 PTA 生产技术、工艺条件和操作水平不同，TA 残渣成分存在很大差别，即使同一公司的 TA 残渣，组成含量也会有很大波动，表 3 是天津某公司两批 TA 残渣的组成[5]。

表 2　国内部分 PTA 装置的 TA 残渣典型组成（干基）

单位：%

名称	BA	ρ-TA	4-CBA	IPA	TA	OPA
上海石化	29.87	30.76	5.72	18.36	14.25	1.22
扬子石化	35.72	2.21	0.47	11.49	43.14	4.44
辽阳石化	42.89	15.95	2.55	2.08	29.57	1.90
仪征化纤	39.16	1.83	0.36	20.98	34.28	3.8

表 3 天津某公司 PTA 装置两批 TA 残渣组成

单位：%

组分名称	第一批 TA 残渣		第二批 TA 残渣	
	含量	干基含量	含量	干基含量
OH	0.52	0.73	0.06	0.13
CHO	5.39	7.57	2.01	4.23
4-CBA	2.34	3.29	2.39	5.03
BA	24.60	34.51	21.29	44.72
ρ -TA	9.03	12.67	7.11	14.93
PA	4.49	6.30	0.78	1.64
OPA	1.15	1.62	2.93	6.15
IPA	23.64	33.18	11.03	23.17
Co、Mn	0.10	0.14	—	—
水及其他	28.74	—	52.40	—

PTA 生产包括氧化、精制和母液回收处理（含催化剂回收和污水最终处理）等过程。在氧化过程和精制过程分别产生残渣和 PTA 母液；其中 PTA 母液中有机物浓度很高，含有 Co、Mn 催化剂等成分，需要回收其中的催化剂，回收催化剂之后形成有机物含量较高的 PTA 残渣。在此，将这些残渣都统称为 TA 残渣。

样品的颜色为土黄色，含有钴、锰、钠等金属成分，含有一定量的对苯二甲酸成分，含有苯甲酸等其他成分，样品的这些特征与上述资料中 TA 残渣的颜色、成分和含量具有较高的可比性，因此，判断样品为 PTA 生产过程中的残渣，可能来自氧化过程、精制过程和母液回收处理过程。

（2）固体废物属性分析

样品混合物为 PTA 生产中的残渣，可能来自 PTA 生产的氧化过程、精制过程和母液回收处理过程。样品产生过程没有质量控制，不满足国家或国际承认的规范 / 标准，属于“生产中产生的残余物”，其回收利用属于“利用操作产生的残余物”。因此，依据《固体废物鉴别导则（试行）》的原则，判断样品属于固体废物。

2009 年 8 月 1 日，环境保护部、商务部、国家发改委、海关总署、国家质检总局发布的第 36 号公告的《禁止进口固体废物目录》中列出了“3825610000 主要含有有机成分的化工废物（其他化学工业及相关工业的废物），包括含对苯二甲酸的废料”，样品应归入这类废物，属于目前我国禁止进口的固体废物。

4 结论

样品为 PTA 生产中的残渣，属于目前我国禁止进口的固体废物。

参考文献

[1] 吴鑫干 , 莫馗 . 高纯度苯甲酸精制工艺述评 [J]. 湖南化工 ,2000,30(6):1.
[2] 蔡兴华 . 高纯度苯甲酸的精制 [D]. 浙江大学 ,2008.
[3] 李书奕 , 魏峰 , 杨焘 , 等 . 减压精馏分离苯甲酸釜残液的试验研究 [J]. 化学工业与工程 ,2007,24(5):408.
[4] 丁丽 , 郭晓莹 . 苯甲酸釜残液的回收利用 [J]. 青岛科技大学学报 (自然科学版),2009,30(6):502.
[5] 齐彦伟 . 由对苯二甲酸残渣合成混合型增塑剂 [D]. 天津大学化工学院 ,2007.

30. 对苯二甲酸废品 / 不合格品

1 背景

2011 年 9 月，固体废物研究所对某公司申报进口的“氯乙烯聚合物的废碎料及下脚料”货物样品进行鉴别，需要确定其是否属于禁止进口废物或者限制进口废物。在实验分析、咨询专家和查阅相关资料的基础上编写鉴别报告。

2 样品特征及物质特性分析

（1）样品为干燥的白色细粉末，有极少量类似沙砾的物质，偶见杂色颗粒，样品外观形态见图 1；样品 550℃下灼烧后有极少量残余物；分析样品粒度，粒度分布结果为：D_{10}:16.5 μm，D_{50}:89.2 μm，D_{90}:226.7 μm，样品粒度分布范围见表 1。

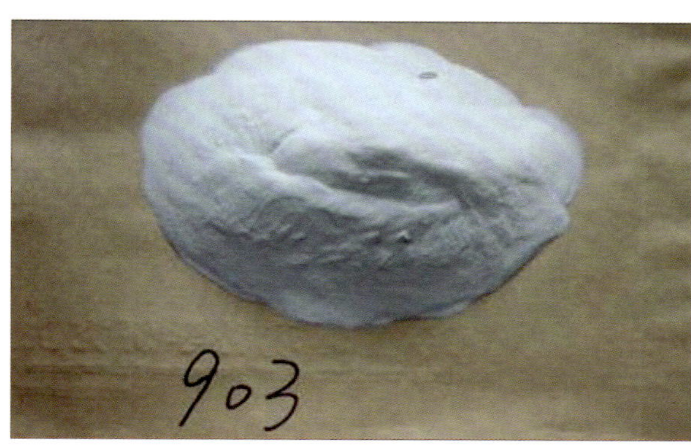

图 1　样品

表 1　样品粒度分布范围

粒度分布范围 / μm	≤ 10.0	≤ 40.0	≤ 150.0	≤ 300.0	≤ 631.0
体积分数 / %	5.23	24.98	73.59	96.69	100.00

（2）样品成分定性和定量分析

将粉末样品加入过量四氢呋喃，振荡溶解 6 小时，大部分样品不溶解，初步表明样品不是 PVC 塑料。样品红外光谱分析谱图与对苯二甲酸（TA）的谱图匹配度大于 99%，表明成分为 TA。

按照《工业用精对苯二甲酸行业标准》（SH/T 1612.1—2005）中的检验方法对样品进行分析，分析结果见表 2。

表 2　样品指标分析结果

指标	样品
外观	白色，含有少量沙粒
酸值 /(mgKOH/g)	675
对羧基苯甲醛（4-CBA）/（mg/kg）	8
对甲基苯甲酸 (ρ -TA)/（mg/kg）	75
灰分 /（mg/kg）	128
Mn/（mg/kg）	0.12
Co/（mg/kg）	0.22
Fe/（mg/kg）	2.5
水分含量 / %	0.02
5g/100 mL DMF 色相	⩽ 10

3 样品物质属性鉴别分析

（1）产生来源分析

精对苯二甲酸（PTA）的生产工艺主要有两种：一种是对二甲苯（PX）由空气氧化制得粗对苯二甲酸（CTA）后，然后再精制的二步法工艺；另一种是 PX 经氧化反应制得 PTA 的一步法工艺。PTA 两步法生产工艺过程如图 2 所示。

图 2　对苯二甲酸两步法生产工艺示意图

具体生产过程如下 [1,2]：以 PX 为原料，采用 Co、Mn、Cr 系列的催化剂，在醋酸（CH_3COOH）溶剂中，通过空气氧化成粗对苯二甲酸（CTA），同时还产生了一部分副产物，如对羧基苯甲醛（4-CBA）、对甲基苯甲酸（ρ -TA）、苯甲酸（BA）、间苯二甲酸（IPA）等。经过结晶、过滤后，杂质中的 4-CBA 因与 TA 的溶解度及结晶温度接近而仍然存留在氧化液中，并会在后续工艺中影响聚酯的质量及加工应用，因此需进一步提纯、精制。精制工艺主要是将 CTA 制成浆料，在高温高压下使 4-CBA 溶于水中，用 Pd-C 催化剂进行加氢反应，将杂质 4-CBA 转化成易溶于水的 ρ -TA（$C_8H_8O_2$），经冷却，分离洗涤、干燥等环节，去除 ρ -TA 而获得 PTA 产品。

据文献报道 [3]，目前国内也有利用黑色的 PTA 污泥、PTA 地沟料、落地料等其他 PTA 废料经催化反应、离心分离、加热干燥及母液回收与循环利用等常规化工单元操作工序回收 PTA 的，其可作为电缆增塑剂、防老化剂或鞣革剂等产品的原料，但不能直接作为聚酯纤维生产的原料。

在利用 PTA 生产聚对苯二甲酸乙二醇酯（PET）时，PTA 粒度（通常以粒径表示）大小及形状对 PET 产品质量影响不大，但会影响到 PTA/EG（乙二醇）的浆料性质和酯化反应速度，所以一般认为 PTA 的粒度以 100 ～ 130 μm 为宜[4]。表 3 是我国《工业用精对苯二甲酸》（SH/T 1612.1—2005）的主要质量指标要求。

表 3　精对苯二甲酸（PTA）的质量指标

项目	优等品	一等品
外观	白色粉末	白色粉末
酸值 /（mgKOH/g）	675±2	675±2
对羧基苯甲醛（4-CBA）/（mg/kg），≤	25	25
灰分 /（mg/kg），≤	8	15
总重金属（钼铬镍钴锰钛铁）/（mg/kg），≤	5	10
铁 /（mg/kg），≤	1	2
水分质量分数 / %，≤	0.2	0.5
5 g/100 mL DMF 色度[b]（铂钴色号），≤	10	10
对甲基苯甲酸（ρ-TA）/（mg/kg），≤	150	200

样品大部分不溶于四氢呋喃有机溶剂，初步表明样品不是 PVC 塑料；样品主体成分红外光谱分析谱图与 TA 的谱图高度匹配，表明样品主体成分是 TA，进一步证明样品不是 PVC，说明不是报关所称的“氯乙烯聚合物的废碎料及下脚料”。

样品粒度约有 20%（体积分数）分布在 10 ～ 40 μm 粒径范围，约 50%（体积分数）分布在 40 ～ 150 μm 粒径范围，约 30%（体积分数）分布在 150 ～ 630 μm 的粒径范围内。表明样品的粒度分布范围很广泛，根据前述资料，会对 PTA 生产 PET 造成一定的影响。

表 2 样品分析指标中灰分及铁含量超出标准中一等品的要求，通过咨询 PTA 专家，样品中灰分较高应是生产中设施上的金属氧化物脱落造成，如床层波动不稳，使 Cr、Ti、Ni、Mn、Co 等的氧化物脱落，也可能是 CTA 精制过程中 NaOH 碱洗造成，因此，样品中 Cr、Ti、Ni、Na 的含量可能超过 PTA 行业标准的要求。从实验数据中 4-CBA 符合 PTA 的行业标准要求可以判断，样品不是 CTA，也不是中对苯二甲酸（MTA）。

总之，样品是 PTA 生产过程中产生的不合格产物，属于不合格料或等外品料。

（2）固体废物属性分析

样品是 PTA 不合格料或等外品料。通过咨询专家，样品可以通过精制使金属氧化物灰分过滤掉从而再成为合格的 PTA 产品，但这一过程是较为复杂的，涉及更换生产工艺和设备的问题，因此，样品不适合直接作为聚酯切片、长短涤纶纤维生产的原料。样品不符合《工业用精对苯二甲酸》（SH/T1612.1—2005）标准的要求，丧失了作为 PTA 产品的原有用途。因此，依据《固体废物鉴别导则（试行）》的原则，判断样品属于固体废物。

2009 年 8 月 1 日，环境保护部、商务部、国家发改委、海关总署、国家质检总局发布的第 36 号公告的《禁止进口固体废物目录》中列出了“3825610000 主要含有有机成分的化工废物（其他化学工业及相关工业的废物），包括含对苯二甲酸的废料和污泥”，样品应归入这类废物，属于目前我国禁止进口的固体废物。

4 结论

（1）样品成分不是 PVC，也就不是氯乙烯聚合物的废碎料及下脚料。

（2）样品主要成分是对苯二甲酸（TA），但样品不是粗对苯二甲酸（CTA），也不是中对苯二甲酸（MTA），样品是 PTA 生产过程中产生的不合格产物，属于 PTA 的不合格品或等外品。

（3）样品属于固体废物，属于目前我国禁止进口的固体废物。

参考文献

[1] 刘建新 , 白鹏 . 对苯二甲酸工艺技术及生产 [J]. 化工科技 ,2000,8(3):64-67.
[2] 闻治中 . 国外几家 PTA 生产技术的分析、比较 [J]. 聚酯工业 ,1994(1):7-16.
[3] 黄又明 .PTA 废料的处理技术 [J]. 合成技术及应用 ,2004,19(4):40-43.
[4] 邹余贵 .PET 产品质量的影响因素 [J]. 聚酯工业 ,2004,17(1):5-8.

31. 间苯二甲酸脱水机料

1 背景

2011 年 12 月，固体废物研究所对某公司申报进口的“间苯二甲酸”货物样品进行鉴别，需要确定是否属于国家禁止进口的固体废物。在实验分析、咨询专家和查阅相关资料的基础上编写鉴别报告。

2 样品特征及物质特性分析

（1）样品呈乳黄色，潮湿，由粉末和松散团状物质组成；550℃灼烧后残渣为棕黑色粉末。测得样品中 50℃挥发组分为 10.5%，含水率为 27.3%。样品外观形态和灼烧后的残渣见图 1 和图 2。

图 1　样品

图 2　样品 550℃灼烧后残渣

（2）样品成分定性和质量指标分析。采用极谱法对样品进行定性分析，确定其主要成分为间苯二甲酸（IPA）。

参照中石化某公司精 IPA 标准中的检验方法，对样品质量指标进行分析，结果见表 1。

表 1　样品指标分析结果

分析项目及单位	样品检测值	方法
纯度 / %	99.6（干基）	Q/SH 3155.S06.202
灰分 /（mg/kg）	157.5	Q/SH 3155.S06.205
间羧基苯甲醛 /（mg/kg）	0	Q/SH 3155.S06.207
酸值 /（mg/kg）	454	Q/SH 3155.S06.203
水分 / %	27.3	Q/SH 3155.S06.206
间甲基苯甲酸 /（mg/kg）	3 332	Q/SH 3155.S06.208
5% DMF 中色相	≥ 10	Q/SH 3155.S06.204
铁 /（mg/kg）	2.0	Q/SH 3155.S06.209
锰 /（mg/kg）	3.3	Q/SH 3155.S06.209
钴 /（mg/kg）	1.4	Q/SH 3155.S06.209

3 样品物质属性鉴别分析

（1）产生来源分析

①间苯二甲酸

间苯二甲酸（IPA）外观为白色结晶性粉末或针状结晶，生产工艺方法主要有三种：a. 间二甲苯液相空气氧化法。这是工业上生产 IPA 的主要方法，该方法以醋酸（CH_3COOH）为溶剂，醋酸钴（$C_4H_6CoO_4•4H_2O$）、醋酸锰（$C_4H_6MnO_4•4H_2O$）为催化剂，乙醛为促进剂，在低压（0.6MPa）、低温（120℃）条件下，间二甲苯与 O_2 经一次氧化过程生成粗 IPA，再经提纯得到精 IPA，工艺流程见图 3[1]。世界上最大的 IPA 生产厂商美国 Amoco 公司就采用此种生产工艺。b. 间二甲苯硫氧化法。c. 间苯二腈水解法。

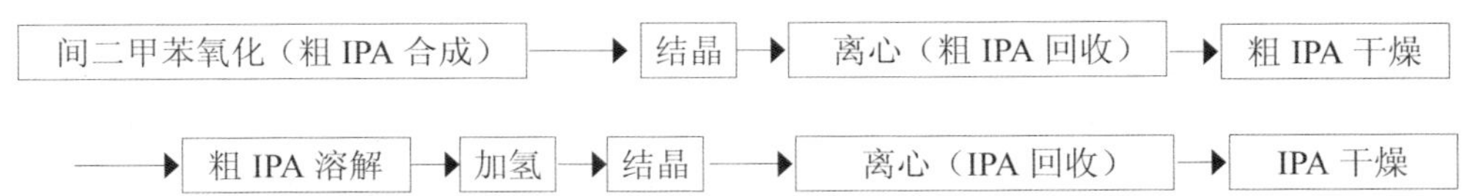

图 3　间二甲苯液相空气氧化法制备 IPA 工艺流程图

表 2 是中石化某公司的企业标准中精 IPA 应符合的主要质量指标。

表 2　中石化某公司精 IPA 标准中的质量指标

分析项目	质量标准		
	优等品	一等品	合格品
纯度 / %	≥ 99.9	≥ 99.7	≥ 99.5
灰分 /（mg/kg）	≤ 15	≤ 25	—
间羧基苯甲醛 /（mg/kg）	≤ 25	≤ 25	—
酸值 /（mg/kg）	675±2	675±2	—
水分 / %	≤ 0.1	≤ 0.1	≤ 0.1
间甲基苯甲酸 /（mg/kg）	≤ 150	≤ 150	≤ 150
5% DMF 中色相	≤ 10	≤ 10	≤ 10
铁 /（mg/kg）	≤ 2.0	≤ 3.0	—
锰 /（mg/kg）	≤ 2.0	≤ 5.0	—
钴 /（mg/kg）	≤ 2.0	≤ 3.0	—
色度 L 值	≥ 97	≥ 97	≥ 95
色度 b 值	≤ 1	≤ 1	≤ 2

样品干基中 IPA 的含量为 99.6%，样品中 50℃挥发组分为 10.5%，含水率为 27.3%，因此，样品中 IPA 的实际含量为 62%；此外，样品中灰分、酸值、水、5%DMF 中色相、间甲基苯甲酸等指标，与目前能查阅到的中石化某公司标准中 IPA 产品的要求均不相符，通过咨询专家，判断样品不是精间苯二甲酸（IPA）产品。

粗 IPA 是精 IPA 生产中产生的中间物料，其中的杂质主要是间羧基苯甲醛（3-CBA），最终会导致聚酯着色，所以必须予以脱除，但该杂质难以用物理方法去除，需将它的水溶液催化加氢转化为间甲基苯甲酸。间甲基苯甲酸因溶解度较低，在 IPA 重结晶过程中，留在母液中而被分离[1]。在有关资料中[2]，粗 IPA 中 3-CBA 的质量分数为 388 mg/kg，然而，样品中没有检测到 3-CBA，所以，样品不是粗 IPA。

②精 IPA 生产中处理母液的残渣

样品中含有钴和锰，两种元素通常来源于催化剂，如上所述，IPA 生产过程中使用 $C_4H_6CoO_4•4H_2O$、$C_4H_6MnO_4•4H_2O$ 为催化剂；实验表明，样品主要成分为 IPA，因此，样品来源于 IPA 生产过程。然而，样品不是精 IPA 产品，也不是粗 IPA，分析是否为处理母液的残渣。

在结晶分离精 IPA 过程中，从加氢处理所得的反应液中分离出催化剂，反应液降压、降温后成为由 IPA 晶体与母液构成的 IPA 浆料溶液。分离出精 IPA 结晶的残余母液中溶解有 IPA 及其氧化中间产物，如果全部排放，将导致严重的环境污染，因此，常将分离出高纯度 IPA 产品的残余母液加压加热蒸去其中的水分，在 IPA 不结晶的条件下浓缩该残余母液[3]。

对某公司 IPA 生产现场调研时发现：公司将含有 IPA 的残余母液排入到沉降池，经过一段时间沉降，打捞出沉降物，自然沥干水分，得到脱水机料。通过咨询公司的相关人员，并将样品与脱水机料进行对比，发现样品的颜色、形态均与脱水机料具有较高的相似性。

综上所述，判断样品为 IPA 生产过程中，对分离出高纯度 IPA 产品的残余母液进行处理，所得的脱水机料。

（2）固体废物属性分析

样品不是 IPA 产品，是对分离出高纯度 IPA 的残余母液进行处理，所得的脱水机料。样品属于“污染控制设施产生的残余渣”，因此，依据《固体废物鉴别导则（试行）》的原则，判断样品属于固体废物。

2009 年 8 月 1 日，环境保护部、商务部、国家发改委、海关总署、国家质检总局发布的第 36 号公告的《禁止进口固体废物目录》中列出了“3825610000 主要含有有机成分的化工废物（其他化学工业及相关工业的废物）”，样品应归入这类废物，属于目前我国禁止进口的固体废物。

4 结论

样品为精间苯二甲酸（精 IPA）生产过程中，对分离出 IPA 产品的残余母液进行处理后所得的脱水机料，属于目前我国禁止进口的固体废物。

参考文献

[1] 周邦荣 . 间苯二甲酸的生产和成本 [J]. 金山油化纤 ,1999,2:56.
[2] 钱玉萍 , 刘燕 , 钱玲 . 高效液相色谱法测定间苯二甲酸中的微量杂质 [J]. 化学工业与工程技术 ,2009,30(1):58.
[3] 李玉芳 , 伍小明 . 间苯二甲酸的生产技术进展及市场分析 [J]. 上海化工 ,2011,36(6):38.

32. 己内酰胺废物

1 背景

2009年6月，固体废物研究所对某公司申报进口的“松香”货物样品进行废物属性鉴别，需要确定是否属于国家禁止进口的固体废物。在实验分析和查阅相关资料的基础上编写鉴别报告。

2 样品特征及物质特性分析

（1）四个样品均为浅黄色固体片状或粉末，无固定形状，无明显杂质，似蜡质，易捻碎，可溶解于水中。样品外观形态见图1～图4。

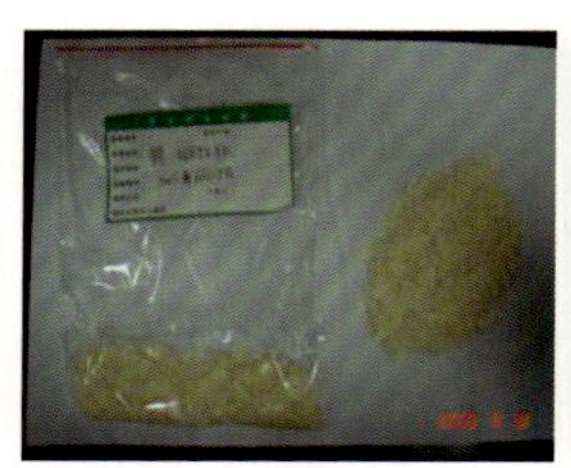

图1 1号样品

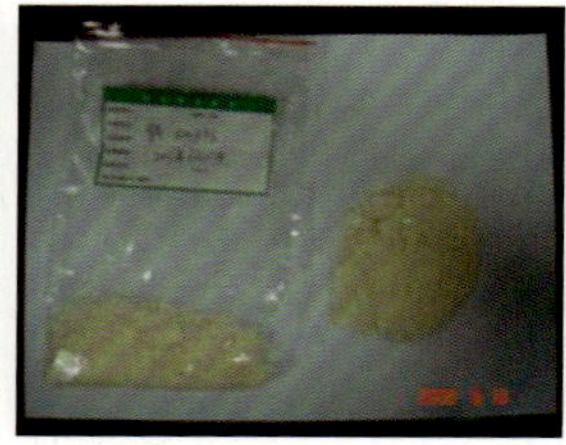

图2 2号样品

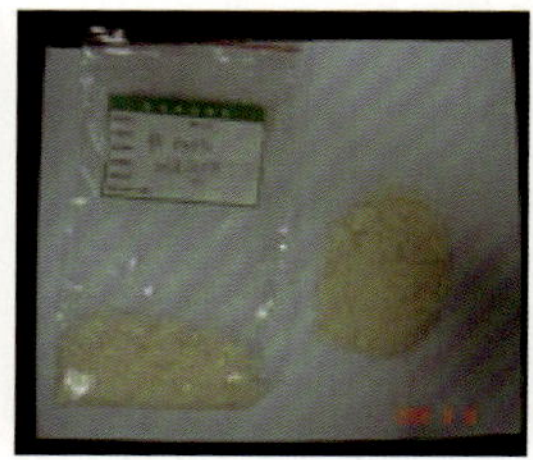

图3 3号样品

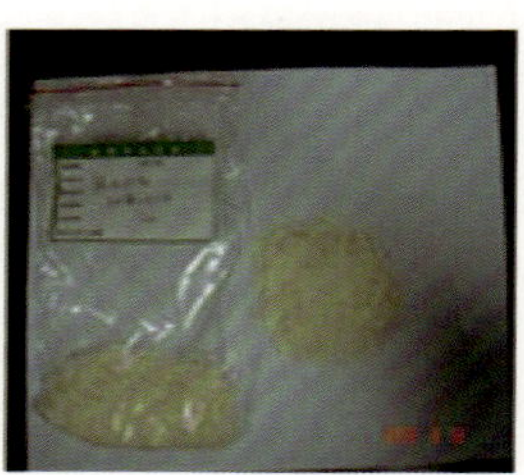

图4 4号样品

（2）“松香”定性分析

采用GC-MS分析松香酸的方法进行分析，结果表明四个样品中含有大量的己内酰胺（$C_6H_{11}NO$）和少量的二聚物，未发现松香酸。通过咨询林产化学工业专家，因样品吸湿、水溶且水溶后呈中性，与松香制品的物性相去甚远。

（3）己内酰胺（$C_6H_{11}NO$）定性分析

委托单位提供的海关化验结果为“样品中含有己内酰胺（$C_6H_{11}NO$）”，而$C_6H_{11}NO$的主要用途是生产聚酰胺树脂（尼龙）的原料，故将样品进行红外光谱定性分析，结果显示四种样品的主要化学成分均为$C_6H_{11}NO$，样品谱图和$C_6H_{11}NO$标准谱图匹配程度高，红外光谱图见图5。

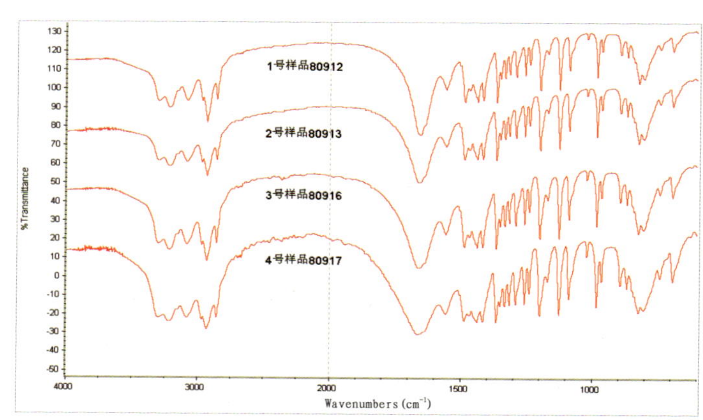

图5 四个样品的红外光谱图

（4）己内酰胺（$C_6H_{11}NO$）定量分析

由于原样品数量少，根据样品定性分析和外观特征的一致性，将四个样品混合组成一个样品，采用色质联用分析仪对混合样品进行定性定量分析，并将剩余样品按《工业用己内酰胺》（GB13254—2008）分析色度和挥发性碱含量，结果见表1。

表1　混合样品定性定量分析

色谱—质谱分析结果		
序号	组分	含量 / %
1	未知	0.03
2	1- 甲基己内酰胺	0.04
3	7- 甲基己内酰胺	0.04
4	己内酰胺	99.67
5	3- 甲基己内酰胺	0.12
6	环己烷甲酰胺	0.11
己内酰胺色度和挥发性碱		
序号	样品	GB 13254—2008
1	色度，大于 10Hazen（铂 - 钴色号）	合格品小于 8 Hazen，优级品小于 3 Hazen
2	挥发性碱含量，2.1 mmol/kg	合格品小于 1.5 mmol/kg，优级品小于 0.4 mmol/kg

3 样品物质属性鉴别分析

（1）产生来源分析

①松香

松香的通用分子式是 $C_{19}H_{29}COOH$，不同批次松香的化学成分不尽相同，主要由松香酸（70% ～ 85%）和胡椒酸（10% ～ 15%）组成。松香是一种可再生的天然树脂，通过与羧基的酯化、中和及双键的加成、氢化、歧化、聚合等可制成改性松香树脂，有以下四类：

a. 松香结构中的树脂酸具有一元羧酸的特征，可进行一系列的羧基反应，和金属氧化物或氢氧化物在高温下中和，生成的衍生物树脂酸金属盐，也称松香皂。

b. 松香自身的酸值较高，热稳定性差，与醇发生酯化反应，可改善松香的特性和扩展其用途，所得产品也称松香多元醇酯，主要用于生产热熔胶和黏合剂。

c. 甲醛 (HCHO) 和酚类的缩合产物与松香加成后，并与多元醇酯化改性而成的合成树脂，可称为松香改性酚醛树脂。

d. 用多元醇酯化松香和顺酐的加成物，所得到的改性树脂称为顺酐多元树脂。

天然松香或松香衍生产品其主要成分应为松香酸或松香树脂，但是样品主要成分是己内酰胺 ($C_6H_{11}NO$)。因此，判断样品不是松香或松香树脂。

②己内酰胺 ($C_6H_{11}NO$)

样品主要成分是 $C_6H_{11}NO$，其生产方法很多，如下：

a. 苯酚法：苯酚在 Ni-Pb 合金催化剂存在下加氢转化为环己醇。精馏分离出环己醇，以 ZnFe（锌铁）或铜为催化剂脱氢转化为环己酮。精馏得到环己酮，与硫酸羟胺和氨发生肟化反应生成环己酮肟，同时还生成副产物 $(NH_4)_2SO_4$。分离出的环己酮肟在过量发烟 H_2SO_4 存在下经贝克曼转位反应生成 $C_6H_{11}NO$。反应生成物中的 H_2SO_4 用 NH_4OH 中和得到副产品 $(NH_4)_2SO_4$。分离出来的粗 $C_6H_{11}NO$，经提纯精制得到 $C_6H_{11}NO$ 的成品。

b. 环己烷氧化法：苯在 Al_2O_3 为载体的镍催化剂存在下，经气相加氢反应得到环己烷。环己烷以钴为催化剂经液相氧化生成环己醇和环己酮。环己醇按上法脱氢转化成环己酮，以下的生产过程同苯酚法。

c. 环己烷光亚硝化法：NH_3 与空气在钯 (Pd) 催化剂存在下燃烧生成 N_2O_3，N_2O_3 与 H_2SO_4 反应生成 HNO_5S（亚硝基硫酸）。HNO_5S 与 HCl 气反应生成 NOCl（氯化亚硝酰）。环己烷与 NOCl 在加有 TlI（碘化铊）的高压汞灯照射下生成环己酮肟盐酸盐，以下生成过程同苯酚法。

通过咨询己内酰胺 ($C_6H_{11}NO$) 行业专家，虽然难以确定样品产生于哪一种生产工艺或工艺环节，但样品具有以下特点：

a. 样品色度和挥发性碱都不合格，为不合格的 $C_6H_{11}NO$。

b. 样品色质分析结果表明 $C_6H_{11}NO$ 含量为 99.67%，说明样品 $C_6H_{11}NO$ 中杂质较多，不能满足聚合物常规纺丝加工需要。

c.$C_6H_{11}NO$ 生产工艺较多，主要代表性生产工艺是以苯（甲苯、苯酚）为原料，经过加氢、氧化、羟胺合成、重排及精制而成，造成该样品不合格的原因应是生产控制不当（包括原料不纯）。

d.$C_6H_{11}NO$ 是生产聚酰胺的单体，主要应用于生产民用和工业丝及工程塑料。由于该样品理化指标均达不到国标要求，只能降级作为低档工程塑料使用。

综上所述，判断样品是 $C_6H_{11}NO$ 生产中产生的不合格品。

（2）固体废物属性分析

$C_6H_{11}NO$ 是重要的有机化工原料，主要用于合成聚酰胺 6 纤维（尼龙 6 纤维）和聚酰胺 6 工程塑料（尼龙 6 工程塑料），全世界用于生产尼龙 6 纤维的 $C_6H_{11}NO$ 占总量的 74.3%，而用于尼龙 6 工程塑料的占 25.7%[1]。我国对 $C_6H_{11}NO$ 产品的质量控制无论是作为尼龙 6 纤维还是作为尼龙 6 工程塑料都是依据《工业用己内酰胺》（GB13254—2008）。分析可知，样品不满足工业用 $C_6H_{11}NO$ 标准的要求，不满足进入聚酰胺生产工序的要求，只能降级作为低档工程塑料的原料。但是，目前并未查找到该物质作为低档工程塑料生产原料的相关标准。

样品的产生是“生产过程中产生的废弃物质”，是“不符合标准或规范的产品”，样品可降档使用的目的或方式是“有机物质的回收 / 再生”。总之，依据《固体废物鉴别导则（试行）》的原则，判断样品属于固体废物，是 $C_6H_{11}NO$ 有机废物。

2008 年第 11 号公告公布的《自动进口许可管理类可用作原料的废物目录》和《限制进口类可用作原料的废物目录》以及之前历次公布的允许进口的固体废物目录中均没有包含样品的废物种类，而 2008 年第 11 号公告《禁止进口固体废物目录》中列出了“3825610000 主要含有有机成分的化工废物（其他化学工业及相关工业的废物）”和“3825900090 其他编号未列名化工副产品及废物”；早在 2001 年原对外贸易经济合作部、海关总署、原国家环境保护总局发布第 36 号公告《禁止进口货物目录》（第三批）中也列出了“38256100 主要含有有机成分的化工废物（其他化学工业及相关工业的废物）”和“38259000 其他编号未列名化工副产品及废物”。因此，样品属于我国禁止进口的固体废物。

4 结论

样品不是松香或松香树脂，是己内酰胺 ($C_6H_{11}NO$) 有机废物，属于我国禁止进口的固体废物。

参考文献

[1] 崔小明 . 我国己内酰胺开发利用前景广阔 [J]. 中国科技成果 ,2007,10:32.

第二部分

鉴别为废物的案例

——矿渣矿灰、残渣污泥类

33. 含钙、钾为主的无机混合废物

1 背景

2008 年 11 月，固体废物研究所对某公司申报进口的“矿物肥料”货物样品进行废物属性鉴别，需要确定是否属于国家禁止进口的固体废物。在实验分析和查阅相关资料的基础上编写鉴别报告。

2 样品特征及物质特性分析

（1）样品为浅灰色粉状物，粉末微细均匀，外观形态见图 1。

图 1　样品

（2）采用 X 射线荧光光谱仪分析样品的组成，成分及含量见表 1。

表 1　样品成分及含量（除 Cl、Br 以外，其他元素均以氧化物计）

单位：%

成分	CaO	K_2O	P_2O_5	SO_3	Cl	MgO	Na_2O	SiO_2
含量	33.93	24.55	12.16	11.43	6.26	3.48	3.35	2.16
成分	Fe_2O_3	Al_2O_3	MnO	ZnO	BaO	TiO_2	CuO	Br
含量	1.16	0.51	0.37	0.32	0.11	0.11	0.07	0.03

（3）采用 X 射线衍射仪（XRD）分析样品的物相组成，主要为 KCl、K_2SO_4、CaO、$Ca_5(PO_4)_3(OH)$、$CaCO_3$、MgO、$Ca(OH)_2$。

（4）对样品可溶部分进行能谱分析，主要含有 KCl、K_2SO_4，能谱图见图 2 和图 3。

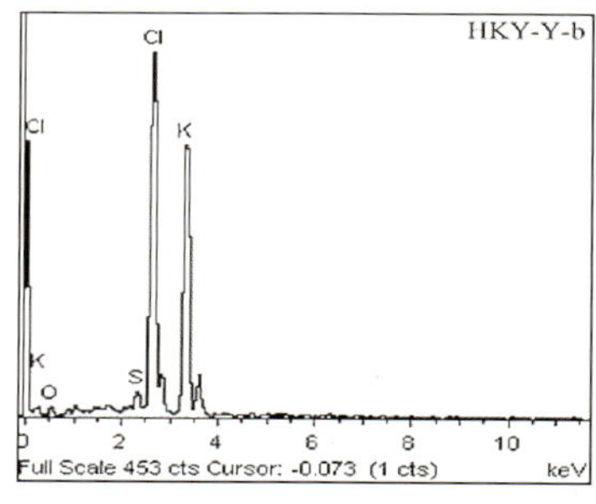

图 2　可溶部分结晶能谱：KCl

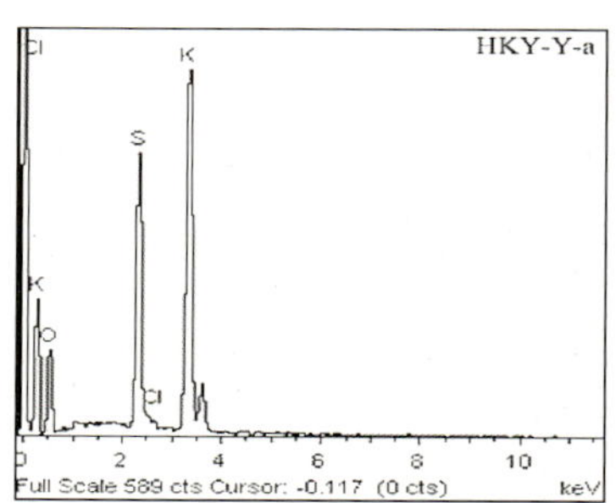

图 3　可溶部分结晶能谱：K_2SO_4

（5）该样品报关名称为“矿物肥料”，根据海关商品进出口税则等资料关于矿物肥料的描述“含氮、磷、钾中两种或三种肥效元素的矿物肥料或化学肥料”可知，矿物肥料应是一种复混肥料。参照《复混肥（复合肥）》（GB15063—2001）标准中总氮、有效磷、钾、水溶性磷、氯离子等养分指标的分析方法测定样品养分特性，结果见表 2，表明样品总氮含量低于复混肥（复合肥）标准要求，水溶性磷占有效磷的百分率远达不到复混肥（复合肥）的标准要求。

表 2　样品肥效分析结果

单位：%

项目	总氮 (N)	有效磷 (P_2O_5)	水溶性磷 (P_2O_5)	钾 (K_2O)	氯离子 (Cl^-)
含量	0.29	16.23	未检出	14.68	3.98

（6）其他特性分析

采用气相色谱—质谱联用仪，测定样品中的多环芳烃，结果见表 3，表明样品中含有萘 ($C_{10}H_8$)、蒽 ($C_{14}H_{10}$)、苯并蒽、䓛。

表 3　样品中多环芳烃含量分析

单位：mg/kg

化合物	萘	蒽	苯并蒽	䓛
含量	0.14	0.04	0.01	0.02

3 样品物质属性鉴别分析

（1）产生来源分析

①样品不是磷铁炼钢的碱性熔渣

由于对低磷钢的需求增加，而常规转炉炼钢法难以实现，因此必须在脱磷炉中脱磷：一是在铁水包或鱼雷车中脱磷，二是在转炉内进行铁水预处理脱磷，由此会产生炼钢脱磷渣[1]。表 4 是宝钢中磷铁水预处理实验研究转炉脱磷渣平均成分[2]。

表 4　宝钢转炉脱磷渣的平均成分和含量

单位：%

成分	CaO	SiO_2	P_2O_5	TFe	MnO	碱度 R
含量	31.99	11.08	6.43	19.91	9.87	2.89

表 4 中二氧化硅、总铁、氧化锰的含量明显高于样品中的含量，而样品中钾、氯与磷的含量与通常冶炼渣的含量不符，据此可判断样品不是来自磷铁炼钢时的碱性熔渣。

②样品不是单一粉煤灰

粉煤灰是燃烧煤的发电厂将煤磨成 100 μm 以下的煤粉，用预热空气喷入炉膛成悬浮状态燃烧，产生混杂有大量不燃物的高温烟气，经集尘装置捕集得到的。粉煤灰的物理化学性质取决于煤的品种、煤粉的细度、燃烧方式和温度、粉煤灰的收集和排灰方法[3]，其主要组成成分见表 5[4] 和表 6[5]。粉煤灰中 SiO_2、Al_2O_3 含量比较高，K、S、Cl、P 含量低，与表 1 样品中这些组分的含量相反，据此判断样品不可能是燃煤电厂产生的单一粉煤灰。

表 5　粉煤灰的基本组成和含量

单位：%

成分	SiO_2	Al_2O_3	Fe_2O_3	CaO	MgO	SO_3	Na_2O	K_2O	烧失率
含量	34.3~65.8	14.6~40.1	1.5~16.2	0.4~16.8	0.2~3.7	0.1~6.0	0.1~4.2	0.1~2.1	0.6~30.0

表 6　粉煤灰的化学成分和含量

单位：%

成分	SiO_2	Al_2O_3	Fe_2O_3	CaO	MgO	SO_3	K_2O+Na_2O	烧失率
含量	43~56	20~32	4~10	1.5~5.5	0.6~2.0	0.3~1.5	1.0~1.5	3~20

③样品不是磷渣和磷石膏

磷渣是电炉法炼磷工业产生的副产物，据统计每生产 1t 黄磷将产生 7~8t 磷渣，某厂磷渣的化学成分见表 7[6]。

磷石膏是磷酸生产时产生的废渣，生产 1t 磷酸产生 7t 磷石膏（湿），含少量的 P_2O_5 和 F[7]，pH 值 1.5~3。磷石膏的化学组成见表 8[8]。

表 7　磷渣的化学成分和含量

单位：%

成分	SiO_2	Fe_2O_3	Al_2O_3	CaO	MgO	K_2O	Na_2O	SO_3	烧失率	R_2O_5
含量	39.4	0.16	1.24	49.53	1.51	1.31	0.25	1.99	0.60	1.53

表 8　磷石膏的主要成分和含量

单位：%

磷石膏	CaO	SO_3	Fe_2O_3	Al_2O_3	F	P_2O_5	结晶水
二水法磷石膏	30	40	0.1	0.21	0.17	0.86	18.5
半水—二水法磷石膏	29.56	42.4	0.114	0.233	0.15	0.5	18

表 7 和表 8 中的成分组成及含量以及其他文献中有关磷渣或磷石膏的化学组成与表 1 样品的组成相差较大，判断样品不是磷渣或磷石膏。

④样品燃烧残余物掺加磷矿物质或磷酸盐和钾盐的混合物

由样品的成分分析、组成分析、能谱分析、养分分析看出，样品中主要含 Ca、K、P、S、Cl、Mg、Na，其他成分含量较少。上面的分析排除了是某些单一工艺来源的产物。由于样品成分和物相结构相对复杂，形态和部分成分具有粉煤灰（或其他收集粉尘）的一些特征，含氧化硅、氧化钙、氧化铝等；样品中含有较高的磷，应是在收集过程中人工掺混磷矿石或磷酸盐或经过加工的物质；样品中含有较高的钾、硫和氯，样品组成分析和能谱分析均表明样品中含有氯化钾和硫酸钾，应是混配进入的；样品中含有多环芳烃，该类物质是不完全燃烧过程的产物，来自燃烧过程，证明样品中含有燃烧过程产生的残余物。

总之，样品产生来源和过程非常复杂，判断样品是燃烧过程产生的残余物与磷矿（或磷酸盐）、氮化合物、钾盐通过掺加或其他形式加工后形成的施用于土地的混合产物。

（2）固体废物属性分析

样品中含有来自于燃烧过程的残余物，依据《固体废物鉴别导则（试行）》，“生产过程中产生的废弃物质”是固体废物，这类残余物为固体废物；“生产过程中产生的残余物”如果用于“土地处理”或“有助于改善农业或生态环境的土地处理”，该物质仍然为固体废物。样品为利用燃烧过程的残余物生产的施用于土地的产物，因此，判断样品为固体废物。

此外，根据美国 RCRA 法规中固体废物的定义（40CFR261），“以处置的方式施用于或放置在土地上”的材料是固体废物；“用于生产被施用于或放置在土地上的产品，或被包含在一种被施用于或放置在土地上的产品中，在这种情况下，这种产品本身也是固体废物”。说明按照国际惯例，此类物质应作为固体废物管理。

《固体废物污染环境防治法》规定“禁止进口不能用做原料或者不能以无害化方式利用的固体废物；对可以用做原料的固体废物实行限制进口和自动许可进口分类管理”。原国家环境保护总局等部门于 2008 年公布的第 11 号公告中的《自动进口许可管理类可用作原料的废物目录》和《限制进口类可用作原料的废物目录》以及之前历次公布的允许进口的固体废物目录中均没有列出该类废物，因此，样品属于我国目前禁止进口的固体废物。

4 结论

样品是燃烧过程产生的残余物与磷矿（或磷酸盐）、氮化合物、钾盐通过掺加或其他形式加工后形成的施用于土地的混合产物，属于禁止进口的固体废物。

参考文献

[1] 康复 , 等 . 宝钢 BRP 技术的研究与开发 [J]. 钢铁 , 2005 , 3.
[2] 佟溥翘 , 等 . 宝钢中磷铁水预处理 100 千克级热模拟实验研究 [J]. 炼钢 , 2000, 4.
[3] 徐惠忠 . 固体废弃物资源化技术 [M]. 北京 : 化学工业出版社 , 2004:84.
[4] http://baike.baidu.com/view/293462.
[5] 镍永丰 . 三废处理工程技术手册 [M]. 北京 : 化学工业出版社 , 2002.
[6] 董芸 , 等 . 磷渣在高性能水工混凝土中的应用研究 [J]. 人民长江 , 2006 , 2.
[7] 沈婷 , 等 . 磷石膏的物理力学特性 [J]. 磷肥与复肥 , 2008 , 28(3):21-23.
[8] 李勇 , 等 . 湿法排渣在磷酸生产中的应用 [J]. 云南化工 , 2003 , 6.

34. 棕榈束灰

1 背景

2010年2月，固体废物研究所对某公司申报进口的“棕榈束灰”货物样品进行鉴别，需要确定是否属于国家禁止进口的固体废物。在实验分析和查阅相关资料的基础上编写鉴别报告。

2 样品特征及物质特性分析

（1）样品呈灰色、颗粒粉末状，脆而硬，质轻且蓬松，夹杂少量未烧透的黑色物质。测定样品含水率为2.2%，经550℃灼烧后其烧失率为5.81%，样品外观形态见图1。

（2）采用X射线衍射仪对样品的结构进行分析，样品中主要物相组成为KCl，$Ca_2(SiO_4)$、$KMgF_3$、$CaCl_2$、SiO_2，微量的K_2CS_3、SiP。衍射谱图见图2。

图1 样品

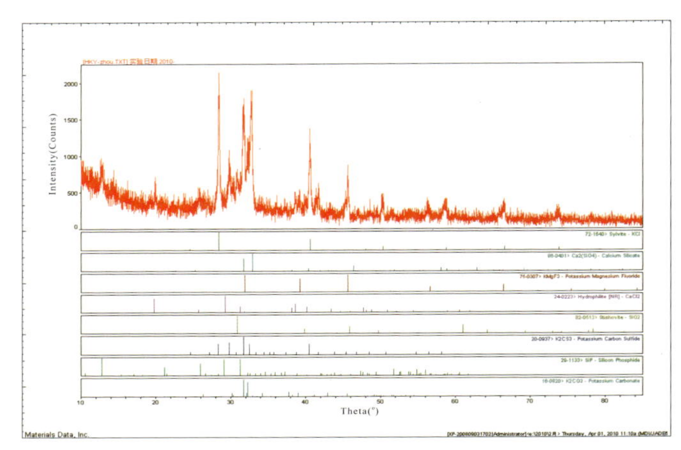

图2 样品X射线衍射谱图

（3）显微镜下观察样品，绝大部分物质为结晶集合体（正交偏光下具有干涉色），有少部分为不透明炭粒，见图3~图5。

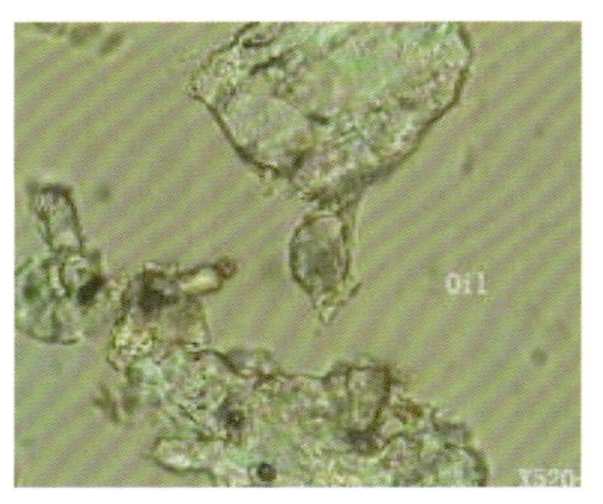

图3 单偏光下透明“灰粒”的形貌特征

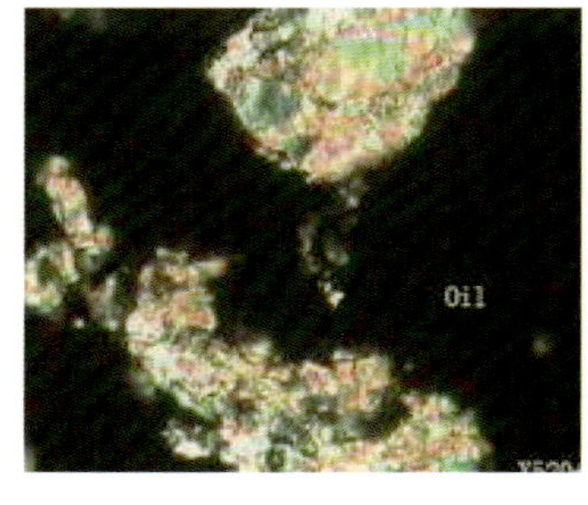

图4 正交偏光下透明“灰粒”的形貌特征

图5 不透明炭粒在单偏光下的照片

（4）对综合样品、样品中灰色颗粒及不透明炭粒分别进行能谱分析，显示综合样品及灰色颗粒主要由钾盐组成，显著量硅（Si），还有不透明炭粒，能谱图分别见图 6~ 图 8。

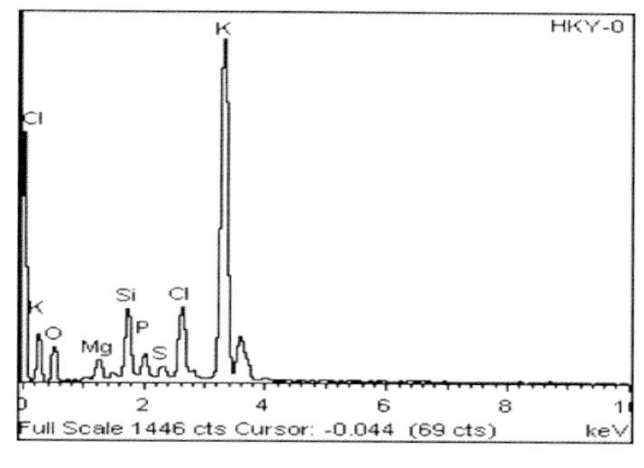

图 6 综合样品能谱图

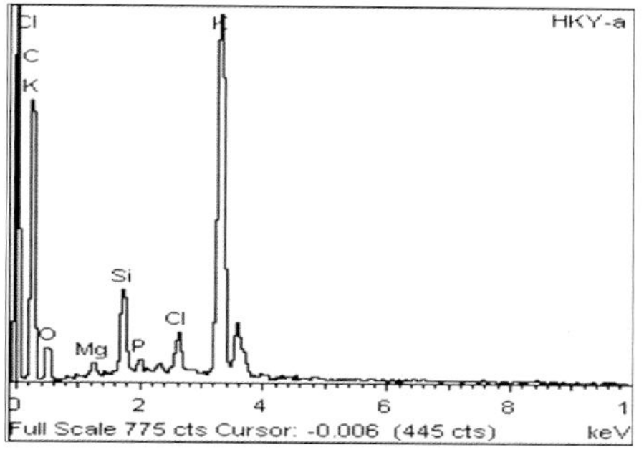

图 7 灰色颗粒结晶能谱

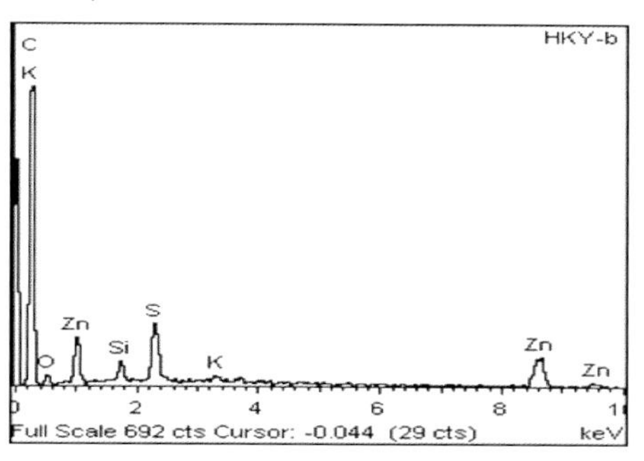

图 8 不透明炭粒能谱

（5）对样品 550℃灼烧后的灰分采用 X 射线荧光光谱仪进行分析，结果表明主要含有 K、Si、Ca 等元素，见表 1。烧失率很小，结果代表了样品的基本组成。

表 1 样品灼烧后灰分的主要成分及含量（除 Cl、Br 以外，其他元素均以氧化物计）

单位：%

样品	K_2O	SiO_2	CaO	Cl	P_2O_5	MgO	SO_3	Fe_2O_3
含量	60.63	16.14	8.36	4.38	2.76	2.59	2.34	0.87
样品	Al_2O_3	Rb_2O	ZnO	MnO	Na_2O	TiO_2	CuO	Br
含量	0.76	0.40	0.33	0.24	0.08	0.05	0.04	0.02

表 1 数据表明，样品中钾（K）的含量最高，再参照《有机—无机复混肥料》（GB 18877—2002）的方法对样品中的 K、P、Cl 进行定量分析，结果见表 2。

表 2　样品肥效分析

单位：%

检验项目	有效磷（P_2O_5）	总钾（K_2O）	氯离子（Cl^-）
实测值	3.10	42.38	4.13

3 样品物质属性鉴别分析

（1）产生来源分析

草木灰是植物燃烧后的灰渣，其主要特点是质轻且蓬松，含有丰富的钾，主要以K_2CO_3、K_2SO_4的形态存在。在我国农村常见的有灶灰、垃圾灰、杂草秸秆灰等，它资源广、数量多，成为农业生产中的重要钾肥来源。表3为常见草木灰的养分含量[1]。

表3　常见草木灰的养分含量

单位：%

种类	K_2O	P_2O_5	CaO	种类	K_2O	P_2O_5	CaO
小杉木灰	10.95	3.10	22.09	谷糠灰	1.52	0.16	—
松木灰	12.44	3.41	25.18	棉秆灰	2.19	—	—
小灌木灰	5.92	3.14	25.00	麻秆灰	1.10	—	—
乔本科草灰	8.09	2.30	10.72	竹秆灰	5.56	1.89	—
草木灰	4.99	2.10	—	垃圾灰	1.98	1.67	—
棉子壳灰	5.80	1.20	5.92	灶灰（1）	2.48~4.40	0.99~1.17	—
稻草灰（1）	8.09	0.59	1.92	灶灰（2）	4.52	1.39	—
稻草灰（2）	5.81	0.45	—	山土灰	1.07	0.21	—
芦苇灰	1.25	0.24	—	—	—	—	—

马来西亚某工程公司将棕榈空果穗（PEB是脱粒后余下的果穗，也称空棕榈束EFB）在锅炉中燃烧发电[2]，产生大量的残余灰分，灰分中含有较高的钾。表4列出了国外四种农作物废物燃烧后残余灰分中KOH、K_2CO_3的含量[3]。计算表4中四种农作物废物燃烧后残余灰钾的总量（以K_2O计），结果见表5。

表4　四种农作物废物燃烧后残余灰分中KOH、K_2CO_3的含量

单位：%

	可可豆荚灰	棕榈束灰	高粱谷灰	落花生壳灰
K_2CO_3	56.73±0.16	43.15±0.13	12.40±0.08	16.65±0.05
KOH	16.07±0.05	15.91±0.10	5.22±0.06	9.80±0.05

表5　四种农作物废物燃烧后残余灰分中钾的总量（以K_2O计）

单位：%

	可可豆荚灰	棕榈束灰	高粱谷灰	落花生壳灰
K_2O	52.13	42.77	12.83	19.56

近几年亚洲的生物能源包括农业废弃物发电正在快速增长，其中南亚印度尼西亚和马来西亚的棕榈废物回收能源或发电技术得到了长足进步，燃烧产生的灰过去主要靠人工操作，现在改进为自动机械操作，提高了效率，棕榈果实壳和棕榈束被用作锅炉燃料，目前有4~5座发电厂，发电规模为2~15MW，甚至有的设备100%用它们做燃料。但是，燃烧

之后的灰由于钾的含量高（高碱性），正在研究解决影响它作为水泥熟料的问题[4]。

表 2 肥效分析表明，样品主要特点是含钾（K）量较高，与表 3、表 5 中数据相比较，样品中钾含量比草木灰中高，与棕榈束灰中钾含量基本一致；样品形态与我国农村燃烧柴火产生的灰或稻壳燃烧发电产生的灰形态相似；样品含有一定的炭，也说明是燃烧后的产物；从样品报关名称为“棕榈束灰”并来自印度尼西亚看，印度尼西亚和马来西亚是亚洲棕榈树主要产地，与资料上棕榈废物回收能源或发电产生的燃烧灰相符合。因此，判断样品是以棕榈束和棕榈壳为主要燃料生产能源或发电过程中产生的燃烧灰。

（2）固体废物属性分析

样品是以棕榈束和棕榈壳为主要燃料生产能源或发电过程中产生的燃烧灰，它是“生产过程中产生的废弃物质、残余物”，可用于“土地处理”或“有助于改善农业或生态环境的土地处理”，符合《固体废物鉴别导则（试行）》的固体废物判断原则。

此外，根据美国 RCRA 法规中固体废物的定义（40CFR261），一种“材料作为处置被利用、回收或随意堆积时”，如果它们是“以处置的方式施用于或放置在土地上”或者“用于生产被施用于或放置在土地上的产品，或被包含在一种被施用于或放置在土地上的产品中”，那么，在这种情况下，这种材料或产品本身也是固体废物。

根据欧盟 2000/532/EC 决定中的废物分类清单，来自发电厂和其他燃烧厂的灰渣为固体废物，编号为 1001。

总之，根据国内外固体废物判断或分类原则，综合判断样品属于固体废物。

2009 年环境保护部、商务部、国家发展和改革委员会、海关总署、国家质检总局公布的第 36 号公告，在该公告《限制进口类可用作原料的固体废物目录》和《自动许可进口类可用作原料的固体废物目录》中均没有包含样品类废物，而在《禁止进口固体废物目录》中明确包含“2621900010 海藻灰及其他植物灰（包括稻壳灰）”。因此，样品属于我国禁止进口的固体废物。

4 结论

样品是来自以棕榈束和棕榈壳为燃料回收能源或发电过程中产生的燃烧灰，属于我国禁止进口的固体废物。

参考文献

[1] 北京农业大学《废料手册》编写组 . 肥料手册 [M]. 北京 : 农业出版社 , 1979.

[2] 杨励丹 , 别如山 , 陆惠林 , 等 . 油棕榈空果穗的流化床燃烧处理 [C]. 中国太阳能学会 , 2001.

[3] O.E.Taiwo, F.A.O.Osinowo. Evaluation of various agro-wastes for traditional black soap production[J]. Bioresource Technology, 2001, 79(1):95-97.

[4] P.K.Balasankari, Arul Joe Mathias. Biopower in Asia: Growth in Cogeneration and Power Production. Renewable Energy World International, July/August 2009, Vol. 12 (4).

35. 稻壳灰

1 背景

2008 年 4 月，固体废物研究所对某公司申报进口的“炼钢保温剂”货物样品进行废物属性鉴别，需要确定是否属于国家禁止进口的固体废物。在实验分析和查阅相关资料的基础上编写鉴别报告。

2 样品特征及物质特性分析

（1）样品为灰黑色、细小的碎屑或粉末，质轻，蓬松，外观形态见图 1。测定样品含水率为 0.35%，表明样品很干燥，样品 550℃灼烧后烧失率为 2.96%，形态基本不变，见图 2。

图 1　样品

图 2　样品灼烧后的形态

（2）对样品进行成分分析，并与国内稻壳烧完之后的灰成分进行对比，结果见表 1。

表 1　主要成分及含量（元素均以单质计）

单位：%

成分	Si	K	Ca	Fe	Mn	Ti	Cr	Zn	Cu	烧失率
样品	59.5	17.1	8.83	8.3	4.26	1.45	0.35			2.96
国内稻壳 550℃下烧成的灰	55.7	20.3	12.6	3.5	5.21	0.55		0.36	0.27	82.5

（3）采用 X 射线衍射仪（XRD）对样品的结构进行分析，主要为 SiO_2 和少量碳组成，并存在非晶态物质 SiO_2。

（4）样品腐蚀性分析：按照《固体废物腐蚀性测定　玻璃电极法》（GB/T 15555.12—1995）的规定方法制备样品浸出液并测定 pH 值，结果为 9.8，没有超出《危险废物鉴别标准　腐蚀性鉴别》（GB 5085.1—2007）的限值要求，样品不属于腐蚀性危险废物。

3 样品物质属性鉴别分析

（1）产生来源分析

国外通过流化床快速高温分解稻壳以制取高品质液体燃料是近年来比较流行的方法，Mansaray-K-G 等在此方面进行了研究，确定了稻壳在空气、O_2、N_2 等不同气体条件下汽化和燃烧的动力学参数。Lslam-M-N 提出用流化床快速高温分解法建立产量为 1 000 kg/h 的液体燃料厂家是经济可行的；而 George-Ting-Kuo-Fey 等人则提出用高温分解稻壳的产物做电池的阳极材料，其可逆性比其他锂电池的阳极材料都要好 [1]。

生物质循环流化床气化发电装置是利用气化技术，把各种生物质废弃物转换为可燃气体，将这些气体经过除尘除焦处理，再送到气体内燃机进行发电，达到从低品位能源获取高品位能源的目的，主要用于处理碾米厂的谷壳，家具厂、人造板厂和造纸厂的木屑、边角料、树皮并为工厂提供电力，还适用于处理林场及农场的枝梗材、秸秆，以及有大量秸秆、稻草和稻壳的缺电农村地区等 [2]。

矿物型 SiO_2 与稻壳灰中的 SiO_2 存在差别，前者以晶体形态存在，后者以水合型 SiO_2 形态存在 [3]。稻壳含 20% 的无定形硅，稻壳灰含 40% 左右的 SiO_2[4]。

表 2 是国内某大学对我国南方 4 个不同地方稻壳灰的成分含量测定的结果，表明 SiO_2 含量较高是稻壳灰最主要的特征。

表 2　稻壳灰的成分及含量

单位：%

稻壳	Na_2O	MgO	Al_2O_3	SiO_2	P_2O_5	SO_3	K_2O	CaO	TiO_2	MnO	Fe_2O_3
1	1.56	0.41	1.01	93.11	0.55	0.52	1.62	0.88	0.05	0.22	0.07
2	1.34	0.76	1.12	92.43	0.65	0.59	2.00	0.80	0.01	0.19	0.10
3	0.21	0.24	0.73	89.84	0.50	1.05	4.70	1.66	0.04	0.56	0.46
4	0.18	0.81	1.39	83.02	2.25	0.50	3.40	2.04	0.25	1.01	5.14

样品中硅的含量最高，钾的含量次之，具有稻壳灰成分的典型特征，判断样品是稻壳燃烧后的灰，来自国外发电厂。

（2）固体废物属性分析

无论是发电后的灰还是其他燃烧后的灰都没法进行质量控制，物质不是有意生产的，是生产过程中产生的废弃物质或残余物。依据《固体废物鉴别导则（试行）》的原则，判断样品属于固体废物。稻壳灰仍然具有一定的用途，如进一步提取硅物质，或者用做炼钢保温剂。

原国家环境保护总局、商务部、国家发改委、海关总署、国家质检总局 2008 年第 11 号公告公布的《自动进口许可管理类可用作原料的废物目录》和《限制进口类可用作原料的废物目录》中均没有列出该类废物，样品属于禁止进口的固体废物。

4 结论

样品是稻壳燃烧后的灰，来自国外发电厂产生的燃烧灰，属于目前我国禁止进口的固体废物。

参考文献

[1] 董梅 . 国外稻壳综合利用的进展 [J]. 粮食流通技术 , 2004(3):33-34.

[2] 刘恒权 , 孙时知 , 于欣伟 , 等 . 由稻壳发电剩余物——稻壳灰生产白炭黑研究 [J]. 无机盐工业 , 2000, 32(5):41.

[3] 吴创之 , 阴秀丽 . 固体生物质废弃物气化发电技术 [R]. 第四届环境保护技术及装备学术年会 ,1999.

[4] 侯海涛 . 稻壳开发利用综述 [J]. 粮油加工 , 2003(3):26-27.

36. 微硅粉

1 背景

2008 年 11 月，固体废物研究所对某公司拟进口的“高等级微硅粉”样品进行属性鉴别，需要确定是否为国家禁止进口的固体废物。在实验分析和查阅相关资料的基础上编写鉴别报告。

2 样品特征及物质特性分析

（1）样品为灰色粉末，表观密度大约为 380 kg/m^3，用手搓捻有颗粒感，测定样品含水率为 0.23%，灰分为 99.32%，外观形态见图 1。

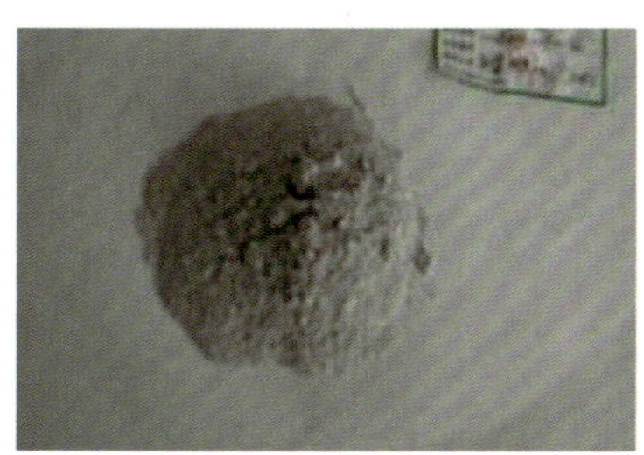

图 1　样品

（2）采用 X 射线荧光光谱仪分析样品干基的组成，成分及含量见表 1。

表 1　主要成分及含量（除 Cl 以外，其他元素均以氧化物计）

单位：%

成分	SiO_2	CaO	K_2O	Al_2O_3	Na_2O	SO_3	MgO	Fe_2O_3	Cl	P_2O_5	Cr_2O_3	MnO	ZnO
含量	98.5	0.32	0.28	0.22	0.20	0.13	0.11	0.11	0.03	0.03	0.03	0.02	0.01

（3）采用 X 射线衍射仪分析样品物相组成，实验现象显示谱图为弥散峰，表明物质为非晶态结构。显微镜下样品多呈似圆粒状，粒度大小不等，见图 2；正交偏光下颗粒呈现均匀特性，为非晶态。在扫描电镜下进行观察，为微细粒的集合体，为大小不一的球体，见图 3。

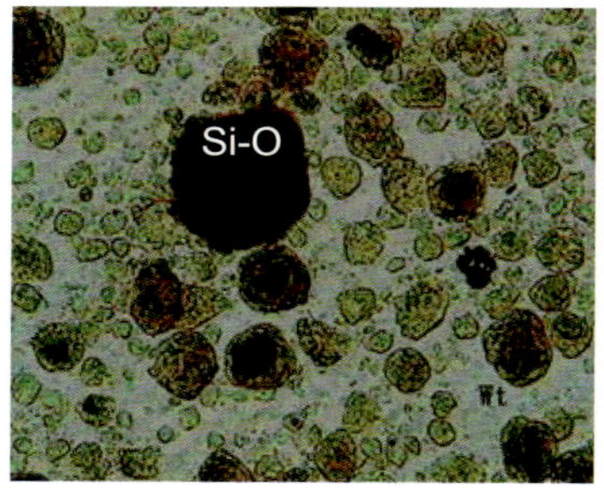

图 2　透光镜下硅粉（Si-O）呈似圆粒状

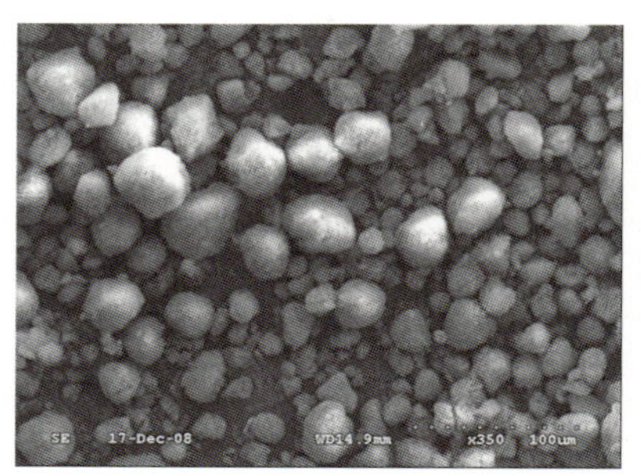

图 3　低倍放大条件下硅粉显似球状

3 样品物质属性鉴别分析

（1）产生来源分析

SiO_2 分为结晶态和无定形两类。

高纯度 SiO_2 主要有以下三种来源：①用自然界优质水晶经简单提纯获得。②以天然石英（SiO_2）或熔融石英为原料，经粉碎、磁选、浮选、酸浸、干燥、焙烧、再磁选等一系列工艺流程获得的微硅粉，其质纯、色白、颗粒均衡，是一种无毒、无味、无污染的无机非金属材料。③从冶炼金属硅或 Si-Fe 合金过程产生的烟气回收副产品经加工处理获得。根据原料、还原剂或炉况的不同，工艺所得产物常称为微硅粉，一般呈灰色或深灰色，且在形成过程中，因相变的过程中受表面张力的作用，形成了非结晶相无定形圆球状颗粒，且表面较为光滑，有些则是多个圆球颗粒黏在一起的团聚体。白色的微硅粉较为罕见。

目前只有中国、美国、德国等少数国家具备微硅粉生产能力[1]。挪威埃肯公司早在1947 年就开始进行微硅粉的生产技术、粉尘处理、分级和应用方面的研究，是世界上最早开展微硅粉研发的企业，并保持领先地位。之后，美国、俄罗斯、日本也开始进行研发应用，并成为微硅粉主要生产国[2]。生产 3t 工业硅可回收 1t 微硅粉。

微硅粉也叫硅灰或称凝聚硅灰，是冶炼金属硅或 Fe-Si 合金时，矿热电炉内产生出大量挥发性很强的 SiO 和 Si 气体，气体排放后与空气迅速氧化冷凝沉淀而成的无定形 SiO_2 细颗粒，属于冶金行业的副产物[3]。在冶炼工业中，一般需要用除尘环保设备回收微硅粉，同时由于微硅粉质量较轻，还需要用加密设备进行加密处理。

所谓高等级微硅粉实际上是 SiO_2 含量比普通的高一些，主要取决于生产工艺的先进程度和原料控制的不同，其产生过程仍然与 SiO_2 含量较低的普通微硅粉没有本质区别，也没有明确的区分标准或依据。

样品为无定形非晶态、灰色的 SiO_2 粉末，且多呈圆粒状，粒度大小不等，判断样品不是天然水晶加工提纯获得，也不是以天然硅石为原料加工所得，而是金属硅或 Si-Fe 冶炼过程中的烟气净化副产物，即微硅粉。

（2）固体废物属性分析

样品是金属硅或 Si-Fe 合金冶炼过程中烟气经除尘设施捕集而得到的副产物，是“污染控制设施产生的残余物”。依据《固体废物鉴别导则（试行）》的原则，判断样品属于固体废物。

原国家环境保护总局等部门于 2008 年公布的第 11 号公告中的《限制进口类可用作原料的固体废物目录》和《自动许可进口类可用作原料的固体废物目录》以及之前历次公布的允许进口废物目录均未列入微硅粉。因此，样品属于我国禁止进口的固体废物。

4 结论

微硅粉是金属硅或 Si-Fe 合金冶炼过程中在烟气净化环节回收的粉尘，属于我国禁止进口的固体废物。

参考文献

[1] 佚名 . 我国微硅粉与微硅粉市场混乱 . 有机氟资讯 , 2006(4):23-25.

[2] 刘晓华 , 盖国胜 . 微硅粉在国内外应用概述 [J]. 铁合金 , 2007(5):41-44.

[3] 陈兵 , 姚武 , 李悦 . 微硅粉在混凝土工程中的应用 [J]. 新型建筑材料 , 2000(11):4-6.

37. 工业硅破碎过程中回收粉尘

1 背景

2011 年 11 月，固体废物研究所对某公司申报进口的“金属硅粉”货物样品进行固体废物属性鉴别，需要确定是否属于固体废物。在实验分析、咨询专家和查阅相关资料的基础上编写鉴别报告。

2 样品特征及物质特性分析

（1）样品为棕黑色细粉末，具有金属的光泽，无明显杂质。测定含水率为 0.16%，550℃下灼烧后的烧失率为 0.22%。样品外观形态见图 1。测定样品比表面积为 0.70 m^2/g，表面积平均粒径为 8.53μm；粒度分布的体积分数为：⩽ 2.0 μm 的占 4.03%；⩽ 12.0 μm 的占 29.64%；⩽ 40.0 μm 的占 71.51%；⩽ 80.0 μm 的占 95.32%；⩽ 135.0 μm 的占 100.0%；粒度分布见图 2。

图 1　粉末样品

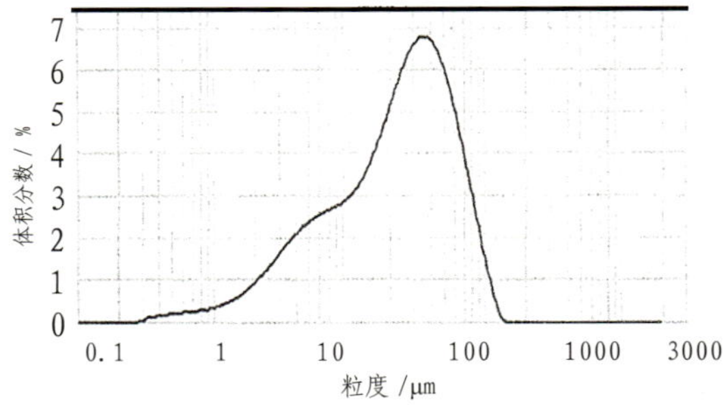

图 2　样品粒度分布图

（2）采用 X 射线荧光光谱仪分析样品的成分，结果见表 1；采用化学法分析样品中 Fe、Al、Ca 的含量，分别为 0.38%、0.34%、0.019%。

表 1　样品成分和含量（均以元素计）

单位：%

成分	Si	Fe	Al	Ti	Ni	Ca	V	Cu
含量	98.97	0.60	0.22	0.06	0.05	0.05	0.03	0.03

（3）采用 X 射线衍射仪对样品进行物相结构分析，衍射峰非常清晰，为单质硅，谱图见图 3。扫描电镜观察样品细粉的形貌特征，为棱角分明的不规则结构，多数颗粒在 10~50 μm，也有少量 100 μm 左右的颗粒，见图 4~ 图 6。

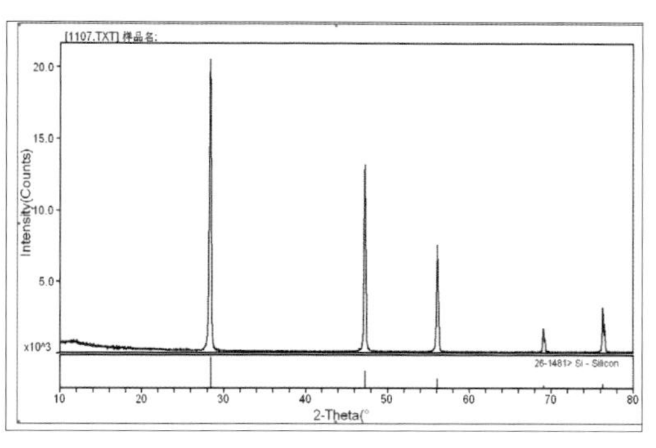

图 3　样品衍射谱图

图 4　放大 200 倍的电镜图

图 5　放大 500 倍的电镜图

图 6　放大 1 500 倍的电镜图

3 样品物质属性鉴别分析

（1）产生来源分析

①工业硅

有工业价值的三种硅产品为[1]：电子级硅（EG）；合金，如 Si-Fe 合金、Si-Ca 合金；冶金级硅（MG），纯度为 98.5%~99.7%，也可称为工业硅。

电子级硅的纯度大于 99.999%，主要用于太阳能电池和半导体材料行业；样品含 99.26% 的硅，而且根据太阳能电池企业对样品的实验，样品电阻率分布走向一致，很微弱，样品纯度和性能远远达不到电子级硅的产品要求；另外，根据高纯硅生产专家介绍，硅棒切割、抛磨中产生的少量细粉因杂质含量高并不具有回收利用价值。因此，样品不是电子级硅生产中的产物。

硅合金中含有显著量的铁或钙，不同牌号的硅含量不同，例如 75Si-Fe 合金中含 75%Si。样品中硅的含量和形态与硅合金明显不同，因此样品不是硅合金，也不是硅合金生产中产生的无定形 SiO_2 粉尘（微硅粉）。

工业硅，是用炭还原剂在电弧炉中还原硅石得到的结晶硅。苏联制定的熔炼工业硅标准的化学组成见表 2[2]。我国制定了适用于矿热炉内碳质还原剂与硅石熔炼工业硅的标准，工业硅的化学成分应符合表 3 的规定。实验表明，样品成分、含量及物相结构与工业硅的组成基本相符合。因此，推断样品是来自工业硅生产中的产物。

表 2　工业硅的化学成分及含量要求（苏联国定标准）

单位：%

牌号	Si，≥	杂质，≤			
		Fe	Al	Ca	杂质总量
KpOO	99.0	0.4	0.4	0.4	1.0
KpO	98.8	0.5	0.4	0.4	1.2
Kp1	98.0	0.7	0.7	0.6	2.0
Kp2	97.0	1.0	1.2	0.8	3.0
Kp3	96.0	1.5	1.5	1.5	4.0

表 3　工业硅的化学成分及含量要求（GB/T2881—2008）

单位：%

类别	牌号	Si，≥	杂质，≤		
			Fe	Al	Ca
化学用 Si	Si-A	99.6	0.20	0.10	0.01
	Si-B	99.2	0.20	0.20	0.02
	Si-C	99.0	0.30	0.30	0.03
	Si-D	98.7	0.40	0.10	0.05
冶金用 Si	Si-1	99.6	0.20	—	0.05
	Si-2	99.3	0.30	—	0.10
	Si-3	99.3	0.50	—	0.20

熔炼出的工业硅为块状，在使用前大多需要将其制粉，硅粉由工业硅破碎而成，形状极不规则，带有明显的棱角且粒径分布很宽[3]。样品电镜观察清晰地表明样品粉粒的形状极为不规则，棱角分明，粒径不均，因此，判断样品是来自工业硅生产硅粉的破碎过程。

资料表明[4]，制粉有一定的粒度区间和组成要求，总范围是 20~350 目（相当于 750~43 μm）；国内采用干式球磨制粉，粒度控制较难，得粉率低，尤其是 180 目（相当于 83 μm）的只有 60% 左右；采用冲旋制粉工艺生产合格硅粉（中粉）的范围为 40~140 目（相当于 375~107μm），筛分最小细度为 180 目（相当于 83 μm）的占 95%。我国制定了工业硅破碎筛分加工成硅粉、用于生产多晶硅原料的标准，《硅粉》（YS/T 724—2009）中对粒度作出规定："对采用西门子法生产多晶硅，硅粉粒度一般为 125~425 μm（40~120 目），但粒度小于 125 μm、大于 425 μm 的硅粉总和不超过 10%。"由此表明，工业硅粉产品的粒度 90% 以上应在 125~425 μm 范围内。而样品粒度 ≤ 40.0 μm 的占 71.51%、≤ 80.0 μm 的占 95.32%，与标准规定的和资料中的粒度范围明显不符，判断样品不属于正常的硅粉产品。

②金属硅破碎产生的粉尘

某厂工业硅粉碎过程中采用吸尘罩集尘、布袋除尘器回收硅粉的方案治理粉尘污染，其工艺流程示意图见图 7[5]。前述采用冲旋制粉工艺生产合格硅粉（中粉）的粒度范围为 40~140 目（相当于 375~107 μm），工艺流程中大于 325 目或更细的粉尘采用布袋收尘，为微尘，见图 8。

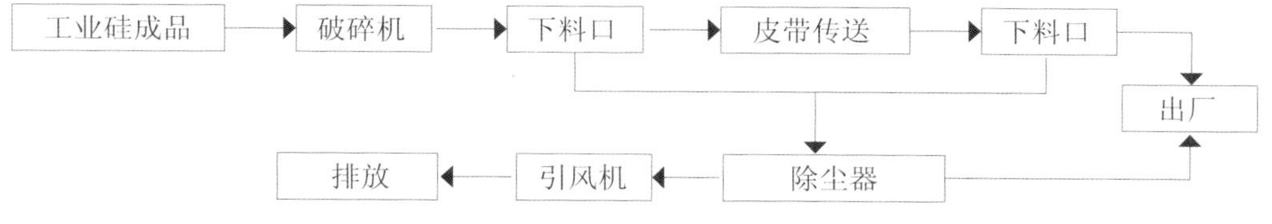

图 7　破碎工艺流程示意图

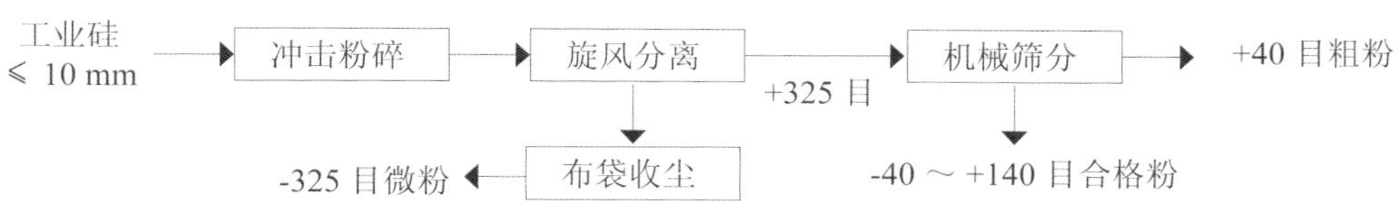

图 8　冲旋制粉工艺流程示意图

样品粉末粒度 ≤ 40.0 μm 的占 71.51%，≤ 80.0 μm 的占 95.32%，与图 8 中标出的经布袋收尘得到的−325 目粉尘可比。因此，判断是来自粉碎过程中回收的极微细粉尘。

（2）固体废物属性分析

样品不满足合格硅粉产品的相关标准要求，是来自工业硅生产硅粉中回收的粉尘，属于“污染控制设施产生的残余物”。因此，依据《固体废物鉴别导则（试行）》的原则，样品属于固体废物。

根据 2009 年环境保护部、商务部、国家发展和改革委员会、海关总署、国家质量监督检验检疫总局公布的第 36 号公告，在该公告《限制进口类可用作原料的固体废物目录》和《自动许可进口类可用作原料的固体废物目录》中均没有包含样品类废物，而在《禁止进口固体废物目录》中明确包含“其他未列名固体废物”。因此，样品属于目前我国禁止进口的固体废物。

4 结论

样品是来自工业硅生产硅粉中回收的粉尘，属于固体废物，是目前我国禁止进口的固体废物。

参考文献

[1] 孙家跃 , 杜海燕 . 无机材料制造与应用 [M]. 北京 : 化学工业出版社 , 2001:250.

[2] Р. И .Рагулина, 何允平 . 工业硅的生产工艺 [J]. 轻金属 , 1977(3):73.

[3] 梁卫华 , 王金福 , 罗务习 , 等 . 工业硅粉流化特性实验 [J]. 过程工程学报 , 2002, 2(z1):354.

[4] 常森 . 冲旋式工业硅制粉新工艺 [J]. 铁合金 , 1991, 2:24-25.

[5] 迟乃刚 . 利用布袋除尘器回收工业硅粉尘 [J]. 辽宁城乡环境科技 , 1999, 19(1):57.

38. 石膏废物

1 背景

2008 年 7 月，固体废物研究所对某公司申报进口的“硼石膏”货物样品进行废物属性鉴别，需要确定是否属于国家禁止进口的废物。在实验分析和查阅相关资料的基础上编写鉴别报告。

2 样品特征及物质特性分析

（1）样品外观为浅黄色固体，潮湿，有的成团状，肉眼观察无杂质。测定样品含水率和灰分，结果分别为 21.1% 和 65.30%，外观形态见图 1。

（2）采用 X 射线荧光光谱仪分析干基样品的组成，成分及含量见表 1。用电感耦合等离子体原子发射光谱仪测定烘干样品中硼（B）和硫酸盐的含量，分别为 1.38×10^3 mg/kg 和 8.89%。

表 1　样品成分及含量（除 Cl 以外，其他元素均以氧化物计）

单位：%

成分	SO_3	CaO	SiO_2	Fe_2O_3	Al_2O_3	MnO	MgO	Na_2O
含量	34.61	32.77	28.71	2.63	0.39	0.32	0.16	0.13
成分	K_2O	P_2O_5	TiO_2	PbO	Cr_2O_3	Cl	ZnO	—
含量	0.08	0.05	0.04	0.03	0.02	0.02	0.01	—

（3）采用 X 衍射仪分析样品物相组成，主要含有 $CaSO_4\cdot2H_2O$、SiO_2、Fe_3O_4、$Fe_{1.6}SiO_4$ 等。

（4）显微镜下观察样品，发现有许多柱状结晶体与许多无定形细粒集合体，见图 2，这些柱状结晶体与石膏结晶体非常相似。能谱分析表明样品中有石膏结晶体，主要含 Si、S、Ca，此外还有少量 Fe、Al、B，见图 3 和图 4。

图 1　样品

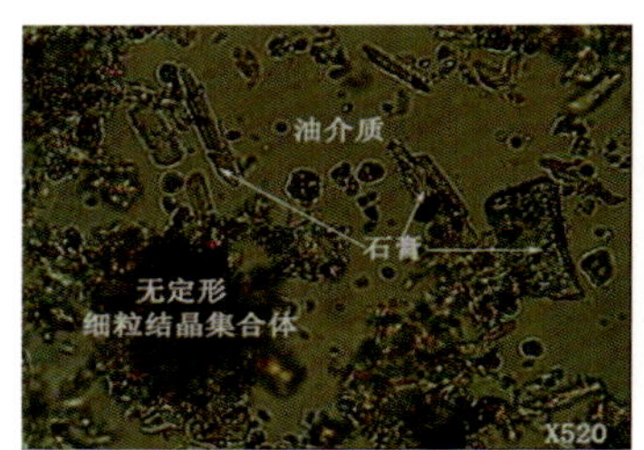

图 2　样品的显微镜图像

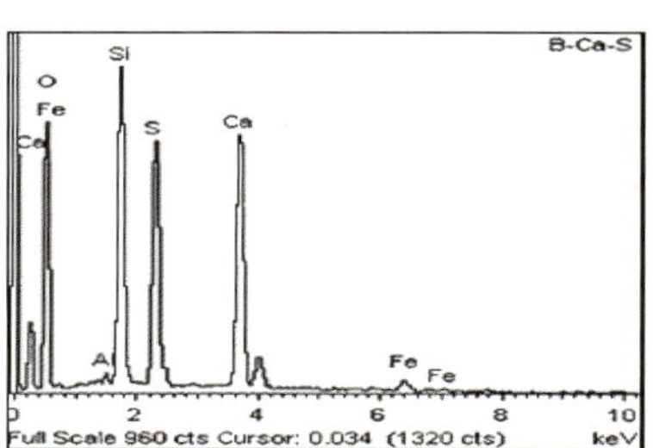

图 3　样品能谱

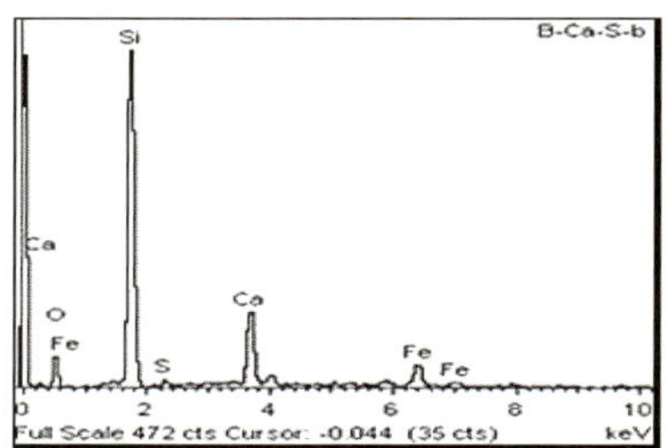

图 4　无定形微晶能谱

3 样品物质属性鉴别分析

（1）产生来源分析

石膏原料分为两种：其中 90% 为天然石膏（$CaSO_4 \cdot 2H_2O$），其余为化工石膏。部分天然石膏的主要成分及含量见表 2[1,2]。

表 2　部分天然石膏的主要成分及含量

单位：%

产地	SO_3	CaO	SiO_2	Fe_2O_3	Al_2O_3	MgO
吉林	25.26	24.46	12.14	1.33	6.23	9.42
辽宁	30.34	29.33	6.39	0.58	1.88	6.26
山东	37.57	29.42	4.13	0.51	1.34	1.34
山西 1	37.11	30.16	3.54	0.42	1.12	1.47
山西 2	34.26	29.60	6.16	1.93	1.92	3.44

化工石膏是化工生产中某种矿物与 H_2SO_4 反应后所排放出的含石膏的副产品及废渣。常见的化工石膏包括磷石膏、硼石膏、氟石膏等，它们的主要成分是 $CaSO_4$；此外，还含有 P、B、F 的化合物及少量 H_2SO_4、H_3PO_4 和 HF[3]。

将表 1 中样品的主要组成与表 2 中的天然石膏进行对比，可判断样品不是天然石膏，而是化工石膏。结合报关名称和样品中含有硼，判断样品是硼石膏。

（2）固体废物属性分析

化工石膏是化工生产中某种矿物或盐与 H_2SO_4 反应后所排放出的含石膏的副产品及废渣，常见的化工石膏包括磷石膏、氟石膏、硼石膏等。磷石膏是湿法生产磷酸过程中产生的废渣，氟石膏是以 CaF_2（萤石）和 H_2SO_4 为原料生产 HF（氢氟酸）的过程中产生的废渣。硼石膏是生产硼酸时产生的废渣。

从化工石膏的产生过程看，化工石膏不是工厂有意生产的物质，而是生产过程中产生的废弃物质，也可能是污染控制设施产生的残渣。依据《固体废物鉴别导则（试行）》的原则，判断样品属于固体废物。

原国家环境保护总局、商务部、国家发改委、海关总署、国家质检总局 2008 年第 11 号公告公布的《自动进口许可管理类可用作原料的废物目录》和《限制进口类可用作原料的废物目录》中均没有列出硼石膏废物或废石膏。因此，样品属于我国禁止进口的固体废物。

4 结论

样品为化工石膏中的硼石膏，属于我国禁止进口的固体废物。

参考文献

[1] 陈勇 . 脱 S 石膏代替天然石膏作缓凝剂的生产实践 [J]. 水泥工程 , 2008(2):29-31.

[2] 刘长春 , 李荣军 , 刘磊 . 钛石膏作水泥缓凝剂的试验研究 [J]. 水泥 , 2006(11):49-50.

[3] 周永进 . 化学石膏在建材工业中的应用 [J]. 江苏建材 , 1999(1):3-4.

39. 含硫淤泥

1 背景

2011 年 3 月，固体废物研究所对某公司申报进口的“碳硫淤泥”货物样品进行固体废物属性鉴别，需要确定是否为国家禁止进口的固体废物。在实验分析、咨询专家和查阅相关资料的基础上编写鉴别报告。

2 样品特征及物质特性分析

（1）样品为黑色泥状物质，具有较浓的氨水气味，为有滑感的细泥，自然干燥后有硫黄气味。测定样品含水率为 39.2%，样品干基 550℃下灼烧后的烧失率为 82.9%，外观形态见图 1。

（2）参照《煤中碳和氢的测定方法》（GB/T 476—2008）测定样品中的碳含量，结果为 3.36%；参照《煤中全硫的测定方法》（GB/T 214—2007）测定自然干燥后样品中的全硫含量，结果为 53.12%。

（3）能谱分析表明样品主要含有硫，可能有部分硫酸盐，能谱图见图 2。采用 X 射线衍射仪分析样品的物相组成，主要含单质硫，另含少量的 SiO_2 和 Na_2SO_4。

图 1　样品

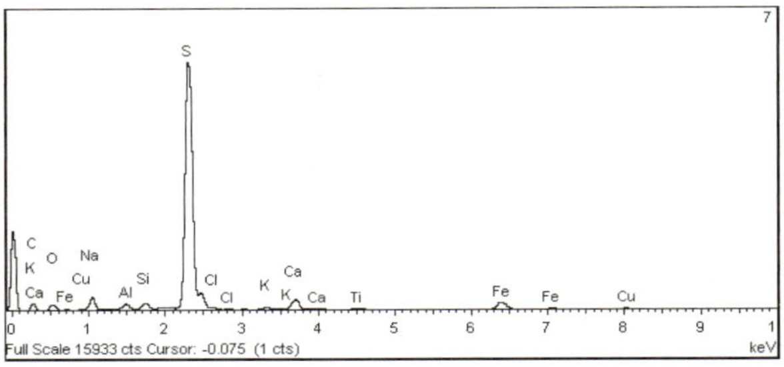

图 2　样品能谱

3 样品物质属性鉴别分析

（1）产生来源分析

硫黄是一种黄色固体，熔点 112.8~119.3℃，沸点 444.6℃，不溶于水，稍溶于酒精和醚类，易溶于 CO_2、CCl_4 和苯。用途广泛，主要用于制造 H_2SO_4。

从含有 H_2S 的天然气、炼油厂气、合成气和炼焦炉气中回收提取单质硫需要经过以下过程：用乙醇胺洗涤上述气体，通过再生吸收液使 H_2S 浓缩，最后用弗拉施回收硫黄工艺将 H_2S 转化成单质硫黄 [1]，生产硫黄的化学反应原理如下：

$$H_2S+1.5O_2=SO_2+H_2O$$ 燃烧氧化反应过程

$$2H_2S+SO_2=3S+2H_2O$$ 催化氧化反应过程

焦炉气中 H_2S 等是有害物质，并具有很强的腐蚀性，必须对其进行精制予以除杂处理，

Na_2CO_3 溶液中配 $C_{14}H_7NaO_5S$（蒽醌二磺酸钠）是一种先进的脱除 H_2S 的方法，脱硫效率达到 99% 以上 [2]，图 3 是钢铁企业焦炉气的精制流程。

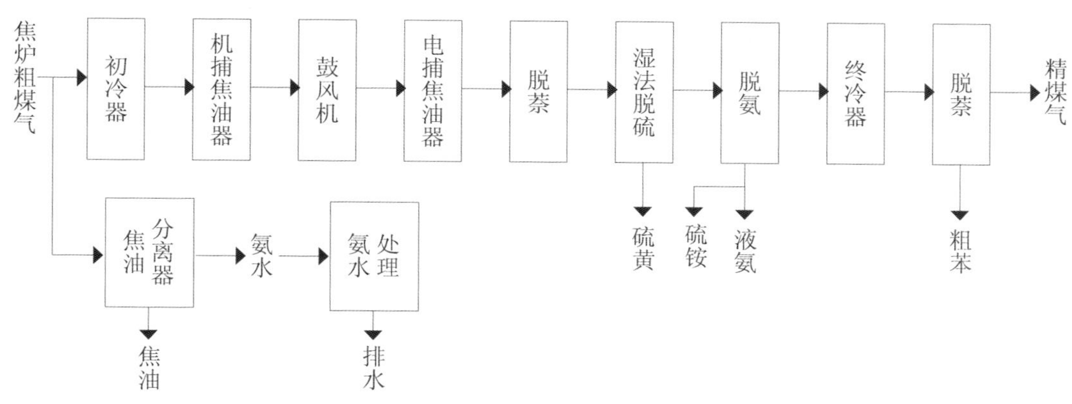

图 3　钢铁企业中焦炉煤气精制工程的工艺流程示意图

HPF 法焦炉煤气脱硫工艺以焦炉煤气自身含有的氨为碱源，以 HPF（由对苯二酚、双核钛氰钴磺酸盐及 $FeSO_4$ 组成的醌钴铁类复合型催化剂的简称）为催化剂，对焦炉煤气进行脱硫脱氰；脱硫后的富液在 HPF 催化剂的作用下，用空气进行氧化再生，从煤气中脱出的 H_2S 最终在脱硫液中被转化成单质硫，分离后得到硫黄产品；硫含量为 90%~96%，通常含有焦油、萘等杂质 [3]。Fe/Cu 湿式催化氧化法脱除含 H_2S 废气回收硫黄的工艺流程示意图见图 4[4]。

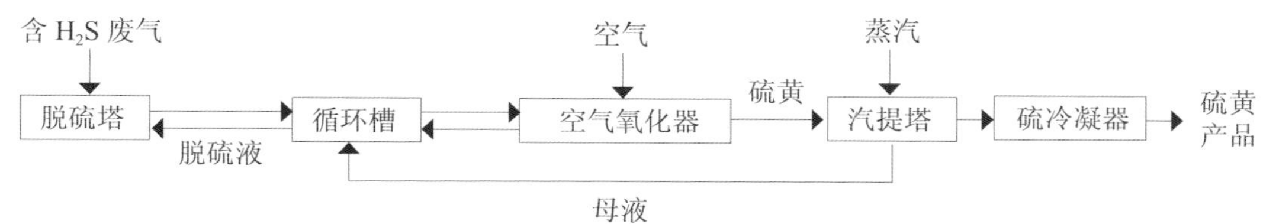

图 4　回收硫黄工艺流程示意图

小型合成氨厂含 H_2S 的半水煤气经脱硫塔脱硫，含有氨和对苯二酚的溶液对 H_2S 进行化学吸收，然后经过再生装置用空气进行氧化再生，可得到硫泡沫。硫泡沫进行分离脱去一部分水即成硫膏（含水 40%~80%），将硫膏装入熔硫釜用蒸汽加热到 120~130℃，使硫膏熔融，制取纯度较高的硫黄 [5]。硫膏中含 82%~84% 的硫（用焦炭的合成氨厂），或 92%~93% 的硫（用白煤的合成氨厂）[6]。

上述资料表明，从含 H_2S 废气净化回收硫黄是一种国内外广泛使用的工艺技术，大量产生和使用焦炉煤气的行业（如钢铁、合成氨）都存在回收硫黄的工艺技术，硫黄还是生产 H_2SO_4 的最好原料。

样品主要含有单质硫，明显具有氨的气味和硫黄气味，颜色为黑色而且含有碳，样品含有水分和其他杂质，这些特点表明样品是来自焦炉煤气净化 H_2S 废气并回收硫黄过程中的产物。

无论是催化氧化反应后的硫膏，还是硫膏进行熔硫提纯硫黄的产品，其中硫含量较高，至少在 80% 以上，我国《工业硫黄》（GB/T 2449—2006）标准规定硫含量（包括焦炉气回收在内的硫黄）最少 99%。样品含水率达到 40% 左右，自然干燥后样品中硫的含量只有约 53%，因此，样品不是硫膏（可称为粗硫黄）或工业硫黄产品。

在得到硫膏或硫黄产品的过程中，由于催化反应的复杂性和荒煤气原料成分的复杂性，会有部分硫（包括单质硫）进入到其他副产物中，如废液污泥或存在于池、槽、罐、釜的淤泥中，需要定期清理[7]。通过咨询行业专家，进一步判定样品是回收硫黄过程中从池、槽、罐、釜底部清理出的含硫淤泥。

（2）固体废物属性分析

样品是焦炉煤气净化 H_2S 并回收硫黄过程中从池、槽、罐、釜底部清理出的含硫淤泥。样品中含有较高的水分和杂质，应属于“生产过程中产生的废弃物质”和“污染控制设施产生的污泥”，依据《固体废物鉴别导则（试行）》的原则，判断样品属于固体废物。

2009 年 8 月环境保护部、商务部、国家发改委、海关总署、国家质检总局发布的第 36 号公告中的《限制进口类可用作原料的固体废物目录》《自动许可进口类可用作原料的固体废物目录》均没有包括“硫黄污泥”、“含硫污泥”及类似废物；而在《禁止进口固体废物目录》中包括“3825200000 下水道淤泥，包括污水处理厂等污染治理设施产生的污泥”，样品应归入这类废物，属于目前我国禁止进口的固体废物。

4 结论

样品是来自焦炉煤气净化 H_2S 废气并回收硫黄过程中的产物，但不是硫膏（可称为粗硫黄）或工业硫黄产品，是焦炉煤气净化 H_2S 并回收硫黄过程中从池、槽、罐、釜底部清理出的含硫淤泥，属于目前我国禁止进口的固体废物。

参考文献

[1] 孙家跃 , 杜海燕 . 无机材料制造与应用 [M]. 北京 : 化学工业出版社 , 2001:41.

[2] 范伯云 , 李哲浩 . 焦化厂化产生产问答 [M]. 北京 : 冶金工业出版社 , 1988.

[3] 白玮 , 李玉秀 . HPF 煤气脱 S 工艺的特点、问题及解决方案 [J]. 燃料与化工 , 2009, 40(1):56.

[4] 张俊丰 . 铜 (Ⅱ) 沉淀、铁 (Ⅲ)/ 铜 (Ⅱ) 湿式氧化脱除气体中硫化氢回收硫黄新技术研究 [D]. 湘潭大学 , 2006:75.

[5] 小型合成氨厂副产硫黄的回收 [J]. 硫酸工业 , 1978(12):110.

[6] 胡金鸣 , 杜昆梅 . 用合成氨厂副产硫膏制取硫黄悬浮剂 [J]. 云南化工 ,1997(2):33.

[7] 韩定国译 . 近代硫黄熔化和燃烧的经验概要 [J]. 硫酸工业 , 1979(6):52.

40. 粉煤灰

1 背景

2011 年 6 月，固体废物研究所对某海关查扣的涉嫌走私进口的“煤灰”货物样品进行鉴别，需要确定是否属于禁止进口的固体废物，在实验分析、咨询专家和查阅相关资料的基础上编写鉴别报告。

2 样品特征及物质特性分析

（1）样品为黑色粉末，手感细腻，因为明显含有水分呈球、团、块等不规则的形状，样品中均可见极少量的石块、石子，夹杂极少量红色泥状物质；测定样品含水率为 22%，样品干基 550℃灼烧后的烧失率为 8.3%，自然晾干后样品表观密度为 1.06 g/cm³，样品过 50 μm 方孔筛筛下物比例为 75.6%。样品外观特征见图 1。

（2）采用 X 射线荧光光谱仪分析样品成分，结果见表 1。

表 1　样品主要成分 * 及含量

单位：%

成分	SiO_2	Al_2O_3	Fe_2O_3	K_2O	TiO_2	SO_3	CaO	MgO	Na_2O
含量	51.42	25.50	10.40	7.01	1.63	1.51	1.09	0.82	0.21
成分	P_2O_5	MnO	PbO	ZnO	NiO	CuO	Cr_2O_3	C**	S**
含量	0.19	0.06	0.05	0.05	0.03	0.04	—	36.8	0.17

* 除 C、S 以外，其他元素均以氧化物计。

** C 和 S 的分析参照 YB/T178.6.7—2008 中的高频燃烧红外法。

（3）采用 X 射线衍射仪对样品的物相组成进行分析，主要物相组成为 SiO_2（石英），$3Al_2O_3$—$2SiO_2$（莫来石），Fe_2O_3，$KAl_6O_{9.5}$，衍射谱图见图 2。

图 1 样品

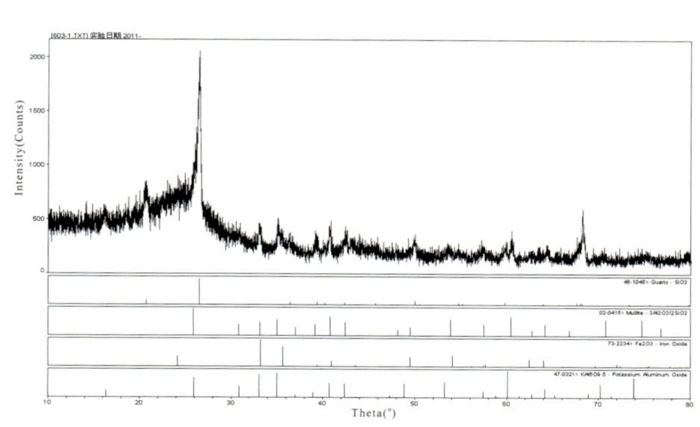

图 2 样品衍射谱图

（4）样品能谱分析和显微镜观察。

对样品进行能谱分析发现样品均具有明显的伊利石黏土成分的特征，主要含有 Si、Al、Fe、Ca 元素，与成分分析结果相符合，能谱图见图 3。

样品呈松散质轻粉末，颗粒小于 50 μm，油浸镜下可以见到大部分颗粒为硅酸盐透明珠体，透明球珠是高温下燃烧后水云母中的 Si-Al-K 氧化物熔体冷却形成的；少量为不透明球珠，有磁性，是 Fe_3O_4-Fe_2O_3，它是煤中所含 FeS_2 燃烧脱硫后形成的；还有少量的不透明黑色片状物，为煤的残余，碳的存在说明燃烧不完全。镜下特征见图 4。

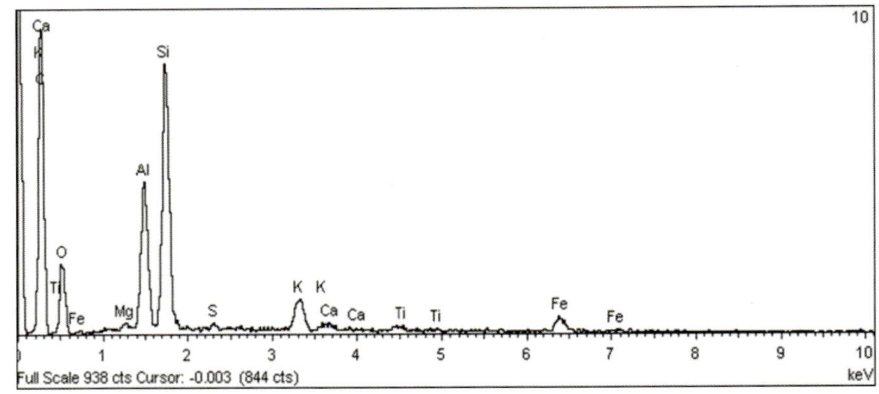

图 3　样品能谱图

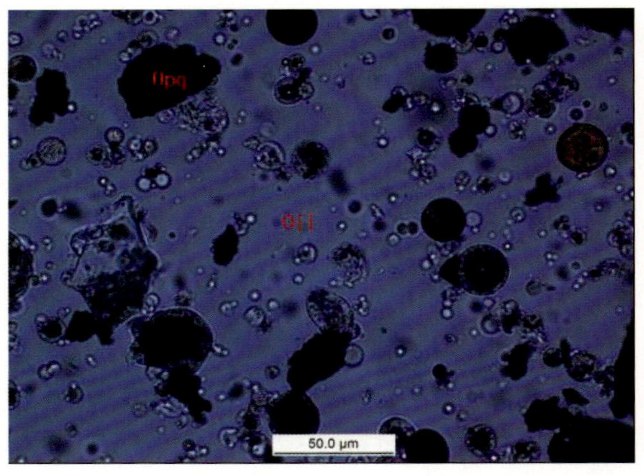

注：Opq—不透明碎屑，Oil—油介质

图 4　样品油浸镜下照片

（5）样品的煤特征指标分析：将样品按照有关煤炭指标及其分析方法，分析其水分、灰分、挥发分、高位发热量、低位发热量、全硫、总碳、总氢、碳酸盐 CO_2、有机碳等指标，结果见表 2。

表 2　样品特征指标分析

单位：%（除标出外）

序号	项目	空气干燥基
1	水分	1.04
2	灰分	62.57
3	挥发分	2.13
4	全硫（S）	0.18
5	总碳（C）	34.78
	其中：碳酸盐 CO_2	0.09
	有机碳（C）	34.76
6	总氢（H）	0.19
7	高位发热量 /（MJ/kg）	11.39
8	低位发热量 /（MJ/kg）	11.33

3 样品物质属性鉴别分析

（1）产生来源分析

粉煤灰是燃煤锅炉随烟气排出并收集的细灰，主要来源于以煤粉为燃料的火电厂和城市集中供热锅炉，其中 90% 以上为湿排灰；粉煤灰是一种白色或灰色的粉状物料，粉煤灰的粒度 17~40 μm，容重为 700~1 000 kg/m^3，热值 6 000~7 500 kJ/kg (1 435~1 794 kcal/kg)，粉煤灰的化学成分和含碳情况分别见表 3 和表 4[1,2]。有的资料中粉煤灰中碳含量达 30.41%，成为制约粉煤灰利用的重要因素[3]。

表 3　粉煤灰的化学成分及含量

单位：%

成分	SiO_2	Al_2O_3	Fe_2O_3	CaO	MgO	Na_2O+K_2O	SO_3	TiO_2	Ga	Ge	烧失量
含量	43~56	20~32	4~10	1.5~5.5	0.6~2.0	1.0~2.5	0.3~20	0.5~4	0.01~0.23	0.001~0.1	3~30

表 4　粉煤灰的含碳量统计

C 含量	<5	5~8	5~15	15~20	>20
数量 /10^{4}t	1 282	511	703	102	36
占总量比例 /%	43~56	20~32	4~10	1.5~5.5	0.6~2.0

研究表明[4]，在超级场发射电子显微镜扫描图（放大 3 500 倍数）下清晰地显示粉煤灰均为规则的球形颗粒，表面有些突起；粒径分布在 0.3~5 μm，其中 0.1~0.5 μm 的占 65%，0.5~1.0 μm 的占 23%，1.0~2.0 μm 的占 9%，其余大于 2.5 μm，粉煤灰的物相组成见表 5：铁以 Fe_2O_3-Fe_3O_4 形式存在，还有少量炭片或炭珠。因此，玻璃体微珠、磁性微珠、颗粒是粉煤灰的典型特征。

表 5　粉煤灰的物相组成及比例

单位：%

组成	石英	莫来石	赤铁矿＋磁铁矿	C	玻璃体	玻璃体中 SiO_2	玻璃体中 Al_2O_3	SiO_2/Al_2O_3（质量比）
比例	3	26.1	2.3	3.52	65.08	36.03	14.05	2.56

物理形态表明样品是从水池中捞出的细粉物质，与粉煤灰的湿排方式相符；表 1 样品成分与表 3 的成分以及其他资料中的粉煤灰成分具有较强的可比性；物相结构分析证明样品中有大量的石英、莫来石、铁氧化物，与粉煤灰的物相结构相符；显微镜下观察可见样品中有大量的玻璃体细微珠、不透明细颗粒、不规则的炭碎屑，属于粉煤灰具有的典型形貌特征，是高温燃烧后形成的产物。

可能是由于燃烧工况不佳，样品中含 35% 的碳，高于我国电厂的粉煤灰相应含量（3%~4%），从而使样品的热值（2 710 kcal①/kg）也高于一般的粉煤灰的热值，接近或达到了个别最次级烟煤和褐煤的热值（2 500~3 000 kcal/kg）；样品的灰分达到了 63%，高于褐煤、煤矸石、次级烟煤的灰分；样品挥发分只有 2.1%，远低于褐煤、次级烟煤的挥发分；因此，判断样品不是煤炭。

总之，判断样品是燃煤锅炉产生的收集烟尘，燃烧效果不好导致粉尘中碳含量高于一般的粉煤灰，在存放和收集过程中混入了少量其他杂质，但仍属于粉煤灰。

（2）固体废物属性分析

粉煤灰是燃煤锅炉燃烧烟气净化处理过程中回收的粉尘，大多采用湿法除尘予以收集，是属于“污染控制设施产生的残余物、污泥”，因此，依据《固体废物鉴别导则（试行）》的原则，判断样品属于固体废物。实际当中，粉煤灰是国内外公认的固体废物，我国每年产生数千万吨的粉煤灰。

2009 年 8 月 1 日，环境保护部、商务部、国家发改委、海关总署、国家质检总局发布的第 36 号公告的《禁止进口固体废物目录》中列出了“2621900090 其他矿渣及矿灰”，其中明确包括粉煤灰。因此，样品属于我国禁止进口的固体废物。

4 结论

样品是燃煤锅炉产生的回收的粉尘——粉煤灰，属于目前我国禁止进口的固体废物。

参考文献

[1] 聂永丰 . 三废处理工程技术手册——固体废物卷 [M]. 北京 : 化学工业出版社 , 2000:485.

[2] 庆承松 , 任升莲 , 宋传中 . 电厂粉煤灰的特征及其综合利用 [J]. 合肥工业大学学报 (自然科学版), 2003, 26(4):530.

[3] 石云良 , 陈淳 . 粉煤灰浮选新工艺 [J]. 粉煤灰综合利用 , 2001(3):24.

[4] 彭敏 . 粉煤灰的形貌、组成分析及其应用 [D]. 湘潭大学 , 2004:2-20.

① 1kcal=4 185.85J。

41. 风化弃石

1 背景

2010 年 12 月，固体废物研究所对某公司申报进口的“铜矿石”货物样品进行固体废物属性鉴别，需要确定是否为国家禁止进口的固体废物或是否为低含量铜矿。在实验分析、咨询专家和查阅相关资料的基础上编写鉴别报告。

2 样品特征及物质特性分析

（1）样品为大小不等的块状物料，棱角分明，为破碎物，表面呈红褐色；将样品敲碎，发现断口有的呈灰黑色（大块物料）或暗褐色（小块物料），也发现内部为褐色的物料中镶嵌或嵌布着绿色物质；有的样品坚硬。样品外观形态见图 1 和图 2。

图 1　样品

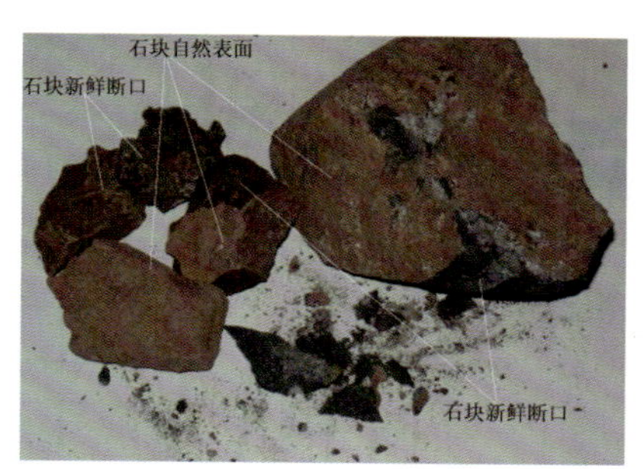

图 2　样品敲碎后的断面图

（2）将断口面为暗褐色的小块物料编为 1 号样品，断口面为黑灰色的大块物料编为 2 号样品，采用 X 射线荧光光谱仪分析样品的组成，成分及含量见表 1。

表 1　主要成分及含量（元素均以氧化物计）

单位：%

样品	SiO_2	Al_2O_3	Fe_2O_3	CaO	MgO	K_2O	Na_2O	TiO_2	P_2O_5	MnO	SO_3	Cr_2O_3	ZnO
1 号	50.39	19.13	10.18	7.95	3.94	3.83	2.35	1.54	0.47	0.12	0.04	0.04	0.03
2 号	55.42	17.93	8.67	5.75	4.04	2.67	3.13	1.39	0.69	0.18	0.04	0.05	0.02

（3）采用 X 射线衍射仪对样品进行物相分析，两个样品基本一致，结果见表 2。

表 2　样品物相结构

样品	物相组成
1 号	SiO_2、$KNa_2LiFe_2Ti_2Si_8O_{24}$、$Fe_2O_3$、$Ti_2O_3$、$Ca_3Si_2O_7$、$(Na,K,Ca)_2(Si,Al)_9O_{18}\cdot 7H_2O$、$(K_{0.82}Na_{0.18})(Fe_{0.03}Al_{1.97})(AlSi_3)O_{10}(OH)_2$
2 号	SiO_2、$KNa_2LiFe_2Ti_2Si_8O_{24}$、$Fe_2O_3$、$Ti_2O_3$、$(Na,K,Ca)_2(Si,Al)_9O_{18}\cdot 7H_2O$、$(K_{0.82}Na_{0.18})(Fe_{0.03}Al_{1.97})(AlSi_3)O_{10}(OH)_2$

（4）能谱分析表明：两个样品的元素组成基本一致，主要含有 Si、Al、Fe、Ca、Mg、K、

Ti、Na、O，能谱图见图 3 和图 4。将样品磨制抛光片并在显微镜下观察，显示为辉绿结构，且由于风化形成了 Fe_2O_3（赤铁矿）和钛的氧化物；斜长石柱状结晶因风化遭受破坏，镜下照片见图 5 和图 6。

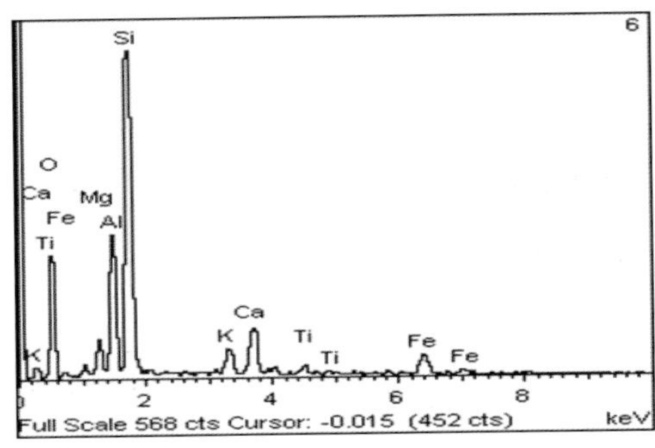

图 3　1 号样品能谱图

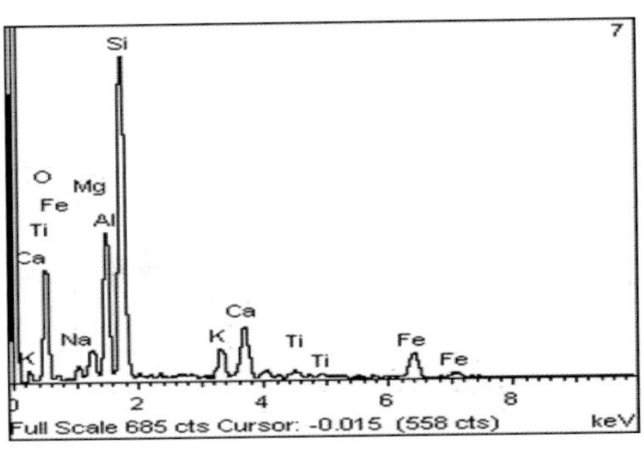

图 4　2 号样品能谱图

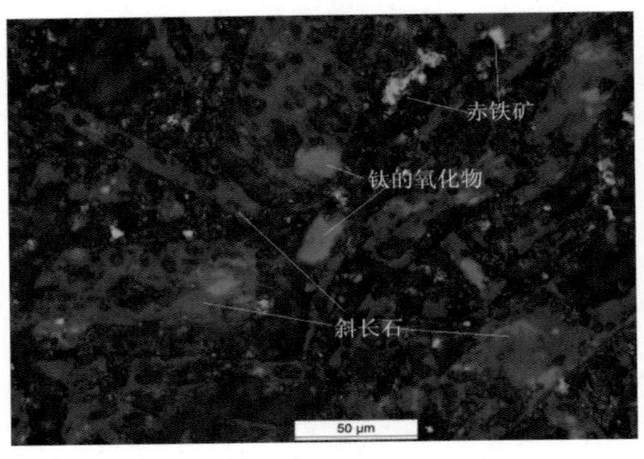

图 5　1 号样品镜下照片

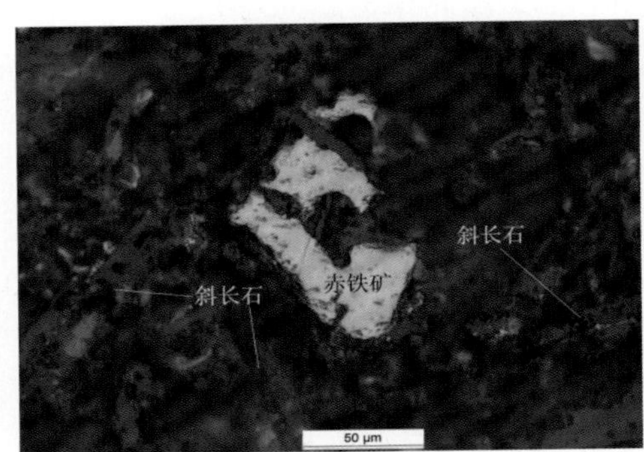

图 6　2 号样品镜下照片

3 样品物质属性鉴别分析

（1）产生来源分析

①铜矿石

根据样品的成分分析、物相结构分析等结果，均未发现有铜元素，因此样品不是铜矿石，也不是含铜量低的矿石。

②辉绿岩

辉绿岩为浅成基性侵入岩，一般呈灰绿、墨绿、灰黑色等，具柱状、辉绿结构，矿物成分以辉石（角闪石）、斜长石和黑云母为主。新鲜的辉绿岩（脉）强度高，完整性好，但浅层辉绿岩脉极易风化，多沿岩脉形成强烈的脉状风化，风化深度可达数十米之多 [1]。辉绿岩副矿物为磷灰石、黄铁矿、磁铁矿、钛铁矿、锆石、金红石等，表 3 为香山群辉绿岩的常量元素质量分数统计表 [2]。在我国浙江省武义县柳城镇南郊就有一处辉绿岩矿区 [3]。

表 3　香山群辉绿岩常量元素质量分数统计表

单位：%

样品来源	SiO_2	TiO_2	Al_2O_3	Fe_2O_3	MnO	MgO	CaO	Na_2O	K_2O	P_2O_5	LOI
1	46.88	1.34	12.81	11.79	0.17	5.85	15.16	1.14	0.05	0.09	4.24
2	48.29	1.76	12.46	14.21	0.21	7.19	8.97	3.03	0.14	0.13	3.19
3	49.32	1.77	12.78	14.71	0.22	6.13	8.90	3.22	0.39	0.15	2.02
4	48.33	1.76	12.66	13.94	0.20	7.25	9.50	2.71	0.18	0.13	2.97
磨盘井	47.92	1.30	13.50	12.53	0.16	7.05	10.43	1.95	0.22	0.16	5.11
	46.35	1.23	13.50	12.63	0.15	6.75	12.03	1.68	0.01	0.10	5.78
	47.68	1.38	13.54	11.28	0.18	7.85	9.07	2.85	0.50	0.10	5.06
狼嘴子	47.41	1.33	15.06	10.47	0.61	6.63	11.30	1.48	0.14	0.13	5.01
	47.97	1.08	14.28	12.37	0.19	6.56	10.69	2.32	0.25	0.11	4.14

1 号和 2 号两个样品的组成成分与辉绿岩相似；在显微镜下观察样品，发现存在斜长石、Fe_2O_3（赤铁矿）和钛的氧化物，具有辉绿岩的矿物特征；样品表面的红褐色是含铁矿物风化后的表现，1 号样品内部也为红褐色是由于其受风化程度深，与辉绿岩易风化的特点相符；样品能谱与已知辉绿岩能谱（图 7）相似；2 号样品岩石内部呈黑色细粒致密结构，黑色基质中有灰色长石细小晶体，这是一种常见的含 Fe-Mg 质较高的浅成基性岩。通过咨询矿物专家，样品属于岩石碎屑，似在坡积层中出现的砾石。

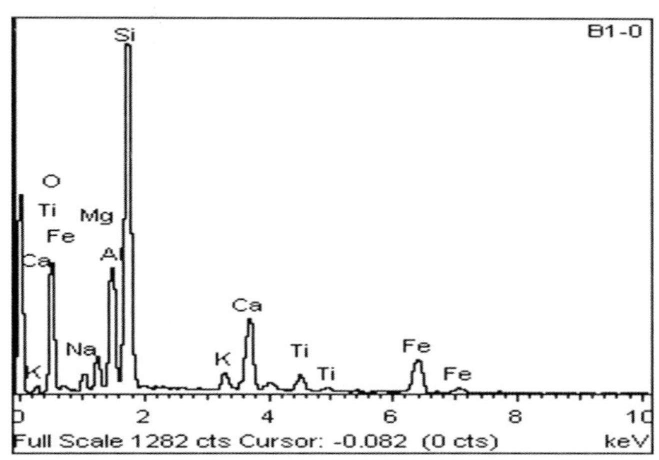

图 7 已知的辉绿岩能谱谱图

总之，判断样品是开矿产生的具有辉绿岩特征的风化弃石。

（2）固体废物属性分析

样品是开矿产生的具有辉绿岩特征的风化弃石，这种物质不具有提取某种有价元素的经济价值，它是在生产过程中被抛弃或放弃的物质，属于“生产过程中产生的废弃物质”。因此，依据《固体废物鉴别导则（试行）》中的原则，判断样品属于固体废物，是废石。

2009 年 8 月，环境保护部、商务部、国家发改委、海关总署、国家质检总局发布的第 36 号公告中的《限制进口类可用作原料的固体废物目录》《自动许可进口类可用作原料的固体废物目录》以及之前我国历次公布的允许进口的固体废物目录中均没有列出“弃石、废石”及类似物；该公告中的《禁止进口固体废物目录》中包括“未列名的固体废物”。因此，样品属于我国禁止进口的固体废物。

4 结论

样品不是铜矿石，是开矿产生的具有辉绿岩特征的风化弃石，属于禁止进口的固体废物。

参考文献

[1] 余珊球 , 朱红雷 . 风化辉绿岩 (脉) 的工程地质问题探讨 [J]. 浙江水利科技 , 2007(153):18-19.

[2] 邓昆 , 周立发 , 胡朋 , 等 . 香山群辉绿岩地球化学特征及其构造背景 [J]. 大地构造与成矿学 , 2007, 31(3):365-371.

[3] 付文伟 . 浙江武义柳城辉绿岩矿的开发利用 [J]. 浙江国土资源 , 2007(7):55-57.

42. 铜冶炼熔炼渣或转炉渣

1 背景

2007 年 7 月，固体废物研究所对某公司申报进口的“铜晶粉”货物样品进行废物属性鉴别，需要确定是否属于国家禁止进口的固体废物。在实验分析、咨询专家和查阅相关资料的基础上编写鉴别报告。

2 样品特征及物质特性分析

（1）样品外观为黑色粉末，颜色和颗粒不均匀，也有由粉末物质黏结成的团状物质，样品中间明显夹杂少许小的硬块物质（石块、冶金渣、泥块等），部分黑色物质呈现银色光泽，形态见图 1。

图 1　样品

（2）按照《铜矿石铅矿石锌矿石化学分析方法》（GB/T 14353—93）分析样品中的铜（Cu）含量，结果为 2.1%。

（3）采用 X 射线荧光光谱仪对黑色粉末样品（标为 1 号样品）以及其中颜色为黑褐色的黏在一起的大团物质（标为 2 号样品）进行了组分分析，结果见表 1。

表 1 主要成分及含量（除 Cl 以外，其他元素均以氧化物计）

单位：%

样品	Fe_2O_3	SiO_2	Al_2O_3	CuO	SO_3	ZnO	CaO	MgO	K_2O	MoO_3
1 号	65.38	22.89	3.52	2.51	1.27	1.04	0.82	0.80	0.59	0.36
2 号	59.84	25.79	2.86	2.79	0.81	2.41	2.39	0.91	0.38	0.35
样品	TiO_2	Co_3O_4	PbO	As_2O_3	P_2O_5	Cr_2O_3	Na_2O	MnO	Sb_2O_3	Cl
1 号	0.23	0.15	0.15	0.07	0.06	0.06	0.04	0.03	0.02	—
2 号	0.20	—	0.82	0.22	0.08	0.06	0.01	0.05	0.02	0.01

（4）样品电镜观察和能谱分析。样品颗粒粒径主要为 0.5~2 mm，也有部分颗粒粒径为 5~7 mm，性脆。能谱显示样品主要含有 Fe、Si，少量 Al、Ca、S、Cu、Zn，见图 2。结合成分组成可判断样品为铜冶炼炉渣，属于铁橄榄石渣型（Fe_2SiO_4），含一定数量铜的硫化物。

磨制抛光片进行镜下观察，可看到典型的水淬渣构造特征：圆粒状或椭圆粒状；部分颗粒内部有圆孔；结晶物质少（快速冷却所致）；渣中有粒度较粗的冰铜珠，镜下特征和能谱分析证明样品中铜硫主要物相为辉铜矿（Cu_2S）和斑铜矿相（Cu_5FeS_4），偶见细小的金属铜珠。各相的镜下特征见图 3~ 图 8，重要物相的组成能谱见图 9~ 图 11。

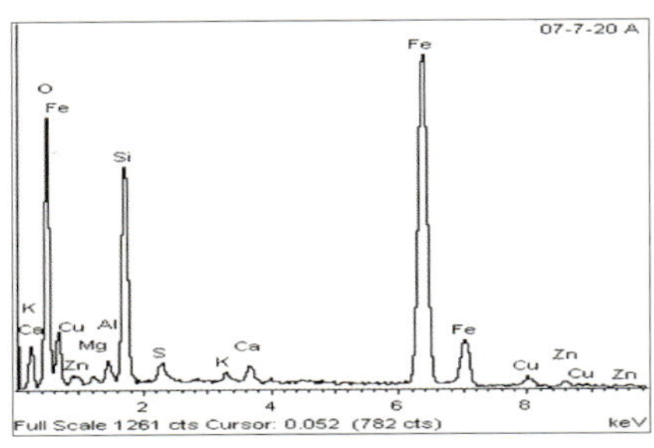

图 2 样品能谱

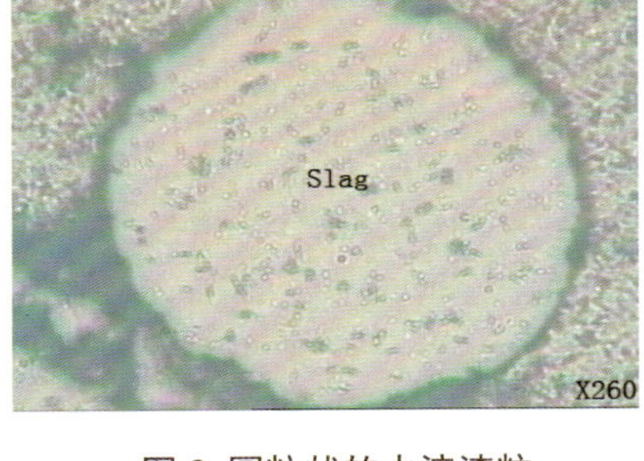

图 3 圆粒状的水淬渣粒

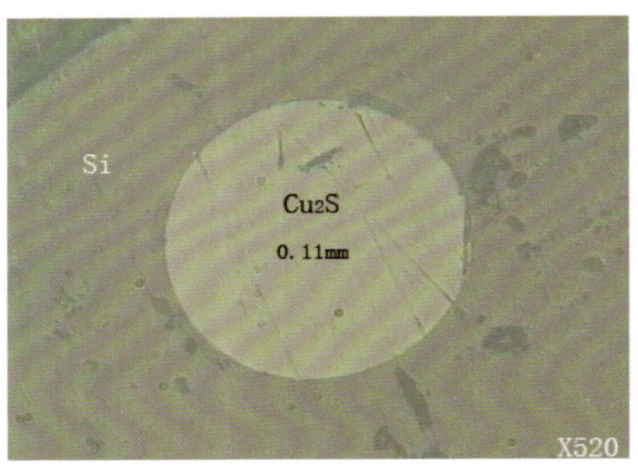

图 4 硅酸铁（图中用 Si 表示）包裹的铜硫化物珠（Cu_2S）

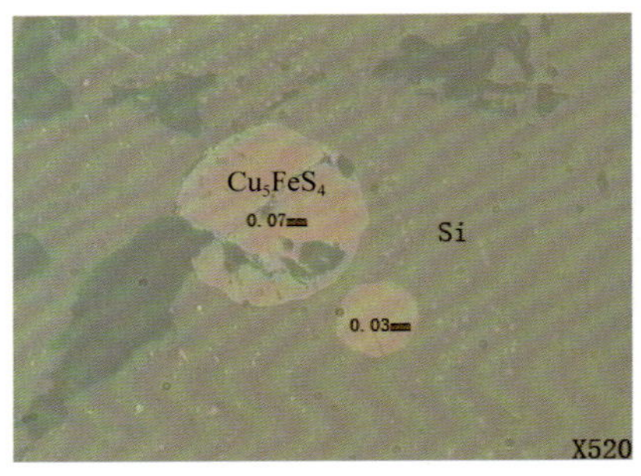

图 5 硅酸铁（图中用 Si 表示）包裹的珠状斑铜

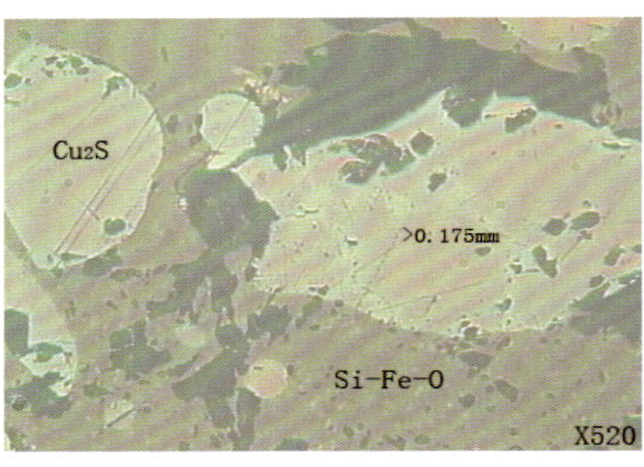

图 6 粗粒硅酸铁渣（Si-Fe-O）中包裹的形态各异的冰铜珠

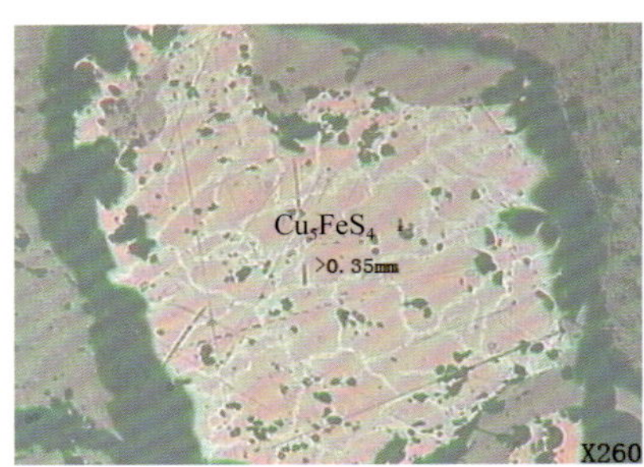

图 7 渣中以斑铜矿（Cu_5FeS_4）为主的冰铜颗粒，粒间有辉铜矿（灰色）细脉发育

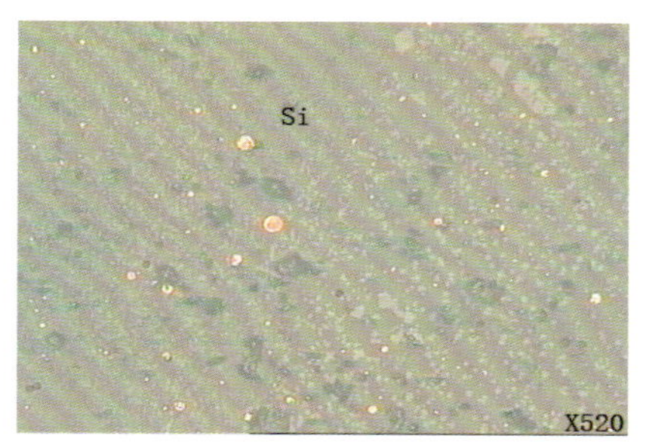

图 8　炉渣中偶见的细小的金属铜珠，硅酸铁渣中也有细小的铁酸盐（灰色）析出

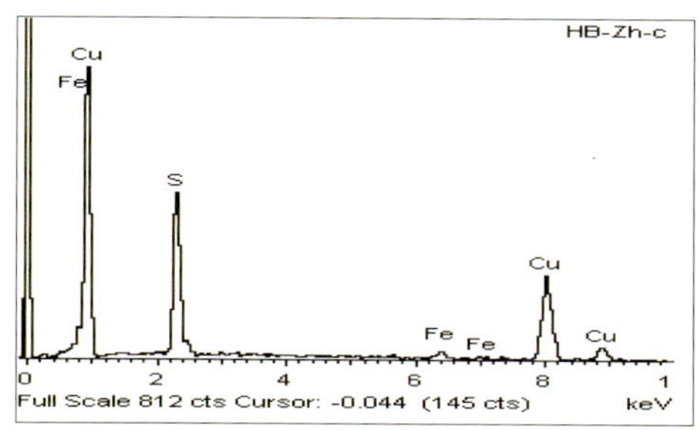

图 9　圆粒状辉铜矿（Cu_2S）能谱

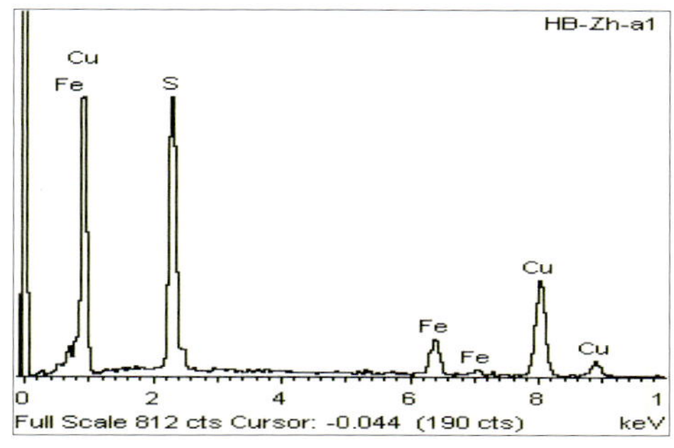

图 10　斑铜矿（Cu_5FeS_4）能谱

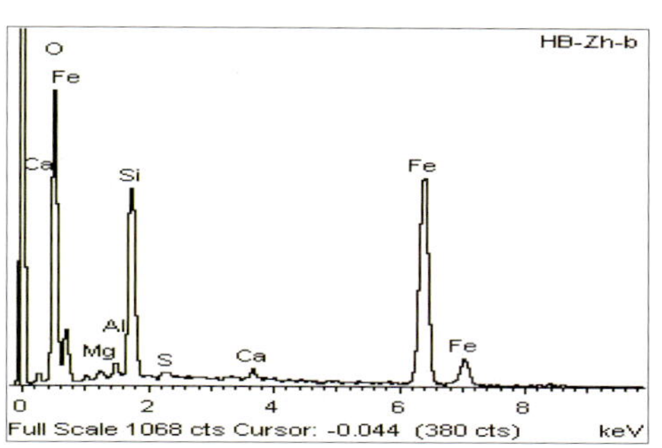

图 11　炉渣渣相能谱（细硅酸铁渣型）

（5）样品衍射谱图分析结果。

采用 X 射线衍射仪对综合样进行物相结构分析，显示主相为铁橄榄石和磁铁矿，谱峰不敏锐，表明这两种物相结晶程度都较差，谱图见图 12。

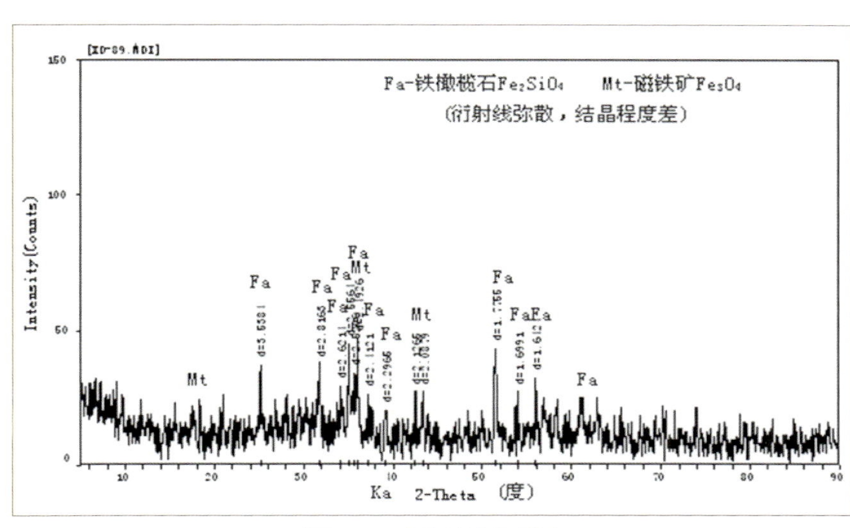

图 12　水淬炉渣衍射谱

3 样品物质属性鉴别分析

（1）产生来源分析

铜冶炼方式主要有火法和湿法两种。火法炼铜占铜产量的 80%，处理的矿石主要是硫化矿。火法炼铜的过程都是将铜精矿熔炼成为冰铜（铜锍），然后将冰铜转炉吹炼成为粗铜。粗铜一般通过电解提纯得到精制的铜产品。冰铜（铜锍）是冶炼铜时的中间产物，是 Cu_2S 与 FeS 的共熔体。在熔炼铜精矿时，Cu_2S 与 FeS 形成一个液相（称“冰铜”或“铜锍”），其他元素形成另一个液相即炉渣，炉渣水淬冷却后形成水淬渣。冰铜在转炉吹炼形成粗铜过程中还要进一步产生转炉渣，转炉渣含铜较高，其他主要成分是 Fe_2O_3、FeO、Fe_3O_4 和 SiO_2，是一种无毒、无害、硬度高、不易燃烧、易于运输和贮存的固体物质；国内冶炼企业一般再将这种渣经过选矿处理使铜进一步富集再返回到冶炼炉进行冶炼。铜冶炼过程中除产生上述两类主要固体废物外，还会产生其他一些含铜废物，如阳极泥、白烟尘、黑烟尘等。

炼铜产生的炉渣性质与炉渣的结构密切相关，火法炼铜的炉渣是一种复杂的硅酸盐[1]。样品能谱图（图 2 和图 11）、样品电镜观察图（图 3~ 图 8）、样品结构衍射图（图 12）都说明样品中含有大量的硅酸盐，如硅酸铁（Si-Fe-O），属于铜冶炼产生的熔炼炉渣相。

样品电镜观察见图 4、图 7 和图 8，样品能谱见图 9 和图 10，表明样品中铁和铜存在硫化态的形式，进一步说明是来自铜冶炼形成铜锍的过程。

传统的造锍熔炼法体系氧势较低，所产铜锍品位不高，渣含铜较低，一般为 0.2%~0.5%，难于回收；现代采用强氧化熔炼造锍熔炼体系氧势高，铜锍品位高，渣含铜量也高，需要进行贫化处理，当铜锍品位约为 72% 时，贫化前的渣含铜 2%~5%；表 2 是一些工厂产生的铜锍和炉渣的组成，表 3 是造锍熔炼渣的组成[1]。表 2 炉渣中硫（S）和铜（Cu）的含量以及表 3 炉渣的主要组成与样品中相应成分及含量具有相似性，因此，判断样品为铜冶炼产生的炉渣。

表 2　一些工厂产生的铜锍和炉渣的成分及含量

单位：%

冶炼厂	铜锍组成			炉渣	
	Cu	Fe	S	Cu	S
大冶	69.84	6.08	21.07	5.76（未贫化）	2.23
贵冶	51.0	20.5	21.5	0.6（贫化）	1.0
白银	49.87	17.79	22.70	0.94	0.53
铜陵二冶	39.94	31.6	24.30	0.313	0.57
Horne	70.5	3.7	21.0	5.8（未贫化）	1.9
Chuqicamata	70.1	7.6	21.4	4.2	1.2
Norilsk	45	23.5	23.4	0.6	1.2
中条山侯马	58~62	—	—	0.6~0.8	—
Cyprus	55~59	—	—	0.5~0.8	—

表 3　造锍熔炼炉渣的成分及含量

单位：%

企业	炉型	SiO_2	Al_2O_3	CaO	FeO	Fe_3O_4
国外某联合企业 1	反射炉	31.8	3.2	5.4	40.8	10.5
国外某联合企业 2	—	44.7	9.7	12.8	19.6	7.5
国外某炼铜厂 3	—	32.7	4.6	4.3	37.5	9.0
国外某炼铜厂 4	敞开鼓风炉	35.0	4.6	7.9	38.5	5.5
国外某炼铜厂 5	—	34.0	2.6	6.7	40.7	7.0
国外某联合企业 6	电炉	42.8	7.8	14.8	16.6	8.0
国外某联合企业 7	氧焰熔炉	32.8	3.4	3.9	38.7	15.0

造锍过程完成了铜与绝大部分铁的分离，最后要除去铜锍中的铁和硫以及其他杂质，从而获得粗铜，还需要将铜锍进行吹炼。铜锍吹炼是硫化铜精矿火法冶炼工艺流程中的最后工序，这一过程还会产生冶炼渣。转炉吹炼是其中的一种冶炼方式，转炉渣中 SiO_2 的含量一般控制在 22%~28%，转炉渣中铜大都以硫化物形态存在，少量以氧化物和金属形态存在。转炉渣中的铜必须回收，目前有两种回收方式，一种是将转炉渣缓慢冷却、破碎、磨细、浮选，产出渣精矿，然后将其返回到熔炼配料系统；另一种是将转炉渣以液体或固体状态直接加入到熔炼炉内。表 4 是转炉渣的成分实例 [1]。对比样品的结构分析和成分分析，样品很可能是来自铜锍炼粗铜过程产生的冶炼渣。

表 4　转炉渣的成分及含量

单位：%

成分	1	2	3	4	5	6	7
Cu	2.7	1~2	3	1.5~2.0	1.5~2.0	2.5~3.0	4.5
Fe	55.06	40~45	52	45~50	45~50	40~56	51.6
SiO_2	36.21	25~28	22~26	22~25	25~26	28	21
S	0.62	0.5~1.0	2.5	—	2.5	—	1.2

总之，样品的形态、成分、物相结构、电镜观察和能谱分析都说明样品是铜冶炼产生的炉渣，很可能来自造锍过程或铜锍炼粗铜过程产生的铜渣。

（2）固体废物属性分析

铜有色金属冶炼过程中产生的冶炼渣是炼铜的副产物，由于受入炉原料成分不同和波动的影响，冶炼工艺控制条件的先进性和炉型的影响，以及副产物中带入了较多的杂质成分或污染成分的影响等，这类副产物很难有稳定的质量控制和质量标准；虽然含铜量高的炉渣可以回收利用其中的铜，但主要是受市场供求关系的影响，价格好时，就会回收利用，价格不好时就会弃掉没有用；这类副产物回收后往往不能单独或直接做原用途来利用，须经过必要的预处理后作为配料进入选矿、冶炼等过程提取或富集其有用成分，或者做其他用途；铜冶炼炉渣在欧盟被列入了固体废物管理目录。总之，根据国内外管理实践，判断样品属于固体废物。

原国家环境保护总局 2007 年第 51 号公告及之前进口的铜渣属于禁止进口的固体废物；原国家环境保护总局等部门于 2008 年公布的第 11 号公告中以及环境保护部等部门于 2009

年公布的36号公告的《限制进口类可用作原料的废物目录》中均列出了铜渣，因此，2008年11号公告之后进口的铜渣属于限制类的废物，其进口应获得环境保护部的许可。

4 结论

样品是铜冶炼造锍过程或铜锍炼粗铜过程产生的铜渣，属于我国限制进口类的固体废物。

参考文献

[1] 朱祖泽，贺家齐. 现代铜冶金学 [M]. 北京：科学出版社，2003.

43. 火法精炼铜产生的冶炼渣

1 背景

2011 年 1 月，固体废物研究所对某公司申报进口的“铜锍”货物样品进行固体废物属性鉴别，需要确定是否为国家禁止进口的固体废物。在实验分析、咨询专家和查阅相关资料基础上编写鉴别报告。

2 样品特征与物质特性分析

（1）样品为不均匀、不规则的灰黑色块状物质，外表凹凸不平，有的表面有气孔，明显为高温熔融产物。测定样品含水率为 0.41%，样品干基 550℃灼烧后的烧失率为 2.5%，灼烧后总体颜色仍为灰黑色，但变得更不均匀。样品外观形态见图 1。

图 1　样品外观

（2）采用 X 射线荧光光谱仪对样品中粉末和块状分析组成，主要元素为 Si、Fe、Al、Cu、Ca，少量的 K、Na、Mg、S、P、Cl、Ti、Zn，更少量的其他元素，结果见表 1。

表 1 主要成分及含量（除 Cl 以外，其他元素均以氧化物计）

单位：%

成分	SiO_2	Fe_2O_3	Al_2O_3	CuO	CaO	K_2O	Na_2O	MgO	SO_3	P_2O_5
块状样品	33.98	27.45	13.70	12.42	2.79	2.17	2.03	1.58	1.02	0.69
粉末样品	18.33	53.79	7.59	7.67	4.92	0.41	1.07	2.0	0.16	1.45
成分	Cl	TiO_2	ZnO	MnO	ZrO_2	PbO	NiO	SnO_2	Nb_2O_5	MoO_3
块状样品	0.56	0.51	0.34	0.30	0.13	0.13	0.09	0.05	0.05	0.03
粉末样品	0.06	0.46	0.35	0.45	0.08	0.72Cr_2O_3	0.31	0.04	0.08	0.06

（3）采用 X 射线衍射仪对样品物相组成进行分析，结果为 Cu、Fe_2SiO_4、CuO、$NaAl_6O_{9.5}$、Al_2O_3、SiO_2、$Ca_3Si_3O_9$。

（4）能谱分析显示样品主要含有 Fe、Cu、Si、Ca，与铜的火法冶炼产物相似，谱图见图 2。磨制抛光片并进行显微镜观察，可以看到典型的铜矿石火法冶炼（熔炼）产物的结构构造和相组成，以及粒度不等的金属铜、铁酸铜（Cu-Fe-O）、浮士体（图 3 中用 Fe-O 表示）、氧化亚铜（Cu_2O），以及硅酸盐炉渣相（图 3 中用 Slg 表示），照片见图 3。

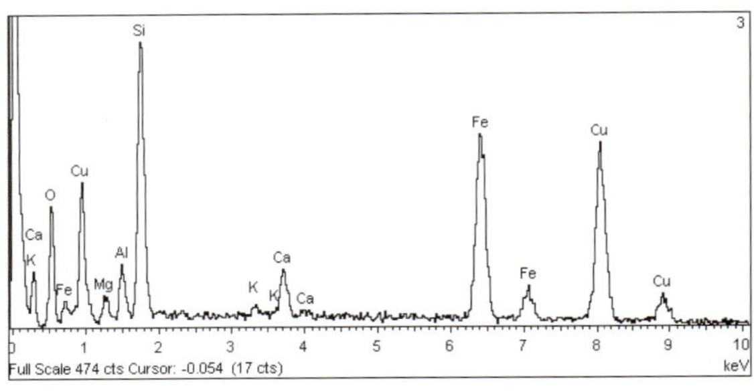

图 2　样品能谱图

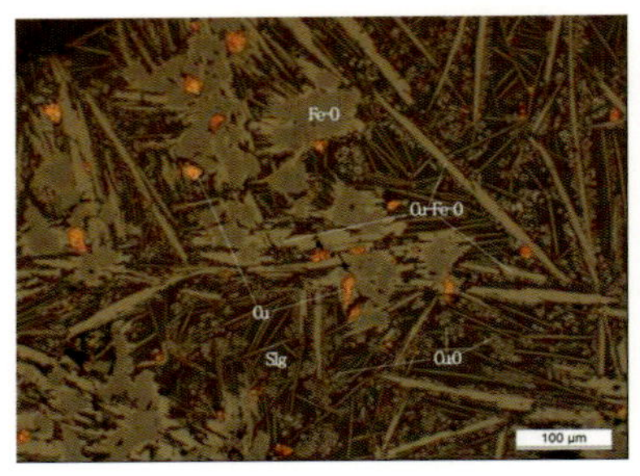

图 3　显微镜下照片

3 样品物质属性鉴别分析

（1）产生来源分析

①铜锍

火法炼铜的过程都是将铜精矿熔炼成为冰铜（铜锍），冰铜（铜锍）是冶炼铜时的中间产物，是 Cu_2S 与 FeS 的共熔体。在熔炼铜精矿时，铜的硫化物与 FeS 形成一个液相（冰铜或称铜锍），其他元素形成另一个液相（炉渣）。锍一般以 Cu_2S、Ni_3S_2、FeS 等为主体，还含有少量的 PbS、ZnS、Au、Ag 等，表 2 是铜锍组成的实例，锍中 Cu+Fe+S+Pb+Zn 总量通常达到 95%~98%[1]。

表 2 铜锍的成分及含量

单位：%（除标出外）

	Cu	Fe	S	Pb	Zn	Au/(g/t)	Ag/(g/t)
鼓风炉铜锍	42.4	24.5	24.5	1.6	1.6	12.6	362
反射炉铜锍	43.6	26.7	24.8	—	—	—	—
云冶电炉铜锍	42.38	25.91	23.31	—	—	—	—
霍恩厂闪速炉铜锍	59.3	16.0	22.8	0.59	0.57	28.4	243
诺兰达炉铜锍	72.4	3.5	21.8	1.8	0.7	—	—
瓦纽科夫炉铜锍	40~52	20~27	23~24	—	—	—	—
三菱法铜锍	64.6	10.6	22.0	—	—	—	—
白铜锍	75.9	2.18	20.3	0.3	0.2	37	350

根据海关《商品归类总则》的注释，铜锍为：“该产品是通过熔融焙烧过的硫化铜矿，使硫化铜从脉石和其他金属中分离制得。这些其他金属在铜锍表面形成一层浮渣。铜锍主要由 Cu_2S 和 FeS 构成，通常呈黑色或棕色小颗粒状（通过将熔融铜锍倒入水中制得）或者为一种颜色暗淡、具有金属外观的粗团块。”

总之，铜锍是铜冶炼的中间产物，含铜量较高，含有一定的铁和硫等。样品中铜和硫的成分含量远低于铜锍中的相应含量，而铁的含量远高于铜锍中的含量；样品中铜的物相为金属铜和 CuO，与铜锍中主要为 Cu_2S 不符，样品中铁的物相与铜锍中主要为 FeS 也不符。因此，判断样品不是铜锍。

②铜冶炼渣

火法炼铜最突出的优点是适应性强，生产效率高。其工艺流程示意图见图 4[2]。

图 4 中“熔炼”工序产生的“炉渣”中铜的含量通常小于 0.7%，炉渣不具有再提取铜的价值而作为弃渣处理，表 3 是各种炉渣的成分及含量[2]。图中“吹炼”工序产生的“转炉渣”以及“火法精炼”工序产生的“精炼渣”由于渣相中铜含量较高则可以分别返回到“熔炼”工序和“吹炼”工序进一步利用，是否返回利用则取决于各厂的资源供需状况以及冶炼产品要求。

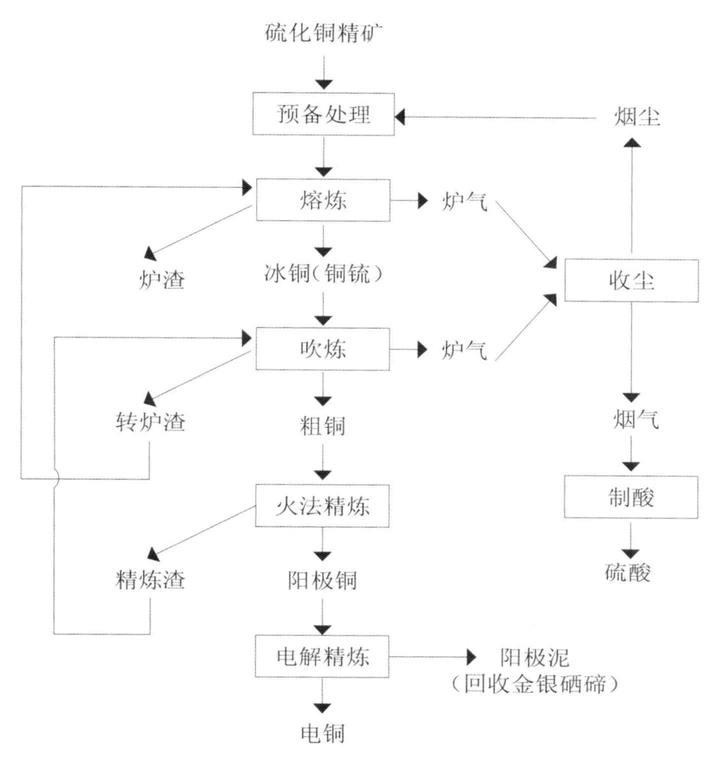

图 4　火法炼铜工艺流程图

表 3　熔炼炉渣的成分及含量

单位：%

	Cu	Fe	SiO_2	S	CaO	Al_2O_3	MgO
密闭鼓风炉	0.2	29.0	38.0	—	12.0	7.5	3.0
生精矿反射炉	0.51	33.2	36.5	1.4	5.2	7.2	1.5
焙烧矿反射炉	0.37	35.1	38.1	1.3	1.1	6.5	—
闪速炉	0.62	39.0	37.1	1.1	1.7	4.7	1.6
白银炉	0.45	35.0	35.0	0.7	8.0	3.3	1.4

冰铜吹炼的目的是产出粗铜，转炉渣含有较高的铜，成分及含量为 1.5%~3%Cu、22%~30%SiO_2、40%~50%Fe、1%~2%S、0.1%~0.2%Co、约 4%Zn、0.3%~0.5%Mg[2]，当然也有吹炼渣中含 6%~10%Cu 或者更高的情况，例如日本直岛冶炼厂采用 CaO 为熔剂，渣中

含 13%Cu[1]；粗铜进一步火法精炼产生阳极铜和炉渣，铜在精炼炉渣中以 Cu_2O、Cu、Cu-Si-O（硅酸铜）、Cu-Fe-O（铁酸铜）等形态存在，含铜可达 15%~30%[2]。

传统炼铜方法的焙烧、熔炼、吹炼分别在不同设备内进行，而连续炼铜法是相对于传统的方法将这些分开进行的过程结合在一个设备内连续进行，将硫化铜精矿直接冶炼成金属铜。连续炼铜方法有三菱法（多炉系统）、奥托昆普闪速熔炼法、诺兰达法等，连续炼铜产生金属铜的同时，渣中铜含量也相对较高，如奥托昆普闪速熔炼法炉渣含铜高达 10%~20%。

样品外观呈冶炼熔渣结构；成分组成以 Si、Fe、Al、Cu、Ca 为主，与铜冶炼渣的成分一致，成分含量上接近铜锍炼粗铜的吹炼渣或者粗铜炼精铜的精炼渣；物相组成以金属铜、CuO 为主，还有 Cu-Fe-O（铁酸铜）、Fe-O 浮士体、Cu_2O（氧化亚铜）以及硅酸盐炉渣相（Slg）。因此，判断样品为铜冶炼的炉渣，为火法精炼渣。

（2）固体废物属性分析

铜冶炼炉渣属于生产过程中的废弃物质，也是生产中的残渣。因此，依据《固体废物鉴别导则（试行）》中的原则，判断样品属于固体废物，是铜冶炼精炼渣。由于样品中铜含量达 6%~10%，高于一般铜熔炼弃渣，具有一定的利用价值。

2009 年 8 月，环境保护部、商务部、国家发改委、海关总署、国家质检总局发布的第 36 号公告中的《限制进口类可用作原料的固体废物目录》中包括“2620999020 含铜大于 10% 的铜冶炼转炉渣；其他铜冶炼渣”，样品应归入这两类冶炼渣，属于我国限制进口类固体废物，其进口应获得环境保护部的许可。

4 结论

样品不是铜锍，是铜冶炼精炼渣，属于限制进口类的固体废物。

参考文献

[1] 任鸿九 , 王立川 . 有色金属提取手册——铜镍 [M]. 北京 : 冶金工业出版社 , 2007.
[2] 许并社 , 李明照 . 铜冶炼工艺 [M]. 北京 : 化学工业出版社 , 2008.

44. 铜冶炼贫化渣

1 背景

2007 年 12 月，固体废物研究所对某公司申报进口的“铁矿砂”货物样品进行废物属性鉴别，需要确定是否属于国家禁止进口的固体废物。在实验分析、咨询专家和查阅相关资料的基础上编写鉴别报告。

2 样品特征及物质特性分析

（1）样品为黑色粉末，结团，明显含水，其中夹杂少许细硬颗粒，无异味，含水率为 7.79%，外观形态见图 1。

图 1 样品

（2）采用 X 射线荧光光谱仪分析样品的组成，主要成分为 Fe、Si、O，并含有 Cu、Zn 等，结果见表 1。

表 1 样品主要成分及含量（元素均以单质计）

单位：%

成分	Fe	O	Si	C	Cu	Zn	Pb	Mo	Al	S	Mg
含量	62.21	24.31	7.94	1.29	1.24	1.08	0.38	0.29	0.24	0.21	0.13
成分	Ba	Na	Cd	Cr	Ca	K	Ti	Co	Mn	Ni	—
含量	0.12	0.10	0.10	0.09	0.08	0.07	0.05	0.04	0.03	0.02	—

（3）采用 X 射线衍射仪（XRD）对样品进行物相分析，主要为 $Fe_{2.95}SiO_{0.05}O_4$、Fe_3O_4、铁橄榄石（Fe_2SiO_4）、$CuFe_2O_4$，属于铁的氧化物。显微镜观察分析表明，样品中的铁主要存在于铁酸盐（$FeO•Fe_2O_3$）和铁橄榄石（硅酸盐）中，由于冶炼过程形成的铁酸盐中往往有 Ca、Mg、Al 代换 Fe，所以铁酸盐中的铁含量明显低于磁铁矿中的含量（约 72%）；铁橄榄石理论含铁量约 54.9%，因为同样有 Mg、Ca 的代换，所以其实际含铁量约 50%。镜下照片见图 2~ 图 5。

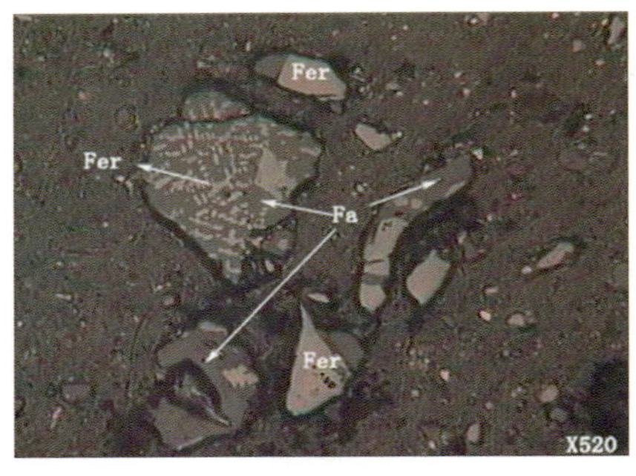

图 2　物料中呈粒状和典型的雏晶状的铁酸盐（图中以 Fer 表示），基质为铁橄榄石（图中以 Fa 表示）

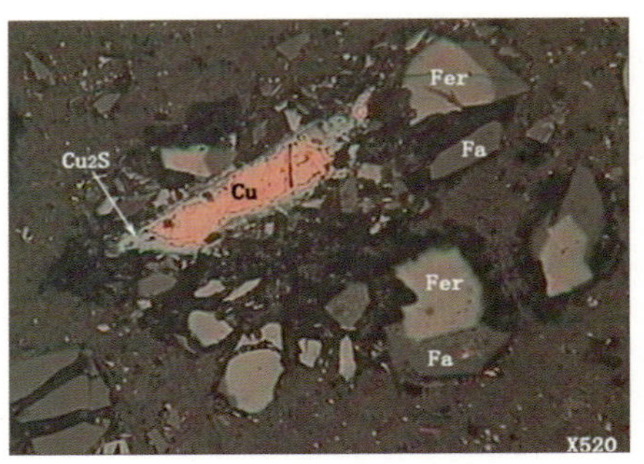

图 3　渣相中可见金属铜和辉铜矿（Cu_2S）颗粒，另见铁酸盐（Fer）与铁橄榄石（Fa）的连生体

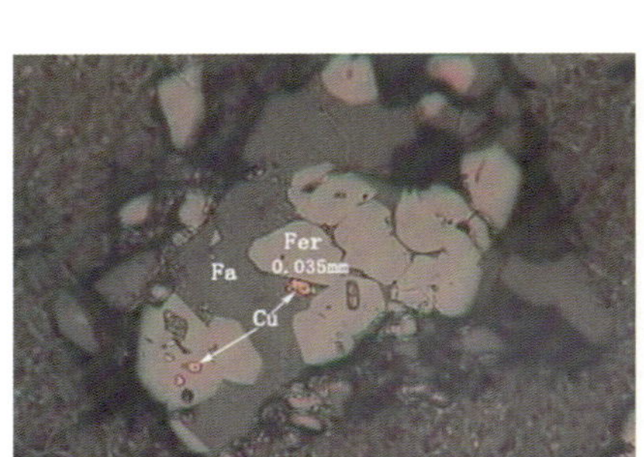

图 4　在铁橄榄石（Fa）中嵌布铁酸盐（Fer）及细粒金属铜（Cu）

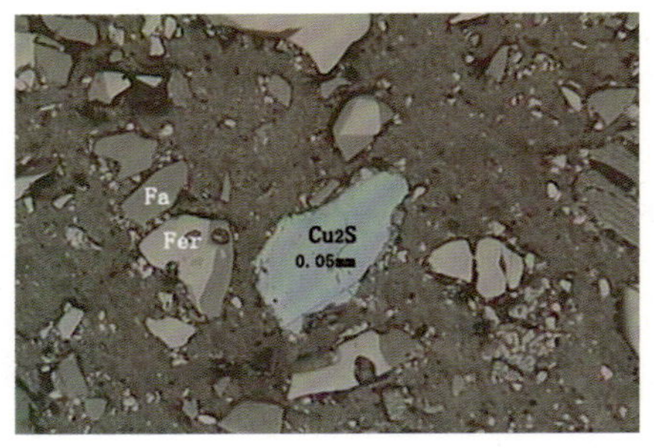

图 5　含有较少的辉铜矿（Cu_2S）单体

3 样品物质属性鉴别分析

（1）产生来源分析

①铁矿

自然界含铁矿物有 300 多种，但作为铁矿开采的主要是赤铁矿、褐铁矿、磁铁矿及菱铁矿。磁铁矿的化学结构为 Fe_3O_4、赤铁矿化学结构为 Fe_2O_3、褐铁矿中针铁矿化学构成为 α -FeO(OH)、褐铁矿中针铁矿化学构成为 γ -FeO(OH) 及菱铁矿 $FeCO_3$[1]。铁矿石中含有脉石，脉石的主要成分为 SiO_2、Al_2O_3 和少量碱性氧化物 CaO、MgO。武汉钢铁公司技术中心曾经研制了铁矿石国家标准样品[2]，标准值见表 2。超级铁精矿是泛指 Fe ⩾ 71%、Si ⩽ 20% 的铁精矿，没有统一的标准，所以常称为超纯铁精矿、高纯铁精矿、优质铁精矿[3]。表 3 是我国一些铁矿石的化学成分。表 4 是我国进口铁矿石的矿物组成，以赤铁矿和针铁矿为主[4]。

表 2　铁矿石标准样品的成分及含量定值

单位：%

	TFe	FeO	SiO_2	Al_2O_3	MgO	CaO	P	S	Mn	TiO_2	K_2O	Na_2O	Zn	Cu
赤铁矿	63.8	0.25	4.62	2.05	0.06	0.09	0.03	0.02	0.18	0.12	0.32	0.03	0.03	0.01
球团矿	62.8	0.74	5.34	1.33	1.58	1.19	0.11	0.28	0.06	0.04	0.07	0.14	0.02	0.01

表 3　我国一些铁矿石的化学成分及含量

单位：%

矿石产地	矿种	TFe	FeO	SiO_2	Al_2O_3	CaO	MgO	MnO	S	P	烧损	Zn
樱桃园	磁	48.3	21.4	25.8	0.79	1.07	0.43	0.23	0.07	0.01	—	—
弓长山	赤	44.0	6.9	36.0	1.31	0.28	1.16	0.15	0.01	0.02	—	—
东鞍山	贫	32.7	0.7	49.8	0.19	0.34	0.80	—	0.03	0.04	—	—
本溪	磁	60.9	27.0	14.5	0.39	0.68	0.55	0.11	0.16	0.22	—	—
齐大山	贫	31.7	4.4	52.9	1.07	0.84	0.80	—	0.01	0.05	—	—
武安	磁	60.9	16.2	6.4	0.53	2.13	0.75	0.21	1.11	0.02	—	—
庞家堡	赤	50.1	2.0	19.5	2.10	1.50	0.36	0.32	0.07	0.16	—	—
武安	赤	55.2	8.1	12.9	1.06	2.02	1.48	0.24	0.05	0.04	—	—
邯郸		42.6	16.3	19.0	0.47	9.58	5.55	0.11	0.21	0.05	—	—
矿山村	赤	54.5	10.8	11.8	1.68	3.09	0.86	0.31	0.98	0.03	—	—
山东莱芜	磁	45.3	18.5	11.2	1.68	10.05	3.34	0.22	0.29	—	—	—
芥川	菱	46.5	0.1	17.1	3.14	1.46	0.62	1.41	0.02	0.12	9.89	—
山东利国	赤	53.1	4.5	12.0	2.47	3.44	0.95	0.11	0.03	0.02	—	—
山东利国	磁	50.4	15.1	7.7	3.92	6.30	5.75	0.35	0.03	0.01	—	—
武钢铁山		54.4	13.9	10.3	2.43	3.66	1.51	0.18	0.33	0.10	—	—
武钢灵乡		49.5	8.3	12.9	3.4	4.02	1.56	0.156Mn	0.42	0.09	—	—
海南省		55.9	1.3	15.2	0.96	0.26	0.08	0.14Mn	0.10	0.02	—	—
梅山	富	59.4	19.9	2.5	0.71	1.99	0.93	0.32	4.45	0.40	6.31	0.041
大冶	磁	52.8	7.9	12.8	2.34	2.32	1.55	0.21	0.23	0.08	—	—
迁安		32.7	10.3	47.5	0.19	0.36	2.07	0.14Mn	0.03	0.05	—	—

表 4　进口铁矿石的矿物组成（体积分数）

单位：%

产地		磁铁矿	赤铁矿	镜铁矿	假象赤铁矿	针铁矿	脉石	高岭土	硅石
澳大利亚	哈默斯利	—	66.6	—	1.4	25.4	—	5.2	1.4
	纽曼山	0.4	2.1	—	82.6	13.5	—	—	1.3
	杨迪	—	12.9	—	—	83.6	—	1.4	2.1
	罗布河	—	11.4	—	—	83.6	—	2.4	2.6
巴西		—	—	90	—	—	10	—	—
印度		—	96	—	—	—	4	—	—

铁矿石中有害杂质是指对冶炼有妨碍或对冶炼产品质量产生不良影响的元素，包括S、P、Cu、Zn、Pb等，高炉冶炼矿石中有害杂质含量越低越好。钢中硫超过一定含量时钢会表现出“热脆”现象，显著地降低钢的焊接性、抗腐蚀性和耐磨性，一般要求矿石中S含量≤ 3%。磷在选矿和烧结中不易除去，在高炉冶炼中几乎全部进入生铁，要求矿石中磷含量尽可能低。铅在高炉内全部还原，对高炉的危害很大，沉积于炉底，渗入砖缝，使砖浮起，引起炉瘤，严重破坏炉底，要求矿石中Pb含量<0.1%。高炉冶炼中锌全部被还原，挥发金属锌蒸气到高炉炉身上，遇炉料冷凝，并氧化成ZnO，部分ZnO沉积在炉身上部炉墙上，形成炉瘤；部分渗入炉衬的空隙和砖缝中，引起炉衬膨胀而破坏炉壳，要求矿石中Zn含量≤ 0.1%。高炉冶炼中，铜全部进入生铁，后转入钢中，当钢中含铜量不超过0.3%时，能改善其耐腐蚀性能；超过0.3%时，会出现钢的焊接性能降低，引起热脆性，轧制时产生裂纹。因此，一般矿石中要求Cu含量≤ 0.2%。

以上分析表明，铁矿石中Cu、Zn、Pb的含量应该很低，但样品含有1.24%Cu、1.08%Zn和0.38%Pb，远高于我国各种铁矿石和世界各地各种铁矿原料中的含量[4]；样品物相分析中铁的化学结构与主要铁矿石种类中铁的化学结构不一致；结合电镜观察，样品中可见一些辉铜矿（Cu_2S）和金属铜颗粒以及从样品中挑选出常规铁矿砂中不含的玻璃相颗粒物的情况；综合判断样品不能直接作为高炉炼铁原料，不是天然铁矿石（砂）。

②产生来源分析[5,6]

铜精矿造锍熔炼是广泛采用的生产工艺，是在1 150~1 250℃的高温下，使硫化铜精矿和熔剂在熔炼炉内进行熔炼，炉料中的Cu、S与未氧化的FeS形成以Cu_2S-FeS为主，并熔有Au、Ag等贵金属和少量其他金属硫化物的共熔体（铜锍），炉料中的SiO_2、Al_2O_3、CaO等脉石成分与FeO一起形成炉渣，炉渣是以铁橄榄石（FeO•SiO_2）为主的氧化物熔体，渣中S、Ca、Mg、Al通常含量较低。铜锍与炉渣基本不互溶，且炉渣的密度比锍的密度小，从而达到分离的目的。表5是各种造锍熔炼工艺所产生的炉渣的化学组成实例。

表5　典型熔炼炉渣的化学成分及含量

单位：%

熔炼方法	Cu	Fe	Fe_3O_4	SiO_2	S	Al_2O_3	CaO	MgO	MnO
密闭鼓风炉	0.4	29	—	38	—	7.5	11	11	0.7
奥托昆普闪速炉（渣不贫化）	1.5	44.4	11.8	26.6	1.6	—	—	—	—
奥托昆普闪速炉（渣贫化）	0.8	44.1	—	29.7	1.4	7.8	0.6	0.6	—
因科闪速炉	0.9	44.0	10.8	33.0	1.1	4.7	1.7	1.7	1.6
诺兰达炉	2.6	40.0	15.0	25.1	1.7	5.0	1.5	1.5	1.5
瓦纽柯夫炉	0.5	40.0	5.0	34.0	—	4.2	2.6	2.6	1.4
白银炉	0.5	35.0	3.15	35.0	0.7	3.8	8.0	8.0	1.4
艾萨炉	0.7	36.6	6.55	31.5	0.8	3.6	4.4	4.4	2.0
澳斯麦特炉	0.6	34.0	7.5	31.0	2.8	7.5	5.0	5.0	—
三菱法熔炼炉	0.6	38.2	—	32.2	0.6	2.9	5.9	5.9	—

现代的强化熔炼工艺为了产出高品位的铜锍通常控制高的氧势，产生的熔炼渣和吹炼渣势必会含有大量的Fe_3O_4，导致渣中机械夹杂和熔解，铜的损失增多，渣中含铜量往往在1%

以上（转炉吹炼渣铜含量1.5%~4.5%，闪速炉熔炼渣铜含量1%~3%，也有转炉渣铜含量达到8%以上的），所以强化熔炼与吹炼通常经过贫化处理，回收其中的铜之后才成为弃渣。炉渣的还原贫化一般是在电炉中进行，也可采用磨浮法处理（再选处理），贫化处理后的渣含铜量通常小于1%，电炉贫化闪速炉渣可使弃渣含铜量达到0.6%~0.8%，但也有闪速炉和特尼恩特炉的贫化渣中钢含量1.1%~1.3%的情况。

样品中铜含量1.24%，含有Cu_2S（铜锍成分）和金属铜，含有较高的硅酸盐（铁橄榄石）；铁含量较高，含有较低的S、Al、Ca、Mg等，它们与铜冶炼渣的特点相似。结合咨询专家情况，综合判断样品来自铜冶炼渣，很可能属于贫化渣并经过了磁选富集。

（2）固体废物属性分析

样品属于铜冶炼渣，虽然有较高含量的铁，但Cu、Zn、Pb超过了一般铁矿石的要求，属于冶炼过程中产生的废弃物或残渣，该物质的产生没有严格的质量控制。依据《固体废物鉴别导则（试行）》的原则和铜冶炼渣管理的实践，判断样品属于固体废物。

原国家环境保护总局2007年第51号公告及之前进口的铜渣属于禁止进口的固体废物；原国家环境保护总局等部门于2008年公布的第11号公告中以及环境保护部等部门于2009年公布的第36号公告的《限制进口类可用作原料的废物目录》中均列出了铜渣，因此，2008年11号公告之后进口的铜渣属于限制类的废物。

4 结论

样品不是天然铁矿石（砂），是铜冶炼渣，很可能属于贫化渣并经过了磁选富集的铜冶炼渣，属于固体废物。

参考文献

[1] 刘竹林 . 炼铁原料 [M]. 北京 : 化学工业出版社 , 2007.
[2] 张春兰 . 铁矿石国家标准样品的研制 [J]. 冶金分析 , 2004, 24(z1):285.
[3] 张锦瑞 , 王伟之 , 赵振才 . 论超级铁精矿的研究现状与方向 [J]. 矿冶工程 , 2000,20(4):1.
[4] 王松青 , 应海松 . 铁矿石与钢材的质量检验 [M]. 北京 : 冶金工业出版社 , 2007:220-237.
[5] 彭容秋 . 铜冶金 [M]. 长沙 : 中南大学出版社 , 2004.
[6] 朱祖泽 , 贺家齐 . 现代铜冶金学 [M]. 北京 : 科学出版社 , 2003.

45. 含铜镍废液处理后的残渣

1 背景

2010 年 9 月，固体废物研究所对某公司申报进口的“铜精矿”的货物样品进行了固体废物属性鉴别，需要确定是否属于国家禁止进口的固体废物。在实验分析、咨询专家和查阅相关资料的基础上编写鉴别报告。

2 样品特征及物质特性分析

（1）样品呈黑色，块状和粉状相混，可见少量白色小颗粒，块状可捏碎，内部仍为黑色。测定含水率为 14%，样品干基 550℃灼烧后烧失率为 3.2%。样品外观形态见图 1。

（2）采用 X 射线荧光光谱仪分析样品的组成，成分及含量见表 1。

表 1　主要成分及含量（除 Cl 以外，其他元素均以氧化物计）

单位：%

成分	SO_3	CuO	NiO	As_2O_3	CaO	Al_2O_3	Cl	Co_3O_4	SiO_2	Fe_2O_3	Ag_2O	PbO	Bi_2O_3	SeO_2
含量	44.73	35.22	14.50	3.10	1.05	0.56	0.24	0.18	0.13	0.09	0.08	0.05	0.04	0.03

（3）采用 X 射线衍射仪对样品进行物相分析，主要为 $NiSO_4{\cdot}6H_2O$，四方晶系，非晶态的散射峰很明显。衍射谱图见图 2。

图 1　样品

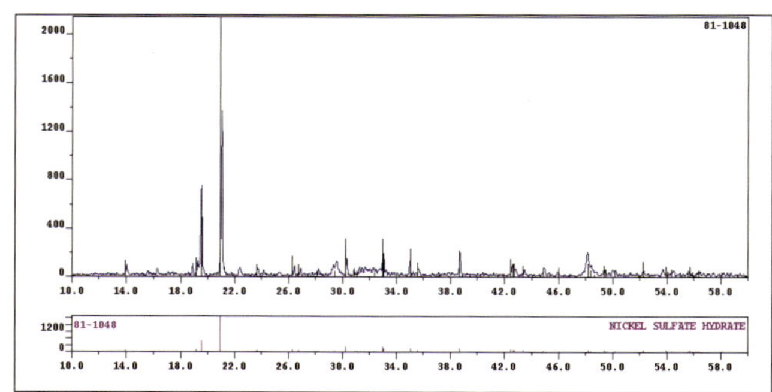

图 2 衍射谱图

（4）能谱分析显示，样品中主要含有 Cu、Ni、S，还有少量的 Ca、As，能谱图见图 3。以 $(NH_4)_2SO_4$-$NH_3{\cdot}H_2O$ 为介质浸取样品，过滤液呈蓝绿色，干燥后做能谱分析，为 Cu、Ni

的硫酸盐，能谱图见图 4。

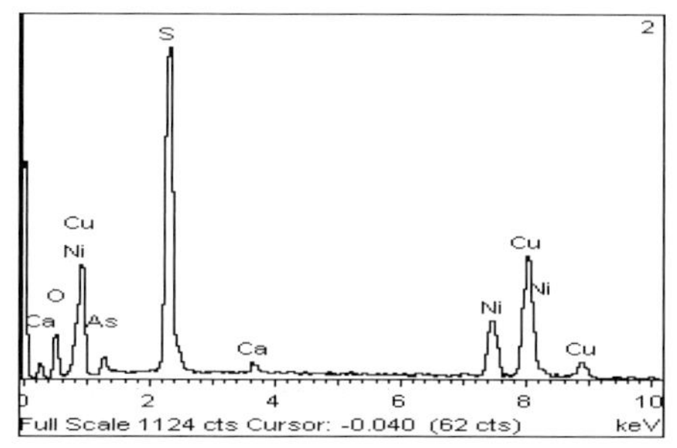

图 3 样品能谱图

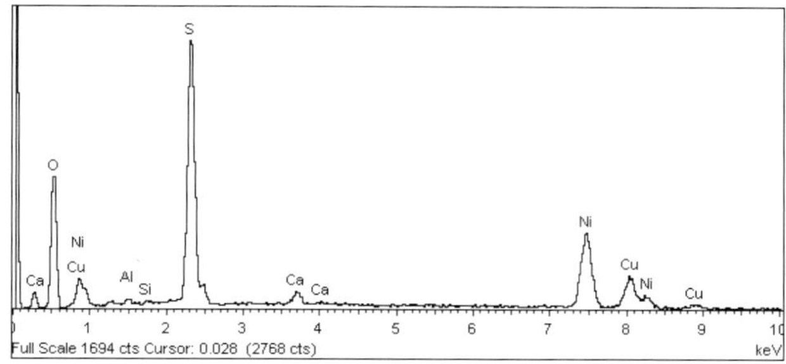

图 4 溶于氨介质的物质干燥后的能谱图

3 样品物质属性鉴别分析

（1）产生来源分析

①铜精矿、镍精矿

世界原生铜产量的 90% 左右来自硫化矿，铜矿物中以黄铜矿为最多，约占铜矿的 2/3。铜矿中常伴生有黄铁矿、闪锌矿、方铅矿、镍黄铁矿及含钴矿物，贵金属和稀散金属也是常见的伴生组分。经选矿富集获得铜精矿，常见为褐色、灰色、黑褐色、黄绿色，成粉状，粒度一般小于 0.074 mm。我国《铜精矿》（YS/T318—2007）中将铜精矿按化学成分的含量分为五个品级，含量应符合表 2 规定。同时规定铜精矿中 Au、Ag、S 为有价元素；铜精矿中水分（质量分数）不得大于 12%，冬季应不大于 8%；铜精矿中不得混入外来夹杂物；同批精矿要求混匀。

表 2 铜精矿的化学成分及含量要求

单位：%

品级	Cu，≥	杂质含量，≤			
		As	Pb+Zn	MgO	Bi+Sb
一级品	32	0.10	2	1	0.10
二级品	25	0.20	5	2	0.30
三级品	20	0.20	8	3	0.40
四级品	16	0.30	10	4	0.50
五级品	13	0.40	12	5	0.60

样品主体为黑色粉末且含有大小不一的颗粒，同时中间夹杂有白色颗粒，不均匀；根据表 1 的测试结果进行换算，样品中含 28% 的铜、2.4% 的砷，其中砷含量远超过 0.4% 的最大杂质含量，不满足《铜精矿》（YS/T 318—2007）的要求。根据 X 射线衍射分析及能谱分析的结果，样品中铜以硫酸盐的形式存在，与硫化铜精矿的形态、物相结构不符。因此，判断样品不是铜精矿。

镍的原生矿物主要有硫化镍矿和氧化镍矿，氧化镍矿尚不能用物理方法选矿，目前有 50%~60% 的金属镍来自硫化镍矿，须经选矿分离富集后才能冶炼。硫化镍矿中一般会含有铜，经过选矿后形成铜精矿（Cu 高 Ni 低）和镍精矿（Ni 高 Cu 低），表 3 是国内外部分硫化镍精矿的成分及含量 [1]。

表 3　镍精矿的成分及含量要求

单位：%

工厂	Ni	Cu	Co	Fe	S	SiO_2	MgO	CaO
金川（中）	5~6	2.5~3	0.12	31~33	25	12	8	1.5
	3.5~4	1.5~2	0.1	19	10	21	21	1.5
红旗岭（中）	4~5	1.8	—	24	—	24.5	12	2.5
北镍（俄）	5~6	3.3	0.15	30	19	20	11	1.0
奥托昆普（芬）	6.0	0.8	—	44.0	31.0	9.0	—	—
	5.2	2.2	—	31.2	19.0	19.5	—	—
	3.7	1.3	—	32.0	22.0	13.0	—	—
卡里古利（澳）	14.5	0.45	0.34	33.4	32.3	7.6	5.0	0.81
	10.36	0.8	0.31	33.3	21.34	13.94	3.86	0.66
	11.74	1.01	0.31	33.30	20.51	18.48	4.44	0.30
	11.48	0.86	0.26	32.24	25.28	21.05	3.42	0.66
汤普逊（加）	7.5	0.5	0.15	40	28	12	2	—
舍里特高尔顿（加）	10.0	2.0	0.50	38.0	31.0	—	~14	—

样品成分与表 3 镍精矿的成分差异明显，根据 X 射线衍射分析及能谱分析的结果，样品中镍主要以硫酸盐的形式存在，与硫化镍精矿的物相结构不符。由于硫化镍矿及其精矿均含有一些铜，故熔炼或吹炼产生的高镍锍（高铜镍锍）均含铜，但由氧化矿所得的高锍镍，一般不含铜，所以样品不是镍氧化矿。因此，样品不是镍精矿。

②含铜、镍的（电解）废液直接处理（如蒸发）后的残渣

化学组成及物相结构表明样品不是 Cu、Ni 火法冶炼过程的物料。样品中主要含有 Cu、S、Ni、As 等元素，其他元素为少量的 Ca、Al、Cl、Co、Si、Fe、Ag、Pb、Bi、Se 等，这些元素与镍（铜）锍的组分基本一致，与铜电解阳极组分类似。表 4 是某厂高镍（铜）锍（Ni-Cu）优先溶解法分离的原料成分，表 5 是铜电解精炼厂的阳极成分。根据样品中的主要物相结构为硫酸盐形态，样品应该是来自 Cu、Ni 精炼过程采用 H_2SO_4 的湿法处理过程。

表 4　某厂优先溶解法分离的镍锍成分及含量

单位：%

成分	Ni	Cu	S	Co	Fe	As	Pb	Se
含量	48	27	22	0.8	0.9	0.13	0.06	0.04

表 5　铜电解精炼的阳极成分及含量

单位：%

成分	Cu	S	O	Ni	Fe	Pb	As
国内	99.2~99.7	0.002 4~0.015	0.04~0.2	0.09~0.15	0.001	0.01~0.04	0.02~0.05
国外	99.4~99.8	0.00 1~0.003	0.1~0.3	0~0.5	0.002~0.003	0~0.1	0~0.3
成分	Sb	Bi	Se	Te	Ag	Au	—
国内	0.018~0.3	0.002 6	0.017~0.025	—	0.058~0.1	0.003~0.07	—
国外	0~0.3	0~0.01	0~0.02	0~0.001	微量 ~0.1	0~0.005	—

下面以粗铜电解精炼过程为例分析样品的产生过程：

电解前，待精炼的铜浇铸成一定形状的极板，和电源的正（阳）极相接，称之为阳极板；

阴极则为种板电解槽生产的始极片或不锈钢板，和电源的负（阴）极相接，称之为阴极板。电解精炼时，在外部电源的作用下，阳极溶解，溶解的 Cu^{2+} 在电解液中迁移至阴极在阴极沉淀，当沉积到一定厚度时，将其取出，即为阴极铜。

阳极板含有的杂质有 Ni、Fe、Pb、As、Sb、Bi、Se、Te、Ag、Au 等元素，其中 Fe、Ni、Pb、As、Sb 等负电性金属，在阳极上优先溶解进入电解液，而正电性金属如 Au、Ag、铂族元素，不能进行阳极溶解而以金属形态落入电解槽底部，其中大约有 2% 的 Ag 进入到电解液中。电解精炼时，阳极中 Cu_2O 的化学溶解和阳极泥中铜的溶解，使得溶液中的 Cu^{2+} 浓度逐渐升高；比铜负电性更高的镍，虽然不会在阴极上沉积，但会增加溶液电阻，增加电耗；电位介于 Cu、H 之间的 As、Sb、Bi 等杂质，当浓度高到一定值时，会从阴极析出。表 6 为电解液控制的杂质极限浓度。

表 6　电解液控制的杂质极限质量浓度

单位：g/L

元素	Ni	As	Sb	Bi	Fe
质量浓度，<	15	7	0.6	0.5	3

为了保证电解出合格的阴极铜，必须根据阳极板的杂质成分，结合电解液杂质的极限浓度，抽取一定量的电解液进行净化。电解液的净化过程包括：a. 以 $CuSO_4$ 形式脱除电解液中的铜；b. 脱除砷、锑、铋等杂质；c. 脱除镍。图 5 为电解液净化流程示意图。

电解液净化流程中，脱除电解液中的铜可以采用中和法，也可使用真空蒸发浓缩结晶法，生产出的 $CuSO_4$ 可作为电解副产品出售也可将其再溶解返回电解生产。As、Sb、Bi 是最影响阴极铜质量的有害元素，必须将其脱除在极限浓度内，经过脱 Cu、As、Sb、Bi 后，溶液中剩下的主要有 Ni、H_2SO_4。$NiSO_4$ 的溶解度与溶液温度及酸度的关系是：酸度越高，$NiSO_4$ 的溶解度越小；温度越低，$NiSO_4$ 的溶解度也越小。因此，可利用这一原理，使镍从溶液中呈 $NiSO_4$ 结晶析出，达到脱除镍目的。

样品中的 Cu、Ni、As 含量很高，说明样品并没有经过脱除 Cu、As、Ni 等分段净化回收过程；而样品中同时含有 $CuSO_4$、$NiSO_4$，进一步说明样品是未经过净化处理的（电解）废液直接处理（如蒸发）后的物料。去除有害杂质后，可作为炼铜的原料。

同理，样品也有可能来自镍精炼湿法处理产生的废液经脱水后的产物。

通过咨询冶炼专家，综合判断样品是来自铜、镍的（电解）废液直接处理（如蒸发）后的残渣，很可能为粗铜电解精炼产生的废液直接处理（如蒸发）后的残渣。

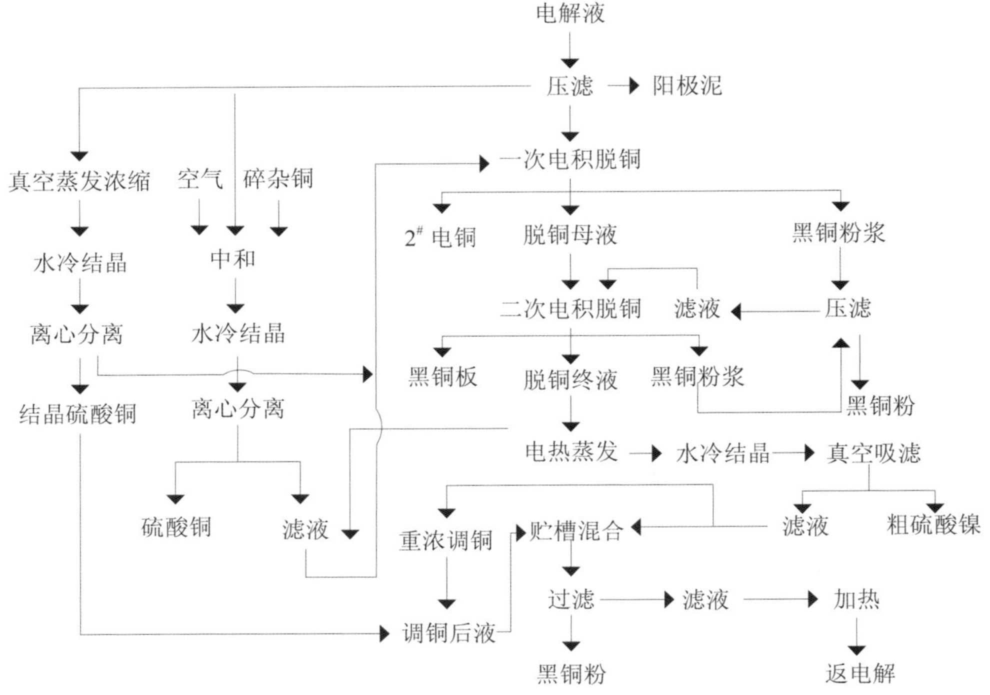

图 5　电解液净化流程示意图

（2）固体废物属性分析

样品无论是来自铜厂还是镍厂，均为含铜和镍的废液回收处理后的残渣，主要目的是减少废液中污染物的排放，应属于“污染控制设施产生的残余渣”，这种产物“没有质量控制，不满足国家或国际承认的规范 / 标准”，而且含有多种危害成分，依据我国《固体废物鉴别导则（试行）》中的原则，判断样品属于固体废物。

2009 年 8 月环境保护部、商务部、国家发改委、海关总署、国家质检总局发布的第 36 号公告中的《限制进口类可用作原料的固体废物目录》《自动许可进口类可用作原料的固体废物目录》以及之前我国历次公布的允许进口的固体废物目录中均没有明确列出“Cu、Ni（电解）废液直接处理（如蒸发）后的残渣”。样品中含有较高的 Cu、As、Ni 和其他组分，成分复杂；第 36 号公告中的《禁止进口固体废物目录》包括“2620600000 含砷的残渣”、“2620300000 主要含铜的残渣”、“其他未列名固体废物”，因此，样品属于目前我国禁止进口的固体废物。

4 结论

样品不是铜精矿、镍精矿，是来自含铜、镍的（电解）废液直接处理（如蒸发）后的残渣，很可能为粗铜电解精炼产生的废液经直接处理（如蒸发）的残渣，属于目前我国禁止进口的固体废物。

参考文献

[1] 任鸿九 , 王立川 . 有色金属提取冶金手册——铜镍 [M]. 北京 : 冶金工业出版社 , 2007.

46. 含铜废物

1 背景

2009 年 5 月，固体废物研究所对某公司申报进口的“锌矿砂”和“铜矿砂”货物样品进行废物属性鉴别，需要确定是否属于国家禁止进口的固体废物。在实验分析、咨询专家和查阅相关资料的基础上编写鉴别报告。

2 样品特征及物质特性分析

（1）将三个样品分别编为 1~3 号，测定样品含水率和样品干基灰分，实验结果和外观特征描述见表 1，样品外观形态见图 1~ 图 3。

表 1　样品名称、含水率、灰分和外观特征描述

样品	报关名称	含水率 / %	灰分 / %	外观特征描述
1 号	锌矿砂	0.1	100.0	为黑色碎块状；明显有气孔；颗粒大小和断面均无规则；夹杂其他颜色小颗粒。
2 号	铜矿砂	40.1	72.8	颗粒和碎块大小不均匀；整体呈灰黑色并略呈浅绿；夹杂少许树叶，蓝色、白色、黄色小颗粒；碎块有一定的强度，有的掰开后断面呈黑色光亮，有的断面呈灰色粉状。
3 号	铜矿砂	33.2	71.4	为棕色粉末、颗粒、块状，大小不均匀；明显有结块，强度很低、用手能掰碎，夹杂树叶茎；含水分

图 1　1 号样

图 2　2 号样

图 3　3 号样

（2）采用 X 射线荧光光谱仪分析样品的基本组成，结果见表 2：1 号样中 Si、Al、Fe 含量较高，2 号样中 Al、Cu 含量较高，3 号样中 Cu、Ca、Fe、S、P 含量较高。

表 2　主要成分及含量（除 Cl、I、Br 以外，其他元素均以氧化物计）

单位：%

样品	CuO	Al_2O_3	ZnO	SiO_2	Fe_2O_3	CaO	SO_3	P_2O_5	MgO	PbO
1 号	7.83	24.04	3.63	26.23	15.41	12.39	0.05	1.08	2.99	0.28
2 号	49.45	23.70	0.49	3.53	2.02	4.26	8.74	1.72	0.35	0.03
3 号	18.60	2.86	0.05	3.49	24.04	12.41	28.04	8.05	0.17	0.05
样品	SnO_2	Cl	K_2O	TiO_2	Cr_2O_3	MnO	NiO	Na_2O	I	Br
1 号	2.30	0.06	0.69	1.41	0.82	0.14	0.26	0.20	0.15	—
2 号	0.83	1.32	0.06	—	1.39	0.49	0.89	0.30	0.36	0.03
3 号	0.22	0.26	0.06	0.37	0.03	0.17	0.06	0.26	0.03	0.01

（3）样品物相构成分析

采用 X 射线衍射仪分析样品的物相组成，结果表明三个样品均为复杂的混合物，见表 3。

表 3　　样品物相结构

样品	物相组成	衍射谱图
1 号	SiO_2、γ-(Fe,C)、$CuAlO_2$、$CuFeO_2$、Fe_3O_4、$MgAl_2O_4$、$Ca(Mg,Fe+3Al)(SiAl)_2O_6$。	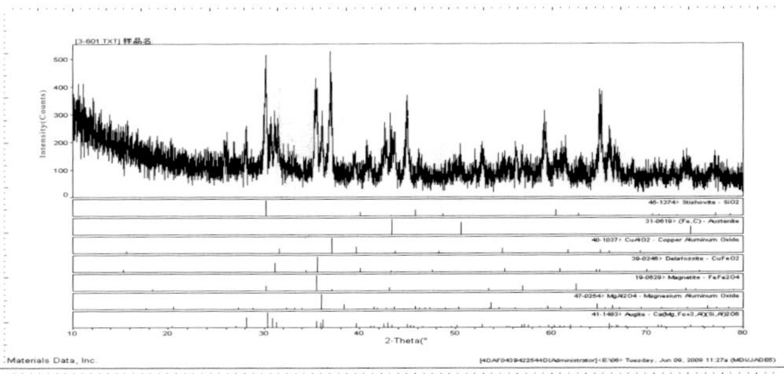
2 号	$Cu_4(SO_4)(OH)_6•2H_2O$、$CaSO_3•4H_2O$、$Ca_3Al_2O_6•xH_2O$、$Cu_{19}Cl_4(SO_4)(OH)_{32}•3H_2O$、$Cu_2Cl(OH)_3$	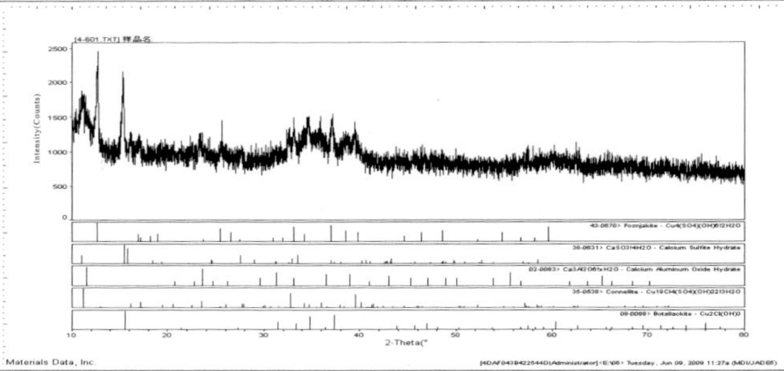
3 号	$CaSO_4•2H_2O$、$Ca_4Al_6O_{12}SO_4$、$Fe_3(SO_4)_4•14H_2O$、$FeO(OH)$、$Cu_5(PO_4)_2(OH)_4$、$Ca_5(PO_4)_3(OH)$	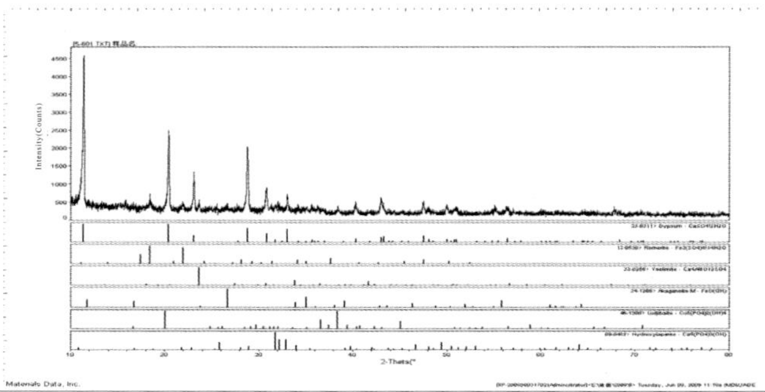

（4）样品电镜观察和能谱分析

①1 号样

样品中渣块坚硬，断面上见有金属铜的斑点。取一块小碎片进行能谱分析，显示主要含有 Si、Al、Ca、Fe、Cu、Mg、O，少量的 S、Cl、Ti、Zn 和 K，能谱图见图 4。另取一块渣磨制抛光片，发现其主要由刚玉（Al_2O_3）组成，相当硬，在刚玉颗粒间渗有形状不规则的金属铜粒，能谱显示主要含有 Al，少量的 Si、Ca、Ti、Fe、Cu、P 和 Cr，能谱图见图 5。

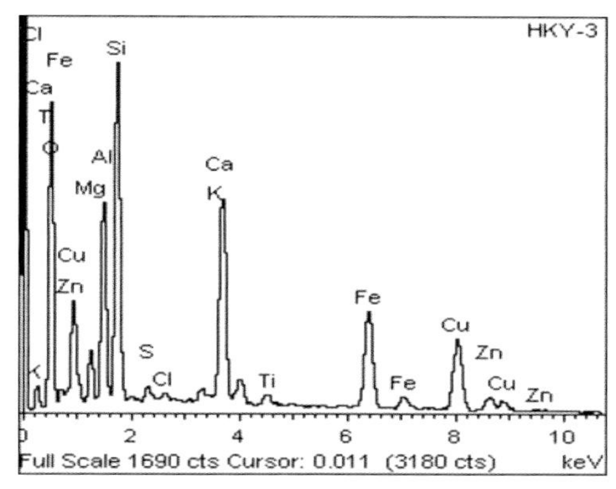

图 4　样品碎片能谱

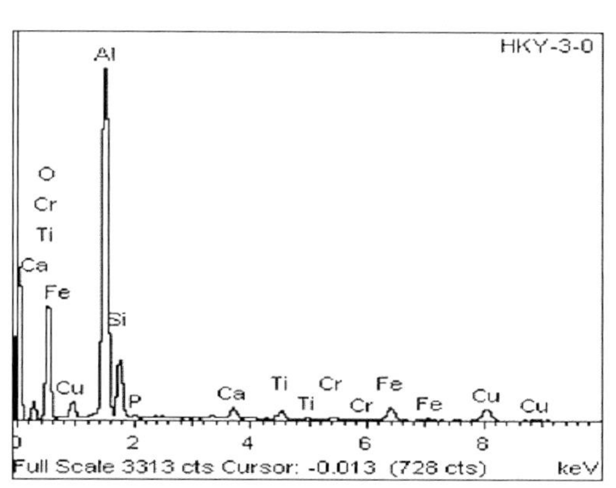

图 5　样品渣块抛光面能谱

上述两块渣的化学组成对比表明，这种渣应是含铜较高的渣，其中有的是成分复杂的含铜炉渣，有的则是渗透有金属铜的高铝碎块，高铝碎块中的重要相的能谱见图 6 和图 7。

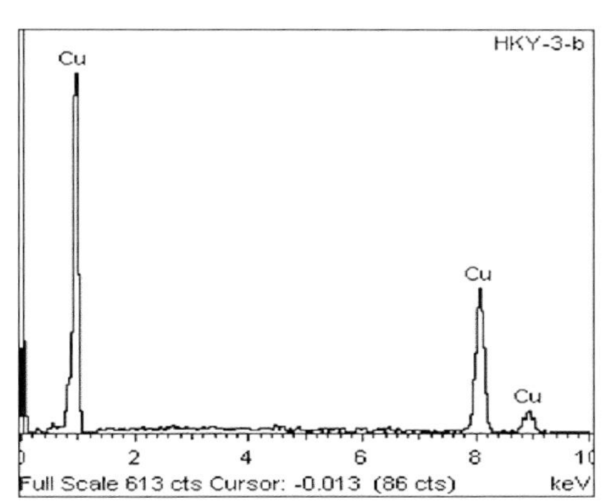

图 6　高铝碎块中的金属铜颗粒能谱

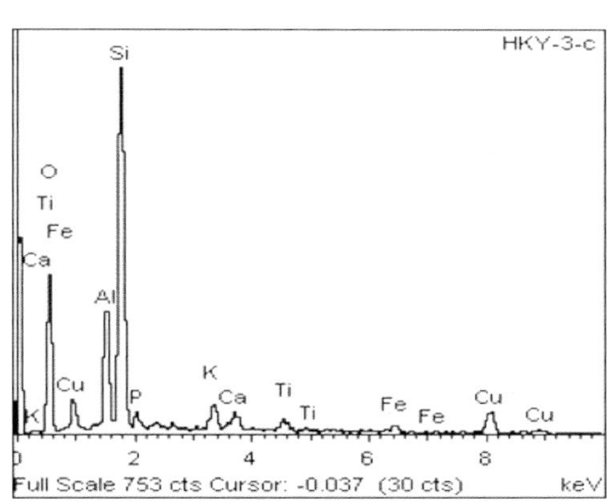

图 7　高铝碎块中刚玉颗粒间玻璃相能谱

进行镜下观察，块状渣相中分散分布的金属铜粒（铜红色），粒度仅为 5~25 μm；灰色结晶为铁酸盐，其中含锌。另一渣相中嵌布有少量粗粒金属铜（约 0.15 mm）。分别见图 8 和图 9。

图 8　块状渣相中分散分布的金属铜颗粒和灰色结晶铁酸盐

图 9　渣相中嵌布的少量粗粒金属铜（约 0.15 mm）

②2 号样

样品呈灰黑色粉末状集合体，镜下观察可见多呈浅绿色的细粒沉淀，间有深绿色颗粒。样品能谱分析显示主要含有 Cu、Al、S、Ca、Fe，少量的 Si、P、Cl 等，能谱图见图 10。高倍率放大时可看到小块均由极细的沉淀物构成，电子形貌图像见图 11。

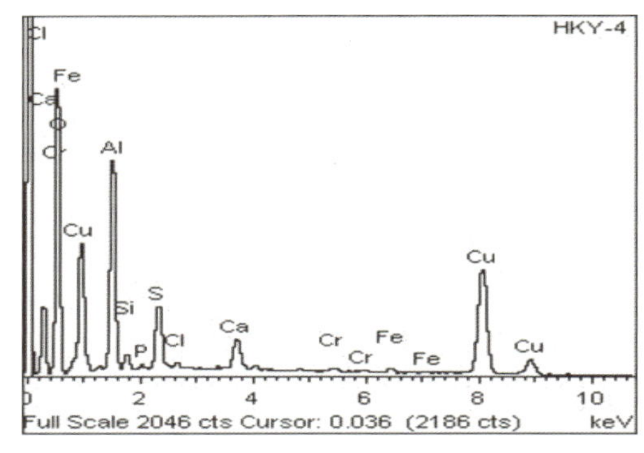

图 10　粉末能谱

图 11　样品 500 倍率下的二次电子图像

③3 号样

样品松散状，有结块，外观呈红褐色，似红土；对其进行能谱分析，显示主要含有 S、P、Ca、Fe、Cu，少量的 Si、Al、Ti，能谱图见图 12。

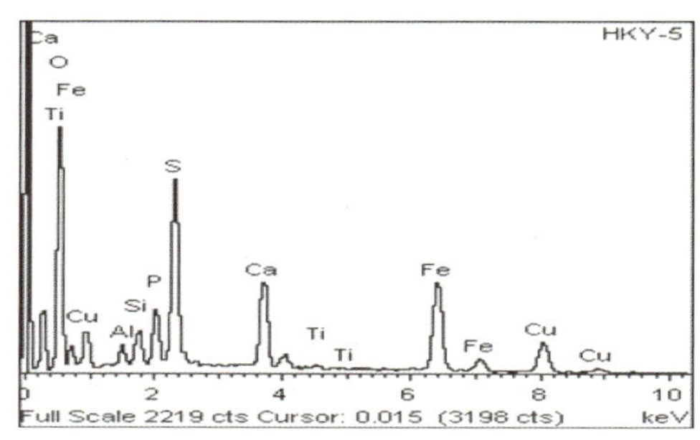

图 12　粉末能谱

3 样品物质属性鉴别分析

（1）产生来源分析

1）1 号样产生来源分析

①天然锌矿砂

样品报关名称为“锌矿砂”。样品属于坚硬的块状固体，从外观特征可判断其是高温熔炼后经破碎的产物。样品中硫和铁的含量明显很低，与硫化锌精矿的基本组成和含量不相符；样品物相结构以 SiO_2、γ-(Fe,C)、$CuAlO_2$、$CuFeO_2$、Fe_3O_4、$MgAl_2O_4$、$Ca(Mg,Fe+3Al)(SiAl)_2O_6$ 为主，与硫化锌精矿或氧化矿的基本构成不相符；显微镜下所见金属铜呈细粒状分散嵌布于渣相中；衍射谱图表明，样品结晶程度不佳，为 Ca-Mg-Fe-Al 的硅酸盐、铁酸盐。因此，判断样品不是天然锌精矿。

②含铜较高的熔炼炉渣

在火法鼓风炉冶炼（如炼 Cu、炼 Zn）过程中会产生炉渣，炉渣的主要成分是 CaO、FeO、SiO_2、少量 Al_2O_3，它们可来自矿物中的脉石、焦炭中的灰分、熔剂。

样品结晶相有 Ca-Mg-Fe-Al 的硅酸盐、铁酸盐，虽然结晶程度不是非常好，但仍然是典型的渣相结构；能谱分析和显微镜观察表明，样品是精炼过程中产出的炉渣并渗透有金属铜粒。由此判断样品是含铜较高的熔炼炉渣。但样品中铜的含量高于常规冶炼过程中的炉渣，说明样品是来源于一种非常规的冶炼过程，铜回收效果不好。

2）2 号样产生来源分析

①天然铜矿砂

样品报关名称为“铜矿砂”。铜的矿物有 200 多种，重要的只有 20 来种，常见的具有工业开采价值的铜矿物见表 4。表 5 是国内某些铜矿厂的铜精矿成分及含量 [1]。

表 4　重要的铜矿物

类别	矿物	组成	颜色	密度 /（g/cm^3）
硫化铜矿	辉铜矿	Cu_2S	铅灰至灰色	5.5~5.8
	铜蓝	CuS	靛蓝或灰黑色	4.6~4.76
	斑铜矿	Cu_5FeS_4	铜红色至深黄色	5.06~5.08
	砷黝铜矿	$Cu_{12}As_4S_{13}$	铜灰至铁黑色	4.37~4.49
	黝铜矿	$Cu_2As_4S_{13}$	灰至铁灰色	4.6
	黄铜矿	$CuFeS_2$	黄铜色	4.1~4.3
氧化铜矿	赤铜矿	Cu_2O	红色	6.14
	黑铜矿	CuO	灰黑色	5.8~6.4
	蓝铜矿	$2CuCO_3 \cdot Cu(OH)_2$	亮蓝色	3.77
	孔雀石	$CuCO_3 \cdot Cu(OH)_2$	亮蓝色	4.03
	硅孔雀石	$CuSiO_3 \cdot 2H_2O$	绿蓝色	2.0~2.4
	胆矾	$CuCO_3 \cdot 2H_2O$	蓝色	2.29

表 5 国内某些铜矿厂的铜精矿成分及含量

单位：%

矿山	Cu	S	Fe	SiO_2	CaO	Al_2O_3	MgO
永平铜矿	16.27	34.10	41.20	2.40	0.53	1.63	0.33
铜陵凤矿	20.14	20.83	30.28	3.88	1.82	0.85	0.48
东川落雪	29.10	11.14	—	18.07	4.90	4.48	4.62
白银公司	16.29	28.64	30.79	7.82	2.08	1.20	0.64
胡家峪	24.92	28.26	24.90	1.58	0.72	1.38	7.76
云南狮子矿	29.10	20.70	23.50	3.86	2.32	2.74	11.98
东乡矿	17.46	39.38	34.89	0.15	0.15	1~2	3~5
德兴矿	25.00	28.00	30.00	7.0	—	—	—
铁山矿	13.21	38.76	38.06	1.98	0.67	—	—

样品的主要成分和铜的物相组成，与铜精矿中的相对应部分都相差非常大，样品的化学组成特征和电镜图像都表明样品不是天然产物，而是从某种含铜、铝的溶液中经沉淀出来的产物。由此判断样品不是天然铜矿砂。

②铜矿湿法炼铜的浸出废渣

湿法炼铜技术适用于难于火法处理的低品位的铜氧化矿、废矿堆及浮选尾矿。如含0.04%~0.2%Cu 的废石堆浸出、含 0.5%~1%Cu 的尾矿堆浸出，适合就地浸出；搅拌浸出适合处理含 20%~30%Cu 的焙砂；槽浸处理适合含 1%~2%Cu 的氧化矿的处理。

湿法炼铜的目的或者基本原理是使铜的硫化物转化（加 H_2SO_4 进行焙烧）为可溶于水的硫酸盐和可溶于稀 H_2SO_4 的氧化物，然后将含铜的浸出溶液进行电积得到电解铜，即通常的“焙烧—浸出—电积”流程。浸出液过滤后得到浸出渣，同时浸出液电积之前要除掉溶液中的大部分杂质，净化后的含铜溶液进行电积之后还会产生废电解液。焙砂浸出渣一般含 0.5%~1.5% 的铜，还有铁的氧化物、铅、铋、贵金属等，为了提高浸出渣的回收率，浸出渣要经过多次逆流洗涤，使浸出渣铜含量降至 0.6% 以下。“焙烧—浸出—电积”流程产生大量的浸出渣，是疏松的多孔物料，含有贵金属，少量 Cu、Ni、Co，大量的 Fe，形成泥质状态 [2]。样品以含 Cu、Al 为主，Fe 的含量很低，与上面资料中的分析相差很大，判断样品不是铜矿湿法炼铜的浸出废渣。

③铜精矿火法冶炼产生的冶炼渣和烟尘回收物

铜精矿中通常含 22%~32%Fe，8%~18%SiO_2，少量的 Fe_3O_4、CaO、Al_2O_3，这决定了熔炼炉渣以 FeO、SiO_2 为主。精矿中一般含 4%~15%CaO，其存在使炉渣的熔点降低，因此，炉渣可看做是 FeO-CaO-SiO_2 系结构。炉渣成分一般为 5%~10%CaO，38%~45%FeO，37%~40%SiO_2。炉渣为离子结构，它由阳离子 Fe^{2+}、Ca^{2+}、Mg^{2+} 及阴离子 $Si_xO_y^{2-}$、$Al_xO_y^{2-}$ 组成。表 6 是各种熔炼方法产生的炉渣成分及含量。

表 6　各种炉渣成分及含量

单位：%

熔炼方法	Cu	Fe	Fe_3O_4	SiO_2	S	Al_2O_3	CaO	MgO
密闭鼓风炉	0.2	29.0	—	38.0	—	7.5	12.0	3.0
生精矿反射炉	0.51	33.2	7.0	36.5	1.4	7.2	5.2	1.5
焙烧矿反射炉	0.37	35.1	11.0	38.1	1.3	6.5	1.1	—
闪速炉	0.62	39.0	10.8	37.1	1.1	4.7	1.7	1.6
白银炉	0.45	35.0	3.15	35.0	0.7	3.3	8.0	1.4

密闭鼓风炉的烟尘化学成分因烟尘的粗细而异。粗尘与精矿化学成分相似，精矿中的易挥发成分，熔炼时进入炉气，出炉后温度降低而凝结成微粒，收尘时被收集。细尘中，Pb、Zn、As、Sb、稀有金属元素含量较高。反射炉烟尘成分及含量见表 7。

表 7　　反射炉烟尘成分及含量

单位：%

工厂	Cu	Fe	Zn	S	SiO_2	Al_2O_3	CaO	MgO
1	5.78	16.99	4.92	3.02	30.24	—	26.85	—
2	8.62	22.2	0.72	—	35	3.40	3.77	0.64

以上表明，铜冶炼炉渣以及烟尘中 Cu、Al 的含量都要远低于 Fe 和 Si 的含量，而样品中则相反，Cu、Al 含量高，Fe、Si 含量低；电镜观察和物相结构分析也表明样品不是来源于火法冶炼过程。由此判断样品不是铜精矿火法冶炼产生的冶炼渣和烟尘回收物。

④样品可能是以含 Cu、Al 为主的废料经酸、碱湿法处理后产生的泥渣再经脱水后的产物。

通过分析样品中 CuO、SO_3 和 Cl 的含量比例，证明样品中的铜不可能全部为 $CuSO_4$ 和 $CuCl_2$，而应该以其他形式的铜化合物为主。物相结构分析衍射谱的弥散峰明显，样品中物质以非常复杂的各种盐为主，主要原因是 Cu、Al、Fe 的氢氧化物本身呈非结晶的状态（如凝胶状），也可能有部分铜被非结晶态的物质所掩盖；进一步对衍射峰的分析证明：物相结晶态的部分仅占 35.6%；样品显微镜下观察可见多呈浅绿色的细粒沉淀，间有深绿色颗粒，二次电子图像也表明样品是由细小的沉淀物构成。

样品含水率实验和灼烧实验表明，样品含有较高的水分（游离的水和结晶水），结晶水在 500~600℃下被破坏，使得样品的可烧失部分比例较高。

上述实验现象说明样品很可能是从含有 Cu、Al 离子的溶液中产生的（酸溶解）并经过碱中和后的产物。但到目前为止，没有查找到铜精矿冶炼（含湿法冶炼）过程中与样品相一致或相似产物的依据，也没有查找到其他含铜或者铝的物料在处理过程中与样品基本一致产物的资料。即样品最难解释的是含有较高的铝并含有较低的硅和铁这种现象，在查找到的相关产物中，一般都是铝含量低，硅和铁的含量高。

由于样品的组成元素非常复杂，含有 Cu、Al、Si、Ca、Fe、Mg、Sn 等，说明样品与某种金属及其矿物又有一定的联系。基于样品中 Cu、Al 含量高，Si、Fe 含量低的特点，样品原始物料可能属于含 Cu、Al 为主的物料（如 Cu-Al 合金切割产生的回收粉末、冶铸 Cu-Al 合金制品过程中的回收烟尘，铜灰和铝灰的混合物等）；样品含游离水和结晶水，说明是来自水溶液中的产物，不能排除含铝絮凝剂；样品含有 S、Cl 以及碱式铜，说明是经过酸处理再经过碱中和处理；根据样品外观颗粒和碎块大小不均匀，夹杂少许树叶、蓝色小颗粒、白色小颗粒、黄色小颗粒等物理特征，其应是低温脱除主要水分后形成的黏结物，回收过程中夹带其他杂物。这些特点表明样品既不是正常的有色金属废料和有色金属冶炼废料，也不是通常的有色金属再生处理工艺产物，而是非正规回收料的非常规处理工艺的产物。

总之，样品可能是 Cu-Al 合金灰粉（渣）和废料经酸、碱湿法处理后产生的泥渣再经脱水后的产物。

3）3 号样产生来源分析

①样品不是天然铜矿砂

样品报关名称为铜矿砂。样品中铜的含量约为 14.9%，SiO_2 含量为 3.49%，低于表 10 国内某些铜矿厂铜精矿中的含量；而样品中 CaO 含量达到了 12.41%（在冶炼中加 CaO 是为了降低炉料的熔点），又高于表 10 国内某些铜矿厂铜精矿中的含量；物相结构分析表明，样品中铜的形态与表 9 中铜的矿物组成不一样；样品中硫的含量较高，是以硫酸盐形式存在，与通常矿物中 S 的结合形态不一样。这些方面都表明样品不是天然铜矿砂。

②样品是含铜废液处理后的污泥经脱水后的产物

样品中 S、Fe、Cu、Ca、Si、Al 含量较高，但三个样品中这些物质的分布明显有差异，其他成分含量都低于 1%，包括 Br、Ba、Ti、Na、Cl、Sn、Pb、Mg、Ni、K、Zn、Cr 等，表明样品原始成分就非常复杂，应是来自含铜物料回收产物；样品含有较高的水分（游离的水和结晶水），结晶水在 500~600℃下被破坏，使样品可烧失部分较高，表明样品来自于溶液中；样品含有大量的 $CaSO_4$（石膏）和 $x CaSO_4 \cdot y Ca(AlO_2)_2$（硫铝酸钙），根据废水处理和湿法冶金的特点，应该是 H_2SO_4 溶液，然后加 $Ca(OH)_2$（石灰水）进行中和而形成的；样品中含有 Cu_2HO_5P（碱式磷酸铜）、$Ca_5(OH)(PO_4)_3$（碱式磷酸钙）、羟基氧化亚铁、铁的硫酸盐，表明样品是含铜废液经加石灰中和和絮凝剂沉淀后的产物；样品呈红褐色，是铁的氢氧化物造成的，这也表明样品是加碱中和后的产物。

上述实验现象说明样品是含铜废液处理后的污泥经部分脱水后的产物。

（2）固体废物属性分析

① 1 号样品

样品是含铜较高的熔炼炉渣，说明样品的生产既是“用于金属和金属化合物的再循环 / 回收”、其原因是“生产过程中的残余物”，又是“无意生产的”、“没有质量控制，不满足国家或国际承认的规范 / 标准”。因此，依据《固体废物鉴别导则（试行）》的原则，判断样品属于固体废物。

② 2 号样品

样品可能是 Cu-Al 合金灰粉（渣）和混合废料经酸、碱湿法处理后产生的泥渣再经脱水后的产物。这种产物中的铜虽然得到了一定的富集，但仍属于“污染控制设施产生的污泥”，物质的产生“没有质量控制，不满足国家或国际承认的规范 / 标准”。因此，依据《固体废物鉴别导则（试行）》的原则，判断样品属于固体废物。

③ 3 号样品

样品是含铜废液处理后的污泥经脱水后的产物。那么，回收这种物质应属于“污染控制设施产生的污泥”，物质的产生“没有质量控制，不满足国家或国际承认的规范 / 标准”。因此，依据《固体废物鉴别导则（试行）》的原则，判断样品属于固体废物。

④ 1 号样品属于含铜的熔炼渣，2008 年第 11 号公告公布的《限制进口类可用作原料的废物目录》中包含铜冶炼渣并注明用做修船业的除锈磨料，因此，判断样品属于限制类的进口废物

2 号和 3 号样品实际上属于含铜为主的混合化合物的废物，2008 年第 11 号公告公布的《自动进口许可管理类可用作原料的废物目录》和《限制进口类可用作原料的废物目录》中均没有包含样品的废物种类，而该公告《禁止进口固体废物目录》中列出了主要含铜的矿渣、矿灰及残渣，污水处理厂污泥，沉积铜（泥铜）等禁止进口的废物，样品应归入这几类废物，属于我国禁止进口的固体废物。

4 结论

1 号样品不是天然锌矿砂，是含铜较高的熔炼炉渣，属于限制进口类的固体废物。

2 号样品不是天然铜矿砂，可能是 Cu-Al 合金灰粉（渣）和混合废料经酸、碱湿法处理后产生的泥渣再经脱水后的产物，属于禁止进口的固体废物。

3 号样品不是天然铜矿砂，是含铜废液处理后的污泥经部分脱水后的产物，属于我国禁止进口的固体废物。

参考文献

[1] 彭容秋 . 铜冶金 [M]. 长沙 : 中南大学出版社 , 2004:6.

[2] 许并社 , 李明照 . 铜冶炼工艺 [M]. 北京 : 化学工业出版社 , 2008:242-252.

47. 含铜污泥（废物）高温处理残渣

1 背景

2006 年 10 月，固体废物研究所对某公司进口的含铜货物样品进行废物属性鉴别，需要确定是否属于国家禁止进口的固体废物。在实验分析和相关材料基础上编写鉴别报告。

2 样品特征及物质特性分析

（1）样品为两个，将其编为 1 号和 2 号。1 号样品总体颜色呈深褐色，夹杂黑色和灰色颗粒，形状不规整，大小不均匀，颜色有深浅；2 号样品总体颜色呈灰绿色，夹杂黑色颗粒，形状不规整，大小不均匀，颜色不均匀。测定样品含水率分别为 7.0% 和 11.4%，样品干基 550℃下灼烧后的烧失率分别为 3.6% 和 5.1%，样品形态见图 1 和图 2。

图 1　1 号褐色样品

图 2　2 号灰绿色样品

（2）采用 X 射线荧光光谱仪分析两个样品的主要成分和含量，结果见表 1。

表 1 样品主要成分及含量（除 Cl、Br 以外，其他元素均以氧化物计）

单位：%

样品	Fe_2O_3	CuO	Al_2O_3	SiO_2	SnO_2	SO_3	NiO	P_2O_5	CaO	PbO
1 号	43.78	20.79	9.04	7.46	6.25	2.49	1.96	1.92	1.86	1.34
2 号	17.11	53.40	1.43	6.07	6.78	3.30	0.04	7.20	0.81	0.04
样品	Na_2O	MgO	MnO	Cl	ZnO	BaO	TiO_2	Nb_2O_5	K_2O	Br
1 号	0.88	0.77	0.72	0.20	0.19	0.13	0.10	0.05	0.04	0.01
2 号	0.99	0.42	1.80	0.22	0.08	—	0.03	0.07	0.15	0.03

（3）利用 X 射线衍射仪（XRD）定性分析样品的物相构成，分析表明 1 号样品主要含有 $CuFe_2O_4$ 和含磁性的 Fe_3O_4；2 号样品主要含有 $CuFe_2O_4$ 和非磁性的 Fe_3O_4，以及金属铜。

3 样品物质属性鉴别分析

（1）产生来源分析

根据委托单位提供的信息，样品来自台湾某公司，是含铜污泥回收后经过 1 000℃以上高温焙烧处理得到的氧化物混合物。查找该公司相关情况如下：

①该公司是台湾工业部门许可的以铜污泥为原料的再利用工厂；②该公司采用冶炼方

式回收铜，是台湾第一家以干式冶金方式回收铜的再利用工厂；③该公司设立铜污泥资源回收再利用处理厂；④从当地政府颁发给该公司的废弃物处理许可证可知：许可处理的废物种类包括电镀工艺废水处理的污泥、浸出毒性废物、混合五金废料等，处理工艺包括污泥高温焚烧处理，产出的 CuO 供销售，部分产出的 CuO 粉及五金废料冶炼成铜锭；⑤该公司经批准，以再利用方式回收印刷电路板业铜污泥为生产铜锭的原料，于 2004 年 3 月取得铜箔生产工艺污泥回收再利用许可。目前，该公司回收再利用台湾 60~70 家工厂的含铜污泥。

国内某公司利用回转窑热分解含铜废物的产物，其成分见表 2。表 1 和表 2 的组成成分相似，铜含量均较高，其他物质含量差异明显。

表 2　国内某含铜废物处理产物主要组成（除 Cl、Br 以外，其他元素均以氧化物计）

单位：%

样品	Al_2O_3	CuO	SiO_2	CaO	Fe_2O_3	ZnO	SnO_2	PbO	P_2O_5	MgO	TiO_2	Sb_2O_3
1 号	34.42	22.65	22.09	6.51	3.37	2.49	2.04	1.69	1.36	0.82	0.50	0.38
2 号	43.44	15.77	19.57	6.50	2.54	4.47	2.53	1.87	0.46	0.63	0.63	0.20
样品	BaO	Br	SO_3	MnO	K_2O	NiO	Na_2O	Cl	SrO	Ag_2O	Nb_2O_5	Cr_2O_3
1 号	0.33	0.26	0.24	0.21	0.17	0.12	0.11	0.09	0.08	0.05	0.02	—
2 号	0.26	0.26	0.26	0.22	0.15	0.18	0.01	0.12	0.08	0.05	0.03	0.03

因此，根据样品的形态和成分分析，以及对比国内高温热处理含铜废物的产物成分分析，判断样品是回收含铜污泥（废物）高温处理后的产物。

（2）固体废物属性分析

①由于原料来源于台湾的不同工厂和不同批次，存在原料成分复杂和不均一的情况，高温处理将污泥中的水分去掉，减少了污泥的体积，便于运输和再利用；高温处理后污泥便形成了相对稳定的氧化物混合物。因此，样品来自废物热分解、处理后的残渣，产生过程是以废物处置为目的。

②样品属于污染控制设施（废物处理设施）产生的残渣，而且这种残渣不能直接返回到原生产过程或其产生过程中。虽然 1 号样品中铜含量达到 16.6%，2 号样品中铜含量达到 42.7%，样品可作为提炼铜的原料，均可进一步用于循环 / 回收，但其目的与样品产生设施运行的目的明显不同。

③样品中含有较多的金属或重金属成分，虽然含有一定量的铜，具有回收利用价值，但如果作为矿石的替代原料用于有色金属冶炼，则须采用与矿石冶炼不同的工艺，而且其中将带入或产生更多的污染物质。

④样品不满足相关产品标准或规范的要求。

综上所述，样品仍然符合《固体废物鉴别导则（试行）》中固体废物的判定原则，样品属于固体废物。

原国家环境保护总局等部门于 2008 年公布的第 11 号公告之前历次公布的允许进口的固体废物目录中均没有列出该类含铜混合废物，样品属于禁止进口的固体废物。

4 结论

样品是回收含铜污泥（废物）高温处理后的残渣，属于禁止进口的固体废物，但可以作为提炼铜的原料。

48. 线路板回转窑热分解产物

1 背景

某公司通过回转窑热分解处理回收线（电）路板，分解产物需要出口到国外，需要确定是否属于《巴塞尔公约》所约束的危险废物。2006 年 3 月，该公司委托固体废物研究所对两个这类样品进行固体废物属性鉴别，在实验分析、查阅相关资料的基础上编写鉴别报告。

2 样品特征及物质特性分析

（1）样品为灰黑色粉末和小颗粒，形状不规整，大小不均匀，颜色不均匀。测定两个样品的含水率分别为 12.0% 和 8.3%，样品干基 550℃下灼烧后的烧失率分别为 4.8% 和 5.3%。样品外观形态见图 1 和图 2。

图 1　1 号样品

图 2　2 号样品

（2）采用 X 射线荧光光谱仪分析样品的组成，成分及含量见表 1。

表 1　主要成分及含量（除 Cl、Br 以外，其他元素均以氧化物计）

单位：%

样品	Al_2O_3	CuO	SiO_2	CaO	Fe_2O_3	ZnO	SnO_2	PbO	P_2O_5	MgO	TiO_2	Sb_2O_3
1 号	34.42	22.65	22.09	6.51	3.37	2.49	2.04	1.69	1.36	0.82	0.50	0.38
2 号	43.44	15.77	19.57	6.50	2.54	4.47	2.53	1.87	0.46	0.63	0.63	0.20
样品	BaO	Br	SO_3	MnO	K_2O	NiO	Na_2O	Cl	SrO	Ag_2O	Nb_2O_5	Cr_2O_3
1 号	0.33	0.26	0.24	0.21	0.17	0.12	0.11	0.09	0.08	0.05	0.02	—
2 号	0.26	0.26	0.26	0.22	0.15	0.18	0.01	0.12	0.08	0.05	0.03	0.03

（3）根据委托单位提供的成分数据和表 2 的实验分析数据，样品中含有多种重金属成分，因此，进一步对综合样品中 Pb、Cu、Zn、Cd、As 五种金属等元素的浸出毒性进行分析，按照《固体废物浸出毒性浸出方法　翻转法》（GB 5086.1—1997）和《危险废物鉴别标准　浸出毒性鉴别》（GB 5085.3—1996）、《固体废物浸出毒性测定方法》（GB/

T 15555.1~15555.11—1995）中的规定方法对样品的浸出毒性进行实验。实验结果和标准限值比较见表 2。

表 2 样品浸出液中几种重金属的质量浓度值和鉴别标准限值比较

单位：mg/L

成分	Cu	Zn	Pb	As	Cd
浸出实验结果	0.07	<0.01	0.03	<0.01	<0.01
GB 5085.3—1996 标准限值	50	50	3	1.5	1

（4）按照《固体废物腐蚀性测定 玻璃电极法》（GB/T 15555.12—1995）制备样品浸出液并测定 pH 值，样品浸出液的 pH 值分别为 8.07 和 8.6。依据《危险废物鉴别标准 腐蚀性鉴别》（GB 5085.1—1996）的限值要求，判断样品不属于腐蚀性危险废物。

3 固体废物属性鉴别分析

（1）固体废物

委托单位介绍，样品来自回转窑热分解炉的热分解产物，燃烧、分解的主要原料为回收的电子电器废物的电子基板、柔性基板、带皮铜线等，这些废物在 900℃左右的回转窑内燃烧后的残渣即为所鉴定的样品，具有以下特征：

①样品来自废物热分解后的产物，产生过程以废物处置为目的。

②样品属于污染控制设施（废物处理设施）产生的残渣，而且这种残渣不能直接返回到原生产过程或返回到其产生过程，虽然可以进一步用于循环 / 回收，但其目的与设施运行的目的明显不同。

③根据分析，样品中含有较多的金属或重金属成分，虽然含有一定量的铜，具有进一步回收利用价值，但如果作为矿石的替代品用于有色金属冶炼，则须采用与矿石冶炼不同的工艺，而且其中将会带入或产生矿石冶炼所不会有的污染物质。

④样品不满足相关产品标准或规范的要求。

因此，依据《固体废物鉴别导则（试行）》的原则，判断样品属于固体废物。

（2）危险废物

依据《固体废物污染环境防治法》中对危险废物的定义，列入《危险废物名录》的废物属于危险废物。

1998 年公布的《国家危险废物名录》中 HW18 类为焚烧处置残渣，包括工业废物焚烧处置过程中产生的残渣及灰尘；《国家危险废物名录》（修订草稿）将“生产、销售及使用过程中产生的含多氯联苯（PCBs）、多氯三联苯（PCTs）、多溴联苯（PBBs）的废线路板，废弃的电路板”和“危险废物焚烧处置残渣及飞灰（医疗废物焚烧处置产生的残渣除外）”列为危险废物。

样品来源于电子废物的线路板焚烧产物，实验表明样品中含有 Cl、Br，不能排除线路板中含 PCBs、PCTs、PBBs。

依据《危险废物鉴别标准（修订征求意见稿）》中的毒性物质含量鉴别标准，毒性物质含量超过 3%，致畸物质超过 0.5%，致癌物质含量超过 0.1% 的废物属于危险废物。根据该标准，PbO、Sb_2O_5、BaS、$BaCl_2$ 属于毒性物质，$Pb_3(PO_4)_2$ 属于致畸物质，NiO、

$KBrO_3$、$SrCrO_4$、Cr_2O_3 属于致癌物。由于条件所限，在样品分析中还无法对上述含有的元素进行价态和物质成分分析。但不能排除存在这些物质，其中 NiO 超过 0.1%，如果按照《危险废物鉴别标准（修订征求意见稿）》计算，毒性物质总含量超过鉴别标准。

综合上述分析，判断样品属于危险废物。

（3）样品属于《巴塞尔公约》所约束的危险废物

《巴塞尔公约》第 1 条定义危险废物为：（a）属于附件一所载任何类别的废物，除非它们不具有附件三所列任何特性。公约附件一中 Y18 类为“从工业废物处置作业产生的残余物”，同时 Y22 类、Y23 类、Y24 类、Y31 类分别为含 Cu、Zn、As、Pb 的废物。公约附件八将“焚烧有绝缘包皮铜线产生的灰烬（A1090）”、“焚烧未列入名录 B 的印刷线路板产生的稀有金属灰烬（A1150）”列入具有危险特性的名录 A。

公约第 1 条定义危险废物还明确包括：（b）缔约方国内立法确定为或视为危险废物的不包括在（a）项内的废物。这说明公约组织对危险废物的界定考虑了各国的情况。

因此，样品应该属于《巴塞尔公约》所约束的危险废物。

4 结论

样品属于固体废物，属于《巴塞尔公约》所约束的危险废物。

49. 黄铜灰渣混合污泥

1 背景

2010 年 12 月，固体废物研究所对某公司申报进口的“铜精矿”货物样品进行废物属性鉴别，需要确定是否为国家禁止进口的固体废物。在实验分析、咨询专家和查阅相关资料基础上编写鉴别报告。

2 样品特征及物质特性分析

（1）样品以粉末碎料为主，含有块状物料。块状物料表面颜色有黑色、棕色、蓝绿色，掰碎大块物料后发现内部有颜色分层现象，掰碎小块物料后发现内部颜色不均匀。在样品中还发现了个别干枯树叶和碎木屑。根据外观差异，将样品中黑色块状物料（约占 15%）编为 1 号，棕色块状物料（约占 25%）编为 2 号，粉末物料（约占 60%）编为 3 号，样品外观特征见图 1~ 图 4。测定 3 号粉末样品的含水率为 17.3%，550℃下烧失率为 8%。

图 1　综合样品

图 2 1 号样品

图 3　2 号样品

图 4　3 号样品

（2）采用 X 射线荧光光谱仪 (XRF) 分析样品的主要成分和含量，结果见表 1。

表 1　样品主要成分及含量（除 Cl 以外，其他元素均以氧化物计）

单位：%

样品	CuO	Al_2O_3	SiO_2	Fe_2O_3	ZnO	P_2O_5	CaO	K_2O	SO_3	MnO
1 号	26.64	14.93	13.35	13.29	10.80	7.80	3.91	2.83	1.42	1.32
2 号	27.32	12.47	23.32	7.73	14.8	0.66	2.83	0.87	0.34	1.67
3 号	16.70	10.15	11.97	3.50	47.35	0.68	1.85	0.58	0.43	1.46
样品	MgO	NiO	Na_2O	TiO_2	ZrO_2	PbO	SnO_2	Cl	BaO	Cr_2O_3
1 号	1.16	0.92	0.76	0.30	0.18	0.14	0.13	0.11	—	—
2 号	4.88	0.74	0.73	0.31	0.07	0.19	0.08	0.12	0.22	0.80
3 号	3.47	0.49	0.02	0.17	0.02	0.91	0.15	0.10	—	—

（3）采用 X 射线衍射仪（XRD）对样品进行物相结构分析，结果见表 2，谱图见图 5~ 图 7。

表 2　X 射线衍射实验分析结果

样品编号	物相结构
1 号	$Al_{0.5}Fe_{0.5}$、$MgSiO_3$、Al_2O_3、ZnO、$CuAlO_2$、$CuFe_2O_4$、$Al_{63.5}Cu_{24}Fe_{12.5}$、$Al_7Cu_2Fe$
2 号	ZnO、CuO、Cu_2O、Cu、Fe_2O_3、Al_2O_3、SiO_2、Al_2SiO_5
3 号	ZnO、SiO_2、Al_2O_3、Zn_2SiO_4、CuO

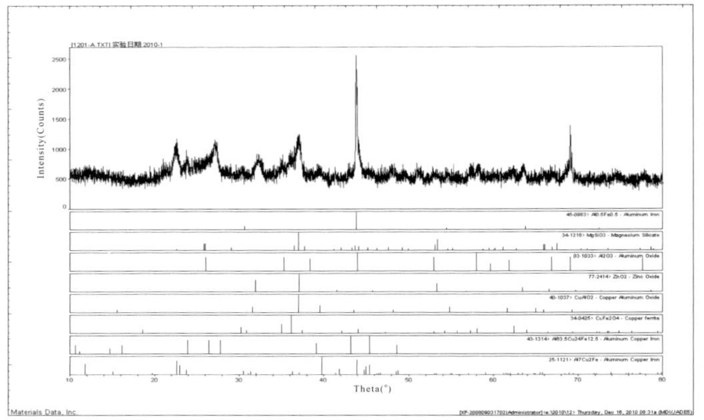

图 5　1 号样品谱图

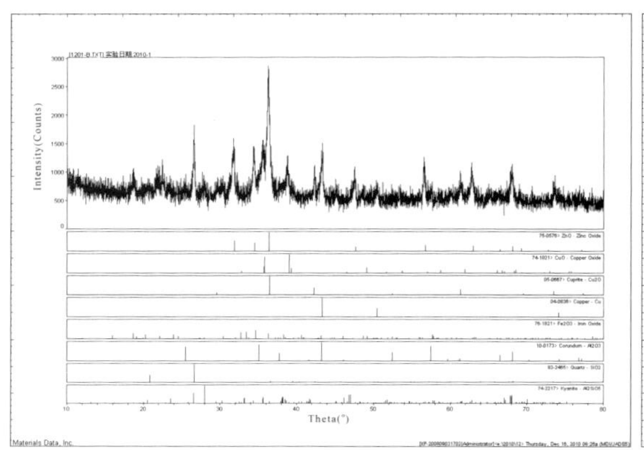

图 6　2 号样品谱图

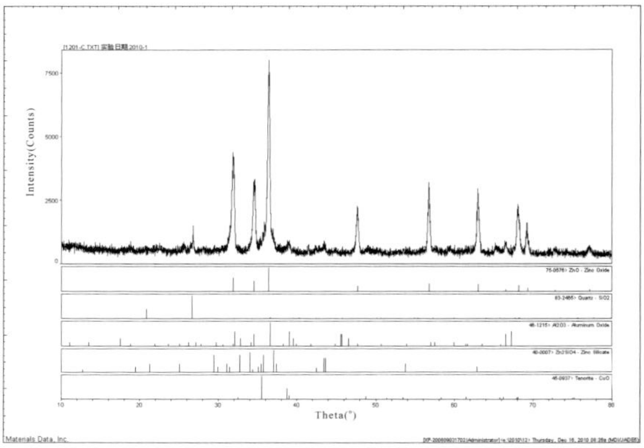

图 7　3 号样品谱图

（4）对样品中主要粉末（3 号样品）进行能谱分析，结果表明主要含有锌和铜的氧化物，少量的 Si、Al、Fe、Ca、Mg 等，能谱分析结果与 XRF 的分析结果相符合，能谱图见图 8。

（5）样品油浸镜下照片，显示有少数碎屑（图 9 中石英用 Q 表示），主要是由极细的颗粒集合体组成，镜下照片见图 9。

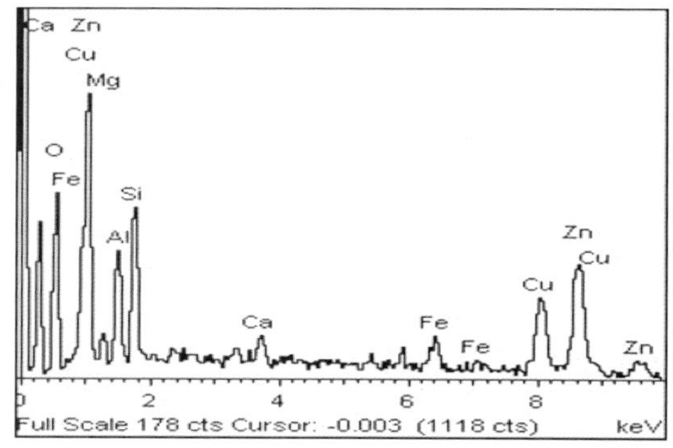

图 8　粉末样品能谱图

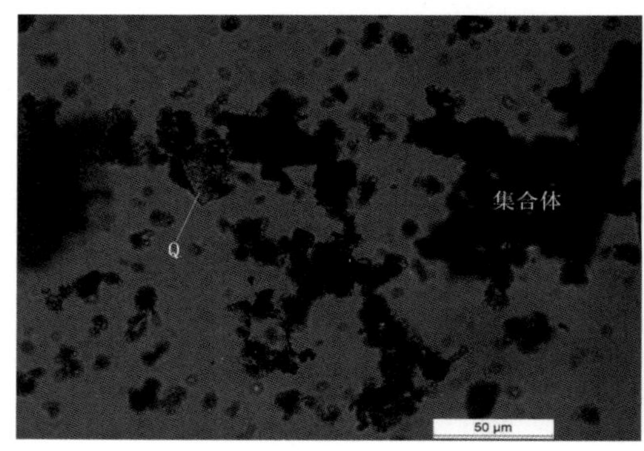

图 9　粉末样品油浸镜下观察照片

3 样品物质属性鉴别分析

（1）产生来源分析

1）铜矿砂及其火法冶炼产物

①硫化铜精矿（砂）

铜矿物中以 $CuFeS_2$（黄铜矿）最多，约占铜矿的 2/3，世界原生铜产量的 90% 左右都来自硫化矿。常伴生有黄铁矿、闪锌矿、方铅矿、镍黄铁矿及含钴矿物，贵金属和稀散金属也是常见的伴生组分。硫化矿中铜的含量较低，典型的硫化铜矿铜含量由 0.2%（露天开采）到 0.5%~1%（坑下开采）。因此，铜矿石必须经过破碎、浮选富集，产出含铜较高的精矿，才能作为冶炼原料。国内外铜精矿的主要成分见表 3[1]。

样品中 Fe、S 的含量明显与表 3 铜精矿中的含量不符；其物相结构有 ZnO、CuO、Al-Fe 合金（约 1.2%）、金属铜（约 1.5%）、微量的 Al-Cu-Fe 合金等，与 Cu_5FeS_4（斑铜矿）、$CuFeS_2$（黄铜矿）等硫化铜矿的物相组成特点明显不符。因此，样品不是硫化铜精矿（砂）。

表 3　铜精矿的主要成分及含量（除 Si 以外，其他元素均以单质计）

单位：%

国家	厂名	Cu	Fe	S	Pb	Zn	As	SiO_2
中国	铜陵	23.3	30.1	29.0	—	—	—	9.1
	云南	21.9	21.1	14.8	—	—	—	18.1
	白银	18.2	29.1	31.4	0.88	2.5	—	7.44
	贵溪	21~22	28~29	32~33	0.4~0.5	0.6~1.2	—	6~6.5
芬兰	哈贾瓦尔塔	26	26	30	0.3	1.8	—	6
日本	东予	30.8	24.3	29.7	0.4	1.1	0.14	3~5
韩国	温山	29.3	26	32	0.3	1.0	0.1	—
加拿大	INCO	29	32	34	—	—	—	2
美国	伊达哥	23	27	37	0.1	1.0	—	6
德国	汉堡	29	23	28	0.3	1.0	0.1	7
西班牙	里奥廷托	25	28	33	0.4	2.0	—	3.0
波兰	格沃古夫	28.5	2.9	10.4	1.7	0.4	—	18.5
赞比亚	卢安西亚	29	15	22	—	—	—	11

②铜的氧化矿

氧化铜矿物在铜矿中占次要地位。我国安徽庐（江）枞（阳）地区含铜氧化矿组成复杂，其矿石成分以单斜晶系、粒状 - 肾状、金刚 - 玻璃光泽的绿色孔雀石和蓝铜矿为主；其次为含水铜铝硅酸盐 - 硅孔雀石，呈微晶 - 隐晶质集合体，半透明 - 不透明的蓝绿色，玻璃 - 蜡状光泽；此外，还含有少量 CuO 及次生铜蓝矿（CuS）。矿石成分中，有害杂质为赤铁矿、硫铁矿、黏土矿物及石英。元素化学分析及物相分析结果见表 4[2]。

表 4 庐枞地区含铜氧化矿元素化学分析及物相分析结果

单位：%

矿石	化学组成						物相分析						
	Cu	TFe	Pb	S	Ag	Au	孔雀石蓝铜矿	硅孔雀石	赤铁矿	硫铁矿	铜蓝	石英	黏土
1 号	22.13	10.80	0.42	3.48	0.01	3.13	35.31	4.97	13.44	6.09	2.18	29.12	6.78
2 号	10.24	12.89	0.78	3.79	—	2.14	14.53	5.24	13.76	6.98	2.34	37.04	8.63
3 号	5.78	15.26	0.98	4.12	0.13	0.98	9.44	6.03	20.85	1.42	1.79	42.79	11.84

氧化铜矿中由于氧化不完全，含有一定的硫（表 4），但样品中的硫含量很低。到目前为止，我们没有查找到与样品成分基本一致的氧化矿的国外资料，尤其样品中铜和锌含量均较高。根据样品物相结构分析，样品中含有金属铜和合金，通过咨询矿冶专家得知，天然矿物中是不含有的，因此样品不是天然矿产品，由此判断样品不是氧化铜矿。

③铜矿砂火法冶炼产物

铜的冶炼方式主要是火法和湿法两种。火法炼铜占铜产量的 90%，处理的矿石主要是硫化矿。火法炼铜的过程都是将铜精矿熔炼成为冰铜（铜锍），然后将冰铜转炉吹炼成为粗铜。粗铜一般通过电解提纯得到精制的铜产品。冰铜（铜锍）是冶炼铜时的中间产物，是以 Cu_2S 与 FeS 为主的共熔体。在熔炼铜精矿时 Cu_2S 与 FeS 形成一个液相（称“冰铜”或“铜锍”），其他物质形成另一个液相即炉渣，炉渣水淬冷却后形成水淬渣。冰铜在转炉吹炼形成粗铜过程中产生转炉渣，转炉渣含铜较高，其他主要成分是 Fe_2O_3、FeO、Fe_3O_4 和 SiO_2，是一种无毒、无害、硬度高、不易燃烧、易于运输和贮存的固体物质；由于转炉渣含铜高，国内冶炼企业一般再将这种渣经过选矿处理使铜进一步富集再返回到冶炼炉进行冶炼。铜冶炼过程中除产生上述两类主要固体废物外，还会产生其他一些含铜废物，但产生量相对比较少，如阳极泥、白烟尘、黑烟尘等。

表 5 是一些工厂产生铜锍和炉渣的组成及含量，表 6 是转炉渣的成分及含量[1]。

表 5 一些工厂产生铜锍和炉渣的主要成分及含量

单位：%

冶炼厂	铜锍组成			炉渣	
	Cu	Fe	S	Cu	S
大冶	69.84	6.08	21.07	5.76（未贫化）	2.23
贵冶	51.0	20.5	21.5	0.6（贫化）	1.0
白银	49.87	17.79	22.70	0.94	0.53
铜陵二冶	39.94	31.6	24.30	0.313	0.57
Horne	70.5	3.7	21.0	5.8（未贫化）	1.9
Chuqicamata	70.1	7.6	21.4	4.2	1.2
Norilsk	45	23.5	23.4	0.6	1.2
中条山侯马	58~62	—	—	0.6~0.8	—
Cyprus	55~59	—	—	0.5~0.8	—

表 6　转炉渣的成分及含量

单位：%

成分	Cu	总 Fe	S	SiO_2	Fe_3O_4	Al_2O_3	MgO	CaO
含量	1.5~4.5	35~50	0.5~2.5	20~28	15~30	0~5	0~5	0~10

样品含水 17.3%，Cu、Zn 含量较高，Fe、S 含量低，以 Cu、Zn 的氧化物为主。这些特点与铜火法冶炼过程中产生的铜锍（Cu_2S 和 FeS 的共熔体）、造锍熔炼炉渣、冰铜炼粗铜的转炉渣的特征明显不符。因此，判断样品不是铜矿砂火法冶炼过程中产生的铜锍、熔炼炉渣、转炉渣。

2）锌矿砂及含锌物料

①锌矿砂

硫化锌精矿中锌主要为闪锌矿和铁闪锌矿，硫化矿中一般含 29%~33% 的硫。自然界中能炼锌的氧化矿原料已不多见，在我国西南地区尚蕴藏有一定的氧化矿，但多属菱锌矿和异极矿。锌精矿中会有很少量的铜，但硫的含量较高（表 7），样品中硫、铅的含量低，而铜含量较高，明显与锌精矿的基本组成不相符；样品物相结构以铜和锌的氧化物为主，与硫化锌精矿（ZnS、nZnS•mFeS）或氧化矿（$ZnCO_3$、Zn_2SiO_4、$H_2Zn_2SiO_5$）的基本构成不相符，除此之外 ZnO 并无天然矿物 [3]；显微镜下观察样品为细粒集合体，并发现一些金属和合金物相结构，明显不属于天然矿物结构特征。因此，判断样品不是硫化锌精矿或锌的氧化矿。

表 7　锌精矿成分及含量（均以元素单质计）

单位：%（除标出外）

精矿来源	Zn	S	Pb	Fe	Cu	Cd	SiO_2	As	Sb	Ag/(g/t)
湖南某矿山	44.83	32.43	0.98	15.60	0.64	0.20	1.32	<0.20	0.001	80
黑龙江某矿山	51.34	32.53	0.88	11.48	0.12	0.02	0.50	0.04	0.02	85
广东某矿山	51.92	32.69	1.40	7.03	0.20	0.14	3.88	<0.20	0.01	180
甘肃某矿山	55.00	30.35	1.09	4.40	0.04	0.12	3.05	0.01	0.011	33

②含锌物料

a. 焙烧矿（焙砂）和焙烧产物

硫化锌精矿氧化焙烧产物中的溢流焙砂和烟尘总称为焙烧矿，可全部作为湿法炼锌浸出的物料，表 8 是焙烧产物的化学成分实例 [4]。

表 8　焙烧产物的化学成分及含量

单位：%

物料名称	Zn	S	Pb	Cd	Fe	SiO_2	As
溢流焙砂	54.05	1.71	0.97	0.23	8.51	5.69	0.028
冷却器尘	55.14	4.06	0.55	0.19	7.82	2.92	0.25
旋涡尘	55.06	4.56	0.58	0.22	7.64	2.53	0.03
电尘	53.35	7.14	1.23	0.35	6.74	2.10	0.10

由表 8 的成分与表 1 中的样品成分对比可知，样品中 Zn、S 元素的含量较低。样品含水较高，约为 17%，外观特征也与烧结物料不同，因此，判断样品不是锌焙烧矿（焙砂）或焙烧产物。

b. 鼓风炉炉渣

鼓风炉炼锌产生的炉渣中含 5%~8%Zn 和 1%Pb，炼锌炉渣的 CaO/SiO_2 一般为 1.4%~1.5%，也可降低到 1.0% 以下，含铁高的锌精矿炉渣的典型成分为 50%FeO、20%SiO_2、15%CaO、5%Al_2O_3[5]。而样品中这几项的差异较大，判断样品不是锌矿锌鼓风炉熔炼渣。

c. 热镀锌渣或铸型灰

热镀锌工艺是将经过表面化学处理、去除油污及锈迹后的工件，浸入带有熔融锌液的镀锌锅中，借助于锌与铁所引起的冶金反应，形成镀层的过程。热镀锌过程中伴有大量的灰渣产生，其总量可占锌耗总量的 20%~60%，主要由 ZnO、Zn、Zn 的氯化物组成。一般锌的质量分数在 50%~80%，典型成分见表 9[6]。锌合金铸造过程中会产生铸型灰，锌的含量达 70%~80%，另外，铁的含量在 2.0%~3.5%，没有氯的成分，其典型组成见表 9。由此，热镀锌渣和铸型灰包含着大量的金属锌，而样品中没有金属锌，样品中组分及其含量都与表 9 相差较大，判断样品不是热镀锌渣和铸型灰。

表 9　热镀锌渣和铸型灰成分及含量

单位：%

	Zn	Fe	Cu	Pb	Sn	Al	水分
热镀锌渣	60~75	4.7~6.5	0.1~0.5	0.5~1.0	0.5~1.2	0.05~0.10	1~2
铸型灰	70~80	2.0~3.5	微量	2.0~3.5	0.3~1.2	0.1~0.6	3~4

3）铜矿物或锌矿物湿法冶炼过程中的浸出渣

目前，世界上 20% 左右的铜是用湿法提取，多是在常温常压下用溶剂浸出铜氧化矿石或焙烧矿中的铜，经过净液使铜和杂质分离，然后用萃取 - 电积法，将溶液中铜提取出来。浸出是用酸性溶液（如 H_2SO_4）或碱性溶液（如 $NH_3•H_2O$）将矿石或其他物料的铜从固体溶解到溶液之中 [1]。而锌的生产方法主要是湿法炼锌，其产量占总产量的大约 80%，多采用连续复浸出流程 [7]。与湿法炼铜类似，在湿法炼锌净化工艺中也有酸性溶液（如 H_2SO_4）或碱性溶液（如 $NH_3•H_2O$）两种浸出提取方法。

根据不同的矿物特点选择酸性溶液，较多的为 H_2SO_4 溶液或酸性硫酸盐溶液，在浸出环节产生的浸出渣中含有一定量的硫酸盐物质。而样品中硫的含量很低，物相结构分析结果也没有显示有相应的硫酸盐物质。判断样品不是湿法冶炼铜或锌过程中的酸性浸出渣。同理，如果是用 $NH_3•H_2O$ 作为浸出液，则产生的浸出渣一般会有较浓的氨味，样品均未有明显的气味，也没有找到其他碱性物质浸出液产出浸出渣的证据。

综上所述，判断样品不是铜矿物或锌矿物湿法冶炼产生的浸出渣。

4）废杂铜为主的原料熔炼铜过程中产生的混合泥渣

在金属铜（含废铜、合金铜）冶炼、熔化、铸造等过程中会产生一种含铜和锌的炉灰渣，将这种炉灰渣碾轧、筛分、水洗后可以将大颗粒的金属铜分离出来，而粒度较小的铜以金属和多种化合物的形态存在于灰渣中，其中可含 8%Cu、18%Zn[8]。

根据组成元素的不同可以将黄铜分为普通黄铜和特殊黄铜，有时为了提高黄铜的耐蚀性、强度、硬度和切削性等，在Cu-Zn合金中加入少量（一般为1%~2%，少数达3%~4%，个别的达5%~6%）Sn、Al、Mn、Fe、Si、Ni、Pb等元素，构成三元、四元、甚至五元合金，即为特殊黄铜（复杂黄铜）。

在黄铜合金冶炼过程中，会在炉壁等位置产生大量的灰渣，经过筛、淘洗、一次沉降后得到黄铜废水渣，其组成含35%~40%Cu、50%~55%Zn以及少量Fe、Pb[9]。冶炼黄铜产生的灰渣经过淘重机淘洗后分流沉积下来的一级泥渣，含40%的黄铜、42%ZnO，二级泥渣含8%的黄铜、72%ZnO、0.8%Fe[10]。还有一种黄铜灰（烧铸灰）中含26%~30%Zn、12%~15%Cu，同时还含有一定量的Fe、Pb、Ni、Sn、Al等元素[11]。某铸造车间的铜灰中含35%~42%Cu、20%~25%Fe、10%~20%Al，其他元素含量相对较低，将铜灰筛分之后，细粉含10%~15%的碳[12]。大部分的废铜只需重熔和浇铸，无须化学冶金处理，但混合金属废料、合金废料、严重氧化的废料等需要精炼处理后才能利用，利用鼓风炉处理这些物料可产生黑铜、炉渣、烟尘三种产物，其中烟尘成分为1%~2%Cu、1%~3%Sn、20%~30%Pb、30%~45%Zn，需要进一步处理回收金属[13]。

样品中除含有较多的Cu、Zn、Al以外，还含有少量的Sn、Mn、Fe、Si、Ni、Pb等元素，说明样品物质来源本身非常复杂。上述资料显示，黄铜冶炼过程中的一些产物会同时含有较高的Cu、Zn，将样品与上述的黄铜废水渣、冶炼黄铜炉渣处理一级泥渣、二级泥渣、黄铜灰（烧铸灰）的成分比较，发现样品的元素组成及含量估算与黄铜灰（烧铸灰）具有一定的可比性，根据样品各部分所占比例的不同和表1的含量数据，推算出样品主要元素含量为17%Cu、27%Zn、6%Al、7%Si、4%Fe、0.2%S。样品物相结构分析表明含有金属态物质（如金属、合金），在有色金属二次回收物料冶炼过程中产生的废渣和粉尘中经常含有金属态物质，如铜物料在鼓风炉熔炼中完全可能通过机械力作用将金属细颗粒带入烟尘中，熔渣中也可能含有金属态物质。样品具有较高的含水率，可能是在黄铜冶炼过程中产生的黄铜灰，或者是废杂铜二次回收物料在熔炼铜过程中产生的灰渣，这些灰渣一起进入污水池后形成含铜污泥，污泥经过压滤处理。不同时候产生的污泥成分会有差异，可导致污泥颜色分层的现象。

综上所述，判断样品是在黄铜冶炼过程中产生的黄铜灰，或者是废杂铜二次回收物料在熔炼铜过程中产生的灰渣，这些灰渣一起进入污水池后形成含铜污泥，污泥经过压滤处理，属于混合泥渣。

（2）固体废物属性分析

样品属于混合泥渣。这种产物属于“生产过程中产生的残余物”，也属于“污染控制设施产生的残余物、污泥”，回收利用其中的有价金属属于“金属和金属化合物的再循环”或“利用操作产生的残余物质”。根据我国《固体废物鉴别导则（试行）》中的原则，判断样品属于固体废物。

2009年8月，环境保护部、商务部、国家发改委、海关总署、国家质检总局发布的第36号公告中的《禁止进口固体废物目录》中包括“2620190090含其他锌的矿灰及残渣”、“2620300000主要含铜的矿灰及残渣”、“2620400000主要含铝的矿灰及残渣”、“2621900090其他矿灰”（注：包括混合物），样品应归类于这四类废物中的一类，属于目前我国禁止进口的固体废物。

4 结论

（1）样品不是硫化铜精矿（砂）和氧化矿，不是铜矿砂火法冶炼过程中产生的铜锍、熔炼炉渣、转炉渣；不是硫化锌精矿（砂）和氧化矿，不是锌焙烧矿或焙烧产物，不是锌矿物鼓风炉熔炼炉渣，不是热镀锌渣和铸型灰；不是铜矿物或锌矿物湿法冶炼产生的浸出渣。

（2）样品是在黄铜冶炼过程中产生的黄铜灰，或者是废杂铜二次回收物料在熔炼铜过程中产生的灰渣，这些灰渣一起进入污水池后形成含铜污泥，经过压滤处理，属于混合泥渣。

（3）样品属于目前我国禁止进口的固体废物。

参考文献

[1] 任鸿九 , 王立川 . 有色金属提取冶金手册——铜镍 [M]. 北京 : 冶金工业出版社 ,2007.
[2] 陈桂海 . 庐枞地区含铜氧化矿制备硫酸铜 [J]. 非金属矿 , 1992(5):51-52.
[3] 陈国发 . 重金属冶金学 [M]. 北京 : 冶金工业出版社 , 2006:131.
[4] 彭容秋 . 有色金属提取手册——锌镉铅铋 [M]. 北京 : 冶金工业出版社 , 1992:29.
[5] 彭容秋 . 有色金属提取手册——锌镉铅铋 [M]. 北京 : 冶金工业出版社 , 1992:175-176.
[6] 刘学雷 . 从含锌废渣中回收制备锌盐的研究 [J]. 安徽化工 , 2000,103(2):41.
[7] 彭容秋 . 有色金属提取手册——锌镉铅铋 [M]. 北京 : 冶金工业出版社 , 1992:10-45.
[8] 含铜锌灰渣的综合利用 [J]. 科技简报 , 1975(8):25-26.
[9] 田永淑 . 利用含锌废渣生产锌盐系列产品 [J]. 中国资源综合利用 , 2003(9):12-13.
[10] 郭顺 , 范秋如 . 钟表材料行业废料的综合利用 [J]. 有色金属 (冶炼部分), 1991(3):25-26.
[11] 肖民耕 , 汪群慧 , 范秋如 , 等 . 电积法分离与回收黄铜灰中的铜锌 [J]. 化工时刊 , 1992(3):22-23.
[12] 李海鹰 . 铜灰的综合利用研究 [J]. 宝鸡文理学院学报 (自然科学版), 1994(2):138.
[13] 邱定蕃 , 徐传华 . 有色金属资源综合利用 [M]. 北京 : 冶金工业出版社 , 2006:68-69.

50. 黄铜灰等废料处理产生的二次废料

1 背景

2011 年 6 月，固体废物研究所对某公司申报进口的“粗制氧化铜”货物样品进行固体废物属性鉴别，需要确定是否为国家禁止进口的固体废物。在实验分析、咨询专家和查阅相关资料的基础上编写鉴别报告。

2 样品特征及物质特性分析

（1）样品为松散的铜绿色粉末和块状，块状大小不一、形状不规则；有的块状敲碎后内部呈褐色、白色、黑色、淡蓝色等，且有分层现象；有的块状为蓝绿色细颗粒的集合体。在样品中还发现个别已生锈的螺栓。测定样品含水率为 3%，样品干基 550℃灼烧后的烧失率为 12.0%。样品外观形态见图 1。

图 1 样品

（2）采用 X 射线荧光光谱仪分析样品的组成，主要元素为 Cu、S、Zn、Ca、Pb，少量的 Fe、Si、Al、Cl、P、Mg、Cd 等，结果见表 1。

表 1 样品主要成分及含量（除 Cl 以外，其他元素均以氧化物计）

单位：%

成分	CuO	SO_3	ZnO	CaO	PbO	Fe_2O_3	SiO_2	Al_2O_3	Cl	P_2O_5	MgO	CdO
含量	41.92	22.10	15.13	7.76	5.69	2.43	1.86	1.64	0.39	0.24	0.24	0.17

（3）采用 X 射线衍射仪分析样品的物相组成，结果为 FeS_2、FeS、$PbSO_4$、Cu_2O、CuO、$CuSO_4$、$Cu_4(SO_4)(OH)_6 \cdot 2H_2O$，谱线非常弥散，证明物质结晶程度差，为溶液中形成的混合物。衍射谱图见图 2。

（4）对样品进行能谱分析，除 Cu、S、O 外，还有显著量的 Ca、Si、Al、Zn，谱图见图 3。

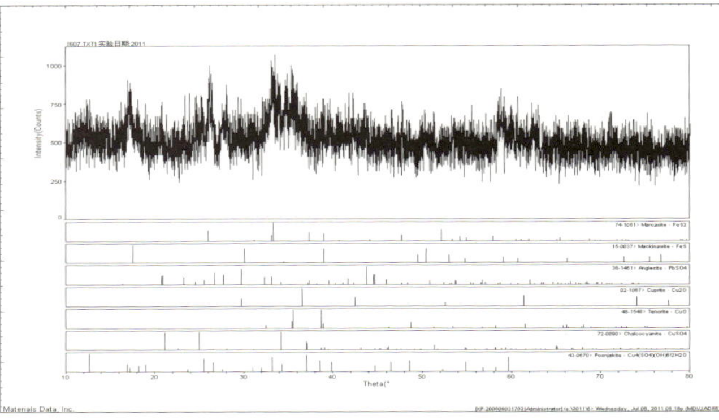

图 2　样品衍射谱图

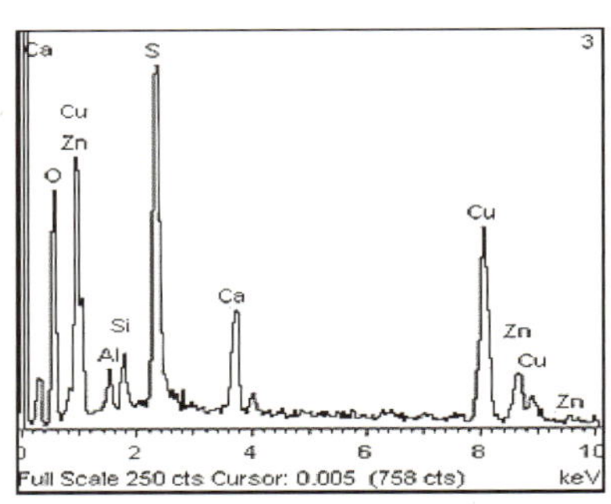

图 3　样品能谱图

透光镜下观察样品，见有许多结晶细小的铜盐围绕石英碎屑颗粒结晶，还可见一些石膏。镜下照片见图 4 和图 5。在氨溶液中溶解样品，绿色部分的物质溶解，剩下不溶的黑色渣。对不溶渣的反光镜下观察及电镜能谱分析证明：该样品中含有铜合金，表明不是天然矿物。合金的镜下照片及化学组成特征见图 6 和图 7。渣中典型颗粒成分见图 8~ 图 11。

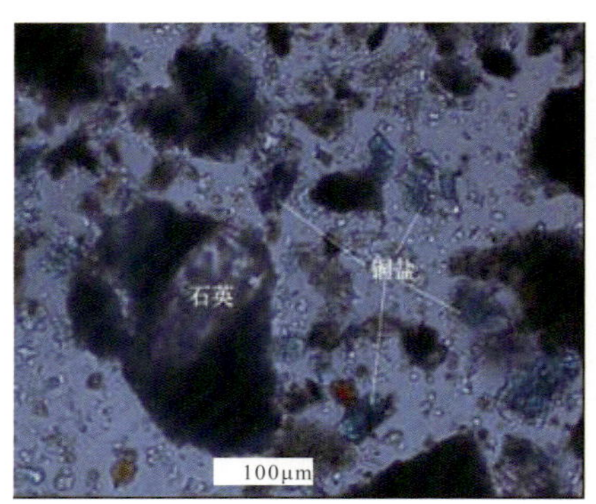

图 4　透光镜下铜盐（浅绿色）及石英碎屑

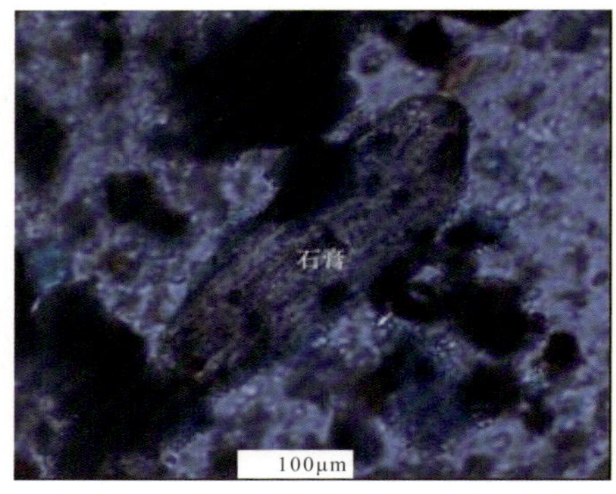

图 5　透光镜下的石膏晶体

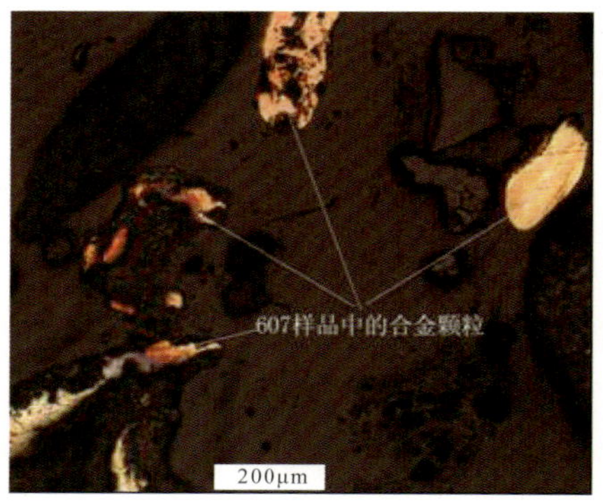

图 6　显微镜下不溶渣中的铜合金照片

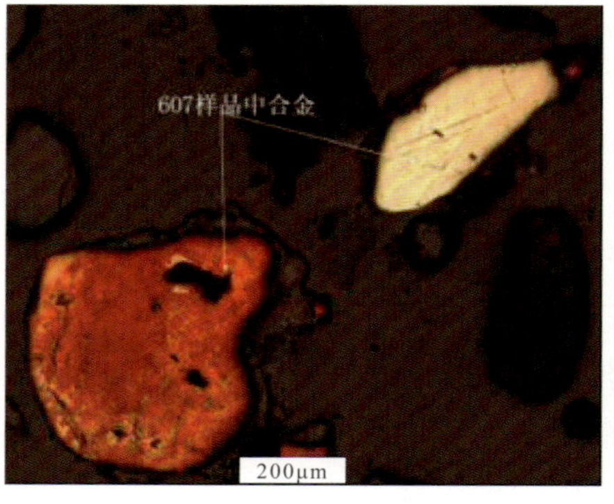

图 7　显微镜下不溶渣中的铜合金照片

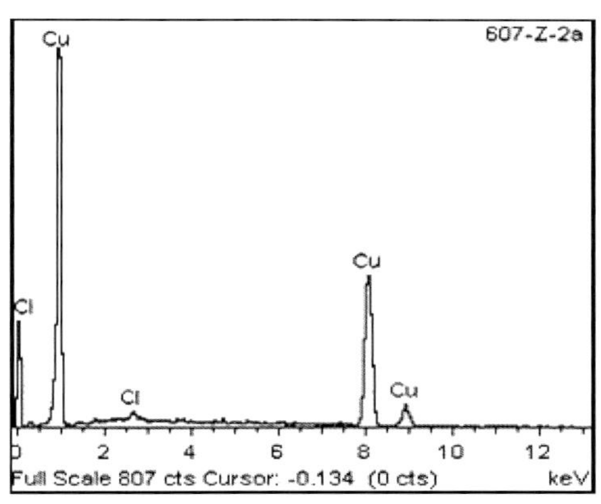

图 8　金属铜能谱

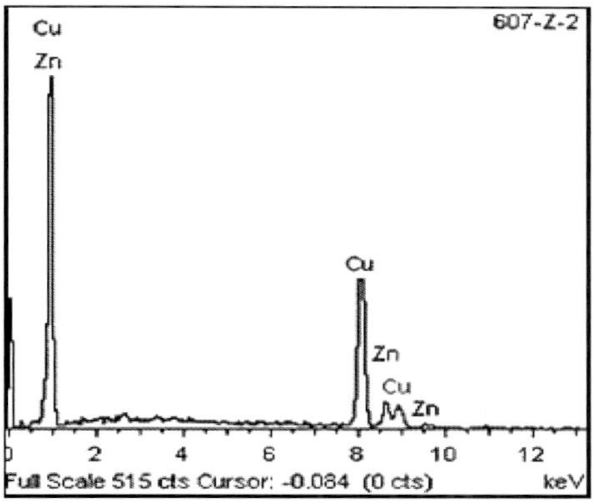

图 9　合金铜能谱

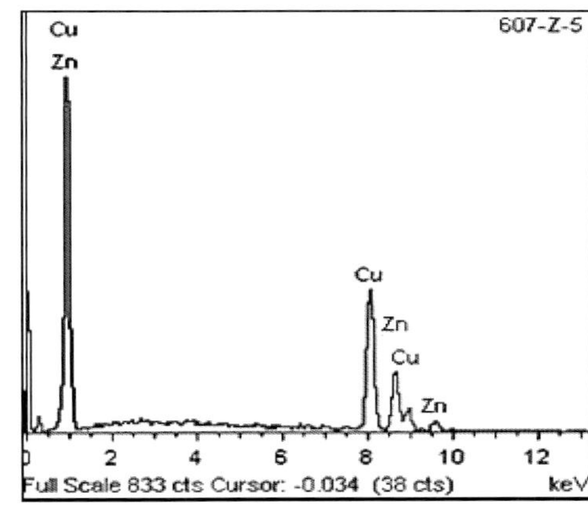

图 10　黄铜能谱

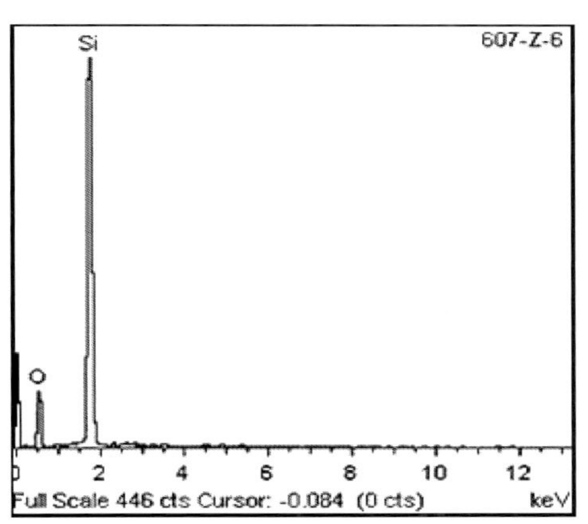

图 11　酸不溶渣中石英能谱

3 样品物质属性鉴别分析

（1）产生来源分析

①粗制氧化铜（CuO）

在《氧化铜粉》（GB/T 26046—2010）编制说明中，总结出国内外 CuO 生产成熟工艺有铜粉氧化法、$CuSO_4$ 煅烧法、碳酸铵亚铜浸取法及可溶铜加碱合成法。目前工业生产多采用铜粉氧化法，该法是以铜灰、铜渣为原料在焙烧炉中用煤气加热进行初步氧化，以除去原料中的水分和有机杂质。生成的初级氧化物经自然冷却、粉碎后，在氧化炉中进行二次氧化，得到粗品 CuO。然后将粗品 CuO 净化，经离心分离、干燥，在 450℃下氧化焙烧 8 h，冷却后，粉碎至 100~200 目，再在氧化炉中氧化，制得 CuO 粉产品。《氧化铜粉》（GB/T 26046—2010）标准中规定合格品 CuO 含量≥ 98%。

虽然样品含铜量达 33.5% 左右，但铜的存在形式有金属铜、合金铜、氧化铜（CuO）、氧化亚铜（Cu_2O）、铜盐等，而且样品中含有大量的其他元素，如 Ca、Fe、Pb、Zn、Si、Al，表明样品成分非常复杂，不但 CuO 的含量较低，而且难以通过上述工艺步骤将样品中大量的非铜杂质成分予以分离而得到合格品 CuO 粉。因此，判断样品不是粗制 CuO。

②以黄铜灰为主的含锌物料经过加工处理之后的产物

湿法炼锌约占锌总产量的 80%，多采用连续复浸出流程[1]，锌的二次资源利用越来越受到重视，是替代原生资源不足的重要途径，二次资源回收利用工艺技术上很多都可以采用传统和现代的工艺设备处理[2]。

某工厂在冶炼黄铜合金时产生的黄铜灰渣经过筛、淘洗、沉淀后含 35%~40%Cu、50%~55%Zn，少量的 Fe、Pb，这种黄铜灰渣经稀 H_2SO_4 浸取，浸出液再经置换、除铁、浓缩、结晶等工序，可得到工业一级品 $ZnSO_4 \cdot 7H_2O$，而浸取后的残渣中仍含 25%~35%Zn、50%~60%Cu[3]，工艺流程示意图见图 12。

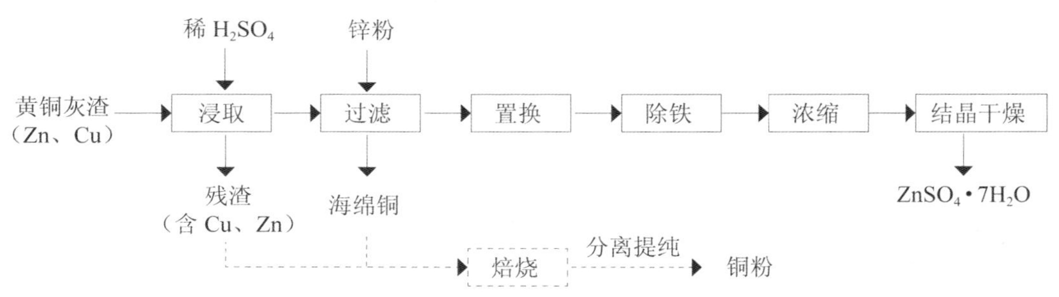

图 12　黄铜灰渣综合利用工艺流程

某黄铜熔炼渣含 Cu、Zn、Fe、Al、Ca、K、Si 等，含量均大于 1%，其中含 6.76%Cu、31.27%Zn、1.86%Fe[4]。使用碱液沉淀这种黄铜熔炼渣中的铜和锌，经分离得到一种沉铜渣，其含锌为 5%~7%，这是由于 $Cu(OH)_2$ 沉淀时机械包裹含锌物料所致，见表 2 。

表 2　沉铜渣中铜和锌的含量

单位：%

序号	1	2	3	4
Cu	52.68	50.80	47.65	65.56
Zn	1.97	7.37	5.39	6.75

冶炼黄铜生产过程中产生的炉渣经过淘重机淘洗后分流沉积下来的泥渣，分为两个部分[5]：一部分铜锌泥含黄铜量较高，含 ZnO 量稍低，大致成分为 40% 黄铜、42%ZnO、1.0%Fe；另一部分铜锌泥含黄铜量很低，大致成分为 8% 黄铜、72%ZnO、0.8%Fe（黄铜含 60%Cu、40%Zn）。

铜锌炉灰渣中会含有粒度较小的铜，以金属和多种化合物的形式存在于灰渣中[6]。

样品中大约含 33%Cu、12%Zn、5.3%Pb，表明形成样品的原始物料与这几种有色金属的冶炼过程相关；样品中 Cu、Zn 含量较高以及显微镜观察和实验室淘洗下含有金属铜或 Cu-Zn 合金的特点，与上述资料中黄铜灰的特点相似，因此，样品形成的原始物料应该含有黄铜灰；样品中含有大约 8.8% 的硫，物相分析证明其为硫酸盐形态，样品还明显具有在溶液中形成的沉淀物质分层的结构特点，因此，推断样品是黄铜灰等物料经过了稀 H_2SO_4 浸出处理，在溶液中形成的产物；样品大约含 5.5% 的钙，其水溶液 pH 值为 8.50，呈碱性，显微镜下观察到样品中含有石膏相（$CaSO_4 \cdot 2H_2O$），因此，推断样品是来自于酸性溶液经碱液（$Ca(OH)_2$）中和处理的产物；样品外观呈铜绿色，块状内部有的呈绿色，有的呈其他颜色，可能是样品经过长期堆放后析出的 $Cu(OH)_2$ 所致，也表明样品中 Cu^{2+} 浓度较高。由此判断，样品原始物料是主要含铜和锌的有色金属物料，经过了稀 H_2SO_4 处理，再经过了碱中和处理，这一流程与前面资料中处理黄铜灰的步骤具有可比性，加酸的目的是回收原料中的锌，加碱的目的是中和处理酸性废水和废渣。

综上所述，判断样品是以黄铜灰为主（不排除其他锌灰渣、铅锌渣）的含锌物料经过加工处理之后形成的产物。

（2）固体废物属性分析

样品是黄铜灰为主（不排除其他锌灰渣、铅锌渣）的含锌物料经过加工处理之后形成的产物，酸浸处理的目的是提取锌，碱处理的目的是中和处理酸性废水和废渣，并且还混入了原始黄铜灰渣，从而使样品成分复杂。那么，样品是“其他污染控制设施产生的残余渣、污泥”，是“生产过程中产生的残余物”。依据我国《固体废物鉴别导则（试行）》的原则，判断样品属于固体废物。

2009 年 8 月 1 日，环境保护部、商务部、国家发改委、海关总署、国家质检总局发布的第 36 号公告中的《禁止进口固体废物目录》中包括“2620300000 主要含铜的残渣”，“2620190090 含其他锌的残渣”，样品应归入这两类废物，属于目前我国禁止进口的固体废物。

4 结论

样品是以黄铜灰为主（不排除其他锌灰渣、铅锌渣）的含锌物料经过加工处理之后形成的产物，是含铜、锌为主的废渣，属于目前我国禁止进口的固体废物。

参考文献

[1] 彭容秋 . 有色金属提取冶金手册——锌镉铅铋 [M]. 北京 : 冶金工业出版社 ,1992:10-45.
[2] 邱定蕃 , 徐传华 . 有色金属资源循环利用 [M]. 北京 : 冶金工业出版社 ,2006: Ⅳ - Ⅴ .
[3] 肖民耕 , 汪群慧 , 范秋如 , 等 . 电积法分离与回收黄铜灰中的铜锌 [J]. 化工时刊 ,1992(3):22-24.
[4] 蒋镜宇 , 李东林 , 胡彩珣 . 从黄铜熔炼渣中回收铜、锌 [J]. 有色金属 (冶炼部分),1992(3):31-33.
[5] 郭顺 , 范秋如 . 钟表材料行业废料的综合利用 [J]. 有色金属 (冶炼部分),1991(2):25.
[6] 佚名 . 含铜锌灰渣的综合利用 [J]. 今日科技 ,1975(8):25-26.

51. 铜蚀刻液污泥

1 背景

2004 年 3 月，固体废物研究所对某公司申报进口的“铜精矿”货物样品进行废物属性鉴别，需要确定是否属于国家禁止进口的固体废物。在实验分析、咨询专家和查阅相关资料的基础上编写鉴别报告。

2 样品特征及物质特性分析

（1）三个样品为绿色泥块状物质，明显含水分，内外颜色基本均匀。测定样品含水率，1 号样品为 25.57%，2 号样品为 24.39%，3 号样品为 24.56%。

（2）采用 X 射线荧光光谱仪分析样品干基的组成，主要成分及含量见表 1。

表 1 样品主要成分及含量（均以元素单质计）

单位：%

样品	Cu	Cl	O	N	S	Fe	Cr	P	Si
1 号	45.0	23.8	23.5	7.2	0.3	0.04	0.03	0.02	0.02
2 号	44.6	23.6	24.0	7.3	0.3	0.04	0.03	0.03	0.02
3 号	45.2	24.3	22.3	7.6	0.3	0.06	0.05	0.04	0.03

（3）按照《固体废物浸出毒性浸出方法 水平振荡法》（GB 5086.2—1997）对样品中可能的重金属元素进行危险废物浸出毒性鉴别，实验结果与标准限值进行比较，见表 2。按照《固体废物腐蚀性测定 玻璃电极法》（GB/T 15555.12—1995）进行腐蚀性鉴别分析，实验结果与标准限值进行比较，见表 3。

表 2 样品浸出实验结果

单位：mg/L

样品	Cu	Zn	Pb	Cd	Cr	Ni
1 号	177.53	未检出	未检出	2.30×10^{-3}	未检出	0.11
2 号	175.65	未检出	1.16×10^{-3}	0.48×10^{-3}	未检出	0.09
3 号	399.41	0.11	未检出	1.13×10^{-3}	未检出	0.08
GB 5085.3—1996 限值	50	50	3	0.3	10	10

注：在浸出振荡过程中，样品浸出液颜色随浸取时间的增加逐渐变蓝。

表 3 样品腐蚀性鉴别结果

样品	1 号	2 号	3 号	腐蚀性判断标准
pH 值	8.07	8.07	8.20	大于等于 12.5 或小于等于 2.0

（4）将样品分别用 HCl、NaOH 和蒸馏水溶解，结果表明物质主要化学成分为碱式氯化铜（$CuCl_2 \cdot 3Cu(OH)_2 \cdot xH_2O$）和碱式硝酸铜（$Cu(NO_3)_2 \cdot 3Cu(OH)_2$），定性实验现象见表 4。

表 4　简单溶解性定性实验现象

样品	1 号	2 号	3 号	备注
盐酸	溶	溶	溶	溶液颜色均为绿色
蒸馏水	不溶	不溶	不溶	
NaOH 溶液	不溶	不溶	不溶	样品由绿色变为蓝色

3 样品物质属性鉴别分析

（1）产生来源分析

①样品主要化学成分为 $CuCl_2•3Cu(OH)_2•xH_2O$ 和 $Cu(NO_3)_2•3Cu(OH)_2$。

样品从颜色、状态和组成成分上具有较高相似性，应属于同一类物质。1 号和 2 号样品的浸出液颜色均为蓝色，浸出液中金属的浸出量也比较接近，表明两个样品的物质组成具有一致性，而 3 号样品的浸出液颜色为深蓝色，浸出液中 Cu^{2+} 浓度也有较大的差异。

从实验数据计算出样品中铜的浸出率，浸出率小于 1%，表明样品中的铜主要以难溶于水或不溶于水的形态存在，结果见表 5。

表 5　样品中 Cu 的浸出率

单位：%

样品	1 号	2 号	3 号
浸出率	0.39	0.40	0.88

样品的主要组成元素为 Cu、Cl、N 和 O，其主要成分有两种可能：一是以 $CuCl_2$ 和 $Cu(NO_3)_2$ 为主；二是以 $CuCl_2•3Cu(OH)_2•nH_2O$（碱式氯化铜）和 $Cu(NO_3)_2•3Cu(OH)_2$（碱式硝酸铜）为主，铜化合物的性质见表 6。样品中铜浸出率较低，既可能是因为碱性条件下金属的溶出受到限制，也可能是铜以不溶于水或难溶于水的形态存在，而不是以易溶的 $CuCl_2$ 或 $Cu(NO_3)_2$ 形态存在。总之，样品成分应是以 $CuCl_2•3Cu(OH)_2•nH_2O$ 和 $Cu(NO_3)_2•3Cu(OH)_2$ 为主。

表 6　铜化合物的颜色及水溶性

名称	分子式	纯物质颜色	溶液颜色	溶解性
四水合铜离子	$[Cu(H_2O)_4]^{2+}$	—	蓝色	溶于水
氯化铜	$CuCl_2•2H_2O$	绿色棱状结晶体	浓度高时溶液为黄色，中等为绿色，低浓度为蓝色	溶于水
硝酸铜	$Cu(NO_3)_2•3H_2O$	深蓝色柱状晶体	蓝色溶液	溶于水
碱式硝酸铜	$Cu(NO_3)_2•3Cu(OH)_2$	浅蓝色粉末	—	不溶于水，溶于酸和氨水
碱式氯化铜	$CuCl_2•3Cu(OH)_2•nH_2O$ (n=1/2,1,2)	绿色结晶或结晶性粉末	—	不溶于水，溶于酸和氨水

②样品不是铜精矿

样品报关名称为“铜精矿”。铜矿在自然界中多以金属共生矿的形态存在，矿石中常伴生有多种重金属和稀有金属，如Au、Ag、As、Bi、Sb、Se、Pb等。铜矿石经选矿富集获得精矿，常见为褐色、灰色、黑褐色、黄绿色，成粉状，粒度一般小于0.074mm。我国《铜精矿》（YS/T318—1997）中将铜精矿按化学成分含量分为四级，需满足表7的要求；同时规定铜精矿中Au、Ag、S为有价元素；铜精矿中水分≤12%，冬季应≤8%；铜精矿中不得混入外来夹杂物；同批精矿要求混匀。

表7　铜精矿的化学成分及含量（均以元素单质计）

单位：%

品级	Cu含量，≥	杂质含量，≤			
		As	Pb+Zn	MgO	Bi
一级品	30	0.05	2	1	0.05
二级品	25	0.20	5	3	0.20
三级品	20	0.30	8	4	0.30
四级品	13	0.40	12	5	0.50

样品的成分、颜色、状态、含水率、杂质和泥块状等方面均与铜精矿有很大差异，判断样品不是铜精矿。

③样品是含铜污泥

含铜污泥可能来自于生产电子线路板或印刷线路板的化学腐蚀液（或蚀刻液）回收过程中得到的铜泥。在印刷线路板（又称印刷电路板）的制造过程中，除去在覆铜板上除导线以外的金属铜所采用的方法是蚀刻。常用的蚀刻液有酸性和碱性两种，碱性蚀刻液用于特殊的印刷电路板的制造过程中。国外20世纪70年代以前，主要用$FeCl_3$溶液在专用腐蚀机中进行腐蚀。由于$FeCl_3$腐蚀溶液回收比较困难，又污染环境，70年代以后，有不少工厂逐渐改用酸性$CuCl_2$溶液进行腐蚀，过程是在$CuCl_2$溶液中加入HCl，在腐蚀溶液与金属铜进行化学反应时，铜被腐蚀，生成CuCl。用过的腐蚀液中含有大量的铜离子和化学品：一是铜和化学品其本身具有再使用价值，二是由于Cu^{2+}对环境具有严重的危害性，不允许随便排放。因此，要求对腐蚀液进行回收和再利用。

目前为止没有找到样品符合铜及其化合物产品质量标准或原料标准的证据，从样品中含有水分、主要成分、杂质成分以及形态等方面判断，样品具有上述污泥的特征，很可能是来自生产铜质铭牌的腐蚀工艺过程和蚀液回收处理过程中产生的铜泥。

（2）固体废物属性分析

我国目前还没有关于固体废物判断的基本准则，也没有区分废物与产品原料的准确判断标准。这里借鉴国外法规、标准对样品属性进行鉴别。

美国《危险废物鉴别与名录（40CFR261）》“固体废物定义（40CFR261.2）”中(d)（3）条规定：“行政管理人员将利用下列标准将其列入废物名单：(i)(A)材料通常被处置，燃烧，或焚烧；或（B）材料含有261章附录Ⅷ中列出的有毒成分以及这些成分在所替代的原料或产品中通常没有被发现而且这些成分在再循环过程中不能被利用或再利用。”

样品中均含有Cr、Cd和Ni，这些物质都具有一定的毒性并列入40CFR261附录Ⅷ中，但是没有出现在矿物原料中，而且这些物质以及所含的Fe、P和Si等杂质不能被回收或者利用。样品即使用于回收铜及其化合物，也属于固体废物。

样品浸出液中 Cu^{2+} 浓度均符合《危险废物鉴别标准 浸出毒性鉴别》（GB 5085.3—1996）中的限值要求，因此，样品属于危险废物。

《废物进口环境保护管理暂行规定》（环控 [1996]204 号文）规定：未列入可以用作原料进口的固体废物目录的固体废物禁止进口。在环控 204 号文中公布的“国家限制进口的可用作原料的废物目录”及其增补的名录，原对外贸易经济合作部、原国家环境保护总局、海关总署、国家质检总局 2001 年第 41 号公告公布的《限制进口类可用作原料的废物目录》（第一批），《关于调整废物进口环境保护管理有关问题的通知》（环发 [2002]7 号文）中《自动进口许可管理类可用作原料的废物目录》等文件中均没有含铜废水处理污泥。而根据原对外贸易经济合作部、海关总署、原国家环境保护总局发布的 2002 年第 25 号公告《禁止进口货物目录（第四批）》中列出了海关编号为 2620.3000 的“主要含铜的矿灰及残渣”。样品中含有较高含量的铜，应归为“主要含铜金属及化合物的矿灰及残渣”类别中，属于目前我国禁止进口的固体废物。

4 结论

样品是来自生产电路板或印刷线路板的腐蚀液（或蚀刻液）的回收处理过程的污泥，属于我国禁止进口的固体废物。

52. 含铜电镀废水处理污泥

1 背景

2011 年 1 月，固体废物研究所对某公司申报进口的“粗制氧化铜”货物样品进行了固体废物属性鉴别，需要确定是否为国家禁止进口的固体废物。在实验分析、咨询专家和查阅相关资料的基础上编写鉴别报告。

2 样品特征与物质特性分析

（1）样品为黄褐色不均匀、不规则的颗粒和粉末，潮湿，大颗粒用手可掰碎，内部为灰色物质或灰黑色物质，外表裹着一层褐色氧化物。测定样品含水率为 40%，样品干基 550℃灼烧后烧失率为 12%，灼烧后变成深褐色。样品外观特征见图 1。

（2）采用 X 射线荧光光谱仪分析样品的组成，主要元素为 Fe、Cu、Ca、Mg、Si、S、Al、Cl、Sn、Pb、Mn、Zn 等元素，结果见表 1。

表 1 样品主要成分及含量（除 Cl 以外，其他元素均以氧化物计）

单位：%

成分	Fe_2O_3	CuO	CaO	MgO	SiO_2	SO_3	Al_2O_3	SnO_2	PbO
含量	50.17	18.26	16.41	5.51	2.45	2.07	1.28	0.83	0.66
成分	MnO	ZnO	Na_2O	Cl	P_2O_5	NiO	K_2O	TiO_2	—
含量	0.52	0.43	0.43	0.39	0.20	0.19	0.13	0.07	—

（3）采用 X 射线衍射仪分析样品的物相组成，结果为 Cu、CuO、Si、FeOOH、Fe_3O_4、$Mg_2Al_4Si_5O_{18}$、CaO，谱线弥散，表明结晶程度差，谱图见图 2。

图 1 样品

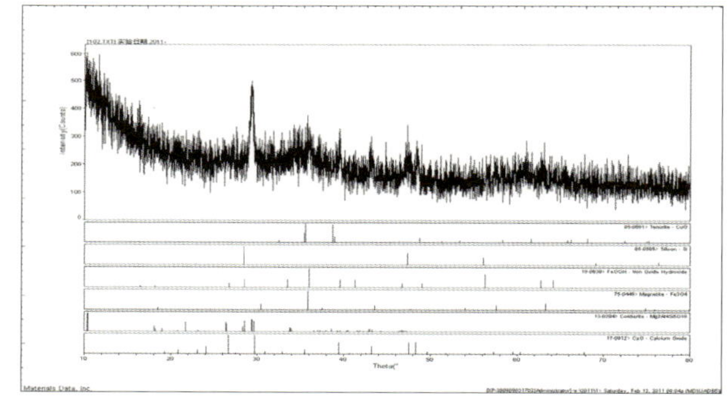

图 2 样品 X 射线衍射谱图

（4）能谱分析显示样品主要含有 Fe、Cu、Ca，少量的 S 等，化学组成特征能谱图见图 3。透光显微镜下观察物料可见其亦由红褐色透明鳞片状颗粒组成（图 4），磨制了抛光片，未见到稍粗的结晶相，特别是金属相。

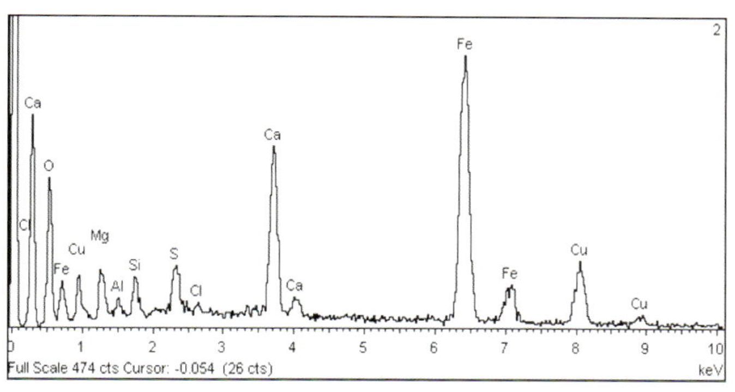

图 3　粉末样品能谱

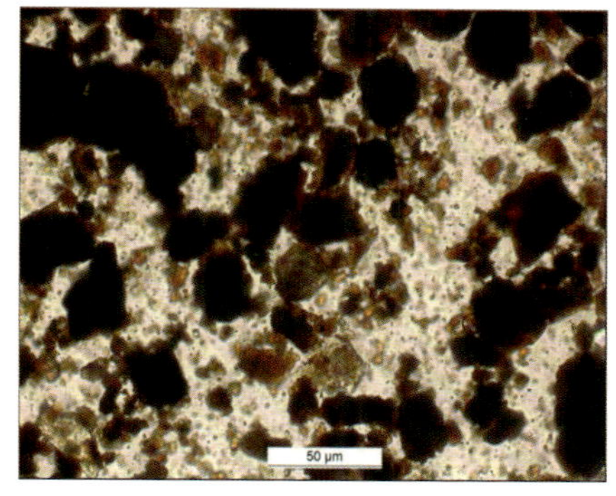

图 4　样品透光镜下照片

3 样品属性鉴别分析

（1）产生来源分析

①粗制氧化铜（CuO）

国内外 CuO 生产最成熟工艺有铜粉氧化法、$CuSO_4$ 煅烧法及碳酸铵亚铜浸取法。目前工业生产多采用铜粉氧化法，是以铜灰、铜渣为原料在焙烧炉中用煤气加热进行初步氧化，以除去原料中的水分和有机杂质。生成的初级氧化物经自然冷却、粉碎后，在氧化炉中进行二次氧化，得到粗品 CuO，反应方程式如下：

$$2Cu+O_2 \rightarrow 2CuO$$

$$Cu_2O+1/2O_2 \rightarrow 2CuO$$

将粗品 CuO 净化，经离心分离、干燥，在 450℃下氧化焙烧 8 h，冷却后，粉碎至 100 目或 200 目，再在氧化炉中氧化，制得 CuO 粉产品。

在氧化铜粉产品的国家标准（征求意见稿）中，根据国内生产厂家采用的生产工艺及其实际生产情况和产品使用厂家对 CuO 粉的要求，标准拟划分为三个品级，即优级品主要成分 CuO 含量 ≥ 99%，一级品主要成分 CuO ≥ 98.5%，合格品主要成分 CuO ≥ 98%。

除铜粉氧化法以外，还有用含氧铜盐生产 CuO 粉的工艺，这一工艺过程为：将含氧铜盐在 850~980℃温度下焙烧 20~240min，烧结物冷却后不必粉碎或稍加粉碎，过 180~320 目筛即得合格产品 [1]。当含氧铜盐为 $CuSO_4$ 时，反应方程式如下：

$$2CuSO_4 \xrightarrow{>850℃} 2CuO + 2SO_2\uparrow + O_2\uparrow$$

当含氧铜盐为硝酸铜时，反应方程式如下：

$$2Cu(NO_3)_2 \xrightarrow{>200℃} 2CuO + 4NO\uparrow + 3O_2\uparrow$$

当含氧铜盐为碱式碳酸铜时，反应方程式如下：

$$CuCO_3 \cdot Cu(OH)_2 \xrightarrow{>850℃} 2CuO + CO_2\uparrow + H_2O\uparrow$$

根据海关《商品归类总则》的注释:“氧化铜(黑色氧化铜)”为“从硝酸铜或碳酸铜制得，或通过氧化金属铜制得，为黑色粉末或颗粒，有栗色光泽，不溶于水。用于搪瓷、玻璃（绿色玻璃）或陶瓷工业及调制油漆。也用于电池的去极化以及在有机化学上用作氧化剂或催化剂。”没有“粗品氧化铜”或“粗制氧化铜”的解释，亦即粗制 CuO 并不是一个正常商品名称。

样品干基中含 14%~15%Cu，湿基中含 8% ~ 9%Cu，远低于 CuO 产品中铜的含量水平，其中不排除含有铜盐或 $Cu(OH)_2$ 的可能（因为衍射结构表明样品结晶很差，显微镜观察表明其是水溶液中的物质），并含有大量铁和其他杂质，而且这些杂质含量高，难以用常规工艺（如上述工艺）将其分离去除。因此，样品不能作为粗 CuO 使用，也就不是“粗制氧化铜产品”。

②含铜污泥

含铜污泥来源广泛，印刷线路板（PCB）生产废液和含铜电镀废液处理的污泥是两个主要来源[2]，当然 PCB 生产中也包含电镀工序。

印刷线路板（PCB）广泛应用于电子电器产品中，PCB 生产中钻孔、蚀刻、电镀、金属化、去膜、显影等工序会产生大量的酸性废水，对这类废水通常采用石灰中和沉淀处理，使重金属沉淀析出，产生大量的含 Cu、Fe、Ca 的污泥，上海某电子厂 PCB 污泥呈褐色，成分见表 2[3]。某 PCB 厂石灰中和沉淀、脱水后的污泥含水率 55%，烘干后的成分见表 3[4]。

表 2　上海某厂污泥中的金属及含量（干基）

单位：%

成分	Cu	Fe	Al	Ni	Ca	Mg	Cr	Mn	Zn
含量	16.77	31.12	1.33	0.38	0.25	0.12	0.08	0.05	0.03

表 3　污泥中金属主要成分及含量（干基）

单位：%

成分	Cu	Sn	Fe	Al	Ca	Au
含量	12.10	4.80	18.30	7.20	32.40	0.06

深圳某厂电镀污泥，污泥烘干后再处理，电镀污泥及含量见表 4[5]。重庆某厂电镀污泥呈红棕色，含水率 81%，干污泥成分见表 5 所示[6]。广东某公司处理的含铜电镀污泥主要来自省内金属表面处理、印刷电路板业、电镀业、电池制造业及电线电缆废水处理过程中产生的重金属污泥，废水污泥压滤后含水率一般为 75%~85%，颜色有棕黑色、棕色、棕黄色、墨绿色等，灰分 76% 以上，铜泥成分见表 6[7]。某电镀含镍污泥中含 10.5%Ni、1.5%Cu，电镀含铜污泥中含 11.2%Cu、1.2%Ni[8]。

表 4　深圳某厂电镀污泥（干基）成分及含量

单位：%

成分	Cu	Ni	Al	Fe	Cr	其他
含量	41.34	1.01	11.17	20.71	5.30	20.47

表 5　重庆某厂干电镀污泥成分及含量

单位：%

成分	Cu	Fe	Ti	Ca	Pb	其他
含量	13.25	33.47	0.25	0.4	0.59	52.04

表 6　含铜电镀污泥主要化学成分及含量

单位：%

成分	Cu	Fe	SiO_2	CaO	Na	Zn	S	Ni	Cr	H_2O
含量	9~15	22	24	8	2	2.5	1.3	0.5	0.5	25

样品颜色为黄褐色，含水率较高，主要是因为样品中含有大量铁的氢氧化物，与印刷线路板行业的废水污泥颜色相符合；显微镜下观察，样品主要是由红褐色透明鳞片状颗粒组成（图 4），样品衍射结果表明，样品结晶程度差，说明样品是来自水溶液中的沉淀物；样品衍射结构分析和电镜观察都表明结晶程度较差，与国内外电镀污泥研究结论一致；样品的主要组成成分与表 2~ 表 6 中的含铜污泥成分相似，其中的铜可能是来自线路板腐蚀过程和铜镀件或含铜镀液，铁可能是来自废水处理的含铁絮凝剂和铜腐蚀液，钙可能是来自电镀废水处理过程中的中和剂，硫可能来自工艺中使用的 H_2SO_4，铝可能来自废水处理的含铝絮凝剂，锡可能来自线路板的处理过程，锌可能来自黄铜合金镀件，少量磷可能来自镀件表面处理的含磷处理剂，溴可能来自线路板材质。总之，综合判断样品是含铜污泥，可能来自印刷线路板生产或电镀生产中的含铜废水处理污泥。

（2）固体废物属性分析

样品是含铜污泥，它是生产中“污染控制设施产生的污泥”。因此，依据《固体废物鉴别导则（试行）》中关于固体废物的原则，判断样品为固体废物。

2009 年 8 月，环境保护部、商务部、国家发改委、海关总署、国家质检总局发布的第 36 号公告中的《禁止进口固体废物目录》中包括“7401000010 沉积铜 (泥铜)”、“3825200000 污泥”、“其他未列名固体废物”，样品应归类于这两类废物中的一类，属于目前我国禁止进口的固体废物。

4 结论

样品不是“粗制氧化铜”；样品是含铜污泥，可能来自印刷线路板生产或电镀生产中的含铜废水处理污泥；样品属于目前我国禁止进口的固体废物。

参考文献

[1] 陈云进 . 氧化铜粉生产工艺 [J]. 使用技术市场 ,1999(4):18.
[2] 尚兰福 . 铜泥中铜的回收利用 [J]. 陕西环境 , 2001,8(4):29.
[3] 黎彬 , 严丽君 , 朱俊红 , 等 . 印刷线路板生产中含铜污泥的浸出研究 [J]. 上海有色金属 ,2009,30(2):63.
[4] 刘承先 . 含铜污泥中铜的回收及污泥无害化处理 [J]. 辽宁化工 ,2001,30(6):248.
[5] 杨振宁 . 电镀污泥中铜镍回收工艺研究 [D]. 广西大学 ,2008.
[6] 周志明 , 无石华 . 从含铜电镀污泥中回收铜和铁的工艺研究 [J]. 无机盐工业 , 2007,39(12):42.
[7] 叶海明 , 王静 . 含铜污泥中铜的资源化回收技术 [J]. 化工技术与开发 , 2010,39(8):56.
[8] 王文瑞 , 赖日坤 . 浅析电镀含铜和含镍污泥的资源化回收工艺 [J]. 中国环保产业 ,2009(12):37.

53. 铜锡为主的电镀污泥

1 背景

2011 年 3 月，固体废物研究所对某公司申报进口的“铜矿砂”货物样品进行了固体废物属性鉴别，需要确定是否为国家禁止进口的固体废物，是否为危险或非危险性固体废物。在实验分析、咨询专家和查阅相关资料的基础上编写鉴别报告。

2 样品特征及物质特性分析

（1）样品为潮湿的大小不一的颗粒和块状，颗粒和块状外表为蓝绿色，掰开样品内部有的为深褐色、有的为均匀蓝绿色，应为泥状物质并经过压滤处理。将样品中内外颜色为蓝绿色的颗粒标为 1 号，大约占 45%；外表绿色、内部深褐色的颗粒和块状标为 2 号，大约占 55%。测定综合样品含水率为 64.3%，样品干基 550℃下灼烧后失重 7.3%，样品 pH 值为 8.4。将样品置于烧杯并加水搅拌，部分深褐色物质上浮，表明质轻。样品外观特征见图 1 和图 2。

图 1 综合样品

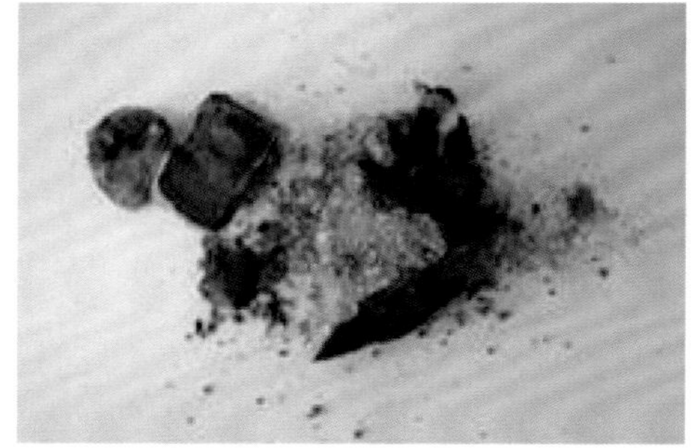

图 2 从样品中挑出块状（内部为褐色）

（2）采用 X 射线荧光光谱仪分析样品组分，结果见表 1。

表 1 样品主要成分及含量（除 Cl、I 以外，其他元素均以氧化物计）

单位：%

1 号样品	CuO	P_2O_5	SnO_2	Al_2O_3	Na_2O	Fe_2O_3	SiO_2	SO_3	CaO	K_2O	MgO	Cl	TiO_2
	47.16	18.45	9.39	7.11	6.78	2.77	2.48	2.45	1.36	1.23	0.47	0.31	0.07
2 号样品	SiO_2	MgO	CuO	Na_2O	SO_3	P_2O_5	Fe_2O_3	Al_2O_3	K_2O	I	SnO_2	Cl	ZnO
	59.04	15.49	7.65	3.99	3.18	2.57	2.27	2.24	1.54	1.12	0.83	0.06	0.03

（3）采用 X 射线衍射仪分析样品物相组成，1 号样品主要为 $Cu_5P_2O_{10}$、$CuO{\cdot}3H_2O$、SnO_2，2 号样品主要为 $3MgO{\cdot}4SiO_2{\cdot}H_2O$、$Na_4SiO_4$、$SiO_2$、Cu，衍射谱图分别见图 3 和图 4（注：结果仅作参考）。

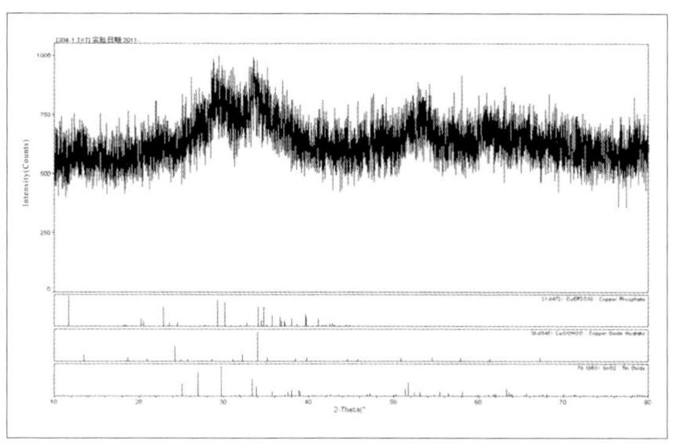

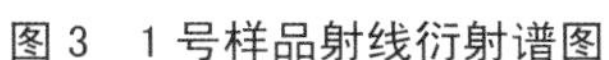

图 3　1 号样品射线衍射谱图

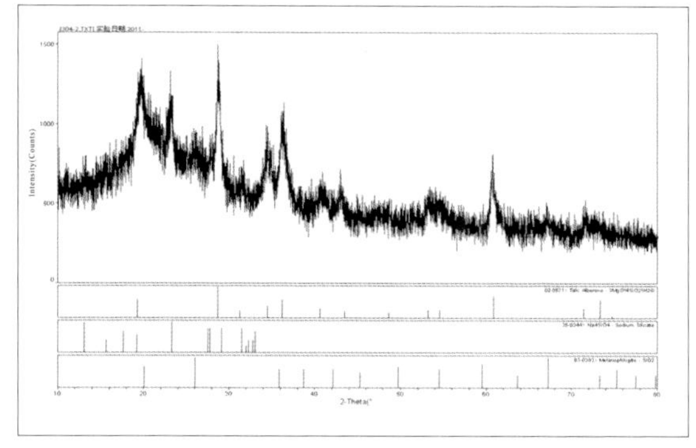

图 4　2 号样品 X 射线衍射谱图

（4）能谱分析表明样品成分复杂，能谱图见图 5；显微镜下进行观察，见有大量铜盐，外层绿色部分主要为铜的磷酸盐与锡盐，黑色部分基体是炭质内包裹有许多鳞片状硅酸盐矿物（镁硅酸盐），还含有极微量的铜合金，见图 6，此元素组合不是自然形成的产物。

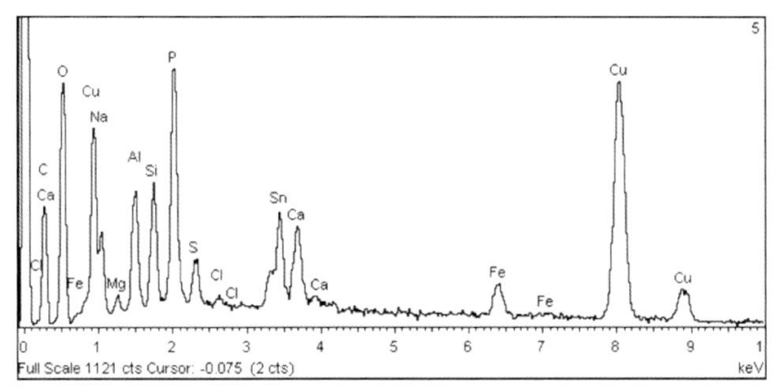

图 5　综合样品能谱

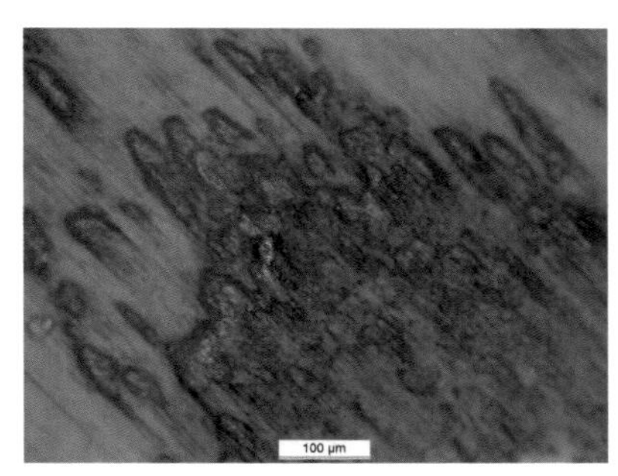

图 6　绿色粉末（铜盐）中残留的铜合金（铜红色）

3 样品物质属性鉴别分析

（1）产生来源分析

①铜矿砂

样品报关名称为“铜矿砂”。铜的矿物有 200 多种，常见的具有工业开采价值的铜矿物见表 2，表 3 是国内某些铜矿厂的铜精矿成分和含量 [1]。查找到我国云南有一种黝锡矿的矿物资料，黝锡矿是 Cu、Sn、Fe、S 的化合物，分子式为 Cu_2FeSnS_4 或 $Cu_2S·FeS·SnS_2$，呈青黑色或橄榄绿色，有金属光泽，比重 4.3~4.5，疏水性强，可浮性良好。黝锡精矿及焙砂成分、浸出渣成分和含量见表 4[2]。

表 2　重要的铜矿物

类别	矿物	组成	颜色	密度 / （g/cm^3）
硫化铜矿	辉铜矿	Cu_2S	铅灰至灰色	5.5~5.8
	铜蓝	CuS	靛蓝或灰黑色	4.6~4.76
	斑铜矿	Cu_5FeS_4	铜红色至深黄色	5.06~5.08
	砷黝铜矿	$Cu_{12}As_4S_{13}$	铜灰至铁黑色	4.37~4.49
	黝铜矿	$Cu_2As_4S_{13}$	灰至铁灰色	4.6
	黄铜矿	$CuFeS_2$	黄铜色	4.1~4.3
氧化铜矿	赤铜矿	Cu_2O	红色	6.14
	黑铜矿	CuO	灰黑色	5.8~6.4
	蓝铜矿	$2CuCO_3\cdot Cu(OH)_2$	亮蓝色	3.77
	孔雀石	$CuCO_3\cdot Cu(OH)_2$	亮蓝色	4.03
	硅孔雀石	$CuSiO_3\cdot 2H_2O$	绿蓝色	2.0~2.4
	胆矾	$CuCO_3\cdot 2H_2O$	蓝色	2.29

表 3　国内某些铜矿厂的铜精矿成分及含量

单位：%

矿山	Cu	S	Fe	SiO_2	CaO	Al_2O_3	MgO
永平铜矿	16.27	34.10	41.20	2.40	0.53	1.63	0.33
铜陵凤矿	20.14	20.83	30.28	3.88	1.82	0.85	0.48
东川落雪	29.10	11.14	—	18.07	4.90	4.48	4.62
白银公司	16.29	28.64	30.79	7.82	2.08	1.20	0.64
胡家峪	24.92	28.26	24.90	1.58	0.72	1.38	7.76
云南狮子矿	29.10	20.70	23.50	3.86	2.32	2.74	11.98
东乡矿	17.46	39.38	34.89	0.15	0.15	1~2	3~5
德兴矿	25.00	28.00	30.00	7.0	—	—	—
铁山矿	13.21	38.76	38.06	1.98	0.67	—	—

表 4　　国内某黝锡精矿及中间试验各产物成分及含量

单位：%

物料名称	Cu	Sn	Fe	As	S	Bi	Pb	Sb	Ag
黝锡精矿	18.4	16.44	11.85	4.56	23.44	—	—	—	—
一次焙砂	22.44	18.81	13.29	2.08	19.48	—	—	—	—
二次焙砂	23.18	19.28	14.06	0.98	11.26	—	—	—	—
酸浸浸出渣	16.3	22.99	8.22	1.08	9.41	—	—	—	—
浸出渣酸洗后的锡渣	0.95	51.21	6.91	0.81	0.68	—	$0.6WO_3$	$13.1SiO_2$	
锡渣还原熔炼产出的粗锡	2.38	96.29	0.055	0.553	—	0.096	0.043	0.063	0.39
Cu-Sn 合金 1	52.20	41.75	3.50	2.24	0.005	0.01	0.03	0.60	—
Cu-Sn 合金 2	24.83	54.58	4.18	1.71	0.865	0.093	—	—	—

样品成分复杂，主要含有 Cu、Sn、P、Si、Al 等，根据表 1 两部分样品的大致比例推算，样品干基成分大约为 20.3%Cu、3.7%Sn、4.8%P、21.3%Si、2.3%Al、4.6%Na、5.2%Mg 等，如果再考虑样品本身的含水率，这些成分含量还要低一些。在目前查找的资料中没有与样品成分相近或相似的矿物，样品与上述铜矿资料的成分相差较大；样品物相组成分析

和显微镜观察结果表明绿色物质主要为铜和锡的盐类，深褐色物质含有炭以及其他有机物，这种物质结构与上述铜的矿物物相结构明显不同；样品颗粒和颜色以及成分非常不均匀，与精矿砂的特点不符；样品明显是来自复杂化学处理过程的产物，不是天然产物。因此，判断样品不是铜矿砂。

②含铜污泥

从样品的物理和化学特征可初步判断，样品是来自某种含 Cu、Sn、P 等的溶液处理后的沉淀产物，但目前没有找到与样品成分组成基本一致或相似的沉淀物或污泥的直接依据。

电镀污泥是电镀废水处理中产生的，在电镀镀件表面磷化工艺预处理中需要使用酸式磷酸盐的含磷化合物，因此，废水处理污泥中含有大量磷[3]。样品中明显含有较高的磷，磷是样品的主要特征之一。

电镀工艺中使用的添加剂、光亮剂、洗涤剂等种类繁多，绝大部分为有机物，其中绝大部分为络合剂和表面活性剂等[4]。样品灼烧实验和溶解实验表明其中有较高含量的有机物。

含铜电镀污泥主要为金属的表面处理、印刷电路板业、电镀业、电线电缆业废水处理过程中产生的铜泥，废水处理压滤后的泥饼含水率一般为 75%~85%，属于偏碱性物质，pH 值在 6.7~9.8，颜色有棕黑色、棕色、墨绿色等，灰分均 ≥ 76%，泥饼中铜等金属的含量约为 3%~9%[5]。样品含水率 ≥ 60%，干基灼烧后灰分 ≥ 90%，pH 值为 8.4，颜色有深棕色和蓝绿色。

镀镍曾经广泛应用于装饰物品中，由于镀镍层容易引起皮肤炎症等过敏性反应，因此人们开发了 Cu-Sn 合金取代镀镍的技术，镀液是由 CuP_2O_7、$Sn_2P_2O_7$、碱金属焦磷酸盐络合剂（$K_4P_2O_7$、$Na_4P_2O_7$）和添加剂等组成的无氰 Cu-Sn 合金镀液[6]。一种无氰电镀铜锡合金工艺的镀液配方为：320~400 g/L 焦磷酸钾（$K_4P_2O_7$），5~12 g/L 焦磷酸铜（$Cu_2P_2O_7$），20~35 g/L 焦磷酸亚锡（$Sn_2P_2O_7$），5~10 g/L 柠檬酸钠（$C_6H_5O_7Na_3 \cdot 2H_2O$），30~50 g/L 磷酸氢二钾（$K_2HPO_4$），30~50 g/L 氨三乙酸 [$N(CH_2COOH)_3$]，10~30 mL/L 配位剂，10~20 mL/L 光亮剂[7]。样品中含有铜盐、锡盐、磷、碱金属等。

铜基合金镀层多采用电镀方法获得，采用化学镀铜和铜基合金也有了较大发展，张健等人以次亚磷酸钠作还原剂，成功地在钢铁基体上化学镀 Cu-Sn-P 合金，镀液组成 1.5 g/L $CuSO_4 \cdot 5H_2O$、2.0 g/L $SnSO_4$、14.4 g/L $NaH_2PO_2 \cdot H_2O$、8.8 g/L EDTA、30 g/L H_2BO_3 和 6~10 g/L 光亮剂[8]。样品中含有铜盐、锡盐、磷、碱金属、少量的硫等。

电镀废水处理方法很多，其中可利用活性炭吸附废水中的金属离子和有机物[4]。样品能谱和电镜观察表明样品含有炭，可能来自有机物，也可能来自活性炭。

电镀流程较长，在金属镀件预处理、镀件最后整理、阴极和阳极材料处理、槽渣处理等环节有可能会产生极少量的合金成分并转到废水和废渣中。显微镜观察表明，样品中含有（或者不能排除有）很少量的合金成分。

通过以上比较分析，判断样品很可能为电镀铜锡合金时产生的废水处理污泥，是不含铬和镍的电镀污泥。

（2）固体废物属性分析

样品很可能来自电镀铜锡合金时产生的废水处理污泥，电镀污泥属于“污染控制设施产生的污泥”，依据《固体废物鉴别导则（试行）》关于固体废物的原则，判断样品属于固体废物。

2009年8月，环境保护部、商务部、国家发改委、海关总署、国家质检总局发布的第36号公告中的《限制进口类可用作原料的固体废物目录》《自动许可进口类可用作原料的固体废物目录》均没有包括“含铜电镀污泥”及类似废物；而在《禁止进口固体废物目录》中包括“3825200000下水道淤泥，包括污水处理厂等污染治理设施产生的污泥”。因此，样品属于目前我国禁止进口的固体废物。

4 结论

样品不是铜矿砂，很可能为电镀铜锡合金时产生的废水处理污泥，是不含铬、镍的电镀污泥，样品属于目前我国禁止进口的固体废物。

参考文献

[1] 彭容秋 . 铜冶金 [M]. 长沙 : 中南大学出版社 ,2004:6.
[2] 魏鲁 . 黔锡精矿冶炼中间试验 [J]. 有色冶炼 ,1991(6):35-38.
[3] 刘安 , 孙家寿 , 李神勇 . 含磷电镀污泥制取磷铵的试验 [J]. 武汉工程大学学报 ,2011,33(2):49.
[4] 彭希仁 . 电镀清洁生产技术与管理 [M]. 北京 : 中国环境科学出版社 ,1996:56.
[5] 王静 , 叶海明 . 含铜电镀污泥中铜的资源化回收技术 [J]. 化学工程与装备 ,2010(8):197.
[6] 王丽丽编译 .Cu-Sn 合金电镀 [J]. 电镀与精饰 ,2000,22(5):197.
[7] 刘建平 . 无氰电镀高锡铜锡合金工艺 [J]. 电镀与涂饰 ,2008,27(3):9.
[8] 张健 , 李云 , 周殿珠 . 化学镀铜 - 锡 - 磷三元合金 [J]. 材料保护 ,1995,28(1):11-13.

54. 以含硅和铜为主的混合废物

1 背景

2010 年 12 月，固体废物研究所对某公司申报进口的“铜锍”货物样品进行固体废物属性鉴别，需要确定样品的实际品名和海关税号，是否为国家禁止进口的固体废物。在实验分析、咨询专家和查阅相关资料的基础上编写鉴别报告。

2 样品特征与物质特性实验分析

（1）样品为黑色细粉粒（似细沙），颗粒无规则、不均匀，并有结团结块现象。测定样品含水率为 8.8%，样品干基 550℃灼烧后烧失率为 6%，灼烧后颜色变化不明显。样品外观形态见图 1。

图 1　样品内包装及外观

（2）采用 X 射线荧光光谱仪分析样品的组成，主要元素为 Si、Cu、Ca、Fe、Cl、Al、Ti、Zn 及其他元素，结果见表 1。

表 1　样品主要成分及含量（除 Cl 以外，其他元素均以氧化物计）

单位：%

成分	SiO_2	CuO	CaO	Fe_2O_3	Cl	Al_2O_3	TiO_2	ZnO	V_2O_5
含量	64.48	17.97	8.44	4.44	1.78	0.80	0.47	0.34	0.27
成分	MgO	MnO	P_2O_5	NiO	SO_3	SnO_2	Cr_2O_3	K_2O	—
含量	0.27	0.25	0.14	0.14	0.08	0.06	0.05	0.02	—

（3）采用 X 射线衍射仪分析样品物相组成，结果为 Si、Cu_2O、CaO，谱图见图 2。

（4）能谱分析显示样品主要由 Si、Ca 渣相组分，金属铜组成，还有 Cl、Ti、Fe 等，能谱见图 3。在油浸镜下对粉末进行观察，发现它多由颗粒状碎屑组成，极细粒的粉末较少，见图 4，判断它不是烟尘。显微镜下观察样品，发现圆粒状金属铜或合金，也有炭颗粒；少量仍在脉石中。样品主要物相组成的形态特征见图 5~ 图 7。X 射线衍射分析样品物相结果为 Si、CaO 及 Cu_2O，但镜下还可见少量金属铜及 Cu-Si 合金。

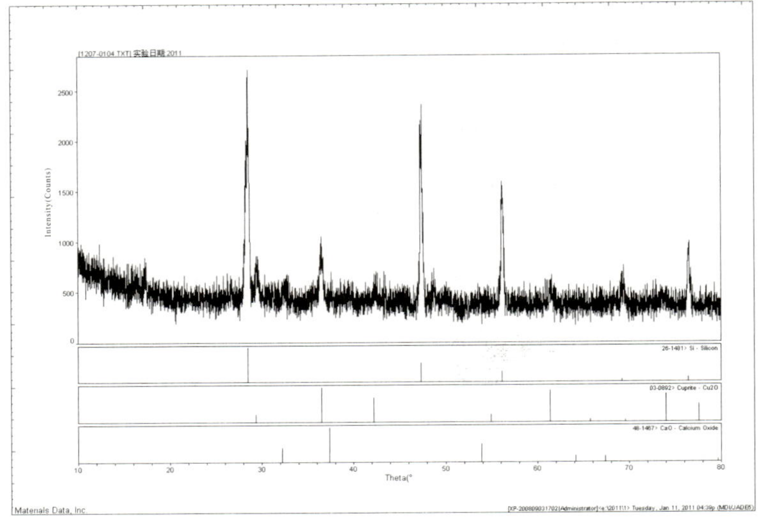

图 2　样品 X 射线衍射谱图

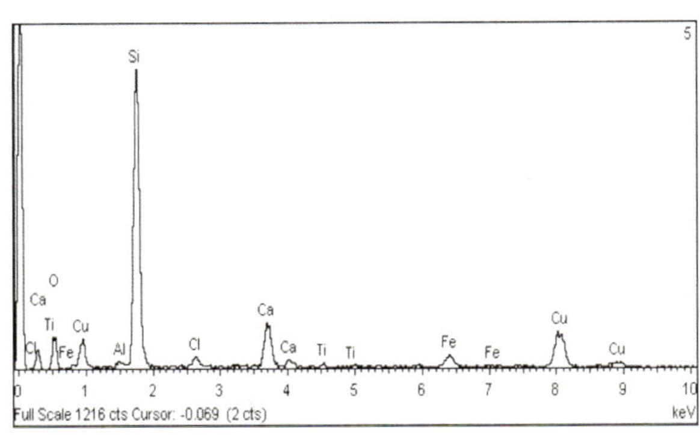

图 3　粉末样品能谱图

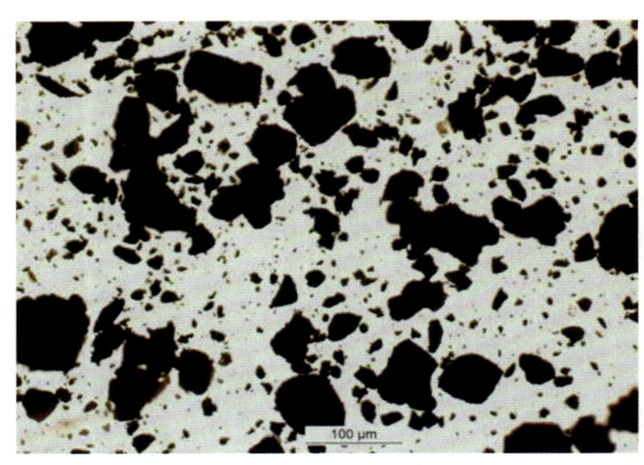

图 4　粉末颗粒形态的镜下观察显示碎屑多呈棱角状，部分呈圆粒状，极细颗粒少

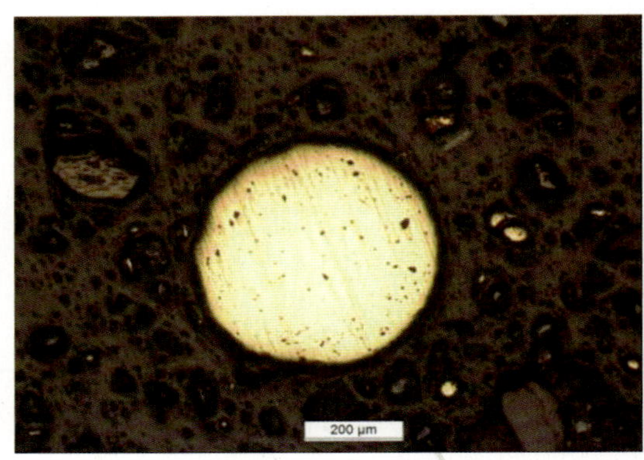

图 5　抛光片中可见不同粒度的亮黄色金属铜或铜合金，尚见许多脉石组分（暗色颗粒）

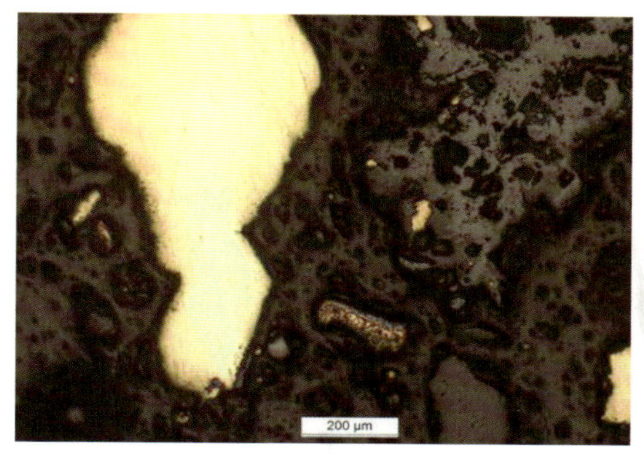

图 6　抛光片中所见不同嵌布形式的金属铜：粗粒金属铜单体及和渣相（暗色）连生的细粒金属铜，粗粒金属相颜色有差别更可能是合金相

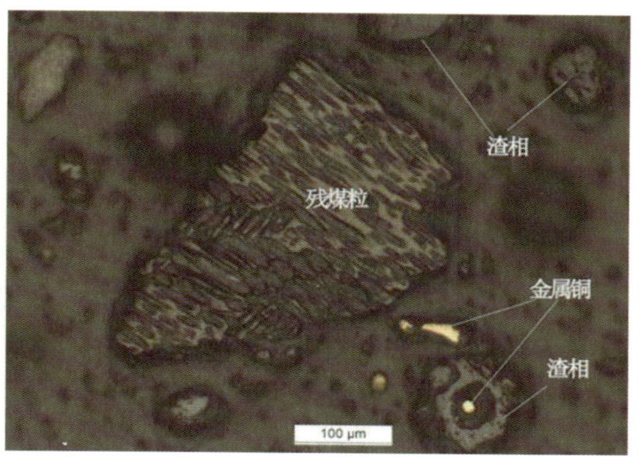

图 7　样品中所见的残煤粒、金属铜（或铜合金）及粒状渣相

3 样品属性鉴别分析

（1）产生来源分析

①铜锍

铜锍是铜冶炼的中间产物，含铜量达到 60%~70%，并含有一定的铁和硫等；样品中 Cu、Fe、S 的成分含量远低于铜锍中的相应含量；在熔炼铜锍时，精矿中的硅几乎全部进入熔炼炉渣中，炉渣中的 SiO_2 含量通常在 30%~35%，因此，进入冰铜（铜锍）中的硅非常少，而样品中硅的含量甚至高于熔炼渣中；样品的物质结构（Si、Cu_2O、CaO、Cu、CuSi 合金）与铜锍主要物相结构（Cu_2S+FeS）不符。因此，判断样品不是铜锍。

②含铜、硫的废物回收后经简单处理的产物

物相分析证明样品中硅主要为单质硅（或称金属硅），并存在少量石英晶型 SiO_2。用碳在电炉中还原 SiO_2 可制取晶体硅（用碳还原 SiO_2 先形成 SiC，SiC 达到 2 600℃才开始分解），电子工业中用的高纯硅则是利用 H_2 还原 $SiHCl_3$ 或 $SiCl_4$ 而制得，温度需要达到 2 000℃左右。目前铜冶炼的温度为 1 100~1 200℃，无论是冶炼矿物原料还是冶炼产出物中的硅都是氧化物的形态，因此，可以排除样品来自铜精矿正常冶炼的产物，包括精矿、烧结矿、熔炼渣和冰铜、转炉渣和粗铜、阳极炉精炼渣和精铜、湿法精炼的阳极泥和其他渣、各类回收粉尘、铜合金生产的废渣等。由样品中单质硅的特点也可排除其含有铜废催化剂。从样品成分构成以及含量上，目前为止，还没有找到与这些产物相符合的明确证据。

单质硅的一种可能是来自 SiO_2（石英）还原冶炼的工业硅，含硅量达 97%~99%；另一种可能是来自工业硅生产高纯单晶硅和多晶硅，硅的含量达到 99.9999% 以上，无论是在工业硅还是在高纯硅的生产过程中都不可能形成样品这种产物。

高纯硅主要应用于制作半导体器件、太阳能光伏电池和集成电路生产领域，是电子产品的基础材料，应用广泛。电子产品生产和使用过程中产生大量的电子废料，表 2 是拆除元器件的电路板废料的金属物质组成，表 3 是不同研究对电路板进行元素分析的结果 [1]，可见线路板中含量最高的元素是铜和硅。

表 2　拆除元器件的电路板废料金属物质组成（Wanghui，2005）

单位：%

元素	Cu	Fe	Pb	Sn	Al	Zn	Ca	Mn	Ni
含量	19.66	11.47	3.93	3.68	2.88	2.1	1.13	0.97	0.38
元素	Mg	Ti	In	Co	Cr	Ge	Au	Ag	—
含量	0.10	0.10	0.05	0.03	0.005	0.001	0.03	0.50	—

表 3　不同研究对电路板进行元素分析的结果

单位：%

Materials	含量 /%[a]	含量 /%[b]	含量 /%[c,d]	含量 /%[e]	含量 /%[f]	含量 /%[g]	含量 /%[h]	含量 /%[i]	含量 /%[j]	含量 /%[k]
金属 (Metals), 约占电路板材料质量的 40%										
Cu	20	26.8	10	22	16	17.85	23.47	19.19	14.6	5.80
Al	2	4.7	7	—	5	4.78	1.33	7.06	—	7.20
Pb	2	—	1.2	1.55	2	4.19	0.99	1.01	2.96	2.35
Zn	1	1.5	1.6	—	1	2.17	1.51	0.73	—	0.21
Ni	2	0.47	0.85	0.32	1	1.63	2.35	5.35	1.65	0.26
Fe	8	5.3	—	3.6	5	2.0	1.22	3.56	4.79	2.19
Sn	4	1.0	—	2.6	3	5.28	1.54	2.03	5.62	1.63
Sb	0.4	0.06	—	—	—	—	—	—	—	—
Au/(mg/kg)	1 000	80	280	350	250	350	570	700	2 050	—
Pt/(mg/kg)	—	—	—	—	—	4.6	30	—	—	—
Ag/(mg/kg)	2 000	3 300	110	—	1 000	1 300	3 301	1 000	4 500	720
Pd/(mg/kg)	50	—	—	—	100	250	294	—	2 200	—
Co/(mg/kg)	—	—	—	—	—	—	—	4 000	—	—
Ti/(mg/kg)	—	—	—	—	—	—	—	4 000	—	1.04
Cr	—	—	—	—	—	—	—	—	0.36	0.16
Mo	—	—	—	—	—	—	—	—	0.02	—
陶瓷 (Ceram), 约占电路板材料质量的 30%										
SiO_2	15	15	—	30	—	—	—	—	24.7	27.3
Al_2O_3	6	—	—	—	—	—	—	—	9.35	—
Alkali-earthoxides	6	—	—	—	—	—	—	—	—	—
Titanates, mica	3	—	—	—	—	—	—	—	—	—
塑料 (Plastic), 约占电路板材料质量的 30%										
PE	9.9	—	—	16	—	—	—	—	—	—
PP	4.8	—	—	—	—	—	—	—	—	—
PS	4.8	—	—	—	—	—	—	—	—	—
Epoxies	4.8	—	—	—	—	—	—	—	—	—
PVC	2.4	—	—	—	—	—	—	—	—	—
PTFE	2.4	—	—	—	—	—	—	—	—	—
Nylon	0.9	—	—	—	—	—	—	—	—	—

Note :(a)Mixed PCBAs, Shuey et al., 2006 from Sum, 1991; (b)Motherboard, Zhao et al., 2004; (c) Bare PCB, Zhang and Forssberg, 1997; (d) Mixed PCBAs, Kim et al., 2004; (e)Mixed PCBAs, Iji and Yokoyama, 1997; (f) Mixed PCBAs, Goosey and Kellner, 2003; (g)Mixed PCBAs, Kogan, 2006; (h)Mixed PCBAs, Ogunniyi, 2009; (i)Mixed PCBAs, Yoo et al., 2009; (j)Mixed PCBAs, Takanori, et al. 2009; (k)In this study, video card, analyzed by XRF and elementary analyzer.

虽然，目前我们没有查找到与样品成分基本一致的物质来源的证据，但根据样品含有单质硅、金属铜、碳、钙、氯等成分特点，初步判断其是电子材料行业以含铜和硅为主的废物回收后简单处理的产物。其中含有的单质硅是来自高纯硅材料的废料；存在的少量 SiO_2，一是来自高纯硅表面的氧化部分，二是来自电子材料中玻璃纤维燃烧形成的产物，三是来自回收过程中混入的杂质。金属铜是来自含铜材料的粉碎物。钙在电子材料废物中也是常有的元素，也可能来自材料收集过程中混入的含钙杂质。氯可能来自塑料燃烧后的成分。炭是来自燃料和物料本身。当然由于样品经过了燃烧处理，从成分上也无法排除是电子材料废物与含铜污泥混合物经过简单处理的产物。

综上所述，判断样品是含铜、硅为主的废物或者是其与含铜污泥的混合物，并且经过粉碎、燃烧等简单处理。

（2）固体废物属性分析

样品是含铜和硅为主的电子材料废物或者是其与含铜污泥的混合物，并且经过粉碎、燃烧等简单处理。这种物质仍然属于生产过程中产生的残余物，也是污染控制设施产生的残余物，物质的生产没有质量控制，不满足国家或国际认可的规范。因此，依据《固体废物鉴别导则（试行）》中的原则，判断样品属于固体废物。

2009 年 8 月，环境保护部、商务部、国家发改委、海关总署、国家质检总局发布的第 36 号公告中的《禁止进口固体废物目录》中包括“2620300000 主要含铜的残渣”、“其他未列名固体废物”，样品应归类于这两类废物中的一类，属于目前我国禁止进口的固体废物。

4 结论

（1）样品不是铜锍；不是铜精矿正常冶炼的产物，包括精矿、烧结矿、熔炼渣和冰铜、转炉渣和粗铜、阳极炉精炼渣和精铜、湿法精炼的阳极泥和其他渣、各类回收粉尘、铜合金生产的废渣等；也不是含铜的废催化剂。

（2）样品是含铜、硅为主的电子材料废物或者是其与含铜污泥的混合物，并且经过粉碎、燃烧等简单处理。

（3）样品属于目前我国禁止进口的固体废物。

参考文献

[1]H., Duan,K., Hou, J., Li. Examining the technology acceptance for dismantling of waste printed circuit boards in light of recycling and environmental concerns. Journal of Environmental Management,2011,92(3):392.

55. 铝灰（渣）

1 背景

2008 年 6 月，固体废物研究所对某公司申报进口的“铝矿砂”货物样品进行废物属性鉴别，需要确定是否属于国家禁止进口的固体废物。在实验分析、咨询专家和查阅相关资料的基础上编写鉴别报告。

2 样品特征及物质特性分析

（1）样品外观呈灰色粉状物，粉末微细均匀，肉眼观察无杂质，样品干基 550℃下灼烧后的烧失率为 0.89%，样品外观形态见图 1。

（2）采用 X 射线荧光光谱仪分析样品的成分，主要组成元素是 Al、Mg、Si、Cl、Na、F、K 等，结果见表 1。

表 1　样品主要成分及含量（除 Cl、F 以外，其他元素均以氧化物计）

单位：%

成分	Al_2O_3	MgO	SiO_2	Cl	Na_2O	F	K_2O	CaO	Fe_2O_3	SO_3
含量	76.60	7.05	4.96	2.54	2.35	1.37	1.19	1.11	0.91	0.55
成分	CuO	ZnO	TiO_2	MnO	P_2O_5	Cr_2O_3	NiO	PbO	SnO_2	—
含量	0.38	0.35	0.32	0.11	0.08	0.05	0.04	0.02	0.01	—

（3）分析样品物相组成，主要有 Al、Al_2O_3、AlN、$MgAl_2O_4$、SiO_2、KCl、CaF_2、NaCl、KF 等。样品能谱显示含大量的 Al，还尚含少量的 Mg、Cl、Si、Na、Ca、K 等，能谱图见图 2。

图 1　样品

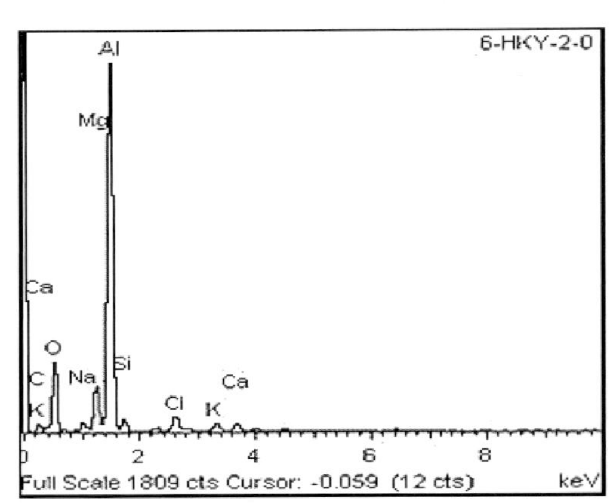

图 2　铝富集料综合样能谱

（4）显微镜下可见金属铝颗粒多呈球状、椭球状，亦见一些非金属颗粒，见图 3 和图 4。对主要相进行扫描电镜分析，见铝颗粒内有合金析出，经测定为 Al-Fe-Si 合金。

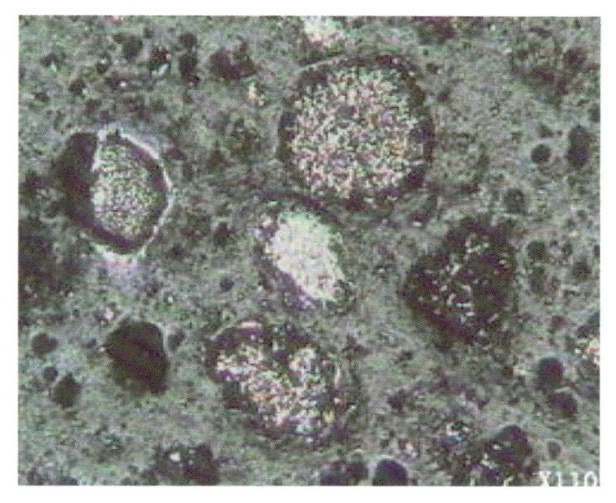

图 3　抛光片中所见铝颗粒呈圆粒状

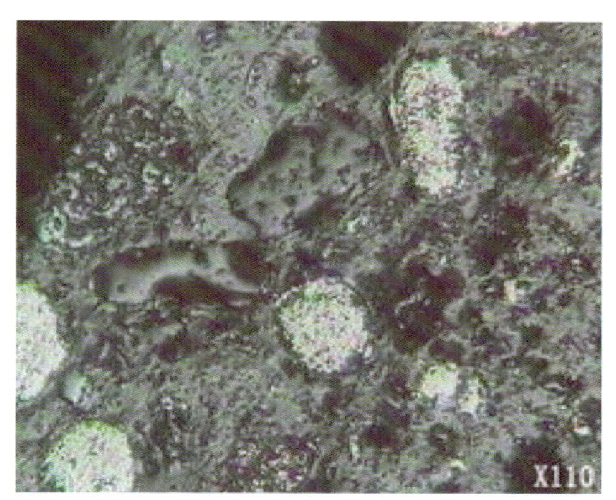

图 4　抛光片中所见铝粒（亮白），亦见非金属颗粒（灰色，高突起）

（5）根据样品中含有 Cu、Zn、Cr、Ni、Pb 的特点，选择其作为样品浸出毒性鉴别指标，按照《固体废物　浸出毒性浸出方法　硫酸硝酸法》（HJ/T 299—2007）和《固体废物浸出毒性测定方法》（GB/T　15555.1 ～ 15555.11）的规定方法进行浸出毒性实验。样品浸出液中 Cu、Zn 等有害重金属的浓度均没有超过《危险废物鉴别标准　浸出毒性鉴别》（GB 5085.3—2007）标准限值，结果见表 2。

表 2　浸出液中有害重金属的浓度

单位：mg/L

	Zn	Cu	Cr	Ni	Pb
实验值	<0.01	约 0.03	<0.01	<0.01	<0.01
GB 5085.3 标准限值	100	100	15	5	5

（6）按照《固体废物腐蚀性测定　玻璃电极法》（GB/T 15555.12—1995）制备并测定样品浸出液的 pH 值，结果为 10.3，没有超出《危险废物鉴别标准　腐蚀性鉴别》（GB 5085.1—2007）的限值。

3 样品物质属性鉴别分析

（1）铝矿砂 [1]

铝土矿矿石根据其所含的主要含铝矿物分为：三水铝石型、一水软铝石型和一水硬铝石型。国外铝土矿矿石主要是三水铝石型，其次为一水软铝石型，而一水硬铝石型铝土矿极为少见。我国主要是一水硬铝石型铝土矿，三水铝石型铝土矿很少。铝土矿的应用领域涉及金属和非金属领域。它是生产金属铝的最佳原料，也是最主要的应用领域，其用量占世界铝土矿总产量的 90% 以上。铝土矿的非金属用途主要是作耐火材料、研磨材料、化学制品及高铝水泥的原料。

铝土矿的化学成分主要为 Al_2O_3、SiO_2、Fe_2O_3、TiO_2、结合水（H_2O），五者含量占总量的 95% 以上，一般大于 98%，次要成分有 S、CaO、MgO、K_2O、Na_2O、CO_2、MnO_2、有机质等。铝矿种类和成分见表 3。

表 3　国内外几种铝土矿的矿石类型和化学组成

国家与地区	类型	化学组成 / %				Al/Si (Al_2O_3/SiO_2)
		Al_2O_3	SiO_2	Fe_2O_3	TiO_2	
山东	一水硬铝石—高岭石型	55.0	16.0	12.0	2.5	3.4
河南（Ⅰ）	同上	70.79	7.55	3.12	3.3	9.38
河南（Ⅱ）	同上	60.25	7.81	9.7	3.6	7.71
山西（Ⅰ）	同上	65.8	13.9	1.5	3.1	4.73
山西（Ⅱ）	同上	64.7	12.3	4.4	3.0	5.26
广西	同上	57.45	5.92	19.05	3.54	9.7
贵州（Ⅰ）	同上	69.1	9.45	1.61	3.18	7.28
贵州（Ⅱ）	同上	70.9	7.59	2.25	3.76	9.35
澳大利亚（韦帕）	三水铝石——一水软铝石	58~59	4.5~5	6~8	—	>11
几内亚	三水铝石	42.74	0.8	25.58	—	54
加纳	三水铝石	53~63	0.2~3.7	8~14	—	>15
美国（阿肯色洲）	三水铝石	50	13.0	5.6	—	3.85
法国	一水软铝石	55	4	26	—	1.7
苏联（北乌拉尔）	一水硬铝石——一水软铝石	52	4	23	—	13
苏联（萨拉伊尔）	一水硬铝石——一水软铝石	56	4.6	21	—	12.2
苏联（土耳加）	三水铝石	40~45	11~13	16~18	—	3.2~4
印尼（宾坦）	三水铝石	52	5	13	—	10.4
圭亚那	三水铝石	59.5	2.0	5.5	—	29.8
牙买加（曼特斯特）	三水铝石	49.57	2.49	18.21	—	23.72
希腊（派尔纳斯）	一水硬铝石——一水软铝石	56	4.6	21	—	12.2

样品中的铝含量高于铝土矿中的铝含量；样品中含有金属铝（Al）、氮化铝（AlN），与铝土矿的物质结构形态相差较大，样品中 Al/Si 明显高于表 3 中的各种矿石。因此，判断样品不是铝矿砂。

（2）产生来源分析

1）铝渣[2]

铝渣是铝被熔化的时候不可避免的副产物。铝渣的主要成分有以下三种：

①白色铝渣

白色铝渣是金属含量在 15%~80% 变化的铝氧化物和铝金属的混合物。它是在铝的炉床内熔化时在炉子或坩埚之间运输期间产生的。铝渣通过“扒渣”被收集，或手工操作从炉中捞出漂浮的混合物，或用自动化设备撇去漂浮的铝渣。铝渣中除金属铝和铝氧化物外，还可能根据炉内的条件处理金属材料和合金（除铝渣箱外）而产生少量的其他化合物。这些化合物包括 AlN、Al_4C_3（碳化铝）、Na_3AlF_6（冰晶石），Na_3AlF_6 常常与来自电解槽的原铝有关系，而 AlN、Al_4C_3 的成分与发生在炉内或铝渣箱中的“铝热剂”反应有关。

白色铝渣可能包含并非直接在炉内生成的氧化物，例如，从冷却的流槽中拿出来的含金属的渣子，坩埚中的结壳、片状物。还可能包含少量的熔剂。

②黑色铝渣

许多铝废料回收厂使用炉外部带有凸出加料池的反射炉进行装料。通过加料池将废料加入炉内金属熔池中，此加料池内通常装有含盐化合物熔剂保护层，使熔化铝液不被氧化，并提高废料中金属铝的再生利用。通常使用 KCl 或 NaCl 熔剂及有可能加入氟化盐的混合物组成，氯化物熔剂是用来降低熔剂熔点的。

这种在熔化过程中形成的含有熔剂的铝渣因其是黑色的被称为“黑色铝渣”。它由含盐化合物的混合物、氧化物和金属组成。黑色铝渣中金属含量的变化范围为 7%~35%，特殊情况下高达 50%。黑色铝渣中氧化物的含量与熔剂含量几乎相等。

③含盐化合沉积物

利用旋转炉熔炼废料并用含盐熔剂捕集产生的熔渣，形成的副产物中含盐化合物熔剂所含氧化物的比率不同。在湿法回收中，加入足够的含盐化合物熔剂，以形成流动性很好的、熔化的、含盐化合物液体的熔池。在干法回收中，加入较少的熔剂，形成的含盐化合物沉积物流动性不好，其中铝含量通常低于黑色铝渣含量。

铝渣的处理方法：a. 将白色铝渣通过筛选除去氧化材料，此过程将含铝量较高的材料与大部分氧化物材料分开，从而获得含铝较高的材料，这种材料可送回反射炉用于金属再生。b. 将铝渣加入到含盐化合物熔剂完全覆盖的金属熔化池中。典型的熔剂由 $AlCl_3$ 或 $ZnCl_2$ 和 Na_3AlF_6 的混合物组成。采用人工或机械搅拌，使金属小滴从氧化膜中脱离。

2）铝灰

铝灰是熔炼再生铝合金过程中的必然产物，虽然是一种浮渣，主要来源于熔炼过程中漂浮于铝熔体表面的不溶夹杂物、添加剂以及与添加剂进行物理化学反应产生的物质，因其与其他金属熔炼产生的炉渣不同，呈松散的灰渣状，因此，被称为铝灰[3]，对熔炼铝过程有着重要的作用，其中主要作用是吸附来自铝熔体内部的物理、化学反应生成物，尤其是对 HF、AlF_3、$AlCl_3$ 等的吸附，同时铝灰还起到保护铝熔体和防止铝氧化等作用，铝灰中金属铝占 10%~30%，Al_2O_3 占 20%~40%， Si、Mg、Fe 等的氧化物占 7%~15%， K、Na、Ca、Mg 等的氯化物占 15%~30%[3]。

铝灰外观似粉煤灰，是一种产量大、污染严重的工业废渣，主要来源于电解铝厂、铝型材厂、铸造铝合金厂等铝冶炼企业[4]。据统计，每生产 1 000 tAl，产生 25 t 左右的铝灰。铝灰的主要成分是 SiO_2 和 Al_2O_3，一般含 5%~20%SiO_2、43%~75%Al_2O_3。表 4 是一种铝灰的化学组成和含量。

表 4　一种铝灰的化学组成和含量

单位：%

成分	SiO_2	Al_2O_3	Fe_2O_3	TiO_2	CaO	MgO	K_2O	Na_2O	SO_3	Li_2O	BaO	MnO
含量	9.81	56.31	2.41	0.89	1.90	3.61	0.35	16.08	0.10	0.07	9.78	0.36

用 Al_2O_3 经熔盐电解生产金属铝时，由于操作和测量器具的携带、阳极更换、出铝、铸锭以及电解槽大修，会产生一定量的铝渣、铝灰，一般每生产 1t 金属铝产生 30~50 kg 铝

渣铝灰[5]。金属铝在消费应用过程中，由于铸锭、多次重熔、配合合金、零部件浇铸；或锻造、挤压、轧制、切削加工都将产生铝渣铝灰或废杂铝。废杂铝的回收仍然产生铝渣铝灰，每吨铝加工应用的全过程将产生 30~40 kg 铝渣铝灰。含铝量较高的铝渣铝灰具有提取价值，经提取后，铝含量一般降至 10% 以下，通常将再提取铝后的粉状物称为铝灰。表 5 是另外几种铝灰的成分及含量。

表 5　几种铝灰的化学成分及含量

单位：%

铝灰	Al_2O_3	Al	SiO_2	CaO + MgO	Fe_2O_3	TiO_2	Na_2O	其他
1	67.31	5.06	11.67	7.03	0.99	0.31	1.61	6.0
2	53.97	15.83	10.96	6.59	1.51	0.49	0.96	9.7
3	72.39	—	9.11	7.13	1.45	0.36	2.88	6.68

铝废料回收过程中熔化铝水表面形成铝灰，其中的铝许多并不能完全回收[6]。

3）样品是铝灰（渣）

以上资料和分析表明：废铝被熔化的时候不可避免要产生铝渣或铝灰，铝渣和铝灰很多方面是一致的，主要取决于铝熔炼产生的松散状浮渣的特点。虽然不能排除铝渣中会有较大的颗粒或块状物（如炉体内衬损坏，设备检修），但正常生产情况下应该以灰的形态为主。

样品中铝的形态主要有金属铝、氧化铝（Al_2O_3）、少量氮化铝（AlN）等，很多资料都表明铝灰中以金属铝和 Al_2O_3 的形式共存，资料[1]中也证明铝灰渣中的铝化合物既可能含有 AlN、Al_4C_3（碳化铝），还可能有 Na_3AlF_6（冰晶石）；样品中含有的 CaF_2、KF 等氟化物可能来自生产 Na_3AlF_6 的原料，Na_3AlF_6 又是炼铝的原料，在炼铝时进入浮渣中；样品中含有 NaCl、KCl，资料[2]中也证明利用反射炉回收铝废料时，加料池中通常加入 NaCl 或 KCl 熔剂及有可能加入氟盐的混合物来降低熔剂的熔点，资料说明铝灰中含有氯化物和氟化物[3]；成分分析表明样品中含有的 Ca、Mg 等成分，既可能来自铝土矿，也可能来自作为冶炼的熔剂，Si、Ca、Mg 及其含量与铝灰的化学组成具有相似性；能谱分析结果表明样品中含有一定量的 Cu、Zn、Fe，可能由原材料（铝土矿、阳极）带入，生产中铁工具和零件的熔化以及内衬的破损、炉帮的熔化等也可成为其来源；通过咨询行业专家，很可能是铝合金生产中产生的的回收料。

综上所述，样品是来自铝电解、回收废铝熔炼铝、铝型材生产、铸造铝合金生产等过程中产生的铝灰（渣）。

（3）固体废物属性分析

样品属于铝灰（渣），它是“生产过程中产生的废弃物质”，是“生产过程中产生的残余物或原材料加工产生的残渣”，“只能用于金属和金属化合物的再循环或回收，或者是利用操作产生的残余物质的使用”；铝灰的产生“没有质量控制，不满足相关的规范或标准”。因此，依据《固体废物鉴别导则（试行）》的原则，判断样品属于固体废物。浸出毒性和腐蚀性分析表明，样品不属于具有浸出毒性和腐蚀性的危险废物。

2008 年 1 月原国家环境保护总局、商务部、国家发改委、海关总署、国家质检总局发布的第 11 号公告的《禁止进口固体废物目录》中列出了“2620400000 主要含铝的矿渣、矿灰及残渣（冶炼钢铁所产生的灰、渣除外）”。因此，样品属于我国禁止进口的固体废物。

4 结论

样品不是铝矿砂，是来自铝电解、回收废铝再熔炼铝、铝型材生产、铸造铝合金生产等等过程中产生的铝灰（渣），属于禁止进口的固体废物。

参考文献

[1] 杨重愚 . 轻金属冶金学 [M]. 北京 : 冶金工业出版社 ,1991.

[2] 党步军 . 铝渣处理的研究 (上)[J]. 有色金属再生与利用 ,2006(4):36.

[3] 蔡艳秀 . 铝灰的回收利用现状及发展趋势 [J]. 资源再生 ,2007(10):27.

[4] 徐晓虹 , 熊碧玲 , 吴建锋 , 等 . 废铝灰制备陶瓷清水砖的研究 [J]. 武汉理工大学学报 ,2006,28(5):14.

[5] 杨昇 , 吴竹成 , 杨冠群 . 铝废渣废灰的治理 [J]. 有色金属再生和利用 ,2006(10):22.

[6] 苏鸿英 . 铝废料回收重熔过程中的铝灰 [J]. 有色金属再生与利用 ,2005(12):29.

56. 铝渣（灰）

1 背景

2010 年 1 月，固体废物研究所对某公司申报进口的“炼铁促进剂”货物样品进行废物属性鉴别，需要确定是否属于国家禁止进口的固体废物。在实验分析、查阅相关资料的基础上编写鉴别报告。

2 样品特征及物质特性分析

（1）样品为黑色粉末，其中有铜碎粒、碎玻璃、碎铝粒、碎铁粒、碳粒、废陶瓷粒、细钢丝及其他物质。测定样品含水率为 0.53%，样品干基 550℃下灼烧后的烧失率为 1.36%。样品外观形态见图 1 和图 2。

图 1　样品

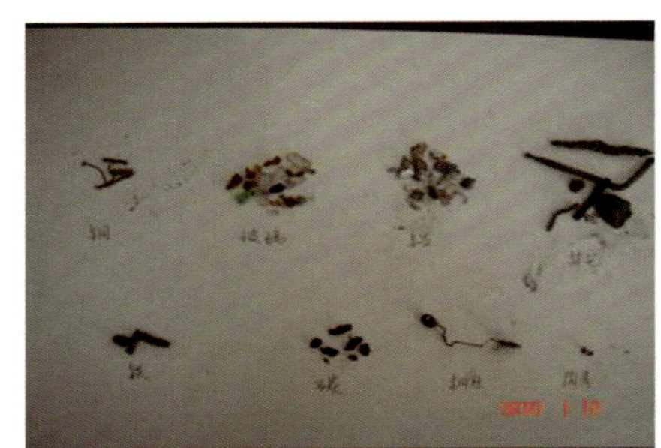

图 2　从样品中分拣出的杂物

（2）采用 X 射线荧光光谱仪分析样品的组成，结果见表 1。对样品中铝 (Al) 进行分析，含有金属铝、水溶性铝和其他铝，总铝含量 60.2%，见表 2。

表 1　样品主要成分及含量（除 Cl、F 以外，其他元素均以氧化物计）

单位：%

成分	Al_2O_3	SiO_2	Fe_2O_3	MgO	CaO	CuO	Na_2O	Cl	ZnO	K_2O
含量	65.52	12.67	6.25	3.95	3.07	2.09	1.05	1.30	0.77	0.62
成分	SO_3	TiO_2	F	MnO	P_2O_5	Cr_2O_3	NiO	PbO	MoO_3	SnO_2
含量	0.51	0.39	0.32	0.31	0.27	0.24	0.09	0.03	0.02	0.02

表 2　样品中铝的形态和含量

单位：%

Al 的形态	水溶 Al	金属 Al	其他 Al	总 Al
含量	0.14	49.32	10.74	60.20

（3）采用 X 射线衍射仪对样品进行物相结构分析，主要成分为 Al、Si、Al_2O_3、$CuAl_2O_4$、SiO_2、$Ca(Mn,Fe)Si_2O_6$、$MgAl_2O_4$、Fe_2O_3。衍射谱图见图 3。

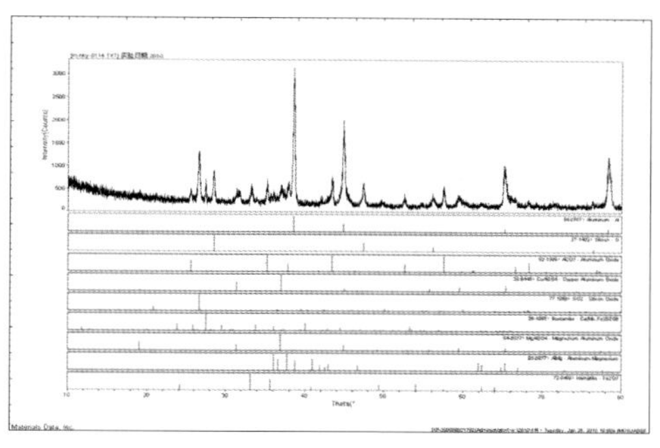

图 3　样品 X 衍射谱图

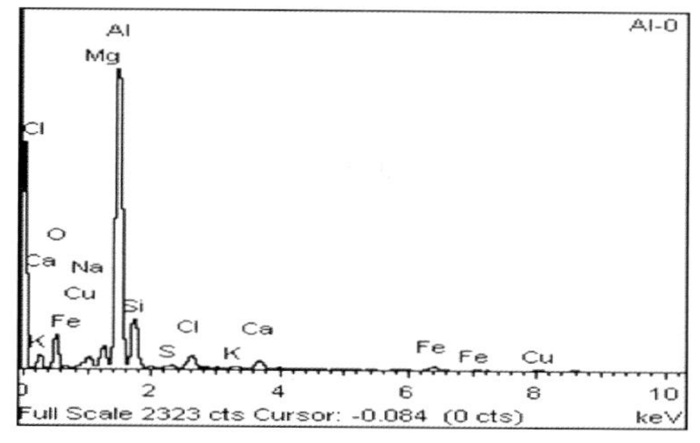

图 4　样品综合能谱图

（4）样品主要由金属铝、Al_2O_3 和一些炉渣组成。综合能谱图见图 4，主要含有 Al、Si、Mg、O，有少量 Na、Ca、Fe、Cu、Cl、S。能谱图见图 5~ 图 8。

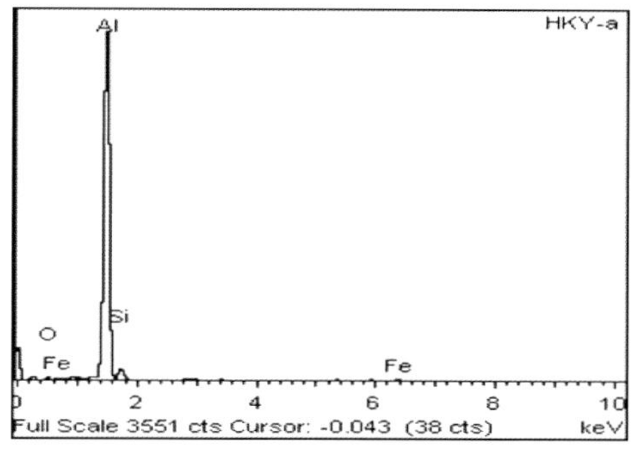

图 5　金属铝能谱图

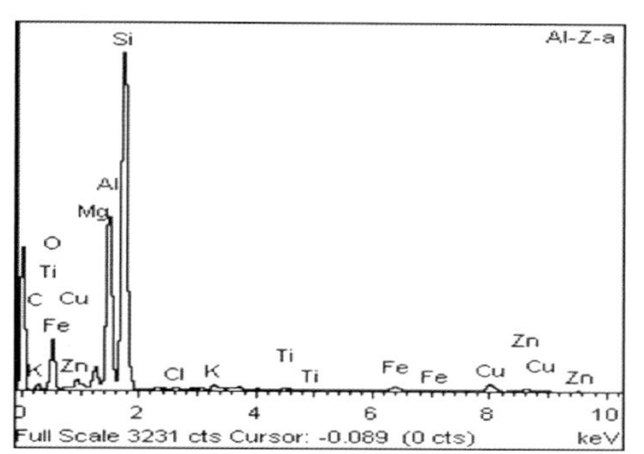

图 6　铝硅酸盐炉渣能谱图

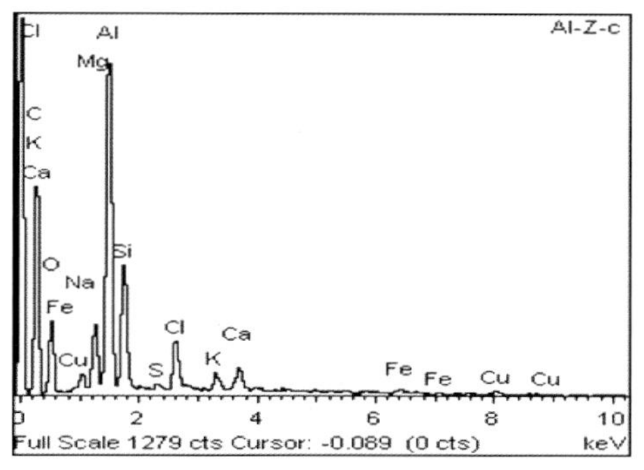

图 7　成分复杂的集合体能谱图

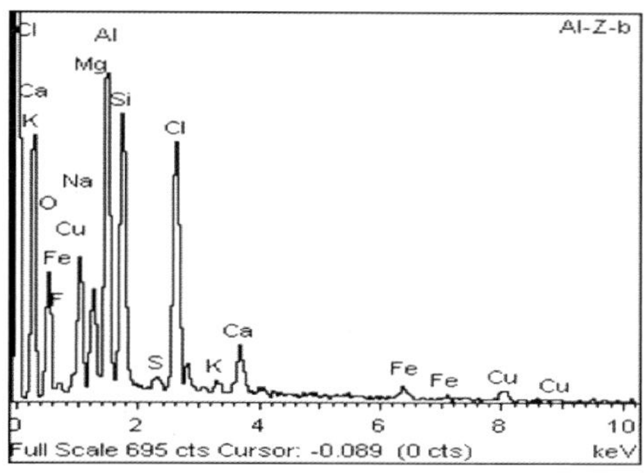

图 8　成分复杂的炉渣相能谱图

将样品磨制抛光片进行观察，可见金属铝中有合金相析出，说明是铝基合金，见图 9。在图 9 中显示基质 (A) 中有合金相 (B) 析出，其成分见能谱图 10 和图 11。图 12 为另一点铝合金抛光面背散射电子图像，显示金属铝基质 (A) 中有合金相 (B) 析出，其成分见能谱图 13 和图 14。

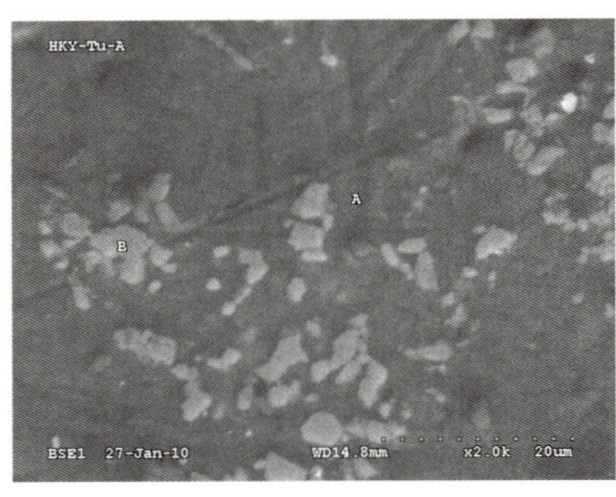

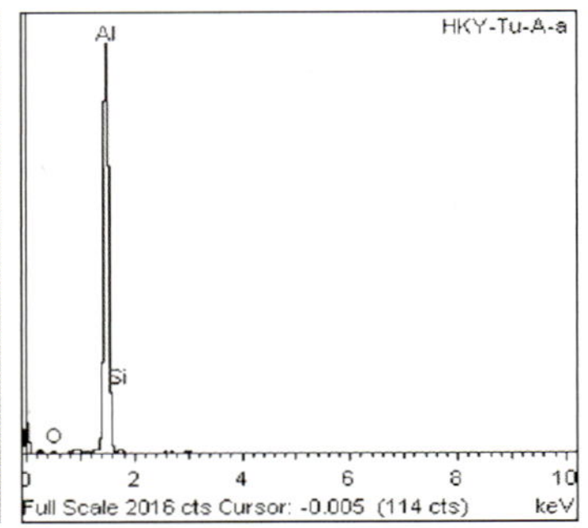

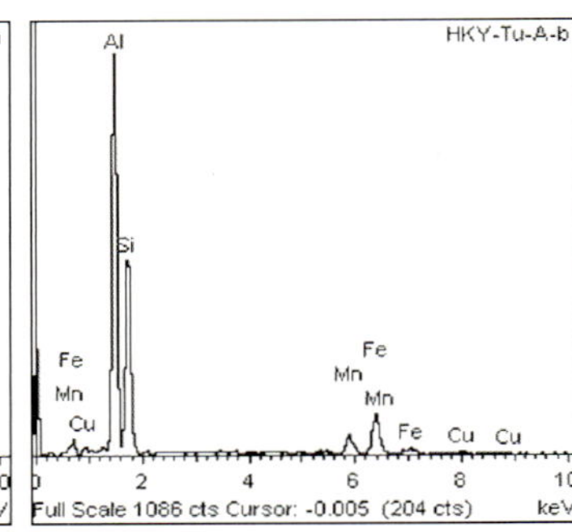

图 9　铝合金抛光面背散射电子图像

图 10　图 9 中分析点 A 能谱（金属铝）

图 11　图 9 中分析点 B 能谱（析出的合金相）

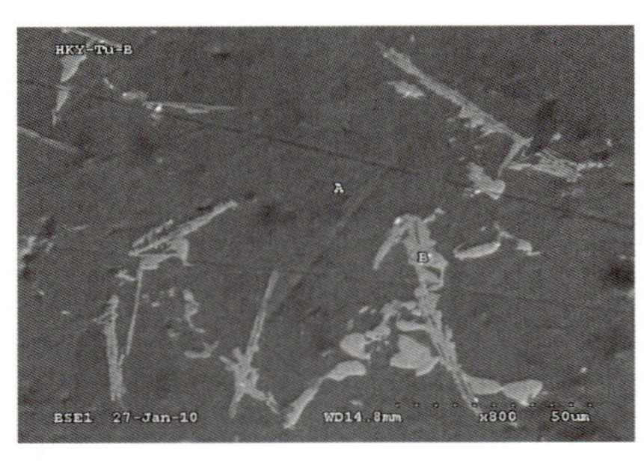

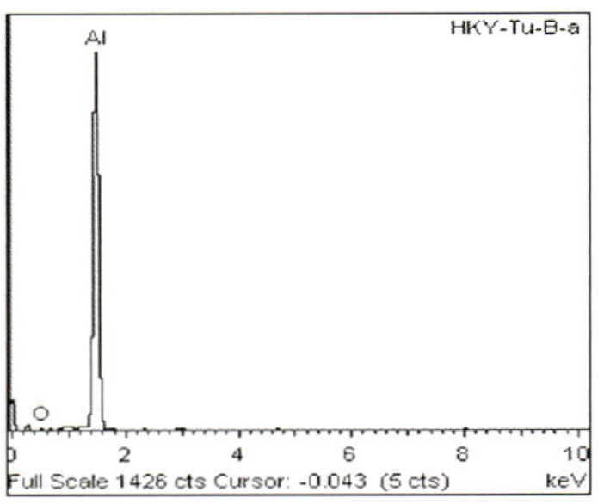

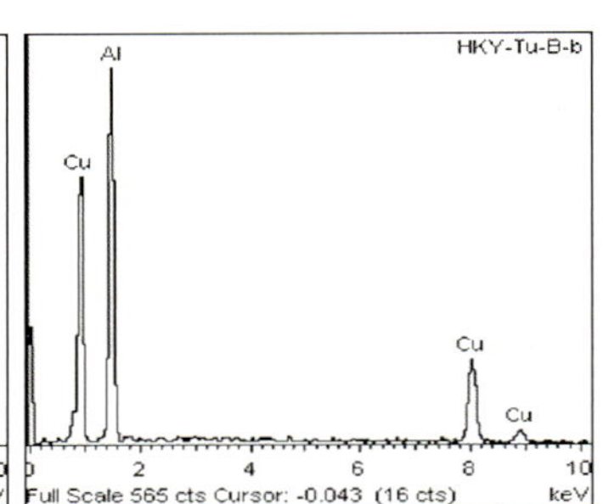

图 12　铝合金抛光面背散射电子图像（另一点）

图 13　图 12 中分析点 A 能谱（金属铝）

图 14　图 12 中分析点 B 能谱（铜铝合金）

3 样品物质属性鉴别分析

（1）产生来源分析

熔化金属铝时，铝渣是不可避免的副产物。铝渣主要有三种：白色铝渣，黑色铝渣，含盐化合沉积物。铝灰是一种产量大、污染严重的工业废渣，外观似粉煤灰，主要来源于电解铝厂、铝型材厂、铸造铝合金厂等铝冶炼企业。Al_2O_3 经熔盐电解生产金属铝过程中，由于操作和测量器具的携带、阳极更换、出铝、铸锭以及电解槽大修，会产生一定量的铝渣、铝灰，一般每生产 1t 金属铝要产生 30~50 kg 铝渣铝灰。金属铝在消费应用过程中，由于铸锭、多次重熔、配合合金、零部件浇铸；或锻造、挤压、轧制、切削加工都将产生铝渣铝灰或废杂铝。废杂铝的再熔回收仍然要产生铝渣铝灰，每吨铝加工应用的全过程将产生 30~40 kg 铝渣铝灰。几种铝灰的化学成分和含量见表 3[1]，某铝厂的电解铝灰和熔铸铝灰的化学成分及含量见表 4[1]，一种铝灰的化学组成和含量见表 5[2]。

表 3　几种铝灰的化学成分及含量

单位：%

铝灰	Al_2O_3	Al	SiO_2	CaO + MgO	Fe_2O_3	TiO_2	Na_2O	其他
1 号	67.31	5.06	11.67	7.03	0.99	0.31	1.61	6.0
2 号	53.97	15.83	10.96	6.59	1.51	0.49	0.96	9.7
3 号	72.39	—	9.11	7.13	1.45	0.36	2.88	6.68

表 4　电解铝灰和熔铸铝灰的化学成分及含量

单位：%

铝灰	Al	Al_2O_3	SiO_2	Na_2O	CaO	MgO	FeO ＋ MnO
电解铝灰	25.88	31.55	5.56	2~3	2.0~3.0	<2.0	<1.0
熔铸铝灰	10	50~60	3.0~5.0	1.0~1.5	2.0~3.0	1.5~3.0	<1.0

表 5　　一种铝灰的化学组成

单位：%

成分	SiO_2	Al_2O_3	Fe_2O_3	TiO_2	CaO	MgO	K_2O	Na_2O	SO_3	Li_2O	BaO	MnO
含量	9.81	56.31	2.41	0.89	1.90	3.61	0.35	16.08	0.10	0.07	9.78	0.36

表 1 样品中 Al、Ca、Si、Mg 等成分及其含量与上述资料中铝灰的化学组成具有很高的相似性；样品中的铝以金属铝、Al_2O_3 和其他铝的形式存在，与通常意义的铝灰相符合；表 2 数据表明：样品中金属铝的含量接近 50%，与黑色铝渣描述一致；样品中含有少量的氯，可能来自回收铝熔炉的氯化物熔剂，如 KCl、NaCl、$CaCl_2$，也可能与工艺中采用通入氯气 (Cl_2) 去除铝液和气相中的杂质有关 [3]；样品中含有一定量的 Cu、Zn、Fe、C，主要是回收原材料所带入，生产中工具和零件的熔化以及内衬的破损、炉帮的熔化等也可成为其来源 [4]，这从样品中分离出的各种物质中得到了证明；样品中含有铝合金，也说明以来自回收的铝原料为主。这些证据表明样品属于铝渣（灰），应是来自回收废铝熔炼产生的铝渣（灰），并混入了少量未经熔炼的回收杂物。

由于样品中金属铝的含量较高，可作为生产炼钢促进剂的原料或提取金属。

（2）固体废物属性分析

样品属于回收废铝熔炼产生的铝渣（灰），它是“生产过程中产生的废弃物质”，也是“生产过程中产生的残余物或原材料加工产生的残渣”；它“不是有意产生的，因而没有质量控制，不满足相关的规范或标准”；铝渣（灰）的成分比较复杂；从日本进口的这种铝渣（灰），并不能直接用做炼钢的脱氧剂，还需要根据原料中物质成分含量不同进行不同的配料并加工成一定的形状。因此，依据《固体废物鉴别导则（试行）》的原则，判断样品属于固体废物。

2009 年 8 月 1 日，环境保护部、商务部、国家发改委、海关总署、国家质检总局发布的第 36 号公告中的《禁止进口固体废物目录》中列出了“2620400000 主要含铝的矿渣、矿灰及残渣（冶炼钢铁所产生的灰、渣除外），包括铝灰、铝渣”。因此，样品属于我国禁止进口的固体废物。

4 结论

样品是来自回收废铝熔炼产生的铝渣（灰），并混入了少量未经熔炼的回收杂物，属于禁止进口的固体废物。

参考文献

[1] 徐晓虹 , 熊碧玲 , 吴建锋 , 等 . 废铝灰制备陶瓷清水砖的研究 [J]. 武汉理工大学学报 ,2006,28(5):14.
[2] 党步军 . 铝渣处理的研究 (上)[J]. 有色金属再生与利用 ,2006,4:36.
[3] 杨昇 , 吴竹成 , 杨冠群 . 铝废渣废灰的治理 [J]. 有色金属再生和利用 ,2006,10:22.
[4] 杨重愚 . 高等学校教学用书—轻金属冶金学 [M]. 北京 : 冶金工业出版社 ,1989:193-200.

57. 含锌为主的混合废物

1 背景

2006 年 9 月，固体废物研究所对某公司申报进口的“氧化锌”货物样品进行废物属性鉴别，需要确定是否为国家禁止进口的固体废物。在实验分析、查阅相关资料的基础上编写鉴别报告。

2 样品特征及物质特性分析

（1）样品外观呈灰色粉状物，有少量结块，并夹杂有细小的白色颗粒，手捻有砂粒感。测定含水率为 1.74%，样品干基 550℃下可烧失率为 1.73%。样品外观形态见图 1。

图 1　样品

（2）采用 X 射线荧光光谱仪分析样品的组成，表明样品的主要组分为 Zn、Cl、O 和 Pb，结果见表 1。

表 1　样品主要成分及含量（除 Cl、Br 以外，其他元素均以氧化物计）

单位：%

成分	ZnO	Cl	PbO	K_2O	SO_3	SeO_2	Fe_2O_3
含量	55.03	36.86	6.70	0.70	0.20	0.16	0.08
成分	SnO_2	SiO_2	CuO	Br	Al_2O_3	ZrO_2	CdO
含量	0.06	0.06	0.04	0.03	0.03	0.02	0.02

（3）采用 X 射线衍射仪（XRD）对样品进行物相结构分析，主要含有 ZnO、Zn、ZnOHCl（羟基氯化锌）。

（4）将样品用蒸馏水进行溶洗，测定残留物和可溶物重量，见表 2。

表 2　水洗实验

样品重量 / g	水洗后样品重量 / g	水溶物重量 / g	水溶物含量 / %
3.806	1.92	1.887	49.58

3 样品物质属性鉴别分析

（1）产生来源分析

①样品不是由以下单一工艺过程或途径产生的 ZnO

ZnO 粉的可能来源有以下几个途径：

a. 铅锌矿物的冶炼。铅锌矿物原料大都来源于铅锌共生矿，冶炼厂所处理的铅精矿与锌精矿都是相互掺杂在一起的，还有赖于冶金过程进一步分离。如铅精矿冶炼过程中，是将精矿中的锌富集在炉渣中，然后用烟化炉处理炉渣，产出的ZnO粉便作为湿法炼锌的原料。

b. 金属热镀锌。

c. 金属回收。50% 左右的金属锌用于钢铁镀锌工业。当这些镀锌钢铁废件回炉再生时，便会产生一种含锌烟尘。这种烟尘含锌约 20%，经回转窑和其他设备进行烟化富集，产出的 ZnO 粉也是作为炼锌的原料。还有一部分锌用于黄铜（Cu-Zn 合金）生产，当这种黄铜废件再生冶炼回收铜时，锌以 ZnO 粉形态回收，也可作为湿法炼锌原料。

d. 热镀锌渣和铸型灰。

热镀锌工艺又称为热浸镀锌工艺。其工艺过程是将经过表面化学处理、去除油污及锈迹后的工件，浸入带有熔融锌液的镀锌锅中，借助于锌和铁所引起的冶金反应，形成镀层的过程。热镀锌过程中伴有大量的灰渣产生，其总量占锌消费总量的 20%~60%，主要由 ZnO、Zn、Zn 的氯化物组成。锌含量在 50%~80%。

各种 ZnO 粉的化学成分和含量见表 3[1]。热镀锌渣和铸型灰成分及含量见表 4[2]。

表 3　各种氧化锌粉的化学成分和含量

单位：%

成分	铅锌冶炼厂		钢铁厂产 ZnO	铜加工厂产 ZnO
	铅烟化炉 ZnO	锌回转窑 ZnO		
Zn	59~61	66.39	56~60	75.96（ZnO）
Pb	11~12	10.40	7~10	10.45
F	0.9~1.1	0.167	—	1.1~2
Cl	0.03~0.06	0.126	2~4	0.2~0.4
SiO_2	0.8~1.0	0.277	0.4~0.6	—
CaO	0.2~0.5	0.038	0.5~0.8	—
Al_2O_3	0.13~0.75	—	2~5(FeO)	—
S	1.82~2.40	2.73	1~2	—

表 4　热镀锌渣和铸型灰成分及含量

单位：%

成分	Zn	Fe	Cu	Pb	Sn	Al	水分
热镀锌渣	60~75	4.7~6.5	0.1~0.5	0.5~1.0	0.5~1.2	0.05~0.10	1~2
铸型灰	70~80	2.0~3.5	微量	2.0~3.5	0.3~1.2	0.1~0.6	3~4

样品中含氯量高达 36.86%，明显与表 3 中的 ZnO 粉中氯的含量不符。

钢铁件镀锌前涂上 $ZnCl_2$、NH_4Cl 等作为助镀溶剂，这些溶剂在镀锌过程中会分解产生大量的 NH_3、HCl 等气体和 NH_4Cl 浓烟，含氯助镀剂与液态锌作用，使氯进入含锌灰渣，含锌灰渣中可能含有较高的氯。但由表 4 中数据推算，热镀锌渣中氯的含量远低于鉴别样品中 36.86%，而且样品中的铅含量高于表 4。

锌合金铸造过程中会产生铸型灰，锌含量为 70%~80%，铁含量为 2.0%~3.5%，其典型组成见表 4。根据样品组分分析结果，样品的组成与铸型灰的组成相差较大。

因此，判断样品不是上述单一工艺过程或途径产生的 ZnO。

②可能是多种工艺或过程的混合物

在冶炼、电镀、电池生产等工业中，会产生大量含锌副产物，如锌渣、锌灰等，主要成分为 ZnO、$Zn(OH)_2$ 等。如果将这些副产物直接丢弃，不仅会污染环境，而且会造成很大的资源浪费。因此，许多厂家利用含锌副产物生产 $ZnCl_2$。其主要工艺过程是使用盐酸浸泡锌渣（锌灰），溶解其中的锌，除去杂质离子后，蒸发结晶，后经干燥、粉碎等工艺制得合格的 $ZnCl_2$ 产品。在此生产过程中，会产生一些 $ZnCl_2$ 含量较高的废渣。

$ZnCl_2$ 也可通过将 HCl 通入焙烧的含锌矿物（闪锌矿或菱锌矿）制得，还可从矿灰及残渣中提取。在此过程中也会产生 $ZnCl_2$ 废渣。

当然，也不能排除 $ZnCl_2$ 化工品生产中产生含 $ZnCl_2$ 废物的可能。

样品中存在白色的 $ZnCl_2$ 颗粒，说明样品中 ZnO 与 $ZnCl_2$ 不是同时产生，在 $ZnCl_2$ 的产生过程中遇水发生水解反应，使得样品中含有 ZnOHCl 或 $Zn_5(OH)_8Cl_2\cdot H_2O$。

因此，样品极有可能是不同过程的 ZnO 废渣与 $ZnCl_2$ 废渣的混合物。

（2）固体废物属性分析

样品含 44%Zn、27%Cl、6%Pb，包含 ZnO、Zn、ZnOHCl 等化学组成，与 ZnO 产品和副产品 ZnO 的标准不相符合；样品中含有 ZnO、Zn、ZnOHCl 和其他杂质成分，说明样品产生过程没有进行严格的质量控制或要求，应该不是有意识产生的；样品的颜色不均、成分不均、成分多样和含水率说明样品不是来源于单一的产生过程，是混合物；这种混合物应该属于生产过程中丧失了原有产品或原料的使用功能的回收产物，或者是工艺过程中产生的在境外不再利用的回收物；国内进口这种产物再加工提取 ZnO、$ZnCl_2$ 或 Zn，由于样品的组成比较复杂，回收过程中要通过多种工艺去除杂质，使得回收利用的工艺复杂，成本较高，容易产生环境污染。因此，依据《固体废物鉴别导则（试行）》的原则，判断样品属于固体废物。

原国家环境保护总局等部门于 2008 年公布的第 11 号公告，及之前历次公布的允许进口的固体废物目录中均没有列出该类废物，因此，样品属于禁止进口的固体废物。

4 结论

样品是来自不同过程的 ZnO 废渣与 $ZnCl_2$ 废渣的混合物，属于禁止进口的固体废物。

参考文献

[1] 彭容秋 . 锌冶金 [M]. 长沙 : 中南大学出版社 ,2005.
[2] 刘学雷 . 从含锌废渣中回收制备锌盐的研究 [J]. 安徽化工 ,2000,103(2):41.

58. 锌、铜二次资源氨浸处理的过滤渣

1 背景

2010 年 9 月，固体废物研究所对某公司申报进口的“锌矿”货物样品进行了固体废物属性鉴别，需要确定是否属于国家禁止进口的固体废物。在实验分析、咨询专家和查阅相关资料的基础上编写鉴别报告。

2 样品特征及物质特性分析

（1）样品为灰黑色块状和颗粒，大小不均匀，表面少许呈绿色；块状可捏碎，内部颜色不均，少许呈浅黄绿色沙粒状；样品潮湿，有浓烈的氨水气味，测定含水率为 20%，样品干基 550℃灼烧后的烧失率为 7%。样品外观形态见图 1。

图 1　样品

（2）采用 X 射线荧光光谱仪分析样品的组成，主要含 Zn、Al、Si、Cu 等，结果见表 1。

表 1　样品主要成分及含量（除 Cl、F、Br 以外，其他元素均以氧化物计）

单位：%

成分	ZnO	Al_2O_3	SiO_2	CuO	Fe_2O_3	CaO	PbO	MnO	SO_3	SnO_2	P_2O_5
含量	39.39	16.44	14.07	12.92	3.87	2.70	1.71	1.66	1.11	1.03	0.94
成分	F	K_2O	MgO	ZrO_2	Cl	NiO	TiO_2	La_2O_3	CeO_2	Br	Na_2O
含量	0.81	0.80	0.77	0.54	0.33	0.31	0.25	0.20	0.12	0.02	0.01

（3）采用 X 射线衍射仪对样品进行物相结构分析，主要含有 ZnO，谱图见图 2。除标出的 ZnO 外，还有金属铜及其合金相，还有疑似 SiO_2（石英）、$ZnFe_2O_4$（铁酸锌）等。

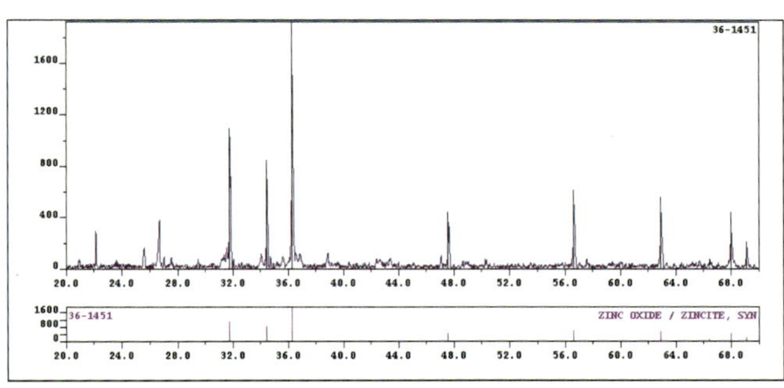

图 2　样品衍射谱图

（4）能谱分析表明样品主要含有 Zn、Cu、Si、Al，见图 3。对抛光片进行镜下观察，发现除极细的粉末状集合体外，明显存在炉渣碎屑，渣中可以看到金属铜、铁酸盐及硅酸盐炉渣、焦炭粒等，见图 4~ 图 6。

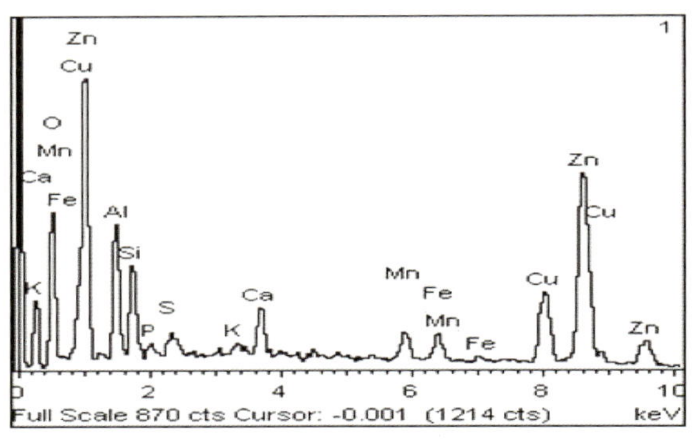

图 3　样品能谱图

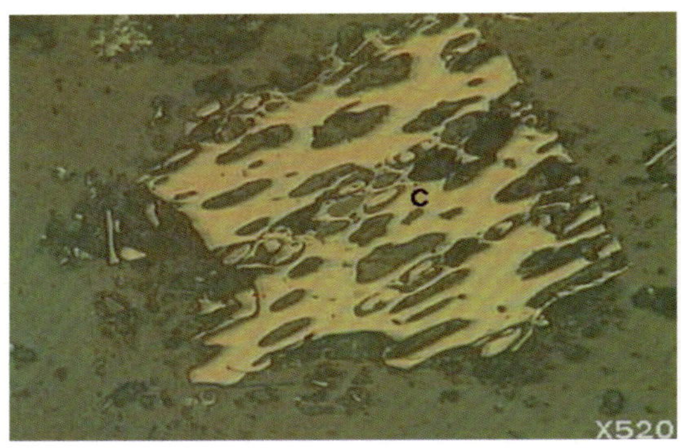

图 4　样品中的焦炭颗粒（C）

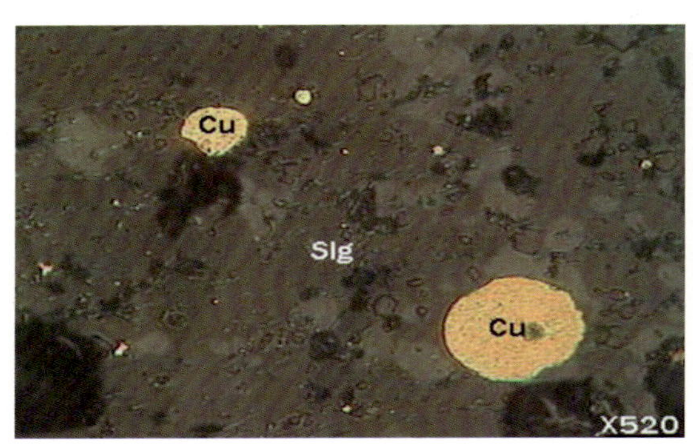

图 5　样品中的渣相显微镜下照片——存在金属铜（Cu）、铁酸盐（灰色结晶）和硅酸盐渣相（Slg）

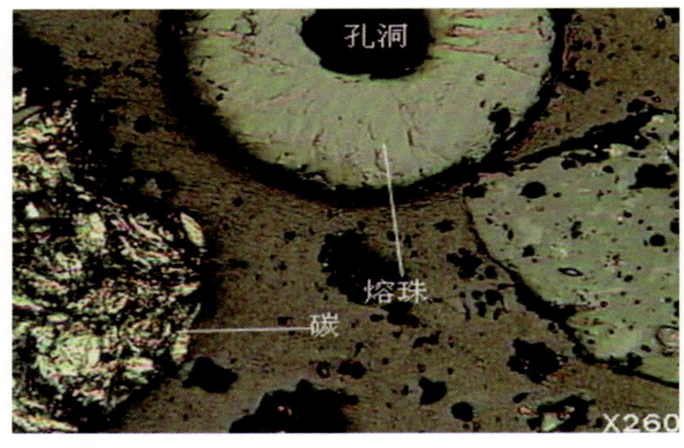

图 6　样中的熔珠及炭粒（鳞片状集合体），熔珠内有气孔存在

3 样品物质属性鉴别分析

（1）产生来源分析

①锌矿砂、铜矿砂及其火法冶炼产物

硫化锌精矿中的锌主要以闪锌矿（ZnS）的形态存在，硫化锌精矿中的铁主要以黄铁矿（FeS_2）的形式存在。硫化锌精矿除了闪锌矿与黄铁矿之外，还伴生有许多其他矿物，如方铅矿（PbS）、黄铜矿（$CuFeS_2$）、辉镉矿（CdS）、辰砂（HgS）、毒砂（FeAsS）、雄砂（As_2S_3）、辉锑矿（Sb_2S_3）以及脉石矿物如方解石（$CaCO_3$）、石英（SiO_2），少量贵金属银和稀有元素 In、Ge、Ti、Ga 等。原矿一般含锌为 2%~12%，经过破碎、磨细和浮选富集后产生的闪锌矿精矿，含锌达到了 50%~60%。目前炼锌的主要原料是硫化矿，经浮选后的硫化锌精矿成分及含量见表 2。

表 2 硫化锌精矿成分及含量

单位：%

编号	Zn	Fe	Pb	Cu	Cd	As	Sb	S	CaO	MgO	SiO_2	Al_2O_3
1 号	54.8	5.59	0.63	0.2	0.2	0.04	0.02	31.1	0.75	0.11	4.53	0.34
2 号	50.8	7.04	1.65	0.25	0.23	—	—	30	2.2	0.34	6	0.78
3 号	52.6	6.54	1.43	0.09	0.21	0.09	0.01	31.2	2.03	0.42	1.6	0.43
4 号	47.5	10.1	1.24	0.34	0.26	0.24	0.02	30.5	0.86	0.65	3.57	—
5 号	44.57	10.92	1.8	—	0.19	0.39	0.037	32.0	—	—	4.96	—
6 号	47.74	12.2	1.25	0.5	0.35	0.54	0.024	30.38	—	—	—	
7 号	50.0	13.3	0.75	0.085	0.36	0.029	0.002	30.65	—	—	2.30	—
8 号	56.11	2.56	1.71	0.203	0.55	0.04	0.026	30.0	1.57（CaO+ MgO）		4.35	—
9 号	47.98	10.36	1.58	0.42	0.25	0.27	0.034	30.82	1.09（CaO+ MgO）		3.21	—
10 号	59.4	3.35	0.27	0.16	0.34	—	0.004	32.55	—	—	3.43	—

样品中的铁和硫的含量远低于表 2 硫化锌精矿中的相应含量，样品外观特征与物相观察结果与锌矿、铜矿明显不符。因此，样品不是硫化锌精矿（砂）、硫化铜精矿（砂）。

根据前面对样品特征和物质特性的分析，样品成分构成较为复杂，虽然含较高的铜和锌，但可以判定样品不是锌火法冶金过程中的焙砂、单一锌灰、水淬渣，也不是铜精矿火法炼铜各工序产生的焙砂、单一灰（渣）及其他中间产物。

②铜和锌二次资源回收湿法提取过程中的过滤渣

目前，世界上 20% 左右的铜用湿法提取，在常温常压下用溶剂浸出矿石或焙烧矿中的铜离子，经过净液，使铜化合物和杂质分离，然后用萃取—电积法，将溶液中的铜提取出来，而碱性浸出常指铜的氨浸，氨浸用的是氨和铵盐水溶液，一般铵盐为 $(NH_4)_2CO_3$，既可浸出氧化矿，也可浸出硫化矿 [1]。而锌的生产方法主要是湿法炼锌，其产量约占总产量的 80%，多采用连续复浸出流程 [2]；在湿法净化工艺中以氨及铵盐作浸出剂的浸出过程称为氨浸，浸出过程中，不与氨配合的杂质留在渣中，Cu、Cd、Ni、Pb 等与氨配合进入溶液，但加入适量锌粉经一次置换即可使溶液质量达到电积或结晶要求 [3]。

铜和锌的二次资源利用越来越受到重视，是替代原生资源不足的重要途径；二次资源回收利用很多可以采用传统的工艺设备进行处理，氨碱浸出法成为重要的技术方法。国内也有利用炼锌厂的铜渣用 $(NH_4)_2CO_3$-$NH_3{\bullet}H_2O$ 浸取分离回收金属的方法 [4]。图 7 是 20 世纪 90 年代初，意大利 Engitec 公司首次开发的 Ezinex® 工艺流程示意图 [5]。

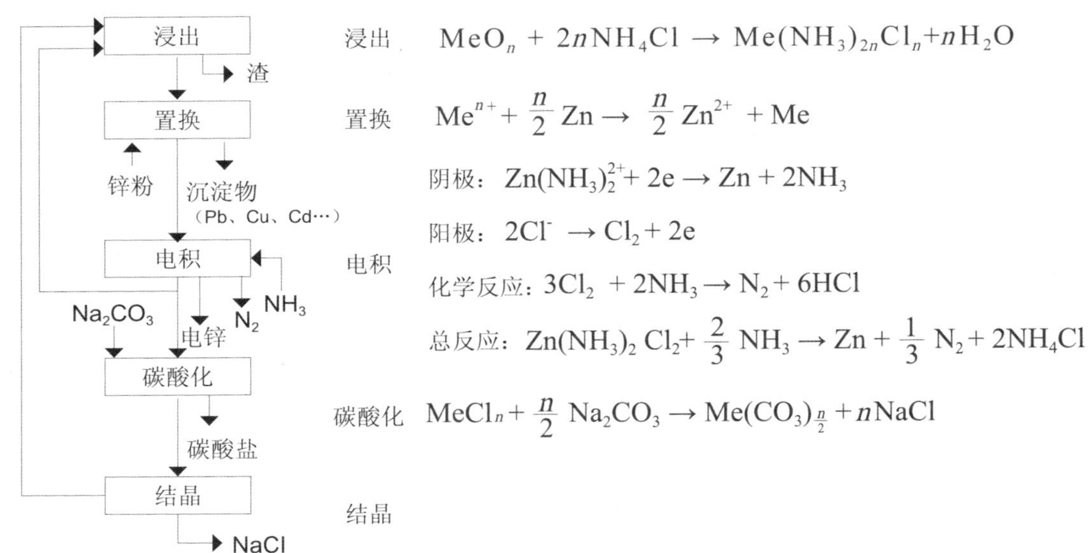

图 7　Ezinex® 工艺流程示意图

样品中含 S、Fe 很少，基本不含 As，脉石组分 Ca、Mg、Si、Al 比例与通常矿物构成比例（Si 高 Al 低）不符，这些表明样品原始物料主要不是铜、锌的矿物及其火法冶炼的产物。电镜观察表明样品中含有 ZnO 微细颗粒集合体，应该是来自收集的粉尘；还含有铜渣、金属铜、铜合金相，表明样品原始加工物料中含有这些物质；还含有炭，与在样品中发现的极个别的碳片相符，表明样品原始物料经过了一定的冶金处理。样品含有水分、具有一定的烧失率和浓烈的氨味，表明来源于湿法氨浸工艺过程。从样品含有少量绿色颗粒和黄绿色颗粒，推断样品中含有碱式碳酸铜（$Cu_2(OH)_2CO_3$）或 $Cu(OH)_2$ 并应是在氨浸条件下形成，从而可以解释样品为什么具有氨味和较高含量的铜。样品中含有较高的 Al，少量的 Sn、Mn、Pb、稀土等元素，一方面可能来自样品原始物料中含有的极少量冶炼渣；另一方面可能来自有色金属合金废料的回收处理过程，如连镀锌合金有 Zn-(5%)Al-(0.1%) 混合稀土、Zn-(0.2%)Al-(1.0%)Mg、Zn-(55%)Al-(1.6%)Si、Zn-(5%)Al-(0.07%)Sb、Zn-(15%)Al-(1.0%)Sn、Zn-(5%)Al-(0.1%)Na 等种类，还有压铸锌合金，其成分主要有 Al、Cu、Mg、Pb、Fe、Sn、Cd 等[6]；如铜合金目前已经能制备 1 600 多种，主要有黄铜（Cu-Zn 合金）、Cu-Sn 合金、白 Cu、Mn-Cu、Be-Cu 等[7]；又如铝合金一般为多元合金，常含有 Si、Cu、Mn，有的还含有 Ti、Cr、稀土等，合金元素的添加一般是将熔点较高或易氧化烧损的元素配置成低熔体的中间合金使用，中间合金种类很多，有 Al-(10%)Mn、Al-(10%)Mg、Al-(50%)Cu、Al-(5%)Ti[8] 等。样品中含锌量最高，说明是以回收的锌原料为主，在湿法处理中，大部分锌进入溶液进一步形成电锌或锌化工品，但在过滤渣中仍残留较多的锌。

总之，样品应是以回收 ZnO 粉尘为主的二次有色金属再生物料经过氨法浸出处理的过滤渣。由于其中含有较高的 Zn 和 Cu，且 As、Cd、Sb、Pb、Cr 等有害金属含量较低，具有一定的利用价值。

（2）固体废物属性分析

样品是以回收氧化锌粉尘为主的二次有色金属再生物料经过氨法浸出处理的过滤渣，

这种产物属于生产过程中的残渣、残余物，也属于污染控制设施产生的污泥，回收利用其中的有价金属属于“金属和金属化合物的再循环”或“利用操作产生的残余物质”。依据我国《固体废物鉴别导则（试行）》的原则，判断样品属于固体废物。

2009 年 8 月 1 日，环境保护部、商务部、国家发改委、海关总署、国家质检总局发布的第 36 号公告中的《限制进口类可用作原料的固体废物目录》中列出了“2620190010 含锌大于 12% 的烧结铅锌冶炼矿渣”,“2620999020 含铜大于 10% 的铜冶炼转炉渣”,“2620999020 用做除锈磨料的其他铜冶炼渣”，从产生来源分析可知，样品明显不属于这几类废物；该公告《禁止进口固体废物目录》中包括“2620190090 含其他锌的残渣”，“2620300000 主要含铜的残渣”，“2620400000 主要含铝的残渣”，样品应归入这几类废物，属于目前我国禁止进口的固体废物。

4 结论

样品不是锌矿，样品是回收氧化锌粉尘为主的二次有色金属再生物料经过氨法浸出处理的过滤渣，属于目前我国禁止进口的固体废物。

参考文献

[1] 彭容秋 . 铜冶金 [M]. 长沙 : 中南大学出版社 ,2004:8,256.

[2] 彭容秋 . 有色金属提取冶金手册——锌镉铅铋 [M]. 北京 : 冶金工业出版社 ,1992:10-45.

[3] 黎林根 . 湿锌法净化钴渣中金属回收 [J]. 科技创新导报 ,2009,36:99.

[4] 王书民 , 张国春 . 商洛炼锌厂废渣回收与处理 [J]. 商洛师范专科学校学报 ,2004,18(4):29.

[5] 邱定蕃 , 徐传华 . 有色金属资源循环利用 [M]. 北京 : 冶金工业出版社 ,2006:214.

[6] 彭容秋 . 有色金属提取冶金手册 锌镉铅铋 [M]. 北京 : 冶金工业出版社 ,1992:144-145.

[7] 彭容秋 . 铜冶金 [M]. 长沙 : 中南大学出版社 ,2004:2-3.

[8] 邱定蕃 , 徐传华 . 有色金属资源循环利用 [M]. 北京 : 冶金工业出版社 ,2006:112.

59. 有色再生资源二次熔炼产生的以氧化锌烟尘为主的混合物

1 背景

2010 年 9 月，固体废物研究所对某公司申报进口的“锌矿”货物样品进行固体废物属性鉴别，需要确定是否属于国家禁止进口的固体废物。在实验分析、咨询专家和查阅相关资料的基础上编写鉴别报告。

2 样品特征及物质特性分析

（1）样品为灰黑色粉末，颗粒很细类似面粉状，外观无明显杂质，但手搓捻有颗粒感。测定样品含水率为 0.48%，样品干基 550℃灼烧后的烧失率为 2%。样品外观形态见图 1。

（2）采用 X 射线荧光光谱仪 (XRF) 分析样品的主要组成，结果见表 1。

表 1　样品主要成分及含量（除 Cl、Br、F、I 以外，其他元素均以氧化物计）

单位：%

成分	ZnO	PbO	CuO	Cl	SnO_2	Br	SO_3	CaO	Fe_2O_3	K_2O	SiO_2
含量	47.34	12.71	12.04	5.96	5.19	4.19	3.95	3.06	1.98	0.98	0.71
成分	F	Al_2O_3	I	NiO	Sb_2O_3	CdO	P_2O_5	Cr_2O_3	Bi_2O_3	Nb_2O_5	—
含量	0.52	0.39	0.20	0.20	0.16	0.15	0.10	0.08	0.05	0.03	—

（3）采用 X 射线衍射仪对样品进行物相结构分析，物相成分为 ZnO、$PbCO_3$、$Pb_2ZnSi_2O_7$、CuO、SnO_2、$PbCl_2$，谱图见图 2。

图 1　样品

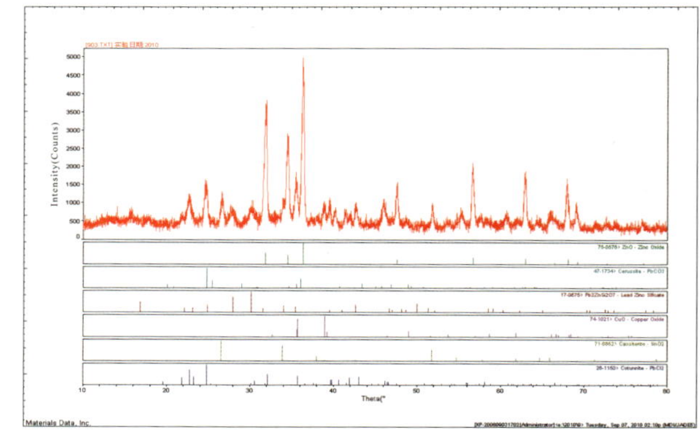

图 2　衍射谱图

（4）能谱分析样品主要含有 Pb、Zn、Cu、S，少量的 Cl、Br、Sn，微量的其他元素，见图 3。将渣磨制成抛光片，显微镜下观察有许多火法冶金产物，如金属铜、铁酸盐类存在，而且呈球粒状，有时颗粒内部有孔洞，见图 4~ 图 6。

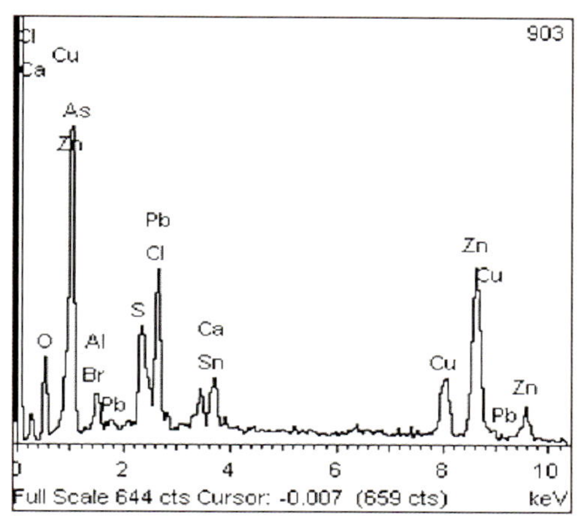

图 3　能谱图

图 4　样品溶出盐类后渣相镜下照片（1）

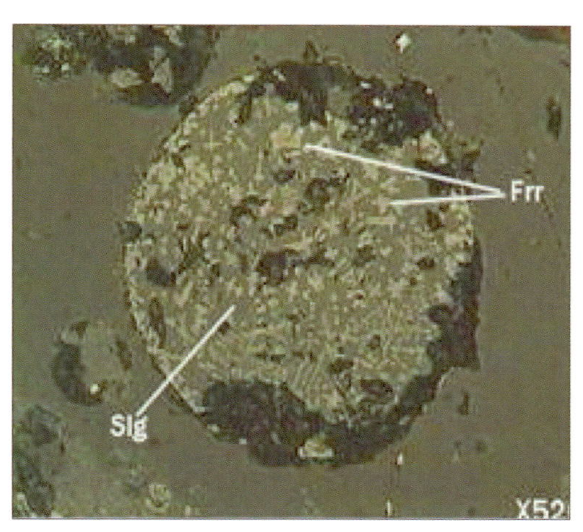

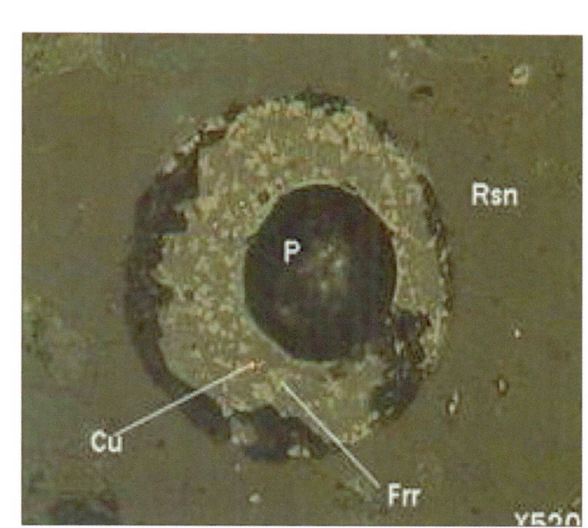

注：图中 Cu—金属铜；Frr—铁酸盐；Slg—硅酸盐渣相；P—孔洞。渣呈球粒状，铁酸盐呈骸晶状

图 5　样品溶出盐类后渣相镜下照片（2）

图 6　样品溶出盐类后渣相镜下照片（3）

3 样品物质属性鉴别分析

（1）产生来源分析

1）锌矿

硫化锌精矿中锌主要以闪锌矿（ZnS）的形态存在，铁主要以黄铁矿（FeS_2）的形式存在。硫化锌精矿除了闪锌矿与黄铁矿之外，还伴生有许多其他矿物，如方铅矿（PbS）、黄铜矿（$CuFeS_2$）、辉镉矿（CdS）、辰砂（HgS）、毒砂（FeAsS）、雄砂（As_2S_3）、辉锑矿（Sb_2S_3）以及脉石矿物如方解石（$CaCO_3$）、石英（SiO_2），少量贵金属元素银和稀有元素 In、Ge、Ti、Ga 等。原矿一般含 2%~12%Zn，经过破碎、磨细和浮选富集后产生的闪锌矿精矿，含锌高达 50%~60%。目前炼锌的主要原料是硫化矿，经浮选后的硫化锌精矿成分及含量见表 2。

表 2　硫化锌精矿成分及含量

单位：%

序号	Zn	Fe	Pb	Cu	Cd	As	Sb	S	CaO	MgO	SiO_2	Al_2O_3
1	54.8	5.59	0.63	0.2	0.2	0.04	0.02	31.1	0.75	0.11	4.53	0.34
2	50.8	7.04	1.65	0.25	0.23	—	—	30	2.2	0.34	6	0.78
3	52.6	6.54	1.43	0.09	0.21	0.09	0.01	31.2	2.03	0.42	1.6	0.43
4	47.5	10.1	1.24	0.34	0.26	0.24	0.02	30.5	0.86	0.65	3.57	—
5	44.57	10.92	1.8	—	0.19	0.39	0.037	32.0	—	—	4.96	—
6	47.74	12.2	1.25	0.5	0.35	0.54	0.024	30.38	—	—	—	—
7	50.0	13.3	0.75	0.085	0.36	0.029	0.002	30.65	—	—	2.30	—
8	56.11	2.56	1.71	0.203	0.55	0.04	0.026	30.0	1.57（CaO +MgO）		4.35	—
9	47.98	10.36	1.58	0.42	0.25	0.27	0.034	30.82	1.09（CaO +MgO）		3.21	—
10	59.4	3.35	0.27	0.16	0.34	—	0.0035	32.55	—		3.43	—

对比表 1 样品成分与表 2 硫化锌精矿成分，样品中 Cu、Pb 含量高出许多，矿物中常见并含有较高的 S、Fe、Si，而样品却明显偏低，且出现了硫化锌精矿中少有的 Cl、Br、F 等元素。样品物相组成中锌以 ZnO 的形态存在，与硫化锌精矿不符。因此，样品不是硫化锌精矿。

ZnO 天然矿只存在于氧化带，叫“红锌矿”，但量很少，不是主要矿物，而且它应该具有易于在显微镜下辨别的晶体形态。样品中的锌主要以 ZnO 形态存在，但在显微镜下并没有看到红锌矿的晶体形态。因此，样品不是锌的氧化矿。

综上所述，样品不是硫化锌精矿，也不是氧化矿。

2）铜的二次资源（废料）再熔炼产生的以氧化锌烟尘为主的混合物

大部分废铜只需要重熔和浇铸，无须化学冶金处理。但有一部分铜废料需精炼处理才能重新使用，这些废料包括：①与其他金属混合的废料；②包覆有其他金属或有机物；③严重氧化了的废料；④混合的合金废料。

图 7 是铜二次原料冶炼厂处理低品位铜废料的一般流程示意图。该流程处理的铜废料包括：①从废旧汽车马达、开关和继电器等拆卸下来的铜和铁不能分离的物料；②粗铅脱铜浮渣；③铜熔炼和铜合金厂来的烟尘；④铜电镀产生的（泥）渣。从鼓风炉出来的烟尘成分为：1%~2%Cu、1%~3%Sn、20%~30%Pb 和 30%~45%Zn[1]。

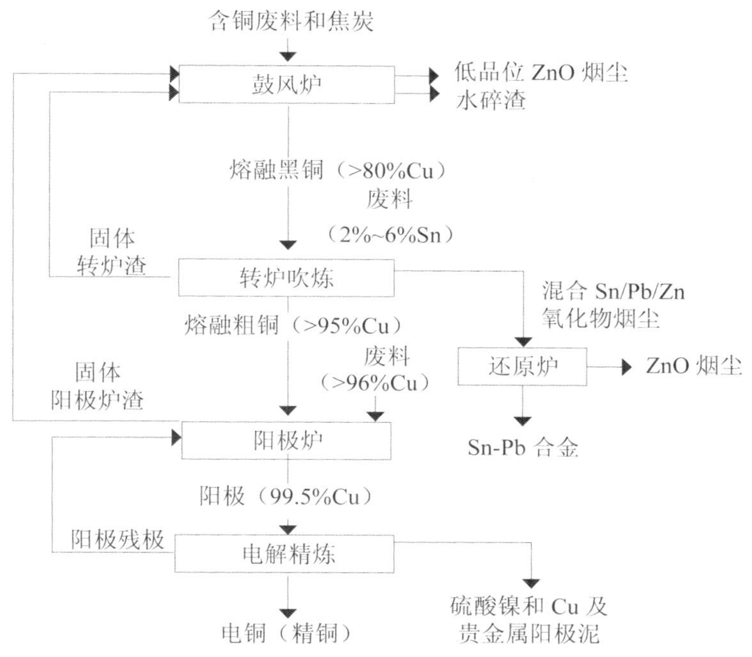

图 7　铜二次原料冶炼厂处理低品位铜废料的流程示意图

黄铜是含 Zn、Pb 的合金（含 2.8%~41.8Zn，0.3%~6.0% Pb），青铜是含 Sn、Sb 的合金。含锌废物可来源于烧铸灰（黄铜灰），表 3 是某黄铜烧铸灰的成分及含量[2]。

表 3　烧铸灰（黄铜灰）的成分及含量

单位：%

成分	Zn	Cu	Pb	Sn	Fe	Ni	Al	Cr	水分
含量	26~30	12~15	1.5~2.5	0.5~1.5	1.0~1.5	0.1~0.2	0.1~1.5	0.02~0.10	4.0~5.5

样品为细粉末状且含有较高的 ZnO，X 射线衍射和电镜能谱分析表明，其应是一种经过收集含 ZnO 的粉尘。样品中还含有较高的 Cu、Sn、Br 等元素，较低含量的 Fe、Si，根据这一特点可以认为样品不是来自单一的铅锌精矿冶炼、钢铁厂等收集的富氧化锌粉尘。图 7 所示资料中的铜二次资源（废料）回收熔炼过程产生含锡较高的 ZnO 烟尘，如从鼓风炉中产出的低品位氧化锌烟尘中含 1%~3%Sn，30%~45%Zn，这与样品中的 Sn、Zn 含量相匹配；但样品中其他元素，如 Cu、Pb、Cl、Br 等与上述的氧化锌烟尘不符合，可能是因为处理的原料不同。表 3 表明黄铜烧铸灰的特点是含有较高的 Cu、Zn、Pb、Sn，样品也具有这样的特点。

鉴别样品来自德国，查找相关资料发现德国吕嫩北德精炼公司凯撒冶炼厂也对铜二次原料进行处理，它的原料包括铜废料、合金废料和有色金属铁碎料、还有杂料（各种烟灰、渣、电子废料、淤泥和铁渣），其中杂料约占原料的 54%[1]。废印刷线路板中所含金属质量分数达到 28%，包括 Cu、Al、Fe、Sn、Zn 等[3]。电路板中的溴化环氧树脂中含有四溴双酚 A 等阻燃剂，含溴高达 5%~15%。这些阻燃剂在热解过程中分解，产生很多种含溴的挥发性物质，如 HBr 气体，产生的 HBr 气体与电路板中的铜发生二次反应[4]。原料中若含有废电缆（线），在熔炼过程中，氯化物和氟化物以无水 HCl 和 HF 的形式释放出来，它们与烟尘中的金属氧化物反应生成氯化物、氯氧化物和氟化物[1]。

显微镜下观察样品，有金属铜、铁酸盐类物质，且呈球粒状，有些颗粒内部有孔洞，这是冶金炉渣的特点。在铜的二次资源（废料）回收熔炼过程中，熔炉中的少部分含铜物料小颗粒，随气流被带出作为粉尘得到收集，也有可能是样品中混入了少量的熔渣小颗粒。

综上所述，判断样品是含铜二次资源（废料）再熔炼过程中产生的以氧化锌烟尘为主的混合物，具有一定的利用价值。

（2）固体废物属性分析

样品是含铜的二次资源（废料）再熔炼过程中产生的以氧化锌烟尘为主的混合物，这种产物属于“生产过程中产生的废弃物质”，也属于“污染控制设施产生的残余渣”，回收利用其中的有价金属属于“金属和金属化合物的再循环”或“利用操作产生的残余物质”。依据我国《固体废物鉴别导则（试行）》的原则，判断样品属于固体废物。

2009 年 8 月 1 日，环境保护部、商务部、国家发改委、海关总署、国家质检总局发布的第 36 号公告中的《限制进口类可用作原料的固体废物目录》中列出了“2620190010 含锌大于 12% 的烧结铅锌冶炼矿渣”,“2620999020 含铜大于 10% 的铜冶炼转炉渣”,“2620999020 用做除锈磨料的其他铜冶炼渣”，从产生来源分析可知，样品不属于这几类废物；该公告《禁止进口固体废物目录》中包括“2620190090 含其他锌的残渣”，“2620300000 主要含铜的残渣”。因此，样品属于目前我国禁止进口的固体废物。

4 结论

样品不是锌矿；样品是铜二次资源（废料）再熔炼产生的以 ZnO 烟尘为主的混合物，具有一定的利用价值；样品属于目前我国禁止进口的固体废物。

参考文献

[1] 邱定蕃，徐传华．有色金属资源循环利用 [M]. 北京：冶金工业出版社，2006:68-81.
[2] 夏培夫．从工业废渣中回收锌盐 [J]. 化学世界，1989,8:374.
[3] 赵国华，罗兴章，黄卓辉，等．废弃线路板中重金属形态分布特征 [J]. 环境科学，2009,30(9):2798-2803.
[4] 彭科，李清水，陈波，等．废旧电路板热解固液产物中溴的分布 [J]. 燃烧科学与技术，2009,15(2):114-118.

60. 含锌电炉炼钢粉尘加工颗粒

1 背景

2007 年 8 月，固体废物研究所对某公司拟进口的含锌原料样品进行废物属性鉴别，需要确定是否属于国家禁止进口的固体废物。在实验分析、咨询专家和查阅相关资料的基础上编写鉴别报告。

2 样品特征及物质特性分析

（1）样品为大小不一的球形颗粒、棕褐色、干燥、手摸有粉尘，粒径 8~12 mm，硬度 2 kg/cm^2。样品外观形态见图 1。

图 1　样品

（2）对样品采用 X 射线荧光光谱仪（XRF）进行组分实验，成分及含量见表 1。

表 1　样品主要成分及含量（除 Cl、Br 以外，其他元素均以氧化物计）

单位：%

成分	ZnO	Fe_2O_3	Cl	PbO	SiO_2	CaO	K_2O	MnO	MgO	Al_2O_3	CuO	Br	P_2O_5	TiO_2
含量	37.27	31.82	8.12	6.19	4.33	3.37	3.26	2.83	1.18	0.51	0.34	0.31	0.20	0.19

（3）采用 X 射线衍射仪（XRD）对样品物相进行分析，主要为 ZnO、$ZnFe_2O_4$ 以及少量的 FeSi、$Ca_6(SiO_4)(Si_3O_{10})$、$Pb_2Fe(CN)\cdot 4H_2O$。

（4）样品浸出毒性分析：选择 Pb、Cr、Cu、Zn、Cd 作为样品的浸出毒性分析指标，按照《固体废物 浸出毒性浸出方法 硫酸硝酸法》（HJ/T 299—2007）规定方法对样品进行浸出试验，按照《固体废物浸出毒性测定方法》（GB/T 15555.1~15555.11）规定的方法，测定样品浸出液中 Pb、Cr、Cu、Zn、Cd 的浓度，并与《危险废物鉴别标准 浸出毒性鉴别》（GB 5085.3—2007）标准限值进行比较，实验结果与鉴别标准限值比较见表 2。

表 2　样品浸出实验结果与鉴别标准限值比较

单位：mg/L

方法和标准	结果和限值	Pb	Cr	Cu	Zn	Cd
HJ/T 299—2007	实验结果	6.92	<0.1	<0.1	235.8	13.2
GB 5085.3—2007	标准限值	5	15	100	100	1

（5）样品腐蚀性分析：按照《固体废物腐蚀性测定 玻璃电极法》（GB/T 15555.12—1995）规定方法制备样品浸出液并测定 pH 值，结果为 5.8，没有超出《危险废物鉴别标准 腐蚀性鉴别》（GB 5085.1—2007）的限值。

3 样品物质属性鉴别分析

（1）产生来源分析

拟进口样品来自台湾电炉炼钢集尘灰经过初步加工成型后的产物。

废钢是钢铁工业中的重要原料，由于废钢中有害元素含量相对较低，因此，有利于缩短冶炼时间，并能降低铁耗和辅助材料的消耗，废钢成为电炉钢生产的主要炉料 [1]。电弧炉炼钢时，向炉中加入各种钢铁废料，有的废料中含有锌或其他金属，一些容易挥发的金属（如 Zn、Pb、Cd 等）在冶炼过程中，挥发进入烟气一同经烟道配料进入烟气处理系统；这些元素和化合物在烟道中燃烧氧化、冷却和冷凝，又转化成固体形式（氧化物等）；电弧炉烟尘（EAFD）主要含 ZnO、$ZnFe_2O_4$ 以及其他金属氧化物等，典型组成为 19.4%Zn、24.6%Fe、4.5%Pb、0.42%Cu、0.1%Cd、2.2%Mn、1.2%Mg、0.4%Ca、0.3%Cr、1.4%Si、6.8%Cl。电弧炉烟尘成分的变化主要取决于所使用的废钢种类、生产的特种钢产品、石灰的加入方式、炉子的操作、烟气的处理等，表 3 是美国钢公司各钢厂的电弧炉烟尘的成分和含量；表 4 是德国 B.U.S. 公司采用威尔兹工艺回收处理电弧炉烟尘的典型成分和含量；表 5 是 1995 年电弧炉车间的烟尘成分含量平均结果 [2]。

表 3 美国钢公司各钢厂的电弧炉烟尘的成分及含量

单位：%（除标出外）

工厂	成分									收集烟尘的密度 / (kg/m^3)
	Zn	Pb	Fe	K	Na	Ca	Mg	Cd	水分	
CHR	32.3	2.5	15.3	1.6	1.3	10.4	3.7	9.48×10^{-2}	0.6	929.1
JAX	27.4	2.7	28.6	0.6	0.9	3.5	2.6	6.23×10^{-2}	0.5	816.9
KNX	34.1	3.8	20.0	1.8	1.6	3.1	2.3	9.48×10^{-2}	0.5	913.1
WTN	31.9	3.5	21.5	1.3	2.0	4.0	1.9	5.23×10^{-2}	0.3	849.0

表 4 德国 B. U. S. 公司采用威尔兹工艺回收处理电弧炉烟尘的成分和含量

单位：%

成分	Zn	Pb	Cd	F	Cl	C	FeO	CaO	SiO_2	Na_2O	K_2O
钢厂烟尘	18~35	2~7	0.03~0.1	9.2~0.5	1~4	1~5	20~30	6~9	3~5	1.5~2	1~1.5

表 5 日本 16 个电弧炉车间的烟尘化学成分及含量

单位：%

成分	Zn	Fe	C	P	Cr	Mo	Ca	Cl	Cd	F	Ni
含量	22.5	32.0	3.6	0.10	6.3	6.3	2.6	3.1	0.02	0.25	0.03
成分	Si	Cu	Sn	Pb	Na	K	Mg	Mn	Al	O	合计
含量	1.6	0.2	0.05	2.2	1.0	0.5	1.15	2.6	1.1	25.0	100

电炉粉尘是在电炉炼钢过程中因为高温和气流的作用而逸出的粉尘，粒度较细，约50% 的粉尘粒径处于微米级。日本的电弧炉烟尘粒度一般为 0.1~10 μm，锌主要以 ZnO、$ZnFe_2O_4$ 存在，有时还有 $ZnCl_2$，大约 70%ZnO、30%$ZnFe_2O_4$，少量的 $ZnCl_2$[2] 存在。

对比样品的成分分析和物相结构分析，判断样品为电炉炼钢产生的集尘灰并初步加工成球状固体物质。

（2）固体废物属性分析

电弧炉炼钢烟道气收集粉尘的主要目的之一是防止粉尘随烟道气体直接排放到空气环境中从而污染环境和危害人体健康，因此，电弧炉粉尘是“污染控制设施产生残余物”；由于产生工艺的原因，收集的这种粉尘成分复杂且含量不稳定，“不可能符合产品标准或产品规范”；再利用这种回收粉尘的目的一方面属于“用于消除污染的物质回收”，另一方面属于“利用操作产生的残余物质的使用”；该物质不能直接作为原料来利用，也是“物质使用前需要经过较为复杂的加工处理”。因此，依据《固体废物鉴别导则（试行）》的原则，电弧炉炼钢产生的粉尘属于固体废物。

这种粉尘经过初步加工成球状固体物质并没有改变其基本化学组成和物相结构以及主要成分的含量，也没有消除其潜在危害，主要是外观形态上的改变，因此，样品仍然属于固体废物。

样品浸出液的 Pb、Cd、Zn 浓度超过危险废物鉴别标准的限值；1998 年公布实施的《国家危险废物名录》中 HW23 类为含锌废物、HW26 类为含镉废物、HW31 类为含铅废物；正在修订的《国家危险废物名录》中包括“电弧炉炼钢产生的飞灰”；美国危险废物名录中来自特定污染源的危险废物第 K061 类为“炼钢电炉中粗炼生产中烟气控制的集尘灰（泥）(Emission Control Dust Sludge From The Primary Production of Steel In Electric Furnaces)”；在《巴塞尔公约》附件一“应加控制的废物类别”中 Y23 类为含锌化合物废物、Y26 类为含镉及镉化合物废物、Y31 类为含铅及铅化合物废物。因此，样品属于《巴塞尔公约》应加控制的废物。

原国家环境保护总局、海关总署、国家质检总局 2005 年第 5 号公告中包含《自动进口许可管理类可用作原料的废物目录》和《限制进口类可用作原料的废物目录》。前者包括锌废碎料，锌废碎料是指金属锌的碎块、碎料、边角料、下脚料等，显然没有包括拟进口样品所属的冶炼钢铁产生的集尘灰及其颗粒。后者也没有类似的废物种类。因此，样品属于目前禁止进口的废物。

4 结论

样品是电炉炼钢产生的集尘灰并经初步加工成球状固体物质，属于禁止进口的固体废物，属于《巴塞尔公约》中应加控制的废物。

参考文献

[1] 邱绍岐 , 祝桂华 . 电炉炼钢原理及工艺 [M]. 北京 : 冶金工业出版社 ,1996.
[2] 邱定蕃 , 徐传华 . 有色金属资源循环利用 [M]. 北京 : 冶金工业出版社 ,2006.

61. 电炉炼废钢除尘灰

1 背景

2011 年 4 月，固体废物研究所对某公司申报进口的“含锌物料”进行了鉴别，需要确定货物样品是否为固体废物。在实验分析、查阅相关资料的基础上编写鉴别报告。

2 样品特征及物质特性实验分析

（1）鉴别单位现场取样，随机从 8 个货物袋中各取一个样品编为 1 号 ~8 号，为黄褐色或土黄色细粉末颗粒，外观无明显杂质，有的样品为泥状，根据现场情况判断是堆放中雨水浸润所致，样品外观特征见图 1~ 图 4。测定样品含水率和干基 550℃灼烧后的烧失率，结果见表 1。

图 1　1 号和 2 号样品

图 2　3 号和 4 号样品

图 3　5 号和 6 号样品

图 4　7 号和 8 号样品

表 1　样品含水率和 550℃灼烧后的烧失率

单位：%

样品	1 号	2 号	3 号	4 号	5 号	6 号	7 号	8 号
含水率	3.04	12.26	7.26	31.9	30.0	2.90	2.74	4.86
烧失率	1.91	2.94	2.50	4.77	4.90	2.53	2.28	2.25

注：4 号和 5 号样品是从两个吨袋分别散落在地面上的货物中取的，明显为雨水淋湿后的泥状。

（2）采用 X 射线荧光光谱仪分析样品干基的成分，成分及含量见表 2。

表 2　样品主要成分及含量（除 Cl、Br 以外，其他元素以氧化物计）

单位：%

样品	ZnO	Fe_2O_3	Cl	PbO	CaO	SiO_2	MnO	MgO	K_2O	Al_2O_3
1 号	40.47	39.94	3.33	2.45	3.11	2.05	2.53	2.07	2.33	0.61
2 号	59.06	23.58	4.05	2.75	2.08	1.87	1.49	1.27	1.89	0.68
3 号	54.24	27.37	4.22	2.86	2.67	2.18	1.64	1.18	1.99	0.60
4 号	58.12	25.13	2.09	3.53	2.39	2.56	1.53	1.28	1.09	0.60
5 号	48.43	34.57	1.52	2.60	2.71	2.45	2.40	2.43	1.13	0.54
6 号	58.37	24.22	4.12	2.33	2.39	1.67	1.83	1.49	1.96	0.46
7 号	49.39	30.63	4.56	3.28	2.60	2.25	1.76	1.57	2.15	0.70
8 号	56.18	24.23	4.94	3.66	2.25	1.78	1.69	1.32	2.27	0.54
样品	CuO	Cr_2O_3	Br	P_2O_5	SnO_2	TiO_2	Na_2O	CdO	SO_3	Sb_2O_3
1 号	0.25	—	0.09	0.17	0.12	0.46	0.02	—	—	—
2 号	0.26	0.23	0.25	0.17	0.14	0.08	0.02	0.05	—	0.07
3 号	0.29	0.20	0.20	0.17	0.11	0.06	0.02	—	—	—
4 号	0.26	0.26	0.10	0.13	0.16	0.09	0.02	0.07	0.61	—
5 号	0.23	0.26	0.17	0.19	0.18	0.11	0.02	—	—	—
6 号	0.18	0.24	0.24	0.17	0.13	0.05	0.02	0.04	—	0.08
7 号	0.27	0.23	0.20	0.12	0.16	0.11	0.02	—	0.06BaO	—
8 号	0.26	0.25	0.24	0.12	0.15	0.08	0.02	0.03	—	—

（3）采用 X 射线衍射仪分析样品的物相组成，结果见表 3。

表 3　样品 X 射线衍射结果

样品	物相组成
1、2 号	$(Zn_{0.99}Fe_{0.01})(Fe_{1.99}Zn_{0.01})O_4$、ZnO、$(Mg_{0.476}Mn_{0.448}Zn_{0.007}Fe_{0.07})(Fe_{1.97}Ti_{0.002})O_4$、$Fe_2Si$、Mn、KCl、$SiO_2$、$PbO_2$、$CaCO_3$、$CaFeO_2$、$CaFe_2O_4$
3、7、8 号	$(Zn_{0.99}Fe_{0.01})(Fe_{1.99}Zn_{0.01})O_4$、ZnO、$(Mg_{0.476}Mn_{0.448}Zn_{0.007}Fe_{0.07})(Fe_{1.97}Ti_{0.002})O_4$、$Fe_2Si$、Mn、KCl、$SiO_2$、$PbO_2$、$CaCO_3$
4、5、6 号	$(Zn_{0.99}Fe_{0.01})(Fe_{1.99}Zn_{0.01})O_4$、ZnO、$(Mg_{0.476}Mn_{0.448}Zn_{0.007}Fe_{0.07})(Fe_{1.97}Ti_{0.002})O_4$、$Fe_2Si$、Mn、KCl、$SiO_2$、$PbO_2$、$CaCO_3$、$Fe_3C$

（4）随机选择 3 号和 7 号两个样品做能谱分析和显微镜观察。显示两个样品主要含有 Zn、Fe、Cl，结果与表 2 的成分组成基本相符，能谱图见图 5 和图 6。将两个样品进行水洗，洗液在载玻片上自然干燥后见有盐晶析出，证明有水溶物，镜下照片见图 7 和图 8。样品粉末多数 $<10\ \mu m$，不少是 $<5\ \mu m$ 的颗粒，显微镜下照片见图 9 和图 10。磨制了抛光面，从中均可看到焦粒，也有浮士体（FeO）和磁性铁（Fe_3O_4）组成的球粒，显微镜下照片见图 11 和图 12。

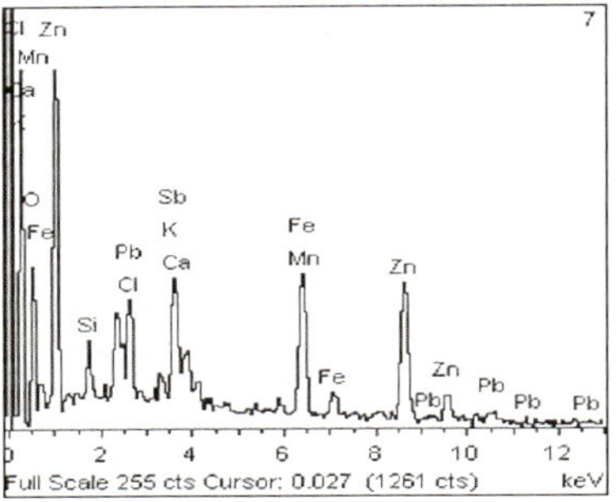

图 5　3 号样品能谱

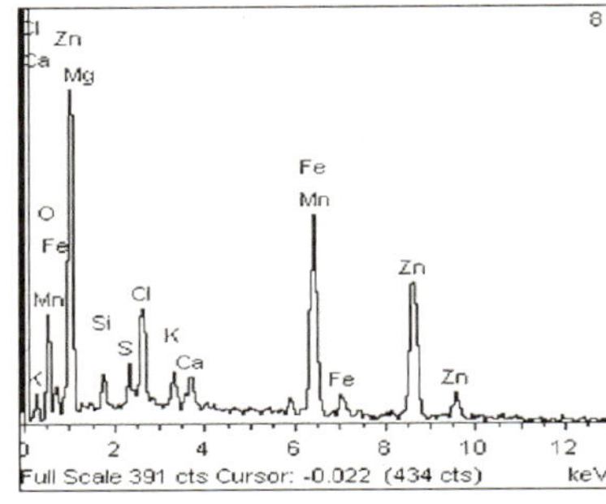

图 6　7 号样品能谱

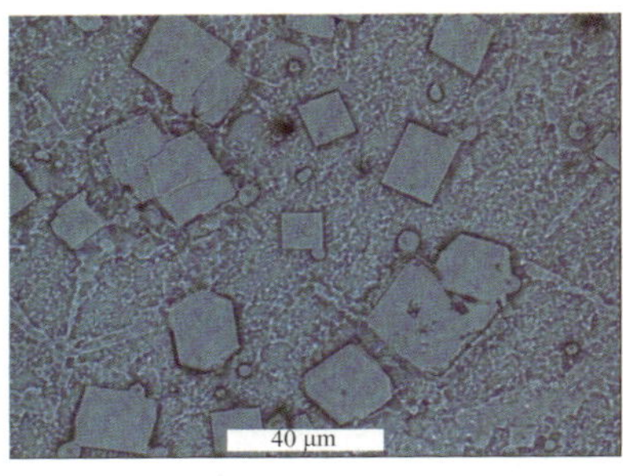

图 7　3 号样品水溶结晶物镜下图

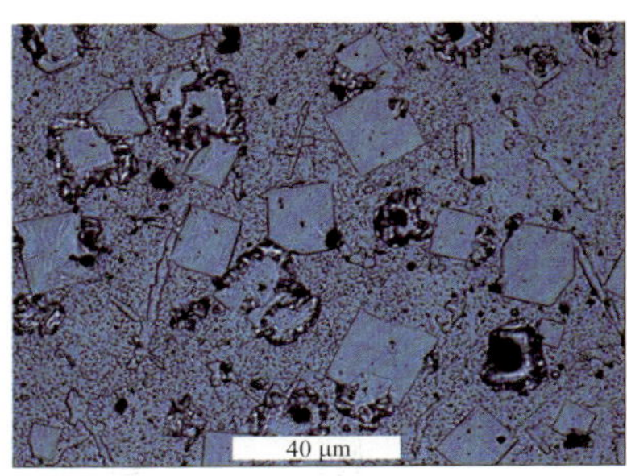

图 8　7 号样品水溶结晶物镜下图

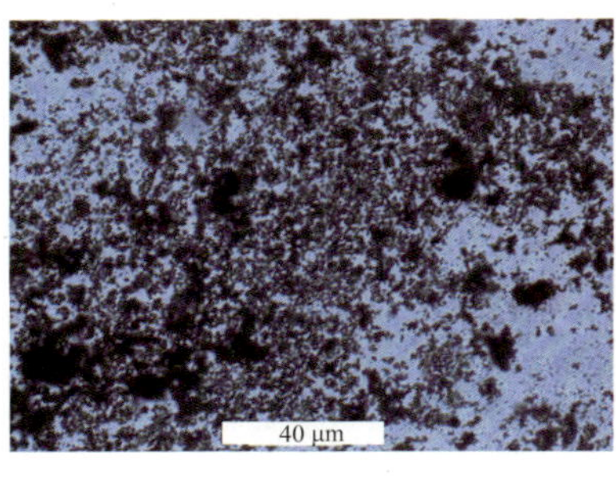

图 9　3 号样品的粒度特征（大部分 <10 μm）

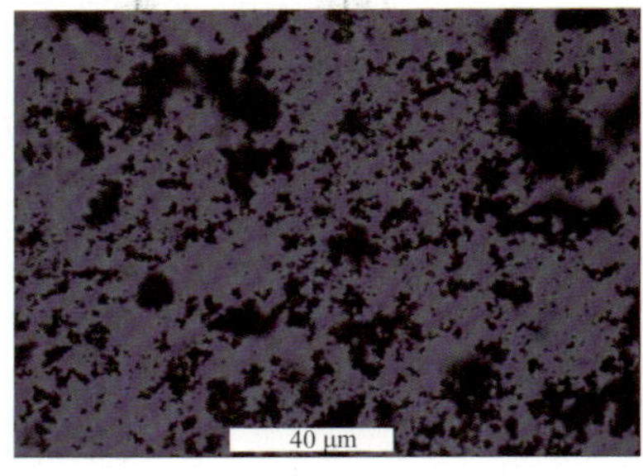

图 10　7 号样品的粒度特征（细粒集合体）

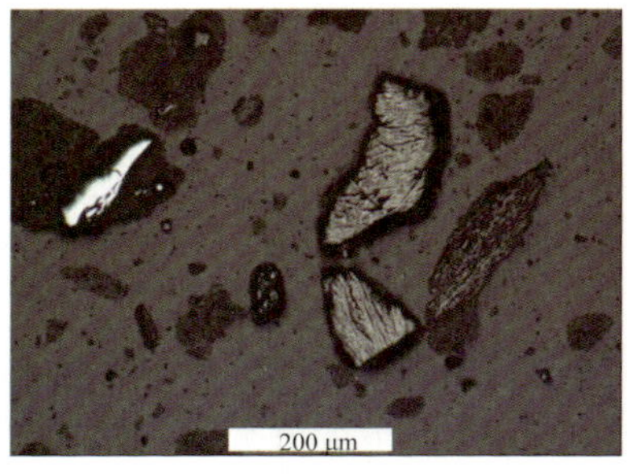

图 11　3 号样品中的焦粒（灰褐色）及金属铁碎屑（亮白色）

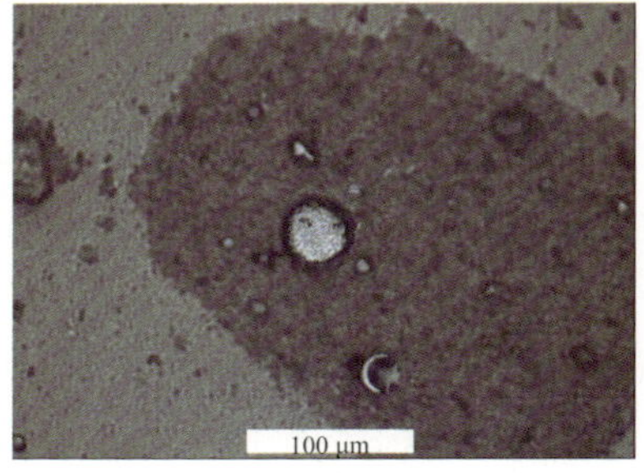

图 12　7 号样品中为微尘裹挟的浮士体球粒，其中在浮士体灰色基体中见 Fe_3O_4 析出（亮点）

3 样品物质属性鉴别分析

（1）产生来源分析

样品物理特征、成分分析、物相结构分析等证明各个样品具有非常高的相似性，应属于同一类物质，因此，以下统称为样品。

废钢是钢铁工业中的重要原料，有利于缩短冶炼时间，并能降低铁耗和辅助材料的消耗，废钢成为电炉钢生产的主要炉料[1]。电炉炼钢时，向炉中加入各种钢铁废料，废料可能含有锌或其他金属，一些容易挥发的金属（如 Zn、Pb、Cd 等[2]）在冶炼过程中会挥发进入烟气处理系统。这些元素的化合物在烟道中燃烧氧化、冷却和冷凝，又转化成固体形式（氧化物等），电弧炉烟尘（EAFD）主要含 ZnO、$ZnFe_2O_4$ 以及其他金属氧化物等。电弧炉烟尘成分的变化主要取决于所使用的废钢种类、生产的特种钢产品、石灰的加入方式、炉子的操作、烟气的处理等。

表 4 是美国钢公司各钢厂的电弧炉烟尘的成分及含量，表 5 是德国 B.U.S. 公司采用威尔兹工艺回收处理电弧炉烟尘的典型成分及含量，表 6 是 1995 年日本 16 个电弧炉车间烟尘成分含量的平均结果，电炉粉尘是在电炉炼钢过程因为高温和气流的作用而逸出的粉尘，粒度较细，约 50% 的粉尘的粒径在微米级[3]。

表 4　美国钢公司各钢厂的电弧炉烟尘的成分及含量

单位：%（除标出外）

工厂	Zn	Pb	Fe	K	Na	Ca	Mg	Cd	水分	收集烟尘的密度 / （kg/m^3）
CHR	32.3	2.5	15.3	1.6	1.3	10.4	3.7	0.095	0.6	929.1
JAX	27.4	2.7	28.6	0.6	0.9	3.5	2.6	0.062	0.5	816.9
KNX	34.1	3.8	20.0	1.8	1.6	3.1	2.3	0.095	0.5	913.1
WTN	31.9	3.5	21.5	1.3	2.0	4.0	1.9	0.052	0.3	849.0

表 5　德国 B. U. S. 公司采用威尔兹工艺回收处理电弧炉烟尘的典型成分及含量

单位：%

成分	Zn	Pb	Cd	F	Cl	C	FeO	CaO	SiO_2	Na_2O	K_2O
钢厂烟尘	18~35	2~7	0.03~0.1	9.2~0.5	1~4	1~5	20~30	6~9	3~5	1.5~2	1~1.5

表 6　日本 16 个电弧炉车间的烟尘化学成分及含量（1995）

单位：%

成分	Zn	Fe	C	P	Cr	Mo	Ca	Cl	Cd	F	Ni
含量	22.5	32.0	3.6	0.10	6.3	6.3	2.6	3.1	0.02	0.25	0.03
成分	Si	Cu	Sn	Pb	Na	K	Mg	Mn	Al	O	合计
含量	1.6	0.2	0.05	2.2	1.0	0.5	1.15	2.6	1.1	25.0	100

样品干基主要成分组成与上述资料中电炉炼废钢产生的收集烟尘成分组成基本一致，主要含 Fe、Zn、Pb、Cl 等，成分含量上也具有较好的相符性；样品物相结构以铁酸锌（如 $(Zn_{0.99}Fe_{0.01})(Fe_{1.99}Zn_{0.01})O_4$，其中 Fe 和 Zn 原子有极少量相互取代现象）、氧化铁（如 $(Mg_{0.476}Mn_{0.448}Zn_{0.007}Fe_{0.07})(Fe_{1.97}Ti_{0.002})O_4$，其中 Fe 原子有被其他金属原子取代现象）、氧化锌 (ZnO)、其他金属氧化物为主，并含有少量的盐类物质（如氯盐和钙盐）；另外样品显

微镜观察和灼烧实验证明样品中含有少量的炭，表明样品物相结构与上述资料中电炉炼废钢的烟气粉尘相符；样品颜色为黄褐色或土黄色主要是有 $ZnFe_2O_4$ 形成，样品手感和显微镜观察表明样品粒度极细，主要是小于 10 μm 的颗粒，也表明是来自冶炼的烟尘。根据样品这些特征，判断样品是来自电炉熔炼废钢生产中产生的含锌收集烟尘。

（2）固体废物属性分析

电炉熔炼废钢生产中会产生含锌烟尘，对其收集的主要目的是防止含锌烟尘直接排放到空气环境中从而造成环境污染，因此，电炉收集烟尘是“污染控制设施产生残余物”；收集烟尘成分复杂，含有 Pb、Cd、Cl、Br 等有害成分及其他大量杂质，不可能符合产品标准或产品规范，利用这种收集烟尘属于“用于消除污染的物质回收”，也是属于“利用操作产生的残余物质的使用”。因此，依据《固体废物鉴别导则（试行）》的原则，判断样品及其货物属于固体废物，属于钢铁冶炼产生的含锌收集烟尘。但电炉炼废钢产生的含锌粉尘是国内外普遍利用的再生原料。

2009 年 8 月 1 日，环境保护部、商务部、国家发改委、海关总署、国家质检总局发布的第 36 号公告的《禁止进口固体废物目录》中列出了“2619000090 冶炼钢铁所产生的其他熔渣、浮渣及其他废料 (冶炼钢铁产生的粒状熔渣除外)，包括冶炼钢铁产生的除尘灰、除尘泥、污泥等”，“2620190090 含其他锌的矿渣、矿灰及残渣（冶炼钢铁所产生灰、渣的除外）”，“其他未列名固体废物”，样品应归类于这三类废物中的一类，属于目前我国禁止进口的固体废物。

4 结论

样品是来自电炉熔炼废钢生产中产生的含锌收集烟尘，属于目前我国禁止进口的固体废物。

参考文献

[1] 邱绍岐 , 祝桂华 . 电炉炼钢原理及工艺 [M]. 北京 : 冶金工业出版社 ,1996.
[2] 万太林 , 张海宝 , 朱丽华 . 一种高效节能环保型的废钢熔炼技术 [J]. 黑龙江环境通报 ,1999,23(1):57.
[3] 邱定蕃 , 徐传华 . 有色金属资源循环利用 [M]. 北京 : 冶金工业出版社 ,2006:182-198.

62. 电炉炼废钢湿法除尘泥

1 背景

2011 年 2 月，固体废物研究所对某公司申报进口的“锌矿砂”货物样品进行固体废物属性鉴别，需要确定是否为国家禁止进口的固体废物。在实验分析、咨询专家和查阅相关资料的基础上编写鉴别报告。

2 样品特征与物质特性实验分析

（1）样品为红褐色泥状物质，手感湿滑细致。测定样品含水率为 77%，外观特征见图 1。

（2）采用 X 射线荧光光谱仪（XRF）分析样品干基组成，成分及含量见表 1。

表 1　样品主要成分及含量（除 Cl 外其他元素均以氧化物计）

单位：%

成分	Fe_2O_3	ZnO	PbO	SiO_2	SO_3	MnO	CuO	CaO	Al_2O_3
含量	48.58	29.18	6.63	5.46	3.79	2.16	1.20	1.06	0.63
成分	As_2O_3	MgO	CdO	K_2O	Cr_2O_3	TiO_2	Cl	P_2O_5	Na_2O
含量	0.49	0.31	0.23	0.07	0.07	0.06	0.04	0.04	0.02

（3）采用 X 射线衍射仪对样品干基进行物相结构分析，样品主要物相组成为 $ZnFe_2O_4$、Fe_3O_4、$CuFeMnO_4$、$PbSO_4$、SiO_2、ZnO、ZnS_2O_4，谱图见图 2。

图 1　样品

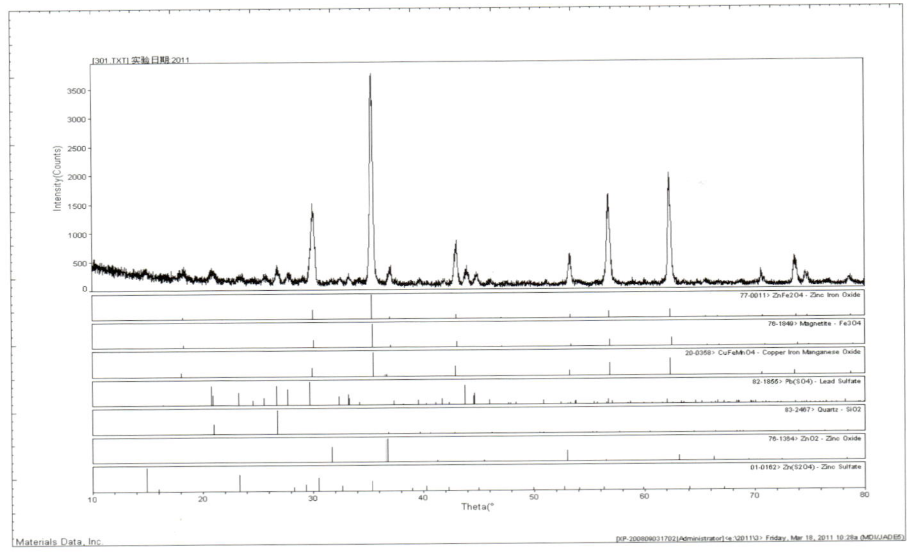

图 2　X 射线衍射谱图

（4）能谱分析显示样品主要含有 Fe、Zn，少量的 Si、Al、Pb、As 等，成分较为复杂，与 X 射线荧光半定量分析结果相符，能谱图见图 3。样品中细小颗粒相互黏接，不易分散，显微镜观察大多数颗粒小于 40 μm，显著量颗粒小于 5 μm，混有一些粗粒碎屑，有一些磁铁矿（故有弱磁性），但大多数应是 Fe_2O_3 和 ZnO，也可能含有铁酸锌（$ZnFe_2O_4$），镜下照片见图 4。

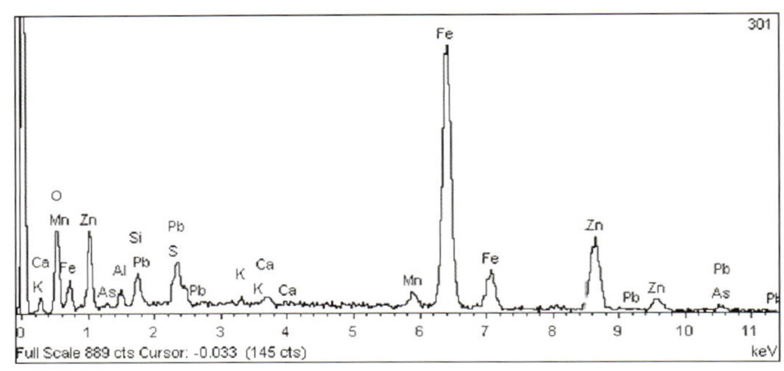

图 3　样品能谱图

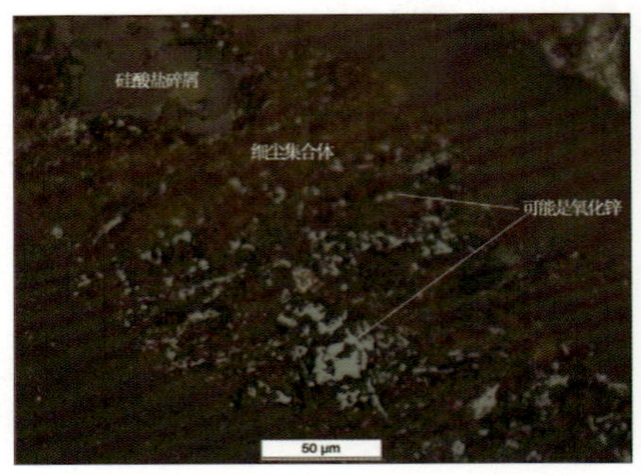

图 4　显微镜下照片

3 样品物质属性鉴别分析

（1）产生来源分析

①锌矿砂

无论是火法炼锌还是湿法炼锌，硫化锌精矿的焙烧或烧结都是采用氧化焙烧，将 ZnS 氧化为 ZnO，表 2 是锌精矿及焙砂的成分及含量 [1]。锌氧化矿在自然界中不常见，氧化矿主要有菱锌矿（$ZnCO_3$）、硅锌矿（Zn_2SiO_4）和异极矿（$Zn_2SiO_4 \cdot H_2O$），氧化矿含 SiO_2 较高，且含有较多的 Ge、Cl、F，选后可得含 20%~40%Zn 的冶炼原料 [1,2]。

表 2　锌精矿及焙砂（含烟尘）的成分及含量

单位：%

工厂		Zn	Fe	Pb	Cu	Cd	S
科科拉厂	精矿	51.7	11.3	0.74	0.34	0.18	30.5
	焙砂	57.3	11.9	—	0.35	0.20	2.12
神岡厂	精矿	57.2	5.7	0.48	0.31	0.41	31.4
	焙砂	64.8	6.5	0.55	0.33	0.47	1.2
株洲厂	精矿	46~48	8~10	<2	—	—	29~31
	焙砂（不含烟尘）	55.36	6.17	1.07	0.41	0.18	3.52
秋田厂	精矿	49.90	7.92	1.66	0.74	—	29.90
	焙砂	57.50	9.02	19.1	0.80	—	19.4
苏格特厂	精矿	54.55	5.64	0.68	0.58	0.40	30.65
	焙砂	62.97	6.51	0.79	0.67	0.47	2.25

表 2 中的焙砂中可包含烟尘，这种情况在锌冶炼中是比较常见的（其他冶炼也常见），因为含锌烟尘本身是以氧化物为主，烟尘与焙砂配料进入锌的下一道冶炼提取工序是行业中的普遍做法，但烟尘本身并不是矿或焙砂。

样品的成分、含量和物相结构与锌矿相差较大，既不符合硫化精矿的特点也不符合锌氧化矿的物质特点，通过咨询矿物专家，样品不是天然产物。因此，判断样品不是锌矿或锌矿砂。

②废钢炼钢烟尘

废钢是钢铁工业中的重要原料，由于废钢中杂质和有害元素含量较低，因此，有利于缩短冶炼时间，并能降低铁耗和辅助材料的消耗，废钢成为电炉钢生产的主要炉料[3]。电弧炉炼钢时，向炉中加入各种钢铁废料，有的废料可能含有锌或其他金属，一些容易挥发的金属（如 Zn、Pb、Cd 等[4]）在冶炼过程中，进入烟气处理系统，这些元素和化合物在烟道中燃烧氧化、冷却和冷凝，又转化成固体形式（氧化物等）；电弧炉烟尘（EAFD）主要含 ZnO、$ZnFe_2O_4$ 以及其他金属氧化物等，典型组成为 19.4%Zn、24.6%Fe、4.5%Pb、0.42%Cu、0.1%Cd、2.2%Mn、1.2%Mg、0.4%Ca、0.3%Cr、1.4%Si、6.8%Cl[5]。

电弧炉烟尘成分的变化取决于所使用的废钢种类、生产的特种钢产品、石灰的加入方式、炉子的操作方式、烟气的处理等因素。表 3 是美国钢公司各钢厂的电弧炉烟尘的成分及含量[5]。

表 4 是德国 B.U.S. 公司采用威尔兹工艺回收处理电弧炉烟尘的典型成分及含量[5]。

表 5 是 1995 年日本 16 个电弧炉车间烟尘成分含量的平均结果，电炉粉尘是在电炉炼钢过程因为高温和气流的作用而逸出的粉尘，粒度较细，约 50% 的粉尘粒径处于微米级。日本的电弧炉烟尘粒度一般为 0.1~10μm，锌主要以 ZnO、$ZnFe_2O_4$ 存在，有时还有 $ZnCl_2$，约 70%ZnO、30%$ZnFe_2O_4$，少量的 $ZnCl_2$[5]。

表 3　美国钢公司各钢厂的电弧炉烟尘的成分及含量

单位：%（除标出外）

工厂	Zn	Pb	Fe	K	Na	Ca	Mg	Cd	水分	密度 /（kg/m^3）
CHR	32.3	2.5	15.3	1.6	1.3	10.4	3.7	9.48×10^{-2}	0.6	929.1
JAX	27.4	2.7	28.6	0.6	0.9	3.5	2.6	6.23×10^{-2}	0.5	816.9
KNX	34.1	3.8	20.0	1.8	1.6	3.1	2.3	9.48×10^{-2}	0.5	913.1
WTN	31.9	3.5	21.5	1.3	2.0	4.0	1.9	5.23×10^{-2}	0.3	849.0

表 4　德国 B. U. S. 公司采用威尔兹工艺回收处理电弧炉烟尘的成分及含量

单位：%

成分	Zn	Pb	Cd	F	Cl	C	FeO	CaO	SiO_2	Na_2O	K_2O
钢厂烟尘	18~35	2~7	0.03~0.1	9.2~0.5	1~4	1~5	20~30	6~9	3~5	1.5~2	1~1.5

表 5　日本 16 个电弧炉车间的烟尘化学成分及含量（1995）

单位：%

成分	Zn	Fe	C	P	Cr	Mo	Ca	Cl	Cd	F	Ni
含量	22.5	32.0	3.6	0.10	6.3	6.3	2.6	3.1	0.02	0.25	0.03
成分	Si	Cu	Sn	Pb	Na	K	Mg	Mn	Al	O	合计
含量	1.6	0.2	0.05	2.2	1.0	0.5	1.15	2.6	1.1	25.0	100

样品干基成分与上述资料中电炉炼废钢产生的粉尘成分及其含量基本一致，主要含 Fe、Zn、Pb 等；样品物相组成以 ZnO、$ZnFe_2O_4$、Fe_2O_3、其他金属氧化物为主，并含有少量的盐类物质，主要物相结构与上述资料中电炉炼废钢的烟气粉尘相符，但由于样品含水率较高，含有一定的硫酸盐也是合理的；样品颜色为红褐色主要是有 $ZnFe_2O_4$ 形成；手感和显微镜观察表明样品粒度极细，可能是来自冶炼的烟尘。

总之，判断样品是来自电弧炉熔炼废钢产生的湿法除尘灰，当然由于含锌粉尘常和锌矿粉一起进入湿法提炼工序，不能完全排除样品为湿法炼锌的浸出渣。

（2）固体废物属性鉴别分析

电弧炉熔炼废钢烟气湿法除尘主要目的是防止烟尘直接排放到空气环境中从而造成环境污染，因此，电弧炉烟尘是“污染控制设施产生残余物”；收集烟尘成分复杂且含量不稳定，“不可能符合产品标准或产品规范”，也不是有意生产的物质；利用回收烟尘属于“用于消除污染的物质回收”，也属于“利用操作产生的残余物质的使用”。因此，依据《固体废物鉴别导则（试行）》关于固体废物的判断原则要求，样品属于固体废物。

2009 年 8 月 1 日，环境保护部、商务部、国家发改委、海关总署、国家质检总局发布的第 36 号公告的《禁止进口固体废物目录》中列出了“2620190090 含其他锌的矿渣、矿灰及残渣（冶炼钢铁所产生灰、渣的除外）”。因此，样品属于目前我国禁止进口的固体废物。

4 结论

样品不是锌矿或锌矿砂，是来自电弧炉熔炼废钢产生的湿法除尘灰，属于目前我国禁止进口的固体废物。

参考文献

[1] 彭容秋 . 有色金属提取冶金手册——锌镉铅铋 [M]. 北京 : 冶金工业出版社 ,1992:8-34.

[2] 陈国发 . 重金属冶金学 [M]. 北京 : 冶金工业出版社 ,1992:132.

[3] 邱绍岐 , 祝桂华 . 电炉炼钢原理及工艺 [M]. 北京 : 冶金工业出版社 ,1996.

[4] 万太林 , 张海宝 , 朱丽华 . 一种高效节能环保型的废钢熔炼技术 [J]. 黑龙江环境通报 ,1999,23(1):57.

[5] 邱定蕃 , 徐传华 . 有色金属资源循环利用 [M]. 北京 : 冶金工业出版社 ,2006:182-202.

63. 含锌为主的铅锌矿冶炼渣

1 背景

2008 年 2 月，固体废物研究所对某公司拟进口的“烧结锌矿石”货物样品进行废物属性鉴别，需要确定是否属于国家禁止进口的固体废物。在实验分析、咨询专家和查阅相关资料的基础上编写鉴别报告。

2 样品特征及物质特性分析

（1）样品为不规则的坚硬块状固体，大小不均匀，主体颜色呈黑色，有的样品表面有白色斑点，个别样品断面含有较小的银色晶体状物质，样品有小的气孔。从断面看，样品应经过了破碎处理，不是天然形成的形状。测定样品含水率为 0.07%。样品外观形态见图 1 和图 2。

图 1　包装盒中样品

图 2　样品

（2）采用 X 射线荧光光谱仪分析样品的组成，成分及含量见表 1。

表 1　样品主要成分及含量（除 Cl 以外，其他元素均以氧化物计）

单位：%

成分	Fe_2O_3	SiO_2	ZnO	CaO	Al_2O_3	SO_3	PbO	MgO	K_2O	Co_3O_4
含量	35.30	20.24	18.70	11.86	4.89	2.96	2.21	1.29	1.14	0.45
成分	CuO	MnO	TiO_2	P_2O_5	As_2O_3	Sb_2O_3	NiO	Cr_2O_3	Cl	Na_2O
含量	0.23	0.20	0.18	0.12	0.09	0.05	0.03	0.02	0.02	0.01

（3）从样品中随机抽取几块组成混合样，采用 X 射线衍射仪对其进行物相分析，主要物相为 FeO、ZnO、SiO_2、Fe_3O_4、PbO、$Ca_2FeAl_2(SiO_4)(Si_2O_7)(OH)(H_2O)$、$Ca_2ZnSi_2O_7$。

（4）样品能谱见图 3，显示主要化学组成为 Fe、Si、Ca、Al、Zn、K 等。磨制了抛光片在镜下进行观察，见图 4，并在此基础上对主要相组成进行扫描电镜观察和能谱分析，可看出样品存在几种结晶，主要是复杂的硅酸盐和细粒金属铅的物相，并包裹着其他成分。

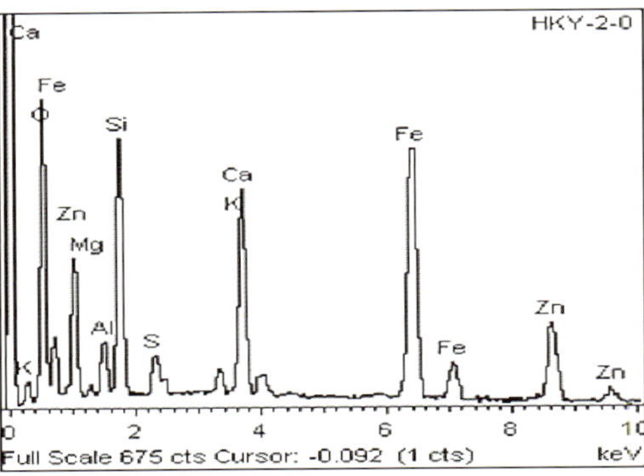

图 3　样品能谱

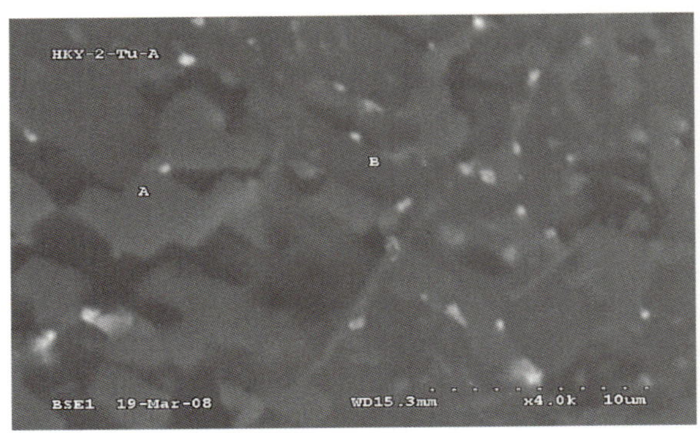

图 4　样品抛光面的背散射电子图像

从图 4 可见金属铅（细白点）和结晶渣相（A、B 两点）。渣相的化学组成见图 5 和图 6；图 5 能谱显示为硅酸铁并含锌；图 6 能谱显示为钙铁硅酸盐并含锌。

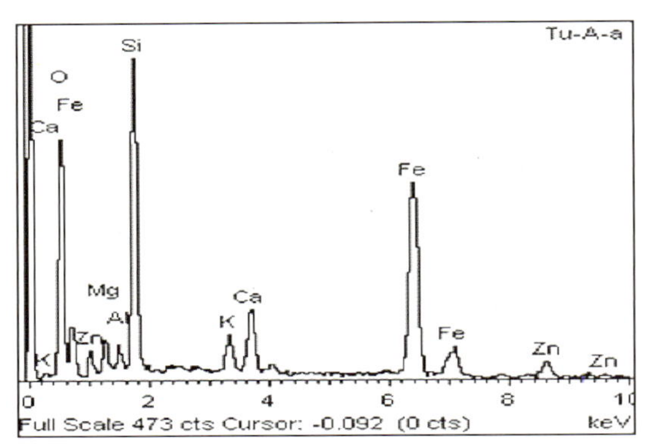

图 5　图 4 中 A 点对应的能谱

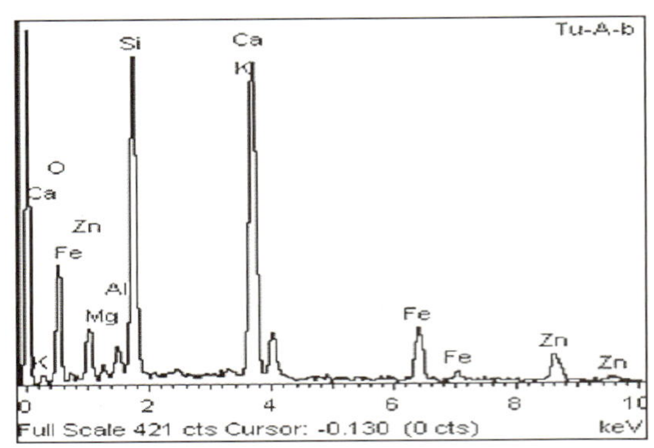

图 6　图 4 中 B 点对应的能谱

（5）根据样品中有较高含量 Zn、Pb 的特点，选择其作为样品浸出毒性鉴别指标，按照《固体废物 浸出毒性浸出方法 硫酸硝酸法》（HJ/T 299—2007）浸出方法和《固体废物浸出毒性测定方法》（GB/T 15555.1~15555.11）进行浸出毒性实验。将浸出液中 Zn、Pb 的浓度和《危险废物鉴别标准 浸出毒性鉴别》（GB 5085.3—2007）的标准限值进行比较，结果见表 2。

表 2　浸出液中有害重金属的浓度

单位：mg/L

	Zn	Pb
实验值	6.22	0.042
GB 5085.3 标准限值	100	5

（6）按照《固体废物腐蚀性测定 玻璃电极法》（GB/T 15555.12—1995）制备并测定样品浸出液的 pH 值，结果为 6.9，没有超出《危险废物鉴别标准 腐蚀性鉴别》（GB 5085.1—2007）的限值。

3 样品物质属性鉴别分析

（1）产生来源分析

①硫化锌精矿、烧结块（矿）、焙烧产物（矿）[1]

硫化锌精矿中锌和铁分别主要以闪锌矿（ZnS）、黄铁矿（FeS_2）的形式存在，除了闪锌矿与黄铁矿之外，还伴生有方铅矿（PbS）、黄铜矿（$CuFeS_2$）、辉镉矿（CdS）、辰砂（HgS）、毒砂（FeAsS）、雄砂（As_2S_3）、辉锑矿（Sb_2S_3）以及脉石矿物如方解石（$CaCO_3$）、石英（SiO_2），少量贵金属银 Ag 和稀有元素 In、Ge、Ti、Ga 等。原矿一般含 2%~12%Zn，经过破碎、磨细和浮选富集后产生的精矿含 50%~60%Zn。目前炼锌的主要原料是硫化矿，浮选后的硫化锌精矿成分及含量见表 3。

表 3　硫化锌精矿成分及含量

单位：%

序号	Zn	Fe	Pb	Cu	Cd	As	Sb	S	CaO	MgO	SiO_2	Al_2O_3
1	54.8	5.59	0.63	0.2	0.2	0.04	0.02	31.1	0.75	0.11	4.53	0.34
2	50.8	7.04	1.65	0.25	0.23	—	—	30	2.2	0.34	6	0.78
3	52.6	6.54	1.43	0.09	0.21	0.09	0.01	31.2	2.03	0.42	1.6	0.43
4	47.5	10.1	1.24	0.34	0.26	0.24	0.02	30.5	0.86	0.65	3.57	—
5	44.57	10.92	1.8	—	0.19	0.39	0.037	32.0	—	—	4.96	—
6	47.74	12.2	1.25	0.5	0.35	0.54	0.024	30.38	—	—	—	—
7	50.0	13.3	0.75	0.085	0.36	0.029	0.002	30.65			2.30	—
8	56.11	2.56	1.71	0.203	0.55	0.04	0.026	30.0	1.57(CaO+ MgO)		4.35	—
9	47.98	10.36	1.58	0.42	0.25	0.27	0.034	30.82	1.09(CaO+ MgO)		—	—
10	59.4	3.35	0.27	0.16	0.34	—	0.0035	32.55	—	—	3.43	—

注：表中序号 1-4 数据来源于《铅锌冶金学》，北京：科学出版社 ,2003。序号 5-9 数据来源于《有色金属提取冶金手册——锌镉铅铋》，北京：冶金工业出版社，1992。

样品中 Zn、S 的含量远没有达到表 3 中精矿的水平，Si、Fe、Ca、Al 等明显高于表 3 锌精矿的水平，样品的物相结构也不是矿物通常的结构（如矿物中锌通常为 ZnS，而样品中为 ZnO）。因此，样品不是铅锌矿原矿，也不是锌精矿。

铅锌冶炼厂所处理的矿物原料，90% 以上是硫化精矿，由于铅与锌主要以硫化物形式存在，很难找到一种技术和还原剂将方铅矿（PbS）与闪锌矿（ZnS）直接还原得到金属。高温焙烧得到的氧化物产物，大都是采用鼓风炉进行还原熔炼。鼓风炉只能处理块状物料，因此，粉末硫化精矿在高温氧化条件下，熔结成块，这就是所谓的烧结焙烧，要求达到硫化物与粉状物料熔结成块的目的。烧结前的配料，主要是要满足 Pb、Zn、S 和造渣组分的要求，烧结炉料中锌的含量对烧结过程影响不大，但 Pb、S、SiO_2、Fe 的含量都对烧结生产起着重要影响。表 4 是铅锌硫化精矿烧结块的成分及含量。

为了保证生产的正常进行和提高生产能力，延长炉窑的使用寿命，鼓风炉对烧结块炉料的化学成分、物理规格等有严格的要求：①烧结块要物理形状和成分组成要求均匀，铅含量不大于 22%，残硫量小于 1%，Pb+SiO_2 的含量超过 24% 的烧结块对鼓风炉的生产非常不利；②烧结块的孔隙度应大于 20%；③烧结块应有较高的温度等。

表 4　铅锌烧结块的成分及含量

来源	Pb /%	Zn /%	S /%	FeO /%	CaO/SiO_2
阿旺矛斯(英)	18.05	42.12	0.76	11.76	1.08
柯克·柯里克(澳)	17.27	40.59	0.76	13.65	1.50
杜伊斯堡(德)	18.44	39.25	0.71	14.14	0.97
米亚斯特科(波)	18.82	45.27	1.08	8.63	1.01
诺耶列斯·高道(法)	18.08	43.13	0.34	10.18	10.4
波多威斯米(意)	20.71	42.92	0.60	10.95	1.11
八户(日)	19.93	41.34	0.83	11.52	1.06
威列斯(马其顿)	20.45	40.49	0.71	11.86	1.01
韶冶(中国)	19.23	42.63	0.70	9.10	1.35

样品的成分含量以及 CaO/SiO_2 比值等全部与表 4 不一致，形态也不是通常带有很多较大气孔的烧结块，样品物质结构以氧化铁、硅酸盐为主，样品不是烧结块（矿）。

炼锌工艺不论火法还是湿法流程，第一道工序均须将硫化锌精矿在高温且有氧的条件下进行流态化焙烧，实质是在氧化气氛中加热锌精矿，目的是将精矿中的 ZnS 氧化成 ZnO，硫氧化成 SO_2。硫化锌精矿中的铁主要以黄铁矿（FeS_2）的形式存在，在焙烧炉内发生氧化反应，形成高价铁的氧化物 Fe_3O_4 和大量的 Fe_2O_3。

湿法炼锌浸出过程是以稀 H_2SO_4 溶液作溶剂，将含锌原料中的有价金属溶解进入溶液的过程。锌焙烧矿的浸出目的是将原料中的锌尽可能完全溶解进入溶液中，并在最终阶段采取措施，除去部分 Fe、Si、As、Sb、Ge 等有害杂质，同时得到沉降速度快、过滤性能好、易于分离的浸出矿浆。浸出使用的原料主要有硫化锌精矿或硫化锌精矿经过焙烧产出的焙烧矿、氧化锌粉与含锌烟尘以及氧化矿等。锌焙烧矿中的锌主要以氧化态形态存在，其次为结合状态的铁酸盐与硅酸盐，湿法炼锌厂要求焙烧过程尽可能少产生铁酸锌（$m\mathrm{ZnO}\cdot n\mathrm{Fe_2O_3}$）。

焙烧炉的焙烧产物主要是焙烧矿和烟气，溢流焙砂和烟尘总称为焙烧矿，可全部作为湿法炼锌浸出的物料。焙烧产物的化学成分和含量见表 5。

表 5　焙烧产物的化学成分和含量

单位：%

物料名称	Zn	S	Pb	Cd	Fe	SiO_2	As
溢流焙砂	54.05	1.71	0.97	0.23	8.51	5.69	0.028
冷却器尘	55.14	4.06	0.55	0.19	7.82	2.92	0.25
旋涡尘	55.06	4.56	0.58	0.22	7.64	2.53	0.03
电尘	53.35	7.14	1.23	0.35	6.74	2.10	0.10

样品中锌的含量较低，与上述焙烧产物的化学成分不相符，判断样品不是焙烧产物（矿）。

②铅锌冶炼渣

炼锌鼓风炉的炉料（烧结块、焦炭）在炉内由低温区向高温区下行时，受到炉气的加热和还原作用，Pb、Zn 的氧化物绝大部分被还原，金属铅进入炉缸，金属锌挥发进入冷凝器。炉料中的 CaO、SiO_2、MgO、Al_2O_3 等脉石成分在熔炼过程中不被还原，而铁的氧化物则绝大部分被还原成 FeO，只有少部分可能被还原成金属。FeO、CaO、SiO_2、MgO、Al_2O_3 等在高温下互熔形成炉渣，形成含有少量 Pb、Zn 氧化物和主要组成为 SiO_2-FeO-CaO 的硅酸盐炉渣。炼锌鼓风炉的还原能力要比铅鼓风炉强，一般炉渣含 8%~65%Zn、<1.0%Pb[1]。

铅烧结块鼓风炉熔炼后会产生炼铅炉渣，成分包括 SiO_2、CaO、FeO、ZnO、Al_2O_3、MgO 等，渣型是铁钙硅酸盐的熔合体，与其他有色金属熔炼的渣型相同，SiO_2、CaO、FeO 是铅炉渣的基本成分，但相对于其他有色冶金炉渣而言，高 CaO、高 ZnO 含量是铅炉渣的特点，炉渣含锌一般控制在 15% 以内。表 6 是某些工厂的铅鼓风炉熔炼渣成分及含量 [1]。

表 6　炼铅炉渣化学成分及含量

单位：%

序号	Pb	Cu	ZnO	SiO_2	CaO	FeO	Al_2O_3	备注
1 号	1.8	0.5	15.8	22	16.24	31.8	—	MgO 计入 CaO 中
2 号	1.96	0.27	13.7	21.76	18.05	30.80	—	MgO 计入 CaO 中
3 号	1.5	0.5	12~15	26	17	28.6	—	—
4 号	2.3	—	23	21	14.7	25.6	5.7	MnO_2 4.3

从成分分析以及物相结构观察和分析结果看，样品与上述锌冶炼渣、铅冶炼渣的成分和渣型相符合，样品来自高温熔炼后的产物；通过咨询专家，综合判断样品属于铅锌冶炼渣。

由于样品中锌含量达到了 15%，具有一定的回收金属锌资源的价值。

（2）固体废物属性分析

样品是来自于高温熔炼后的产物，属于铅锌冶炼渣，样品是“生产过程中产生的废弃物质”；也是“生产过程中产生的残余物或原材料加工产生的残渣”，“只能用于金属和金属化合物的再循环或回收，或者是利用操作产生的残余物质的使用”；样品的产生“没有质量控制，不满足相关的规范或标准”等。依据《固体废物鉴别导则（试行）》的原则，判断样品属于固体废物。

样品是高温熔融后的产物，样品的物理性状比较稳定，金属氧化物在高温下互熔形成硅酸盐炉渣。结合样品腐蚀性和浸出毒性分析结果，判断样品不属于危险废物。

原国家环境保护总局等部门于 2008 年公布的第 11 号公告中的《自动许可进口类可用作原料的固体废物目录》和《限制进口类可用作原料的固体废物目录》中均没有列出该类废物，该公告中《禁止进口固体废物目录》中列出了“其他主要含锌的矿渣、矿灰及残渣”；在 2009 年环境保护部等部门公布的第 36 号公告中《限制进口类可用作原料的固体废物目录》中增列了“2620190010 含锌大于 12% 的烧结铅锌冶炼矿渣（用做锌冶炼的原料）”，并要求“Pb<2.5%，As<0.1%”，但其进口应获得国家环境保护部门的许可。因此，样品在受委托时属于禁止进口的固体废物。

4 结论

样品不是硫化锌精矿、烧结块（矿）、焙烧产物（矿），是来自于高温熔炼后的产物，属于铅锌冶炼渣，属于固体废物。

参考文献

[1] 彭容秋 . 锌冶金 [M]. 长沙 : 中南大学出版社 ,2005:35.

64. 湿法炼锌浸出过程产生的除铁渣

1 背景

2012 年 2 月，固体废物研究所对某公司申报进口的“锌精矿”货物样品进行鉴别，需要确定是否属于固体废物。在实验分析、咨询专家和查阅资料的基础上编写鉴别报告。

2 样品特征及物质特性分析

（1）样品主要为褐色粉末，并含有少量块状物质，块状物质捏碎后外观与粉末非常相似。测定样品含水率为 23%，干基 550℃灼烧后的烧失率为 7%。样品包装和外观见图 1 和图 2。

图 1　样品包装

图 2　样品

（2）采用 X 荧光光谱仪分析干基样品的成分组成，主要含有 Fe、Zn、Pb、S，少量的 As、Cu、K、Al、Si、Ca、Mn 等其他元素，结果见表 1。

表 1　样品主要成分（除氯外，其他元素以氧化物表示）

单位：%

成分	Fe_2O_3	ZnO	SO_3	PbO	As_2O_3	CuO	Al_2O_3	SiO_2	K_2O
含量	50.29	21.38	12.10	6.43	2.16	1.67	1.66	1.24	1.16
成分	CaO	MnO	Sb_2O_3	BaO	CdO	Cl	TiO_2	P_2O_5	Na_2O
含量	0.72	0.53	0.23	0.17	0.12	0.05	0.04	0.03	0.01

利用化学分析方法对干基样品中 Zn、Pb、As 和 Cd 等重金属元素含量进行精确测定，考虑样品含水率，换算成原样中的含量，结果见表 2。

表 2　样品中锌、铅、砷、镉的含量

单位：%

成分	Zn	Pb	As	Cd
含量	10.61	1.62	2.01	0.07

（3）采用 X 射线衍射仪分析样品的物相组成，主要含有 $ZnFe_2O_4$、$PbFe_3AsO_4SO_4(OH)_6$、$ZnSiO_3$、$FeAsO_4$、FeO(OH)、AlO(OH) 和少量 Fe_3O_4，衍射谱图见图 3。能谱分析显示样品主要含有 Fe、Zn、S，少量 Al、Si、K、Ca、Cu、As、Mn、Cr 等，基本化学组成特征见图 4。

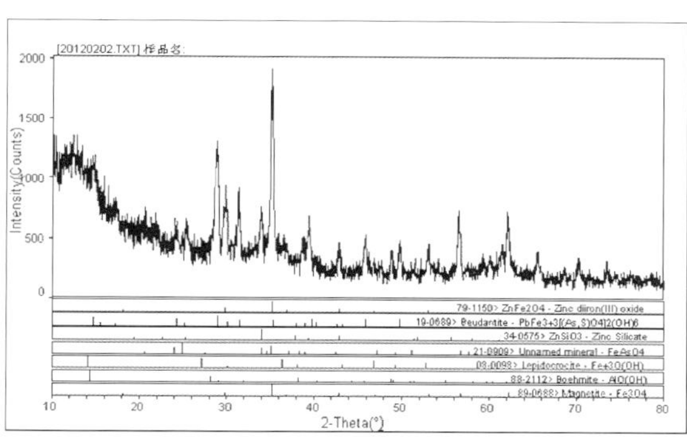

图 3　样品 X 射线衍射谱图

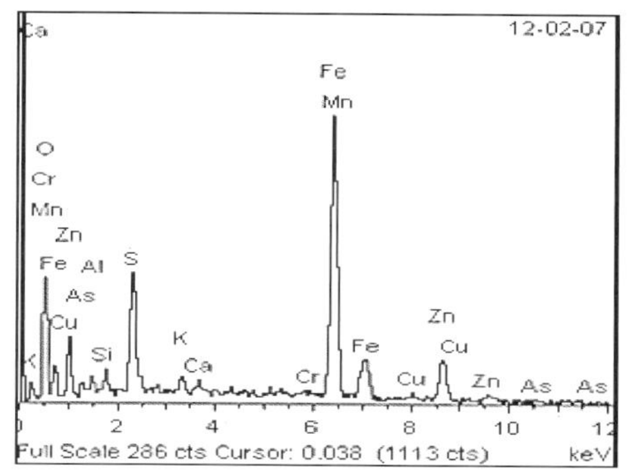

图 4　样品能谱图

（4）利用油浸显微镜观察样品，为红褐色极细粒的鳞片状集合体（粒粗时不透明），有一些石膏结晶；晶体在正交偏光下呈一级灰干涉色，样品应是水溶液介质中的沉淀物。油浸显微镜照片见图 5 和图 6。利用反光显微镜观察样品，发现极细粒的集合体，以及少量的铁酸盐，反光显微镜照片见图 7。利用扫描电子显微镜观察样品的形貌特征，为许多细粒集合而成的不规则形状体，似水溶液介质中的沉淀产物，结果见图 8。

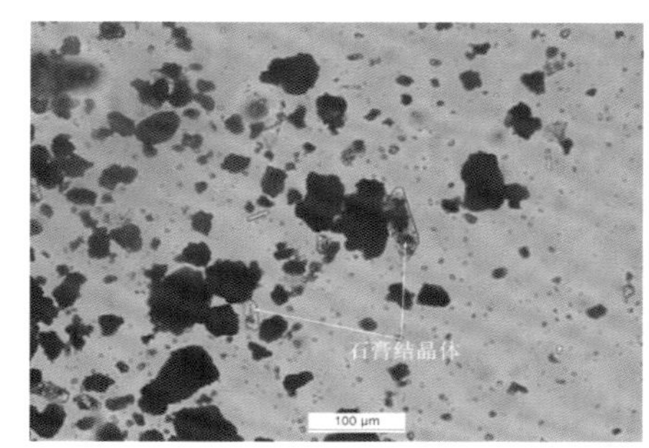

图 5　样品油浸显微镜照片（单偏光显微镜）

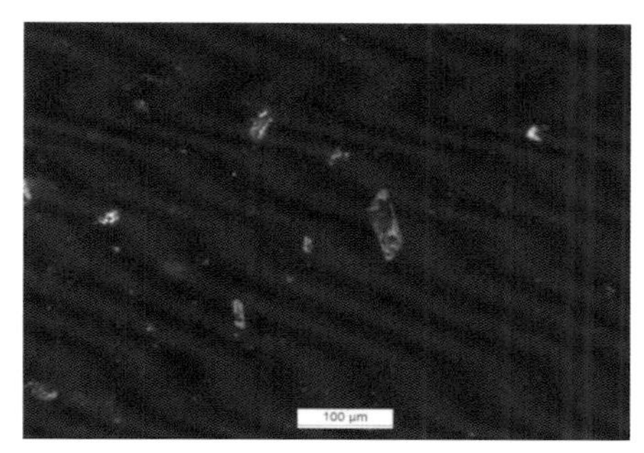

图 6　样品油浸显微镜照片（正交偏光）

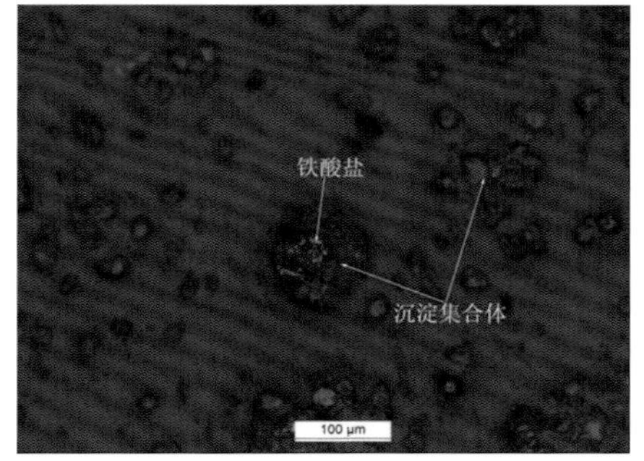

图 7　样品反光显微镜照片

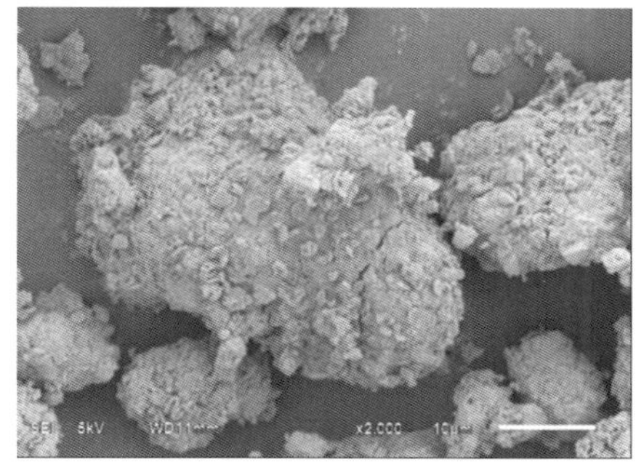

图 8　样品扫描电子显微镜照片（2 000 倍）

3 样品物质属性鉴别分析

（1）产生来源分析

①锌精矿

锌在自然界多以硫化物状态存在，主要矿物是闪锌矿（ZnS）和铁闪锌矿（*n*ZnS•*m*FeS）。

硫化矿床的地表部位常有一部分被氧化的氧化矿，如菱锌矿（$ZnCO_3$）、异极矿（$H_2Zn_2SiO_5$）、硅锌矿（Zn_2SiO_4）和红锌矿（ZnO）。锌资源的特点是铅锌共生，极少有单独的铅矿和锌矿[1]。铅锌矿或含锌矿石经破碎、球磨、泡沫浮选等工艺生产出锌精石。锌精矿的主要成分和含量见表 3。

表 3　锌精矿的主要成分和含量

单位：%

矿源	Zn	Pb	Fe	S	Cu	Cd	SiO_2	As	Sb
中国会泽[1]	50	0.74	4.48	30	0.41	0.064	0.74	—	—
中国西北[1]	49.06	2.41	7~9	31.92	0.095	0.11	5~6	—	—
中国桃林	54	1.00	6.59	30	0.45	0.15	1.095	—	—
中国会东	56~57	<1.2	3.50	29.5	—	0.5	4.5	—	—
伊朗[2]	47.86	1.60	12.27	30.79	0.12	0.17	1.40	0.110	0.038
智利	49.27	0.36	12.26	29.97	0.39	0.21	1.75	0.025	0.010
印度	51.65	1.78	8.69	28.55	0.10	0.15	2.30	0.025	0.016
秘鲁	47.45	1.62	11.87	30.03	0.12	0.16	1.50	0.120	0.020

《锌精矿》（YS/T320—2007）行业标准中将锌精矿按化学成分分为四个品级，化学成分和含量应符合表 4 规定。

表 4　锌精矿的化学成分和含量

单位：%

品级	Zn，不小于	杂质含量，不大于				
		Cu	Pb	Fe	As	SiO_2
一级品	55	0.8	1.0	6	0.2	4.0
二级品	50	1.0	1.5	8	0.4	5.0
三级品	45	1.0	2.0	12	0.5	5.5
四级品	40	1.5	2.5	14	0.5	6.0

根据样品含水率为 23% 和 X 荧光半定量分析结果，计算出样品中各元素的含量（其中 Zn、Pb、As 和 Cd 的含量，用化学分析测得的数据），见表 5。

表 5　样品主要成分和含量

单位：%

成分	Fe	Zn	S	Pb	As	Cu	Al	Si	K
含量	27.10	10.61	3.73	1.62	2.01	1.03	0.68	0.62	0.74
成分	Ca	Mn	Sb	Ba	Cd	Cl	Ti	P	Na
含量	0.39	0.32	0.15	0.12	0.07	0.04	0.02	0.01	0.01

与表 3 和表 4 中锌精矿的成分含量相比较，样品中 Zn、S、Si 的含量较低，而 Fe、As、Cu 的含量明显偏高，表明样品的成分含量与锌精矿不符。样品物相结构主要为 $ZnFe_2O_4$、$PbFe_3AsO_4SO_4(OH)_6$、$ZnSiO_3$ 和 $FeAsO_4$，均为盐类，与锌的硫化矿 (ZnS、nZnS•mFeS) 或氧化矿 ($ZnCO_3$、$H_2Zn_2SiO_5$、Zn_2SiO_4) 的基本组成不相符。电镜和显微镜观察表明：样品为极细粒沉淀集合体，应为水溶液中反应形成；样品为铁褐色，与硫化锌精矿的粒度和颜色不符。因此，判断样品不是锌精矿。

②湿法炼锌浸出产生的除铁渣

世界锌产量的80%~85%采用“锌精矿的沸腾焙烧—焙烧矿的浸出—净化—电积—熔铸”的湿法工艺生产。湿法炼锌的典型流程见图9[3]，图中工艺流程复杂，产物多，其中锌精矿以及含锌废物原料中的铁经过许多步骤最后形成铁钒渣。

在焙烧过程中硫化矿中的锌大部分生成ZnO，对其进行浸出，所得浸出液净化除杂后进行电积产出电锌，但还有相当部分锌与精矿中的铁结合生成铁酸锌（$ZnFe_2O_4$）。它是由ZnO和Fe_2O_3反应生成，在高于650℃焙烧时才会生成$ZnFe_2O_4$，是一种难溶于稀硫酸的物质，必须在高温高酸的条件下才能浸出其中的锌，大部分$ZnFe_2O_4$和其他铁的氧化物进入到浸出渣中[4]。

湿法炼锌浸出去除铁时，目前广泛采用生成具有良好过滤性能的黄铁矾除铁工艺。黄铁矾法是首先将铁氧化为Fe^{3+}，溶液中90%~95%的Fe^{3+}在含有Na^+、K^+、NH_4^+、$0.5Pb^{2+}$、Ag^+、Rb^+、H_3O^+等离子的硫酸盐溶液中形成黄铁矾系化合物$A_2Fe_6(SO_4)_4(OH)_{12}$（其中A代表Na^+、K^+、NH_4^+、$0.5Pb^{2+}$、Ag^+、Rb^+、H_3O^+等离子）而结晶沉淀出来，残存的Fe^{3+}进一步形成$Fe(OH)_3$沉淀，由于这种胶体沉淀对有色金属离子具有较强的吸附能力，导致废渣中含有一定量的Zn、Cu、Cd、Pb、As、Sb等重金属[5]。湿法炼锌浸出液所产生的铁渣化学成分和含量见表6。在彭容秋主编的《有色金属提取冶金手册—锌镉铅铋》中提到锌浸出渣中含有18.7%的锌，其中$ZnFe_2O_4$含量为15.0%[3]。

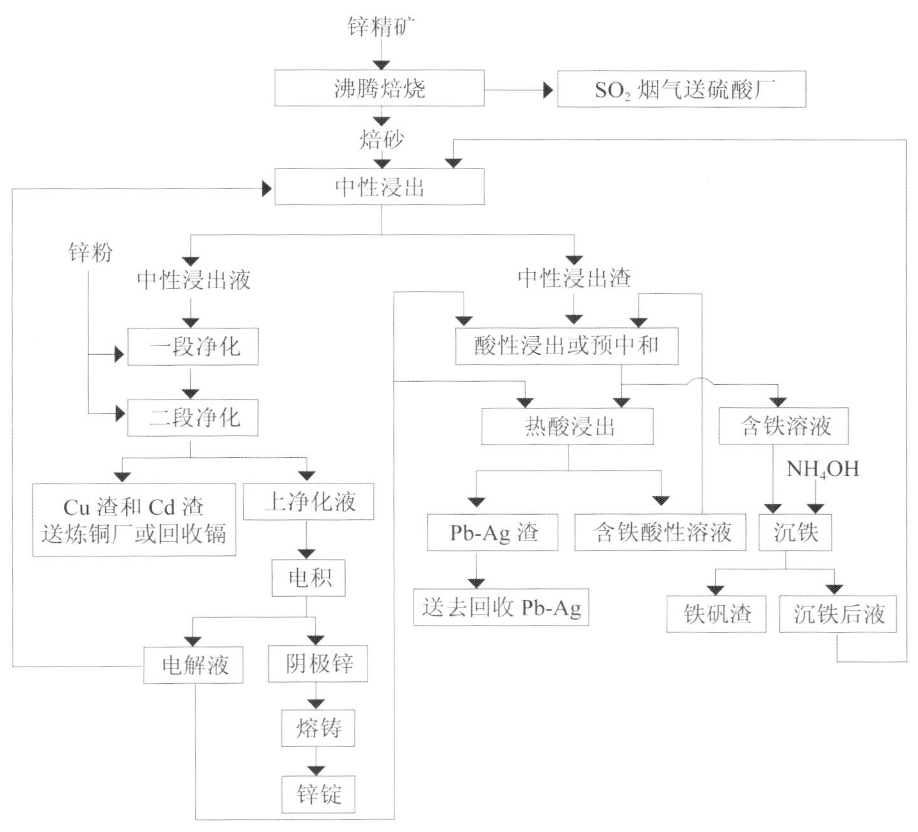

图9　湿法炼锌工艺流程示意图

表 6 湿法炼锌浸出液沉铁渣的化学成分和含量

单位：%

铁渣名称	Zn	Cu	Cd	Fe	Pb	S	Si
铁钒渣 [6]	9.05	0.32	0.18	26.63	—	—	2.76
铁矾渣 [7]	6.83	0.012	0.017	23.74	4.93	12.85	—
铁矾渣 [8]	9.05	0.32	0.18	26.63	0.45	—	5.57
铁矾渣 [3]	6.0	0.4	0.05	30	1.4	—	—
黄钾铁矾渣 [5]	8.77	0.37	0.18	28.9	2.31		4.63
黄钾铁矾渣 [8]	5~8	0.3~1.2	0.03~0.1	30~35	0.6~1.2	9.67~11	0.45~0.95
黄钾铁矾渣 [9]	11.16	—	—	28.91	—	9.85	—
酸洗后的铁矾渣 [3]	3.0	0.2	0.02	30	1.5	—	—
针铁矿渣 [3]	6	0.4	0.1	40	2	—	—
针铁矿渣 [8]	5~7	0.2~0.5	0.1~0.3	35~40	0.8~1.2	0.16~0.5	0.32~1.27
赤铁矿渣 [8]	0.4~0.8	—	0.01~0.05	58~60	—	0.03~0.1	0.13~0.51

样品含水率较高，为 23%，550℃下烧失率为 7%，证明样品中含有结晶水；油浸显微镜下样品为红褐色、极细粒的鳞片状集合体，有一些石膏结晶，为水溶液介质中的沉淀物；扫描电子显微镜观察到样品是许多细粒集合而成的不规则形状体，似水溶液介质中的沉淀物。样品的这些特点与湿法炼锌过程中除铁形成过程的特点相符合。

样品的主要物相结构为 $ZnFe_2O_4$、$PbFe_3AsO_4SO_4(OH)_6$（砷菱铅矾）、$FeAsO_4$ 和 Fe_3O_4，还有针铁矿渣成分 FeO(OH)；X 荧光半定量结果显示样品中除 Fe 和 Zn 之外，还有 Pb、As、Cu、Mn、Sb、Cd 等金属元素，并且 Pb、As、Cu 等的含量较高，样品的这些物相组成及其成分含量与湿法炼锌除铁产生的铁渣（其中包含铁矾渣、针铁矿渣等）的物质特点相符合。

因此，判断样品是湿法炼锌过程中的浸出渣，为除铁渣（其中包含铁矾渣、针铁矿渣等）。

（2）固体废物属性分析

样品是湿法炼锌过程中的浸出渣，为除铁渣（其中包含铁矾渣、针铁矿渣等），属于“生产过程中产生的废弃物质”或“生产过程中产生的残余物”，因此，依据《固体废物鉴别导则（试行）》，判断样品属于固体废物。

2009 年 8 月 1 日，环境保护部、商务部、国家发改委、海关总署、国家质检总局发布的第 36 号公告的《禁止进口固体废物目录》中列出了“2620190090 含其他锌的矿渣、矿灰及残渣（冶炼钢铁所产生灰、渣的除外）”。因此，样品属于目前我国禁止进口的固体废物。

4 结论

样品是湿法炼锌过程中的浸出渣，为铁矾渣（其中包含铁矾渣、针铁矿渣等）；样品属于固体废物；样品属于目前我国禁止进口的固体废物。

参考文献

[1] 吴胜南 . 湿法炼锌过程中锌铁分离与铁资源利用 [D]. 中南大学 ,2010.

[2] 梁宁静 , 韦福荫 . 进口锌精矿焙烧实践 [J]. 硫酸工业 ,2008(1):26.

[3] 彭容秋 . 有色金属提取冶金手册——锌镉铅铋 [M]. 北京 : 冶金工业出版社 ,1992.

[4] 黄孟阳 . 多变复杂锌精矿湿法炼锌信息系统 [D]. 昆明理工大学 ,2003.

[5] 王学武 . 利用黄钾铁矾渣制备软磁锰锌铁氧体的研究 [D]. 兰州理工大学 ,2010.

[6] 覃宝桂 . 铁矾渣提铟及铁资源利用新工艺研究 [D]. 中南大学 ,2009.

[7] 王海北 , 蒋开喜 , 刘三平 , 等 . 锌冶炼铁矾渣的回收利用 [C]. 中国环境科学学会学术年会 ,2010.

[8] 陈永明 . 盐酸体系炼锌渣提铟及铁资源有效利用的工艺与理论研究 [D]. 中南大学 ,2008.

[9] 宁顺明 , 陈志飞 . 从黄钾铁矾渣中回收锌铟 [J]. 中国有色金属学报 ,1997,7(3):56.

65. 含锌废物

1 背景

2009 年 5 月，固体废物研究所对某公司申报进口的“锌矿砂”货物样品进行废物属性鉴别，需要确定是否属于国家禁止进口的固体废物。在实验分析、咨询专家和查阅相关资料的基础上编写鉴别报告。

2 样品特征及物质特性分析

（1）样品为三个，将其分别编为 1~3 号，测定样品含水率和样品干基灰分，实验结果和外观描述见表 1，样品形态见图 1~ 图 3。

表 1　样品名称、含水率、灰分和外观特征描述

样品	报关名称	含水率 / %	灰分 / %	外观特征描述
1 号	锌矿砂	11.7	98.1	为灰黑色粉末颗粒，明显有结球和块状大颗粒，用手易掰碎
2 号	锌矿砂	3.4	96.3	为灰色细颗粒，颗粒大小和颜色不均匀，明显有结块，强度很小，用手能掰碎
3 号	锌矿砂	0.7	98.5	为灰色细粉末，颗粒均匀，如细沙

图 1　1 号样品

图 2　2 号样品

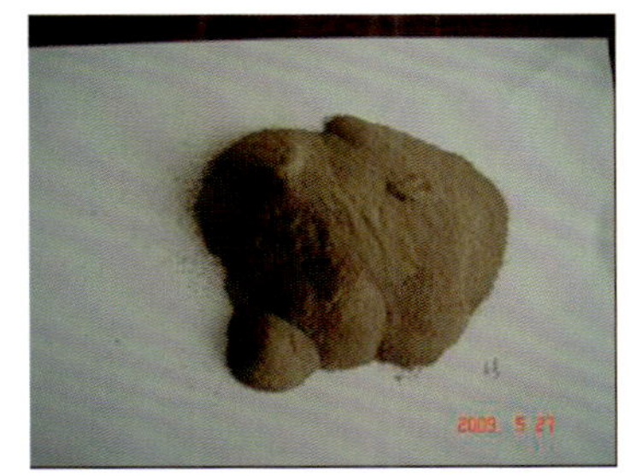

图 3　3 号样品

（2）采用 X 射线荧光光谱仪分析样品的基本组成，含有较高的 Zn、Si、Al，结果见表 2。

表 2　样品成分及含量（除 Cl、F 以外，其他元素均以氧化物计）

单位：%

样品	ZnO	Al_2O_3	SiO_2	CuO	Fe_2O_3	CaO	SO_3	PbO	P_2O_5	K_2O
1 号	46.58	10.52	20.07	8.6	4.39	3.63	1.73	1.09	0.85	0.54
2 号	68.18	22.49	1.24	0.04	0.98	0.61	0.89	—	0.03	0.31
3 号	82.53	4.50	0.24	0.03	0.86	0.12	0.08	0.76	0.03	0.08
样品	MgO	MnO	Cl	TiO_2	SnO_2	Cr_2O_3	F	NiO	Na_2O	—
1 号	0.42	0.39	0.29	0.23	0.24	0.19	0.18	0.05	0.01	—
2 号	1.08	—	4.03	0.06	—	0.03	—	0.02	0.01	—
3 号	0.10	0.08	10.56	—	—	0.03	—	—	—	—

（3）样品电镜观察和能谱分析

① 1 号样品

呈灰黑色粉末状，有部分颗粒非常坚硬；显微镜下见有粗粒碎屑，似石英，多数为极细粒的粉末集合体。能谱分析显示主要含有 Zn、Cu、Si、Al、Ca、Fe、O，亦见少量 K、S、P，能谱图见图 4。电镜观察其形貌特征，除少量呈粗粒碎屑状外，多数由不规则粒状或片状结晶黏结而成的集合体，有些颗粒表面有熔融现象，扫描电子图像见图 5。

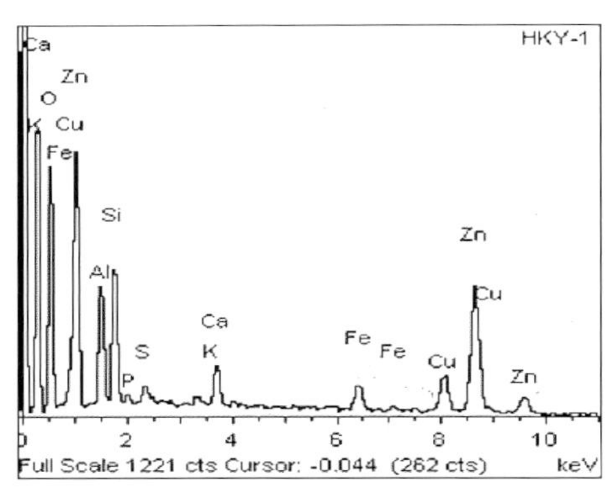

图 4　粉末能谱

图 5　样品放大 1 000 倍下的二次电子图像

② 2 号样品

能谱分析显示样品含有 Zn、Al、O、Fe、Ca、Si、Cl，见图 6。显微镜下可见由极细粉末集合构成，难于辨别出结晶形态，但在扫描电镜下可看到一些结晶体，有些呈晶簇状，见图 7。

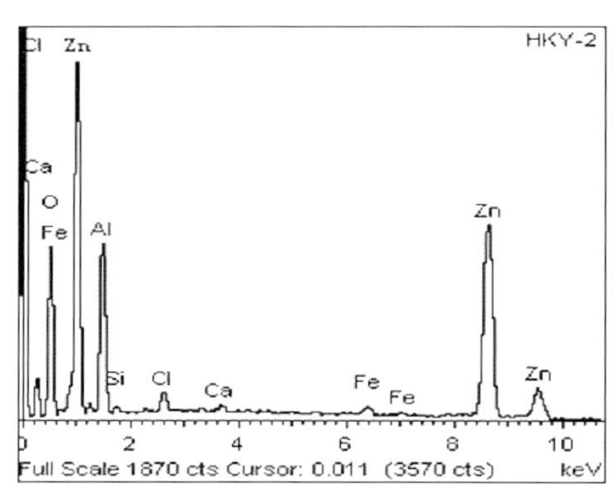

图 6　粉末能谱

图 7　样品放大 500 倍下的二次电子图像

③ 3 号样品

样品系松散物质的集合体，呈粉末状，能谱分析显示含有 Zn、Cl、O、Al、Fe，见图 8。普通显微镜下可见样品是微细结晶的集合体，相组成较单一。采用扫描电镜对粉末形貌进行观察，高倍放大时可看到结晶形态，见图 9。

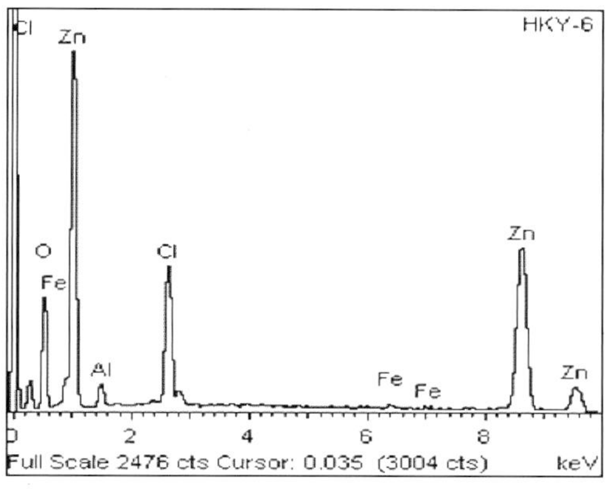

图 8　粉末能谱

图 9　样品放大 500 倍的二次电子图像

进一步对结晶颗粒进行能谱分析，均表明其由 Zn、Cl、O 组成，可能是 ZnOHCl 或 $ZnCl_2 \cdot nH_2O$，或者二者皆有，见图 10。

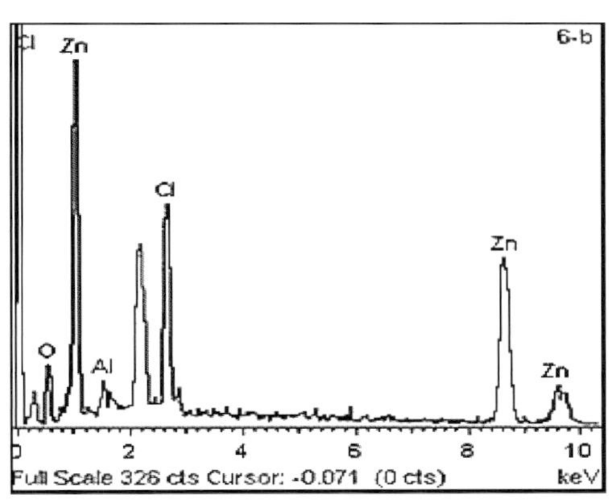

图 10　粉末中结晶体的扫描电镜能谱

（4）采用 X 射线衍射仪分析样品的物相组成，均为复杂的混合物，见表 3。

表 3　样品物相结构

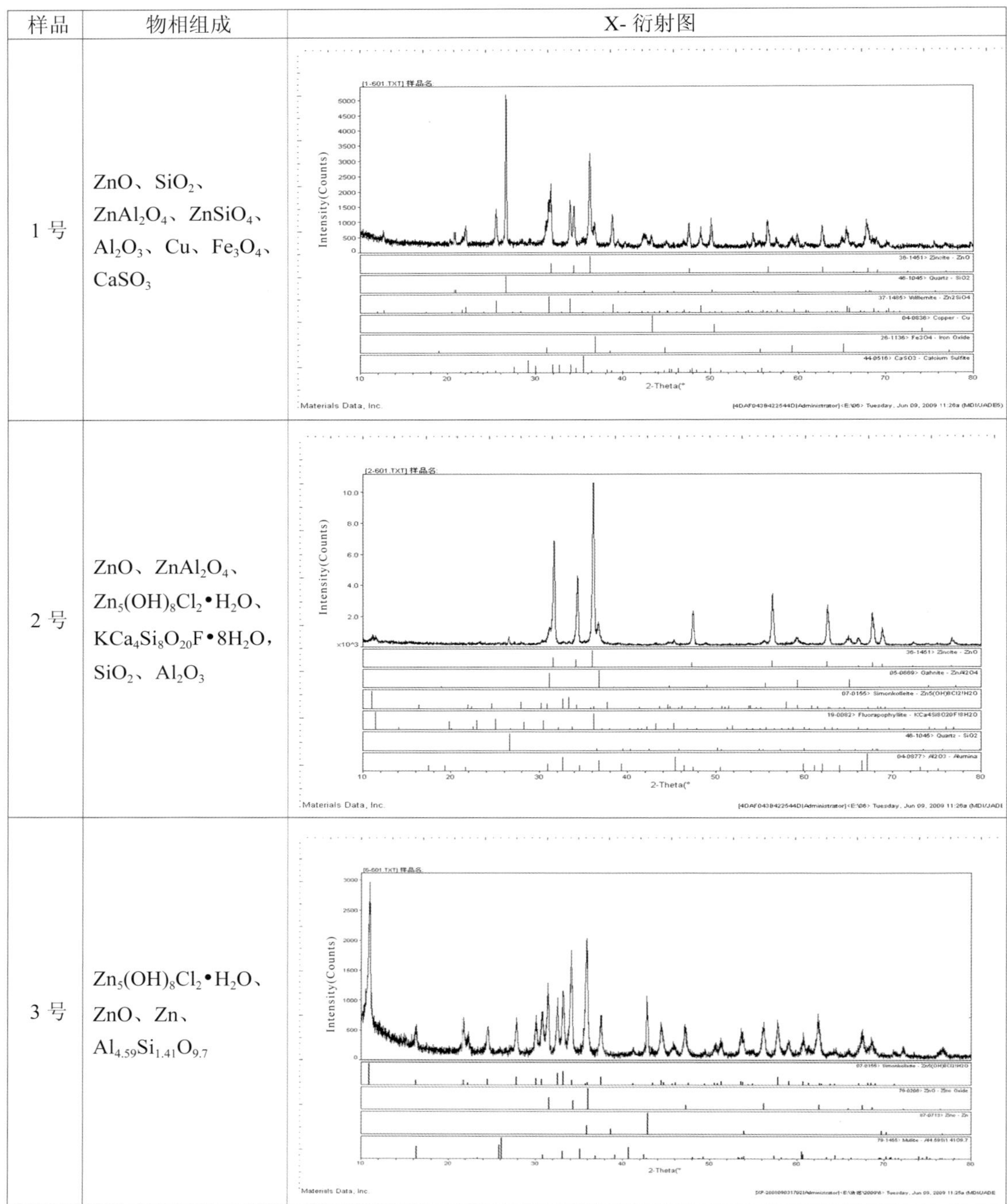

样品	物相组成	X- 衍射图
1 号	ZnO、SiO_2、$ZnAl_2O_4$、$ZnSiO_4$、Al_2O_3、Cu、Fe_3O_4、$CaSO_3$	
2 号	ZnO、$ZnAl_2O_4$、$Zn_5(OH)_8Cl_2 \cdot H_2O$、$KCa_4Si_8O_{20}F \cdot 8H_2O$，$SiO_2$、$Al_2O_3$	
3 号	$Zn_5(OH)_8Cl_2 \cdot H_2O$、ZnO、Zn、$Al_{4.59}Si_{1.41}O_{9.7}$	

3 样品物质属性鉴别分析

（1）产生来源分析

1）1 号样品产生来源分析

①天然锌矿砂和焙烧矿

1 号样品报关名称为“锌矿砂”，样品中硫和铅的含量很低，而铜的含量较高，明显与表 4 锌精矿的基本组成不相符；样品物相结构以 ZnO、SiO_2、$ZnAl_2O_4$、$ZnSiO_4$、Cu、Fe_3O_4、$CaSO_3$ 为主，与硫化锌精矿 (ZnS、nZnS•mFeS) 的基本构成或者氧化矿 ($ZnCO_3$、Zn_2SiO_4、$H_2Zn_2SiO_5$) 的基本构成不相符。因此，判断样品不是天然锌精矿。

表 4　锌精矿的成分及含量

单位：%（除标出外）

精矿来源	Zn	S	Pb	Fe	Cu	Cd	SiO_2	As	Sb	Ag/(g/t)
湖南某矿山	44.83	32.43	0.98	15.60	0.64	0.20	1.32	<0.20	0.001	80
黑龙江某矿山	51.34	32.53	0.88	11.48	0.12	0.02	0.50	0.04	0.02	85
广东某矿山	51.92	32.69	1.40	7.03	0.20	0.14	3.88	<0.20	0.01	180
甘肃某矿山	55.00	30.35	1.09	4.40	0.04	0.12	3.05	0.01	0.011	33

焙烧产物中的溢流焙砂和烟尘总称为焙烧矿，可全部作为湿法炼锌浸出的物料，表 5 是焙烧产物的化学成分实例 [1]。

表 5　焙烧产物的化学成分及含量

单位：%

物料名称	Zn	S	Pb	Cd	Fe	SiO_2	As
溢流焙砂	54.05	1.71	0.97	0.23	8.51	5.69	0.028
冷却器尘	55.14	4.06	0.55	0.19	7.82	2.92	0.25
旋涡尘	55.06	4.56	0.58	0.22	7.64	2.53	0.03
电尘	53.35	7.14	1.23	0.35	6.74	2.10	0.10

由表 5 的成分含量与表 2 样品成分含量对比可知，样品中锌的含量较低，而硅的含量又偏高，因此，判断样品不是锌焙烧矿也不是焙烧产物。

②湿法炼锌的浸出渣（沉铁渣）

湿法炼锌浸出过程是以稀 H_2SO_4 作溶剂，将含锌原料中的有价金属溶解进入溶液的过程，浸出目的是使原料中的锌尽量进入溶液中（去电解形成电锌）并和杂质分离（形成沉铁渣）。浸出原料包括硫化锌精矿、焙烧矿、氧化锌粉、含锌烟尘、氧化锌矿等。湿法炼锌浸出液中各种沉铁方法所产生的铁渣化学组成见表 6。

表 6　湿法炼锌浸出液中沉铁渣的化学成分及含量

单位：%

铁渣名称	Zn	Cu	Cd	Fe	Pb
铁钒渣	6.0	0.4	0.05	30	1.4
酸洗后的铁钒渣	3.0	0.2	0.02	30	1.5
针铁矿渣	8.50	0.5	0.05	41.35	2.20
赤铁矿渣	0.45	—	0.01	58 ～ 60	—
普通浸出渣	18 ～ 22	0.5 ～ 0.8	0.15 ～ 0.2	20 ～ 30	6 ～ 8

从成分分析看，样品中铁的含量远低于表 6 的含量，铜的含量又远高于表 6 的含量，

判断样品不是单纯的湿法炼锌的浸出渣（沉铁渣）。

③鼓风炉炉渣

鼓风炉炼锌炉渣含 5%~8%Zn、约 1% 的 Pb，炼锌炉渣的 CaO/SiO_2 一般为 1.4%~1.5%，也可降低到 1.0% 以下，含铁高的锌精矿炉渣的典型成分为 50%FeO、20%SiO_2、15%CaO、5%Al_2O_3[2]。除氧化硅外，样品中这几项的差异较大，判断样品不是单纯的鼓风炉炉渣。

④钢铁业收集的原始含锌烟尘

电弧炉冶炼处理回收废钢越来越多，炉料中 Zn、Pb、Cd 等易挥发的金属容易进入烟尘。烟尘成分通常含 15%~20%Zn、0.5%~2%Pb、0.1%~0.3%Cd、0.05%~0.1%F、30%~45%Fe[3]。钢铁冶炼其他工艺过程还产生一些含锌的粉尘，也是回收锌的来源，如高炉瓦斯灰，我国某钢铁厂瓦斯灰的化学组成见表 7。

钢铁冶炼工业的含锌粉尘通常含有较高的铁，而样品中含铁较低，样品中锌远高出我们所查找的钢铁冶炼粉尘资料中锌的含量，由此判断样品不是单纯的钢铁业收集的原始含锌粉尘。

表 7　　高炉瓦斯灰的化学成分及含量

单位：%

成分	Fe_2O_3	ZnO	PbO	SiO_2	CaO	Al_2O_3	C
含量	46.25	7.72	0.54	12.22	3.03	2.74	20
成分	V_2O_5	TiO_2	BaO	K_2O	S	Cl	—
含量	0.53	2.13	0.95	0.86	2.59	0.44	—

⑤样品是含锌含铜等的废料经非常规冶炼工艺产生的含锌粉尘收集物

通过上面的分析和查阅大量的资料，目前没有找到与样品基本一致的产物，但从样品的复杂成分来看又都属于矿物和冶炼产物的常见组分。样品中含有铁而且具有磁性，说明原料中含有少量的磁铁矿成分；外观看样品粉末颗粒相对较大，而且含有较高的水分，可能是湿法收尘产物；样品 550℃下灼烧后的灰分达到 98.1%，说明样品含可燃烧物非常少，可能含少量炭，也说明样品本身是经过高温之后的产物；样品在显微镜下观察，发现石英相颗粒，而成分分析表明样品含有较高的硅；扫描电镜发现有些颗粒表面具有熔融现象，说明样品确与高温熔炼有关；成分分析和物相结构分析表明样品中含有 Si、Al、Ca，其可能来自矿物本身，也可能来自回收物料，在非常规冶炼过程中完全可能进入烟尘（如鼓风量过大），并与锌结合形成 Zn_2SiO_4 和 $Al_2O_6Si\cdot Zn$（硅铝酸锌）；样品中含有的 Zn、Cu、Al 也有可能属于它们的回收废料，在冶炼过程中进入烟尘。

总之，样品应是含锌、铜等废料（如烟尘、炉渣）经非常规冶炼工艺产生的含锌粉尘收集物。

2）2 号样品产生来源分析

①天然锌矿砂

样品报关名称为“锌矿砂”，从成分分析看，样品主要含 Zn 和 Al，及少量 Si，其他成分更少，与锌的天然矿物成分相差较大。物相构成分析以及扫描电镜下观察，样品也不是天然矿物结构。因此，判断样品不是天然锌精矿，也就不是天然锌矿砂。

②样品是含锌、铝废料经湿法处理后的产物

目前我们没有查找到与样品一致的物质的资料，但从样品氧化锌含量较高而铁含量很低推断：样品不是来自钢铁工业收集的含锌粉尘；从样品中硫的含量很低推断：样品不是通常湿法炼锌中用 H_2SO_4 溶解锌后分离的杂质产物；从样品锌含量较高、硅和铝含量相差悬殊推断：样品也不是通常矿物冶炼产生的含锌烟尘；从样品中铜含量很低推断：样品不是 Cu-Zn 废料回收冶炼产生的含锌烟尘。从样品中含有一定量的氯和物相结构分析含有 $Zn_5(OH)_8Cl_2 \cdot H_2O$ 推断，样品是来自某种盐溶液，并进一步发生了水解反应等。

样品在扫描电镜下可看到一些结晶体，有些呈晶簇状，样品以 ZnO 为主，有少量石英及锌尖晶石，有 $Zn_5(OH)_8Cl_2 \cdot H_2O$。

综上所述，判断样品是富含锌和铝的某种回收废料（如合金行业的粉末废料），经转化进入溶液中，再进行中和沉淀，然后沉淀物分离并经脱水后形成的产物。

3）3 号样品产生来源分析

①不是天然锌矿砂

样品报关名称为“锌矿砂”。从成分分析看，主要含 Zn、Cl 和 Al，少量的 Fe 和 Pb 等其他成分，与通常锌精矿的成分相差较大（表 4）。锌的矿物主要是闪锌矿 (ZnS)、铁闪锌矿 (nZnS•mFeS)，硫化矿地表部位还常有一部分被氧化的氧化矿，如菱锌矿 ($ZnCO_3$)、硅锌矿 (Zn_2SiO_4)、异极矿 ($H_2Zn_2SiO_5$)。样品物相构成分析以及电镜下观察都表明样品不是天然矿物结构。因此，判断样品不是天然锌精矿，也就不是天然锌矿砂。

②是以 $Zn_5(OH)_8Cl_2 \cdot H_2O$（碱式氯化锌）为主的混合物

样品物相结构为 $Zn_5(OH)_8Cl_2 \cdot H_2O$、ZnO、Zn、$Al_{4.59}Si_{1.41}O_{9.7}$，表明物质形态复杂。表 2 样品中锌含量较高，氯的含量为 10.56%，假设氯全部以 $Zn_5Cl_2(OH)_8 \cdot H_2O$ 存在，推算出其含量约 60%，据此表明样品中确有其他形态的锌存在。

$Zn_5Cl_2(OH)_8 \cdot H_2O$ 主要用于生产饲料的添加剂，国内外还没有非常成熟的合成工艺，可由 $ZnCl_2$ 和 ZnO 合成得到，反应方程式如下[4]：

$$ZnCl_2 + 4ZnO + 5H_2O = Zn_5(OH)_8Cl_2 \cdot H_2O$$

ZnO 的生产有直接法、间接法和湿法三种方式，所占比例分别为 10%~20%、70%~80%、1%~2%，前两者都可由含锌废料进行生产[5]。

样品为均匀粉末，含水率很低，除颜色不正外，样品具有 $Zn_5Cl_2(OH)_8 \cdot H_2O$ 颗粒特征。

总之，判断样品属于以 $Zn_5Cl_2(OH)_8 \cdot H_2O$ 为主的混合物，为含锌废料生产 $Zn_5Cl_2(OH)_8 \cdot H_2O$ 过程中的产物。

（2）固体废物属性分析

① 1 号样品

样品是含锌、铜等废料（如烟尘、炉渣）经非正规冶炼工艺产生的含锌粉尘收集物。即产生样品的原始物料以及物料进一步的加工工艺都是非常规冶炼工艺，样品物质的产生并不符合相关产物的标准。那么，这种情况下，“物质的产生是无意产生的”，“不可能有质量控制”，而且“含有对环境有害的成分，同被替代的相应原料或产品相比，物质的使用增加了环境风险”。

因此，依据《固体废物鉴别导则（试行）》的原则，判断样品属于固体废物。

② 2 号样品

样品是富含 Zn、Al 的回收废料（如合金行业的废料），经转化进入溶液中，再进行中和沉淀，然后沉淀物分离并经脱水后形成的产物。这种产物的形成过程属于“利用操作产生的残余物质的使用”，其原因是“生产过程中产生的残余物，或者是不再好用的物质”；样品无论作为 ZnO 还是 $Zn_5(OH)_8Cl_2 \cdot H_2O$ 使用，都“不满足产品质量标准”，如 ZnO 含量和成分都不满足《工业活性氧化锌》（HG/T 2572—2006）、《氧化锌（间接法）》（GB/T 3185—1992）、《直接法生产氧化锌》（GB/T 3494—1996）、《饲料添加剂 碱式氯化锌》（GB/T 22546—2008）的要求，锌的物相构成也不满足《副产品氧化锌》（YS/T 73—94）的要求。

因此，依据《固体废物鉴别导则（试行）》的原则，判断样品属于固体废物。

③ 3 号样品

样品是以 $Zn_5(OH)_8Cl_2 \cdot H_2O$ 为主的混合物，含有 ZnO 等物质。样品无论作为 $Zn_5(OH)_8Cl_2 \cdot H_2O$ 还是 ZnO 使用，都不满足产品质量标准要求，如成分和含量不满足《饲料添加剂 碱式氯化锌》（GB/T 22546—2008）、《工业活性氧化锌》（HG/T 2572—2006）、《氧化锌（间接法）》（GB/T 3185—1992）、《直接法生产氧化锌》（GB/T 3494—1996）的要求，锌的物相构成也不满足《副产品氧化锌标准》（YS/T 73—94）的要求。

因此，依据《固体废物鉴别导则（试行）》的原则，判断样品属于固体废物。

1 号、2 号和 3 号三个样品均属于含锌为主的混合废物，2008 年第 11 号公告公布的《自动进口许可管理类可用作原料的废物目录》和《限制进口类可用作原料的废物目录》中均没有包含样品的废物种类，而该公告《禁止进口固体废物目录》中列出了含锌的矿渣、矿灰及残渣。因此，三个样品属于目前我国禁止进口的固体废物。

4 结论

1 号样品不是天然锌矿砂，是含锌、铜等废料（如烟尘、炉渣）经非常规冶炼工艺产生的含锌粉尘收集物，属于禁止进口的固体废物。

2 号样品不是天然锌矿砂；是富含锌、铝的回收废料（如合金行业的废料），经转化进入溶液中，进行中和沉淀，然后沉淀物分离并经脱水后形成的产物，属于禁止进口的固体废物。

3 号样品不是天然锌矿砂，是以 $Zn_5(OH)_8Cl_2 \cdot H_2O$ 为主的混合物，属于禁止进口的固体废物。

总之，三个样品均属于禁止进口的固体废物。

参考文献

[1] 彭容秋 . 锌冶金 [M]. 长沙 : 中南大学出版社 ,2005:29.
[2] 彭容秋 . 有色金属提取手册——锌镉铅铋 [M]. 北京 : 冶金工业出版社 ,1992:175-176.
[3] 邱定蕃 , 徐传华 . 有色金属资源循环利用 [M]. 北京 : 冶金工业出版社 ,2006.
[4] 王刚 , 张开诚 . 新型饲料添加剂——碱式氯化锌的合成及性质研究 [J]. 饲料工业 ,2007,28(16):1.
[5] 商连弟 , 武换荣 . 氧化锌生产方法及研究进展 [J]. 无机盐工业 ,2008,40(3):4.

66. 氯化锌为主的片状混合物

1 背景

2012 年 3 月，固体废物研究所对某公司出口的“水泥熟料”货物样品进行固体废物属性鉴别，并要确定该货物的商品名称、主要成分及含量。在实验分析、咨询专家和查阅相关资料的基础上编写鉴别报告。

2 样品特征及物质特性分析

（1）样品为形状不规则、厚薄不均匀的片状物料，大部分片状厚度在 5~10 mm，也有少量厚度为 10~15 mm 的块料；样品表面粗糙、有少量气孔，有一定的强度，但薄片可用手掰断；样品颜色不均匀，一面粘有红褐色粉末，一面为有金属光泽的浅黑色，内部为浅黑色；样品可闻到明显的酸味。

样品放置在室内，片状表面从边缘开始缓慢吸潮直至全部表面有明显的饱和水分，有溶解的黑褐色泥析出；洗掉外层泥水并擦干后，剩余块状仍具有吸水性。片状物料置于水中经玻璃棒搅拌，全部松散开，部分溶解，过滤后得到滤渣，其中一部分为褐色絮状物，一部分为细砂粒。用试纸测定澄清滤液的 pH 值，为 4 左右，呈酸性。烘干后的样品放置室内一段时间后又重新吸水。测定样品含水率为 0.07%，550℃灼烧后烧失率为 16%，灼烧过程冒白色烟雾。样品外观形态见图 1~ 图 2。

图 1　样品

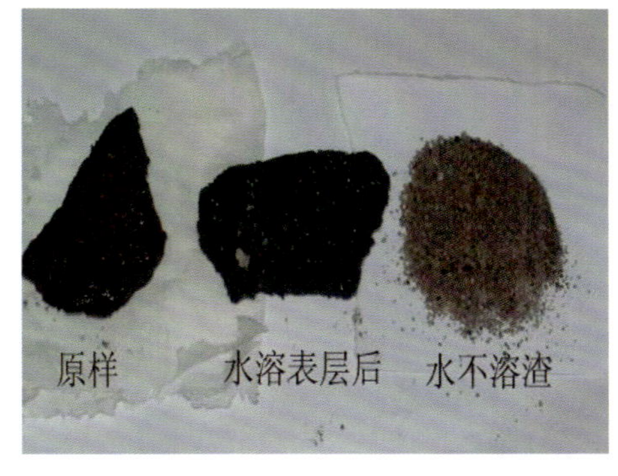

图 2　样品及溶解后固体的对照

（2）采用化学法测定样品中 Cu、Zn、Pb 的含量，分别为 0.37%、19.10%、0.94%，采用离子色谱法对提取液中的氯离子进行分析，氯的含量为 23%。采用 X 荧光光谱仪分析样品溶解后的滤渣、悬浮固体的成分及含量，结果分别见表 1 和表 2。

表 1　样品水溶后沉淀滤渣的成分及含量（除 Cl、F 以外，其他元素均以氧化物计）

单位：%

成分	SiO_2	Al_2O_3	ZnO	Fe_2O_3	PbO	K_2O	CaO	Cl	SO_3
含量	45.58	11.76	8.31	7.23	5.62	4.56	3.20	3.15	3.14
成分	CuO	MgO	F	TiO_2	Na_2O	SnO_2	P_2O_5	SrO	MnO
含量	2.12	1.66	1.43	0.75	0.67	0.31	0.24	0.13	0.08

表 2　样品水溶后悬浮固体物的成分及含量（除 Cl、F 以外，其他元素均以氧化物计）

单位：%

成分	ZnO	SiO_2	PbO	Al_2O_3	CuO	Cl	Fe_2O_3	SO_3	F
含量	22.29	20.67	18.84	7.01	6.23	6.13	5.16	4.81	2.51
成分	K_2O	MgO	SnO_2	CaO	TiO_2	P_2O_5	MnO	Na_2O	—
含量	2.04	1.27	1.05	1.03	0.60	0.26	0.08	0.02	—

（3）采用 X 射线衍射仪对样品进行物相结构分析，主要有 SiO_2、$Pb_8Ca(Si_2O_7)_3$、$CaSO_3$、$ZnCl_2$、$K_2Si_4O_9$，衍射谱图见图 3；对样品水溶解产生的滤渣进行物相结构分析，主要有 SiO_2、$Pb_8Ca(Si_2O_7)_3$，衍射谱图见图 4。

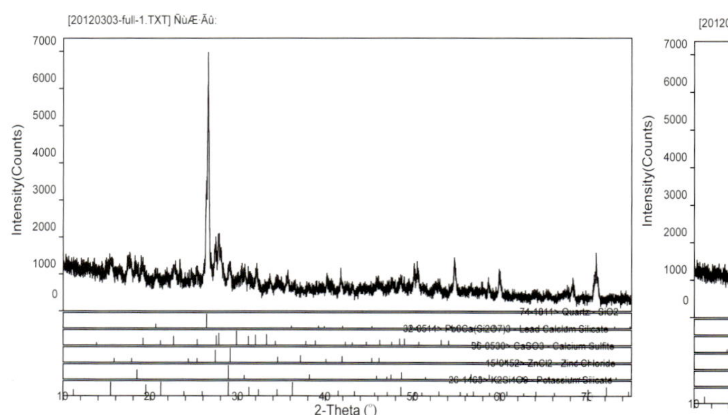

图 3　样品物相分析谱图

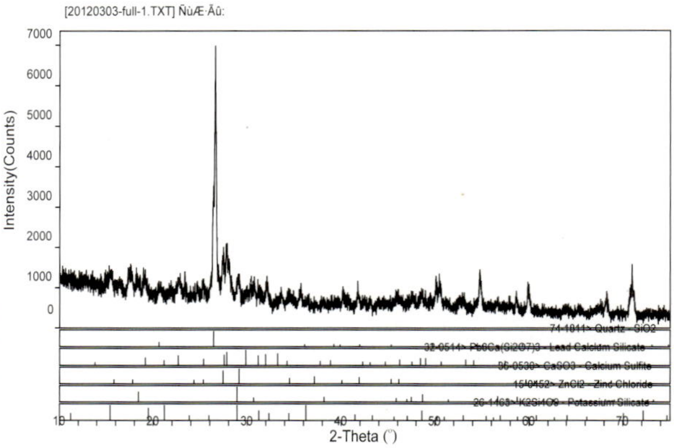

图 4　水溶样品的滤渣物相分析谱图

（4）对两小块样品进行能谱分析，可以看到其中一块样品成分较为简单，而另一块则较复杂，说明不同块状样品成分上存在差异，其中的可溶盐是氯化物，能谱图见图 5 和图 6。

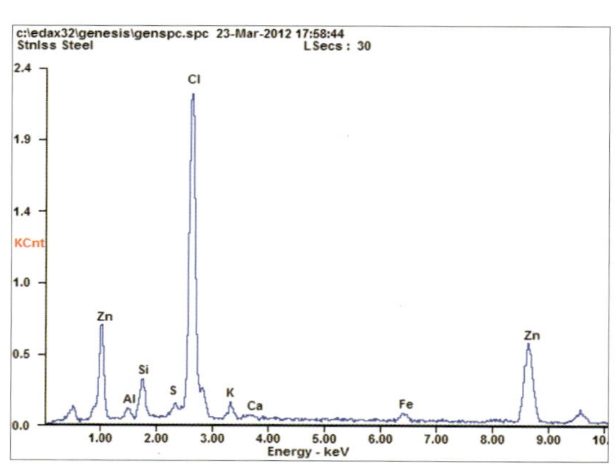

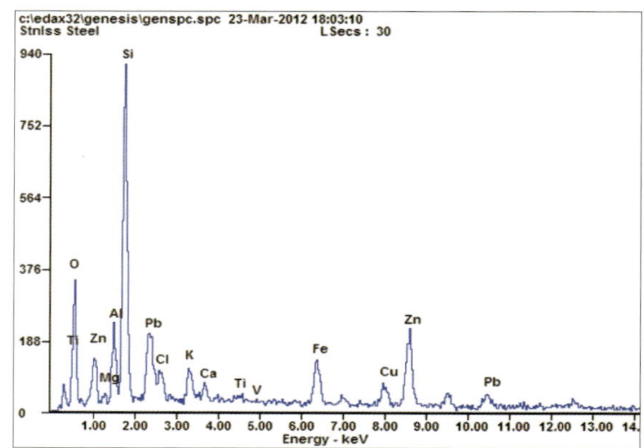

图 5　成分较简单的碎块样的能谱

图 6　成分复杂的碎块样的能谱

取一定数量碎片，混合后以水溶解，而后过滤，得到水溶液和渣两部分物质，两者的能谱分别见图 7 和图 8。

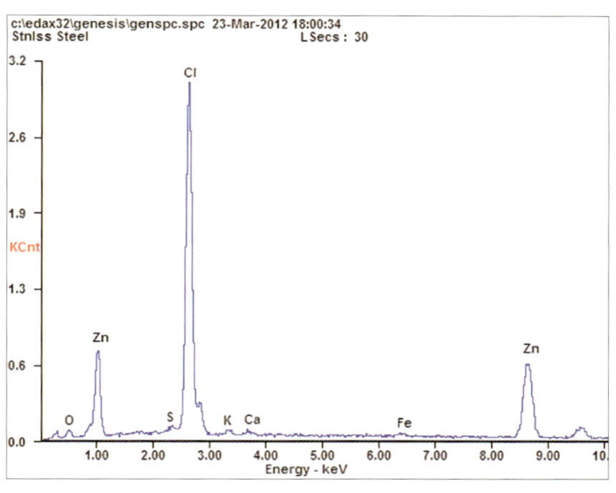

图 7　滤液能谱，主要为氯化锌溶液

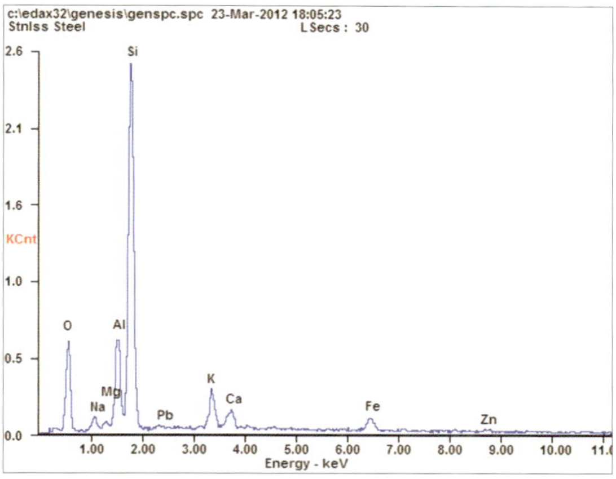

图 8　不溶渣能谱，主要为硅酸盐脉石

对不溶滤渣磨制的抛光片进行显微镜观察，并对重要相进行扫描电镜能谱分析。结果表明，其中大部分为由石英及长石组成的普通砂粒，而间有铜合金颗粒、炉渣碎屑，以及焦炭粒，见图 9~ 图 15。

图 9　不溶滤渣物料抛光片中所见铜合金颗粒

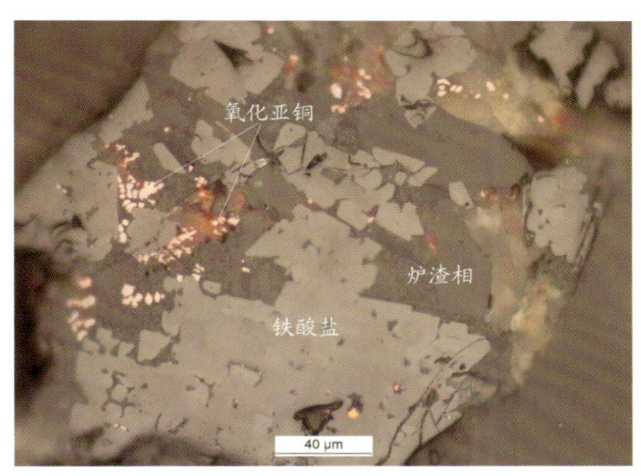

图 10　硅酸盐炉渣中结晶的成分不均

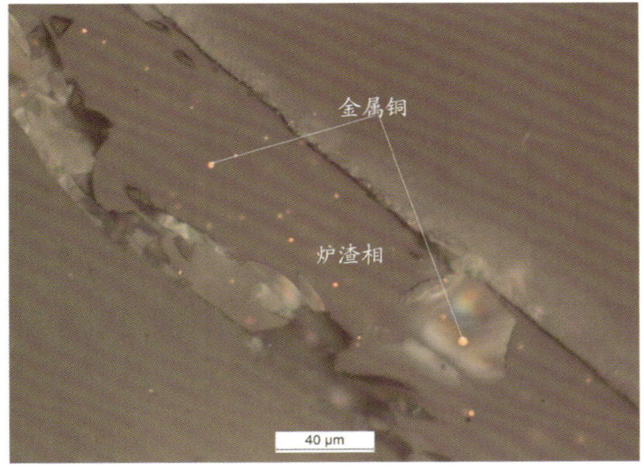

图 11　硅酸盐炉渣相中的细粒金属铜

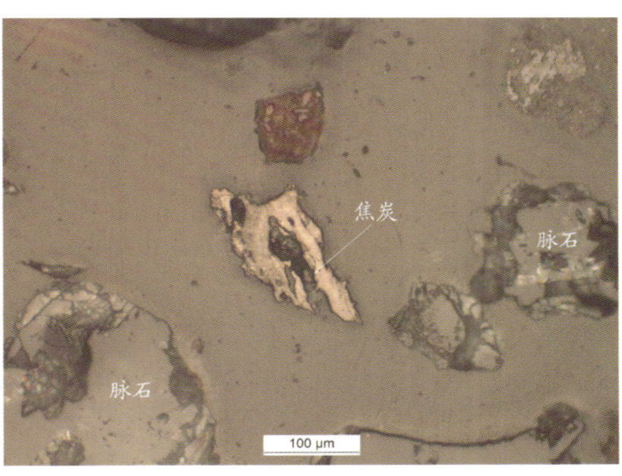

图 12　不溶部分出现的焦炭粒

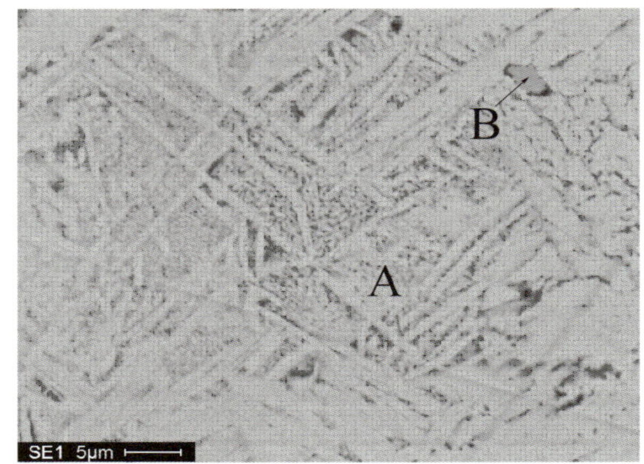

图 13　　合金二次电子图像（内部有夹杂物，点 A、B 成分见相应能谱）

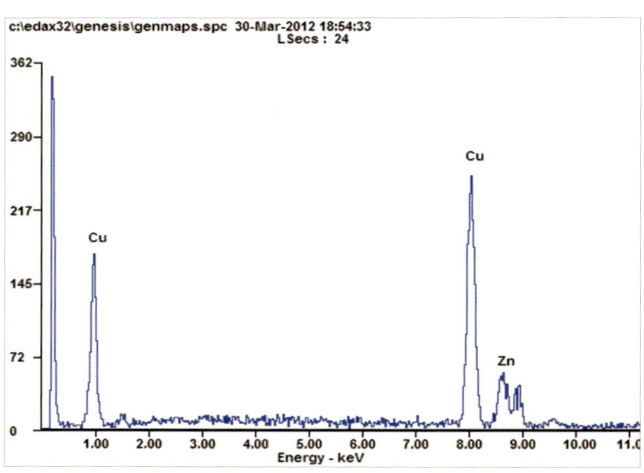

图 14　图 13 中点 A 能谱（铜锌合金）

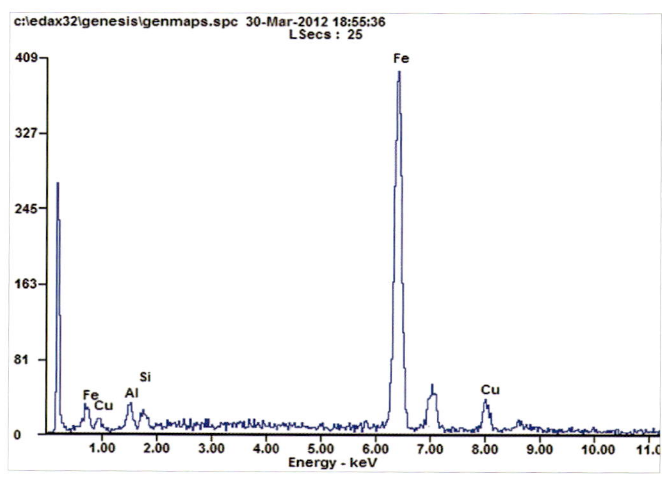

图 15　图 13 中点 B 能谱（铁基合金）

3 样品物质属性鉴别分析

（1）产生来源分析

①水泥熟料

水泥熟料为水泥原料经过破碎和研磨，并按比例配制成生料，然后生料在窑内煅烧而成。硅酸盐水泥是使用最多的水泥类型，硅酸盐水泥熟料的主要物相结构为硅酸三钙、硅酸二钙、铝酸三钙、铁铝酸四钙、游离石灰和游离氧化镁[1]。《硅酸盐水泥熟料》（GB/T21372—2008）规定：水泥熟料 f-CaO ≤ 1.5%、MgO ≤ 5.0%、烧失量≤ 1.5%、C_3S+C_2S ≥ 66%、CaO/SiO_2 ≥ 2.0。

X 射线衍射结果显示：样品的主要物相结构为 SiO_2、$Pb_8Ca(Si_2O_7)_3$、$CaSO_3$、$ZnCl_2$、$K_2Si_4O_9$；烧失量为 16%；水溶后沉淀滤渣中 CaO/SiO_2 为 1/14，水溶后悬浮固体物中 CaO/SiO_2 为 1/20。样品的这些特征与水泥熟料完全不相符，因此，判断样品不是水泥熟料。

②样品是以氯化锌为主的废料混合物

化学法分析样品中锌的含量为 19.10%，物相结构分析证明样品中含有较高的氯化锌，因此，样品的产生过程与氯化锌或其生产相关。工业生产氯化锌主要包括：以工业级锌氧化矿、氧化锌、氢氧化锌等为主要原料，与盐酸反应制得氯化锌[2]；以含锌废料，如锌冶炼厂烟道灰，平罐炉炼锌的下脚料、烟道灰，镀锌及印刷行业的废液、锌渣、锌泥为主要原料，与盐酸反应制得氯化锌[3]。原料中含有多种有色金属成分，还含有砂粒和少量铁、钙等成分。氯化锌生产工艺流程示意图见图 16[4]。

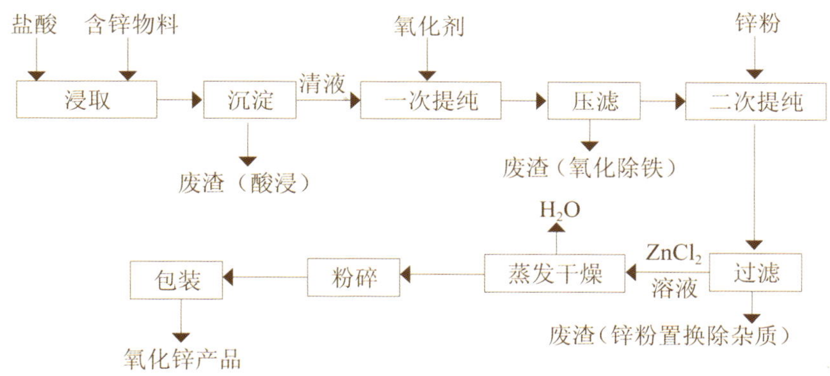

图 16　氯化锌生产工艺流程示意图

氯化锌生产过程中，在酸浸、氧化除铁、锌粉置换除杂质的工艺过程中产生组成各有差异的大量废渣。其中酸浸渣（俗称黄脚）含 Zn 15%~25% 或 20%~30%、Pb 3%~6%、Fe 1%~2%、Cu 0.5%~1%，以及相当数量的以不溶物形式存在的 Cd、Al、Si[5,6]；氧化除铁后产生的渣中含有较多的胶状 $Fe(OH)_3$；锌粉置换除杂质后产生的渣中几乎不含 Cu、Pb、Ni、Cr 等金属[7]。显微镜观察和电镜能谱观察分析结果显示：样品中含有有色金属的冶炼炉渣、铜合金和炭粒，并且 X 荧光半定量结果显示样品成分复杂；锌含量为 19.10%，并且含有 Pb、Fe、Cu、Al、Si 等多种元素，与氯化锌生产过程中所产生的酸浸渣具有较高的符合性，因此，判断样品主要为氯化锌生产过程中的酸浸渣。

样品在水中部分溶解，淘洗后可见到大量的砂粒，物相分析证明不溶解的部分主要组

成为 SiO_2，表明样品中混入了泥沙或者含泥沙的物料；正由于此，样品中铜的含量 0.37%、铅含量 0.94%，略低于文献资料中氯化锌酸浸渣中 Cu、Pb 含量。样品含水率很低而且呈片状，有一定的强度，有少量气孔，目前为止，我们没有查找到具有样品物理特征的相关产品信息，推测样品的形成过程为：氯化锌生产过程中产生的渣混有少量泥沙、废料（如落地料），对其进行了压滤处理，然后低温蒸发干燥形成了片状混合物料。

综上所述，判断样品是以氯化锌生产过程中产生的渣为主，并且混入了少量泥沙、废料（如落地料），经过压滤和干燥处理后形成的片状混合物。

（2）固体废物属性分析

样品是以氯化锌生产中产生的污泥为主并混入了少量原料、泥沙，经压滤和干燥处理后形成的片状混合物，属于生产过程中产生的废弃物质或残余物，因此，依据《固体废物鉴别导则（试行）》的原则，判断样品属于固体废物。

海关通关系统《商品综合分类表》列名商品编号 2621900090 为“含其他锌的矿渣、矿灰及残渣”，样品应归入该品目。

4 结论

样品不是水泥熟料，是以氯化锌生产中产生的污泥为主并混入了少量原料、泥沙，经压滤和干燥处理后形成的片状混合物；样品属于固体废物，应归入海关商品编号“2621900090 含其他锌的矿渣、矿灰及残渣”。

参考文献

[1] 孙家跃，杜海燕 . 无机材料制造与应用 [M]. 北京：化学工业出版社 ,2001:356-358.

[2] 刘淑英，樊瑞兰 . 国内氯化锌工业概况 [J]. 陕西化工 ,1991,1(2):26.

[3] 王成伟 . 利用工业废锌渣生产无水氯化锌 [J]. 山西化工 ,1991(3):62.

[4] 卢爱军，卢芳仪 . 氯化锌清洁生产工艺 [J]. 化工环保 ,2005,25(1):48.

[5] 邓良勋 . 氯化锌黄脚制活性氧化锌 [J]. 天津化工 ,1990(3):27.

[6] 潘光镛 . 从生产氯化锌的浸出渣中回收氯化锌时含镉废水废渣综合治理 [J]. 环境污染与防治 ,1982(12):27.

[7] 田永淑 . 利用含锌废渣生产锌盐系列产品 [J]. 中国资源综合利用 ,2003(9):12.

67. 含铅粉尘

1 背景

2010 年 8 月，固体废物研究所对某公司进口的“铅矿砂”货物样品进行固体废物属性鉴别，需要确定是否属于国家禁止进口的固体废物。在实验分析、咨询专家和查阅相关资料的基础上编写鉴别报告。

2 样品特征及物质特性分析

（1）样品呈灰黑色粉末状，有结块现象，可用手掰开捏碎，不同团块掰开后内部颜色不同，有红褐色、黄绿色、白色。此外，在样品中还分拣出了各种杂质。测得样品含水率为 10%，干基 550℃灼烧后烧失率为 1.6%，样品由灰黑色变为浅黄色。样品外观和分拣物见图 1 和图 2。

图 1　样品

图 2　从样品中拣出的金属

（2）采用 X 射线荧光光谱仪分析样品的成分，结果见表 1。

表 1　样品主要成分及含量（元素均以氧化物计）

单位：%

成分	PbO	SiO_2	Fe_2O_3	ZnO	BaO	Al_2O_3	ZrO_2	CaO	K_2O	MgO	P_2O_5
含量	94.71	1.52	1.21	1.01	0.49	0.34	0.26	0.20	0.12	0.11	0.02

（3）采用 X 射线衍射仪对样品进行物相结构分析，结果为铅氧化物硫酸盐水化物，谱图见图 3。

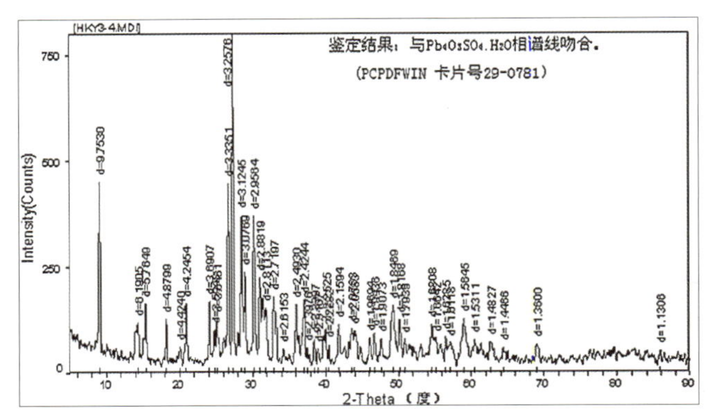

图 3　X 射线衍射谱图

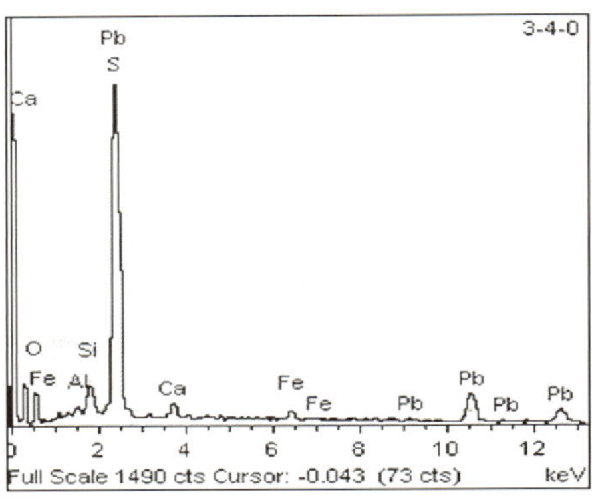

图 4　能谱图

（4）能谱图显示样品成分比较单一，主要为 Pb、O、S。显微镜下显示为极细的针状结晶集合体，晶体宽度 < 2 μm。能谱图见图 4。

3 样品物质属性鉴别分析

（1）产生来源分析

①铅精矿

铅矿石是由含铅矿物、共生矿物和脉石所组成，它是炼铅的主要原料。铅矿石分为硫化矿和氧化矿两大类。分布最广的是硫化矿（方铅矿），属原生矿，也是炼铅的主要矿石，多与辉银矿（Ag_2S）、闪锌矿（ZnS）共生。此外，共生矿物还有黄铁矿（FeS_2）、黄铜矿（$CuFeS_2$）、辉铋矿（Bi_2S_3）和其他硫化矿物。脉石成分有石灰石、石英石、重晶石等。矿石中还含有 Sb、Cd、Au 及少量 In、Tl、Te 等元素。氧化铅矿主要由白铅矿（$PbCO_3$）和铅钒（$PbSO_4$）组成，属于生矿，常出现在铅矿床的上层，或与硫化矿共存而形成复合矿。矿石中一般含铅为 3%~9%，最低为 0.4%~1.5%，必须进行选矿富集，得到适合冶炼要求的铅精矿，铅精矿的粒度约有 90% 小于 0.1 mm。我国铅精矿的等级标准《铅精矿》（YS/T319—2007）见表 2。

表 2　铅精矿化学成分及含量要求

单位：%

品级	Pb，⩾	杂质含量，⩽				
		Cu	Zn	As	MgO	Al_2O_3
一级品	65	1.2	4.0	0.3	1.0	2.0
二级品	60	1.5	5.0	0.4	1.0	2.5
三级品	55	2.0	6.0	0.5	1.5	3.0
四级品	45	2.5	7.0	0.7	2.0	4.0

样品含铅量高，以单质计达到 88%，根据 X 射线衍射结果，样品中的铅以铅氧化物硫酸盐水化物形式存在，在显微镜下看到的是极细的针状结晶集合体，晶体宽度 < 2 μm。铅精矿是经过对原矿石破碎、筛选得到的，其矿物成分及结构并未改变，可见样品虽含铅量高但不具有精矿的特征，因此，样品不是铅矿石和铅精矿，也就不是铅矿砂。

②含铅烟尘

铅精矿经烧结焙烧再经鼓风炉熔炼和铅精矿直接熔炼的生产中，都会产生烟气收集粉尘（含 Pb 烟尘）。在直接熔炼过程中，产生中间产物高铅渣（富铅渣），同时也产生含铅烟尘。由于烟尘含铅量较高，实际生产中可将含铅烟尘返回到冶炼工序中，进行二次冶炼。

在采用熔铅锅火法精炼工艺时，当粗铅加入熔铅锅和进行搅拌除杂时会产生大量烟尘，尤其是装入表面粘有水分的电解残极时烟尘更大，烟气治理收集产生的烟尘中，铅的存在形式为 Pb、PbO、Pb_2O_3，该尘粒细，黏性大[1]。铅在高温熔化过程中溶液表面与空气中的氧作用后，产生铅渣，一部分从熔体内排出散落在地面；另一部分则被吸风罩口的空气流卷起来进入烟道，两部分收集后形成铅渣粉尘进入污水处理池[2]。

典型含 Pb 烟尘的化学成分及含量见表 3。

表 3　含 Pb 烟尘的主要化学成分及含量

单位：%

铅尘	Pb	Zn	Cd	S	In	Te	Sb	As	Tl	Se	Sn
1 号	68.11	10.40	0.055	8.04	0.013	1.47	0.32	1.17	1.01	—	0.037
2 号	67.28	9.87	4.19	7.4	—	0.13	0.1	0.36	—	0.077	—
3 号	60~70	6~8.5	1~3	—	7~8.5	—	—	—	0.02	—	—
4 号	30	7.5	—	10.5	—	—	3.5	2.2	—	—	—

回收的废铅酸蓄电池经过预处理分离出铅膏、隔板、板栅，其中铅膏、板栅是生产循环铅的主要原料。循环铅的生产工艺流程图见图 5，图中熔炼产出物中包含铅烟尘，该类烟尘含铅达到 50% 左右[3]。

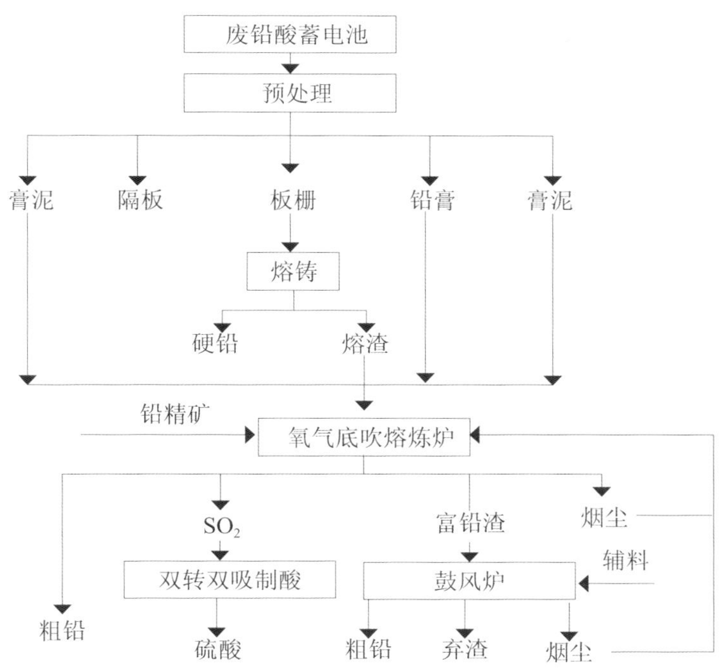

图 5　铅循环工艺流程示意图

样品中含有约 88% 的铅，同时含有少量的 Si、Fe、Zn 等金属元素，其中铅以氧化物、金属铅形态存在，形成非常细粒的集合体，成分和物质结构上符合铅尘的产生基本原理；样品中含有少量的杂质，把分拣出的杂质洗干净后，发现里面有碎纸、塑料片，细金属铅丝、铅网，也说明粉末样品来自收集贮存过程等。因此，结合上述含铅烟尘的产生来源分析，判断样品是回收废铅熔炼或粗铅火法精炼过程（含熔化、熔铸过程）中产生的粉尘，并且在收集过程中混入了杂质。这种铅尘可以作为炼铅的原料。

（2）固体废物属性分析

样品是回收废铅熔炼或粗铅火法精炼过程（含熔化、熔铸过程）中产生的铅烟收集粉尘，并且在收集过程中混入了杂质。它是污染控制设施产生的残余物 / 残余渣，不是有意产生的，因而没有质量控制，不满足相关的规范或标准；回收利用属于“金属和金属化合物的再循环”或“利用操作产生的残余物质”。因此，依据《固体废物鉴别导则（试行）》的原则，判断样品属于固体废物。

2009 年 8 月 1 日，环境保护部、商务部、国家发改委、海关总署、国家质检总局发布的第 36 号公告中的《禁止进口固体废物目录》中列出了“2620290000 主要含铅的矿渣、矿灰及残渣（冶炼钢铁所产生的灰、渣除外）”。因此，样品属于目前我国禁止进口的固体废物。

4 结论

样品不是铅矿砂；样品是回收废铅熔炼或粗铅火法精炼过程（含熔化、熔铸过程）中产生的含铅收集粉尘（Pb 尘），并且在收集过程中混入了杂质；样品属于目前我国禁止进口的固体废物。

参考文献

[1] 袁富明 . 株冶铅冶炼厂熔铅锅的烟尘治理 [J]. 湖南有色金属 ,2005,21(6):25-27.
[2] 覃燮儒 . 铅烟治理 [J]. 重庆环境保护 ,1982,2:25-28.
[3] 彭容秋 . 有色金属提取冶金手册——锌镉铅铋 [M]. 北京 : 冶金工业出版社 ,1992.

68. 粗铅电解阳极泥

1 背景

2011 年 4 月，固体废物研究所对某公司申报进口的“铅阳极泥”货物样品进行鉴别，需要确定是否为国家禁止进口的固体废物，在实验分析、咨询专家和查阅相关资料的基础上编写鉴别报告。

2 样品特征及物质特性分析

（1）样品为灰黑色粉末，粒度不均，大块中有的夹杂白色物质，有的夹杂深黑色物质，样品具有异味；测定含水率为 18.6%，样品干基 550℃灼烧后的烧失率为 11.3%，外观特征见图 1。

（2）定量分析样品干基中的成分含量，结果见表 1。

表 1　样品主要成分及含量（元素均以单质计）

单位：%（除标出外）

成分	Sb	Pb	Cu	As	Sn	Si	S	Ag/(g/t)
含量	38.47	21.82	1.64	2.18	2.82	2.28	0.91	890

注：样品中实际上还有 F 等其他元素。

（3）采用 X 射线衍射仪分析样品的物相组成，样品的主要物相组成为 Sb_2O_3、$Cu_6Si_2S_7$、$HSbO_3 \cdot 0.9H_2O$、PbF_3，衍射谱图见图 2。

图 1　样品

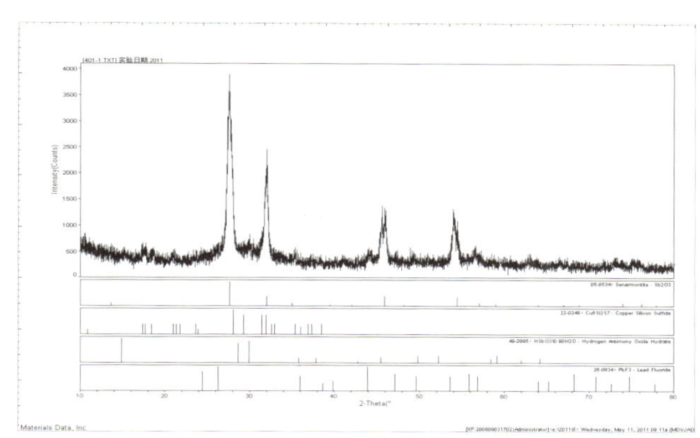

图 2　样品衍射谱图

（4）样品水浸后浸出液呈鲜绿色，液体蒸发、浓缩后有盐析出，能谱分析证明其中含有 Si、Pb、Cu、As、F 等，为可溶性 F-（氟盐），能谱图见图 3。样品中细粉末部分的能谱见图 4，表明为含锑成分的复杂物料。

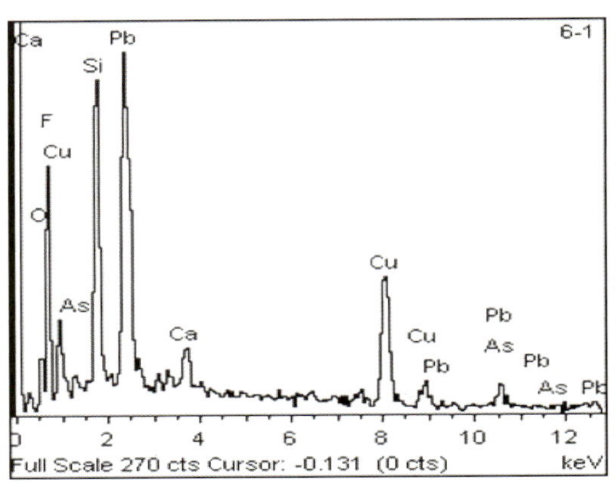

图 3　样品水浸液蒸发所得析出物的能谱

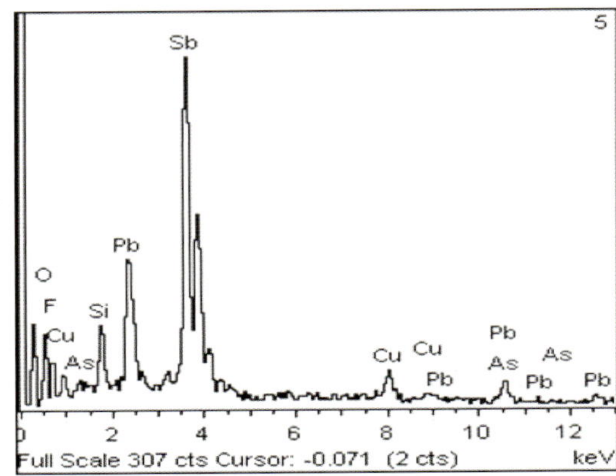

图 4　粉末能谱

将样品中挑出的硬块磨制成抛光片，显微镜下可以判断其主要由金属及金属氟化物组成，见图 5。显示其至少由 A、B、C、D 四种物相组成（黑色部分实际上为金属铅，因易氧化而呈黑色），有关相组成的化学成分见扫描电镜能谱分析图 6~ 图 10。

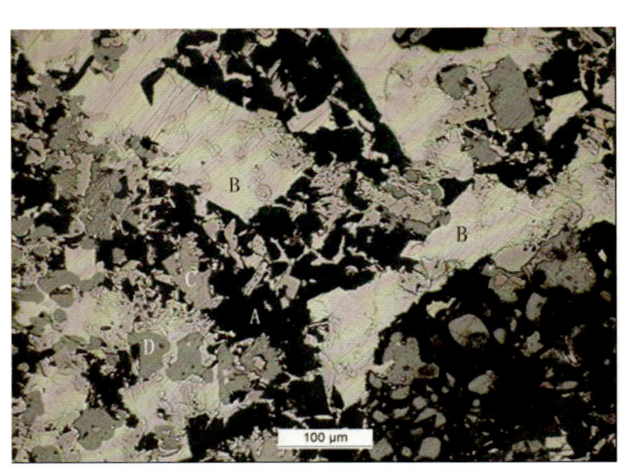

图 5　“硬块”抛光面显微镜下照片

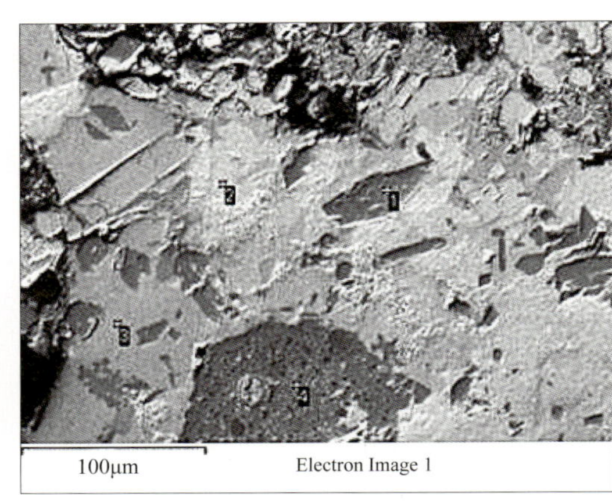

图 6　“硬块”抛光面电子扫描图像

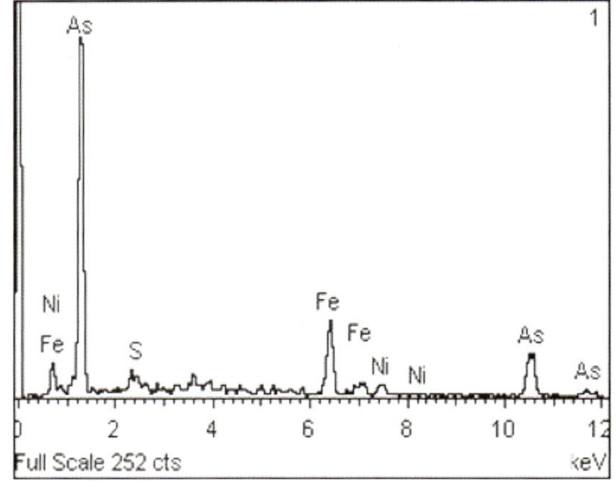

图 7　图 6 中点 1 能谱（铁的砷化物）

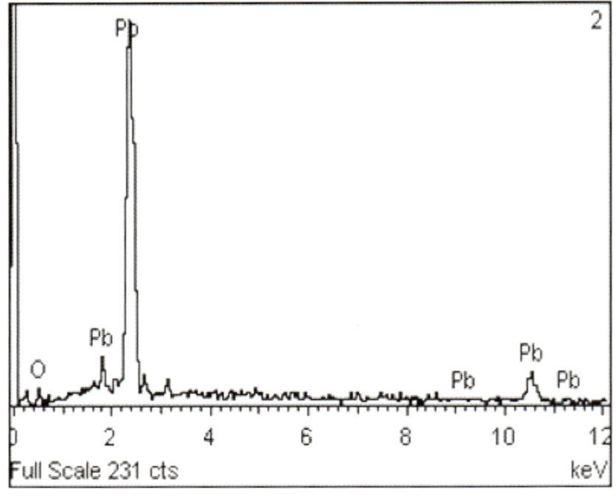

图 8　图 6 中点 2 能谱（金属铅基质，表面氧化）

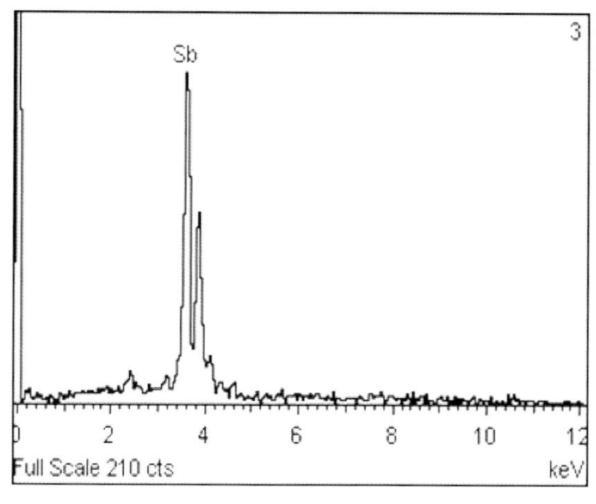

图 9　图 6 中点 3 能谱（锑金属）

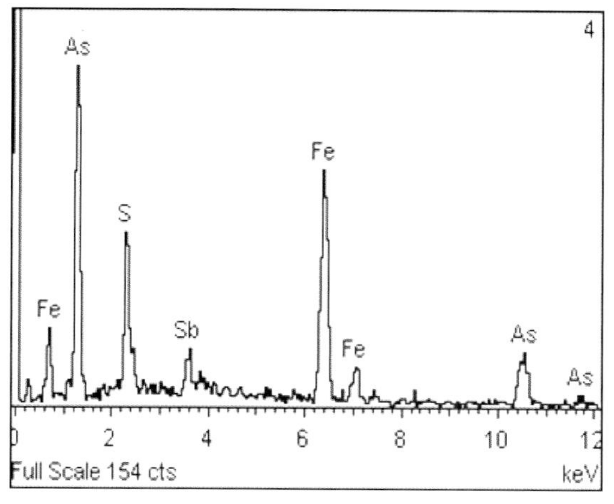

图 10　图 6 中点 4 能谱（S-As-Sb-Fe 多相混合物）

3 样品物质属性鉴别分析

（1）产生来源分析

粗铅电解时产出粗铅重量占 1.2%~1.75% 的铅阳极泥。阳极粗铅中所含的 Au、Ag 和 Bi 几乎全部进入阳极泥中，而 As、Sb、Cu 等则大部分进入阳极泥。阳极泥的成分取决于所用的粗铅阳极板，各种组分都有较大的波动范围，但 Ag、Pb、Sb、Bi、Cu、As 等元素的总量一般占到 70% 以上。阳极泥成分主要是以金属单质、金属间化合物、氧化物或固溶体形式存在，其主要元素的物相组成见表 2[1]。由于使用的原料以及冶炼工艺技术不尽相同，因而各冶炼厂在铅电解时产出的阳极泥成分也存在较大的差异，国内外部分企业铅阳极泥的主要成分见表 3[1]。

表 2　铅阳极泥主要元素的物相组成

元素	物相组成
Ag	Ag、Ag_3Sb、ε′-Ag-Sb、AgCl、$Ag_ySb_{2-x}(O•OH•H_2O)_{6-7}$ x=0~0.5，y=1~2
Pb	Pb、PbO、PbFCl
Sb	Sb、Ag_3Sb、$Ag_ySb_{2-x}(O•OH•H_2O)_{6-7}$
Bi	Bi、Bi_2O_3、$PbBiO_4$
Cu	Cu、CuO、$Cu_{9.5}As_4$
As	As、As_2O_3、$Cu_{9.5}As_4$
Sn	Sn、SnO_2
其他	SiO_2、$Al_2Si_2O_5(OH)_4$

表 3　国内外部分企业铅电解阳极泥的主要成分及含量范围

单位：%

企业	Pb	Sb	Bi	Cu	As	Ag	Au
白银有色公司冶炼厂	10~25	30~40	2~8	2~8	0.1~0.3	10~16	0.08~0.15
水口山矿务局第六冶炼厂	10~14	18~25	5~7	4~6	30~35	8~11	0.03~0.05
重庆冶炼集团有限公司	11~18	24~35	1~10	6~8	4-10	3.5~8.0	0.007~0.02
昆明冶炼厂	15~28	24~46	4~7	0.4~5	17~29	3.6~6.3	0.003~0.015
济源黄金冶炼厂	8~12	40~45	4~6	2~3	0.2~0.5	6~9	0.06~0.08
韶关冶炼厂	6.54	43.45	8.45	7.68	0.5	14.76	0.006
云锡个旧冶炼厂	15~17	8~12	16~18	2~3	10~12	1.5~1.8	—
株洲冶炼厂	6~10	25~30	8~12	1~3	20~25	8~10	0.02~0.045
日本住友新居滨冶炼厂	5~10	25~35	10~12	4~6	—	0.1~0.15	0.2~0.4
秘鲁奥罗亚冶炼厂	15.6	33	20.6	1.6	4.6	9.5	0.11
加拿大特莱尔冶炼厂	19.7	38.1	2.1	1.8	10.6	11.5	0.016

国内某厂阳极泥成分含量为 10%~20%Pb、4%~6%Cu、10%~15%Bi、15%~20%Sn、25%~30%Sb+As、2%~4%Fe、1%~2%Ag，由于含 Sn，铅阳极泥很难处理[2]。

样品含有较高的 Sb、Pb，还明显含有 Cu、As、Sn 等，成分及其含量与表 3 中的铅阳极泥非常相似；物相分析和扫描电镜能谱分析均证明样品中 Sb 和 Pb 的形态主要为金属态和金属氧化物，同时还有盐类，样品这些特征与“铅阳极泥成分主要是以金属单质、金属间化合物、氧化物或固溶体形式存在”相符合，表明有部分物质是来自电解之后的残阳极；样品中含有氟和银，它们属于铅阳极泥的特征元素，氟来自电解液 H_2SiF_6（硅氟酸）和 $PbSiF_6$（硅氟酸铅），Ag 来自粗铅；样品中含有非常少量的 Fe、Si、S，与粗铅电解过程的物质构成特点相符，这类物质本应该很少；样品物理形态为粉末，粒度不均，块状中有白色和黑色等不同颜色的物质，含有一定的水分，含有盐类，应为水溶液中的沉淀物；样品具有明显异味，可能来自电解过程中使用的阴离子表面活性剂有机物，如木质磺酸钠；委托单位提供的货物报关名称为“铅阳极泥”。总之，现有证据情况下，判断样品为粗铅电解生产精铅过程中产生的铅阳极泥。

（2）固体废物属性分析

样品为粗铅电解生产精铅过程中产生的铅阳极泥，粗铅的电解目的主要是为了获得 99.9% 以上的铅；样品含有不利于阳极泥回收利用的砷和锡，样品不是有意生产，不满足相关规范要求；样品属于“生产过程中产生的残余物”，其回收利用方式属于“金属和金属化合物的再循环”，也是“用于消除污染的物质回收”。因此，依据《固体废物鉴别导则（试行）》的原则，判断样品属于固体废物。

2009 年 8 月 1 日，环境保护部、商务部、国家发改委、海关总署、国家质检总局发布的第 36 号公告中的《禁止进口固体废物目录》中列出了“2620290000 其他主要含铅的矿渣、矿灰及残渣”，样品应归类于这类废物，属于目前我国禁止进口的固体废物。

4 结论

样品为粗铅电解生产精铅过程中产生的阳极泥，属于目前我国禁止进口的固体废物。

参考文献

[1] 张晓军 . 铅阳极泥常温湿法处理工艺研究 [D]. 昆明理工大学 ,2007(1)-2.
[2] 林世钧 . 铅阳极泥的氯化处理 [J]. 有色金属 (冶炼部分),1966(3):12.

69. 特殊铅渣

1 背景

2010 年 12 月，固体废物研究所对某公司申报进口的“氧化锌矿粉”货物样品进行固体废物属性鉴别，需要确定是否为国家禁止或限制进口的固体废物，是否具有危险性。在实验分析、咨询专家和查阅相关资料的基础上编写鉴别报告。

2 样品特征及物质特性分析

（1）样品为黑色细颗粒，外观似熔渣细颗粒。测定样品含水率为 2.4%，样品干基 550℃下灼烧后反而增重 3%。样品外观形态见图 1。

（2）采用 X 射线荧光光谱仪分析样品的组成，主要含 Fe、Pb、S、Si 等，结果见表 1。

表 1　样品主要成分及含量（除 Cl 以外，其他元素均以氧化物计）

单位：%

成分	Fe_2O_3	PbO	SO_3	SiO_2	ZnO	CaO	Al_2O_3	SnO_2	BaO
含量	56.07	28.78	9.26	2.08	0.89	0.66	0.66	0.42	0.22
成分	CuO	Sb_2O_3	MnO	NiO	TiO_2	Na_2O	P_2O_5	Cl	MgO
含量	0.22	0.20	0.17	0.08	0.07	0.06	0.06	0.05	0.05

（3）采用 X 射线衍射仪对样品进行物相分析，主要为 FeS、PbS、SiO_2、Fe_2SiO_4、PbO、Pb_2O_3，衍射谱图见图 2。样品中也可能存在少量金属铅，因为 Pb 和 Fe_2SiO_4 的衍射谱峰可能重合。

图 1　样品

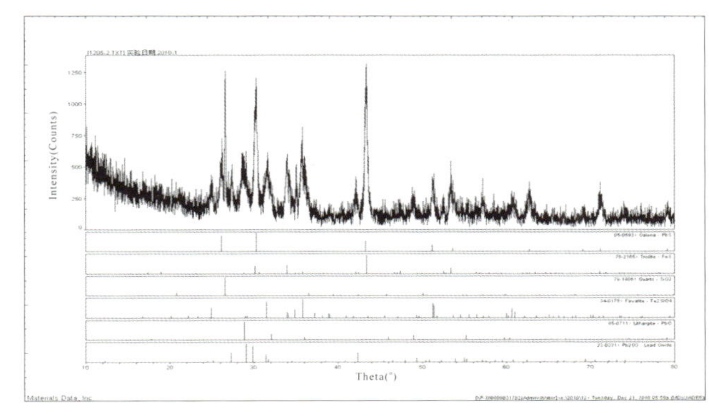

图 2　样品衍射谱图

（4）样品主要为粒状，部分为粉末状，可以看到存在少量金属粒，压碾时可展平，表明具有延展性，系硬度低的金属。粉末样及从样品中提出的金属颗粒能谱见图 3 和图 4。

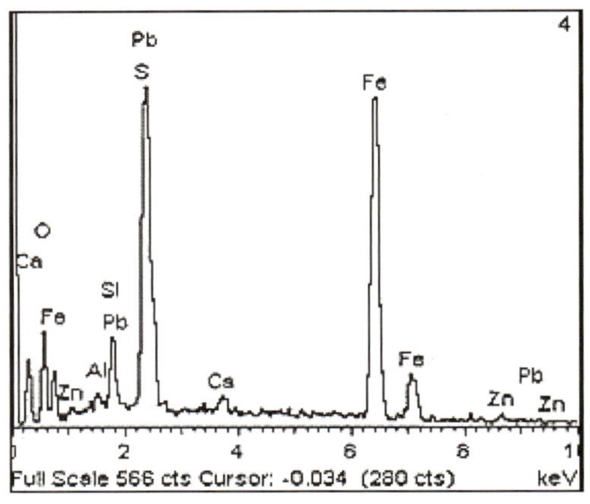

图 3　粉末样能谱

（由 Pb、Fe、S 组成，少量 Zn、Ca）

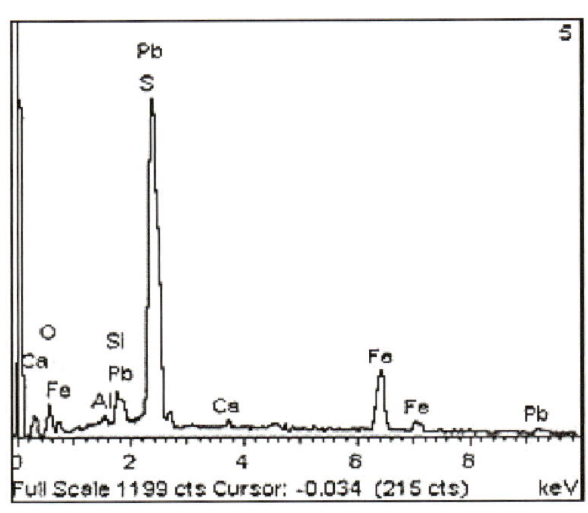

图 4　物料中提出的金属颗粒能谱

（显示为复合 Pb，夹带有 Fe、S 等）

磨制了抛光片，镜下可鉴别出的物相有 FeS、PbS、FeO、Pb、铁酸盐、铁橄榄石，以及包括玻璃相在内的硅酸盐炉渣相。样品具有典型的熔炼过程中形成的共结结构，应该是铅熔炼过程中产出的表层渣，含 S、Pb、Fe。典型结构构造特征见图 5 和图 6。

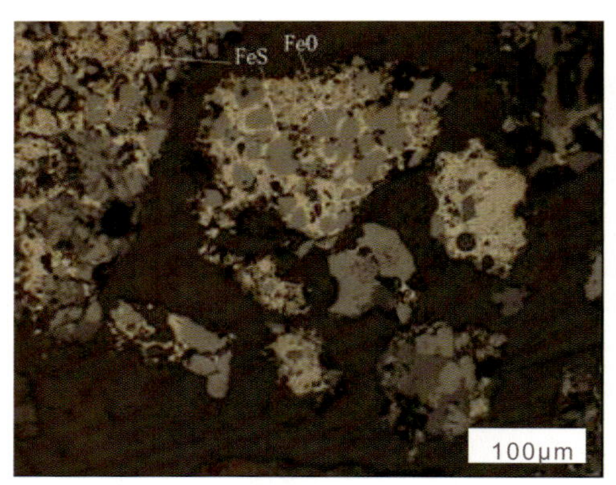

图 5　熔融状态下的“锍”颗粒共结结构

图 6　样品在金属铅基体上分凝结晶的 PbS

3 样品物质属性鉴别分析

（1）产生来源分析

样品报关名称为“氧化锌矿粉”，因此，首先分析是否为矿粉。

根据海关《商品归类总则》的注释，“所称‘矿砂’，适用于含金属矿物。这些矿物与相关的物质共存于矿藏之中并被一起开采出来。同时还适用于在脉石中的天然金属（例如，含金属砂）。矿砂极少未经冶炼前预加工就出售的。最重要的预加工是矿砂的精选。品目 26.01 至 26.17 所称‘精矿’，适用于用专门方法部分或全部除去异物的矿砂。这样做是因为异物可能影响后续冶炼或增加运输费用。品目 26.01 至 26.17 的产品可经过物理、物理——化学、化学加工，只要这些工序在提炼金属上是正常的，除煅烧、焙烧或燃烧（不论是否烧结）引起的变化外，这类加工不得改变所要提炼金属的基本化合物的化学成分。物理或物理——

化学加工包括破碎、磨碎、磁选、重力分离、浮选、筛选、分级、矿粉造块（例如，通过烧结或挤压等制成粒、球、砖、块状，不论是否加入少量黏合剂）、干燥、煅烧、焙烧以使矿砂氧化、还原或使矿砂磁化等（但不得使矿砂硫酸盐化或氯化等）。化学加工（例如，溶解加工）主要为了清除不需要的物质。不包括经煅烧或焙烧以外其他处理后改变了基本矿砂的化学成分或晶体结构的精矿（通常归入第二十八章），也不包括由于多次物理变化（分级结晶、升华作用等）而制得的几乎纯净的产品，即使其基本矿砂的化学成分并未发生变化。”

由此看出，所谓“矿粉”仍应该属于矿物范畴，成分上没有显著改变，物质结构上可通过硫化矿的烧结、焙烧发生氧化反应，形态上为粉状。那么，“氧化锌矿粉”应为硫化锌精矿的烧结或焙烧产物，或者为锌氧化矿精矿的粉碎物。

无论是火法炼锌还是湿法炼锌，硫化锌精矿的焙烧或烧结都是采用氧化焙烧，将 ZnS 氧化为 ZnO，表 2 是锌精矿及焙砂成分 [1]。

表 2 中的焙砂中可包含烟尘，这种情况在锌冶炼是比较常见的（其他冶炼也常见），因为收集的含锌烟尘本身是氧化物，烟尘与焙砂配料进入到锌的下一道冶炼提取工序中是行业的普遍做法，但烟尘本身并不是矿或焙砂。烟尘归入海关商品第 26 章，在海关商品注释中称为“锌烟灰”、“氧化锌烟灰”、“布袋集尘器锌烟灰”。因此，判断样品不是锌矿及其矿粉。

表 2　锌精矿及焙砂（含烟尘）的成分及含量

单位：%

工厂		Zn	Fe	Pb	Cu	Cd	S
科科拉厂	精矿	51.7	11.3	0.74	0.34	0.18	30.5
	焙砂	57.3	11.9	—	0.35	0.20	2.12
神岡厂	精矿	57.2	5.7	0.48	0.31	0.41	31.4
	焙砂	64.8	6.5	0.55	0.33	0.47	1.2
株洲厂	精矿	46~48	8~10	<2	—	—	29~31
	焙砂（不含烟尘）	55.36	6.17	1.07	0.41	0.18	3.52
秋田厂	精矿	49.90	7.92	1.66	0.74	—	29.90
	焙砂	57.50	9.02	19.1	0.80	—	19.4
苏格特厂	精矿	54.55	5.64	0.68	0.58	0.40	30.65
	焙砂	62.97	6.51	0.79	0.67	0.47	2.25

样品特点为：①含较高的铁，40% 左右，以铁酸盐、Fe-Si-O（硅酸铁）和 FeS 为主；②铅含量范围为 16%~26%，以 PbO 和 PbS 为主，还可能有金属铅；③含 4% 左右的硫，以及少量的 Ca、Si、Al；④细颗粒为主，明显具有火法冶金炉渣结构的特点。这些特点表明：样品不是 PbS 精矿焙烧、烧结产物，不是鼓风炉熔炼粗铅产生的炉渣，因为样品中的 Si、Ca、Zn、Cu 含量低，而 Pb、Fe 含量都高则不符合鼓风炉炼粗铅的炉渣成分含量特点；不是含 Pb、Zn 较高的炉渣经进一步烟化处理产生的弃渣，因为铅锌挥发回收，渣中有价金属含量很少；不是鼓风炉还原熔炼过程中正常的含铜铅铳，因为铅铳主要组成为 $PbS-Cu_2S-FeS$ 系，成分波动范围：10%~30%Cu、10%~20%Pb、15%~30%Fe、7%~20%Si、~1%As、~3%Sb；不是鼓风炉还原熔炼过程中的黄渣，因为黄渣含较高的 As 和 Sb，与样品不符；不是粗铅炼精铅过程除杂的铜质浮渣，因为这种渣含有较高的 Cu、Pb，较低的 Fe，与样

品不符；不是粗铅炼精铅的锡质浮渣，因为这种渣 Sn 含量较高、Pb 含量达 60% 以上，与样品不符；也不是 Sb 或 As 质浮渣，因为这种渣 Sb 或 As 含量较高、Pb 含量达 70% 以上，与样品不符；不是电解阳极泥，因为这种渣中贵金属、Cu、Bi、As 较高，与样品的成分和结构相差较大。

样品中铁和铅含量较高并具有熔炼渣相结构的特点，大约含 40% 的铁，一方面可来源于冶炼原料含有的铁，例如钢厂含铅锌的烟尘就含有较高的铁，日本有的钢厂烟尘含 25%~30%Fe，湿法炼锌过程中有的铁矾渣含高达 30%Fe，有的精矿本身也可含有较高的铁，有的鼓风炉渣含 39%Fe[2]；另一方面也可能来源于冶炼过程中加入的铁屑，例如，法国处理含 4%~5%S 的蓄电池料的冶炼短窑，要配入铁屑，炼铅厂的鼓风炉熔炼过程也用铁屑和石灰做熔剂，铁置换 PbS 精矿中的铅并固定硫 [3]，废渣中含 30%~40%Fe、11%~8%Pb[4]；但目前为止，我们没有查找到完全满足两个样品的物质成分和结构特征的生产工艺方面的依据。

综上所述，判断样品是来自某一特殊工艺和原料的（如再生铅物料，含铁高和其他杂质低的铅物料，混合料等）熔炼粗铅或精铅过程产生的铅浮渣，在撇渣时不可避免带走少量金属铅，同时固定了少量的硫，形成铅锍结构 (PbS+FeS)，这种浮渣物质经过了水淬或粉碎处理。样品中铅的含量达到 20% 左右，高于一般铅冶炼厂的弃渣，样品具有一定的综合利用价值。

（2）固体废物属性分析

样品是来自利用某一特定工艺和原料（如再生铅物料，含铁高和其他杂质低的铅物料，混合料等）熔炼粗铅或精铅过程中产生的铅浮渣，而这一工艺生产的目的是获得粗铅或精铅，因此，这种浮渣不是此工艺生产的目标产品，是“生产过程中的残余物”。因此，依据《固体废物鉴别导则（试行）》的原则，判断两个样品属于固体废物。

《固体废物污染环境防治法》中定义危险废物是指“列入国家危险废物名录或者根据国家规定的危险废物鉴别标准和鉴别方法认定的具有危险特性的固体废物”。环境保护部和国家发改委 2008 年 8 月 1 日起施行的《国家危险废物名录》中 HW48 类明确包括：331-016-48 粗铅熔炼过程中产生的浮渣；331-018-48 铅锌冶炼过程中，粗铅火法精炼产生的精炼渣铅再生过程中产生的飞灰和残渣。因此，根据我国法律法规，样品属于危险废物。

样品属于固体废物，为铅冶炼产生的铅浮渣。2009 年 8 月 1 日，环境保护部、商务部、国家发改委、海关总署、国家质检总局发布的第 36 号公告中的《禁止进口固体废物目录》列出了“2620290000 其他主要含铅的矿渣、矿灰及残渣”、“2621900090 其他矿渣及矿灰”。因此，样品属于目前我国禁止进口的固体废物。

4 结论

样品不是锌矿及其矿粉；样品是来自利用某一特定工艺和原料生产粗铅或精铅过程中产生的铅浮渣；样品属于目前我国禁止进口的危险废物。

参考文献

[1] 彭容秋 . 有色金属提取冶金手册——锌镉铅铋 [M]. 北京 : 冶金工业出版社 ,1992:34.
[2] 彭容秋 . 有色金属提取冶金手册——锌镉铅铋 [M]. 北京 : 冶金工业出版社 ,1992:61-63,11,176.
[3] 彭容秋 . 有色金属提取冶金手册——锌镉铅铋 [M]. 北京 : 冶金工业出版社 ,1992:409,412.
[4] 邱定蕃 , 徐传华 . 有色金属资源循环利用 [M]. 北京 : 冶金工业出版社 ,2006:155.

70. 含铅、铋有色金属废物

1 背景

2007年12月，固体废物研究所对某公司申报进口的“铋矿”货物样品进行废物属性鉴别，需要确定是否属于国家禁止进口的固体废物。在实验分析、咨询专家和查阅相关资料的基础上编写鉴别报告。

2 样品特征及物质特性分析

（1）样品呈柔软泥状的土黄色固体，用手轻轻挤压就能使其变形，其中明显夹杂褐色、灰色、白色、黑色不规则颗粒，测定样品含水率为4.85%，有明显异味，外观形态见图1。

（2）采用X射线荧光光谱仪分析样品的组成，成分及含量见表1。

表1 样品主要成分及含量（除Cl以外，其他元素均以氧化物计）

单位：%

成分	PbO	Na_2O	MgO	CaO	Bi_2O_3	SiO_2	Al_2O_3	Sb_2O_3
含量	41.08	21.00	16.55	7.56	7.54	1.83	1.32	0.99
成分	ZnO	Cl	SO_3	As_2O_3	Fe_2O_3	ZrO_2	P_2O_5	—
含量	0.67	0.53	0.36	0.23	0.22	0.21	0.01	—

（3）采用X射线衍射仪（XRD）对样品物相进行分析，主要为PbO、$Mg(OH)_2$、$Ca(OH)_2$、Pb、$Na_2CO_3 \cdot H_2O$、Na_3BiO_4、Ca_2PbO_4、$CaMgSi_2O_6$、$Na_6Si_8O_{19}$，大部分属于碱性物质。

（4）样品综合能谱显示样品主要含有Na、Pb、Mg、As、O和Zn，见图2；混合样中白色团块的能谱见图3，显示主要含有Ca、Zn、Mg、Fe、Na和Pb；混合样中褐色物质能谱见图4，显示褐色物质为$Fe(OH)_3$沉淀。

图1 样品

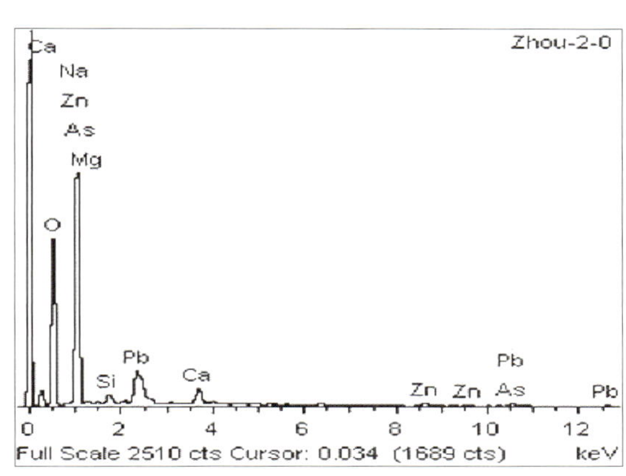

图2 混合样的能谱

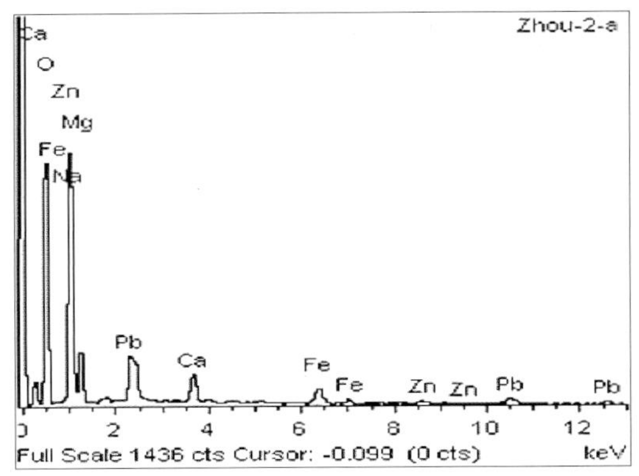

图 3　胶状灰白色团块能谱

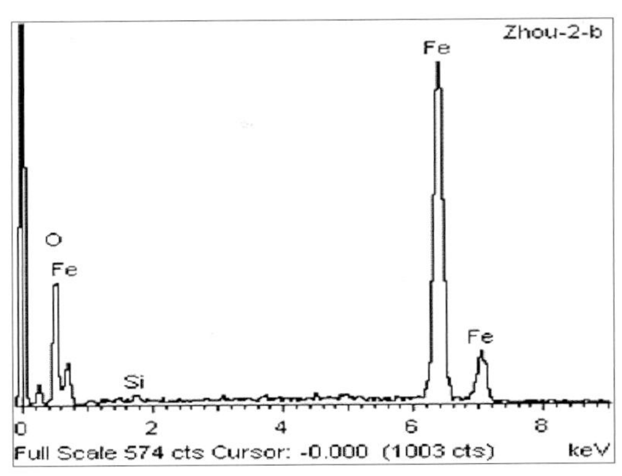

图 4　褐色物质能谱

（5）根据样品中含有重金属的特点，选择 Pb、As 按照《固体废物　浸出毒性浸出方法　硫酸硝酸法》（HJ/T 299—2007）浸出方法和《固体废物浸出毒性测定方法》（GB/T 15555.1~15555.11）的规定方法进行浸出毒性实验。浸出液中 Pb、As 的浓度和《危险废物鉴别标准　浸出毒性鉴别》（GB5085.3—2007）标准限值进行比较，结果见表 2。

表 2　　浸出液中有害重金属的质量浓度

单位：mg/L

	Pb	As
实验值	453	7.0
GB 5085.3—2007 标准限值	5	5

（6）按照《固体废物腐蚀性测定　玻璃电极法》（GB/T 15555.12—1995）制备并测定样品浸出液的 pH 值，结果为 13.3，符合《危险废物鉴别标准　腐蚀性鉴别》（GB 5085.1—2007）中 pH 值 ≥ 12.5 的要求，属于具有腐蚀性的危险废物。

3 样品物质属性鉴别分析

（1）产生来源分析

①铋 (Bi) 及铋矿 [1]

铋及其化合物用于制造低熔点合金，与 Pb、Sn、Cd、In 组成一系列低熔点合金，制作电器保险器、自动装置信号器材等，与 Sb、Sn、Pb 等组成合金，与锡（Sn）的合金制造模具等；作为冶金添加剂，在钢中加入微量铋可改善钢的加工性能等；次碳酸铋和次硝酸铋用来做胃药，外科上用来处理创伤和止血；化工上也有很多用途。

铋的主要矿物有辉铋矿（Bi_2S_3）、铋华（Bi_2O_3）以及菱铋矿（$n Bi_2O_3 \cdot m CO_2 \cdot H_2O$）、铜铋矿（$3Cu_2S \cdot 4Bi_2S_3$）等，其中以辉铋矿与铋华最为重要。铋的矿物大多与 W、Mo、Pb、Sn、Cu 等金属矿物共生，很少形成有单独开采价值的矿床，所以需要在其他主金属选矿过程中分离出精矿。

在一些含铋的主金属选矿过程中，经重选、磁选、浮选得到的精矿含 15% 以上的铋，个别高达 60%。铋精矿由于其共生矿物的不同和选矿方法的差异，其杂质含量波动很大，常见的有价金属及杂质有 Ag、Cu、Pb、Sn、W、Sb、As、Te、Fe、S 等。在精矿选矿过程中产出部分铋中矿，含 5%~15%Bi，可以作为提铋的原料。表 3 是国内几种铋精矿、铋中矿的化学成分。

表 3　国内一些选铋厂产出的铋精矿、铋中矿的典型成分及含量

单位：%（除标出外）

编号	Bi	Pb	Cu	S	Fe	SiO_2	As	WO_3	Sn	Ag/(g/t)
铋精矿 1	22.61	4.0	2.0	23.23	20.09	9.36	—	—	—	527
铋精矿 2	18.23	16.92	11.11	24.10	15.13	0.79	—	—	—	3 858
铋精矿 3	53.22	0.46	—	23.45	10.70	3.19	0.32	6.25	—	80
铋中矿	12.53	1.55	—	9.03	17.54	—	20.43	—	3.51	200

我国《铋精矿技术条件》（YS/T 321—1994）适用于各种天然铋矿和金属共生矿经选矿富集的铋精矿或由含铋原料经化学富集的氯氧铋（BiOCl）精矿，供提取金属铋制造合金及铋的化合物。表 4 是铋精矿的化学成分分级。同时该标准还规定：铋精矿粒度不大于 5mm，BiOCl 和用化学方法得到的铋产物不得与自然铋精矿掺混；铋精矿中不得有外来夹杂物；铋精矿水分含量不大于 4%，BiOCl 精矿的水含量和粒度可由供需双方协商规定。

表 4　铋精矿的化学成分分级

单位：%

品级	Bi，⩾	杂质，⩽		
		As	SiO_2	WO_3
一级品	60	0.5	2	3
二级品	50	1.0	3	3
三级品	40	1.0	4	3
四级品	35	1.5	4	3
五级品	30	1.5	5	3
六级品	25	2.0	8	3
七级品	20	3.0	9	4
八级品	15	不限	10	4

样品中含有较高的 Pb、Na、Ca、Mg、Bi，少量的 As、Zn、Fe、S、Si、Al 以及贵金属，到目前我们还没有看到与样品成分相似的铋矿物成分；样品的成分结构与通常的铋矿或含铋矿物的结构（如辉铋矿、铋华、菱铋矿、铜铋矿等）相差甚远；样品中含有较少的 Cl，从 Bi 和 Cl 的含量和结构分析证明不是 BiOCl；通过咨询矿冶专家，样品不是矿物，是冶炼中的回收产物。

综上所述，判断样品不是铋矿或含铋矿物。

②含铋副产物 [2]

有色金属冶炼过程中可产生一些含铋副产物，如铅阳极泥、锡阳极泥、铅钙镁渣、锡钙镁渣、铜转炉烟尘等，含 5%~15%Bi，还要经过进一步富集。可采用火法与湿法富集来提高铋的含量。冶炼原料除铋精矿、C（煤粉）、Fe（铁屑）、Na_2CO_3、CaF_2（萤石）、黄铁矿等以外，还包括氧化铋渣、返渣等。氧化铋渣一般是指阳极泥氧化除铋产出的料，氧化渣分为前期渣、中期渣、后期渣，前期渣含铋低，后期渣含铋高，含 35%~55% 的铋，氧化铋渣是综合回收铋的主要原料之一。熔炼中处理的返渣包括：a. 精炼渣：粗铋火法精炼产出的熔渣、氧化渣、除氯渣、成品渣，含铋约 30%；b. 浸出渣，粗铋火法精炼产出的氯化渣、锑渣，经湿法浸出后的残渣，含 3%~10%Bi；c. 炉底灰以及修炉时清理出的废料，含 5%~10%Bi；d. 烟道结及烟道尘，含 5%~10%Bi。表 5 和表 6 表明，铋矿和含铋副产物是铋的原料来源。

表 5　国外炼铋厂概况

国名 / 厂名	所属公司	产能 /(t/a)	主要金属	原料来源	铋产品
比利时 / 迪里	赛德施	1 000~1 500	—	—	铋锭、粒、球
比利时 / 巴伦	老山锌矿冶炼公司	60	Zn	钙镁除铋渣	四九精铋
比利时 / 霍勃肯	霍勃肯—奥维佩特	200	Cu、Pb	铅火法精炼铋渣	四九精铋
英国 / 奥尔佩顿	MCP	1 000	—	—	三九铋
玻利维亚 / 特来马龙	柯米波尔矿山	750	Bi	铋精矿、粗铋	95% 的 Bi
澳大利亚 / 南茨 . 克里克	佩科瓦尔森德	800	Cu	铜烟尘、粗铋	Bi>95%
秘鲁 / 奥罗亚	中部矿冶	515	Cu、Pb	阳极泥	五九精铋
墨西哥 / 托雷翁	帕诺勒斯	1 000	Pb、Zn	铋渣	四九精铋
墨西哥 / 蒙持尔	墨西哥矿业	356	—	—	铋合金棒
德国 / 北德	北德精炼公司	400	Pb	钙镁除铋渣	四九精铋
日本 / 国富	住友金属矿山	350	Cu	铜转炉烟尘	四九精铋
日本 / 神岗	三井金属矿山	300	Pb、Zn	铅阳极泥	五九电铋
日本 / 细仓	细仓矿冶公司	53	Pb、Zn	铅阳极泥	电铋
日本 / 宫古	腊萨工业公司	180	Cu	铜转炉烟尘、铅渣	四九精铋
美国 / 奥马哈	美国熔炼与精炼	300	Pb	铅火法精炼铋渣	四九精铋
美国 / 富兰克林派克	美国熔炼与精炼	300	—	—	四九精铋
苏联契姆肯特	契姆肯特炼铅厂	—	Pb、Zn	铅火法精炼铋渣	—
加拿大 / 伯列顿	加斯佩铜矿	55	Pb	钙镁除铋渣	四九精铋
加拿大墨多维尔	加斯佩铜矿公司	50	Cu	铜熔炼烟尘	Bi>83%

表 6　我国主要铋生产企业简况 [3]

厂名	原料	冶炼方法	产品
株洲冶炼厂	氧化铋渣、铋精矿	转炉还原熔炼—火法精炼	精铋
沈阳冶炼厂	氧化铋渣	反射炉还原熔炼—火法精炼	精铋及铋合金
广州冶炼厂	铋精矿，铋渣	反射炉熔炼—火法精炼	精铋及铋合金
赣州有色金属冶炼厂	铋精矿	反射炉熔炼—火法精炼	精铋
柿竹园有色矿	铋精矿	反射炉熔炼—火法精炼	精铋
云锡公司三冶炼厂	铋精矿、铋中矿	湿法海绵铋—熔炼—火法精炼	精铋
江西有色冶炼厂	氧化铋渣	转炉还原熔炼—火法精炼	精铋
水口山矿务局	铅阳极泥、铋渣	湿法浸出 BiOCl—火法还原精炼	精铋
大冶有色公司冶炼厂	铜烟灰	水浸—鼓风熔炼	粗铋及铋合金
铜陵有色公司	铜烟灰		氧化铋
贵溪化工厂冶炼分厂	铜烟灰		精铋及 25% 铋合金
株洲群丰冶炼厂	铋精矿	反射炉熔炼—火法精炼	精铋
长沙石常有色冶炼厂	氯氧铋精矿	坩埚炉熔炼—火法精炼	精铋
宜兴市冶炼厂	铋精矿、铋烟灰	鼓风炉、反射炉熔炼	粗铋
宜兴市熔炼厂	铋烟灰、铋渣等	鼓风炉、反射炉熔炼精炼	精铋、铋合金
昆冶一分厂	氧化铋渣	反射炉熔炼—火法精炼	精铋
台城化工厂	铋精矿	反射炉熔炼—火法精炼	精铋
盘古山钨矿	铋中矿	湿法海绵铋—熔炼—火法精炼	精铋
贵溪冶炼厂	铜阳极泥渣		20% 铋合金

③来源分析[1]

铋火法粗炼产出炉渣，由各种氧化物与脉石氧化物组成，成分及含量见表 7。样品中 Bi、Pb 的含量远高于表 7 中的数据，样品中没有钨 (W)，而 Si、Fe 的含量远低于表 7 中的数据，样品物相结构也不是通常的冶炼炉渣相（橄榄石），判断样品不是单纯的铋冶炼炉渣。

表 7　铋炉渣的化学成分及含量范围

单位：%

厂别	Bi	Pb	Na_2O	FeO	SiO_2	WO_3	CaO+MgO
1	0.05~0.3	0.1~1	20~34	13~32	15~30	1~5	15~23
2	0.2~0.6	3~7	10~19	20~30	12~32	—	2~10
3	0.5~1	—	—	—	28~30	—	2~4
4	0.05~0.2	0.1~0.5	30~35	5~10	10~15	5~10	10~15

铋在反射炉熔炼过程中，烟气经收集净化后留下的烟尘成分列于表 8。样品中 Bi、Pb、As、Sb 含量与表 8 中的数据具有可比性，但 Ag 和 S 的含量低于表 8 中的数据，判断样品不是单纯的铋冶炼烟尘。

表 8　烟尘成分及含量范围

单位：%

工厂	Bi	Pb	As	Sb	Ag	Zn	S
1	5~15	5~15	0.5~5	0.5~5	<0.1	—	5~10
2	5~10	3~10	20~25	0.1~0.5	0.1	—	5~10
3	10~15	5~10	0.5~2	0.5~1.5	0.1~0.2	1~5	—
4	8~10	7~10	0.5~1.5	0.5~3	<0.02	5~10	10~15

铜精矿中含铋，炼铜时富集在转炉烟尘中，这种烟尘如果返回到铜系统进行还原熔炼，必然会提高粗铜中的铋含量，给电解精炼带来困难。因此必须从铜转炉烟尘中回收铋，铜转炉烟尘成分和含量见表 9。样品中铋和铅的含量与表 9 中的数据具有可比性，但硫不具有可比性；样品中有极少量的锌且并没有发现铜，这与表 9 的数据不相符。综合这些信息，判断样品不是单纯的炼铜转炉烟尘。

表 9　炼铜转炉烟尘成分及含量范围

单位：%

工厂	Bi	Pb	Zn	Cu	S
1	8~12	25~30	10~15	0.1~1.0	8~12
2	0.7~1.3	17~22	18~24	2~4	0.7~1.5
3	1~4	5~10	4~8	4~8	1~4

用 H_2SO_4 浸出铜转炉烟尘回收 Bi、Cu、Zn 后的渣为浸出渣，表 10 是浸出渣的成分。样品中的 As、Bi、S 的含量均明显低于表 10 中的数据，其他元素也不能完全相符合，判断样品不可能是单纯的铜转炉烟尘浸出渣。

表 10　浸出渣成分及含量

单位：%

浸出渣	Bi	Cu	Pb	Zn	S	As	Sb	Ag
1	31.03	0.13	31.64	1.40	7.43	—	—	—
2	15.34	微	44.32	0.14	8.88	—	—	—
3	8.66	0.33	47.34	1.45	6.73	4.03	1.11	0.072
4	8.66	0.21	29.47	0.13	—	2.50	—	0.1

从阳极泥中回收贵金属首先是通过还原熔炼产出贵铅，贵铅在分银炉吹炼过程中使铋富集在氧化铋渣中，氧化铋渣又称为后期渣、铜铋渣，表 11 是几种氧化铋渣的成分和含量。样品中没有 Cu、Ag，样品中 Bi、As、Sb 的含量基本上低于表 11 中的相应数据，其他元素也不能完全相符合，判断样品不是氧化铋渣（后期渣、铜铋渣）。

表 11　氧化铋渣的成分及含量

单位：%

工厂	Bi	Cu	Pb	Ag	Sb	Te	As	Fe	SiO_2
1	51.01	7.27	21.84	1.01	3.84	1.13	1.62	—	—
2	59.90	7.50	18.95	0.71	0.64	0.43	0.12	0.57	0.24
3	22.44	13.02	12.98	4.83	8.09	—	2.90	—	14.50
4	25.54	15.45	13.65	5.38	3.78	—	1.10	1.33	12.60

在粗铅电解精铅过程中形成的阳极泥中含有铋，这也是回收铋的原料之一。表 12 为铅电解精炼过程产生的阳极泥的成分和含量。样品中铅 (Pb) 含量高于表 12 中铅的数据，而样品中锑 (Sb) 的含量明显低于表 12 中的数据，且 Au、Ag、Sn 在样品中几乎没有，其他成分也不能完全相符合，判断样品不是铅电解阳极泥。

表 12　铅电解阳极泥的成分及含量

单位：%（除标出外）

阳极泥	Bi	Cu	Pb	Ag	Sb	Sn	As	Au/(g/t)
1	14.64	2.22	13.77	4.77	45.61	0.16	0.31	220
2	21.3	2.2	12.9	0.11	—	—	—	590
3	10.61	1.55	9.55	6.45	27.96	2.02	18.46	410
4	10.2	5.2	8.7	0.125	36.7	—	—	350
5	30~31	0.8	19~20	1.0	23~24	—	12~13	—
6	6.4	2.3	18.4	5.4	47.3	0.08	3	40
7	2~3	0.6	8~10	15.53	45~55	0.058	10	0.32

在粗铅的火法精炼中，铋是最难除去的杂质，国外一些工厂常采用加 Ca、Mg 的方法除去 Bi，由于 Ca、Mg 与 Bi 生成难熔的金属间化合物，形成浮渣而与铅分离。加 Ca、Mg 形成的富铋渣中含 3%~5%Bi，这种渣相是 Mg_2CaBi_2（钙镁铋渣）。炼铅时产出的 Mg_2CaBi_2 与 NaOH 一起熔炼，产出 Bi-Pb 合金。但到目前为止还没有查找到与样品成分相似的铋钙镁渣。

将上述资料与样品的分析结果进行对比，样品中含有的各种元素在铋冶炼、铅冶炼以及铜冶炼等过程的各种渣中几乎都可以找到，但又没有一个过程所产生渣的成分与样品成分完全一致，通过咨询专家，综合判断样品应是来自有色金属 (Cu、Pb、Bi) 冶炼过程中产生的回收铋的混合物，很可能是来自铋冶炼产生的烟尘和铅钙镁铋渣的混合物。

（2）固体废物属性分析

由于样品与铋矿和含铋矿物的成分和结构不相似，样品成分、结构及其含量非常复杂，可能来自铋冶炼产生的烟尘和铅钙镁铋渣的混合物，这种混合物应是冶炼过程中“回收的含铋产物”，但是没有找到这种产物相关的“质量标准和规范”；这类回收的混合物应是来自“污染控制设施中产生的烟尘或残渣”；国外回收这类物质的目的还在于“消除生产过程中的污染”；由于回收产物中含有部分物理性质相近的金属以及较高含量的 Ca、Mg、Na，因此回收处理过程具有相当的难度，要经过“复杂的工艺处理”，增加了“对人体或环境的污染风险”。因此，依据《固体废物鉴别导则（试行）》的原则，判断样品属于固体废物。

原国家环境保护总局等部门于 2008 年公布的第 11 号公告以及之前历次公布的允许进口的固体废物目录中均没有列出该类废物，因此，样品属于我国禁止进口的固体废物。

4 结论

样品不是铋矿或含铋矿物，是来自有色金属（Cu、Pb、Bi）冶炼过程中产生的回收铋的混合物，很可能来自铋冶炼产生的烟尘和钙镁铋铋渣的混合物，样品属于禁止进口的固体废物。

参考文献

[1] 汪立果 . 铋冶金 [M]. 北京 : 冶金工业出版社 ,1986.
[2] 有色金属提取冶金手册——锌镉铅铋 [M]. 北京 : 冶金工业出版社 ,1992.
[3] 任柏峰 . 我国铋工业发展现状及对策 [J]. 有色金属 ,1999(11):10.

71. 含钴废物

1 背景

2007年12月，固体废物研究所对某公司申报进口的"钴矿"货物样品进行废物属性鉴别，需要确定是否属于国家禁止进口的固体废物。在实验分析、咨询专家和查阅相关资料的基础上编写鉴别报告。

2 样品特征及物质特性分析

（1）样品外观为灰色不规则颗粒和粉末，颜色和颗粒不均匀，大颗粒强度很小，用手就能轻易掰碎，有的颗粒内部颜色均匀，有的颗粒内部颜色较杂，手感较轻，无异味。测定样品含水率为16.73%，表观密度约为1.07 t/m^3。样品外观形态见图1。

图1　样品

（2）采用X射线荧光光谱仪（XRF）分析样品的组成，成分及含量见表1。

表1　主要成分及含量（除Cl以外，其他元素均以氧化物计）

单位：%

成分	ZnO	PbO	SO_3	Co_3O_4	CuO	CdO	Sb_2O_3	Fe_2O_3	NiO	SrO
含量	38.15	15.27	14.59	13.89	7.92	3.77	1.71	1.33	0.67	0.58
成分	SiO_2	K_2O	MgO	MnO	Al_2O_3	CaO	Cl	P_2O_5	Na_2O	—
含量	0.54	0.49	0.35	0.30	0.28	0.09	0.05	0.01	0.01	—

（3）采用X射线衍射仪（XRD）对样品进行物相分析，主要有$PbSO_4$、$ZnSO_4 \cdot 3Zn(OH)_2$、$C_6Fe_2O_{12}$、$CoCO_3$、CoO、Cu_2SO_4、$CoSO_4$。

（4）将样品进行电镜能谱分析，结果见图2~图9。图2表明样品含有多种有价金属组分，以Si、Ca、Mg为代表的脉石杂质含量均较低。图3中部分颗粒呈较完整的结晶（粒状和针状）。

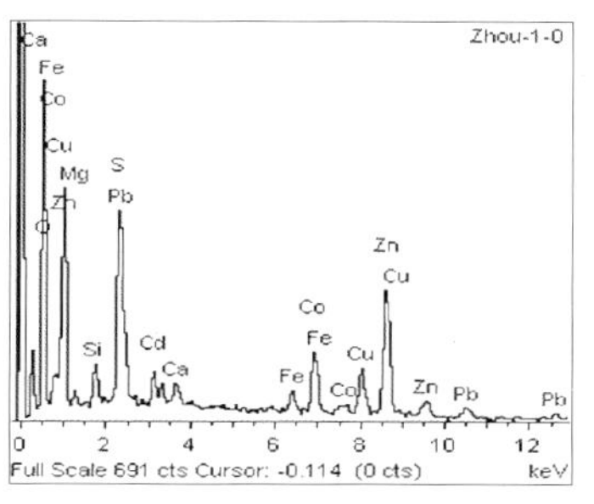

图 2　综合样品能谱

图 3　抛光片中所见团块的典型图像

图3中标注的A、B、C分析点相对应的能谱见图4、图5、图6，图4说明A点是铅矾结晶，图5说明B点是$ZnSO_4$结晶（O异常高说明它含H_2O），有Co^{2+}、Cu^{2+}混入（可能是代换），图6说明C点无定形集合体是多种元素的混合物。图7抛光片中所见为许多针状$ZnSO_4$结晶裹夹的富镉相的典型图像，内（A）外（B）成分有别，能谱见图8和图9。

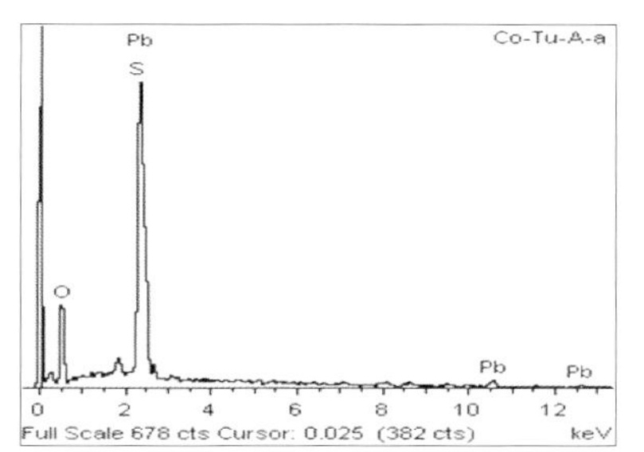

图 4　图 3 中分析点 A 对应能谱

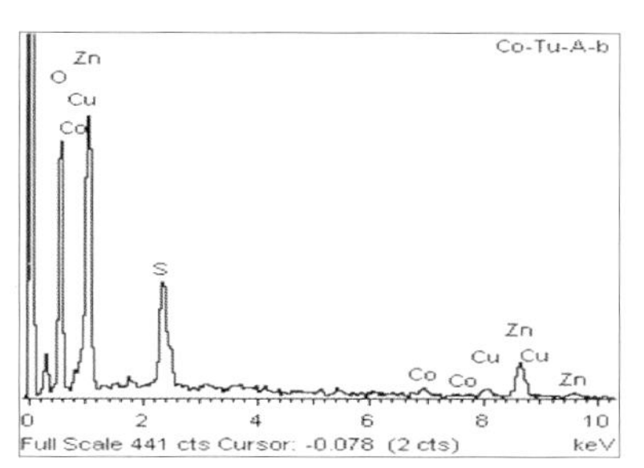

图 5　图 3 中分析点 B 对应能谱

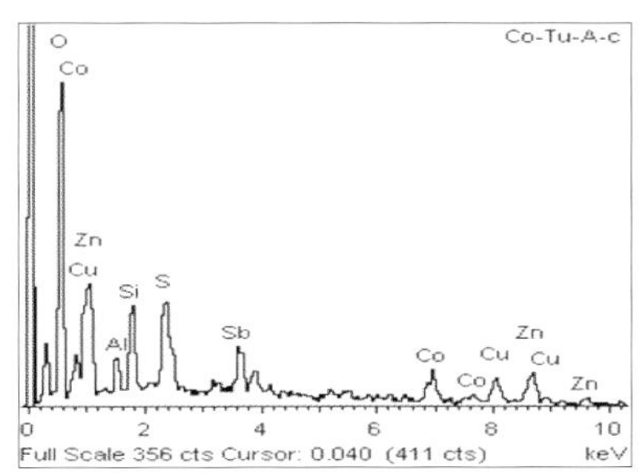

图 6　图 3 中分析点 C 对应能谱

图 7　抛光片所见为许多针状的典型图像

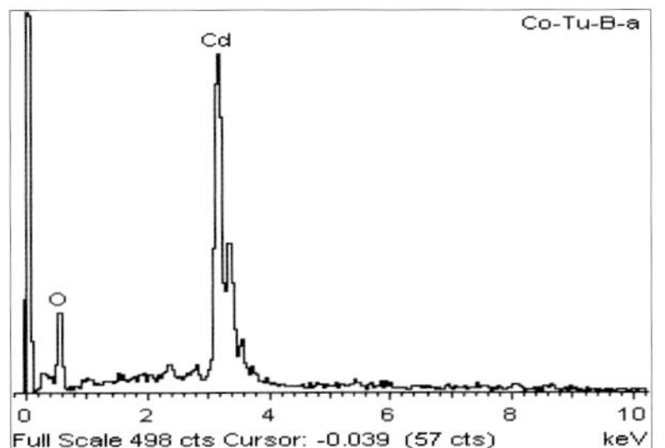

图 8　图 7 中分析点 A 对应能谱

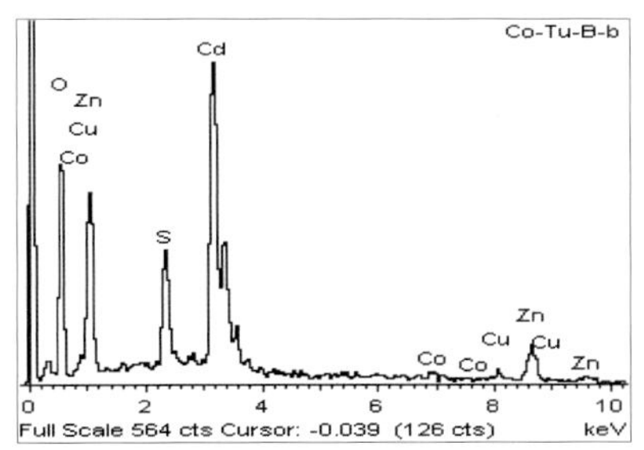

图 9　图 7 中分析点 B 对应能谱

（5）根据样品中含有重金属的特点，选择Zn、Cu、Pb、Cd作为样品浸出毒性鉴别指标。按照《固体废物 浸出毒性浸出方法 硫酸硝酸法》（HJ/T 299—2007）和《固体废物浸出毒性测定方法》（GB/T 15555.1~15555.11）中的规定方法进行浸出毒性实验。将浸出液中Zn、Cu、Pb、Cd的质量浓度与《危险废物鉴别标准 浸出毒性鉴别》（GB 5085.3—2007）的标准限值进行比较，结果见表2，表明样品具有浸出毒性危险特性。

表2 浸出液中有害重金属的质量浓度

单位：mg/L

	Zn	Cu	Pb	Cd
实验值	5.57	0.45	1.01	31.1
GB 5085.3—2007 标准限值	100	100	5	1

（6）样品腐蚀性分析：按照《固体废物腐蚀性测定 玻璃电极法》（GB/T 15555.12—1995）中的规定方法制备并测定样品浸出液的pH值，结果为5.84，表明样品不具有腐蚀性危险特性。

3 样品物质属性鉴别分析

（1）产生来源分析

①样品报关名称为“钴矿”，因此，首先分析是否为钴矿。

钴矿物种类很多，有100多种，按化合物的类型来分，种类最多的是砷矿物和硫矿物；氧化矿物主要是次生化合物，分布则比较窄。砷化矿物和硫化矿物中分布最广的是钴的硫砷化物：辉砷钴矿（CoAsS）和铁硫砷钴矿（(Co,Fe)AsS），有时也见到钴的砷化物：方钴矿（CoS_2、$CoAsS_3$）、砷钴矿（As_2-Co）、斜方砷钴矿（$CoAs_2$）。在许多矿床中，含Co、Ni和Fe的砷化和硫化矿物也分布很广，但都是和钴的矿物有着极其紧密的联系，尽管钴的含量上差异很大，但就结晶化学的构造和物理性能方面来说，它们非常相似。国外部分钴矿石的成分及含量见表3，钴的主要矿物或含钴矿物见表4[1]。

表3 国外钴矿石的成分及含量

单位：%

矿石名称	Co	Ni	Fe	Cu	S	As	Al_2O_3	CaO	MgO	SiO_2	MnO_2
赞比亚硫化铜矿石	0.1~0.4	—	2.4	3.2	1.45	—	12.2	7.5	6.5	45.5	0.2
刚果氧化铜矿石	0.4~2.0	—	3.2	7~9	—	—	7.4	1.3	5.0	64.7	—
澳大利亚的硫化铜矿石	23.8	—	18.0	25.0	27.0	—	3.2	1.0	—	3.0	—
芬兰的硫化铜矿石	0.15	0.1	26.0	3.4	25.0	0.01	2.0	1.0	—	42.0	—
苏联矿石	5.8	0.1	15.0	1.3	12.8	13.5	12.0	6.2	3.8	25.0	—
澳大利亚的砷矿石	26.0	0.51	5.4	0.34	15.8	32.2	5.7	—	—	8.5	—
加拿大安大略的砷矿石	14.0	—	4.0	—	—	55.0	—	5.0	—	4.0	—
澳大利亚钴华矿石	21.0	0.15	12.0	—	—	20.0	—	—		16.0	—
美国宾夕法尼亚黄铁矿尾砂	0.09	—	45.0	0.3	2.6	—	8.0	5.0	5.0	12.0	—
加拿大的硫化镍矿石	0.08	2.5	40.0	1.4	22.0	—	5.0	1.0	1.2	18.0	20.8

表 4　钴的主要矿物和含钴的矿物

矿物种类		名称	分子式
砷化矿物和硫化矿物	一般钴矿物	辉砷钴矿	$CoAsS$
		铁硫砷钴矿	$(Co、Fe)AsS$
		方钴矿	$CoAsS_3$
		砷钴矿	$CoAsS_{3-2}$
		斜方砷钴矿	$CoAs_2$
		硫钴矿	Co_3S_4
		硫铜钴矿	$(Co、Cu、Ni)_3S_4$
		辉钴矿	CoS_2
	铁和镍的含钴矿物	辉砷镍矿	$NiAsS$
		砷镍矿	$NiAs_{3-2}$
		斜方砷镍矿	$NiAs_2$
		硫镍钴矿	$(Co、Ni)_3S_4$
		辉镍矿	Ni_3S_4
		红砷镍矿	$(Ni、Fe、Co)S_2$
		硫镍矿	NiS_2
		硫铁镍矿	$(Ni、Fe)_9S_8$
		钴毒砂	$(Fe、Co)AsS$
氧化矿物	一般钴矿物	钴华	$Co_3(AsO_4)_2 \cdot 8H_2O$
		水钴矿	$2Co_2O_2 \cdot CoO \cdot nH_2O$
		菱钴矿	$CoCO_3$
	含钴矿物	土状矿物	含钴氢氧化锰

钴矿经过选矿后可极大地提高钴的含量，加拿大科比尔 - 克利夫工厂的铜镍矿经过浮选后可得到 5%~6%Cu 的铜精矿和含 0.3%Cu、26%Co 的钴精矿。有的钴矿中除去脉石，钴含量可达到 15%~16%。钴矿选矿的主要指标见表 5[1]。

表 5　含钴矿石选矿的指标（Co 含量）

单位：%

工厂	原矿石	精矿
赞比亚的恩堪纳	0.14	4.4
美国宾夕法尼亚的康瓦尔	0.09	1.4
芬兰的奥托库姆普	0.14	0.4
加拿大的埃果尼科	0.6	12

成分分析表明：样品中 Pb、Cd、Zn、Sb 含量较高，目前为止没有查找到在天然钴矿中这些物质有如此高含量的依据；物相结构分析表明：样品中含有大量的硫酸盐，与通常的钴矿物中的化学结构相差甚远。因此，判断样品不是天然钴矿。

②钴矿冶炼渣

钴的最普遍的伴生元素是铁和镍，在火成作用下，钴经常与铜伴生，有时在热液期中还与 Pb、Zn、Au、Ag、Bi 伴生。在钴矿的冶炼过程中，不同工艺产生各种不同的渣，例如：含钴铜矿石和精矿的冶炼转炉所产生的炉渣中，铁含量可达 34%~36%，钙和铝的氧化物各占 1%~2%；黄铁矿精矿提炼过程中产生的灰渣和二次灰渣中除钴外，还有 Cu、Fe、Ni、

Mn 和 Zn；同时钴矿冶炼渣中通常应含有贵金属[1]。总之，到目前为止还没有查找到与样品成分相似的天然钴矿冶炼所产生渣的资料，初步判断样品不是天然钴矿冶炼渣。

③产生来源分析[2,3]

湿法炼锌的浸出过程是以稀 H_2SO_4 或锌电解过程的废电解液作为溶剂，将含锌原料中的有价金属溶解进入溶液。其原料中除 Zn 外，还含有 Fe、Cu、Cd、Co、Ni、Sb 及稀有金属等，这些化学成分来源比较广泛，如：硫化锌精矿中有时含钴；锌精矿沸腾焙烧精矿中的 Pb 和 Cd 大量挥发进入烟尘，葫芦岛锌厂高温烟尘大约含 40%Zn、5%~6%Cd、4%~5%Pb；苏联火法炼锌厂电尘含 25.0%Zn、3.5%Cd、17.8%Pb、11.2%S。浸出目的是将原料中的锌尽快完全溶解进入溶液，并在浸出最后阶段除杂。

下面是一些湿法炼锌浸出渣的实例：

a. 日本神冈铅锌冶炼厂和美国熔炼与精炼公司电锌厂均采用一段连续浸出流程，两厂浸出率达到 94%，两厂浸出渣的成分及含量见表 6。

表 6　浸出渣成分及含量

单位：%（除标出外）

工厂	Zn	Fe	Pb	Cu	Cd	S	Ag/（g/t）
美国电锌厂	16~18	25~35	10~14	1.5	0.5	—	937~1 250
神冈厂	19.2	27.7	2.3	0.4	0.3	4.6	328

b. 日本神冈铅锌冶炼厂采用三段连续净化流程，以 As_2O_3 作为除钴的锌粉活化剂，产生的净化渣化学组成见表 7。

表 7　净化渣成分及含量

单位：%

工厂	Zn	Cd	Cu	Co	Fe
一段 Cu-Co 渣	10.0	0.7	42.0	4.2	0.1
二段 Cd 渣	18.0	37.6	0.32	0.001	0.02

c. 苏联乌斯基卡敏诺哥尔斯基（简称乌一卡厂）炼锌厂采用一次加锌粉与酒石酸锑钾（$KSbC_4H_4O_7 \cdot 0.5H_2O$）除 Cu、Cd、Co 的连续逆流净化流程。特点是：钴盐加入第二段并同时加入第二段产生的净化渣，置换得到的 Zn-Cu-Cd-Co 渣成分为 30%Zn、4.0%~5.0%Cd、15.7%~17%Cu、0.02%~0.25%Co。这种渣送去回收镉，若原料含钴高时，处理这种复杂成分的渣则很困难。

d. 加拿大电锌公司瓦列菲尔德电锌厂，建立了加 Sb_2O_3 三段连续净化系统，特点是第一段不加锌粉，而第二段和第三段加入含锌较高的 Cu-Cd 渣，从而减少锌粉的消耗，但是得到一种复杂的 Zn-Cu-Cd-Co 渣，含 15.7%~17%Cu、4.0%~5.0%Cd、0.02%~0.025%Co、30%Zn。各段固体渣的其他化学组成见表 8。

e. 株洲冶炼厂采用黄药除钴两段净化流程，产生的 Cu-Cd 渣和钴渣的化学组成见表 9。

f. 芬兰科科拉电锌厂利用第二段净化产出的镉渣生产镉，镉渣化学组成见表 10。

表 8　各段固体渣成分及含量

单位：%

	Zn	Cu	Cd	As
第一段浓缩底流	45	7	6	—
第二段漩流器底流	75	2	2	—
第三段滤渣	85~90	2	2	—
再浸出后渣	10~15	45~60	3~5	1

表 9　Cu-Cd 渣和 Co 渣成分及含量

单位：%

	Zn	Cd	Cu	Ni	Co	As	Sb	Ge
Cu-Cd 渣	40.26	14.31	5.64	0.08	0.02	0.27	0.09	<0.01
Co 渣	16.08	2.31	4.17	<0.01	1.67	0.23	0.10	<0.01

表 10　Cd 渣成分及含量

单位：%

Cd 渣	Zn	Cd	Cu	Co	Ni
1	60	15~25	1	0.05	0.005~0.05
2	54.5	22.4	0.7	—	—

g. 文献报道[4]，湿法炼锌（溶液深度净化除钴）中，对于 $ZnSO_4$ 溶液的深度净化除钴，除添加锌粉置换除钴的方法外，还有采用特殊的化学试剂（如黄药）沉钴法。该法的实质是在 $CuSO_4$ 存在的条件下，溶液中的 $CoSO_4$ 与黄药作用形成难溶的黄酸钴沉淀，反应方程式如下：

$$8C_2H_5OCS_2Na + 2CuSO_4 + 2CoSO_4 = Cu_2(C_2H_5OCS_2)_2\downarrow + 2Co(C_2H_5OCS_2)_3\downarrow + 4Na_2SO_4$$

将上述资料与样品的分析结果进行对比，样品中含有的绝大多数元素在炼锌过程中所产生的各种渣中都可以找到，但到目前为止没有找到与样品成分含量基本相符的实例。根据样品中化学成分以硫酸盐为主、含有水分（游离水和结晶水）和含钴较高的特点，并结合咨询专家的情况，综合判断样品是来自有色金属冶炼过程中产生的回收钴富集混合物，即湿法炼锌过程中回收的钴富集混合物。由于钴的含量相对较高，其具有进一步提取钴的价值。

（2）固体废物属性分析

样品成分非常复杂，是来源于湿法炼锌过程产生的回收钴的富集混合物。没有查找到与样品相似的符合“标准和规范”的产品；这类物质应是来自“污染控制设施中的残渣”；国外回收这类物质的主要目的在于“消除生产过程中的污染”；回收样品中的 Co、Zn、Cu、Cd、Pb 等有价物质具有相当的难度，要经过“复杂”的工艺处理；作为替代钴矿的原料，由于含有更多的有害物质可能会“对人体或环境增加风险”。因此，依据《固体废物鉴别导则（试行）》的原则，初步判断样品属于固体废物。根据表 2 样品浸出毒性分析，样品属于危险废物。

原国家环境保护总局等部门于 2008 年公布的第 11 号公告以及之前历次公布的允许进

口的固体废物目录中均没有列出该类废物，因此，样品属于禁止进口的固体废物。

4 结论

样品不是天然钴矿，不是天然钴矿冶炼渣；样品是来自有色金属冶炼过程中产生的回收的富集钴的混合物，即湿法炼锌过程中回收的钴富混合物；因此，样品属于固体废物和危险废物，属于我国禁止进口的固体废物。

参考文献

[1] 古季玛，克鲁托夫．钴 [M]. 北京：地质出版社，1954.
[2] 彭容秋．有色金属提取冶金手册——锌镉铅铋 [M]. 北京：冶金工业出版社，1992.
[3] 彭容秋．铅锌冶金学 [M]. 北京：科学出版社，2003.
[4] 童雄，张艮林，闫森．综合回收有色金属物料中伴生钴的研究概况 [J]. 云南冶金，2001,30(6):11.

72. 钢铁冶炼转炉除尘灰

1 背景

2008 年 4 月，固体废物研究所对某公司申报进口的“黑色钢铁粉末”货物样品进行废物属性鉴别，需要确定是否属于国家禁止进口的固体废物。在实验分析、咨询专家和查阅相关资料的基础上编写鉴别报告。

2 样品特征及物质特性分析

（1）样品为黑色粉末，明显有结团（球），用手掰开团状大颗粒可见明显银色晶体；样品潮湿并有磁性；含水率为 5.3%；在 550℃下灼烧后颜色变成褐色，而含量基本没有变化。样品外观形态见图 1。

（2）采用 X 射线荧光光谱仪分析样品的主要成分，结果见表 1。

表 1　主要成分及含量（Si、Ca、Mg 以氧化物计，其他元素以单质计）

单位：%

成分	Fe	CaO	SiO_2	S	P	Zn	Mn	MgO	As
含量	58.98	7.98	1.39	0.054	0.073	1.08	0.58	1.82	<0.01

（3）采用 X 射线衍射仪对样品进行物相分析，主要为 FeO、Fe、Fe_3O_4、$ZnFe_2O_4$、$MgFe_2O_4$、$CaCO_3$。

（4）能谱分析显示样品主要含铁和钙的氧化物以及少量其他杂质，见图 2。然后对其进一步进行了扫描电镜观察，并对主要相进行了能谱分析。结果显示大部分呈细小的球状，少部分呈不规则状，珠体之间有粘连现象，见图 3。图 3 中分析点 A、B 的成分见图 4 和图 5，分析点 A 能谱为铁的氧化物，分析点 B 能谱为铁酸钙（CaO 和 FeO 的反应生成物）。

对粉体中提出的白色颗粒进行能谱分析，结果证明是 CaO，可能是白云质灰岩分解产物，见图 6。样品粒度细小且颗粒间彼此粘连，对其磁选所得产物和原物料的能谱进行了对比，见图 7 和图 8。两个图的化学组成没有明显区别，说明磁选对样品基本无富集效果。

图 1　样品

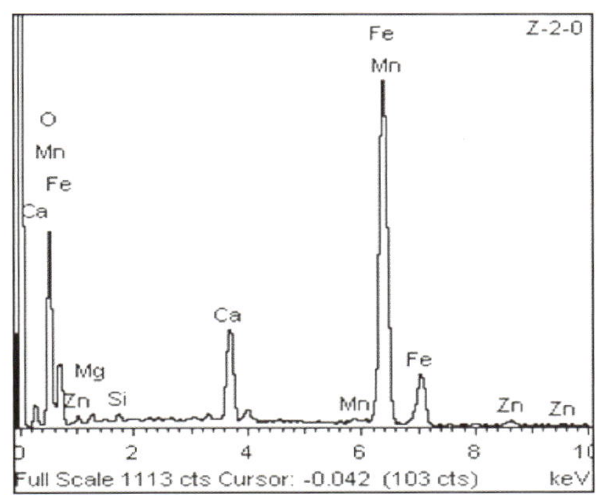

图 2　样品能谱

图 3　黑色粉末样品扫描电镜二次电子图像

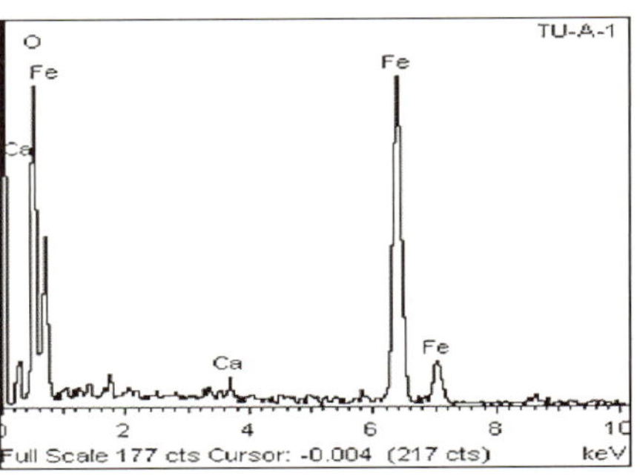

图 4　　图 3 中分析点 A 能谱

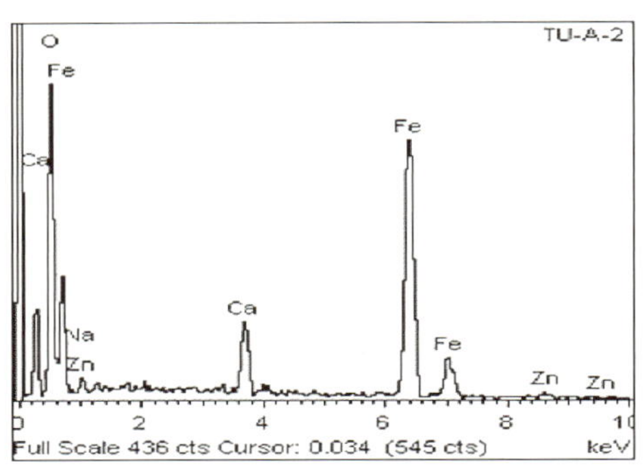

图 5　　图 3 中分析点 B 能谱

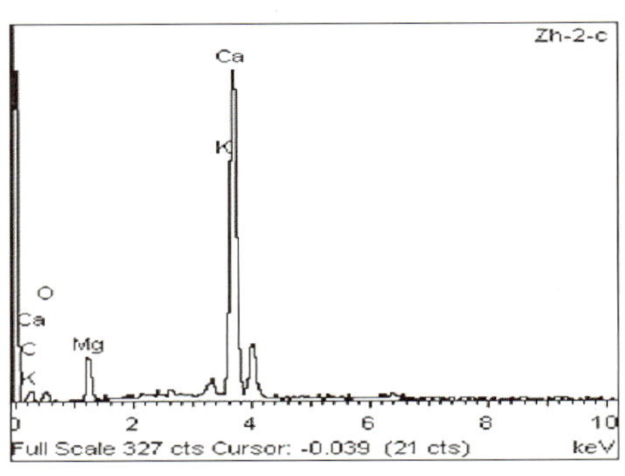

图 6　　白色颗粒能谱：CaO

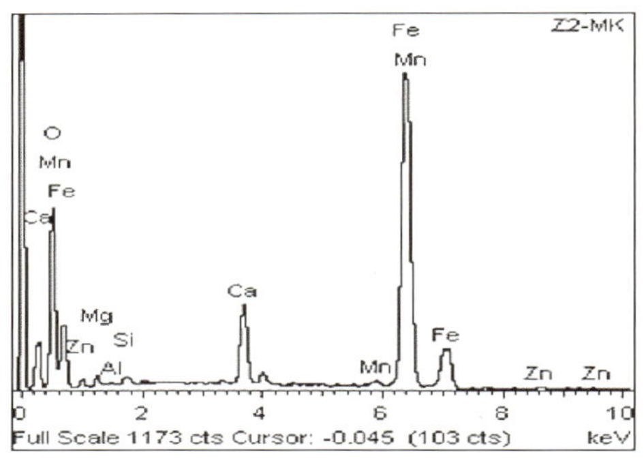

图 7　　黑色物料磁选精矿能谱

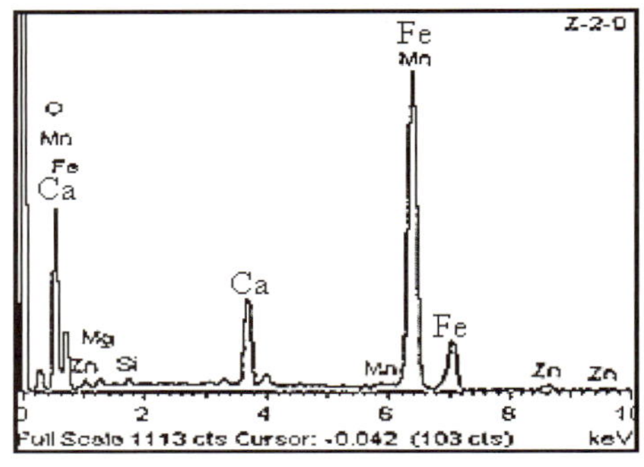

图 8　　黑色物料能谱

3 样品物质属性鉴别分析

（1）产生来源分析

钢铁冶炼的工序较长、工艺流程较多，产生各类废渣、粉尘和污泥，根据样品含铁较高、颗粒很细、物相结构等分析情况，可以直接排除样品是钢铁厂冶炼高炉渣、转炉渣、电炉渣、轧钢产生的氧化铁皮和处理酸性废水的污泥。样品的可能来源分析如下：

①烧结除尘灰

烧结过程产生的除尘灰主要由矿粉和熔剂组成，也含有少量的燃料粉末，主要化学成分及含量见表 2 所示。除尘灰属于有效成分较高的含铁料，它不但含铁量较高，而且有效 CaO 含量也高于其他铁原料。

表 2　烧结除尘灰的化学成分及含量

单位：%

序名	TFe	SiO_2	CaO	MgO	K_2O+Na_2O	Zn	C	S
1	39.46	7.78	5.85	2.39	0.44	0.29	21.74	0.26
2	38.27	8.78	7.70	2.60	0.76	0.71	16.96	0.25
3	42.85	8.01	5.96	2.23	0.52	0.46	13.73	0.19
4	46.40	6.94	5.54	2.04	0.34	0.25	12.86	0.18
5	37.97	7.38	4.25	1.60	0.62	0.40	27.94	0.22
6	27.81	12.83	14.12	3.59	2.07	2.15	13.46	0.53
7	44.15	8.43	3.30	1.36	0.28	0.20	13.39	0.14
8	26.35	13.71	14.77	3.25	1.94	2.57	13.20	0.46
9	47.85	6.07	12.32	3.47	2.29	0.12	3.48	0.58

除尘灰具有粒度细、分布集中、难混匀、难润湿的共性，绝大多数小于 100 目，其中 200~100 目粒级含量约占 84.5%，200 目以下的含量占 8% 左右。在烧结料中锌的含量正常在 70~200 g/t 烧结料范围内，在高温焚烧、煅烧和氧化区域产生锌蒸气，但很快反应生成 $ZnFe_2O_4$，或是留在烧结矿中或是被静电除尘系统高效滤除。

表 2 表明：钢铁厂烧结工序收集的粉尘与样品有明显的区别，一是 SiO_2 和 C 的含量相差比较大，在样品中 Si 和 C（样品灼烧后含量基本没有变化）的含量却很少，二是烧结除尘灰中 Fe 和 Zn 的含量普遍较低，而样品中两者明显较高。通过咨询钢铁专家，样品不是烧结除尘灰。

②瓦斯灰

瓦斯灰是高炉生产过程中由煤气所带出的微细粉尘，经过重力除尘器集尘后沉积下来所得到的，也称高炉粉尘或高炉炉尘。高炉粉尘主要成分与进入高炉的物料性质有关，主要有铁粉、焦粉和煤粉，并含有少量 Si、Al、Ca、Mg 等元素。也有一些企业的高炉粉尘中含有 Pb、Zn、As 等有害元素。国内部分钢铁厂瓦斯灰的化学成分及含量见表 3。瓦斯灰大部分回收后进入烧结厂继续做原料重新烧结，对少量含锌量较高的粉尘则弃置处理。

表 3　我国部分钢铁厂的瓦斯灰化学成分及含量

单位：%

名称	TFe	FeO	CaO	SiO_2	MgO	Al_2O_3	Cf
武钢	26.27	4.80	2.74	7.02	2.60	2.79	23.50
攀钢	25.15	—	4.38	6.81	—	—	35.38
涟钢	40.34	4.13	3.08	2.75	—	—	42.0
安钢	39.46	—	5.85	7.78	2.39	—	21.74
鄂钢	—	—	3.45	9.76	1.15	3.65	—

表 4 是欧盟某高炉瓦斯灰的典型成分及含量范围，主要是来自焦炭和烧结矿中的炭和铁，瓦斯灰通常回收后送到烧结厂进行烧结生产。瓦斯灰中含有 Zn 和 Pb，其化合物大部分能通过旋风除尘器，主要是在湿法除尘洗涤器中形成沉淀，许多颗粒因结合 Zn、Pb 化合物或这些重金属自身的粒径均小于 25μm，最终在瓦斯泥中富集。

表 4　高炉煤气处理系统中干基瓦斯灰典型成分及含量范围

单位：%

成分	C	Fe	Pb	Zn	Mn	Al_2O_3	Ti
含量	25~40	15~40	0.02~0.07	0.1~0.5	0.1~0.5	0.2~3.7	0.02~0.2
成分	S	SiO_2	P_2O_5	CaO	MgO	Na_2O	K_2O
含量	0.2~1.3	4~8	0.04~0.26	2~8	0.3~2	0.03~0.64	0.24~0.96

钢铁企业对高炉粉尘利用一般有三种情况：第 1 种是直接作烧结配料或制作球团；第 2 种是经处理后再使用；第 3 种因产量小，又含有 Pb、Zn 等有害元素，不能直接使用，成为废弃物。国内宝钢、武钢和鞍钢等在试验室用浮选—磁选或磁选—浮选联合流程处理高炉粉尘。

样品明显含水，与以上瓦斯灰的干态不符；样品中基本没有碳，与瓦斯灰不符；样品中铁、硅等元素含量也与瓦斯灰有明显差异，初步判断样品不是瓦斯灰。

③瓦斯泥

瓦斯泥是粒度较小的高炉炉尘经过重力除尘去除不掉再经过湿法除尘后所得到的部分。炼铁原料不同瓦斯泥矿物成分就不同，与铁矿和配料有关，主要化学成分是铁的氧化物、CaO、MgO、SiO_2、Al_2O_3、C 以及对高炉运行和生铁质量有影响的元素，如 Zn、Pb、K、Na、As、S 等。瓦斯泥呈黑色泥浆状或灰色粉末状，Fe 品位一般为 30%~40%，铁矿物以 Fe_3O_4 和 Fe_2O_3 为主，约占 85%，200 目以上细粒占 50%~65%。欧盟某钢铁厂瓦斯泥成分及含量范围见表 5，国内部分钢铁厂高炉瓦斯泥的主要成分及含量范围见表 6。

表 5　欧盟某钢铁厂瓦斯泥的典型成分及含量范围

单位：%

成分	C	Fe	Pb	Zn	Mn	Al_2O_3	S
含量	15~47	7~35	0.8~0.2	1~10	0.12~0.14	0.8~4.6	2.4~2.5
成分	SiO_2	P_2O_5	CaO	MgO	Na_2O	K_2O	—
含量	3~9	0.1~0.44	3.5~18	3.5~17	0.15~0.24	0.08~0.36	—

表 6　高炉瓦斯泥的化学成分及含量范围

单位：%

钢厂	TFe	C	CaO	MgO	SiO_2	Al_2O_3	Zn	Pb	H_2O
1	30~33	25~30	9.0	1.2	5.0	2.3	0.8~1.6	0.2~0.6	20~35
2	36.58	13.56	8.68	0.97	12.14	4.4	2.239	0.512	15.70
3	33.87	22.78	2.55	3.18	10.56	3.27	3.11	0.0~0.6	15.48
4	38.95	17.20	6.80	1.69	9.02	2.85	—	—	—
5	14.68	21.82	—	7.38	27.56	6.09	7.10	2.78	—
6	44.67	18.47	3.98	1.90	5.68	3.16	1.77	—	—
7	42.22	18.20	7.13	1.29	18.36	1.17	—	—	—
8	46.34	16.2	5.2	1.25	4.8	0.39	—	—	12.3

高炉瓦斯泥，由于其有害杂质锌的含量较高，可高达 1% 或更高，一般情况下，其中锌和铅的含量分别高出瓦斯灰的 10~20 倍、20~30 倍；含铁品位低、粒度细，如直接送往烧结，将影响烧结矿的质量。

瓦斯泥由于粒度比瓦斯灰更细，采用的是湿法除尘措施，目前还不能排除样品是瓦斯泥。

④电炉除尘灰

当前国内外炼钢电炉主要处理废钢铁，废钢成为电炉钢生产的主要炉料 [1]。电弧炉炼钢时，往炉中加入各种钢铁废料，有的废料可能含有锌或其他金属，一些容易挥发的金属（如 Zn、Pb、Cd 等）在冶炼过程中容易进入烟气处理系统。烟尘主要含 ZnO、$ZnFe_2O_4$ 以及其他金属氧化物等，典型组成为 19.4%Zn、24.6%Fe、4.5%Pb、0.42%Cu、0.1%Cd、2.2%Mn、1.2%Mg、0.4%Ca、0.3%Cr、1.4%Si、6.8%Cl。表 7 是美国钢公司各钢厂的电弧炉烟尘的平均成分及含量；表 8 是德国 B.U.S. 公司采用威尔兹工艺回收处理电弧炉烟尘的典型成分及含量范围；表 9 是 1995 年日本 16 个电弧炉车间的烟尘化学成分及含量，近几年 Zn 和 Cl 的含量有所提高 [2]。

表 7　美国钢公司各钢厂的电弧炉烟尘的平均成分及含量

单位：%

工厂	Zn	Pb	Fe	K	Na	Ca	Mg	Cd	水分
CHR	32.3	2.5	15.3	1.6	1.3	10.4	3.7	9.48×10^{-2}	0.6
JAX	27.4	2.7	28.6	0.6	0.9	3.5	2.6	6.23×10^{-2}	0.5
KNX	34.1	3.8	20.0	1.8	1.6	3.1	2.3	9.48×10^{-2}	0.5
WTN	31.9	3.5	21.5	1.3	2.0	4.0	1.9	5.23×10^{-2}	0.3

表 8　德国 B. U. S. 公司采用威尔兹工艺回收处理电弧炉烟尘的典型成分及含量范围

单位：%

成分	Zn	Pb	Cd	F	Cl	C	FeO	CaO	SiO_2	Na_2O	K_2O
钢厂烟尘	18~35	2~7	0.03~0.1	9.2~0.5	1~4	1~5	20~30	6~9	3~5	1.5~2	1~1.5

表 9　日本 16 个电弧炉车间的烟尘化学成分及平均含量（1995 年）

单位：%

成分	Zn	Fe	C	P	Cr	Mo	Ca	Cl	Cd	F	Ni
含量	22.5	32.0	3.6	0.10	6.3	6.3	2.6	3.1	0.02	0.25	0.03
成分	Si	Cu	Sn	Pb	Na	K	Mg	Mn	Al	O	合计
含量	1.6	0.2	0.05	2.2	1.0	0.5	1.15	2.6	1.1	25.0	100

表 7~ 表 9 的电炉炼钢烟尘中铁的含量低于样品中的含量，而锌的含量高于样品中的含量，目前，没有更多的证据表明样品是电炉粉尘。

⑤转炉除尘灰

转炉以铁水为原料，以空气或者纯氧作为氧化剂，靠杂质的氧化热提高钢水温度，30~40min 内完成一次精炼的快速炼钢法，转炉炼钢的种类根据送风形式和氧化剂的不同有很多种 [3]。炼钢过程中加入的造渣剂包括石灰、萤石 (CaF_2) 等；作为氧化剂或冷却剂使用的包括铁矿石、烧结矿、氧化铁皮等 [4]。因而炼钢烟尘中可包括 Fe、FeO、Fe_3O_4、CaO、

MgO 以及少量的 Si 等杂质。表 10 是国内某转炉除尘灰的化学组成。炼钢中的粗尘大部分返回烧结厂再利用，也有部分除尘灰用于制作砖，但由于除尘灰中含铁量较多（但未达到炼铁要求），易产生电磁屏蔽，因此尚不能产业化。较高的锌含量，使得细尘不能回收，而只能填埋。

表 10 BOF 除尘灰中粗、细粉尘的成分及含量范围

单位：%

成分	TFe	MFe	CaO	Zn	Pb	S	C
粗尘	30~85	72	8~21	0.01~0.4	0.01~0.04	0.02~0.06	1.4
细尘	54~70	20	3~11	1.4~3.2	0.2~1.0	0.07~0.12	0.7

根据样品的物理特征和实验分析，样品与上面资料中的转炉除尘灰非常接近。

总之，综合判断样品是钢铁冶炼过程中产生的除尘灰，很有可能来自转炉炼钢的除尘灰。

（2）固体废物属性分析

样品是钢铁冶炼产生的除尘灰，很有可能来自转炉炼钢的除尘灰，样品中锌含量较高，超过了一般铁矿石的要求，不能单独作为炼铁的原料。样品属于冶炼过程中产生的“废弃物质”，属于冶炼工艺产生的“残渣”，该种物质的产生没有严格的“质量控制”。依据《固体废物鉴别导则（试行）》的原则和钢铁冶炼固体废物管理的实践，判断样品属于固体废物。

2008 年 1 月，原国家环境保护总局、商务部、国家发改委、海关总署、国家质检总局发布的第 11 号公告的《禁止进口固体废物目录》中明确列出了“2619000090 冶炼钢铁所产生的其他熔渣、浮渣及其他废物”。因此，样品属于我国禁止进口的固体废物。

4 结论

样品是钢铁冶炼过程中产生的除尘灰，很有可能来自转炉炼钢的除尘灰，属于禁止进口的固体废物。

参考文献

[1] 邱绍岐，祝桂华．电炉炼钢原理及工艺 [M]. 北京：冶金工业出版社，1996.
[2] 邱定蕃，徐传华．有色金属资源循环利用 [M]. 北京：冶金工业出版社，2006.
[3] 萬谷志郎著，日本金属学会编．钢铁冶炼 [M]. 李宏译，北京：冶金工业出版社，2001.
[4] 聂永丰．三废处理工程技术手册——固体废物卷 [M]. 北京：化学工业出版社，2000.

73. 含镉废物

1 背景

2007 年 2 月，固体废物研究所对某公司申报进口的“未锻轧的粗镉”货物样品进行废物属性鉴别，需要确定是否属于国家禁止进口的固体废物。在实验分析、咨询专家和查阅相关资料的基础上编写鉴别报告。

2 样品特征及物质特性分析

（1）样品为两个，将其分别编为 1 号和 2 号，1 号样品为淡灰绿色颗粒，不均匀，有较大结块；测定样品含水率为 14.1%，样品干基 550℃下烧失率为 19.7%。2 号样品浅灰褐色颗粒，不均匀，有较大结块，含砂粒；测定样品含水率 16.7%，样品干基 550℃下烧失率为 13.7%。样品形态见图 1 和图 2。

图 1　1 号样品

图 2　2 号样品

（2）采用 X 射线荧光光谱仪分析样品的基本组成，成分及含量见表 1。

表 1　主要成分及含量（除 Cl 以外，其他元素均以氧化物计）

单位：%

样品	CdO	ZnO	SO_3	CaO	CuO	PbO	Fe_2O_3	SiO_2	Al_2O_3
1 号	49.33	17.88	15.71	5.09	3.92	1.96	1.44	1.34	1.05
2 号	47.32	18.42	15.34	5.02	3.20	2.01	3.07	2.65	1.07
样品	Cl	MgO	Sb_2O_3	Co_2O_4	NiO	MnO	Cr_2O_3	V_2O_5	TiO_2
1 号	0.94	0.45	0.31	0.24	0.20	0.09	0.04	—	—
2 号	0.44	0.51	0.22	0.19	0.18	0.22	—	0.07	0.07

（3）采用 X 射线衍射仪对样品进行物相分析，1 号样品为 ZnS、CdS、$CdSO_3$、$CaSO_4 \cdot 2H_2O$，2 号样品为 $Cd(OH)_2$、ZnS、CdS、$CdSO_3$、$CaSO_4 \cdot 2H_2O$。

（4）对样品进行能谱分析，结果表明成分主要含 Cd、Zn、Cu 的硫酸盐或元素 Cd、Zn 沉淀，见图 3 和图 4。

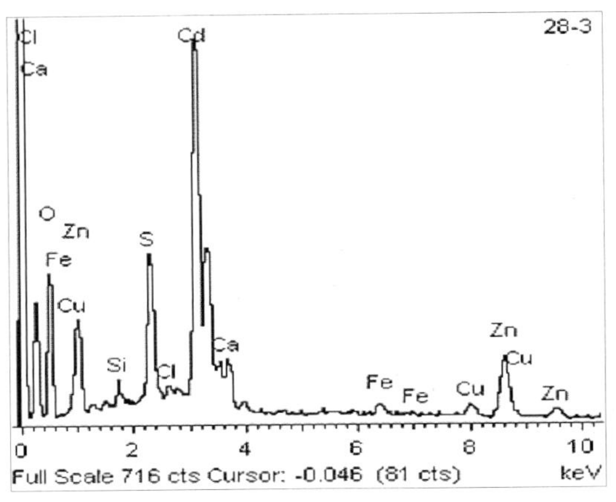

图 3　1 号样品能谱图

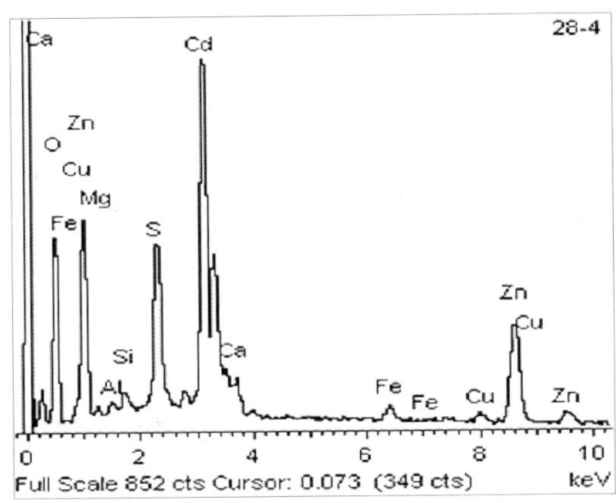

图 4　2 号样品能谱图

3 样品物质属性鉴别分析

（1）产生来源分析

1）天然含镉矿物

镉（Cd）在自然界中都以化合物的形式存在，常以少量包含于锌矿中，很少单独成矿，主要矿物为硫镉矿（CdS），与锌矿、铅锌矿、铜铅锌矿共生，矿中锌和镉的含量比约为 100 ∶ 3[1]，镉的矿床类型见表 2[2]。浮选时大部分进入锌精矿，在焙烧过程中富集在烟尘中。

表 2　镉的矿床类型

矿床类型	产出围岩	矿物组合	实例	类别
锌—镉矿床	泥盆纪砂岩	镉硒矿、硫镉矿、菱镉矿、黄铁矿、闪锌矿	俄罗斯土威	独立矿床
	下寒武纪含藻灰岩	含镉闪锌矿、硫镉矿	贵州牛角塘	
锡—锌—镉矿床	中寒武纪页岩与大理岩接触部位	含镉铁闪锌矿、方铅矿、黄铜矿	云南都龙	独立矿床
镉—铅—锌矿床	元古代、古生代白云质灰岩、白云岩	闪锌矿、方铅矿、黄铜矿	云南会泽、罗平、广东凡口	伴生矿床
	褐铁矿、水赤铁矿、铁帽、铅锌矿、氧化带	菱锌矿、白铅矿、硫镉矿、菱镉矿	辽宁关门山	

镉一方面很少单独成矿，另一方面在铅锌矿中伴生的镉含量也比较低，对比样品的形态特征和成分分析结果，并通过咨询专家，综合判断样品不是天然含镉矿物。

2）粗镉

西北某冶炼厂利用铜 - 镉渣采用湿法提取、火法精炼的联合流程得到的粗镉化学成分为 90%~95%Cd、1%~3%Zn、<0.1%Cu、<0.5%Pb，由粗镉蒸馏得到的精镉，含量达到 99.96% 以上[3]。

我国南方某冶炼厂曾经长期以烧结厂处理电尘粗镉，含量只有 80%~95%，某粗镉品位见表 3[4]。

表 3　某粗镉样品成分及含量

单位：%

成分	Cd	Pb	Zn	Tl	Fe	Sn	Sb	Cu	As
含量	88.31	9.05	1.92	1.67	0.022	0.008	0.005	0.004	0.002

火法炼锌厂在粗锌精馏过程中从镉塔产出一种含镉量为 15%~30% 或 5.6%~20.8% 的高镉锌。从这种高镉锌中提取镉一般采用精馏塔分离高沸点的杂质制得粗镉，然后加入 NaOH 等进行碱性精炼得到纯镉，生产数据见表 4[5]。

表 4　从高镉锌中生产的镉产品的成分及含量

单位：%

	Cd	Zn	Cu	Fe	Pb	As	Sb	Sn
精馏产生粗镉	97.05	2.86	<0.005	0.000 5	0.000 5	微	微	0.000 5
精馏产粗锌	10.01	89.85	0.001 6	0.01	0.007	—	—	—
精镉	>99.99	0.000 5	0.000 1	0.000 5	0.001	0.000 5	0.000 2	0.002

以上表明：粗镉中主要成分是金属镉，含量一般在 90% 以上，对照样品的成分含量和基本物相结构，判断样品不是粗镉。

3）样品很可能是来自炼锌过程中产生的镉富集混合物

湿法炼锌的浸出过程是以稀 H_2SO_4 或锌电解过程的废电解液作为溶剂，将含锌原料中的有价金属溶解进入溶液的过程。其原料中除锌外，一般还含有 Fe、Cu、Cd、Co、Ni、Sb 及稀有金属等元素。目的是将锌尽可能快地完全溶解进入溶液，并在浸出阶段除杂。浸出使用的锌原料主要有硫化锌精矿、硫化锌精矿的焙烧矿、氧化锌粉、烟尘、氧化矿等[1]。有关锌冶炼产生的镉渣和回收镉的原料如下[5]：

①锌精矿沸腾焙烧含镉烟尘

精矿中的 Pb 和 Cd 大量挥发进入烟尘，富集的 Cd 与 Pb 的烟尘成分如下：

葫芦岛锌厂高温烟尘中含 40%Zn、5%~6%Cd、4%~5%Pb。

苏联火法炼锌厂电尘中含 25.0%Zn、3.5%Cd、17.8%Pb、11.2%S。

②湿法炼锌浸出渣

日本饭岛电锌厂采用四段净化流程，由于在前两段已经将 Cu、Ni、Co 除去，同时在第四段加过量锌粉除残余镉，故在第三段加锌粉置换沉镉所产生的镉渣，大约含 82.0%Cd、7%Zn，这种高镉渣用废镉电解液溶解便得到镉电解液。日本神冈铅锌冶炼厂和美国熔炼与精炼公司电锌厂均采用一段连续浸出流程，两厂浸出率达到 94%，两厂浸出渣的化学组成见表 5。

表 5　浸出渣的成分及含量

单位：%（除标出外）

工厂	Zn	Fe	Pb	Cu	Cd	$S_{总}$	Ag/(g/t)
美国电锌厂	16~18	25~35	10~14	1.5	0.5	—	937~1 250
神冈厂	19.2	27.7	2.3	0.4	0.3	4.6	328

苏联乌斯基卡敏诺哥尔斯基炼锌厂采用一次加锌粉与酒石酸锑钾 ($KSbC_4H_4O_7 \cdot 0.5H_2O$) 除 Cu、Cd、Co 的连续逆流净化流程。特点是：钴盐加入第二段并同时加入第二段产生的净化渣，置换得到的 Cu-Cd-Co 渣的成分大约含 30%Zn、4.0%~5.0%Cd、15.7%~17%Cu、0.02%~0.25%Co，这种渣送去回收镉；若原料含钴高时，处理这种复杂成分的渣很困难。

加拿大电锌公司瓦列菲尔德电锌厂，建立了加 Sb_2O_3 的三段连续净化系统，特点是第一段不加锌粉，而第二段和第三段加入含锌高的 Cu-Cd 渣，从而减少锌粉的消耗，但是得到一种复杂的 Cu-Cd-Co 渣。各段固体渣的化学组成见表 6。

表 6　各段固体渣的成分及含量

单位：%

	Zn	Cu	Cd	As
第一段浓缩底流	45	7	6	—
第二段漩流器底流	75	2	2	—
第三段滤渣	85~90	2	2	—
再浸出后渣	10~15	45~60	3~5	1

株洲冶炼厂采用黄药除钴两段净化流程，产生的 Cu-Cd 渣和 Co 渣化学组成见表 7。

表 7　Cu-Cd 渣和 Co 渣成分及含量

单位：%

	Zn	Cd	Cu	Ni	Co	As	Sb	Ge
Cu-Cd 渣	40.26	14.31	5.64	0.076	0.021 2	0.278	0.088	0.002 9
Co 渣	16.08	2.306	4.17	0.002 2	1.67	0.23	0.10	0.002 1

芬兰科科拉电锌厂利用第二段净化产出的镉渣生产镉，镉渣的主要化学组成见表 8。

表 8　镉渣的主要成分及含量

单位：%

成分	Zn	Cd	Cu	Co	Ni
含量	60	15~25	1	0.05	0.005~0.05

葫芦岛锌厂采用湿法一火法联合流程处理含镉烟尘生产精镉，镉的含量达到了 99.99% 以上。塔底排出的镉的化学组成见表 9。

表 9　塔底镉渣的成分及含量

单位：%

成分	Zn	Cd	Cu	Pb	Fe	As	Tl
含量	0.02~1.08	70~72	3.1~4.6	13~15	2.1~3.1	3.5~4.9	0.1~0.2

③其他

从高镉锌中提取镉，火法炼锌厂在粗锌精馏过程中从镉塔产出含 15%~30%Cd 的高镉锌。也可以从镍镉电池厂废料中提取镉。

如何处理高铅镉及高品位镉锌是有色冶炼中的难点问题[6]，高铅镉主要成分为镉和铅，铅的含量高达 10% 左右，不能作为生产精镉的原料，只有将铅降至 0.002% 以下才可以使其满足粗镉要求；而高品位高镉锌不仅含有 40%~80% 的镉，还含有大量的锌及少量的铅和铁等，此种物料在精馏塔常规生产中不能进行处理，需要进行专门回收。

我国西南某锌厂炼锌产生的低锌高镉渣的化学组成见表 10[7]。

表 10　低锌高镉渣的化学成分及含量

单位：%

成分	Zn	Cd	Cu	Fe	Mn
含量	15.92	25.04	12.18	0.34	0.29

虽然样品与上述过程产生的镉渣在成分含量上不完全一致，但成分组成具有相似性，结合镉资源的来源特点、咨询专家情况以及样品的物相组成和物理形态等，综合判断样品很可能是来自炼锌过程中产生的镉富集混合物。

（2）固体废物属性分析

样品很可能是来源于湿法炼锌过程中的副产镉渣，成分相当复杂，两个样品的物相组成和形态特征等方面也具有明显差异，表明样品的产生过程没有质量控制，是生产过程中产生的残渣。依据《固体废物鉴别导则（试行）》的原则，判断样品属于固体废物。

《固体废物污染环境防治法》规定“禁止进口列入禁止进口目录的固体废物。进口列入限制进口目录的固体废物，应当经国务院环境保护行政主管部门会同国务院对外贸易主管部门审查许可。进口列入自动许可进口目录的固体废物，应当依法办理自动许可手续。进口的固体废物必须符合国家环境保护标准，并经质量监督检验检疫部门检验合格。”在《废物进口环境保护管理暂行规定》（环控 [1996]204 号文）中明确规定未列入允许进口名录中的废物禁止进口。在环控 [1996]204 号文公布的《国家限制进口的可用作原料的废物目录》及其增补的名录，原对外贸易经济合作部、原国家环境保护总局、海关总署、国家质检总局公布的《限制进口类可用作原料的废物目录（第一批）》（2001 年第 41 号公告），《关于调整废物进口环境保护管理有关问题的通知》（环发 [2002]7 号文）中的《自动进口许可管理类可用作原料的废物目录》，以及 2005 年原国家环境保护总局、海关总署、国家质检总局第 5 号公告中《自动进口许可管理类可用作原料的废物目录》和《限制进口类可用作原料的废物目录》中均没有“镉废碎料”及其类似的废物。因此，样品属于目前我国禁止进口的固体废物。

4 结论

样品不是天然含镉矿物，也不是粗镉，很可能是来自炼锌过程中产生的镉富集混合物，属于禁止进口的固体废物。

参考文献

[1] 彭容秋 . 铅锌冶金学 [M]. 北京 : 科学出版社 ,2003.
[2] 杨敏之 . 分散元素矿床类型、成矿规律及成矿预测 [J]. 矿物岩石地球化学通报 ,2000,19(4):381.
[3] 秦永宏 , 冶玉花 . 粗镉真空蒸馏制取优质镉的工业试验 [J]. 中国有色冶金 ,2004(4):39.
[4] 李冬云 , 胡凯 . 提高电尘提镉系统粗镉品位的研究 [J]. 有色冶金设计与研究 ,2006,27(1):4.
[5] 彭容秋 . 有色金属提取冶金手册——锌镉铅铋 [M]. 北京 : 冶金工业出版社 ,1992.
[6] 王宗亚 , 吴洁 , 杨莺 . 单铅塔生产粗镉工艺研究 [J]. 有色金属再生与利用 ,2006(2):17.
[7] 邵琼 . 从低锌高镉渣中回收有价成分新工艺及其动力学研究 [D]. 云南师范大学 ,2004.

74. 钒渣

1 背景

2005 年 5 月，固体废物研究所对某公司拟进口的含钒货物样品进行废物属性鉴别，需要确定是否属于国家禁止进口的固体废物。在实验分析基础上编写鉴别报告。

2 样品特征及物质特性分析

（1）样品呈灰绿色粉末状，干燥且均匀。测定样品含水率为 0.6%，样品干基 550℃下灼烧后的烧失率为 2.48%。

（2）采用 X 射线荧光光谱仪分析样品的组成，成分及含量结果见表 1。

表 1　主要成分及含量（除 Cl 以外，其他元素均以氧化物计）

单位：%

组分	CaO	V_2O_5	SiO_2	Fe_2O_3	NiO	MgO	Al_2O_3	SO_3
含量	45.22	22.80	16.06	2.90	1.94	3.5	3.90	1.91
组分	TiO_2	K_2O	Na_2O	MoO_3	MnO	P_2O_5	ZrO_2	Cl
含量	0.66	0.54	0.27	0.08	0.03	0.07	0.03	0.03

（3）按照《固体废物浸出毒性浸出方法　水平振荡法》（GB 5086.2—1997）和《危险废物鉴别标准　浸出毒性鉴别》（GB 5085.3—1996）中的规定方法进行浸出实验，对样品浸出液中镍（Ni）的质量浓度进行分析，结果镍的浓度小于 GB 5085.3—1996 最高允许质量浓度 10 mg/L。

（4）按照《固体废物腐蚀性测定　玻璃电极法》（GB/T 15555.12—1995）进行腐蚀性分析，样品浸出液 pH 值为 10.36。

3 样品物质属性鉴别分析

（1）产生来源分析

委托单位介绍拟进口货物是奥里油油灰经过初步处理后的产物，其原始油灰是由新加坡一家以奥里油为原料的电厂产生的，含有钒（V）。进口目的是提取其中的钒。

资料表明[1]，奥里油是以产于南美委内瑞拉奥里诺科河（Orinoco）流域的一种环烷基超重质原油（国外称之沥青）为原料，加乳化剂和水乳化而成。开采的重质原油经过脱汽处理后泵送到奥里油加工厂进行脱盐处理。奥里油是由 70% 奥里诺科沥青，30% 淡水，再加入 0.15% 的表面活性剂，经机械混合而成的水包油乳化液。其特征是重质原油被乳化剂包裹，水为连续相，油为分散相，从而使原来的油与油之间的摩擦转为水油之间的摩擦，黏度大大降低。奥里油主要用做电厂发电燃料，燃烧效果比燃烧重油和煤都要好。奥里油主要成分见表 2。对比表 1 样品的组分和委托单位提供的样品来源信息，判断样品是奥里油燃烧油灰经过简单处理后的产物。

表 2　奥里乳化油（委内瑞拉）的基本组分

项目	典型值	范围
碳 (C)/%	60.00	55.00~62.00
氢 (H)/%	7.30	10.00~12.00
氮 (N)/%	0.50	0.40~0.55
硫 (S)/%	2.70	2.70~2.90
钠 (Na)/（mg/kg）	30.0	15.0~50.0
镁 (Mg)/（mg/kg）	350	300~450
钒 (V)/（mg/kg）	300	270~340
镍 (Ni)/（mg/kg）	70.0	—

（2）固体废物属性分析

《固体废物污染环境防治法》关于固体废物的定义，是指："在生产、生活和其他活动中产生的丧失原有价值或者虽未丧失利用价值但被抛弃或者放弃的固态、半固态废物和置于容器中的气态物品、物质以及法律、行政法规规定纳入固体废物管理的物品、物质。"

进口货物系国外电厂燃烧奥里油的油灰经过简单处理（富集钒）后的产物，形态为粉末状，含水率仅为 0.6%，货物在国外不再利用。这种物质依产生过程仍属于污染控制设施产生的残余物，回收的目的是用于金属和金属化合物的再循环 / 回收。根据固体废物管理的实际情况，判断拟进口货物属于固体废物。

《固体废物污染环境防治法》以及《废物进口环境保护管理暂行规定》（环控 [1996]204 号文）规定：只有列入"可以用做原料进口的固体废物的目录"的固体废物才允许进口。原国家环境保护总局、海关总署、国家质检总局 2005 年第 5 号公告，将 2620.9990.10"含 V_2O_5>10% 的矿灰及残渣"列入了限制类可用做原料的废物目录。海关商品归类表对 2620 品目的解释是"在工业上提炼金属或作为生产金属化合物基本原料的矿灰或残渣"，依据前面的分析，样品含 V_2O_5>10%，样品进口的目的也是为了提炼其中的钒用做我国特种钢的材料，而且样品的可挥发组分很低，只有 2.48%，说明样品是以无机物为主，建议归入"含 V_2O_5>10% 的矿灰及残渣"，属于限制进口类固体废物。

4 结论

样品是钒渣，属于限制进口类固体废物。

参考文献

[1] 吴东垠 , 田文栋 , 魏小林 , 等 . 奥里乳化油工业试验结果分析 [J]. 燃烧科学与技术 ,2000,6(2):120-123.

75. 含钒废物

1 背景

2006 年 12 月，固体废物研究所对某公司进口的含镍货物进行了现场取样并进行固体废物属性分析。

2 样品特征及物质特性分析

（1）现场随机从各货物袋中（约 50% 的抽取率）采集少量样品组成 1 号混合样品，从一个货物袋中采集样品单独成为一个 2 号样品，样品外观为深黑色，呈细棱柱状，长 1~4 mm，含有油污。测定两个样品的含水率分别为 0.32% 和 0.36%，样品干基 550℃下可烧失率分别为 2.95% 和 3.85%。货物包装和外观形状分别见图 1 和图 2。

图 1　吨袋包装

图 2　物质形态

（2）样品经 200℃烘烤 6 小时至样品呈灰黑色，不再冒烟，然后研磨成粉压片，用 X 射线荧光光谱仪分析成分，结果见表 1。

表 1　样品主要成分及含量（除 Cl 以外，其他元素均以氧化物计）

单位：%

样品	Al_2O_3	V_2O_5	SO_3	MoO_3	NiO	Fe_2O_3	P_2O_5	SiO_2	Na_2O	CaO	ZnO	Cl	ZrO_2	Co_2O_3
1 号	42.43	22.77	18.82	6.36	5.4	2.29	1.07	0.29	0.25	0.18	0.05	0.02	0.02	0.01
2 号	40.19	28.90	17.64	4.47	5.46	2.26	0.40	0.30	0.22	0.18	0.04	0.01	0.02	0.01

由于样品具有明显的油污，用正己烷洗涤样品，洗涤至正己烷颜色本色，然后将试样烘干、称重，计算失重比率，测得 1 号样品含油污 16.17%，2 号样品含油污 12.04%。

（3）选择 Ni 和 As 按照《固体废物浸出毒性浸出方法　水平振荡法》（GB 5086.2—1997）和《危险废物鉴别标准　浸出毒性鉴别》（GB 5085.3—1996）中的规定方法进行浸出毒性分析，实验结果与鉴别标准限值比较见表 2。

表 2　浸出毒性实验结果与鉴别标准比较

单位：mg/L

成分	1 号	2 号	GB 5085.3—1996 标准限值
Ni	0.071	<0.01	10
As	<0.01	<0.01	1.5

（4）按照《固体废物腐蚀性测定　玻璃电极法》(GB/T 15555.12—1995) 制备并测定样品浸出液的 pH 值，两个样品分别为 7.02 和 6.42，均没有超出《危险废物鉴别标准　腐蚀性鉴别》（GB5085.1—1996）的限值。

（5）分析样品中的有机物，表明含量较高的 14 个组分为 C14~C27 的正构烷烃，见表 3。

表 3　样品中油污有机组分分析结果

1 号样品			2 号样品		
保留时间 /min	可能的化合物	相对含量 /%	保留时间 /min	可能的化合物	相对含量 /%
8.19	十四烷	4.09	8.19	十四烷	4.76
9.43	十五烷	5.35	9.43	十五烷	6.49
10.62	十六烷	5.00	10.63	十六烷	5.45
11.75	十七烷	6.03	11.76	十七烷	6.56
12.85	十八烷	7.81	12.86	十八烷	8.01
13.89	十九烷	5.67	13.90	十九烷	5.96
14.87	二十烷	7.49	14.88	二十烷	5.66
15.82	二十一烷	7.88	15.84	二十一烷	6.22
16.73	二十二烷	4.97	16.74	二十二烷	5.60
17.60	二十三烷	7.67	17.61	二十三烷	6.09
18.44	二十四烷	5.32	18.45	二十四烷	5.61
19.24	二十五烷	5.37	19.25	二十五烷	6.56
20.02	二十六烷	4.87	20.04	二十六烷	5.98
20.77	二十七烷	4.60	20.79	二十七烷	4.80

3 样品物质属性鉴别分析

（1）产生来源分析

石油的组成复杂，含有 S、V、N 等杂质，在炼油过程中需要除杂处理。加氢精制工艺是在一定温度和压力、有催化剂和 H_2 存在的条件下，使油品中的各类非烃化合物发生氢解反应，进而从油品中脱除，达到精制油品目的。常用的催化剂有以 Al_2O_3 为载体的钼酸钴（Co-Mo-γAl_2O_3）、钼酸镍（Ni-Mo-γAl_2O_3）、钴钼镍（Co-Mo-Ni-γAl_2O_3），以及以 Al_2O_3-SiO_2 为载体的钼酸镍（Ni-Mo-γAl_2O_3-SiO_2）等[1]。

石油烃类在高温、高压及催化剂存在的条件下，通过一系列的化学反应，使重质油品转化为轻质油品，主要反应包括裂化、加氢、异构化、环化以及脱硫、脱氮、脱金属等，使用的催化剂是以硅酸铝 [$Al_2(SiO_3)_3$] 为载体、镍钼钨为活性组分。

从成分、形态特征以及企业介绍的信息综合判断，样品为石油炼制过程中的含钒废催化剂。

（2）固体废物属性分析

由样品的腐蚀性和浸出毒性实验结果与鉴别标准的比较可知，样品不属于腐蚀性危险废物和浸出毒性危险废物。

原国家环境保护总局、海关总署、国家质检总局2005年第5号公告将2620.9990.10“含V_2O_5>10%的矿灰及残渣”列入了限制类可用做原料的废物目录。海关商品归类总则的第26章2620品目是关于“含有砷、金属及其化合物的矿灰及残渣（冶炼钢铁所产生的灰、渣除外）”，其中包括“仅适合于提取金属或生产化工品的废催化剂”。根据国内多年进口V_2O_5废物的实际情况，样品可归于2620.9990.10“含V_2O_5>10%的矿灰及残渣”，因此，样品属于限制类进口废物。

4 结论

进口货物中五氧化二钒（V_2O_5）含量超过了10%，属于我国目前限制进口类固体废物。

参考文献

[1] 张建芳, 山红红 . 炼油工艺基础知识 [M]. 北京 : 中国石化出版社 ,1994:100.

76. 镍渣

1 背景

2010 年 7 月，固体废物研究所对某审计部门委托的疑似“铝基含镍废催化剂”的样品进行固体废物属性鉴别，需要确定是否属于“铝基含镍废催化剂”或“镍精矿”。在实验分析、咨询专家和查阅相关资料的基础上编写鉴别报告。

2 样品特征及物质特性分析

（1）样品为灰绿色粉末状，有结团结块现象，测定样品含水率为 26%，样品干基 550℃下灼烧烧失率为 4.4%，样品外观形态见图 1。

（2）采用 X 射线荧光光谱仪分析样品 550℃灼烧后物质的组成，结果表明样品含有大量的 Al，并含有 Si、Na、Ni、P、V、Fe、Co、Mo 等无机物质，见表 1。

表 1　样品 550℃灼烧后物质的成分及含量（除 Cl 以外，其他元素均以氧化物计）

单位：%

成分	Al_2O_3	SiO_2	Na_2O	NiO	P_2O_5	V_2O_5	Fe_2O_3	Co_3O_4	MgO	CaO	MoO_3	SO_3
含量	66.83	7.43	5.94	4.68	2.96	2.24	1.82	1.65	1.47	1.39	1.02	0.99
成分	TiO_2	Cl	K_2O	Cr_2O_3	ZnO	CuO	As_2O_3	MnO	PbO	Ga_2O_3	Bi_2O_3	—
含量	0.35	0.32	0.28	0.24	0.18	0.08	0.07	0.03	0.02	0.02	0.01	—

取适量样品进行能谱分析，结果表明样品中主要含 Al 和 O，还含有 Na、Ni、Si、P、Fe、V、Ca 等其他成分，主要成分与 X 射线荧光光谱分析结果相符合，能谱图见图 2。

图 1　样品外观形态

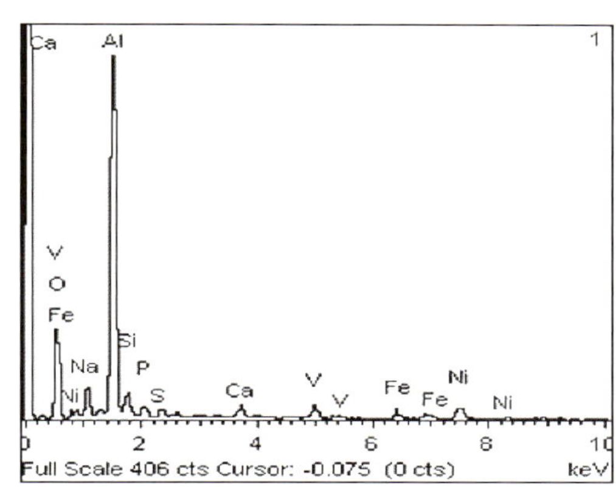

图 2　样品能谱图

（3）样品有机组分分析

以丙酮和二氯甲烷混合液作为浸提剂，样品经超声波提取，气质联用全谱扫描检测样品中的有机组分，表明含有少量烷烃组分，结果见表 2。

表 2　样品提取液中的半挥发性有机物

序号	保留时间 / min	名称
1	4.085	4- 羟基 -4- 甲基 -2- 戊酮
2	9.097	正十四烷烃
3	9.751	正十五烷烃
4	10.947	正十七烷烃

（4）在油浸镜下对样品进行观察，发现样品中多数为极细小的颗粒集合体，大部分呈浅褐色，小部分为蓝绿色，见图 3 和图 4。对抛光片进行观察，发现颗粒碎屑一部分是混合烧结形成的物质，但多数是（催化剂）破碎后再分散在载体组分中然后进行烧结处理形成的物质。

采用 X 射线衍射仪对样品进行物相分析，主要物相有 (Al_2O_3) 刚玉、铝酸钠 ($NaAl_7O_{11}$)、少量石英 (SiO_2)，以及少量未检出相，结果见图 5。

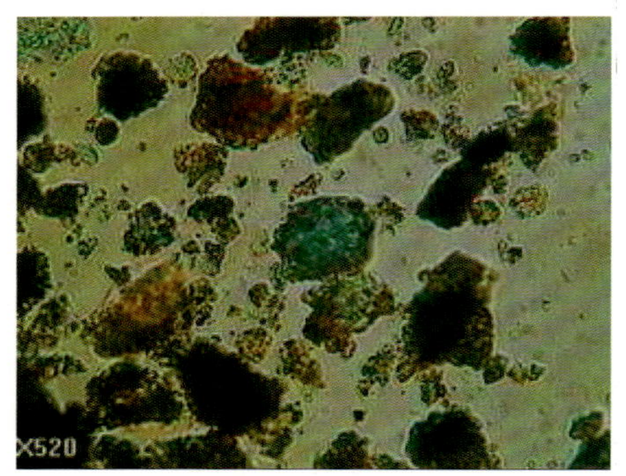

图 3　样品显微镜下照片

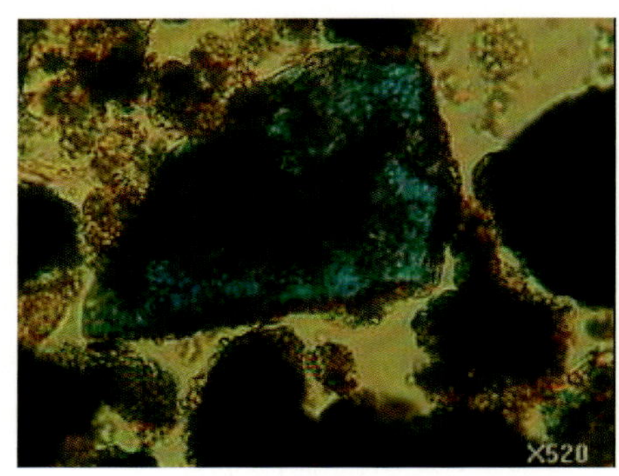

图 4　样品显微镜下照片

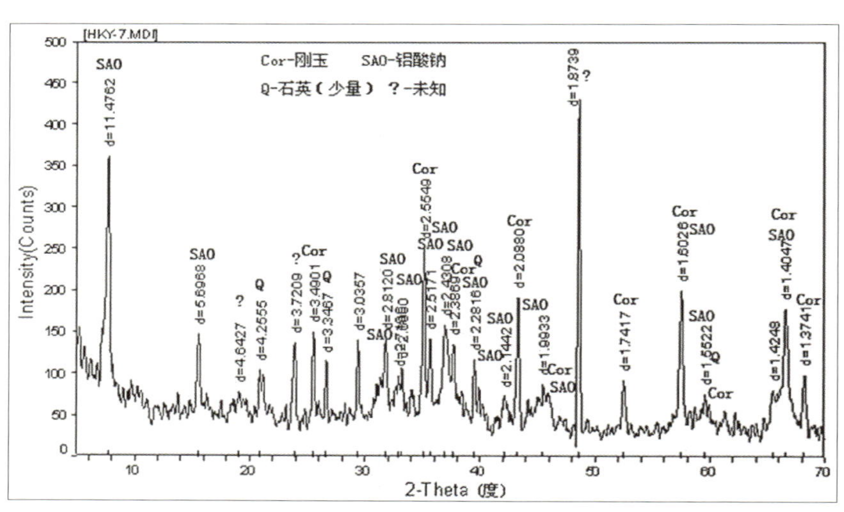

图 5　X 射线衍射谱图

（5）按照《危险废物鉴别标准　腐蚀性鉴别》（GB 5085.1—2007）和《固体废物腐

蚀性测定 玻璃电极法》（GB/T 15555.12—1995）对样品制备浸出液并测定 pH 值，浸出液 pH 值为 8.95，表明样品不属于腐蚀性危险废物。

（6）按照《固体废物 浸出毒性浸出方法 硫酸硝酸法》（HJ/T 299—2007）的方法对样品进行浸出实验，对浸出液中的金属元素按照《危险废物鉴别标准 浸出毒性鉴别》（GB 5085.3—2007）中附录 B 的方法进行分析，结果表明样品中重金属砷的浸出质量浓度高于该标准中的限值，见表 3。

表 3　浸出液中重金属质量浓度分析结果

单位：mg/L

元素	Be	Cr	Ni	Cu	As	Se	Cd	Ba	Hg
含量	<0.001	0.035	0.003	0.052	6.529	0.413	0.011	0.006	0.017
标准限值	0.02	15	5	100	5	1	1	100	0.1

注：浸出液中 Zn、Pb 浓度低于仪器最低检出限。

3 样品物质属性鉴别分析

（1）产生来源分析

①镍精矿

世界上近 2/3 的镍产自硫化镍矿石 [1]。由于原矿中镍含量较低，为 1%~3%[2]，因此，需要精选以提高镍的品位，从而成为镍精矿。我国某镍精矿主要矿物成分、物相组成及含量见表 4[3]。镍精矿中镍 / 铜比大于 300，镍品位在 16% 以上，简称超级镍精矿。总结多篇相关文献，镍精矿中的镍一般为 4.50%~12.47%。目前开采的硫化镍矿床，其伴生的脉石矿物中绝大部分为含镁的硅酸盐，主要有滑石、蛇纹石、纤闪石、辉石、黑云母等 [4]。

《镍精矿》(YS/T 340—2005) 的行业标准适用于硫化铜镍矿石经选矿所得的镍精矿，明确要求精矿中水分不大于 14%，粒径小于 74 μm 的不低于 80%，而且不得混入不同颜色、不同形状的矿物和非矿物等外来夹杂物。该标准对镍精矿的等级和成分有具体要求，见表 5。

表 4　镍精矿的化学成分、物相组成及含量

单位：%

原料	化学成分					物相组成						
	Ni	Co	Cu	Fe	S	Ni_2S_3	Cu_2S	Ni^0	Cu^0	Fe^0	Co^0	其他
镍精矿	64.0	0.93	3.85	2.25	23.98	86.21	9.64	0.80	0.000	2.25	0.93	0.169

表 5　镍精矿的等级及含量要求

单位：%

等级	一级品	二级品	三级品	四级品	五级品
Ni，⩾	9.5	8.5	7.5	6.5	5.5
MgO，⩽	6.0	6.8	8.0	9.0	12.0

样品颜色不均匀，水分和粒度明显不符合镍精矿的要求；样品含 3.68%Ni，低于我国一般镍精矿 4.50%~12.47% 的含量，不满足有色行业《镍精矿》标准要求，远低于超级镍精矿 16% 的含量，且样品中含有一些镍精矿中应该没有或者很少含有的组分，如 Na、P、V、烷烃有机组分等；样品中物质以 Al_2O_3 和 SiO_2 为主，含硫非常少，与通常的硫化精矿的相

应含量不符，与硫化精矿伴生的脉石成分（如 Mg）相差甚远。因此，判断样品不是镍矿和镍精矿。

②铝土矿

世界范围内铝土矿主要是三水铝土矿型。如几内亚博凯地区红土型铝土矿为基性火山岩经风化淋滤形成的残积型铝土矿，其组分较为复杂，以三水铝石（74.0%~96.0%）为主，还有少量的其他矿物，具体见表 6[5]。

表 6　矿石矿物组分

单位：%

矿石	三水铝石	石英	赤铁矿	锐钛矿	针铁矿	薄水铝石	金红石
1 号	78.0	3.0	7.0	3.0	—	9.0	—
2 号	74.0	6.0	7.0	4.0	9.0	—	—
3 号	96.0	2.0	1.0	1.0	—	—	—
4 号	89.0	5.0	—	3.0	—	—	3.0

国外的三水铝石型铝土矿具高 Al、低 Si、高 Fe 的特点，矿石质量好，适合耗能低的拜耳法处理。我国《铝土矿》(YS/T 78—94) 标准对铝土矿的化学成分要求见表 7。还要求：沉积型一水硬铝石的水分不得大于 7%，堆积型一水硬铝石和红土型三水铝石的水分不得大于 8%；铝土矿石的粒度不得大于 150 mm，不得混入泥土、石灰岩等杂物。

表 7　铝土矿矿石化学成分要求

单位：%

矿石类型	牌号	Al_2O_3/SiO_2，⩾	Al_2O_3，⩾	Fe_2O_3，⩽	S，⩽	CaO+MgO，⩽	TiO_2，⩽
沉积型（一水硬铝石）	LK12—70	12	70	3	0.3	1.5	—
	LK8—65	8	65	5	0.5	1.5	—
	LK5—60	5	60	6	0.5	1.5	
	LK3—53	3	53	9	0.7	—	—
堆积型（一水硬铝石）	LK15—60	15	60	20	0.1	1.5	—
	LK11—55	11	55	25	0.1	1.5	—
	LK8—50	8	50	28	0.1	1.5	—
红土矿（三水铝石）	LK7—50	7	50	18	—	—	2
	LK3—40	3	40	25	—	—	3

虽然样品中 Al_2O_3 含量较高，达到铝土矿标准中的含量要求，但从形成铝矿条件上，铁含量应该较高；样品中 Ca、Mg 含量不满足铝土矿的要求，而且样品中含有相对较高的 Na、V、Ni、P、Co 等铝土矿中不常见的元素。天然矿产主要是由刚玉组成的刚玉岩，它是变质岩，但岩石坚硬而不呈粉末状，晶粒粗而不是细晶集合体（样品为细粒集合体），通过咨询专家，铝土矿和镍精矿中不会有与样品中 V、Ni 含量较高的元素组合在一起的情况，样品不具有铝土矿的结晶构造，不是天然产物；样品含水率和少量烷烃类有机组分也与矿物形成过程不符。因此，判断样品不是铝土矿。

③石油炼制的催化剂

石油中含有大量的烃和非烃化合物[6]，非烃化合物包括 S、N、Ni、V、Na 等，对石油炼制会产生影响，其中重金属对催化剂影响较大。原油所含的重金属以 Ni、V、Fe、Cu

为代表。一般将 Ni、V 作为重点，因镍会加速与裂解反应相竞争的脱氢反应，钒能破坏分子筛的晶格结构。我国原油镍含量高于钒含量几倍，国外的多数原油钒含量高于镍含量。

炼油是通过一系列炼制工艺（或过程），例如常减压蒸馏、催化裂化、催化重整、炼厂气加工及产品精制等，把原油加工成各种石油产品[7]。在这些炼制过程中必须使用催化剂，过程不同，使用的催化剂也不同。

a. 催化裂化及其催化剂

催化裂化催化剂主要是无定形硅酸铝微球催化剂和泡沸石分子筛微球催化剂两大类[8]。催化剂的化学组成通常包括 Al_2O_3、SiO_2、H_2O、Na_2O、Fe_2O_3、SO_4^{2-} 等，有时还包括 Re_2O_3。催化剂的金属含量，如 Ni、V、Na 等（某些情况下还含有 Cu 和 Ca），可以反映催化剂的污染程度。

b. 重油加氢精制用 Co(Ni)-Mo(W)/ γ Al_2O_3 催化剂[9]

原油大多含有 1%~6% 的硫，0.1%~0.6% 的氮，0.000 5%~0.009% 的镍和 0.001%~0.1% 的钒。这些杂质都会传给下游过程，特别是给催化过程造成麻烦。例如，Ni、V 等会改变催化剂的催化性能，破坏其结构。因此，这些杂质都需在石油炼制过程中除去。

加氢脱硫（HDS）是将有机硫化物中的 C-S 键断裂，同时生成 H_2S 和相应的烃类物质。工业上使用的 Co-Mo / γ -Al_2O_3 催化剂组成为：钴含量为 2%~3%，钼含量为 8%~12%。在 H_2 和 H_2S 气氛的操作条件下，钼以 MoS_2 形态存在，钴以 Co_9O_8 形态存在。

加氢脱氮（HDN）与加氢脱硫（HDS）的反应历程不完全一样。它要求催化剂的加氢活性更高。工业上使用的催化剂有 Ni-Mo（或 Ni-W）/ γ -Al_2O_3,，它们比 Co-Mo/ γ -Al_2O_3 加氢能力强。

c. 废催化剂

据统计全世界每年产生的废催化剂为 50 万 ~70 万 t，是提取 V、Mo、Ni 的宝贵资源。表 8 和表 9 是文献中废石油催化剂的成分[10,11]。

表 8　石油废催化剂的成分及含量

单位：%

成分	V_2O_5	Mo	Ni	Co	Fe	C	S	油类碳氢化合物	Al_2O_3 及陶瓷体
含量	18	3	28	<0.5	1	10	10	25	余量

表 9　脱油前、后废催化剂的成分及含量

单位：%

成分	V	Mo	Ni	Al_2O_3	C	S
脱油前含量	10.69	3.16	2.49	24.9	17.79	2.49
脱油后含量	12.88	3.81	3	30	3	3

石油炼制过程中，以 Al_2O_3 为载体的催化剂十分常见，以它为载体掺入的催化活性组分常含有一些过渡族元素，如 Ni、Co、Mo 等（用于加氢裂化催化）及 Ni、Mo、P（用于缓和加氢裂化催化）和贵金属元素（用于石脑油催化重整、异构化催化）等[12]；也有脱氢选择氧化的 V_2O_5-P_2O_5、V_2O_5-MoO_3 组合[13]；此外，由于催化剂多具有吸附性，导致催化剂吸附原油中的重金属如 Ni、V 等，从而中毒失活。

样品无机组分以 Al_2O_3、SiO_2 为主，还含有 Na、Ni、P、V、Mo、Co 等，组成上与上

述炼油催化剂的成分具有高度的相似性，含量上除钒的含量偏低外（催化剂本身可含1%~3%的V[14]，也可大量吸附原油中的V），其他组分含量与炼油过程中催化剂的成分含量总体上具有一定的可比性；样品中含有极少量的烷烃，表明样品与炼油有关；样品没有明显的油污，形态上为粉末状，不属于炼油催化剂常见的球状、圆柱状、棱柱状，可能为催化剂经过处理后的产物；从样品含硫量以及有机组分含量较低也可推断，样品很可能为催化剂经过处理之后的产物；样品物质观察和结构分析表明多数为极细小的颗粒集合体，大部分呈浅褐色，少量为蓝绿色，蓝绿色应该是含镍化合物所致；对抛光片进行观察，发现颗粒碎屑一部分是混合烧结形成的物质，但多数是（催化剂）破碎后再分散在载体组分中然后进行烧结处理形成的物质。因此，综合判断样品可能是来自（或用于）炼油催化裂化和加氢精制过程中以 Al_2O_3 和 SiO_2 为载体的失效催化剂的粉碎物，由于催化剂的种类很多，使用过程不同，成分复杂，应该属于回收的混合物。

④镍渣

炼油废催化剂具有利用价值，国内外都有很多公司从石油废催化剂中提取 Mo、V 等物质的案例，如美国 CRI-MET 金属回收公司采用加压浸取工艺提取废催化剂中的 V、Mo、Ni-Co 混合物、$Al(OH)_3$，第一步是在碱性条件下加压氧化浸出，使钒和钼进入溶液相中，从溶液中再分步分离提取 V 和 Mo，其他物质进入固相中后也可再分步提取有用物质[15]。我国有不少厂家采用钠化焙烧和浸取分步沉钒和沉钼工艺提取钒和钼，催化剂中的其他组分进入渣相中，然后将渣再出售（或自己利用）提取镍和铝。某公司利用石油废催化剂提取钒和钼之后的镍渣呈墨绿色粉状颗粒（图 6），主要化学组成见表 10。

图 6　镍渣

表 10　某公司利用石油废催化剂后的镍渣的主要成分及含量

单位：%

组分	Al_2O_3	SiO_2	Na_2O	NiO	P_2O_5	V_2O_5	Fe_2O_3	Co_2O_3	MgO	CaO
含量	64.34	8.29	11.62	4.88	1.00	1.41	4.35	0.19	0.47	1.22
组分	MoO_3	SO_3	TiO_2	Cl	K_2O	Cr_2O_3	CuO	MnO	Ga_2O_3	As_2O_3
含量	0.25	0.65	0.22	0.04	0.44	0.19	0.18	0.03	0.02	—

样品外观与炼油催化剂提取 V、Mo 后的镍渣相似；将样品成分与表 10 的镍渣成分进行比较，组成成分及含量具有可比性。因此，判断样品也有可能是废催化剂提取 V、Mo 之后的镍渣。

（2）固体废物属性分析

以上分析表明，样品可能是来自（或用于）炼油催化裂化和加氢精制过程中以 Al_2O_3

和 SiO_2 为载体的失效催化剂的粉碎物，也有可能是废催化剂提取钒和钼之后的镍渣。废催化剂是“生产过程中的废弃物质、报废产品”，是“生产过程中产生的残余物”，是“在使用中被污染的物质或物品”，或者是“丧失原有功能的产品”；镍渣是“生产过程中产生的残余物”，它“不是有意产生的，因而没有质量控制，不满足相关的规范或标准”；回收利用石油废催化剂和镍渣是属于“金属和金属化合物的再循环 / 回收”。因此，依据《固体废物鉴别导则（试行）》的原则，判断样品属于固体废物。

《固体废物污染环境防治法》中危险废物是指列入国家危险废物名录或者根据国家规定的危险废物鉴别标准和鉴别方法认定的具有危险特性的固体废物。环境保护部和国家发改委 2008 年发布的《国家危险废物名录》明确包括“HW46 类，报废的镍催化剂”；表 3 浸出毒性分析表明，样品中重金属砷的浸出浓度高于《危险废物鉴别标准 浸出毒性鉴别》(GB 5085.3—2007) 中的限值。据此判断样品属于危险废物。

2009 年 8 月环境保护部、商务部、国家发改委、海关总署、国家质检总局发布的第 36 号公告中的《限制进口类可用作原料的固体废物目录》《自动许可进口类可用作原料的固体废物目录》以及之前我国历次公布的允许进口的固体废物目录中均没有明确列出“废催化剂”或“含镍废渣”。2009 年第 36 号公告中的《限制进口类可用作原料的固体废物目录》、2008 年第 11 号公告的《限制进口类可用作原料的固体废物目录》、2005 年第 5 号公告《限制进口类可用作原料的废物目录》、2003 年第 10 号公告《限制进口类可用作原料的废物目录（第二批）》中均包括“含 V_2O_5>10% 的矿渣、矿灰及残渣”，但样品中钒的含量明显不满足该条件；在 2009 年第 36 号公告中《禁止进口固体废物目录》中包括“未列名的固体废物”。因此，样品属于目前我国禁止进口的固体废物。

4 结论

样品不是天然产物，不是镍矿和镍精矿，不是铝土矿；样品可能是来自 (或用于) 炼油催化裂化和加氢精制过程中以 Al_2O_3 和 SiO_2 为载体的失效催化剂的粉碎物，也可能是废催化剂提取钒和钼之后的镍渣；样品属于目前我国禁止进口的固体废物。

参考文献

[1] 秦贵杰 , 张云海 , 李玉霜 , 等 . 吉林镍业公司超级镍精矿试验研究 [J]. 有色矿冶 ,1998,14(3):11-15.

[2] 国家有色金属工业局规划发展司编 . 世界有色金属工业现状 [M].1999:177-181.

[3] 张振健 . 镍精矿氯化精炼过程热力学分析 [J]. 矿冶 ,1999,8(3):50.

[4] 阴宪卿 , 李福寿 . 降低镍精矿中氧化镁含量的实验研究 [J]. 矿冶 ,2001,10(2):42-43.

[5] 徐红伟 , 张先忠 . 几内亚共和国博凯地区红土型铝土矿地质特征和成矿机理初探 [J]. 长春工程学院学报 (自然科学版),2009,10(1):87-91.

[6] 刘英聚 , 张韩 . 催化裂化装置操作指南 [M]. 北京 : 中国石化出版社 ,2005:17-20.

[7] 张建芳 , 山红红 . 炼油工艺基础知识 [M]. 北京 : 中国石化出版社 ,1994:35.

[8] 刘英聚 , 张韩 . 催化裂化装置操作指南 [M]. 北京 : 中国石化出版社 ,2005:24-27.

[9] 李玉敏 . 工业催化原理 [M]. 天津 : 天津大学出版社 ,1992:118-121.

[10] 陈兴龙 , 肖连生 , 徐劼 , 等 . 从废石油催化剂中回收钒和钼的试验研究 [J]. 矿冶工程 ,2004,24(3):47-49.

[11] 胡建锋 , 朱云 , 胡汉 . 从废催化剂中综合提取钒和钼 . 稀有金属 ,2006,30(5):711-714.

[12] 朱洪法 . 催化剂载体制备及应用技术 [M]. 北京 : 石油工业出版社 ,2002:267-306.

[13] 黄仲涛 . 工业催化剂手册 [M]. 北京 : 化学工业出版社 ,2004:21.

[14] 李翠清 , 孙大伟 , 周志军 , 等 .Ni(Co,V)-WP/ γ -Al_2O_3 催化剂的表征和深度加氢精制性能 [C]. 中国化学会第二十五届学术年会论文摘要集 (上册),2006.

[15] 王海增 , 郭鲁钢 , 于红 , 等 . 含钼废催化剂的大规模资源化工艺路线 . 中国资源综合利用 [J],2002,9:7-8.

77. 炼油废催化剂经简单粉碎处理的混合废物

1 背景

2010 年 11 月，固体废物研究所对某公司申报进口的“镍矿砂”货物样品进行固体废物属性鉴别，需要确定是否属于危险废物，是否为国家禁止进口的固体废物。在实验分析、咨询专家和查阅相关资料的基础上编写鉴别报告。

2 样品特征及物质特性分析

（1）样品为块状物和粉末，颜色较深，块状样品可用手掰开。在粉末中可挑拣出不同形状（球状、柱状、环状等），不同大小的硬质颗粒。将挑出的硬质颗粒编号为 1 号，粉末编为 2 号。测定样品含水率为 27%，干基 550℃灼烧后的烧失率为 5%。样品外观形态见图 1 和图 2。

图 1　样品

图 2　从样品中挑出硬颗粒

（2）采用 X 射线荧光光谱仪分别对样品整体、1 号硬颗粒部分、2 号剩余样品部分进行分析，结果见表 1。

表 1　样品主要成分及含量（除 Cl 以外，其他元素均以氧化物计）

单位：%

	成分	Al_2O_3	NiO	Na_2O	MgO	V_2O_5	Co_3O_4	P_2O_5	Fe_2O_3	SiO_2	MoO_3
综合样	含量	63.01	4.68	5.96	2.34	5.86	1.63	0.98	2.78	8.22	—
1 号	含量	71.82	0.03	0.67	0.39	0.08	0.38	0.08	1.85	22.10	0.045
2 号	含量	53.76	7.73	6.29	3.92	10.15	1.62	1.23	3.39	6.91	1.91
	成分	CaO	PbO	MnO	Bi_2O_3	TiO_2	ZnO	As_2O_3	K_2O	CuO	Cl
综合样	含量	0.92	—	0.20	0.04	0.11	0.08	0.05	0.17	0.12	0.03
1 号	含量	0.48	0.02	0.14	—	0.22	—	—	0.60	0.38	—
2 号	含量	0.99	—	0.45	0.06	0.18	0.15	0.06	0.10	0.04	0.04
	成分	Ga_2O_3	SO_3	CeO_2	La_2O_3	Nb_2O_5	BaO	Cr_2O_3	RuO_2	WO_3	—
综合样	含量	0.01	0.80	—	—	—	0.19	—	—	—	—
1 号	含量	0.01	0.12	—	—	—	0.44	0.03	0.03	0.10	—
2 号	含量	0.02	0.86	0.08	0.05	0.01	—	—	—	—	—

（3）以丙酮和正己烷混合液作为浸提剂，样品经超声波提取，气质联用全谱扫描检测样品中的有机组分，表明含有少量烷烃及苯系物，结果见表 2。

表 2　样品提取液中的半挥发性有机物

序号	保留时间 / min	名称
1	3.975	1,3- 双 (1,1- 二甲乙基) 苯
2	4.725	十四烷烃
3	5.433	2,4- 双 (1,1- 二甲乙基) 苯酚
4	5.939	十六烷烃
5	8.045	3,8- 二甲基十一烷烃

（4）能谱分析显示，样品组成以 Al_2O_3 为主，而且 V、Ni 数量显著，能谱图见图 3。

（5）在油浸镜下对样品进行观察，样品由不规则形状的细粒高硬度物质构成，其中存在一些蓝色颗粒，见图 4。

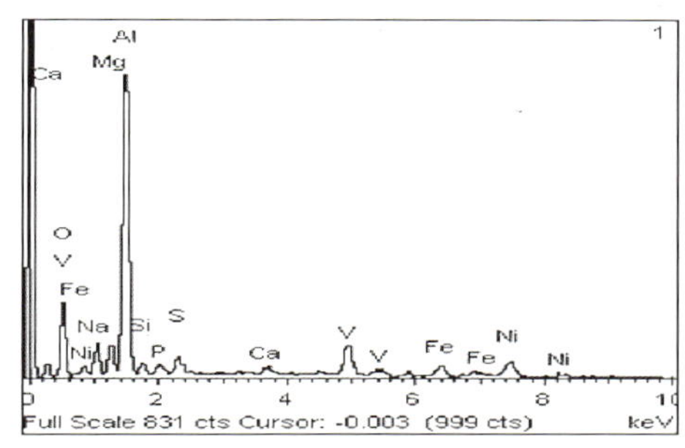

图 3　样品能谱

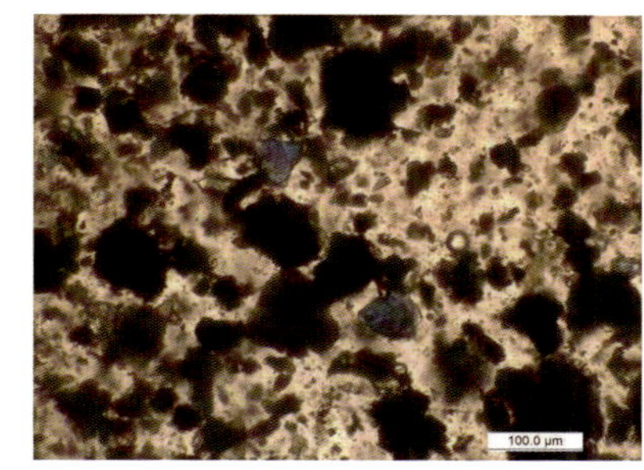

图 4　样品镜下的照片

（6）采用 X 射线衍射仪对样品的物相结构进行分析，主要物相见表 3，衍射图谱见图 5 和图 6。

表 3　样品 X 射线衍射分析结果

样品	X 射线衍射分析结果
1 号	Al_2O_3、SiO_2、$AlPO_4$、$Al_{4.95}Si_{1.05}O_{9.52}$、$Fe_2SiO_4$
2 号	Al_2O_3、$Na_{1.1}V_3O_{7.9}$、VO_2、$NiAl_{26}O_{40}$、Fe_2O_3、$(Mg_{1.02}Fe_{0.08}Ni_{0.9})SiO_4$

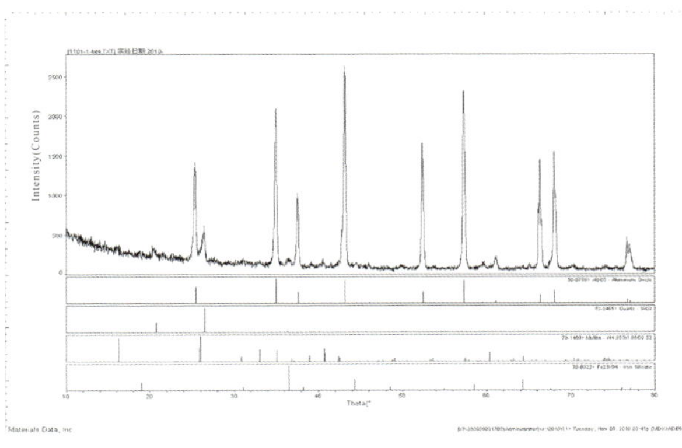

图 5　1 号样品的衍射谱图

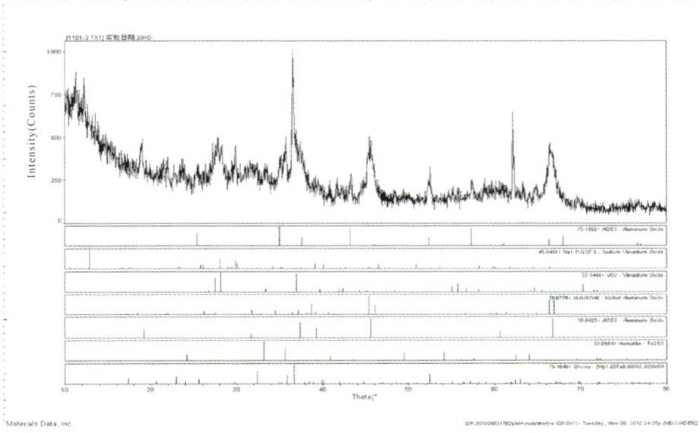

图 6　3 号样品的衍射谱图

3 样品物质属性鉴别分析

（1）产生来源分析

①镍（Ni）精矿

镍是军事和民用工业不可缺少的原料，具有极其重要的作用。世界上近2/3的镍产自硫化镍矿石[1]。由于原矿中镍含量较低，为1%~3%[2]。因此，需要精选以提高镍的品位，从而成为镍精矿。我国某镍精矿主要矿物成分和物相组成见表4[3]。一般镍精矿品位在5%~12%，含镍在16%以上、Ni/Cu大于300的称为超级镍精矿。目前开采的硫化镍矿床，其伴生脉石矿物中大部分为含镁的硅酸盐，主要有滑石、蛇纹石、纤闪石、辉石、黑云母等[4]。

表4　镍精矿的化学成分及含量

单位：%

原料	化学成分					物相组成						
	Ni	Co	Cu	Fe	S	Ni_2S_3	Cu_2S	Ni^0	Cu^0	Fe^0	Co^0	其他
镍精矿	64.0	0.93	3.85	2.25	23.98	86.21	9.64	0.80	0.000	2.25	0.93	0.169

我国《镍精矿》（YS/T 340—2005）标准适应于硫化铜镍矿石经选矿所得的镍精矿，明确要求精矿中水分不大于14%，粒径小于74 μm的不低于80%，而且不得混入不同颜色、不同形状的矿物和非矿物等外来夹杂物。该标准对镍精矿的等级和成分有具体要求，见表5。

表5　镍精矿的化学成分及含量要求

单位：%

等级	Ni，⩾	MgO，⩽
一级品	9.5	6.0
二级品	8.5	6.8
三级品	7.5	8.0
四级品	6.5	9.0
五级品	5.5	12.0

样品颜色不均匀，水分和粒度明显不符合《镍精矿》（YS/T 340—2005）标准的要求；样品含3.68%Ni，低于我国一般镍精矿5%~12%的含量，也不满足镍精矿标准的要求；样品中夹杂有不同形状和不同颜色的硬质颗粒，不满足标准要求；样品中含有镍精矿中不应该存在的组分，如烷烃有机组分；样品中含有相对较高的而镍精矿中应该较少的组分，如Na、V；样品中的物质以Al_2O_3为主，含硫非常少，与通常的硫化精矿相差甚远，与硫化精矿伴生较高的脉石成分含量（如Mg）也不相同。通过咨询矿冶专家得知：在天然矿产中虽然有主要由刚玉组成的刚玉岩（一种变质岩），但岩石坚硬而不呈粉末状，晶粒粗而不是细晶集合体，没有和钒、镍元素组合在一起的情况，所以，样品不是天然矿产品及其加工过程中的中间产物。因此，判断样品不是镍矿和镍精矿。

②炼油废催化剂的粉碎处理物料

炼油是以原油为基本原料，通过一系列炼制工艺过程，例如常减压蒸馏、催化裂化、催化重整、延迟焦化、炼厂气加工及产品精制等，把原油加工成各种石油产品[5]。在这些炼制过程中必须使用催化剂，过程不同，使用的催化剂也不同。催化剂是能够改变化学反应速度而自身不发生反应的物质。

a. 催化裂化及其催化剂

催化裂化过程是使原料在有催化剂存在下，转化成气体、汽油、柴油等轻质产品和焦炭的过程。催化裂化的原料一般是重质馏分油，例如减压馏分油（减压蜡油）和焦化馏分油，部分或全部渣油也可做催化原料。

催化裂化催化剂主要是无定形硅酸铝微球催化剂和泡沸石分子筛微球催化剂两大类[6]。催化剂的化学组成通常包括 Al_2O_3、SiO_2、H_2O、Na_2O、Fe_2O_3、SO_4^{2-} 等，有时还包括 RE_2O_3。催化剂中的金属成分含量，如 Ni、V、Na 等（某些情况下还含有 Cu 和 Ca），可以反映催化剂的污染程度，吸附这些金属成分对裂化反应的效果影响很大。

b. 重油加氢精制用 Co(Ni)-Mo(W)/γ-Al_2O_3 催化剂[7]

常见的原油大多含有 1%~6% 的硫，0.1%~0.6% 的氮，0.000 5%~0.009% 的镍和 0.001%~0.1% 的钒。这些杂质都会传给下游过程，影响催化过程。例如，金属镍、钒等会改变催化剂的催化性能，破坏其结构。因此，这些杂质都需在石油炼制过程中除去。

加氢脱硫（HDS）是将有机硫化物中的 C-S 键断裂，同时生成 H_2S 和相应的氢类。工业上使用的 Co-Mo/γ-Al_2O_3 催化剂组成为：钴含量 2%~3%，钼含量 8%~12%。在 H_2 和 H_2S 气氛的操作条件下，钼以 MoS_2 形态存在，钴以 Co_9O_8 形态存在。

c. 废催化剂

废催化剂是提取 V、Mo、Ni 的宝贵资源。表 6 和表 7 是文献中废石油催化剂的成分。

表 6　废石油催化剂的成分[8]

单位：%

成分	Mo	V	Al	S	C	Ni	Co	P
含量	5.3	8.0	31.8	8.0	12.0	1.6	1.0	0.067

表 7　脱油前、后废催化剂的成分[9]

单位：%

成分	V	Mo	Ni	Al_2O_3	C	S
脱油前含量	10.69	3.16	2.49	24.9	17.79	2.49
脱油后含量	12.88	3.81	3	30	3	3

总之，在石油炼制过程中，以 Al_2O_3 为载体的催化剂十分常见，掺入的催化活性组分经常含有一些过渡族元素，如 Ni、Co、Mo 等（用于加氢裂化催化）及 Ni、Mo、P（用于缓和加氢裂化催化）和贵金属元素（用于石脑油催化重整、异构化催化）等[10]；也有脱氢选择氧化的 V_2O_5-P_2O_5、V_2O_5-MoO_3 组合[11]；此外，由于催化剂多具有吸附性，会吸附原油中的重金属如 Ni、V 等，从而中毒失活。

通过以上分析，样品物相组成以 Al_2O_3、SiO_2 为主，成分以 Al、Si、Ni、V 为主，还含有 Na、P、Co、Mo 等元素，与上述炼油催化剂的成分具有高度的相似性；样品中含有少量的烷烃，可能与炼油有关；虽然样品没有明显的油污，形态上为粉末和块状物料的混合物，不属于炼油催化剂常见的球状、圆柱状、棱柱状，但样品中却夹杂有完好的或碎裂开的球状、圆柱状、环状的硬质物质，实验证明与催化剂的成分结构相符。

因此，综合判断样品是炼油催化裂化或加氢精制过程中以 Al_2O_3 和 SiO_2 为载体的各种失效催化剂经简单粉碎处理后的物料。

（2）固体废物属性分析

样品是来自炼油催化裂化和加氢精制过程中以 Al_2O_3 和 SiO_2 为载体的失效催化剂简单处理后的粉碎物。这种粉碎产物成分和物质结构上仍不均匀，“不符合标准或规范”；废催化剂是“生产过程中产生的废弃物质”，也是“在使用中被污染的物质或物品”。因此，依据《固体废物鉴别导则（试行）》的原则，判断样品属于固体废物。

《固体废物污染环境防治法》中定义危险废物是指：“列入国家危险废物名录或者根据国家规定的危险废物鉴别标准和鉴别方法认定的具有危险特性的固体废物”。环境保护部和国家发改委 2008 年 6 月发布的《国家危险废物名录》明确包括“HW46 含镍废物，900—037—46 报废的镍催化剂”；《巴塞尔公约》所辖废物名录 A 明确包括“A2030 废催化剂”。因此，样品属于危险废物。

2009 年 8 月，环境保护部、商务部、国家发改委、海关总署、国家质检总局发布的第 36 号公告中的《限制进口类可用作原料的固体废物目录》、《自动许可进口类可用作原料的固体废物目录》以及之前我国历次公布的允许进口的固体废物目录中均没有列出“含镍废催化剂”及同类物质；2009 年第 36 号公告的《限制进口类可用作原料的固体废物目录》以及之前允许进口的固体废物目录中包括“含 V_2O_5>10% 的矿渣、矿灰及残渣”，但样品中钒的含量明显不满足该条件。因此，样品不属于限制进口类和自动许可进口类的固体废物。

2009 年第 36 号公告中的《禁止进口固体废物目录》包括“未列名的固体废物”。因此，样品属于目前我国禁止进口的固体废物。

4 结论

样品不是镍矿和镍精矿，是炼油催化裂化和加氢精制过程中产生的以 Al_2O_3 和 SiO_2 为载体的失效催化剂经简单处理后的粉碎物。样品为目前我国禁止进口的固体废物，属于危险废物。

参考文献

[1] 秦贵杰，张云海，李玉霜，等．吉林镍业公司超级镍精矿试验研究 [J]. 有色矿冶，1998,14(3):11-15.
[2] 国家有色金属工业局规划发展司编．世界有色金属工业现状 [M].1999:177-181.
[3] 张振健．镍精矿氯化精炼过程热力学分析 [J]. 矿冶，1999,8(3):50.
[4] 阴宪卿，李福寿．降低镍精矿中氧化镁含量的实验研究 [J]. 矿冶，2001,10(2):42-43.
[5] 张建芳，山红红．炼油工艺基础知识 [M]. 北京：中国石化出版社，1994:35.
[6] 刘英聚，张韩．催化裂化装置操作指南 [M]. 北京：中国石化出版社，2005:24-27.
[7] 李玉敏．工业催化原理 [M]. 天津：天津大学出版社，1992:118-121.
[8] 朝阳，春晖．从废催化剂中提取钒、钼、镍的实验 [J]. 铁合金，2001(2):29-31.
[9] 胡建锋，朱云，胡汉．从废催化剂中综合提取钒和钼 [J]. 稀有金属，2006,30(5):711-714.
[10] 朱洪法．催化剂载体制备及应用技术 [M]. 北京：石油工业出版社，2002:267-306.
[11] 黄仲涛．工业催化剂手册 [M]. 北京：化学工业出版社，2004:21.

78. 含钼、钴、镍的废催化剂

1 背景

2005 年 1 月，固体废物研究所对某公司申报进口的“钼精矿”、“钴精矿”货物样品进行废物属性鉴别，需要确定是否属于国家禁止进口的固体废物。在实验分析、咨询专家和查阅相关资料的基础上编写鉴别报告。

2 样品特征及物质特性分析

（1）样品状态以及测定的样品含水率和 550℃下烧失率，见表 1，外观形态见图 1~图 7。

表 1 样品基本情况

单位：%

样品	含水率	烧失率	备注	状态描述
1 号	0.26	25.3	550℃灼烧后样品颜色变成蓝色	黑色圆柱形细短条状固体物，类似铅笔芯状。长短不均，有明显刺鼻的煤油味；混有少量白色球状物，最大粒径 3 cm。
2 号	2.61	6.9	550℃灼烧后样品表层变成灰色	黄绿色球状固体物，形状大小基本一致，如黄豆大小，有少许异味。
3 号	2.08	1.2	550℃灼烧后样品表层变灰色	黑色和白色两种球形混合颗粒，颗粒基本均匀，粒径在 0.8 cm 左右，有少许异味。
4 号	0	0	550℃灼烧后样品表层变灰色	黑色球形颗粒，均匀，表面呈蜂窝状孔隙，夹杂着少量黄色球形颗粒，有少许煤油气味。
5 号	2.63	24.4	550℃灼烧后样品变成红褐色	黑色圆柱形细短条状固体物，类似铅笔芯。长短不均，有明显刺鼻的煤油味。其中混有少量大小不均的白色球状物。
6 号	0.31	25.5	550℃灼烧后样品变成橙红色	黑色棱形细短条状固体物，长短不均，表面有油污，有明显的煤油味。
7 号	35.96	57.4	550℃灼烧后变成黑中带绿	黑色油泥状物，含明显的水分，颜色均一，有比较浓的油味。

图 1 1 号样品

图 2 2 号样品

图 3 3 号样品

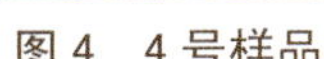
图4　4号样品

图5　5号样品

图6　6号样品

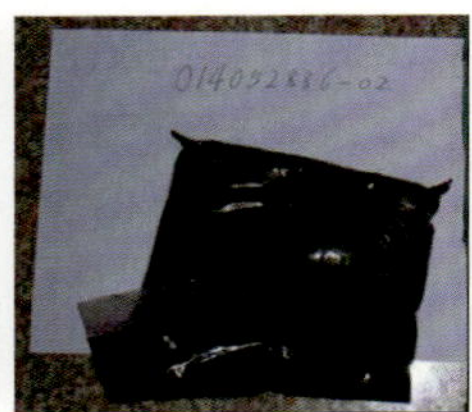
图7　7号样品

（2）采用X射线荧光光谱仪对送检样品进行了组分半定量分析（其中对1号、3号和5号样品中混有的白色球状物也进行了分析），结果见表2。

（3）对明显含油、油味较浓的6号和7号两个样品进行了有机组分的定性分析，结果见表3。

表2　样品主要成分及含量（除Cl以外，其他元素均以氧化物计）

单位：%

样品		MoO_3	Co_2O_3	NiO	V_2O_5	Al_2O_3	SiO_2	Cr_2O_3	CaO	CuO	ZnO	SO_3
1号	黑柱	27.7	3.69	0.03	—	47.1	0.25	0.06	—	—	—	19.6
	白球	—	—	—	—	23.9	63.5	0.05	0.42	—	0.77	0.33
2号		47.0	—	—	12.1	18.2	10.9	—	1.14	3.92	—	—
3号	黑球	45.5	—	—	11.9	19.0	12.0	—	1.22	3.48	—	—
	白球	—	0.02	—	—	60.1	35.4	0.14	1.76	—	—	0.15
4号		25.8	—	—	6.21	33.8	24.5	—	1.77	2.32	—	—
5号	黑柱	22.7	1.36	2.46	—	59.1	1.08	0.05	0.26	—	—	12.4
	白球	—	—	—	—	20.2	71.8	0.08	1.24	—	—	0.17
6号		22.9	3.54	0.87	1.03	47.1	7.08	—	0.20	—	—	16.1
7号		—	23.0	—	—	0.22	—	—	—	—	—	0.05
样品		TiO_2	Fe_2O_3	P_2O_5	WO_3	MgO	K_2O	Cl	MnO	Na_2O	Sb_2O_3	—
1号	黑柱	—	0.06	1.51	—	—	0.03	—	—	—	—	—
	白球	0.48	1.65	0.07	—	5.23	2.39	—	0.03	1.05	—	—
2号		0.21	0.42	—	3.93	—	1.01	—	—	—	1.15	—
3号	黑球	0.26	0.47	—	3.82	—	1.17	—	—	—	1.22	—
	白球	0.28	0.37	0.07	—	—	1.56	—	0.06	—	—	—
4号		0.35	0.57	—	2.39	—	1.70	—	—	—	—	—
5号	黑柱	—	0.57	—	—	—	—	—	—	—	—	—
	白球	0.31	0.79	—	—	—	5.40	—	—	—	—	—
6号		—	1.27	—	—	—	—	—	—	—	—	—
7号		—	0.10	0.05	—	—	3.05	27.0	46.6	—	—	—

表 3　有机组分定性分析

样品	有机物	
6 号	稠环芳烃	α - 甲基萘，β - 甲基萘
	苯系物	邻二甲苯，间二甲苯，对二甲苯，1- 甲基 -2- 乙基苯，1- 甲基 -3- 乙基苯，1- 甲基 -4- 乙基苯
	烷烃	正庚烷及其同分异构体，正辛烷及其同分异构体，正十一烷及其同分异构体，正十三烷及其同分异构体，正十四烷及其同分异构体，正十五烷及其同分异构体，正十六烷及其同分异构体，正十七烷及其同分异构体
7 号	稠环芳烃	α - 甲基萘，β - 甲基萘
	苯系物	甲基 -2- 乙基苯，1- 甲基 -3- 乙基苯，1- 甲基 -4- 乙基苯，1,2,3- 三甲基苯，丙基苯，1- 甲基 -2- 丙基苯，1- 甲基 -3- 丙基苯，1- 甲基 -4- 丙基苯
	烷烃	正辛烷及其同分异构体，正十一烷及其同分异构体，正十三烷及其同分异构体，正十四烷及其同分异构体，正十五烷及其同分异构体，正十六烷及其同分异构体

（4）选择 As、Cr^{6+}、Ni、Cu、Zn、Cd 按照《固体废物浸出毒性浸出方法 水平振荡法》（GB 5086.2—1997）《危险废物鉴别标准 浸出毒性鉴别》（GB 5085.3—1996）和《固体废物浸出毒性测定方法》（GB/T 15555.1~15555.11）中规定的方法对样品进行浸出毒性鉴别分析，结果见表 4。

表 4　样品浸出实验结果

单位：mg/L

样品	Ni	As	Cr^{6+}	Cu	Zn	Cd
1 号	1.2	0.029	<0.004	ND	0.16	ND
2 号	<0.001	0.003	0.061	139.2	ND	ND
3 号	0.014	0.074	0.065	183.5	ND	ND
4 号	0.17	0.08	0.063	32.6	ND	ND
5 号	496	0.016	0.056	0.16	3.71	ND
6 号	<0.001	0.15	0.055	ND	ND	ND
7 号	0.29	0.043	<0.004	ND	3.41	ND
GB 5085.3—1996 限值	10	1.5	1.5	50	50	0.3

注：“ND”为未检出。

（5）按照《固体废物腐蚀性测定 玻璃电极法》（(GB/T 15555.12—1995）制备样品浸出液并测定 pH 值，结果与《危险废物鉴别标准 腐蚀性鉴别》（GB 5085.1—1996）的限制要求进行比较，见表 5。

表 5　样品浸出液 pH 值

样品	1 号	2 号	3 号	4 号	5 号	6 号	7 号
pH 值	4.63	5.52	5.91	4.01	5.91	9.73	5.21
GB 5085.1 判断标准	pH 值 ⩾ 12.5 或 ⩽ 2.0 的溶液具有腐蚀性						

3 样品物质属性鉴别分析

（1）1 号样品

①产生来源分析

含钼（Mo）矿物经过选矿分离得到的钼精矿外观上通常呈粉末状，而且组分仍然是矿物天然组分。样品外观为黑色圆柱形细短条状，不具有矿物组成成分的均匀性，与精矿形态明显不同，系经过加工配置的产品；样品含钼量达到 18.47%，低于钼精矿通常 45% 的含量，与我国典型钼精矿的组成相差很大（表 6）。表 2 样品成分含有 Co、Ni、S、P 等，其中 Al_2O_3 含量达到 47.1%，还含有少许坚硬的白色球状物，最大粒径达 3 cm，是陶瓷成分，样品成分和外观符合催化剂的特征。样品有明显刺鼻的煤油味，应属于炼油过程中以 Al_2O_3 为载体的 MoNiCo 催化剂。因此，判断 1 号样品不是钼精矿，是使用后失去活性的催化剂。

表 6　我国陕西某钼精矿的成分及含量

单位：%

成分	Mo	SiO_2	Pb	Cu	CaO	P	As	Sn	Pi	WO_3	S
含量	54.2	2.20	0.048	0.13	0.35	0.01	0.001	0.003	0.017	0.005	—

②固体废物属性分析

《固体废物污染环境防治法》关于固体废物的定义，是指在生产建设、日常生活和其他活动中产生的污染环境的固态、半固态废弃物质。

1 号样品是工业生产中钴钼镍催化剂使用后失去活性的废催化剂，除了含有钼镍钴利用价值较高的成分外，还含有 Si、Al、P、S、有机物等杂质成分，已经不具有正常催化剂的功能和价值，需要重新作为原料进行提炼回收。判断 1 号样品属于固体废物。

危险废物是指列入国家危险废物名录或者根据国家规定的危险废物鉴别标准和鉴别方法认定的具有危险特性的废物。含镍废催化剂列入了《国家危险废物名录》的 HW46 类中，因此，1 号样品属于危险废物。

在《废物进口环境保护管理暂行规定》（环控 [1996]204 号文）中公布的“国家限制进口的可用作原料的废物目录”及其增补的名录，原对外贸易经济合作部、原国家环境保护总局、海关总署、国家质检总局 2001 年第 41 号公告公布的《限制进口类可用作原料的废物目录》（第一批），《关于调整废物进口环境保护管理有关问题的通知》（环发 [2002]7 号文）中《自动进口许可管理类可用作原料的废物目录》中均没有列入 Co、Mo、Ni 废催化剂这一类废物。因此，1 号样品属于禁止进口的固体废物。

（2）2 号和 3 号样品

①产生来源分析

2 号和 3 号样品外观形态上具有类同性，都属于球状固体物，只是颜色差异大，与精矿明显不同；样品中含有钒和铝，表明是经过加工配置的产品；两个样品的组成非常相近，钼含量分别为 31.3% 和 30.3%，均低于钼精矿通常 45% 的含量，与表 6 我国典型钼精矿的组成相差很大；样品中均含有 Al_2O_3 和 SiO_2，不同程度地含有 Fe、Ti、Co、Ni、S、P 等成分；样品不具有精矿砂的均匀性，成分和形态符合催化剂的特征，而且，样品有少许异味。因此，判断 2 号和 3 号两个样品不是钼精矿，而是以 Al_2O_3 为载体的失去活性的钼钒催化剂。

②固体废物属性分析

2 号和 3 号样品是工业生产中使用过的钼钒催化剂，除了含有 Mo、V 等利用价值较高的成分外，还含有 Si、Al、Ca、P、Cu、K、有机物等杂质成分，已经不具有正常催化剂的功能和价值，需要重新作为原料进行提炼回收。因此，判断 2 号和 3 号样品属于固体废物。

两个样品的浸出液中铜的质量浓度分别为 139.2 mg/L、183.5 mg/L，超过了《危险废物鉴别标准 浸出毒性鉴别》（GB 5085.3—1996）中 50 mg/L 的限值，因此，2 号和 3 号样品属于危险废物。

在 1996 年《废物进口环境保护管理暂行规定》中公布的《国家限制进口的可用作原料的废物目录》及其增补的名录，原对外贸易经济合作部、原国家环境保护总局、海关总署、国家质检总局 2001 年第 41 号公告公布的《限制进口类可用作原料的废物目录》（第一批），《关于调整废物进口环境保护管理有关问题的通知》（环发 [2002]7 号文）中《自动进口许可管理类可用作原料的废物目录》中均没有列入含钼钒废催化剂这一类废物。因此，2 号和 3 号两个样品属于禁止进口的固体废物。

（3）4 号样品

①产生来源分析

从含钼矿物经过选矿分离得到的钼精矿从外观上看通常呈粉末状，而且组分仍然主要是矿物天然组分，样品外观为黑色球形颗粒，表面呈蜂窝状孔隙，夹杂着少量黄色球形颗粒，这与钼精矿的粉末状不相符，为经过加工配置的物品；样品中钼含量为 17.20%，低于钼精矿通常 45% 的含量；样品中含量排前五位的是 Al_2O_3、MoO_3、SiO_2、V_2O_5、CuO，与我国典型钼精矿的组分相差很大（表 6）；样品成分和形态结构符合催化剂的特征，而且，样品有煤油味。因此，判断 4 号样品不是钼精矿，是使用过的含钼钒的废催化剂。

②固体废物属性分析

4 号样品是工业生产中使用过的含钼钒的废催化剂，除了含有 Mo、V 等利用价值较高的成分外，还含有 Si、Al、Ca、P、Cu、K、有机物等杂质成分，已经不具有正常催化剂的功能和价值，需要重新作为原料进行提炼回收。判断 4 号样品属于固体废物。

《国家危险废物名录》中没有包括钼钒废物类别，样品的浸出毒性分析结果也没有超过《危险废物鉴别标准》（GB 5085—1996）中的限值，因此，初步判断样品属于一般工业固体废物。

在 1996 年《废物进口环境保护管理暂行规定》中公布的《国家限制进口的可用作原料的废物目录》及其增补的名录，原对外贸易经济合作部、原国家环境保护总局、海关总署、国家质检总局 2001 年第 41 号公告公布的《限制进口类可用作原料的废物目录》（第一批），《关于调整废物进口环境保护管理有关问题的通知》（环发 [2002]7 号文）中《自动进口许可管理类可用作原料的废物目录》中均没有列入钼钒废催化剂这一类废物。因此，4 号样品属于禁止进口的固体废物。

（4）5 号和 6 号样品

①产生来源分析

钼精矿从外观上应该呈粉末状，而且组分主要是矿物天然组分。外观上，5 号样品为黑色圆柱形细短条状固体物，其中混有少量大小不均的白色球状物，最大粒径达 2 cm；6 号样品为黑色棱形细短条状固体物，长短不均；两个样品外型和颜色具有相似性，物理形态与钼精矿粉末状不相符，都属于细柱状固体物，为经过加工配置的产品；两个样品的成分非常相近，Mo 的含量分别为 15.1% 和 15.3%，均低于钼精矿通常 45% 的含量，与我国典型钼精矿的组成相差很大；样品都含有 Al_2O_3 和 SiO_2，不同程度地含有 Fe、Ti、Co、Ni、S、Ca 等成分；样品成分和形态结构符合催化剂的特征，而且，样品都有煤油味，经过对 6 号样品的有机物的分析，样品含有稠环芳烃、苯系物、烷烃等汽油、煤油、柴油和其他油品的组分，应该来源于炼油过程。因此，判断两个样品不是钼精矿，是炼油过程中使用过的催化剂，是以 Al_2O_3 为载体的已经失去原有使用价值的含 MoNiCo 废催化剂。

②固体废物属性分析

5 号和 6 号两个样品是工业催化剂使用后失去活性的废催化剂，除了含有 Co、Mo、Ni 等利用价值较高的成分外，还含有 Si、Al、S、有机物等成分，已经不具有正常催化剂的功能和价值，需要重新作为原料进行提炼回收。因此，判断 5 号和 6 号样品属于固体废物。

危险废物是指列入国家危险废物名录或者根据国家规定的危险废物鉴别标准和鉴别方法认定的具有危险特性的固体废物。依据《国家危险废物名录》含镍的废催化剂是名录中的 HW46 类废物，而且 5 号样品浸出液中镍的质量浓度为 496 mg/L，超出了《危险废物鉴别标准》(GB 5085—1996) 中 10 mg/L 的限值。因此，样品属于危险废物。

在 1996 年《废物进口环境保护管理暂行规定》中公布的《国家限制进口的可用作原料的废物目录》及其增补的名录，原对外贸易经济合作部、原国家环境保护总局、海关总署、国家质检总局 2001 年第 41 号公告公布的《限制进口类可用作原料的废物目录》（第一批），《关于调整废物进口环境保护管理有关问题的通知》（环发 [2002]7 号文）中《自动进口许可管理类可用作原料的废物目录》中均没有列入废催化剂类废物。因此，两个样品属于禁止进口的固体废物。

（5） 7 号样品

①产生来源分析

钴矿在自然界很少，大多以与 Fe、Cu、Ni 等伴生的矿床形式存在。钴（Co）的品位大于 0.01% 就具有选冶价值，钴精矿的品位达到 0.2% 便有价值。钴硫精矿按化学成分分类，精矿分为六个等级，见表 7。样品成分含量为 46.6%MnO、27.0%Cl、23.0%Co_2O_3、3.05%K_2O、0.22%Al_2O_3，其中钴的含量为 16.3%，样品成分与表 7 钴精矿的分级标准相差较大；从表 1 样品形态和挥发性物质分析来看，样品呈泥状并有非常高的有机组分；从矿物角度分析，含钴矿物主要是无机物，因此，样品不符合矿物的特征；从表 5 的分析来看，样品浸出液呈酸性，而精矿成分以金属氧化物为主，应该呈中性或偏呈碱性。因此，判断样品不是钴精矿。

表 7　钴硫精矿等级分类标准

单位：%

等级	Co，≥	S，≥	杂质，≥					
			Cu	Zn	Mn	SiO_2	Pb	As
1	0.45	25.0	0.5	0.2	0.01	7.0	0.2	0.06
2	0.40	25.0	0.6	0.2	0.06	10.0	0.2	0.08
3	0.35	25.0	0.7	0.2	0.08	13.0	0.2	0.10
4	0.30	25.0	1.0	0.2	0.10	15.0	0.2	0.10
5	0.25	25.0	1.2	0.2	0.10	18.0	0.2	0.10
6	0.20	25.0	1.2	0.2	0.10	20.0	0.2	0.10

含钴和锰的物料有两大来源：二甲苯催化氧化生产苯二甲酸工艺中所产生的废催化剂；湿法炼锌过程中氧化除杂所得的钴锰渣。前者成分比较简单，以钴锰为主，杂质少，易处理。后者成分复杂，除 Co、Mn 外，通常还含有 Fe、Zn、Cu、Ni 和 Cd 等多种金属，除杂提钴工艺流程复杂，要反复利用酸溶解、碱沉淀、氧化还原反应等多种分离方法。钴锰渣呈黑色粉状，含水 30%~40%，大部分可在水中分散浆化。

精对苯二甲酸（PTA）是重要的有机化工原料，主要用于制造合成纤维、塑料薄膜单体、绝缘漆和染料等。生产过程中产生苯甲酸、对甲基苯甲酸（ρ-TA）、间苯二甲酸等副产物，须定期排出一定的循环母液，其中含有一定数量的 Co-Mn 催化剂、醋酸（CH_3COOH）及固体有机酸。国内某厂氧化母液（渣）的主要化学组成见表 8。文献提出了综合回收氧化母液（渣）的试验方案，工艺路线示意图如图 8[1] 所示。

对水萃冷冻结晶后的液体，利用碳酸盐、草酸盐沉淀，充分水洗，CH_3COOH 溶解、净化、再结晶得到合格的 Co-Mn 混合催化剂，含 8.52%Co、27.23%Mn，经适当调配后可返回 PTA 生产过程和其他催化体系使用。同时又利用中和沉淀法分离 Co、Mn 制得 $Co(OH)_2$ 渣和 $Mn(OH)_2$ 渣，供进一步深加工处理，其分步沉淀条件见表 9[1]。

表 8　某厂氧化母液（渣）的成分及含量

单位：%

成分	醋酸	醋酸钴	醋酸锰	有机酸	水	固体有机酸成分			
						苯甲酸	对甲基苯甲酸	间苯二甲酸	对苯二甲酸
含量	30~60	1.2~2.0	3.2~5.0	30~50	5~10	30~50	7~15	12~20	15~30

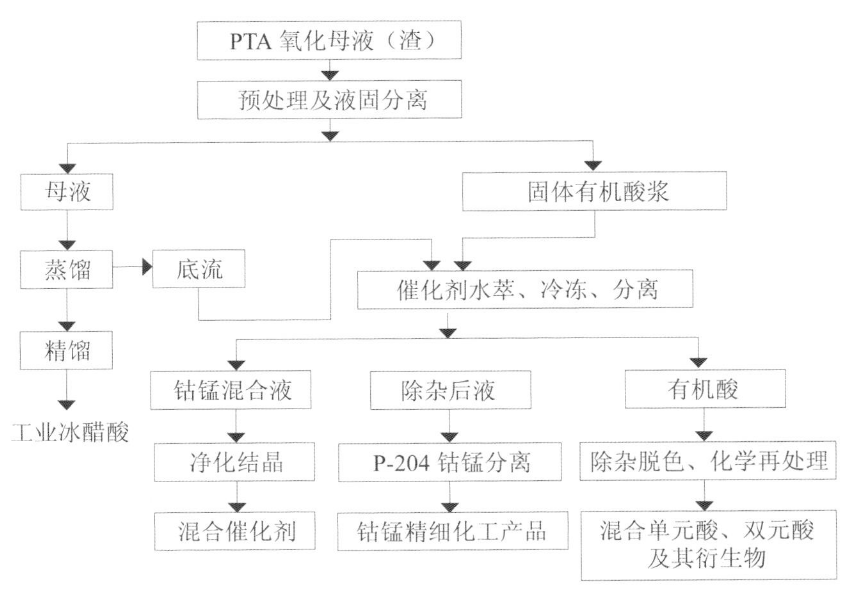

图 8　由 PTA 氧化母液回收催化剂及醋酸的工艺流程示意图

表 9　Co、Mn 的分步沉淀条件

单位：%

序号	NaOH 用量 /mL	终点 pH 值	滤液成分		滤渣成分		钴回收率	
			Co	Mn	Co	Mn		
1	144	7.7	0.47	2.2	46	20	64.2	原液量 100 mL，反应时间 1h，反应温度 50~60℃，原液成分 Co2.86%，Mn5.78%
2	146	8.1	0.1	2.0	57	15	91.4	
3	148	8.4	0.04	0.5	31	41	96.8	

成分分析表明，样品主要含有 Co、Mn 和 Cl；从表 5 的样品浸出液腐蚀性分析可知，样品呈酸性；样品浸出实验过程中浸出液呈紫红色，据此可知样品中钴和锰以离子态形式存在，说明是盐类；从表 3 的有机物分析可知，样品含有大量的苯系物和其他有机物，说明是有机化工生产的产物。结合上述资料，初步判断样品来源于苯二甲酸工艺中所产生的经回收的 Co-Mn 废催化剂。

②固体废物属性分析

初步判断 7 号样品是来源于苯二甲酸工艺中所产生的 Co-Mn 废催化剂，除了含有 Co、Mn 等利用价值较高的成分外，还含有不具利用价值的硫、有机物等杂质成分，样品已经不具有正常催化剂的功能和价值，需要重新作为原料进行提炼回收。同时，根据我国进口废物管理实践，如将废钢铁、废有色金属、废塑料等边角料、下脚料、回收料、报废品作为固体废物，判断 7 号样品属于固体废物。

危险废物是指列入国家危险废物名录或者根据国家规定的危险废物鉴别标准和鉴别方法认定的具有危险特性的固体废物。《国家危险废物名录》中 HW42 类包括含有苯系物等的有机废物，因此，样品属于危险废物。

在《废物进口环境保护管理暂行规定》（环控 [1996]204 号文）中公布的《国家限制进口的可用作原料的废物目录》及其增补的名录，原对外贸易经济合作部、原国家环境保护总局、海关总署、国家质检总局 2001 年第 41 号公告公布的《限制进口类可用作原料的废物目录》（第一批），《关于调整废物进口环境保护管理有关问题的通知》（环发 [2002]7 号文）中《自动进口许可管理类可用作原料的废物目录》中均没有列入含 Co-Mn 的废催化剂及其他废催化剂。根据我国进口废物管理法规和管理实践，7 号样品属于禁止进口的固体废物。

4 结论

1 号样品不是钼精矿，是含钴钼镍的废催化剂；2 号和 3 号样品不是钼精矿，是含钼钒的废催化剂；4 号样品不是钼精矿，是含钼钒的废催化剂；5 号和 6 号样品不是钼精矿，是含钴钼镍的废催化剂；7 号样品不是钴精矿，是含钴锰的废催化剂。样品均属于目前我国禁止进口的固体废物。

参考文献

[1] 张征林，费善栽，路春娥，等 .PTA 氧化母液中钴锰催化剂及醋酸的回收再生 [J]. 化工时刊，1997,12:7-11.

79. 锡渣

1 背景

2011 年 9 月，某再生原料检验鉴定机构对某公司申报进口的“锡渣”进行废物属性鉴别，根据该鉴定机构提供的相关资料和我们查找的相关资料整理出鉴别报告。

2 样品特征及物质特性分析

（1）样品外观呈黑色，呈大小不均的碎块和碎粒状，少量呈球状和丝状，断口光滑有光泽。样品外观形态见图 1。

图 1　样品

（2）随机抽取样品进行 X 射线荧光光谱半定量分析，结果见表 1。随机抽取样品进行 X 射线衍射分析，结果为未见衍射峰。

表 1　样品主要成分及含量（除 Cl 以外，其他元素均以氧化物计）

单位：%

成分	Fe_2O_3	CaO	SiO_2	Al_2O_3	TiO_2	ZrO_2	SnO	P_2O_5	BaO	WO_3	NbO
含量	25.0	20.2	12.6	9.74	7.52	6.55	4.41	3.23	2.44	1.74	1.41

3 样品物质属性鉴别分析

（1）产生来源分析

80% 以上的锡是采用反射炉还原熔炼，其次是电炉熔炼，也有少数炼锡厂采用短窑（转炉）、鼓风炉、顶吹转炉熔炼 [1]。精矿经 1 300℃冶炼产生锡渣，行业内将第一次炼锡产生的渣叫做锡渣（也称为富渣），富渣可进一步通过烟化处理提取锡，冶炼流程见图 2[2]。

表 2 是国内外炼锡厂的富渣和贫渣成分及含量 [3]。国内某冶炼厂烟化炉处理的含锡 (Sn) 物料主要有反射炉富渣、电炉渣，各种渣的化学组成见表 3[4]。

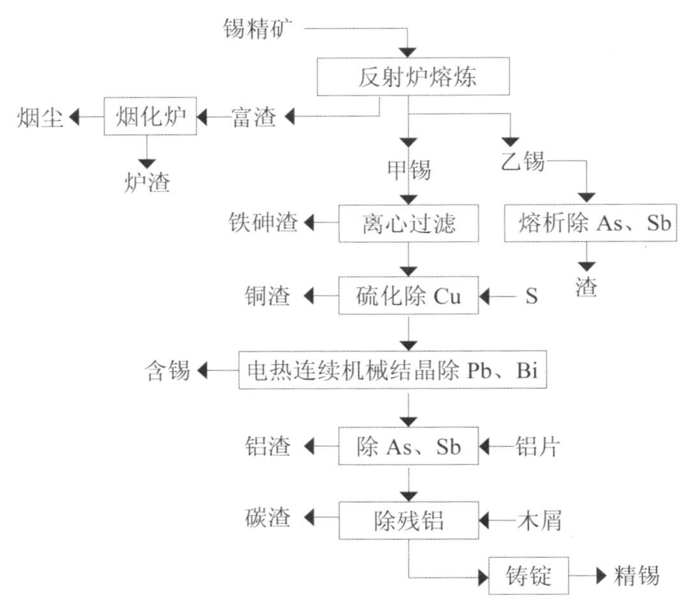

图 2　锡精矿冶炼流程

表 2　国内外炼锡厂富渣成分及含量

单位：%

工厂	熔炼设备	富渣			贫渣			
		Sn	SiO_2	FeO	Sn	SiO_2	CaO	FeO
中国赣州精选厂	反射炉	5~20	16~23	3~4	3~5	22~30	18~22	4~5
中国柳州冶炼厂	反射炉	12~15	19	51	—	—	—	—
中国西湾选炼厂	鼓风炉	19~27	23~27	3~5	—	—	—	—
马来西亚巴生炼锡厂	反射炉	15.1	21.5	16.9	—	—	—	—
玻利维亚稳妥炼锡厂	反射炉	9~12	30	30	—	—	—	—

表 3　国内某冶炼厂各锡渣的成分及含量

单位：%

炉渣来源	Sn	As	Sb	SiO_2	CaO	Fe	Al_2O_3
1 号反射炉	16.24	0.33	3.18	21.14	8.97	29.84	6.63
2 号反射炉	15.82	0.38	3.28	21.91	8.86	29.95	6.56
1 号保温炉	8.46	0.35	5.61	25.41	10.29	26.82	9.87
2 号保温炉	12.50	0.38	1.87	23.41	10.23	24.41	9.18
1 号电炉	3.25	0.43	0.91	34.59	20.12	3.40	24.41
2 号电炉	2.83	0.51	0.96	37.46	19.32	4.15	27.85

样品外观形态上为碎块、碎屑、颗粒，为高温熔融产物；样品中明显含有锡，含量与锡冶炼中产生的贫渣含量基本一致；样品中 Si、Fe、Ca、Al 四种渣相成分含量较高，与上述资料中锡冶炼渣的四种渣相成分含量相似，而含钙量高是冶炼的造渣溶剂所致；样品中明显含有 W 和 Nb，这两种元素是锡矿中常伴生的成分，例如我国经过精选的锡精矿中就有一些属于高钨锡精矿和钽铌钨锡精矿[5]；样品物相分析检测不到 X 衍射谱峰，表明样品

为非结晶态，可能是高温水淬急冷后形成的玻璃体，例如我国平桂矿务局每年加工冶炼锡金属时都产生大量的经水淬急冷处理的炉渣[6]。综合这些信息，判断样品为锡冶炼过程中产生的水淬炉渣。

（2）固体废物属性

样品是锡冶炼产生的水淬渣，是生产过程中的残渣，依据《固体废物污染环境防治法》中固体废物的定义以及《固体废物鉴别导则（试行）》的原则，判断样品属于固体废物。仅以 Sn 的含量来衡量，样品利用价值不大。

2009 年 8 月，环境保护部、商务部、国家发改委、海关总署、国家质检总局发布的第 36 号公告中的《禁止进口固体废物目录》中第 24 项为“含其他金属及化合物的矿渣、矿灰及残渣”，样品应归入这类废物，属于我国目前禁止进口的固体废物。

4 结论

样品是锡冶炼过程中产生的水淬渣，属于目前我国禁止进口的固体废物。

参考文献

[1] 国家有色金属工业局规划发展司编 . 世界有色金属工业现状 (内部资料).1999:218.
[2] 屠海令，赵国权，郭青蔚 . 有色金属——冶金、材料、再生与环保 [M]. 北京：化学工业出版社，2003:152.
[3] 何海成 . 锡精矿反射炉一次还原熔炼出贫渣 [J]. 有色金属 (冶炼部分),1985(1):17.
[4] 韦成果 . 含锡富渣烟化炉硫化挥发 [J]. 有色金属 (冶炼部分),2004(4):21.
[5] 罗庆文 . 我国的锡冶炼工艺评述 [J]. 云南冶金 ,1983(2):48.
[6] 刘军隆 . 锡矿渣作铁质原料稳定生产优质水泥 [J]. 水泥技术 ,1996(6):34.

第三部分

鉴别为废物的案例

——金属为主的废物类

80. 钕铁硼废料

1 背景

2004 年 10 月，固体废物研究所对某公司申报进口的“钕精矿”货物样品进行废物属性鉴别，需要确定是否属于国家禁止进口的固体废物。在实验分析、专家咨询和查阅相关资料的基础上编写鉴别报告。

2 样品特征及物质特性分析

（1）样品为两个，其中 1 号样品为红褐色泥状物质，含有明显的水分，混有少量硬质的不规则小颗粒；样品有明显的氨水异味；具有磁性。2 号样品为黑色泥状物质，混有少量大块状的不规则物质；有明显的氨水异味，具有磁性。测定两个样品含水率分别为 36.4% 和 28.8%，样品干基 550℃下的烧失率分别为 0.26% 和 0.01%。

（2）采用 X 射线荧光光谱仪分析样品的组成，成分及含量见表 1。另外，测定样品干基中硼（B）的含量为 0.6%。

表 1　样品主要成分及含量（除 Cl 以外，其他元素均以氧化物计）

单位：%

样品	Fe_2O_3	Nd_2O_3	Pr_6O_{11}	Dy_2O_3	Al_2O_3	SiO_2	SO_3	Co_2O_3	MnO	CuO	P_2O_5	Cl
1 号	69.16	24.55	3.90	0.76	0.48	0.34	0.10	0.27	0.13	0.14	0.03	0.03
2 号	68.05	25.56	3.88	1.20	0.53	0.24	0.02	0.22	0.12	0.12	0.03	0.01

（3）样品主要是无机物，成分分析表明样品中不含有 Pb、Zn、Cd 等重金属，只有少量的 Cu 和 Cr，因此，选择 Cu、Cr 按照《固体废物浸出毒性浸出方法　水平振荡法》（GB 5086.2—1997）和《危险废物鉴别标准　浸出毒性鉴别》（GB 5085.3—1996）规定中的方法对样品进行浸出毒性鉴别分析，结果见表 2。

表 2　浸出实验结果

单位：mg/L

样品	1 号	2 号	GB 5085.3 标准限值
Cu	0.018	0.022	50
总 Cr	0.002	0.002	10

（4）按照《固体废物腐蚀性测定　玻璃电极法》（GB/T15555.12—1995）进行了腐蚀性实验分析，两个样品浸出液的 pH 值分别为 9.6 和 10.0，样品呈碱性。

（5）根据委托鉴别资料，样品来自澳大利亚独居石矿提炼后的稀土富集物。独居石矿物可提炼铀、钍等放射性物质，因此，对样品进行了放射性核素比活度的初步定性测试，结果见表 3。

表 3　样品核素比活度测试结果

单位：Bq/kg（除标出外）

样品	重量 / g	^{238}U (185.7 keV)	^{238}U (351.7 keV)	^{226}Ra (351.7 keV)	^{232}Th (911.2 keV)	^{40}K (1 460.8 keV)
1 号	27.95	<43	6.29±3.59	6.29±3.59	<3.2	46.4±21.3
2 号	38.75	<32	2.10±1.38	2.10±1.38	<2.3	29.4±12.5

3 样品物质属性鉴别分析

（1）产生来源分析

①稀土矿或钕精矿

样品报关名称为“钕精矿”。稀土矿石通常是一些含有多种有用矿物的复合矿石，一般只有百分之几至十万分之几的稀土氧化物，因此，必须经过选矿才能得到稀土和其他有用矿物的最终精矿。钕（Nd）、镨（Pr）属于轻稀土元素，轻稀土矿物中具有开采利用价值的主要有独居石和氟碳铈矿，表 4 是这两种矿物的主要成分和性质，表 5 是我国包头混合型稀土精矿的成分及含量。

表 4　独居石和氟碳铈矿的主要成分和性质

单位：%

矿物名称	化学式	铈族氧化物	钇族氧化物	颜色
独居石	$(Ce,La,Th)PO_4$	39~74	0~5	黄褐
氟碳铈矿	$(Ce,La)(CO_3)F$	60~72	2	黄、赤褐

表 5　包头混合型稀土精矿的成分及含量

单位：%

精矿	稀土	ThO_2	P	Fe	F	Ca	Eu_2O_3/R_2O_3
1 号	53.2	0.15	3.5	7.5	9.8	4.92	0.17
2 号	59.4	0.16	4.0	7.4	7.5	6.0	0.17

样品物理形态以及成分与稀土精矿的成分相差甚远，不是稀土矿。

从矿物学角度看，钕并不呈天然状态存在，主要是和镧（La）、铈（Ce）、镨（Pr）一起存在于轻稀土矿物中。我国稀土冶炼使用最多的是独居石、氟碳铈矿 - 独居石混合精矿、离子吸附型稀土矿三种，表 6 是典型的独居石精矿化学成分。冶炼工艺对独居石精矿的要求之一是磁性杂质（如 Fe_3O_4）不大于 2%，对氟碳铈矿 - 独居石混合精矿的要求之一是铁不大于 5%。而样品中 2/3 以上的物质为铁。所以，样品不是稀土精矿。

表 6　独居石精矿的化学成分

单位：%

成分	Fe_2O_3	SiO_2	Al_2O_3	P_2O_5	CaO	U_3O_8	ThO_2	稀土氧化物
含量	1~2	1~3	0.1~0.8	24~29	0.2~0.8	0.2~0.4	5~10	55~60

②稀土精矿的钕富集物

轻稀土组分精矿经过粉碎和化学方法分离、富集等一系列复杂的工艺操作后可得到含量较高的钕的富集物，铁在前端重组分分离步骤中去除，最后富集产物中几乎没有，稀土物含量一般达到 99% 以上。样品实际情况是含有大量的铁。判断两个样品不属稀土精矿的钕富集物。

③样品是钕铁硼（NdFeB）磁性材料的废料

钕广泛应用于制造有色金属材料，最大用途是制造 NdFeB 永磁材料。NdFeB 磁体磁能极高，被称做当代“永磁之王”，以其优异的性能广泛用于电子、机械等行业。在生产 NdFeB 材料时会产生 30% 以上的废料，由于日本等发达国家劳动力成本高等原因，对于 NdFeB 合金生产中产生的切割边角料、下脚料、不合格品或者回收报废产品中的 NdFeB 回收料，一般不进行再生处理。样品中 Fe、Nd、Pr、Dy 的成分比例与 NdFeB 磁性材料的成分配比大体一致（Fe_2O_3 占 65%~69%，Nd_2O_3 等稀土成分大约占 30%，硼 (B) 大约占 1%；因为没有这方面的标准加上配比属于商业秘密，所以是大约配比），而且样品具有较强的磁性，两个样品从颜色、形状和成分上都有一定的差别，表明是来自不同过程。

总之，根据上述分析，判断样品是 NdFeB 磁性材料的废料，是 NdFeB 磁性材料生产或机械加工过程中产生的切割料、下脚料等，或者是使用 NdFeB 磁铁的设备报废后，设备拆分得到的 NdFeB 回收料。

一般来说 NdFeB 下脚料是固体状，但样品含有水分，理由是：a. 直接以 NdFeB 固体料进口，由于形状规格大小不一，海关进口商品编号中也没有相应类别的货物，容易判为废料，属于禁止进口废物；b. 以钕富集物形式有可能以稀土资源形式获得进口，湿法富集工艺也是国内通常使用，由此容易判断样品具有回收利用价值；c. 有可能是湿法切磨的下脚料；d. 产品技术保密需要。

（2）固体废物属性分析

样品是 NdFeB 磁性材料生产或加工过程中产生的切割边角料、下脚料、不合格品，或者是设备报废后 NdFeB 的回收料，不具有 NdFeB 磁性材料的原使用价值。我国目前还没有关于废物与产品原料之间的准确判断标准或原则。样品中钕的含量较高，而且除铁以外的杂质成分比较少，易于分离和富集有价组分（如 Nd、Pr、Dy），也可以用做稀土金属或化合物的生产原料。但是，根据废物具有“被最终消费者丢弃”这一特点，样品属于“丢弃物”，不具有产品利用价值。总之，判断样品属于固体废物。

依据《废物进口环境保护管理暂行规定》（环控 [1996]204 号文），未列入“可以用做原料进口的固体废物的目录”的固体废物禁止进口。在《废物进口环境保护管理暂行规定》中公布的《国家限制进口的可用作原料的废物目录》及其增补的名录，原对外贸易经济合作部、原国家环境保护总局、海关总署、国家质检总局 2001 年第 41 号公告公布的《限制进口类可用作原料的废物目录》（第一批），《关于调整废物进口环境保护管理有关问题的通知》（环发 [2002]7 号文）中《自动进口许可管理类可用作原料的废物目录》等文件中均没有这一类废物，因此，样品属于目前我国禁止进口的固体废物。

4 结论

样品是 NdFeB 磁性材料生产中产生的边角料、下脚料、不合格品，或者报废设备的 NdFeB 的回收料，属于目前我国禁止进口的废物。

81. 含钕铁硼为主的废料

1 背景

2009 年 8 月，固体废物研究所对某公司申报进口的“稀土铁合金粉”货物样品进行废物属性鉴别，需要确定是否属于国家禁止进口的固体废物。在实验分析、查阅相关资料的基础上编写鉴别报告。

2 样品特征及物质特性分析

（1）样品呈黑色泥状，呈大小不一的团状，混有少量的土黄色泥状固体物，无明显异味，具有磁性。测定样品含水率和 550℃下烧失率分别为 25.1% 和 0。样品外观形态见图 1~ 图 3。

图 1　样品（塑料袋中）

图 2　风干后的样品

图 3　样品中黄色固体

（2）采用 X 射线荧光光谱仪分析样品中黑色部分和土黄色部分的成分，结果见表 1。采用 ICP-AES 仪器分析样品黑色部分中硼 (B) 的含量为 0.48%。

表 1　样品的主要成分及含量（元素均以氧化物计）

单位：%

样品	Fe_2O_3	Nd_2O_3	Co_3O_4	Sm_2O_3	Dy_2O_3	CeO_2	Al_2O_3	CuO	SiO_2	ZrO_2	Pr_2O_3
黑色部分	52.63	16.18	14.48	5.73	2.25	2.20	1.87	1.64	1.29	0.70	0.17
土黄色部分	19.73	5.48	7.75	1.78	0.80	0.70	37.43	0.47	21.88	0.29	0.14
样品	Y_2O_3	WO_3	CaO	SO_3	K_2O	Cr_2O_3	MnO	P_2O_5	MgO	TiO_2	Na_2O
黑色部分	0.38	0.32	0.17	0.07	0.05	0.03	0.02	0.02	—	—	—
土黄色部分	—	0.11	0.22	0.11	1.43	—	0.03	0.04	0.19	0.93	0.49

（3）样品中黑色部分多为大小不一的粉末状集合体，能谱分析见图 4，主要显示有 Fe、Nd、Sm、Co、O；土黄色部分粉末集合体能谱见图 5，含有 Fe、Nd、Co、Al、Si、K、Ti 等。

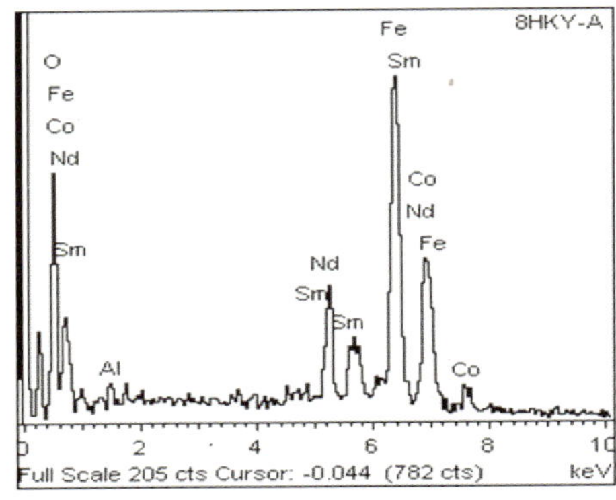

图 4　样品中黑色粉末部分的能谱

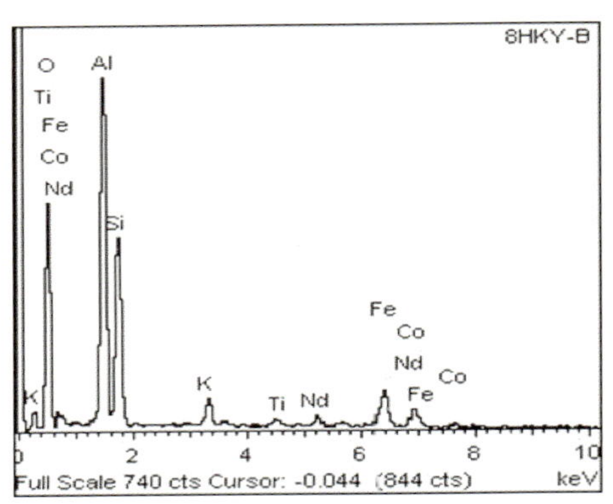

图 5　样品中土黄色部分的能谱

（4）磨制了抛光片，显微镜下可看到有少量合金相的熔珠，而细粒结晶集合体中有一些残存的金属相，多数为金属氧化相，见图 6 和图 7。

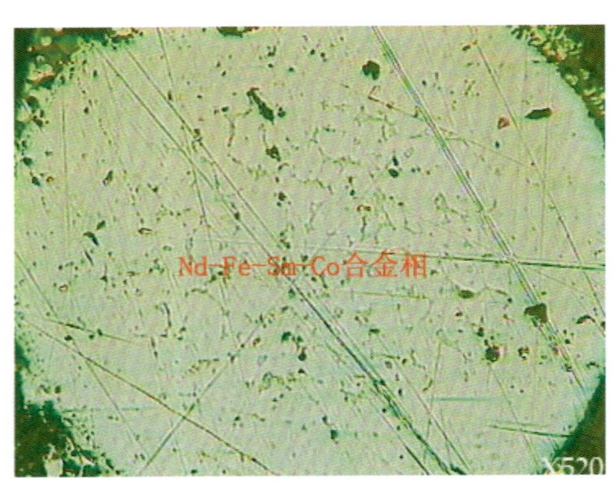

图 6　金属熔珠的显微镜下照片

图 7　金属（亮白）及其氧化产物（灰色）

3 样品物质属性鉴别分析

（1）产生来源分析

①稀土矿、稀土精矿

物相观察表明样品含有金属或合金物相，由此可判断其不是天然矿物，也不是钕稀土精矿。

轻稀土组分精矿经过粉碎和化学方法分离、富集等一系列复杂的工艺操作后可得到含量较高的“钕 (Nd) 的富集物”，但这种由精矿富集的稀土物含量一般达到 99% 以上，最后富集产物中几乎没有铁。而样品实际情况是含有大量的铁。因此，样品不是稀土精矿的钕富集物。

②稀土铁合金

正在制订中的《危险废物鉴别标准 毒性物质含量标准》（征求意见稿）规定：含有本部分附录 A 中的一种及一种以上有毒物质的总含量≥ 3% 的废物即可判为危险废物，在附录 A 中明确包括锑粉和 Sb_2O_5。从成分分析上看，锑的含量低于 3%，依据上述标准样品不属于危险废物。

实验表明，样品不具有浸出毒性和腐蚀性。

在《控制危险废物越境转移及其处置巴塞尔公约》附件九名录B中列出了废锌及其合金、废锑及其合金，而该名录 B 中的废物除非具有公约附件三的特性，否则不属于公约所管辖范围的废物。样品以金属锌为主。

综上所述，判断样品不属于危险废物。

4 结论

样品是热镀锌渣，以金属锌为主，属于一般固体废物。

83. 铅及含铅废料

1 背景

2007 年 4 月，固体废物研究所对某公司申报进口的“未锻轧铅合金”货物样品进行废物属性鉴别，需要确定是否属于国家禁止进口的固体废物。在实验分析、咨询专家和查阅相关资料的基础上编写鉴别报告。

2 样品特征及物质特性分析

（1）两个样品为不规则块状固体，少量粉末状，灰黑色，表面粗糙，大小不一，大块状的颜色不均，有的表面可见细微银色发光晶体，有的表面夹杂有黄色物质，有烧结痕迹。测定样品含水率分别为 0.08% 和 0.34%，样品干基 550℃下烧失率分别为 0.04% 和 0.3%。样品外观形态见图 1 和图 2。

图 1　1 号样品

图 2　2 号样品

（2）定量分析样品的组成，成分及含量见表 1。委托单位提供货物的化验结果见表 2。

表 1　样品的成分及含量

单位：%

样品	S	Fe	Cu	Si	Sb	Pb 余量
1 号	10.7	4.0	1.3	0.6	4.8	78.6
2 号	3.6	3.3	1.8	0.4	4.5	86.3

表 2　海关提供的化验结果

单位：%

样品	Pb	Sb	Cd	其他
1 号	80.7	8.7	9.3	<1
2 号	80.3	9.3	8.7	<1

（3）采用 X 射线衍射仪分析样品物相结构，两个样品主要物质组成为 PbS 和金属铅，从中各取少量粉末进行能谱分析，结果见图 3 和图 4；对样品的典型相组成进行了扫描电镜能谱分析，结果见图 5；图 5 中标注分析点 A、B、C 的成分见图 6。

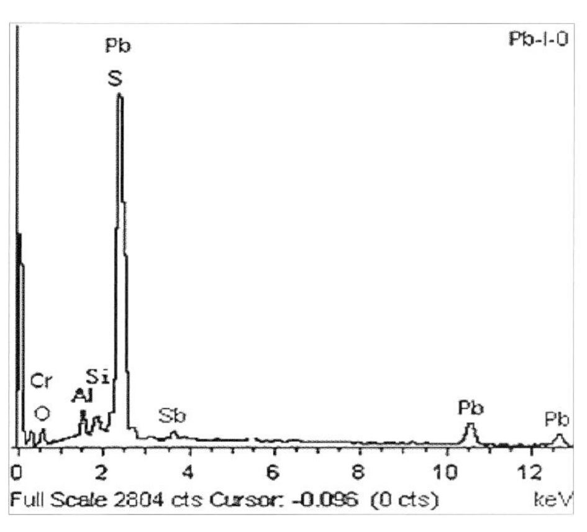

图 3　1 号样品中粉末能谱

图 4　2 号样品中粉末能谱

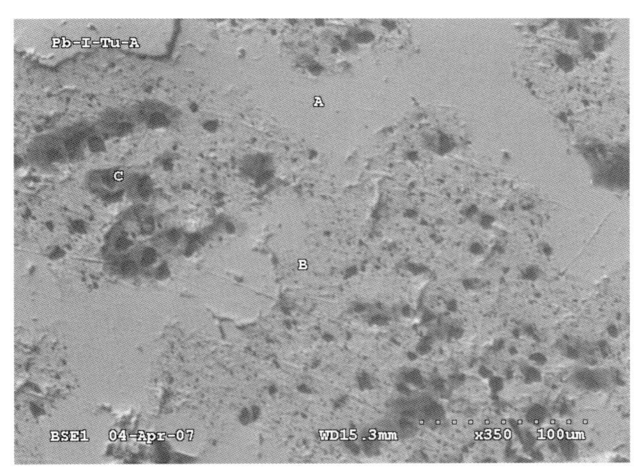

图 5　抛光面背散射电子图像

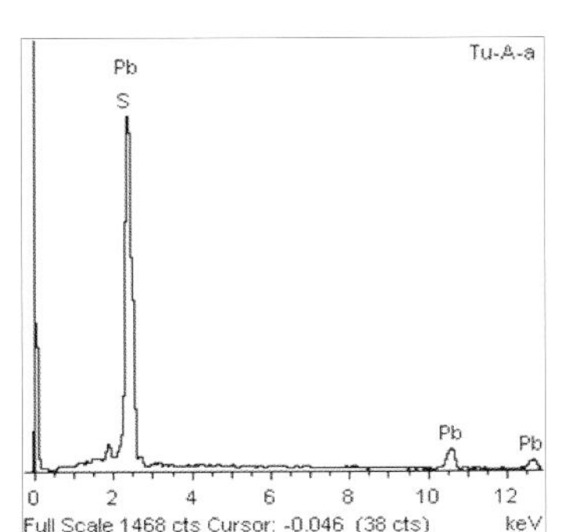

A 点能谱：PbS

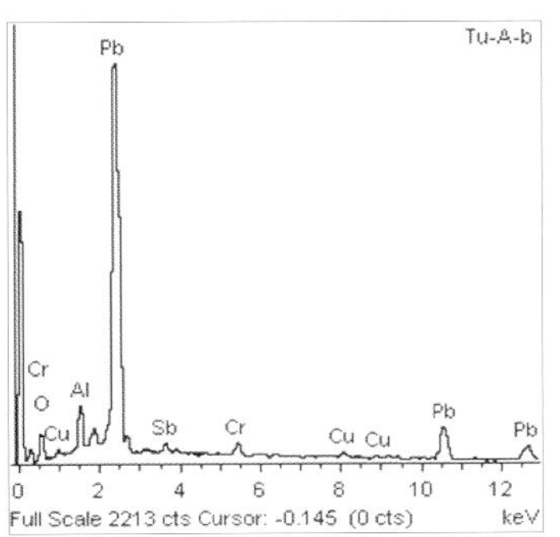

B 点能谱：主要含有 Pb

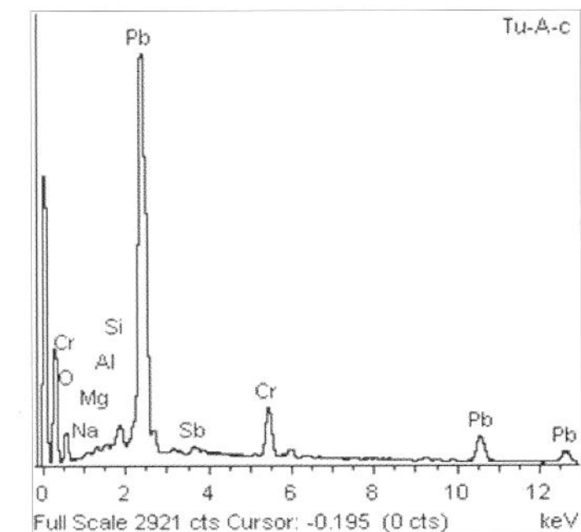

C 点（孔隙）能谱：主要含有 Pb

图 6　与图 5 分析点对应的能谱

样品中除 Pb 外，还有少量 Sb、Cu，而 Al、Si、Cr 系磨料及抛光料带入。

3 样品物质属性鉴别分析

（1）产生来源分析

①天然铅锌矿矿石

自然界中铅锌矿的种类比较多，成单一矿床的很少，绝大部分属于铅锌混合矿，共伴生组分多。铅锌矿石工业类型划分，是在矿石自然类型基础上，按矿石氧化程度的不同分为硫化矿石（Pb 或 Zn 氧化率小于 10%）、氧化矿石（Pb 或 Zn 的氧化率大于 30%）、混合矿石（Pb 或 Zn 的氧化率为 10%~30%）。原矿石中的 Pb 或 Zn 的品位比较低，表 3 是几种铅锌矿石的化学组成 [1]。

表 3　几种铅锌矿石的化学成分及含量

单位：%

矿石	Pb	Zn	Fe	Cu	SiO_2	S	CaO
1 号	4.47	8.84	—	0.009	9.2	26.28	14.83
2 号	5.50	13.0	9.4	—	18.0	—	—
3 号	8.50	13.8	1.8	1.0	20.0	—	—
4 号	9.00	13.0	8.5	0.5	19.0	16.0	—
5 号	12.53	16.25	—	0.09	6.02	26.34	10.25

样品中 Pb 和 Sb 的含量非常高，分别达到了 80% 左右和 4.5% 以上，样品中 Pb、Sb、Zn、Si、Fe、S、Cu 等的含量与铅锌矿石中的相关数据存在明显的差异，样品形态特征上有明显冶炼过的痕迹，判断样品不是天然铅锌矿矿石。

②铅精矿

铅锌矿石一般都要经过选矿富集成精矿才能冶炼。硫化矿石通常用浮选方法。氧化矿石用浮选或重选与浮选联合选矿，或硫化焙烧后浮选，或重选后用 H_2SO_4 处理再浮选。对于含多种金属的铅锌矿石，一般用磁—浮、重—浮、重—磁—浮等联合选矿方法。表 4 是《铅精矿》（YS/T 319—1997）中的成分要求，表 5 是铅冶炼工艺中使用的铅精矿或炉料的一般化学成分。

表 4　我国铅精矿化学成分标准要求

单位：%

品级	Pb，⩾	杂质含量，⩽				
		Cu	Zn	As	MgO	Al_2O_3
一级	70	1.2	4	0.2	1.0	2.0
二级	65	1.5	5	0.3	1.5	2.5
三级	55	2.0	5	0.4	1.5	3.0
四级	45	2.5	7	0.6	2.0	4.0

表 5　铅冶炼工艺中使用的铅精矿或炉料的化学成分及含量

单位：%（除标出外）

物料	Pb	Zn	Cu	Fe	S	CaO	MgO	SiO_2	Al_2O_3	Cd	As	Sb	Ag/(g/t)
1 号	40.0	13.0	4.1	9.75	18.0	1.2	0.7	6.8	1.6	—	—	—	—
2 号	66.0	2.0	1.3	4.0	16.0	1.6	0.9	2.8	1.5	—	—	—	68
3 号	78.0	2.6	0.8	1.8	14.9	0.3	0.1	0.8	0.1	—	—	—	—
4 号	64.8	5.43	1.71	7.27	18.39	—	—	—	—	0.033	0.098	0.024	—
5 号	50.5	8.0	1.6	15.54	24.7	—	—	—	—	0.029	0.12	0.028	—
6 号	36.3	14.0	4.5	—	—	—	—	—	—	0.047	0.27	0.19	—
7 号	65~68	4.5	1.7	—	16~17	—	—	—	—	—	—	—	—

注：其中 No.1、2 取自中南矿冶学院等编写的《重金属冶金学》（1961 年）中的中国冶炼厂资料；No.3-7 取自俄文版《铅冶金学》(罗斯库托夫，1965) 中的国外冶炼厂资料。

样品中铅的含量达到了 80% 左右，超过了表 4 中我国铅精矿的一级标准，样品中 Zn、As、Mg、Al 等杂质的含量比一级品精矿中的要求还要低，样品成分与表 5 相差也比较大。矿石选矿后应该成为很细的精矿砂，但样品主要是不规则块状物质，粗细大小不一。因此，判断样品不属于铅精矿。

③铅精矿烧结矿

世界上大多数铅锌冶炼厂所采用的冶炼方法，是将硫化精矿首先进行焙烧或烧结，以转变精矿中 PbS 和 ZnS 的矿物形态，使其氧化为 PbO 与 ZnO，便于下一步处理，这是焙烧或烧结的主要目的 [2]。铅精矿砂通过焙烧形成一定大小的块状物质和去除部分硫（S）后，才能入炉进行铅的熔炼。为了保证烧结的正常炉矿要求，炉料中铅含量一般维持在 40%~45%，含量很高时要通过配料来降低铅含量；同时，烧结时要加入炭，从而使得烧结块中含碳；烧结块的形状应该呈多孔，密度较均匀。样品中铅含量高、硫含量较高、碳含量很低，铅的物质形态也不是以 PbO 为主，形态和密度不均匀，因此，判断样品不是烧结矿。

④粗铅冶炼除杂产生的浮渣、电解阳极泥或弃渣

粗铅冶炼中根据冶炼工艺和原料组成的差别会产生各种不同的浮渣，浮渣中铅或其他金属的含量很高，浮渣可以继续进一步冶炼。表 6 是铜质浮渣的组成，表 7 是氧化精炼产生的锡（Sn）质浮渣、砷（As）质浮渣或锑（Sb）质浮渣的典型成分 [3]，对比表 1 和表 2 中的样品成分组成及含量，表 6 和表 7 差异明显；浮渣在冶炼厂可以通过后续各种工艺继续进行冶炼，浮渣正常形态属于松散的“海绵”态；而从委托单位提供的照片看，大块的货物明显是具有某种圆饼状，呈比较致密的熔化态，样品有致密的部分，也有“气孔松散”的部分，通过咨询专家，样品是熔炼产物形成过程中夹杂有部分渣导致。总之，判断样品不是浮渣。

表 6　铜质浮渣的化学成分及含量

单位：%（除标出外）

序号	Cu	Pb	Fe	S	As	Sb	Au/（g/t）	Ag/(g/t)
1	11.19	69.79	2.28	5.61	2.54	—	—	—
2	12.93	68.5	1.14	3.11	3.9	—	—	—
3	15.80	67.37	0.94	3.36	3.9	—	—	—
4	16.7	65.6	0.2	3.5	7.6	0.25	—	—
5	6.73	79.55	2.14	2.57	0.3	0.05	43	2 065

注：编号 1~3 是国内某厂铜浮渣的成分，编号 4~5 是国外炼铅厂铜浮渣的化学成分。

表 7　精炼浮渣的典型化学成分及含量

单位：%

浮渣名称	Pb	Sn	As	Sb
Sn 质浮渣	66.7	11.6	0.6	0.4
As 质浮渣	69.3	0.5	10.6	6.4
Sb 质浮渣	73.4	0.2	2.6	12.6

表 8 是国内外电解铅阳极泥的主要成分及含量，该表与样品的成分数据差异明显，并结合样品属于致密的块状形态 [3]，综合判断样品不是电解精炼产生的阳极泥。

表 8　铅电解精炼阳极泥的成分及含量

单位：%

成分	中国 1	中国 2	特列尔（加）	阿罗依（秘）	竹原（日）
Pb	15.44	13~15	19.7	14.31	14.59
Au	0.043	0.04~0.064	0.016	0.103	0.027
Ag	13.34	8.27~11.75	11.5	9.14	2.44
Cu	0.46	—	1.8	1.0	2.66
Bi	9.66	12~14	2.1	1.0	2.66
As	15.08	—	10.6	4.5	0.5
Sb	24.62	—	28.1	35.01	41.4
Sn	0.72	—	0.07	—	0.38

表 9 是冶炼厂产生的典型炉渣的化学成分及含量，这些渣不再进行冶炼。样品中的成分与表 9 中的差异明显，因此，样品不是铅冶炼过程中产出的最终排出的炉渣。

表 9　铅熔炼厂排出的炉渣的典型化学成分及含量

单位：%

序号	Pb	ZnO	SiO_2	FeO	CaO	MgO	Al_2O_3	MnO	BaO	S	Cu
1	1.87	—	26.72	—	15.02	2.90	8.68	—	—	1.31	0.20
2	1.53	—	27.42	—	15.76	2.78	7.60	—	—	1.51	0.21
3	1.56	—	26.30	—	14.70	3.83	8.14	—	—	1.35	0.24
4	0.82	10.26	27.64	38.25	13.44	—	—	—	—	—	—
5	0.58	10.55	26.84	37.68	13.15	—	—	—	—	—	—
6	1.30	12.06	27.83	38.27	14.10	—	—	—	—	—	—
7	1.30	7.0	27.00	35.00	19.00	1.00	4.80	3.00	—	—	—
8	1.60	12.5	26.80	36.80	8.10	4.90	5.70	—	—	3.00	0.31
9	2.30	18.5	28.45	41.98	3.00	0.84	1.31	—	1.80	7.90	0.50
10	4.20	27.1	23.20	30.20	5.00	—	4.40	—	—	—	—

注：来自中南矿冶学院等编写的《重金属冶金学》（1961 年）。

⑤样品是回收铅的废料熔炼后的产物

再生铅原料主要是废蓄电池，这是一种含铅达到 70%~90% 的富铅原料，其成分复杂，并含有大量的塑胶有机物，这给冶炼过程带来许多麻烦，因此，冶炼之前要进行预处理，废蓄电池组成见表 10。除了废蓄电池外，其他的废铅物料，如电缆包被、各种铅材和合金等的预处理比较简单，只是按不同组成分类，单独熔炼成相应的合金 [4]。

表 10　废铅酸蓄电池重介质分选得到的产物成分及铅的分配

单位：%

产物	产出率	化学成分及含量							铅的分配比
		Pb	Sb	Sn	As	S	Cl	有机物	
金属部分	34.0	90.8	5.45	0.002	0.01	0.60	0.05	0.78	50.25
填料	43.0	68.9	0.65	0.003	0.03	7.48	0.20	2.24	48.25
有机物	23.0	3.9	—	—	—	8.36	11.80	76.0	1.47

样品比重较大、含水率很低、可挥发性成分很少，样品具有冶金熔融特征，明显是经过了熔炼后的产物；样品主要成分为 Pb、Sb、S、Fe、Cu、Si，其他杂质很少，这些成分属于回收铅熔炼的过程中的基本成分；从含铅废物或铅废物的回收情况看，回收物品最好的处理方式是再进入冶炼过程。通过咨询专家，样品是来自铅回收物料经过熔炼后的产物；而且样品含 Sb，因此很可能是来自含 Pb、Sb 废物（如铅酸蓄电池）的回收熔炼产物。

铅酸蓄电池中的铅膏含有大量的 $PbSO_4$，在回收时很可能将其与其他部分的铅一起进行熔炼，资料证明 [5]；未脱硫料的熔炼过程要加入炭和铁屑作为还原剂，因此，可解释样品含有铁和硫、样品触摸后有黑色炭以及燃烧后样品颜色发生变化等现象。

综合以上分析，判断样品是回收铅酸蓄电池的铅熔炼产物。

（2）固体废物属性分析

样品是来自回收铅熔炼的产物，但样品又不属于粗铅、铅锭、铅合金，也不是精矿、烧结料、冶炼浮渣等，很可能属于因冶炼技术水平落后、工艺条件控制不好（温度、熔剂、故障等）致使没有达到炼粗铅的目的而形成的报废产物，也可能属于回收物料的简单熔炼产物。虽然金属得到了富集，但这种富集物中还含有大量杂质（污染）成分，有 Pb、PbS、PbO 等形态，正因为如此，样品很难满足正常冶炼各环节产生的产物标准要求，不可能直接用于轧制铅产品，只能用做粗铅之前的除杂冶炼工序的替代原料。但是这种可替代铅的冶炼原料，由于带入了更高含量的锑而使得冶炼过程中可能产生环境污染，因为：①由矿石而来的冶炼原料中锑的含量相对比较低，不应该达到样品中的高含量；②同时由于锑的熔点（403.89 K）比铅的熔点（600.65 K）低，在进一步的熔炼过程中锑将先进入渣相和气相中；③锑是银白色天然金属，会刺激人的眼、鼻、喉咙及皮肤，持续接触可破坏心脏及肝脏功能，吸入高含量的锑会导致中毒，症状包括呕吐、头痛、呼吸困难，严重者可能死亡。

总之，依据《固体废物鉴别导则（试行）》的原则，判断样品属于固体废物。

原国家环境保护总局等部门于 2008 年公布的第 11 号公告以及之前历次公布的允许进口的固体废物目录中均没有列出该类废物，因此，样品属于目前我国禁止进口的固体废物。

4 结论

样品不是铅矿石、铅精矿、铅精矿的烧结矿、炼铅产生的浮渣、电解铅阳极泥，不属于粗铅、铅锭（精炼铅）、铅合金，是回收铅废料（废蓄电池）熔炼后的产物，属于禁止进口的固体废物。

参考文献

[1]《铅锌冶金学》编委会 . 铅锌冶金学 [M]. 北京 : 科学出版社 ,2003.

[2] 彭容秋 . 铅锌冶金学 [M]. 北京 : 科学出版社 ,2003.

[3] 彭容秋 . 铅冶金 [M]. 长沙 : 中南大学出版社 ,2004.

[4] 彭容秋 . 有色金属提取冶金手册——锌镉铅铋 [M]. 北京 : 冶金工业出版社 ,1992.

[5] 周正华 . 从废旧蓄电池中无污染火法冶炼再生铅及合金 [J]. 上海有色金属 , 2002,23(4):157.

84. 富铅渣

1 背景

2010 年 8 月，固体废物研究所对某公司申报进口的“铅矿砂”货物样品进行固体废物属性鉴别，需要确定是否属于国家禁止进口的固体废物。在实验分析、咨询专家和查阅相关资料的基础上编写鉴别报告。

2 样品特征及物质特性分析

（1）样品为黑色块状，明显有气孔，样品干燥，比重约 4.6。分拣样品发现，样品中混有两小块手感重量最大、没有气孔且表面分布不均的具有金属光泽的物料，将其编为 1 号。将有气孔的物料又分为两部分，将其中手感重量最小、所占比例少的部分编为 2 号；手感重量介于上述两者之间的大部分样品，编为 3 号。样品外观形态见图 1~ 图 3。

图 1 1 号样品

图 2 2 号样品

图 3 3 号样品

（2）采用 X 射线荧光光谱仪分析样品的组成，成分及含量见表 1。

表 1 样品主要成分及含量（除 Cl 以外，其他元素均以氧化物计）

单位：%

编号	PbO	SiO_2	SO_3	Al_2O_3	Fe_2O_3	ZrO_2	Sb_2O_3	ZnO	MgO	CuO	CaO
1 号	63.56	18.72	16.65	0.24	0.22	0.15	0.10	0.08	0.08	0.07	0.07
2 号	36.42	17.57	4.90	2.09	13.95	0.11	4.62	0.22	0.46	0.05	1.86
3 号	69.85	6.27	9.36	2.15	4.34	0.21	2.74	0.05	0.14	0.06	0.68
编号	Ag_2O	P_2O_5	Na_2O	SnO_2	BaO	TiO_2	MnO	As_2O_3	Cr_2O_3	Cl	K_2O
1 号	0.06	0.02	—	—	—	—	—	—	—	—	—
2 号	—	0.05	11.76	2.65	2.49	0.33	0.17	0.13	0.13	0.04	—
3 号	—	—	1.85	1.09	0.71	0.17	—	—	—	0.08	0.24

（3）采用 X 射线衍射仪对样品进行物相结构分析，1 号样品由方铅矿及石英组成；2 号样品玻璃相较多，结晶程度较差，物相以 PbS、Pb、铁酸盐为主；3 号样品物相以 PbS、Pb、PbO、硫酸盐为主。衍射谱图见图 4~ 图 6。

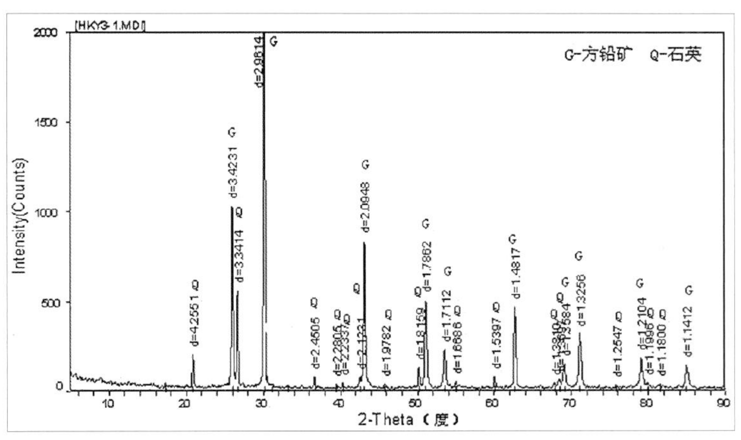

图 4　1 号样品衍射谱图

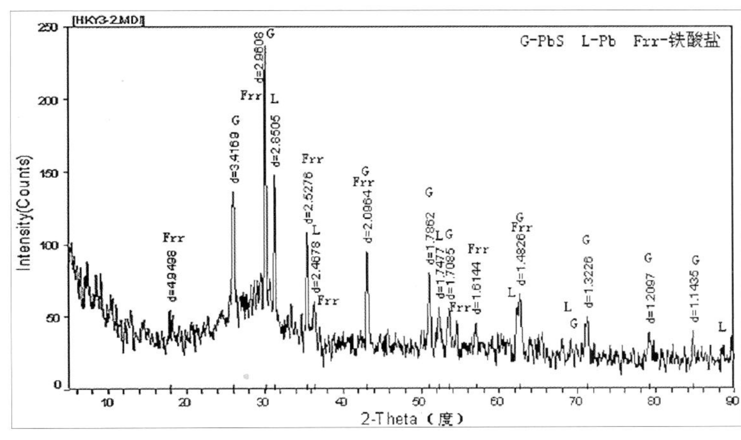

图 5　2 号样品衍射谱图

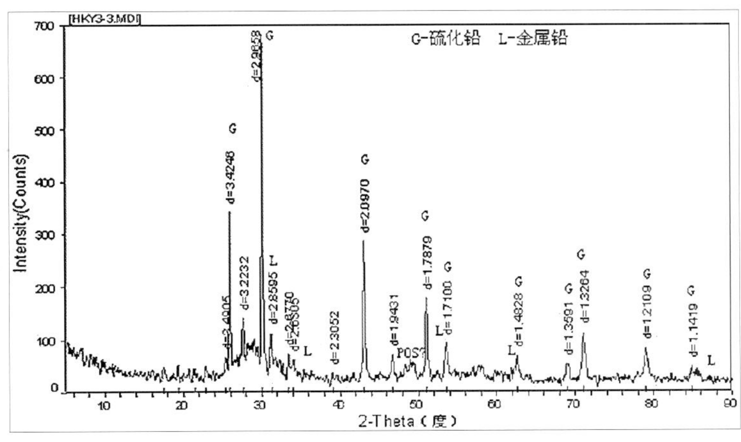

图 6　3 号样品衍射谱图

（4）能谱分析显示，1 号样品主要含有 Si、S、Pb，其他元素很少；2 号样品主要由 Si、Pb、Fe、S、Na 等组成，另有一些其他少量元素；与 2 号样品相比，3 号样品中 Pb 含量提高。能谱图见图 7~ 图 9。显微镜下观察，1 号样品未见闪锌矿及铜铁硫化物共生，是单一铅硫化矿，脉石为石英；镜下见 2 号样品为较多的硅酸盐玻璃相，中间有显著量的铁酸盐及 PbS 相，气孔很多；镜下见 3 号样品为较多的 Pb 和 PbS，硅酸盐玻璃相中也见少量铁酸盐，气孔较少。

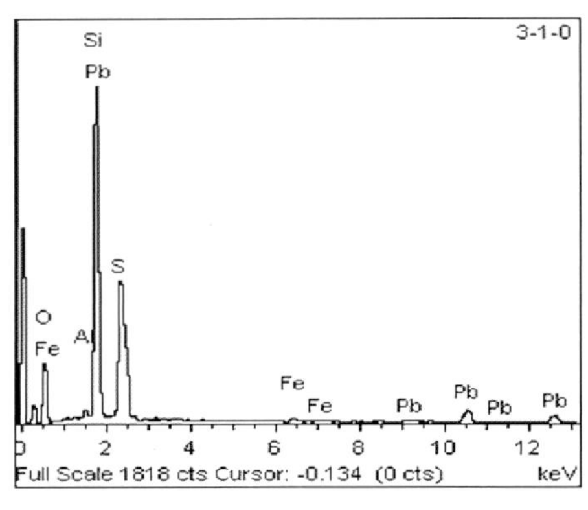

图 7　1 号样品能谱图

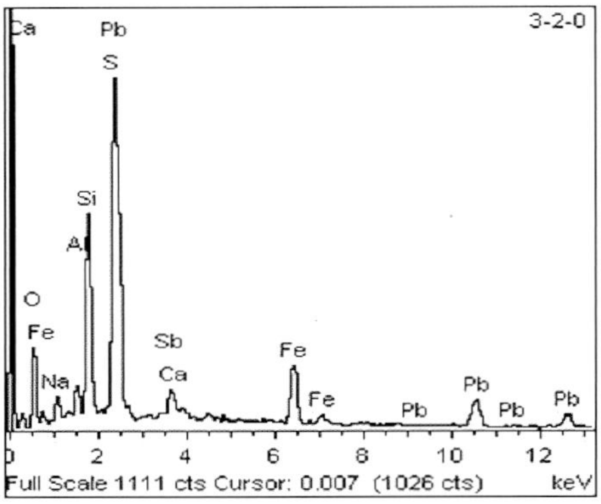

图 8　2 号样品能谱图

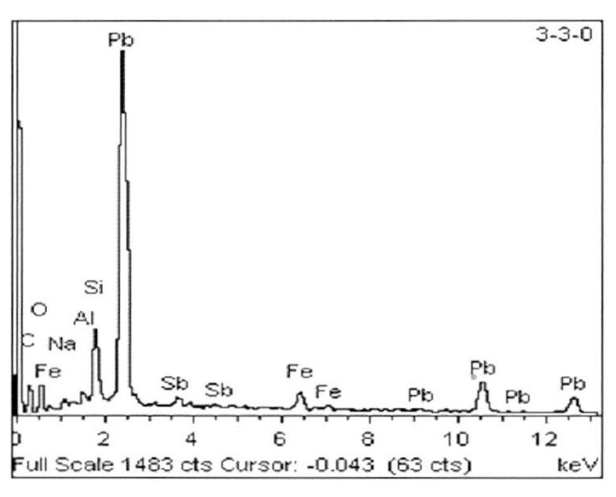

图 9　3 号样品能谱图

3 样品物质属性鉴别分析

（1）产生来源分析

①铅矿石及铅精矿

1 号样品的物相结构主要为方铅矿和石英，扫描电镜下观察是典型的 PbS 矿石，且未见闪锌矿及铜铁硫化物共生，是单一铅硫化矿，脉石为石英，符合《铅精矿》（YS/T 319—2007）中三级品的要求，因此，1 号样品为品位较高的铅矿石。

2 号样品的物相结构为 PbS、少量金属铅及铁酸盐；3 号样品的物相结构为 PbS、Pb（含量比 2 号多）、铅的硫酸盐。在铅矿石中不会含有金属铅的成分，铅精矿中的铅以 PbS 为主，样品外观明显为冶炼后的产物，因此，2 号样品、3 号样品无论从成分构成、物相构成和形态都表明不是铅矿石或铅精矿，也就不是铅矿砂。

②富铅渣（或高铅渣）

铅精矿不经过焙烧熔炼直接生产出金属的冶炼方法称为直接熔炼，它采用工业 O_2 或富氧空气，通过闪速炉熔炼或熔池熔炼的强化冶金过程，产出粗铅和富铅渣（或高铅渣）。

某资料中富铅渣（或高铅渣）成分见表 2[1]。其他大量资料都表明炼铅过程中会产生大量类似的富铅渣（或高铅渣）。硫化铅精矿直接熔炼的生产工艺流程示意图见图 10。

表 2　高铅渣块的主要成分及含量

单位：%

成分	Pb	Sb	Cu	As	Zn	S	SiO_2	CaO	FeO	MgO	Al_2O_3
含量	56	1.5	0.50	0.4	8.91	0.78	6	3.8	9.2	0.92	0.46

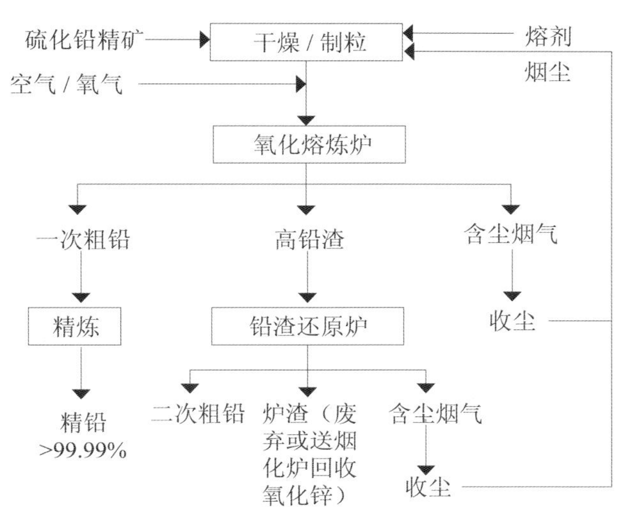

图 10　硫化精矿直接熔炼的生产工艺流程示意图

再生铅原料主要是废蓄电池，含 70%~90%Pb，并含有大量的塑胶有机物，冶炼之前要进行预处理，废蓄电池组成见表 3。除了废蓄电池外，其他的废铅物料，如电缆包被、各种铅材和合金等的预处理都比较简单，只是按不同组成分类，单独熔炼成相应的合金[2]。图 11 是铅再生利用的工艺过程，表明在 O_2 吹炼过程中会产生富铅渣。

表 3　废铅酸蓄电池重介质分选得到的产物成分及铅的分配比

单位：%

产物	产出率	化学成分							铅的分配比
		Pb	Sb	Sn	As	S	Cl	有机物	
金属部分	34.0	90.8	5.45	0.002	0.01	0.60	0.05	0.78	50.25
填料	43.0	68.9	0.65	0.003	0.03	7.48	0.20	2.24	48.25
有机物	23.0	3.9	—	—	—	8.36	11.80	76.0	1.47

2 号和 3 号样品中铅含量较高，具有熔融特征，与上述铅冶炼产生的富铅渣中的 Pb 含量相当，样品主要成分为 Pb、Si、Fe、Sb、S、Cu、Na，其他杂质很少，这些成分属于铅精矿或回收铅再生过程中的基本成分；但由于其中 Pb 的物相较为复杂，包括 PbS、PbO、Pb 等，明显不属于正常冶炼过程中充分反应的产物，判断 2 号和 3 号样品属于铅回收料、铅精矿为主的熔化或简单熔炼的产物，属于富铅渣。因此，样品属于混合物。

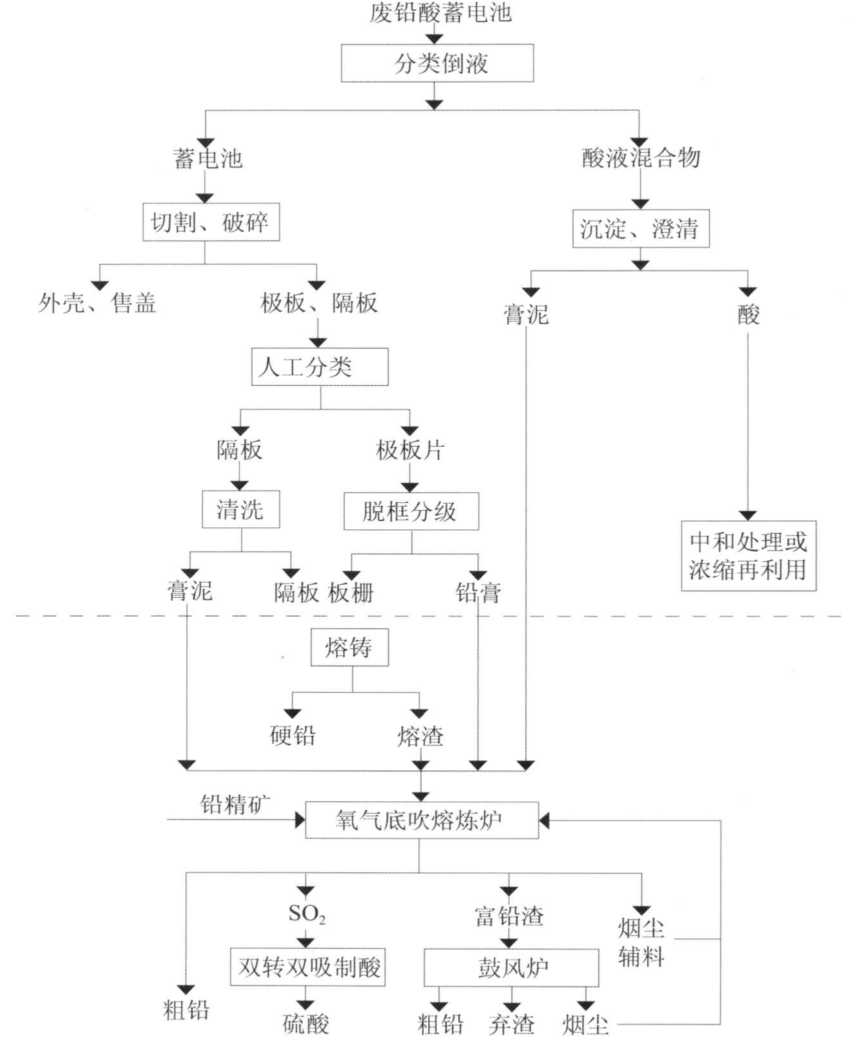

图 11　循环铅工艺流程示意图

（2）固体废物属性分析

样品属于富铅渣和少量铅矿的混合物，富铅渣是炼粗铅过程中的副产物，其过程以炼粗铅为目的，富铅渣并不是“有意识生产”、没有“质量控制”；富铅渣中混有少量铅矿表明样品更不是“有意识生产”、没有“质量控制”。因此，依据《固体废物鉴别导则（试行）》的原则，判断样品属于固体废物。

2009 年 8 月环境保护部、商务部、国家发改委、海关总署、国家质检总局发布的第 36 号公告中的《限制进口类可用作原料的固体废物目录》《自动许可进口类可用作原料的固体废物目录》以及之前我国历次公布的允许进口的固体废物目录中均没有明确列出“铅渣”或“含铅为主的废物”。在 2009 年发布的第 36 号公告中的《禁止进口固体废物目录》包括“其他主要含铅的矿渣、矿灰及残渣”。因此，样品属于目前我国禁止进口的固体废物。

4 结论

样品不是铅矿砂（铅矿石或铅精矿）；样品属于以铅回收料、铅精矿为主的熔化或简单熔炼过程产生的富铅渣，并且混有少量铅矿，属于混合物，可作为炼铅的原料；样品属于目前我国禁止进口的固体废物。

参考文献

[1] 彭楚峰 . 鼓风炉熔炼高铅渣的计算机模拟 [D]. 昆明理工大学 ,2003.
[2] 彭容秋 . 有色金属提取冶金手册——锌镉铅铋 [M]. 北京 : 冶金工业出版社 ,1992.

85. 钴酸锂废料

1 背景

2005 年 9 月，固体废物研究所对某公司申报进口的“氧化钴”货物样品进行废物属性鉴别，需要确定是否属于国家禁止进口的固体废物。在实验分析、咨询专家和查阅相关资料的基础上编写鉴别报告。

2 样品特征及物质特性分析

（1）三个样品外观特征以及含水率和 550℃下的烧失率，结果见表 1。

表 1　物理特征

单位：%

样品	1 号	2 号	3 号
外观特征	为黑灰色，大小不一的块状	为黑灰色，大小不一的块状	为灰褐色，泥浆状
含水率	8.55	7.15	74.87
烧失率	13.19	10.63	19.65

（2）采用原子发射光谱仪对样品干基中的锂（Li）进行分析，结果见表 2。

表 2　样品干基中锂的含量

单位：%

样品	1 号	2 号	3 号
Li	4.81	5.25	0.60

样品经 200℃烘烤后，研磨、压片、测定。烘干样品时发现如下现象：1 号和 2 号样冒白烟，有刺激性气味，出现白色雾状结晶，但很快挥发，白烟中的润湿 pH 试纸不变色；3 号样由褐色变黑色，有白烟逸出，带刺激性气味。对干燥后的样品进行组分分析，结果见表 3。

表 3　样品主要成分及含量（元素均以氧化物计）

单位：%

样品	Co_2O_3	CaO	SiO_2	SO_3	Na_2O	Fe_2O_3	P_2O_5	Al_2O_3	ZnO	MgO	NiO	MnO
1 号	91.68	—	0.08	0.11	—	—	—	0.02	—	0.16	0.42	2.66
2 号	94.03	0.07	0.07	0.09	—	0.04	0.19	0.04	—	0.15	—	0.02
3 号	94.16	1.38	1.35	0.84	0.54	0.25	0.21	0.20	0.17	0.12	0.11	—

（3）采用 X 射线衍射仪分析样品物相结构，物相组成见表 4。

表 4　样品物相分析

样品	1 号	2 号	3 号
物相组成	$LiCoO_2 + SiO_2$	$LiCoO_2$	$Co_2SiO_4 + Ca_2Si + Co_2O_3$

（4）浸出液中 NH_3-N 的分析

由样品的灼烧和烘烤现象表明样品中含有有机物，通过查找文献资料，按照《固体废物浸出毒性浸出方法 水平振荡法》（GB 5086.2—1997）对样品进行振荡浸出，然后测定样品浸出液中 NH_3-N 质量浓度，分析结果见表 5。

表 5 样品浸出中 NH_3-N 质量浓度

单位：mg/L

样品	1 号	2 号	3 号
含量	6.98	6.45	4.45

3 样品物质属性鉴别分析

（1）产生来源分析

① 1 号和 2 号样品

钴酸锂分子式为 $LiCoO_2$，理化性能指标见表 6。

表 6 钴酸锂的理化特性

项目	范围	典型值	项目	范围	典型值
外观	灰黑色，无结块	—	Li/%	6.8~7.2	7.05
松装密度 /（g/cm^3）	≥ 0.70	—	Co/%	59.5~60.5	60.0
振实密度 /（g/cm^3）	1.7~2.6	2.4	Ni/%	≤ 0.05	0.02
粒度分布（D_{50}）/μm	5~9	6.5	Na/%	≤ 0.01	0.005
粒度分布（D_{10}）/μm	1~3	2.5	Fe/%	≤ 0.02	0.015
粒度分布（D_{90}）/μm	12~20	13	Mn/%	≤ 0.01	0.005
酸碱性（pH 值）	9.5~11.5	10.5	Mg/%	≤ 0.01	0.01
含水率 %	≥ 0.05	0.03	Ca/%	≤ 0.03	0.01

1 号和 2 号两个样品中锂（Li）和钴（Co）的成分含量与表 6 中 $LiCoO_2$ 的基本化学成分含量具有可比性，物相结构分析也证明 1 号和 2 号两个样品为 $LiCoO_2$，因此，这两个样品是 $LiCoO_2$。

$LiCoO_2$ 主要用于制造锂电池，对产品的要求非常严格，不能有结块、含水率要求小于 0.05%，Si、S、Ca、Ni、Cl、有机物等杂质的含量要求非常低。但是，样品的形态明显有结块；含水率远大于 5%；杂质成分高于表 6；而且样品含有可烧失的成分（表 1）；由样品的灼烧实验和烘烤实验现象以及表 5 的分析可知：样品中含有有机物和氮（N），应是来自黏结钴酸锂粉末的黏合剂，如 N,N- 二甲基吡咯烷酮、丁苯橡胶等。所有这些都表明 1 号和 2 号样品是废 $LiCoO_2$。

钴酸锂废料可产生于生产过程的不同工段。进口物品主要来源有三种可能：a. 生产 $LiCoO_2$ 时产生的不合格品；b.$LiCoO_2$ 做电池极片材料时要与胶混合才能粘在箔纸上，生产中会产生边角料和报废料；c. 从废钴锂电池或废极片上回收的废 $LiCoO_2$。

② 3 号样品

物相结构分析表明，3 号样品的主要成分是氧化钴（Co_2O_3）以及少量的硅酸钴（$CoSiO_4$）

和硅化钙（$CaSi_2$）的混合物。同时，由样品含有较高的水分，明显呈碱性和呈红褐色，推测样品中含有 $Co(OH)_2$，在实验室对样品进行干燥时可能将其转化为 Co_2O_3。

钴的氧化物有三种：CoO、Co_2O_3、Co_3O_4。CoO 为灰绿色粉末，熔点 1 795℃，相对密度 6.45，不溶于水、醇、氨水，溶于酸或强碱溶液，可在隔氧条件下通过加热分解 $CoCO_3$ 制得，它可做油漆颜料、陶瓷釉料和含钴催化剂。Co_2O_3 又称氧化高钴，为黑灰色粉末，不溶于水、醇，溶于浓酸，低温下在过量空气中加热亚钴化合物或氢氧化高钴均能得到，它可做颜料和釉料。Co_3O_4 为钢灰色或黑色固体，不溶于 H_2O、HCl、HNO_3，溶于 H_2SO_4，熔融 NaOH。850℃下加热钴盐可得，可做颜料催化剂和用来制备钴。

$Co(OH)_2$ 为粉红色固体，密度 3.597 g/cm^3，加热分解，不溶于水，溶于酸和过量的浓碱溶液；空气中氧化成水合氧化高钴，溶于 NH_4OH，可溶性钴盐溶液与 NaOH 溶液作用，可制得 $Co(OH)_2$。

$LiCoO_2$ 可以由 Co_2O_3 和 Li_2CO_3 在高温煅烧下生成，而 Co_2O_3 可以由 $Co(OH)_2$ 加热生成，因此，生产 $LiCoO_2$ 电池材料的工艺流程完全可能产生 Co_2O_3 和 $Co(OH)_2$ 废料。根据样品成泥浆状、含有较高的可燃烧组分、含有相对较高的杂质成分和含量非常低的锂以及上述分析，综合判断样品不是 $LiCoO_2$，很可能是生产 $LiCoO_2$ 所使用的废原料或不合格原料。

（2）固体废物属性分析

分析表明 1 号和 2 号样品是废 $LiCoO_2$，来自 $LiCoO_2$ 电池材料的生产、配置过程和废电池材料的回收过程；3 号样品很可能是生产 $LiCoO_2$ 所使用的废原料或不合格原料。虽然三个样品都含有利用价值较高的钴，但都不再具有 $LiCoO_2$ 电池材料或生产 $LiCoO_2$ 电池原料的原来利用价值，回收之后必须要经过较为复杂的提炼或加工，才能进行其他利用，如提炼钴、生产釉料。根据我国《固体废物污染环境防治法》关于固体废物的定义以及进口废物管理实践，综合判断样品属于固体废物。

在 2005 年原国家环境保护总局、海关总署和国家质检总局第 5 号公告的《自动进口许可管理类可用作原料的废物目录》和《限制进口类可用作原料的废物目录》中都没有列出“钴酸锂废物”和“氧化钴废物”或“其他含钴废物”。原对外贸易经济合作部、海关总署、原国家环境保护总局发布 2002 年 1 月实施的《禁止进口货物目录（第三批）》中列出了海关编号为 3825.6900 的“其他未列名化学工业及相关工业的废物”。样品呈块状和泥状，含水率比较高，化学成分比较复杂，样品浸出液呈碱性或中性偏碱性，而且含有有机组分，所以样品是以化工生产为主的产物，可归入“3825.6900 其他未列名化学工业及相关工业的废物”品目下。因此，样品属于我国禁止进口的固体废物。

4 结论

1 号和 2 号样品是废 $LiCoO_2$，3 号样品很可能是生产 $LiCoO_2$ 的废原料或不合格原料，样品均属于我国禁止进口的固体废物。

86. 镍钴锰酸锂废料

1 背景

2011 年 3 月，固体废物研究所对某公司申报进口的“钴锍”货物样品进行固体废物属性鉴别，需要确定是否为国家禁止进口的固体废物。在实验分析、咨询专家和查阅相关资料的基础上编写鉴别报告。

2 样品特征及物质特性分析

（1）样品为黑色细粉末，外观均匀无明显杂质。测定样品含水率为 0，550℃下灼烧后样品增重 2.3%，颜色不变，样品外观形态见图 1。

（2）采用 X 射线荧光光谱仪（XRF）分析样品组分，结果见表 1。根据样品信息和以往经验，样品可能含有锂（Li），进一步分析样品中的 Li，同时根据 XRF 分析样品中含有 Fe、Si、S，进一步准确分析其含量，结果见表 2。

表 1　样品主要成分及含量（除 Cl 以外，其他元素均以氧化物计）

单位：%

成分	NiO	MnO	Co_2O_3	SO_3	Fe_2O_3	SiO_2	Cl
含量	49.70	25.42	24.50	0.21	0.09	0.07	0.01

表 2　样品主要成分及含量（元素以单质计）

单位：%

成分	Li	Fe	Si	S
含量	7.56	0.02	0.056	0.050

（3）采用 X 射线衍射仪分析样品的物相组成，衍射谱图显示为 $LiNiO_2$，见图 2。但由于 Co、Ni、Mn 三个元素等同性强、互换性大，锂离子电池中经常进行此多元素掺杂，$LiCoO_2$、$LiNiO_2$、$LiMnO_2$ 在 XRD 图谱中并无明显的峰位和强度的变化，检测上暂没有特别合适的办法进行分离。因此，样品中可能同时存在 $LiCoO_2$、$LiNiO_2$、$LiMnO_2$，不能单纯依据衍射谱图进行物相判断，还应结合其他手段进行准确判断。

图 1　样品

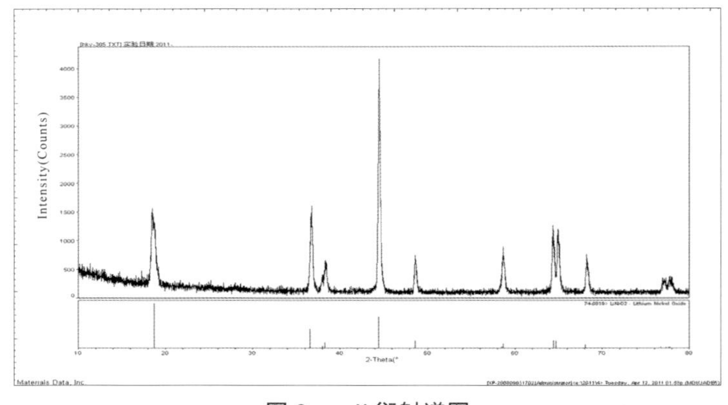

图 2　X 衍射谱图

（4）样品的电池材料特性分析

粒度分布：采用激光粒度分析仪测定样品粒度分布，结果为：D_{10}:2.1 μm，D_{50}:6.8 μm，D_{90}:14.8 μm。

振实密度：采用 HY-100 粉体密度测试仪测定样品振实密度，结果为 2.27 g/cm^3。

电化学性能：以 2032 纽扣电池测试其电化学性能。测试仪器为 Land 电池测试系统。测试条件为，0.1 C 恒流充至 4.2 V，4.2 V 恒压至 0.01C，然后恒流放至 2.6 V。样品材料放电克容量为 106 mA•h/g，中值电压为 3.63 V。

（5）样品能谱分析显示主要含有 Ni、Mn、Co、O，与 X 射线荧光成分分析相符合，但能谱分析也不能确定样品是否含有锂 (Li)，能谱图见图 3。显微镜下观察表明粉末由粒度较均匀的颗粒组成，粒径 <10 μm，见图 4；自然界未见同时富含 Ni-Co-Mn 的纯氧化物。

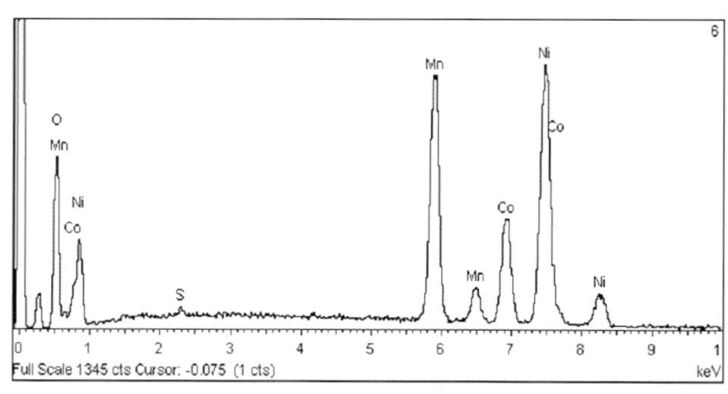

图 3　样品能谱图

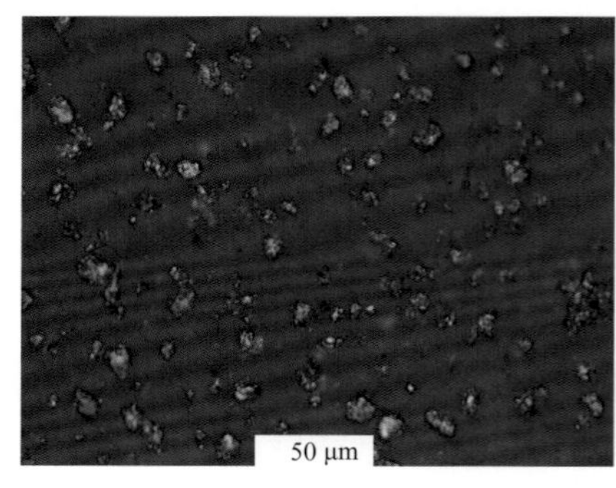

图 4　样品粉末镜下照片

3 样品物质属性鉴别分析

（1）产生来源分析

①钴锍

因为样品报关名称为“钴锍”，所以首先判断样品是否属于钴锍。

在海关 2010 年版《进出口关税与进口环节税对照使用手册》中，税号 81052090.01 的货品名称为“钴锍及其他冶炼钴时所得中间产品”。在海关《商品综合分类表》的详细注释中，对品目 81.05 的解释为“钴主要是从水钴矿（水合氧化钴）、硫钴矿（硫化钴镍）及砷钴矿（砷化钴）中获得。硫钴矿及砷钴矿熔融后产生出钴锍及其他中间产品”，但注释中并没有关于钴锍的成分和物相组成的详细解释。同时该注释中多处将钴锍与铜锍、镍锍相提并论。而对品目 75.01 中的铜锍详细解释为“铜锍产品是通过熔融焙烧过的硫化铜矿，使硫化铜从脉石和其他金属中分离制得。这些其他金属在铜锍表面形成一层浮渣。铜锍主要由铜和铁的硫化物构成，通常呈黑色或棕色小颗粒状（通过将熔融铜锍倒入水中制得）或者为一种颜色暗淡，具有金属外观的粗团块”。对品目 75.01 中的镍锍详细注释为“镍锍是通过加工（焙烧、熔炼等）镍矿砂获得的。根据不同的矿砂及加工工艺，镍锍可由镍铁硫化物、镍铁铜硫化物、镍硫化物或镍铜硫化物组成。镍锍通常呈铸块或铸板状（为了便于包装或运输，常被打成碎块）、颗粒状或粉末状（特别是某些成分为硫化镍的镍锍）。镍锍用于生产未锻轧镍。”由此推断，钴锍应为钴矿冶炼中所获得的中间产品，其中钴得到了一定的富集，便于进一步分离提取钴及其化合物，钴锍成分复杂。

我国云南地区有钴土矿和含铜钴土矿，钴多与 Mn、Fe 结合大部分呈高价氧化物，含 0.1%~1.3%Co、0.4%~1.8%Cu、0~0.2%Ni、10%~25%Fe、3%~26%MnO_2、20%~45%SiO_2、7%~14%Al_2O_3、5%CaO+MgO，冶金上多利用钴与硫具有较大的亲和力，采用硫化物为捕集剂，在鼓风炉中熔炼使钴富集呈冰钴（钴锍），与渣分离。硫化熔炼的目的是获得钴锍，成分为 3.7%~4.1%Co、1.7%~1.9%Cu、0.19%~0.2%Ni、49%~54%Fe、3.9%~5.3%Mn、24%~27%S。为了进一步提高钴锍品位，可进行吹炼，由此钴锍品位可提高一倍，便于下一步进入焙烧和湿法流程提取高纯度的钴，这种方法得到的钴锍属于还原硫化熔炼；当然，更多的是钴土矿采用电炉还原熔炼使原料中的 Co、Ni、Cu、Fe 等氧化物还原成金属，成为互熔的合金，锰的氧化物则与其他造渣成分一起进入渣相[1]。

砷钴精矿熔炼成冰钴（黄渣，即钴锍）可使 65%~70% 的砷挥发氧化进而回收 As_2O_3，Au、Ag 则富集于冰钴半成品内，脉石矿物成为造渣而与冰钴分离。破碎后的冰钴经沸腾炉氧化焙烧，使其中 Co、Ni、Cu、Fe 的砷化物转变为相应的氧化物和砷酸盐，从而获得含 30%~35%Co、5%~7%Ni、6%~8%As 的冰钴焙砂[2]。

某研究院对铜镍转炉渣提钴的技术，采用的是转炉渣电炉贫化（以含镍黄铁矿作硫化剂）—金属化钴锍缓冷—选矿富集 CoNiFe 合金—合金加压氧化酸浸—萃取分离 NiCo—氢还原制取金属钴粉，缓冷钴锍的矿物组成主要是自形、半自形粗粒结构的 CoNiFe 合金，它是锍中含 Co、Ni 的主要矿物相，而 FeS、FeS-FeO 共晶为锍的基底物相，此外还有少量的斑铜矿（Cu_5FeS_4）、磁铁矿（Fe_3O_4）、微量的铬铁矿（$FeCrO_4$）和金属铜等；另外，在有还原剂、硫化剂存在的电炉熔炼条件下，使转炉渣中的铁橄榄石和磁铁矿中以类质同相存在的钴，首先借助于磁铁矿的还原反应呈金属状态进入合金相，形成 FeCoNi 的合金相[3]。但由于是钴的富集过程，并不能完全分离杂质，因此，形成的钴锍仍含有一定的渣相成分。

综上所述，钴锍应是含钴矿物或含钴原料火法冶炼过程中的中间产品，为成分较为复杂的混合物，含有金属硫化物、金属氧化物，也可能含有金属或合金相；含有较高的硫，同时还含有渣相，形成钴锍的目的是使矿物原料中的低品位钴富集得到较高品位的钴，以便进一步分离提取金属钴及其氧化物。

样品成分主要为 Ni、Co、Mn、Li，为分布均匀的氧化态物质，表 2 分析样品中铁、硫、硅杂质的总含量小于 0.2%，目前为止没有查找到矿物冶炼过程中与样品相似物质的任何证据，判断样品不是矿物金属冶炼过程中所称的钴锍。

②锂电池正极材料

锂离子电池正极材料主要采用以 $LiCoO_2$、$LiNiO_2$ 或 $LiMnO_2$ 为代表的过渡金属氧化物，负极则采用石墨材料。但是 $LiCoO_2$、$LiNiO_2$ 或 $LiMnO_2$ 等正极材料其实际比电容量大多不超过 150 mA·h/g，因此，研发高性能正极材料是锂离子电池整体性能的关键之一。新型三元复合氧化物镍钴锰酸锂（如 $LiNi_{1/3}Co_{1/3}Mn_{1/3}O_2$、$Li_{1+x}Ni_{0.4}Co_{0.4}Mn_{0.4}O_{2+\delta}$）兼有 $LiCoO_2$ 和 $LiNiO_2$ 的优点，被认为是最有可能取代目前商用 $LiCoO_2$ 的新型正极材料[4,5]。

样品主要含有 Co、Ni、Mn、Li，X 射线衍射实验谱图显示为 $LiNiO_2$，但实际上为 Li-Ni-Mn-Co 的复合氧化物，因为 Co、Ni、Mn 三个元素等同性强、互换性大，$LiCoO_2$、$LiNiO_2$、$LiMnO_2$ 在 XRD 图谱中并无明显的峰位和强度的变化，它们应属于同构造的氧化物，现有衍射数据库中并没有相应资料。为了证明是 Co、Ni、Mn 共同组成的氧化物，用导电胶磨制了粉末样品的抛光片供扫描电镜分析，结果证明 Ni、Co、Mn 三元素密切相关，X 射线分布图像显示 Mn、Co、Ni 的分布一致，不存在独立的富钴相，见图 5~ 图 8。此外，对不同的三个颗粒进行了微束分析，电子束束径一般小于 3 μm，三颗粒粉末抛光面微区能谱证明三元素在各颗粒间的相对含量是一致的，见图 9~ 图 11。这些证据表明 Ni、Co、Mn 同在一种化合物中。

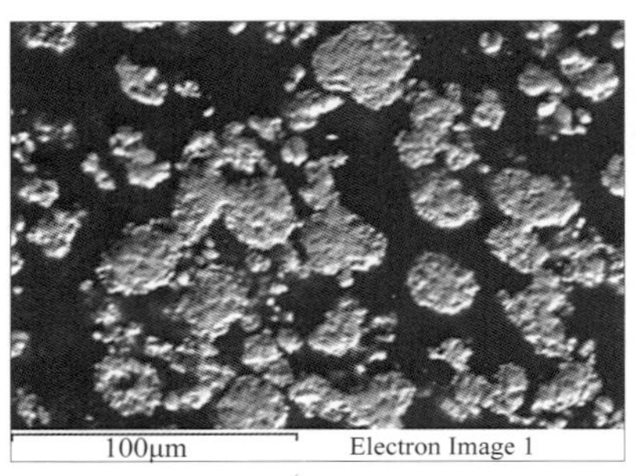

图 5　粉末电子图像

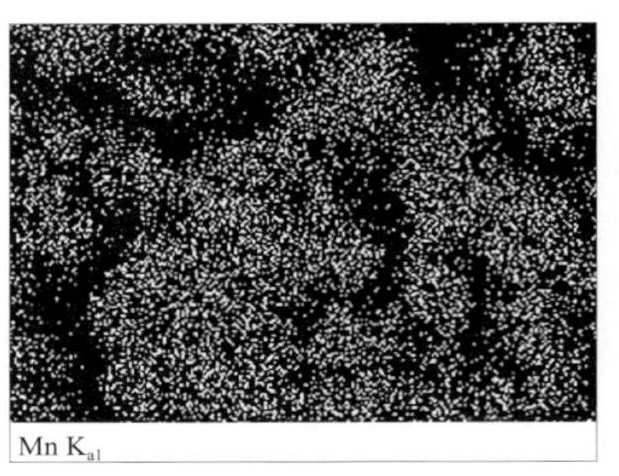

图 6　Mn 的 X 射线分布图像

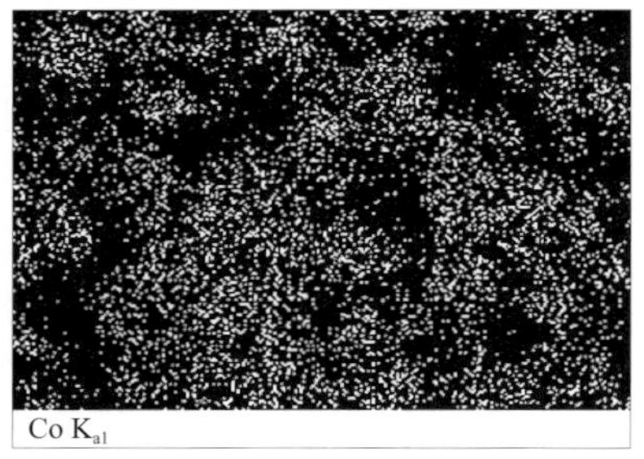

图 7　Co 的 X 射线分布图像

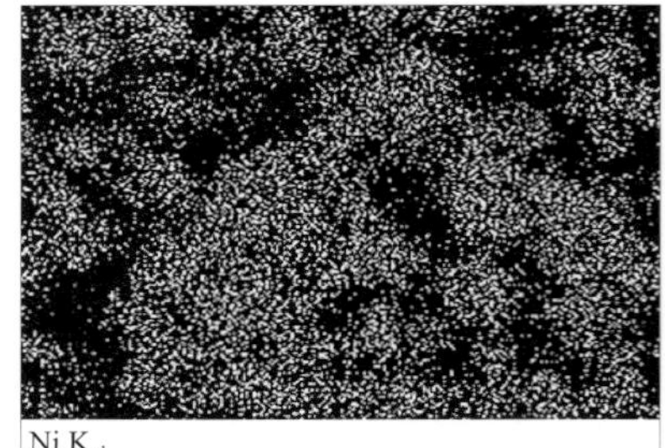

图 8　Ni 的 X 射线分布图像

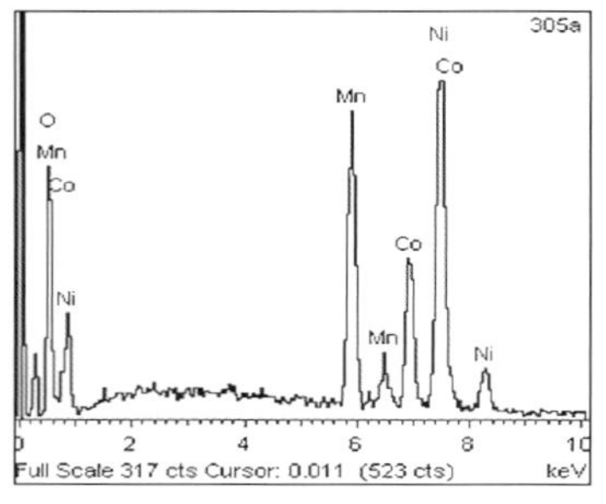

图 9　微区 1 能谱

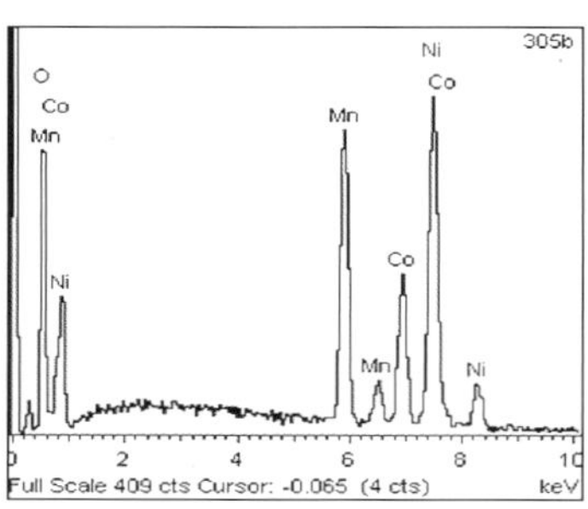

图 10　微区 2 能谱

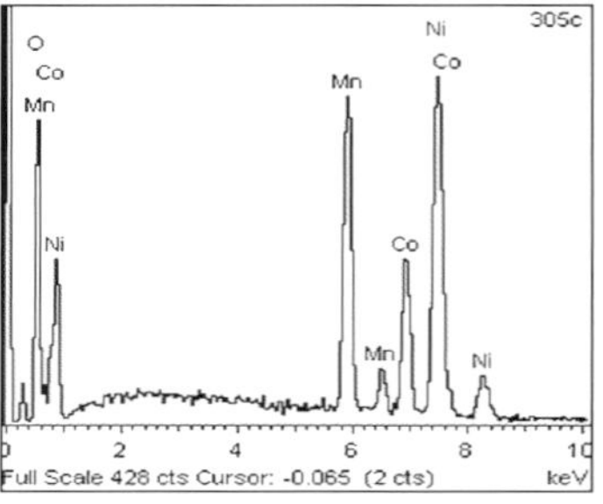

图 11　微区 3 能谱

实验表明样品粒径分布明显呈正态分布，D_{10}、D_{50}、D_{90} 值与查找相关正极材料资料中的值具有可比性；振实密度也具有可比性；样品具有放电性能。通过咨询电池材料研究专家，样品是镍钴锰三元锂离子电池正极材料，其镍钴锰的比例与市售产品（(Ni:Co:Mn=5:2:3）相近。

综上所述，判断样品是镍钴锰三元锂离子电池正极材料，应是来源于该材料的生产或回收过程。

（2）固体废物属性分析

样品是镍钴锰三元锂离子电池正极材料，应是来源于该材料的生产或回收过程。目前还没有镍钴锰三元锂离子电池正极材料的国家标准和行业规范，根据调研和查找的企业产品指标，电池正极粉末材料单项杂质含量一般控制在小于 0.01%，表 1 和表 2 的分析表明样品中含有的 Fe、Si、S 均超过了 0.01%，通过咨询专家，正极材料中不应该含有硅和硫。虽然样品在实验室条件下经测定具有一定的放电性能，放电容量为 106 mA•h/g，但低于目前查找到的同类材料的放电性能（一般在 200 mA•h/g 左右）。根据委托单位提供的材料，进口的目的是为了提取其中的镍和钴的氧化物，货物中含 6%~8%Zn、4%Mn、33%~34%Co、10%~16%Al、5%H_2O，这说明货物有可能来自电池废料回收处理的产物。

综合上述因素，判断样品为回收的镍钴锰酸锂材料，但已经不具有或丧失了作为镍锰钴三元锂离子电池正极材料的原有用途，只能用于物质的再循环或回收。依据《固体废物鉴别导则（试行）》中关于固体废物的判定原则，判断样品属于固体废物，是回收的镍钴锰酸锂废料。由于其杂质含量很少，具有较高的回收利用价值。

2009 年 8 月环境保护部、商务部、国家发改委、海关总署、国家质检总局发布的第 36 号公告中的《限制进口类可用作原料的固体废物目录》《自动许可进口类可用作原料的固体废物目录》以及之前我国历次公布的允许进口的固体废物目录中均没有明确列出“镍钴锰酸锂废料”及同类材料废料；而在《禁止进口固体废物目录》中包括“未列名的固体废物”。因此，样品属于目前我国禁止进口的固体废物。

4 结论

样品不是金属冶炼过程中所称的钴锍；样品为镍锰钴三元锂离子电池正极材料，来源于该材料的生产或回收过程；样品属于固体废物，是回收的镍钴锰酸锂废料；样品属于目前禁止进口的固体废物。

参考文献

[1] 昆明冶金研究所冶金室 . 云南地区含钴原料冶炼流程的研究 [J]. 云南冶金 ,1975,4:10-11.

[2] 陈国民 . 从冰钴焙砂酸溶残渣中综合回收钴、镍、金、银的生产实践 [J]. 有色冶炼 ,1993,3:1.

[3] 田福纯 , 康瑜 . 试论从铜镍转炉渣中回收钴 [J]. 有色金属 ,1981,33(2):65-66.

[4] 夏圣安 , 袁利霞 , 杨泽 , 等 . 共沸蒸馏法制备高性能 $LiNi_{1/3}Co_{1/3}Mn_{1/3}O_2$ 正极材料 [J]. 电化学 ,2010,16(1):51-52.

[5] 胡伟 , 钟盛文 , 张骞 , 等 . 不同锂比 $Li_{1+x}Ni_{0.4}Co_{0.2}Mn_{0.4}O_{2+\delta}$ 材料的合成 [J]. 研发前沿 ,2008,16(14):11.

87. 渣钢铁

1 背景

2009 年 7 月，固体废物研究所对某公司申报进口的"生铁粉末"、"生铁颗粒"两个货物样品进行废物属性鉴别，需要确定是否属于国家禁止进口的固体废物。在实验分析、咨询专家和查阅相关资料的基础上编写鉴别报告。

2 样品特征及物质特性分析

（1）两个样品为不规则的瘤状、粒状、块状固体，大小不一；呈灰色；表面可见铁锈斑点，也可见亮白色晶体；比重不均匀，强度较大；具有磁性。其中"生铁粉末"中偶见金属部件，小块样的密度约 4.9 g/cm^3；其中"生铁颗粒"小块状的密度约 5.3 g/cm^3。样品外观形态见图 1 和图 2。

图 1　1 号样品

图 2　2 号样品

（2）样品的化学成分分析见表 1，结果表明样品成分含量不均匀。

表 1　样品主要成分及含量（均以元素计）

单位：%

样品	C	S	P	Si	Fe	Mn	Pb	Zn
1 号	1.12	0.014	0.18	3.16	97.23	0.93	0.008 6	0.011
	—	—	0.094	2.20	94.10	0.46	0.007 4	0.004 6
2 号	4.29	0.34	0.092	3.27	47.85	0.31	0.007 4	0.002 5
	3.81	0.15	0.088	3.77	50.14	0.40	—	0.003 8
	4.02	0.47	—	—	90.28	—	—	—

（3）从样品的切断面表明，除存在金属铁外，还夹杂了炉渣，见图 3 和图 4。对两个样品中的渣相进行能谱分析，发现除少量铁外皆为冶炼过程的造渣组分 Si、Al、Mg，能谱图见图 5 和图 6。样品抛光片的显微镜下观察可以看到渣相主要由硅酸盐相即磁铁矿相组成，见图 7 和图 8。

图 3　1 号样品切断面

图 4　2 号样品切断面

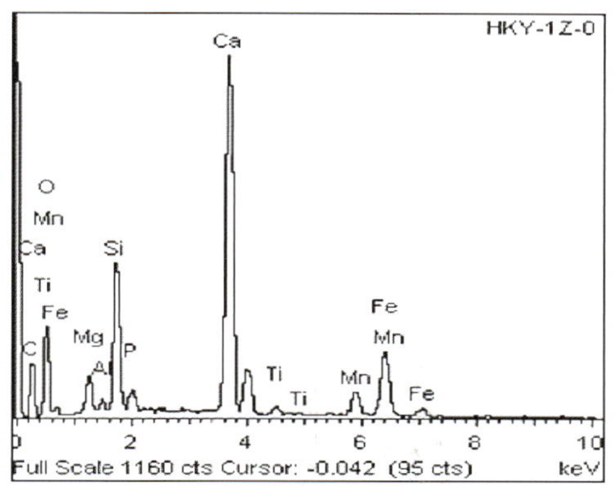

图 5　1 号样品中渣相能谱

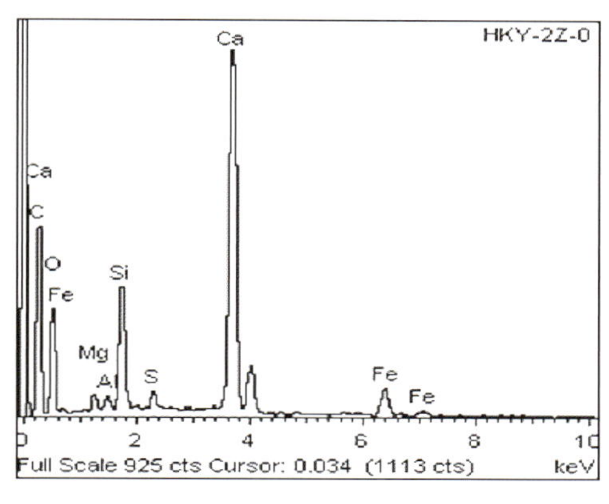

图 6　2 号样品中渣相能谱

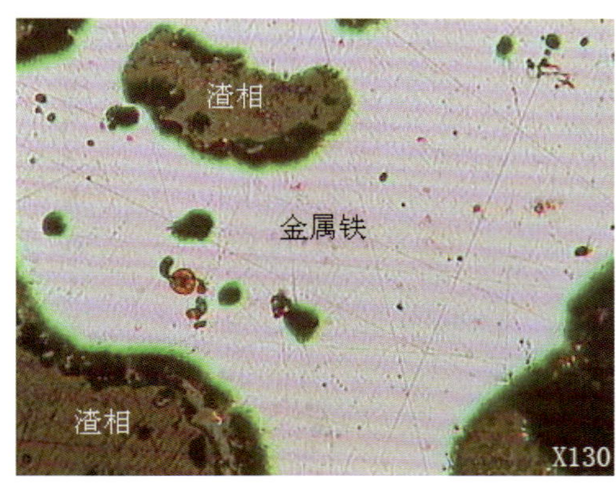

图 7　样品中金属铁夹杂的渣相

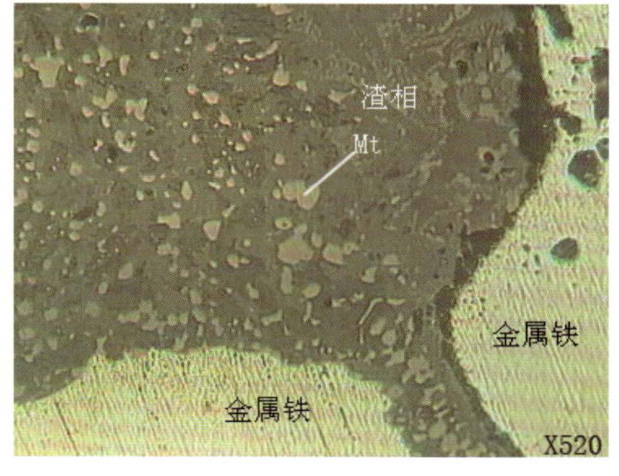

图 8　渣相中有许多磁铁矿（Mt）相

采用 X 射线衍射仪对钻取的粉末样品进行物相分析，样品均含有金属铁，夹带显著量的造渣组分，其中 1 号样品中的金属铁氧化后形成了明显的 FeO、Fe_3O_4 及 Fe_2O_3，而渣相中有 $CaCO_3$、$Ca(OH)_2$；2 号样品中除金属铁外，还有 $CaCO_3$、$Ca(OH)_2$、炭粒。衍射谱见图 9 和图 10。

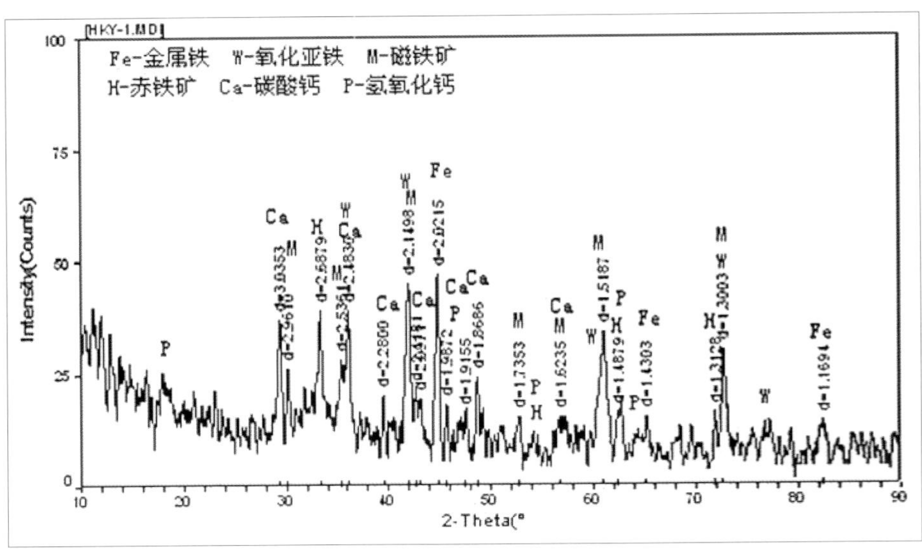

图 9　1 号样品衍射谱图

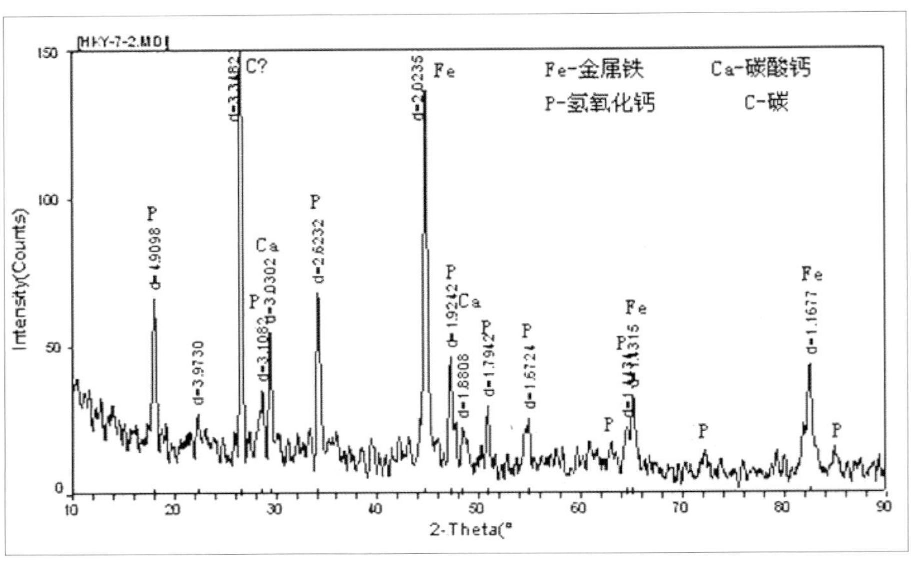

图 10　2 号样品衍射谱图

3 样品物质属性鉴别分析

（1）产生来源分析

①生铁

生铁是钢铁工业的初级产品，主要通过在高炉中还原及熔融铁矿或在电炉或化铁炉中熔化废碎铁制得。生铁是 Fe-C 合金，还含有 Si、Mn、S 及 P 等元素，它是用铁矿砂、废钢、助熔剂或燃料冶炼而得，有时还加入用以产生特种性能的铬及镍等其他物质。生铁有不同用途；断面呈白色称为白口铁，作炼钢原料；炭以片状石墨铸铁形态存在，断口为灰色，称为灰口铁；还有合金生铁等。国内外有关生铁标准物质的成分（部分成分）见表 2[1]。

表 2　国内外有关生铁标准物质研制的成分含量

单位：%

标准物质	C	Mn	P	S	Si	Pb	Zn
U.S.A SRM4k	3.22	0.825	0.149	0.043	1.33	0.001	<0.001
U.S.A SRM6g	2.85	1.05	0.557	0.124	1.05	—	—
U.S.A SRMC1137a	2.86	0.52	0.087	0.017	1.15	—	—
GB ECRM482-1	2.47	0.702	0.091	0.028	1.490	—	—
武钢 9001	2.03	0.403	0.077	0.042	1.50	—	—
武钢 9002	2.79	0.899	0.065	0.047	0.418	—	—
武钢 9103	2.00	1.128	0.096	0.022	1.54	0.000 19	<0.000 05
武钢 9005	2.68	0.783	0.174	0.067	0.672	0.000 25	<0.000 05
武钢 9006	1.92	0.595	0.103	0.046	1.31	—	—

现代高炉生铁的铁水含碳量在 4.5%~5.4% 波动；生铁中的常规元素是 Mn、Si、S、P 等，只要高炉内能还原得到锰，皆可溶入铁液中，铁水中的锰由原料配入的量来决定，现除冶炼 Mn-Fe 合金外，炉料中一般不配加锰矿。硅与铁有较强的亲和力，能形成多种化合物，通过控制炉渣碱度和炉缸热状态可调节生铁中的硅含量，高炉可冶炼含硅达 12% 的低硅铁和含硅 1.25%~3.25% 的铸造生铁，而炼钢生铁含硅量在 0.2%~1.0% 的较宽范围。有害元素 P、As、S 也均与铁有较强的亲和力，均需要通过配矿来控制。炼钢用生铁应符合《炼钢生铁标准》（YB/T 5296—2006）的要求（表 3）。

表 3　炼钢生铁成分

单位：%

牌号		L04	L08	L10
C		⩾ 3.50		
Si		⩽ 0.45	0.45~0.85	0.85~1.25
Mn	一组	⩽ 0.40		
	二组	0.40~1.00		
	三组	1.00~2.00		
P	特级	⩽ 0.100		
	一级	0.100~0.150		
	二级	0.150~0.250		
	三级	0.250~0.400		
S	特类	⩽ 0.020		
	一类	0.020~0.030		
	二类	0.030~0.050		
	三类	0.050~0.070		

注：各牌号生铁的含 C 量，均不作报废依据。

《铸造用生铁》（GB/T 718—2005）要求各牌号生铁铸成 2~7 kg（供需合同规定的除外），铁块表面要洁净，如表面有炉渣和砂粒应清除，成分应符合表 4 的要求。

样品外观呈不规则瘤状，不满足生铁定型产品的要求；成分分析和物相构成分析充分表明：样品除主要含有铁外（根据样品密度推算，两个样品含铁量为 75%~82%），还含有钢铁冶炼的渣相成分，样品极不均匀，铁的含量和硅等杂质的含量都不满足生铁标准的要求，既不能直接加工生铁制品，也不宜直接炼钢。因此，判断样品均不属于生铁。

表 4　铸造用生铁的化学成分及含量范围

单位：%

牌号		Z34	Z30	Z26	Z22	Z18	Z14
C		>3.30					
Si		3.20~3.60	2.80~3.20	2.40~2.80	2.00~2.40	1.60~2.00	1.25~1.60
Mn	1 组	⩽ 0.50					
	2 组	0.50~0.90					
	3 组	0.90~1.30					
P	1 级	⩽ 0.060					
	2 级	0.06~0.10					
	3 级	0.10~0.20					
	4 级	0.20~0.40					
	5 级	0.40~0.90					
S	1 类	⩽ 0.03					
	2 类	⩽ 0.04					
	3 类	⩽ 0.05					

②钢铁冶炼中的高炉渣和钢渣

高炉炼铁过程中产生的固体废物主要是高炉渣[2]，高炉渣的化学成分与普通硅酸盐水泥相似，主要是 Ca、Mg、Al、Si、Mn，高炉渣化学成分波动很大，见表 5。高炉渣中普通生铁渣密度 2.3~2.6 t/m^3，含 F 渣密度 3.25 t/m^3，含钛的液态渣密度 3.0~3.2 t/m^3。从铁的含量、密度、成分等方面看，样品与高炉渣都相差甚远，因此，样品均不是高炉渣。

表 5　高炉渣化学成分及含量

单位：%

名称	CaO	SiO_2	Al_2O_3	MgO	MnO	Fe_2O_3	TiO_2	V_2O_5	S	F
普通渣	38~49	26~42	6~7	1~13	0.1~4	0.15~2	—	—	0.2~1.5	—
高钛渣	23~46	20~35	9~15	2~10	<1	—	20~29	0.1~0.6	<1	—
锰铁渣	28~47	21~37	11~24	2~8	5~23	0.1~1.7	—	—	0.3~3	—
含氟渣	35~45	22~29	6~8	3~7.8	0.1~0.8	0.15~0.2	—	—	—	7~8

钢渣是炼钢过程中产生的熔渣，由于含铁较高（一般为 3.1~3.6 t/m^3），钢渣密度比高炉渣的密度高；转炉钢渣、平炉钢渣、电炉钢渣化学组成分别见表 6、表 7 和表 8。从铁的含量、密度、成分等方面看，样品与钢渣都相差甚远，因此，样品均不是钢渣。

表 6　转炉钢渣化学成分及含量

单位：%

钢厂	CaO	MgO	SiO_2	Al_2O_3	FeO	Fe_2O_3	MnO	P_2O_5
宝钢	40~49	4~7	13~17	1~3	11~22	4~10	5~6	1~1.4
马钢	45~50	4~5	10~11	1~4	10~18	7~10	0.5~2.5	3~5
上钢	45~51	5~12	8~10	0.6~1	5~20	5~10	1.5~2.5	2~3
邯钢	42~54	3~8	12~20	2~6	4~18	2.5~13	1~2	0.2~1.3

表 7　马钢平炉钢渣化学成分及含量

单位：%

渣种	CaO	MgO	SiO_2	FeO	Fe_3O_4	MnO	Al_2O_3	P_2O_5
初期渣	18~30	5~8	9~34	27~31	4~5	2~3	1~2	6~11
精炼渣	42~55	6~12	10~20	10~20	5~11	1~2	2~5	3~8
出钢渣	50~60	4~7	10~18	6~10	4~6	1~2	2~3	3~7

表 8　电炉钢渣化学成分及含量

单位：%

钢厂	渣种	CaO	MgO	SiO_2	FeO	Fe_3O_4	MnO	P
成钢	氧化渣	29~33	12~14	15~17	19~22	3~4	4~5	0.2~0.4
上钢	还原渣	44~55	8~13	11~20	0.5~1.5	10~18	—	—

③样品属于钢铁冶炼过程中产生的渣钢铁

冶炼钢铁时，伴随着造渣过程，会产生一部分渣钢铁，其中除炉渣（以金属氧化物为主）外，还含有铁及合金元素[3]。渣铁是钢铁厂炼钢过程中飞溅出来的大小不等的铁和渣的液滴，落地沉积凝聚黏结而成的无规则块状物。例如本溪钢铁公司一炼钢厂年产钢 700 万 t，产生渣铁 1 万 t，其中炉渣和非金属夹杂物约占 30%，铁及其氧化物约占 70%[4]。再如因高炉冶炼过程中产渣量大，渣铁分离效果不好，攀钢通过对渣铁和渣钢的回收形成了对铁资源的二次利用，对环境污染有较好的治理效果[5]。钢渣自磨分选工艺利用的是钢渣在旋转的自磨机内互相碰撞而破碎的原理，自磨机破碎钢渣的过程也是渣钢提纯的过程，从自磨机中提取的渣钢含铁量高达 80% 以上[6]。总之，渣钢铁、渣铁、渣钢是没有严格界定范围的冶金术语，目前没有查找到彼此之间更多的差别依据。

样品是高温熔炼后形成的产物，具有较高的强度；样品成分属于冶炼钢铁的正常成分；样品具有磁性，含有大量金属铁，同时又夹杂不少的冶炼钢铁的造渣成分，对照样品的这些特点，判断样品应属于上述物质的范畴，属于渣钢铁。

依据样品中 Si、P、S、C 含量较高的特点，样品可能属于炼铁过程中产生的渣铁。

（2）固体废物属性分析

无论是渣钢铁，还是渣铁、渣钢，都不属于冶炼产品，而是从钢铁冶炼渣中回收的含铁量较高的部分。由于样品的形态、成分、含量不均匀，甚至可见到废金属部件，因此样品的回收应是作为钢铁冶炼的原料加以利用。那么，样品仍属于“生产过程中的废弃物质”，也属于“生产中产生的残余物”，其回收利用的方式属于“金属和金属化合物的再循环/回收”，依据《固体废物鉴别导则（试行）》的原则，判断样品属于固体废物，属于钢铁冶炼所产生含铁为主的熔渣。

2008 年环境保护总局等部门公布的第 11 号公告中《禁止进口固体废物目录》中列出了“2619000090 冶炼钢铁所产生的其他熔渣、浮渣及其他废料冶炼钢铁所产生的其他熔渣、浮渣及其他废料”；在 2009 年环境保护部等部门公布的 2009 年 8 月 1 日起实施的第 36 号公告中《限制进口类可用作原料的固体废物目录》中增列了“2619000030 含铁大于 80% 的冶炼钢铁产生的渣钢”。根据委托单位提供的信息，两个样品的货物于 2009 年 5 月报关进口，因此，样品属于我国禁止进口的固体废物。

4 结论

样品不是生铁、高炉渣和钢渣，样品是渣钢铁，很可能属于炼铁过程中产生的渣铁，属于固体废物。

参考文献

[1] 刘道才 . 生铁一级标准物质的研制 [J]. 武钢技术 ,1995,33(5):13-17.

[2] 聂永丰 . 三废处理工程技术手册——固体废物卷 [M]. 北京 : 化学工业出版社 ,2000.

[3] 周康 , 张希俊 . 用渣钢铁生产大断面中碳低合金钢铸锭的铸造缺陷控制 [J]. 铸造技术 ,2009,30(6):722.

[4] 宋强 . 顶置外热风炉冲天炉渣铁回用 [C]. 第 8 届中国铸造科工贸大会 ,2008.

[5] 曾成华 . 攀钢渣铁冶炼脱 S 工艺及实践研究 [J]. 矿物岩石 ,2008,28(3):118.

[6] 王雄 . 钢渣的回收与利用 [J]. 武钢技术 ,2006,44(5):52.

88. 轧钢产生的氧化皮

1 背景

2008 年 7 月，某再生原料检验鉴定机构对某公司申报进口的“氧化皮”货物样品进行固体废物属性鉴别，根据该鉴定机构提供的相关资料整理出鉴别报告。

2 样品特征及物质特性分析

（1）样品为钢灰色碎片和灰黑色细小颗粒及粉末；碎片呈现金属光泽，具有脆性，断口呈多孔状，外观形态见图 1。

图 1　样品

（2）样品主要成分及含量见表 1。

表 1　样品主要成分及含量（均以元素单质计）

单位：%

成分	Fe	Mn	Ca	Al	Ti	Cu
含量	70.20	0.49	0.52	0.22	0.02	0.04

（3）采用 X 射线衍射仪分析样品物相结构，主要物相组成为 FeO，并含有少量的 Fe_3O_4。

3 样品物质属性鉴别分析

（1）产生来源分析

从成分含量和形态结构上看，样品不属于通常的钢渣、高炉渣以及钢铁冶炼的除尘灰。

氧化皮可以是炼钢炉内钢坯加热过程中形成的表面氧化物的脱落物，在轧钢过程中也可形成该物质，即通常的鳞片状铁屑物。传统热轧工艺包括板坯加热、热轧、卷曲等工序，要产生一次氧化皮、二次氧化皮和三次氧化皮[1]。①一次氧化皮。在进行热轧之前，板坯要在加热炉内用天然气加热到 1 250℃左右，并在此温度下保温数小时，在加热、保温期间由于炉内的氧化性气氛，板坯表面会生成一次氧化皮，从加热炉内出来的板坯表面一次氧化皮的厚度可达数毫米。在加热炉出口附近，高压水除鳞机将板坯表面的一次氧化皮除去。加热炉出来的高温板坯碰到高压水后，其表面的一次氧化皮会因热应力而开裂。高压水进入产生的裂缝后，由于高压水的冷却和压力作用，裂缝会向钢基体界面扩展，从而达到除鳞的效果。②二次氧化皮。加热炉出来的热轧板坯，经过高压水除去一次氧化皮后进入粗轧工序，整个粗轧常要经由 7 个或 7 个以上的道次，粗轧后的中间坯厚度从原来的 250~300 mm 减薄为 20~30 mm。因为此时板坯温度仍很高，其表面还会继续氧化生成氧化皮，因此板坯在粗轧及粗轧传输过程中表面形成的氧化层称为"二次氧化皮"；二次氧化皮的生成温度一般为 600~1 250℃，其厚度一般为 10~20 μm，通常在每个道次或每几个道次用除鳞机除去二次氧化皮。③三次氧化皮。经粗轧后的板坯再进入精轧工序，精轧后的钢板厚度为 1.2~12 mm（大多数厚度为 2.0~5 mm）。精轧过程中氧化皮生成时间只有 0.5~30s。精轧过程及随后的冷却过程中热轧钢卷表面形成的氧化层称为"三次氧化皮"，其厚度一般为 10 μm。在连续冷却的条件下，由于受终轧温度、冷却温度及卷曲后的冷却速度不同等因素的影响，最终会形成结构不同的氧化层。由于最终形成的氧化皮与初始的"三次氧化皮"差异很大，所以有研究者提出"四次氧化皮"的概念，即将室温下的氧化皮定义为"四次氧化皮"。

一次氧化皮由表面的致密层和内层的松散层构成，致密层成分为 Fe_2O_3、Fe_3O_4 和 FeO，并且 Fe_2O_3 包裹着 Fe_3O_4。三次氧化皮包括三层结构，最外面的薄 Fe_2O_3 层、中间的 Fe_3O_4 层和最里面的 FeO 层。

样品形态符合氧化皮的特征，铁的含量达到 70.2%，表明样品主要含铁，与通常的氧化皮的含量基本一致，其他杂质较少。判断样品属于轧钢产生的氧化皮。

（2）固体废物属性分析

轧钢产生的氧化皮属于生产过程中的残渣，依据《固体废物污染环境防治法》有关固体废物的定义以及《固体废物鉴别导则（试行）》的原则，判断样品属于固体废物。

《废物进口环境保护管理暂行规定》（环控 [1996]204 号文）附件一允许进口的固体废物中包括冶炼钢铁所产生的氧化皮，以及 2005 年、2008 年和 2009 年环境保护部等部门公布的《限制进口类可用作原料的固体废物目录》中均包含轧钢产生的氧化皮。因此，样品属于限制类进口固体废物。

4 结论

样品是轧钢产生的氧化皮，属于限制类进口管理的固体废物。

参考文献

[1] 石杰 . 热轧碳钢表面氧化皮结构、机械研磨酸洗及无酸洗研究 [D]. 北京科技大学 ,2008.

89. 铁渣混合废物

1 背景

2011 年 6 月，固体废物研究所对某公司申报进口的“铁丝、泥屑”货物样品进行了固体废物属性鉴别，需要明确该批货物的状态、成分、比例、属性，是否属于危险废物。在实验分析和查阅相关资料的基础上编写鉴别报告。

2 样品特征及物质特性分析

（1）样品是由细铁丝、粉末碎屑、固体块状组成的混合物，按形态进行了简单分类，各部分样品的外观和名称见图 1~ 图 6，各部分样品的物理特征描述见表 1。

图 1　1 号样品：铁丝或钢丝

图 2　2 号样品：粉末

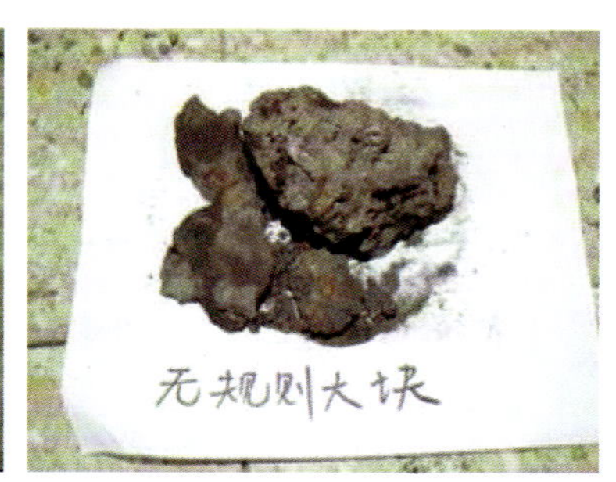

图 3　3 号样品：无规则大块

图 4　4 号样品：可掰碎块

图 5　5 号样品：小块

图 6　6 号样品：玻璃态小块

（2）采用 X 射线荧光光谱仪分析样品中主要的粉末、碎屑和块状部分的组成，主要含有 Si、Fe、Al、Na、Mg 等，成分及含量见表 2。

（3）采用 X 射线衍射仪对样品中主要的粉末碎屑和块状固体进行物相结构分析，结果见表 3。

表 1　样品物理特征

单位：%

样品	名称	特征描述	占样品总重量比例	含水率	550℃灼烧后的烧失率
1 号	铁丝或钢丝	长短、粗细不一的铁丝或钢丝，长约 10 cm，因严重锈蚀可轻易折断	4.84	—	—
2 号	粉末	灰黑色粉末，有磁性	54.09	1.6	1.82
3 号	无规则大块	外表灰色并有很多气孔，有明显的高温焙烧痕迹，用铁锤敲碎后呈土黄色，夹杂白点，有磁性	27.14	2.47	0.67
4 号	可掰碎块	用手可掰碎的物料，呈黑灰色，掰碎后与粉末样品非常相似，有磁性	3.63	6.25	2.61
5 号	小块	外表黑中带红，敲碎后里面呈红色	7.68	1.54	4.01
6 号	玻璃态小块	质轻，外表有气孔，部分断面有高温熔化痕迹，表面发亮	2.62	—	—

表 2　样品主要组成部分的成分及含量（除 Cl 以外，其他元素均以氧化物计）

单位：%

样品	SiO_2	Fe_2O_3	Al_2O_3	CaO	Na_2O	MgO	K_2O	MnO	TiO_2	SO_3	ZnO
2 号	40.34	33.46	12.40	6.85	1.85	1.75	0.96	0.87	0.67	0.63	0.20
3 号	16.26	37.52	6.45	16.55	0.23	9.51	0.10	8.92	1.18	0.39	0.02
5 号	55.08	25.83	8.56	1.85	3.92	1.74	0.95	0.25	0.57	0.60	0.22
样品	P_2O_5	CuO	Cl	PbO	Cr_2O_3	IrO_2	BaO	V_2O_5	SnO_2	Nb_2O_5	—
2 号	0.13	0.07	0.05	0.03	—	—	—	—	—	—	—
3 号	0.23	0.07	0.5	0.03	1.81	0.32	0.17	0.15	0.02	0.01	—
5 号	0.24	0.12	0.05	0.02	—	—	—	—	—	—	—

表 3　样品中主要构成部分的物相组成

样品	物相组成
2 号	SiO_2、FeO、Fe_3O_4、Fe_2O_3、$NaAlSiO_4$、$Ca_3Si_2O_7$、$Ca_{2.87}Fe_{0.13}Al_{1.89}Fe_{0.11}(SiO_4)_3$
3 号	$(Mg,Fe)_2Al_4Si_5O_{18}$、SiO_2、$(Mn,Ca)_2SiO_4$、$Ca_2SiO_4 \cdot MgSiO_3$、Ca_2SiO_4、Mn_3O_4、$FeAl_2O_4$、FeO、$(MgO)_{0.432}(FeO)_{0.568}$
5 号	SiO_2、FeO、Fe_3O_4、$NaAlSiO_4$、$CaCO_3$、$Fe_2O_3(CaO)_2$、$Ca_2Na_2(CO_3)_3$、$Na_{0.34}Ca_{0.66}Al_{1.66}Si_{2.34}O_8$

（4）对混合样品进行能谱分析，显示主要含铁，少量为以 SiO_2 为主的造渣组分，能谱见图 7。混合样的显微镜下结构构造特征表明，它由磁铁矿（Fe_3O_4）相为主要组成，但既有经高温焙烧形成的球团矿的结构构造特征，也有金属铁及其暴露在有水的空气环境中氧化形成的水合氧化物（褐铁矿 Fe_2O_3），样品显微镜照片见图 8~ 图 12。

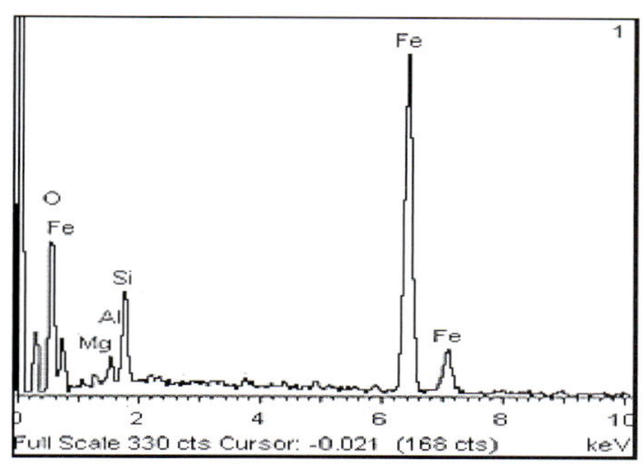

图 7　混合样品能谱

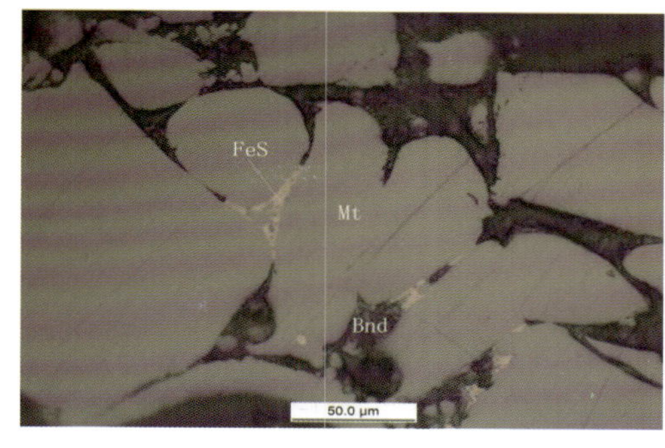

图 8　磁铁矿（Mt）及粒间形成的低熔点 FeS 相；另见硅酸盐黏结相（Bnd）

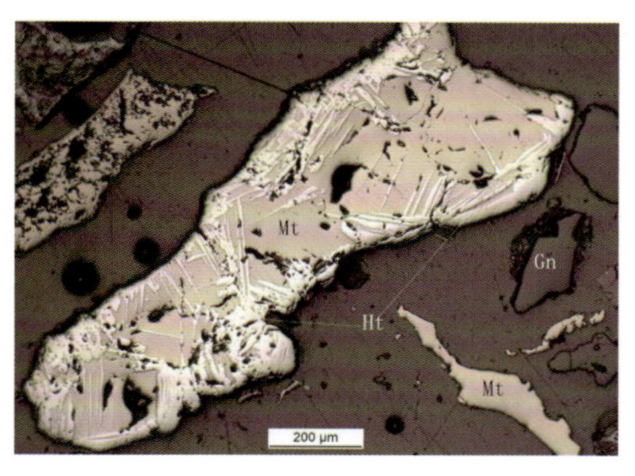

图 9　磁铁矿（Mt）颗粒表面经氧化形成的赤铁矿（Ht）；Gn 为脉石

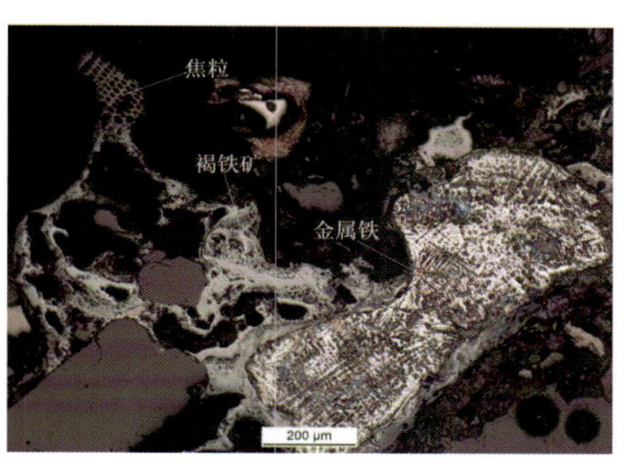

图 10　金属铁及其氧化产物褐铁矿

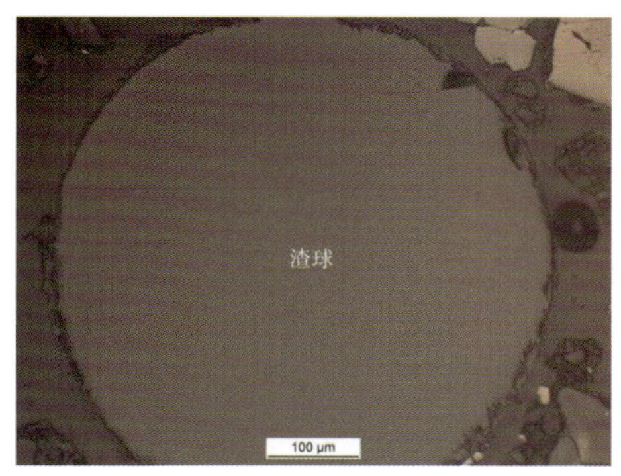

图 11　典型的硅酸盐渣球

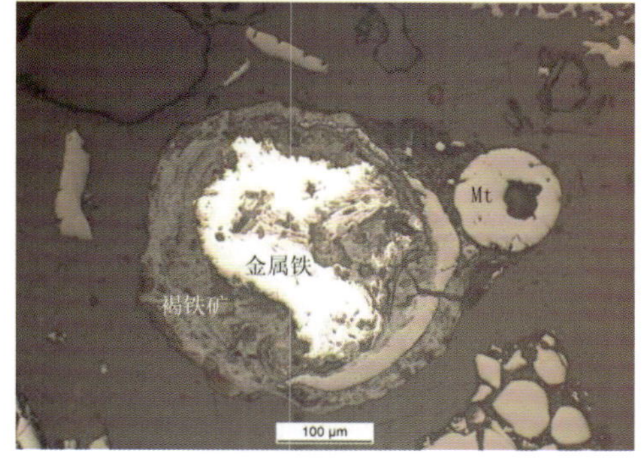

图 12　金属铁珠和磁铁矿珠（Mt），前者在有水的空气中氧化形成褐铁矿

（5）根据表 2 样品含有少量 Cu、Zn、Pb 的特点，按照《危险废物鉴别标准 浸出毒性鉴别》（GB 5085.3—2007）对综合样品进行浸出毒性鉴别实验，结果见表 4。

表 4　样品的浸出毒性结果与标准限值比较

单位：mg/L

名称	Cu	Zn	Pb
样品浸出液质量浓度	0.099	0.029	<0.001
GB 5085.3 标准限值	100	100	5

3 样品物质属性鉴别分析

（1）产生来源分析

委托鉴别样品名称为“铁丝、泥屑”，由于样品成分分析结果、物相结构和显微镜观察结果以及外观特征均显示其具有冶炼产物特征，因此，分析样品是否来源于钢铁冶炼过程。

①钢铁冶炼产生的含铁尘泥

含铁尘泥是钢铁工业种类最多、成分最杂的废弃物，主要来自于冶炼、轧制等各工序的除尘和废水治理工艺，由于含铁尘泥的来源、收集工艺不同，其化学成分差异很大，表 5 是含铁尘泥的化学成分及含量[1,2,3]，表 6 为部分钢铁企业炼钢炼铁污泥化学组成。

表 5　一些含铁尘泥的化学成分及含量

单位：%

尘泥类型	FeO	MFe	TFe	SiO_2	CaO	MgO	Al_2O_3	MnO	C	Zn	Pb	P_2O_5	S
高炉瓦斯泥	4.2	0.12	52.39	5.22	2.81	0.83	2.27	0.25	11	0.27	<0.05	0.23	0.11
高炉瓦斯灰	3.55	0.45	52.79	3.27	1.89	0.64	0.95	0.06	17.33	0.33	0.08	0.007	0.04
电炉除尘灰	5.84	0.02	51.7	2.8	7.14	3.55	1.13	3.22	0.79	3.38	<0.05	0.28	0.29
转炉除尘灰	10.28	5.61	48.24	4.3	6.69	2.46	3.86	1.97	3.8	4.19	0.15	0.47	0.13
转炉 OG 泥	59.37	8.92	60.74	0.44	8.74	3.27	0.09	0.26	0.44	0.34	0.11	0.21	0.061
烧结除尘灰	2.75	3.42	54.67	5.55	10.47	2.32	2.53	0.42	0.42	0.34	0.34	0.12	0.181
平炉烟尘	4.70	—	55.40	3.16	1.87	4.33	1.47	—	0.594	—	—	—	1.866
轧钢油泥	61.03	0.39	67.02	2.57	0.31	0.70	1.59	—	—	—	—	—	0.025
带烧机头除尘灰	6.08	—	44.75	6.53	14.89	3.40	2.39	—	—	0.08	0.02	0.137	0.77
烧结配料除尘灰	5.88	—	43.21	5.90	16.74	2.98	2.44	—	—	0.08	0.02	0.092	0.51

表 6　炼钢、炼铁污泥的化学成分及含量

单位：%

名称		TFe	FeO	SiO_2	CaO	MgO	Al_2O_3	S	P	C
炼钢污泥	马钢[4]	52.30~58.50	50.10~64.18	1.50~3.50	10.93~20.10	3.59~4.50	0.50~0.70	0.10~0.19	0.040~0.078	0.96~1.83
	苏钢[5]	58	—	2.60	6.50	1.5	1.18	0.156	0.083	—
	信钢[6]	55.95	22.12	5.51	10.45	2.95	0.70	0.01	0.021	0.14
	宝钢[7]	48.59	12.79	3.47	9.23	4.44	1.17	—	—	4.2
	济钢	55.99	22.8	4.10	12.30	1.13	0.70	0.010	0.025	0.15
炼铁污泥	马钢	24.20~32.43	4.07~6.76	8.94~10.60	2.70~2.98	1.12~1.50	4.84~7.30	0.09~1.48	0.050~0.070	28.50~38.14
	济钢	46.32	6.89	4.8	5.2	1.25	0.39	0.083	0.021	16.2
	八钢	26.30	0.26	—	—	—	—	0.57	—	29.10

表 2 样品中主要的粉末、碎屑、块状物中的 SiO_2、Fe、Al_2O_3 等含量与表 5 和表 6 钢铁冶炼产生的各种尘、泥中的相应含量差异较为明显，结合样品的外观非细粉特点和物相

观察分析，综合判断样品不是钢铁冶炼过程中产生的各类单一含铁粉尘、尘泥或污泥。

②高炉渣和钢渣

高炉炼铁过程中产生的固体废物主要是高炉渣，高炉渣的成分与数量取决于原料的成分和高炉冶炼的铁种。钢渣是炼钢过程中排出的熔渣，按照炼钢方法，钢渣可分为转炉钢渣、平炉钢渣和电炉钢渣。表 7 是高炉渣和钢渣成分及含量范围[8, 9]。

表 7　高炉渣、钢渣化学成分及含量范围

单位：%

名称		CaO	MgO	SiO_2	Al_2O_3	FeO	Fe_2O_3	Fe_3O_4	MnO	P_2O_5
高炉渣		35~50	<12	30~40	8~18	<1	—	—	—	—
转炉钢渣	宝钢	40~49	4~7	13~17	1~3	11~22	4~10	—	5~6	1~1.4
	马钢	45~50	4~5	10~11	1~4	10~18	7~10	—	0.5~2.5	3~5
	上钢	45~51	5~12	8~10	0.6~1	5~20	5~10	—	1.5~2.5	2~3
	邯钢	42~54	3~8	12~20	2~6	4~18	2.5~13	—	1~2	0.2~1.3
平炉钢渣	初期渣	18~30	5~8	9~34	1~2	27~31	—	4~5	2~3	6~11
	精炼渣	42~55	6~12	10~20	2~5	10~20	—	5~11	1~2	3~8
	出钢渣	50~60	4~7	10~18	2~3	6~10	—	4~6	1~2	3~7
电炉钢渣	成钢氧化渣	29~33	12~14	15~17	3~4	19~22	—	—	4~5	—
	上钢还原渣	44~55	8~13	11~20	10~18	0.5~1.5	—	—	—	—

高炉冶炼过程中，原料中的铁绝大部分进入生铁中，产生的高炉渣中铁的含量很低，如表 7 中小于 1%，样品中铁的含量在 18%~24%，远高于高炉渣的含量，因此，判断样品不是高炉渣。

3 号样品的成分和含量位于平炉钢渣中初期渣的范围，应属于钢渣；虽然 2 号和 5 号样品 CaO 的含量远低于表 7 中钢渣的相应含量，但它们的物相结构中明显含有磁性 Fe_3O_4 成分和硅酸盐渣相成分，显微镜观察也证明物相有磁性 Fe_3O_4 和金属铁成分，同时还含有其他铁的氧化物和渣相组分，因此，不能排除 2 号和 5 号样品为钢渣。

（2）固体废物属性分析

1 号样品为严重锈蚀的铁丝或钢丝，其组成以铁为主。3 号样品为带有很多气孔的无规则大块，X 射线衍射分析结果显示绝大多数金属元素以硅酸盐形式存在，表明经过高温焙烧，应属于钢渣。6 号样品属于冶炼过程中产生的轻质玻璃态渣相。2 号和 5 号样品是混杂的铁物料，其中多数可能来自铁的还原冶炼过程（非高炉冶炼铁），也可能来自炼钢所产生的钢渣。4 号样品为掰碎之后的物质，外观形态与 2 号样品非常相似，应属于同一类物质。

显然，各种证据表明样品是一种非均匀的混合物，不是来源于单独的某一种冶炼钢铁所产生的废料、渣，综合判断样品是来自铁的还原冶炼过程（如非高炉冶炼铁）和炼钢过程产生的回收混合废渣（料）。

这种混合废渣属于“生产过程中产生的废弃物质”，因此，依据《固体废物鉴别导则（试行）》的原则，判断样品属于固体废物。

《固体废物污染环境防治法》中定义危险废物是指“列入国家危险废物名录或者根据国家规定的危险废物鉴别标准和鉴别方法认定的具有危险特性的固体废物”。样品中含有少量的 Cu、Zn、Pb 重金属成分，危险废物浸出毒性实验分析表明其浸出浓度均远低于《危险废物鉴别标准　浸出毒性鉴别》（GB 5085.3—2007）中相应的浓度限值要求，因此，样品不属于危险废物。

2009年8月1日，环境保护部、商务部、国家发改委、海关总署、国家质检总局发布的第36号公告中的《禁止进口固体废物目录》列出了“2619000090 冶炼钢铁所产生的其他熔渣、浮渣及其他废料（冶炼钢铁产生的粒状熔渣除外）”，样品应归入这一类废物，属于目前我国禁止进口的固体废物。

4 结论

样品是来自铁的还原冶炼过程（如非高炉冶炼铁）和炼钢过程产生的回收混合废渣（料），属于目前我国禁止进口的固体废物，但不属于危险废物。

参考文献

[1] 石磊, 陈荣欢, 王如意. 钢铁工业含铁尘泥的资源化利用现状与发展方向 [J]. 中国资源综合利用,2008,26(2):12.

[2] 肖琪, 付菊英, 王笃阳. 含铁尘泥球团矿的研究 [J]. 烧结球团,1994(4):8.

[3] 吕刚, 周家春, 袁晓丽, 等. 威刚含铁尘泥在烧结中的应用 [J]. 重庆科技学院学报 (自然科学版),2011,3(4):109.

[4] 朱贺民, 熊德怀. 马钢炼钢炼铁污泥的循环利用 [J]. 钢铁研究,2009,37(5):37.

[5] 张益民, 吴敏民, 居中正. 炼钢污泥在烧结生产中的运用 [J]. 江苏冶金,2006,34(5):68.

[6] 卢志强, 魏立新, 王育英, 等. 烧结对炼钢污泥的应用 [J]. 炼铁技术通讯,2004(6):2.

[7] 黎燕华. 我国转炉污泥资源化技术研究与进展 [J]. 金属矿山 (z1),2005(8):101.

[8] 包燕平, 冯捷. 钢铁冶金学教程 [M]. 北京 : 冶金工业出版社,2008:88.

[9] 聂永丰. 三废处理工程技术手册——固体废物卷 [M]. 北京 : 冶金工业出版社,2002:504.

90. 含铁硬块废料

1 背景

2010年8月，固体废物研究所对某公司申报进口的“废钢”货物样品进行了固体废物属性鉴别，需要确定是否属于国家禁止进口的固体废物。在实验分析、咨询专家和查阅相关资料的基础上编写鉴别报告。

2 样品特征及物质特性分析

（1）样品为两块，将其分别编为1号和2号。1号样品表面不规则，凹凸不平，有的似气孔，表面有铁锈呈红褐色，质硬，用重锤可敲碎，断面不整齐，细砂粒晶体状，灰褐色且不均匀，断面有的部分明显具有熔融状；2号样品表面有黄褐色锈层，凹凸不平，有的似气孔，比1号样品更硬，用重锤难以敲碎，只可以破坏其表层，用钻头钻至表层内部可暴露出金属实体，呈银白色金属光泽。样品均具有磁性。样品外观形态见图1和图2。

图1　1号样品

图2　2号样品

（2）采用便携式重金属光谱仪对两个样品进行测定，分别对两个样品选取5个点进行分析，结果表明样品中成分复杂且分布极不均匀，见表1。

表1　采用便携式重金属光谱仪定性分析样品成分及含量

单位：%

样品		Pb	Sb	As	Zn	Cu	Mn	Co
1号	1	16	6	7	5	23	—	—
	2	14	5	6.5	4.5	22	—	—
	3	13	4	5	5	19	—	—
	4	13	3.7	4.5	6	16.5	—	—
	5	15	4	5	6	19	—	—
2号	1	1.3	0.5	0.5	0.75	0.75	0.3	0.5
	2	1	0.35	0.3	1.4	0.3	0.25	0.85
	3	0.5	0.35	0.2	0.6	0.25	0.25	—
	4	0.6	0.4	0.35	0.6	0.35	—	—
	5	0.4	0.3	0.1	0.5	0.2	0.2	—

注：此便携式仪器分析数据不是精确结果，仅作参考。因为样品中含有的主要元素是Fe，超出了设备的量程范围，因此，Fe元素的结果没有在表中出现。

（3）采用X射线荧光光谱仪（XRF）分析样品的组成。由于2号样品的硬度大，无法敲碎，不能制得混合样，因此只对1号样品进行此项分析，结果见表2。

表2　1号样品主要成分及含量（除Cl以外，其他元素均以氧化物计）

单位：%

成分	Fe_2O_3	SO_3	PbO	CuO	As_2O_3	Sb_2O_3	ZnO	SiO_2	Al_2O_3
含量	74.44	7.86	7.67	3.72	3.07	1.52	0.63	0.39	0.17
成分	Co_3O_4	ZrO_2	CaO	NiO	P_2O_5	MoO_3	SnO_2	K_2O	Cl
含量	0.15	0.09	0.08	0.06	0.04	0.04	0.04	0.03	0.02

对两个样品中的Fe、Cu、Zn、Pb分别进行化学定量分析，结果见表3，其中2号样品的Fe、Cu的数据是样品不同点位的分析结果。

表3　样品化学定量分析结果

单位：%

样品	Fe				Cu				Zn	Pb
1号	51.69				6.42				2.01	9.49
2号	78.13	83.18	90.11	94.40	1.11	1.20	1.33	1.29	0.24	0.23

（4）采用X射线衍射仪对1号样品进行物相结构分析，结果为Fe、FeS、Fe_2O_3，谱图见图3。

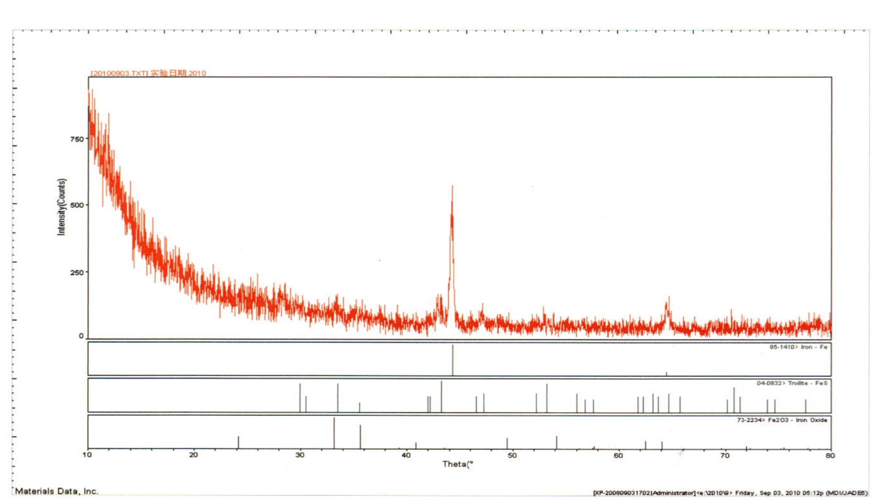

图3　X射线衍射谱图

（5）样品能谱分析和电镜观察

①1号样品

能谱图上显示1号样品主要成分为Fe、S，另含一定数量的Cu、Pb、Zn、As、Sb等，见图4。

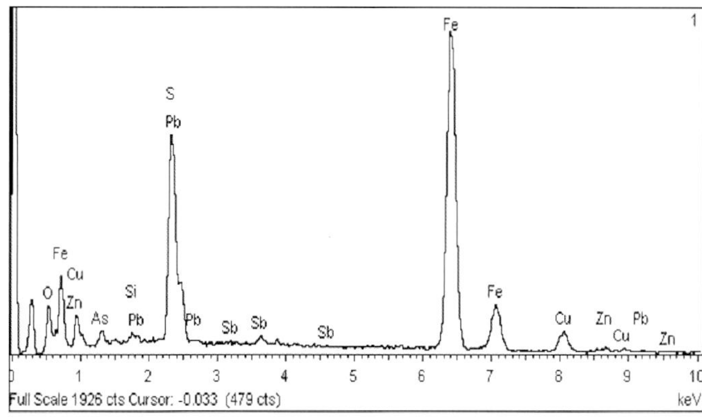

图 4　1 号样品能谱图

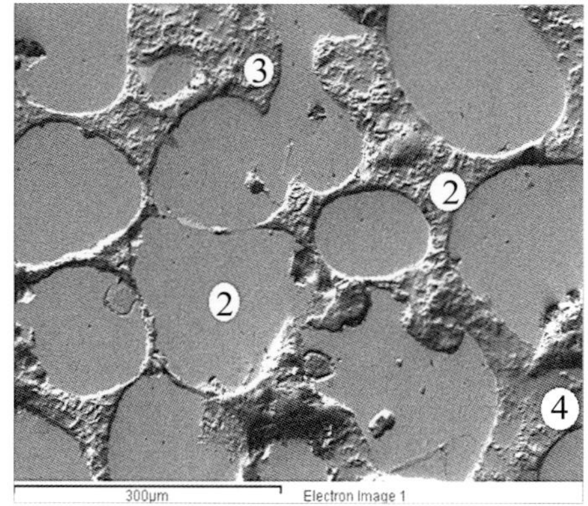

图 5　1 号样品扫描电镜图

磨制抛光片进行扫描电镜分析，可以看到 1 号样品呈海绵晶铁结构，即部分低熔点物质充填于金属颗粒的粒间，能谱证明金属相为含 As-Fe 合金，不是金属硅，而充填物质主要为 FeS，也有一些其他金属的硫化物相夹杂在一起，扫描电镜结果见图 5。选取 4 个点对其进行能谱分析，能谱图见图 6~ 图 9，分析点 1 为 Fe-As 合金相，2、3、4 为粒间充填相，其中分析点 2 显示为 FeS 相、分析点 3 显示为含有 ZnS 的 FeS、分析点 4 显示为 FeO。结果表明 1 号样品主要由含 Fe-As 合金相组成，间有填隙的以 FeS 为主的硫化物相。

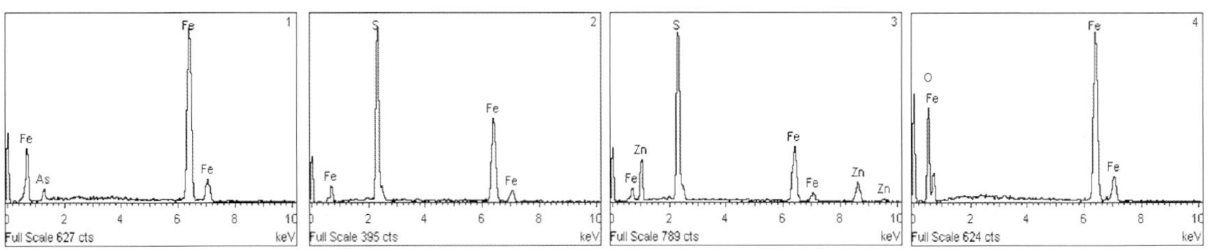

图 6　分析点 1 能谱图　　图 7　分析点 2 能谱图　　图 8　分析点 3 能谱图　　图 9　分析点 4 能谱图

② 2 号样品表面锈层粉末能谱

2 号样品表面锈层粉末能谱，显示含有元素 Fe、Si、Al、Ca、K，并有少量有色金属元素，能谱图见图 10。磨制抛光片进行扫描电镜分析，抛光面的分析证明样品主要含铁，孔隙少且小，亦具有海绵晶铁结构，铁基体中有 FeS 充填，扫描电镜结果见图 11~ 图 13。

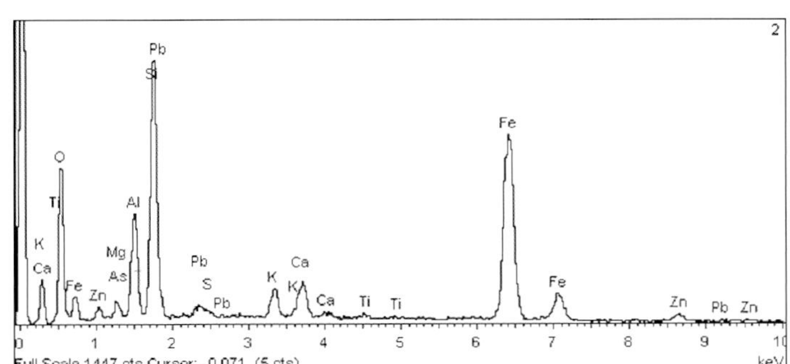

图 10　2 号样品表面锈层粉末能谱图

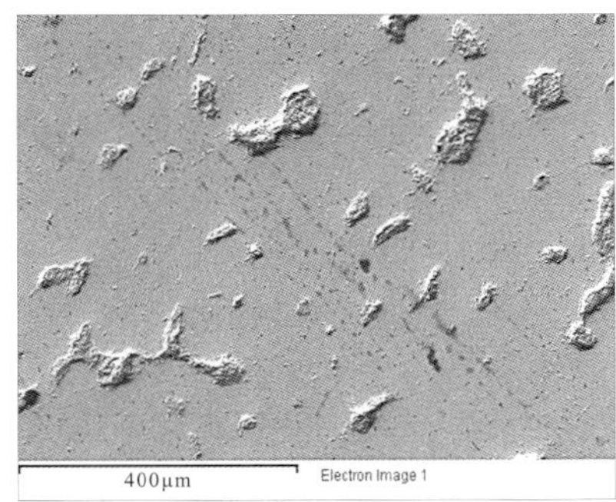

图 11　扫描电镜图

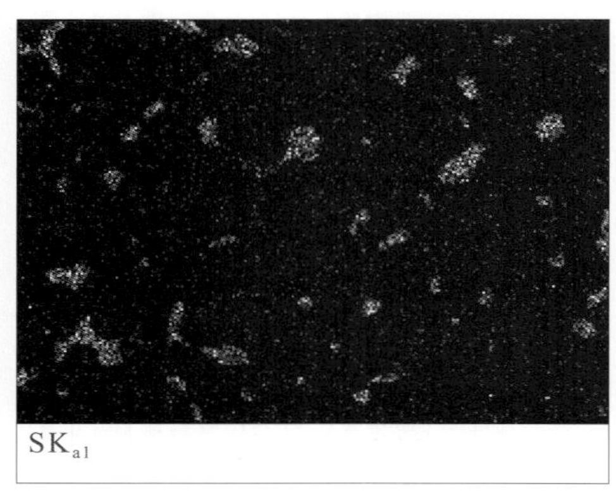

图 12　S 的分布图像

图 13　Fe 的分布图像

3 样品物质属性鉴别分析

（1）产生来源分析

①生铁、钢和废钢 [1]

生铁通常含 94%Fe、4%C，其余为 Si、Mn、P、S 等少量元素。钢是含碳量低于 2%，并含有少量其他元素的 Fe-C 合金，按组成元素不同，钢可分为碳素钢和合金钢。

钢铁冶炼过程中，从选择原料开始就要对有害元素进行控制。从矿石中携带的常见的有害元素是 S、P；较少见的有碱金属（K、Na 等）以及 Cu、Pb、Zn、F 及 As 等。S、P、As 和 Cu 易还原为元素并进入生铁，对铁及其后的钢和钢材的性能有害。碱金属及 Zn、Pb 和 F 等虽不能进入生铁，但易于破坏炉衬，或易于挥发并在炉内循环富集造成截瘤事故或污染环境有害人身健康。各种有害杂质的危害及界限含量见表 4。

表 4　矿石中有害杂质的危害及界限含量

单位：%

元素	允许的质量分数	危害及某些说明
S	≤ 0.3	使钢产生热脆，易轧裂
P	≤ 0.3（对酸性转炉生铁）	磷使钢产生“冷脆”，烧结及炼铁过程皆不能除磷
	0.2~1.2（对碱性转炉生铁）	
	0.05~0.15（对普通铸造生铁）	
	0.15~0.6（对高磷铸造生铁）	
Zn	≤ 0.10	Zn 在 900℃挥发，上升后冷凝沉积于炉墙，使炉墙膨胀，破坏炉壳，烧结时可除去 50%~60% 的 Zn。
Pb	≤ 0.1	Pb 易还原，密度大，与 Fe 分离沉于炉底，破坏砖衬，Pb 蒸气在上部循环累积，形成炉瘤，破坏炉衬。
Cu	≤ 0.2	少量 Cu 可改善钢的耐腐蚀性，但 Cu 过多使钢热脆，不易焊接和轧制，Cu 易还原并进入生铁。
As	≤ 0.07	砷使钢“冷脆”，不易焊接；生铁含量应小于等于 As0.1%，炼优质钢时，铁中不应有 As。
Ti	（TiO_2）15~16	钛在钢中是一种有益元素，但高炉渣中钛的碳化物和氮化物增加，会使炉渣变稠并带入铁。
K，Na	—	易挥发，在炉内循环累计，造成截瘤，降低了焦炭及矿石的强度。
F	—	高温下气化，腐蚀金属，危害农作物及人体，CaF_2 侵蚀破坏炉衬。

钢由生铁炼成，钢的许多使用性能如强度、韧性、热加工性能和焊接性能等均优于生铁。生铁含碳高，硬而脆，冷热加工性能差，因而 90% 的高炉生铁须经再次冶炼成为具有良好金属特性的钢，才能加工成各种类型的钢材使用。钢的化学成分和含量见表 5。

表 5　钢的化学成分及含量范围

单位：%

	C	Si	Mn	P	S
碳素镇静钢	0.06~1.5	0.12~0.37	0.25~0.80	≤ 0.045	≤ 0.055
沸腾钢	0.05~0.27	≤ 0.07	0.25~0.70	≤ 0.045	≤ 0.055

《废钢铁》（GB 4223—2004）规定废钢的 C 含量 < 2.0%，S、P 均 ≤ 0.05%；非合金废钢中残余元素应符合以下要求：Ni ≤ 0.30%、Cr ≤ 0.30%、Cu ≤ 0.30%。除 Mn、Si 以外，其他残余元素含量总和 ≤ 0.60%。

1 号样品中含铁量约为 51%，明显低于生铁中要求含铁 94% 左右的要求，样品中的铁以 Fe、FeS、Fe_2O_3 以及合金相形式存在，但生铁是以金属铁形式存在，因此，样品不是生铁。样品中 Cu、Zn、Pb、S、As 等元素含量较高，由于这些元素不论是对炼钢过程还是对钢材本身都是有害的，明显超出了钢材中对它们的限值要求，因此，样品不是钢。同时，样品中硫含量及金属杂质含量不满足《废钢铁》（GB 4223—2004）标准中的要求，钢厂一般不会将其作为直接炼钢的原料使用，应该先回收其中的有色金属，因此，样品不是废钢铁。

2 号样品含铁量比 1 号样品高，但铁含量分布很不均匀，为 78%~95%（表 1 和表 3），不满足生铁含量要求；电镜观察样品表面粉末显示有 FeS 相，与生铁中金属铁的存在形式不符；Cu、Zn、Pb 等有害元素含量虽然比 1 号样品低，但仍高于钢材中对它们的控制限值，因此，样品不是生铁，不是钢。同时，样品中铜含量及其他金属杂质总含量明显超过了 1.3%，不满足《废钢铁》（GB 4223—2004）的标准中不超过 0.6% 的要求，钢厂一般不会将其当做直接炼钢的原料使用。

②钢铁冶炼的高炉渣和钢渣[1]

高炉渣主要是由 Ca、Mg、Si、Al 的氧化物构成的复杂硅酸盐矿物。一般高炉渣成分含量为 35%~44%CaO、32%~42%SiO_2、6%~16%Al_2O_3、4%~13%MgO。高炉渣中含有少量硫化物，如 CaS。使用特殊矿冶炼的高炉炉渣还含有其他物质，如我国宝钢高炉渣含有 CaF_2、K_2O、Na_2O，攀钢高炉渣中含有 TiO_2、V_2O_5。

钢渣是炼钢过程中的重要产物之一，其主要来源为：冶炼中，生铁、废钢、铁合金等金属原料中各种元素的氧化产物（SiO_2、MnO、P_2O_5、FeO 等）及脱硫产物（CaS）；人为加入的造渣材料如石灰（CaO）、萤石（CaF_2）、电石（CaC_2）和氧化剂铁矿石、烧结矿（Fe_2O_3）等；被侵蚀下来的耐火材料（MgO）；各种原材料带入的泥砂（SiO_2、Al_2O_3）和铁锈（Fe_3O_4）。其化学组成见表 6。

表 6　各种钢渣的化学成分及含量范围

单位：%

分类	炉渣	SiO_2	CaO	FeO	MnO	P_2O_5	MgO	Al_2O_3
酸性	酸性液渣	50~55	20~30	0.5	—	—	—	10~15
碱性	O_2 顶吹转炉	6~21	35~55	7~30	2~8	1~4	2~12	—
	O_2 底吹转炉	5.5	51	16	2.0	17.0	0.7	0.6
	复吹转炉	8~19	30~50	10~25	3~7	2~5	6~12	—
	电炉氧化渣	8~15	40~50	12~30	5~7	0.2~2	8~10	1~2
	电炉还原渣	10~15	55~65	0.3~0.5	9.1~0.2	—	8~10	2~3

钢铁冶炼产生的高炉渣和钢渣的共同特点是造渣成分 Si、Ca、Mg、Al 等元素的含量较高，而 1 号样品中 Si、Ca、Al 含量很低，且不含 Mg，表 3 中 2 号样品中含铁量明显高于 1 号样品，表明其中 Si、Ca、Mg、Al 含量比 1 号样品更低。因此，1 号和 2 号样品不是高炉渣，也不是钢渣。

③熔融物料

a. 湿法炼锌

在湿法炼锌过程中，产生出的烟尘、各类废渣和废液中含有多种有价金属。锌焙砂经酸浸后形成酸浸渣，处理后可综合回收氧化锌并生产窑渣。窑渣经磁选可产出高银铁渣、铁渣，铁渣可作为钢铁厂的原料[2]。

也有采用复浸出—针铁矿法处理浸出渣的工艺[3]，浸出渣的主要化学组成见表 7，经过热酸浸出与超高酸浸出后，得到热酸浸出液，浸出液中的铁最终以 FeOOH 形态沉淀下来，得到的铁渣的化学组成见表 8。

表 7　浸出渣的主要化学成分及含量

单位：%（除标出外）

成分	Zn	Cd	Cu	Fe	Pb	Sn	As	Sb	Co	Ni	Ag/（g/t）
含量	19.13	0.17	0.90	25.37	7.35	0.250	0.495	0.102	0.018	0.013	463

表 8　铁渣的化学成分及含量范围

单位：%

成分	Zn	Pb	Cu	Fe	SiO_2	硫酸盐
含量	4~8	1~2	0.3~0.5	35~42	1~2	5~15

b. 湿法炼铜

含多种有价金属的硫化铜精矿，经焙烧、浸出得到 $CuSO_4$ 溶液和铜浸出渣。铜渣的化学组成见表 9[4,5]。浸出的残渣经逆流洗涤回收其中的铜后，可送去提取贵金属和生产铁红[6]。

表 9　铜浸出渣的化学成分及含量

单位：%（除标出外）

成分	Cu	Pb	Zn	As	Fe	Si	Wo	Sn	Ag/（g/t）	S	Al_2O_3	CaO
浸出渣 1	2.46	2.26	1.61	1.52	43.35	10.08	1.25	0.53	620	3.3	—	—
浸出渣 2	1.29	0.26	0.40	8.46	54.38	0.75	—	—	—	0.94	0.95	0.30

1 号样品中主要含有铁，同时有色金属含量也较高，如 Pb、Cu、As、Sb；而一般的造渣成分比如 Si、Ca、Al 的含量却很低，分析其很可能是有色金属（Cu 或 Zn）湿法冶炼产生的某种中间产物经过简单熔化后的物料。分析如下：湿法炼锌和湿法炼铜产生的铁渣和浸出渣中含铁量高，同时其中夹杂的有色金属成分与 1 号样品中有色金属种类也相匹配（但目前条件下难以查找到含量与样品基本一致的物质的资料），将这种湿法炼锌和湿法炼铜产生的铁渣或浸出渣回收，经过熔炼，由于锌比铅元素易挥发，大多进入到烟尘中，因此物料中锌含量会较低；如果温度不够，则铅进入烟尘的量不会很多，这和样品相符。从 1 号样品中铁和硫的含量分析可知，样品中的铁虽然主要以金属铁及其氧化物的形式存在，但仍有少量的 FeS，这也能证明 1 号样品的产生过程不是一个完全的熔炼过程。因此，判断 1 号样品很可能是有色金属湿法冶炼产生的某种中间产物经过不完全熔炼后的物料，该物料提取有色金属后是较好的炼铁资源。

2 号样品从元素组成上与 1 号样品相似，但铁的含量明显提高，有色金属含量则下降，可能是类似 1 号样品的物料经过进一步熔炼的结果，是含有色金属杂质较高的铁料，不适合直接作为钢铁冶炼的原料。

（2）固体废物属性分析

1 号样品很可能是有色金属（Cu 或 Zn）湿法冶炼产生的某种中间产物经过不完全熔炼的熔融物料，更多地属于熔化产物。2 号样品很可能是类似 1 号样品的物料经过进一步熔炼的结果，是含有色金属较高的铁料。它们都是“不符合标准或规范的产品”，也属于“不再好用的物质或物品”，利用样品货物都必须先消除有色金属杂质，既是“用于消除污染的物质的回收”，也属于“金属和金属化合物的再循环”。因此，依据《固体废物鉴别导则（试行）》的原则，判断样品属于固体废物。

2009 年 8 月 1 日，环境保护部、商务部等五部门发布的第 36 号公告中的《自动许可进口类可用作原料的固体废物目录》列出了多个编号的废钢铁，但根据前面分析，样品不宜作为废钢铁使用，不属于自动许可进口类的固体废物。36 号公告中《限制进口类可用作原料的固体废物目录》中列出了“含铁大于 80% 的冶炼钢铁产生的渣钢”，根据前面对样品整体铁的含量的分析，样品也不满足该项要求，不属于限制进口类的固体废物。该公告《禁止进口固体废物目录》中，列出了“其他未列名固体废物”。因此，样品属于目前我国禁止进口的固体废物。

4 结论

（1）1 号样品不是生铁，不是钢，不是废钢；2 号样品不是生铁，不是钢，不满足《废钢铁》（GB 4223—2004）标准要求；样品不是高炉渣和钢渣。

（2）1 号样品很可能是有色金属（Cu 或 Zn）湿法冶炼过程中产生的某种中间产物经过不完全熔炼后的物料，2 号样品很可能是类似于 1 号样品的物料经过进一步熔炼的产物。

（3）样品属于固体废物，属于我国目前禁止进口的固体废物。

参考文献

[1] 包燕平 , 冯婕 . 钢铁冶金学教程 [M]. 北京 : 冶金工业出版社 ,2008.
[2] 杨文栋 . 湿法炼锌工艺中的综合回收 [J]. 资源再生 ,2010,3:46-48.
[3] 彭容秋 . 有色金属提取冶金手册 [M]. 北京 : 冶金工业出版社 ,1992.
[4] 刘会莲 . 从铜渣中提取铜银新工艺 [J]. 江西有色金属 ,1991,5(1):12-13.
[5] 广东省饶平县冶炼化工厂生产组 . 利用浸出渣生产氧化铁红 [J]. 有色金属 (冶炼部分),1976(6):62-63.
[6] 陈国发 . 重金属冶金学 [M]. 北京 : 冶金工业出版社 ,1992.

4

第四部分

鉴别为废物的案例

——产品类废物

91. 皮革废料

1 背景

2008 年 5 月，固体废物研究所对某公司申报进口的牛皮革边角料货物样品进行废物属性鉴别，需要确定是否属于国家禁止进口的固体废物。在查阅相关资料和咨询专家的基础上编写鉴别报告。

2 样品特征及物质特性分析

样品为皮革边角碎料，形状不规整，厚薄不同，皮面花纹不同，有的皮面有破损和洞；碎块有各种颜色，无明显异味，外观形态见图 1~ 图 2。

图 1　样品整体

图 2　碎块样品

3 样品物质属性鉴别分析

（1）产生来源分析

皮革是最早被人类利用的生物高分子。皮的主要成分为胶原（纤维状的硬蛋白质），它存在于动物肌体，如皮、骨、腱、血管、眼角膜及其他结缔组织，起到保护机体、避免其受外界侵入的作用，在保持生物体内各组织相互连接和生物体活动机能方面也起着重要的作用。皮革在制造过程中，大约有 40% 以胶原为主体的原料皮成为副产物。制品生产过程（如鞋、靴、服装加工缝制）中产生的裁断屑及使用过的革制品等也成为废弃物。皮革生产的副产物及其用途见表 1[1]。

制革工业中只有 25% 左右的动物原料皮变成革，约 75% 的动物原料皮在制革过程中作为废弃物被扔掉。据不完全统计，印度每年排出的制革废弃物约有 15 万 t，美国有 6 万 t，我国每年约有 140 万 t[2]。制革固体废弃物主要是制革过程中片、削、修边下来的边角余料，约占皮重的 65%。我国是制革大国，铬鞣革废料每年在 30 万 t 以上 [3]。

综上所述，样品是皮革制品的边角料，是来自于皮革制品厂生产中产生的边角碎料，有牛皮的、绵羊皮的以及山羊皮的，是混合皮革边角碎料。

表 1　皮革副产物及其用途

原料、工序	副产物	加工处理		开发利用产物
原料皮	去肉屑	加热、油分离、油精制		食用、工业油脂
		加热、分离液酶处理、浓缩		液体肥料
	浸灰排水	曝气 pH 调整、沉淀过滤		肥料
裸皮	二层皮	精制	抽出、干燥	食用明胶
			湿式磨碎分散、成型、成膜、固定	人造肠衣、胶原膜、固定化酶
		鞣制、染色加脂、涂饰		二层反绒面革
	片皮屑	石灰浸渍	粉碎、精制	丹宁定量用皮粉
			蒸煮、添加水解产物	饲料
			解纤	胶原纤维、无纺布
		改性处理、解纤、复合		复合薄膜、滤材
铬革	削匀屑	脱革、抽出、干燥		工业用胶原
		抄纸、干燥		再生革、胶原纤维
		降解、粉碎、溶剂分散、复合		电着用植绒、复合材料
	铬革屑	解纤		短纤维、长纤维
		燃烧		Cr_2O_3
制品革	铬革屑	解纤		短纤维、长纤维
		燃烧		Cr_2O_3
皮革制品	使用后皮革	燃烧		Cr_2O_3

（2）固体废物属性分析

制品革的边角料可以回收作为生产再生革、长短纤维、Cr_2O_3、工业胶、肥料等的原料，皮革制品（如汽车装饰用真皮、沙发真皮、羊皮包等）的大块边角料可以作为皮手套、皮鞋等的材料。但样品是国外制革的副产物，不是有意生产的；样品质地、规格、花色等完全不一样，不能保证形成批量的统一规格原料，即便其中的大块可以经过裁切作为皮革材料，但仍然会产生大量的边角料；样品是国外生产过程中的废弃物质，是回收产物。总之，样品是“不符合标准或规范的产品，没有质量控制”，是生产过程中产生的废弃物质。依据《固体废物鉴别导则（试行）》的原则，判断样品属于固体废物。

原国家环境保护总局、商务部、国家发改委、海关总署、国家质检总局 2008 年第 11 号公告公布的《自动进口许可管理类可用作原料的废物目录》和《限制进口类可用作原料的废物目录》中均没有列出皮革废物、制革废物或类似的废物。因此，样品属于我国禁止进口的固体废物。

4 结论

样品是来自于皮革制品厂生产中产生的边角碎料，是牛皮、绵羊皮、山羊皮的混合皮革边角碎料，样品进口报关时属于我国禁止进口的固体废物。

参考文献

[1] 冈村浩 , 张文熊 . 关于日本有效利用皮革的研究概况 [J]. 中国皮革 ,2003,32(15):35.

[2] 王碧 , 贾冬英 , 罗红平 , 等 . 皮边角废料提取胶原蛋白的功能特性 [J]. 中国皮革 ,2002,31(15):13.

[3] 陈武勇 , 黄瓒 , 林亮 , 等 . 废革屑提取胶原蛋白的研究 [J]. 中国皮革 ,2002,31(23):3.

92. 碎布料

1 背景

2011 年 5 月，固体废物研究所对某公司申报进口的“衬布”货物进行固体废物属性鉴别。根据委托单位的要求，鉴别机构派人对现场货物进行鉴别，根据现场查看、分拣、拍照和记录的货物特征编写鉴别报告。

2 货物特征及物质特性分析

委托鉴别货物外观形态见图 1~ 图 15，特征描述如下：

（1）货物用塑料编织袋包装并用铁丝打捆，包装明显破损。

（2）现场随机拆解一包货物后，散发出难闻的异味和粉尘，明显含有非布料杂物，分拣出的杂物以包装纸为主，杂物重量占该包货物重量的 1.6%。

（3）货物以碎布料为主，碎布料颜色混杂，包括白、蓝、黑、灰、绿、红、黄、紫、酱、花等各种颜色；形状包括碎片、小片、大片、长条、丝、带等各种形状。货物混合、交缠在一起，未经分拣；碎布料材质上以化纤为主，还包括少量棉、麻材质等；有一些布块为擦拭使用过，脏污痕迹非常明显。

（4）货物中混杂有大量非布类杂物，主要包括塑料类，如塑料饮料瓶、塑料绳、塑料袋、塑料片、塑料拖鞋、硬质塑料等；纸类，如硬纸片、标签用纸、吸水纸、复写纸、扑克牌、牛皮纸、较薄的包装纸、烟盒等；复合材料软饮料盒。其他还包括橡胶圈、树皮、树叶、砂土、金属垫片、锯片、一次性筷子、烟头以及大量非布的线、绳、棉、绒、毡等纤维；同时还发现来自国内不同厂家的中文标签和细碎沾染物。

图 1　开箱

图 2　掏箱货物

图 3　现场分拣非布料杂物

图 4　现场分拣非布料杂物

图 5　脏污的布块

图 6　脏污的纤维

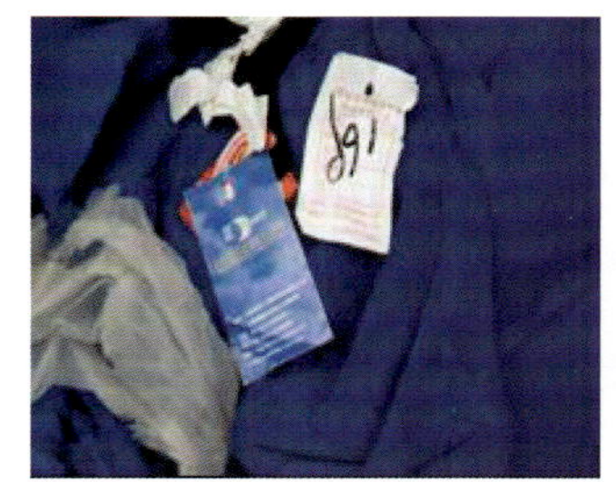
图 7　大块料和中文标签

图 8　纤维绳、丝、线和纸

图 9　毛绒毡

图 10　夹杂的橡胶圈

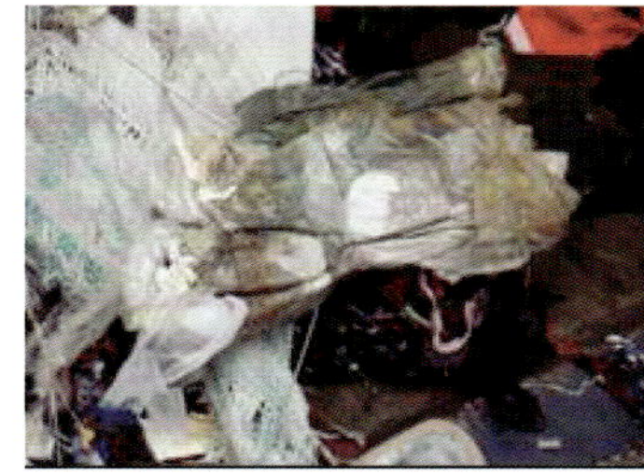
图 11　夹杂明显污渍的塑料

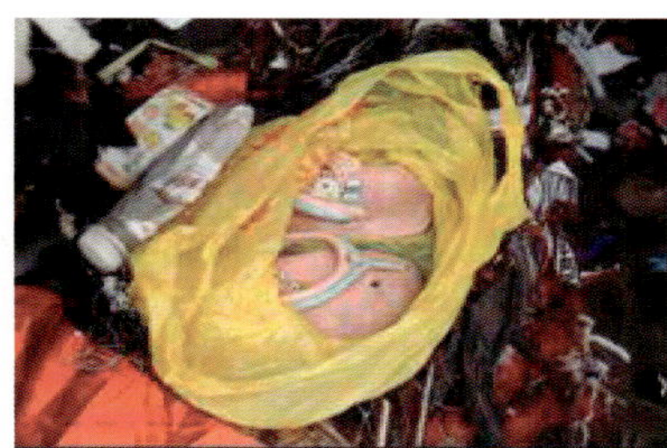
图 12　夹杂的拖鞋、饮料瓶、糖纸

图 13　夹杂的砂、土、树叶

图 14　夹杂的烟盒

图 15　夹杂的铁管

3 货物固体废物属性分析

（1）货物报关编号和名称为“60063100.00 衬布”，根据海关《商品归类总则》的注释，6006 品目属于“其他针织物或钩编物”，是织物成品。上述鉴别货物的特征表明货物属于回收的混合物，没有任何规格和质量保证，无法直接作为布料使用，不满足 6006 品目要求，因此，货物不是“未漂白或漂白的其他针织物或钩编织物”，不能称为“衬布”。

（2）根据货物特征判断，货物是来自化纤织物制品生产厂家产生的以化纤布为主的织物边角料、下脚料、落地料，并且在收集过程中混入了大量的其他非布类杂物，无任何规格和质量保证，无法直接作为布料使用。根据我国《固体废物污染环境防治法》中固体废物的定义以及《固体废物鉴别导则（试行）》的原则，判断鉴别货物属于固体废物，是以化纤碎布料为主的混合废物。

（3）环境保护部等五部委 2009 年发布的第 36 号公告中《限制进口类可用作原料的固体废物目录》包括“6310100010 新的或未使用过的纺织材料制经分拣的碎织物等（新的或未使用过的，包括废线、绳、索、缆及其制品），以及“新的或未使用过的纺织材料制其他碎织物等（新的或未使用过的，包括废线、绳、索、缆及其制品）”，由于货物本身属于未经分拣的混合物，既含有一些受到污染的布料以及使用过的布料（如擦拭使用过），还含有大量其他杂物，甚至霉变等污染物，因此，鉴别货物不属于限制进口类废物。

36号公告中《禁止进口固体废物目录》包括“6310100090其他纺织材料制经分拣的碎织物等（包括废线、绳、索、缆及其制品）”、“6310900090其他纺织材料制碎织物等（包括废线、绳、索、缆及其制品）”、以及“其他未列名固体废物”，鉴别货物应归类于这三类废物中的一类，属于我国禁止进口的固体废物。

4 结论

鉴别货物属于我国禁止进口的固体废物。

93. 废聚丙烯袋

1 背景

2006 年 10 月，固体废物研究所对某公司申报进口的“旧 PP 塑编袋”货物样品进行废物属性鉴别，需要确定是否属于国家禁止进口的固体废物。在查阅相关资料的基础上编写鉴别报告。

2 样品特征及物质特性分析

样品为两个编织袋，长约 1 m、宽约 1 m、高约 2 m，由 5 mm 以下的聚丙烯编条编制而成，顶端有装货开口和塑料编带制四角吊扣，其中 1 个样品袋明显破损，有 20~30 cm 的裂口，底端破损，袋内有装载的残留物质，见图 1 和图 2。同时，委托单位提供货物图片并说明部分货物有脏污现象，大多底端破损，见图 3。

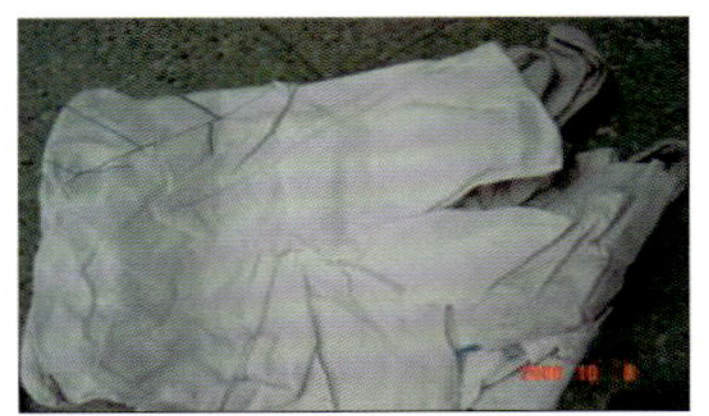
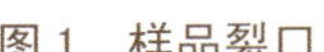
图 1　样品裂口

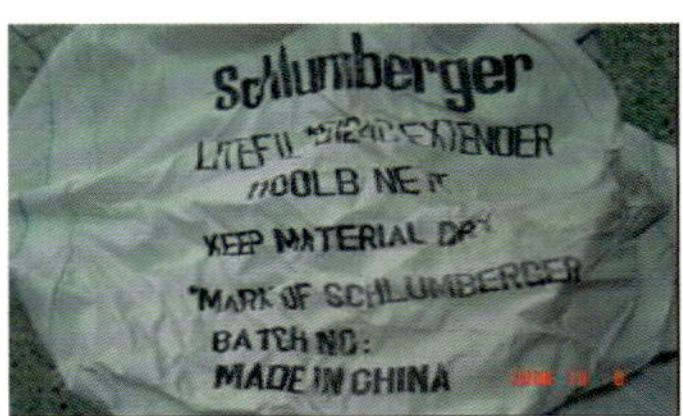

图 2　样品标识

图 3　打捆的货物

3 样品物质属性鉴别分析

（1）产生来源分析

聚丙烯（PP）塑料与聚乙烯（PE）、聚苯乙烯（PS）、聚氯乙烯（PVC）一样属于大宗塑料品种，PP 塑料主要用做编织袋、捆扎绳、打包带、管材、板材、周转箱、单丝、保险杠等[1]。通过样品外观材质判断样品为聚丙烯扁条编织袋。

（2）固体废物属性分析

样品编织袋明显是使用过的回收包装，因为：①样品袋上有标识，“Schlumberger”属于美国最大的石油服务公司，“Litefil”可能是一种化工树脂产物，“Extender”为一种添加剂，同时还有产品批次、生产地（中国制造）等英文标识；②样品中明显夹带有白色粉末物质，应该属于曾经盛装过的物质；③袋底端明显有撕裂的开口和磨损痕迹，应是使用所致。这些特征表明样品是使用过的聚丙烯（PP）塑料包装废物，丧失了包装袋的原有利用价值，符合《固体废物污染环境防治法》关于固体废物的定义以及《固体废物鉴别导则（试行）》的原则，判断样品属于固体废物。

原国家环境保护总局等部门于 2005 年公布的第 5 号公告中的《限制进口类可用作原料的废物目录》列出了“3915909000 其他塑料的废碎料及下脚料”，样品应归入这一类废物，属于限制进口的固体废物。

4 结论

样品为聚丙烯扁条编织袋，属于限制进口类可用做原料的固体废物。

参考文献

[1] 陈占勋 . 废旧高分子材料资源及综合利用 [M]. 北京 : 化学工业出版社 ,1997.

94. 废缆绳、渔网、防护网

1 背景

2010 年 7 月，固体废物研究所对某公司申报进口的“尼龙缆绳”货物进行了废物属性鉴别，需要确定是否属于国家禁止进口的固体废物。在现场查看、取样和查阅相关资料基础上编写鉴别报告。

2 货物特征及物质特性分析

（1）鉴别货物特征

鉴别货物堆存在库房内和库房外，堆存照片见图 1~ 图 4。货物包含有各种粘有污渍的渔网、防护网、缆绳、锚缆等，除个别打包成捆外，大部分混杂在一起。货物中还有各种夹杂物，如布头（衣服），与防护网连接在一起的橡胶布，与缆绳连接在一起的橡胶圈、塑料膜、塑料瓶、碎陶片、木头等，见图 5~ 图 9。

图 1　库房内堆存货物（左侧）

图 2　库房内堆存货物（右侧）

图 3　库房外堆存货物（正面）

图 4　库房外堆存货物（背面）

图 5　夹杂的布头（衣服）

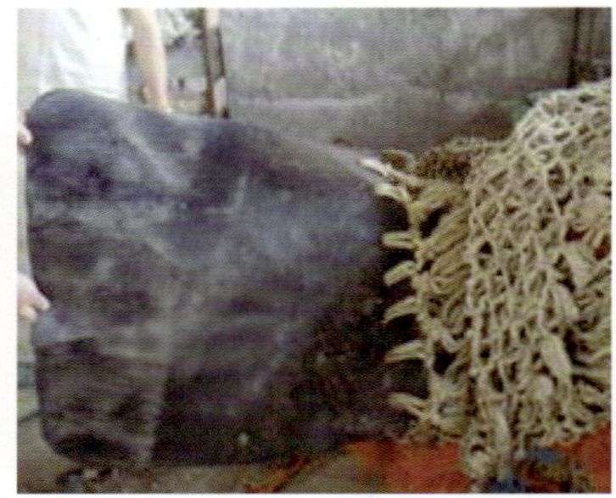

图 6　与防护网连接的橡胶块

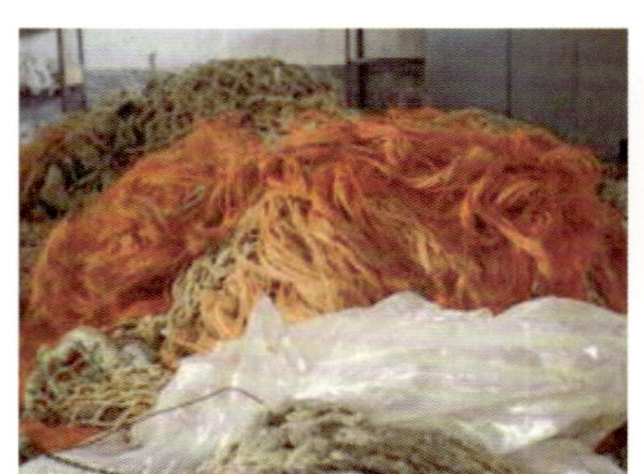

图 7　塑料膜

图 8　塑料瓶、碎陶片、木头

图 9　缆绳上的橡胶圈

（2）货物材质成分分析

对部分货物现场取样，经红外光谱测试分析，确定各样品主体材质成分，结果见表 1。从实验结果看，缆绳的主体材质分别有聚酯（PET）、聚丙烯（PP）、尼龙、聚乙烯（PE），防护网的主体材质为聚酯（PET），渔网的主体材质分别为聚乙烯（PE）、尼龙。

表 1　部分货物样品的材质成分

样品	1	2	3	4	5	6
材质	聚酯（PET）	聚丙烯（PP）	聚丙烯（PP）	尼龙（PA）	聚乙烯（PE）	聚酯（PET）
样品	7	8	9	10	11	—
材质	尼龙（PA）	聚丙烯（PP）	聚乙烯（PE）	聚乙烯（PE）	聚乙烯（PE）	—

3 货物物质属性鉴别分析

（1）产生来源分析

聚酯（PET）由于其纺用性能极佳，逐步超过尼龙纤维成为合成纤维的主导材料 [1]。目前国内外使用的渔网材料，品种有尼龙（PA）、聚乙烯（PE）、聚丙烯（PP）、聚氯乙烯（PVC）、聚乙烯醇（PVA）等 [2]。

根据货物外观特征及材质成分分析，判断货物主要为大型船舶上使用过的锚缆、固定缆绳、固定船体外侧橡胶轮胎的绳索、货物捆绑绳索、防护网、渔网等，并夹杂少量的生活用品。

（2）固体废物属性分析

由于货物破损较严重（如缆绳长度变短、防护网出现破损且面积小、渔网杂乱缠绕等），已经丧失了原有产品的功能和利用价值，是废弃物质；由于货物是混合物，无固定形状规格，不是符合标准或规范的产品，是回收的船舶废弃物，主要用途是再生利用其中的塑料物质。因此，依据《固体废物污染环境防治法》中固体废物的定义以及《固体废物鉴别导则（试行）》的原则，判断货物属于固体废物。

环境保护部、商务部等五部门 2009 年发布的第 36 号公告中《禁止进口固体废物目录》明确包括“废渔网”，包括“6310100090 其他纺织材料制经分拣的碎织物等（包括废线、绳、索、缆及其制品）”和“6310900090 其他纺织材料制碎织物等（包括废线、绳、索、缆及其制品）”，鉴别货物应归入这几类废物，属于我国禁止进口的固体废物。

4 结论

鉴别货物属于我国禁止进口的固体废物。

参考文献

[1] 廖明义，陈平．高分子合成材料学（下）[M]. 北京：化学工业出版社，2005:286.
[2] 王春成．聚乙烯、聚丙烯、聚酰胺渔网丝线的老化性能试验研究 [J]. 现代渔业信息，2009,24(3):17-20.

95. 废橡胶轮胎下脚料

1 背景

2008 年 2 月，固体废物研究所对某公司进口的废橡胶轮胎和下脚料货物样品进行废物属性鉴别，需要确定是否属于国家禁止进口的固体废物。在实验分析和相关调研的基础上编写鉴别报告。

2 样品特征及物质特性分析

（1）样品装于纸箱中，包括 7 块样品，将其分别编号为 1~7 号。7 块样品形状不规整，有多处破损和黏连，具有明显的边角废料外形特性。1 号和 2 号样品包含较多金属细丝，金属细丝外包覆黑色薄橡胶层，明显为切头；3 号样品呈轮毂状，外部包覆黑色橡胶层，内部包含金属丝，橡胶层中有白色帘线，橡胶层破损，帘线外露；4 号样品为多层黑色橡胶片，黏在一起，橡胶片中有白色帘线；5 号和 6 号样品为不规则黑色橡胶带，互相黏连，带中有帘线；7 号样品主要为帘线，边缘破损，接头处包覆黑色薄橡胶层。样品形状见图 1~ 图 8。

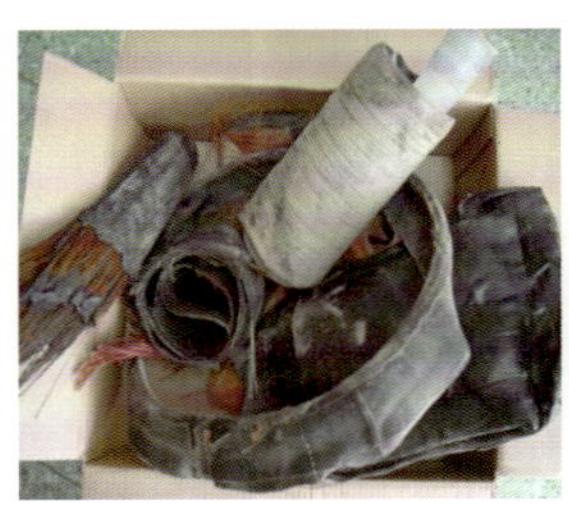

图 1　样品整体

图 2　1 号样品

图 3　2 号样品

图 4　3 号样品

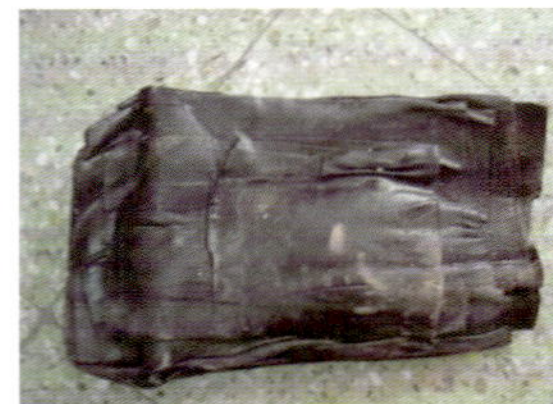

图 5　4 号样品

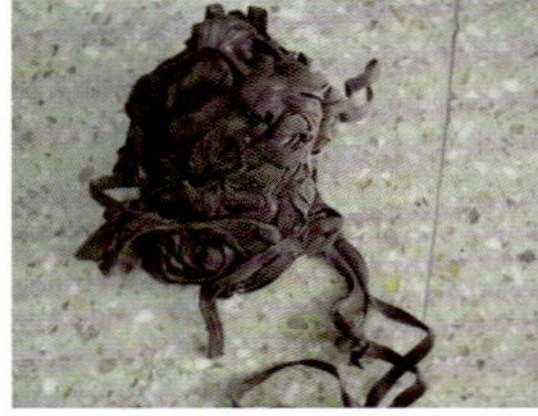

图 6　5 号样品

图 7　6 号样品

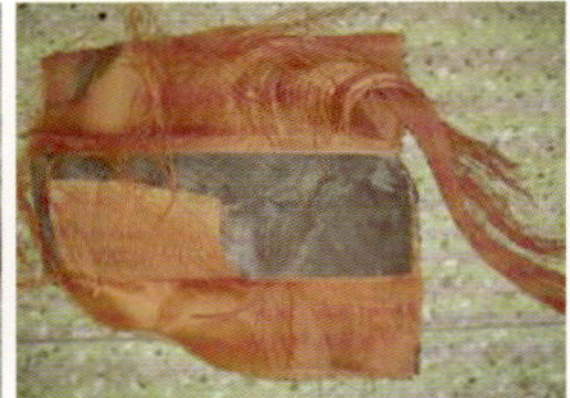

图 8　7 号样品

（2）剥离出 2 号和 4 号样品中的橡胶聚合物，按照《橡胶聚合物（单一及并用）的鉴定 裂解气相色谱法》（GB/T 6028—1994）中的方法分析橡胶聚合物，结果见表 1。

表 1　样品的橡胶聚合物组成

样品	2 号	4 号
橡胶聚合物	天然橡胶	天然橡胶 / 丁苯橡胶并用

（3）参照《橡胶 用无转子硫化仪测定硫化特性》（GB/T16584—1994）中的方法，对 2 号和 4 号样品中剥离的橡胶聚合物进行硫化特性测定，结果见表 2。样品中橡胶聚合物的硫变曲线线形均不是与 x 轴近似水平的直线，为先下降后上升的曲线。

表 2　样品的硫化特性

样品	硫化时间			转矩 /（N•m）	
	t_{10}	t_{50}	t_{90}	F_L	F_{max}
2 号	3min57s	6min25s	9min59s	0.77	3.23
4 号	4min18s	6min25s	11min14s	0.43	2.09

3 样品物质属性鉴别分析

（1）产生来源分析

①样品是轮胎帘布层、缓冲层和胎圈的边角废料

轮胎一般由外胎、内胎和垫带三部分组成，其中外胎是轮胎中最重要的部件，按材料、结构与作用，外胎由胎面、胎体和胎圈三大部件组成。胎面是外胎最外的橡胶层，是覆盖于胎体上的橡胶保护层；胎体是外胎的受力部件，包括帘布层和缓冲层，缓冲层由缓冲帘布和缓冲胶片组成，缓冲帘布可采用尼龙帘布、人造丝帘布或钢丝帘布，而缓冲胶片加贴在缓冲帘布上下；胎圈是外胎与轮辋紧密固定的部位，包括帘布层、胎圈芯及胎圈包布三个部分，其中胎圈芯由钢丝圈、三角胶条及钢圈包布组成[1,2]。

轮胎的生产工艺可分为配炼、压延挤出（压出）、成型、硫化四大工序。配炼包括生胶的烘胶、切胶等加工，配合剂和生胶加工、称量、塑炼、混炼等，主要是向下工序提供混炼胶；压延挤出（压出）是通过压延机和挤出（压出）机将混炼胶制成具有一定形状和尺寸的胶片、胶条、胎面胶或在纺织物上挂胶制成帘布胶、胶帆布等，该工序主要是制造轮胎的各种半成品；成型是将轮胎的各种半成品部件在成型机上贴合成半成品胎坯的工艺；硫化工艺是轮胎生产的最后一道工序，是在一定的温度和压力下，通过一定时间使橡胶结构转变为网络结构，制得成品轮胎[1,2]。

从外观特征可判断样品来自于轮胎加工过程中产生的边角废料，主要是帘布层、缓冲层和胎圈。其中 1 号和 2 号样品包含较多钢丝，钢丝外包覆橡胶层，应是轮胎胎体钢丝帘布层边角废料；3 号样品呈轮毂状，内部包含金属丝，外部包覆黑色橡胶层和帘线，是轮胎胎圈预制品；4 号样品是多层带有帘线的橡胶片，应是帘布层经压延后的边角料；5 号和 6 号样品是带有帘线骨架的橡胶帘布条边角料；7 号样品主要为帘线，是轮胎帘布层边角料。通过咨询橡胶行业专家，样品是帘布层、缓冲层和胎圈的边角废料。

②样品未经过硫化

橡胶经硫化后，其中的高分子聚合物会发生三维网状交联，若在硫变仪上对其测定硫变曲线，其线形应近似为与 x 轴平行的直线。

从橡胶含量相对较多的 2 号和 4 号样品上剥离出橡胶聚合物并测定其硫变曲线，硫变曲线线形为先下降再上升最后趋于水平，为典型的混炼胶硫变曲线线形。因此，判断 2 号和 4 号样品未经过硫化工艺。

轮胎生产工序中，硫化工序是位于配炼、压延挤出（压出）、成型之后的最后一道工序。从样品不同外观形态推断，样品是轮胎成型工序之前各工序产生的边角废料，并未经过最后的硫化工序，因此，除 2 号和 4 号样品外的其他 5 种样品也未经过硫化工艺。

（2）固体废物属性分析

样品形状不规整，品质不均一，有严重的破碎、黏连，是轮胎生产过程中产生的废弃物质，

已丧失继续加工为轮胎的原始用途，只能通过分离后回收其中的金属丝、帘线和少量橡胶。由于样品破碎、粘连严重，分离也较为困难，样品不能再直接用于加工轮胎和其他橡胶制品。因此，依据《固体废物鉴别导则（试行）》的原则，判断样品属于固体废物。

根据我国法律法规，未列入“可以用做原料进口的固体废物的目录”的固体废物禁止进口。在《废物进口环境保护管理暂行规定》（环控 [1996]204 号）中公布的《国家限制进口的可用作原料的废物目录》及其增补的名录，原对外贸易经济合作部、原国家环境保护总局、海关总署、国家质检总局 2001 年第 41 号公告公布的《限制进口类可用作原料的废物目录》（第一批），《关于调整废物进口环境保护管理有关问题的通知》（环发 [2002]7 号文）中《自动进口许可管理类可用作原料的废物目录》，以及 2005 年原国家环境保护总局、海关总署、国家质检总局第 5 号公告等文件中均没有废橡胶及类似的废物。但是，原国家环境保护总局、商务部、国家发展和改革委员会、海关总署、国家质检总局 2008 年第 11 号公告中将“4004000090 未硫化橡胶废碎料、下脚料及其粉、粒”列入了《限制进口类可用作原料的固体废物目录》中，该类废物允许进口。海关总署 2007 年 12 月发布了 71 号公告，对“未硫化复合橡胶”进行了归类解释，样品不满足该公告的解释。因此，样品属于我国禁止进口的固体废物。

4 结论

样品是轮胎帘布层、缓冲层和胎圈的边角废料，未经过硫化工序处理，属于我国禁止进口的固体废物。

参考文献

[1]《橡胶工业手册》编写小组 . 橡胶工业手册 : 第四分册——轮胎、胶带与胶管 [M]. 北京 : 燃料化学工业出版社 ,1975.
[2] 翁国文 . 轮胎加工技术 [M]. 北京 : 化学工业出版社 ,2006.

96. 漂白化学木浆制的纸的边角料

1 背景

2009 年 9 月，固体废物研究所对某公司申报进口的“漂白化学木浆制的纸的边角料”货物样品进行废物属性鉴别，需要确定是否属于国家禁止进口的固体废物。在实验分析和查阅相关资料的基础上编写鉴别报告。

2 样品特征及物质特性分析

三个样品分别来自加拿大边角料、德国边角料、法国边角料，将其分别标为 1~3 号，样品都由纤维组成，质地蓬松，强度低，无明显杂质。其中 1 号样品为白色条状，两长边规整，自然厚度约 2 mm，条状宽度约 40 mm，长短不一，长的约 200 mm；2 号样品为白色片状或条状，明显有撕扯痕迹，只有一边规整，长短不一，表面有规整网状压痕；3 号样品白色条状，明显有撕扯痕迹，只有一长边规整，长短不一，宽度为 70~80 mm，长度有的超过 1.2 m，表面有规整细网状压痕，强度很低。样品外观形态见图 1~ 图 6：

图 1　1 号样品（整体）

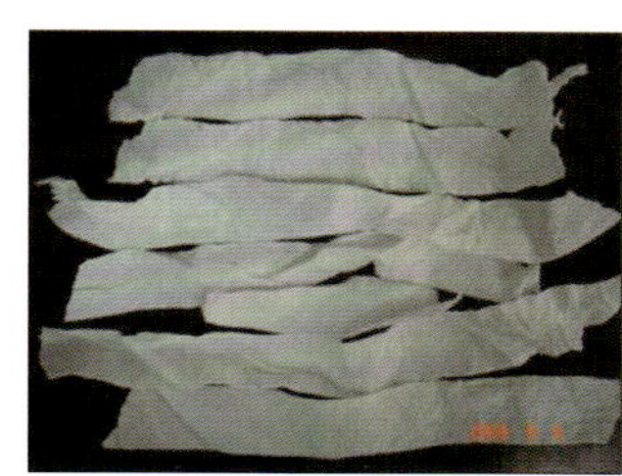

图 2　1 号样品（碎块）

图 3　2 号样品（整体）

图 4　2 号样品（碎块）

图 5　3 号样品（整体）

图 6　3 号样品（碎块）

3 样品物质属性鉴别分析

（1）产生来源分析

纸浆是以某些植物为原料加工而成的，是造纸的基本原料。制浆是指利用化学方法、机械方法或两者结合的方法，使植物纤维原料离解变成本色或漂白纸浆的生产过程。造纸按生产方式分为手工纸和机制纸，手工纸以手工操作为主，利用帘网框架、人工逐张捞制而成；机制纸是指以机械化方式生产纸张的总称。造纸生产中必须通过打浆将纸浆光滑的纤维进行分丝帚化，然后抄出形成纤维薄片的纸。

依据《纸、纸板和纸浆纤维组成的分析》（GB/T 4688—2002）染色机理及显微观察分析 3 种样品的纤维配比情况，其中 1 号样品含有 95% 的漂白针叶木浆和 5% 的化学纤维，2 号和 3 号样品为 100% 的漂白针叶木浆。根据样品的纤维分散情况及显微观察分析可知，三个样品都添加了不同用量的造纸用湿强剂（湿强剂主要用于增加纸张的湿抗张强度，即使纸张在潮湿或被水完全浸渍时仍能保持一定的机械强度）；并且纤维经过了打浆工艺，打浆度 30°SR，故判断样品是纸。

据此判断样品材质为纸，来自漂白纤维木浆的造纸生产过程。

（2）固体废物属性分析

样品是造纸过程中的裁切产物，通过咨询行业专家，样品特性符合《废纸再利用技术要求》(GB 20811—2006) 中的特种废纸的技术要求，由此可以判断样品为废纸。

样品“丧失了纸的利用价值”，是“生产过程中的废弃物质”，回收利用的方式或目的属于“利用操作产生的残余物质”。因此，依据《固体废物鉴别导则（试行）》的原则，判断样品属于固体废物，属于废纸。

我国对进口可以用做原料的固体废物实行目录管理，在历次公布的允许进口废物目录中均包括废纸。在环境保护部、商务部、国家发展和改革委员会、海关总署、国家质检总局 2009 年公布的第 36 号公告《自动许可进口类可用作原料的固体废物目录》中包括“4707200000 回收（废碎）的漂白化学木浆制的纸和纸板（未经本体染色）”。因此，样品属于自动许可进口类可用做原料的固体废物。

4 结论

样品是废纸，属于自动许可进口类可用作原料的固体废物。

97. 废纸为主的混合物

1 背景

2012年2月，固体废物研究所对某公司申报进口的“废旧报纸”货物进行废物属性鉴别，需要确定是否属于国家禁止进口的固体废物。在现场察看、开箱掏箱、拆包分拣的基础上编写鉴别报告。

2 货物特征及物质特性分析

（1）待鉴别的10个集装箱货物绝大部分用铁丝打捆摆放在集装箱中，少量货物经海关现场勘验拆包分拣后散堆在集装箱中。按照《进口可用作原料的废物检验检疫规程 第13部分：废纸或纸板》（SN/T 1791.13—2006）标准中规定的抽样方法对货物进行开箱查看、掏箱查看、拆包分拣，抽样方法见表1。

表1 抽样方法

项 目	SN/T1791.13 标准要求	现场实际抽样数量
集装箱开箱查看	≥查看批数量的50%	10个
掏箱查看	≥查看批数量的10%	3个
拆包	≥1件（包、捆）货物	2件（包、捆）/集装箱
拆包分拣	≥5%每一集装箱内的货物件（包、捆）数	2件（包、捆）/集装箱

注：按照每一集装箱中平均装载30件（包、捆）货物考虑。

掏箱和拆包位置的确定：依据等距随机抽样法，按照开箱顺序对第1、4、7三个打开的集装箱实施掏箱查看；对三个实施掏箱的集装箱分别从前、中、后的位置，随机从每一集装箱货物中抽取两包捆扎完好的货物进行分拣，编为①～⑥号。

（2）对鉴别的10个集装箱货物全部开箱查看。集装箱内货物有少量已被拆散堆放在箱门口，绝大部分货物成捆打包整齐摆放在集装箱内。货物散发霉味；各类型废纸混杂，包括办公纸、新闻纸、边角料、书籍、广告宣传纸、大量脏污碎纸；夹杂大量未清洗的各类塑料，包括各种颜色、大小不一的塑料袋、塑料片、塑料膜、塑料瓶、塑料绳；还夹杂有金属易拉罐、纤维、木棍等。货物外观见附图。

（3）三个掏箱的集装箱中货物整体状况与开箱查看的货物基本一致。拆包分拣的六包货物，第①包外观较整洁，以干净报纸为主，夹杂少量的塑料膜和塑料袋；第③、④两包货物为含有各种碎纸、碎塑料的混合物，严重霉变腐烂，大部分货物粘连在一起，无法分拣；其余几包货物表面沾满污渍，散发霉味，拆散后内部有不同程度的发霉腐烂现象，含有各种碎纸、碎塑料，还可见压瘪的塑料瓶、易拉罐、罐头盖、碎线路板、碎玻璃、碎砖头、碎木头、使用过的卫生用品等，初步分拣结果见表2。拆包分拣货物描述见附表和附图。

表 2　拆包货物初步分拣结果

集装箱序号	拆包分拣编号	单包货物重量 / kg	分拣出的非纸类杂物 / kg	杂物所占最低比例 / %
1	①	429.6	0.33	0.08
	②	442.8	116.87	26.39
4	③	880.4	—	—
	④	1 038.0	—	—
7	⑤	782.0	35.78	4.57
	⑥	765.2	43.55	5.69

注：根据现场拆包货物情况，第③、④两包货物非常脏，无法分拣。

按照《进口可用作原料的废物检验检疫规程 第 13 部分：废纸或纸板》（SN/T 1791.13—2006）的方法进行随机抽样和分拣，由分拣结果看出：货物不符合《进口可用作原料的固体废物环境保护控制标准—废纸或纸板》（GB 16487.4—2005）的规定要求。

3 鉴别货物固体废物属性分析

鉴别货物表现出肮脏、杂乱的特征，散发难闻霉味，部分货物严重腐烂，可以判断进口货物是来自家庭、商业、办公、餐饮等场所回收的以废纸为主的混合物。根据海关《商品归类总则》的注释，“城市垃圾”为“从家庭、宾馆、餐厅、医院、商店、办公室等收集来的废物、马路和人行道的垃圾以及建筑垃圾或拆建垃圾。城市垃圾通常含有大量各种各样的材料，例如，塑料、橡胶、木材、纸张、纺织品、玻璃、金属、食物、破烂家具和其他已损坏或被丢弃的物品。”鉴别货物的特征符合上述“城市垃圾”的解释。因此，判断鉴别货物属于城市垃圾。

《中华人民共和国固体废物污染环境防治法》第 25 条规定：“进口的固体废物必须符合国家环境保护标准”；2011 年环保部发布的《固体废物进口管理办法》第 14 条规定“不符合进口可用作原料的固体废物环境保护控制标准或者相关技术规范等强制性要求的固体废物，不得进口”；2009 年 8 月环境保护部等部门发布的第 36 号公告中的《禁止进口固体废物目录》列出“3825100000 城市垃圾”，鉴别货物应归入这类废物，属于我国禁止进口的固体废物。

4 结论

鉴别货物属于我国禁止进口的固体废物。

附表和附图

附表　拆包货物的外观特征

集装箱序号	拆包编号	货物分拣描述
1	①	外观较干净整洁，为各种碎报纸、碎广告宣传纸，成本的书、杂志，各种纸盒，破损信封，使用过的办公用纸，夹有塑料片、袋。
	②	货物表面沾满污渍，且散发霉味。拆散后发现货物脏污严重，发生霉变，包含各种生活塑料、塑料片、饮料盒、金属包装、硬质塑料、毛刷、衣架，碎光盘、电线、破碎的线路板，严重霉变、腐烂的碎纸和塑料混合物，沾满污渍的尿不湿、卫生巾，木棍、丝袜、厨房洗碗用海绵布、女士用发箍、发夹，胶囊外包装，硬币等。
4	③	货物表面脏污，且散发霉味。拆散后发现货物内部发霉腐烂现象严重，很多物品粘黏在一起，无法实施分拣。仍可见破碎的快餐盒、压瘪的饮料瓶、破碎的衣架、各种食品包装袋、沾满污渍的杂志。
	④	货物表面脏污严重，散发霉味。叉车将货物拆散后发现货物内部发霉腐烂现象严重，很多物品粘连在一起，无法实施分拣。仍可见压瘪的饮料瓶、泡沫碎块、表面沾满污渍的毛绒玩具、碎玻璃、发霉的报纸等。
7	⑤	货物表面沾满污渍，且散发霉味。拆散后发现货物脏污严重，发生霉变，包含各种生活塑料、塑料片、饮料盒、金属包装、硬质塑料、毛刷、衣架，碎光盘、电线、破碎的线路板，严重霉变、腐烂的碎纸和塑料混合物，木棍、丝袜、厨房洗碗用海绵布、女士用发箍、发夹，胶囊外包装。
	⑥	货物给人整体感觉非常脏，且散发霉味。拆散后发现里层货物脏污严重，发生霉变，包含各种生活塑料、塑料片、饮料盒、金属包装、硬质塑料、毛刷、衣架，碎光盘、电线、破碎的线路板，严重霉变、腐烂的碎纸和塑料混合物，沾满污渍的尿不湿，木棍、丝袜、厨房洗碗用海绵布、女士用发箍、发夹，胶囊外包装。

附图　现场照片

（1）货物存放地及开箱查看

图 1　10 个集装箱

图 2　开箱查看

图 3　集装箱内货物

图 4 集装箱内货物

图 5 集装箱内货物

图 6 集装箱内货物

（2）货物掏箱和拆包、分拣

图 7 集装箱掏箱

图 8 剪断铁丝

图 9 工人分拣

（3）货物特征

图 10 拆包后脏污货物、各种生活塑料

图 11 塑料片、饮料盒、金属包装、硬质塑料、毛刷、衣架等

图 12 碎光盘、电线、塑料、碎纸等

图 13 霉变腐烂的碎纸和塑料混合物

图 14 污染严重的碎纸和塑料混合物

图 15 严重腐烂碎纸和塑料混合物

（4）货物称重及分拣出的物品

图 16 一件货物分拣前称重量

图 17 分拣出的物品

图 18 装在编织袋中的非纸物品

98. 钴酸锂电池极片废料

1 背景

2005 年 1 月，固体废物研究所对某公司申报进口的“钴酸锂”货物样品进行废物属性鉴别，需要确定是否属于国家禁止进口的固体废物。在实验分析、咨询专家和查阅相关资料的基础上编写鉴别报告。

2 样品特征及物质特性分析

（1）样品呈不规则片状，有大有小，银白色锡箔纸表面附着一层均匀的黑色物质，黑色物质表面比较光滑，容易刮落。样品外观形态见图 1。

图 1　样品

（2）采用 X 射线荧光光谱仪（XRF）分析样品成分，不同部分的主要成分及含量见表 1。采用原子吸收方法对样品中的锂（Li）进行分析，黑色附着物中 Li 含量为 6.17%。

表 1　样品的主要成分及含量（除 Al 以外，其他元素均以氧化物计）

单位：%

	Co_2O_3	Al	SiO_2	Cr_2O_3	SO_3
铝箔纸	—	99.9	0.1(Si)	—	—
附着物	99.2	—	0.17	0.05	0.56

（3）选择 As、Cr^{6+}、Ni、Cu、Zn、Cd 按照《固体废物浸出毒性浸出方法 水平振荡法》（GB 5086.2—1997）、《危险废物鉴别标准 浸出毒性鉴别》（GB 5085.3—1996）和《固体废物浸出毒性测定方法》（GB/T 15555.1~15555.11）中的规定方法对样品进行了浸出毒性鉴别分析，结果见表 2。

表 2　样品浸出实验结果

单位：mg/L

成分	Ni	As	Cr^{6+}	Cu	Zn	Cd
实验结果	<0.001	0.068	<0.004	ND	ND	ND
GB5085.3 标准限值	10	1.5	1.5	50	50	0.3

注：“ND”为未检出。

（4）按照《固体废物腐蚀性测定 玻璃电极法》（GB/T 15555.12—1995）制备并测定样品浸出液的 pH 值，结果为 11.46，呈碱性。

3 样品物质属性鉴别分析

（1）产生来源分析

样品报关名称为“钴酸锂（$LiCoO_2$）”。$LiCoO_2$ 为黑色粉末，Co 含量在 59%~61%，$LiCoO_2$ 的理化特性见表 3；$LiCoO_2$ 主要用于生产锂电池，国内需求量比较大，金属钴的价格昂贵。样品粉末中的 Li、Co 含量分析看，样品与 $LiCoO_2$ 相似；从外观上，样品黑色粉末比较均匀地黏附在铝箔纸的表面，样品的形状有大有小，块状不规则。通过咨询锂电池生产专家，判断样品是生产锂电池极片（正极）的下脚料、报废材料。

表 3　钴酸锂的理化特性

项目	范围	典型值
外观	灰黑色，无结块	—
松装密度 /（g/cm^3）	≥ 0.70	—
振实密度 /（g/cm^3）	1.7~2.6	2.4
粒度分布 (D_{50})/μm	5~9	6.5
粒度分布 (D_{10})/μm	1~3	2.5
粒度分布 (D_{90})/μm	12~20	13
pH 值	9.5~11.5	10.5
含水量 /%	≤ 0.05	0.03
Li/%	6.8~7.2	7.05
Co/%	59.5~60.5	60.0
Ni/%	≤ 0.05	0.02
Na/%	≤ 0.01	0.005
Fe/%	≤ 0.02	0.015
Mn/%	≤ 0.01	0.005
Mg/%	≤ 0.01	0.01
Ca/%	≤ 0.03	0.01

（2）固体废物属性分析

样品是生产锂电池用的极片下脚料、报废材料，含 $LiCoO_2$ 和利用价值较高的钴，由于在产生、收集、运输等过程中受到污染或损坏，极片丧失了原有用途，需要重新作为原料进行提炼回收。同时，根据我国进口废物管理的实践，如将废钢铁、废有色金属、废塑料等边角料、下脚料、回收料、报废品作为固体废物，判断样品属于固体废物。

浸出毒性和腐蚀性分析结果表明，样品不属于浸出毒性危险废物和腐蚀性危险废物。

我国对可以用做原料的固体废物实行限制进口和自动许可进口分类管理；对列入禁止进口目录的固体废物禁止进口；对列入限制进口目录的固体废物，应经过审查许可；对列入自动许可进口目录的固体废物要办理自动许可手续。即进口废物必须是在限制进口目录和自动许可进口目录中的固体废物。在《废物进口环境保护管理暂行规定》（环控 [1996]204 号文）中公布的《国家限制进口的可用作原料的废物目录》及其增补的名录，原对外贸易经济合作部、原国家环境保护总局、海关总署、国家质检总局 2001 年第 41 号公告公布的《限制进口类可用作原料的废物目录》（第一批），《关于调整废物进口环境保护管理有关问题的通知》（环发 [2002]7 号文件）中的《自动进口许可管理类可用作原料的废物目录》中均没有列入锂电池极片废物、$LiCoO_2$ 废物。因此，样品属于禁止进口的固体废物。

4 结论

样品是生产锂电池极片的下脚料、报废料，属于目前我国禁止进口的固体废物。

99. 钼钴镍废催化剂

1 背景

2005年2月，固体废物研究所对某公司申报进口的“钼矿砂”货物样品进行固体废物鉴别，需要确定是否属于国家禁止进口的固体废物。在实验分析、咨询专家和查阅相关资料的基础上编写鉴别报告。

2 样品特征及物质特性分析

（1）样品为颜色不同的11小袋颗粒，外观形态见图1，物理特征见表1。

图1 样品

表1 样品特征

单位：%

样品	含水率	烧失率	状态描述
1号	2.82	4.23	细棱柱状，长短不均，粗细基本均匀；颜色基本均匀，为深蓝色和浅蓝色。
2号	9.20	3.20	细圆柱状，长短、粗细基本均匀；颜色均匀，为深灰色。
3号	0	2.60	细圆柱状，长短不均，粗细基本均匀；颜色均匀，外表为铁红色、内芯为灰蓝色。
4号	0.39	4.71	棱柱状，长短、粗细不均；颗粒为灰色或深黑色，少许黄红色碎石。
5号	0	2.95	细棱柱状，长短、粗细不均；颗粒为灰色或深黑色，少许黄红色。
6号	2.65	3.41	细圆柱状，长短不均，粗细均匀；颜色基本均匀，为浅灰。
7号	1.89	3.77	细棱柱状，长短不均、粗细基本均匀；大部分为浅灰绿色，少量为黑色。
8号	0.78	2.34	细棱柱状，长短不均，粗细基本均匀；颗粒外层为红褐色、灰色，内层为灰色和蓝色。
9号	0.65	2.92	细棱柱状，长短不均，粗细基本均匀；颜色不均匀，颗粒外层为红褐色，内层为灰色。
10号	0.83	1.66	细圆柱状，长短粗细基本均匀；颗粒表面铁红色、里层蓝色。
11号	0.36	2.49	细棱柱状，长短不均；浅蓝灰色、夹杂少许红褐色。

（2）采用X射线荧光光谱仪（XRF）分析样品成分，主要成分及含量见表2。

表 2　主要成分及含量（除 Cl 之外，其他元素均以氧化物计）

单位：%

样品	1 号	2 号	3 号	4 号	5 号	6 号	7 号	8 号	9 号	10 号	11 号
Al_2O_3	76.47	62.57	68.31	77.25	77.73	62.23	78.95	65.36	68.52	78.60	65.98
MoO_3	15.72	10.34	22.34	13.56	13.24	10.0	12.65	21.10	18.04	10.79	20.40
Co_3O_4	4.98	—	5.16	0.05	0.02	—	0.04	6.50	—	3.51	6.57
P_2O_5	1.94	5.74	1.99	1.65	1.06	4.58	0.17	5.49	7.79	—	5.73
SiO_2	0.72	18.33	0.22	3.41	4.05	20.09	4.68	0.30	0.87	6.32	0.17
Cl	0.11	0.07	0.10	0.18	0.17	0.08	0.13	0.11	0.13	0.06	0.11
CaO	0.04	—	0.03	0.10	0.10	0.06	0.08	0.10	0.07	0.03	0.10
Fe_2O_3	0.03	0.04	0.31	0.12	0.08	0.10	0.11	0.10	0.56	0.68	0.06
NiO	—	2.92	0.24	3.69	3.47	2.85	3.18	—	3.79	0.02	0.89

（3）选择镍按照《固体废物浸出毒性浸出方法　水平振荡法》（GB 5086.2—1997）和《危险废物鉴别标准　浸出毒性鉴别》（GB 5085.3—1996）、《固体废物浸出毒性测定方法》（GB/T 15555.1~15555.11）中的规定方法，对样品进行了浸出毒性分析，结果见表 3。

表 3　样品浸出实验结果与标准限值比较

单位：mg/L

样品	1 号	2 号	3 号	4 号	5 号	6 号	7 号	8 号	9 号	10 号	11 号
Ni 的质量浓度	—	370	110	450	450	380	420	—	260	2	110
GB5085.3—1996	10 mg/L										

（4）按照《固体废物腐蚀性测定　玻璃电极法（GB/T 15555.12—1995）中的规定方法制备并测定样品浸出液的 pH 值，结果与《危险废物鉴别标准　腐蚀性鉴别》（GB 5085.1—1996））进行比较，结果见表 4。

表 4　样品腐蚀性分析结果与标准限值的比较

样品	1 号	2 号	3 号	4 号	5 号	6 号	7 号	8 号	9 号	10 号	11 号
pH 值	5.01	4.13	4.19	4.75	4.75	4.84	4.4	5.21	4.21	4.4	5.33
GB5085.1	pH 值 ⩾ 12.5 或 ⩽ 2.0										

3 样品物质属性鉴别分析

（1）产生来源分析

①钼矿砂

钼（Mo）不呈天然状态存在，常与其他元素共生。含钼矿物主要有辉钼矿（MoS_2）、钼铅矿（$PbMoO_4$），其中以辉钼矿分布最广，是工业上最重要的钼矿物。钼矿的平均品位小于 0.1% 的为低品位矿，0.1%~0.2% 的为中等品位，0.2%~0.3% 为较富品位，大于 0.3% 为富矿，工业品位为 0.06%~0.08%。

钼精矿从外观上看是粉末或细颗粒状，而且组分仍然是以矿物天然组分为主。11 个样品外观特征形状基本为细圆柱状固体物，颜色差异非常大，样品形状、颜色、成分特征说明样品不具有精矿砂的均匀性，系经过加工配置的产物；11 个样品的 MoO_3 含量在

10.0%~22.34% 不等，低于钼精矿通常 45% 的含量，与我国某典型钼精矿的组成相差很大（表 5）；而且样品中 Al_2O_3 的含量很高，超过一般伴生矿的含量。总之，判断样品不是“钼矿砂”。

表 5　我国陕西某钼精矿的成分及含量

单位：%

牌号	Mo	SiO_2	As	Sn	P	Cu	WO_3	Pb		CaO	Bi
								普通	低铅		
	⩾	⩽									
KMo-57	57.00	2.0	0.001	0.01	0.01	0.10	0.05	0.10	0.042	0.50	0.02
KMo-53	53.00	6.5	0.001	0.01	0.01	0.15	0.05	0.10	0.042	1.50	0.02
KMo-51	51.00	8.0	0.001	0.02	0.01	0.20	0.05	0.10	0.042	1.80	0.02
KMo-49	49.00	9.0	0.001	0.02	0.01	0.22	0.05	0.10	0.042	2.20	0.02
KMo-47	47.00	9.0	0.001	0.02	0.01	0.25	0.05	0.10	0.042	2.70	0.02

②钼催化剂

目前，以 Al_2O_3 或 Al_2O_3-SiO_2 为载体的镍钼催化剂、钴钼催化剂、钼钒催化剂、铁钼催化剂广泛应用于石油化工工艺的脱硫、加氢、精制、重整、高低温变换等过程中。含 Co、Mo、Ni、Pt、Pd、W 等活性组分并以 $Al_2(SiO_3)_3$（硅酸铝） 和沸石为载体的催化剂应用于石油加氢裂化工艺中。活性组分高度分散在载体上，并制成圆柱状、蜂窝状、片状、棱柱状（三叶状、四叶状）等形状。

样品形状为细圆柱状或菱柱状，外观符合催化剂的特征；样品外层和内芯明显有差别，说明主要催化活性组分高度分散并附着在载体的表面；样品主要成分为 Al_2O_3、MoO_3、SiO_2、Co_3O_4 等，其中 Al_2O_3 含量范围在 62%~79%，MoO_3 含量在 10.0%~22.34%，SiO_2 和 Co_3O_4 含量高低不等。因此，总体上判断样品是以 Al_2O_3 或 Al_2O_3-SiO_2 为载体的含钼催化剂。

样品含有不同的水分和可燃烧组分，但含量较低。样品颗粒大小存在一定的不均匀性，有的还含有少许杂质；11 个样品之间的颜色差异比较大，虽然单个样品的颜色相对均匀，但仔细察看除 2 号样品颜色均匀外，其他样品颜色也存在一定的差异；尤其是 11 个样品的组成成分和含量差异较大。结合咨询专家情况，判断样品是回收使用过的含钼废催化剂，或者是催化剂生产中产生的报废产品、不合格品。

（2）固体废物属性分析

样品是国外回收使用过的含钼废催化剂，或者是催化剂生产中产生的报废产品或不合格产品，不具有催化剂的原有使用价值，需要重新作为原料以提炼其中的钼和钴等金属。其满足我国《固体废物污染环境防治法》中关于固体废物的定义，样品属于固体废物；另根据鉴别实验结果，样品属于危险废物。

在《废物进口环境保护管理暂行规定》（环控 [1996]204 号文）中公布的“国家限制进口的可用作原料的废物目录”及其增补的名录，原对外贸易经济合作部、原国家环境保护总局、海关总署、国家质检总局 2001 年第 41 号公告公布的《限制进口类可用作原料的废物目录》（第一批），《关于调整废物进口环境保护管理有关问题的通知》（环发 [2002]7 号文件）中《自动进口许可管理类可用作原料的废物目录》，以及原国家环境保护总局、海关总署、国家质检总局 2005 年第 5 号公告中均没有列入 Co、Mo、Ni 废催化剂这一类废物。因此，样品属于我国禁止进口的固体废物。

4 结论

样品不是“钼矿砂”，是报废的催化剂且属于危险废物，是我国禁止进口的固体废物。

100. 人造石墨粉废物

1 背景

2006 年 9 月，固体废物研究所对某公司申报进口的“人造石墨粉”货物样品进行废物属性鉴别，需要确定是否属于国家禁止进口的固体废物。在实验分析、咨询专家和查阅相关资料的基础上编写鉴别报告。

2 样品特征及物质特性分析

（1）样品外观为黑色粉末状固体，手捻有不均匀感，测定样品含水率为 0.35% 和 550℃下烧失率为 0.32%。样品外观形态见图 1。

（2）分析样品的组成，主要为石墨碳。委托单位提供的分析检测报告显示样品固定碳含量为 99.16%。样品能谱分析表明基本成分为碳，只含极少量的 Si、Al、Ca、Fe，见图 2。

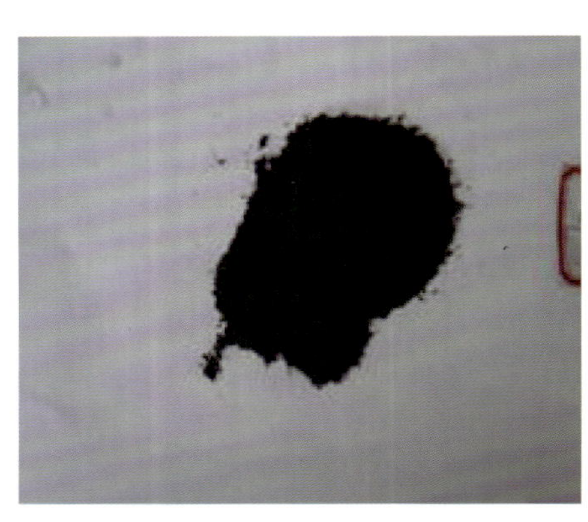

图 1　　样品

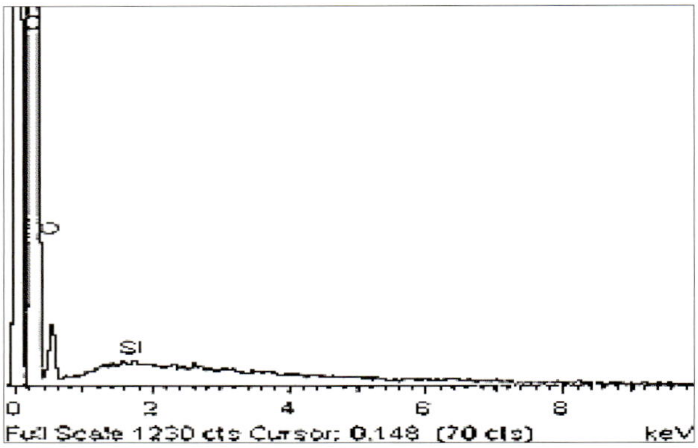

图 2　　能谱

（3）显微镜观察样品，由细小鳞片石墨组成的粗粒集合体，集合体粒度 >1.2 mm，鳞片宽度为微米级，见图 3；由细鳞片石墨组成的集合体——无定形石墨颗粒，集合体粒度 >0.5 mm，见图 4。

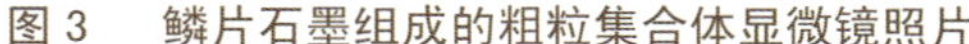

图 3　　鳞片石墨组成的粗粒集合体显微镜照片

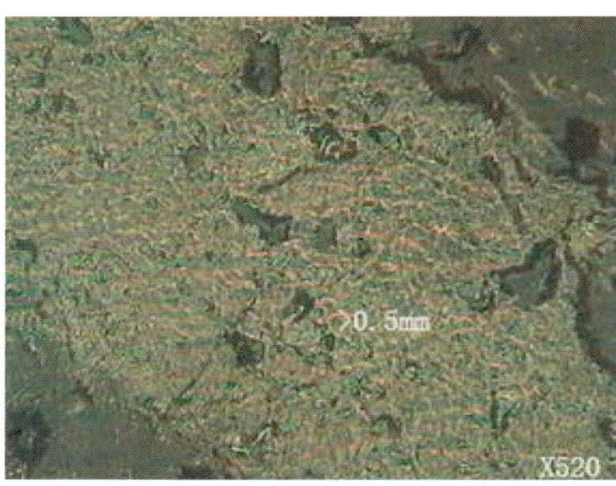

图 4　　无定形石墨颗粒显微镜照片

（4）腐蚀性分析：按照《固体废物腐蚀性测定 玻璃电极法》（GB/T 15555.12—1995）进行腐蚀性分析，样品浸出液 pH 值为 6.7，表明样品不具有腐蚀性。

3 样品物质属性鉴别分析

（1）产生来源分析

在自然界中，石墨以鳞片状和块状形式存在，分别称为鳞片状石墨和块状石墨。也有极细的粉末状形式，被称为“无定形石墨”（隐晶质石墨）。石墨晶体由层型分子堆积而成，层内作用力很强，层间作用力很弱。因此，石墨的很多物理化学性质具有显著的各向异性。

我国是天然石墨产量最大的国家，同时是石墨主要出口国[1]。在加工工业中主要用的是人造石墨，主要是以固态、液态或气态可碳化的或可石墨化的材料为原料，在惰性气体和有催化剂存在下，经过纯热解处理而制得，首先是由富碳原料，如石油焦（来自石油炼制过程的渣油或中间体）、沥青焦（来自煤焦油沥青）、冶金焦炭（由煤炭制得）、无烟煤、焦黑和天然石墨等，制备出人造炭质材料，然后再将它转化成石墨。人造石墨一般制造工艺流程见图 5[2]。

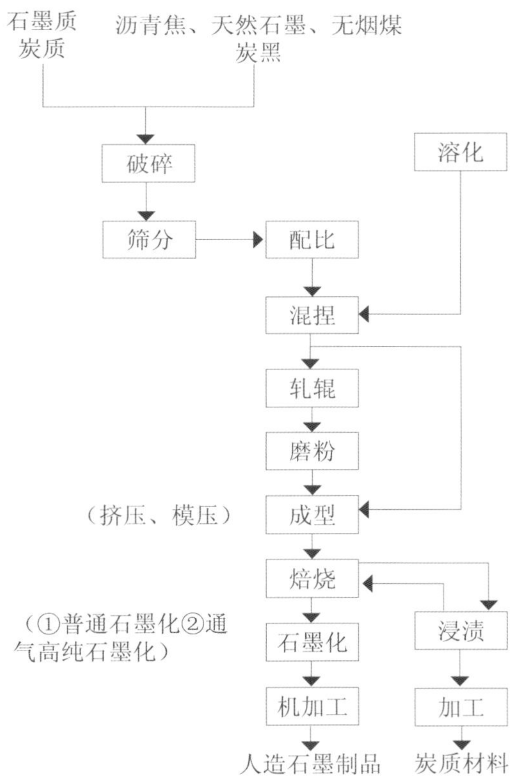

图 5　人造石墨的一般制造工艺流程

石墨主要的用途为[3]：

①冶金工业：用做耐火材料，坩埚、铸模芯、炼钢、增碳剂、发热剂和保护剂。

②机械工业：用做车轮及船轴润滑剂，高温、高压、高速之下取代常规润滑油。

③电气产品：用做电刷、电极碳管、碳棒、多电路电车滑块。

④电子：做导电材料、荧光屏涂料、抗静电底板涂料、彩电石墨乳，其具有图像清晰抗干扰等优点。

⑤化工：可制成化工石墨设备、热交换器、反应槽等。

⑥核工业及军事工程。

样品由碳组成，显微镜下观察，不是天然的鳞片状石墨，而是由细小鳞片结合组成的所谓无定形石墨，其集合体的粒度从微米级到约 1.5 mm 间变化。据颗粒形貌判断它不是天然鳞片状石墨，而是无定形石墨；此外，无定形石墨作为产品，应该分级，而样品实际上未分级，粒度范围从 1~2 μm（鳞片宽度）变化至 1 mm 以上，没有呈这种粒度分布特征的产品。在石墨制品加工过程中产生的切屑多为粉粒状，由于制品的不同材质要求，这些粉粒大小不均匀，且含水率上升。总之，判断样品为来自石墨制品加工时产生的粉状切屑。

（2）固体废物属性分析

石墨制品生产时尤其是加工过程中，由于刀具切削等产生的粉粒状切屑属于生产过程中产生的下脚料，这些粉粒由于在加工中与机器和工具的接触而受到了污染，同时由于制品坯料的生产工艺过程比较复杂，加工产生的粉粒不可能再直接做原来的制品，因此丧失了原有石墨制品的用途和价值；在石墨粉的收集、贮存过程中，石墨粉一方面容易受到污染，另一方面也容易收集不同粒径的粉末和容易吸水，这些特性使其丧失了原来的用途；但由于石墨粉组成主要还是 C，也具有其他许多用途，因此，一般会回收用于其他目的，如做炼钢的增碳剂。因此，依据《固体废物污染环境防治法》中关于固体废物的定义和《固体废物鉴别导则（试行）》的原则，判断样品属于固体废物。

在《废物进口环境保护管理暂行规定》（环控 [1996]204 号文）中公布的“国家限制进口的可用作原料的废物目录”及其增补的名录，原对外贸易经济合作部、原国家环境保护总局、海关总署、国家质检总局 2001 年第 41 号公告公布的《限制进口类可用作原料的废物目录》（第一批），《关于调整废物进口环境保护管理有关问题的通知》（环发 [2002]7 号文件）中《自动进口许可管理类可用作原料的废物目录》，原国家环境保护总局、海关总署、国家质检总局 2005 年第 5 号公告中公布的《自动进口许可管理类可用作原料的废物目录》和《限制进口类可用作原料的废物目录》中均没有石墨粉这一类废物。因此，样品属于我国禁止进口的固体废物。

4 结论

样品为来自石墨制品加工时产生的粉状切屑物，属于禁止进口的固体废物。

参考文献

[1]http://www.graphitind.cn/0101.asp?AutoID=53.

[2] 孙家跃，杜海燕．无机材料制造与应用 [M]. 北京：化学工业出版社，2001:224-229.

[3]http://www.china-graphite.cn/new_view.

101. 石墨电极碎

1 背景

2006年9月，固体废物研究所对某公司申报进口的"石墨电极碎"货物样品进行废物属性鉴别，需要确定是否属于国家禁止进口的固体废物。在实验分析和相关调研基础上编写鉴别报告。

2 样品特征及物质特性分析

（1）样品外观为黑色块状固体，形状较规则，表面粗糙并有螺丝纹。测定样品含水率为0，550℃下烧失率为0.04%、表观密度约1.45 g/cm^3。样品形态见图1和图2。

图1　样品

图2　样品

（2）采用X射线荧光光谱仪分析样品的组成，主要为碳（C），见表1。样品XRD物相分析表明主要含有C。

表1　主要成分及含量（元素以单质计）

单位：%

元素	C	Fe	Ca	Si	S	Cr	Al
含量	99.65	0.19	0.05	0.04	0.03	0.008	0.016

3 样品物质属性鉴别分析

（1）产生来源分析

石墨电极是以石油焦和沥青焦为主要原料，用煤沥青为黏结剂，经过破碎、配料、混捏、成型、焙烧、浸渍、石墨化、机械加工等一系列工艺生产的一种耐高温抗氧化的导电材料；是经过2000℃以上的高温热处理，使无定形C转化为石墨而生产的一种产品，其主要在冶金工业的电弧炉中作为导电材料，冶炼各种合金钢、铁合金、有色金属及稀有金属。冶炼硬质合金和生产石英玻璃时，也使用由石墨化电极毛坯料车削成的各种石墨管、石墨坩埚等。[1]根据使用时功率和电流的不同，采用不同原材料和生产工艺生产，可分为普通功率石墨电极、高功率石墨电极、超高功率石墨电极。

石墨电极的主要特点是具有良好的导电性和良好的耐热性能，其生产制造工艺比较复杂，生产周期较长，通常从原料到成品需要40天左右。石墨电极的其他物理化学特性见表2[2]。

表 2　石墨电极的其他物理化学特性

项目	C 含量 / %	灰分 / %	S 含量 / %	孔度 / %	真密度 / （g/cm³）	表观密度 / （g/cm³）	氧化开始温度 / ℃	导热系数（20℃）/ [kcal/(m•h•℃)]
指标值	⩾ 99	⩽ 0.5	<0.05	22~32	2.19~2.3	1.5~1.7	600~700	100~800

从样品报关名称可知，来源于石墨电极碎，从样品外观可以判断不是正常的石墨电极。石墨电极碎是指碳素制品工厂生产石墨电极时石墨化后或加工后的废料，以及加工成品石墨电极时切下的碎屑。通常也包括钢铁厂、铸造厂用过的石墨电极。石墨电极碎的理化特性与成品石墨电极一样，主要是灰分含量低、导电性能好，其主要用途是碳素制品工厂将回收的石墨电极碎以 10%~20% 的比例加入到一些产品的配料中，也可用做炼钢时的增碳剂或生产石墨塑料管的原料。[2] 近年来国际市场上对石墨电极碎的需求越来越大，国内工厂每年产生大量的废电极，这些废电极的最终用途都是被磨碎，我国每年都出口大量的石墨碎。

除了物理化学性质特性（C 含量、灰分、S 含量）之外，比电阻是石墨电极碎的一个重要指标，国内外普遍采用的测定纯石墨电极碎的最科学方法是测试比电阻。凡比电阻在 12μΩ•m 以下为纯的石墨电极碎，而超过该标准的则是不合格产品 [2]。

石墨电极碎的一个重要用途是作为增碳剂。增碳剂是炼钢时用的一种添加剂，它可作为生产优质钢材必不可少的原料。另外，也可作为生产电极糊的原料 [3]。

样品含 99.65%C、0.03%S，烧失率为 0.04%，符合石墨电极的化学组成特性，委托单位提供的有关材料也说明样品属于石墨碎；样品表面有螺纹，判断样品为冶炼炉中使用过的石墨电极，不可再作为电极来用。

总之，判断样品为石墨电极碎。

（2）固体废物属性分析

石墨电极碎是冶炼生产过程中产生的废弃物，丧失了石墨电极的功能，不能再作为电极使用；由于目前石墨电极的生产原料主要为石油焦和沥青焦，生产工艺复杂，由此石墨电极碎不能直接生产石墨电极，通常只能作为其他用途。因此，依据《固体废物污染环境防治法》中固体废物的定义和《固体废物鉴别导则（试行）》的原则以及我国的管理实践，判断样品属于固体废物。

在《废物进口环境保护管理暂行规定》（环控 [1996]204 号文）中公布的“国家限制进口的可用作原料的废物目录”及其增补的名录，原对外贸易经济合作部、原国家环境保护总局、海关总署、国家质检总局 2001 年第 41 号公告公布的《限制进口类可用作原料的废物目录》（第一批），《关于调整废物进口环境保护管理有关问题的通知》（环发 [2002]7 号文）中《自动进口许可管理类可用作原料的废物目录》，原国家环境保护总局、海关总署、国家质检总局 2005 年第 5 号公告中公布的《自动进口许可管理类可用作原料的废物目录》和《限制进口类可用作原料的废物目录》中均没有石墨碎这类废物。因此，样品属于我国禁止进口的固体废物。

4 结论

样品是石墨电极碎，属于禁止进口的固体废物。

参考文献

[1] 虞明全 . 石墨电极的消耗及生产 [J]. 炼钢 ,1997,4:38-41.

[2] 郑大志 , 贾鸿雁 , 徐亚平 . 石墨电极碎出口中存在的问题 [J]. 黑龙江对外经贸 ,1996(5):11-12.

[3]http://ccn.mofcom.gov.cn/EntInfoShow.

102. 非石墨化碳素产品废料

1 背景

2010 年 11 月，固体废物研究所对某公司申报进口的“残阳极炭块”货物样品进行固体废物属性鉴别，需要确定是否为国家禁止进口的固体废物。在实验分析、咨询专家和查阅相关资料的基础上编写鉴别报告。

2 样品特征及物质特性分析

（1）样品为大小不一的黑色块状物料，个别块状样品表面具有烧结褐色污染痕迹，有的样品拿起后会掉落细粉末；样品质硬，用锤子可敲碎；测定样品含水率为 3%，样品干基 550℃灼烧后烧失率为 31%；样品外观特征见图 1。

图 1　样品

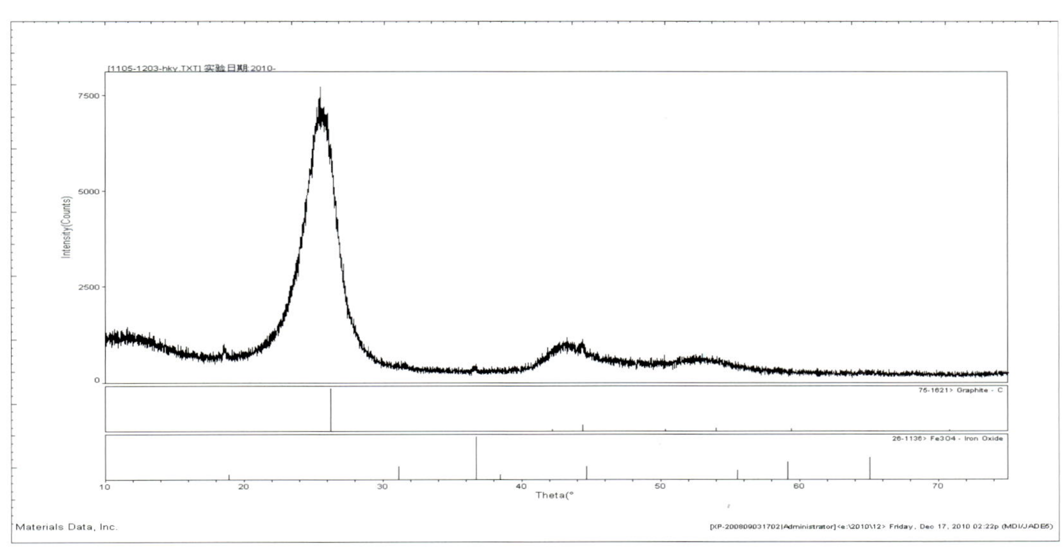

图 2　样品的 X 射线衍射谱图

（2）采用 X 射线荧光光谱仪（XRF）和 X 射线能量分散谱仪（EDS）对样品及其灼烧后的成分进行分析，结果显示样品主要为碳（C）和氧（O），另含少量硫的化合物，结果见表 1。

表 1　样品组分分析结果

单位：%

元素	C	O	Na	Al	Mg	Si	P	S	K	Ca	V	Mn	Fe	Ni
灼烧前（XRF）	72.63	26.36	—	0.07	—	0.01	—	0.63	0.01	0.08	0.04	—	0.13	0.03
灼烧前（EDS）	92.7	6.06	—	—	—	—	—	1.27	—	—	—	—	—	—
灼烧后（EDS）	—	38.0	16.2	8.6	0.4	2.7	0.2	15.0	0.5	5.5	1.8	0.1	8.2	2.8

（3）采用 X 射线衍射仪对样品进行物相结构分析，样品主要含有碳和少量 Fe_2O_3，衍射图谱见图 2。

3 样品物质属性鉴别分析

（1）产生来源分析

石墨电极是以石油焦和沥青焦为主要原料，用煤沥青为黏结剂，经过破碎、配料、混捏、成型、焙烧、浸渍、石墨化、机械加工等一系列工艺生产的一种耐高温抗氧化的导电材料；经过 2 000℃以上的高温热处理，使无定形碳转化为石墨而生产的一种产品，主要在冶金工业的电弧炉中作为导电材料，冶炼各种合金钢、铁合金、有色金属及稀有金属。冶炼硬质合金和生产石英玻璃时，也使用由石墨化电极毛坯料车削成的各种石墨管、石墨坩锅等 [1]。根据使用时功率和电流的不同，采用不同原材料和生产工艺生产，可分为普通功率石墨电极、高功率石墨电极、超高功率石墨电极。

石墨化过程中分子结构在原碳化基础上，进一步形成类石墨的“乱层结构”，除碳以外的其他杂原子质量分数进一步气化而降至 1% 以下，因此碳的纯度较高 [2]。

石墨电极的主要特点是具有良好的导电性和良好的耐热性能，其生产制造工艺比较复杂，生产周期较长，通常从原料到成品需要 40 天左右。石墨电极的其他物理化学特性见表 2[3]。

表 2　石墨电极的其他物理化学特性

C 含量 /%	灰分 /%	S 含量 /%	孔度 /%	真密度 /（g/cm^3）	表观密度 /（g/cm^3）	氧化开始温度 /℃	导热系数（20℃）/[kcal/(m•h•℃)]
⩾ 99	⩽ 0.5	<0.05	22~32	2.19~2.3	1.5~1.7	600~700	100~800

石墨电极碎是指碳素制品工厂生产石墨电极时石墨化后或加工后的废料，以及加工成品石墨电极时切下的碎屑。通常也包括钢铁厂、铸造厂用过的石墨电极。石墨电极碎的化学性质与成品石墨电极一样，主要是灰分低、导电性能好，其主要用途是碳素制品工厂将回收的石墨电极碎以 10%~20% 的比例加入到一些产品的配料中，也可用做炼钢时的增碳剂或生产石墨塑料管的原料 [3]。对石墨电极碎的要求，虽不像石墨电极那样严格，但也要达到一定的要求，见表 3，同时对粒度也有要求，通常为 10 cm 或 100 cm 以下，也有要求每块重量在 5~10 kg。近年来国际市场上对石墨电极碎的需求越来越大，国内工厂每年产生大

量的废电极，这些废电极的最终用途都是被磨碎，我国每年都出口大量的石墨碎。

表 3　石墨电极碎的指标要求

单位：%

指标	C 含量	S 含量	水分
石墨电极碎	>98	<0.06	<1

非石墨化碳素产品主要包括未经石墨化处理的焙烧料（俗称生料）、碳电极、化工行业用过的阳极块等。以碳电极及焙烧碳块为例，这些非石墨化产品大多是以无烟煤和冶金焦为主要原料，有时加入少量天然石墨或石墨碎生产的导电材料，故灰分很高，比电阻要比石墨电极大 2~3 倍，导热性及抗氧化性能也不如石墨电极，不能用于熔烧高级合金钢，只能适用于中、小型电炉及铁合金炉熔炼一些要求不高的普通电炉钢和铁合金。

样品主要含碳，但明显低于石墨电极碎的含碳量；含硫高，含水高、灰分也高，外观为碎块状，碳含量也不符合石墨电极碎的要求，应是来自于非石墨化制品的生产或使用过程。样品碎块棱角非常多，硬度较高，在纸上划写基本不出墨迹，进一步敲碎后不成粉状而成碎粒状，具有非石墨化产品的特点。通过咨询行业专家，样品未经过石墨化，是碳电极废弃材料经过破碎的物料，这种碎料既可以用做炼钢的增碳剂，也可用做预焙阳极炭块及阳极糊的骨料。因此，判断样品是非石墨化产品（如焙烧料、碳电极、阳极块等）的回收破碎料或报废料。

（2）固体废物属性分析

样品是非石墨化碳素产品（如焙烧料、碳电极、阳极块等）的回收破碎料或报废料，它属于生产过程中丧失了原有利用价值的物品，也是“生产过程中产生的废弃物质”。因此，依据《固体废物鉴别导则（试行）》的原则，判断样品属于固体废物。

2009 年 8 月，环境保护部、商务部、国家发改委、海关总署、国家质检总局发布的第 36 号公告中的《限制进口类可用作原料的固体废物目录》《自动许可进口类可用作原料的固体废物目录》以及之前我国历次公布的允许进口的固体废物目录中均没有列出“石墨化或非石墨化碳素制品破碎料及报废料”；该公告中的《禁止进口固体废物目录》中包括“未列名的固体废物”。因此，样品属于目前我国禁止进口的固体废物。

4 结论

样品是非石墨化碳素产品（如焙烧料、碳电极、阳极块等）的报废料，属于目前我国禁止进口的固体废物。

参考文献

[1] 虞明全 . 石墨电极的消耗及生产 [J]. 炼钢 ,1997,4:38-41.

[2]http://baike.baidu.com/view/545176.htm.

[3] 郑大志 , 贾鸿雁 , 徐亚平 . 石墨电极碎出口中存在的问题 [J]. 黑龙江对外经贸 ,1996,5:11-12.

103. 废刚玉磨料

1 背景

2006 年 8 月，固体废物研究所对某公司申报进口的“含有铁屑的人造刚玉”货物样品进行废物属性鉴别，需要确定是否属于国家禁止进口的固体废物。在实验分析、咨询专家和查阅相关资料的基础上编写鉴别报告。

2 样品特征及物质特性分析

（1）样品为灰色粉状，粒径范围为 0.04~0.7 mm，自然光线下可见少许银色光泽颗粒。测定样品含水率为 0.6%，550℃下样品干基烧失率为 0.6%。样品外观形态见图 1。

图 1　样品

（2）采用 X 射线荧光光谱仪分析样品的基本组成，结果见表 1。

表 1　主要成分及含量（元素均以氧化物计）

单位：%

成分	Al_2O_3	Fe_2O_3	SiO_2	TiO_2	Cr_2O_3	CaO	K_2O	MgO
含量	79.11	10.38	3.95	2.79	2.26	0.37	0.25	0.21
成分	ZrO_2	SO_3	SrO	MnO	Na_2O	NiO	P_2O_5	ThO_2
含量	0.20	0.12	0.11	0.10	0.05	0.05	0.03	0.02

（3）采用 X 射线衍射仪对样品进行物相分析，主要成分为 Al_2O_3，还存在铬置换铝形成的 $Al_{1.54}O_3Cr_{0.46}$ 固溶体、TiO_2 以及铁相。

（4）对样品再进行电镜物相构成分析和能谱分析，见图 2~ 图 5。图 2 显示样品物料基本组成为 Al、O，另含显著量的 Fe、Ti、Cr、Si。图 3 为显微镜下油浸介质中观察到的磨料颗粒，A 为较粗而显淡红色；B 为碎片显无色。图 4 和图 5 中透明者为 Al_2O_3 颗粒，不透明者为金属碎屑。Al_2O_3 中包裹有钛合金或钛的硼化物，说明是在同一工艺过程中形成的。

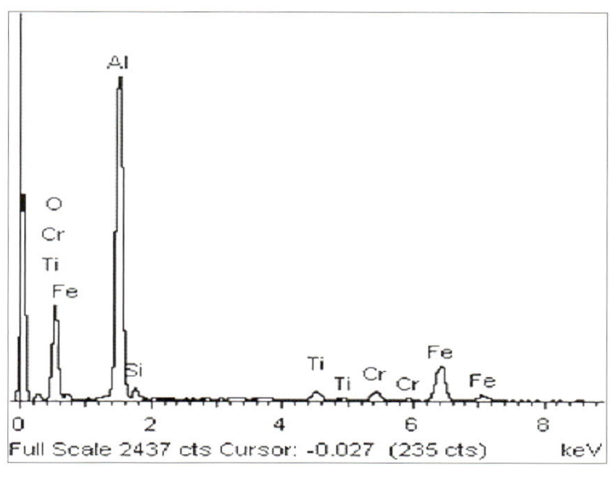

图 2　抛磨料的 X 射线能谱

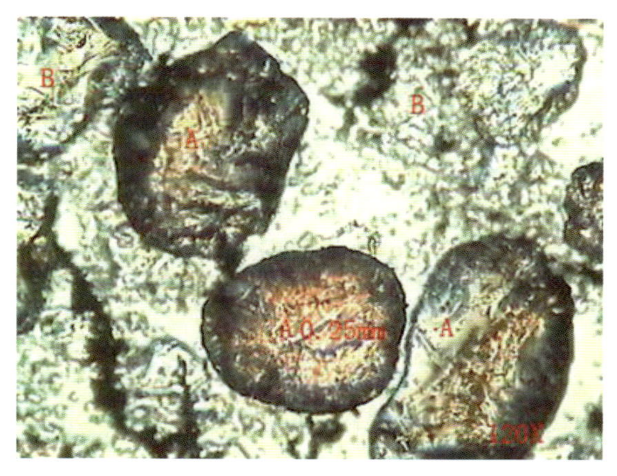

图 3　显微镜下磨料颗粒

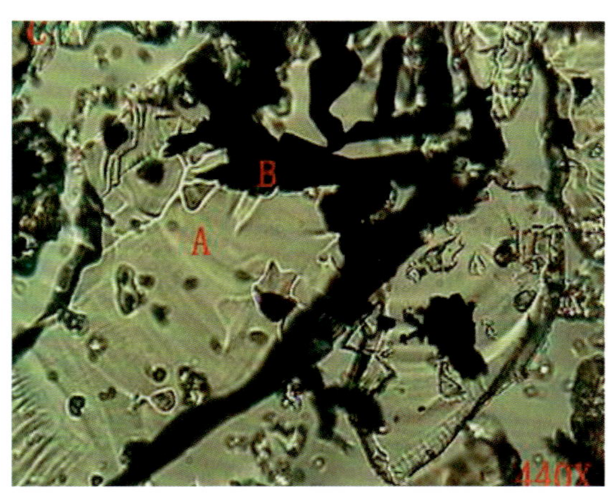

图 4　氧化铝碎屑（A）中可见到夹杂有不透明金属碎屑（B）

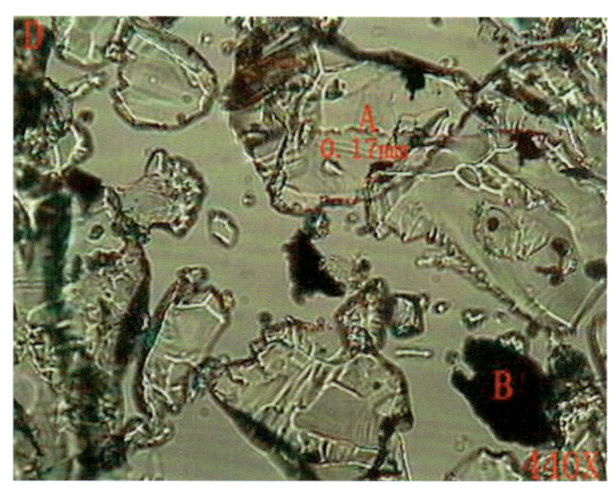

图 5　氧化铝（A）颗粒和金属碎屑（B）

3 样品物质属性鉴别分析

（1）产生来源分析

①天然刚玉

海关商品编码解释天然刚玉："主要有刚玉岩和天然刚玉砂。刚玉岩是一种高密度岩石，由细小的坚硬 Al_2O_3 晶体与 Fe_2O_3 及云母粒混合组成，报验时通常为石块状；破碎刚玉岩为一种泥褐色粉末，其中偶有一些闪亮的颗粒，磁铁可将其氧化铁微粒吸出"。

天然刚玉砂主要由 Al_2O_3 组成，但与刚玉岩不同，呈精细颗粒状。研磨或破碎刚玉砂主要为白色小颗粒，并带有一些黑色或黄色微粒。当刚玉的结晶中含有磁铁矿、赤铁矿、石英等杂质，并呈铁矿一样外观的粒状集合块时，称为刚玉砂或金刚砂。金刚砂在一般情况下约含 60% 的刚玉，多呈青灰色和黑色。表 2 是典型金刚砂的主要化学组成[1]。

表 2　金刚砂的主要化学成分组成

单位：%

产地	Al_2O_3	SiO_2	Fe_2O_3	CaO	MgO
希腊纳克斯刚砂	62.62	4.90	31.41	0.45	0.06
土耳其刚砂	60.10	1.80	33.20	0.80	—
日本新木浦刚砂	48.42	8.40	19.90	4.76	—
湖北英山甲河刚砂	>94	—	3.5~4.4	—	—

样品外观不具有天然矿物的块状特征和颜色特征，粉状样品的粒度也不均匀；另外，表 1 样品中 Al_2O_3 的比例明显高于表 2，而 Fe_2O_3 的比例低于表 2；样品中含有单质铁和钛，这在天然刚玉中一般不存在。由此判断样品不是天然刚玉。

②人造刚玉

海关商品注释中对人造刚玉的解释是："在电炉中熔融氧化铝而得，这些氧化铝可含有少量的其他氧化物，如 TiO_2、Cr_2O_3。这些其他氧化物有的是从天然原料（铝土矿）转化而来，有的是为提高熔融粒子的硬度或改变其颜色所添加的物质所致。人造刚玉制成小块、团块、碎块或颗粒；比普通 Al_2O_3 更能抵抗空气和酸的作用，异常坚硬。它的用途是作为磨料、制耐火混合物，诸如富铝红柱石、金刚砂与纯耐火黏土及金刚砂与 $Al_2(SiO_3)_3$（无水硅酸铝）的混合物等。"

我国《普通磨料　棕刚玉》（GB/ T2478—1996）牌号及化学成分见表 3，《普通磨料　黑刚玉》（JB/T3629—1999）牌号及化学成分及含量见表 4，《普通磨料　铬刚玉》（JB/T 7986—2001）牌号、化学成分及含量见表 5，《普通磨料　白刚玉》（GB/T 2479—1996）牌号及化学成分及含量见表 6。

表 3　棕刚玉各牌号产品的化学成分及含量范围

单位：%

<table>
<tr><th colspan="2">牌号及粒度范围</th><th>Al_2O_3</th><th>TiO_2</th><th>Cr_2O_3</th></tr>
<tr><td rowspan="2">A</td><td>4#~80#(P80)</td><td>95.0~97.5</td><td rowspan="4">1.5~3.8</td><td rowspan="4">0.45</td></tr>
<tr><td>90#~150#(P100-P150)</td><td>94.0~97.5</td></tr>
<tr><td rowspan="2">A-P_1</td><td>180#~220#(P180-P220)</td><td>93.0~97.5</td></tr>
<tr><td>220#(P220) 以细</td><td>⩾ 92.0</td></tr>
<tr><td>A-B</td><td>4#~80#(P8~P80)</td><td>⩾ 93.0</td><td>0.55</td><td rowspan="3">—</td></tr>
<tr><td rowspan="2">A-P_2</td><td>90#~220#(P100~P220)</td><td>⩾ 91.0</td><td>0.60</td></tr>
<tr><td>220#(P220) 以细</td><td>⩾ 90.0</td><td>0.70</td></tr>
<tr><td>A-S</td><td>16#~220#</td><td>⩾ 92.0</td><td>0.55</td><td>—</td></tr>
</table>

表 4　黑刚玉化学成分及含量范围

单位：%

粒度范围	Al_2O_3	Fe_2O_3
F220(P220) 及更细	⩾ 77.0	⩾ 5.0
细于 F220(P220)	⩾ 62.0	⩾ 5.0

表 5　铬刚玉各牌号产品的化学成分及含量

单位：%

牌号	粒度范围	Al_2O_3	Na_2O	Cr_2O_3
20PA	F12~F80	⩾ 98.5	⩽ 0.50	0.20~0.45
	F90~F150	⩾ 98.5	⩽ 0.55	
	F180~F220	⩾ 98.0	⩽ 0.60	
45PA	F12~F80	⩾ 98.2	⩽ 0.55	0.45~1.0
	F90~F150	⩾ 98.2	⩽ 0.60	
	F180~F220	⩾ 97.8	⩽ 0.70	
100PA	F12~F80	⩾ 97.4	⩽ 0.55	1.0~2.0
	F90~F150	⩾ 97.0	⩽ 0.60	
	F180~F220	⩾ 96.5	⩽ 0.70	

表 6　白刚玉各牌号产品的化学成分及含量

单位：%

牌号	粒度范围	Al_2O_3	Na_2O
WA	12#~80#	⩾ 98.5	⩽ 0.50
	90#~150#	⩾ 98.5	⩽ 0.60
	180#~220#	⩾ 98.2	⩽ 0.70
	W 63~W 14	⩾ 98.0	⩽ 0.80
	W 10~W 5	⩾ 97.5	⩽ 0.90
WA-B 和 WA	12#~80#(P 12~P 80)	⩾ 98.5	⩽ 0.60
	90#~150#(P 100~P 150)	⩾ 98.2	⩽ 0.70
	180#~220#(P 180~P 220)	⩾ 98.0	⩽ 0.80
	P 240~P 800	⩾ 98.0	⩽ 0.80
	P 1 000~P 1 200	⩾ 97.5	⩽ 0.90

样品基本成分不符合标准的要求。综合考虑样品含有其他杂质成分，判断样品不属于人造刚玉产品。

③刚玉磨料产品使用后的产物

刚玉在工业上主要用做研磨材料。用刚玉可制成砂纸、砂布和砂轮，应用非常广泛，用刚玉或人造刚玉作原料制成的抛光膏，可用于硬金属表面粗加工研磨。用烧成刚玉作材料制成的棒状材料，广泛用于合成树脂和木制品的研磨加工。

根据样品的成分分析、相结构分析、委托单位的说明材料、进口单位的说明材料等，判断样品的主要组成相为人造刚玉。

根据对样品进行了的显微镜观察。可以看到它主要由粒度为 0.04~0.7 mm 的刚玉颗粒组成，绝大多数刚玉颗粒表面棱角锋利；刚玉内部可见到一些金属小包体，这些金属颗粒是与刚玉同时生成的；另见一些独立的金属碎屑，这些碎屑有磁凝聚现象，就其形态而言，是磨削下来的金属并经过磁选，与被刚玉包裹的金属来源不同。

根据扫描电镜能谱分析仪对有关颗粒进行的分析，样品主要含有 Al_2O_3，但有一些 TiO_2 呈类质同象状态混入，而被刚玉包裹的金属颗粒主要含有金属钛，也含有硼 (B)；来料中游离（独立）的金属碎屑实际上是含铬的不锈钢屑。

根据以上分析，判断样品不是成分单一的纯刚玉磨料，就其粒度而言，也不是抛光料，而是使金属表面变糙以便进行进一步处理（如刷镀一层保护物质）的磨砂；该刚玉磨料有可能来自金属钛或合金的生产过程，即它作为钛冶炼的富 Al_2O_3 炉渣经适当破碎、富集后被用做抛磨料；这种炉渣的化学组成虽然以 Al_2O_3 为主，但不可能很纯，含有杂质，杂质主要来自钛冶炼的原料——金红石精矿，但其中的不纯物（包括 Th 的氧化物）均呈化合态，含量较低，对环境无害；铬可能是不锈钢屑带入。就样品而言，应是原始磨料在打磨不锈钢表面后经简单磁选回收夹杂在其中的大部分不锈钢屑，所得到的产物，里面不可避免地残留一些未被选出的钢屑；由于经历了磁选，所以未选收的细小钢屑便有了磁凝聚现象。

总之，在现有证据情况下，判断样品是刚玉磨料使用后的失效产物。

（2）固体废物属性分析

刚玉磨料产品使用后的产物由于混杂了较多的杂质，粒度等物理指标不再满足刚玉磨料质量的要求，因而失去了原有刚玉磨料的利用价值和功能。这种物品可以用于分级提纯再成为刚玉磨料，但这一过程必然要产生一些没有利用价值的部分，如果不进行妥善处理，可能造成环境污染；或者可以经过处理生产高档路面材料或耐火材料的原料；或者被最终处置。依据《固体废物污染环境防治法》关于固体废物的定义以及《固体废物鉴别导则（试行）》的原则，判断样品属于固体废物。

在《废物进口环境保护管理暂行规定》（环控 [1996]204 号文）中公布的“国家限制进口的可用作原料的废物目录”及其增补的名录，原对外贸易经济合作部、原国家环境保护总局、海关总署、国家质检总局公布的《限制进口类可用作原料的废物目录（第一批）》（2001 年第 41 号公告），《关于调整废物进口环境保护管理有关问题的通知》（环发 [2002]7 号文（中《自动进口许可管理类可用作原料的废物目录》，以及 2005 年原国家环境保护总局、海关总署、国家质检总局第 5 号公告附件一《自动进口许可管理类可用作原料的废物目录》和附件二《限制进口类可用作原料的废物目录》中均没有“含铁屑的人造刚玉废料”及其类似的废物。

根据对样品的结构观察分析，样品中含有比较高的铝，以 Al_2O_3 形式存在，应归入海关商品“2620400000 主要含铝的矿灰及残渣（冶炼钢铁所产生的除外）”的品目下，属于我国禁止进口的固体废物。

4 结论

样品主要来自刚玉磨料产品使用后的失效产物，属于禁止进口的固体废物。

参考文献

[1]http://hi.baidu.com/suiyuanwuyi/blog.

104. 锆刚玉耐火材料废物

1 背景

2007 年 1 月，固体废物研究所对某公司申报进口的“耐火砖破碎料”货物样品进行废物属性鉴别，需要确定是否属于国家禁止进口的固体废物。在实验分析、咨询专家和查阅相关资料的基础上编写鉴别报告。

2 样品特征及物质特性分析

（1）样品为浅黄色不规则砖状固体，正面为破碎不平整面，可见周围致密，中间有针状结晶，还可见少许白色粉状物质；背面平整，有许多不均匀的气孔，颜色偏红；侧面平整，明显有碳烧或使用过的痕迹；外观形状见图 1 和图 2。

图 1　样品正面

图 2　样品背面

（2）采用 X 射线荧光光谱仪分析样品的基本组成，成分及含量见表 1。

表 1　样品主要成分及含量（除 Cl 以外，其他元素均以氧化物计）

单位：%

成分	ZrO_2	Al_2O_3	SiO_2	Na_2O	Hf	Fe_2O_3	CaO	K_2O	MgO	TiO_2	Cl	As_2O_3	Cr_2O_3
含量	37.93	36.98	20.30	1.83	1.28	0.63	0.48	0.14	0.13	0.12	0.08	0.06	0.03

（3）样品外观可明显分出 3 种物质：致密的基体砖、表面附着的白色或灰白色粉末、在孔洞中的大片状结晶体，分别见图 3 中标出的 A、B、C。对各部分取样进行能谱分析，A 点能谱显示主要含有 Al、Si、Zr、Na、K，B 点能谱显示为 Na、K、Ca 的硫酸盐，C 点能谱显示主要含有 Al、Si、Zr、Na、K、Ca，能谱图见图 4~ 图 7，样品上的灰白色粉末能谱显示为 K、Na 的硫酸盐。

对结晶表面和磨制的抛光片进行镜下观察和扫描电镜分析，发现叶片状结晶表面基本由两种相组成：基底为钠的铝硅酸盐，而析出的细粒相为 ZrO_2 结晶体，见图 8。

图 3　碎块实体照片

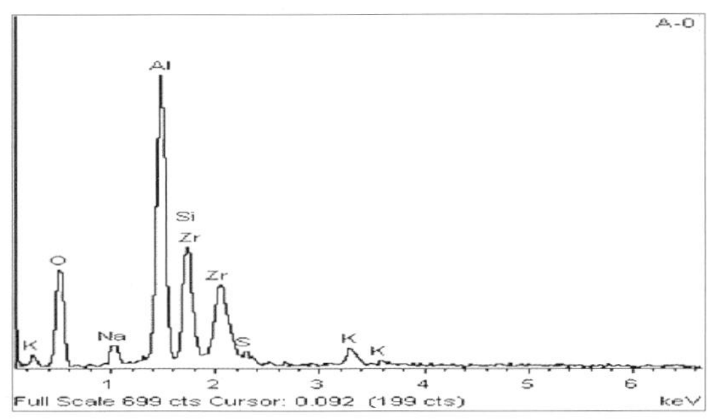

图 4　图 3 中 A 点能谱

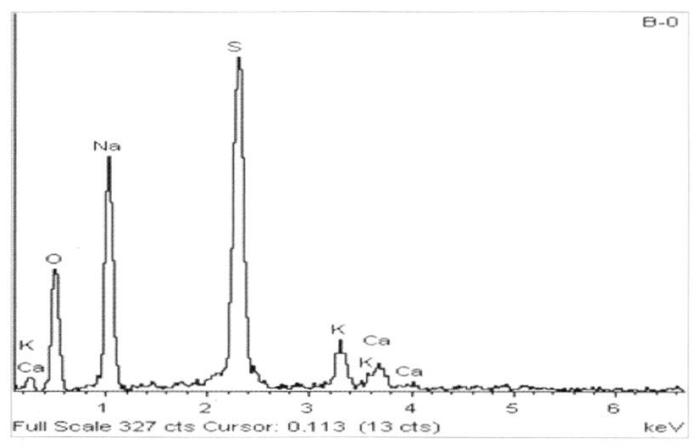

图 5　图 3 中 B 点能谱

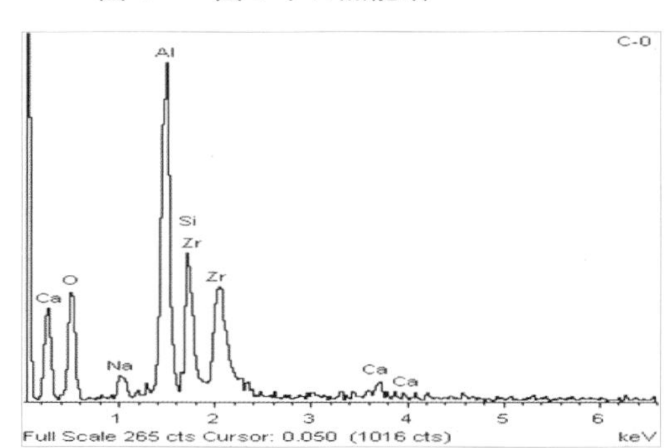

图 6　图 3 中 C 点能谱

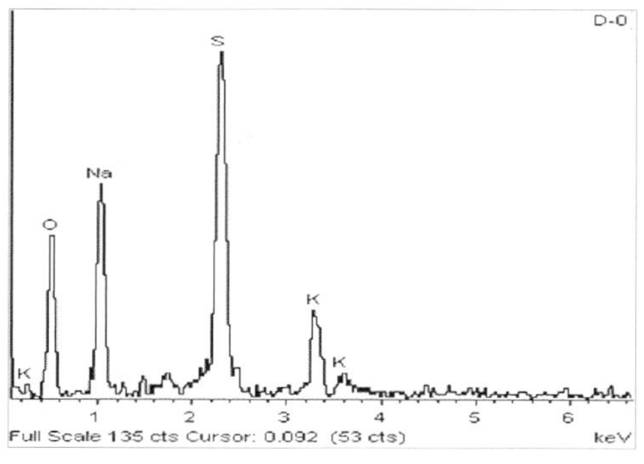

图 7　图 3 中灰白色粉末能谱
为 K、Na 的硫酸盐

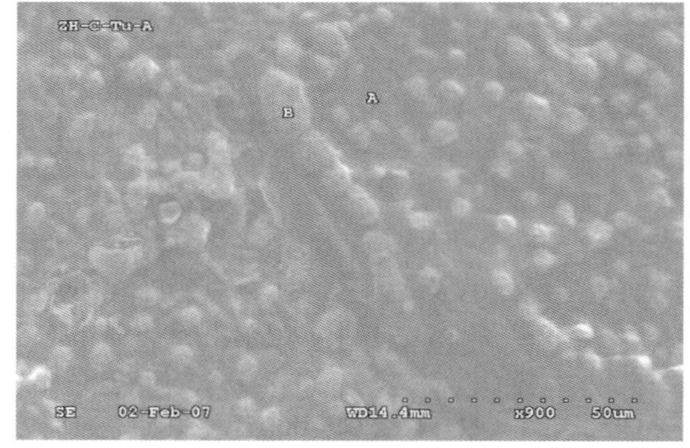

图 8　叶片状结晶体扫描电镜图像（基体相 A 主要为钠的铝硅酸盐，析出的斑点状晶体 B 为氧化锆）

3 样品物质属性鉴别分析

（1）产生来源分析

①天然锆矿

天然锆矿物原料主要有锆英石和斜锆石。锆英石的化学式为 $ZrO_2 \cdot SiO_2$ 或 $ZrSiO_4$，理论上含 67.2%ZrO_2、32.8%SiO_2，锆英石也被称作锆石或硅酸锆。用于耐火材料的锆英石一般应控制其化学成分 $ZrO_2 \geqslant 63\%$、$Al_2O_3 \leqslant 1.5\%$、$TiO_2 \leqslant 4\%$、$CaO \leqslant 1\%$、$MgO \leqslant 1\%$、$Fe_2O_3 \leqslant 1\%$，锆英石的结晶尺寸一般较小，粒度通常在 0.3mm 以下 [1]。表 2 为冶金行业《锆英石精矿》(YB834—87) 的成分要求。

表 2　锆英石精矿的化学成分及含量要求（YB 834—87）

单位：%

品级	ZrO_2+HfO_2，≥	TiO_2，≤	Fe_2O_3，≤	P_2O_5，≤	Al_2O_3，≤	SiO_2，≤
特级品	65.50	0.30	0.10	0.20	0.80	34.00
一级品	65.00	0.50	0.25	0.25	0.80	34.00
二级品	65.00	1.00	0.30	0.35	0.80	34.00
三级品	63.00	2.50	0.50	0.50	1.00	33.00
四级品	60.00	3.50	0.80	0.80	1.20	32.00
五级品	55.00	8.00	1.50	1.50	1.50	31.00

天然斜锆石又称巴西石，是自然界中唯一含游离 ZrO_2 的天然矿物，主要产地为巴西和南美。矿石为不规则的块状，晶体呈小板状，颜色自黄色、褐色到黑色，一般含 75%~95%ZrO_2，但原矿中的品位很低，必须提纯除杂[1]。样品外观特征和化学成分与上述天然锆矿物的化学组成和解释相差较大，判断样品不是天然锆矿物原料。

②锆刚玉耐火材料使用后的报废产物

含锆原料在耐火材料行业得到较广泛的应用，主要是因为含锆耐火材料具有较高的熔融温度、较强的化学稳定性，对金属熔体、炉渣、玻璃液的耐浸蚀性好，并具有良好的抗热震性，可用做玻璃窑炉用耐火材料、冶金工业用耐火材料、水泥窑用耐火材料、陶瓷窑炉用耐火材料和其他炉窑用耐火材料等。锆刚玉是在工业 Al_2O_3 或铝矾土（Al_2O_3）中加入 ZrO_2 或锆英石，在电弧炉中经熔融而制得，根据 ZrO_2 的含量不同，锆刚玉可分为低锆刚玉（10%~15%ZrO_2）、中锆刚玉（ZrO_2 约 15%）、高锆刚玉（ZrO_2 约 40%）。熔铸刚玉砖也称 AZS（分别代表 Al_2O_3、ZrO_2、SiO_2）熔铸砖，国际上的通用等级划分为：Zr-33，Zr-36 和 Zr-41，分别对应 ZrO_2 含量为 33%、36% 和 41%[1]。我国郑州某耐火材料厂生产的锆刚玉砖的化学组成见表 3[2]。国家建筑材料测试中心研制了锆刚玉砖的标准物质，成分见表 4[3]。

表 3　氧化法熔铸锆刚玉砖的化学成分及含量

单位：%

品级	Al_2O_3	ZrO_2	SiO_2	TiO_2	Fe_2O_3	Na_2O
AZS41	45.5	41	12.0	0.05	0.10	1.20
AZS36	48.5	36	14.0	0.05	0.10	1.30
AZS33	49.5	33	15.5	0.05	0.10	1.40

表 4　标准物质成分含量

单位：%

标样名称	SiO_2	Al_2O_3	ZrO_2	CaO	MgO	TiO_2	Fe_2O_3	灼减	Na_2O
锆刚玉砖 31#	16.01	50.08	30.57	0.10	0.09	0.73	0.38	0.10	0.90
锆刚玉砖 33#	15.05	49.25	33.12	0.10	0.02	0.20	0.28	0.10	1.34

表 1 样品的成分与表 3、表 4 中的锆刚玉在成分组成及其含量上具有一定的可比性，都是以锆、铝、硅三种元素为主，其氧化物的含量达到了 95% 以上；从能谱分析、电镜观察等方面看，样品具有锆刚玉的特征；从形态特征看，样品属于砖状固体、坚硬、密度大。

由此判断样品来源于锆刚玉耐火材料。

耐火材料是支撑高温工业的基础材料，使用寿命取决于应用、品种及其日常维护，可从数小时至数年之久不等，一定使用周期后需要从炉体上更换、拆卸下来，形成报废料[4]。由样品不是完整规则的砖体且有使用过的痕迹、成分和颜色不均匀以及物质的重新结晶等外观特征看，样品来源于电熔冶炼炉中报废的锆刚玉耐火材料的可能性较大。

（2）固体废物属性分析

电镜观察发现，越是靠近中心部分，耐火材料结晶相的粒度越粗，意味着使用过程中受温度和时间因素的影响，整体上存在重结晶现象，靠近中心部分因与熔体直接接触，所以重结晶及物质交换的条件较好；此外，K、Na 含量显著则意味着该耐火材料可能是在玻璃窑炉中使用，是长期受玻璃熔体侵蚀的结果。通过咨询行业专家，按成分和结构构造特征，该耐火材料属电熔耐火材料中的锆刚玉特种耐火材料，按照 ZrO_2 含量分为六种，分别为18%~20%、30%、33%、36%、41% 和 46%。使用过程中玻璃组分的侵蚀可使原来的主体成分含量改变，熔蚀部分则可能掺入熔融物质（Na、K、Si），导致成分分布有一定的不均匀性。由于锆英石及 Al_2O_3 是生产锆刚玉的主要成分，所以使用过的残砖如果成分变化不大，则经破碎－磨细至适当粒度后通过调整成分（补加锆英石砂或 Al_2O_3）也可以再生产锆刚玉砖。

锆刚玉耐火材料在高温环境中使用很容易出现物理状态和性能以及化学组成的改变，从而必须经常维修、维护、更换耐火材料。更换下来的耐火材料已经失去了正常耐火材料的使用功能，必须经过加工后才可用做工业窑炉的耐火材料，或者再提炼其中的价值比较高的成分。

由于天然资源贫乏、原料价格不断上涨，耐火材料废料再利用受到国内外的高度重视。然而，目前国内外对废料的回收利用仍是以降档使用为主[4]。

因此，从失效的锆刚玉耐火材料产生过程、存在方式以及利用和处置原因等方面看，样品是丧失原有利用价值的物品，是生产过程中产生的废弃物质、报废产品。依据《固体废物污染环境防治法》关于固体废物的定义以及《固体废物鉴别导则（试行）》的原则，判断样品属于固体废物。

在《废物进口环境保护管理暂行规定》（环控 [1996]204 号文）中公布的“国家限制进口的可用作原料的废物目录”及其增补的名录，原对外贸易经济合作部、原国家环境保护总局、海关总署、国家质检总局公布的《限制进口类可用作原料的废物目录（第一批）》（2001 年第 41 号公告），《关于调整废物进口环境保护管理有关问题的通知》（环发 [2002]7 号文）中《自动进口许可管理类可用作原料的废物目录》，以及 2005 年原国家环境保护总局、海关总署、国家质检总局第 5 号公告的《自动进口许可管理类可用作原料的废物目录》和《限制进口类可用作原料的废物目录》中均没有“锆刚玉碎料”及其类似的废物。因此，样品属于我国禁止进口的固体废物。

4 结论

样品是锆刚玉耐火材料使用后的报废产物，属于禁止进口的固体废物。

参考文献

[1] 冯润棠，秦岩，邓永超，等．含锆原料及其在耐火材料中的应用 [J]. 稀有金属快报，2004,23(6):36.

[2] 胡宝玉，张宏达，李丹．氧化锆特种耐火材料在工业中的应用 [J]. 稀有金属快报，2004,23(6):31.

[3]http://www.cbmtc.com/.

[4] 钟莲云，吴伯麟，张联盟．耐火材料废料的粒度对研磨介质性能的影响 [J]. 桂林工学院学报，2006,26(1):77.

105. 锆质废耐火材料

1 背景

2006 年 10 月，固体废物研究所对某公司申报进口的“锆质碎料”货物样品进行废物属性鉴别，需要确定是否属于国家禁止进口的固体废物。在实验分析、咨询专家和查阅相关资料的基础上编写鉴别报告。

2 样品特征及物质特性分析

（1）样品为不规则块状固体，整块颜色呈黄色，样品由黄色和红褐色夹杂相间的混合色逐渐向浅黄色接近，外表干净，有少许气孔，样品外观形状见图 1 和图 2。

图 1　不规则的敲碎面

图 2　平整切割面

（2）采用 X 射线荧光光谱仪分析样品的基本组成，成分及含量见表 1。

表 1　主要成分及含量（元素均以氧化物计）

单位：%

成分	Hf	ZrO_2	Y_2O_3	Fe_2O_3	TiO_2	CaO	K_2O	SiO_2	Al_2O_3	Na_2O
黄色区切割块	0.20	32.94	0.07	0.18	0.16	0.10	0.05	21.50	43.70	1.54
黄白色区切割块	0.21	31.09	0.09	0.15	0.18	0.13	0.06	18.34	48.02	1.72

（3）对样品进行了能谱分析，显示主要含有 Al、Si、Zr，另含少量的 Na、Ca，见图 3。此外，显微镜下也能看到在玻璃基质上分布有显著数量的锆石及刚玉晶体，反映了锆刚玉砖的结构特征。

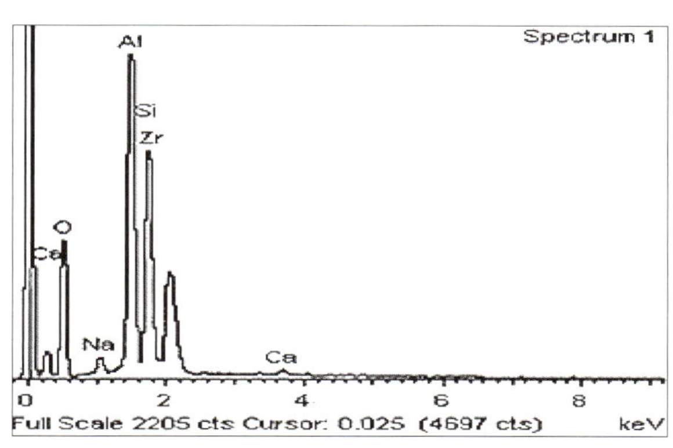

图 3　样品能谱图

3 样品物质属性鉴别分析

（1）产生来源分析

参考前一案例，可判断样品不是天然锆矿物原料。

参考前一案例中的锆刚玉资料，表1样品中的锆、铝、硅主要成分与锆刚玉基本一致，其他成分相似；从能谱分析、显微镜观察以及形态特征等方面分析，样品具有锆刚玉的特征。由此判断样品来源于锆刚玉耐火材料。

锆刚玉电熔耐火材料使用后由于物质的迁移，可导致成分分布不均匀（样品不同部位成分分析确实证明出现了不均匀现象），熔蚀部分则可能渗入熔融物质。从外观看，样品的颜色由黄色和红褐色夹杂相间的混合色逐渐向浅黄色接近，其中的红褐色部分属于锆刚玉耐火材料高温使用过程中接近高温面而产生的重结晶物质。锆刚玉耐火材料在高温环境中使用很容易出现物理状态、性能以及化学组成上的改变，从而必须经常维修、维护、更换耐火材料。更换下来的耐火材料已经失去了正常耐火材料的使用价值，必须经过加工后才可用做工业窑炉的耐火材料。国内外对更换的耐火材料的再利用率很低，即使是部分利用，也以降低产品质量为代价[1,2]。因此，判断样品是锆刚玉耐火材料使用后的失效产物。

（2）固体废物属性分析

样品是丧失原有利用价值的物品，是生产过程中产生的废弃物质、报废产品。依据《固体废物污染环境防治法》中关于固体废物的定义以及《固体废物鉴别导则（试行）》的原则，判断样品属于固体废物。

样品中不含有害重金属，也不含其他有机物，外观干净，结合产生过程综合考虑，判断样品属于一般工业固体废物。

在《废物进口环境保护管理暂行规定》（环控[1996]204号文）中公布的“国家限制进口的可用作原料的废物目录”及其增补的名录，原对外贸易经济合作部、原国家环境保护总局、海关总署、国家质检总局公布的《限制进口类可用作原料的废物目录（第一批）》（2001年第41号公告），《关于调整废物进口环境保护管理有关问题的通知》（环发[2002]7号文）中《自动进口许可管理类可用作原料的废物目录》，以及2005年原国家环境保护总局、海关总署、国家质检总局第5号公告的《自动进口许可管理类可用作原料的废物目录》和《限制进口类可用作原料的废物目录》中均没有“锆刚玉碎料”及其类似的废物。因此，样品属于我国禁止进口的固体废物。

4 结论

样品是锆刚玉耐火材料使用后的失效产物，属于禁止进口的固体废物。

参考文献

[1] 钟莲云,吴伯麟,张联盟.耐火材料废料的粒度对研磨介质性能的影响[J].桂林工学院学报,2006,26(1):77.

[2] 田守信.用后耐火材料的再生利用[J].耐火材料,2002,36(6):339.

106. 废石英玻璃

1 背景

2007 年 7 月，固体废物研究所对某公司申报进口的“熔融石英”货物样品进行废物属性鉴别，需要确定是否属于国家禁止进口的固体废物。在实验分析、咨询专家和查阅相关资料的基础上编写鉴别报告。

2 样品特征及物质特性分析

（1）样品外观为白色，圆柱状，直径约 18 cm，高约 20 cm，上部直径比下部直径稍粗，圆柱体外表有一层非均匀的坚硬白色晶状沉积物质，圆柱体内部为透明玻璃体但明显看出分布有大小不一的气孔，圆柱体上部为切割平整面。样品外观形态见图 1 和图 2。

图 1　样品

图 2　样品

（2）取样品上部外沿敲碎块，采用 X 射线衍射仪分析样品的物相组成，主要是 SiO_2 和少量 Si。从样品上部外沿敲碎块中取下透明碎片和不透明粉末在显微镜下用油浸法观察，证明透明部分为均质性物质（为非晶态），而粉末状物质也呈非均质物质集合体。能谱分析表明：无论是内部透明部分还是表层白色粉末均为 SiO_2，见图 3 和图 4。

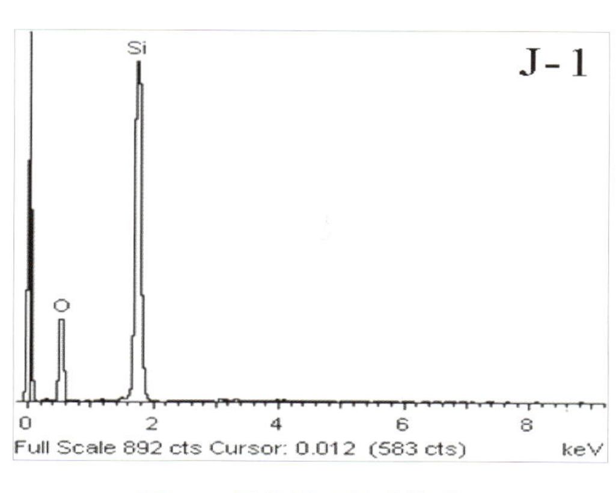

图 3　无色透明部分能谱

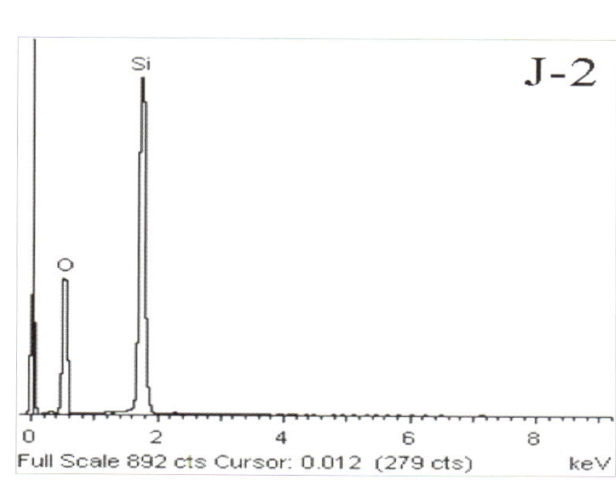

图 4　白色粉末能谱

（3）取样品上部外沿敲碎块，分析基本成分为硅，含有少量其他元素，结果见表 1。

表 1　样品主要成分及含量（除 Cl 以外，其他元素均以氧化物计）

单位：%

成分	SiO_2	Al_2O_3	CaO	Fe_2O_3	SO_3	Cl	MgO	Cr_2O_3	Ba_2O_3
含量	99.38	0.16	0.14	0.11	0.07	0.05	0.05	0.03	0.01

（4）样品的其他特征分析：就样品咨询石英特种玻璃研究专家后，从样品上下表面各切割 8 mm 厚玻璃片一片，经表面研磨、光学抛光（见图 5 和图 6，样品切割后的表面气孔情况见图 7），首先利用双折射仪监测样品的均匀性、应力和条纹状况，表明良好；再进行光谱检测，表明样品为国内常规的 JGS1(ZS) 型石英玻璃。

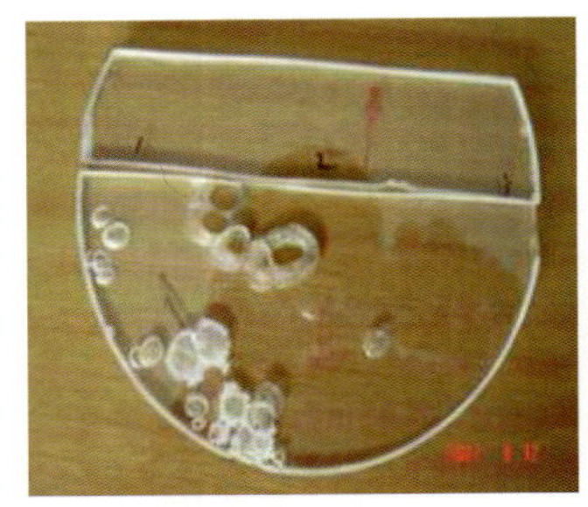

图 5　样品上部切片

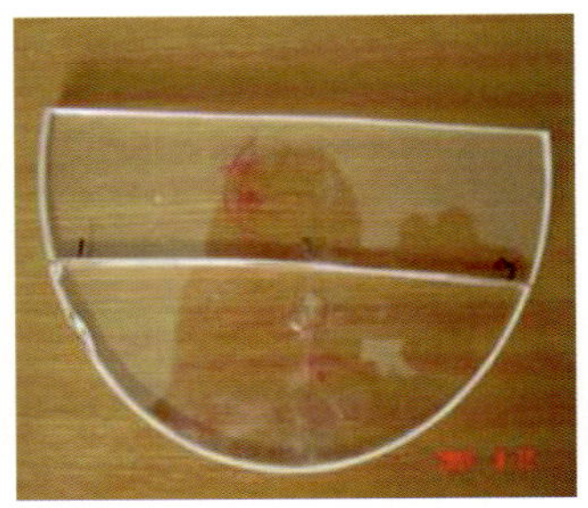

图 6　样品下部切片

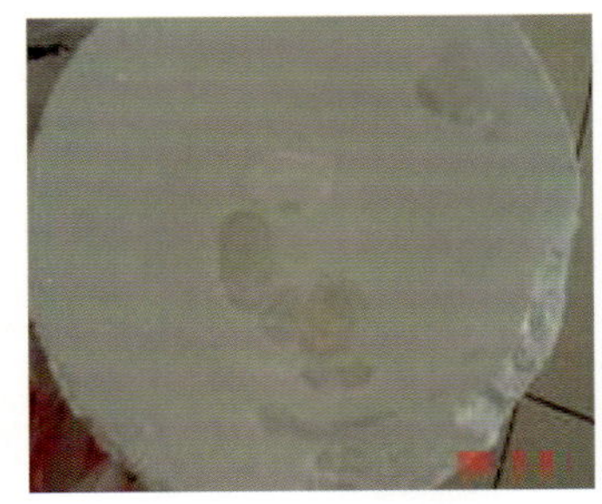

图 7　样品切割后上表面明显有大小不均的气孔

3 样品物质属性鉴别分析

（1）产生来源分析

石英玻璃是工业上最重要的单一组分的玻璃，而且也是唯一的单一组分硅酸盐玻璃，它具有良好的介电和化学性能。其优点是：膨胀系数小，热稳定性高和对紫外线透光性好。其缺点是：具有很高的软化点和工艺温度（>2 000℃）。因此，常用的石英玻璃制品是通过烧结得到的，由于含有气泡，因而不透明；光学玻璃主要用于制造透镜和棱镜等光学器件，其品种达 300 余种 [1]。我国建筑材料科学研究院生产的石英玻璃种类和应用范围见表 2。

从样品的外观特征、成分分析、特征实验等方面判断样品不是一般的玻璃，为石英玻璃，与国内常规的 JGS1(ZS) 型石英玻璃类似。生产工艺为：采用 $SiCl_4$ 为原料、H_2-O_2 的燃烧火焰为热源，在耐火材料制成的炉膛内高温下 $SiCl_4$ 火焰水解生成无定型 SiO_2 后熔化形成石英玻璃，该类石英玻璃纯度较高，反应式为：

$$SiCl_4 + 2H_2O = SiO_2 + 4HCl$$

该石英玻璃在合成过程中，在炉膛内缓慢形成石英坨（圆柱状）。

综上所述，判断样品为石英玻璃，为石英坨切割下来的部分。

表 2　石英玻璃的种类及应用

产品分类		产品		特性和应用
第一类	合成石英玻璃	JGS1/ZS 系列	坨、方片、圆片、棱镜、透镜	因合成石英玻璃的纯度高，是极好的透紫外线材料，其光学均匀性高、耐热性好、膨胀系数低，是纹影照相窗用玻璃、耐热用透镜、反射望远镜用反射镜、棱镜等、大功率激光器的主体、核聚变技术中心必须用的材料；也是半导体行业用掩模基片的主要材料
第二类	气炼石英玻璃	JGS2/KS 系列	坨、石英棒、管、片、法兰、仪器	因气炼石英玻璃纯度高且价格便宜，因而是光纤行业的主要配套消耗材料，是半导体、光学、工业仪器仪表、化工以及国防、高新技术等领域用的主要光学材料以及耐高温材料
第三类	连熔石英玻璃	JGS3-1/HS-1、JGS3-2/HS-2 系列	棒材、管材、光学片	连熔石英玻璃是电光源、化学、化工行业用主要原材料；其中的滤紫外石英玻璃管是激光器光泵用滤紫外、紫光用滤紫外和制造氙灯及其他激光器光源的主要材料；电熔石英玻璃是红外光学透镜、棱镜、光学窗口的主要材料
第四类	等离子熔融石英玻璃	—		是目前纯度最高、透全光谱型石英玻璃

（2）固体废物属性分析

该类合成石英玻璃的生产特性为熔化温度高，高温黏度大，不可回炉再熔，生产是不可逆过程，容易产生报废品、不合格品，不能再做回炉原用途。

石英玻璃在合成过程中，在炉膛内缓慢形成石英坨（圆柱状），样品很可能是打坨工艺过程中使用的底坨和正常生产前的过渡部分。底坨一般会重复使用（做下一次生产的底坨用），而过渡部分杂质含量相对较高。由于工艺的原因也容易形成气泡，但其利用价值大为降低，即便切割其中小块有用的部分作为光学玻璃，也难以保证完全满足质量要求。

ZS 型石英玻璃在《光学石英玻璃》（JC/T 185—1996）标准中又分为 ZS-1 和 ZS-2 两种牌号，前者为远紫外光学石英玻璃，在 185~250 nm 波长范围内无吸收带，在 2 600~2 800 nm 波长范围内有强吸收带；后者为紫外光学石英玻璃，在 200~250 nm 波长范围内无吸收带，在 2 600~2 800 nm 波长范围内吸收带明显。该标准对光学石英玻璃的尺寸、光谱透过率、光学均匀性、颗粒均匀性、毛坯中气泡大小和个数等规定了技术要求。样品中明显分布气孔，不满足《光学石英玻璃》（JC/T 185—1996）的要求。

据此，判断样品是国外合成光学石英玻璃过程中产生的废品、不合格品或残次品。依据《固体废物鉴别导则（试行）》的原则，判断样品属于固体废物。

根据我国法律法规，未列入可用做原料进口的固体废物目录中的固体废物禁止进口。在《废物进口环境保护管理暂行规定》（环控 [1996]204 号文）中公布的“国家限制进口的可用作原料的废物目录”及其增补的名录，原对外贸易经济合作部、原国家环境保护总局、海关总署、国家质检总局 2001 年第 41 号公告公布的《限制进口类可用作原料的废物目录》（第一批），《关于调整废物进口环境保护管理有关问题的通知》（环发 [2002]7 号文）中《自动进口许可管理类可用作原料的废物目录》，以及 2005 年原国家环境保护总局、海关总署、国家质检总局第 5 号公告中均没有“废玻璃或碎玻璃”这一类废物。因此，样品属于我国禁止进口的固体废物。

4 结论

样品为石英玻璃，为石英坨切割下来的一部分，来自合成光学石英玻璃过程中产生的废品、不合格品或残次品，因此，样品属于禁止进口的固体废物。

参考文献

[1] 孙家跃 , 杜海燕 . 无机材料制造与应用 [M]. 北京 : 化学工业出版社 ,2001:491.

107. 显像管废玻璃

1 背景

2006 年 2 月，固体废物研究所对某公司申报进口的“废碎玻璃及玻璃块料”货物样品进行废物属性鉴别，需要确定是否属于国家禁止进口的固体废物。在实验分析、咨询专家和查阅相关资料基础上编写鉴别报告。

2 样品特征及物质特性分析

（1）样品为玻璃材质，经破碎而成，厚度、颜色、形状不一，样品外观特征见图 1~图 4。

图 1　样品

图 2　样品

图 3　样品

图 4　样品

样品有的表面有石墨涂层，有的表面有银色涂层，有的还带有标签和其他附着物，例如有的玻璃标签上写有英文字样，翻译成中文为“在马来西亚组装的来自新加坡的 CRT，序列号为 H8A80087E，型号为 M41KWB180x11(PU)”。根据样品的外观特征将 16 袋玻璃样品分为 8 类，特征描述见表 1。

表 1　样品分类及外观特征

类别	外观特征	备注
1	从玻璃银色涂层刮下来的银灰色粉末	数量很少
2	从不同厚度和颜色玻璃结合处敲下来的白玻璃	封接玻璃
3	较薄、表面为弧形、厚薄不一、具镜面反光性	—
4	最厚、带拐角	—
5	较厚、表面比较平直、透明	—
6	黑色不透明、较薄、表面为弧形	—
7	蓝色、透明、表面平直	数量少
8	黑色、弧形、不透明、较厚	—

由于样品不是单一形态和形状，厚薄差别较大，选取具有代表性的 3、4、5 类样品，加上从全部样品中随机抽取组成的混合样品，测定玻璃平均厚度，结果见表 2。

表 2　样品厚度

单位：mm

类别	大约平均厚度	备注
3	4	每类样品随机抽取 10~15 块玻璃进行测量，计算平均厚度
4	12	
5	16	
混合样	10	

（2）采用 X 射线荧光光谱仪（XRF）对表 1 中的 8 类样品进行了分析，结果见表 3。

表 3　样品的主要成分及含量（元素均以氧化物计）

单位：%

样品	1 号	2 号	3 号	4 号	5 号	6 号	7 号	8 号
SO_3	26.55	0.13	0.09	0.13	0.05	—	0.07	0.14
ZnO	23.38	0.39	0.05	0.03	—	0.01	0.44	0.15
Al_2O_3	18.77	2.84	3.89	2.46	1.36	3.84	2.28	5.13
SiO_2	16.47	46.01	65.58	57.82	64	47.60	61.66	43.24
Y_2O_3	6.14	—	—	—	—	—	—	—
SrO	2.24	4.23	0.43	9.43	8.62	0.31	7.74	1.02
BaO	1.89	2.43	9.58	6.72	1.97	0.31	8.03	2.30
K_2O	1.88	8.28	7.38	8.28	8.92	7.42	7.98	8.15
PbO	1.22	23.73	2.79	1.24	3.05	26.96	—	26.34
Eu_2O_3	0.52	—	—	—	—	—	—	—
CaO	0.29	2.92	0.48	1.78	2.80	3.55	0.09	4.08
ZrO_2	0.23	0.37	0.09	1.31	—	0.09	1.05	—
Fe_2O_3	0.11	0.18	0.32	0.37	0.04	0.41	0.05	0.36
Sb_2O_3	0.10	0.32	0.44	0.47	0.44	0.08	0.33	0.25
TiO_2	0.09	0.18	—	0.47	0.48	—	0.51	—
MgO	0.07	0.92	0.05	0.18	0.09	1.86	0.02	1.60
Co_3O_4	0.06	—	—	—	—	—	—	—
Na_2O	—	7.05	8.71	9.25	8.06	7.48	8.92	7.03
As_2O_3	—	—	0.10	—	0.12	—	—	—
MnO	—	—	0.06	0.06	—	0.06	0.02	—

（3）选择样品中的铅进行浸出毒性分析。按照《固体废物浸出毒性浸出方法 翻转法》

（GB 5086.1—1997）和《危险废物鉴别标准 浸出毒性鉴别》（GB 5085.3—1996）、《固体废物浸出毒性测定方法》（GB/T 15555.1~15555.11）中的规定方法对样品的浸出毒性进行实验，结果见表 4。

表 4 典型样品浸出液中铅的浓度与标准限值的比较

单位：μg/mL

样品	3 号	4 号	5 号	混合样
铅的质量浓度	0.40	0.036	0.11	0.44
GB 5085.3—1996 标准限值	3			

3 样品物质属性鉴别分析

（1）产生来源分析

显像管广泛用做家庭、工业、商业、军事及娱乐等领域的电子电器设备的终端显示器，其中传统的阴极射线管（CRT）使用历史最久，其在家庭用的黑白和彩色电视机中的使用非常多。显像管的锥体和管屏是由玻璃制成的，该种玻璃有以下显著特点：

①玻璃含铅和其他成分

国外资料显示 CRT 玻璃中铅的平均重量占 6% 左右，其中 2.3%~2.8% 分布在玻璃面板中，22%~25% 的铅分布在玻璃锥中，70%~80% 的铅分布在封接玻璃中。表 5 是我国显像管玻璃的成分及含量，其中铅的含量比较高。玻璃中的铅主要是起防辐射的作用。

表 5 我国显像管玻璃的成分及含量

单位：%

项目	SiO_2	Al_2O_3	BaO	PbO	CaO	MgO	Na_2O	K_2O	SrO	ZrO_2	TiO_2	Sb_2O
管屏	60.80	2.00	5.70	—	1.80	0.40	8.10	7.10	9.80	2.50	0.50	0.35
管锥	50.60	4.90	—	22.3	3.75	2.50	5.75	8.80	—	—	—	0.35
管颈	47.75	3.50	—	32.5	1.50	—	2.70	9.65	2.00	—	—	0.50

②玻璃管屏含荧光粉

阴极发射电子轰击涂在阳极上的荧光粉而发光形成图像，有的荧光粉可通用。例如：ZnO：Zn 显示器的发光本质有一个共同点，即属于阴极射线发光，所用的荧光粉都是阴极射线发光材料，而且是通用的。蓝色发光色的荧光粉组成：ZnS、Ag、Cl；红色为：Y_2O_2S、Eu^{3+}；绿色为：ZnS、Cu、Ag、Al。

③玻璃具有不同形态

由于一个完整的显示器玻壳呈锥体状，每个部分都有不同的功能要求，因此，不同部位玻璃的厚度、形状、涂层、颜色等从外观上有明显区别。

样品的物理形态、铅含量、荧光物质的组成、其他组成成分等方面均与显示器的玻璃理化特征相符。样品具有不同厚度、不同颜色、不同形状、不同涂层，以及少数玻璃块粘有的标签、橡胶等；玻璃碎片不是单一规格，而且还粘有一些粉末，明显是来自回收过程。因此，判断样品为来自回收显像管拆解产生的玻璃碎片。

（2）固体废物属性分析

我国《固体废物污染环境防治法》对固体废物的定义是指：在生产、生活和其他活动中产生的丧失原有利用价值或者虽未丧失利用价值但被抛弃或者放弃的固态、半固态和置于容器中的气态的物品、物质以及法律、行政法规规定纳入固体废物管理的物品、物质。

发达国家过去将大量的电子废物混合在生活垃圾中进入填埋场，后来研究证明显示器（包括显像管）中的铅玻璃是垃圾中铅的主要来源之一，因而，美国等国家将显示器认定为危险废物，不能随便处置，但无害化处理显示器玻璃的成本较高。

回收显示器的碎玻璃由于其复杂性不能直接用于加工产品，而把它再熔化制造新的显像管也很困难，完全丧失了原来作为显示器的用途和价值，也不能作为其他材料的必需或唯一的替代材料而进行利用。即便能将显示器玻璃回收利用，在利用过程中也会带来其他不可利用的成分或杂质，其中有些成分有害如Pb、As、Ba、Zn等。另外，我国正在修订的《国家危险废物名录》将“使用铅盐和氧化物进行显像管玻璃熔炼产生的含铅废物”和“生产、销售及使用过程中产生的废CRT显示器”列入危险废物名录。

因此，综合判断样品属于固体废物，而且属于危险废物。

根据我国法律规定，未列入“可以用作原料进口的固体废物的目录”的固体废物禁止进口。在《废物进口环境保护管理暂行规定》（环控[1996]204号文）中公布的“国家限制进口的可用作原料的废物目录”及其增补的名录，原对外贸易经济合作部、原国家环境保护总局、海关总署、国家质检总局2001年第41号公告公布的《限制进口类可用作原料的废物目录》（第一批），《关于调整废物进口环境保护管理有关问题的通知》（环发[2002]7号文件）中《自动进口许可管理类可用作原料的废物目录》，以及2005年国家环境保护总局、海关总署、国家质检总局第5号公告中均没有“废玻璃或碎玻璃”这一类废物。

国家质检总局、国家发改委、信息产业部、商务部、海关总署、原国家环境保护总局等部门2005年9月联合发布134号公告指出：“废旧显像管（阴极射线管）是指在生产生活和其他活动中产生的丧失原有利用价值或者虽未丧失利用价值但被抛弃或者放弃的显像管（阴极射线管），属于危险废物；禁止以任何贸易方式进口旧玻壳、旧显像管、再生显像管、旧电视机。”

2002年7月原对外贸易经济合作部、海关总署、原国家环境保护总局发布的第25号公告中第五批为废机电产品禁止进口货物目录（包括其零部件、拆散件、破碎件、砸碎件，除国家另行规定外），其中明确包括显示器。

因此，显像管废（碎）玻璃属于禁止进口的固体废物。

4 结论

样品为来自回收显像管的玻璃碎片，属于我国禁止进口的固体废物。

108. 废线路板

1 背景

2008年3月，固体废物研究所对某公司申报进口的“旧电路板”货物样品进行废物属性鉴别，需要确定是否属于国家禁止进口的固体废物。在查阅相关资料和咨询专家的基础上编写鉴别报告。

2 样品特征及物质特性分析

样品为大小不一的两个破碎块，明显属于带有各种元器件的线路板；其中较大的一块元器件面有明显的锈迹；较小的破碎块元器件面有“POWER SUPPLY”和“SONY”标识；从样品边缘和线路特征可判断两块样品不属于同一型号的电路板，样品形态见图1和图2。

图1 样品（元器件面）

图2 样品（焊锡面）

3 样品物质属性鉴别分析

（1）产生来源分析

线路板或电路板（又称“印制电路板或印刷电路板”）主要作用是凭借基板所形成的电路，将各种电子元器件连接在一起，使其发挥整体功能，以达到中继传输的目的，是电子电器产品的最基础部件。电路板基板一般是以环氧树脂、酚醛树脂或聚四氟乙烯等为黏合剂，以纸或玻璃纤维为增强材料而组成的复合材料板，在板的单面或双面压有铜箔。目前，玻璃纤维增强环氧树脂覆铜箔基板（FR-4，电脑主板多用）生产量最大，应用也最为广泛，占到电路板基板材料产生总量的50%以上。其他用途比较广泛的基板材料有纸基酚醛树脂增强板（显示器主板）。构成基板的主要材料组成见表1。[1]

线路板（带元器件）中含有约30%的树脂塑料，30%的增强无机材料以及大约40%的金属（包括普通金属、痕量元素及贵金属）。电脑中主板包含较多的Au、Ag、Pd等贵金属元素，而电视机主板则包含Al、Fe、Sn等普通金属元素较多。此外，溴系阻燃型线路板中还含有5%~15%的溴[2,3]。

表 1　线路板基板组成

分类	名称	分类	名称
刚性覆铜薄板	酚醛树脂纸基覆铜板	特殊基板	金属芯型覆铜板
	环氧树脂纸基覆铜板		包覆金属型覆铜板
	聚酯树脂纸基覆铜板		氧化铝基板覆铜板
	玻璃布－环氧树脂覆铜板		氮化铝基板覆铜板
	耐热玻璃布－环氧树脂覆铜板		碳化硅基板覆铜板
	玻璃布－聚酰亚胺树脂覆铜板		低温烧制基板覆铜板
	玻璃布—聚四氟乙烯树脂覆铜板		聚砜类树脂覆铜板
复合材料基板	纸芯－玻璃布－环氧树脂覆铜板		聚醚酮树脂覆铜板
	玻璃毡芯－玻璃布－环氧树脂覆铜板		聚酯树脂覆铜箔板
	玻璃毡芯－玻璃布－聚酯树脂覆铜板		聚酰亚胺覆铜箔板
	玻璃纤维芯－玻璃布－聚酯树脂覆铜板		—

除线路板基材决定了线路板废料的主要材料组成外，废料来源不同，相应的物质组成差别也较大。线路板废料的主要来源包括：

①边角料。包括印制线路板（印刷蚀刻）过程产生的边角料，以及电路板封装过程中产生的边角料，废物材料组成主要为铜、塑料和非金属材料，含有极少量的其他金属，还可能含有溴系阻燃剂多溴联苯（PBBs）；表 2 为玻璃纤维增强多层环氧树脂板边角料材料的质量组成[4]。

表 2　玻璃纤维增强多层环氧树脂覆铜板边角料材料的质量组成

单位：%

元素	C	O	Si	Cu	Al	Ba	Br	N	S	H
含量	24.80	24.16	14.76	26.31	2.88	0.12	4.30	0.48	0.26	1.94

②带元器件或拆除元器件的废线路板废料；废物材料组成仍主要为铜、塑料和非金属材料。但是含有少量的贵重金属（如 Au、Ag、Pt 等），同时既可能含有铅焊锡材料，也可能含有溴系阻燃剂。成分含量见表 3[5]。

表 3　线路板废料的质量组成（带元器件）

成分	Cu	SiO_2	C	Fe	Al	Ti	Cl	Zn	Sn	Br
含量 / %	26.8	15	9.6	5.3	4.7	3.4	1.74	1.5	1.0	0.54
成分	Ni	Mn	Bi	F	Sb	Cr	Cd	S	Mo	As
含量 / %	0.47	0.47	0.17	0.094	0.06	0.05	0.015	0.1	0.003	<0.01
成分	Ag	I	Ba	Au	Se	Ga	Sr	Be	Te	Hg
含量 / (g/t)	3 300	200	200	80	55	35	10	1.1	1	1

注：玻璃纤维增强环氧树脂覆铜板。

③线路板边角料、带有元器件的废线路板在回收金属资源后产生的废料。废物材料组成以塑料和非金属材料为主。含有少量的铜和其他贵金属（Au、Ag、Pt 等），也可能含有少量的铅焊锡材料或溴系阻燃剂。成分含量见表 4[6]。

表 4　边角料回收铜金属后的废料物质组成

单位：%

成分	C	O	Br	Si	Ca	Al	Cu	Ti
含量	20.51	50.71	11.38	9.00	4.83	2.59	0.62	0.37

根据样品的特征，结合上述分析材料，判断样品是属于带元器件的废线路板，是来自显示器或电源等设备所用的线路板的回收料。

（2）固体废物属性

样品属于电子电器设备报废后回收的废线路板，不可能用于原有用途，只能用于回收金属物质或进行无害化处置，符合《固体废物污染环境防治法》中固体废物的定义，据此判断样品属于固体废物。

废线路板中常常含有有机树脂材料、含溴阻燃材料、多种金属物质、多种无机物质，成分组成非常复杂，其中含有多种有害组分。1998 年颁布的《国家危险废物名录》中 HW13 类为有机树脂类废物，HW22 为含铜废物，HW23 为含锌废物，HW25 为含硒废物，HW26 为含镉废物，HW29 为含汞废物，HW31 为含铅废物，HW47 为含钡废物，而且在“常见危害组分或废物名称”中包括许多含溴（Br）的物质。我国正在修订的《国家危险废物名录》（征求意见稿，2007）中将“废线路板”列入名录中。

在欧洲，电子废物作为特殊一类管理废物，欧盟在《WEEE》(Directive 2002/95/EC) 中规定了电子废物的类别、回收方式、处理处置等管理办法。在该法规的附件 Ⅰ（WEEE & Hazardous Waste A report produced for DEFRA，PDF 文档）中列出了英国环保署关于电子废物分类分别管理的相关规定，指出了电子废物中含有害物质的危害特征及其鉴别方法和标准（毒性物质含量鉴别）。其中部分电子废物根据《欧盟危险废物名录》或鉴别标准，需要按照危险废物进行特殊管理。由于废线路板中可能含有溴系阻燃剂以及 Pb、Zn、Ba、Cd、Hg 等多种有害金属，因此是电子废物环境管理的重点类别。

在《巴塞尔公约》附录 8 中列出了因含有危险物质 / 特性（附录 3）而需列入危险废物管理的电子废物类别清单 A(List A1180)，A1180 为：废旧电器和电子组件或零件含有成分例如 List A 所列蓄电器和其他电池汞开关、阴极射线管玻璃和其他活化玻璃、PCB 电容器，或含有 Annex Ⅰ中所列的污染成分，如 Cd、Hg、Pb、PCBs 等，其程度足以具有附录 3 所列任何特性。

线路板是电子电器设备的关键部件，其报废后的环境污染也是国内外非常关注的重点部分，根据上述分析材料，带有各种元器件的废线路板属于危险废物。两块样品的颜色差异较大，明显是来自不同的设备或过程的回收的废线路板，属于危险废物。

原对外贸易经济合作部、海关总署、原国家环境保护总局 2002 年第 25 号公告《禁止进口货物目录》（第 5 批）明确规定印制电路属于禁止进口废物的类别，其他 10 多类电子废物也属于禁止进口废物管理的类别。原国家环境保护总局、商务部、国家发展和改革委员会、海关总署、国家质检总局 2008 年第 11 号公告将废机电产品和设备及其零部件、拆散件、破碎件等列入《禁止进口固体废物目录》。因此，样品属于我国禁止进口的固体废物。

4 结论

样品属于带元器件的废线路板，是来自显示器或电源等设备所用的线路板的回收料，属于禁止进口的固体废物。

参考文献

[1] 辜信实 . 印制线路板用覆铜箔层压板 [M]. 北京 : 化学工业出版社 ,2002.
[2] 沈志刚 . 废印刷线路板回收处理技术的发展回顾 [C]. 全国粉体设备 - 技术 - 产品信息交流会 ,2005:9-12.
[3] 韩洁 , 聂永丰 , 王晖 . 废印刷线路板的回收利用 [J]. 城市环境与城市生态 ,200,14(6):11-13.
[4] 于可利 . 废印刷线路板真空辅助低温热解预处理研究 [D]. 清华大学 ,2007.
[5]Y. Zhao,X. Wen,B. Li, et al.Recovery of copper from waste printed circuit boards[J]. Minerals and Metallurgical Processing,2004,21(2):99-102.
[6] 甘舸 , 陈烈强 , 蔡明招 , 等 . 线路板废渣的真空热解动力学 [J]. 华南理工大学学报 (自然科学版),2006,34(3):20-22.

109. 手机废线路板

1 背景

2010年10月，固体废物研究所对某公司进口线路板的货物样品进行固体废物属性鉴别，需要确定是否属于国家禁止进口的固体废物。在查阅相关资料和咨询专家的基础上编写鉴别报告。

2 样品特征及物质特性分析

样品为三块，两大一小，其中两块大的样品表面粘有白色打印纸和两小块红色三角纸，样品双面为蓝色，双面均有金黄色线路，边沿有“SGH-D980 REV0.6 GH41-02297A”等产品标记，每块样品中有三块并排一样的小的线路板。其中一小块样品大小明显与大块样品中的三块线路板一致，但表面黏有黄色信封纸，并且其中一面磨掉表面，露出铜色。

样品外观形态见图 1 和图 2。

图 1　样品（正面）

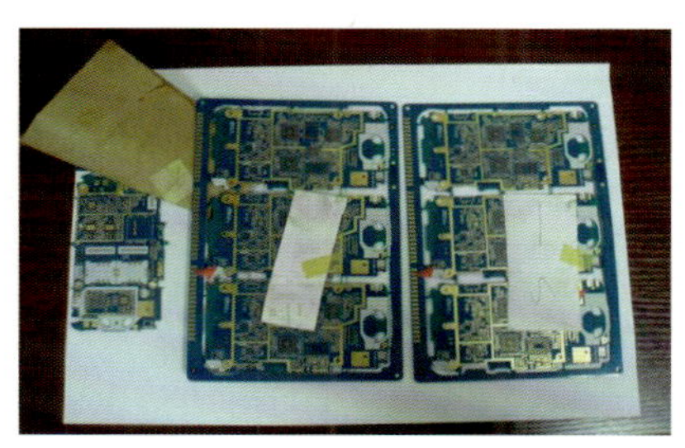

图 2　样品（背面）

3 样品物质属性鉴别分析

（1）产生来源分析

经查样品上标记和咨询专家，样品为三星 SGH-D980 手机用的线路板。小块样品外表明显破损，两大块样品在显微镜下观察发现划痕和金面被氧化特征，通常情况下线路板上贴上非正规标签应为不合格产品。根据样品这些特征、无产品包装以及混杂在废五金电器中一起报关进口的特点，并考虑“三星 SGH-D980”手机早已上架销售，判断样品为手机线路板的回收料。

（2）固体废物属性分析

手机线路板的回收料主要来自生产中的报废产品或不合格产品，不具有原产品的利用价值和功能，只能用于回收其中的贵金属物质和有色金属物质。依据《固体废物污染环境防治法》中固体废物的定义以及《固体废物鉴别导则（试行）》的原则，判断样品属于固体废物。

2009 年 8 月 1 日，环境保护部、商务部、国家发改委、海关总署、国家质检总局发布的第 36 号公告中的《禁止进口固体废物目录》中明确包括印刷电路等废弃电器电子元器件。因此，样品属于目前我国禁止进口的固体废物。

4 结论

样品属于手机废线路板，属于禁止进口的固体废物。

110. 电子废物

1 背景

2009 年 10 月，固体废物研究所对某公司申报进口的“DVD 光驱”货物样品进行废物属性鉴别，需要确定是否属于国家禁止进口的固体废物。根据样品特征，在查阅相关资料基础上编写鉴别报告。

2 样品特征及物质特性分析

样品是含有各种电子元器件的一包货物，外观和特征描述见表 1。

表 1　样品外观和特征描述

样品部件外观		特征	名称	样品部件外观		特征	名称
1		纸盒中的各种样品	全部为电子产品部件	2		表面划痕明显，已经破损，光盘出入口盖丢失，内有一张光盘	NEON 牌 DVD 机
3	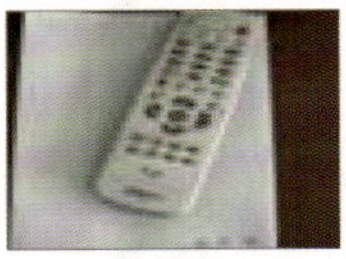	没有电池后盖，按键表面有磨损和明显使用过的痕迹	LITEON 牌遥控器	4		表面有磨损	5 号电池
5		有划痕，电路有不同程度损坏，有裂痕，粘有其他杂物	DVD 内存	6		元器件明显老化，有划痕；其中一块被烧损，发黑	电源线路板
7		外壳已经出现破损，且有明显划痕	DELL 电脑电源	8		明显划痕	DVD 光驱
9		有划痕，内有光盘	DELL 电脑 DVD 光驱	10		DVD 拆散件	光驱壳
11	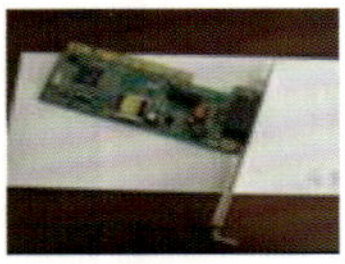	边缘较完整，为电脑拆散件	网卡	12		DVD 光驱拆散件，有日期标签，如 2005-12-19	激光头或光头
13		边缘较完整，无明显破损和使用痕迹	DVD 线路输出器	14		可伸缩	Antec 牌散热器
15		表面积有灰尘，部分元件具有明显破损痕迹	电脑主板	16		没有外壳，有“中国产品”标签且表面有污渍	移动硬盘芯

3 样品物质属性鉴别分析

（1）产生来源分析

根据表 1 样品形态描述及委托方提供的货物照片，样品是由计算机类设备和办公用电器电子产品、家用电器电子产品、视听产品及广播电视设备和信号装置、通信设备、其他光盘驱动器等部件组成的，主要为回收的电子电器产品部件，大部分来源于使用后的拆散件，有的有明显污渍和破损。

（2）固体废物属性分析

样品来源于电子电器产品使用后的拆散件，也有部分可能来源于生产中的报废品、残次品、过期产品。它们是在生产、生活和其他活动中产生的丧失原有利用价值的物品，符合我国《固体废物污染环境防治法》中固体废物定义的要求，判断样品及其货物属于固体废物，是电子废物。

《固体废物污染环境防治法》规定：危险废物是指列入《国家危险废物名录》或者根据国家规定的危险废物鉴别标准和鉴别方法认定的具有危险特性的固体废物。2008 年施行的《电子废物污染环境防治管理办法》规定：电子类危险废物是指列入《国家危险废物名录》或者根据国家规定的危险废物鉴别标准和鉴别方法认定的具有危险特性的电子废物，包括含铅酸电池、镉镍电池、汞开关、阴极射线管和多氯联苯电容器等的产品或者设备等。《废弃家用电器与电子产品污染防治技术政策》（环发 [2006]115 号）中“含危险物质的零（部）件的处理”明确包括线路板，含多溴联苯或多溴二苯醚阻燃剂的电线电缆、塑料机壳，电池等。2008 年新修订的《国家危险废物名录》明确将“900-008-10 含多氯联苯（PCBs）、多氯三联苯（PCTs）、多溴联苯（PBBs）的废线路板，900-045-49 废弃的印刷电路板”列为具有毒性的危险废物。根据《危险废物鉴别标准 通则》（试行）（GB 5085.7—2007）规定：具有毒性（包括浸出毒性、急性毒性及其他毒性）和感染性等一种或一种以上危险特性的危险废物与其他固体废物混合，混合后的废物属于危险废物。样品中明显包含废线路板或电路板，因此，样品属于危险废物。

环境保护部、商务部、国家发展和改革委员会、海关总署、国家质检总局 2009 年发布的第 36 号公告中的《禁止进口固体废物目录》包括“废弃家用电器电子产品、废弃通信设备、废弃视听产品及广播电视设备和信号装置、废弃电器电子元器件等”，因此，鉴别样品属于目前禁止进口的固体废物。

4 结论

样品属于禁止进口的固体废物。

111. 电子电器废物

1 背景

2010年11月，固体废物研究所对某公司申报进口的“纺织品”货物进行废物属性鉴别，需要确定是否属于国家禁止进口的固体废物。由于鉴别货物数量多、种类复杂、体积大，因此由鉴别机构派人进行现场查看及采集相关信息，依据货物特点编写鉴别报告。

2 货物特征及物质特性分析

货物都是经过简单封装，或整齐摆放或随意堆放在集装箱中；大多数货物无规范的包装；无规范的产品说明书；货物种类繁杂，不是统一规格的物品，不是来自同一生产厂家。主要包括不同品牌、不同型号的台式电脑主机；不同品牌、不同型号、有破损划痕的电脑显示器、DVD光驱及其拆解件、硬盘、散热器、路由器，有的电脑显示器上贴有“PC RECYCLE”的标签；装于泡沫盒或蓝色密封袋内的不同尺寸、表面起褶皱或外观变形弯曲并贴有标签的液晶电视显示屏；各种不同型号且已经生锈的电池、蓄电池，有些蓄电池拿起后内部电解液会流出；外包装贴有“Badness List”标签以及写有“不显”二字的手机显示屏；带包装和不带包装混装的白色小键盘（背面画有五角星的标志）；各种带有元器件的线路板；还有外表破损的电话机、放映机、投影仪、收音机、摄像机、游戏机、扬声器等。部分集装箱的货物外观和特征描述见表1。

表1　部分集装箱的货物外观和特征描述

集装箱	部分货物图片	货物特征描述
1	 显示器；起皱褶的液晶显示屏；背面贴绿色标签的显示屏；扬声器   	主要为成箱的背面贴有绿色标签并标有“DE”“AG”字样的显示器，装在泡沫盒内的已经起皮并贴有标签的液晶电视显示屏，带有锈迹的扬声器，表面有划痕污迹的摄像机等。
2	 内存条；DVD光驱；笔记本电脑；DVD光驱拆解件   	主要为不同品牌、不同型号表面已经磨损的DVD光驱及DVD光驱拆解件，不同品牌、不同型号的笔记本电脑及内存条等。有些笔记本电脑的显示器已经碎裂。
3	 掏出货物拆包；显示屏包装；“不显”显示屏 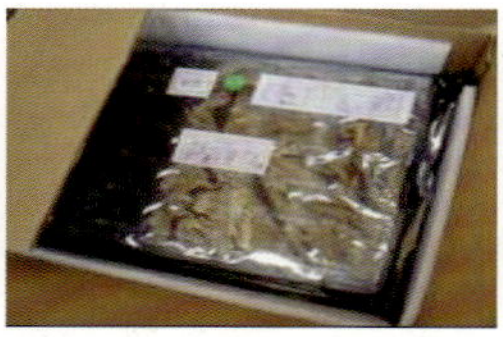 	主要是装在箱子中的贴有废品标签并写有“不显”二字的手机显示屏。

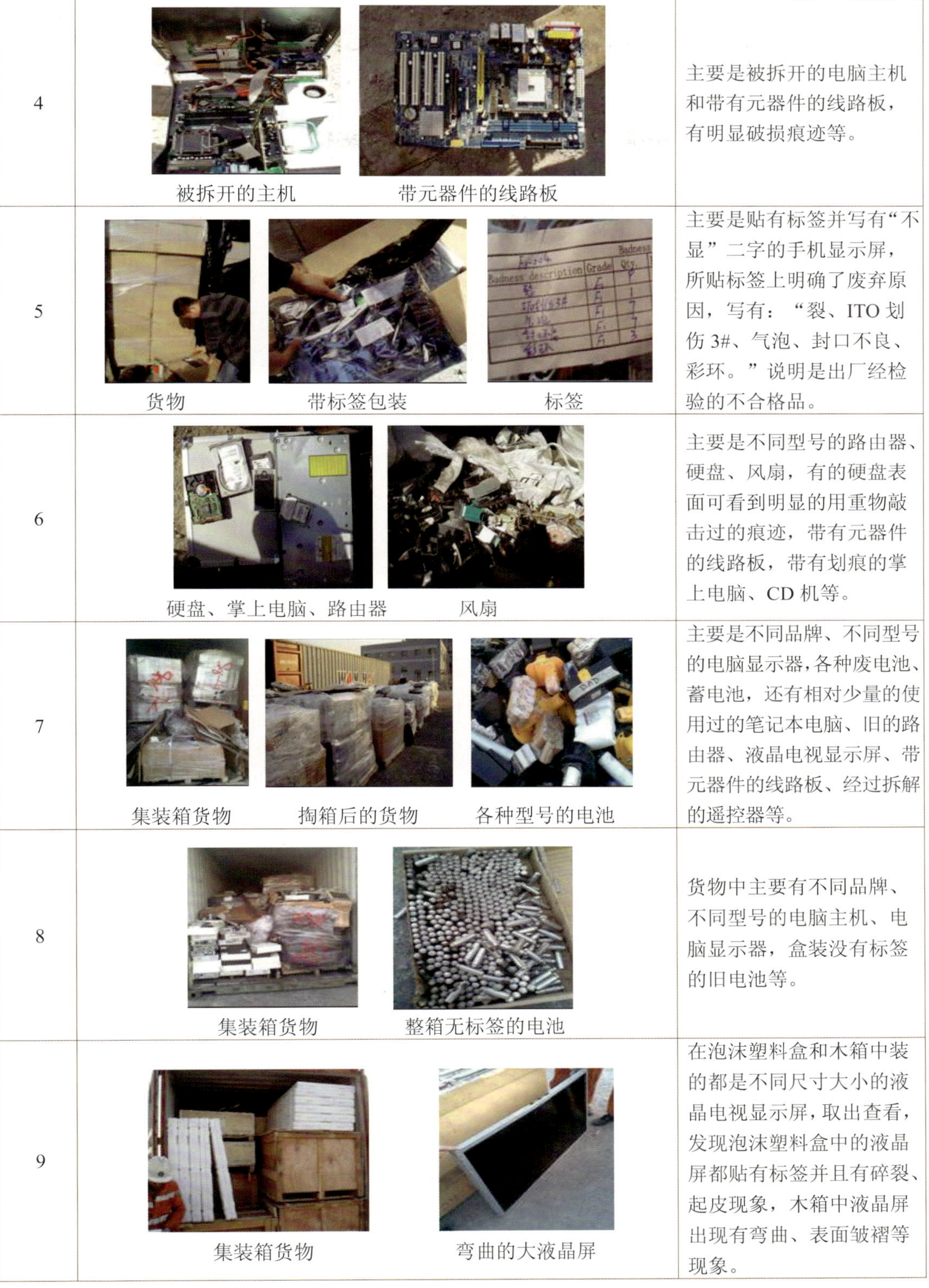

4	被拆开的主机　带元器件的线路板	主要是被拆开的电脑主机和带有元器件的线路板，有明显破损痕迹等。
5	货物　带标签包装　标签	主要是贴有标签并写有“不显”二字的手机显示屏，所贴标签上明确了废弃原因，写有：“裂、ITO 划伤 3#、气泡、封口不良、彩环。”说明是出厂经检验的不合格品。
6	硬盘、掌上电脑、路由器　风扇	主要是不同型号的路由器、硬盘、风扇，有的硬盘表面可看到明显的用重物敲击过的痕迹，带有元器件的线路板，带有划痕的掌上电脑、CD 机等。
7	集装箱货物　掏箱后的货物　各种型号的电池	主要是不同品牌、不同型号的电脑显示器，各种废电池、蓄电池，还有相对少量的使用过的笔记本电脑、旧的路由器、液晶电视显示屏、带元器件的线路板、经过拆解的遥控器等。
8	集装箱货物　整箱无标签的电池	货物中主要有不同品牌、不同型号的电脑主机、电脑显示器，盒装没有标签的旧电池等。
9	集装箱货物　弯曲的大液晶屏	在泡沫塑料盒和木箱中装的都是不同尺寸大小的液晶电视显示屏，取出查看，发现泡沫塑料盒中的液晶屏都贴有标签并且有碎裂、起皮现象，木箱中液晶屏出现有弯曲、表面皱褶等现象。

10	 集装箱货物	 各种有破损的电器	 贴有标签的显示器	主要是不同品牌、不同型号的电脑显示器、主机、光驱，还有表面破损并带有划痕的投影仪、游戏机、电话机、路由器等。有些显示器上贴有“PC RECYCLE”的标签。

3 物质属性鉴别分析

根据货物特征判断，集装箱中的货物一部分是未通过检验的不合格品；一部分是在仓库长期积压而失效的货物；大部分货物为回收的使用过的电子电器产品经拆解并进行简单分类后的拆解件。这些物品都是已经丧失了原有利用价值或者未丧失利用价值但被抛弃或者放弃的物品。因此，根据我国《固体废物污染环境防治法》中固体废物的定义以及《固体废物鉴别导则（试行）》中关于固体废物的原则，判断货物属于固体废物，为电子废物。

环境保护部、海关总署等五部门2009年发布的第36号公告中《禁止进口固体废物目录》包括“8469—8473 废弃计算机类设备和办公类电器电子产品”、“8517，8518 废弃通信设备”、“8519—8531 废弃视听产品及广播电视设备和信号装置”、“8532—8534，8540—8542 废弃电器电子元器件等”、“84、85、90 章 其他废弃机电产品和设备”，因此，鉴别货物全部属于我国目前禁止进口的固体废物。

4 结论

鉴别货物属于我国禁止进口的固体废物。

112. 废单晶圆片

1 背景

2006 年 11 月，固体废物研究所对某公司申报进口的“单晶硅片 6”（6 英寸）货物样品进行废物属性鉴别，需要确定是否属于国家禁止进口的固体废物。在查阅相关资料和咨询专家的基础上编写鉴别报告。

2 样品特征及物质特性分析

样品为 40 多个 6 英寸大小的圆片，有的圆片银色面有标记和明显的脏污痕迹，有的圆片 IC（集成电路）面有标记痕迹，个别样品破碎，包装纸盒内上下层用海绵铺垫作缓冲层，圆片样品见图 1~ 图 6。

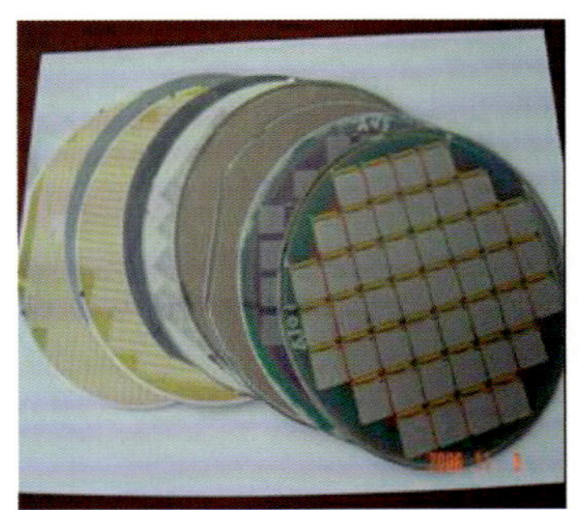

图 1　不同的样品

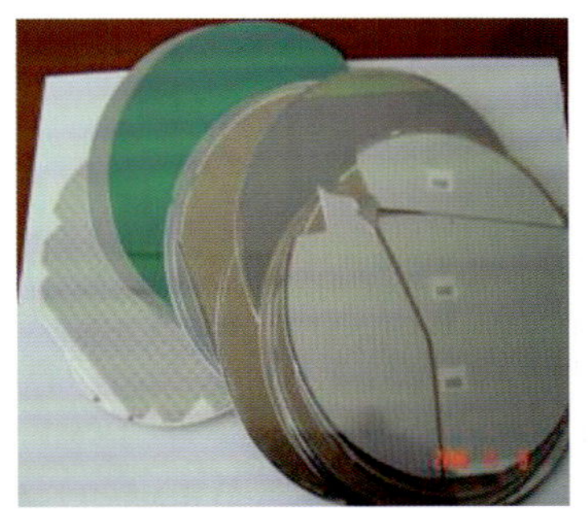

图 2　不同的样品

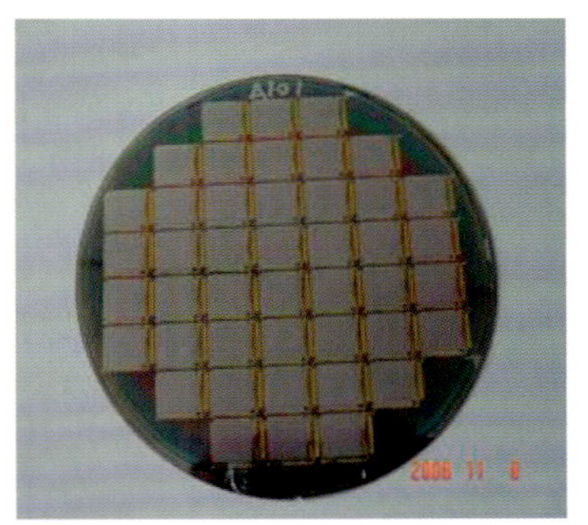

图 3　单片样品 IC 面

图 4　单片样品 IC 面

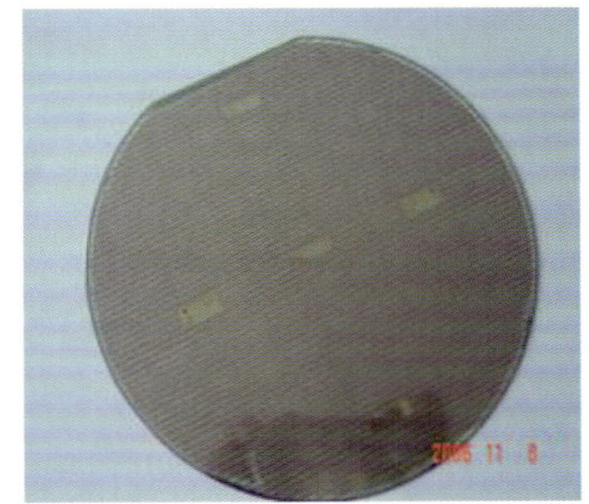

图 5　单片样品 IC 面

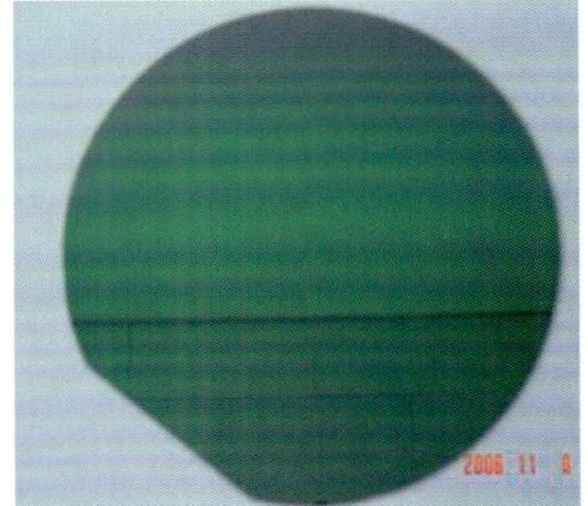

图 6　单片样品 IC 面

随机抽取一圆片样品对正反两面采用 X 射线荧光光谱仪分析样品的基本组成，正面为金黄色并有电路图案，反面为银色，结果见表 1。

表 1　　样品组成成分及含量

单位：%

组成	SiO_2	Al_2O_3	P_2O_5	TiO_2	CuO	SO_3
金色面	77.66	18.84	2.05	1.43	0.01	0.01
组成	Si	P	—	—	—	—
银色面	99.5	0.5	—	—	—	—

3 样品物质属性鉴别分析

（1）产生来源分析

①单晶硅和集成电路 (IC)[1]

晶圆是以往习惯上所称的单晶硅，晶圆厂所生产的产品实际上包括两大部分：晶圆切片（也简称为晶圆）和大规模集成电路芯片（可简称为芯片）。前者只是一片像镜子一样的光滑圆形薄片，从严格的意义上来讲，并没有什么直接的实际应用价值，只是作为后续芯片生产工序深加工的原材料。而后者才是直接应用在计算机、电子、通信等许多行业上的最终产品，它包括 CPU、内存单元和其他各种专业应用芯片（集成电路）。集成电路制造工序繁多、工艺复杂且技术难度非常高（从原料开始融炼到最终产品包装需 400 多道工序）。

从大的方面来讲，晶圆生产包括晶棒制造和晶片制造两大步骤，它又可细分为以下几道主要工序（其中晶棒制造只包括下面的第一道工序，其余的全部属晶片制造，所以有时又统称它们为晶柱切片后处理工序）：

晶棒成长—晶棒裁切与检测—外径研磨—切片—圆边—表层研磨—蚀刻—去疵—抛光—清洗—检验—包装。

芯片的制造过程可概分为晶圆处理工序（Wafer Fabrication）、晶圆针测工序（Wafer Probe）、构装工序（Packaging）、测试工序（Initial Test and Final Test）等几个步骤。其中晶圆处理工序和晶圆针测工序为前段（Front End）工序，而构装工序、测试工序为后段（Back End）工序。

晶圆及芯片制造业是一个高度技术密集、资金密集的产业，其生产对环境要求非常严格，例如对电力、水源、燃气的供应，不仅有很高的质量要求，还须采用双回路，甚至三回路，从而保证在任何时候都能充足、及时供给。另外对空气环境、地表微震动、厂址地质条件也都有严格要求。至于其厂区内部，由于工艺条件所决定，许多工序都必须在恒温、恒湿、超洁净的无尘厂房内完成，室内环境的各项参数均须自动调节，以保证随时处于最佳状况，因此，不仅厂房造价相当高，生产、控制设备也异常先进、昂贵。

②样品是经过器件处理后的单晶硅圆片

从外观特征（见图 1~ 图 6）和成分分析（表 1）看，样品不是单纯意义上的单晶硅圆片，其上经过了集成电路的加工处理。通过咨询半导体研究专家和晶圆片生产专家，判断样品是经过器件工艺加工后的 6 英寸硅片。由于单晶硅圆片的特殊用途和严格的质量要求，用于制造芯片的单晶硅圆片的成分和外观特征不可能像样品一样混合存放、受到污染，样品不可能直接用于制造集成电路芯片。因此，样品是经过器件处理后的单晶硅圆片。

（2）固体废物属性分析

由于集成电路的生产工序非常复杂和环境条件要求很高，因而，集成电路生产的可靠性评价、筛选、应用就成为提高产品质量的关键工作 [2,3,4]。以 IC 生产封装为例，封装业属于整个 IC 生产中的后道生产过程，在该过程中，对于塑封 IC、混合 IC 或单片 IC，主要有晶圆减薄（磨片）、晶圆切割（划片）、上芯（粘片）、压焊（键合）、封装（包封）、前固化、电镀、打印、后固化、切筋、装管、封后测试等工序。各工序对不同的工艺环境有不同的要求，工艺环境因素主要包括空气洁净度、高纯水、压缩空气、CO_2、N_2、温度、湿度等 [5]。由此，集成电路生产的各个工序中都不可避免会产生不合格品，成为次品、废品。

将样品进一步咨询微电子研究专家，判断样品是报废的集成电路。

在 40 多个单片样品中只有两个属于没有 IC 的纯硅片，其他都是带电路的或经过工序处理的硅片，但无论是哪种情况，鉴别样品已经丧失了原有单晶硅片或集成电路的用途，最可能的商业用途是用来加工单晶硅棒（加工单晶硅圆片前的原料），但这种加工同样不是简单的加工再利用，必须经过复杂的生产过程。加工再利用过程中要添加一些其他物质，如 P、As、Sb[6]，还要去掉大量的杂质，从而会产生环境污染。在高纯硅 (Si) 原料不紧缺时，国外作为垃圾抛弃掉。当然，还有一种可能用途是回收集成电路中的贵金属。

因此，样品是丧失原有利用价值的物品，是生产过程中产生的废弃物质、报废产品，依据《固体废物污染环境防治法》关于固体废物的定义以及《固体废物鉴别导则（试行）》的原则，判断样品属于固体废物。

《固体废物污染环境防治法》规定："禁止进口列入禁止进口目录的固体废物。进口列入限制进口目录的固体废物，应当经国务院环境保护行政主管部门会同国务院对外贸易主管部门审查许可。进口列入自动许可进口目录的固体废物，应当依法办理自动许可手续。进口的固体废物必须符合国家环境保护标准，并经质量监督检验检疫部门检验合格。"在《废物进口环境保护管理暂行规定》（环控 [1996]204 号文）中公布的"国家限制进口的可用作原料的废物目录"及其增补的名录，原对外贸易经济合作部、原国家环境保护总局、海关总署、国家质检总局公布的《限制进口类可用作原料的废物目录（第一批）》（2001 年第 41 号公告），《关于调整废物进口环境保护管理有关问题的通知》（环发 [2002]7 号文）中《自动进口许可管理类可用作原料的废物目录》，以及 2005 年原国家环境保护总局、海关总署、国家质检总局第 5 号公告附件一《自动进口许可管理类可用作原料的废物目录》和附件二《限制进口类可用作原料的废物目录》中均没有"单晶硅圆片废料"或"经器件工艺加工后的单晶硅废料"及其类似的废物。至今，国家既没有制定相应的环境保护标准，也没有审批许可这类废物进口。

2002 年对原外贸易经济合作部、海关总署、原国家环境保护总局公布了《禁止进口货物目录》（第五批），其中明确包括"8542.1000~8542.9000 集成电路及微电子组件"，商务部、海关总署、原国家环境保护总局 2004 年第 55 号公告的附件一《加工贸易禁止类商品目录》中再一次明确将"8542.1000~8542.9000 旧集成电路及微电子组件"列为禁止进口商品。因此，样品属于我国禁止进口的固体废物。

4 结论

样品是经过器件工艺处理后的单晶硅圆片，是报废的集成电路，属于禁止进口的固体废物。

参考文献

[1] 超大规模集成电路及其生产工艺流程 .http://ic.sjtu.edu.cn/.

[2] 章晓文 . 微电子工艺技术可靠性 [J]. 电子质量 ,2003(9):64.

[3] 张树文 . 集成电路的可靠性筛选 [J]. 电子质量 ,2003(3):116.

[4] 阎立 . 集成电路可靠性应用技术 [J]. 电子质量 ,2005(4):26.

[5] 杨恩江 . 环境与静电对集成电路封装过程的影响 [J]. 电子与封装 ,2003(1):43-44.

[6] 孙家跃 , 杜海燕 . 无机材料制造与应用 [M]. 北京 : 化学工业出版社 ,2001.

5

第五部分

鉴别为非废物的案例

113. 褐铁矿石

1 背景

2008 年 3 月，固体废物研究所对某公司申报进口的“马来西亚铁矿砂”货物样品进行废物属性鉴别，需要确定是否属于国家禁止进口的固体废物。在实验分析、咨询专家和查阅相关资料的基础上编写鉴别报告。

2 样品特征及物质特性分析

（1）样品为不规则的块状固体，主体颜色黑褐色，绝大部分样品中间夹杂黄色、土红色和黄褐色物质，有的样品黑色部分可见银色晶体，有的样品具有非常不规则的孔隙，没有明显加工的痕迹，外表可见大量风化粉粒。样品比重大、坚硬，用铁锤可砸碎。样品外观形态见图 1。

（2）从样品中随机抽取几小块，采用 X 射线荧光光谱仪分析其组成，成分及含量见表 1。

表 1　样品的主要成分及含量（元素均以氧化物计）

单位：%

成分	Fe_2O_3	SiO_2	MnO	Al_2O_3	CaO	MgO	BaO	SO_3	P_2O_5	ZnO	K_2O
含量	91.67	3.45	3.32	0.97	0.14	0.12	0.11	0.09	0.05	0.02	0.03

（3）随机抽取几小块样品，采用 X 射线衍射仪对样品进行物相分析，主要物相为 FeO(OH)、Fe_3O_4、MnO(OH)、SiO_2、Mn_5O_8。

（4）能谱分析显示样品主要化学组成为 Fe、Mn、Al、Si，能谱见图 2。样品表面呈褐色，新鲜断面显金属光泽，具有典型的胶体结核状、瘤状构造，断面上可见胶体生长纹。

图 1　样品

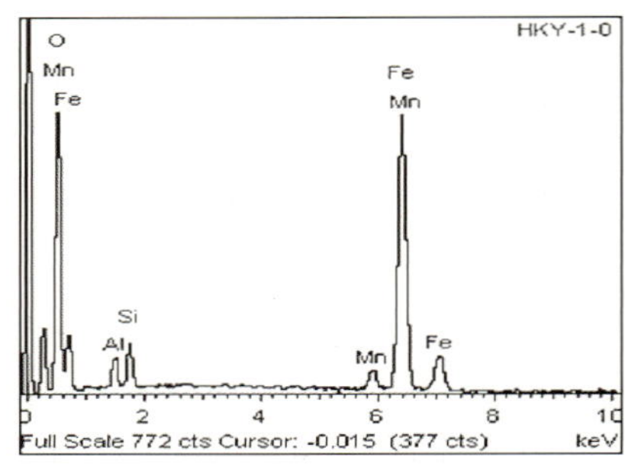

图 2　样品能谱图

3 样品物质属性鉴别分析

（1）铁矿石

铁矿石主要用于钢铁工业。铁矿石种类繁多，目前已经发现的铁矿石和含铁矿石约 300 种。但当前具有工业利用价值的主要是磁铁矿、赤铁矿、磁赤铁矿、褐铁矿、菱铁矿和钛铁矿等 [1]。

①磁铁矿（Magnetite）：是一种氧化铁的矿石，主要成分为 Fe_3O_4，它是 Fe_2O_3 和 FeO 的复合物，集合体多为致密的块状和粒状。颜色为铁黑色、条痕为黑色，半金属光泽，不透明。

具有强磁性。磁铁矿石氧化后可变成赤铁矿（假象赤铁矿及褐铁矿），但仍能保持其原来的晶形。在选矿时可磁选，处理非常方便；但由于其结构细密，还原性较差。经过长期风化作用后即变成赤铁矿。

②赤铁矿（Hematite）：是一种氧化铁的矿石，主要成分为 Fe_2O_3，呈暗红色，比重约为 5.26，是最主要的铁矿石。由其本身结构状况的不同又可分成很多类，如赤色赤铁矿（Red hematite）、镜铁矿（SPEcularhematite）、云母铁矿（Micaceous hematite）、黏土质赤铁（Red Ocher）等。

③褐铁矿（Limonite）：是含有氢氧化铁的矿石。它是针铁矿（Goethite）$HFeO_2$ 和鳞铁矿（LepidoCRocite）FeOOH 两种不同结构矿石的统称，也有人把它的主要成分写成 $mFe_2O_3 \cdot nH_2O$，呈现土黄或棕色，含大约 62%Fe，比重为 3.6~4.0，多半是附存在其他铁矿石之中。

④菱铁矿（Siderite）：是含有碳酸铁的矿石，主要成分为 $FeCO_3$，呈现青灰色，比重在 3.8 左右。这种矿石多半含有相当多数量的钙盐和镁盐。由于碳酸根在高温 800~900℃时会吸收大量的热而放出 CO_2，所以多半先把这一类矿石加以焙烧之后再加入鼓风炉。

⑤铁的硅酸盐矿（Silicate Iron）：此类矿石是一种复合盐，没有一定的化学式，成分变化大，一般呈现深绿色，比重为 3.8 左右，含铁很低，是一种较差的铁矿石。

⑥硫化铁矿（Sulphide iron）：这种矿石含有 FeS_2，含铁只有 46.6% 而硫含量达到 53.4%。呈灰黄色，比重为 4.95~5.10。由于这种矿石常含有其他较贵重的金属，如 Cu、Ni、Zn、Au、Ag 等，所以常被用做他种金属冶炼工业的原料；又由于其含有大量的硫，所以常被用来制取硫黄。

（2）样品为褐铁矿石

前述样品的外观形态表明样品具有天然矿物的外在特征。

样品中铁的含量为 64.17%，还含有矿物中常见的 SiO_2、Al_2O_3、MnO、CaO、MgO 等成分。武汉钢铁公司技术中心曾经研制了铁矿石国家标准样品[2]，标准值见表 2。样品中除 MnO 含量偏高外，Fe、Si、Al、Ca、Mg 等主要成分及其含量非常接近表 2。

表 2　　铁矿石国家标准样品的主要成分及其含量

单位：%

	TFe	FeO	SiO_2	Al_2O_3	MgO	CaO	P	S	Mn	TiO_2	K_2O	Na_2O	Zn	Cu
赤铁矿	63.8	0.25	4.62	2.05	0.06	0.09	0.03	0.02	0.18	0.12	0.32	0.03	0.03	0.01
球团矿	62.8	0.74	5.34	1.33	1.58	1.19	0.11	0.28	0.06	0.04	0.07	0.14	0.02	0.01

样品中铁以羟基氧化铁（FeOOH）为主，这一特征与褐铁矿的物相结构特征相符合；样品的颜色与褐铁矿的颜色特征也相符合。通过咨询矿冶专家，天然的褐铁矿矿石主要由针铁矿（FeOOH）组成，也可以写为 $Fe_2O_3 \cdot H_2O$，含有约 10% 的结合水，针铁矿结晶沉淀的同时，往往有 Si、Al、Mn 氧化物的胶体一起沉淀。

综上所述，判断样品为褐铁矿石。

4 结论

样品是褐铁矿石，不属于固体废物。

参考文献

[1] 李风贵，张西春 . 铁矿石检验技术 [M]. 北京：中国标准出版社，2005.

[2] 张春兰 . 铁矿石国家标准样品的研制 [J]. 冶金分析，2004,24(z1):285.

114. 磁铁矿石

1 背景

2007 年 5 月，固体废物研究所对某公司申报进口的“铁矿砂”货物样品进行废物属性鉴别，需要确定样品货物是否为国家禁止进口的固体废物。在实验分析、咨询专家和查阅相关资料的基础上编写鉴别报告。

2 样品特征及物质特性分析

（1）样品为不规则固体，主体颜色为黑色，具有磁性，中间夹杂黄色和黄褐色物质，没有明显加工的痕迹，黑色部分可见银白色晶体，外表可见风化粉粒。样品坚硬但用铁锤可砸碎，砸碎时大部分为块状，也有部分细颗粒。取部分小块固体，测得比重大约为 4.2，样品外观特征如图 1~ 图 3 所示。

图 1　样品

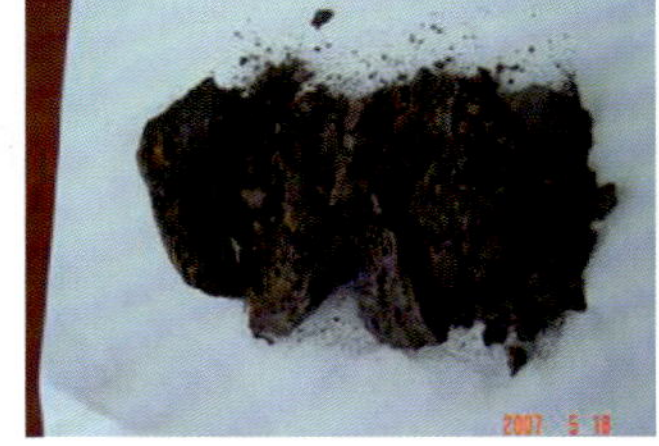

图 2　样品破碎后的形态

图 3　样品破碎后的形态

（2）采用 X 射线荧光光谱仪分析样品的组成，成分及含量见表 1。

表 1　样品主要成分及含量（元素均以氧化物计）

单位：%

成分	Fe_2O_3	SiO_2	Al_2O_3	CaO	MgO	Na_2O	ZnO	SO_3	P_2O_5	K_2O	TiO_2
含量	90.6	5.81	2.78	0.25	0.24	0.08	0.08	0.06	0.05	0.04	0.03

（3）采用 X 射线衍射仪对样品进行物相结构分析，物相主要为 Fe_3O_4。显微镜下鉴定可确定其主要矿物为磁铁矿，相对含量在 85% 以上，因在地表经受风化，所以存在少量赤铁矿和褐铁矿，脉石的含量不超过 10%。主要矿物组成的嵌布特征见图 4 和图 5。

图 4 表明矿石中最主要矿物磁铁矿（Mt）粒间有脉石（Gn）充填，这种构造特征是地质条件下形成的，即它是天然矿产品。图 5 表明磁铁矿颗粒（Mt）受到后期形成的赤铁矿（Ht，灰白色）及脉石（Gn）交代，这种构造特征在内生成因的磁铁矿矿石中常见。

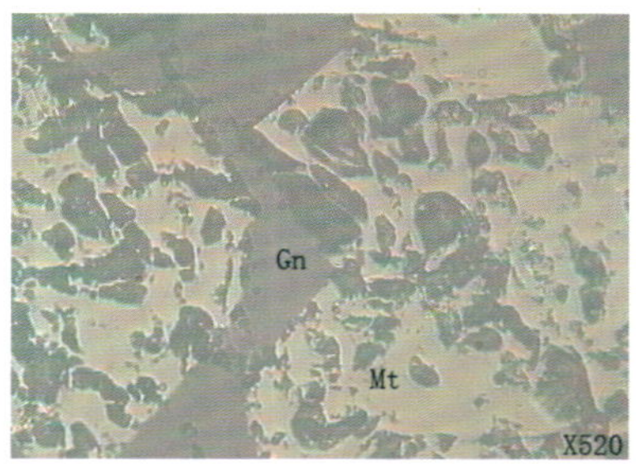

图 4　显微镜图像

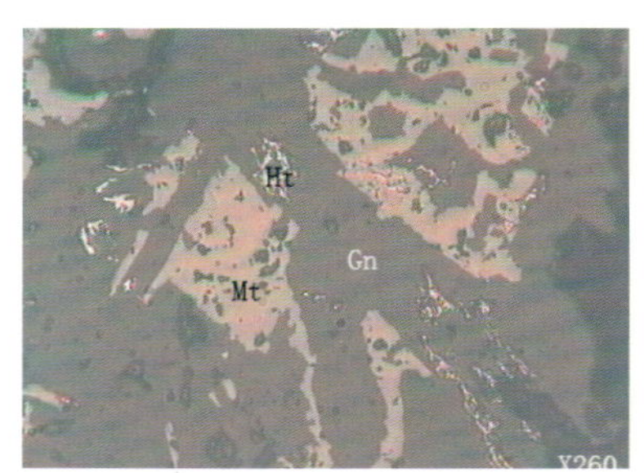

图 5　显微镜图像

3 样品物质属性鉴别分析

（1）磁铁矿石

铁矿石主要用于钢铁工业。铁矿石种类繁多，目前已经发现的铁矿石和含铁矿石约300种。当前具有工业利用价值的主要是磁铁矿、赤铁矿、磁赤铁矿、褐铁矿、菱铁矿、钛铁矿等 [1]。

理论上，磁铁矿中含31.03%FeO、68.97%Fe_2O_3，或者含72.4%Fe、27.6%O。集合体多成致密的块状和粒状。颜色为铁黑色、条痕为黑色，半金属光泽，不透明。相对密度4.9~5.2。具有强磁性。磁铁矿石氧化后可变成赤铁矿（假象赤铁矿及褐铁矿），但仍能保持其原来的晶形。

磁铁矿石中常有相当数量的Ti、Mg、V等相应地替代Fe^{2+}和Fe^{3+}，因而形成一些矿物亚种，如钛磁铁矿石、钒磁铁矿石、钒钛磁铁矿石、镁磁铁矿石、铬磁铁矿石等。

（2）样品为磁铁矿石

样品为一整块不规则固体，主体颜色为黑色，具有磁性，中间夹杂黄色和黄褐色物质，没有明显加工的痕迹，黑色部分可见银白色晶体，外表可见风化粉粒；样品坚硬但用铁锤可砸碎，砸碎时大部分为无规则块状，也有部分细颗粒；比重较大。说明样品很可能为天然含铁矿物。

样品主要含铁，含量达到了63.2%，还含有矿物中常见的SiO_2、Al_2O_3、CaO、MgO等成分。武汉钢铁公司技术中心曾经研制了铁矿石国家标准样品 [2]，标准值见表2。将表1样品的成分含量与表2的铁矿石标样定值进行对比，两者成分及含量基本相近。

表2　铁矿石标准样品定值

单位：%

	TFe	FeO	SiO_2	Al_2O_3	MgO	CaO	P	S	Mn	TiO_2	K_2O	Na_2O	Zn	Cu
赤铁矿	63.8	0.25	4.62	2.05	0.06	0.09	0.03	0.02	0.18	0.12	0.32	0.03	0.03	0.01
球团矿	62.8	0.74	5.34	1.33	1.58	1.19	0.11	0.28	0.06	0.04	0.07	0.14	0.02	0.01

样品基本不含有害重金属和其他有害物质，依据样品物理特征、成分分析、物相结构分析、显微镜观察等方面的分析，通过咨询矿物专家和冶炼专家，综合判断样品为磁铁矿石。

4 结论

样品是磁铁矿石，不属于固体废物。

参考文献

[1] 李风贵，张西春．铁矿石检验技术[M]. 北京：中国标准出版社，2005.
[2] 张春兰．铁矿石国家标准样品的研制[J]. 冶金分析，2004,24(z1):285.

115. 磁铁矿粉

1 背景

2009 年 9 月，固体废物研究所对某公司申报进口的“铁矿粉”货物样品进行废物属性鉴别，需要确定是否属于国家禁止进口的固体废物。在实验分析、咨询专家和查阅相关资料的基础上编写鉴别报告。

2 样品特征及物质特性分析

（1）将两个样品分别编为 1 号和 2 号，据委托单位介绍，前者为进口货物原样，后者为经过碾磨的粉样。1 号样品为黑色粉末，夹杂大小不均的颗粒，较粗颗粒硬度较大，无明显气孔，有的颗粒表面呈花纹状，有的表面可见细粒亮晶；2 号样品为灰黑色粉状物，粉末微细均匀，外观无杂质。样品均具有较强磁性。测定样品含水率分别为 1.84% 和 0.12%，样品干基 550℃下灼烧后的烧失率分别为 0.46% 和 0.25%。样品外观形态见图 1 和图 2。

图 1　1 号样品

图 2　2 号样品

（2）采用 X 射线荧光光谱仪分析样品的组成，成分及含量见表 1。

表 1　样品主要成分及含量（除 Cl 以外，其他元素均以氧化物计）

单位：%

样品	Fe_2O_3	MgO	SiO_2	Al_2O_3	CaO	MnO	K_2O	ZnO	TiO_2	SO_3	Cl	P_2O_5	SnO_2
1 号	51.66	21.27	19.0	3.49	1.93	1.75	0.58	0.12	0.09	0.05	0.03	0.03	0.02
2 号	49.91	20.98	21.37	3.01	2.04	1.58	0.76	0.11	0.08	0.08	0.04	0.03	0.02

（3）对样品进行物相结构分析，1 号样品主要为 45%Fe_3O_4、12%$MgFe_2O_4$、25%SiO_2、4%MnO_2、8%Mg_2SiO_4、2%$Mn_5Al(Si_3Al)O_{10}(OH)_8$、4% $(Fe,Mg,Al)_7Al_2Si_6O_{22}(OH)_2$；2 号样品主要为 48%$Fe_3O_4$、10%$MgFe_2O_4$、27%$SiO_2$、3%$MnO_2$、6%$Mg_2SiO_4$、2%$Fe_3(Si,Fe)_2O_5(OH)_4$、4% $(Fe,Mg,Al)_7Al_2Si_6O_{22}(OH)_2$。

（4）对样品进行能谱分析，结果见图 3 和图 4，1 号样品主要含 Fe、Mg、Si，另有少量 Al、Ca、K、Mn；2 号样品的化学组成特征与 1 号样品基本相同，只是在量上稍有差异。能谱分析表明样品属铁品位中等的含铁物料。

显微镜下可见样品中的磁铁矿成分在脉石中呈稠密浸染状或稀疏浸染状构造，为天然地质过程中形成的典型构造，见图 5~ 图 8，这种结构构造不是在冶金过程中形成的，因冶金渣一般呈树枝状的填隙结构并有气孔。图中的这种结构构造特征表明它们都是天然矿石；由于矿粒中磁铁矿浸染的稠密程度不同，所以外观上表现出的色泽不同，比重有差异。

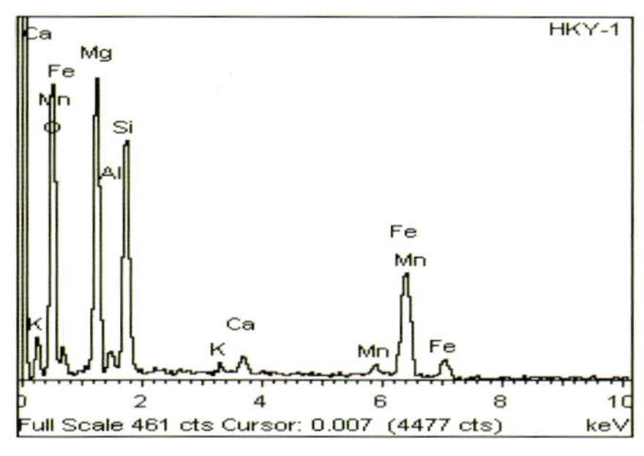

图 3　1 号样品能谱

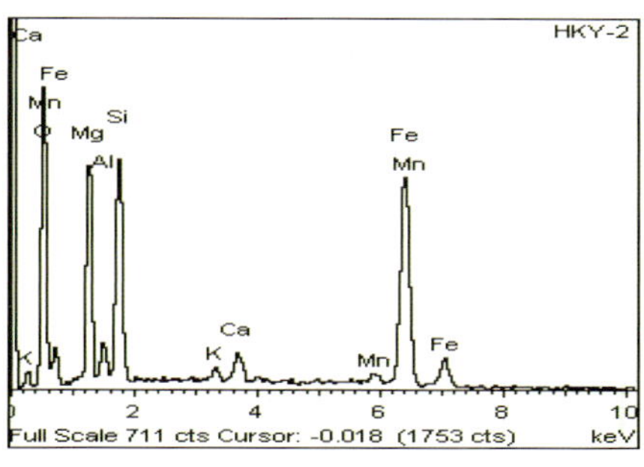

图 4　2 号样品能谱

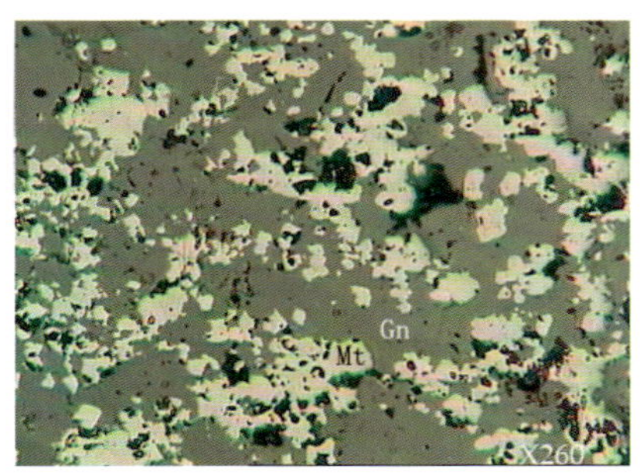

图 5　磁铁矿（Mt，灰白色）在脉石（Gn，暗灰色）中呈稀疏浸染状嵌布

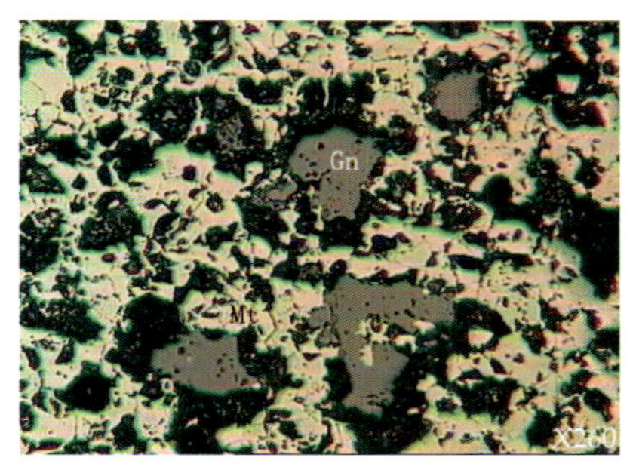

图 6　磁铁矿（Mt，灰白色）在脉石（Gn，暗灰色）中呈稠密浸染状嵌布

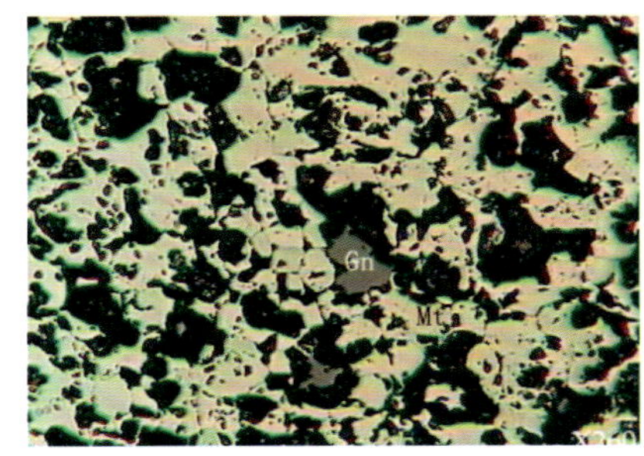

图 7　在致密块状矿粒中磁铁矿（Mt）颗粒集合体内部只有很少量的脉石（Gn）

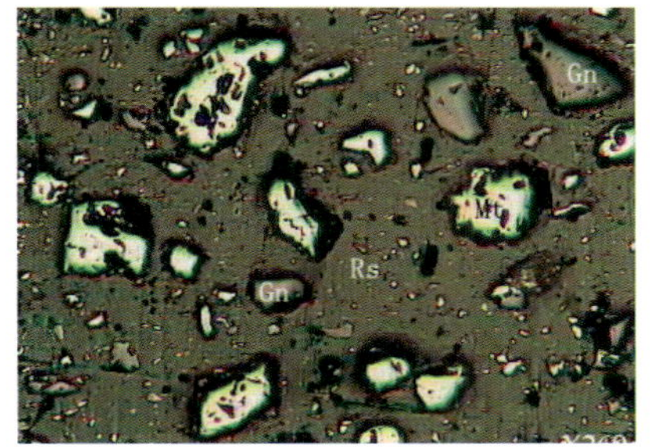

图 8　2 号样品中脉石（Gn）和磁铁矿（Mt）基本上已解离

样品中的主要金属形态均为磁铁矿（可含类质同象代换杂质 Si、Al、Mg 等），脉石矿物则主要为镁橄榄石，另有少量辉石、透闪石、蛇纹石、石英，可能存在硅镁石。

3 样品物质属性鉴别分析

（1）冶金渣

①高炉渣

由于矿石的品位及冶炼生铁的种类不同，高炉渣的化学成分波动较大。我国部分高炉渣的化学组成见表 2。

表 2　我国高炉渣的化学成分及含量

单位：%

成分	CaO	SiO_2	Al_2O_3	MgO	MnO	Fe_2O_3	TiO_2	V_2O_5	S	F
普通渣	38~49	26~42	6~17	1~13	0.1-1	0.15~2	—	—	0.2~1.5	—
高钛渣	23~46	20~35	9~15	2~10	<1	—	20~29	0.1~0.6	<1	—
锰铁渣	28~47	21~37	11~24	2~8	5~23	0.1~0.7	—	—	0.3~3	—
含氟渣	35~45	22~29	6~8	3~7.8	0.1~0.8	0.15~0.19	—	—	—	7~8

由表 1 样品成分分析表明：样品中钙和铝的含量远低于表 2 的相应成分含量，而样品中铁、镁的含量又远高于表 2 的含量；样品具有明显的磁性，这与通常的高炉渣不具有磁性的特征不相符。另外样品物相结构分析表明样品含有大量的磁铁矿成分和其他矿物成分，与高炉渣不相符。因此，判断样品不是高炉渣。

②钢渣

钢渣是炼钢过程中排出的熔渣。炼钢方法主要是转炉、平炉和电炉炼钢。

转炉钢渣是钢渣的主要部分。上海宝山钢铁总厂等的转炉钢渣的化学组成见表 3。

表 3　宝钢等 4 个炼钢厂转炉钢渣的化学成分及含量

单位：%

炼钢厂	CaO	MgO	SiO_2	Al_2O_3	FeO	Fe_2O_3	MnO	P_2O_5	f-CaO
宝钢	40~49	4~7	13~17	1~3	11~22	4~10	5~6	1~1.4	2~9.5
马钢	45~50	4~5	10~11	1~4	10~18	7~10	0.5~2.5	3~5	11~5
上钢	45~51	5~12	8~10	0.6~1	5~20	5~10	1.5~2.5	2~3	4~10
邯钢	42~54	3~8	12~20	2~6	4~18	2.5~13	1~2	0.2~1.3	2~10

平炉钢渣：平炉钢渣周期比转炉长，分氧化期、精炼期与出钢期，并且每期终了都要出渣。氧化期排出的渣称为初期渣，精炼期排出的渣称为精炼渣，出钢后排出的渣称为出钢渣，精炼渣与出钢渣又合称为末期渣。马鞍山钢铁公司平炉渣的化学组成见表 4。

表 4　马鞍山钢铁公司平炉渣的化学成分及含量

单位：%

渣种	CaO	MgO	SiO_2	FeO	Fe_3O_4	MnO	Al_2O_3	P_2O_5
初期渣	18~30	5~8	9~34	27~31	4~5	2~3	1~2	6~11
精炼渣	42~55	6~12	10~20	10~20	5~11	1~2	2~ 5	3~8
出钢渣	50~60	4~7	10~18	6~10	4~6	1~2	2~3	3~7

电炉钢渣：电炉炼钢是以废钢为原料，主要生产特殊钢。电炉生产周期也长，分氧化期和还原期，分别产生氧化渣和还原渣。成都钢铁厂（简称成钢）和上钢电炉钢渣的化学组成见表 5。

表 5　电炉钢渣的化学成分及含量范围

单位：%

单位	渣种	CaO	MgO	SiO_2	FeO	Al_2O_3	MnO	P
成钢	氧化渣	29~33	12~14	15~17	19~22	3~4	4~5	0.2~0.4
上钢	还原渣	44~55	8~13	11~20	0.5~1.5	10~18	—	—

由表 1 样品成分分析表明，样品中钙的含量普遍低于表 3、表 4、表 5 的相应成分含量，而样品中铁含量又高于表 3、表 4、表 5 的含量。通过咨询冶金专家，综合判断样品不是钢渣。

③冶金渣的构造特征

冶金过程是熔炼分离过程，不同金属的冶炼过程产出的炉渣具有不同的化学组成和结构构造特征。钢铁冶金炉渣的渣型一般是 $CaSiO_3$ 系列，主要由 $2CaO{\cdot}SiO_2$（硅酸二钙）、$3CaO{\cdot}SiO_2$（硅酸三钙）组成，绝大部分铁通过吹炼在熔融状态下已变为金属铁水沉于下部，与浮于上部的渣实现分离。排渣是逐渐冷却、结晶的过程，其产物不可能是纯的镁硅酸盐。

又如炼铜过程形成铁的硅酸盐炉渣，其中可以有铁酸盐（和磁铁矿结构相同但由于在结晶过程中铁被熔渣中的 Ca、Mg、Al 等广泛代换，而具有复杂的成分），可表示为 $(Fe,Mg,Ca)(Fe,Al)_2O_4$ 和 $(Fe,Ca,Mg)_2SiO_4$（钙铁橄榄石），也不可能生成很纯的镁硅酸盐。

天然铁矿石在结构构造上也和冶金炉渣不同，前者一般是各种形式的浸染状构造，而后者一般是树枝状的填隙结构，有气孔，见图 9。

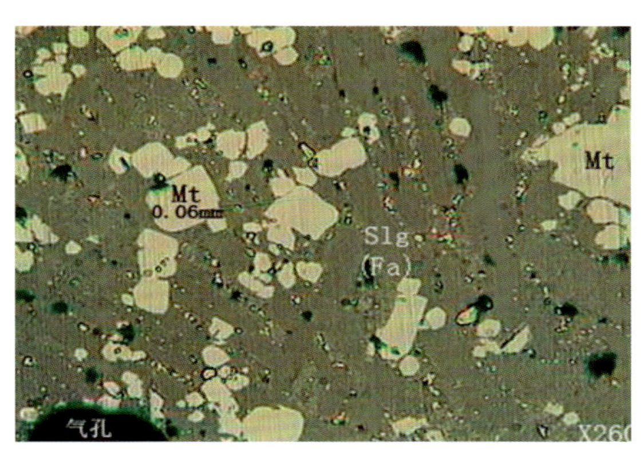

（磁铁矿（Mt）呈自形～半自形结晶充填于柱状铁橄榄石（Fa）粒间）

图 9　某种冶炼炉渣照片

总之，现有证据不能证明样品属于冶金渣。

（2）样品为天然磁铁矿

铁矿石主要用于钢铁工业，冶炼含碳量不同的生铁（含碳量在 2% 以上）和钢（含碳量在 2% 以下）。铁矿石种类繁多，目前已经发现的铁矿石和含铁矿石约 300 种。但在当前技术条件下，具有工业利用价值的主要是磁铁矿、赤铁矿、褐铁矿、菱铁矿、磁赤铁矿、钛铁矿等。铁矿石分类见表 6。

表 6　铁矿石分类

	磁铁矿	赤铁矿	褐铁矿	菱铁矿	铁的硅酸盐矿	硫化铁矿
主要成分	Fe_3O_4	Fe_2O_3	$m Fe_2O_3 \cdot n H_2O$	$FeCO_3$	复合盐	FeS_2
比重	4.9~5.2	5.26	3.6~4.0	3.8	3.8	4.95~5.10
元素含量 /%	Fe:72.4, O:27.6	Fe:70, O:30	Fe:62, O:27, H_2O:11	—	—	Fe:46.6, S:53.4
颜色	黑灰色	暗红色	土黄或棕色	青灰色	深绿色	灰黄色
其他	具有强磁性，氧化后可变成赤铁矿，仍保持原来晶形。	包括赤色赤铁矿、镜铁矿、云母铁矿、黏土质赤铁。	针铁矿和鳞铁矿的统称。多半是附存在其他铁矿石之中。	多半含有相当多数量的钙盐和镁盐。	成分变化大，含铁成分很低，是一种较差的铁矿石。	含大量硫，常用来提制硫黄，铁成为副产品，已不能称为铁矿石。

根据委托单位提供的样品信息，1 号和 2 号两个样品为同一批货物，从表 1 中两个样品的主要成分和含量的基本一致性也得到了确认；样品无论粉末还是颗粒均具有明显的磁性，物相结构分析表明样品中含有大量的 Fe_3O_4，与磁铁矿特征相符；样品外观为黑色，颗粒大小不均匀，大颗粒样品硬度较大，用铁锤可以敲碎，断面处可见银白色晶体，没有明显冶炼加工的痕迹。电镜能谱分析表明，样品中的磁铁矿成分在脉石中呈稠密浸染状或稀疏浸染状构造，这种结构不是冶金过程中形成的，而是在典型的天然地质过程中形成的；电镜能谱分析进一步表明样品中的脉石矿物成分主要为镁橄榄石，另见少量辉石、透闪石、蛇纹石、石英，可能存在硅镁石；根据表 1 和样品物相结构初步分析，估算样品中含 36% 的铁，总铁含量属中低等，而硅、镁含量较高，这种现象存在于不同地域的不同品位的磁铁矿；而样品含较高的镁，这种现象可能是由于在镁质岩石的接触带通过热液作用形成铁矿石的过程中，矿石中也形成了镁橄榄石和蛇纹石以及一些钙镁硅酸盐。因此，样品特征与天然磁铁矿特征基本相符，判断样品为磁铁矿。

4 结论

样品是天然磁铁矿，不属于固体废物。

116. 铁精矿

1 背景

2011 年 5 月，固体废物研究所对某公司申报进口的“直接还原铁粉”货物样品进行鉴别，需要分析其成分和各成分的含量，判定货物的特性以及产生的过程，确定是否属于国家禁止进口的固体废物。在实验分析、咨询专家和查阅相关资料的基础上编写鉴别报告。

2 样品特征与物质特性实验分析

（1）样品为黑色粉末，其中夹杂黑色球团和形状不规则碎块，大小不一，有的球团硬度较大，有的碎块可以用手捻碎，粉末具有磁性。用 2 mm 筛网筛分样品，将筛上球团和碎块编为 1 号，筛下粉末编为 2 号，两者重量比例分别为 26% 和 74%。测定样品的含水率为 5.9%，干基 550℃灼烧后样品由黑色变为红褐色，重量增加 3.9%。样品外观形态如图 1 和图 2 所示。

图 1　样品

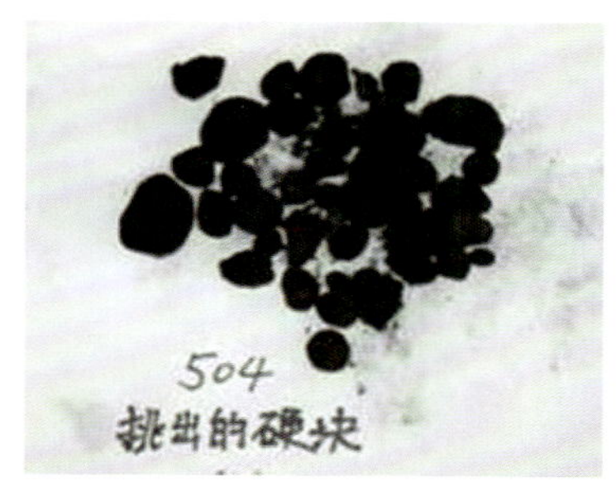

图 2　样品中挑出的硬块

（2）采用 X 射线衍射仪对碎块样品和粉末样品的物相结构进行分析，结果见表 1。

表 1　样品主要成分及含量（元素均以氧化物计）

单位：%

样品	Fe_2O_3	SiO_2	Al_2O_3	MgO	CaO	P_2O_5	TiO_2	MnO	SO_3	K_2O
1 号	92.88	3.70	1.85	0.61	0.49	0.19	0.10	0.09	0.06	0.02
2 号	88.79	4.70	3.78	1.46	0.45	0.31	0.29	0.09	0.08	0.05

（3）能谱分析表明，两个样品均主要含有 Fe，以及少量的 Si、Al、Mg、Ca 等造渣组分，能谱图分别见图 3 和图 4。

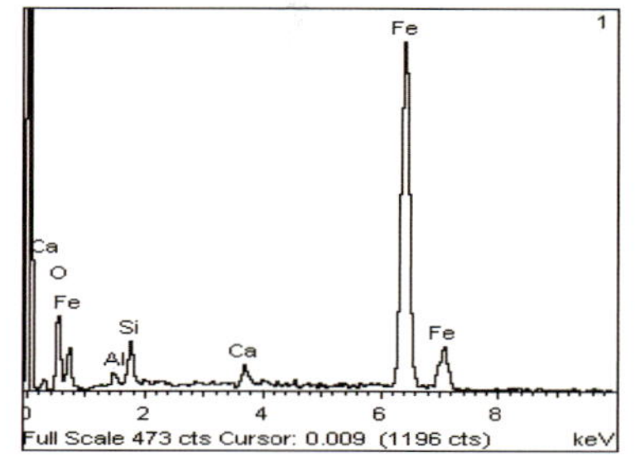

图 3　1 号样品能谱图

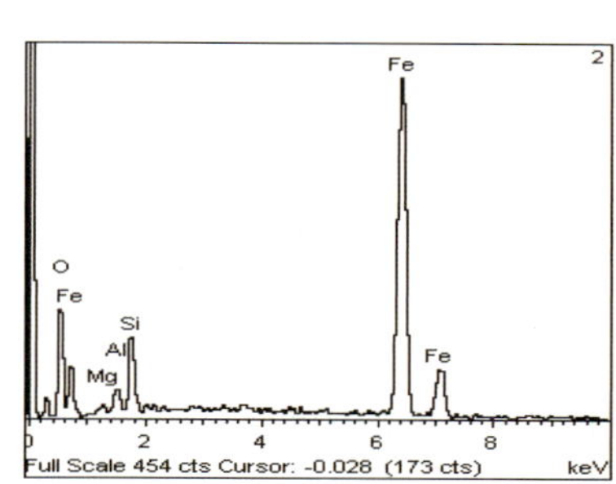

图 4　2 号样品能谱图

（4）对碎块样品和粉末样品进行详细的衍射分析，结果表明两个样品均主要有赤铁矿、磁铁矿、金属铁、少量浮士体和石英，衍射谱图见图 5 和图 6。

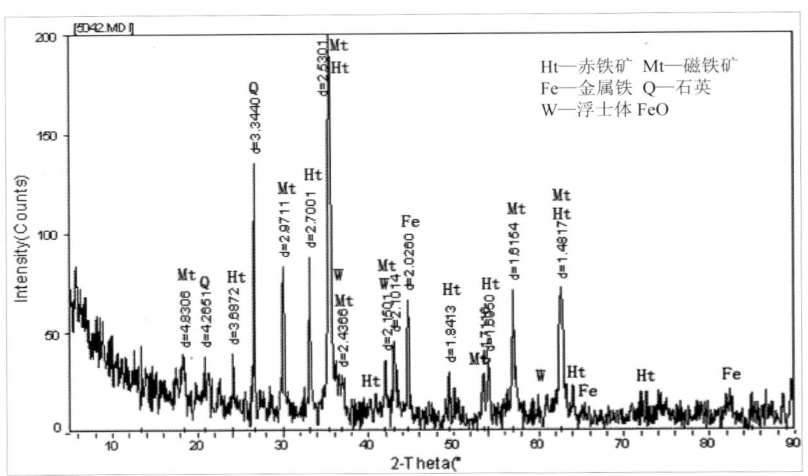

图 5　1 号样品衍射分析图

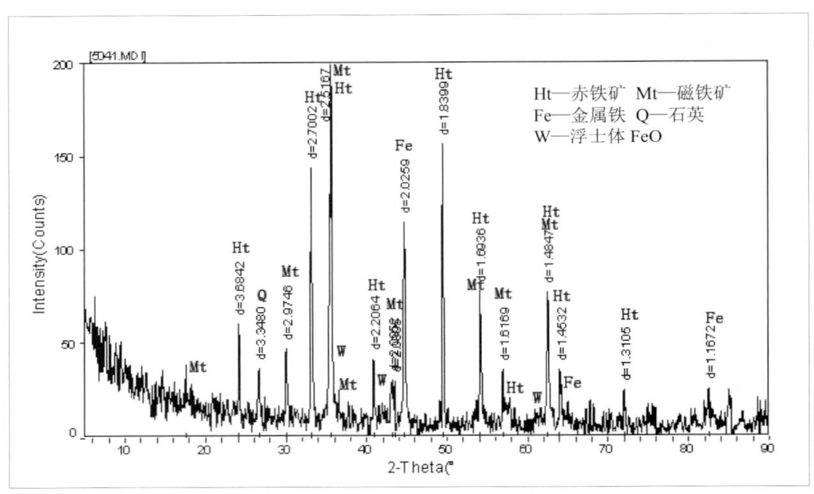

图 6　2 号样品衍射分析图

（5）样品显微镜观察

①样品中的球团

对坚硬的球团磨制了抛光片，显微镜下观察出非常典型的氧化球团矿的成分和结构构造，其相组成为赤铁矿，没有磁性铁、氧化亚铁和金属铁相，显微镜照片见图 7 和图 8。

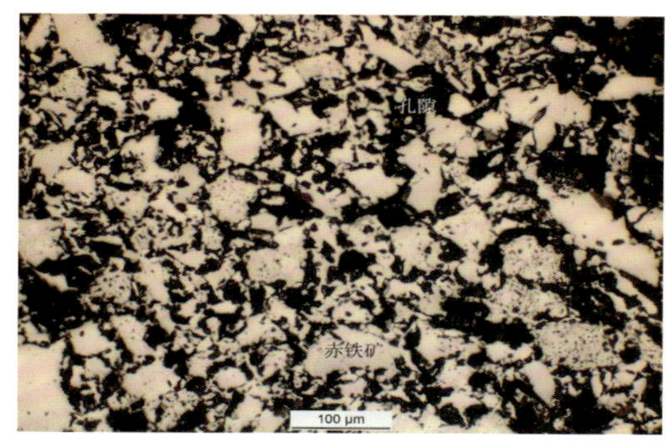

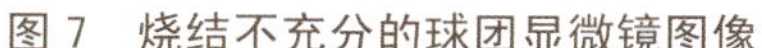
图 7　烧结不充分的球团显微镜图像

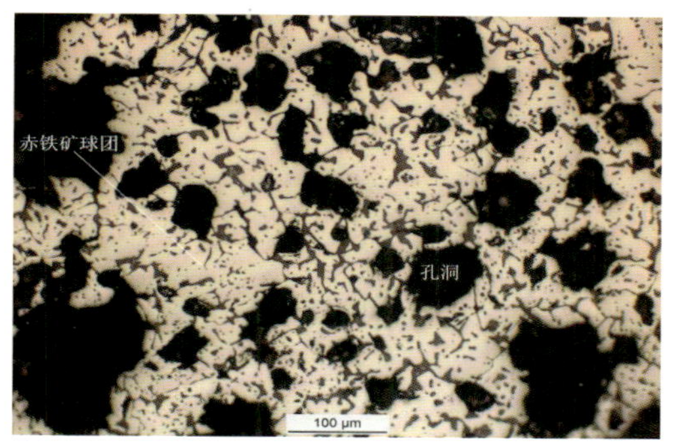

图 8　烧结充分的球团显微镜图像

②样品中的碎块

对易捻碎的碎块样品制片，显微镜下观察其相组成为赤铁矿球团碎屑、磁体矿、浮士体和金属铁，显微镜照片见图 9 和图 10。

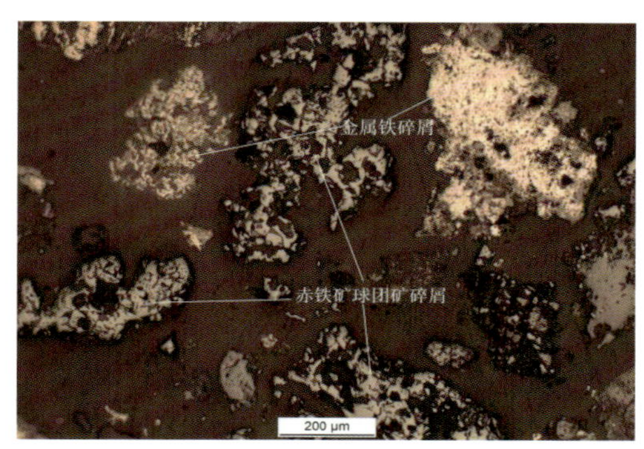

图 9　碎块样品显微镜图像

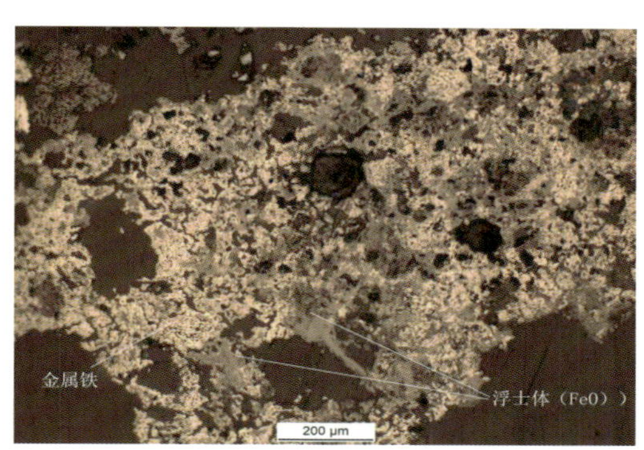

图 10　碎块样品显微镜图像

③样品中的粉末（碎屑）

对粉末（碎屑）样品制片进行观察，主要包括金属铁、FeO（浮士体）和 Fe_3O_4（磁铁），还有少量的赤铁矿球团碎屑，显微镜照片见图 11。

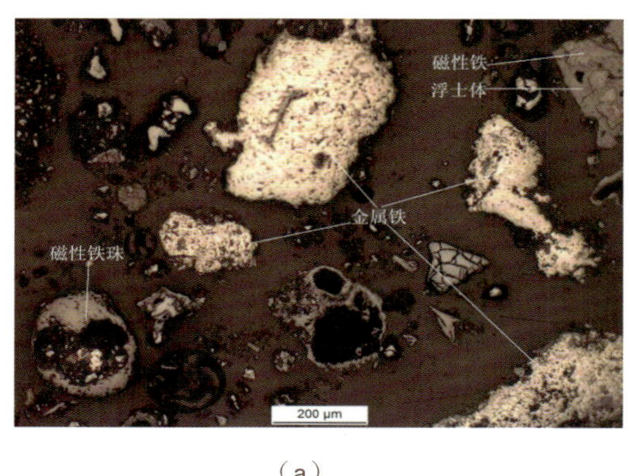

（a）

（b）

图 11　粉末样品镜下图

（6）对样品中碎块和粉末进行化学分析和物相组成定量分析，结果显示：碎块部分

TFe 含量为 66.97%，其中以赤铁矿（Fe_2O_3）形态存在的铁含量为 23.81%，以 FeO 和金属铁形态存在的铁含量为 43.16%；粉末部分 TFe 量为 58.97%，其中 50% 的铁以 Fe_2O_3 和 Fe_3O_4 形态存在，其余为 FeO 和金属铁。

3 样品物质属性鉴别分析

（1）产生来源分析

①高炉渣和钢渣

高炉渣成分的来源主要是铁矿石中的脉石以及焦炭（或其他燃料）燃烧后剩余的灰分，高炉渣主要由 SiO_2、Al_2O_3、CaO、MgO 等氧化物组成，还有少量的其他氧化物和硫化物，成分含量取决于原料的成分和高炉冶炼的铁矿种类。表 2 是用焦炭冶炼产生的高炉渣的成分范围 [1]。

表 2　高炉渣的成分及含量范围

单位：%

组成	SiO_2	Al_2O_3	CaO	MgO	MnO	FeO	CaS	K_2O+Na_2O
含量	30~40	8~18	35~50	<12	<3	<1	<2.5	0.5~1.5

在炼钢过程中必须加入许多必要的造渣材料，使炼钢的各种反应朝需要的方向进行，被加入的各种材料和各种反应所形成的产物大多比铁液轻，浮在金属表面，这一层混合物称为炼钢炉渣。炼钢炉渣是炼钢过程中的必然产物。不同炼钢方法往往采用不同的渣系进行冶炼，造成不同成分的炉渣，可达到不同的冶炼目的。表 3 为转炉和电炉两种炼钢法的炉渣成分及含量 [2]。

表 3　转炉和电炉的炉渣成分及含量

单位：%

类 别	化学成分	转炉渣	电炉渣
酸性氧化渣	CaO+FeO+MnO	约 50	约 50
	SiO_2	50~55	约 50
	P_2O_5	1~4	—
碱性氧化渣	CaO/SiO_2	3.0~4.5	2.5~3.5
	CaO	35~55	40~50
	FeO	7~30	10~25
	MnO	2~8	5~10
	MgO	2~12	5~10
碱性还原渣（白渣）	CaO/SiO_2	—	2.0~3.5
	CaO	—	55~65
	CaF_2	—	5~8
	Al_2O_3	—	2~3
	FeO	—	<0.5
	MgO	—	<10
	CaC_2	—	<1

样品成分及其含量与表 2 高炉渣和表 3 炼钢炉渣的成分和含量差异非常明显，据此判断样品不是高炉渣和炼钢炉渣。

②直接还原铁产品

直接还原铁（DRI）是精铁粉或氧化铁在炉内经低温还原形成的低碳多孔状物质，其化学成分稳定，杂质含量少，主要用做电炉炼钢的原料，也可作为转炉炼钢的冷却剂，如果经二次还原还可供粉末冶金用。近年来由于钢铁产品朝小型轻量化、功能高级化、复合化方向发展，故钢材中非金属材料和有色金属使用比例增加，致使废钢质量不断下降。废钢作为电炉钢原料，由于其来源不同，化学成分波动很大，而且很难掌握、控制，这给电炉炼钢作业带来了极大的困难。如果用一定比例的直接还原铁（30%~50%）作为稀释剂与废钢搭配不仅可增加钢材的均匀性，还可以改善钢的物理性质，从而达到生产优质钢的目的。因此，直接还原铁不仅仅是优质废钢的替代物，还是生产优质钢材必不可少的高级原料[3]。

目前国内对直接还原铁没有国家统一的标准生产规格，但行业内普遍认为直接还原铁中 TFe 含量应大于 90%，脉石（Si、Ca、Al 等的氧化物）含量应小于 6.5%，金属化率（直接还原铁内 Fe/TFe）为 92%~95%，通常含 0.7%~2.2%C[4]。

样品报关名称为“直接还原铁粉”。根据 2010 年版《进出口关税与进口环节税对照使用手册》，品目 7203 名称为“直接从铁矿还原所得的铁产品及其他海绵铁产品，块、团、团粒及类似形状；按重量计纯度在 99.94% 及以上的铁，块、团、团粒及类似形状”，而该品目中 72031000.90 为“直接从铁矿还原的铁产品”。粉末样品和碎块样品中的 TFe 含量分别为 58.97% 和 66.97%，远低于国内行业直接还原铁中 TFe>90% 的要求，与海关手册中铁含量的要求相差更远，而且样品中金属铁含量很低。因此，样品不能称为直接还原铁产品。

③铁精矿

铁矿石从主要成分上划分为：褐铁矿，主要有效成分为 Fe_2O_3；磁铁矿，主要有效成分为 Fe_3O_4；菱铁矿，主要有效成分为 Fe_2S_3；以及上述矿藏的混生矿，其他黑色金属的伴生矿等。无论哪一种铁矿，都必须经过粉碎、选矿等工序处理，才能作为冶炼生铁的主要原料。含铁量较高的铁矿粉称为铁精矿，铁精矿根据是否经过烧结可分为烧结和未烧结两种。

铁精矿的主要品质要求为[4,5]：①铁含量 60% 以上属于高品位；② S、P、SiO_2、Al_2O_3 等成分含量越低越好；③对于未烧结的铁矿砂，经过粉碎其粒度在 5~10 mm 最佳；④含水率 <8%。

根据样品中粉末和碎块两部分的半定量分析和化学分析，综合样品中 TFe 含量为 61%~63%，满足铁精矿的含量要求。

根据实验分析，样品中主要含 Fe，还有 Si、Al、Mg、Ca 等脉石组分，含量较低，应是来自于矿物原料；样品中 P、S、重金属等有害组分非常低，说明不是来自有色金属矿物的选冶过程，样品可能来自铁矿石原料的氧化还原处理过程。

根据样品物相结构分析和显微镜观察，样品中铁的形态为 Fe_2O_3、Fe_3O_4•FeMgO$_4$、FeO、少量金属铁，既含有天然铁矿精矿的成分（如赤铁矿和磁铁矿成分），也含有铁精矿烧结的成分（如 FeO 和少量金属铁），说明样品可能来自铁矿石原料的烧结或焙烧等氧化处理过程。

根据样品中含有球团块状物、样品在实验室灼烧反而有所增重以及样品物相结构分析中含有 FeO 和金属铁的现象，进一步表明样品来自铁精矿粉的不完全还原处理过程或不完全氧化处理过程，如铁矿粉的焙烧、球团烧结、直接还原铁等过程，但由于样品以粉末为主，并不能直接用来炼铁或炼钢，不能称为烧结矿、球团矿、直接还原铁产品。因此，判断样品是来自铁精矿生产烧结矿、球团矿或直接还原铁产品过程中产生的散料，即筛下粉料和部分未烧好的球团的混合物。

出现上述这种散料在钢铁冶炼原料处理过程中是非常正常的现象，原则上都会返回配料过程，行业中称为返矿（热返矿和冷返矿）[6]。通过咨询钢铁冶炼专家，认为样品是很好的铁精矿。

根据海关《商品归类总则》的注释，对“精矿”的解释为：“适用于用专门方法部分或全部除去异物的矿砂。品目26.01~26.17的产品可经过包括物理、物理—化学或化学加工，只要这些工序在提炼金属上是正常的。除煅烧、焙烧或燃烧（不论是否烧结）引起的变化外，这类加工不得改变所要提炼金属的基本化合物的化学成分。物理或物理—化学加工包括破碎、磨碎、磁选、重力分离、浮选、筛选、分级、矿粉造块（例如，通过烧结或挤压等制成粒、球、砖、块状，不论是否加入少量黏合剂）、干燥、煅烧、焙烧以使矿砂氧化、还原或使矿砂磁化等（但不得使矿砂硫酸盐化或氯化等）。”样品的产生过程和特点符合海关的这些解释。

综上所述，判断样品属于铁精矿。

（2）固体废物属性分析

样品不属于固体废物。

4 结论

样品不是高炉渣和炼钢炉渣；样品不是铁精矿烧结矿、球团矿、直接还原铁产品；样品是来自铁精矿生产烧结矿、球团矿、直接还原铁产品过程中产生的散料，即筛下粉料和部分未烧好的球团的混合物；样品属于铁精矿，不属于固体废物。

参考文献

[1] 包燕平，冯捷．钢铁冶金学教程[M]. 北京：冶金工业出版社，2008:88.

[2] 包燕平，冯捷．钢铁冶金学教程[M]. 北京：冶金工业出版社，2008:200.

[3] 乌传和．优质铁精矿生产直接还原铁的进展[J]. 金属矿山，1996(4):26.

[4] 史占彪．狠抓直接还原铁质量[J]. 中国冶金，2004(1):22.

[5] http://zhidao.baidu.com/question/1469762.html.

[6] 包燕平，冯捷．钢铁冶金学教程[M]. 北京：冶金工业出版社，2008:35.

117. 铁精矿粉生产球团矿过程中产生的散料

1 背景

2011 年 8 月，固体废物研究所对某公司申报进口的“铁矿粉”货物样品进行鉴别，需要确定样品成分及其含量，判定货物的特性以及产生过程，确定是否属于禁止进口固体废物或者限制进口固体废物。在实验分析、咨询专家和查阅相关资料的基础上编写鉴别报告。

2 样品特征及物质特性分析

（1）样品主要为褐色粉末，并含有少量表面呈铁红色的大小不均、强度不一的球、团、块，破碎之后有的内部呈黑色、有的呈红色；用 4.75 mm 方孔筛网筛分样品，筛下物和筛上物的重量比例为 80.6% 和 19.4%；粉末样品和块状样品的含水率分别为 6.2% 和 4.6%，干基 550℃灼烧后的烧失率分别为 1.4% 和 0.7%。样品外观形态见图 1~ 图 3。

图 1　样品　　图 2　样品中粉末　　图 3　样品中块状

（2）采用 X 射线荧光光谱仪分析样品的组成，主要元素为 Fe，另有少量的 Si、Al、Ca、Mg、P、Ti、Mn 等其他元素，结果见表 1。

表 1　样品主要成分及含量（元素均以氧化物计）

单位：%

样品	Fe_2O_3	SiO_2	Al_2O_3	CaO	MgO	P_2O_5	TiO_2	MnO	SO_3	K_2O	Na_2O
筛下粉末	92.82	3.69	2.10	0.59	0.39	0.18	0.08	0.07	0.05	0.03	—
筛上块状	90.90	4.75	2.14	0.99	0.59	0.16	0.14	0.10	—	0.09	0.12

（3）采用 X 射线衍射仪分析样品的物相组成，主要为 Fe_2O_3、SiO_2，谱图见图 4 和图 5。

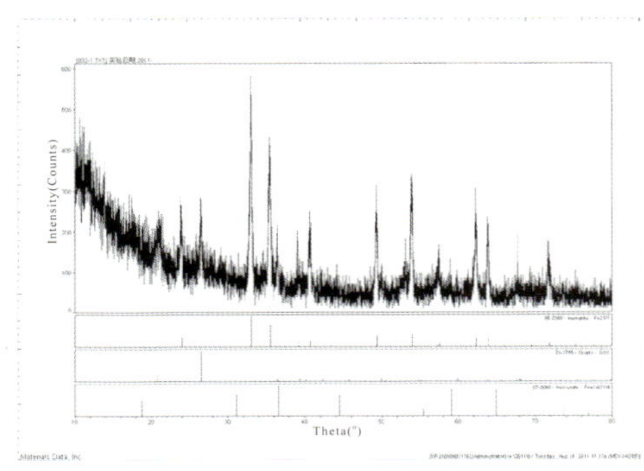

图 4　粉末样品 X 射线衍射谱图

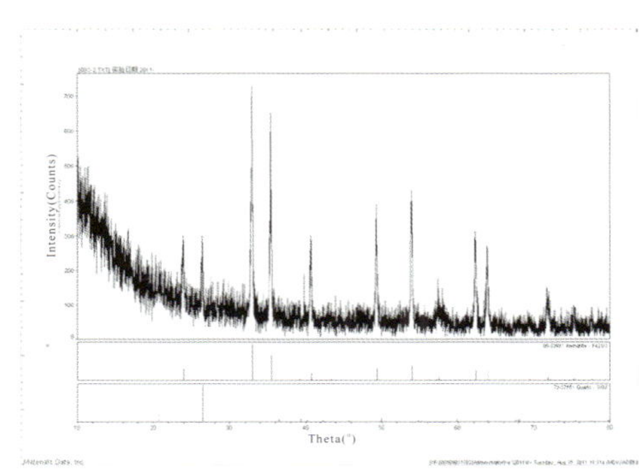

图 5　块状样品 X 射线衍射谱图

（4）能谱分析显示粉末样品和块状样品的成分特征基本相同，主要含有 Fe，另外有一定数量的 Si、Al、Ca 和 Mg 等造渣组分，以及少量的 P、S、Ti 和 Mn 等，基本化学组成特征见图 6 和图 7。

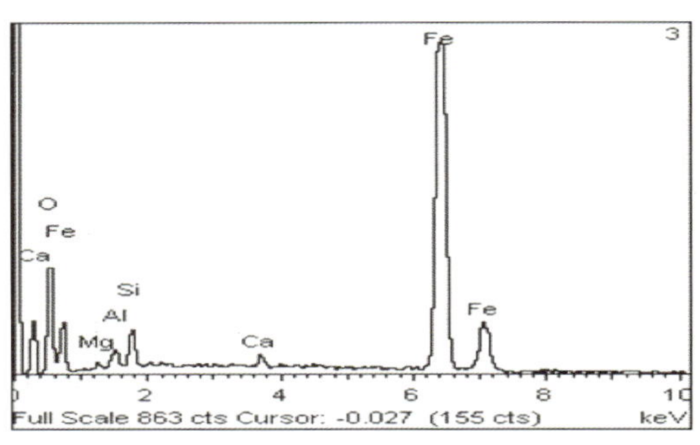

图 6　粉末样品能图谱

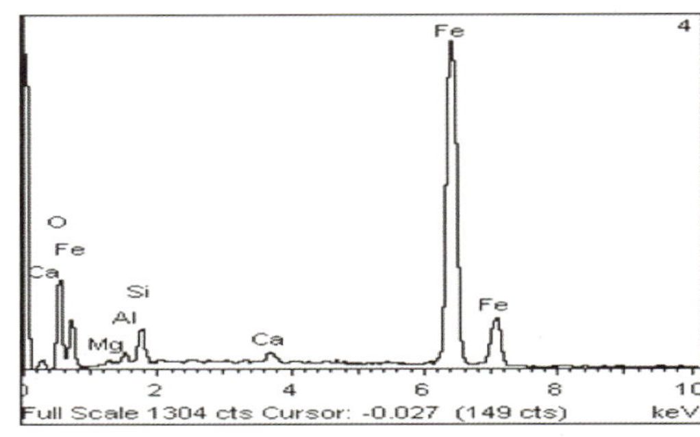

图 7　块状样品能谱图

利用高分辨率光学显微镜对磨制的抛光片进行观察，对粉末样品，绝大部分碎屑为赤铁矿（Ht），也有极少量的磁铁矿（Mt）；有的颗粒明显系球团破损的碎片，内部磁铁矿多数已经被氧化为赤铁矿，并相互连接形成 Fe_2O_3 晶桥；存在 Fe_3O_4 的细尘粒，其边缘及解理中有 Fe_2O_3，系磁性铁烟尘再氧化的产物；另有少量的岩屑。对块状样品，绝大部分磁铁矿已经被氧化为赤铁矿，但仍然存在磁铁矿颗粒，颗粒间形成晶体桥，碎片中还保留有足够的孔隙（P）。显微镜照片见图 8 和图 9。

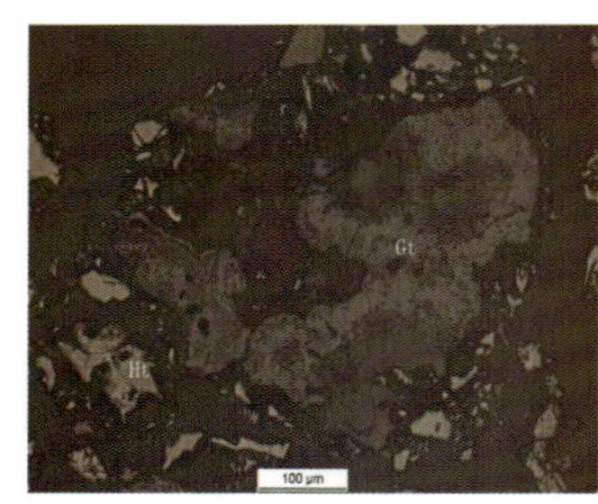

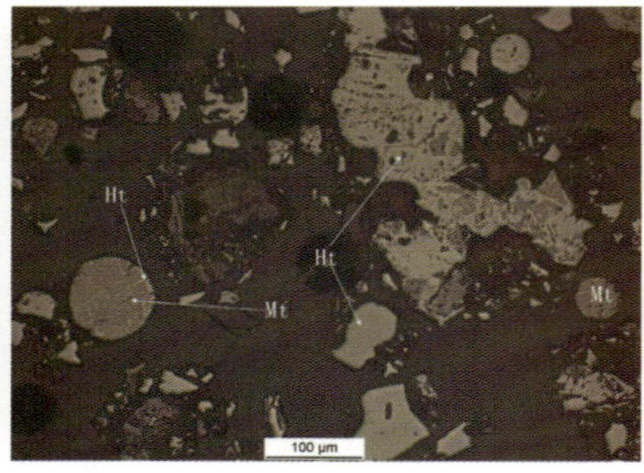

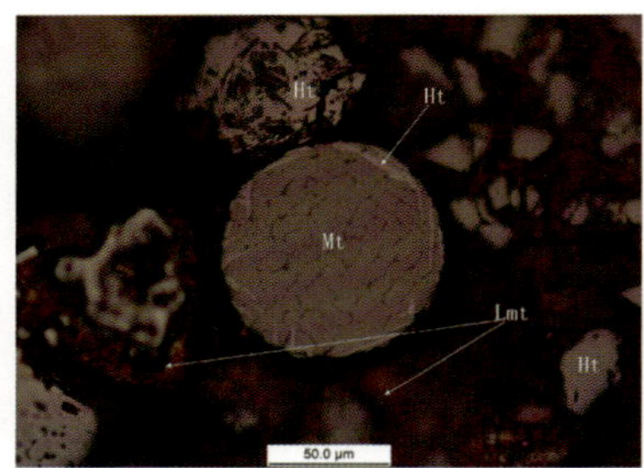

注：大量赤铁矿（Ht）、褐铁矿（Gt）颗粒和边缘及解理中有 Fe_2O_3 交代的 Fe_3O_4 细尘粒。

图 8　粉末样品显微镜照片

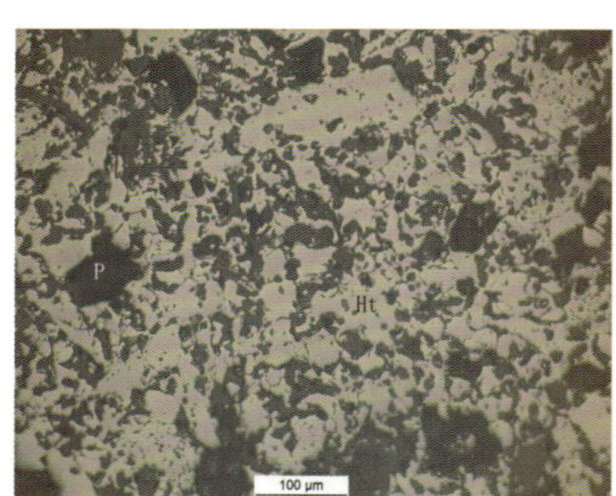

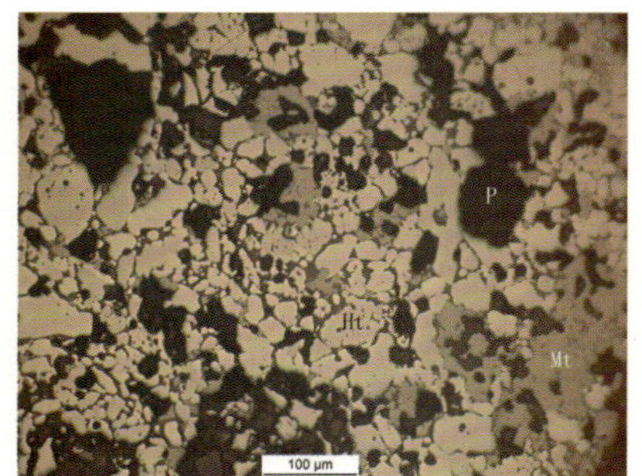

注：绝大部分磁铁矿（Mt）被氧化为赤铁矿（Ht），颗粒间形成晶体桥，保留有足够的孔隙（P）。

图 9　块状样品显微镜照片

3 样品属性鉴别分析

（1）产生来源分析

①关于“矿粉”

样品报关名称为铁矿粉，因此，首先分析“矿粉”的含义。

海关商品编码注释中没有矿粉的准确定义，但在第26章矿产品相关注释中提到了矿粉，例如“品目26.01至26.17的产品可经过包括物理、物理—化学或化学加工，只要这些工序在提炼金属上是正常的。除煅烧、焙烧或燃烧（不论是否烧结）引起的变化外，这类加工不得改变所要提炼金属的基本化合物的化学成分。物理或物理—化学加工包括破碎、磨碎、磁选、重力分离、浮选、筛选、分级、矿粉造块（例如，通过烧结或挤压等制成粒、球、砖、块状，不论是否加入少量黏合剂）、干燥、煅烧、焙烧以使矿砂氧化、还原或使矿砂磁化等（但不得使矿砂硫酸盐化或氯化等）”。从这段话理解，“矿粉”应该是指矿物粉料，矿物烧结或焙烧之后的物料仍然可属于矿物。

百度百科对“矿粉”的解释是：“矿粉一般指将开采出来的矿石进行粉碎加工后所得的料，如铁矿粉，是指将不同类型含铁矿如褐铁矿、磁铁矿等粉碎、球磨、磁选后，所得的不同含铁量的矿粉，普矿粉含铁量为60%~68%，超精矿粉含铁量达70%~72%。”

有关钢铁冶金学教材中[1]，解释“烧结和球团”是指“将粉矿经加热焙烧，固结成多孔块状或球状的物料，是矿粉造块的主要方法”；“贫铁矿的处理一般须经过破碎、筛分、细磨、精选，得到含铁量为60%以上的精矿粉，经混匀后进行造块，制成人造富矿，然后按高炉粒度要求进行适当破碎、筛分才能入炉”；“铁精矿粉的球团生产工艺过程包括生球形成和焙烧固结两个过程……，矿粉成球主要靠水的作用……，通常磁、赤精矿粉造球的适宜湿度为8%~10%，褐铁矿粉为14%~28%”。这里的“粉矿”或“矿粉”仍然是指矿物粉料。

总之，所谓“矿粉”属于矿物范畴，除选矿产物外，还可包括烧结、焙烧后的产物，成分上没有显著改变，形态上为粉状。

②铁精矿粉

铁矿石按其主要矿物分为：磁铁矿，主要含铁矿物为Fe_3O_4，具有磁性，呈灰色或黑色；赤铁矿，主要含铁矿物为Fe_2O_3，常温下无磁性，色泽为赤褐色到暗红色；褐铁矿，通常指含水氧化铁的总称，如$3Fe_2O_3 \cdot 4H_2O$称为水针赤铁矿，$2Fe_2O_3 \cdot 3H_2O$才称褐铁矿，颜色为浅褐色、深褐色或黑色；菱铁矿，又称碳酸铁矿石，其化学组成为$FeCO_3$，呈灰色、浅黄色、褐色[1]。

含铁量较高的铁矿粉称为铁精矿粉。国产铁精矿的品位为60%以上[1]，一些大型国营矿山将铁精矿的品位提高到68%以上、SiO_2含量低于4%，但大量的中、小矿山铁精矿品位仍然为60%~64%[2]，表2是国产铁精矿的主要成分和含量。

表 2　国产铁精矿的主要成分及含量

单位：%

名称	TFe	FeO	Fe_2O_3	SiO_2	CaO	MgO	P	S
某厂[3]	67.70	—	—	4.88	0.38	0.52	0.06	0.05
淳安矿[4]	62.97	22.42	65.16	6.67	2.44	1.53	0.02	0.28
钢官山矿	61.57	30.18	54.54	6.97	微	3.36	0.03	1.87
钢录山矿	62.62	21.77	65.38	3.93	1.64	1.97	0.02	0.05
泮洛矿	64.28	20.59	61.55	5.70	1.82	0.79	0.03	0.33
良山矿	67.09	30.85	61.79	4.79	0.24	0.52	0.04	1.08
唐山[3]	65.06	24.05	-	7.67	0.66	0.11	-	0.02

武汉钢铁(集团)公司技术中心曾经研制了铁矿石国家标准样品[5]，标准样品定值见表3。表 4 列出了从国外进口的铁矿粉的化学成分及含量。

表 3　铁矿石标准样品的成分含量定值

单位：%

类型	TFe	FeO	SiO_2	Al_2O_3	MgO	CaO	P	S	Mn	TiO_2	K_2O	Na_2O	Zn	Cu
赤铁矿	63.84	0.25	4.62	2.05	0.06	0.093	0.034	0.02	0.18	0.12	0.32	0.027	0.026	0.006
球团矿	62.75	0.74	5.34	1.33	1.58	1.19	0.11	0.28	0.057	0.044	0.072	0.14	0.019	0.012

表 4　常见十七种进口铁矿粉的化学成分及含量[6]

单位：%

国别	铁矿粉名称	TFe	SiO_2	Al_2O_3	CaO	MgO	S	P	K_2O	Na_2O
巴西	CVRD 卡拉加斯	67.50	0.70	0.74	0.01	0.02	0.008	0.036	<0.01	<0.01
	CVRD 依塔比拉	63.65	5.31	1.02	0.01	0.02	0.007	0.046	<0.01	<0.01
	CVRD 标准烧结粉	66.00	3.65	0.70	0.03	0.03	0.005	0.026	0.008	0.005
	MBR CSF	67.00	1.50	1.25	0.12	0.06	0.007	0.044	<0.01	<0.01
	MBR SF3.5	66.00	3.39	0.81	0.076	0.06	0.01	0.033	<0.01	<0.01
澳大利亚	哈默斯利	62.92	3.35	2.10	0.067	0.04	0.011	0.063	0.017	0.025
	纽曼	62.08	2.82	1.43	0.070	0.10	0.011	0.046	0.02	0.023
	库利安诺宾	63.50	2.76	0.92	0.020	0.07	0.035	0.083	<0.01	<0.01
	戈德沃斯	64.68	4.72	1.71	0.072	0.05	0.01	0.057	0.017	0.015
	扬迪	58.33	4.92	1.15	0.110	0.15	0.01	0.036	0.003	0.007
印度	天普乐	63.00	2.75	2.25	0.050	0.050	0.10	0.05	—	—
	库得拉姆	65.4	3.04	0.49	0.84	0.17	0.05	0.029	0.01	0.011
	果阿	62.50	4.20	2.10	0.60	0.05	0.01	0.02	0.017	—
	白兰	64.50	2.75	2.48	0.02	0.10	0.01	0.05	0.035	—
	H 矿	67.85	0.96	1.02	0.01	0.01	0.008	0.063	—	—
南非	伊斯科	65.00	4.00	1.35	0.10	0.04	0.010	0.06	0.333	0.022
加拿大	卡罗尔湖	66.80	3.76	0.13	0.39	0.25	0.04	0.004	0.002	0.002

铁精矿粉的球团生产工艺过程包括：a. 生球形成：在铁矿粉造球设备内把精矿粉、黏结剂等混合料加水润湿、滚动、造球。b. 焙烧固结：生球高温焙烧包括干燥、预热、焙烧固结、均热和冷却五个阶段，在整个焙烧过程中发生一系列物理化学变化，如水分蒸发、碳酸盐分解、氧化和去硫反应、粉矿固结、气体与固体间的传热等。生球通过高温焙烧而固结，

并具有足够的机械强度，同时去除部分有害元素。生球焙烧存在 Fe_2O_3 晶桥连接的固结方式，即在氧化性气氛下，磁精矿粉生球加热到 200~300℃就开始氧化，800℃时形成 Fe_2O_3 外壳，新生的 Fe_2O_3 微晶中原子与相邻的颗粒黏结起来，形成 Fe_2O_3 晶桥。c. 最后出炉、筛分，除去破损碎屑，合格者被送往钢铁厂冶炼。不合格的散料原则上都会返回配料过程，行业中称为返矿（热返矿和冷返矿）[1]。

样品中粉末与块状部分的主要物相均为 Fe_2O_3、SiO_2，表明为同一类物质或同一产生来源；经矿物鉴定（图 8 和图 9），样品为赤铁矿，同时还含有少量的磁铁矿、褐铁矿和岩屑，也可能存在微量的磁性 Fe_3O_4 烟尘，表明样品以天然铁矿粉成分为主，并含有矿粉造球烧结产物；显微镜观察到样品中球团碎屑内部的磁铁矿多数已经被氧化为赤铁矿，并相互连接形成了 Fe_2O_3 晶桥，与上述生球焙烧过程的固结方式相同；样品中铁含量 64.71%，$SiO_2+Al_2O_3+CaO+MgO$ 脉石组分含量 6.11%，$P+S+K_2O+Na_2O$ 杂质含量 0.153%，Cu、Zn 等有害重金属含量几乎没有，含水率为 5.89%，成分和含量均满足上述资料中铁精矿的含量要求。

总之，判断样品是来自铁精矿粉生产球团矿过程中产生的散料，以赤铁矿（Fe_2O_3）原料为主，同时含有少量磁铁矿（Fe_3O_4）等烧结球团矿的产物或成分，属于铁精矿粉。

（2）固体废物属性分析

样品属于铁精矿粉，不属于固体废物。

4 结论

样品属于铁精矿粉，不属于固体废物。

参考文献

[1] 包燕平 , 冯捷 . 钢铁冶金学教程 [M]. 北京 : 冶金工业出版社 ,2008:2-57.

[2] 孔令坛 . 试论我国球团矿发展 [N]. 世界金属导报 ,2008-4-29(8).

[3] 张晋霞 , 牛福生 , 徐之帅 , 等 . 用某铁精矿粉制取超纯铁精矿的选矿试验研究 [J]. 金属矿山 ,2009,5:395.

[4] 刘杨发 . 改善褐铁精矿球团竖炉生产途径的探讨 [J]. 烧结球团 ,1989,3:63.

[5] 张春兰 . 铁矿石国家标准样品的研制 [J]. 冶金分析 ,2004,24(z1):285.

[6] 许满兴 , 冯根生 . 进口铁矿粉的烧结性能及质量分析 [C]. 全国炼铁生产技术暨炼铁年会 ,2004:119.

118. 高钛渣

1 背景

2010 年 9 月，固体废物研究所对某公司申报进口的“钛渣”货物样品进行了固体废物属性鉴别，需要确定是否属于国家禁止进口的固体废物。在实验分析、咨询专家和查阅相关资料的基础上编写鉴别报告。

2 样品特征及物质特性分析

（1）样品呈黑色细粉状，颗粒和颜色均匀，无外观杂质。测定样品含水率 4%，样品干基 550℃灼烧后的烧失率为 2%。样品外观形态见图 1。

（2）采用 X 射线荧光光谱仪分析样品的组成，成分及含量见表 1。采用化学滴定法 (YS/T 514.1—2009) 测定样品干基中的 TiO_2，含量为 78.88%。

表 1　样品主要成分及含量（除 Cl 以外，其他元素均以氧化物计）

单位：%

成分	TiO_2	Fe_2O_3	SiO_2	MnO	Al_2O_3	SO_3	MgO	Na_2O
含量	77.75	11.76	4.05	2.22	1.43	0.78	0.54	0.40
成分	CaO	Cr_2O_3	ZrO_2	Nb_2O_5	Cl	K_2O	Sc_2O_3	—
含量	0.29	0.18	0.17	0.17	0.13	0.11	0.01	—

（3）采用 X 射线衍射仪对样品进行物相结构分析，主要为 Fe、Mn、Ti 的氧化物，Ti_2O_5 为正交晶系，衍射谱图见图 2。

图 1　样品

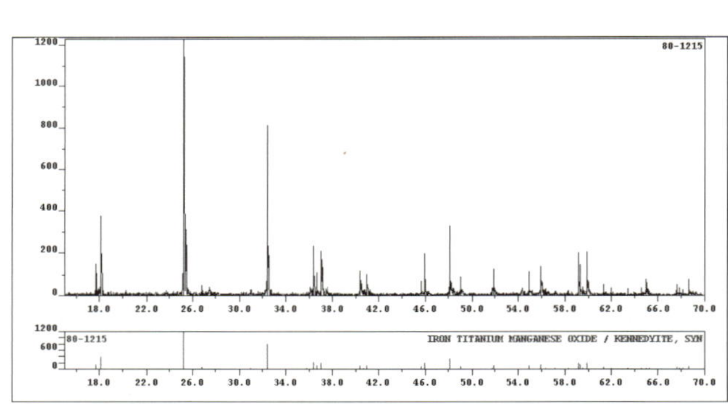

图 2　衍射谱图

（4）能谱分析显示样品主要含有钛（Ti）和铁（Fe），其他组分少，谱图见图 3。样品制备抛光片，显微镜下可见其为磨矿后的碎屑颗粒状，而且是经过高温煅烧的产物（渣相中出现熔珠），见图 4。

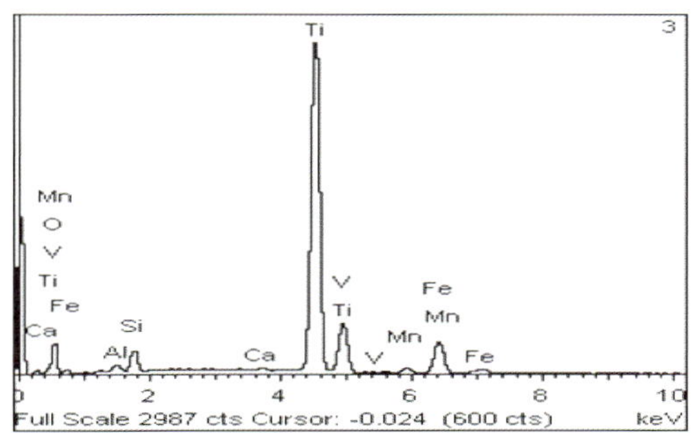

图 3　样品能谱

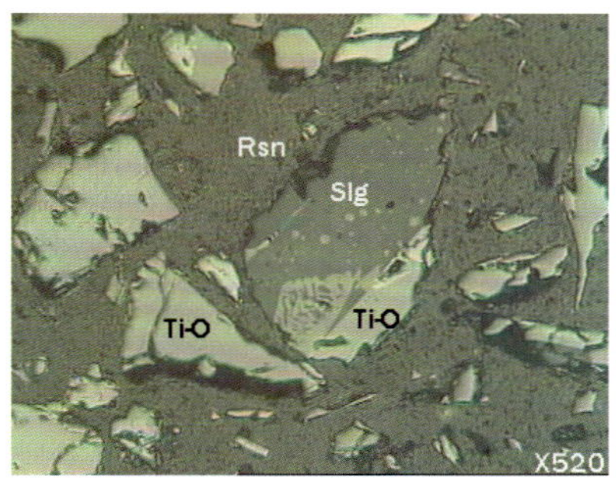

图 4　样品抛光面显微镜照片
（渣相（Slg）中有钛铁氧化物的熔珠）

3 样品物质属性鉴别分析

（1）产生来源分析

用于提取钛的工业生产原料通常包括金红石、钛铁矿、红钛铁矿、钛磁铁矿等，国外钛矿 92% 以上用于生产 TiO_2（钛白粉），8% 左右生产金属钛。钛铁精矿供生产人造金红石、钛铁合金和熔炼高钛渣等用，总体上，国内外钛铁精矿含 45%~58%TiO_2、27%~35%TFe[1]。

用钛铁矿精矿熔炼高钛渣的目的是还原钛铁矿中的铁为金属铁，钛则富集于炉渣而与熔融铁分离，主要产品是高钛渣，副产物为生铁。高钛渣可用做氯化法制 $TiCl_4$ 的原料，或硫酸法生产钛白粉的原料，20 世纪 60 年代以来用于制造人造金红石。高钛渣生产的典型工艺流程示意图见图 5。

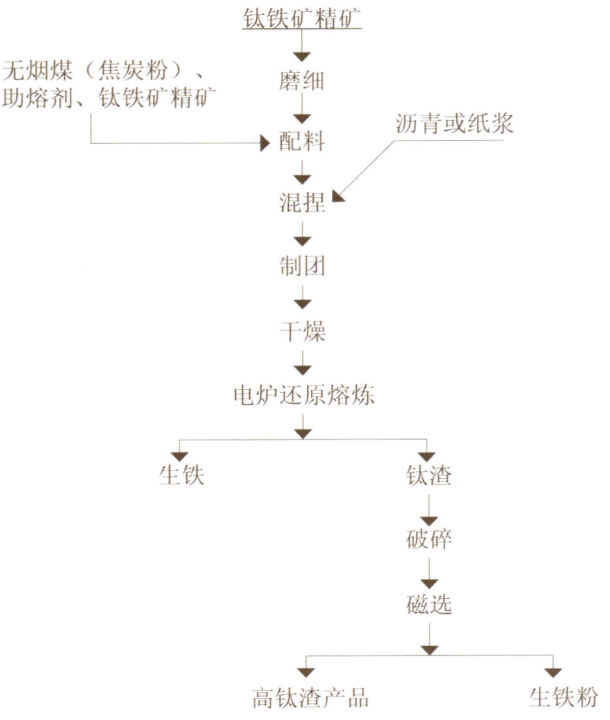

图 5　钛铁矿还原熔炼生产高钛渣的工艺流程示意图

高钛渣存在三个相：①黑钛石相，具有 Ti_3O_5 斜方晶型结构，为主要相；②塔基洛夫石固溶体相，具有 Ti_2O_3 三角晶型结构；③玻璃质相，嵌于上述两种固溶体之间。表 2 为加拿大索雷尔钛渣的化学成分，表 3 为苏联的高钛渣熔炼的化学组成，表 4 为南非理查兹湾高钛渣的典型分析。

表 2　加拿大索雷尔钛渣的化学成分及含量范围

单位：%

成分	TiO_2	FeO	SiO_2	Al_2O_3	CaO	MgO	MnO	Cr_2O_3	V_2O_5	杂质总量
硫酸法	70~72	12~15	3.5~5.0	4.0~6.0	<1.2	4.5~5.5	0.2~0.3	<0.25	0.5~0.6	25.0~34.0
氯化法	74~76	8~11	3.5~5.0	4.0~6.0	<1.2	4.5~5.5	0.2~0.3	<0.25	0.5~0.6	22.0~30.0

表 3　苏联的高钛渣熔炼的成分及含量

单位：%

成分	TiO_2	SiO_2	Al_2O_3	FeO	Na_2O+K_2O	MnO	CaO	MgO	V_2O_5
含量	74.4	3.76	6.5	4	0.66	3.69	2.47	0.76	0.66

表 4　南非理查兹湾高钛渣的典型成分及含量

单位：%

成分	总 Ti（TiO_2）	总 Fe	CaO	MnO	Cr_2O_3	V_2O_5	SiO_2	Al_2O_3	MgO	C	S
含量	85.5	7	0.14	1.4	0.22	0.4	1.5	2.0	0.9	0.07	0.06

总之，钛铁精矿还原熔炼的主要产品为高钛渣，同时专著上还明确其副产品为生铁，还表明国外高钛渣的成分具有相对性，取决于生铁和磁性成分的多少，与工艺和设备条件有关。

样品的外观特征、成分组成、物相组成和电镜观察都表明样品为钛铁矿精矿生产的高钛渣。但由于样品中铁的含量相对较高，导致 TiO_2 的含量偏低，只有 78.88%，没有达到我国《高钛渣》（YS/T298—2007）中最低四级品 80% 的要求。

（2）固体废物属性分析

样品为钛铁矿精矿还原熔炼生产的高钛渣，高钛渣是生产钛白粉（TiO_2）和 $TiCl_4$ 的重要原料，虽然样品中 TiO_2 的含量稍低于我国《高钛渣》（YS/T 298—2007）中最低四级品 80% 的要求，但应该属于有意识生产，是正常生产或使用链中的一部分，结合我国海关总署已经将进口高钛渣归为 38249090 项下并实行零关税的鼓励进口商品的情况。在现有证据情况下，建议样品不作为固体废物进行管理。

4 结论

样品为钛铁矿精矿生产的高钛渣，在现有证据情况下，建议样品不作为固体废物进行管理。

参考文献

[1] 李洪桂 . 有色金属提取冶金手册——稀有高熔点金属 [M]. 北京 : 冶金工业出版社 ,1999.

119. 含铜废物回收熔炼产物

1 背景

2006 年 9 月，固体废物研究所对某公司申报进口的“铜合金锭（未锻轧）”货物样品进行废物属性鉴别，需要确定是否属于国家禁止进口的固体废物。在实验分析、咨询专家和查阅相关资料的基础上编写鉴别报告。

2 样品特征及物质特性分析

（1）样品大部分为黑色块状，表面粗糙，颜色有红褐色、黑色、亮褐色和暗绿色等，切割面呈黑色并间杂黄色亮点，硬度和比重较小，易破碎（简称黑色样）；个别块状样品为黄色，表面粗糙（切割面除外），表面颜色呈灰褐色、红色和红黑相间等，样品的切割面光滑、呈铜黄色、具金属光泽，硬度和比重较大（简称黄色样）。形状见图 1。测定黄色样品和黑色样品含水率均为 0，550℃下可烧失率分别为 0.25% 和 0.26%，体积密度分别为 7.59 g/cm^3 和 4.72 g/cm^3。

图 1　块状样品

（2）采用 X 射线荧光光谱仪（XRF）对样品进行成分分析，结果见表 1。

表 1　样品主要成分（以元素计）

单位：%

样品	Cu	Fe	Si	S	Al	Ca	Sn	Sb	Ni	Mg
黄色样	68.92	9.57	6.06	4.92	4.57	1.95	1.46	0.70	0.33	0.27
黑色样	65.46	12.43	0.18	19.32	0.48	—	0.06	0.38	0.31	—
样品	P	Zn	Cl	I	Pb	Ti	Mn	Cr	Ag	—
黄色样	0.24	0.22	0.16	0.15	0.14	0.13	0.09	0.06	0.04	—
黑色样	0.05	0.44	0.15	—	0.58	—	0.03	0.02	0.19	—

（3）采用 X 射线衍射仪（XRD）对样品进行物相结构分析，黄色屑状样品为 Cu、Cu_2O、CuO；而黑色块状样品为 Cu、$Cu_{39}S_{28}$、$Cu_{1.96}S$、Cu_2S、FeS。

3 样品物质属性鉴别分析

（1）产生来源分析

①铜合金（锭）

由两种以上的金属或金属与非金属元素熔合（或其他方式，如烧结）在一起且具有金属特性的物质称为合金。铜合金一般指以铜为基体（Cu 含量 50% 以上）的合金，铜能与多种元素形成合金，从而改善铜金属的性质，使之易于进行冷、热加工，并增加其抗疲劳强度和耐磨性能。铜合金主要系列有：Cu-Zn 合金，俗称黄铜；Cu-Sn 合金，俗称青铜；Cu-Ni 合金，俗称白铜；此外，还有 Mn-Cu 合金、Be-Cu 合金等。铜合金根据用途又可以分为加工、铸造两种，我国铜合金和锻造铜合金的标准对各牌号的化学成分有详尽的规定，如《加工黄铜　化学成分和产品形状》（GB/T 5232—1985）、《加工青铜　化学成分和产品形状》（GB/T 5233—1985）、《加工白铜　化学成分和产品形状》（GB/T 5234—1985）、《铸造铜合金技术条件》（GB/T 1176—1987）。通过对样品成分及含量与这些标准中各类铜合金的成分及含量的对比分析，发现样品组分不符合任何一种牌号合金的成分要求，其中硫和铁两种元素尤其超出标准限值很高，样品不属于任何一种类型和牌号的加工或锻造铜合金商品。

海关《商品综合分类表》第十五类所称“合金”，包括金属粉末的烧结混合物、熔化而得的不均匀紧密混合物（金属陶瓷除外）以及金属间的化合物。虽然样品中成分以铜为主，但是，对样品进行物相结构定性分析表明：黄色样品中主要含金属铜以及少量的 Cu_2O、CuO，而黑色块状样品中除金属铜以外，还含有铜和铁的硫化物；所以样品的物相并非金属相，不具有金属特性，不具有合金的“易于进行冷、热加工，并增加抗疲劳强度和耐磨性能”；尤其样品中含硫量高，不可能来自铜金属和其他金属直接熔融过程或者是金属粉末的烧结熔化过程，而可能来自铜精矿中的硫。这些现象不符合海关《商品综合分类表》中有关铜合金的解释。

综上所述，判断样品不属于铜合金（锭）。

②铜及铜合金的废料、废件

废铜是铜工业的重要原料来源，废铜按其来源可分为两类：一类是新废铜，它是铜工业生产过程中产生的废料。冶金厂的叫“本厂废铜”或“周转废铜”，铜加工厂产生的废铜屑及直接返回供应厂的叫做“工业废杂铜”、“现货废杂铜”或新废杂铜；另一类是旧废铜，它是使用后被废弃的物品，叫旧废杂铜。对于各种废旧铜及铜合金的分类和技术条件，我国也制定了相应的标准《铜及铜合金废料、废件分类和技术条件》（GB/T 13587—92），根据物理形态将铜及铜合金的废料、废件分为三大类，即：铜及铜合金的块状废料、废件；铜及铜合金的屑料；铜及铜合金的渣灰。

将样品的组分和物相分析与 GB/T13587—1992 标准中的成分及其典型举例进行比较后发现：样品不符合标准中各类各级别的规定，判断样品不属于铜及铜合金的废料、废件。

③样品的可能产生来源

根据委托单位提供的材料，样品是国外公司回收废旧 IC 板进行拆解后熔炼成的铜锭。表 2 是个人计算机（PC）电子线路板的典型组成成分[1]。

表 2　PC 机电子线路板的典型成分及含量

单位：%

成分	Ag	Al	As	S	Ba	Bi	Br	C	Cd	Cl	Cr
含量	0.33	4.7	0.01	0.10	0.02	0.17	0.54	9.6	0.015	1.74	0.05
成分	Cu	F	Fe	Mn	Mo	Ni	Zn	Sb	Sn	Ti	SiO_2
含量	26.8	0.094	5.3	0.47	0.003	0.47	1.5	0.06	1.0	3.4	15
成分	Au	Be	Sr	Ga	Te	Sc	Hg	Zr	Se	—	—
含量 /(g/t)	80	1.1	10	35	1	55	1	30	41	—	—

将表 1 样品成分与表 3 中的元素组成对比分析后发现：两者存在一定的符合性，但显著差别在于样品中含有 65.46%~68.92% 的铜（Cu）和 4.92%~19.23% 的硫（S），不可能仅仅是来自废弃电子线路板回收的熔炼热处理过程。通过咨询有色金属冶炼专家，样品可能来源于废弃电子线路板回收金属、加入铜冶炼造锍熔炼过程而获得的一种产物，成分接近铜锍（冰铜）。

锍是有色金属硫化物的互熔体，是 Cu、Ni 等冶炼的中间产品，造锍熔炼是铜的干法冶炼过程中的一道重要生产工艺，是在 1 150~1 250℃的高温下，使 CuS 精矿和熔剂在熔炼炉内进行熔炼，炉料中的 Cu、S 与未氧化的 FeS 形成以 Cu_2S•FeS 为主，并溶有 Au、Ag 等贵金属和少量其他金属硫化物及微量铁氧化物的共熔体，即铜锍或称为冰铜。造锍熔炼用的原料以硫化铜精矿为主，其他原料为渣精矿、返料、再生铜料等，造锍熔炼的传统设备为鼓风炉、反射炉、电炉等。采用不同方法所得铜锍的化学成分存在差异，铜锍中 Cu、Fe、S 三者之和占总量的 90% 左右，实例见表 3[2]。

表 3　部分熔炼方法的铜锍（冰铜）化学成分及含量范围

单位：%

熔炼方法	Cu	Fe	S	Pb	Zn	Ni	As	Bi	厂名
密闭鼓风炉富氧	41.57	28.66	23.79	—	—	—	—	—	金昌
密闭鼓风炉空气	25~30	36~40	22~24	—	—	—	—	—	沈冶
奥托昆普	58.64	11~18	21~22	0.3~0.8	0.3~1.4	—	—	0.1	贵冶
	52.46	19.81	22.37	0.23	—	—	—	0.01	金隆
闪速熔炼	66~70	8.0	21.0	—	—	—	—	—	哈亚瓦尔塔
	52.55	18.66	23.46	0.3	1.8	—	—	—	东予
诺兰达熔炼	69.84	6.08	21.07	0.64	0.28	—	—	—	大冶
	64.70	7.8	23.00	2.80	1.20	—	—	—	霍恩
白银法	50~54	17~19	22~24	—	1.4~2.0	—	—	—	白银
瓦纽柯夫法	41~55	14~25	23~24	—	—	4.5~5.2	—	0.1	诺利尔斯克
澳斯麦特法	44.5	23.6	23.8	—	3.2	—	—	—	—
	41~67	12~29	21~24	—	—	—	—	—	侯马
艾萨法	50.57	18.76	23.92	—	—	0.03	0.16	—	云铜
三菱法	65.7	9.2	21.9	—	—	—	—	—	直岛

将表 1 样品成分与表 3 进行对比可见：样品中的 Cu、Fe 含量与表 3 铜锍接近，S 含量较表 3 偏低；样品的 X 衍射（XRD）定性分析结果表明：黑色样品中含有 Cu_2S 和 FeS，这与铜锍的组成成分相符。对照表 2 中的典型电子线路板组成元素，结合样品来源分析，样品中所含的 Ti、Sn、Sb、Ni、Mn、Cr 等元素以及所含金属铜可能来自废旧电路板拆解回收金属。

综上所述，判断样品可能来源于废旧电子线路板的拆解回收金属，在熔炼设备中与其他原料混合，经高温熔炼而形成的一种产物，成分上接近铜锍（冰铜）。

（2）固体废物属性分析

样品属于回收废旧电子线路板与其他原料混合高温熔炼后的产物，这种加工过程既包括了物理分离过程，又包括了冶金熔炼过程，改变了原始废旧电子线路板的功能和形态，并去掉了大部分非金属杂质成分。

样品在成分和物相结构上接近于铜冶炼的中间产物——铜锍（冰铜）。冰铜经过两个阶段的吹炼工艺后，就将得到含铜量为98%~99%的粗铜。第一阶段，冶炼温度1 150~1 250℃，将铜锍中的FeS氧化成FeO，造渣除去，得到白冰铜(Cu_2S)，主要反应是：

$$2FeS + 3O_2 \rightarrow 2FeO + 2SO_2$$

$$2FeO + SiO_2 \rightarrow 2FeO \cdot SiO_2$$

熔融的冰铜中鼓入空气，FeS氧化成FeO，并与加入的石英SiO_2熔剂造渣除去。

第二阶段，冶炼温度1 200~1 280℃，将白冰铜吹炼成粗铜，主要反应是：

$$2Cu_2S + 3O_2 \rightarrow 2Cu_2O + 2SO_2$$

$$Cu_2S + 2Cu_2O \rightarrow 6Cu + SO_2$$

因此，可以认为符合铜冶炼的中间产物“铜锍”的要求，可以作为炼粗铜的原料。

样品中铜含量远高出铜精矿的要求。

《废物进口环境保护管理暂行规定》附件一中《限制进口类可用作原料的废物目录》中第六类“贱金属及其制品的废碎料”中包括有“7401.1000铜锍”。但是，原国家环境保护总局、海关总署、国家质检总局2005年“关于调整《自动进口许可管理类可用作原料的废物目录》及《限制进口类可用作原料的废物目录》”的第5号公告中的两个目录中已经不再包括“7401100000铜锍”这一类物质，铜锍不作为固体废物进行管理。

综上所述，初步判断样品不属于固体废物。

4 结论

样品可能来源于废旧电子线路板的拆解回收金属与其他原料混合经熔炼而形成的一种不均匀产物，成分上接近铜锍（冰铜），初步判断样品不属于固体废物。

参考文献

[1] 白庆中，王晖，韩洁，等．世界废弃印刷线路板的机械处理技术现状[J]．环境污染治理技术与设备，2001,1:84.

[2] 重金属冶金学委会．铜冶金[M]．长沙：中南大学出版社，2004.

120. 铜的氧化物粗制产物

1 背景

2011 年 7 月，固体废物研究所对某公司申报进口的“铜锍”货物样品进行鉴别，需要确定是否为国家禁止进口的固体废物。在实验分析、咨询专家和查阅相关资料的基础上编写鉴别报告。

2 样品特征及物质特性分析

（1）样品由大块物料和粉末组成，为灰黑色，但在水溶液中呈棕黑色；粉末部分占样品总重量的比例为 24%，将其编为 1 号；块状部分用力掰开后断面细腻，占样品总重量的 76%，将其编为 2 号。测定样品含水率为 5.67%，样品干基 550℃灼烧后重量增加 1.76%。样品外观形态见图 1。

图 1　样品

（2）采用 X 射线荧光光谱仪分析样品的组成，主要元素为 Cu、Fe、Si、Al、Ca，还有少量的 Zn、Mg、P、Cr、Pb 等其他元素，结果见表 1。

表 1　样品主要成分及含量（除 Cl 以外，其他元素均以氧化物计）

单位：%

样品	CuO	Fe_2O_3	SiO_2	Al_2O_3	CaO	ZnO	MgO	P_2O_5	Cr_2O_3	PbO
1 号	47.52	17.67	11.88	8.00	5.00	3.33	2.18	1.06	0.88	0.74
2 号	94.02	0.16	4.46	0.75	0.08	0.16	—	0.07	0.07	—
样品	TiO_2	SnO_2	K_2O	MnO	NiO	SO_3	Na_2O	WO_3	Cl	Nb_2O_5
1 号	0.38	0.35	0.33	0.22	0.14	0.11	0.08	0.06	0.05	0.02
2 号	—	—	0.15	—	—	0.05	—	—	0.03	—

（3）采用 X 射线衍射实验分析样品的物相组成，其中粉末部分主要含有 Cu、CuO、Cu_2O、SiO_2、FeO、$ZnFe_2O_4$、$CuFe_2O_4$、Al_2O_3，块状部分主要含有 Cu、CuO、Cu_2O，谱图见图 2 和图 3。由谱图弥散峰强烈判断样品物质结晶不佳。

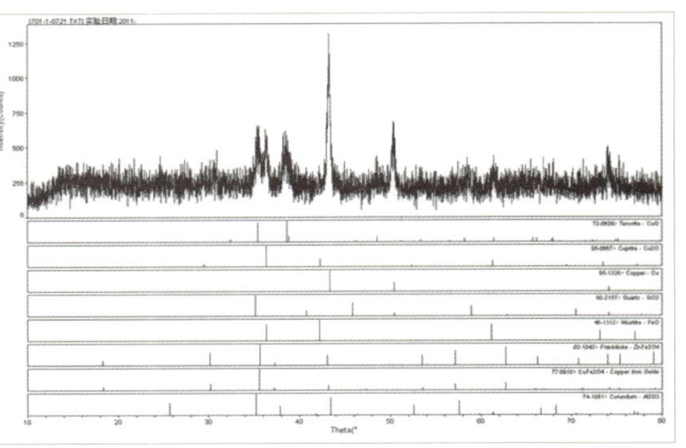

图 2　　样品中粉末部分的衍射谱图

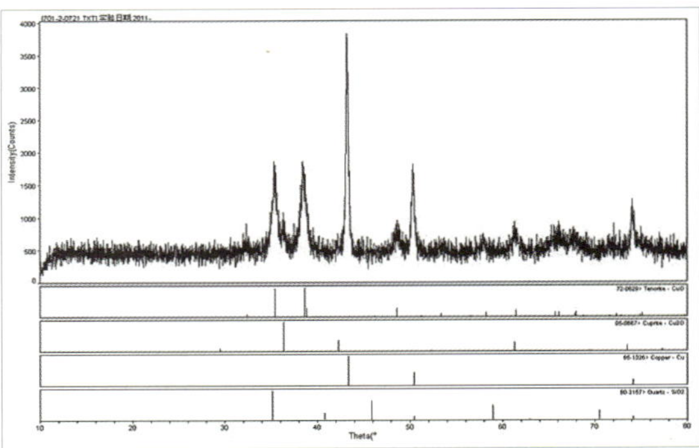

图 3　　样品中块状部分的衍射谱图

（4）对粉末样品进行显微镜观察和扫描电镜能谱分析，结果显示其主要由两类物质组成：一类为含有许多金属铜的铜冶炼炉渣碎屑，另一类是海绵铜及其氧化物组成的集合体。显微镜照片及扫描电镜能谱见图 4~ 图 7。

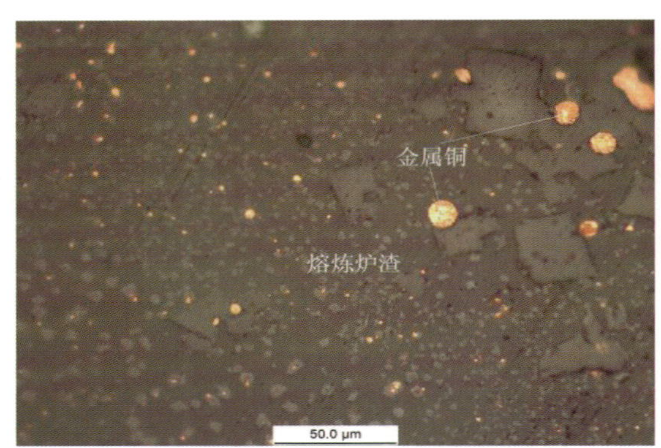

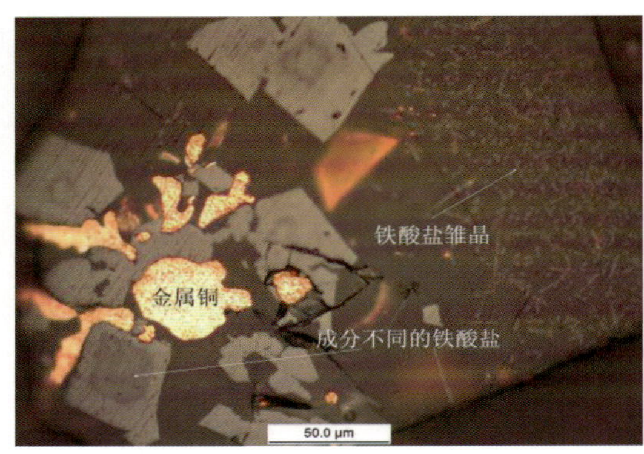

图 4　　粉末样品显微镜照片（主要由金属铜、铁酸盐及硅酸盐渣相组成）

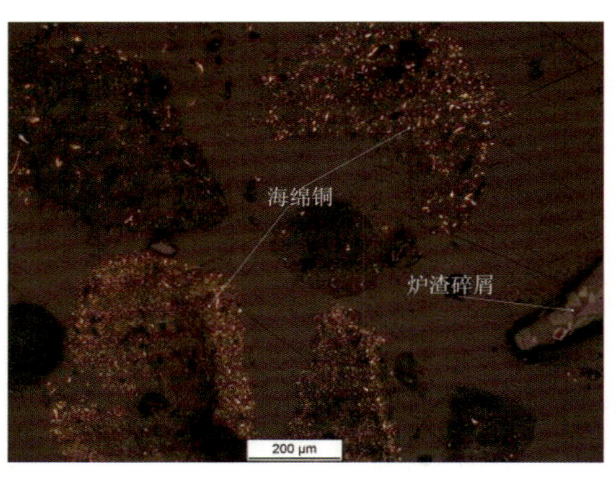

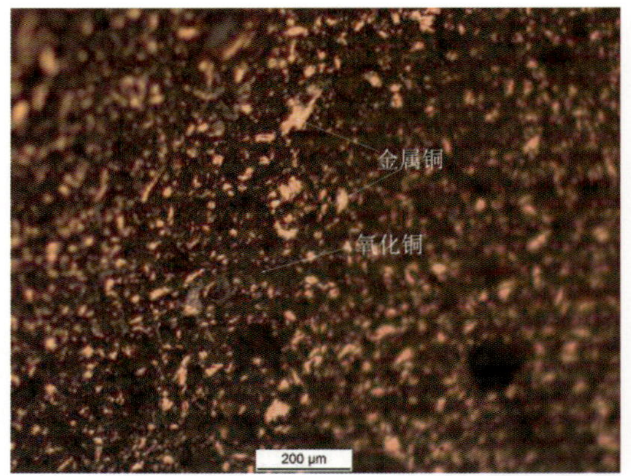

图 5　　粉末样品显微镜照片（海绵铜碎屑集合体，夹带显著量的暗色氧化铜）

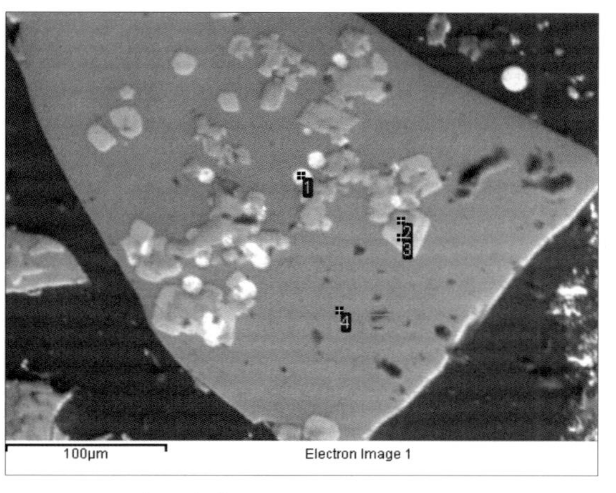

样品中含渣相物质的电子图像

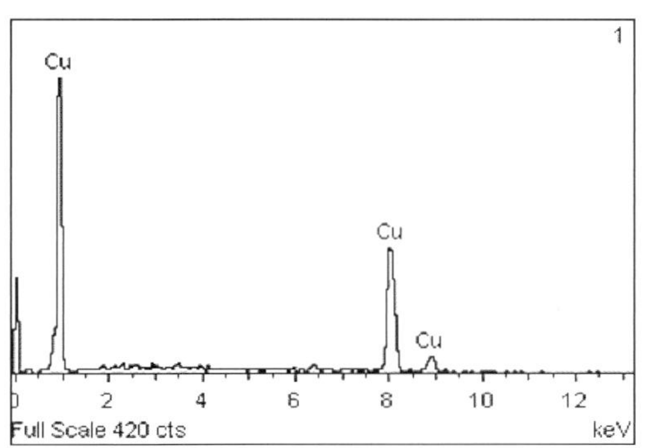

分析点 1 能谱：金属铜

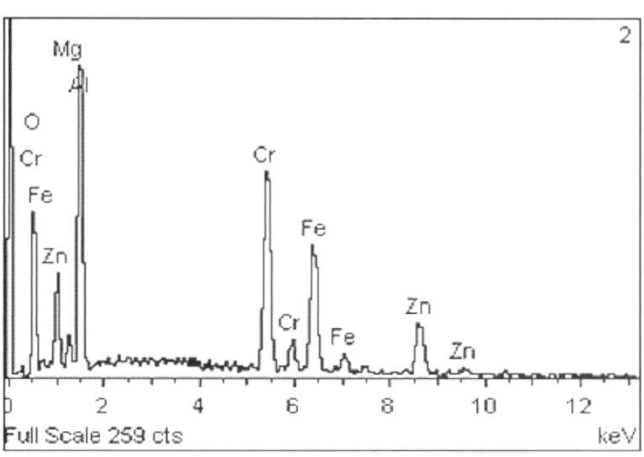

分析点 2 能谱：铁酸盐（尖晶石类）

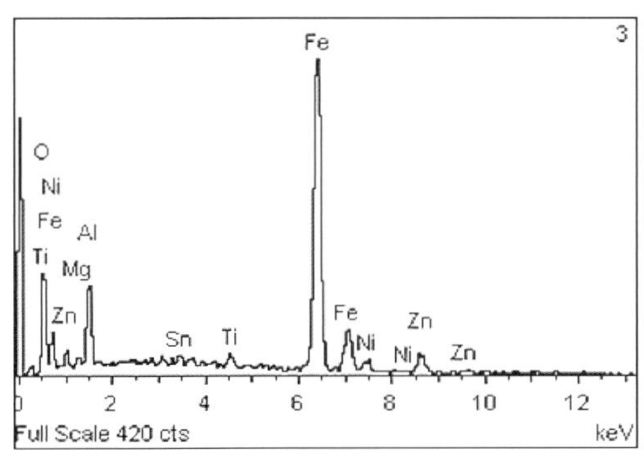

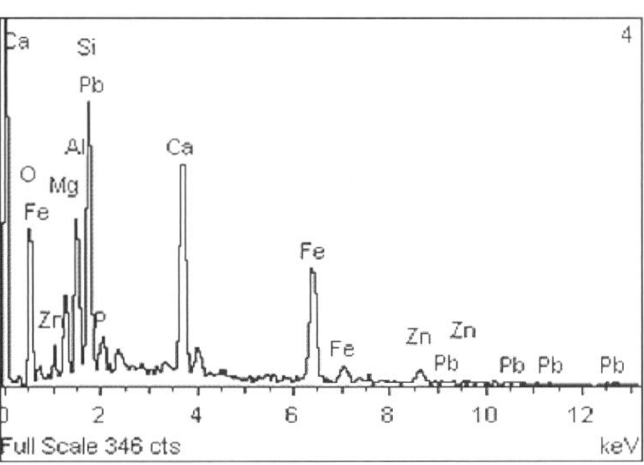

分析点 3 能谱：成分复杂的铁酸盐

分析点 4 能谱：硅酸盐渣相

图 6　粉末样品扫描图像及重要相组成（金属铜、铁酸盐、钙铁铝硅酸盐）

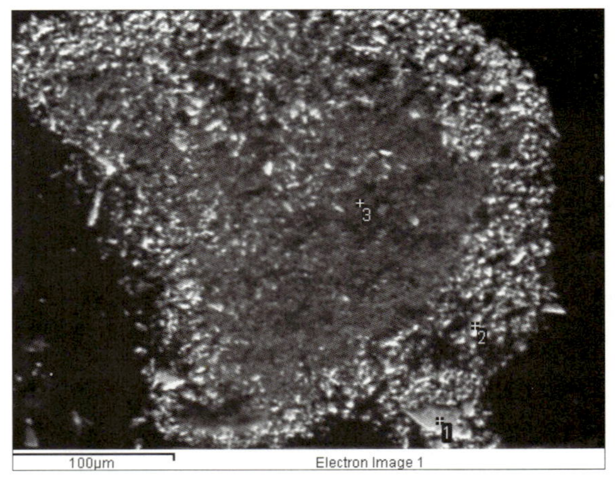

海绵铜集合体电子图像

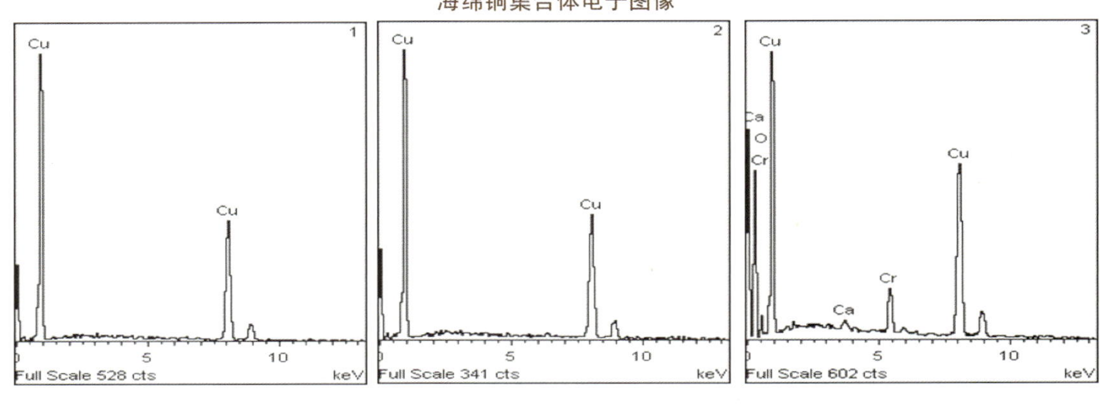

分析点 1 能谱：金属铜　　分析点 2 能谱：金属铜　　分析点 3 能谱：氧化铜

图 7　海绵铜粉末集合体扫描图像及主要相能谱

显微镜观察显示块状样品主要由金属铜（海绵铜）及氧化铜组成，显微镜照片见图 8。

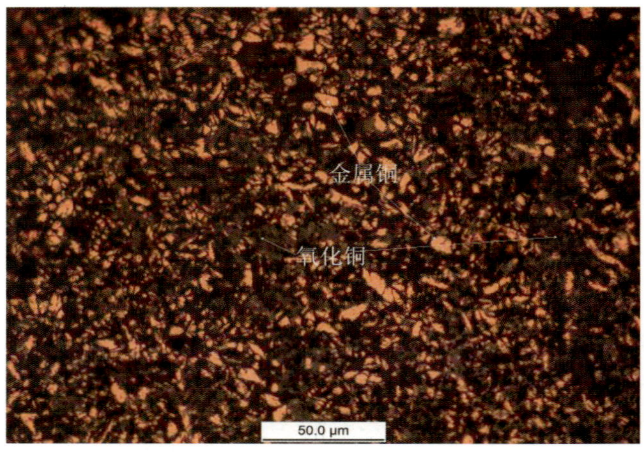

图 8　块状样品显微镜照片

3 样品物质属性鉴别分析

（1）产生来源分析

①铜锍

样品报关名称为“铜锍”，因此，首先分析样品是否为铜锍。

FeS 在高温下与许多金属硫化物形成共熔体，简称锍，锍一般以 Cu_2S、Ni_3S_2、FeS 等为主体，还含有少量的 PbS 和 ZnS 等，锍中 Cu、Fe、S、Pb、Zn、Ni 总量通常是 95%~98%。铜锍是铜精矿冶炼过程中的初级产品，其主要成分是 Cu_2S 和 FeS，其中还溶解有一定数量铁的氧化物和其他硫化物，如 Ni_3S_2、CoS、PbS、ZnS 等，通常 Cu、Fe、S 占铜锍总量的 80%~90%。炉料中的 Au、Ag 及铂族元素在熔炼过程中几乎全部进入铜锍。常见铜锍成分 [1] 和组成实例 [2] 见表 2。

表 2　铜锍成分和组成实例

单位：%

	炉型	成分				
		Cu	Fe	S	Pb	Zn
常见铜锍成分	密闭鼓风炉熔炼	25~27.5	38.5	22~23.5	0.9~2.0	1.5~2
	反射炉熔炼	20~35.5	43~47	25~25.5	—	—
	电炉熔炼	48~50	30	22	—	—
	闪炉熔炼	48.6	23.9	23.1	0.1	0.7
铜锍组成实例	鼓风炉铜锍	42.4	24.5	24.5	1.6	1.6
	反射炉铜锍	43.6	26.7	24.8	—	—
	云冶电炉铜锍	42.38	25.91	23.31	—	—
	霍恩厂闪速炉铜锍	59.3	16.0	22.8	0.59	0.57
	诺兰达炉铜锍	72.4	3.5	21.8	1.8	0.7
	瓦纽科夫炉铜锍	40~52	20~27	23~24	—	—
	三菱法铜锍	64.6	10.6	22.0	—	—
	白铜锍	75.9	2.18	20.3	0.3	0.2

根据海关《商品归类总则》的注释，解释铜锍为：“该产品是通过熔融焙烧过的硫化铜矿，使硫化铜从脉石和其他金属中分离制得。这些其他金属在铜硫表面形成一层浮渣。铜锍主要由铜和铁的硫化物构成，通常呈黑色或棕色小颗粒状（通过将熔融铜锍倒入水中制得）或者为一种颜色暗淡、具有金属外观的粗团块。”

样品主要是由粉末构成的强度很低的块状物料，与铜锍是经高温熔炼形成的致密熔融态产物不同；样品中 S、Fe 的含量远低于铜锍中的相应含量；样品中铜的物相主要是 Cu、CuO、Cu_2O，与铜锍中 Cu_2S 不符；样品中铁的物相与铜锍中 FeS 不符。因此，判断样品不是铜锍。

②海绵铜

海绵铜是含铜物料综合回收过程中常见的中间产品，是溶液中铜离子被置换沉淀的产物。由于原料及置换工艺的差异，海绵铜中含铜量在 30%~90%，所含杂质主要为过量的置换金属，通常为 Fe，以及 O、CaO、SiO_2、Al_2O_3 等。

生产海绵铜的原料主要包括：a. 氧化态铜矿 [3]，主要有孔雀石（$CuCO_3•Cu(OH)_2$）、硅孔雀石（$CuSiO_3•2H_2O$）、蓝铜矿（$2CuCO_3•Cu(OH)_2$）、黑铜矿（CuO）、赤铜矿（Cu_2O）、胆矾（$CuSO_4•5H_2O$）。这些矿物经破碎磨细后，用稀 H_2SO_4 溶液进行浸出，铜以 Cu^{2+} 离子

状态进入溶液，再用铁屑置换 $CuSO_4$ 中而生成海绵状铜，其中赤铜矿只有在氧化剂存在时才能完全分解。b. 硫化态铜矿石 [4]，主要有黄铜矿（$CuFeS_2$）、辉铜矿（Cu_2S）、斑铜矿（Cu_4FeS_4）、铜蓝（CuS）、硫砷铜矿（Cu_3AsS_4），将硫化态铜矿中的 $CuSO_4$ 经焙烧而成 CuS 或 CuO，再与 H_2SO_4 反应生成 $CuSO_4$，然后用铁置换铜而生成海绵状金属铜，其中斑铜矿和铜蓝只有在氧化剂存在时才能完全分解。c. 含铜废料，如冶金中的废铜渣 [5]、铜材加工厂的酸洗废液、采矿 / 选矿 / 冶炼过程中出现的低品位含铜废石和尾砂及贫矿等、粗铜冶炼中的电收尘烟灰、铜的冶炼和加工以及电镀等工业生产过程中产生的含铜废水、印刷电路板生产工艺流程中产生的废液 [6] 和阳极泥 [7] 等。

制备海绵铜的工艺原理是在酸性条件下，用铁屑将 Cu^{2+} 置换生成海绵金属铜粉，生产流程示意图见图 9[3]。

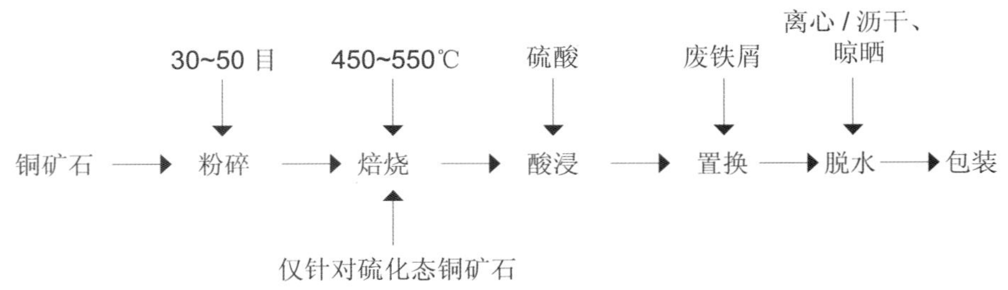

图 9　以铜矿为原料生产海绵铜的流程示意图

样品中粉末与块状的主要物相组成均为 Cu、CuO 和 Cu_2O，表明为同一类物质或同一产生来源；根据成分分析和比例换算出综合样品的铜含量为 66.3%；物相实验证明样品中金属铜与铜氧化物的大致含量比例为 3 ∶ 2；金属铜中 95%~97% 来自于海绵金属铜，3%~5% 来源于炉渣相；样品的断面由均质细腻粉末构成，说明样品来自于水溶液；所含杂质主要为氧化硅、氧化亚铁、铁酸盐、氧化铝等，其中铁的总含量约为 3%。样品的这些特征表明其是以海绵铜为主的铜富集料。

③以铜废料为原料制备形成的产物

样品中含有少量 Si、Al、Ca、Mg 等成分，它们通常是冶炼造渣组分；显微镜观察到硅酸盐炉渣相；物相组成和显微镜下均显示样品中存在少量尖晶石类铁酸盐（$ZnFe_2O_4$、$CuFe_2O_4$），尖晶石只有经过高于 1 000℃高温焙烧才能形成；样品虽然不能用手掰开，有一定的强度，但远远不具有 1 000℃以上熔炼或熔融形成产物的强度。因此，判断样品不是高温熔融直接形成的产物，但其原始物料中不能排除含有铜冶炼炉渣。样品中还含有少量 P、Cr、Ni、Zn、Sn、Cl 等成分，这些成分是金属表面处理中的常见成分，因此，也不能排除形成样品的原始物料来自电镀污泥等废料。前面分析出样品是湿法处理形成的铜富集产物，通常情况下，含铜较为复杂的氧化废料也适合采用 H_2SO_4 浸出加废铁屑置换的处理方法。总之，判断形成样品的原始物料以含铜废料为主。

样品中铜主要为海绵金属铜，但明显含有 CuO 和 Cu_2O，说明样品可能是溶液中回收的海绵铜经过不完全氧化焙烧，理由如下：a. 文献报道 [7]，铜在空气中加热到 185℃开始氧化，高于 350℃氧化生成 CuO 和 Cu_2O；b. 样品有一定的强度，不是自然干燥和高温熔融下形成，从形态上判断应该是低温处理黏结而成；c. 样品 550℃灼烧之后重量没有减轻反而增加，增重率为 1.76%，表明样品中基本不含有机物，同时金属铜继续发生了氧化反应；d. 显微镜下观察样品中含有极少量的炭粒，可能来自焙烧的燃料；e. 样品中含水率低、含硫量很少，可能是焙烧过程去除了剩余水分 [8]、硫和有机杂质；f. 样品中其他成分基本上是氧化态。

总之，判断样品是以铜废料为原料生产的以海绵金属铜为主的铜富集料，并进行了不完全氧化焙烧处理，该富集料可以作为铜的氧化物粗制产物。

（2）固体废物属性分析

样品是以铜废料为原料生产的以海绵金属铜为主的铜富集料，并且经过不完全氧化焙烧处理，也即样品由含铜废料经过湿法和干法处理富集铜的两个过程（两者都是含铜物料常用的富集处理方法），使铜含量达到了较高水平，可以作为熔炼粗铜或生产铜化合物的原料。因此，样品属于“有意识生产”，也是含铜废料利用中“正常的商业循环 / 使用链的一部分”。那么，依据《固体废物鉴别导则（试行）》的原则，判断样品不属于固体废物。

4 结论

样品不是铜锍，是以海绵金属铜为主的铜富集料并经过不完全氧化焙烧处理，该富集料可作为铜的氧化物粗制产物，不属于固体废物。

参考文献

[1] 许并社 , 李明照 . 铜冶炼工艺 [M]. 北京：化学工业出版社 ,2008:16-20.
[2] 任鸿九 , 王立川 . 有色金属提取手册——铜镍 [M]. 北京：冶金工业出版社 ,2007:25-28.
[3] 杨贵云 . 海绵铜生产中存在的主要问题及改进措施 [J]. 云南冶金 ,1995(1):63.
[4] 韦公远 . 用铜矿石生产海绵铜的方法 [J]. 企业技术开发 ,2000(8):30.
[5] 李立清 , 陈丽云 , 刘精今，等 . 冶炼废渣中有价值金属的综合回收 [J]. 湖南大学学报 ,1998(25):60.
[6] 慕光杉 . 含铜废液处理方法综述 [J]. 南宁师专学报 ,1998(2):39.
[7] 张华 . 某厂铜阳极泥中铜的回收试验研究 [J]. 四川有色金属 ,2000(3):51.
[8] 梁保安 . 用硫化铜矿生产氧化铜 [J]. 许昌师专学报 ,2000(19):80.

121. 碳酸钙

1 背景

2007 年 9 月，固体废物研究所对某公司申报进口的“对苯二甲酸（等外品）”货物样品进行废物属性鉴别，需要确定是否属于国家禁止进口的固体废物。在实验分析基础上编写鉴别报告。

2 样品特征及物质特性分析

（1）样品为白色粉末，粒度和颜色非常均匀，干燥，无明显杂质，样品见图 1。

（2）按照《工业用精对苯二甲酸》（SH/T1612.1）测定样品酸值：按照《工业用精对苯二甲酸酸值的测定》（SH/T1612.2）方法进行测定，在样品溶解过程中，加入溶剂后，有不溶于吡啶和水的细沙沉淀物，滴定时，第一滴标准溶液滴下指示剂就变色，酸值结果为 0 mg KOH/g。按照《工业用精对苯二甲酸》（SH/T1612.1）测定样品灰分，不能得到灰分结果。

（3）采用 X 射线衍射仪（XRD）对样品进行物相结构分析，成分为 $CaCO_3$。能谱显示组成为 Ca、C、O，无其他杂质，结果见图 2，显微镜下观察样品是单一的结晶体，很完整，应为纯的 $CaCO_3$。

图 1　样品

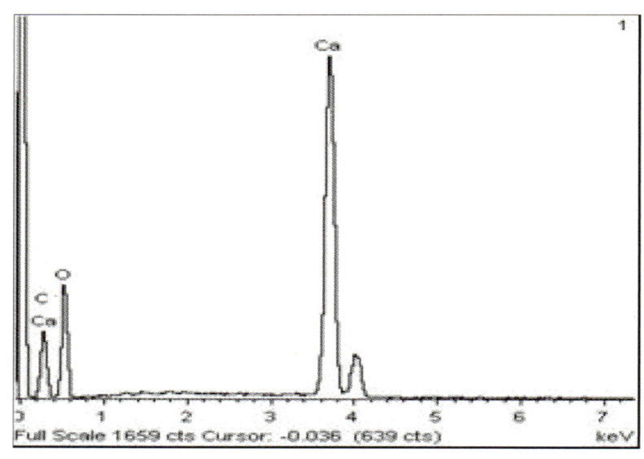

图 2　样品能谱图

3 样品物质属性鉴别分析

样品不是对苯二甲酸，是纯的 $CaCO_3$ 粉末，无其他化学组分；样品颗粒和颜色都比较均匀，无明显杂质。判断样品是精细 $CaCO_3$，不属于固体废物。

4 结论

样品不是对苯二甲酸，而是精细碳酸钙，不属于固体废物。

122. 溴化钠

1 背景

2007年9月，固体废物研究所对某公司申报进口的“溴化钠”货物样品进行废物属性鉴别，需要确定是否属于国家禁止进口的固体废物。在实验分析基础上编写鉴别报告。

2 样品特征及物质特性分析

（1）样品为白色精细颗粒，粒度和颜色比较均匀，干燥，无明显杂质，样品形态见图1。

（2）采用X射线衍射仪（XRD）对样品进行物相结构分析，成分为$NaBr \cdot 2H_2O$。显微镜下观察样品是单一的结晶体，很完整。能谱显示除Na、Br外，基本无其他杂质成分，见图2。

图1　样品外观

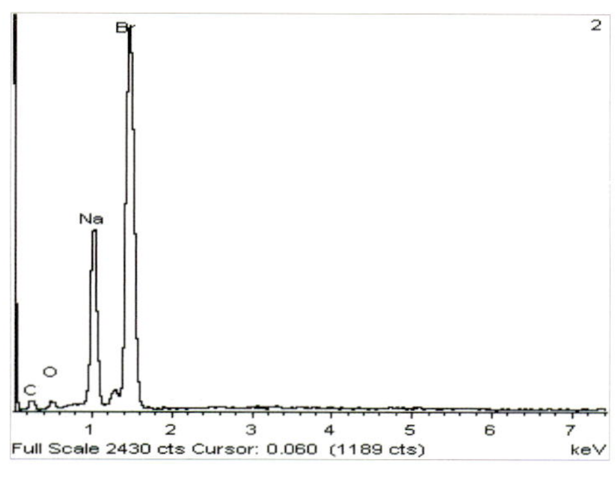

图2　样品能谱图

3 样品物质属性鉴别分析

实验分析表明，样品为结晶NaBr，基本无其他化学组分；样品颗粒和颜色都比较均匀，无明显杂质。判断样品是NaBr产品，不属于固体废物。

4 结论

样品是NaBr产品，不属于固体废物。

123. 金云母初加工产物

1 背景

2012 年 3 月，固体废物研究所对某公司申报进口的“云母粉”货物样品进行了固体废物属性鉴别。在实验分析、咨询专家和资料调研的基础上编写鉴别报告。

2 样品特征及物质特性分析

（1）样品为较粗的鳞片状碎片，呈褐色，具有玻璃光泽，其中部分碎片一面呈褐色，另一面则为亮白色；有些碎片两面均为亮白色，无明显杂质，样品外观形态见图 1。在盛 50g 样品的烧杯中加入 1 000 mL 水，无样品漂起，搅拌均匀后，样品很快沉降至底部。测定样品含水率为 0.10%、550℃灼烧后的烧失率为 0.17%，松散密度为 0.65 g/mL。

（2）能谱分析显示，样品的主要组成均为 Si、Mg、Al、Fe、K 和 O，能谱图见图 2。采用化学法测定样品中 Si、Al、Mg、Fe、K、Ca 的含量，结果见表 1。

图 1　样品

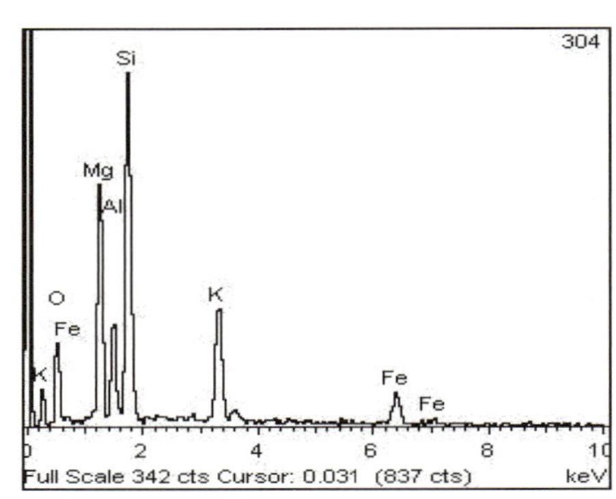

图 2　样品能谱图

表 1　样品主要成分的含量

单位：%

元素	Si	Al	Mg	Fe	K	Ca
含量	18.79	5.62	14.68	6.03	9.16	0.44

（3）利用 X 射线衍射仪分析样品物相结构，主要物相组成为黑云母 $[K(MgFe)_3AlSi_3O_{10}(OH,F)_2]$，还含有少量石英（$SiO_2$），衍射谱图见图 3。利用单偏光显微镜观察样品，结果显示样品呈薄片状，褐色，内部有包体，混有少量碳酸盐，云母的含量超过 95%，样品的显微镜照片见图 4。

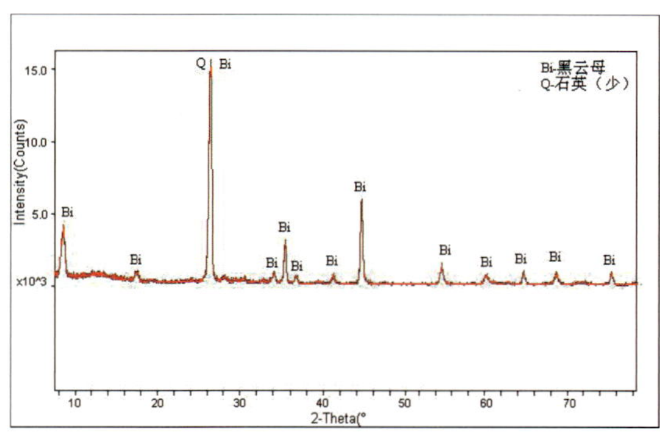

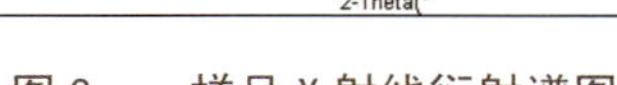
图 3　样品 X 射线衍射谱图

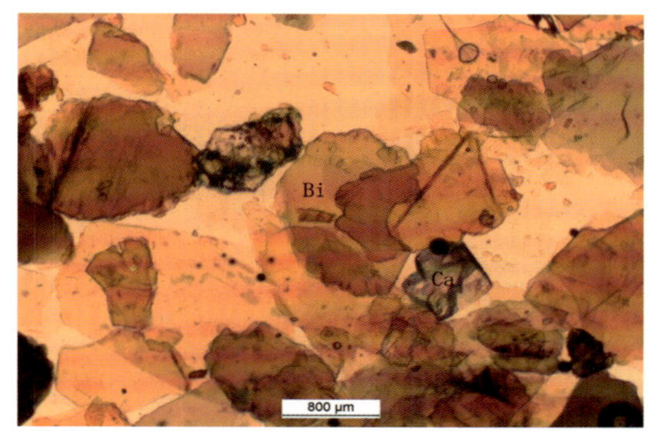

图 4　样品显微镜照片（Bi—云母，Ca—碳酸盐）

（4）分析样品的粒度，结果为：大于 900 μm（20 目）的占 28.87%，300~900 μm（20~60 目）的占 68.74%，小于 300 μm（60 目）的占 2.39%。

3 样品物质属性鉴别分析

（1）产生来源分析

①黑云母

云母是一种透明薄片状的非金属矿物，具有玻璃光泽，有时过渡为珍珠光泽或丝绢光泽，是一类含水铝硅酸盐的总称。云母分为白云母、黑云母和锂云母，白云母包括常见的白云母 [$KAl_2(OH)_2(AlSi_3O_{10})$] 和较少见的钠云母 [$NaAl_2(OH)_2(AlSi_3O_{10})$]；黑云母包括金云母 [$KMg_3(OH,F)_2(AlSi_3O_{10})$]、黑云母 [$K(Mg,Fe)_3(OH,F)_2(AlSi_3O_{10})$] 和铁黑云母 [$KFe_3(OH,F)_2(AlSi_3O_{10})$]；锂云母包括锂云母 [$KLi_{1.5}Al_{1.5}(OH,F)_2(AlSi_3O_{10})$] 和铁锂云母 [$KLi_{1.5}(Al,Fe)_{1.5}(OH,F)_2(AlSi_3O_{10})$][1]。其中黑云母的特点是铝含量低、铁镁含量高[2]。

黑云母主要产于变质岩中，也有产于花岗岩等其他一些岩石中，颜色较深，呈红棕色、深褐色乃至黑色，具有玻璃光泽，解理面显珍珠光泽，由于类质同象代替广泛，所以不同岩石中产出的黑云母化学组成成分差距很大[3]。典型黑云母的化学成分和含量见表 2。

表 2　典型黑云母的化学成分和含量

单位：%

编号	SiO_2	Al_2O_3	K_2O	MgO	CaO	Fe_2O_3	FeO
1[4]	33.88	14.46	8.15	5.18	0.25	6.18	21.38
2[5]	40.24	16.90	8.46	20.31	—	1.79	7.13
3[6]	34.57	10.81	13.48	2.87	2.76	0.77	29.52
4[7]	31.19	17.66	0.18	17.05	1.96	2.73	15.50
5[7]	35.62	4.95	7.55	14.17	0.21	2.66	15.1
6[7]	35.97	16.32	4.90	26.27	0.12	2.86	16.2

样品呈褐色，具有玻璃光泽，外观和颜色均与黑云母类似；能谱显示样品主要组成为 Si、Al、Mg、Fe 和 K，与黑云母的主要组成元素相同；根据化学分析结果计算出样品中主要化学成分的含量为：SiO_2 40.26%、Al_2O_3 10.62%、K_2O 11.04%、MgO 24.47%，与表 2 黑云母的化学成分和含量具有可比性；X 射线衍射结果显示样品主要物相结构为

$K(Mg,Fe)_3(OH,F)_2(AlSi_3O_{10})$，与黑云母化学式相同。因此，样品属于黑云母。

②天然黑云母粗加工产物

云母粉的来源包括：a. 选矿中的副产物或云母尾矿，如河北金红石精矿厂，在选别过程中回收的黑云母粉年达 1 000 吨以上；b. 以云母制品废料为原料，进行粉碎得到；c. 以天然云母为原料，进行干法或湿法加工粉碎所得到，其中干法磨制加工云母粉，采用粗碎、细碎、超细碎三级破碎工艺，工艺流程见图 5[8]。

图 5　干磨云母粉工艺流程示意图

能谱和显微镜分析显示样品中云母含量超过 95%，非云母成分含量比较低，通过咨询云母专家可知，样品不是选矿产出的副产物或云母尾矿；样品 550℃灼烧后烧失率为 0.17%，表明有机物含量低，因此样品也不是来自云母制品的废料；样品中非云母成分为脉石矿物，如石英、白云石 [9]，表明样品来自天然黑云母矿物。

干磨云母粉晶片厚，又含有比较多的石英、长石、黏土等粉末，具有悬浮性差的特征；松散密度通常为 0.5 g/mL 左右 [10]。样品呈片状粉末，松散密度为 0.65 g/mL；在 50 g 样品中加入 1 000 mL 水，无样品漂起，搅拌均匀后，样品 30 min 左右沉降至底部，即它们在水中的悬浮性差。因此，判断样品为干磨黑云母粉。

样品粒径分布为小于 300 μm 的占 2.39%，300~900 μm 的占 68.74%，大于 900 μm 的占 28.87%。《干磨云母粉》（JC/T595—1995）标准（表 3）规定：“适用于碎白云母经研磨制成的云母粉产品的质量检验和验收，其他类型云母粉可参照采用”，样品粒径分布比较漫散，没有达到标准中的粒度要求，表明未经过精细加工分级，为初步分选、分级后的产物。因此，样品是天然黑云母的粗加工产物。

表 3　《干磨云母粉》（JC/T 595—1995）标准粒度要求

规格	粒度分布			
900 μm	+900 μm	+450 μm	+300 μm	-300 μm
	<2%	65%±5%	25%±5%	<10%
450 μm	+450 μm	+300 μm	+150 μm	-150 μm
	<2%	45%±5%	45%±5%	<10%
300 μm	+300 μm	+150 μm	+75 μm	-75 μm
	<2%	50%±5%	40%±5%	<10%
150 μm	+150 μm	+75 μm	+45 μm	-45 μm
	<2%	40%±5%	30%±5%	<30%
75 μm	+75 μm	—		
	<2%			
45 μm	+45 μm	—		
	<2%			

（2）固体废物属性分析

《干磨云母粉》（JC/T 595—1995）标准中规定："干磨云母粉是原生碎云母在不加水介质的情况下经机械破碎磨制而成的产品"，样品是由天然黑云母经过干磨和分选后的粗加工产物，是有意识加工的目标产物。因此，依据《固体废物鉴别导则（试行）》，判断样品不属于固体废物，为粗黑云母粉。

4 结论

样品是天然黑云母的粗加工产物，样品不属于固体废物。

参考文献

[1] 袁楚雄，田中凯，刘奇．云母及其深加工 [J]. 国外金属矿选矿，1996,4:42-45.

[2] 袁领群．云母原料的特性对湿法云母粉生产的影响 [J]. 中国非金属矿工业导刊，2002,27(3):15-16.

[3]《非金属矿工业手册》编辑委员会．非金属矿工业手册 [M]. 北京：冶金工业出版社，1992.

[4] 干国梁，陈志雄．都宠岭花岗岩中黑云母成分特征及其意义 [J]. 湖南地质，1990,9(3):46-56.

[5] 刘道荣．鞍山地区中、上鞍山群变质沉积岩中黑云母化学成分及其意义 [J]. 辽宁地质，1990(3):238-247.

[6] 吕志成，段国正，董广华．大兴安岭中南段燕山期三类不同成矿花岗岩中黑云母的化学成分特征及其成岩成矿意义 [J]. 矿物学报，2003,23(2):177-183.

[7] 赵希林，毛建仁．闽西南地区燕山晚期花岗岩黑云母特征及成因意义 [J]. 资源调查与环境，2010,31(1):12-18.

[8] 吴照洋．云母资源概况及加工应用现状 [J]. 中国粉体技术，2007(13):179-182.

[9] 石大鑫，于桂莲．云母的加工技术 [J]. 矿产保护与利用，1991(1):28-35.

[10] 韩秀山．湿法云母粉的应用 [J]. 中国粉体工业，2007(2):12-17.

124. 副产品氧化锌

1 背景

2006 年 12 月，固体废物研究所对某公司申报进口的“氧化锌”货物样品进行废物属性鉴别，需要确定是否属于国家禁止进口的固体废物。在实验分析、咨询专家和查阅相关资料的基础上编写鉴别报告。

2 样品特征及物质特性分析

（1）样品为灰色微细粉末，质地均匀。参照 CJ/T 96 和 CJ/T 3039 方法分别测定样品含水率和 550℃灼烧后的烧失率，结果分别为 1.48% 和 6.23%。样品外观形态见图 1。

（2）采用 X 射线荧光光谱仪分析样品的组分，结果见表 1。单独测定样品中的碳含量为 10%。

表 1　样品主要成分及含量（除 Cl 以外，其他元素均以氧化物计）

单位：%

成分	ZnO	CaO	SO_3	SiO_2	P_2O_5	Cl	MgO	Fe_2O_3	K_2O	Al_2O_3
含量	94.11	3.25	1.31	0.30	0.29	0.23	0.23	0.10	0.10	0.08

（3）采用 X 射线衍射仪（XRD）对样品进行物相结构分析，主要为 ZnO。

（4）在显微镜下观察，样品基本上由 ZnO 的细小晶体组成，粒度在 10 μm 左右，还有一定的炭和少量其他杂质。样品能谱分析表明主要含有 Zn、O、Ca、Si，能谱图见图 2。

图 1　样品

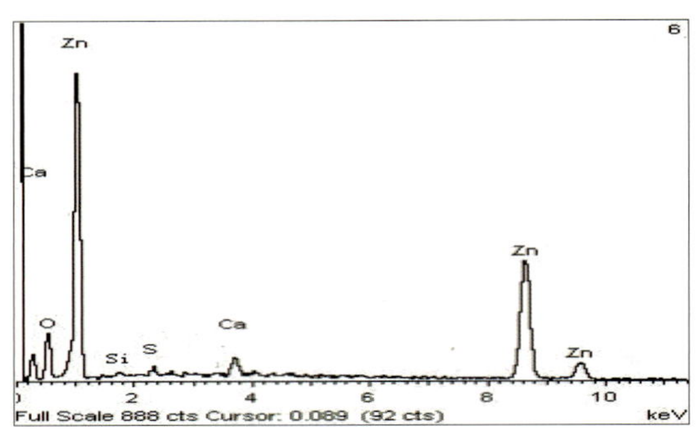

图 2　样品能谱图

3 样品物质属性鉴别分析

（1）产生来源分析

①热镀锌渣或铸型灰

钢铁件镀锌前涂上 $ZnCl_2$、NH_4Cl 等作为助镀溶剂，这些溶剂在镀锌过程中分解产生大量的 NH_3、HCl 等气体和 NH_4Cl 浓烟，含氯助镀剂与液态锌作用，使氯进入含锌灰渣，灰渣中可能含有氯。锌合金铸造过程中会产生铸型灰，一般含 70%~80% 的锌、2.0%~3.5% 的铁，典型组成见表 2[1]。

表 2　热镀锌渣和铸型灰的成分及含量范围

单位：%

成分	Zn	Fe	Cu	Pb	Sn	Al	水分
热镀锌渣	60~75	4.7~6.5	0.1~0.5	0.5~1.0	0.5~1.2	0.05~0.10	1~2
铸型灰	70~80	2.0~3.5	微量	2.0~3.5	0.3~1.2	0.1~0.6	3~4

由表 1 计算样品中锌（Zn）含量大约为 86.2%，稍高于表 2 中的含量，其他物质组成及其含量与表 2 也不符合，表明样品组成与热镀锌渣和铸型灰的组成相差较大，判断样品不是热镀锌渣或铸型灰。

②钢铁冶炼产生的含锌烟尘

钢铁冶炼产生的烟尘中锌含量一般都不高，而且含有其他有害重金属，表 3 是几种含锌烟尘的锌含量[2]。对比样品含 ZnO 非常高以及含铁非常低的结果，判断样品不是钢铁冶炼产生的含锌烟尘。

表 3　几种含锌烟尘的锌含量

单位：%

烟尘种类	高炉烟尘	电炉炼钢烟尘	转炉炼钢烟尘
Zn 含量	17.28	16~38	0~10

③回收废金属产物

目前国内外 50% 左右的金属锌用于钢铁镀锌工业。当这些镀锌钢铁废件回炉再生时，产生含锌烟尘，含锌约 20%，经回转窑和其他设备进行烟化富集，产出的氧化锌粉可作为炼锌的原料。还有一部分锌用在黄铜（Cu-Zn 合金）生产上，当这种黄铜废件再生冶炼回收铜时，锌以氧化锌粉形态回收，也可作为湿法炼锌原料。各种氧化锌粉的化学成分及含量见表 4[3]。

表 4　各种氧化锌粉的化学成分及含量

单位：%

成分	铅锌冶炼厂		钢铁厂产 ZnO	铜加工厂产 ZnO
	铅烟化炉 ZnO	锌回转窑 ZnO		
Zn	59~61	66.39	56~60	75.96（ZnO）
Pb	11~12	10.40	7~10	10.45
F	0.9~1.1	0.167	—	1.1~2
Cl	0.03~0.06	0.126	2~4	0.2~0.4
SiO_2	0.8~1.0	0.277	0.4~0.6	—
CaO	0.2~0.5	0.038	0.5~0.8	—
Al_2O_3	0.13~0.75	—	2~5（FeO）	—
S	1.82~2.40	2.73	1~2	—

样品中基本没有铅，与表 4 中的铅含量差异明显，而样品中钙的含量又高于表 4 的含量，由此判断样品不是来自废金属回收过程中 ZnO 的富集产物。

④直接法和间接法生产的 ZnO 产品

《直接法生产氧化锌》（GB/T 3494—1996）和《氧化锌（间接法）》（GB/T 3185—1992）中规定 ZnO 的含量最低为 98.0%，而且 ZnO 粉为白色，灼烧减量很小（小于 0.6%），不含钙等。由样品成分分析结果、灰色、灼烧减量、钙含量等的对比可知，该样品没有达到两个标准的要求。

⑤样品很可能为含锌矿物原料或其他含锌原料直接法生产的粗 ZnO

自然界中含锌矿物主要有闪锌矿（ZnS）、铁闪锌矿（nZnS•mFeS）、菱锌矿（$ZnCO_3$）、异极矿（$H_2Zn_2SiO_5$）等。各种矿的成分不一，含锌量一般为 8%~16%，目前炼锌的主要原料是硫化矿，经浮选后的硫化锌精矿成分及含量见表 5[3]。

表 5　硫化锌精矿成分及含量

单位：%

序号	Zn	Fe	Pb	Cu	Cd	As	Sb	S	CaO	MgO	SiO_2	Al_2O_3
1	54.8	5.59	0.63	0.2	0.2	0.04	0.02	31.1	0.75	0.11	4.53	0.34
2	50.8	7.04	1.65	0.25	0.23	—	—	30	2.2	0.34	6	0.78
3	52.6	6.54	1.43	0.09	0.21	0.09	0.01	31.2	2.03	0.42	1.6	0.43
4	47.5	10.1	1.24	0.34	0.26	0.24	0.02	30.5	0.86	0.65	3.57	—

样品中除锌以外的杂质成分在表 5 中可找到，但不能解释样品成分中为何没有有色金属物质，可能是冶炼原料的原因，当然也不排除样品为其他含锌物料再加工处理的产物（如烟化处理）。含碳量较高很可能是由含锌矿物焙烧时加入的还原剂（焦炭、无烟煤等）所致。由此可判断，样品可能是直接法氧化锌生产工艺的产物，可进一步作为 ZnO 生产或锌冶炼的原料。海关提供的相关货物产生工艺流程与《无机盐工业手册》[4] 中关于 ZnO 的生产工艺一致，判断该工艺来源比较合理。

（2）固体废物属性分析

《副产品氧化锌标准》（YS/T 73—1994）中规定如下：按产品化学成分，氧化锌品级规定见表 6，产品呈灰白色粉状，产品中不得有肉眼可见的外来夹杂物。样品基本符合该标准的要求。

表 6　氧化锌品级

单位：%

品级	1	2	3	4	5	6	7	8	9	10
ZnO，⩾	95	90	85	80	75	70	65	60	55	45

样品均匀，ZnO 含量较高，杂质含量较低，符合副产品氧化锌的要求；通过咨询精细化工和矿业方面的专家，其可作为湿法炼锌的中间产品，也可经提纯后生产氧化锌产品，还可进一步生产锌的化工产品，具有较高的经济价值；样品有害杂质成分和含量非常少。综合判断样品属于副产品氧化锌，不属于固体废物。

4 结论

样品主要成分为氧化锌、粉末均匀、有害杂质含量非常低，样品基本满足《副产品氧化锌标准》（YS/T 73—94）的要求，综合判断样品不属于固体废物。

参考文献

[1] 刘学雷 . 从含锌废渣中回收制备锌盐的研究 [J]. 安徽化工 ,2000(2):41-43.
[2] 铅锌冶金学编委会 . 铅锌冶金学 [M]. 北京 : 科学出版社 ,2003.
[3] 彭容秋 . 锌冶金 [M]. 长沙：中南大学出版社 ,2005.
[4] 天津化工研究院 . 无机盐工业手册 [M].2 版 . 北京 : 化工出版社 ,1996.

125. 蚕茧缫丝副产品

1 背景

2007 年 3 月，固体废物研究所对某公司拟进口的“蚕茧和蚕丝”样品进行固体废物属性鉴别，需要确定是否属于国家禁止进口的固体废物。在咨询专家和查阅相关资料的基础上编写鉴别报告。

2 样品特征及特性分析

三个样品的外观特征见表 1 和图 1~ 图 3。

表 1　　样品描述

样品	外观特征描述
1	质地轻，干燥，呈条束状，灰白，连有少许茧状物
2	质地轻，干燥，蓬松丝绵状，颜色灰白，粗细不均，少许杂质
3	质地轻，干燥，蚕茧呈扁状，外包少许蚕茧丝，有的茧上有黄斑

图 1　1 号样品

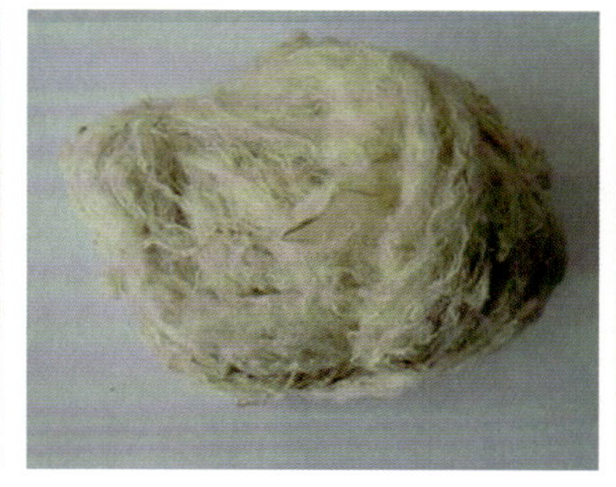

图 2　2 号样品

图 3　3 号样品

3 样品物质属性鉴别分析

（1）产生来源分析

我国传统丝绸产业生产流程见图 4[1]，蚕茧丝分成两大类，一类是由上茧缫成的缫制生丝，另一类是纺制绢丝，纺制绢丝可由长吐、滞头（汰头）、毛丝、丝绵和下茧等原料而制成。生丝和绢丝是传统丝织和现代针织的原料。

通过咨询绢纺专家，样品产生来源如下：

蚕在结茧时，是由一根茧丝按照一定规律相互重叠而形成茧层（子）。一个蚕茧上茧丝的长度约 1 000 m。

生丝是缫丝厂的产品，是由数粒蚕茧抽出的茧丝互相抱合并以丝胶胶着而成。

要缫制生丝，首先要从煮熟的茧层上引出丝头，开始引出时，会有很多丝头同时出现，随着不断抽取，逐渐变成一根丝，形成一茧一丝，则可以缫丝使用，该操作称“索理绪”。索理绪过程中产生的剩余丝部分经过一定的整理，一般整理成条束状，称为长吐。长吐是由茧子外层纤维组成，纤维强力高、品质好。1 号样品为长吐。

当茧子缫到内层时，由于纤维太细，不能符合生丝细度要求，故将这部分内层茧子经过一定处理，整理成绵张状。称滞头，又称汰头。滞头是由茧子内层纤维组成，纤维细，强力较低，品质处于中下等。2号样品为滞头。

还有部分茧子，不能符合连续缫丝要求。3号样为不适应缫丝的蚕茧，也即下茧。

综上所述，三个样品分别属于蚕茧制丝过程产生的长吐、滞头（汰头或丝绵）、下茧。

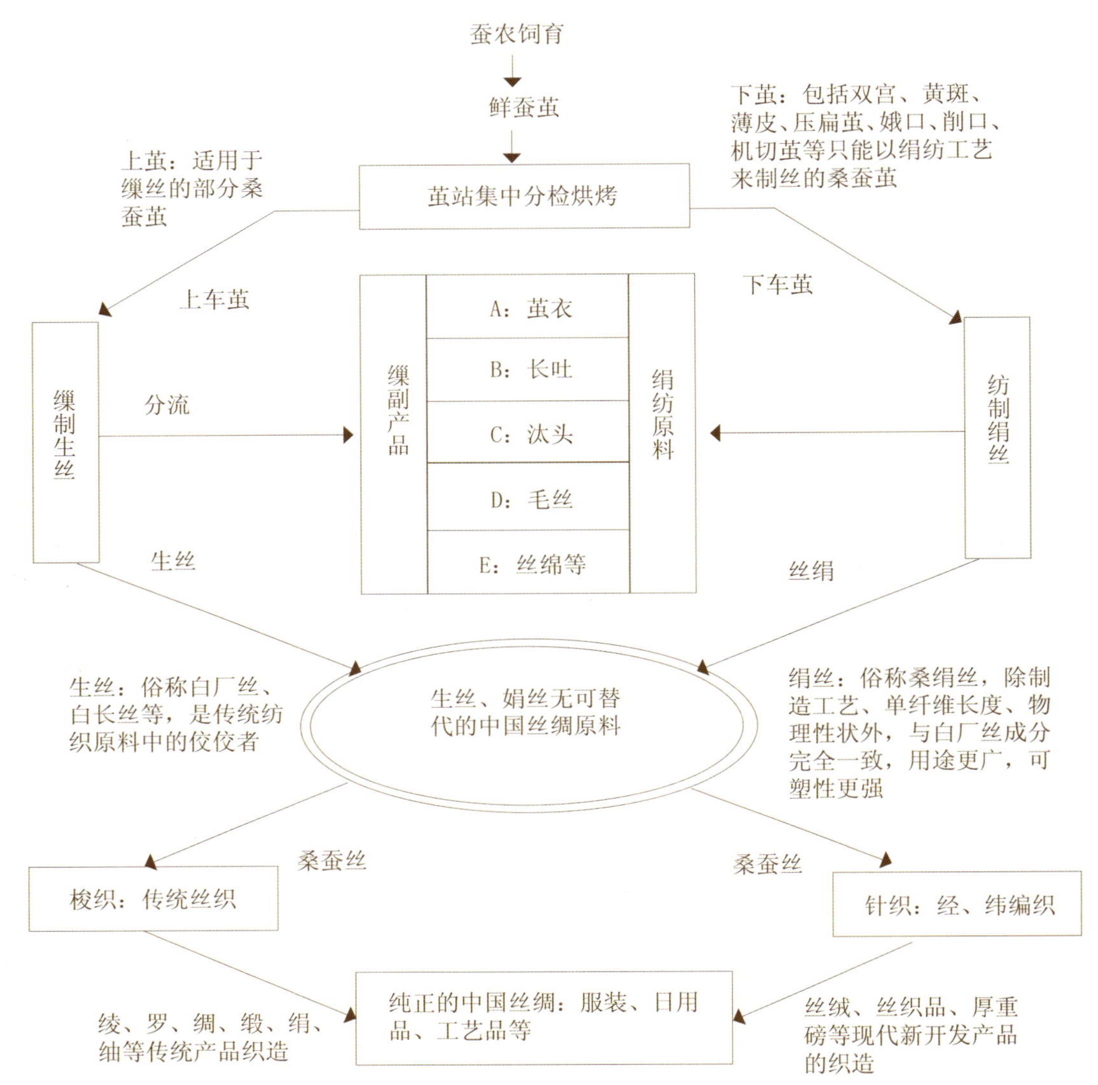

图4　丝绸产业生产流程示意图

（2）样品是较好的绢纺原料

绢丝纺是将绢纺原料经化学和机械加工纺成绢丝的过程。用做绢纺原料的桑蚕茧有疵茧、长吐、滞头和茧衣，柞蚕茧有柞丝挽手、扣和油烂茧，蓖麻蚕茧有剪口茧和蛾口茧。绢丝纺工艺依顺序分为精练、制棉和纺纱三阶段[2]。

绢纺原料虽然是缫丝厂的副产物，但由于还是丝纤维，原料价格很贵，用这些原料通过纺纱制成绢丝，可作为纺织高档面料。绢纺原料的成分主要是丝胶、油脂及灰分等。不管哪个国家的绢纺原料购买后都要经过水、纯碱（Na_2CO_3）、肥皂等的洗涤，才能纺纱。世界上 70% 绢丝产自中国，绢纺厂较多，绢纺原料非常短缺，经常从俄罗斯、朝鲜、中亚国家进口。

我国制定了《桑蚕绢纺原料》（FZ/T 41001—94），但很多企业在操作过程中凭经验买卖的很多。表 2~ 表 6 是有关绢纺原料的规定要求[3]，与 FZ/T41001—94 标准基本一致。

通过咨询绢纺专家得知：下茧、长吐和滞头（汰头）三个样品外观干净，是缫制生丝的副产品，是较好的绢纺原料。

表 2　桑蚕丝长吐质量分级规定

主要检验项目	一级	二级	三级	四级	等外级
整理概况	优	良	普通	较差	差
练减率 / %	18~26	26.01~28	28.01~29	29.01~30	30.01 以上
色泽	白净，有光泽	白，有光泽	局部呈灰	全束呈灰	全束呈油渗
僵条（平均）	无	较差	黄色	灰黄色	黄褐色
每束含量对原料之比	不允许	2 以下	2.01~4	4.01~6	6.01 及以上

表 3　桑蚕长吐质量分级规定（附级）

辅助检验项目	I	II	III	IV	V
杂纤维	长度在 4 cm 以上者 5 根以内；无 5 根以上成束者	长度在 4 cm 以上者，5~8 根；或成束者 1 束以内	长度在 4 cm 以上者 9~12 根；或成束数在 2 束以内	长度在 4 cm 以上者 13~16 根，或成束数在 3 束以内	长度在 4 cm 以上者，有 17 根以上，或成束数在 4 束以上
结块、条 /（只 / 束）	8 以内	9~12	13~16	17~20	21 以上
蛹衬茧 /（只 / 束）	5 以内	6~9	10~13	14~17	18 以上

表 4　桑蚕滞头质量分级规定

主要检验项目	一级	二级	三级	四级	等外级
整理概况	全张绒优良	较差	不良	严重不良	同四级
含油率 / %	8 以内	8.01~11	11.01~13	13.01~15	15.01 以上
色泽	白净、有光泽	略带灰黄	灰黄、无光泽	黄褐色、有霉油味	同四级
每张僵条僵块的含量与每张质量之比 / %	不超过 2	2.01~4	4.01~6	6.01~8	8.01 以上

表 5　桑蚕滞头质量分级规定（附级）

辅助检验项目	I	II	III	IV	V
杂纤维	长度在 4 cm 以上者 4 根以内，或 5 根以上成束数在 1 束以内	长度在 4 cm 以上者 5~9 根，或成束数在 2 束以内	长度在 4 cm 以上者 10~14 根，或成束数在 3 束以内	长度在 4 cm 以上者 15~19 根，或成束数在 4 束以内	长度在 4 cm 以上者 20 根以上，或成束数在 4 束以上
蛹及蛹衬 /（只 / 张）	20 以内	21~30	31~40	41~50	51 以上

表 6　疵茧（下茧）分级规定

单位：%

检验项目	双宫茧		黄斑茧、柴印茧		口类茧		汤茧		薄皮茧		血茧	
	一级	二级	一级	二级	一级	二级	一级	二级	一级	二级	一级	二级
茧层率	≥ 48	≥ 45	≥ 48	≥ 45	—	—	≥ 44	≥ 40	—	—	血茧	血巴茧
分类不清	≥ 3	≥ 5	≥ 5	≥ 10	≥ 3	≥ 5	≥ 5	≥ 10	≥ 5	≥ 10	≥ 5	
含杂率	≥ 0.5	≥ 1.5	≥ 1	≥ 2.5	≥ 0.5	≥ 1.5	≥ 1	≥ 2.5	≥ 1	≥ 2.5	≥ 2.5	≥ 5

（3）环境污染特性分析

绢纺原料上的成分主要是丝胶、油脂及灰分等，不管哪个国家的绢纺原料购买后都要经过水、纯碱（Na_2CO_3）、肥皂等的洗涤，才能纺纱。

绢纺原料中的双宫、黄斑、薄皮、压扁茧，其生产中的污染物与缫丝工艺产生的污染物性质和量相当。而其他不适应缫丝的蛾口、削口和机切茧，俗称无蛹茧，因不含蛹体，其生产中产生的污染物量比普通蚕茧制丝产污量少得多（只有 1/6）。长吐、滞头（汰头）等绵类绢纺原料，已从蚕茧制丝的基础原料进入到绢纺制丝的初级阶段，主要产污过程基本结束。

2007 年 3 月江苏省某出入境检验检疫局对商品编码 5003100“未梳废丝”进行了说明，认为未梳废丝（包括不适于缫丝的蚕茧、废纱及回收纤维）是绢纺企业的主要原料，成分是 100% 天然纤维，不含有害化学添加成分。

因此，利用进口绢纺原料可减少污染物产生量，有利于环境保护。

（4）固体废物属性分析

样品无论是下茧、长吐、汰头，还是茧依、毛丝、丝绵，都是丝绸生产工艺流程中的产物，无论是得到缫制生丝还是纺制绢丝，都属于有意识的生产过程产生的产物，是为满足市场需求而生产的产物，具有较高的使用价值或经济价值；样品是绢纺丝的原料，绢纺丝又是丝绸梭织和针织的高档材料，是不可替代的丝绸原料，是用于原用途；样品从感观上和品质上都可满足我国制定的相关标准要求，进口该类物品进行生产不仅不会增加而且还可减少污染物的产生，所以对环境保护是有利的；我国多年以来都有这类货物进口。

因此，依据《固体废物鉴别导则（试行）》的原则，判断样品不属于固体废物。

4 结论

样品分别是蚕茧制丝过程产生的下茧、长吐、滞头（汰头）或丝绵，属于缫制生丝的副产品，是较好的绢纺原料；样品不属于固体废物。

参考文献

[1] 我国 20 世纪八九十年代浙江省和江苏省供销社系统为丝绸绢纺企业编写的有关培训教材 .

[2]http://baike.baidu.com.

[3] 中国纺织大学绢纺教研室编 . 绢纺学 [M]. 北京 : 纺织工业出版社 ,1986.

126. 涤纶短纤维和复合短纤维

1 背景

2008 年 6 月，固体废物研究所对某公司拟进口的“涤纶（PET）超短纤维、PE/PET 复合短纤维”的样品进行废物属性鉴别，需要确定是否属于国家禁止进口的固体废物。在实验分析和查阅相关资料的基础上编写鉴别报告。

2 样品特征及物质特性分析

（1）样品为不同直径的纯白色短纤维，长度为 3mm，其中 PET 短纤维为规整的束状，PE/PET 复合短纤维为絮状，四个样品的外观形态见图 1~ 图 4。

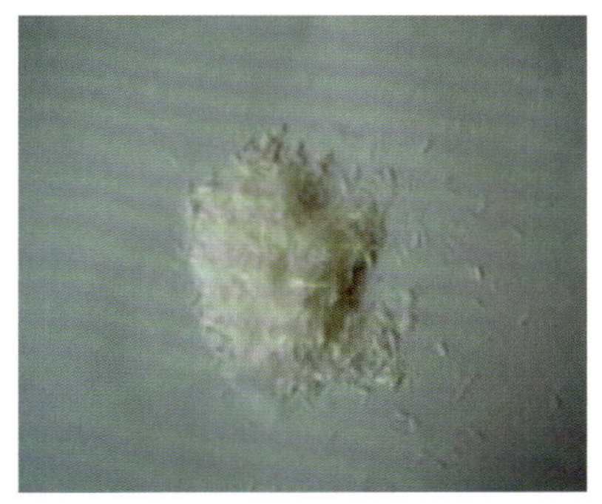

图 1　PET 切割短纤（1.4 dtex × 3 mm）

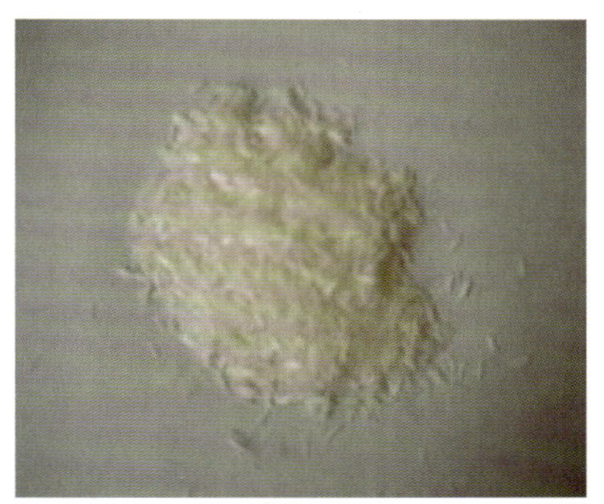

图 2　PET 切割短纤（3 dtex × 3 mm）

图 3　PE/PET 切割短纤（2 dtex ×3 mm）

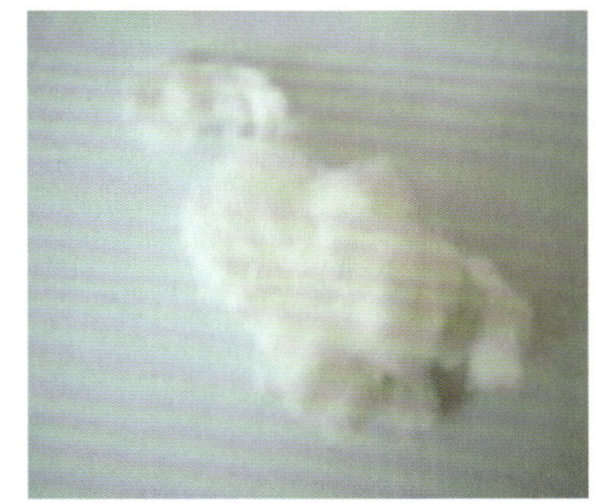

图 4　PE/PET 切割短纤（2.7 dtex × 3 mm）

（2）定性分析各样品的主要成分，结果见表 1。

表 1　样品成分

样品	名称	规格	成分
1 号	PET 切割短纤	1.4 dtex × 3 mm	聚对苯二甲酸乙二醇酯（PET）
2 号	PET 切割短纤	3 dtex × 3 mm	聚对苯二甲酸乙二醇酯（PET）
3 号	PE/PET 切割短纤	2 dtex × 3 mm	聚乙烯（PE）+ 聚对苯二甲酸乙二醇酯（PET）
4 号	PE/PET 切割短纤	2.7 dtex × 3 mm	聚乙烯（PE）+ 聚对苯二甲酸乙二醇酯（PET）

（3）PET 样品的其他特性见表 2。

表 2　PET 特性

项目		特性数据 / 描述
理化特性	熔点	249~253℃
	气味	N.A
	沸点	没有
	蒸汽压	没有
	密度	1.2 g/cm^3
	挥发性	没有
	可溶性	水中不溶解，苯酚中可溶解
稳定性和反应性	闪点	346~399℃
	爆炸性	没有
	可燃性	可燃，点燃温度 483℃
	自燃温度	483~488℃
	与水自然反应	无
	粉尘爆炸	如果颗粒成粉末状，质量浓度超过 40 g/m^3 会引起爆炸
	自身反应	在室温下没有。在高温条件下，产生分解气体
毒性	急性毒性	危害性没有报道
	慢性毒性	危害性没有报道
	“三致”毒性	危害性没有报道
	过敏和敏感影响	危害性没有报道
	刺激性	在干燥或熔化颗粒时产生的气体会刺激眼睛

注：该材料由委托单位提供。

3 样品物质属性鉴别分析

（1）产生来源分析

1）涤纶（PET）超短纤维样品的产生来源分析

①涤纶短纤维原料及生产工艺

涤纶的化学名称为聚对苯二甲酸乙二醇酯（PET）。国际上主要的聚酯技术工程公司如德国的吉玛公司、纽玛格公司、瑞士伊文达公司、美国杜邦－康泰斯公司等都对高产短纤维生产技术进行了大量的研究和开发 [1]。

涤纶短纤维的生产来源包括原生涤纶短纤维和再生涤纶短纤维。

a. 原生涤纶短纤维的主要原料及生产工序步骤

两步纺生产工序为：

石油—石脑油—对二甲苯（PX）—精对苯二甲酸（PTA）+ 乙二醇（EG）—聚酯切片（PET，包括纤维切片、瓶用切片、膜用切片）—涤纶（PET）纺丝。

一步纺（又称直纺）生产工序为：

石油—石脑油—对二甲苯（PX）—精对苯二甲酸（PTA）+ 乙二醇（EG）—涤纶（PET）纺丝 [2]。

国内某 1.33dtex 细旦有光涤纶短纤维的生产工序为：

涤纶纺丝—吹风冷却—卷绕喂入—集束—油浴拉伸—蒸气浴拉伸—紧张热定型—上油—叠丝—卷曲—松弛—切断—打包—成品 [3]。

中国石化上海石油化工股份有限公司具有国际先进的涤纶超短纤维生产技术，产品规格包括：3.33dtex-6mm 道路用涤纶超短纤维；1.67dtex-3mm 橡胶用涤纶超短纤维；0.67dtex-4/6mm，1.67dtex-6/12mm，3.33dtex-6mm，6.67dtex-12mm 纸用涤纶超短纤维。

b. 再生涤纶短纤维的主要原料及生产工序步骤

再生涤纶短纤维是指利用废旧聚酯瓶片、纺丝废丝及浆块做原料，经过清洗、再加工做的涤纶短纤。生产工序为：

整瓶、块料分拣及粉碎—碎料清洗—干燥—纺丝—环吹风、卷绕、落丝、集束、牵伸、卷曲、热定型、切断、打包[4]。

②产生来源

根据样品的成分分析，两个样品的化学成分为 PET 聚酯；根据样品的外观特征，样品为质地纯白、规格一致的纤维束；样品为涤纶短纤维束经切割后成为 3mm 的长度，这一步应属于物理过程；根据委托单位提供的相关材料，样品为原生涤纶纤维，满足企业的生产规范和产品标准，也满足市场的用户要求；根据我们查阅的相关资料，涤纶短纤维在我国也有众多企业在大量生产，产品型号、规格以及用途较多，生产技术较为复杂，是下游较高端产品的原材料。

因此，判断拟进口的样品是涤纶超短纤维产品。

2）PE/PET 复合短纤维样品产生来源分析

①复合短纤维生产工艺

复合超细纤维是一个国家化学纤维工业水平的象征之一，在非织造布上的复合超细纤维应用已经不可忽视[5]。我国复合短纤维主要有 4 种断面形式，即：并列型（S/S），皮芯型（H/C），橘瓣型和海岛型；可使用多种高聚物为原料生产多品种复合短纤维；国内生产的两种结构的四种双组分复合短纤维见表 3；国内复合短纤维生产线见表 4[6,7]。

表 3　四种双组分复合短纤维

	一	二	三	四
材质	皮芯 PE/PP	皮芯 PE/PP	皮芯 PE/PET	并列中空 PET/PET
线密度	1.67~3.3 dtex	1.67~3.3 dtex	1.67~3.3 dtex	1.67~3.3 dtex
长	38~51 mm	3~8 mm	38~51 mm	24~110 mm
伸度	60%~110%	60%~110%	60%~110%	40%~80%
用途	热风无纺布、热轧无纺布	气流成网无尘纸	热风、热轧无纺布、纺丝棉	人造毛皮

表 4　我国复合短纤维生产线

生产商	产量 / kt	工艺	生产线	备注
上海石化股份公司	5	短程纺	意大利	
上海合纤维研究所	2	长程纺	中国	
扬州石油化工厂	6	长程纺	德国、中国	2001 年投产
江苏八菱化纤	4.5	长程纺	中国	
江苏丹阳化纤厂	4	长程纺	中国	
江苏如东二化纤	2	长程纺	中国	已转产
上海合纤嘉兴分厂	18	长程纺	中国	
浙江远东	4	长程纺	中国	
宁波大成	4	长程纺	中国	
辽源保健纤维	3.5	短程纺	意大利	

生产复合短纤维有长程纺和短程纺两种工艺路线，大多数制造商采用长程纺工艺。长程纺工艺的生产流程长，产品质量稳定，投资大，占地面积大，适合于产量在 4~5 kt 的设计工程。

长程纺工艺流程见图 5 和图 6。

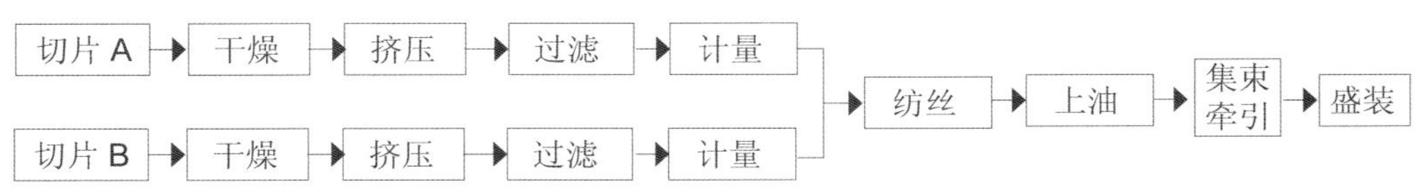

图 5　前纺流程示意图

PA 与 PET 在溶解挤压前需经干燥，PP 与 PE 则不必要。

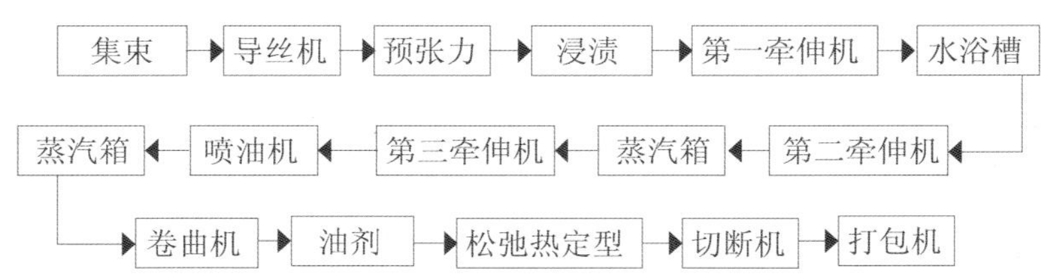

图 6　后纺流程示意图

采用长程纺工艺的初生纤维在进行后纺加工之前，需要平衡约 8 h，初生纤维依次经过拉伸、卷曲、加油、烘干定型及切断和打包。纤维丝束的拉伸采用典型的两次复式加工工序进行，可以适应多种原料的纤维工艺，适合小批量、多品种复合短纤维工艺生产线要求。采用沟轮式切断机，可以方便地调整所切断纤维的切断长度，切断长度（3~286）±（0.75~71.5）mm。

② PE/PET 皮芯复合短纤维生产工艺[6]

PE/PET 皮芯复合短纤维主要应用于纺丝棉和热风非织造布。目前常规纺丝级 PE 和 PET 原料大多能满足 PE/PET 纺丝生产要求。选择高熔解指数的 PE，可使纤维表层具有好的流动性，有利于后道加工中纤维的黏合要求。生产 PE/PET 纤维时，PET 首先需要进行正常干燥。干燥后切片含水率应低于 50 μg/g，聚合物的熔点不同，纺丝过程中的温度设计也不同，显然，纺丝温度要兼顾两种原料的纺丝要求。

PET 熔点 265℃，PE 145℃，设计纺丝温度 PET 295℃，PE 245℃，纺丝箱 290℃。

前纺初生纤维在平衡一定时间后，进行后纺加工，纤维进行一水一汽两次拉伸。PE 和 PET 的延伸性能并不一致，为了防止纤维在拉伸过程中破裂，拉伸倍数不宜太高，拉伸倍数在 3.3~3.5，集束线密度（6.7~8.9）$\times 10^4$ dtex，拉伸速度 130~150 m/min，水浴温度 70℃，蒸汽箱温度 100℃，松弛定型温度 105℃，时间 10~15 min。

③产生来源分析

样品中有 2 个属于复合纤维，根据委托单位的介绍，复合短纤维与涤纶短纤维的生产流程具有一定的相似性，上述涤纶短纤维方面的生产工艺以及国内复合短纤维的生产工艺也说明具有一定的相似性；从成分分析和外观特征看，样品为非常纯净的絮状产物，判断属于 PE/PET 复合短纤绒絮状产品。

（2）固体废物属性分析

涤纶短纤维以及 PE/PET 复合短纤维是化学纤维发展的方向之一，其长度范围包括小于 5 mm 的纤维，纤维直径包括 0.8dtex 甚至以下。委托单位拟从韩国进口的样品是有意生产的，有质地、规格、花色的要求，具有稳定的性能；其原料来源于非再生原料；样品本身也不是来自纤维生产过程中的回收碎屑或碎料；样品出口到中国作为较高端的下游产品的生产原料。依据《固体废物鉴别导则（试行）》的原则，判断样品不属于固体废物。

4 结论

样品是涤纶（PET）超短纤维产品和 PE/PET 复合短纤维产品，不属于固体废物。

参考文献

[1] 张粉平 , 王群 .15kt/a 涤纶短纤维装置 100% 增容技术探讨 [J]. 合成技术及应用 ,2004,19(4):51.

[2] 郑商所 PTA 期货宣传材料：PTA 相关产品 . [2006-12-18] http://finance.sina.com.cn.

[3] 李艳玲 , 沈美庆 , 王建中 .1.33dtex 细旦有光涤纶短纤维生产工艺 [J]. 合成纤维工业 ,2007,30(1):58.

[4]1-9 月再生化学纤维（再生涤纶短纤维）行业运行情况分析 . 中国化纤工业协会 ,2006.

[5] 宣志强 . 复合超细短纤维在非织造布擦拭布上的商业化应用 [J]. 纺织导报 ,2007(8):72-76.

[6] 许志 , 宣志强 . 我国复合纤维生产概况 [J]. 合成纤维工业 ,2001,24(4):46-49.

[7] 李远惠 .PE/PET 同心皮芯型复合短纤维生产最佳工艺调价的选择 [J]. 成都纺织高等专科学校学报 ,2003,20(3):9-10.

127. 二氢茉莉酮酸甲酯粗产品蒸馏头段再蒸馏的中间体

1 背景

2011 年 1 月，固体废物研究所对某公司申报进口的“2- 戊基环戊烯酮（进口单位简称为 PCR）”货物样品进行固体废物属性鉴别。在实验分析、相关资料、国内调研和咨询专家的基础上编写鉴别报告。

2 样品特征及物质特性分析

（1）样品封装于玻璃瓶中，为淡黄色澄清透明液体，具有浓烈的特殊性气味，外观形态见图 1。

图 1　塑料瓶中的样品

（2）采用气相色谱—质谱联用对样品中的组分进行定性和定量分析，结果见表 1。

表 1　样品定量分析结果

单位：%

成分	含量
环戊酮	0.080
壬烯	0.111
丙二酸二甲酯	2.229
3- 庚烯酸甲酯	0.249
丁二酸二甲酯	0.029
2- 庚烯酸甲酯	0.152
壬酮 -5	0.098
戊二酸二甲酯	0.304
2- 丙基 -2- 戊烯醛	2.422
戊烯基环戊酮 *	6.848
2- 戊基环戊酮	70.239
戊烯基环戊酮 *	1.837
2- 戊基环戊烯酮	13.176
其他未知	2.226

* 两个物质为同分异构体。

3 样品物质属性鉴别分析

（1）产生来源分析

1）二氢茉莉酮酸甲酯生产工艺

二氢茉莉酮酸甲酯（Hedione）是合成香料，广泛应用于化妆品香精和皂用香精配方中，具有浓郁的茉莉花香气和新鲜而又柔和的柠檬果香韵味。外观为液体，沸点109~112℃ /27 Pa。

根据文献资料[1]，二氢茉莉酮酸甲酯的合成路线有多个，包括：①从 2- 戊基 -2- 环戊烯 -1- 酮出发，通过与丙二酸二乙酯等原料缩合制得；②从环戊酮出发，经正戊醛缩合制得；③从丁烯酮出发的合成路线；④从 2- 辛酮出发，通过与乙酸乙烯酯的偶合反应制得；⑤利用尼龙酸副产物环戊酮合成；⑥其他方法。但最典型并容易大规模工业生产的是以环戊酮和正戊醛为起始原料的合成路线，最初是在 20 世纪 60 年代初由 Demole 和 Lederer 首先研制成功，经过几十年的发展，不同厂家在合成技术线路上又有所不同。

根据资料[2]以及到上海某香料公司和研究机构进行调研的情况，目前国内生产二氢茉莉酮酸甲酯产品的工艺基本采用上述第②种技术路线，见图 2。

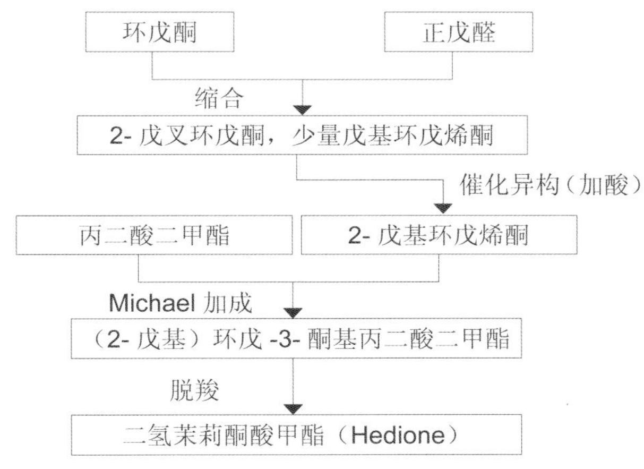

图 2　国内生产二氢茉莉酮酸甲酯的典型工艺流程

主要步骤为：①环戊酮和正戊醛进行羧醛缩合生成 2- 戊叉环戊酮和戊基环戊烯酮；②再对 2- 戊叉环戊酮进行异构化将其尽可能全部转化为 2- 戊基环戊烯酮；③ 2- 戊基环戊烯酮再与丙二酸二甲酯进行 Michael 加成缩合生成（2- 戊基）环戊 -3- 酮基丙二酸二甲酯；④（2- 戊基）环戊 -3- 酮基丙二酸二甲酯再经过水解、脱羧、酯化，便能得到二氢茉莉酮酸甲酯。在第①步反应过程中产生的主要物质为戊基环戊叉酮，大约占到 80%，戊基环戊烯酮大约占到 10%，而在生产二氢茉莉酮酸甲酯的过程中，2- 戊基环戊烯酮为重要的中间体。因此，要将 2- 戊叉环戊酮尽可能地转化为戊基环戊烯酮，采用的方法是在酸性条件下进行异构化反应。

图 2 二氢茉莉酮酸甲酯的生产过程不会产生含大量 2- 戊基环戊酮（PCP）的副产物。因此，样品不是来源于样品进口单位以外的目前我国其他企业生产二氢茉莉酮酸甲酯采用的工艺流程。

根据进口单位提供的材料，样品来源于印度某公司，该公司二氢茉莉酮酸甲酯的生产过程也是采用从环戊酮出发经正戊醛缩合制得的技术路线，但异构化过程采用了与国内其他二氢茉莉酮酸甲酯生产工艺不同的工艺，其余的工艺过程与图2国内其他生产工艺一致，见图3。

从图3工艺流程上看，进行催化加氢反应的生成产物有2-戊基环戊烯酮（进口单位简称为PE）和2-戊基环戊酮（PCP）。PE是进一步生产二氢茉莉酮酸甲酯的重要中间体，而PCP与二氢茉莉酮酸甲酯生产无关。以二氢茉莉酮酸甲酯为生产目的的工艺控制应为最大限度降低PCP的产额，提高PE的产额。在该工艺路线中，催化异构过程加入加氢反应，其最主要目的是避免钯（Pd）催化剂表面杂质的累积。

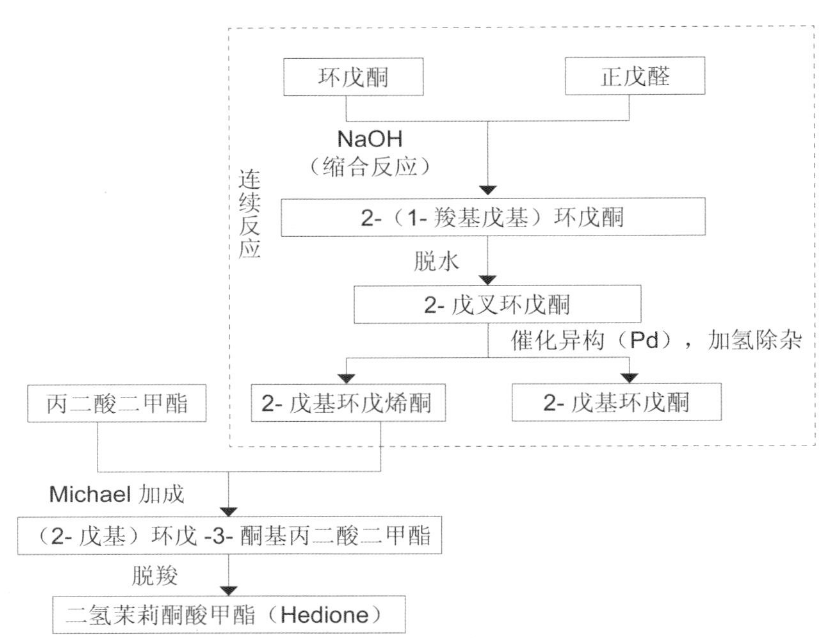

图3　二氢茉莉酮酸甲酯工艺流程示意图

样品定性和定量分析表明：样品中含有13.2%的2-戊基环戊烯酮（PE），70.2%的2-戊基环戊酮（PCP），同时还有8.7%的戊烯基环戊酮，2.2%的丙二酸二甲酯，2.4%的丙基戊烯醛，微量的环戊酮、戊醛、壬烯等其他化学物质。样品的成分组合特点以及外观和气味，表明样品是来自二氢茉莉酮酸甲酯的生产过程中。根据二氢茉莉酮酸甲酯（Hedione）生产工艺判断，样品（进口单位所称的PCR）组分中含70%以上的PCP，都不是国外公司二氢茉莉酮酸甲酯（Hedione）生产工艺所希望产生的。

2）二氢茉莉酮酸甲酯（Hedione）粗产品连续蒸馏头段产物再蒸馏后的产物

根据委托单位提供的材料，二氢茉莉酮酸甲酯的流程图见图4。图4中PCR（样品货物）是指主要由PCP和PE以及少量其他杂质组成的混合物，来源于二氢茉莉酮酸甲酯粗产品蒸馏头段产物再蒸馏的产物。

样品以2-戊基环戊酮（PCP）为主，2-戊基环戊烯酮（PE）含量较少，因此，样品货物报关名称“2-戊基环戊烯酮”不确切。样品可称为“二氢茉莉酮酸甲酯粗产品蒸馏头段再蒸馏后的产物”。从图4流程上判断，再蒸馏过程其主要目的有两个：一是回收含有杂质的二氢茉莉酮酸甲酯（组分①）[①]，通过双塔连续蒸馏釜再蒸馏，提高二氢茉莉酮酸甲酯的产率；二是回收 PE（组分③）[②]，返回反应釜循环再利用。

根据以上分析，样品不是来源于国内除进口单位以外的其他公司二氢茉莉酮酸甲酯常用生产工艺，样品来源于跨国公司芬美意特定的二氢茉莉酮酸甲酯生产工艺过程，是二氢茉莉酮酸甲酯粗产品蒸馏头段再蒸馏后的产物 (PCR)。

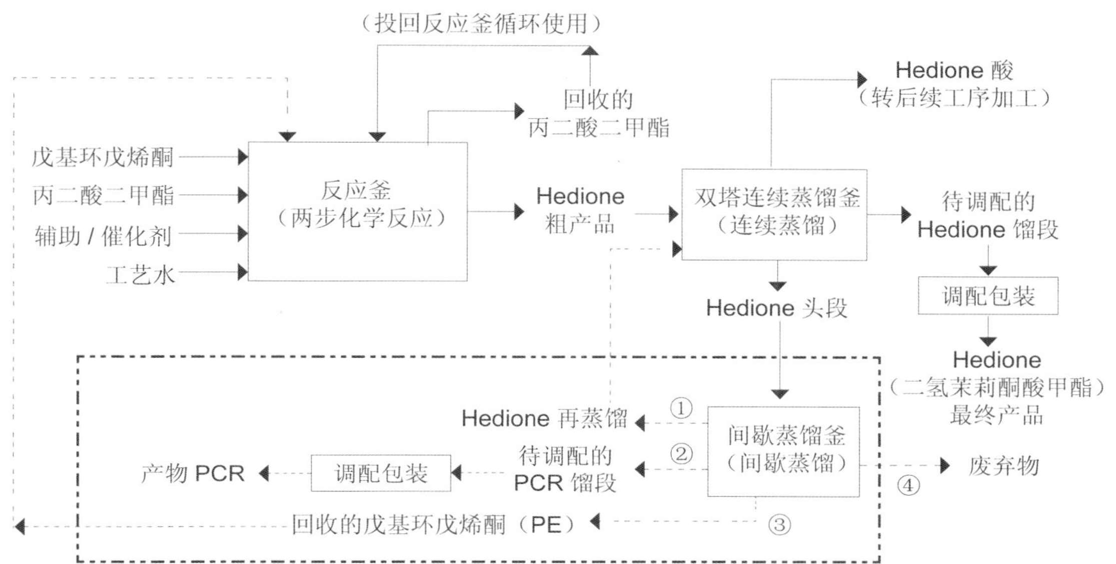

图 4　样品鉴别委托单位提供的二氢茉莉酮酸甲酯生产流程示意图[①]

从工艺控制角度看，生产工艺的 2- 戊叉环戊酮异构化过程应是尽最大可能增大 PE 产额而减低 PCP 的产额。溜出物头段减压蒸馏的工艺控制也应该是回收 PE 和二氢茉莉酮酸甲酯。整个生产过程，工艺控制均以增大和提高中间产物 PE 和产品 Hedione 的产额和质量为控制目标，而不是以控制 PCR 质量为主。样品的国内进口某公司内部，对用于 PCP 生产的 PCR 有一定的质量要求，即 PCR 中 PE 和 PCP 的总量达到 70% 以上，这一质量控制要求，是公司内部对生产 PCP 原料的要求。对于达不到 PCP 生产要求的 PCR，利用公司自有的溜出物头段减压蒸馏装置进行再蒸馏，使其满足 PCP 生产工艺的需要。

（2）固体废物属性分析

样品来源于某跨国公司特定的二氢茉莉酮酸甲酯生产工艺过程，是二氢茉莉酮酸甲酯粗产品蒸馏头段再蒸馏后的产物（PCR）。样品进口目的是作为原料生产 PCP。PCP 本身也是一种常用的香料添加剂，也可用于生产丁位癸内酯或作为医药中间体。

进口单位提供的补充材料显示：戊基环戊酮家族产品（包括：3- 甲基 2- 戊基环戊酮、丁位癸内酯、Delphone 等）的生产是该跨国公司生产二氢茉莉酮酸甲酯的总体技术路线的一部分。戊基环戊酮家族产品的主要原料包括两个部分：中间体 PE 和副产物 PCR。两种材料的使用比例一般为 1 ∶ 1。公司内部对用于 PCP 生产的 PCR 有一定的质量要求，对于达不到 PCP 生产要求的 PCR，利用公司自有的馏出物头段减压蒸馏装置进行再蒸馏，使其

1. ①②③④ 标号没有依据，代表蒸馏过程中产生的四部分物质。

满足 PCP 生产工艺的需要。该公司美国分公司同样将 PCR 作为 PCP 的合成原料之一，从印度分公司进口 PCR 生产 PCP。因此，PCR 在该跨国公司的总体技术路线中，是作为 PCP 的正常合成原料之一。

进口单位提供的材料显示：在不计 PCR 和 PE 这两种原料购买成本差异的情况下，与 PE 相比，采用 PCR 作为原料，每生产 100 kg 的 PCP，可以减少 5.9 m^3 氢气（H_2）消耗，加氢反应时间减少 0.5 h，这两项所节约的成本之和约 41$，说明采用 PCR 作为原料，生产过程的能耗和污染物排放均相对较低。但是，与 PE 相比，采用 PCR 作为原料，每生产 100 kg 的 PCP，将多产生 6 kg 可燃性固体废物。通过 SimaPro 7.1 软件对 PCP 生产过程进行全生命周期环境影响评价。评价包含 PCP 生产和废物处理过程。结果表明：与 PE 相比，采用 PCR 作为原料，每生产 100 kg 的 PCP，生产阶段的环境影响减少 1.37Pt（注：Pt 为潜在环境影响的通用单位），废物处理阶段环境影响增加 0.08Pt，总体环境影响减少 1.29Pt。因此，可以认为采用 PCR 作为原料生产 PCP 的环境影响小于 PE。

综上所述，样品为某跨国公司二氢茉莉酮酸甲酯高端产品的独特合成路线中产生的副产物 PCR，是样品进口公司生产 PCP 的正常原料之一。采用 PCR 替代 PE 作为 PCP 的生产原料，其环境影响比采用 PE 会产生较少的环境影响。依据《固体废物鉴别导则（试行）》的原则，判断样品作为进口公司生产的原料不属于固体废物。

4 结论

（1）样品是来自以环戊酮和正戊醛为原料的合成二氢茉莉酮酸甲酯的生产过程中，是某跨国公司独特工艺路线中二氢茉莉酮酸甲酯粗产品连续蒸馏头段产物再蒸馏后的产物。

（2）样品是以 2- 戊基环戊酮和 2- 戊基环戊烯酮为主的混合物，属于蒸馏过程的副产物，样品 PCR 可以作为国内某进口公司生产 2- 戊基环戊酮的正常原料，不属于固体废物。

（3）样品货物报关名称“2- 戊基环戊烯酮”不确切，可称为“二氢茉莉酮酸甲酯粗产品蒸馏头段再蒸馏的中间体”。

参考文献

[1] 许绍东 , 陈海明 , 付建龙 . 茉莉家族化学品的研究 [J]. 沈阳化工 ,1997,26(3):52-53.

[2] 张国安 , 李雪楼 , 姜绍真 , 等 . 二氢茉莉酮酸甲酯新型香料的合成 [J]. 辽宁化工 ,1991,1:29-30.

128. 天然橡胶烟片胶

1 背景

2011 年 3 月，固体废物研究所对某公司申报进口的“天然橡胶烟片胶”货物样品进行固体废物属性鉴别，需要确定是否为国家禁止进口的固体废物，在实验分析、咨询专家和查阅相关资料的基础上编写鉴别报告。

2 样品特征及物质特性分析

（1）样品为四块不同颜色的薄片橡胶，有规范的纹路，自然光线照射下为棕红色，有一股特别的臭味和烟熏味。将其分别编为 1~4 号：1 号样品外表为较均匀的深棕色，2 号样品外表与 1 号样品类似，但表面有不规范的凸起；3 号样品外表为不均匀红褐色，有切割或撕开现象，表面有皱褶；4 号样品外表为不均匀红褐色，表面似有杂质；胶片厚度为 3~4 mm。样品形状见图 1~ 图 4。

图 1　1 号样品

图 2　2 号样品

图 3　3 号样品

图 4　4 号样品

（2）分析样品的橡胶聚合物定性、杂质含量、氮含量、挥发物、灰分、塑性初值、塑性保持率等指标，结果见表 1。

表 1　样品特性检测结果

序号	项目	1 号样品	2 号样品	3 号样品	4 号样品	检测标准
1	橡胶聚合物定性	天然橡胶	天然橡胶	天然橡胶	天然橡胶	GB/T6028—1994
2	杂质含量 / %	0.2	0.32	1.77	0.48	GB/T8086—2008
3	氮含量 / %	0.12	0.10	0.04	0.03	GB/T8088—2008
4	挥发物含量 / %	0.28	0.44	0.48	0.34	ISO248:2005
5	灰分 / %	0.26	0.48	0.59	0.63	GB/T4498—1997
6	塑性初值（Po）	49	53	57	46	GB/T3510—2006
7	塑性保持率（PRI）	69	68	74	59	GB/T3517—2002

3 样品物质属性鉴别分析

（1）产生来源分析

天然橡胶是橡胶树上流出的胶乳，经过凝固、干燥等工序加工而成的弹性固状物，橡胶烃含量达 90% 以上，还有少量蛋白质、脂肪酸、糖分及灰分。天然橡胶按照外观质量分级，分为烟片胶和绉片胶。烟片胶是经过烟熏之后的胶。

我国制定了《天然生胶 烟胶片、白绉胶片和浅色绉胶片》（GB/T 8089—2007）国家标准，将烟胶片分为一级 ~ 五级烟胶片和等外级烟胶片。烟胶片物理和化学性能要求应符合表 2 的规定。

在 GB/T 8089—2007 中，规定了一级 ~ 五级烟胶片的物理特征，如缺陷、树脂状物质、火泡、沙砾、污秽、外来杂质的不同要求，霉变情况，氧化斑点、烟熏过渡、夹生胶、返生胶、花纹、透明、焦烧等的不同要求。该标准中的“等外级烟胶片”是指不符合一级 ~ 五级烟胶片外观要求，胶包内混有比五级要求中的中等树皮还大的大树皮颗粒、大量干霉等的烟胶片。

表 2　烟胶片的物理和化学性能要求

序号	检测项目	一级 ~ 三级烟胶片	四级烟胶片	五级烟胶片
1	杂质含量 / %，⩽	0.05	0.10	0.20
2	氮含量 / %，⩽	0.60	0.60	0.60
3	挥发物含量 / %，⩽	0.8	0.8	0.8
4	灰分 / %，⩽	0.60	0.70	1.0
5	塑性初值（Po），⩾	40	40	40
6	塑性保持率（PRI），⩾	60	55	50
7	拉伸强度 / MPa，⩾	19.6	19.6	19.6

四块样品的胶种全部为天然橡胶，表 1 样品特性分析中指标除杂质含量和外观基本不满足 GB/T 8089—2007 标准中一级 ~ 五级烟胶片外，其他指标均符合；但样品外观无明显的沙砾、树叶等外来杂质，可能有少许霉斑、颜色稍有差异，符合 GB/T 8089—2007 标准中等外级烟胶片的要求。通过咨询行业专家，判断样品为天然烟片胶（或烟胶片）等外级烟胶片产品。

（2）固体废物属性分析

样品为天然烟片胶（或烟胶片）等外级烟胶片产品，不属于固体废物。

4 结论

样品为天然烟片胶（或烟胶片）等外级烟胶片产品，不属于固体废物。

129. 合成橡胶混炼胶

1 背景

2007 年 8 月，固体废物研究所对某公司申报进口的“合成橡胶混炼胶（副品）”货物样品进行废物属性鉴别，需要确定是否属于国家禁止进口的固体废物。在实验分析、咨询专家和查阅相关资料的基础上编写鉴别报告。

2 样品特征及物质特性分析

（1）样品呈黑色，包括片状、长块状和圆块状三种样品，将其分别编号为 1 号、2 号和 3 号。1 号片状样品长宽均约 35cm，厚约 0.7cm，具有较好的弹性、塑性和延展性，表面较平整；2 号长块状样品和 3 号圆块状样品形状不规则，均有较好的弹性、塑性和延展性。样品形态见图 1。

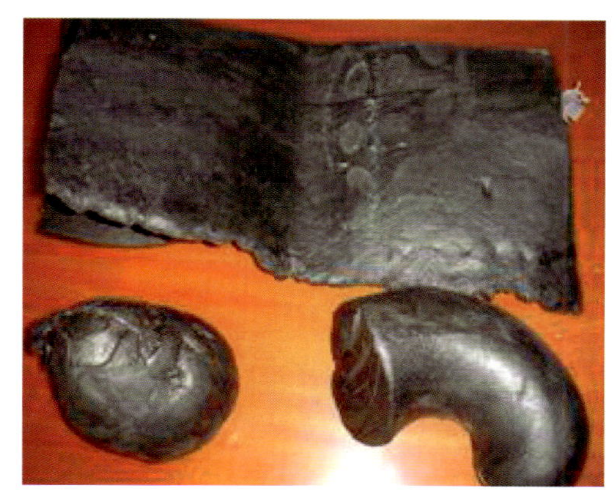

图 1　样品

（2）按照《橡胶聚合物（单一及并用）的鉴定 裂解气相色谱法》（GB/T 6028—1994）对样品中的聚合物进行鉴别，结果见表 1。

表 1　样品的橡胶聚合物组成

样品	橡胶聚合物
1 号	天然橡胶 / 少量顺丁橡胶 / 极少量丁苯橡胶
2 号	天然橡胶 / 丁苯橡胶
3 号	天然橡胶 / 顺丁橡胶 / 丁苯橡胶

（3）按照《硫化橡胶溶胀指数测定方法》（GB/T 7763—1987）对样品进行溶胀特性测定，结果三个样品全部溶解，溶胀实验前后对比照片见图 2。

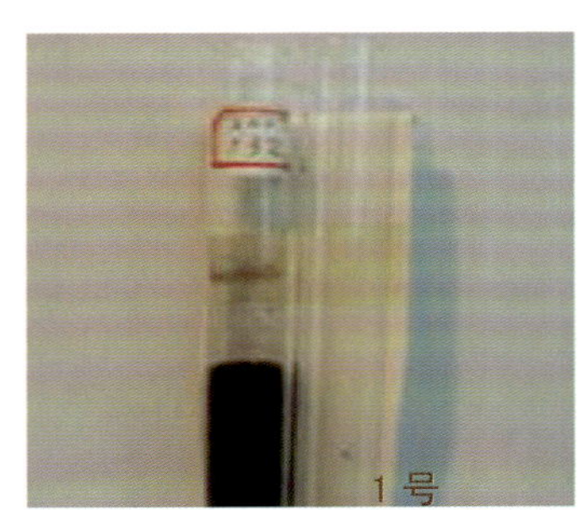

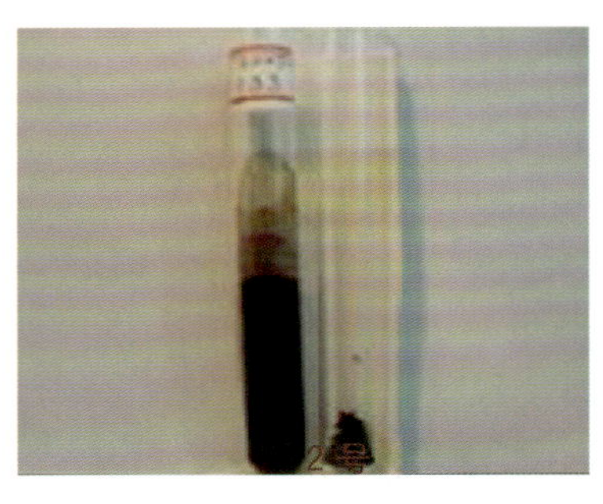

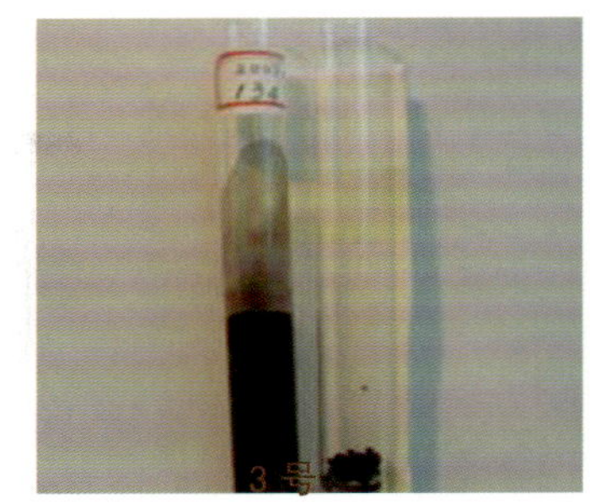

图 2　样品溶胀实验前后对比

（4）硫化特性测定：采用《橡胶 用无转子硫化仪测定硫化特性》（GB/T 16584—1996）标准中的方法对样品进行硫化特性测定，结果见表 2，样品的硫变曲线都有先下降后趋于水平或上升过程。

表 2　样品的硫化特性

样品	硫化时间			转矩 /(N•m)	
	t_{10}	t_{50}	t_{90}	F_L	F_{max}
1 号	2min53s	2min53s	2min53s	0.41	0.66
2 号	3min39s	5min46s	12min40s	0.74	1.99
3 号	3min40s	5min41s	11min27s	0.67	1.79

（5）按照《未硫化橡胶 用圆盘剪切黏度计进行测定 第一部分：门尼黏度的测定》（GB/T1232.1—2000）中的方法测定样品的门尼黏度，三个样品结果分别为 63、62 和 62。

3 样品物质属性鉴别分析

（1）产生来源分析

①生胶原料

橡胶独特的加工工艺是通过硫化将线型高分子交联成三维网状高分子量聚合物，即由所谓的原料橡胶转变为硫化橡胶，前者习惯上称为生胶，后者叫做橡胶或熟胶。

天然橡胶生胶是橡胶树上流出的胶乳经过凝固、干燥等工序加工而成的弹性固状物，呈淡黄色—茶褐色，半透明—透明；丁苯橡胶是以丁二烯与苯乙烯为单体，在乳液或溶液中用催化剂催化共聚的高分子弹性体；聚丁二烯橡胶是以丁二烯为单体，采用不同催化剂和聚合方法制造的一种通用型合成橡胶，丁二烯单体聚合结构有多种，若以顺式 -1,4 结构聚合称为顺式 -1,4 聚丁二烯橡胶，简称顺丁橡胶 [1]。生胶由于未发生硫化交联，可完全溶解于一般的有机溶剂中。生胶主要成分为有机聚合物，未添加硫黄、炭黑等各种添加剂，因此，若直接在硫变仪上测定硫变曲线，其线形为先下降再趋于水平。

2 号和 3 号样品中的聚合物分析结果分别为天然橡胶 / 丁苯橡胶和天然橡胶 / 顺丁橡胶 / 丁苯橡胶，但由于这两种样品的硫变曲线线形为先下降再上升最后趋于水平，因此，判断 2 号和 3 号样品不是生胶原料。1 号样品中的聚合物分析结果为天然橡胶 / 少量顺丁橡胶 / 极少量丁苯橡胶，硫变曲线与生胶硫变曲线线形相似，但样品颜色、透明度与天然橡胶生胶有明显差异，因此，判断 1 号样品也不是生胶原料。

②硫化橡胶成品

硫化橡胶成品中的高分子聚合物由于发生了三维网状交联，因此，不溶于有机溶剂；由于硫化橡胶成品已经过硫化处理，若在硫变仪上对其测定硫变曲线，其线形应近似为与 *X* 轴平行的直线。依据三个样品的硫变曲线线形以及溶于有机溶剂的特性，判断样品均不是硫化橡胶成品。

③再生胶

再生胶是以废旧橡胶制品和橡胶工业生产的边角废料为原料，经过加工而获得一定生胶性能的弹性材料，外观为黑色或深褐色、块状、无机械杂质 [1]。再生又称为脱硫，再生胶经过脱硫，其高分子交联结构得到破坏，因此，其塑性增大，表面变得粗糙，抗拉伸、抗撕裂等使用性能降低，具有二次加工性。由于再生胶已经过脱硫，因此，若直接在硫变仪上测定硫变曲线，其线形为先下降再趋于水平。通常情况下，再生胶中高分子交联结构并没有得到彻底的破坏，因此，在有机溶剂中不能完全溶解而会发生溶胀现象，将其拉伸后还会看到一些交联结构未被破坏的硬质小颗粒。

2 号和 3 号样品的硫变曲线线形为先下降再上升最后趋于水平，因此，判断 2 号和 3 号样品不是再生胶。1 号样品硫变曲线与再生胶硫变曲线线形相似，但其在有机溶剂中发生溶解而非溶胀，将其拉伸后也未见硬质小颗粒，同时，其外观也与再生胶有明显差异，因此，判断 1 号样品也不是再生胶。

④混炼胶

为了提高橡胶产品使用性能，改进工艺和降低成本，必须在生胶中加入各种配合剂。在炼胶机上将各种配合剂加入生胶中制成的半成品称为混炼胶 [2]。混炼胶中已加入了硫黄、炭黑等各种配合剂，但因其未经过硫化工艺，其中的高分子仍为线型结构，因此混炼胶中的聚合物仍能溶于一般的有机溶剂。炼焦机刚炼出的混炼胶温度仍达 80~90℃，一般随后浸入液体隔离剂冷却并防止胶片互粘，冷却后的混炼胶还需经过停放以减少胶料收缩、促进配合剂继续扩散均匀和松弛混炼时所受的机械压力。停放一段时间后的混炼胶还需经过后续的热炼、压延、压出和硫化等工艺，才能成为硫化橡胶成品，因此，混炼胶是橡胶生产过程中的半成品。为确定使橡胶产品综合性能达到最佳的硫化温度和时间（正硫化条件），一般需要在硫变仪上测定混炼胶的硫变曲线，正常的硫变曲线线形表现为先下降再上升最后趋于水平。

混炼是橡胶生产过程中的重要工序，也是最容易产生质量波动的工序，而焦烧是混炼工艺中比较主要的质量问题 [2]。焦烧又称“早期硫化”，即胶料在硫化前的操作中或停放中发生不应有的提前硫化的现象 [2]。从本质上说，焦烧是橡胶在热影响条件下与硫黄的结合过程。引起混炼胶焦烧的原因包括硫化剂、配合剂配合不当，炼胶操作不当，以及胶料停放不当等。发生焦烧的混炼胶由于其中的高分子聚合物发生了部分三维交联，因此，不能完全溶于有机溶剂。

为了防止混炼胶在长途运输或长期存放过程中发生焦烧现象，实际生产中也有采用在混炼过程中暂不添加硫黄的方法，待进行后续加工工序前再通过二次混炼加入硫黄，这种不加硫黄的混炼胶也可称做母胶。由于未加入硫黄，因此，若直接在硫变仪上测定其硫变曲线，其线形为先下降再趋于水平。

三个样品均可溶于有机溶剂，2 号和 3 号样品的硫变曲线线形为先下降再上升最后趋于水平，1 号样品的硫变曲线线形为先下降再趋于水平。因此，判断样品均为混炼胶，未出现焦烧质量问题。其中 1 号样品中未添加硫黄，2 号和 3 号样品中已添加硫黄。进一步咨询专家，认为 1 号样品为未加硫黄的混炼胶，2 号和 3 号样品为已加硫黄的混炼胶且未发生焦烧现象。

混炼过程中除焦烧问题外，还可能出现其他问题，例如，生胶和配合剂称量不准、漏配或错配致使混炼胶不满足企业原定配方或门尼黏度等指标要求，或者混炼不均匀、混炼不充分致使混炼胶中配合剂分散不均匀等 [2]。

（2）固体废物属性分析

焦烧是混炼工艺中主要的质量问题，对于焦烧较轻的胶料需要进行薄通处理后再以 15%~20% 的比例掺用于好料中，焦烧严重的胶料需添加硬脂酸、油类软化剂后降级使用甚至无法使用 [2]。从实验分析看，样品均未出现混炼胶常见的焦烧质量问题。从外观上看，样品均有较好的塑性和延展性；样品的门尼黏度满足“轮胎橡胶门尼黏度 60±5”的要求 [1]。混炼胶是橡胶生产过程中的半成品，样品可进入下一道加工工序单独使用，也可混在一起经过混炼后混合使用，属于橡胶制品加工生产过程中的“正常使用链的一部分”，没有改变做橡胶原料的原有用途。通过咨询专家，认为样品手感、外观、拉伸性、可塑性正常，为正常的混炼胶，可单独使用，也可混合使用。

综上所述，依据《固体废物鉴别导则（试行）》的原则，初步判断样品不属于固体废物。

4 结论

样品是混炼胶，初步判断样品不属于固体废物。

参考文献

[1]《橡胶工业手册》编写小组 . 橡胶工业手册 : 第一分册—生胶与骨架材料 [M]. 北京 : 燃料化学工业出版社 ,1974.

[2]《橡胶工业手册》编写小组 . 橡胶工业手册 : 第三分册—基本工艺 [M]. 北京 : 石油化学工业出版社 ,1976.

130. 充油丁苯橡胶

1 背景

2011 年 1 月，固体废物研究所对某公司申报进口的“丁苯橡胶”货物样品进行固体废物属性鉴别，需要确定是否为国家禁止进口的固体废物，在实验分析、咨询专家和查阅相关资料的基础上编写鉴别报告。

2 样品特征及其物质特性分析

（1）样品是成卷曲的黑色橡胶片，胶片粘在一起，用力扯开和从切割断面可看出，一面为光滑平面，一面为均匀分布的齿状，胶片厚度为 10~12 mm。样品（切割后的大约 1/4 部分）照片见图 1。

图 1　样品（切割后的大约 1/4 部分）

（2）分析样品的橡胶聚合物定性、抽出物定量和定性、硫化特性、挥发分、灰分、直接法制样门尼黏度、过辊法制样门尼黏度（混炼门尼黏度），并参照充油丁苯橡胶牌号 SBR1712 进行配合胶的物理性能测试，包括拉伸强度、扯断伸长率、300% 定伸应力，结果见表 1。

表 1　样品特性实验结果

<table>
<tr><th>序号</th><th colspan="2">检测项目</th><th colspan="3">检测结果</th><th>检测方法标准</th></tr>
<tr><td>1</td><td colspan="2">橡胶聚合物定性</td><td colspan="3">丁苯橡胶</td><td>GB/T6028—1994</td></tr>
<tr><td>2</td><td colspan="2">橡胶抽出物定量</td><td colspan="3">29.78%</td><td>GB/T3516—2006</td></tr>
<tr><td>3</td><td colspan="2">橡胶抽出物定性</td><td colspan="3">芳烃油、酯类物质</td><td>薄层色谱、红外光谱法</td></tr>
<tr><td rowspan="5">4</td><td rowspan="5">硫化仪（150℃）</td><td>t_{10}</td><td colspan="3">1min50s</td><td rowspan="5">GB/T16584—1996</td></tr>
<tr><td>t_{50}</td><td colspan="3">1min50s</td></tr>
<tr><td>t_{90}</td><td colspan="3">1min50s</td></tr>
<tr><td>F_L /(N · m)</td><td colspan="3">0.28</td></tr>
<tr><td>F_{max} /(N · m)</td><td colspan="3">0.28</td></tr>
<tr><td>5</td><td colspan="2">挥发分 / %</td><td colspan="3">0.12</td><td>GB/T24131—2009</td></tr>
<tr><td>6</td><td colspan="2">灰分 / %</td><td colspan="3">0.58</td><td>GB/T4498—1997</td></tr>
<tr><td>7</td><td colspan="2">直接法制样
门尼黏度 [50ML$_{(1+4)100℃}$]</td><td colspan="3">47</td><td>GB/T1232.1—2000</td></tr>
<tr><td>8</td><td colspan="2">过辊法制样
门尼黏度 [50ML$_{(1+4)100℃}$]</td><td colspan="3">42</td><td>GB/T1232.1—2000</td></tr>
<tr><td rowspan="4">9</td><td colspan="2">硫化时间 (145℃)</td><td>25min</td><td>35min</td><td>50min</td><td rowspan="4">GB/T8656—1998
GB/T528—2009</td></tr>
<tr><td colspan="2">拉伸强度 / MPa</td><td>17.0</td><td>18.0</td><td>18.1</td></tr>
<tr><td colspan="2">扯断伸长率 / %</td><td>348</td><td>308</td><td>276</td></tr>
<tr><td colspan="2">300% 定伸应力 / MPa</td><td>14.9</td><td>17.4</td><td>—</td></tr>
</table>

3 样品物质属性鉴别分析

（1）产生来源分析

丁苯橡胶（SBR）是丁二烯和苯乙烯经共聚合制得的橡胶。丁苯橡胶的生产工艺过程主要包括水相烃相配制、5℃低温聚合、多级闪蒸脱除丁二烯及筛板塔脱除苯乙烯、无盐或油盐凝聚、挤压脱水膨胀、干燥和称重包装等。按生产工艺可分为乳聚丁苯橡胶（ESBR）和溶聚丁苯橡胶（SSBR）两大类[1]，填充改性后又分为充油、充炭黑、充树脂丁苯橡胶等[2]。

高温共聚丁苯橡胶是最古老的丁苯橡胶品种，聚合温度为 50℃左右。自低温共聚出现后，高温共聚产品逐步被淘汰。目前高温共聚丁苯橡胶仍有少量生产，仅作为特殊用途的制品使用，主要用于水泥、黏合剂、口香糖以及某些织物包覆与模塑制品及机械制品。

在低温共聚系列产品中，1500 系列低温乳聚产品是在 5℃左右温度下聚合所得的软质胶，国内主要生产 1500 型和 1502 型。1600 系列、1700 系列、1800 系列以及木质素丁苯橡胶是充填型丁苯橡胶，是在丁苯橡胶聚合过程中加入一定量的芳烃油、环烷油、炭黑或木质素共同聚合而成的；高苯乙烯橡胶是苯乙烯含量高达 70%~90% 的丁苯橡胶，产品为易相互黏接的白色橡胶颗粒；羟基丁苯橡胶是在丁苯橡胶聚合过程中，加入少量丙烯酸类单体而制得。其中丁苯橡胶原料多为 1500 系列产品。

根据样品胶种定性分析以及抽出物定性定量分析，样品为充油丁苯橡胶，高芳烃油充油量 30% 左右。从硫化实验看出 t_{10}、t_{50}、t_{90} 三个硫化点的时间都为 1min50s，硫化曲线基本为一条直线，说明样品没有添加硫化剂。因此，可判断样品为充油丁苯橡胶原胶。

我国充油丁苯橡胶有一系列，但只有 SBR1712 牌号制定了行业标准《苯乙烯—丁二烯橡胶（SBR）1712》（SH/T1626—2005），样品部分质量指标和标准技术指标对比见表 2。表明样品（包括配合胶）的技术指标与充油丁苯橡胶（SBR）1712 牌号的技术指标要求接近，但目前无法认定产品牌号。

表 2　SBR1712 的技术指标（部分）和样品指标对比

<table>
<tr><td colspan="2" rowspan="2">项目</td><td colspan="3">SBR1712 标准技术指标</td><td rowspan="2">样品检测结果</td></tr>
<tr><td>优等品</td><td>一等品</td><td>合格品</td></tr>
<tr><td colspan="2">挥发分的质量分数 / %，≤</td><td>0.6</td><td>0.8</td><td>1.0</td><td>0.12</td></tr>
<tr><td colspan="2">灰分的质量分数 / %，≤</td><td colspan="3">0.5</td><td>0.58</td></tr>
<tr><td colspan="2">油含量的质量分数 / %</td><td>25.3~29.3</td><td colspan="2">24.3~30.3</td><td>约 30</td></tr>
<tr><td colspan="2">生胶门尼黏度 [$50ML_{(1+4)100℃}$]</td><td>44~54</td><td>43~55</td><td>42~56</td><td>42~47</td></tr>
<tr><td rowspan="3">300% 定伸应力 (145℃)/ MPa</td><td>25 min</td><td>9.8~13.8</td><td colspan="2">9.3~14.3</td><td>14.9</td></tr>
<tr><td>35 min</td><td>12.1~16.1</td><td colspan="2">11.6~16.6</td><td>17.4</td></tr>
<tr><td>50 min</td><td>13.0~17.0</td><td colspan="2">12.5~17.5</td><td>—</td></tr>
<tr><td colspan="2">拉伸强度 (145℃ ,35min)/ MPa，≥</td><td>19.4</td><td colspan="2">18.4</td><td>18.0</td></tr>
<tr><td colspan="2">扯断伸长率 (145℃ ,35min)/ %，≥</td><td>380</td><td colspan="2">370</td><td>308</td></tr>
</table>

通过咨询行业专家，丁苯橡胶产品通常为规则方块，而样品为经过加工的带齿片状，应为二次加工后的产物，配合胶的物理性能接近正品充油丁苯橡胶（如 SBR1712 牌号）。

（2）固体废物属性分析

样品为充油丁苯橡胶原胶，为二次加工后的产物，性能指标接近充油丁苯橡胶 (SBR)1712 牌号的要求，应属于“有意识生产”的产物，该产物是橡胶行业“正常使用链的一部分”。依据《固体废物鉴别导则（试行）》的原则，判断样品不属于固体废物。

4 结论

样品不属于固体废物。

参考文献

[1] 郭义 , 赵玉中 . 丁苯橡胶市场现状及技术发展趋势 [J]. 弹性体 ,2008,18(1):74-78.

[2]《橡胶工业手册》编写小组 . 橡胶工业手册—第一分册——生胶与骨架材料 [M]. 北京 : 燃料化学工业出版社 ,1974:29.

131. 粗硫黄

1 背景

2007 年 7 月，固体废物研究所对某公司申报进口的“碳硫淤泥”货物样品进行废物属性鉴别，需要确定是否属于国家禁止进口的固体废物。在实验分析、咨询专家和查阅相关资料的基础上编写鉴别报告。

2 样品特征及物质特性分析

（1）样品外观呈浅黄色物质，颜色较为均匀，半干半湿态，含水率 43%，没有明显的夹杂物痕迹，具有较浓的硫黄味道。样品外观形态见图 1。

（2）采用 X 射线荧光光谱仪分析样品干基的组成，结果以元素表示，显示样品干基主要为硫，含有少量其他元素，结果见表 1。

表 1　样品主要成分及含量（元素均以单质计）

单位：%

成分	S	Ca	Na	Si	Fe	Al	Mg	K	MnO	Zr
含量	98.51	0.34	0.32	0.27	0.20	0.19	0.09	0.03	0.02	0.02

（3）采用 X 衍射仪分析样品干基的物相组成，表明样品干基主要是单质 S 和少量的 SiO_2、$CaSO_4$、Na_2SO_4。

（4）样品电镜观察和能谱分析：取烘干后的小颗粒样品于导电胶布上用酒精调制、涂布，在扫描电镜下进行观察，硫主要呈无定形态，部分则为仅 1μm 大小的硫珠，见图 2。进行多点能谱分析时可以证明其中硫分布比较均匀，未见有杂质高的地方，采用区域面扫描作谱法得到样品的能谱图（图 3）。

图 1　样品

图 2　高放大倍率下显示的 S 的形态

（5）样品灼烧后的残渣能谱分析

利用硫氧化过程中形成 SO_2 或 SO_3 逸出系统的特性，称取少量样品经烘干后的于恒重坩埚中在 500℃灼烧（该温度下其他可能存在的杂质将不会逸失，如氧化物或盐），直至不再有 SO_2 气体生成时取出，干燥瓶中冷却至室温后称重，恒重后用差减法求残留物的百分含量，两次分析结果显示样品中杂质含量分别为 3.97%、3.59%，也即除去水分后的粗硫中含约 96% 的硫，少量杂质主要由 Ca、Fe、Na、Mg 的硫酸盐组成，Al、Si 可能由黏土物质带来。

对灼烧后的残余物进行了能谱分析，结果见图 4。

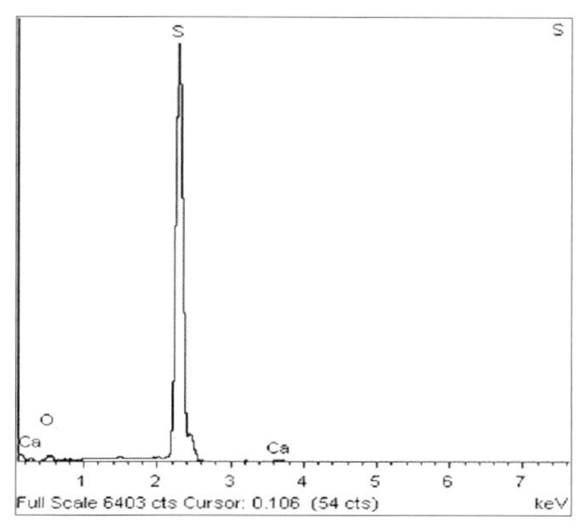

图 3　胶泥态 S 的能谱分析

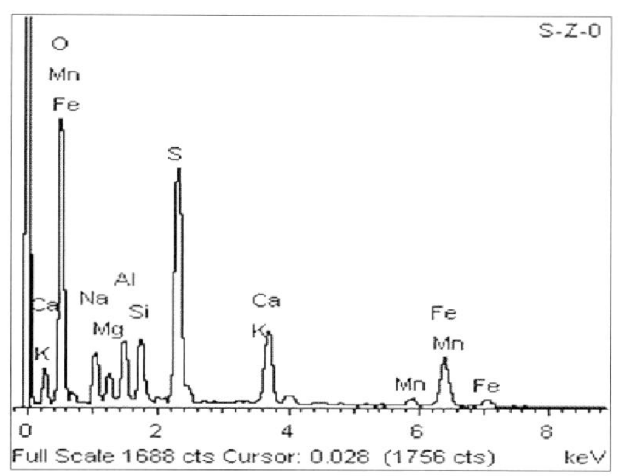

图 4　粗硫灼烧后残余物的能谱

（6）其他分析

参照《工业硫黄》（GB/T 2449—2006）中的方法测定样品中的硫、含水率、灰分、Fe、As、TOC（注：代替有机物）、酸度；参照《固体废物 浸出毒性浸出方法 水平振荡法》（GB 5086.2—1997）对样品进行浸出并按照《危险废物鉴别标准 腐蚀性鉴别》（GB 5085.1—1996）和《危险废物鉴别标准 浸出毒性鉴别》（GB 5085.3—1996）中规定的方法测定样品浸出液的 pH 值、Pb、As、CN^-，样品实验结果见表 2。

表 2　样品实验结果

原样品中按照 GB/T2449 方法检验的指标和结果							
项目	S	水分	灰分	Fe	As	TOC	酸度
结果 / %	39.5	45.4	2.42	0.11	0.000 024	5.33	1.8

按照 GB5086.2 的方法对样品浸出后的滤液进行检验的指标和结果				
项目	pH 值	Pb	As	CN^-
结果	2.2	0.009 mg/L	0.003 6 mg/L	<0.05 mg/L
相应危险废物鉴别标准限值	≥ 12.5，或者 ≤ 2.0	3 mg/L	1.5 mg/L	1.0 mg/L

3 样品物质属性鉴别分析

（1）产生来源分析

硫黄（S）主要用于制造 H_2SO_4、液体 SO_2、Na_2SO_3、CS_2、$SOCl_2$（氯化亚砜）、Cr_2O_3（别名氧化铬氯）等；在染料工业中用于生产硫化染料；也用于制造农药、爆竹；硫黄粉用做橡胶的硫化剂，也用于配制火柴药头；在造纸工业中用于蒸煮纸浆；还用于冶金、选矿、硬质合金的冶炼、制造炸药、化学纤维和制糖的漂白、铁路枕木的处理等[1]。

单质硫可由天然硫黄矿床的开采、硫化矿石、含有 H_2S 的气体而制取[2]。单质硫是生产 H_2SO_4 最重要的原料，由硫黄燃烧制 SO_2 进而生产 H_2SO_4 是主要的生产路线，主要是由于其工艺环境清洁和生产成本低[3]。

随着经济的迅速发展，我国 H_2SO_4 用量不断增加，而原料硫黄的供应也日趋紧张，通过咨询行业专家，2006 年我国用硫黄生产 H_2SO_4 的比例超过了 40%。在硫化物及硫酸盐产品系列生产中的一个重要动向是由废料中回收硫，以制取 H_2SO_4 和硫酸盐。硫黄的生产方法包括土法、沸腾炉焙烧法、高炉法、半磁化焙烧还原法、天然气法、石油炼厂气法等[4]。

有一种硫的资源是含有 H_2S 的天然气、炼油厂气、合成气和炼焦炉气，从这些气体中回收提取单质硫需要经过以下过程：用乙醇胺洗涤上述气体，通过再生吸收液使其浓缩，最后用弗拉施回收硫黄工艺将 H_2S 转化成单质硫黄[3]。以 H_2S、SO_2 为原料生产硫黄的化学反应基本原理如下：

$$H_2S + 1.5O_2 = SO_2 + H_2O \qquad \text{燃烧氧化反应过程}$$

$$2H_2S + SO_2 = 3S + 2H_2O \qquad \text{催化氧化反应过程}$$

钢铁联合企业中的焦化厂，焦炉煤气除供焦炉加热用以外，剩余煤气供钢铁企业中的用户使用；焦炉气中 H_2S 等是有害物质，为了保证煤气使用的效率和安全，保护设备不被腐蚀，必须对其进行精制予以除杂处理，Na_2CO_3 溶液中配蒽醌二磺酸钠是一种先进的脱除 H_2S 的方法，脱硫效率达到 99% 以上[5]，王泽民对该方法脱硫的原理和优点也进行了肯定[6]。钢铁企业中焦炉煤气精制流程示意图见图 5。

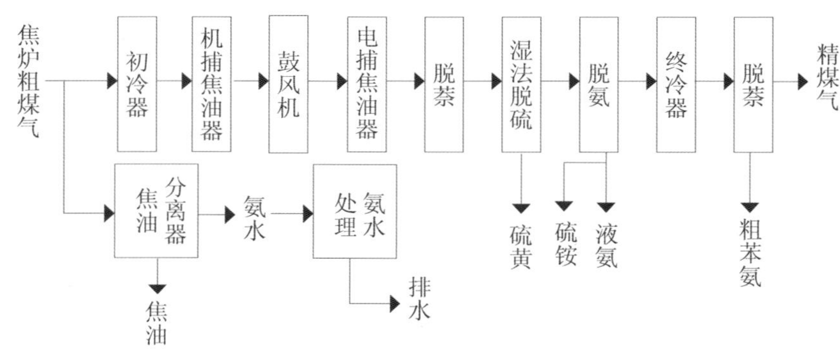

图 5　钢铁企业中焦炉煤气精制工程的工艺流程示意图

样品具有较高的水分和明显的硫黄气味，没有明显的杂质；结构分析、成分分析、电镜观察以及能谱分析表明样品干基明显属于以单质硫为主，杂质成分较少并没有有害成分；通过咨询化工方面的专家得知：样品很可能来源于 20 世纪 80 年代日本萘醌法焦炉煤气脱硫工艺的某个环节（与蒽醌二磺酸钠法相似的脱硫方法），是湿法脱硫的产物，可作为一种粗硫黄产品；通过咨询矿物专家得知：样品可能来源于湿法脱除 H_2S 的硫富集物；通过咨询行业的专家得知：样品是一种回收的硫黄的产物，可作为硫的初级产品利用；海关提供的样品来源工艺流程资料说明：样品是来自钢铁厂焦炉煤气湿法回收硫黄的过程。

综上所述，判断样品是湿法回收 H_2S 得到的粗硫黄产物。

（2）固体废物属性分析

硫黄的一般来源主要包括三个方面：①天然硫黄矿的开采和熔炼，由于埋藏于地下，硫黄矿含有较高的杂质，如黏土、石灰石、泥灰土、石膏、砂岩等，原苏联某矿含硫为8%~25%，因此，必须对矿石进行提纯处理，使其达到精矿含硫 70%~90%；②由硫化矿物制取硫黄，主要是黄铁矿制硫黄，通过热分解、燃烧氧化和催化反应等步骤制得，硫黄生产中同样要进行杂质去除处理；③由 H_2S 制取硫黄，H_2S 气体来源包括焦炉煤气、页岩煤气、发生炉煤气、天然气、石油裂化气，在对这些气体进行脱除 H_2S 操作时，可得到单质硫或浓的 H_2S，浓 H_2S 再制成硫黄（或 SO_2 气体）[2]。由此表明，通过回收 H_2S 气体制取硫黄是重要的产生途径，判断样品来源于回收 H_2S 得到的粗硫黄，说明样品的产生过程或样品本身具有属于正常商业循环或利用链的基本前提，属于有意的生产控制过程。

焦炉煤气精制过程脱除 H_2S 回收硫黄由于采用了较为先进的湿法回收工艺，既提高了煤气中 H_2S 的去除效率，也提高了 H_2S 转化成硫黄的效率；因为生产过程要发生复杂的化学反应，对生产设备的要求也比较高，因此，这一过程必须进行有意识的生产控制。

由于回收硫黄的工艺较为复杂，在这一过程中产生粗硫黄产物也是生产过程的一个环节，粗硫经过精制后成为硫黄产品，在《化工产品手册》中的硫黄生产方法中明确提到了由粗硫黄生产硫黄成品。即便与从硫黄矿除杂后得到的精矿（含 70%~90% 的硫）以及硫化矿物生产硫黄相比，由回收 H_2S 气体得到粗硫黄也合理。

从物质回收角度看，样品经过除水除杂后可作为生产 H_2SO_4 和其他硫化工品的原料，这种精制加工过程由于硫的熔点比较低（112.8~120℃）杂质分离并不困难。因此，可以认为样品经过简单处理后就可作为生产 H_2SO_4 和其他硫产品的原料。

从回收产物作为 H_2SO_4 生产的替代原料的角度看，样品中的杂质较少、含量较低，没有特别的有害物质，杂质种类和含量无疑要远低于硫铁矿中的杂质。这样，一方面可掺在硫铁矿中一起作为制酸的原料；另一方面经过简单精制可生产 H_2SO_4，在进一步利用过程中不会因为是进口原料而带入其他有害物质和增加环境污染。样品中含水量稍高，主要是影响硫黄的价格，对其后续利用影响不大；由于硫黄的熔点在 112.8~120℃、沸点为 444.6℃，高于水，去除水分过程中不会产生环境污染。

样品干基中含约 96% 的 S，超过了化工行业标准《橡胶用不溶性硫黄》（HG/T 2525—1993）中 IS70-20 元素硫 79%、IS60-33 元素硫 66%、IS60-10 元素硫 89%、IS60-05 元素硫 94% 的指标。

总之，依据《固体废物鉴别导则（试行）》的原则，判断样品不属于固体废物。

4 结论

样品是湿法回收硫化氢（H_2S）得到的粗硫黄产物，不属于固体废物。

参考文献

[1] 化学工业出版社编写 . 中国化工产品大全 [M]. 北京 : 化学工业出版社 ,2005.

[2][苏联] 库兹敏内赫 . 硫酸工艺学 [M]. 北京 : 高等教育出版社 ,1957.

[3] 孙家跃 , 杜海燕 . 无机材料制造与应用 [M]. 北京 : 化学工业出版社 ,2001.

[4] 司徒杰生 . 化工产品手册 : 无机化工产品 [M]. 北京 : 化学工业出版社 ,1999.

[5] 范伯云 . 焦化厂化工生产问答 [M]. 北京 : 冶金工业出版社 ,1988.

[6] 王泽民 . 煤气脱硫工艺探讨 [J]. 江西化工 ,1999(4):28.

132. 乙烯聚合物再生颗粒

1 背景

2011 年 11 月，固体废物研究所对某公司申报进口的“混合 PE 再生颗粒”货物样品进行固体废物属性鉴别，需要确定是否为国家禁止进口的固体废物，在实验分析和相关资料调研的基础上编写鉴别报告。

2 样品特征与物质特性分析

（1）样品为长度 3~5 mm 的墨绿色圆柱颗粒，长短粗细均匀，具有塑料光泽，从断面看出为塑料拉丝切割后的颗粒，无明显杂质。测定样品的密度为 0.82 g/cm^3，550℃下灼烧后的烧失率为 99.1%。样品包装和外观形态见图 1 和图 2。

图 1　样品包装

图 2　样品

（2）颗粒成分定性实验分析

对样品中不同颗粒做红外光谱分析，所得谱图非常相似，谱图见图 3，可能是聚乙烯与 EVA（乙烯 - 醋酸乙烯共聚物）的共混物，也可能是醋酸乙烯中低含量的 EVA。

取若干颗粒于称量瓶，用二甲苯浸泡，于 80℃烘箱溶解 4 小时，提取清液于表面皿，充分挥发溶剂后，得到沉积聚合物；对该聚合物进行红外光谱测试，所得谱图与原颗粒谱图进行比较，归属 EVA 的特征吸收峰相对聚乙烯特征吸收峰明显增强，谱图见图 4。

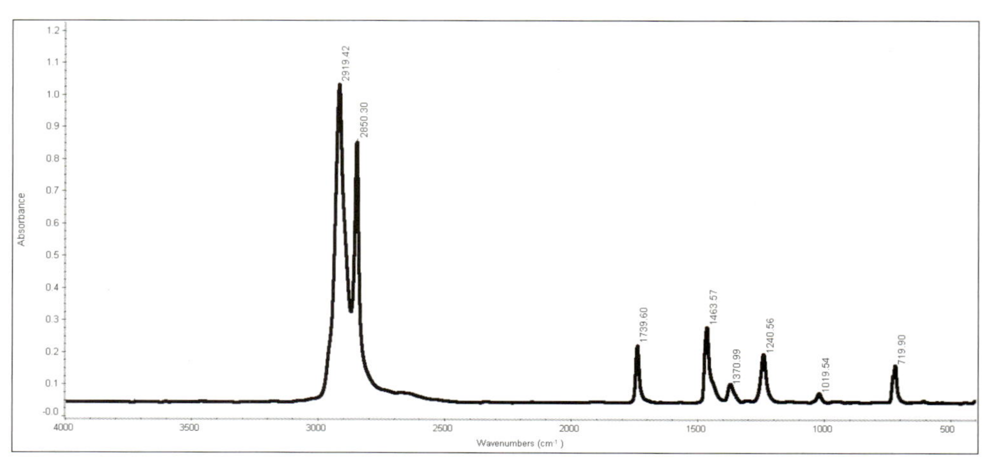

图 3　样品红外光谱图

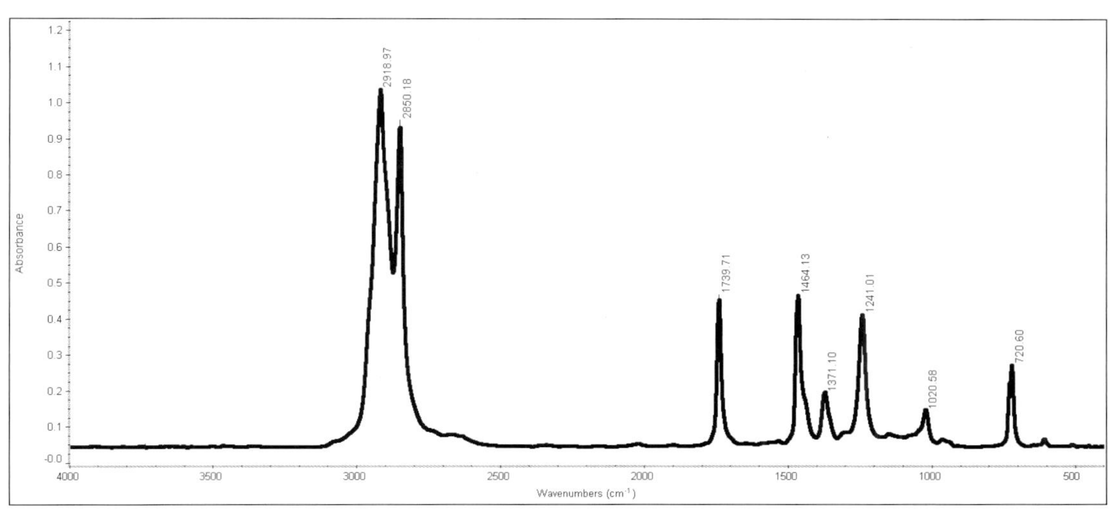

图 4　经二甲苯提取后溶解聚合物红外光谱图

（3）成分分析表明样品可能是 PE 与 EVA 的共混物或共聚物，这类材料的主要用途之一是用做电线电缆的绝缘材料，因此，按照《聚乙烯（PE）树脂》（GB/T1115—2009）中电线电缆绝缘类聚乙烯树脂的技术要求对样品进行注塑制样，并测定样片的熔体流动速率 MFR、拉伸断裂应力、拉伸断裂标称应变三项指标，实验结果与标准值比较见表 1。

表 1　样品注塑技术指标的实验结果与标准值比较

项目	试样	标准要求
熔体流动速率 MFR/（g/10 min）	2.25	2.1±0.2
拉伸断裂应力 /MPa	12.06	≥ 10
拉伸断裂标称应变 /%	165.12	≥ 80

3 样品物质属性鉴别分析

（1）产生来源分析

委托样品报关名称为“混合 PE 再生颗粒”，因此，分析样品是否属于这类物质。

聚乙烯（PE）是以乙烯为单体经多种工艺方法生产的一类具有多种结构和性能的通用热塑性树脂，为了改善 PE 性能，通常将 PE 与其他聚合物进行共聚、共混、化学和填充改性；PE 与 EVA（乙烯与醋酸乙烯的共聚物）非常容易共聚，它们具有相近的反应活性，竞聚率接近为 1，因此，PE 与 EVA 共聚物是乙烯共聚物中产量最大的品种；PE 与 EVA 共混物相容性好，具有优良的柔韧性、加工性，较好的透气性和印刷性[1]。

成分分析表明，样品中主要含有 PE 和 EVA，样品可能是 PE 与 EVA 的共混物或共聚物。根据廖明义、陈平编著的《高分子合成材料学（下）》，它们属于聚乙烯塑料大类；根据海关《商品综合分类表》，样品属于初级形状的乙烯聚合物。

正常合成的 PE 手感较滑腻，未着色时，呈半透明状、乳白色，柔而韧[2]；EVA 无色、无味、无毒[1]，显然样品颜色不满足合成塑料产品的特点。根据对国内废塑料回收利用工厂的调研，再生塑料粒子与原生合成塑料颗粒的最直接的区别是颜色，利用回收塑料生产的塑料粒子的颜色往往较深，因为大多数情况下添加了色素成分（掩盖回收塑料的不均匀，也有美观作用）和其他物质，即便不加色素，回收的单一白色PE薄膜造的塑料粒子也呈灰色。

低密度聚乙烯（LDPE）无味、无毒、无臭，密度为 0.940~0.965 g/cm^3[1]；EVA 弹性体随着 VA 含量增加，密度随之增加，密度为 0.935~1.08 g/cm^3[3]。而样品的密度为 0.82g/cm^3，低于 PE 和 EVA 合成产品的密度，主要原因是样品有气孔，而气孔的形成可能与回收的 EVA 发泡材料有关。

550℃下灼烧后烧失率为 99.1%，表明样品中含有少量无机添加物，它们往往存在于塑料制品中，从而在回收废塑料中也存在。

根据表 1 的实验结果，样品颗粒制成的注塑样片的熔体流动速率 MFR、拉伸断裂应力、拉伸断裂标称应变三项主要指标完全符合《聚乙烯（PE）树脂》（GB/T 1115—2009）中电线电缆绝缘类聚乙烯树脂的技术要求。

总之，根据样品的上述特征，判断样品为塑料再生颗粒，属于初级形状的乙烯聚合物的再生颗粒。

（2）固体废物属性分析

样品是含 PE 与 EVA 的形状均匀的塑料颗粒，具有良好的技术加工性能，主要指标符合 GB/T 1115—2009 中电线电缆绝缘类聚乙烯树脂的技术要求，属于初级形状的乙烯聚合物的再生颗粒。

根据对国内进口废塑料利用企业的调研，绝大多数进口废塑料属于简单再生，包括 PE、PP、PVC、PS 等废塑料。简单再生的一种重要方式是回收原料经过清洗、干燥、破碎后造粒或直接塑化成型[2]；加工为塑料粒子的即为初级形状的塑料粒子，作为塑料制品的原材料。

海关商品编号 3915 品目为“塑料的废碎料及下脚料”，该品目不适用于制成初级形状的单一种类热塑性材料的废碎料及下脚料（品目 39.01 至 39.14）。

综上所述，样品是有意生产的，是为满足市场需求而制造的；具有良好的技术加工性能，主要指标符合 GB/T 1115—2009 中电线电缆绝缘类聚乙烯树脂的技术要求。依据《固体废物鉴别导则（试行）》的原则以及我国进口废塑料的加工利用状况，判断样品不属于固体废物。

4 结论

样品是 PE 与 EVA 的共混物或共聚物，为塑料再生颗粒，不属于固体废物。

参考文献

[1] 廖明义 , 陈平 . 高分子合成材料学（下）[M]. 北京 : 化学工业出版社 ,2005:16-50.
[2] 陈占勋 . 废旧高分子材料资源及综合利用 [M]. 北京 : 化学工业出版社 ,1997:30.
[3] 张玉龙 , 孙敏 . 橡胶品种与性能手册 [M]. 北京 : 化学工业出版社 ,2008:304.

133. EVA 初级产品

1 背景

2011 年 5 月，固体废物研究所对某公司申报进口的“EVA 海绵板半成品”货物样品进行固体废物属性鉴别，需要确定是否为国家禁止进口的固体废物。在实验分析、咨询专家和查阅相关资料的基础上编写鉴别报告。

2 样品特征及物质特性分析

（1）样品为无规格的片状，干燥，基体颜色为黑色，黑色基质中明显间杂有红色、蓝色、白色、黄色等物质，片状表面和边缘均粗糙。样品外观形态见图 1~ 图 3。

图 1　样品（间杂蓝色、白色）

图 2　样品（间杂黄色、蓝色）

图 3　样品（橙红色为主）

（2）样品成分定性分析

①取适量样品做红外光谱分析，谱图（图 4）呈现明显的乙烯—醋酸乙烯共聚物（EVA）特征，可能含有聚乙烯；另外可见 $CaCO_3$ 和 SiO_2 特征。

②对样品灼烧后的灰分做红外光谱分析，谱图（图 5）呈现 $CaCO_3$ 及硅酸盐特征。

③取适量样品用二甲苯溶解，反复多次溶解后，大部分样品不能溶解，去除溶剂后得不溶物；少部分可溶解物去除溶剂后得到聚合物膜。对所得可溶物做红外光谱分析，谱图（图 6）呈现明显的 EVA 共聚物特征，可能含有聚乙烯。所得不溶物经热裂解，收集凝聚物做红外光谱分析。谱图（图 7）呈现明显的 EVA 共聚物特征，可能含有聚乙烯。

结果表明，样品塑胶材质为 EVA，大部分交联；样品中可能含有聚乙烯；样品中含 $CaCO_3$ 和 SiO_2（白炭黑）。

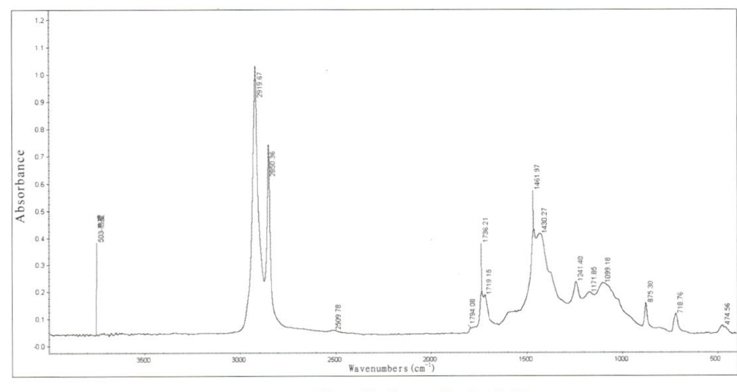

图 4　样品热塑红外光谱图

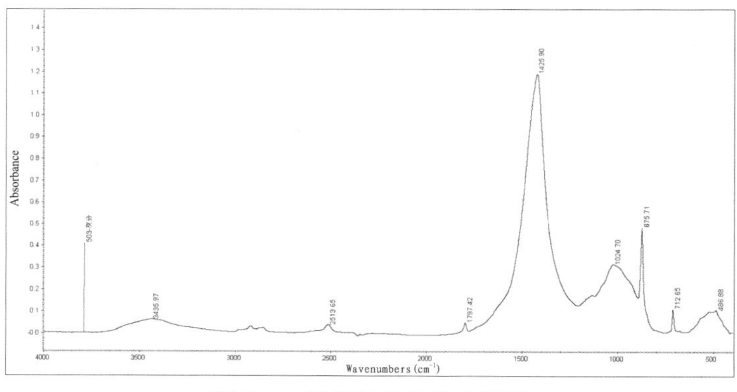

图 5　样品灰分红外光谱图

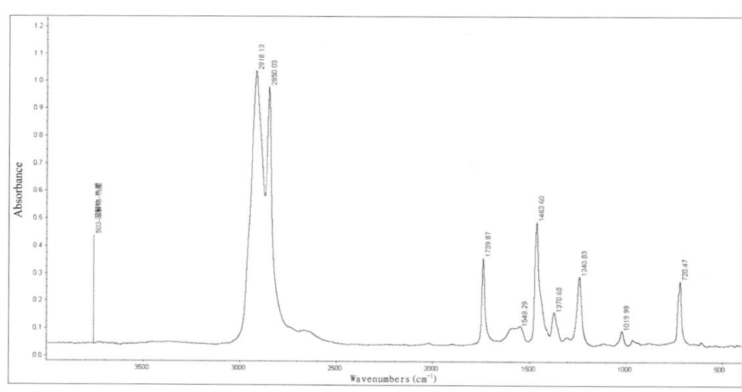

图 6　样品溶解物红外光谱图

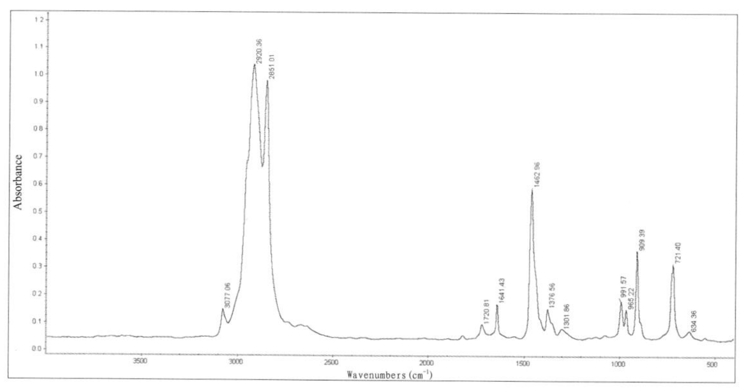

图 7　样品不溶物裂解红外光谱图

（3）成分定量分析

分别取样品中红色和黑色部分进行红外光谱分析，两部分样品的红外光谱图相似，EVA 特征峰明显，判断样品中含 EVA 成分。

进一步对红色和黑色两部分进行热重分析。分析结果显示，红色样品中含有机物（EVA）约 77%，含无机物（$CaCO_3$）约 22%；黑色样品中含有机物（EVA）约 82%，含无机物（$CaCO_3$）约 16%。

取适量样品在550℃下灼烧，将灼烧后剩余的淡黄色粉末采用X射线荧光光谱仪分析其组分，结果见表1。

表1　样品成分及含量（除Cl以外，其他元素以氧化物计）

单位：%

成分	CaO	SiO_2	ZnO	Al_2O_3	MgO	TiO_2	SO_3	Fe_2O_3	Cl	K_2O	CuO	Na_2O
含量	65.17	13.36	11.17	2.92	2.84	2.14	1.34	0.54	0.31	0.15	0.04	0.02

3 样品物质属性鉴别分析

（1）产生来源分析

①乙烯—醋酸乙烯酯（EVA）的生产和应用

EVA是乙烯—醋酸乙烯酯的简称，它是由乙烯（E）和醋酸乙烯（VA）共聚而制得的，是最主要的乙烯共聚物之一，是一种重要的塑料合成树脂材料。一般VA的含量在5%~50%范围内。共聚物的生产工艺类似于高密度聚乙烯（LDPE）的生产，生产工艺流程由五部分组成，包括原料单体制备、引发剂制备、共聚物、分离系统和挤出造粒。EVA无色、无味、无毒，具有良好的柔软性、似橡胶弹性、透明性、低温挠曲性、化学品稳定性、易黏结和着色、耐老化、耐环境应力开裂等性能[1]。

EVA是易于加工成型的树脂，可以挤出成型、注射成型、吹塑成型和热成型。它的成型加工方法和设备与普通高压聚乙烯通用，也可以挤塑涂覆、真空成型热成型、发泡成型以及进行涂覆、热封、焊接等成型加工。EVA的加工方式与应用领域见表2[2]。

表2　EVA的加工方式与应用领域

加工方式	应用领域
热熔黏合剂	EVA树脂与增黏树脂及蜡混合使用可制成热熔黏合剂，它具有优异的黏接力，广泛应用于包装、装订、木工、鞋业、塑料黏结等。
注射制品	可制中空容器、震动吸收器、隔音板、挡泥板、地板垫、啤酒瓶等的缓冲垫、油桶及塑料容器的盖、便器盖、洗衣机密封软塞、密封环、自行车座垫、玩具、防护帽、滑雪挡板、安全带、安全帽等。
发泡鞋材	1）鞋底、鞋垫用发泡片及其他发泡体；中高档旅游鞋、登山鞋、拖鞋、凉鞋的鞋底和内饰材； 2）包装用发泡物品、建筑和管线保温、隔音板、汽车零部件、耐用皮带、童车轮、体操垫、游艇防护板、密封材等。
挤出制品	管材，如输水管、微灌管、矿山地下管道及其他软管、电线、电缆材料（护套，内、外屏蔽材料，半导体材料，热收缩材料等）深埋管。
其他	树脂还可做热熔涂层、防腐蚀涂层，并可作为油墨、漆料的基料等。

②样品属于EVA回收料再加工的产物

EVA聚合物通常无色、无味、无毒，加工挤出造粒为白色颗粒，而样品为不规则片状且表面粗糙、颜色非常不均匀，因此，判断样品不是完全的EVA聚合物原料。

由于EVA具有良好的柔软性、耐磨性、耐低温、高弹防滑的优点，是鞋底常用的发泡材料，既可以单独使用，也可以同聚乙烯（PE）、天然橡胶（NR）、三元乙丙胶（EPDM）、顺丁胶（BR）、丁苯胶（SBR）掺混做鞋底材料。以适合皮鞋穿着的 EVA 鞋底配方为例[3]，制作鞋底的原料除主要成分 EVA 以外，还需要加入交联剂 DCP、发泡剂 AC、三盐基硫酸铅、硬脂酸、EVA 边角填充料、炭黑，其中 EVA 的用量占到 67%~91%。国内也有对轻质 EVA 鞋底材料进行研究的报道[4]，轻质 EVA 鞋底在制作时要加入硬脂酸锌、ZnO、$CaCO_3$ 等添加剂。在《塑料配方设计及应用 900 例》列出的各种生产 EVA 鞋底的配方中，EVA 的质量份数为 60~100，含量为 50%~90%；列出的各种生产聚乙烯鞋底料的配方中：EVA 质量份数为 10~30、含量为 10%~25%，$CaCO_3$ 质量份数为 1~12、含量为 0.9%~10%。

热熔胶黏剂是在室温下呈固态，加热熔融呈液态，涂布、润湿被黏结材料后，经压合，几秒钟内冷却固化完成黏结过程的胶黏剂。EVA 是世界上最大使用量的热熔胶基础共聚物，EVA 类热熔胶占热熔胶使用量的 80%。主要成分包括：基础聚合物基体、增黏剂、石蜡、抗氧剂、填料、增塑剂。其中常用填料包括 $CaCO_3$、C（炭黑）、Al_2O_3•$2SiO_2$•$2H_2O$（高岭土）、$Mg_3(Si_4O_{10})(OH)_2$（滑石粉）等。热熔胶因其优异的黏结力也被应用于鞋业。

红外光谱分析显示：样品中主要含有 EVA 和少量的 PE（聚乙烯）、$CaCO_3$、SiO_2（俗称白炭黑）；样品灼烧后所得粉末主要含有 Ca、Si、Zn 等元素；热重分析结果显示：有机物部分（EVA 及可能含有的聚乙烯）所占比例在 78%~82%，无机物部分（$CaCO_3$）所占比例在 15%~25%；溶解实验中，只有很少量样品溶解，而大部分没有溶解，说明样品大部分已经发生交联，溶解和没有溶解的产物均表现出 EVA 共聚物的特征。

通过咨询行业专家，样品大部分发生交联，说明样品已经过发泡，可以作为初级加工原料，或与其他原料混合使用，或直接降档供生产低档产品使用。

从样品的外观特征、EVA 含量比例较高以及无机成分等方面的情况综合判断，样品是回收 EVA 制品生产中产生的边角料、废料、不合格品等经过再加工而成的片状产物。

（2）固体废物属性分析

样品是 EVA 回收料再加工形成的产物，这一再加工过程中首先要对回收料进行消泡处理，然后再添加一些助剂进行混炼，甚至再发泡，最后过辊挤出而成片状。到目前为止没有查找到相关的标准或规范，但整个过程属于有意生产，所得产物具有较高的可加工适用性和较高的利用价值，属于 EVA 制品正常商业循环链中的一部分。因此，依据《固体废物鉴别导则（试行）》的原则，判断样品不属于固体废物，是 EVA 的初级产品或初级原材料。

4 结论

样品是 EVA 回收料再加工形成的产品，属于 EVA 的初级产品或初级原材料，不属于固体废物。

参考文献

[1] 廖明义，陈平．高分子合成材料学（下）[M]. 北京：化学工业出版社，2005.
[2] 丁金造，王星坤．中国 EVA 塑料制品业的现状与发展 [J]. 技术论坛，2010,28(3):34-48.
[3] 广东省 EVA 泡沫皮鞋底试制小组．EVA 泡沫皮鞋底试制总结 [J]. 皮革科技动态，1978,12:14.
[4] 刘仿军，宗荣峰，鄢国平，等．轻质 EVA 鞋底材料的研究 [J]. 塑料工业，2009,37(7):65-67.

后 记

——对固体废物鉴别的认识和思考

中国环境科学研究院固体废物污染控制技术研究所是国家相关部门授权的固体废物属性鉴别机构，在多年鉴别工作中遇到了各行各业的复杂样品，行业或专业跨度非常大，有较大的难度，但通过各种手段和办法终克服困难并完成每一份鉴别报告。以下是我们对固体废物属性鉴别的一些关键问题的思考。

目前我国固体废物属性鉴别主要应用在口岸查扣的疑似固体废物物品的判定以及国内固体废物的危险特性鉴别两方面。在口岸监管中，固体废物鉴别的作用尤为重要，因为固体废物和非固体废物的进口管理体系和要求完全不同，固体废物的进口必须要获得环境保护部门的批准。因此，进口物品的固体废物属性鉴别不可逾越的一步是判断货物样品是否为正常产品或商品。对于有证据或能找到证据确定其具有正常商品特质或不属于固体废物的物品应判断为产品，对于不能归入正常商品范畴的物品才有可能判断为固体废物。面对口岸进口管理中来源不清楚、不确定、形态各种各样、模棱两可、似是而非的物品，仅确定正常产品或商品这一步就有相当的难度。因为固体废物属性鉴别是立足于对鉴别样品或鉴别对象的产生来源分析及固体废物概念内涵和外延的分析判断，固体废物鉴别不应该也不可能取代对商品的品质检验或质量分析，还因为非商品检验系统的固体废物鉴别机构并不具有商品质量检验的各种条件和优势。因此，口岸海关或检验机构对进口物品疑似为废物的最初判断非常关键，这首先取决于口岸监管或检验人员对查扣货物品性的初步认知和经验多少，即管理者不能怀疑一切，完全无根据地查扣货物，怀疑的前提是在个人认知范围内进口物品有一些废物特征或非正常商品特征。根据多年鉴别样品的统计，各地口岸海关或检验机构所委托的样品经鉴别绝大多数判为固体废物，其中只有少部分样品可凭货物或样品的外观特征判为固体废物，如报废电子电器产品类，而对于粉末、块状、泥状、液态及其混合物等仅凭样品外观特征和鉴别人员的感官是难以判断的，须通过实验和综合分析才能确定；也有部分样品判定为非固体废物，如有色金属矿、铁矿粉、高钛渣、固体废物经过处理之后的初级加工产物、橡胶生胶或混炼胶等初级形状产品等，这些物品的判定并非容易。总之，要求鉴别人员掌握各类物品的必要知识，才能应对各种不同特性的被怀疑为固体废物的物品。

多数情况下，固体废物属性鉴别比较复杂，即便对被鉴别的同类物品也很难下精确重复性的结论，因为并不是各批次样品的所有特征都相同，尤其体现在矿渣类废物方面。由于所鉴别样品一般为未知来源物品，需要梳理分析各种可能的来源、产生过程、工艺、收集存放特点等信息，多种因素导致产物的成分和物质构成有差异。固体废物属性鉴别时，应掌握一些基本内容或知识点，典型的如形成废物的原始物料是什么、生产工艺或基本过程是什么、非废物部分或生产目的是什么。当这三个节点的问题分析清楚了，物品是如何形成的来龙去脉就搞清楚了，此时才能有效套用《固体废物鉴别导则（试行）》中的综合判断原则，掌握和分析样品产生的这三个环节成为物品固体废物鉴别的重要方法。由于实验分析的局限性和掌握资料的程度不同，分析这三个环节的侧重点不同，不同鉴别人员和机构对同类物品的判断有可能出现偏差，判断物品的产生过程可能不一样，甚至最后的鉴别结论也会完全不同。鉴别当中应尽量减少这种差异性和不确定性。

鉴别过程中对于产品类标准的使用需慎重，不能机械地使用相关标准，应综合考虑，体现在以下方面：（1）使用相关产品标准的前提是确定鉴别物品的基本类别，比如使用铜精矿或锌精矿标准的前提是鉴别物品属于同类矿物，具有矿物的基本成分、含量和物质构成特性；不仅其产生过程应符合矿物采选业的生产特点，其还应符合海关对矿物的归类解释；不能仅以某一含铜含锌渣中有价元素的含量达到精矿标准要求，便将精矿标准作为判定样品为矿物的依据，否则会导致大量含铜含锌有色金属废物归为精矿的情况发生，显然不正确；又如，渣钢铁或废钢铁中铁的成分含量肯定超过一些较低品位的铁矿，不能只以铁的成分及其含量或者标准作为衡量依据，否则会造成误判，毕竟含铁矿物和含铁废料两者的物质类别不同；再如，比较难把握的是高端产品生产中的废品可作为其他低端产品的原料或直接做低端产品使用，不能随便套用某一标准，应把握产生来源这一基本点。（2）不符合产品标准或规范也不一定就属于固体废物，有些矿产品、初级加工产物、粗产品、半成品或过程产物很可能没有可适用的标准或质量规范，例如有些原矿物中的有价元素品位或含量很低，不能因此就否定其自然矿物属性，关键在于有充分的矿物鉴定分析依据，如果鉴定结果的确属于矿物，则不能依据固体废物政策确定其进口与否；在从原料到最终产品生产中，会出现很多粗产品，这些粗产品可能有标准来衡量，也可能没有标准来衡量，但的确都属于正常的产物；又如橡胶加工过程环节多、品种多、配方多、形态多，在硫化工序之前均可能产生初级产品或副牌胶，如原胶、生胶、混炼胶等，在这些环节也可能产生同类废料，如挤出的焦烧料、裁剪的边角料、机头料、严重污染料、落地回收料等，这种情况下辨别废物和非废物非常棘手，多点取样和选取代表性样品就非常重要，而且只有在缺乏国家或行业标准的情况下才可考虑企业标准要求。(3) 不能因为满足质量标准就否定物品的废物属性，主要是因为没有“废物标准”来衡量，一个满足质量标准或部分标准的物品完全有可能由于其他原因成为废物：例如对于大多数消费类产品废物，体现的是消费者使用后放弃该物品，如果对其中某部分做实验，完全可能具有满足产品标准或具有产品部件使用功能的特性，或者有些废物经过简单修复就可恢复其原有使用功能，此时更应该关注货物的整体收集和存放状况；混合物或混杂物是这类废物的典型特征，鉴别过程应尽量避免以偏赅全，以局部样品代替货物整体。又如，有些工业产品往往不是由于成分及含量不符合产品要求而其成为废物，而可能是由于剩余量不足导致成为废物，或是由于市场需求的缺失成其为废物，或是价格的异常波动或流通受阻等原因成为废物，也可能是政策的不确定性原因使其成为废物，这些情况下体现出产品和固体废物之间的相对性，二者在一定条件下可能相互转化，鉴别时面对未知样品很难在鉴定过程和鉴别报告中体现出这些情况。(4) 在应用产品标准或规范作为废物属性鉴别的判断依据时，应尽可能使用社会公认的标准或规范，如行业标准和国家标准，特定情况下也可使用企业标准和生产规范，例如对某些特定的化工副产物，当产物及其生产工艺没有行业可借鉴的相同或类似的工艺时便可借鉴特定规范作为分析判断的参考依据。(5) 为避免和减少误判，应用标准或规范作为判断依据时还要与其他方面一起考虑。

固体废物属性鉴别中最为困难的鉴别对象是生产中的过程产物。我国《固体废物污染环境防治法》的固体废物概念中虽然体现了固体废物最本质的两个方面，即丧失原有利用价值和被抛弃，这两个特点特别适合对消费产品类废物和终端产品类废物或需最终处置废物的判断，这方面容易理解和把握。但该定义也存在明显不足，即对工业生产中产生的大量副产物、过程产物或回收产物是否属于固体废物的适应性并不强。过程产物的原有利用价值是什么？这较难理解。如果仅以可作为原料使用来衡量就难以得出固体废物的结论，因为几乎所有固体废物都可找到合理的利用方式和途径，固体废物可利用性是废物监管者和贸易者之间矛盾纠纷的症结。物质或物品是否被抛弃更难理解，其被弃掉实际上是产生者的行为，鉴别过程除非掌握鉴别物品被抛弃的明确证据，否则几乎不可能对鉴别样品产生的行为方式进行判断。但实际当中的确存在被抛弃的行为，尤其是发达国家向发展中国家转移废物的行为。这也是物品鉴别过程中，很少能直接应用废物的法律概念进行判别的根本所在。那么，对这类过程产物的鉴别判断还是应该建立在分析前述三个环节的基础之上，并结合行业的通行做法全面考虑。例如，湿法炼锌过程中产生的铜镉渣、铅银渣等属于典型的具有较高利用价值的过程产物，但由于是锌浸液净化过程所形成的渣，净化的主要目的是得到浓度较高和杂质含量较少的锌液，渣是副产物，形成的渣难以有质量控制，即使在同一工厂利用，也可能属于“有它不多、无它不少”的情况，通常应归入固体废物范畴；又如，铜锍是硫化铜精矿熔炼过程中的中间产物，是矿物去掉大部分熔渣（俗称“黑砂”）后形成的硫化亚铜和硫化亚铁的瘤状共熔体，是进一步冶炼粗铜的原料，因此，铜锍不属于固体废物；还有由钛铁矿生产的高钛渣，虽然称为渣，但它是有意识生产的产物，在形成高钛渣的过程中产生的生铁反而是副产物，高钛渣又是生产钛白粉等化工产品的原料，满足高钛渣产品行业标准的钛渣应该不属于固体废物。

固体废物鉴别应以对鉴别物品进行特性分析为基础，包括外观特征、物理特性、化学特性、技术指标等，特性分析没有统一的或固定的要求，原则上以得到正确的鉴别结论为目的。对于电子废物等消费产品类废物一般可通过外观特征来确定，如果废物的特征非常不明显则比较棘手，若利用专业测试机构进行分析，则往往会陷入产品性质鉴定的方向误区，时间长、成本高，此时最佳途径是通过咨询专家和必要的特征指标来确定。如何确定特征指标是鉴别的关键和难点所在，不同物品不一样。对于种类来源非常多的矿渣类废物，准确定位在哪个环节产生也较为困难，一般可通过确定样品的主要成分和物相结构并且和查找的资料进行比对分析，结合咨询行业专家意见，推断出综合结论；对于化工类物品或废物，因其产生情况更复杂，必须首先进行成分定性和找到物质特征分析指标，也往往需咨询行业专家才能准确判断；对于材料类物品或废物，特征指标相对比较容易确定，如钕铁硼等含稀土成分的材料。虽然废物鉴别应建立在物品的特性分析基础之上，但应尽量避免实验分析误区，即对样品进行全解析或按照产品质量指标进行全分析，因为废物鉴别并不能完全等同于商品质量检验，面对纷繁的样品是难以做精细化解析或全分析的。例如，对某些高技术材料废物，如果找到某一杂质指标及其含量显著超标或异常的特征，而且该指标对产品的形成或质量影响至关重要（往往是不可逆的），则可以不需要分析材料的其他更专业的技术和性能指标，便可判断其为报废产物。

在海关查扣的货物中，废物二次资源经过加工处理的物品占有较高的比例，对于这部分货物，不同的人认识也会不同，由于目前缺少明确或详细的鉴别依据或判别原则，其废物属性鉴别也非常不容易把握，鉴别时可以掌握以下几个要点：（1）如果以回收的消费类产品废物为原料或以最终废弃物为原料，即使经过分拣分类、破碎筛分、剪切、压制、熔化等简单处理，并且有一个可随意堆积存放的过程，这类产物仍属于废物。例如，从生活垃圾中分拣出的废塑料、废玻璃、废纸、废木料，从钢渣中分离的渣钢铁，从报废汽车拆解分拣出的各类组分等。（2）如以废物为原料经过较为复杂的专门设备和工艺技术流程有意生产的产物，并且该产物满足相关标准或规范，与正常原料或产品相比不会增加污染风险，则不属于固体废物。如有色金属冶炼中产生的含锌、铅、铜的熔渣，经过烟化炉烟化富集处理或回转窑挥发富集处理得到的氧化锌，满足《副产品氧化锌》标准要求时，则不属于固体废物（但国家另有规定的除外）；再如含铜电镀污泥和其他废物原料经过回收、配料、熔炼等过程形成的含金属铜 70% 左右的粗铜锭也不是固体废物，而属于初级产品。（3）如果废物二次资源经过较为复杂的物理和化学处理，则处理过程中产生的价值较低的副产物一般应归于固体废物范畴，如黄铜灰提取铜或锌之后的含铜含锌的泥、渣、灰均属于固体废物。（4）废物二次资源即便经过较为复杂的物理和化学处理，若处理产物中仍含有大量的其他有害组分或杂质，并严重影响后续利用，即不能进入正常的商业循环或使用链中，则这类产物仍应归于固体废物范畴。例如电镀废液蒸发处理后的产物，除主要金属得到富集外，其他有害重金属杂质也得到富集，仍属于不好利用的物质，这类浓缩富集产物仍为固体废物。（5）有机物二次资源回收料经过加工处理的产物判定难度更大，产物形态和种类千差万别，应根据产生工艺、产物性质、关键指标、市场需求、堆存情况等进行综合判断。

混合物或混杂物是固体废物最基本的特征，生活垃圾和医疗废物如此，工业和商业废物也如此，物品可能是由于废弃而变得混合或混杂，也可能是由于混合或混杂导致废弃。例如精细化工生产中，最后提纯的是产品，次纯产物可能是一个副产品，也可能是中间原料，而成分复杂、杂质含量高、利用价值不高的产物便成为废弃物；冶炼渣是矿物和配料经过冶炼后，冶炼产品中不需要的杂质元素混合物。在进口物品废物属性鉴别中关注是否混合或混杂非常有意义也很有必要，鉴别物品如果明显是由混合物或混杂物组成，便多了判定废物的一个理由；反之，如果鉴别物品是由非常纯的物质组成或由基本固定的成分组成，就多了一个判定非废物的理由，但都需要辅之以其他证据进行综合判定。鉴别过程中，鉴别对象是否属于混合物或混杂物一定要描述和分析清楚，例如，集装箱中装有各种电子电器产品和明令禁止进口的报废电子电器产物，为了装卸和储运的方便，通常将这些物品按类别打包或包装，鉴别时不能将集装箱中分类包装的电子电器产品以集装箱中混装有废弃电子电器产物为由界定为固体废物，也不能以有电子电器产品和包装为由将废弃电子电器产品界定为正常产品，此时废物和非废物仅仅是作为货物储运对象而已，不能算是真正的混合或混杂。那么，鉴别中如何把握好废物的混合或混杂的特性呢？被抛弃的不同性质和用途的物品杂乱无章的直接接触，不同物相组成的相互掺杂、无规律的融合并影响其作为产品的后续利用，同一物质组分分布极为不均并严重影响产品质量，含有对产品质量有致命影响的夹杂物和污染物，物品的包装和堆存方式极为随意等，这些特征应该是正确理解废物混合和混杂的关键。实际中，面对废物和非废物相互混合混杂的情况则比较棘手，目前国内外没有明确的规范和依据，应视具体情况而定，应考虑整批物品的理化指标和应用性能，如精矿砂中混有极少量冶炼渣就不能简单地认为整批货物属于固体废物，回收烟尘中混有少量精矿砂也不能简单地认为整批货物属于精矿砂，同一规格或品牌的商品中有极个别质量不合格的产物也不能将整批货物认定为固体废物。总之，固体废物的混合或混杂特性仅仅是固体废物的一种存在状况，在鉴定过程中不能完全依据这一特性来判断物品是否为固体废物，而要进行多方面的求证分析。

《固体废物鉴别导则（试行）》中的废物和非废物综合判断流程中首先考虑物质是不是有意生产，面对已知生产流程产生的物品不难分辨物质的产生是有意还是无意，但面对未知来源物品或复杂物品的鉴别则较难分辨是有意还是无意生产，而且有意或无意属于主观判断范畴，不同的人会有不同的理解，鉴别时很难直接以有意和无意作为判别依据，需要通过鉴别工作找出有意还是无意的证据。那么，如何把握物品是有意产生还是无意产生的呢？第一，看生产的目的，生产目的明确、得到的产品自然明确；第二，看生产流程的控制，有目的的生产一定是围绕得到主、副产品进行工艺控制的生产；第三，看产物质量，有控制规范的生产一定是为了得到满足质量标准或规范要求的产物。肯定了这几点，鉴别物品应该是有意产生的，不属于废物，否则，就很可能属于废物。例如，高炉炼铁的生产目的是为了得到铁水或生铁，炉料配制、工艺控制、设备定制等都是为了得到符合要求的铁水或生铁，此时铁水或生铁是冶金产品；而产生的高炉渣则不是生产的目的和进行工艺控制的产物，高炉渣不会有质量控制指标（不能与成分及其含量范围相混淆），高炉渣属于固体废物。因此，将鉴别物品产生来源这三点分析清楚了，鉴别物品是有意产生还是无意产生就基本清楚了，此时有意或无意才能作为判别物品废物或非废物的重要依据。对于工艺流程环节复杂、产生较多副产物中的某种副产物进行了废物鉴别，准确把握上面三点并非容易，需要从更广泛的范围进行综合判别。例如，对原油冶炼过程中产生的渣油以及渣油进一步提取燃料油和润滑油之后的沥青，就不能简单地以有意或无意产生来进行判断，需要考虑行业的通行做法和市场需求，产生量很大、有稳定市场需求时就不能判为废物，在我国渣油通常属于炼油中间产品，也是进一步催化裂化炼各种油品的原料，有些大型炼油厂每年都要进口数百万吨的渣油原料，沥青也属于传统的炼制产物。

上面提到了鉴别复杂物品时考虑其生产目的和质量控制，这是分析物品产生来源的着眼点。面对工艺流程较长、副产物较多的情况，有时也很难认清生产目的，对于生产目的不明确的副产物应结合该种副产物是不是行业中为满足市场需求而生产的考虑，有稳定的市场需求就可以认为是有目的产生的，那么这种产物就多了一个非废物的理由，例如焦炭生产中产生的副产煤焦油，如果煤焦油是为了进一步分离提取萘、菲、荧蒽、芘、苭、蒽、苊、咔唑、甲基萘等更高价值的化学产物，那么煤焦油就属于煤化工的正常原料，不属于固体废物，事实上我国很多大型的炼焦或煤制气的企业都没有将煤焦油作为固体废物进行管理。如果产生的少量煤焦油掺入煤中进行燃烧处理或进行其他处置，则可以认为其生产过程不是为了获得煤焦油，或者煤焦油中含有大量水分、杂质严重影响后续利用，那么，它应该属于固体废物。从煤焦油这个例子可以看出废物具有相对性的特点。物品废物属性鉴别中经常会用到其产生是否有质量控制，质量控制可以是从生产源头原料就进行质量控制，也可以是生产过程中的工艺参数控制，还可以是最终产物的质量调配控制，如果能确定鉴别物品的这三个步骤的质量控制方式，其产物就应该不属于固体废物。对有经过明确工艺控制参数出来的产物比较好判断，但对有些流程中出来多种产物又没有明确工艺控制参数的产物就较难把握。例如二氢茉莉酮酸甲酯香料产品生产中由二氢茉莉酮酸甲酯粗产品进行蒸馏获得的头段蒸馏物属于副产物，头段蒸馏副产物再进行蒸馏又获得多种馏分产物，这些馏分产物是分段收集的，每段产物主次成分不一样，很难属于纯净的化工产物，而是属于混合物，此时，就应仔细谨慎地分析其中某一产物的质量控制方式。如果三个过程都不能证明有质量控制，不属于符合规范操作的产物，那么，就有可能属于废弃物。当然，考虑物质产生是否有质量控制仅仅是物品废物属性判定的一个方面，还应结合其他方面进行综合考虑，如市场需求。

海关查扣疑似废物的物品的重要理由之一是防止有毒有害的物品污染我国环境、危害人们健康。在鉴别实际中，将直接应用进口物品造成环境污染影响作为判断依据的情况几乎没有，因为，即便最终鉴别为禁止进口固体废物的物品只要仍在口岸存放，没有流入环境，就没有造成实际环境污染和危害，但并不能因此而忽视或否定鉴别物品的潜在影响和污染风险，加强监管的目的是预防污染风险的发生。鉴别过程中如何应用环境影响这一判别依据呢？第一，同初级产品相比，该物质的使用是否环境无害。例如对一个报关名称为某精矿的疑似废物样品进行鉴别时，如果样品中有害元素含量超出《重金属精矿产品中有害元素的限量规范》（GB 20424—2006）的要求，就应该从严要求，这种情况下应直接进行有害组分的比对分析，比较容易掌握。第二，同相应原材料相比，鉴别物品作为原材料使用时，是否会产生更大的环境污染风险和健康危害风险。例如，对某些较为难判定的过程产物采用一些更系统的环境影响评价方法进行量化分析，如全生命周期环境影响评价方法，与正常原料相比环境污染风险是否增加，如果增加，就多了判定为废物的一个重要证据。第三，看鉴别物品中是否含有对环境有害的成分，而这些成分通常在所替代的原料或产品中没有，这些成分在再循环过程中不能被有效利用或再利用。例如通常铁精矿中铜和锌的含量要求很低，原则上应分别低于0.2%和0.1%，如果报关名称为铁矿粉或废钢铁的鉴别物品中含有1%以上的铜和锌，就不能简单地判其为铁矿粉或废钢铁，应分析产物的真实来源，否则会影响炼铁高炉工况和产品质量。第四，在鉴别实际中，有一类物质应特别注意，即查扣的以肥料名义报关进口的物品。由于很多废物可以作为肥料或肥料的原料来使用，而土地处理是固体废物最为方便和普遍的处理处置方式；也由于肥料施用于土地和农作物，其影响非常重要，判别时应多方面分析，重点分析其是否满足国家肥料标准的要求，严防假借肥料名义进口固体废物或利用土地处置境外固体废物。

前面简单提到固体废物概念的原有利用价值和过程产物难以衡量原有利用价值的问题，的确，固体废物属性鉴别对物品的可利用性是一个较为纠结的问题，是不能回避的一个问题。原因是：（1）无论是作为商品或原材料、还是作为固体废物进口，从目前鉴别的样品来看，一般都具有利用价值，即便是固体废物进口，其驱动力仍是来自其可利用产生的经济价值；（2）鉴别工作中自然或不自然都会考虑样品的可利用性，这也是鉴别工作的着眼点之一；（3）在案件查处和处理过程中，也不能回避物品的用途和价值大小。那么，鉴别过程中如何正确处理物品的可利用性和废物判断的关系呢？首先，必须明确，判断物品是否属于固体废物与其可利用性没有必然的关系，可利用性不是区别固体废物和非固体废物的充分条件，具有经济利用价值甚至较高经济价值不是固体废物的本质特征，它只是决定固体废物流向和处置利用的动因和制定允许进口政策的主要理由。第二，必须明确，固体废物的本质特征之一是物品、物质丧失原有利用价值，尽管很多情况下对原有利用价值不好理解和界定，但对于产品或商品而言总是有其固有用途和主要用途。在鉴别工作中如果可确定物品是否具有固有用途和主要用途，那么，离抓住属于固体废物的本质特征也就不远了，再辅之以其他证据就可进行综合判断。第三，鉴别过程中应正确分析或体现出物品的可利用性以及其他重要作用，不能为了鉴别而鉴别、为了概念而概念、为了归类而归类，而是可以更深层次地体现出国家政策的合理与否，也为案件的合理处理提供基本信息，因而适当体现物品的可利用性应是鉴别工作的内容和责任之一。

固体废物属性鉴别是为了更好地执行国家进口固体废物的法律法规，体现出法规的严肃性。鉴别是由具有授权资质的专业鉴别机构进行的，首先应对社会和国家负责，因此，鉴别人员必须要掌握国家固体废物方面的法律法规和政策，知晓固体废物的分类和界定准则，进口物品固体废物鉴别在分析物品的产生来源、确定物品的自然属性基础上还应体现出固体废物的社会属性。在鉴别工作中如何有效体现出固体废物的社会属性，可进行如下思考：（1）

判定物品是否属于废物的原则依据应准确，目前的重要依据是固体废物的法律概念和《固体废物鉴别导则（试行）》中的原则；判定废物是否属于禁止进口类废物的理由应清楚，目前主要依据是环境保护部等部门颁布的固体废物进口管理的三个目录、进口可用做原料的环境保护控制标准、固体废物进口管理办法；委托方特别要求判定物品是否对环境有害时也应找到较为充分的理由，目前主要依据包括《国家危险废物名录》《危险废物鉴别标准》《巴塞尔公约》管理名录等。（2）对有些难下结论的物品，应充分考虑行业中的通行做法，征求行业专家的意见，切忌站在个别利用企业角度来考虑问题，行业中的通行做法是分析固体废物社会属性的切入点。（3）应考虑国家的环境利益、人民健康、国家形象是否会由于进口该物品受到不利影响和损害，对属于国家明令禁止进口的固体废物应坚定判断。（4）对国家有关部门批准的可不按照固体废物管理的物质或物品，如实验用样品，应明确来源依据，在依据不明确又关系重大的情况下应向国家相关管理部门请示。（5）应考虑国家环境管理的宏观策略和发展趋势，对哪些固体废物是鼓励进口的、限制进口的应做到心中有数，例如，对含有大量肮脏、腐烂霉变、混杂大量杂物的进口废纸和废塑料，应严格控制其进口，可依据《禁止进口废物目录》中的城市垃圾条目而判其为禁止进口的废物。（6）监管部门和司法部门如要求鉴别报告或鉴别机构提供一些进口物品鉴别的详细信息，鉴别机构应尽量满足，编写鉴别报告应结论简明而又内容全面。

固体废物鉴别实际上是对固体废物的概念、分类及其本质的应用，这方面的研究不多，可参考的资料很少，以上是我们鉴别工作中的体会。从鉴别样品首要判定解决的问题、标准或规范的使用、鉴别的三个关键节点的把握、过程产物的判断、特征和特性分析、二次再生资源加工产物的判断、混合物的判断、有意和无意生产、生产目的和质量控制、环境影响、利用价值、社会属性 12 个方面进行初步讨论，很多是基于个人的认识，不一定正确，敬请读者批评指正！

周炳炎

2012 年 10 月

样品报关名称为“稀土铁合金粉”。海关进口商品目录第十五类所称“合金”，包括金属粉末的烧结混合物、熔化而得的不均匀紧密混合物（金属陶瓷除外）以及金属间的化合物。第十五类贱金属及其制品不包括铈铁或其他引火合金。由成分分析可知，样品中含有铈等稀土元素成分，具有发生剧烈反应和爆炸的可能性，样品浸泡在水中也是为了安全需要，但即便浸泡在水中也还会发生一些物理或化学反应，所以样品具有一定的反应活性等性质。虽然样品可能来自磁性材料的生产或加工过程，但已经不是完整的烧结或熔化后的紧密混合物了。样品也不具有磁性合金材料的加工性能、使用功能和价值。

因此，样品不是稀土铁合金。

③样品是以钕铁硼（NdFeB）为主的磁性材料生产中产生的废料或回收料

NdFeB 磁体磁能极高，以其优异的性能广泛用于电子、机械等行业。样品中 Fe、Nd、Pr、Dy、B 的成分比例与 NdFeB 磁性材料的成分配比（金属铁约 70%，钕 18%~20%，镨 3%~5%，镝 1%~2%，硼约 1%）基本一致；同时样品中还含有钴（Co）和其他成分，钴是改善磁体性能的成分；样品中明显含有硼，是 NdFeB 磁性材料的特征元素；样品的电镜观察和能谱分析表明；样品中具有金属相，与天然矿物相差较大，并具有明显的磁性，这一特点说明样品来自于金属（合金）加工生产过程。

样品中明显含有钐（Sm），它具有容易磁化却很难退磁的特性，常用于永久磁铁，有钐钴系列永磁材料、钐铁氮系列磁性材料。

因此，样品应是来自于 NdFeB 为主的磁性材料生产过程。

由于制备磁性材料的工艺和设备上的原因，生产中会产生 15%~30% 的不可用部分，需要进行回收。因此，样品应是以 NdFeB 为主的磁性材料生产或机械加工过程中产生的切割料、下脚料等，并经过了破碎处理。

由于物料中的稀土以及硼元素为单质固溶体，特别是在粉末状态下更容易与空气中的 O_2 发生剧烈反应而发生爆炸，因此一般保存在水中或者有 N_2 保护的环境中。

总之，样品是以 NdFeB 为主的磁性材料生产中的下脚料、回收料。

（2）固体废物属性分析

样品来自以 NdFeB 为主的磁性材料生产过程，既不属于磁性材料产品，也不属于可直接加工磁性材料的主、配料，而是生产或机械加工过程中产生的切割料、下脚料等，并经过了破碎处理。属于“生产过程中产生的废弃物质”，也是“生产中产生的残余物”；回收利用的目的或方式是提取并利用其中的有价金属，如 Nd、Co、Pr、Dy、Sm 等；样品物质并不具有磁性材料的原有用途，使用前必须经过较为复杂的提炼工艺。因此，依据《固体废物鉴别导则（试行）》的原则，判断样品属于固体废物，属于以 NdFeB 为主的磁性材料生产中产生的废物。

根据我国进口废物管理法规和实践，对进口可以用做原料的固体废物实行目录管理，没有列入允许进口的固体废物目录中的废物都属于禁止进口。我国历次公布的允许进口废物目录如下：①原国家环境保护局、原对外贸易经济合作部、海关总署等部门 1996 年环控 204 号文中公布的《国家限制进口的可用作原料的废物目录》及其增补的名录；②原对外贸易经济合作部、原国家环境保护总局、海关总署、国家质检总局 2001 年第 41 号公告公布的《限制进口类可用作原料的废物目录》（第一批）；③原国家环境保护总局 2002 年环发 7 号文中《自动进口许可管理类可用作原料的废物目录》；④原环境保护总局等部门 2003 年第 10 号公告公布的《限制进口类可用作原料的废物目录》（第二批）；⑤ 2005 年原国家环境保护总局、海关总署、国家质检总局第 5 号公告《自动进口许可管理类可用作原料的废物目录》和《限制进口类可用作原料的废物目录》；⑥原国家环境保护总局等部门于 2008 年公布的第 11 号公告中的《自动进口许可管理类可用作原料的废物目录》和《限制进口类可用作原料的废物目录》；⑦环境保护部等部门公布的 2009 年 8 月实施的第 36 号公告中《自动进口许可管理类可用作原料的废物目录》和《限制进口类可用作原料的固体废物目录》。这些历次公布的允许进口废物目录中均没有包括“稀土废料”或“NdFeB 废料”或“磁性材料废物”及类似的废物，因此，样品属于我国禁止进口的固体废物。

4 结论

样品是以 NdFeB 为主的磁性材料生产中的下脚料、回收料，属于禁止进口的固体废物。

82. 热镀锌渣

1 背景

2007 年 1 月，固体废物研究所对某公司生产中产生的热镀锌渣样品进行了固体废物属性鉴别。在实验分析、查阅相关资料的基础上编写鉴别报告。

2 样品特征及物质特性分析

（1）样品为银灰色不规则块状固体，大小不均匀，表面粗糙，干燥，强度高，样品外观形态见图 1。

图 1　热镀锌渣

（2）采用 X 射线荧光光谱仪 (XRF) 分析样品的组成，结果见表 1。

表 1　样品成分及含量（以元素表示）

单位：%

组成	Zn	Al	Sb	Fe	Si	Cl	S
含量	96.1	2.86	0.59	0.21	0.15	0.06	0.02

（3）对块状样品进行物质结构分析，表明样品主要是 Zn 和少量的 ZnO。

（4）根据样品成分，选择锌（Zn）作为样品浸出毒性鉴别指标，按照《固体废物浸出毒性浸出方法 翻转法》（GB 5086.1—1997）和《危险废物鉴别标准 浸出毒性鉴别》（GB 5085.3—1996）、《固体废物浸出毒性测定方法》（GB/T 15555.1~15555.11）规定中的方法对样品进行浸出毒性实验，锌的浸出质量浓度为 0.1 mg/L，远低于 GB 5085.3—1996 标准的规定限值（50 mg/L），样品不属于浸出毒性危险废物。

（5）按照《固体废物腐蚀性测定 玻璃电极法》（GB/T 15555.12—1995）中的规定方法制备样品浸出液并测定 pH 值，浸出液 pH 值为 10.1，没有超出《危险废物鉴别标准 腐蚀性鉴别》（GB 5085.1—1996）的限值要求，样品不属于腐蚀性危险废物。

3 固体废物属性鉴别分析

（1）热镀锌渣

作为钢铁及其制品表面防护的主要手段之一，镀锌方法的应用已有 100 多年的历史，其中应用最为广泛的是电镀锌与热镀锌工艺，占整个电镀产品的60%~70%，而热镀锌则是大气中主要应用的金属防腐蚀方法，全世界生产的锌约有50%用于热镀锌。

热镀锌又称为热浸镀锌，工艺过程是将经过表面化学处理、去除油污及锈迹后的工件，浸入带有熔融锌液的镀锌锅中使镀件形成镀层的过程。为促进镀层的形成，钢铁件镀前须涂上一层助镀溶剂（如 $ZnCl_2$、NH_4Cl 等），使其表面活化，从而允许液锌“润湿”它，并在浸渍时起反应。热镀锌过程中还伴有大量的渣产生，其总量占锌耗总量的20%~60%。在热镀锌过程中，锌的直接利用率一般在60%左右，其余则形成锌渣。锌渣多是铁与锌的混合物，主要来自铁与锌的冶金反应。另外，锌熔体表面与大气接触被氧化以及某些助剂进入镀槽与液态锌作用也形成含锌渣，主要由 Zn、ZnO、$ZnCl_2$、NH_4Cl 组成。一般含锌为50%~80%。

热镀锌渣从熔槽设备中拔出的冷却过程中，会吸收周围空气，从而在含锌渣中形成气孔；另外钢铁件镀前涂上 $ZnCl_2$、NH_4Cl 等溶剂，在镀锌过程中会分解并产生大量的 NH_3、HCl 等气体，其在冷却过程中会逸出，是导致锌渣多孔的原因之一。

通过咨询冶金专家，热镀锌过程中增加铝（Al），主要目的是进一步增强钢板镀层的抗氧化性；根据样品的成分分析其含有0.59%的锑（Sb），应是有意加入的，目的是进一步增加镀层的附着强度。因此，可以解释样品中含有 Al 和 Sb。

（2）固体废物属性

《固体废物污染环境防治法》定义固体废物是指在生产、生活和其他活动中产生的丧失原有利用价值或者虽未丧失利用价值但被抛弃或者放弃的固态、半固态或置于容器中的气态的物品、物质以及法律、行政法规规定纳入固体废物管理的物品、物质。

热镀锌过程中使用的锌纯度要达到99.99%以上，产生的锌渣由于混入了其他物质，不能再作为原来镀液使用，也不能作为锌合金锭来进行加工利用，但可以作为非常好的回炉冶炼原料。

从形态和成分看，样品是高温下的产物，比较稳定，杂质含量也是镀锌过程中的正常成分，主要为锌，其他成分很少。

样品的物质结构主要是以金属锌的形式存在，强度非常高，说明样品确实是来自热镀高温下的产物，不是有意识产生的，是生产中产生的残渣，不满足相关产品的标准或规范。

总之，依据《固体废物污染环境防治法》关于固体废物的定义和《固体废物鉴别导则（试行）》的原则，判断样品属于固体废物。

（3）危险废物属性

虽然样品属于锌渣，但与现行《国家危险废物名录》（1998年公布）中 HW23 类含锌废物有差别，名录中规定的该类废物来源和废物类别强调的是含锌的化合物，如各类含锌的盐类废物，这一特点与样品的物质结构特征不相符。

1998年公布的《国家危险废物名录》中 HW27 类为含锑废物，包括有色金属冶炼产生的含锑及其化合物废物；修订的《国家危险废物名录》（征求意见稿）中含锑废物的来源大致包括四个方面：① Sb_2O_5 生产过程中布袋除尘器的收集灰尘，②锑金属及粗 Sb_2O_5 生产过程中布袋除尘器的收集灰尘，③ Sb_2O_5 生产过程中产生的熔渣，④锑金属及 Sb_2O_5 生产过程中产生的熔渣。由此看出现行名录和修订名录中的“含锑废物”强调的是化合物，或者强调的是锑金属（粉末）裸露时人体接触或吸入时产生的毒性，而样品是以块状金属锌为主，坚硬稳定，不存在对环境和人体的直接危害。